2., überarbeitete Auflage 1998

Dieses Werk folgt der reformierten Rechtschreibung und Zeichensetzung.

Dieses Buch ist auf Papier gedruckt, das aus 100 % chlorfrei gebleichten Faserstoffen hergestellt wurde.

Grafische Gestaltung: Ursula Thum, 70599 Stuttgart
Zeichnungen: Wolfgang Bieneck, 70567 Stuttgart
Druck: Druck- und Verlagshaus Oertel + Spörer GmbH + Co., 72764 Reutlingen
Bindearbeit: Industrie- und Verlagsbuchbinderei Dollinger GmbH, 72555 Metzingen
ISBN 3-7782-4900-2

Elektro T

Grundlagen der Elektrotechnik

**Informations- und Arbeitsbuch
für Schüler und Studenten
der elektrotechnischen Berufe**

Wolfgang Bieneck

unter Mitarbeit von Schülern
der Technikerklasse FTEE 1
(Jahrgang 1995/96)
Werner-Siemens-Schule
Stuttgart

2. Auflage

Holland + Josenhans Verlag Stuttgart Best.-Nr. 4900

Vorwort

Elektro T ist eine Einführung in die klassische Elektrotechnik. Das Buch ist für Studenten und Schüler der elektrotechnischen Berufe konzipiert, der Inhalt orientiert sich an den Lehrplänen der staatlichen Fachschulen für Elektrotechnik. Das Werk enthält 8 Kapitel, einen Anhang mit Formeln und Schaltzeichen sowie einen Lösungsteil. Ungefähr 500 Rechen- und Verständnisaufgaben helfen bei der gründlichen Einarbeitung in alle Teilgebiete. Die ausgewählten Kurzlösungen im Anhang des Buches ermöglichen eine sofortige Kontrolle. Ein umfangreiches Sachwortregister erleichtert das schnelle Auffinden der gesuchten Begriffe. Seit Erscheinen der 1. Auflage im Juli 1996 hat dieses Werk großes Interesse bei Lehrern und Schülern der verschiedenen elektrotechnischen Fachschulen geweckt. Zahlreiche Zuschriften zeigen, dass insbesondere die klare Gliederung und die übersichtliche Darstellung des naturgemäß schwierigen Stoffes sehr positiv aufgenommen wurde. Zahlreiche konstruktive Vorschläge wurden in die 2. Auflage eingearbeitet. Für Anregungen, Hinweise und Verbesserungsvorschläge sind Autor und Verlag weiterhin dankbar.
Elektro T bietet Schülern und Studenten der elektrotechnischen Berufe einen systematischen und leicht verständlichen Einstieg in die Elektrotechnik, für den Fachmann ist es ein übersichtliches und umfassendes Nachschlagewerk.

Stuttgart, im Mai 1998 W. Bieneck

Inhaltsverzeichnis

1 Grundgesetze der Elektrotechnik

1.1 Elektrische Ladungen

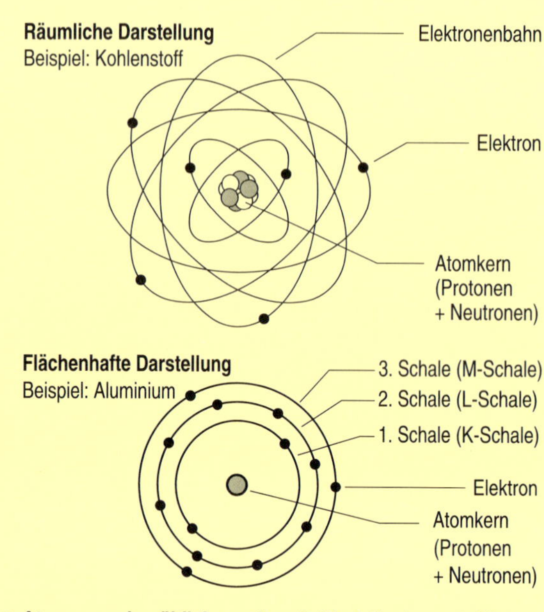

- **Atome werden üblicherweise als Modelle dargestellt**

⊖ Ein Elektron trägt die negative Elementarladung $e^- = -1{,}6 \cdot 10^{-19}$ C

⊕ Ein Proton trägt die positive Elementarladung $e^+ = +1{,}6 \cdot 10^{-19}$ C

- **Die Einheit der elektrischen Ladung ist 1 Coulomb (1 C)**

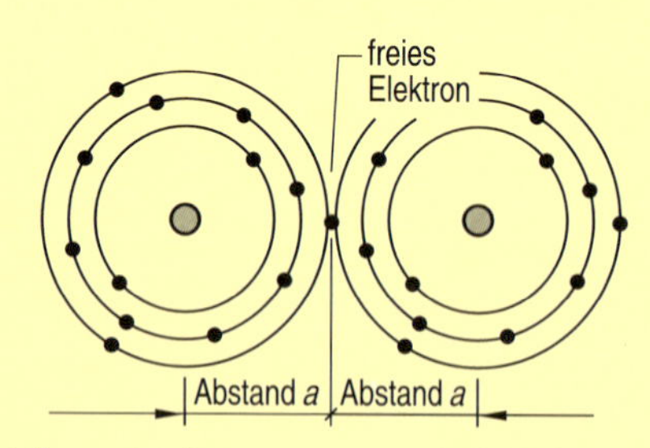

- **In Metallen entstehen so genannte freie Elektronen**

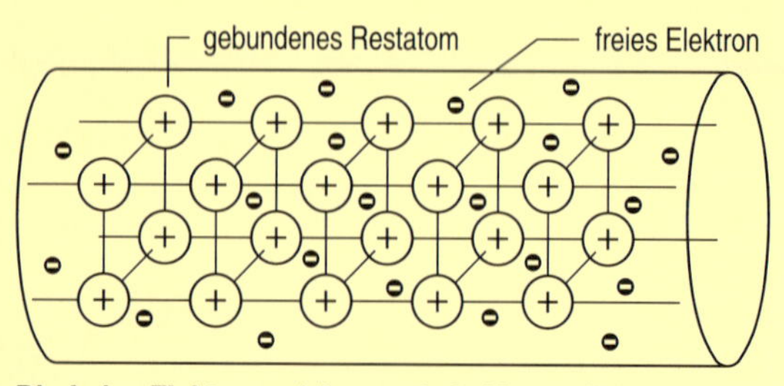

- **Die freien Elektronen können als frei bewegliches, nicht komprimierbares „Elektronengas" aufgefasst werden**

Das bohrsche Atommodell

Elektrische Vorgänge beruhen immer auf dem Vorhandensein von frei beweglichen elektrischen Ladungen. Das Zustandekommen dieser elektrischen Ladungen lässt sich mit Atommodellen veranschaulichen.
Erste einfache Vorstellungen vom Atom stammen aus dem Altertum. Bereits vor etwa 2500 Jahren hat der griechische Philosoph Demokrit vermutet, dass alle Materie aus kleinsten Teilchen, den sogenannten Atomen besteht. Der Beweis für die Richtigkeit dieser These gelang aber erst in diesem Jahrhundert.
Das erste anschauliche Atommodell wurde 1913 von dem dänischen Physiker Niels Bohr entwickelt. Danach bestehen alle Atome aus einem Kern und mehreren Schalen. Der Kern besteht dabei aus elektrisch positiv geladenen Protonen und elektrisch neutralen Neutronen. Auf den Schalen befinden sich die negativ geladenen Elektronen. Die Atome der verschiedenen Elemente unterscheiden sich durch die Anzahl der Protonen bzw. Elektronen. Wasserstoff z.B. hat 1 Proton, Kupfer hat 29 Protonen. Normalerweise hat ein Atom gleichviel Protonen wie Elektronen; es wirkt daher nach außen hin elektrisch neutral.

Ladungsmenge

Das Elektron ist der Träger der kleinstmöglichen negativen Ladung e^-, das Proton trägt die gleichgroße positive Elementarladung e^+. Für die Praxis ist diese Einheit zu klein. Man verwendet deshalb die Einheit Coulomb (C). Es gilt: $1\ \text{C} = 6{,}24 \cdot 10^{18} e$.

Freie Elektronen

Elektronen sind meist fest an ihr Atom gebunden. In manchen Stoffen, insbesondere in Metallen, sind die Atome aber so angeordnet, dass einige Elektronen aus der äußersten Hülle in den Einflussbereich der Nachbaratome gelangen. Diese Elektronen sind keinem Atom direkt zugehörig; sie werden zu so genannten freien Elektronen.
Allgemein kann man sagen: in Metallen gibt es pro Atom ungefähr ein freies Elektron.

Stromleitung in Metallen

Metalle sind in ihrem Atomaufbau wie ein Raumgitter strukturiert. Die Knotenpunkte dieses Gitters bestehen dabei aus positiv geladenen Atomrümpfen, die Atomrümpfe sind fest an ihren Gitterplatz gebunden.
Zwischen den Atomrümpfen sind die freien Elektronen; sie werden auch als Elektronengas bezeichnet.
Freie Elektronen können sich unter dem Einfluss von äußeren Kräften bewegen und auf diese Weise einen Elektronenstrom bewirken. Die freien Elektronen bewirken, dass Metalle elektrisch leitfähig sind.

Elektronen-Schalen

Der Atomaufbau ist nach dem bohrschen Atommodell mit dem Planetensystem vergleichbar. Die Elektronen bewegen sich auf kreisförmigen oder elliptischen Bahnen um den Atomkern. Alle Bahnen mit dem gleichen Bahnabstand bilden eine Schale. Insgesamt sind bei einem Atom maximal 7 Schalen möglich.

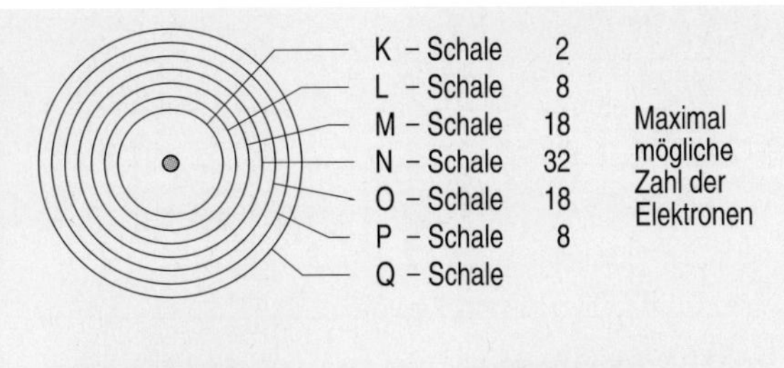

Atome und Ionen

Atome sind nach außen hin elektrisch neutral. Unter bestimmten Bedingungen können dem Atom allerdings ein oder mehrere Elektronen seiner äußeren Schale entrissen werden. Das Atom wird damit zu einem Ion, der Vorgang selbst heißt Ionisation. Das Ion wirkt in diesem Fall wie eine positive Ladung; es ist ein positives Ion. Nimmt ein Atom hingegen noch ein oder mehrere zusätzliche Elektronen in seiner Außenschale auf, so wird es zu einem negativen Ion.

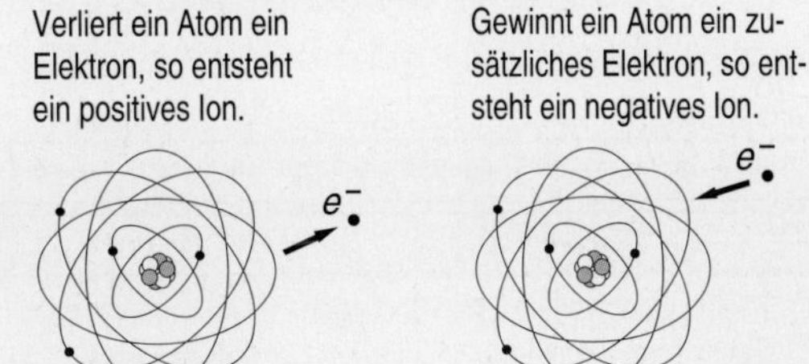

Bändermodell

Die sehr unterschiedliche elektrische Leitfähigkeit von Isolatoren, Halbleitern und Leiterwerkstoffen kann mit dem so genannten Bändermodell beschrieben werden. Diesem Modell liegt folgende Annahme zugrunde:
In einem Einzelatom können die Elektronen nur ganz bestimmte Abstände vom Kern haben, d. h. sie können nur ganz bestimmte Energiezustände besitzen. In Festkörpern hingegen stehen die Atome in gegenseitiger Wechselwirkung; die Elektronen können dadurch ganze Energiebereiche, so genannte Energiebänder, einnehmen. Das Energieband, in dem die Elektronen die höchste Energie besitzen, ist das Leitungsband, das energetisch darunter liegende Band ist das Valenzband. Zwischen Valenzband und Leitungsband liegt ein „verbotenes Band", dessen Energieniveau von den Elektronen nicht eingenommen werden kann.
Die Breite des verbotenen Bandes entscheidet, ob ein Werkstoff leitend, halbleitend oder isolierend ist:

1. Bei Metallen gehen Leitungsband und Valenzband ineinander über; Metalle sind immer leitfähig.
2. Halbleiter haben ein schmales verbotenes Band; bei tiefen Temperaturen sind sie deshalb nicht leitend, durch Energiezufuhr werden sie leitend.
3. Isolatoren haben ein breites verbotenes Band, das nur durch hohe Energiezufuhr überwunden wird.

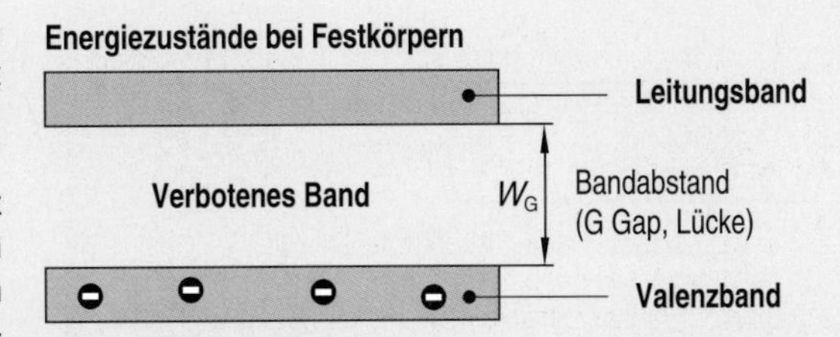

Durch Energiezufuhr W_G können Elektronen aus dem Valenzband ins Leitungsband gelangen.
Die notwendige Energie wird in Elektronenvolt (eV) angegeben.

$1\,\text{eV} = 0{,}16 \cdot 10^{-18}\,\text{Ws}$

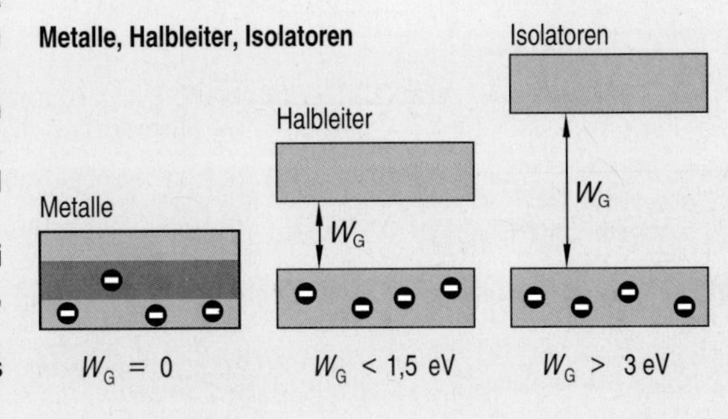

Aufgaben

1.1.1 Elektronengas

Berechnen Sie die Anzahl der freien Elektronen in einem Kupferdraht von 1 m Länge und dem Durchmesser 1 mm.
Gehen Sie bei der Rechnung von einer Atomdichte von $N = 10^{23}$ je cm^3 aus und nehmen Sie näherungsweise an, dass jedes Atom ein freies Elektron besitzt.

1.1.2 Ladungsmenge

Auf eine Platte aus Aluminium soll die elektrische Ladung $Q = -10\,\text{mC}$ aufgebracht werden.
Berechnen Sie die Anzahl der hierfür notwendigen Elektronen.
Vergleichen Sie den berechneten Wert mit der Zahl der Elektronen in Aufgabe 1.1.1.

1.2 Elektrische Strömung

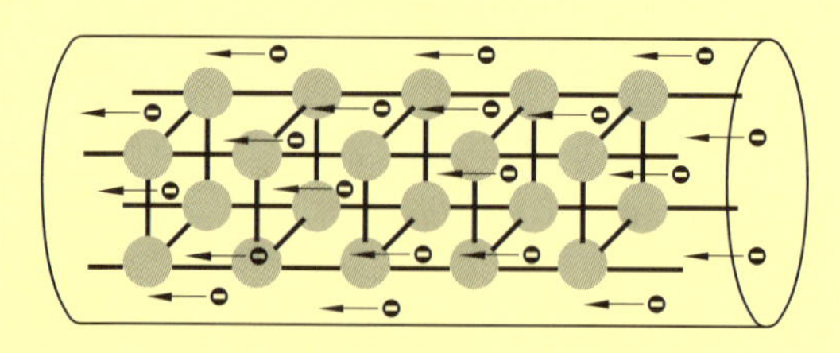

● Freie Elektronen können eine gemeinsame Fließrichtung haben

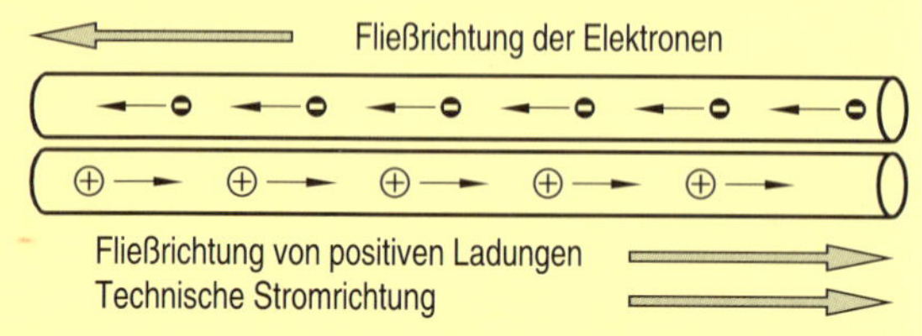

● Die technische Stromrichtung, kurz Stromrichtung, ist entgegengesetzt zur Elektronenstromrichtung festgelegt

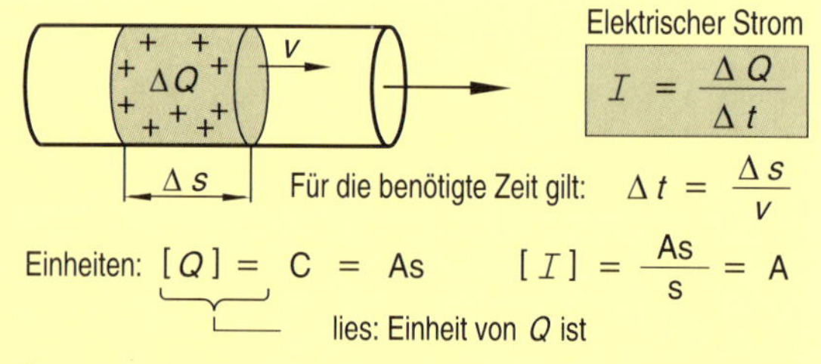

● Strom ist die je Zeiteinheit transportierte Ladungsmenge

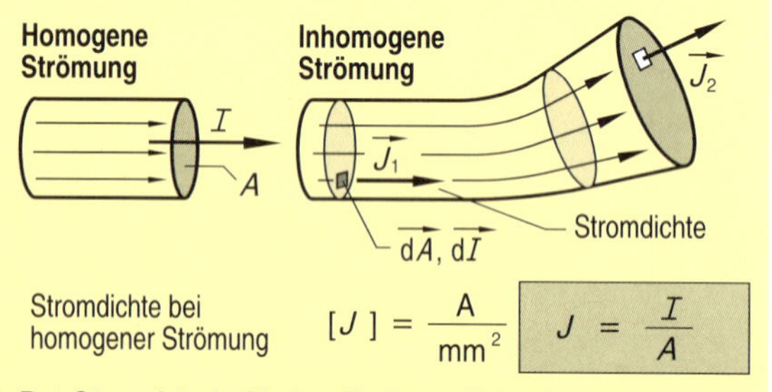

● Der Strom ist ein Skalar, die Stromdichte ist ein Vektor

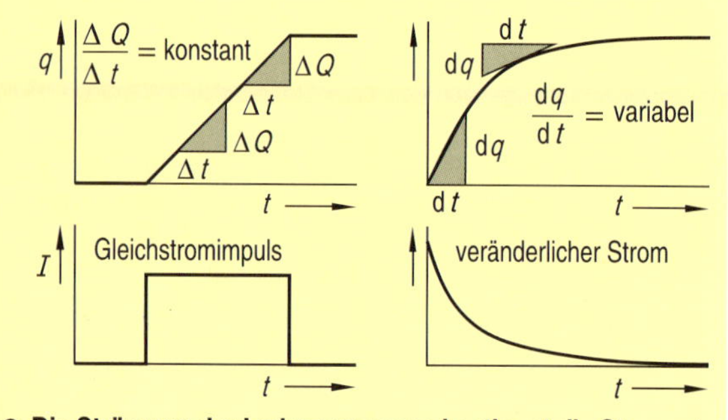

● Die Strömung der Ladungsmengen bestimmt die Stromart

Elektronenstrom

Unter dem Einfluss äußerer Kräfte können sich die freien Elektronen in einem Metall in eine gemeinsame Richtung bewegen. Diese Strömung ist für den Menschen nicht direkt, sondern nur an ihren Wirkungen erkennbar. Die Elektronenströmung erzeugt immer Wärme (thermische Wirkung) und Magnetismus; die technische Nutzung elektrischer Vorgänge besteht meist in der Nutzung dieser beiden Wirkungen.

Elektrischer Strom

Der Elektronenstrom ist die Grundlage für die meisten elektrotechnischen Nutzanwendungen, dieser Elektronenstrom müsste deshalb folgerichtig gleich dem „elektrischen" Strom sein. Aus historischen Gründen wird aber das Fließen von positiven Ladungen als elektrischer Strom definiert. Der „technische" Strom, kurz der Strom, fließt somit stets entgegengesetzt zum Elektronenstrom.

Stromstärke

Für die Wirkung des Stromes ist entscheidend, welche Ladungsmenge ΔQ je Zeiteinheit Δt durch den Leiter fließt. Dieser Ladungsdurchfluss je Zeiteinheit heißt elektrische Stromstärke oder einfach Stromstärke.
Die Einheit der Stromstärke ist das Ampere (A). Ein Strom hat die Stärke 1 Ampere (1 A), wenn in einer Sekunde (1 s) die Ladung 1 Coulomb (1 C) fließt.
Die elektrische Stromstärke I gehört zu den 7 Basisgrößen, auf denen das SI-System aufgebaut ist.

Stromdichte

Der Strom I, bezogen auf einen gleichmäßig durchströmten Querschnitt A, heißt Stromdichte J. Sie wird in A/mm^2 bzw. A/m^2 gemessen.
Einem Strom, der einen beliebig geformten Leiter durchfließt, kann insgesamt keine eindeutige Richtung zugeordnet werden; er ist ein Skalar. Die Stromdichte dagegen hat eine eindeutige Richtung; sie ist ein Vektor. Die in einem Leiter zulässige Stromdichte hängt von der Kühlung ab. Für Wicklungen von Kleintransformatoren beträgt sie z. B. $1\ A/mm^2$ bis $5\ A/mm^2$.

Stromarten

Die pro Zeiteinheit durch einen elektrischen Leiter fließende Ladungsmenge, die so genannte Ladungsmengenströmung, kann über eine längere Zeitspanne konstant sein. Der dann fließende Strom ist ein Gleichstrom. Ändert sich die Ladungsmengenströmung, so ändert sich auch die Stromstärke in jedem Augenblick. Ein derartiger Strom kann ein reiner Wechselstrom oder eine Mischung aus Gleich- und Wechselstrom sein.
Ist die durch einen Leiter geflossene Ladung $q = f(t)$ bekannt, so kann die Stromstärke zu jedem Zeitpunkt aus der Steigung der Kurve bestimmt werden.

Physikalische Größen

Eine physikalische Größe, z. B. Ladung, Strom oder Länge, ist festgelegt durch ihren Zahlenwert (Maßzahl) und ihre Einheit. Name, Formelzeichen und Einheit der Größe müssen eindeutig sein.

Im Bereich der Technik sollen nur die im SI-System festgelegten Basisgrößen und die daraus abgeleiteten Größen verwendet werden.

Es gilt: Physikalische Größe = Zahlenwert · Einheit

Beispiel: elektrischer Strom

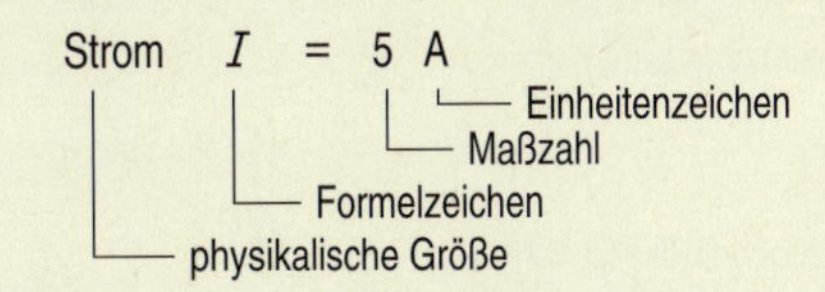

SI-System

Das SI-System (Système Internationale d'Unités) ist auf 7 Basisgrößen und den zugehörigen Einheiten aufgebaut. Es ist in Deutschland seit 1978 eingeführt und gesetzlich vorgeschrieben. Danach dürfen nur noch die Maßeinheiten dieses Systems verwendet werden. Vor allem in der Computertechnik hat aber auch die Einheit „Zoll" noch große Bedeutung.

Um Formelzeichen und Einheitenzeichen eindeutig unterscheiden zu können, ist für den Druck festgelegt:

Formelzeichen kursiv, z. B. *Q, U, C*

Einheitenzeichen senkrecht, z. B. C, V, F

Weiterhin gilt: für die Augenblickswerte von veränderlichen Größen werden Kleinbuchstaben, z. B. *u*, *i*, *t* verwendet.

Basisgröße	Länge	Zeit	Masse	elektrische Stromstärke	Temperatur	Lichtstärke	Stoffmenge
Formelzeichen	l	t	m	I	T ϑ	I_v	n
Basiseinheit	Meter	Sekunde	Kilogramm	Ampere	Kelvin Grad Celsius	Candela	Mol
Einheitenzeichen	m	s	kg	A	K °C	cd	mol

Festlegung der Stromstärke

Die Basiseinheit 1 Ampere ist über die elektromagnetische Kraftwirkung des Stromes festgelegt. Es gilt: fließt in zwei Leitern, die im Abstand von 1 Meter parallel angeordnet sind, der Strom 1 Ampere, so ist die Kraft zwischen den beiden Leitern $2 \cdot 10^{-7}$ Newton je Meter Leiterlänge.

Die Leiter müssen dabei unendlich lang sein, einen unendlich kleinen, kreisförmigen Querschnitt besitzen und geradlinig im Vakuum angeordnet sein.

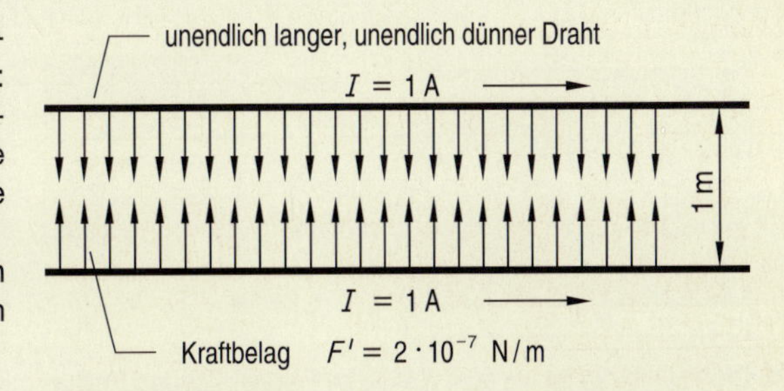

Aufgaben

1.2.1 Strömung elektrischer Ladungen

In einem Cu-Leiter mit 1 mm² Leiterquerschnitt fließt der elektrische Strom 1 A. Der Werkstoff enthält etwa $N = 85 \cdot 10^{18}$ freie Elektronen pro mm³.

a) Berechnen Sie die Ladung, die pro Sekunde durch den Leiter fließt.

b) Berechnen Sie die Strömungsgeschwindigkeit (Driftgeschwindigkeit) der freien Elektronen.

c) Wie ändert sich die Strömungsgeschwindigkeit der freien Elektronen, wenn der Leiterquerschnitt halbiert wird? Welche Auswirkungen hat die Verringerung des Leiterquerschnitts für die Praxis?

1.2.2 Strom und Ladungsmenge

Die Ladung auf einer Metallplatte wird entsprechend folgendem Diagramm geändert:

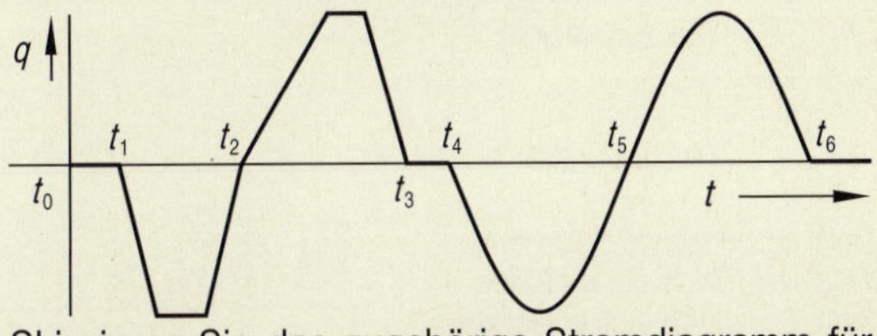

Skizzieren Sie das zugehörige Stromdiagramm für den Strom in der Zuleitung zu der Metallplatte.

1.3 Elektrisches Feld

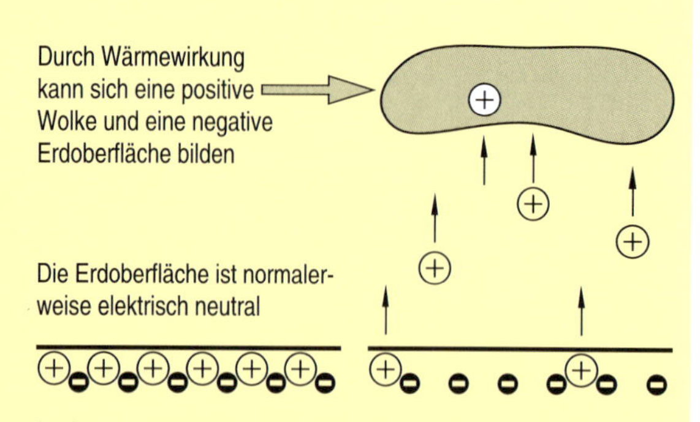

- **Ladungen können durch Energiezufuhr getrennt werden**

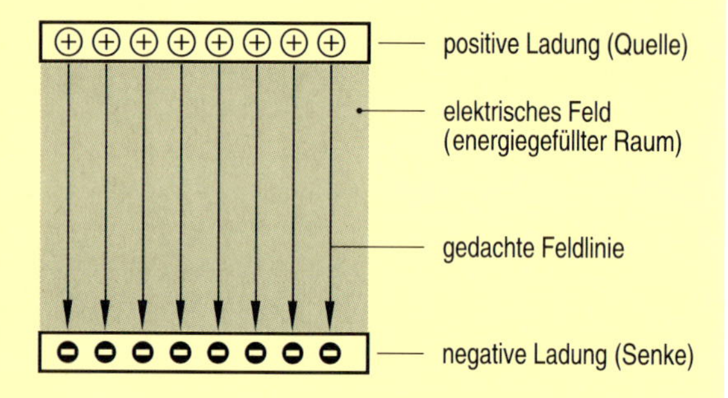

- **Elektrische Vorgänge werden durch ein Feld-Modell erklärt**

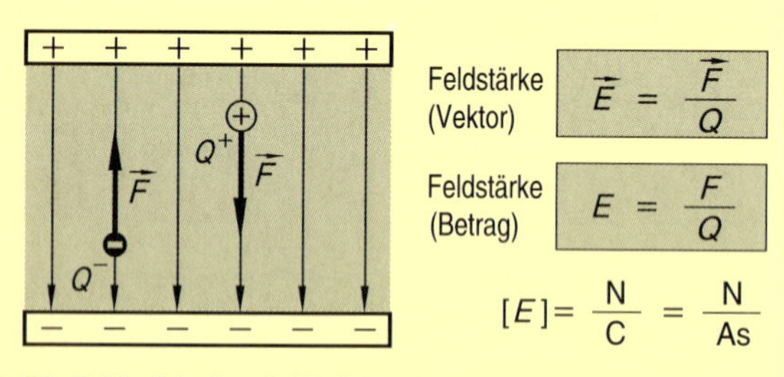

$$\vec{E} = \frac{\vec{F}}{Q}$$

$$E = \frac{F}{Q}$$

$$[E] = \frac{\text{N}}{\text{C}} = \frac{\text{N}}{\text{As}}$$

- **Die Feldstärke ist ein Maß für die im Feld wirkenden Kräfte**

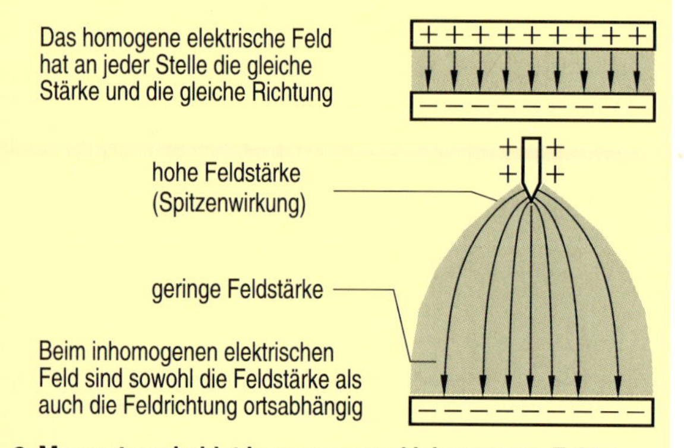

- **Man unterscheidet homogene und inhomogene Felder**

Ladungstrennung

Alle Materie besteht aus Atomen; die Atome wiederum enthalten positive und negative elektrische Ladungen. Üblicherweise enthält ein Körper gleichviel positive wie negative Ladungen; der Körper wirkt nach außen elektrisch neutral.

Durch Zufuhr von Energie, z. B. Wärme, Licht oder UV-Strahlung, können die verschiedenen Ladungen getrennt werden. Dadurch entstehen elektrisch positive und elektrisch negative Zonen.

Beispiel: An heißen Sommertagen werden durch aufsteigende Luftströmungen Staubteilchen nach oben gerissen, die z. B. positive Ladungen mitführen.

Elektrisches Feld

Zum räumlichen Trennen der ungleichnamigen Ladungen ist Energie nötig. Diese Energie ist nicht verloren, sondern in dem Raum zwischen den getrennten Ladungen gespeichert. Der so entstandene Energieraum wird als elektrisches Feld bezeichnet. In ihm werden auf Ladungsträger Kräfte ausgeübt.

Das elektrische Feld ist ein Erklärungsmodell; es kann durch so genannte Feldlinien veranschaulicht werden. Die Feldlinien beginnen stets an der positiven Ladung (Quelle) und enden an der negativen Ladung (Senke). Die in einem elektrischen Feld gespeicherte Energie kann in andere Energieformen umgewandelt werden.

Elektrische Feldstärke

Im elektrischen Feld werden auf Ladungen mechanische Kräfte ausgeübt. Diese pro Ladungseinheit ausgeübte Kraft heißt elektrische Feldstärke E.

Mechanische Kraft F sowie elektrische Feldstärke E sind gerichtete Größen (Vektoren). Bei positiven elektrischen Ladungen stimmen die Richtungen von Feldstärke und Kraft überein, bei negativen Ladungen sind sie entgegengesetzt gerichtet.

Bei der Bestimmung der Feldstärke muss die Ladung Q so klein sein, dass sie das Feld nicht beeinflusst.

Feldformen

Der Verlauf der elektrischen Feldlinien ist von der geometrischen Anordnung der Ladungen abhängig. Befinden sich die Ladungen auf zwei nahe beieinander liegenden, parallelen Platten, so ist der Feldlinienverlauf homogen, d. h., das Feld hat an jeder Stelle die gleiche Stärke und Richtung. Andere geometrische Anordnungen führen zu inhomogenen Feldern, d. h. Stärke und/oder Richtung des Feldes sind an jeder Stelle verschieden.

Die Feldlinien treten immer senkrecht aus dem zugehörigen Ladungsträger aus bzw. in ihn ein. Die Dichte der Feldlinien ist ein Maß für die Feldstärke des Feldes an der betreffenden Stelle.

Nachweis elektrischer Feldlinien

Elektrische Feldlinien sind gedachte Linien, die den Verlauf des Feldes andeuten. Obwohl diese Linien in Wirklichkeit nicht existieren, können sie durch verschiedene Experimente „sichtbar“ gemacht werden.

Versuch 1:
Mit Hilfe eines Bandgenerators, einer Influenzmaschine oder eines anderen Hochspannungsgenerators werden 2 Metallkugeln elektrisch aufgeladen. Lässt man auf die positive Kugel ein Watte- oder Styroporkügelchen fallen, so lädt es sich positiv auf. Es wird dann entlang einer Feldlinie zur negativen Kugel gezogen. Dort wird es negativ aufgeladen und fliegt zur positiven Kugel zurück. Die Flugbahn des Kügelchens deutet den Verlauf einer Feldlinie an.

Versuch 2:
Wird zwischen zwei geladene Elektroden Kunststoffstaub gestreut, so ordnet sich der Staub unter dem Einfluss der Feldkräfte; das Staubmuster deutet die Feldlinien an. Statt Kunststoffstaub sind auch in Rizinusöl schwebende Grießkörner verwendbar.

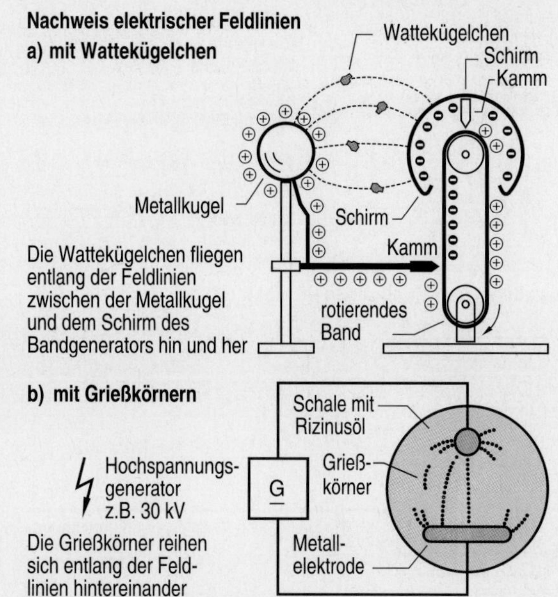

Homogene und inhomogene Felder

Homogene elektrische Felder kommen in der Technik nur in Ausnahmefällen vor. Zur Darstellung eines homogenen Feldes werden zwei Platten benötigt, deren Abstand sehr klein ist im Vergleich zu ihrer Breite und Länge. Diese geometrischen Verhältnisse liegen z. B. bei den üblichen Kondensatoren vor.
Andere elektrische Betriebsmittel, z. B. mehradrige Kabel oder Freileitungen über der Erde, bilden inhomogene Felder aus. Ihre Berechnung ist meist nur näherungsweise möglich. Zur Bestimmung der Feldstärke in inhomogenen Feldern werden deshalb meist grafische Näherungslösungen verwendet.
Ein Sonderfall ist das Radialfeld, das zwischen zwei konzentrischen Leitern entsteht; es kann als „radialhomogen“ bezeichnet werden.
Die Skizze zeigt einige oft vorkommende Feldformen.

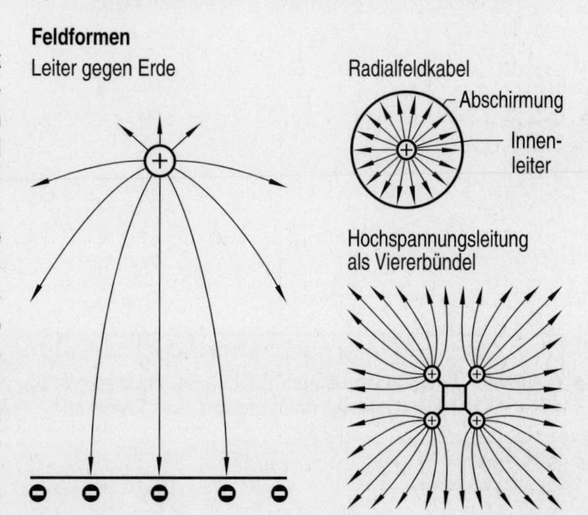

Aufgabe

1.3.1 Elektronenstrahlröhre

In der Bildschirmröhre eines Oszilloskops herrscht ein elektrisches Feld der Feldstärke 5 kN/C. Das Feld wird als annähernd homogen angenommen.
Berechnen Sie

a) die Kraft und die Beschleunigung, die auf ein Elektron einwirkt (Elektronenmasse $m = 0{,}911 \cdot 10^{-30}$ kg, Elementarladung $e = 1{,}6 \cdot 10^{-19}$ C),

b) die Flugzeit des Elektrons sowie seine Auftreffgeschwindigkeit auf dem Bildschirm.

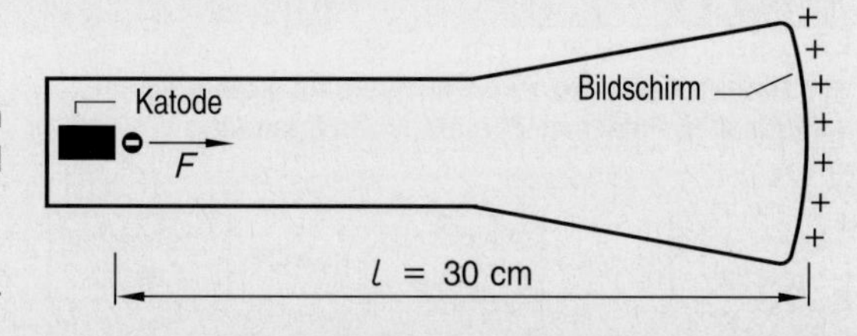

Für gleichmäßig beschleunigte Massen gilt: $F = m \cdot a$, $v = a \cdot t$, $s = ½ \cdot a \cdot t^2$ mit F Kraft, m Masse, a Beschleunigung, v Geschwindigkeit, s zurückgelegter Weg.

1.4 Potential, Spannung, Energie

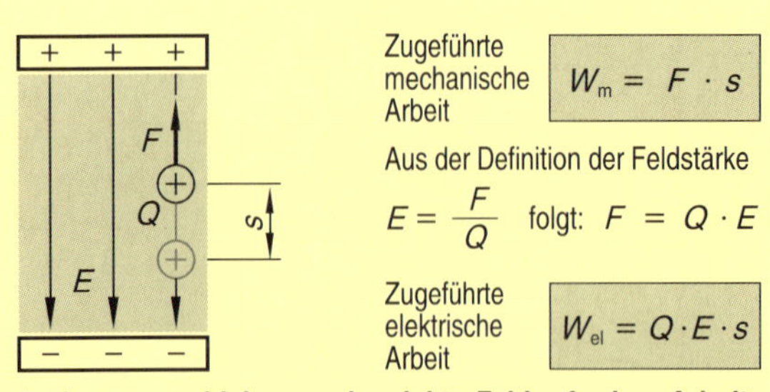

- **Ladungsverschiebungen im elektr. Feld erfordern Arbeit**

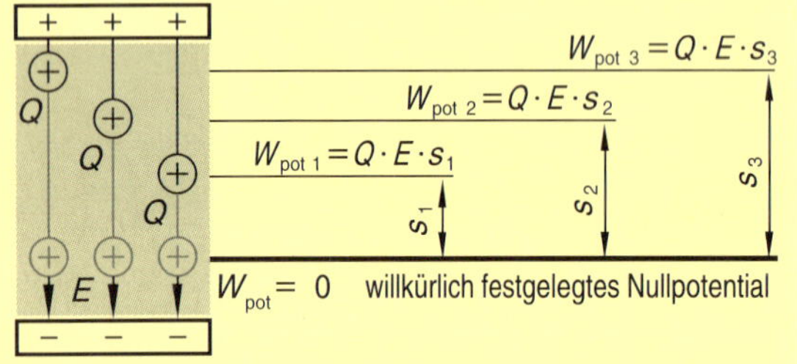

- **Die Ladungen in einem elektrischen Feld können unterschiedlich hohe potentielle Energien besitzen**

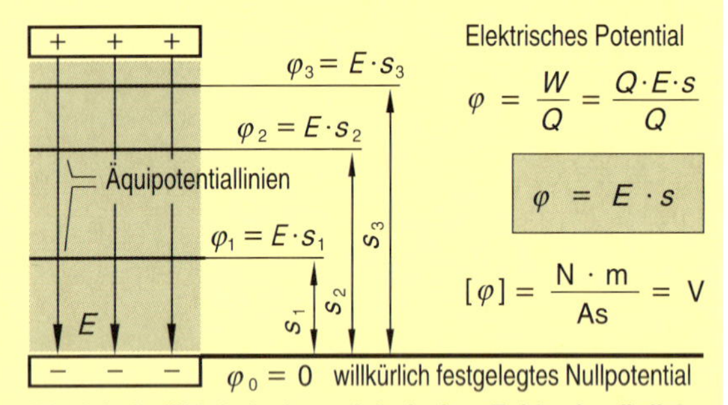

- **Die Arbeitsfähigkeit eines elektrischen Feldes bezüglich einer elektrischen Ladung heißt elektrisches Potential**

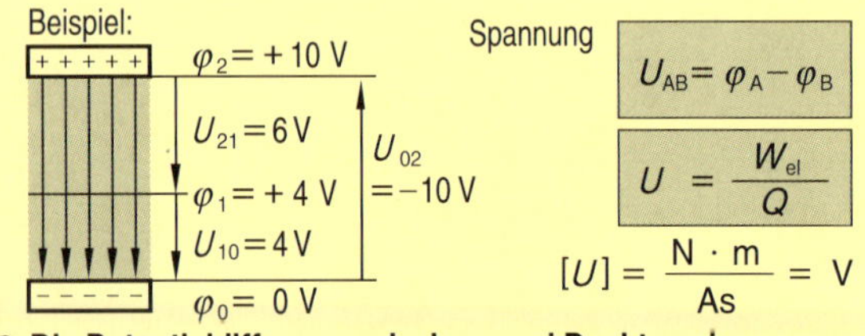

- **Die Potentialdifferenz zwischen zwei Punkten eines elektrischen Feldes heißt elektrische Spannung**

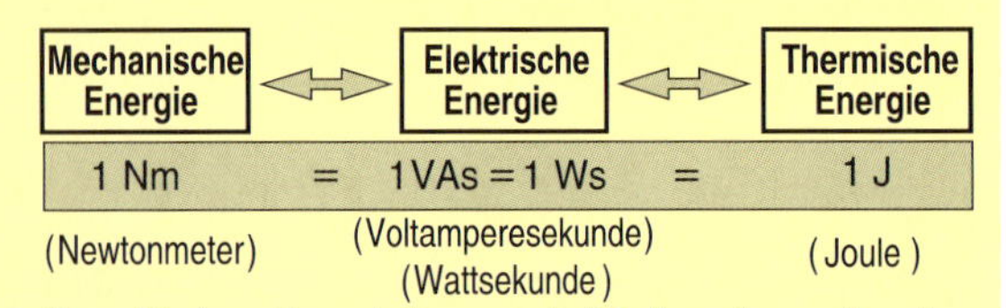

- **Verschiedene Energieformen sind ineinander umformbar**

Verschiebearbeit

Befindet sich in einem elektrischen Feld eine Ladung, so erfährt diese eine Kraftwirkung. Die Kraft F ist von der Feldstärke E und der Ladungsmenge Q abhängig. Um die Ladung nun entlang einer Feldlinie, entgegengesetzt zur Feldrichtung zu verschieben, muss eine entsprechende Gegenkraft F (actio = reactio) aufgebracht werden. Das Bewegen der Ladung erfordert Arbeit; diese Arbeit ist abhängig von der aufgebrachten Kraft F und der entlang der Feldlinie zurückgelegten Wegstrecke s. Es gilt: $W = F \cdot s = Q \cdot E \cdot s$.

Energieniveau

Wird eine Ladung unter Aufwendung von Arbeit gegen die Feldkraft bewegt, so besitzt die Ladung anschließend ein höheres Energieniveau. Die Ladung besitzt jetzt diese zugeführte Arbeit in Form von potentieller Energie. Lässt man die Ladung entlang der Feldlinie in die Ausgangslage zurückfallen, so wird die zugeführte Arbeit wieder frei.

Die potentielle Energie der Ladung bezieht sich auf die Ausgangslage; in der Ausgangslage ist sie null. Das Nullpotential kann willkürlich festgelegt werden.

Elektrisches Potential

Elektrische Felder können Ladungen bewegen und damit Arbeit verrichten. Wie viel Arbeit verrichtet werden kann, hängt gemäß $W = Q \cdot E \cdot s$ auch von der Ladungsmenge ab. Um allgemeine Aussagen über die mögliche (potentielle) Arbeitsfähigkeit eines elektrischen Feldes zu bekommen, wird die Arbeitsfähigkeit auf die Ladung bezogen. Diese Arbeitsfähigkeit je Ladungseinheit heißt elektrisches Potential φ. Das Bezugspotential φ_0 kann willkürlich festgelegt werden. Meist wird die negative Elektrode als Nullpotential definiert. Die Verbindung aller Punkte gleichen elektrischen Potentials heißt Äquipotentiallinie bzw. Äquipotentialfläche.

Elektrische Spannung

Bei der Aufnahme bzw. Abgabe von Energie wird eine elektrische Ladung von einem elektrischen Potential φ_1 zu einem anderen Potential φ_2 gebracht. Die Potentialdifferenz $\varphi_2 - \varphi_1$ heißt elektrische Spannung U. Die erzeugte Spannung ist somit die aufgewandte Arbeit bezogen auf die verschobene elektrische Ladung: $U = W/Q$. Spannung und Potential werden in Volt gemessen, beides sind skalare Größen.

Energieäquivalente

Die in einem Feld enthaltene elektrische Energie kann durch Zufuhr mechanischer Energie (Turbine) erhöht werden; die elektrische Energie kann auch wieder in mechanische Energie (Motor) oder in Wärmeenergie (Heizgerät) umgewandelt werden. Die Energie ändert dabei die Form, nicht aber ihren Wert.

Spannung und Feldstärke
Die elektrische Spannung ist als Potentialdifferenz definiert. Daraus ergibt sich: Spannung kann nicht an einem Punkt, sondern nur zwischen zwei verschiedenen Punkten eines elektrischen Feldes auftreten. Und umgekehrt gilt: besteht zwischen zwei Punkten (Elektroden, Polen) eine elektrische Spannung, so besteht zwischen ihnen auch ein elektrisches Feld.
Die elektrische Feldstärke lässt sich somit auch als Spannung pro Wegstrecke ausdrücken; die Einheit ist Volt pro Meter.

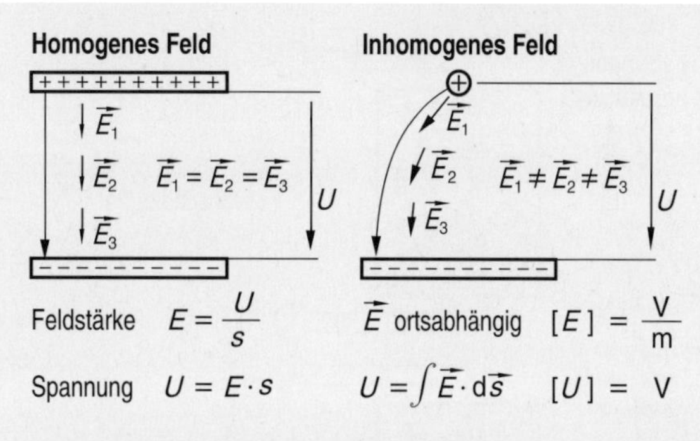

Energiewandlung
Gemäß dem ersten thermodynamischen Hauptsatz kann Energie weder erzeugt noch vernichtet werden. Die einzelnen Energieformen können aber ineinander umgewandelt werden. Für die 3 Hauptenergieformen (mechanische, elektrische, thermische Energie) gilt dabei die Äquivalenz: 1 Nm = 1 Ws = 1 J.
In der Praxis ist die Umwandlung nicht problemlos: elektrische Energie kann zwar 100%ig in Wärmeenergie gewandelt werden, umgekehrt kann aber Wärme nur zu einem kleinen Teil in elektrische Energie überführt werden. Elektrische Energie ist daher im Sinne von guter Wandelbarkeit eine sehr hochwertige Energie, Wärmeenergie hingegen ist niederwertig.

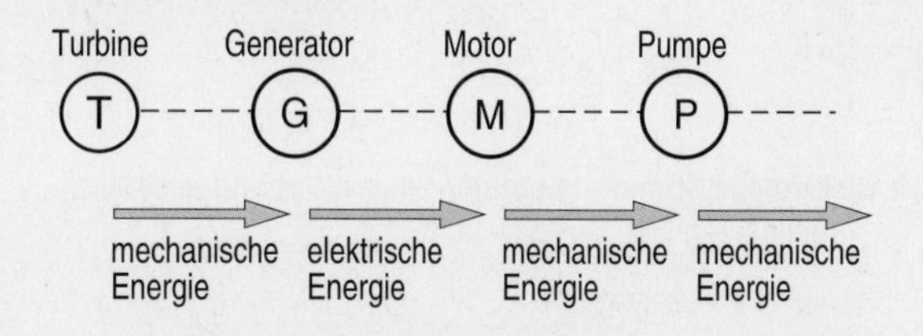

Im Normalfall treten bei jeder Energiewandlung Verluste in Form von Wärmeenergie auf. Dies wird bei der Berechnung durch den so genannten Wirkungsgrad berücksichtigt (siehe Kapitel 1.17).

Skalare, Vektoren, Zählpfeile
Wie in Kapitel 1.3 und 1.4 erläutert wurde, sind Stromdichte und Feldstärke Vektoren, Strom und Spannung hingegen Skalare. Diese Tatsache ist meist schwer verständlich, zumal auch Ströme und Spannungen in Schaltungen mit Pfeilen gekennzeichnet sind und damit wie Vektoren aussehen. Deshalb hier der Hinweis: Strom- und Spannungspfeile in Schaltbildern sind Zählpfeile, sie deuten keine Vektoren an.

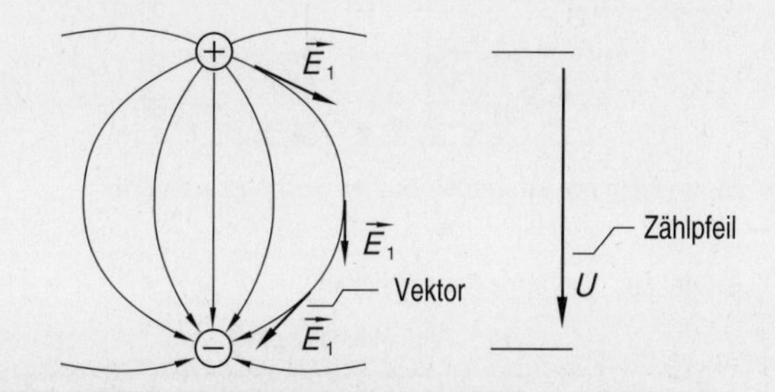

Aufgaben

1.4.1 Elektronenstrahlröhre
Bei der Bildschirmröhre von Aufgabe 1.3.1 sollen die Elektronen in der Zeit $t = 10$ ns von der Katode zum Bildschirm fliegen. Berechnen Sie
a) die notwendige Spannung zwischen Bildschirm und Katode,
b) die Feldstärke in der Röhre in kN/C und in kV/m,
c) die Aufprallgeschwindigkeit der Elektronen auf den Bildschirm und die Aufprallenergie eines Elektrons.

1.4.2 Einheiten im SI-System
Die elektrische Einheit V (Volt) ist aus den Basiseinheiten A (Ampere), m (Meter), kg (Kilogramm), und s (Sekunde) abgeleitet.
Stellen Sie den mathematischen Zusammenhang zwischen diesen Größen her.

1.4.3 Feld- und Äquipotentiallinien
Gegeben sind folgende Elektrodenanordnungen:

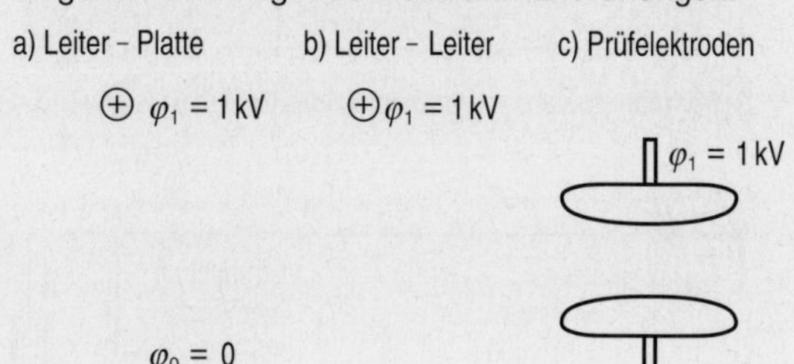

Skizzieren Sie für alle 3 Anordnungen das Feldlinienbild sowie die Äquipotentiallinien für die Potentiale 1 kV, 750 V, 500 V, 250 V und 0 V.

1.5 Elektrischer Stromkreis

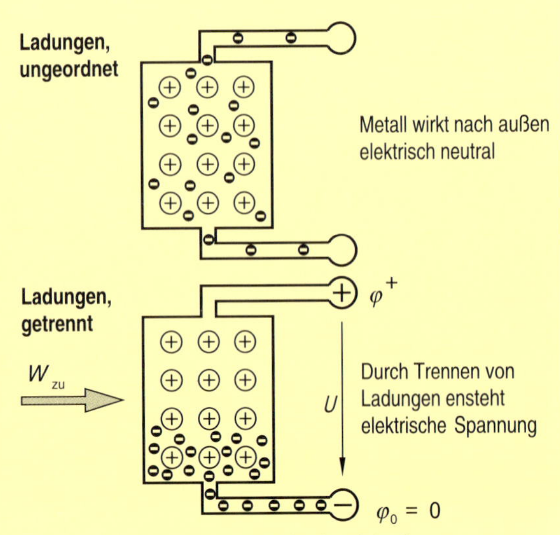

- **Elektrische Spannung entsteht durch Ladungstrennung**

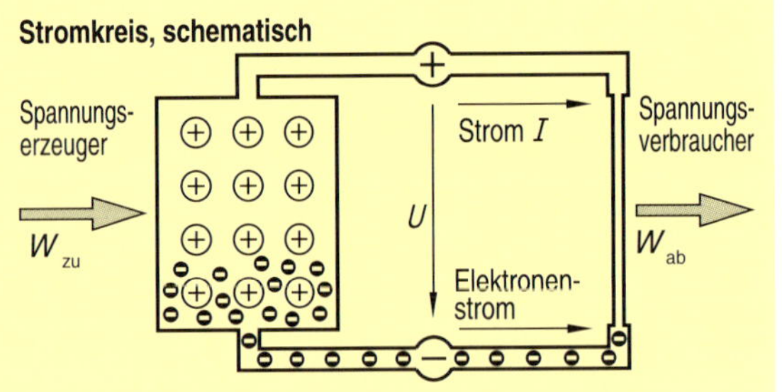

- **Strom kann nur im geschlossenen Stromkreis fließen**

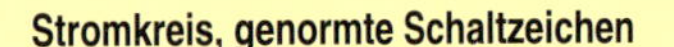

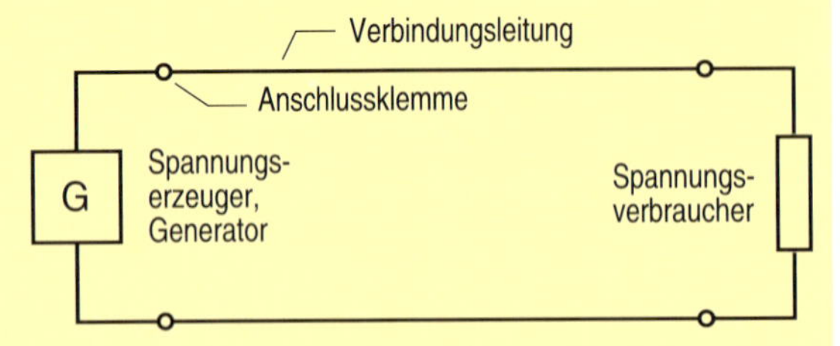

- **In Schaltplänen werden genormte Schaltzeichen verwendet**

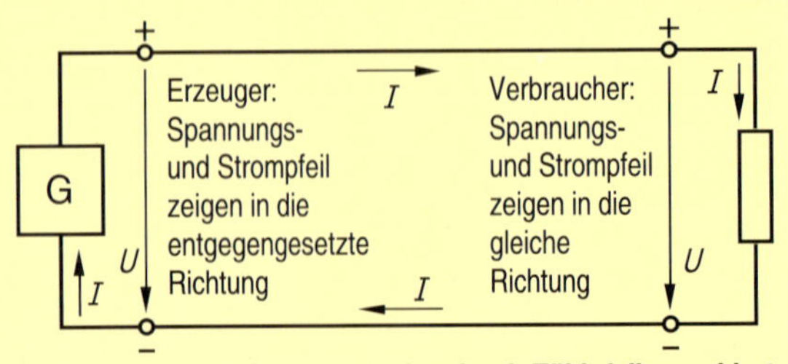

- **Spannungen und Ströme werden durch Zählpfeile markiert**

Spannungserzeuger

Wie in Kap. 1.1 gezeigt wurde, haben Metalle ein Gitter aus unbeweglichen, positiven Restatomen sowie frei bewegliche, negative Elektronen. Nach außen hin ist das Metall elektrisch neutral.
Durch Energiezufuhr, z. B. durch mechanische oder thermische Energie, können die freien Elektronen jedoch verschoben und damit voneinander getrennt werden. Die gegenüberliegenden Enden des Metalls bekommen so verschiedene elektrische Potentiale. Der Anschluss der Metallseite, an dem Elektronenmangel herrscht, heißt Plus-Pol; der Anschluss mit Elektronenüberschuss ist der Minus-Pol. Zwischen beiden Polen herrscht eine elektrische Spannung; das Metall wird also durch die Ladungstrennung zu einer Spannungsquelle. Wird die äußere Energiezufuhr unterbrochen, so gleichen sich die Ladungen wieder aus.
Dem Minus-Pol einer Spannungsquelle wird üblicherweise das Potential 0 Volt zugeordnet.

Stromkreis

Werden die beiden Pole der Spannungsquelle über einen Metalldraht miteinander verbunden, so können die freien Elektronen vom Minus-Pol über den Draht zum Plus-Pol fließen. Der Elektronenstrom, bzw. der gemäß Definition entgegengesetzt fließende elektrische Strom, erwärmt den Draht; die nötige Energie muss der Spannungsquelle ständig zugeführt werden. Unabhängig von der geometrischen Form heißt die Anordnung Strom*kreis*, weil die Ladungsträger sich in einer Art Kreislauf bewegen.

Schaltzeichen

Schematische, die Funktion des Bauteils erklärende Darstellungen werden in der Elektrotechnik nur in begründeten Ausnahmefällen verwendet. Üblicherweise werden Stromkreise mit Hilfe von Schaltzeichen dargestellt. Diese Schaltzeichen sollen möglichst einfach aufgebaut und allgemein verständlich sein. Für praktisch alle elektrischen Betriebsmittel gibt es nach DIN 40 900 genormte Schaltzeichen.
In Kapitel 9 befindet sich eine Sammlung der wichtigsten elektrotechnischen Schaltzeichen.

Verbraucher-Zählpfeilsystem

Spannungen und Ströme werden in Schaltbildern durch Zählpfeile dargestellt. Die Zählpfeile geben die Zählrichtung an: in Pfeilrichtung ist der Wert positiv, gegen die Pfeilrichtung ist er negativ zu zählen.
Im meist angewandten Verbraucher-Zählpfeilsystem gilt: Der positive Spannungspfeil zeigt im Verbraucher in die gleiche Richtung wie der positive Strompfeil; im Spannungserzeuger haben beide Pfeile die entgegengesetzte Richtung.

Technische Spannungserzeugung

Die Erzeugung von elektrischer Spannung erfordert immer Energie, um die notwendige Ladungstrennung zu ermöglichen. Prinzipiell kann jede Energieform eingesetzt werden, die größte Bedeutung hat die Spannungserzeugung nach dem Induktionsprinzip.

In Kraftwerken wird die elektrische Spannung im Prinzip folgendermaßen erzeugt: ein drehbar gelagerter Magnet (Polrad) wird von einer Turbine angetrieben. Dabei durchsetzt sein Magnetfeld verschiedene Spulen und „induziert“ in diesen Spannung. Als Turbinen können Wasserturbinen (mechanische Energie) oder Dampfturbinen (thermische und mechanische Energie) eingesetzt werden.

Kraftwerksgeneratoren liefern Spannungen bis 21 kV und elektrische Leistungen bis etwa 1300 MW.

Im Gegensatz zu konventionellen Generatoren, die elektrische Energie immer über den Zwischenschritt der mechanischen Energie gewinnen, können galvanische Elemente, Thermoelemente, Solarzellen u. a. die elektrische Energie direkt aus der zugeführten chemischen, thermischen oder der Strahlungsenergie umwandeln. Die unkonventionellen Energiewandler haben aber hohe Umwandlungsverluste und damit einen kleinen Wirkungsgrad; ihre Herstellungskosten sind außerdem noch vergleichsweise hoch. Für die Energieversorgung sind sie daher zur Zeit noch nicht einsetzbar. Ihr Einsatzgebiet beschränkt sich auf kleine Anlagen (z.B. Solarzellen für abgelegene Anlagen, Autobatterien) sowie für messtechnische Einsätze.

Spannungserzeugung durch

a) mechanische Energie

Ein rotierender Magnet erzeugt in einer Spule durch Induktion eine elektrische Spannung

Anwendung: Kraftwerksgenerator, Kfz-Lichtmaschine, Fahrraddynamo, dynamisches Mikrofon

Spule
rotierender Magnet
N
S
U

In einem Piezo-Kristall wird durch Druckkraft elektrische Spannung erzeugt

Anwendung: Kristallmikrofon, Tonabnehmer, Druckfühler, Gasanzünder

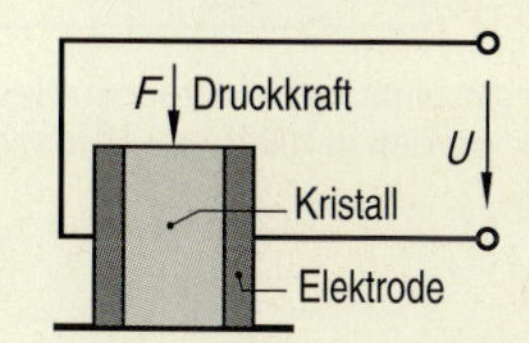

b) thermische Energie

Wird die Kontaktstelle zweier verschiedener Metalle erwärmt, so wandern Elektronen vom schlechteren zum besseren elektrischen Leiter

Anwendung: Thermoelemente zur Temperaturmessung

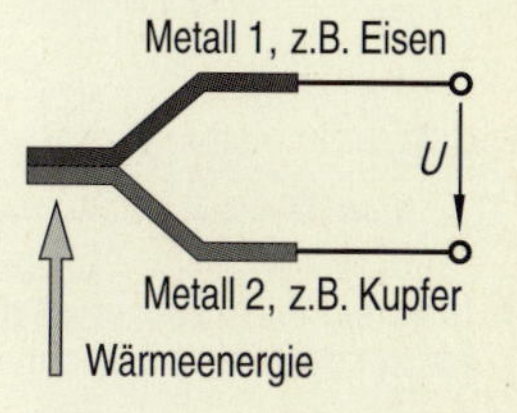

c) chemische Energie

Zwei unterschiedliche Metalle in einer leitfähigen Flüssigkeit (Elektrolyt) bilden ein sog. galvanisches Element

Anwendung: Monozellen, Batterien und Akkumulatoren

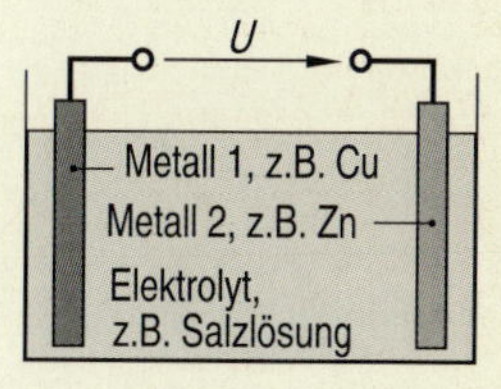

Zählpfeile

Die positive Zählrichtung von Spannungen und Strömen wird durch Zählpfeile angegeben.

Spannungszählpfeile werden zwischen 2 Potentiale oder neben ein Bauteil gesetzt; die Pfeile neben Bauteilen können geradlinig oder bogenförmig sein.

Stromzählpfeile werden neben die Leitung oder ein Bauteil oder auch direkt in die Leitung gesetzt.

Beispiele für Spannungs- und Stromzählpfeile

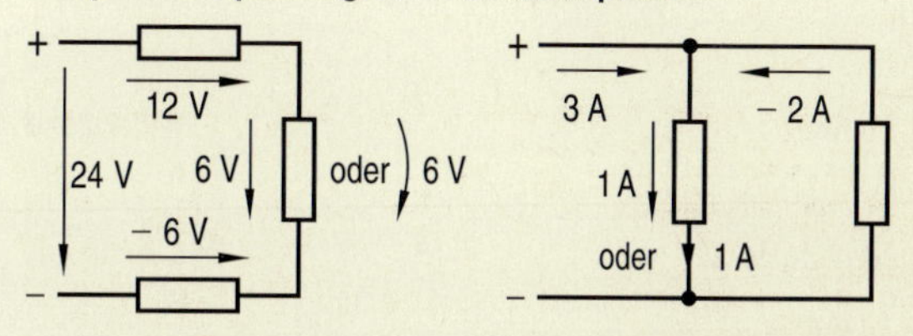

Aufgaben

1.5.1 Grundbegriffe

a) Erklären Sie das Prinzip von jeglicher elektrischen Spannungserzeugung.

b) Untersuchen Sie kritisch die Begriffe Energieerzeuger, Energieverbraucher, Spannungserzeuger und Spannungsverbraucher.

c) Erklären Sie anhand von je einem Beispiel die Begriffe Skalar, Vektor, Zählpfeil.

d) Skizzieren Sie einen Stromkreis mit Verbraucher-Zählpfeilsystem und erläutern Sie, wie ein Erzeuger-Zählpfeilsystem aufgebaut ist.

1.5.2 Stromfluss im Stromkreis

In einem Stromkreis haben die Kupfer-Leitungen den Querschnitt $A_1 = 1{,}5\ \text{mm}^2$, der Verbraucher ist aus Wolfram-Draht mit dem Querschnitt $A_2 = 0{,}0004\ \text{mm}^2$ gewickelt. Beide Materialien haben ungefähr $N = 10^{23}$ freie Ladungsträger pro cm^3.

Der im Stromkreis fließende Strom beträgt 1 A.

Berechnen Sie:

a) die Stromdichte in beiden Leiterquerschnitten,

b) die Geschwindigkeit der freien Elektronen (Driftgeschwindigkeit) in beiden Leiterquerschnitten.

1.6 Ohmsches Gesetz

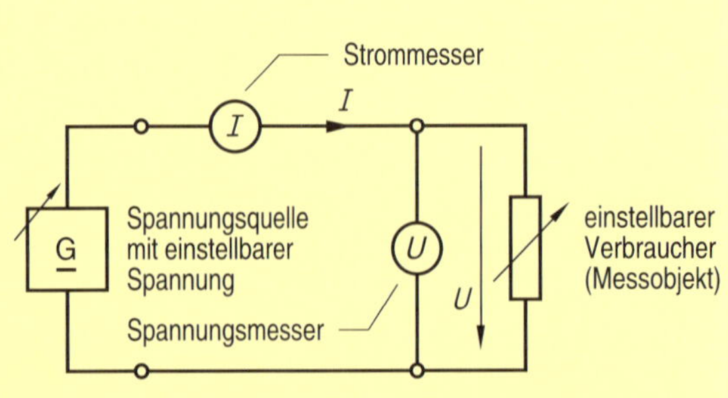

- **Strommesser werden in Reihe, Spannungsmesser werden parallel zum Messobjekt geschaltet**

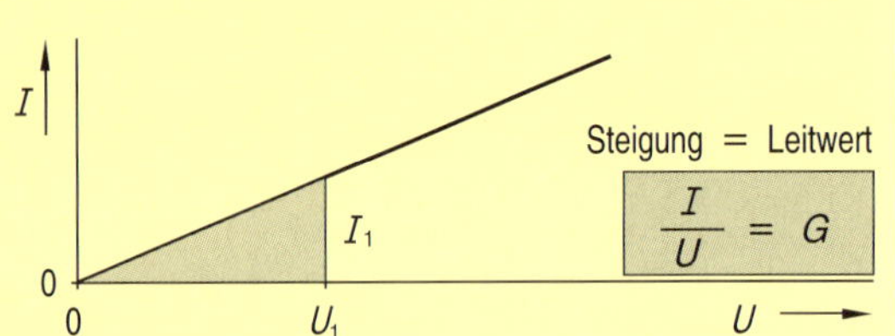

- **In einem Verbraucher ist der fließende Strom proportional zur angelegten Spannung, $I = f(U)$ ist eine Gerade**

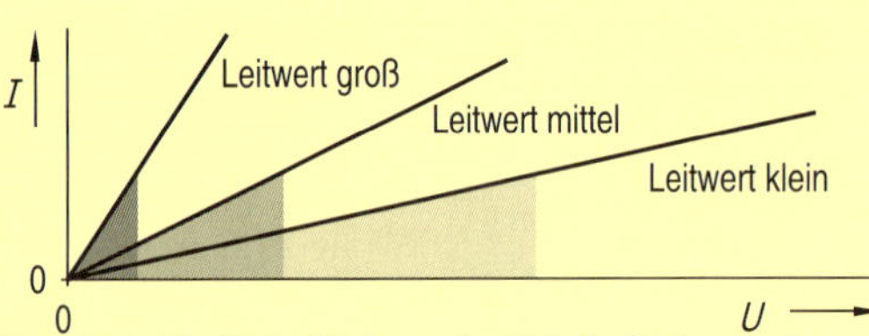

- **Für unterschiedliche Verbraucher ist die Steigung der Geraden $I = f(U)$ unterschiedlich groß**

Leitwert **Widerstand**

$$G = \frac{I}{U} \quad \Longleftrightarrow \quad R = \frac{1}{G} \quad \Longleftrightarrow \quad R = \frac{U}{I}$$

$$[G] = \frac{A}{V} = S \qquad [R] = \frac{V}{A} = \Omega$$

(S lies: Siemens) (Ω lies: Ohm)

- **Der elektrische Widerstand ist der Kehrwert des Leitwerts**

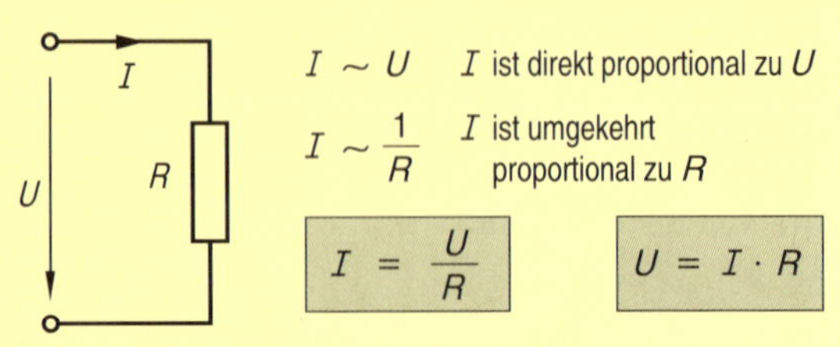

- **Das ohmsche Gesetz beschreibt den Zusammenhang zwischen Spannung, Strom und elektrischem Widerstand**

Messung von Strom und Spannung

Oft ist es nötig, die in einem Stromkreis auftretenden Ströme und Spannungen zu messen.
Für die Strommessung wird dazu der Stromkreis aufgetrennt, der Strommesser wird dann in die aufgetrennte Leitung geschaltet. Der Spannungsmesser wird zwischen die beiden Punkte geschaltet, deren Potentialdifferenz gemessen werden soll.
Durch die Messung soll der Stromkreis möglichst nicht beeinflusst werden; dies wird erreicht, wenn die Messgeräte im Vergleich zum Verbraucher einen möglichst geringen Eigenverbrauch haben.

Strom als Funktion der Spannung

Da die elektrische Feldstärke die treibende Kraft für den Elektronenfluss darstellt, darf vermutet werden, dass Spannung und Strom in einem direkten Zusammenhang stehen. Dieser vermutete Zusammenhang kann messtechnisch folgendermaßen ermittelt werden: Ein Verbraucher, z. B. ein Metalldraht mit definierten Abmessungen, wird an eine Spannungsquelle mit verstellbarer Spannung angeschlossen; der bei verschiedenen Spannungen jeweils fließende Strom wird gemessen, die Messergebnisse werden zeichnerisch ausgewertet.
Ergebnis: Die Funktion $I = f(U)$ ist eine Gerade, der fließende Strom steigt proportional (verhältnisgleich) mit der angelegten Spannung.
Wird die Messreihe mit anderen Verbrauchern wiederholt, z. B. mit Drähten doppelter oder halber Länge, so ergeben sich in der grafischen Darstellung wieder Geraden, sie haben aber eine andere Steigung. Die Steigung charakterisiert somit den Verbraucher; sie wird als elektrischer Leitwert G definiert.

Leitwert und Widerstand

Der elektrische Leitwert eines Bauteils gibt an, wie gut oder wie schlecht es den elektrischen Strom leitet. In der Praxis wird aber häufiger die Frage gestellt, welchen Widerstand das Bauteil dem Stromfluss entgegensetzt. Der elektrische Widerstand R eines Bauteils wird als Kehrwert des Leitwertes definiert.
Der Leitwert wird in Siemens (S), der Widerstand wird in Ohm (Ω) gemessen.

Ohmsches Gesetz

Der von dem deutschen Physiker Georg Simon Ohm im Jahre 1826 entdeckte Zusammenhang zwischen Spannung, Strom und Widerstand ist das wichtigste Grundgesetz der Elektrotechnik. Es besagt:
„Der Strom in einem Bauteil ist proportional zur angelegten Spannung und umgekehrt proportional zum Widerstand des Bauteils“, oder: „der Spannungsfall an einem Bauteil ist proportional zum fließenden Strom und proportional zum Widerstand des Bauteils.“

Liniendiagramme

Zur anschaulichen Darstellung physikalischer Zusammenhänge, z. B. $I = U/R$ bei R = konstant, werden sie als Liniendiagramme gezeichnet. Dazu werden in ein rechtwinkliges Koordinatensystem Mess- oder Rechenpunkte eingetragen, die einzelnen Punkte durch eine Linie miteinander verbunden. Die Wertepaare der Mess- bzw. Rechenpunkte werden sinnvollerweise in eine Wertetabelle eingetragen.

Im Liniendiagramm wird die frei veränderliche Größe (unabhängige Variable) auf der waagrechten Achse (Abszissenachse), die sich automatisch einstellende Größe (abhängige Variable) auf der senkrechten Achse (Ordinatenachse) aufgetragen. Die während einer Mess- oder Rechenreihe konstante Größe heißt Hilfsveränderliche, Hilfsvariable oder Parameter.

Skalen

Die Achsen eines Koordinatensystems müssen mit den dargestellten physikalischen Größen beschriftet sein; die positive Richtung der Achse wird durch einen Pfeil gekennzeichnet. Die Pfeilspitze wird in der Mathematik meist direkt auf die Achsen gesetzt; in technischen Darstellungen dagegen ist es üblich, einen Pfeil unter die waagrechte bzw. links neben die senkrechte Achse zu setzen.

Sollen dem Diagramm nicht nur prinzipielle Zusammenhänge (qualitative Darstellung), sondern auch Zahlenwerte entnommen werden (quantitative Darstellung), so müssen an den Achsen Zahlenwerte und Einheiten in Form einer Skale angegeben sein. Der Skalenmaßstab ist dabei frei wählbar, für die Angabe der Einheit gibt es nebenstehende 3 Möglichkeiten.

Skalenteilung

Prinzipiell kann die Skalenteilung für ein Liniendiagramm willkürlich gewählt werden, besonders geeignet sind aber lineare und logarithmische Teilungen. Lineare Teilungen können einen Nullpunkt und negative Werte haben, logarithmische Teilungen hingegen haben nur Werte größer null.

Rechtwinkliges Koordinatensystem

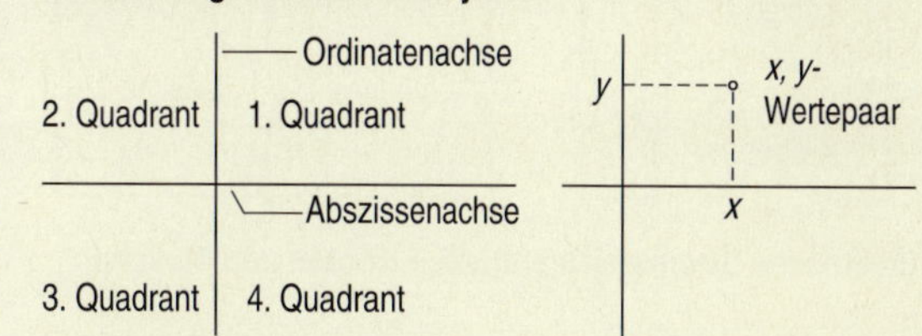

Liniendiagramme

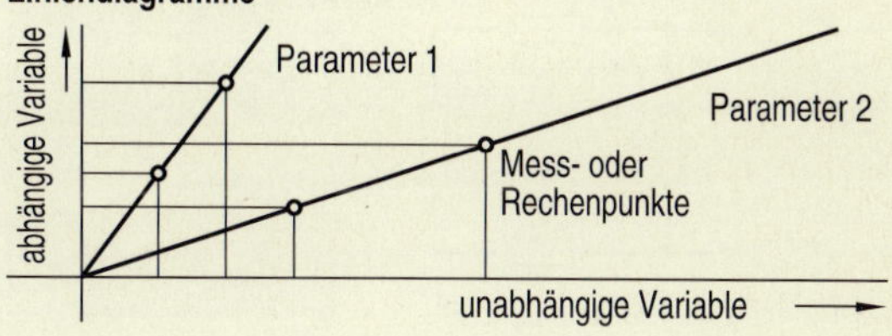

Achsenrichtung

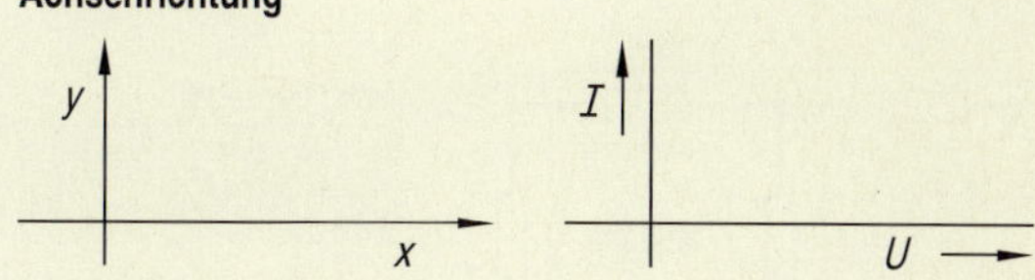

Zahlenwerte und Einheiten

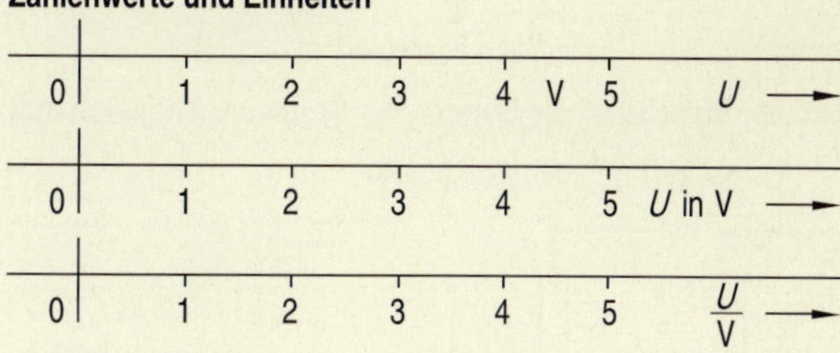

Lineare Skalenteilung

-3 -2 -1 0 1 2 3 4 V 5 U ⟶

Logarithmische Skalenteilung

10^{-2} 10^{-1} 10^{0} 10^{1} V 10^{2} U ⟶

Aufgaben

1.6.1 Ohmsches Gesetz

Gegeben ist folgender Ausschnitt aus einem Netzwerk:

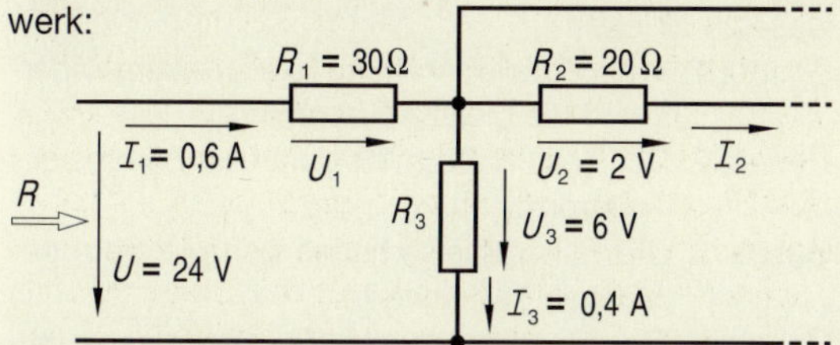

Berechnen Sie die fehlenden Werte U_1, I_2, R und R_3.

1.6.2 Kennlinien

Zeichnen Sie für die drei ohmschen Widerstände $R_1 = 100\ \Omega$, $R_2 = 500\ \Omega$ und $R_3 = 1000\ \Omega$ die zugehörigen U-I-Kennlinien

a) mit linearer Einteilung beider Achsen für den Spannungsbereich 0 bis 1000 V,

b) mit logarithmischer Einteilung beider Achsen (doppellogarithmische Darstellung) für den Spannungsbereich 0,01 V bis 1000 V.

Erstellen Sie zuerst eine Wertetafel. Diskutieren Sie die Vor- und Nachteile beider Darstellungen.

1.7 Grundstromkreise

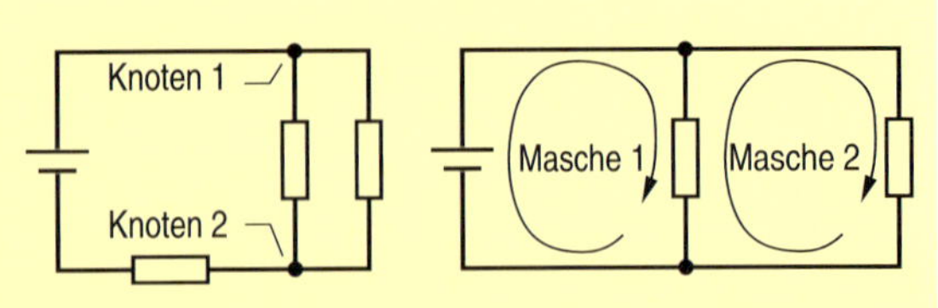

- **Elektrische Stromkreise enthalten Knoten und Maschen**

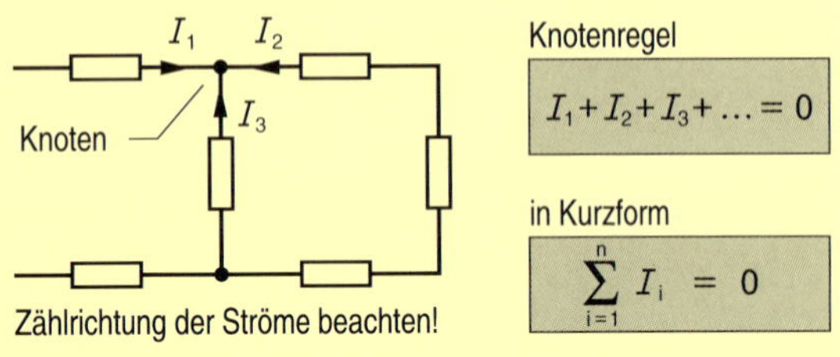

Zählrichtung der Ströme beachten!

Knotenregel

$$I_1 + I_2 + I_3 + \ldots = 0$$

in Kurzform

$$\sum_{i=1}^{n} I_i = 0$$

- **In einem Knoten ist die Summe der Ströme gleich null**

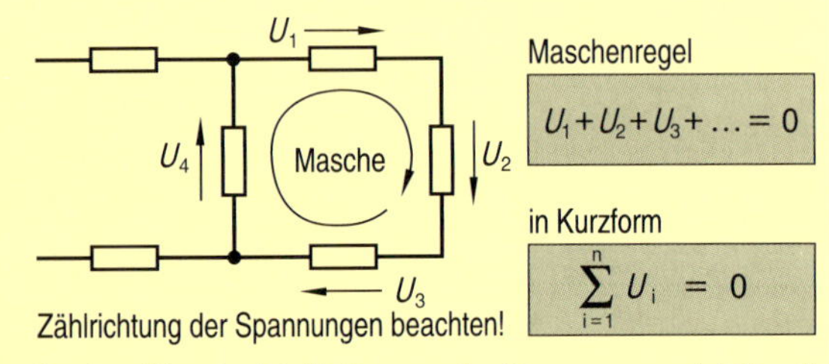

Zählrichtung der Spannungen beachten!

Maschenregel

$$U_1 + U_2 + U_3 + \ldots = 0$$

in Kurzform

$$\sum_{i=1}^{n} U_i = 0$$

- **In einer Masche ist die Summe der Spannungen gleich null**

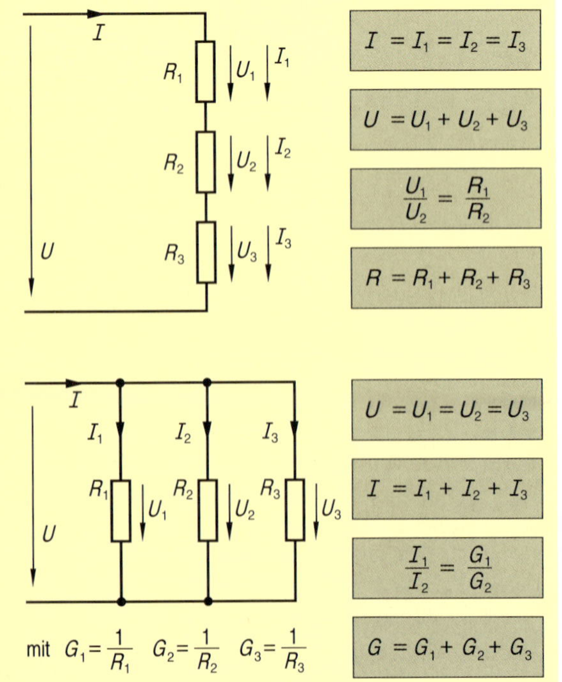

$$I = I_1 = I_2 = I_3$$

$$U = U_1 + U_2 + U_3$$

$$\frac{U_1}{U_2} = \frac{R_1}{R_2}$$

$$R = R_1 + R_2 + R_3$$

$$U = U_1 = U_2 = U_3$$

$$I = I_1 + I_2 + I_3$$

$$\frac{I_1}{I_2} = \frac{G_1}{G_2}$$

$$G = G_1 + G_2 + G_3$$

mit $G_1 = \frac{1}{R_1}$ $G_2 = \frac{1}{R_2}$ $G_3 = \frac{1}{R_3}$

Knoten und Maschen

Alle Stromkreise lassen sich in zwei Hauptelemente aufteilen:
1. in Knoten (Knotenpunkte)
2. in Maschen (Netzmaschen).

Als Knotenpunkt gilt dabei jeder Verbindungspunkt von Leitungen, als Netzmasche gilt jeder in sich geschlossene Umlauf in einer Schaltung.

Knotenregel

Über die Knoten einer Schaltung fließen Ströme von einem zu einem anderen Schaltungsteil. In diesen Knoten können elektrische Ladungen weder entstehen noch verschwinden oder gespeichert werden. Daraus folgt, dass in einem Knoten die Summe aller Ströme in jedem Augenblick null ist. Dem Knoten zufließende Ströme werden dabei üblicherweise positiv, abfließende Ströme negativ gezählt.
Die Knotenregel heißt auch 1. kirchhoffsches Gesetz.

Maschenregel

Über die Maschen einer Schaltung wird das elektrische Potential der Ladungen abgebaut. Nach einem vollen Umlauf in einer Masche ist die Ladung wieder auf ihrem Ausgangspotential. Daraus folgt, dass in einer Masche die Summe aller Spannungen in jedem Augenblick null ist. Im Uhrzeigersinn gepfeilte Spannungen werden dabei meist positiv, im Gegenuhrzeigersinn gepfeilte Spannungen negativ gezählt.
Die Maschenregel heißt auch 2. kirchhoffsches Gesetz.

Gesetze der Reihenschaltung

Mit der Knoten- und der Maschenregel lassen sich für die Reihenschaltung von Widerständen folgende vier Gesetze ableiten:

Gesetz 1: In der Reihenschaltung fließt durch jeden Widerstand der gleiche Strom.

Gesetz 2: Die Gesamtspannung ist gleich der Summe der Teilspannungen.

Gesetz 3: Die Teilspannungen verhalten sich wie die zugehörigen Teilwiderstände.

Gesetz 4: Der Gesamtwiderstand (Ersatzwiderstand) ist gleich der Summe aller Teilwiderstände.

Gesetze der Parallelschaltung

Mit der Knoten- und der Maschenregel lassen sich für die Parallelschaltung von Widerständen folgende vier Gesetze ableiten:

Gesetz 1: In der Parallelschaltung liegt an jedem Widerstand die gleiche Spannung.

Gesetz 2: Der Gesamtstrom ist gleich der Summe der Teilströme.

Gesetz 3: Die Teilströme verhalten sich wie die zugehörigen Teilleitwerte.

Gesetz 4: Der Gesamtleitwert (Ersatzleitwert) ist gleich der Summe aller Teilleitwerte.

Aufgaben

1.7.1 Reihenschaltung

Drei Widerstände $R_1 = 120\,\Omega$, $R_2 = 180\,\Omega$ und $R_3 = 240\,\Omega$ sind in Reihe geschaltet und liegen an 24 V.

a) Skizzieren Sie die Schaltung und kennzeichnen Sie alle Spannungen und Ströme mit Zählpfeilen.

Berechnen Sie

b) den Ersatzwiderstand der Schaltung,

c) den Gesamtstrom,

d) die drei Teilspannungen.

1.7.2 Parallelschaltung

Drei Widerstände $R_1 = 40\,\Omega$, $R_2 = 60\,\Omega$ und $R_3 = 100\,\Omega$ sind parallel geschaltet und liegen an 12 V.

a) Skizzieren Sie die Schaltung und kennzeichnen Sie alle Spannungen und Ströme mit Zählpfeilen.

Berechnen Sie

b) den Ersatzwiderstand der Schaltung,

c) den Gesamtstrom,

d) die drei Teilströme.

1.7.3 Reihenschaltung

Eine Reihenschaltung aus 2 Widerständen hat einen Ersatzwiderstand von 160 Ω und wird von 1,5 A durchflossen. Der Widerstandswert von R1 ist 60 Ω.

Berechnen Sie

a) den Widerstandswert von R2,

b) die Teilspannungen,

c) die Gesamtspannung.

1.7.4 Parallelschaltung

Eine Parallelschaltung aus 2 Widerständen hat einen Ersatzwiderstand von 150 Ω und wird von 0,4 A durchflossen. Der Widerstandswert von R1 ist 600 Ω.

Berechnen Sie:

a) den Widerstandswert von R1,

b) die Teilströme,

c) die anliegende Spannung.

1.7.5 Gruppenschaltung

Drei Heizwiderstände haben die Werte $R_1 = 40\,\Omega$, $R_2 = 60\,\Omega$ und $R_3 = 100\,\Omega$.

Skizzieren Sie sämtliche verschiedenen Schaltmöglichkeiten der 3 Widerstände und berechnen Sie für jede Schaltung den Ersatzwiderstand.

1.7.6 Vor- und Nebenwiderstand

Ein Drehspulmesswerk darf mit maximal 100 mV Spannung bzw. 1 mA Strom belastet werden.

a) Welcher Vorwiderstand ist nötig, wenn die Spannung 6 V gemessen werden soll?

b) Welcher Nebenwiderstand (Shunt) ist nötig, wenn der Strom 30 mA gemessen werden soll?

1.7.7 Messschaltung

In der Messschaltung können die Widerstände R1, R2, R3 durch die Stellschalter S1, S2 und S3 überbrückt werden. Beim Schließen der Schalter in der Reihenfolge S1, S1+S2, S1+S2+S3 erhöht sich der Strom jeweils um 20 %. Sind alle Schalter geschlossen, so fließt der Strom 1 A.

Berechnen Sie R_1, R_2 und R_3.

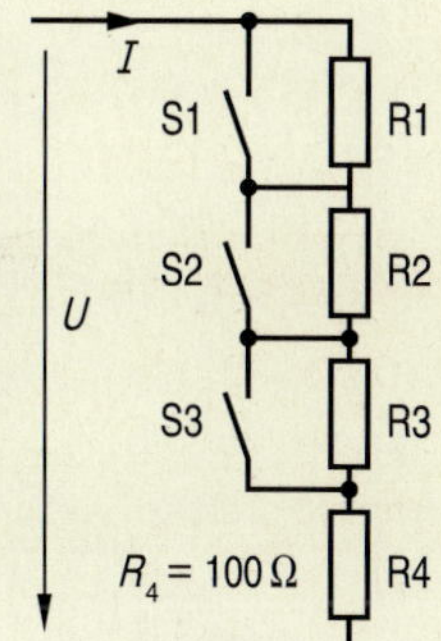

1.7.8 Relaisschaltung

Ein 24-Volt-Relais benötigt zum sicheren Ansprechen den Strom 60 mA; als Haltestrom hingegen genügen 45 mA. Die unterschiedlichen Ströme werden mit nebenstehender Schaltung realisiert.

a) Erklären Sie die Wirkungsweise der Schaltung.

b) Berechnen Sie den Widerstand R_1 und die Betriebsspannung am Relais.

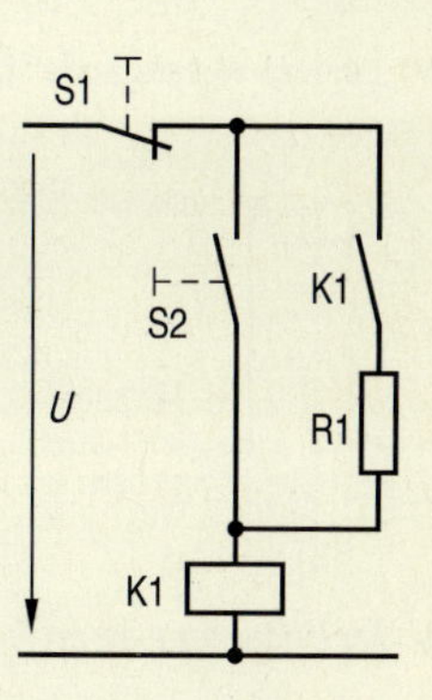

1.7.9 Netzwerk

Im nebenstehenden Netzwerk haben alle Widerstände den gleichen Widerstandswert. Gemessen werden $U = 12$ V und $I = 0{,}6$ A.

Berechnen Sie

a) die Einzelwiderstände,

c) die Spannung an R3.

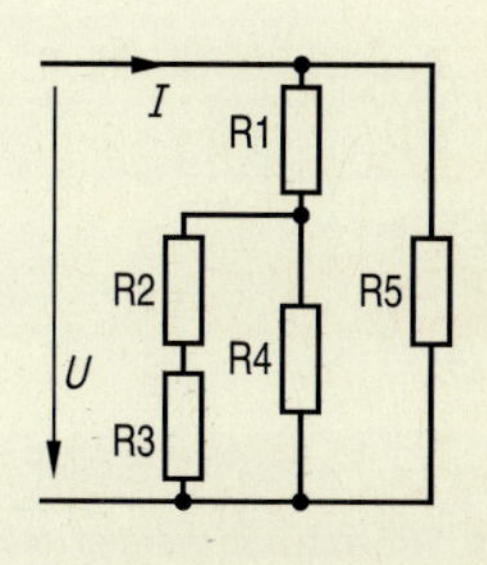

1.7.10 Lampenschaltung

In nebenstehender Schaltung hat jede Lampe den Widerstand 12 Ω. Für die Schalterstellung gibt es 3 Zustände:

Stellung 1: S1 und S2 AUS

Stellung 2: S1 EIN, S2 AUS

Stellung 3: S1 und S2 EIN

Berechnen bzw. beschreiben Sie für alle 3 Stellungen:

a) den Ersatzwiderstand und den Gesamtstrom

b) den Helligkeitszustand der Lampen.

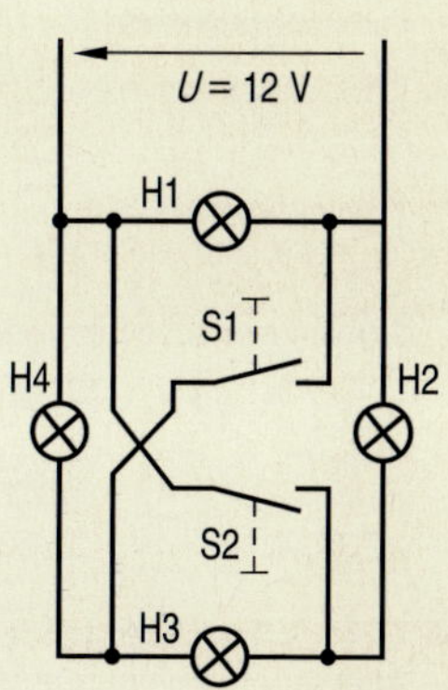

1.8 Lineare Widerstände

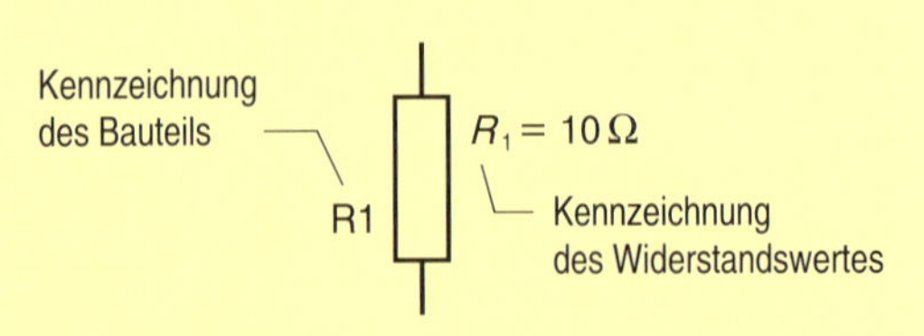

- **„Widerstand" bezeichnet das Bauteil und seinen Wert**

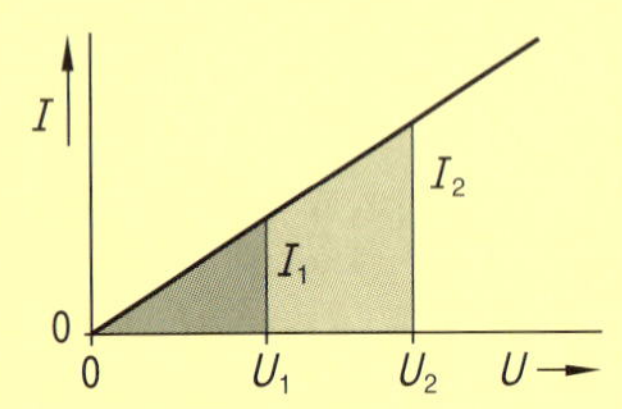

Das Bauteil R hat unabhängig von der angelegten Spannung U stets denselben Widerstandswert R

$$R = \frac{U_1}{I_1} = \frac{U_2}{I_2} = \text{konstant}$$

- **„Lineare Widerstände" haben eine lineare *I*-*U*-Kennlinie**

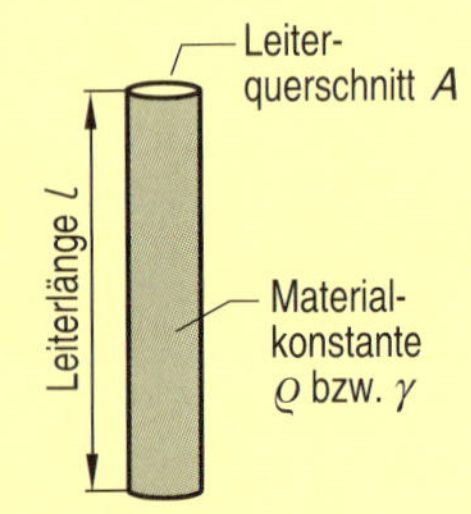

$$R = \frac{\varrho \cdot l}{A} = \frac{l}{\gamma \cdot A}$$

Spezifischer Widerstand ϱ, ρ

$$[\varrho] = \frac{\Omega \cdot mm^2}{m}$$

Leitfähigkeit γ

$$[\gamma] = \frac{m}{\Omega \cdot mm^2} = \frac{S \cdot m}{mm^2}$$

- **Der Widerstandswert *R* ist eine Baugröße**

Beispiel: Baureihe E6

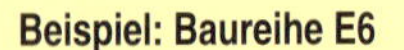

E6	1,0	1,5	2,2	3,3	4,7	6,8	± 20%
							Toleranz

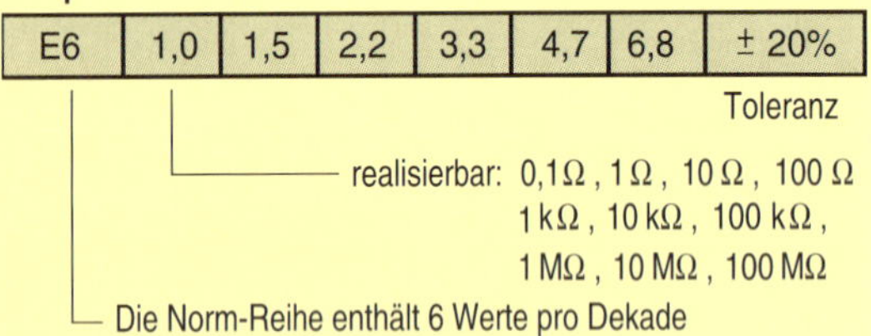

- **Widerstände werden nach Norm-Baureihen gefertigt**

Farbkennzeichnung

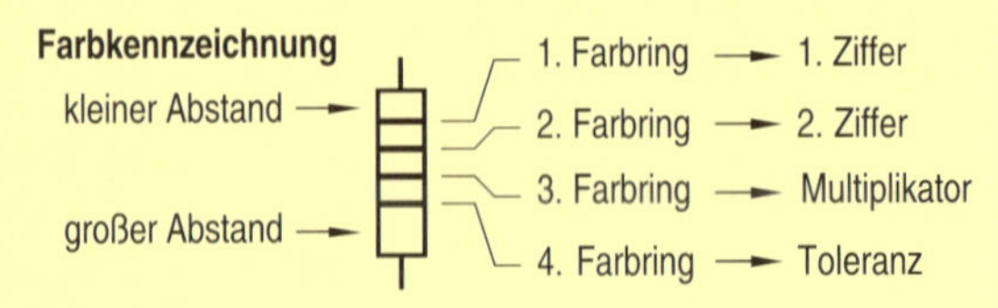

Alphanumerische Kennzeichnung (Beispiel)

R47	0,47 Ω	K47	0,47 kΩ	M47	0,47 MΩ
4R7	4,7 Ω	4K7	4,7 kΩ	4M7	4,7 MΩ
47R	47 Ω	47K	47 kΩ	47M	47 MΩ

- **Elektrische Widerstände werden durch einen Farbcode oder einen alphanumerischen Aufdruck gekennzeichnet**

Widerstand und Widerstandswert

Der Begriff „Widerstand" ist in der Elektrotechnik mehrdeutig: er bezeichnet sowohl das Bauteil als auch den Widerstandswert in Ohm. Um in Schaltplänen eindeutige Zuordnungen zu bekommen, werden Bauteile alphanumerisch gekennzeichnet, z. B. R1, R2, Widerstandswerte erhalten das kursive Formelzeichen R und bei Bedarf einen Index, z. B. R_1, R_2.

Lineare Widerstände

Der Begriff „linearer Widerstand" ist von der Form der Kennlinie $I = f(U)$ abgeleitet. Zeigt die grafische Darstellung der Funktion $I = f(U)$ eine Gerade, so wird der Widerstand als „linear" bezeichnet. Lineare Widerstände haben unabhängig von der angelegten Spannung stets den gleichen Widerstandswert.
Lineare Widerstände werden auch „ohmsche Widerstände" genannt.

Berechnung von Drahtwiderständen

Der Widerstandswert eines Drahtes ist von folgenden 3 Größen abhängig:
1. Drahtlänge l
2. Drahtquerschnitt A
3. Spezifischer Widerstand ϱ oder ρ (Rho).

Der spezifische Widerstand ist eine Materialeigenschaft, sein Kehrwert heißt elektrische Leitfähigkeit γ (Gamma). Es gilt: $\gamma = 1/\rho$. Als Formelzeichen für die Leitfähigkeit gelten auch $\kappa, \varkappa$ (Kappa) und σ (Sigma).

Norm-Baureihe nach IEC

Aus wirtschaftlichen Gründen können Widerstände in der Massenfertigung nicht für alle denkbaren Widerstandswerte und jede beliebige Genauigkeit hergestellt werden. Die IEC (International Electrotechnical Commission) hat deshalb Widerstands-Normreihen (E6, E12, E24, E48, E96 und E192) entwickelt, die praktisch alle Anforderungen abdecken. Die Zahl hinter dem E gibt an, wie viel Widerstandswerte in einer Dekade (Zehnersprung) realisiert sind.

Kennzeichnung von Widerständen

Widerstände können durch einen vollständigen Aufdruck gekennzeichnet werden; aus Platzgründen wird aber meist ein Code aus Farbringen oder alphanumerischen Zeichen bevorzugt.
Bei der Kennzeichnung durch einen Farbcode stellen die ersten beiden Ringe die ersten beiden Ziffern dar, der dritte Ring gibt den Multiplikator, der vierte Ring die Toleranz an.
Die alphanumerische Kennzeichnung verwendet die Buchstaben R für Ohm, K für Kilo-, M für Megaohm (Megohm). Die Stellung der Zahl – vor oder hinter dem Buchstaben – entscheidet über ihren Stellenwert; der Buchstabe deutet praktisch das Komma an.

Fertigungswerte von Widerständen nach E-Reihen

Reihe	Widerstandswerte												Toleranz	
E6	1,0		1,5		2,2		3,3		4,7		6,8		±20%	
E12	1,0	1,2	1,5	1,8	2,2	2,7	3,3	3,9	4,7	5,6	6,8	7,5	±10%	Die Toleranz gibt die größtmögliche Abweichung innerhalb der E-Reihe an, um Überschneidungen zu Nachbarwerten zu vermeiden. Das tatsächlich gefertigte Bauelement kann kleinereToleranzwerte besitzen.
E24	1,0	1,2	1,5	1,8	2,2	2,7	3,3	3,9	4,7	5,6	6,8	8,2	± 5%	
	1,1	1,3	1,6	2,0	2,4	3,0	3,6	4,3	5,1	6,2	7,5	9,1		
E48	1,00	1,21	1,47	1,78	2,15	2,61	3,16	3,83	4,64	5,62	6,81	8,25	± 2%	
	1,05	1,27	1,54	1,87	2,26	2,74	3,32	4,02	4,87	5,90	7,15	8,66		
	1,10	1,33	1,62	1,96	2,37	2,87	3,48	4,22	5,11	6,19	7,50	9,09		
	1,15	1,40	1,69	2,05	2,49	3,01	3,65	4,42	5,36	6,49	7,87	9,53		

Farb-Kennzeichnung von Widerständen

Farbe der Ringe oder Punkte	schwarz (sw)	braun (br)	rot (rt)	orange (or)	gelb (gb)	grün (gn)	blau (bl)	violett (vl)	grau (gr)	weiß (ws)	gold (au)	silber (ag)	ohne Farbe
1. Ring → 1. Ziffer	–	1	2	3	4	5	6	7	8	9	–	–	–
2. Ring → 2. Ziffer	0	1	2	3	4	5	6	7	8	9	–	–	–
3. Ring → Multiplikator	10^0	10^1	10^2	10^3	10^4	10^5	10^6	10^7	10^8	10^9	10^{-1}	10^{-2}	–
4. Ring → Toleranz	–	± 1%	± 2%	–	–	± 0,5%	±0,25%	± 0,1%	–	–	± 5%	± 10%	± 20%

Aufgaben

1.8.1 Berechnung von Drahtwiderständen

Berechnen Sie folgende Drahtwiderstände:

a) Eine Wicklung besteht aus 120 m Cu-Draht mit Durchmesser 0,8 mm. Wie groß ist ihr Widerstand?

b) An einem Vorwiderstand aus NiCr 60 15 soll bei einer Belastung von 8 A die Spannung 20 V abfallen. Der Drahtdurchmesser beträgt 0,9 mm, der spezifische Widerstand 1,13 $\Omega mm^2/m$.
Berechnen Sie die notwendige Drahtlänge.

c) Ein Widerstand aus CuNi 44 ($\rho = 0{,}49\ \Omega mm^2/m$) mit 0,25 mm Durchmesser und 2,4 m Länge soll durch einen widerstandsgleichen Draht aus CuMn 12 Ni ($\rho = 0{,}43\ \Omega mm^2/m$) der Länge 1 m ersetzt werden. Berechnen Sie den nötigen Drahtdurchmesser.

1.8.2 Bleimantelkabel

Der Mantel eines Bleimantelkabels hat den dargestellten Querschnitt. Berechnen Sie:

a) den elektr. Widerstand des Mantels je km Länge (Widerstandsbelag),

b) die Masse des Mantels je km Länge (Massebelag),

c) die Stromdichte bei einem Stromfluss von $I = 100$ A.

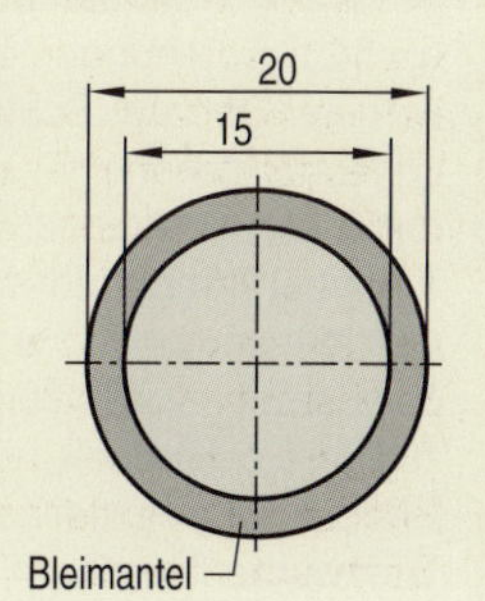

1.8.3 Kennzeichnung von Widerständen

Gegeben sind folgende 3 Widerstände:

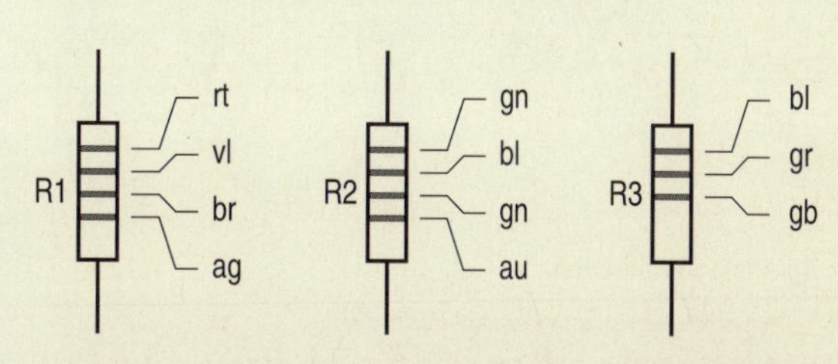

Bestimmen Sie für alle 3 Widerstände den Widerstands-Nennwert, die Toleranz, den zulässigen Größt- und Kleinstwert sowie die zugehörige E-Reihe.

1.8.4 Aluminium-Stahl-Seil

Ein Aluminium-Stahl-Seil besteht aus 26 Al-Drähten mit je 2,16 mm Durchmesser und 7 Stahl-Drähten mit je 1,67 mm Durchmesser.

Berechnen Sie:

a) den Widerstandsbelag des Seils in Ω/km.

b) den Massebelag des Seils in kg/km.

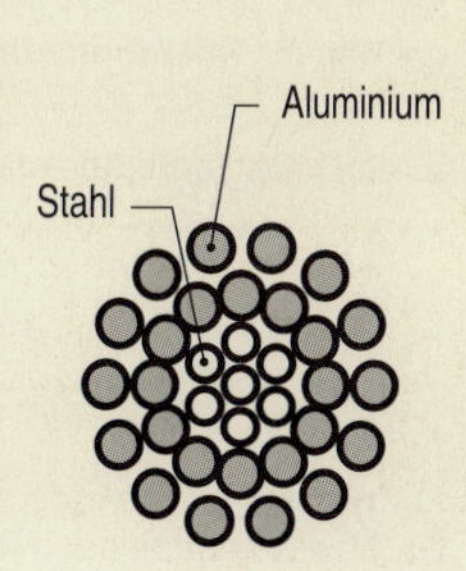

1.9 Bauformen ohmscher Widerstände

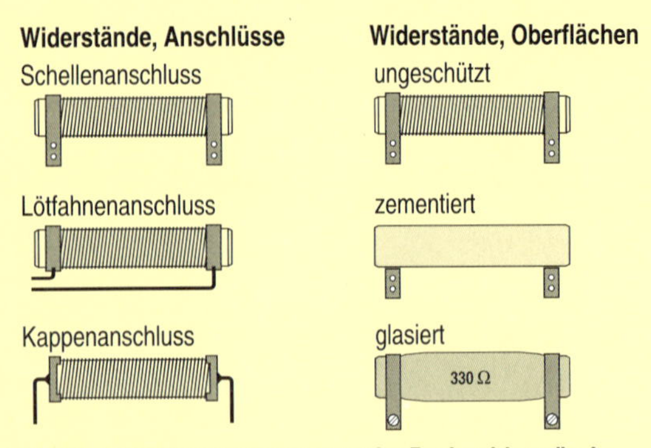

- **Große Leistungen erfordern meist Drahtwiderstände**

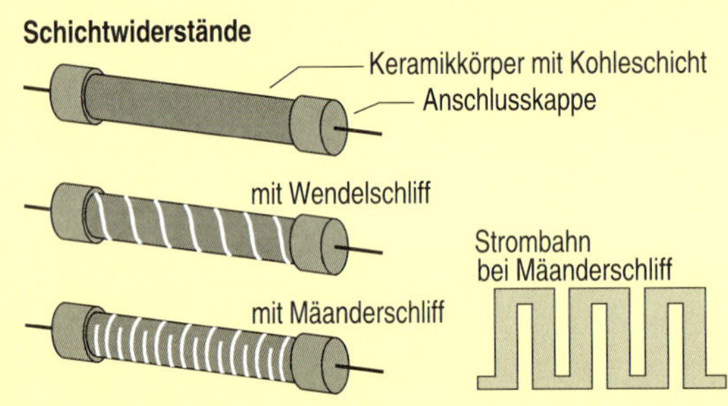

- **Für kleine Leistungen benutzt man Schichtwiderstände**

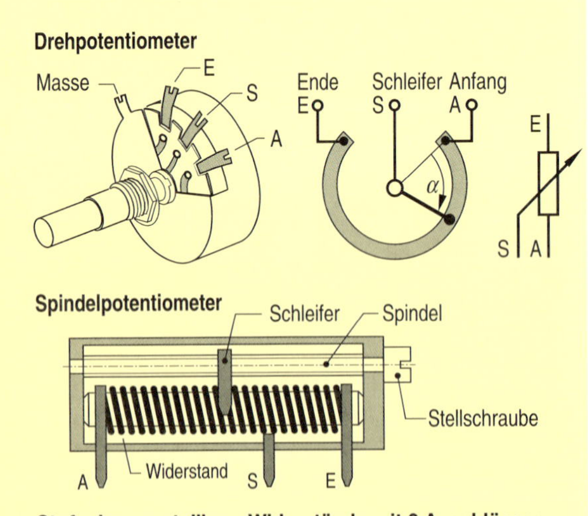

- **Stufenlos verstellbare Widerstände mit 3 Anschlüssen werden als Potentiometer (Spannungsteiler) bezeichnet**

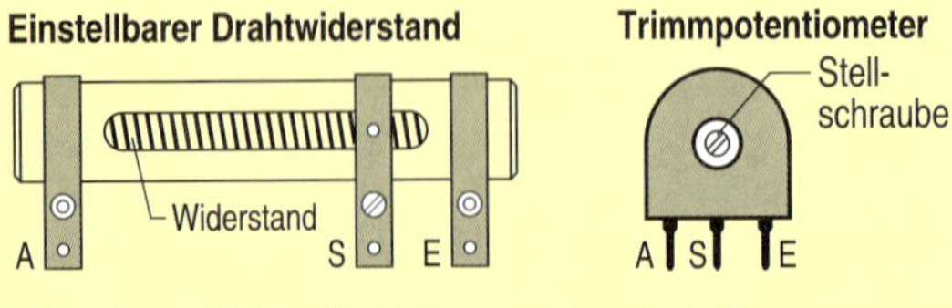

- **Für gelegentliches Einstellen werden einstellbare Drahtwiderstände oder Trimmpotentiometer eingesetzt**

Festwiderstände

Für die meisten Einsatzgebiete werden Widerstände mit festgelegtem Nennwiderstand benötigt. Die Bauform richtet sich dabei insbesondere nach der nötigen Belastbarkeit der Bauteile.

Für große Leistungen (einige Watt bis Kilowatt) werden Drahtwiderstände bevorzugt. Sie bestehen aus einem Keramikkörper, auf den ein isolierter oder oxidierter Draht gewickelt ist. Die Stromzufuhr erfolgt über Anschlussfahnen, -schellen oder -kappen. Ein Überzug aus Lack, Zement oder Glas schützt den Widerstand gegen äußere Einwirkungen.

Für Leistungen im Milliwatt-Bereich werden insbesondere Schichtwiderstände eingesetzt. Sie bestehen aus einem Keramikkörper, auf den eine dünne elektrisch leitfähige Schicht aufgebracht ist. Diese Schicht kann aus Kohle (Grafit), Metall (z. B. Nickel) oder Metalloxid bestehen. Die Schichten haben eine Dicke zwischen 0,001 µm und 20 µm; sie können durch Tauchen, Aufsprühen oder Aufdampfen hergestellt werden.

Der Widerstandswert von Schichtwiderständen ergibt sich aus den geometrischen Abmessungen der Schicht und dem verwendeten Werkstoff. Durch Einschleifen von Rillen lässt sich dieser Widerstandswert auf den gewünschten Wert trimmen.

Veränderbare Widerstände

Für viele Anwendungen muss der Widerstand während des Betriebs mechanisch veränderbar sein. Dazu muss der Draht- oder Schichtwiderstand über einen Schleifkontakt abgegriffen werden. Solche Widerstände werden als Potentiometer bezeichnet.

Veränderbare Widerstände werden meist als Drehwiderstände ausgeführt; dabei ist der Widerstandsdraht bzw. die Widerstandsschicht auf einem ringförmigen Keramikkörper aufgebracht. Die Widerstandsänderung erfolgt durch Drehen des Schleifers. Außer Drehwiderständen werden auch Schiebewiderstände verwendet.

Für besonders feine Einstellungen des Widerstandswertes werden Wendel- oder Spindelpotentiometer eingesetzt. Beim Wendelpotentiometer läuft der Schleifer auf einer wendelförmigen Widerstandsbahn, die aus 3 bis 50 Windungen bestehen kann. Das Abgreifen des gesamten Widerstandsbereichs erfordert demnach 3 bis 50 Umdrehungen der Achse. Beim Spindelpotentiometer wird der Schleifer mit einer Spindel über die Widerstandsbahn geführt; die Spindel kann je nach geforderter Auflösung 25 oder mehr Gänge haben.

Soll ein Widerstandswert nur gelegentlich geändert werden, so werden fest einstellbare Drahtwiderstände oder Trimmpotentiometer verwendet. Im Unterschied zu Dreh- oder Schiebepotentiometern, die über einen Bedienknopf einstellbar sind, wird zum Verstellen von Trimmpotentiometern ein Werkzeug benötigt.

Belastbarkeit von Widerständen

Bei der Auswahl von Widerständen muss nicht nur der Widerstandswert, sondern auch die maximal auftretende Belastung berücksichtigt werden. Die Belastbarkeit von Widerständen wird in Watt angegeben; sie ist abhängig von der zulässigen Arbeitstemperatur.
Der Widerstand hat seine stationäre Arbeitstemperatur erreicht, wenn seine zugeführte elektrische Leistung gleich der abgegebenen Wärmeleistung ist. Die abgegebene Wärme wird vor allem durch die Oberfläche des Widerstandes und seine Umgebungstemperatur bestimmt. Reicht die natürliche Wärmeabgabe nicht aus, so muss die Temperatur durch zusätzliche Kühlung (Kühlkörper, Lüfter, Gebläse) gesenkt werden.

Belastbarkeit von Kohleschicht-widerständen

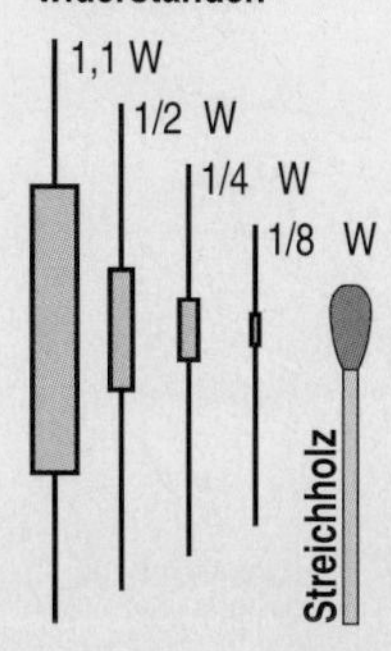

Belastbarkeit von Kohleschicht-widerständen in Abhängigkeit von der Umgebungstemperatur

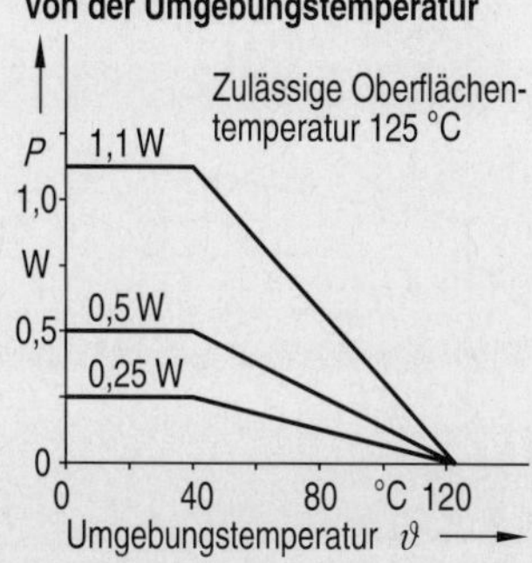

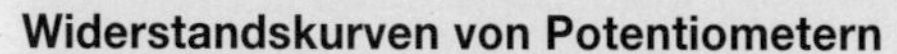

Widerstandskurven von Potentiometern

Drehpotentiometer werden je nach Bedarf mit verschiedenen Widerstandsverläufen gefertigt:
Lineare Potentiometer ändern den abgegriffenen Widerstandswert gleichmäßig mit dem Drehwinkel,
positiv logarithmische Potentiometer ändern den abgegriffenen Widerstandswert im Anfangsbereich sehr wenig, im Endbereich hingegen sehr stark,
negativ logarithmische Potentiometer ändern den abgegriffenen Widerstandswert im Anfangsbereich sehr stark, im Endbereich hingegen sehr wenig.
Entsprechende Widerstandsverläufe lassen sich auch für Schiebepotentiometer realisieren.

Widerstand in Abhängigkeit von der Schleiferstellung

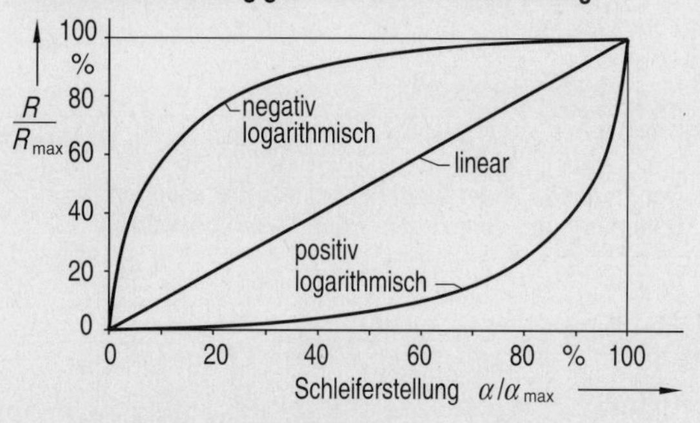

Abgleich von Schichtwiderständen

Niederohmige Schichtwiderstände lassen sich durch die richtige Wahl der Schichtdicke direkt realisieren. Zur Herstellung hochohmiger Widerstände muss die Leitschicht durch Einschleifen oder Einbrennen von wendel- oder mäanderförmigen Rillen strukturiert werden. Durch geeignete Form und Größe der Rillen können alle üblichen Widerstandswerte realisiert werden.

Beispiel: wendelförmige Rille

Widerstand

$$R = \frac{\varrho \cdot \pi \cdot D \cdot N}{b \cdot d}$$

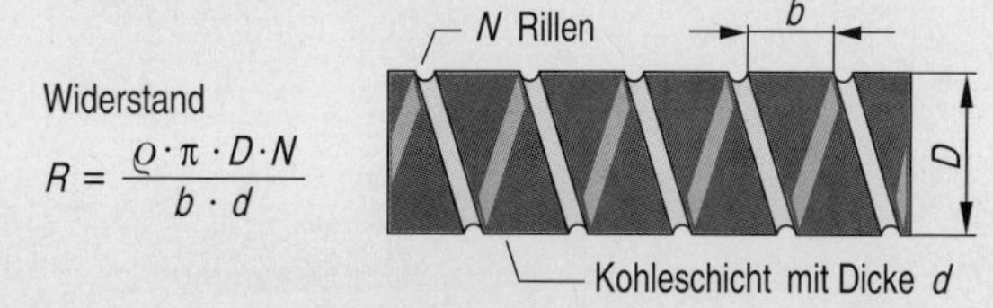

Induktivitäten

Für den Einsatz bei Hochfrequenz müssen Widerstände eine möglichst kleine Induktivität besitzen. Bei Drahtwiderständen lässt sich das durch eine sogenannte bifilare Wicklung erreichen (bifilar = zweidrähtig).
Bei Schichtwiderständen darf kein Wendelschliff, sondern muss ein Mäanderschliff angewandt werden.

Bifilare Wicklung

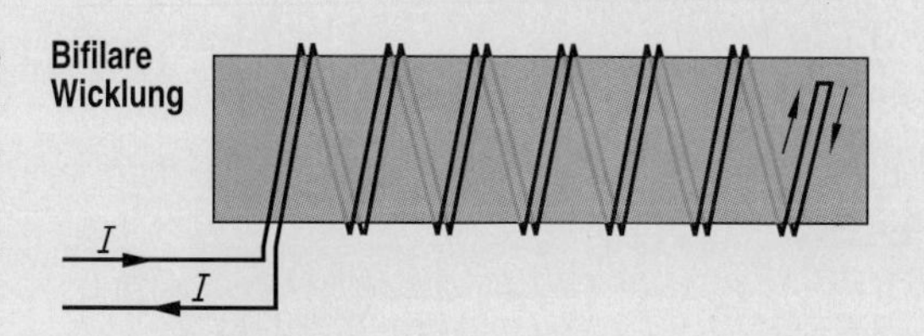

Aufgaben

1.9.1 Einsatz von Widerständen

Nennen Sie Einsatzgebiete von
a) Kohleschichtwiderständen
b) Metallschichtwiderständen
c) Drahtwiderständen
d) Wendelpotentiometern
e) Trimmpotentiometern.

1.9.2 Schichtwiderstände

Berechnen Sie für den skizzierten Schichtwiderstand
a) den Widerstandswert,
b) den Widerstandswert, wenn eine sehr schmale Wendel mit 30 Gängen eingefräst wird.

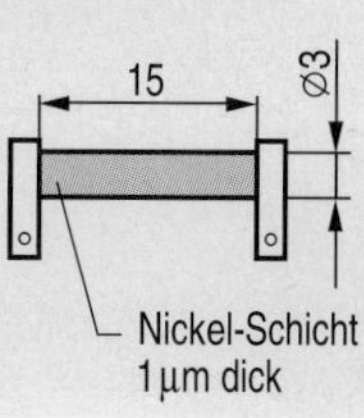

1.10 Nichtlineare Widerstände

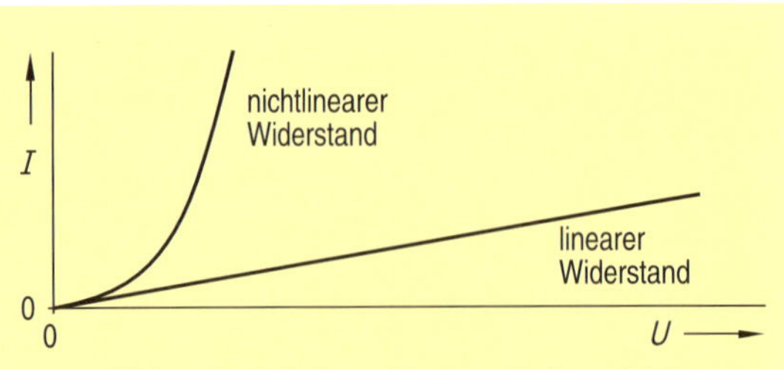

- **Lineare Widerstände haben eine geradlinige, nichtlineare Widerstände haben eine gekrümmte *I* - *U* - Kennlinie**

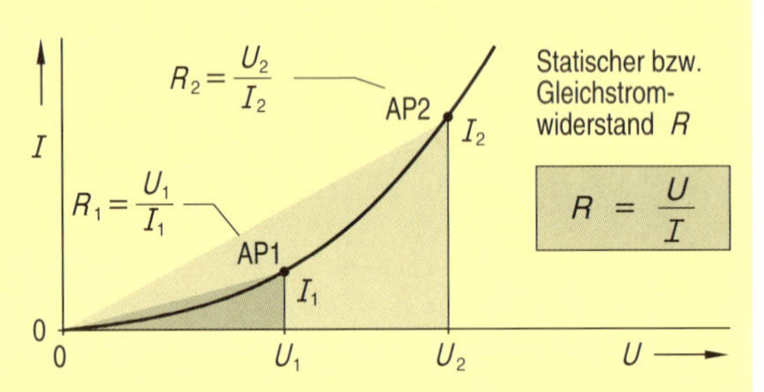

- **Der statische Widerstand *R* wird aus der anliegenden Spannung und dem zugehörigen Strom berechnet**

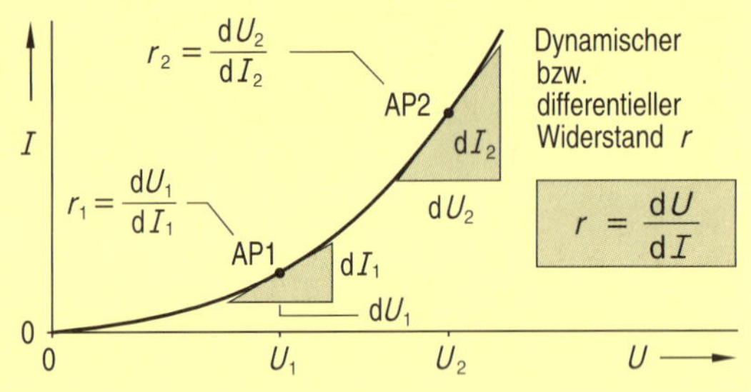

- **Der dynamische Widerstand *r* wird aus Spannungsänderung und zugehöriger Stromänderung bestimmt**

Schaltzeichen

Halbleiterdiode

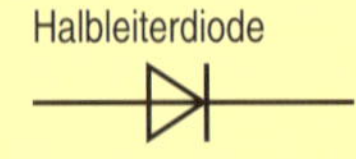

Nichtlinearer Widerstand, allgemein

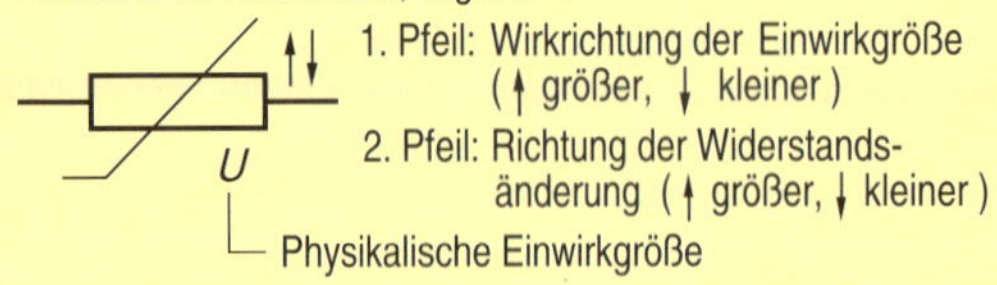

Kaltleiter (PTC-Widerstand)

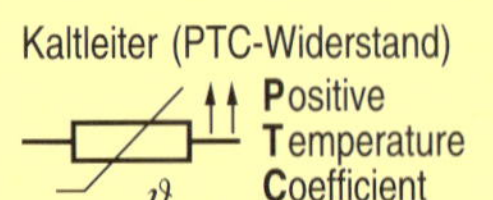

Heißleiter (NTC-Widerstand)

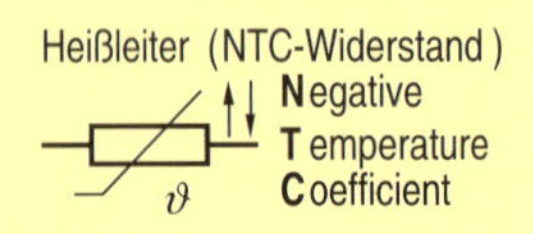

- **Halbleiterdioden, Varistoren sowie Kalt- und Heißleiter stellen nichtlineare Widerstände dar**

Lineare und nichtlineare Bauteile

Lineare Widerstände haben unabhängig von der angelegten Spannung einen konstanten Widerstandswert. Bei anderen Widerstandstypen, insbesondere bei Halbleiterbauteilen, zeigt sich, dass der Widerstandswert sich mit der angelegten Spannung stark ändert; die Funktion $I = f(U)$ hat dann einen nichtlinearen, meist exponentiellen Verlauf. Diese Widerstände nennt man nichtlinear. Die nichtlinearen Widerstände haben vor allem in der Elektronik große Bedeutung.

Statischer Widerstand

Bei nichtlinearen Widerständen gibt es wie bei den linearen Widerständen zu jedem Spannungswert einen zugehörigen Stromwert. Der aus diesem Wertepaar errechnete Widerstandswert heißt statischer Widerstand. Wird die Messung mit Hilfe von Gleichstrom durchgeführt, so heißt der ermittelte Widerstand Gleichstromwiderstand. Er wird mit dem Formelzeichen *R* bezeichnet.
Die betriebsmäßige Einstellung des *U*-*I*-Wertepaares wird in der Elektronik meist „Arbeitspunkt" (AP), in der Energietechnik meist „Nennbetrieb" genannt.

Dynamischer Widerstand

Nichtlineare Widerstände sind durch Angabe eines statischen Widerstandes nur unzureichend beschrieben. Wichtig ist zusätzlich, welche Stromänderung d*I* (bzw. ΔI) eintritt, wenn die eingestellte Spannung *U* um einen kleinen Betrag d*U* (bzw. ΔU) geändert wird. Der Widerstand, der aus der Spannungsänderung und der zugehörigen Stromänderung berechnen werden kann, wird dynamischer bzw. differentieller Widerstand genannt. Er wird mit dem Formelzeichen *r* bezeichnet. Der differentielle Leitwert ist gleich der Steigung der *U*-*I*-Kennlinie, der differentielle Widerstand ist gleich dem Kehrwert der Steigung.

Widerstandstypen

In der Praxis werden verschiedene Typen von nichtlinearen Widerständen eingesetzt, vor allem Halbleiterdioden, Varistoren, Kalt- und Heißleiter.
Bei den Halbleiterdioden und Varistoren ist der Widerstand des Bauteils unmittelbar von der angelegten Spannung abhängig; der Widerstand sinkt meist exponentiell mit der Spannung.
Bei Kalt- und Heißleitern ändert sich der Widerstand mit der Temperatur des Bauteils. Dabei kann die Temperatur sowohl durch die angelegte Spannung beeinflusst werden (Eigenerwärmung), als auch durch eine äußere Wärmequelle (Fremderwärmung).
Der Widerstandswert eines Bauteils kann auch durch Licht, Magnetfelder, mechanische Kräfte und andere physikalische Größen verändert werden.

Halbleiterdioden

Dioden sind Widerstände, die in Durchlassrichtung einen sehr kleinen, in Sperrrichtung dagegen einen sehr großen Widerstand besitzen. Sie werden daher auch als Ventile oder Stromrichter bezeichnet.
Das Wort Diode ist ein Kunstwort, das aus der Bezeichnung Di-Elektrode (griechisch: di = zwei) gebildet ist. Dioden werden durch den Buchstaben V (englisch: valve = Ventil) gekennzeichnet.
Dioden werden vor allem zur Gleichrichtung von Wechselströmen verwendet; daneben gibt es eine Vielzahl von speziellen Dioden wie Begrenzerdioden, Leuchtdioden, Fotodioden, Kapazitätsdioden, Laserdioden.

Kennlinie

I_F; Durchlass-richtung; 100 mA; 50; U_R; 100 V 50; Sperrrichtung; 0,5 V 1; U_F; 50 µA 100; I_R

Kennzeichnung

Durchlassrichtung
U_F (F Forward, Vorwärts)
V1
Anode Katode
U_R (R Reverse, Rückwärts)
farbiger Ring kennzeichnet die Katode

Heißleiter

Heißleiter (NTC-Widerstände, Negative Temperature Coefficient) sind Halbleiterwiderstände, deren Widerstandswerte sich mit zunehmender Temperatur stark verringern. Bei geringer elektrischer Belastung hängt der Widerstandswert des Bauteils nur von der Umgebungstemperatur ab (Fremderwärmung). Bei großer Belastung hingegen erwärmt sich der Heißleiter durch die Stromwärme und erhöht dadurch seinen Leitwert nahezu unabhängig von der Umgebungstemperatur (Eigenerwärmung). Heißleiter werden z. B. in der Mess- und Regelungstechnik sowie für Anlass- und Verzögerungsschaltungen eingesetzt.

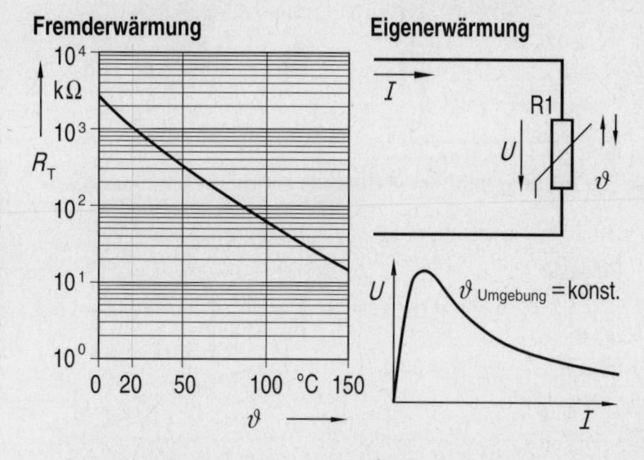

Kaltleiter

Kaltleiter (PTC-Widerstände, Positive Temperature Coefficient) sind Bauteile aus dotierten ferroelektrischen Keramik-Werkstoffen. Sie zeigen in einem bestimmten Temperaturbereich eine sehr große Widerstandszunahme, in anderen Temperaturbereichen haben sie wie alle Halbleiter ein schwach ausgeprägtes NTC-Verhalten. Wie bei Heißleitern muss zwischen Fremderwärmung und Eigenerwärmung unterschieden werden. Fremderwärmte Kaltleiter werden z. B. für den Überlastschutz von Motoren eingesetzt (Motorvollschutz); eigenerwärmte Kaltleiter z. B. als Zeitschalter, zur Stromstabilisierung und als Flüssigkeitsstandfühler.

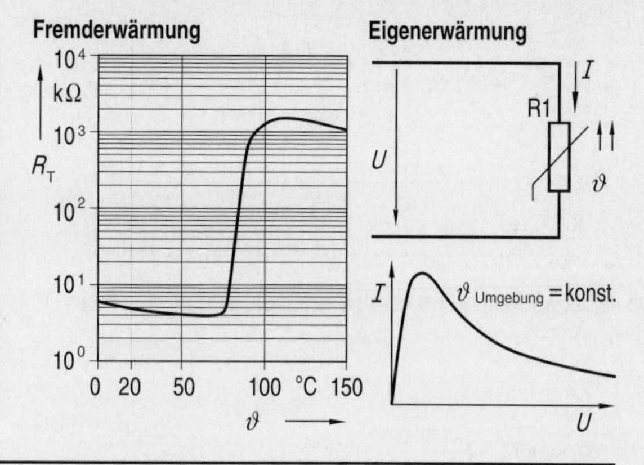

Aufgaben

1.10.1 Widerstandsbestimmung

Die Messung an einer Diode ergibt folgende Werte:

U in V	0,4	0,5	0,6	0,7	0,8	0,9	1,0
I in mA	0,001	0,02	0,3	3	10	45	110

a) Zeichnen Sie die Kennlinie.
b) Bestimmen Sie jeweils den statischen und den dynamischen Widerstand für $U = 0{,}5$ V und $U = 0{,}8$ V.

1.10.2 Verzögerungsschaltungen

Erklären Sie die Funktion der beiden Schaltungen:

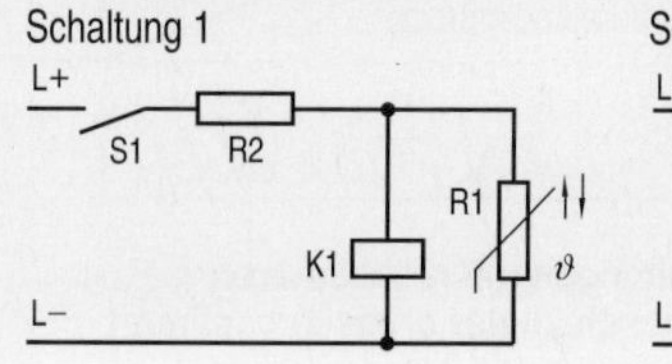

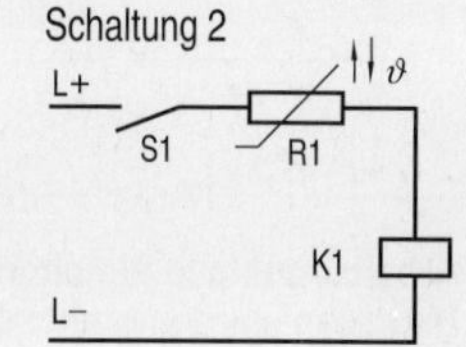

1.11 Arbeitspunkt

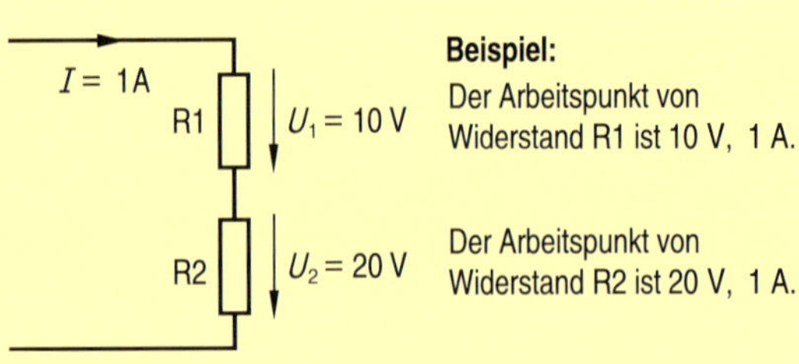

- **Der Arbeitspunkt eines Betriebsmittels wird durch die Spannung und den zugehörigen Strom gekennzeichnet**

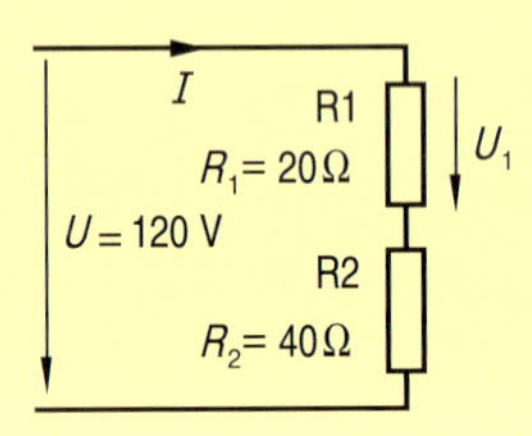

Beispiel:
Berechnung des Arbeitspunktes von Widerstand R1

$$I_1 = \frac{120\ \text{V}}{20\,\Omega + 40\,\Omega} = 2\ \text{A}$$

$$U_1 = 20\,\Omega \cdot 2\ \text{A} = 40\ \text{V}$$

- **Der Arbeitspunkt eines Bauteils kann berechnet werden**

Beispiel:

Reihenschaltung R_1= 20 Ω, R_2= 40 Ω an 120 V

R_1= 20Ω; R_2= 40Ω; $I_1 = I_2$ = 2 A; AP

U_1 = 40 V; U_2 = 120 V − 40 V = 80 V

- **Arbeitspunkte können auch grafisch bestimmt werden**

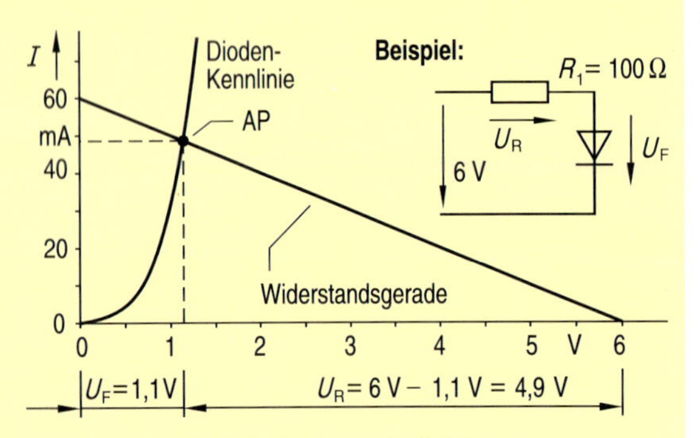

- **Arbeitspunkte in Schaltungen mit nichtlinearen Bauteilen werden praktisch immer grafisch bestimmt**

Definition des Arbeitspunktes

Im eingeschalteten Zustand liegt an jedem Bauteil einer Schaltung eine bestimmte Spannung; das Bauteil wird dabei von einem bestimmten Strom durchflossen. Die betriebsmäßig auftretende Spannung und der zugehörige Strom bilden den so genannten Arbeitspunkt AP; das U-I-Wertepaar eines Betriebsmittels wird Arbeitspunkt genannt. Dieser Begriff wird vor allem in der Elektronik verwendet, in der Energietechnik wird der Begriff Nennbetrieb bevorzugt.

Rechnerische Bestimmung des AP

In Schaltungen, die nur lineare Bauteile enthalten, kann der Arbeitspunkt eines Bauteils rechnerisch bestimmt werden. Meist genügt dazu die Anwendung des ohmschen Gesetzes bzw. die Gesetze der Reihen- und Parallelschaltung. Das für einen Widerstand berechnete U-I-Wertepaar stellt dessen Arbeitspunkt dar. Für Schaltungen mit nichtlinearen Bauteilen ist diese Berechnungsmethode nicht ausreichend.

Zeichnerische Bestimmung des AP

Für zwei in Reihe geschaltete Widerstände kann der Arbeitspunkt der beiden Widerstände auch grafisch ermittelt werden. Dazu werden die Widerstandsgeraden beider Widerstände in ein U-I-Diagramm eingezeichnet. Dabei ist aber darauf zu achten, dass der Spannungsmaßstab für den ersten Widerstand von links nach rechts, der Spannungsmaßstab für den zweiten Widerstand von rechts nach links verläuft. Der Schnittpunkt beider Widerstandsgeraden kennzeichnet den jeweiligen Arbeitspunkt von beiden Widerständen.
Im Beispiel ergeben sich folgende Arbeitspunkte:
Widerstand R1: U_1=40 V, I_1=2 A
Widerstand R2: U_2=80 V, I_2=2 A.
Arbeitspunkte lassen sich auch dann grafisch ermitteln, wenn die Schaltung nichtlineare Bauteile wie temperaturabhängige Widerstände oder Dioden enthält.

Schaltung mit nichtlinearen Bauteilen

Enthält eine Schaltung nichtlineare Widerstände, z.B. Dioden, so ist eine Berechnung der Arbeitspunkte meist nicht möglich, weil der mathematische Zusammenhang I = f(U) des nichtlinearen Bauteils üblicherweise unbekannt ist. Ist hingegen die Kennlinie des nichtlinearen Bauteils bekannt, so können die Arbeitspunkte wie bei linearen Bauteilen zeichnerisch bestimmt werden.
Das Beispiel zeigt die grafische Bestimmung der Arbeitspunkte bei einer Reihenschaltung aus ohmschem Widerstand und Halbleiterdiode.
Das Verfahren liefert die Arbeitspunkte beider Bauteile, für die Praxis interessiert üblicherweise nur der Arbeitspunkt des nichtlinearen Bauteils.

Bemerkungen zum Arbeitspunkt

In elektrischen Schaltungen bestimmen meist Spannung und Strom den Betriebszustand eines Betriebsmittels (Bauteils). Spannung und zugehöriger Strom bilden den Arbeitspunkt des Betriebsmittels. Allgemein kann man bei jedem stationären Betriebszustand von einem Arbeitspunkt sprechen, z. B. bei der Drehfrequenz (Drehzahl) eines Motors, der Temperatur eines Lötkolbens, der Geschwindigkeit eines Fahrzeugs.

Beispiel 1:

Bei Belastung eines Drehstrommotors mit dem Lastmoment einer Arbeitsmaschine (z. B. Pumpe) stellt sich nach einer gewissen Zeit eine stationäre Drehfrequenz ein. Die stationäre Drehfrequenz ist erreicht, wenn das antreibende Drehmoment des Motors gleich dem Lastmoment der Arbeitsmaschine ist.

Beispiel 2:

Bei einem eingeschalteten Lötkolben stellt sich nach einer gewissen Zeit eine stationäre Arbeitstemperatur ein. Die stationäre Temperatur ist erreicht, wenn die vom Lötkolben aufgenommene elektrische Leistung gleich der abgegebenen Wärmeleistung ist.

Stationäre Drehfrequenz

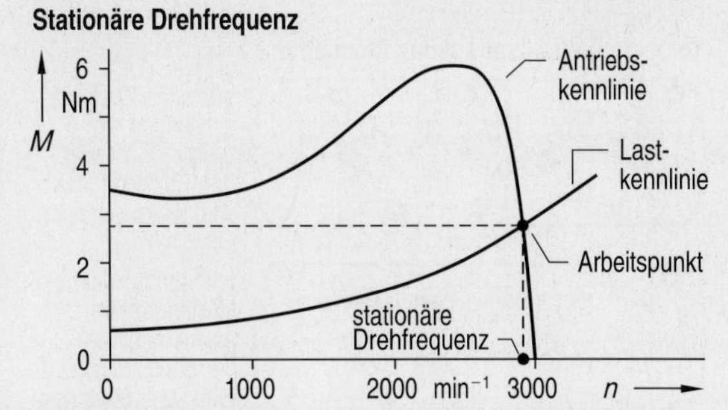

Stationäre Temperatur

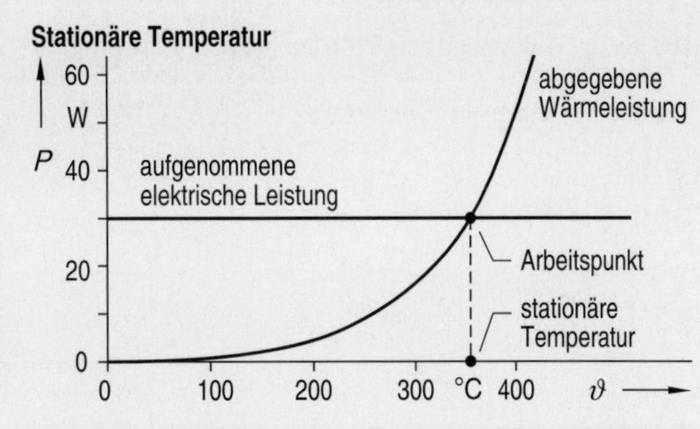

Aufgaben

1.11.1 Arbeitspunkt von linearen Widerständen

Gegeben ist nebenstehende Schaltung.

a) Berechnen Sie die Arbeitspunkte des Festwiderstandes R1 für $R_2 = 50\,\Omega$ und für $R_2 = 200\,\Omega$.

b) Stellen Sie zeichnerisch dar, wie sich der Arbeitspunkt von R1 ändert, wenn sich R2 von $R_2 = 50\,\Omega$ bis $R_2 = 200\,\Omega$ ändert.

Schaltung

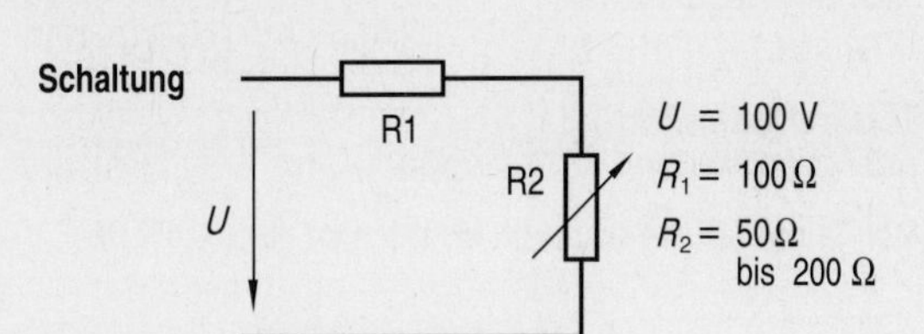

1.11.2 Arbeitspunkt von Dioden

Ein Festwiderstand R1 mit $R_1 = 470\,\Omega$ und eine Halbleiterdiode V1 mit nebenstehender Dioden-Kennlinie sind in Reihe geschaltet; die Reihenschaltung liegt an einer Batteriespannung $U_B = 12\,\text{V}$.

a) Bestimmen Sie mit Hilfe der Diodenkennlinie den Arbeitspunkt der Diode.

b) Bestimmen Sie den statischen und den differentiellen Widerstand der Diode im Arbeitspunkt.

Diodenkennlinie

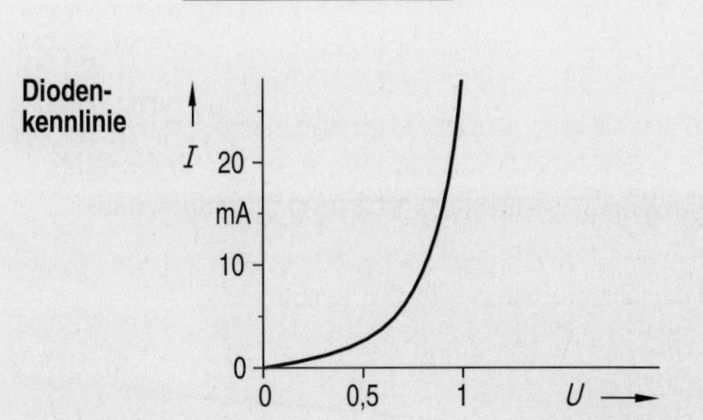

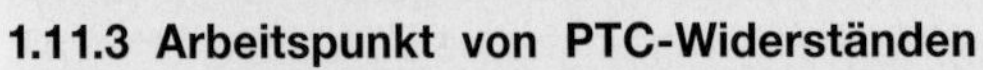

1.11.3 Arbeitspunkt von PTC-Widerständen

Ein in eine Motorwicklung eingebauter PTC-Widerstand R1 und ein Festwiderstand R2 sind in Reihe geschaltet; die Reihenschaltung liegt an Gleichspannung $U_B = 24\,\text{V}$.

a) Welchen Widerstandswert muss R2 besitzen, damit im Kaltzustand ($\vartheta = 20\,°\text{C}$) der Strom 200 mA fließt?

b) Welcher Strom fließt in der Reihenschaltung, wenn die Wicklung sich auf 110 °C erwärmt hat?

Die Eigenerwärmung des PTC-Widerstandes wird dabei nicht berücksichtigt.

Kaltleiterkennlinie

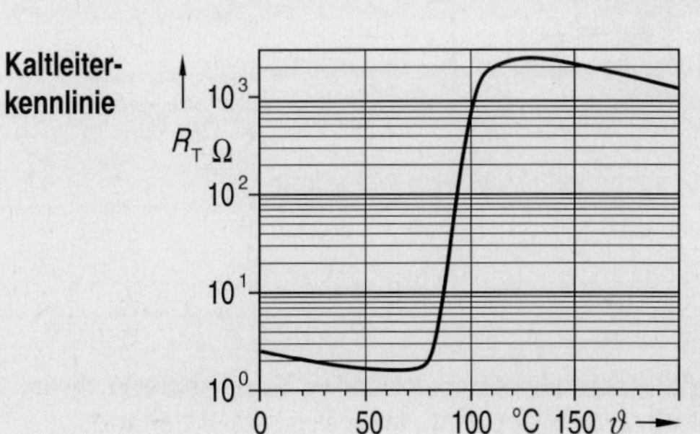

1.12 Metallwiderstand und Temperatur

Temperatureinflüsse auf das Atomgitter

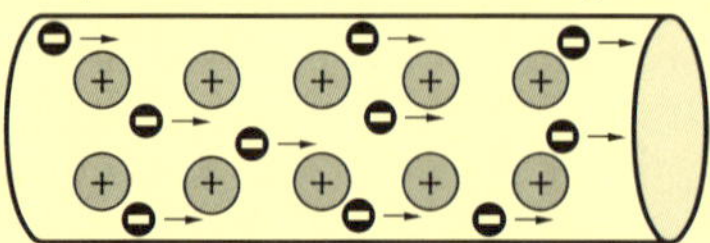

Im kalten Zustand schwingen die Atome nur wenig, der Elektronenfluss wird kaum behindert

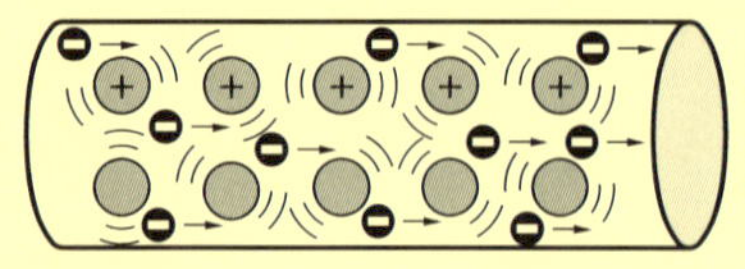

Im warmen Zustand schwingen die Atome sehr stark, der Elektronenfluss wird stark behindert

- **Der elektr. Widerstand von Metallen steigt bei Erwärmung**

Temperaturabhängigkeit von Metallen

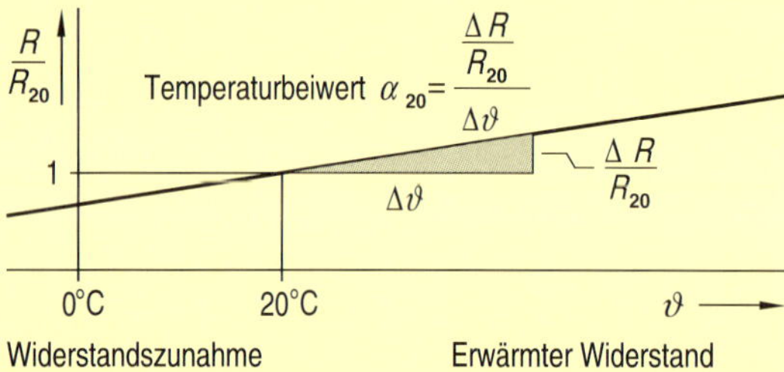

Widerstandszunahme

$$\Delta R = R_{20} \cdot \alpha_{20} \cdot \Delta\vartheta$$

$$[\Delta R] = \Omega \cdot \frac{1}{\text{K}} \cdot \text{K} = \Omega$$

Erwärmter Widerstand

$$R_{\vartheta} = R_{20} + \Delta R$$

$$R_{\vartheta} = R_{20} \cdot (1 + \alpha_{20} \cdot \Delta\vartheta)$$

Temperaturbeiwert bei Anfangstemperatur ϑ_1 $\quad$ Cu: $\alpha_{\vartheta 1} = \frac{1}{235\,\text{K} + \vartheta_1}$ $\quad$ Al: $\alpha_{\vartheta 1} = \frac{1}{225\,\text{K} + \vartheta_1}$

- **Der Temperaturbeiwert von Metallen ist etwa 0,4% · K^{-1}**

$$\Delta\vartheta = \frac{R_w - R_k}{R_k} \cdot (235\,\text{K} + \vartheta_k) + \vartheta_k - \vartheta_{Kü}$$

R_k Kaltwiderstand
R_w Warmwiderstand
ϑ_k Temperatur der kalten Wicklung
$\vartheta_{Kü}$ Temperatur des Kühlmittels

Bei Al-Wicklungen gilt statt 235 der Wert 225.
Alle Temperaturen in °C gemessen

- **Wicklungen werden nach VDE 0530/0532 berechnet**

Widerstandsverhalten bei tiefen Temperaturen

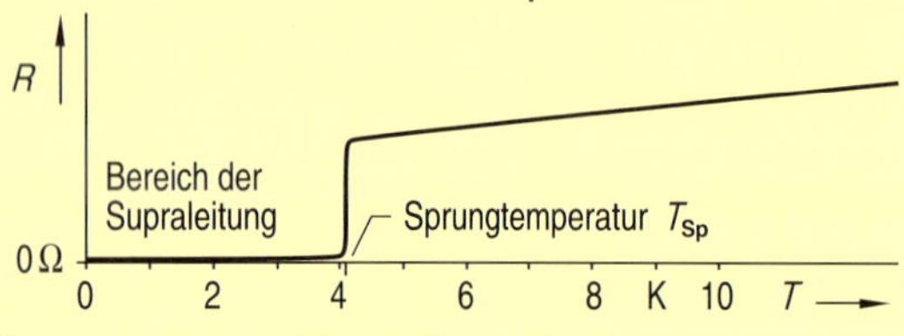

Sprungtemperatur wichtiger Werkstoffe

Werkstoff	T_{Sp} in K	Werkstoff	T_{Sp} in K
Aluminium	1,14	Blei	7,26
Zinn	3,69	Niob	9,2
Quecksilber	4,17	Niobnitrid	> 20,0

- **Manche Stoffe verlieren bei tiefen Temperaturen ihren elektrischen Widerstand, sie werden supraleitend**

Metalle als Kaltleiter

Reine Metalle, z. B. Kupfer, Silber, Zinn, zeigen alle ein schwach ausgeprägtes Kaltleiter-Verhalten, d. h. bei Erwärmung steigt ihr elektrischer Widerstand. Dieses Verhalten kann durch die Gitterstruktur von Metallen erklärt werden:
Die Atomrümpfe haben im Metallgitter dicht beieinander liegende, feste Plätze. Zwischen den Atomrümpfen bewegen sich die freien Elektronen (Elektronengas). Wird das Metall erwärmt, so schwingen die Atomrümpfe um ihre Ruhelage und mindern dabei die Bewegungsfähigkeit der Elektronen. Als Folge davon steigt der elektrische Widerstand.

Temperaturbeiwert

Die Widerstandszunahme bei einer bestimmten Temperaturzunahme ist bei den verschiedenen Metallen etwas unterschiedlich. Die prozentuale Widerstandszunahme pro 1 K (Kelvin) Temperaturerhöhung wird als Temperaturbeiwert α, manchmal auch als Temperaturkoeffizient bezeichnet. Bei 20 °C beträgt der Temperaturbeiwert für die meisten Metalle ungefähr 0,04 % pro 1 K, bzw. 0,04 % pro 1 °C. Genaue Werte können der Tabelle auf Seite 35 entnommen werden.
Die in den Tabellen angegebenen Temperaturbeiwerte gelten exakt nur für ϑ = 20 °C bzw. für T = 293 K. Für andere Temperaturen zwischen 0 °C und 50 °C stellen sie aber gute Näherungswerte dar.
Für Kupfer und Aluminium kann der Temperaturbeiwert nach nebenstehender Formel auf die aktuelle Temperatur umgerechnet werden.

Wicklungserwärmung

Bei Erwärmung der Wicklungen von gekühlten elektrischen Maschinen muss auch die Kühlmitteltemperatur berücksichtigt werden. Der Zusammenhang zwischen Wicklungstemperatur, Kühlmitteltemperatur und den Wicklungswiderständen bei verschiedenen Temperaturen wird nach VDE 0530 bzw. VDE 0532 berechnet.

Supraleitung

Die oben dargestellten Formeln zur Berechnung des Widerstandes bei verschiedenen Temperaturen gelten nicht bei sehr tiefen Temperaturen. In der Umgebung des absoluten Nullpunktes (0 K = −273 °C) zeigen viele Metalle ein sprunghaftes Verhalten: unterhalb einer materialabhängigen Temperatur, der Sprungtemperatur, sinkt der elektrische Widerstand sprungartig auf unmessbar kleine Werte. Diese von dem niederländischen Physiker Heike Kamerlingh Onnes im Jahre 1911 entdeckte Supraleitung hat für die Technik sehr große Bedeutung, da sie die verlustfreie Übertragung elektrischer Energie ermöglicht. Voraussetzung für die praktische Nutzung ist aber die Entwicklung von Werkstoffen mit möglichst hoher Sprungtemperatur.

Temperaturbeiwerte
Die Temperaturbeiwerte reiner Metalle liegen für die übliche Bezugstemperatur 20 °C alle bei ungefähr 0,004/K bzw. 0,4 %/K. Durch Legieren verschiedener Metalle, z. B. Kupfer, Nickel, Mangan (Handelsnamen: Konstantan für CuNi44, Manganin für CuMn 12 Ni) können aber α - Werte nahe null erreicht werden. Solche praktisch temperaturunabhängigen Werkstoffe werden z. B. in Messgeräten eingesetzt.

Temperaturbeiwerte technischer Werkstoffe

Werkstoff	α in 1/K	Werkstoff	α in 1/K
Kupfer	0,0039	Wolfram	0,0048
Aluminium	0,0038	Silber	0,0041
Gold	0,0040	CuNi44	− 0,00008
Platin	0,0039	CuMn12Ni	− 0,00001
Eisen	0,0046	Kohle	− 0,0008

Aufgaben

1.12.1 Kupferwicklung
Die Kupferwicklung eines Motors hat bei Raumtemperatur einen Widerstand von 15 Ω. Im Betrieb erwärmt sich der Motor auf 95 °C.
Berechnen Sie
a) die Widerstandszunahme,
b) den Wicklungswiderstand im erwärmten Zustand.

1.12.2 Relaiswicklung
Eine Relaiswicklung hat 400 Windungen Kupferdraht mit 0,25 mm Drahtdurchmesser und einem mittleren Spulendurchmesser von 30 mm. Die Spule wird an 12 V gelegt. Dabei zeigt sich, dass der Strom während des Betriebes um 5 % absinkt. Berechnen Sie
a) den Einschaltstrom,
b) die Stromdichte beim Einschalten,
b) die Temperaturzunahme.

1.12.3 Temperaturmessung
Ein Präzisionswiderstand aus Platin hat bei 20 °C den Widerstand 100 Ω.
a) Welche Temperatur hat der Widerstand, wenn sein Widerstand auf 105 Ω ansteigt?
b) Welchen Widerstandswert hat der Platindraht, wenn die Temperatur 60 °C beträgt?

1.12.4 Motortemperatur
Der Wicklungswiderstand eines Motors mit Kupferwicklung beträgt im Stillstand bei 20 °C 12 Ω. Während des Betriebs steigt der Widerstand um 5 %.
Berechnen Sie die Temperatur der Wicklung.

1.12.5 Leitungswiderstand
Eine Kupferleitung hat den Querschnitt 2,5 mm^2 und die Länge 35 m. Berechnen Sie
a) den Widerstand bei 20 °C,
b) den Widerstand bei 45 °C.

1.12.6 Fehlerberechnung
Ein Widerstand aus Aluminiumdraht hat bei 50 °C den Wert 200 Ω. Berechnen Sie den Widerstand bei 80 °C
a) mit Hilfe des unkorrigierten Wertes α_{20},
b) mit Hilfe des umgerechneten Wertes α_{50}.
Diskutieren Sie die unterschiedlichen Ergebnisse.

1.12.7 Anlasswiderstand
Ein Anlasswiderstand aus Nickelin (Cu Ni 30 Mn) hat im kalten Zustand (20 °C) einen Widerstand von 84 Ω. Im Betrieb erwärmt sich der Widerstand auf 105 °C.
Berechnen Sie:
a) die Widerstandszunahme bei α=0,00015 K^{-1},
b) den Widerstandswert im erwärmten Zustand.

1.12.8 Freileitung
Die Betriebstemperaturen einer Aluminium-Freileitung liegen im Bereich zwischen − 35 °C und + 40 °C.
Berechnen Sie
a) die maximale prozentuale Widerstandszunahme,
b) die maximale prozentuale Widerstandsabnahme,
jeweils auf die Temperatur 20 °C bezogen.

1.12.9 Mondstation
Eine Relaisspule aus Kupfer ist in einer nicht klimatisierten Mondstation Temperaturen zwischen + 140 °C und − 170 °C ausgesetzt. Bei der höchsten Temperatur beträgt der Widerstand 650 Ω.
Berechnen Sie den Widerstand
a) bei 20 °C,
b) bei − 170 °C.

1.12.10 Kohleschichtwiderstand
Ein Kohleschichtwiderstand hat bei Raumtemperatur 20 °C den Nennwiderstand 330 Ω. Seine Betriebstemperatur liegt zwischen 0 °C und 80 °C. Berechnen Sie
a) den Größt- und den Kleinstwiderstand,
b) die prozentualen Abweichungen vom Nennwert.

1.12.11 Motorkühlung
Die Kupferwicklung eines Motors hat bei der Raumtemperatur den Widerstand 0,6 Ω. Nach mehrstündigem Betrieb steigt der Widerstand auf 0,8 Ω; die Raumtemperatur beträgt dann 28 °C.
Berechnen Sie Temperaturzunahme nach VDE 0530.

1.12.12 Supraleitung
Diskutieren Sie die technischen Einsatzmöglichkeiten der Supraleitung, ihre Vorteile gegenüber normaler Stromleitung und die technischen Probleme.

1.13 Arbeit, Energie, Leistung

Gleiche Richtung von Kraft und Weg

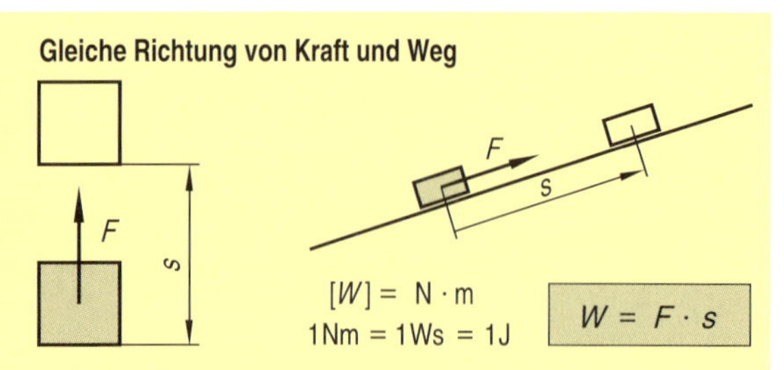

$[W] = \text{N} \cdot \text{m}$

$1\,\text{Nm} = 1\,\text{Ws} = 1\,\text{J}$

$W = F \cdot s$

Verschiedene Richtung von Kraft und Weg

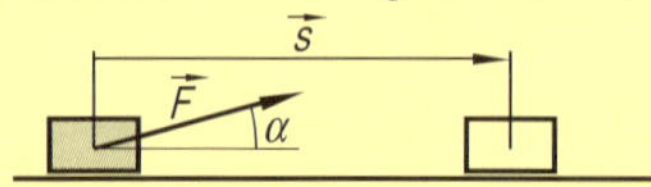

$W = \vec{F} \cdot \vec{s}$

$W = F \cdot s \cdot \cos\alpha$

- **Das Skalarprodukt aus Kraft und Kraftweg heißt Arbeit**

Verrichtete Arbeit **Potentielle Energie**

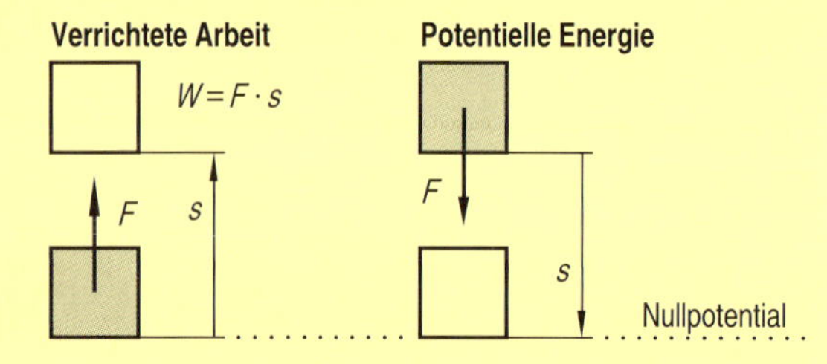

- **Potentielle Energie hat die Fähigkeit, Arbeit zu verrichten**

Beschleunigung von Massen

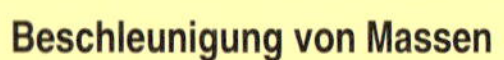

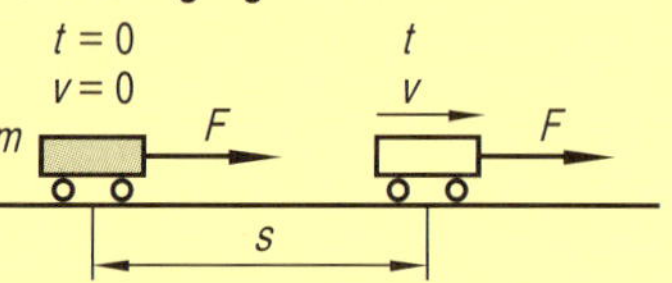

a Beschleunigung
m Masse
F Kraft
v Geschwindigkeit
t Zeit
s Weg
$W_{kin.}$ kinetische Energie

Für gleichmäßig aus dem Stillstand beschleunigte Massen gilt:

$F = m \cdot a$	$\text{N} = \text{kg} \cdot \frac{\text{m}}{\text{s}^2}$	$s = \frac{1}{2} \cdot a \cdot t^2$	$\text{m} = \frac{\text{m}}{\text{s}^2} \cdot \text{s}^2$
$v = a \cdot t$	$\frac{\text{m}}{\text{s}} = \frac{\text{m}}{\text{s}^2} \cdot \text{s}$	$W = \frac{1}{2} \cdot m \cdot v^2$	$\text{Nm} = \text{kg} \cdot \frac{\text{m}^2}{\text{s}^2}$

- **Bewegungsenergie hat die Fähigkeit, Arbeit zu verrichten**

Leistung beim Heben eines Gewichts

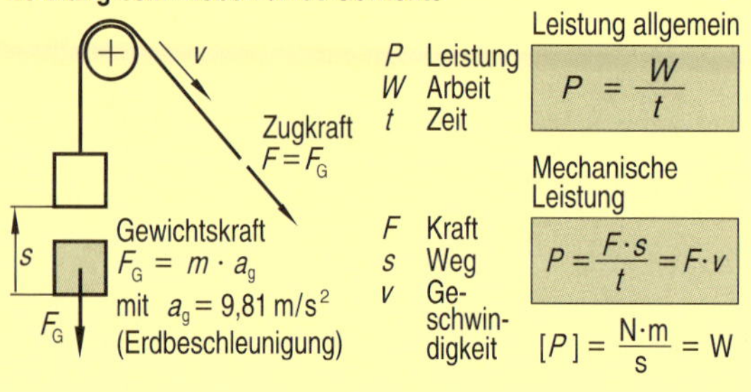

P Leistung
W Arbeit
t Zeit

Leistung allgemein

$P = \frac{W}{t}$

F Kraft
s Weg
v Geschwindigkeit

Mechanische Leistung

$P = \frac{F \cdot s}{t} = F \cdot v$

$[P] = \frac{\text{N} \cdot \text{m}}{\text{s}} = \text{W}$

- **Leistung ist die pro Zeiteinheit verrichtete Arbeit**

Mechanische Arbeit

Wirkt eine Kraft F über eine gewisse Wegstrecke s, so wird mechanische Arbeit verrichtet. Dabei ist die verrichtete Arbeit proportional zur Kraft und proportional zum zurückgelegten Weg. Mechanische Arbeit ist das Produkt aus Kraft und Weg: $W = F \cdot s$. Voraussetzung ist allerdings, dass die beiden Vektoren Kraft und Weg die gleiche Richtung besitzen.

Für den allgemeinen Fall, in dem Kraft und zurückgelegter Weg verschiedene Richtungen haben, ist die verrichtete Arbeit gleich dem Skalarprodukt der beiden Vektoren Kraft und Weg, d. h. das Produkt aus Kraft und Weg muss mit dem Kosinus des eingeschlossenen Winkels multipliziert werden.

Kraft und Weg sind Vektoren, die Arbeit ist ein Skalar.

Energie

Potentielle Energie

Wird ein Körper mit der Kraft F um die Wegstrecke s bewegt, so wird dabei die Arbeit $W = F \cdot s$ verrichtet. Der Körper hat daher nun einen um diesen Betrag höheren Energieinhalt. Dieser zugeführte Energiebetrag heißt Lageenergie bzw. potentielle Energie. Die potentielle Energie kann wieder Arbeit verrichten, z. B. indem man den Körper fallen lässt. Potentielle Energie kann somit auch als Arbeitsvermögen bezeichnet werden.

Kinetische Energie

Mechanische Kraft kann auch genutzt werden, um einen Körper zu beschleunigen. Die dem Körper dadurch zugeführte Arbeit tritt als Bewegungsenergie auf; sie wird auch kinetische Energie genannt. Auch die kinetische Energie kann wieder umgewandelt werden, z. B. bei einem Aufprall in Verformungsarbeit.

Bei der kinetischen Energie ist besonders zu beachten, dass sie nicht linear mit der Geschwindigkeit zunimmt, sondern quadratisch.

Als Definition für Energie gilt allgemein: Energie ist die Fähigkeit, Arbeit zu verrichten. Arbeit und Energie haben gleiches Formelzeichen und gleiche Einheit.

Leistung

Um eine gewisse Arbeit zu verrichten, d. h. um den Energiezustand eines Körpers zu ändern, wird immer Zeit benötigt. Prinzipiell ist es unmöglich, Energiezustände in der Zeit null zu ändern, da hierfür unendlich große Kräfte notwendig wären.

Die Arbeit, die in einer gewissen Zeit verrichtet wird, heißt Leistung. Umgekehrt gilt: Die Arbeit ist das Produkt aus Leistung und zugehöriger Zeit.

Die Leistung gehört zu den wichtigsten Kenngrößen von Betriebsmitteln. Meist wird auf dem „Leistungsschild" die im Nennbetrieb abgegebene Leistung des Betriebsmittels angegeben.

Reversible und irreversible Vorgänge

Prinzipiell gilt: Energie kann weder erzeugt noch vernichtet, sondern nur in andere Energieformen umgewandelt werden (Energieerhaltungssatz). Bei manchen Energieformen ist diese Umwandlung relativ problemlos möglich, z.B. lässt sich potentielle Energie verlustfrei in kinetische Energie umwandeln und umgekehrt. Vorgänge, die umkehrbar sind, heißen reversibel. Bei einem reibungsfrei gelagerten Pendel zum Beispiel findet eine periodisch wiederkehrende Umwandlung von Lageenergie in Bewegungsenergie und zurück in Lageenergie statt.
Wird hingegen mechanische Energie durch Reibung in Wärmeenergie umgewandelt, so ist dieser Vorgang nicht umkehrbar; die Wärmeenergie lässt sich nicht, bzw. nicht vollständig in die ursprüngliche Energie zurückwandeln. Derartige Vorgänge heißen irreversibel. Reibung lässt sich in Haftreibung, Gleitreibung und Rollreibung einteilen. Die zur Überwindung der Reibung notwendige Kraft F_R ist von der Reibungszahl μ und der senkrecht auf die Reibungsfläche wirkenden Kraft F_N (Normalkraft) abhängig.

Energiewandlung beim Pendel

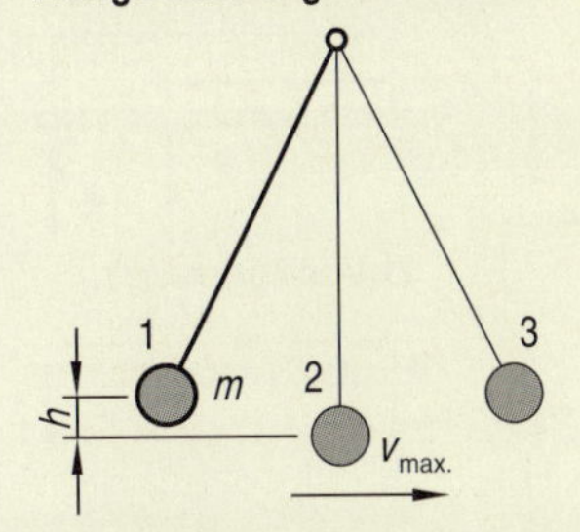

Stellung 1 und 3:
$v = 0 \quad W_{kin.} = 0$
$W_{pot.} = m \cdot a_g \cdot h$

Stellung 2:
$v = v_{max.} \quad W_{pot.} = 0$
$W_{kin.} = \frac{1}{2} \cdot m \cdot v_{max.}^2$

Reibungskraft

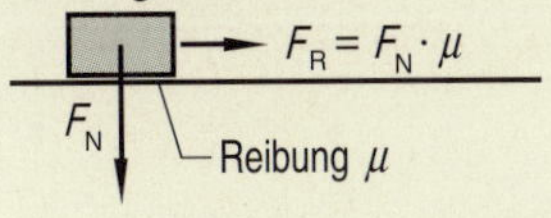

Die zur Überwindung der Reibung notwendige mechanische Arbeit wird in Wärme umgewandelt

Reibungszahlen, Näherungswerte

	μ_{Haft}	μ_{Gleit} trocken	μ_{Gleit} flüssig
Stahl – Stahl	0,25	0,15	0,06
Gummi – Asphalt	0,8	0,7	0,3

Aufgaben

1.13.1 Gewichts- und Beschleunigungskraft

a) Berechnen Sie die Gewichtskraft folgender Massen: $m_1 = 1$ kg, $m_2 = 20$ mg, $m_3 = 0{,}5$ t, $m_4 = 300$ g.
Wie würden sich die Massen und die Gewichtskräfte ändern, wenn sie sich auf dem Mond befänden?
b) Berechnen Sie die Kraft, die auf eine Person mit der Masse $m = 75$ kg wirkt, wenn sie in 8 s aus dem Stillstand auf 100 km/h beschleunigt wird.

1.13.2 Mechanische Arbeit

Die Masse $m = 20$ kg wird auf einer schiefen Ebene mit der Neigung α über die Strecke $s = 25$ m bewegt. Die Reibung ist vernachlässigbar klein.
a) Berechnen Sie die notwendige Zugkraft und die auf die schiefe Ebene senkrecht wirkende Kraft (Normalkraft) für die Neigungen $\alpha_1 = 0°$, $\alpha_2 = 30°$, $\alpha_3 = 60°$ und $\alpha_4 = 90°$.
b) Berechnen Sie für alle 4 Neigungen die jeweils aufgewandte mechanische Arbeit.

1.13.3 Potentielle und kinetische Energie

Ein Lastenaufzug mit der Masse 500 kg wird 40 m über seine Ausgangslage gezogen.
a) Berechnen Sie seine potentielle Energie bezüglich seiner Ausgangslage.
b) Nach dem Reißen des Zugseils fällt der Aufzug reibungsfrei bis auf die Ausgangslage.
Berechnen Sie die kinetische Energie des Aufzugs und seine Geschwindigkeit direkt vor dem Aufprall.

1.13.4 Arbeit und Leistung

Der Riemen eines Riementriebs hat die Umlaufgeschwindigkeit 25 m/s, die Zugkraft im Riemen beträgt 40 N. Verluste sind zu vernachlässigen.
a) Berechnen Sie die übertragene Leistung.
b) Berechnen Sie die geleistete Arbeit, wenn der Antrieb 8 h in Betrieb ist.
c) Für welche Zugkraft müsste der Riemen bemessen sein, wenn der Antriebsmotor maximal 3 kW abgibt?

1.13.5 Pumpspeicherkraftwerk

Das Oberbecken eines Pumpspeicherkraftwerkes fasst 8 Millionen m^3 Wasser, die mittlere nutzbare Fallhöhe ist 240 m. Verluste werden vernachlässigt.
a) Berechnen Sie die gespeicherte Energiemenge.
b) Welche mechanische Leistung kann dem See entnommen werden, wenn er in 4 h entleert wird?
c) Für wie lange kann der See die mechanische Leistung 25 MW abgeben?

1.13.6 Transportrampe

Ein Balken mit der Masse 500 kg wird über eine Betonrampe 50 m schräg nach oben gezogen. Der Neigungswinkel der Rampe beträgt 30°, die Haftreibungszahl ist 0,7, die Gleitreibungszahl 0,3. Berechnen Sie
a) die notwendige Zugkraft zur Überwindung der Haftreibung sowie zur Fortbewegung der Masse,
b) die für den Transport aufzuwendende Arbeit,
c) die gewonnene potentielle Energie des Körpers.

1.14 Drehmoment und Leistung

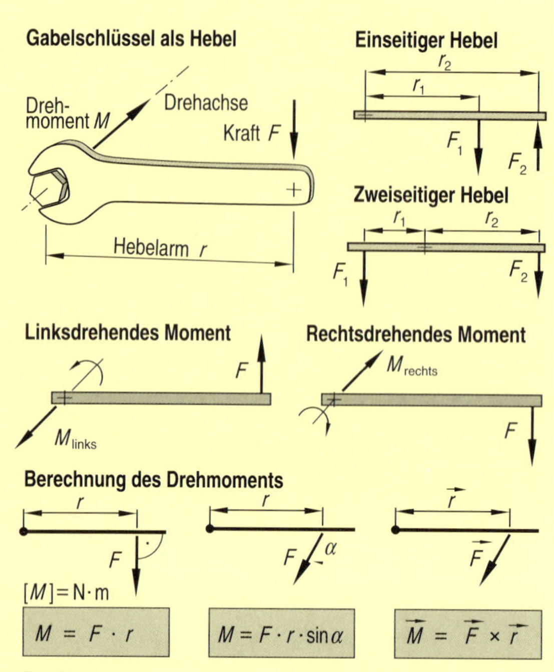

- **Das Vektorprodukt aus Kraft und Hebelarm heißt Drehmoment**

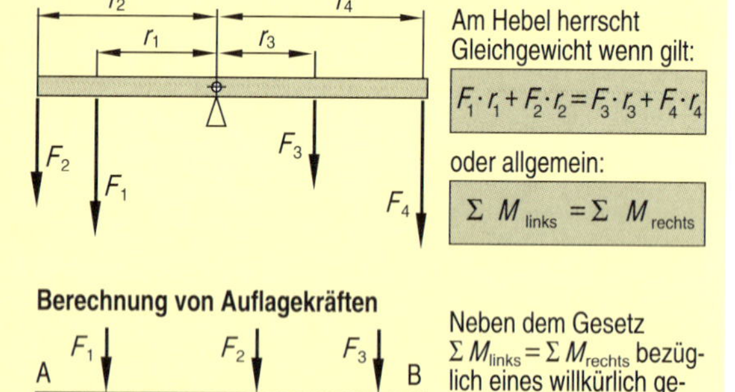

- **Im Gleichgewicht ist die Summe aller Momente null**

Motor mit Riementrieb

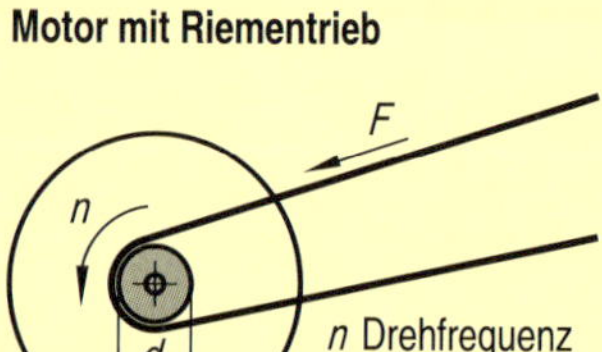

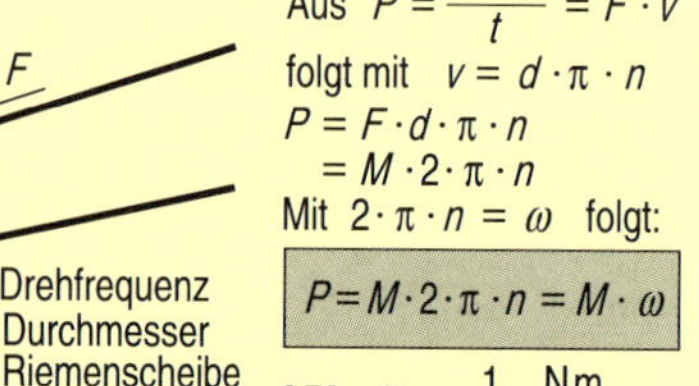

Aus $P = \frac{F \cdot s}{t} = F \cdot v$

folgt mit $v = d \cdot \pi \cdot n$

$P = F \cdot d \cdot \pi \cdot n$

$= M \cdot 2 \cdot \pi \cdot n$

Mit $2 \cdot \pi \cdot n = \omega$ folgt:

$$P = M \cdot 2 \cdot \pi \cdot n = M \cdot \omega$$

$[P] = \text{N} \cdot \text{m} \cdot \frac{1}{\text{s}} = \frac{\text{Nm}}{\text{s}} = \text{W}$

- **Für Motoren ist das Drehmoment eine wichtige Kenngröße**

Hebel und Drehmoment

Bei der Übertragung von Kräften spielen Hebel eine große Rolle. Unter einem Hebel versteht man hierbei jeden um eine Achse drehbaren Körper. Dabei ist es nicht nötig, dass sich der Körper tatsächlich drehen lässt; die Drehachse ist für Berechnungen frei wählbar. Man unterscheidet einseitige und zweiseitige Hebel.
Greift an dem Hebelarm eine Kraft F an, so wird der Körper zu einer Drehbewegung genötigt; das Zusammenwirken einer Kraft mit einem Hebelarm wird deshalb Drehmoment genannt. Will sich der Körper unter dem Einfluss der angreifenden Kraft im Gegenuhrzeigersinn drehen, so heißt das Drehmoment „linksdrehend“, im anderen Fall heißt es „rechtsdrehend“.
Stehen die beiden Vektoren Kraft und Hebelarm senkrecht aufeinander, so wird das Drehmoment aus dem Produkt von Kraft und Hebelarm berechnet. Stehen Kraft und Hebelarm nicht senkrecht aufeinander, so trägt nur der Teil der Kraft zur Momentenbildung bei, der senkrecht zum Hebelarm steht.
Allgemein gilt: Das Drehmoment ist gleich dem vektoriellen Produkt aus Kraft und zugehörigem Hebelarm. Das Drehmoment selbst ist ein Vektor; es steht senkrecht zur Kraft und senkrecht zum Hebelarm.

Hebelgesetz

An einem Hebel greifen meist mehrere Kräfte an, wobei je nach Richtung der Kräfte links- oder rechtsdrehende Drehmomente entstehen können. Ist die Summe aller linksdrehenden Momente gleich der Summe aller rechtsdrehenden Momente, bzw. ist die Summe aller Drehmomente gleich null, so befindet sich der Hebel im statischen Gleichgewicht. Ist der Hebel im statischen Gleichgewicht, so führt er keine Drehbewegung aus.
Das Hebelgesetz dient z.B. zur Berechnung von Lagerkräften. Diese werden berechnet, indem man den Drehpunkt des Hebels willkürlich in ein Auflager, z.B. in das Auflager B legt. Für diesen gedachten Drehpunkt kann dann das Hebelgesetz angewandt werden.
Bei der Berechnung von Drehmomenten muss strikt auf die Richtungen der Kräfte und der Hebelarme geachtet werden.

Drehmoment und Leistung

Zu den wichtigsten Kenngrößen eines Motors gehört das Drehmoment, das er an seiner Antriebswelle entwickelt. Aus dem Drehmoment der Welle und ihrer Drehfrequenz (Drehzahl) lässt sich die Antriebsleistung, d.h. die an der Welle abgegebene mechanische Leistung des Motors berechnen.
Die am Umfang der Welle bzw. Riemenscheibe auftretende Geschwindigkeit heißt Umfangsgeschwindigkeit, das Produkt $\omega = 2 \cdot \pi \cdot n$ wird Winkelgeschwindigkeit genannt (ω lies: Omega).

Drehmomentenkennlinien

In der gesamten Antriebstechnik spielen Drehmomentenkennlinien eine große Rolle. Das nebenstehende Diagramm zeigt die drehfrequenzabhängigen Drehmomente von Antriebsmaschine (Drehstromasynchronmotor, DASM) und Arbeitsmaschine.

Aus den Kennlinien kann das zu jeder Drehfrequenz gehörige Beschleunigungsmoment sowie die stationäre Drehfrequenz des Antriebs ermittelt werden.

Drehmomentenkennlinie eines Antriebs mit DASM

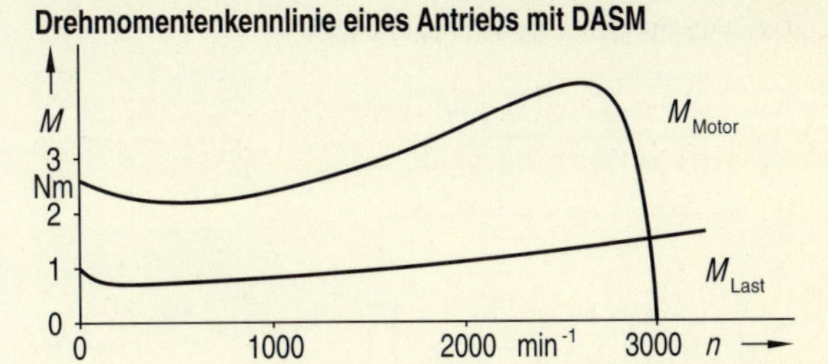

Aufgaben

1.14.1 Einseitiger Hebel

Ein einseitiger, drehbar gelagerter Hebel hat folgende Abmessungen:

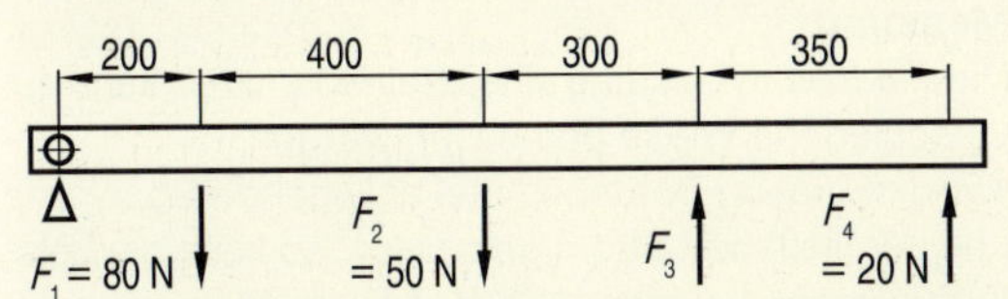

Berechnen Sie die notwendige Kraft F_3, damit der Hebel im Gleichgewicht ist.

1.14.2 Zweiseitiger Hebel

Ein zweiseitiger, drehbar gelagerter Hebel hat folgende Abmessungen:

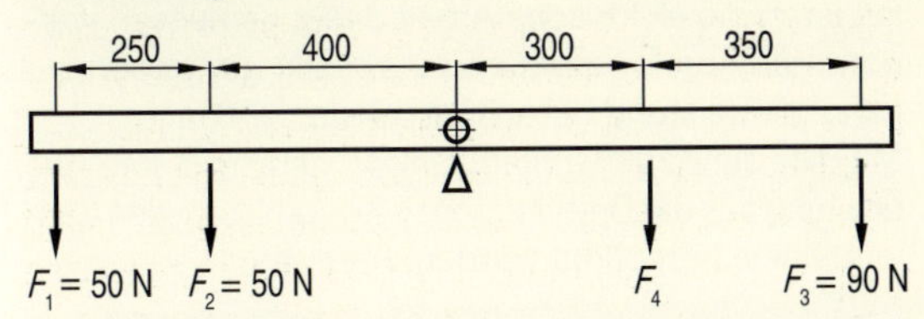

Bei welcher Kraft F_4 ist der Hebel im Gleichgewicht?

1.14.3 Antenne

Eine Antennenkombination besteht aus zwei Bereichsantennen für den Fernsehempfang (FS) sowie einer Tonrundfunk-Antenne mit Kreuz- und Stabdipol.

Aus dem Antennenkatalog wurden folgende Windlasten entnommen:

Band III: 67 N
Band IV: 44 N
Rundfunk: 71 N

a) An welcher Stelle tritt das maximale Biegemoment auf?

b) Berechnen Sie das maximale Biegemoment.

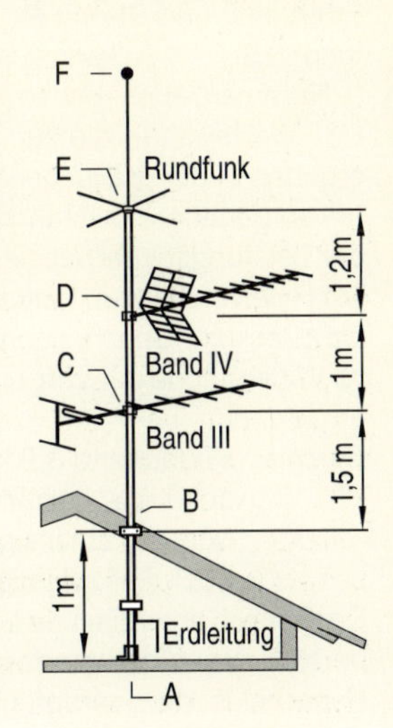

1.14.4 Auflagekräfte

Eine Stahlbrücke trägt folgende Lasten:

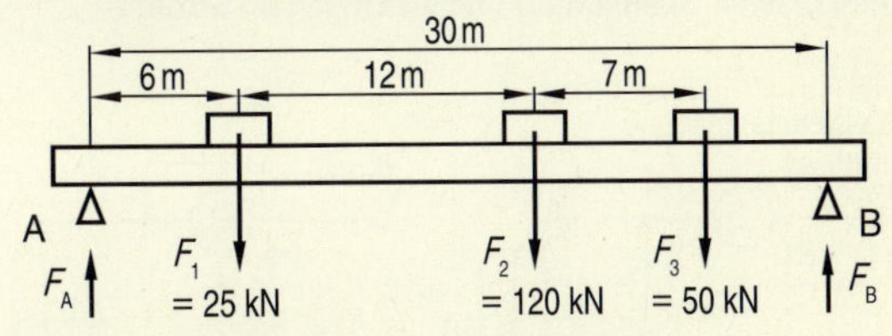

Das Gewicht der Brücke beträgt 500 kN.

Berechnen Sie die Auflagekräfte bei A und B.

1.14.5 Lagerkräfte am Motor

Ein Elektromotor ist an den Stellen A und B festgeschraubt und erfährt folgende Kräfte:

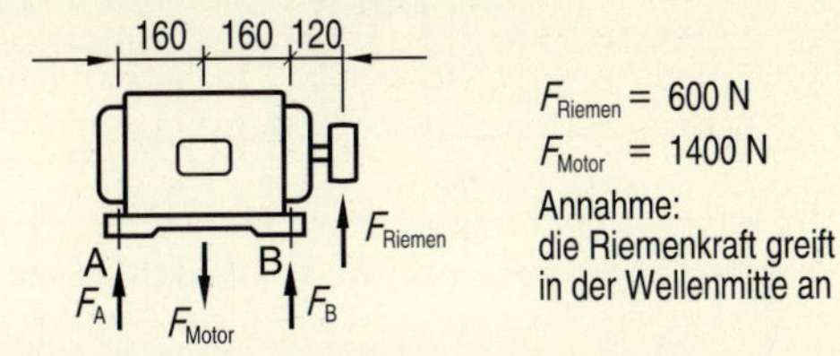

Berechnen Sie die auftretenden Kräfte F_A und F_B.

1.14.6 Drehstrommotor

Das Leistungsschild eines Drehstrommotors (DASM) enthält u.a. folgende Angaben: $U = 400\,V$, $P_n = 5{,}5\,kW$, $n_n = 2880\,min^{-1}$. Der Durchmesser der Riemenscheibe beträgt 300 mm.

Berechnen Sie: a) das Drehmoment an der Welle,
b) die Zugkraft im Riemen.

1.14.7 Elektromotorischer Antrieb

Bestimmen Sie aus folgenden Kennlinien die abgegebene Leistung des Motors.

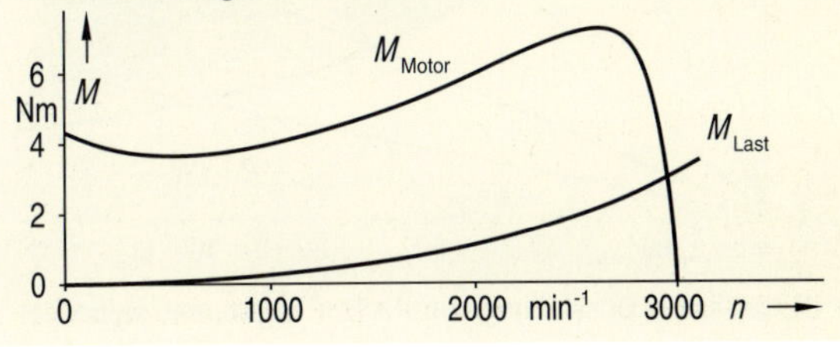

1.15 Elektrische Arbeit und Leistung

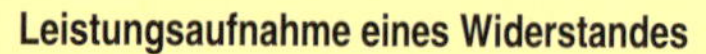

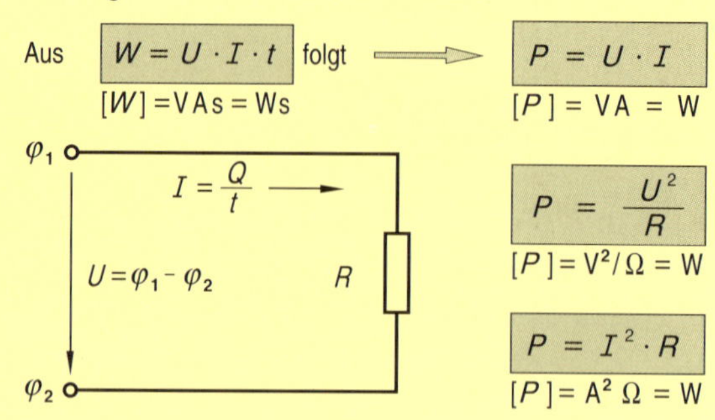

● **Die elektrische Leistung ist gleich dem Produkt aus elektrischer Spannung *U* und elektrischem Strom *I***

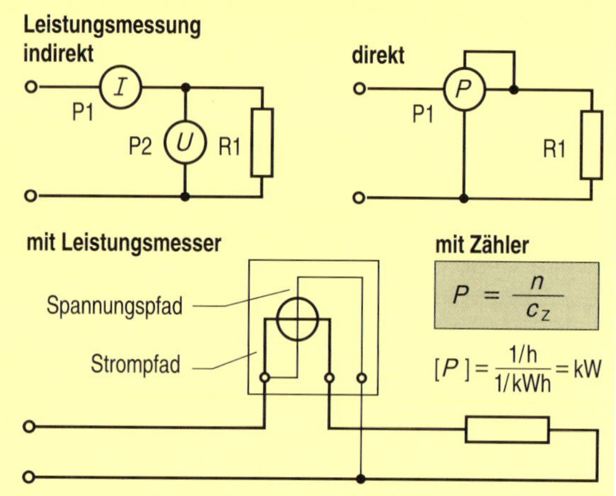

● **Elektrische Leistung kann direkt oder indirekt bestimmt werden**

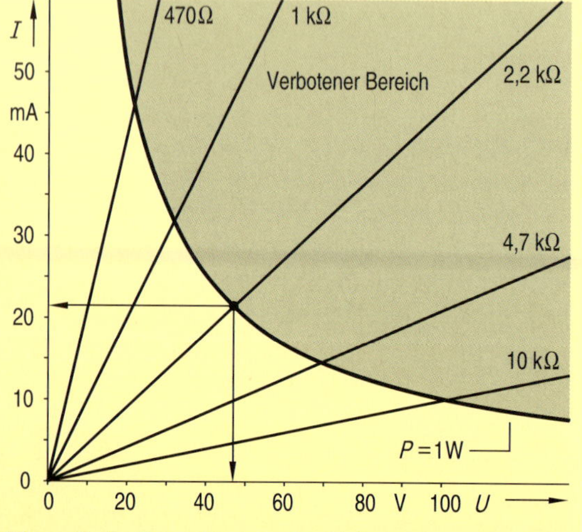

● **Die grafische Darstellung von $P = U \cdot I$ ergibt eine Hyperbel**

Berechnung

Die in einem Betriebsmittel, z. B. in einem Widerstand, umgesetzte Arbeit ist proportional zu der elektrischen Ladungsmenge Q, die durch das Betriebsmittel geflossen ist und der dabei überwundenen Potentialdifferenz $\varphi_1 - \varphi_2$ (Spannung U). Da die durch das Betriebsmittel geflossene Ladungsmenge gleich dem Produkt aus Stromstärke und Betriebszeit ist, gilt für die elektrische Arbeit: $W = Q \cdot U = I \cdot t \cdot U = U \cdot I \cdot t$.

Die Leistung ist allgemein definiert als pro Zeiteinheit verrichtete Arbeit; für die elektrische Leistung folgt daraus: $P = W/t = U \cdot I$.

Bei einem Betriebsmittel mit dem Widerstand R besteht der Zusammenhang $U = I \cdot R$ (ohmsches Gesetz). Somit gilt für die elektrische Leistung: $P = U^2/R = I^2 \cdot R$.

Messung

Die elektrische Leistung eines Betriebsmittels kann auf verschiedene Weise gemessen werden.

Werden die am Betriebsmittel anliegende Spannung und der fließende Strom gemessen, so kann die Leistung berechnet werden: $P = U \cdot I$. Diese Methode heißt indirekte Leistungsmessung. Mit Hilfe eines Leistungsmessers kann die Leistung direkt gemessen werden. Soll die Arbeit bestimmt werden, so muss zusätzlich die Betriebszeit gemessen werden. Dann gilt: $W = P \cdot t$.

Mit Hilfe eines Zählers (Elektrizitätszähler, kWh-Zähler) kann die elektrische Arbeit direkt gemessen werden. Wird zusätzlich die Betriebszeit gemessen, so kann die Leistung berechnet werden.

Mit Hilfe der so genannten Zählerkonstante c_Z kann die Leistung aus der Drehfrequenz n der umlaufenden Zählerscheibe berechnet werden: $P = n / c_Z$.

Leistungshyperbel

Die elektrische Leistung ist gleich dem Produkt aus Spannung und Strom: $P = U \cdot I$. Eine bestimmte Leistung, z. B. $P = 1$ W, kann durch $U = 1$ V und $I = 1$ A zustande kommen, aber ebenso aus $U = 2$ V und $I = 0{,}5$ A. Alle U-I-Wertepaare, die zur gleichen Leistung führen, ergeben in der grafischen Darstellung eine Hyperbel, die so genannte Leistungshyperbel. Für jeden Punkt der Leistungshyperbel gilt: $U \cdot I = P =$ konstant.

Mit Hilfe von Leistungshyperbeln lassen sich bequem die zulässigen Spannungen bzw. die zulässigen Ströme für Widerstände mit vorgegebener zulässiger Leistung ermitteln.

Beispiel: Widerstand 2,2 kΩ
zulässige Leistung 1 W
höchste zulässige Spannung 47 V
höchster zulässiger Strom 21,5 mA

Der Bereich unter der Leistungshyperbel ist der Arbeitsbereich des Widerstandes, der Bereich oberhalb der Hyperbel ist der „verbotene Bereich".

Leistungsschilder

Das Leistungsschild eines Betriebsmittels macht Angaben über Spannung, Strom, Betriebsart, Leistungsfaktor und Schutzart, sowie Angaben über Hersteller und Typenbezeichnung.

Bei der Leistungsangabe ist zu beachten:

Bei Motoren wird die an der Welle abgegebene Nennleistung angegeben,

bei Betriebsmitteln wie Bohrmaschinen, Heizgeräten, Lampen, Elektrogeräten usw. wird die aufgenommene elektrische Nennleistung angegeben.

Das Produkt aus Strom und Spannung ist nicht immer gleich der Wirkleistung. Erläuterungen zu der zusätzlich auftretenden Blindleistung folgen in Kapitel 5 und 6.

Leistungsschild einer Handbohrmaschine

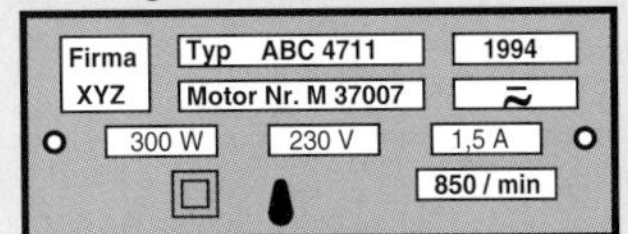

Bei Handbohrmaschinen wird die im Nennbetrieb aufgenommene Wirkleistung angegeben

Leistungsschild eines Drehstrommotors

Firma Elektro-Fix
Typ 3M 37007
D-Motor | Nr. 40123
Δ 400 V | 95 A
50 kW S1 | cos φ 0,85
1440 /min | 50 Hz
Isol. -Kl. B | IP44 | 0,4 t
VDE 0530 / 10.94

Bei Motoren wird die im Nennbetrieb an der Welle abgegebene Leistung angegeben

Aufgaben

1.15.1 Heizlüfter

Ein Heizlüfter hat die Nennspannung 230 V und die Nennleistung 2 kW. Berechnen Sie:

a) den Nennstrom,
b) den Widerstandswert der Heizwendel,
c) die Betriebskosten bei 8-stündigem Betrieb, wenn der Arbeitspreis 0,23 DM/kWh beträgt.

1.15.2 Kohleschichtwiderstände

Für die Widerstände a) bis e) ist jeweils der Widerstandswert und die zulässige Belastbarkeit gegeben. Berechnen Sie jeweils die zulässige Spannung und den zulässigen Strom.

Teilaufgabe	a)	b)	c)	d)	e)
Widerstand	68 Ω	470 Ω	1,5 kΩ	22 kΩ	39 Ω
Belastbarkeit	5 W	0,5 W	2 W	1/8 W	1/4 W
$U_{zul.}$					
$I_{zul.}$					

1.15.3 Leitungsverluste

Ein 2-kW-Heizlüfter wird an 230 V betrieben. Die Stromzufuhr erfolgt über ein 15 m langes Kabel mit Leiterquerschnitt 1,5 mm² Kupfer. Berechnen Sie:

a) die Verluste in der Zuleitung,
b) die Verluste, wenn die Heizleistung nur 1 kW beträgt.

Hinweis: die Spannung am Heizlüfter ist konstant.

1.15.4 Leistungshyperbel

Die 3 Kohleschichtwiderstände $R_1 = 330\,\Omega$, $R_2 = 560\,\Omega$ und $R_3 = 1{,}2\,k\Omega$ sind jeweils mit $P = 0{,}5\,W$ belastbar.

a) Zeichnen Sie in ein U-I-Diagramm die Leistungshyperbel für $P = 0{,}5\,W$ sowie die Widerstandsgeraden der 3 Widerstände und bestimmen Sie daraus die zulässigen Spannungen bzw. Ströme.
b) Überprüfen Sie die Ergebnisse rechnerisch.

1.15.5 Elektroherd mit 7-Takt-Schalter

Die Leistungsaufnahme einer 145-mm-Blitzkochplatte wird mit einem 7-Takt-Schalter gesteuert.

Schaltung

R3 750 W, R2 250 W, R1 500 W; A, B, C, D, E; L1, 230 V, N

Schaltschema

Schaltstellung	Schaltglied A	B	C	D	E
0					
3	×	×		×	×
2,5		×		×	×
2		×		×	
1,5		×			×
1			×		×
0,5	×			×	

a) Berechnen Sie die Widerstandswerte R_1, R_2, R_3.
b) Skizzieren Sie die Schaltung von Kochplatte und Schalter für alle 7 Schaltstellungen und berechnen Sie die jeweilige Leistungsaufnahme.

1.15.6 Glühofen

Ein Glühofen besitzt 3 Heizwiderstände R1, R2 und R3; die Nennspannung beträgt 400 V.

Sind nur die beiden Widerstände R1 und R2 in Betrieb, so ist die aufgenommene Leistung 12 kW. Wird R2 abgeschaltet, so steigt die Leistung um 25 %, wird R3 zugeschaltet, so sinkt die Leistung auf 50 %.

a) Skizzieren Sie die Schaltung des Glühofens.
b) Berechnen Sie die drei Widerstandswerte.

1.15.7 Leistungsmessung

Die Leistung eines Bügeleisens soll bestimmt werden.

a) Erklären Sie den prinzipiellen Unterschied zwischen direkten und indirekten Messmethoden. Skizzieren Sie die jeweiligen Schaltungen.
b) Berechnen Sie die Leistung, wenn die Zählerscheibe eines Zählers mit Zählerkonstante $c_Z = 60/kWh$ in 10 Minuten 6 Umdrehungen macht.

1.16 Leistungsabgabe von Spannungsquellen

Ersatzschaltbild einer Spannungsquelle

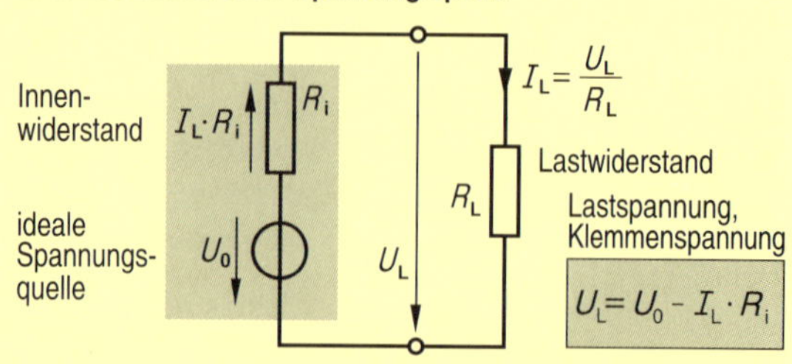

- **Jede reale Spannungsquelle hat einen Innenwiderstand**

Bestimmung des Arbeitspunktes

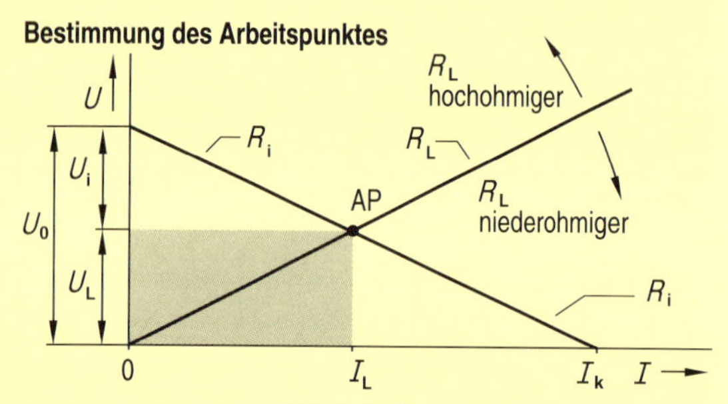

- **Am Innenwiderstand fällt ein Teil der Quellenspannung ab**

Arbeitspunkt in Abhängigkeit vom Lastwiderstand

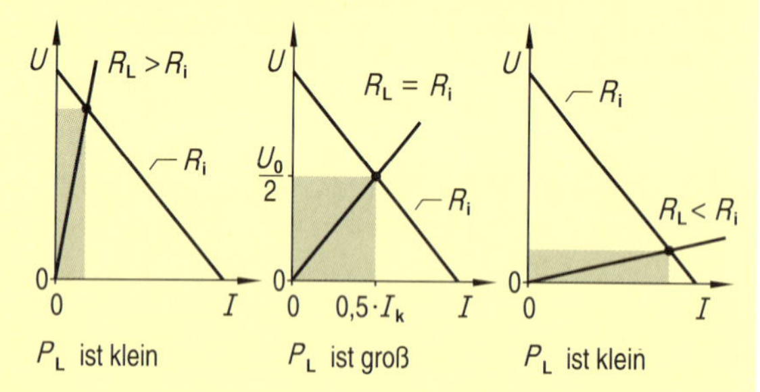

- **Innen- und Lastwiderstand bestimmen den Arbeitspunkt**

Leistung in Abhängigkeit vom Lastwiderstand

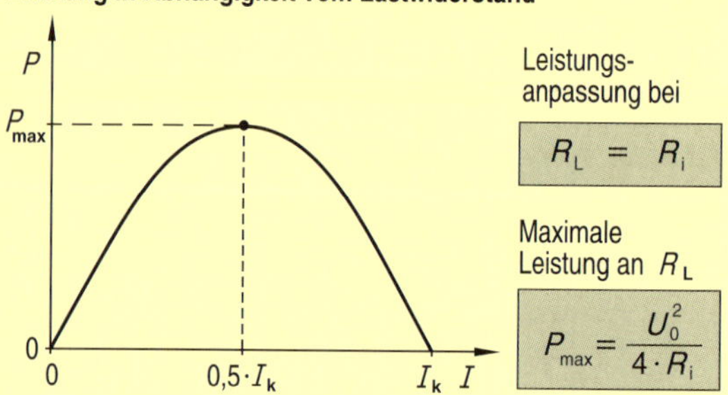

- **Ist der Innenwiderstand der Spannungsquelle gleich dem Lastwiderstand, liefert die Quelle ihre maximale Leistung**

Innenwiderstand von Spannungsquellen

Jede Spannungsquelle hat einen Innenwiderstand R_i. Er entsteht z. B. durch den Kupferwiderstand der Generatorwicklung oder den Widerstand des Elektrolyts bei einem galvanischen Element.

Eine reale Spannungsquelle wird deshalb meist ersatzweise durch die Reihenschaltung aus einer idealen Spannungsquelle ($R_i = 0$) mit einem ohmschen Widerstand dargestellt.

Die Spannungsquelle liefert die Quellenspannung oder Urspannung U_0. Bei Belastung fällt ein Teil davon am Innenwiderstand R_i ab, der andere Teil tritt an den Klemmen der Quelle als Klemmenspannung auf.

Belastungskennlinie

Wird die Quelle durch einen variablen Lastwiderstand R_L belastet, so sinkt die Klemmenspannung mit um den Betrag $I_L \cdot R_i$, weil dieser am Innenwiderstand der Quelle abfällt. Die Klemmenspannung ist dann $U = U_0 - R_i \cdot I_L$. Wird die Quelle kurzgeschlossen, so fließt der Kurzschlussstrom $I_k = U_0 / R_i$.

Der Arbeitspunkt der Schaltung sowie die Aufteilung der Quellenspannung sind im nebenstehenden I-U-Diagramm dargestellt. Die grau unterlegte Fäche stellt die im Lastwiderstand umgesetzte Leistung dar.

Leistungsabgabe

Die von der Spannungsquelle abgegebene Leistung ist vom angeschlossenen Lastwiderstand abhängig: Im Leerlauf ($I = 0$) wird keine Leistung abgegeben. Mit steigendem Laststrom steigt die Leistungsabgabe und erreicht bei einem bestimmten Wert ihr Maximum. Wird der Strom durch Verkleinern des Lastwiderstandes weiter gesteigert, so sinkt die Leistungsabgabe wieder. Im Kurzschluss wird die Gesamtleistung am Innenwiderstand umgesetzt, die Quelle gibt keine Leistung ab. Die Leistung am Innenwiderstand der Quelle steigt mit zunehmender Last; damit steigen auch die meist unerwünschten Verluste in der Spannungsquelle.

Anpassung

In manchen Bereichen, insbesondere in der Nachrichtentechnik, soll einer Spannungsquelle (Signalquelle) möglichst viel Leistung entnommen werden. Dazu ist es nötig, dass der Lastwiderstand dem Innenwiderstand der Quelle angepasst wird. Die größtmögliche Leistung kann der Spannungsquelle entnommen werden, wenn gilt: $R_L = R_i$. Dieser Fall heißt Leistungsanpassung.

Ist der Lastwiderstand wesentlicher größer als der Innenwiderstand ($R_L \gg R_i$), so spricht man von Spannungsanpassung. Dieser Fall wird bei der Energieübertragung angestrebt.

Ist $R_L \ll R_i$, so liegt Stromanpassung vor.

Leistungsanpassung, mathematische Herleitung

Der Lastwiderstand R_L, bei dem eine Spannungsquelle mit Innenwiderstand R_i die maximale Leistung abgibt, kann mit Hilfe der Differentialrechnung bestimmt werden. Dazu wird die Leistung P_L in Abhängigkeit von U_0, R_i und R_L bestimmt. Die Gleichung $P = f(U_0, R_i, R_L)$ wird nach R_L abgeleitet, die Ableitung wird gleich null gesetzt. Mit diesem Lösungsansatz ergibt sich, dass bei $R_L = R_i$ die maximale Leistung abgegeben wird.

Die Klemmenspannung sinkt bei Leistungsanpassung auf die halbe Quellenspannung, der fließende Laststrom ist gleich dem halben Kurzschlussstrom. Da in der Quelle die gleiche Leistung umgesetzt wird wie im Lastwiderstand, ist der Wirkungsgrad genau $\eta = 50\,\%$.

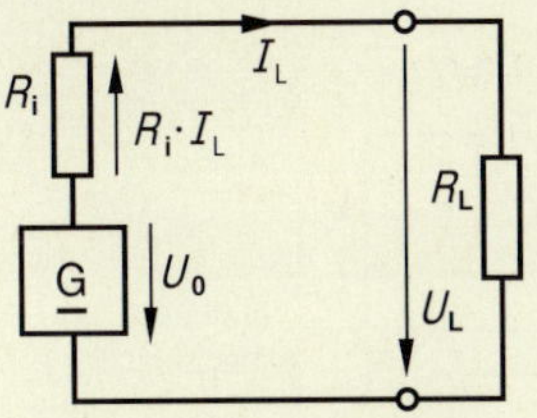

Spannung am Lastwiderstand:

$$U_L = \frac{R_L}{R_i + R_L} \cdot U_0$$

Damit ist die Leistung an R_L:

$$P_L = \frac{R_L^2 \cdot U_0^2}{(R_i + R_L)^2 \cdot R_L} = \frac{R_L \cdot U_0^2}{(R_i + R_L)^2}$$

Das Leistungsmaximum $P_{L\,max}$ erhält man für: $\frac{dP_L}{dR_L} = 0.$

$$\frac{dP_L}{dR_L} = U_0^2 \cdot \frac{dR_L}{d(R_i + R_L)^2}$$

$$= U_0^2 \cdot \frac{(R_i + R_L)^2 - R_L \cdot 2(R_i + R_L)}{(R_i + R_L)^4}$$

Der Zähler wird null gesetzt:

$$(R_i + R_L)^2 - R_L \cdot 2(R_i + R_L) = 0$$

$$R_i^2 + 2R_iR_L + R_L^2 - 2R_iR_L - 2R_L^2 = 0$$

Daraus folgt: $\underline{R_L = R_i}$

Aufgaben

1.16.1 Belastete Spannungsquelle

Eine Gleichspannungsquelle hat die Quellenspannung $U_0 = 12\,\text{V}$ und den Innenwiderstand $0{,}4\,\Omega$. Die Quelle wird mit einem Lastwiderstand R_L belastet, dessen Widerstandswert von ∞ (Leerlauf) bis 0 (Kurzschluss) einstellbar ist. Die Spannung am Lastwiderstand U_L, der Laststrom I_L und die Leistung des Lastwiderstandes P_L werden gemessen.

a) Zeichnen Sie das Schaltbild.

b) Zeichnen Sie in ein gemeinsames Diagramm die Funktionen $U_L = f(G_L)$, $I_L = f(G_L)$ und $P_L = f(G_L)$. Dabei ist $G_L = 1/R_L$ (Leitwert des Lastwiderstandes). Berechnen Sie zur Konstruktion der Kurven für jede Kurve mindestens 5 Punkte.

1.16.2 Arbeitspunktbestimmung

An eine Spannungsquelle mit $U_0 = 24\,\text{V}$ und $R_i = 1{,}5\,\Omega$ wird ein Lastwiderstand $R_L = 30\,\Omega$ angeschlossen. Bestimmen Sie den Arbeitspunkt des Lastwiderstandes zeichnerisch und rechnerisch.

1.16.3 Bestimmung des Innenwiderstandes

An einer Spannungsquelle werden folgende 2 Messungen durchgeführt:

Leerlaufmessung

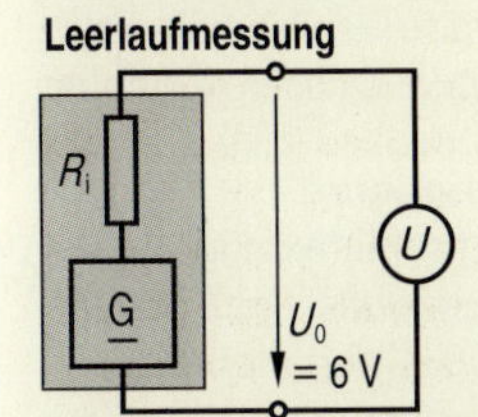

Kurzschlussmessung

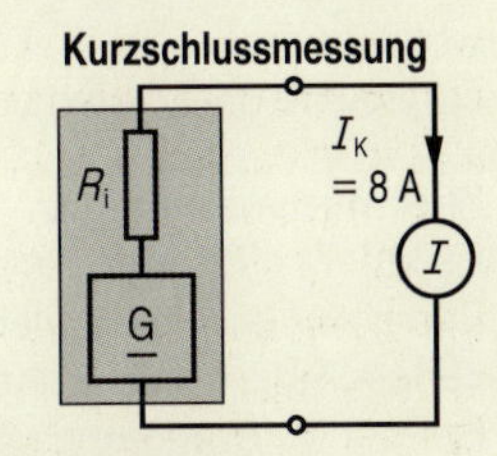

a) Berechnen Sie mit Hilfe dieser Messergebnisse den Innenwiderstand der Spannungsquelle.

b) Begründen Sie, warum diese Messmethode ungeeignet ist, um den Innenwiderstand einer Steckdose für 230 V (Schleifenwiderstand) zu bestimmen.

1.16.4 Schleifenwiderstand

Für die Wirksamkeit bestimmter Schutzmaßnahmen nach VDE 0100 ist der Schleifenwiderstand (Schleifenimpedanz) von großer Bedeutung.

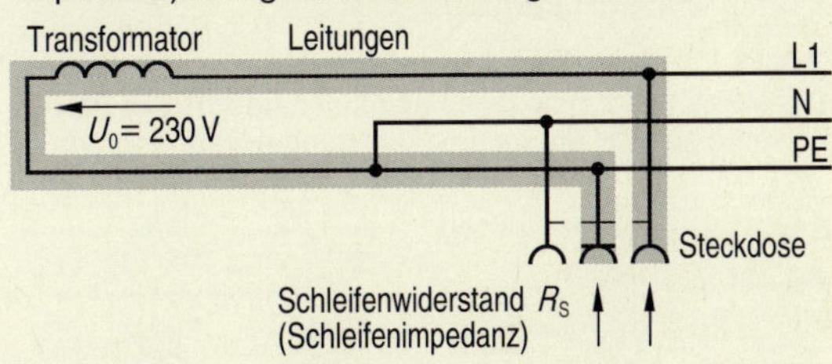

Entwickeln Sie eine Messmethode zur Bestimmung des Schleifenwiderstandes.

1.16.5 Akkumulator

Ein Blei-Akkumulator hat die Leerlaufspannung 14,2 V. Bei Belastung mit 6 A sinkt die Klemmenspannung auf 14 V. Berechnen Sie:

a) den Innenwiderstand des Akkumulators,

b) den Kurzschlussstrom,

c) die größtmögliche Leistung

d) die Klemmenspannung bei Belastung mit 50 A.

1.16.6 Reihenschaltung von Spannungsquellen

Vier Mignonzellen mit einer Quellenspannung von je 1,5 V und einem Innenwiderstand von $0{,}2\,\Omega$ sind in Reihe geschaltet. Berechnen Sie

a) die Klemmenspannung bei Belastung mit 100 mA,

b) die maximal abgebbare Leistung.

1.16.7 Parallelschaltung von Spannungsquellen

Ein galvanisches Element hat $U_0 = 1{,}5\,\text{V}$ und $R_i = 0{,}5\,\Omega$. Berechnen Sie die Anzahl der parallel zu schaltenden Elemente, damit in einem Lastwiderstand $R_L = 0{,}5\,\Omega$

a) der Strom 2 A,

b) der Strom 3 A fließt.

1.17 Verluste und Wirkungsgrad

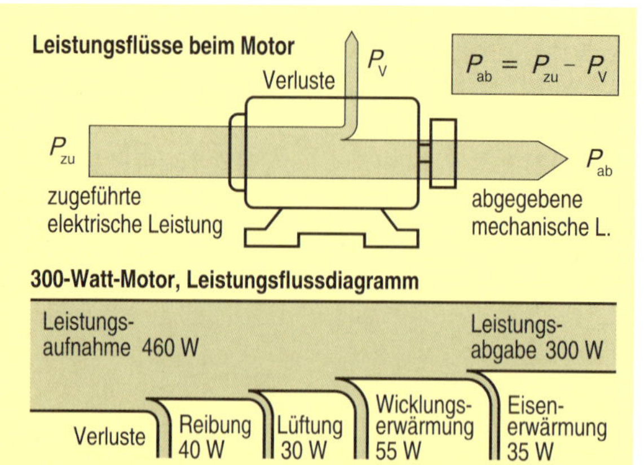

- **Bei der Energiewandlung treten praktisch immer Verluste auf**

Motor, zugeführte und abgegebene Leistung

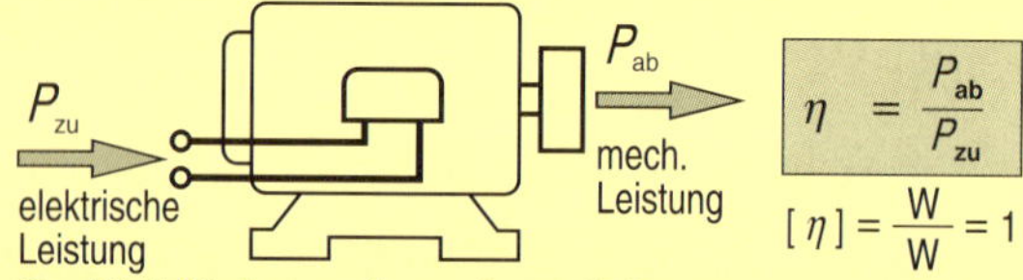

- **Das Verhältnis von abgegebener Leistung zu zugeführter Leistung heißt Wirkungsgrad (Leistungswirkungsgrad)**

Reihenschaltung von Energiewandlern

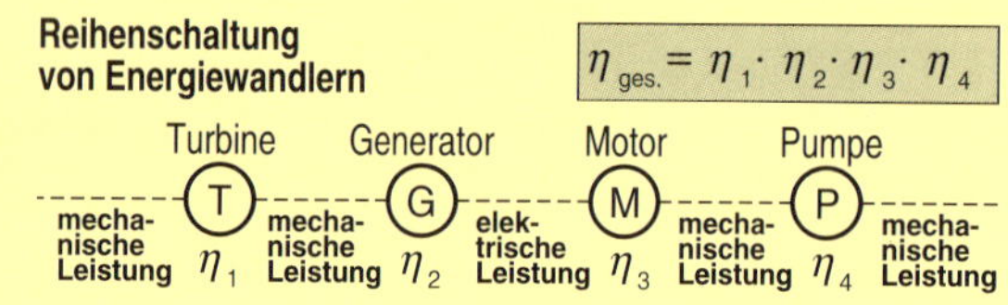

- **Der Gesamtwirkungsgrad eines Aggregats ist gleich dem Produkt der Einzelwirkungsgrade seiner Komponenten**

Parallelschaltung von Energiewandlern

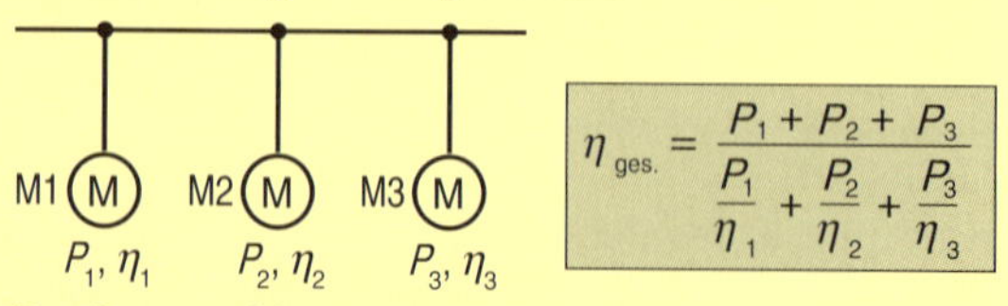

- **Der Gesamtwirkungsgrad einer Anlage ist gleich dem gewichteten Mittelwert der Einzelwirkungsgrade**

Beispiel: Turbine

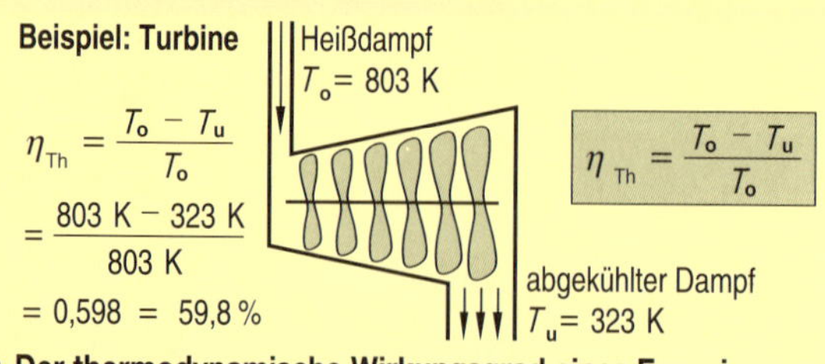

$$\eta_{Th} = \frac{T_o - T_u}{T_o} = \frac{803\ \text{K} - 323\ \text{K}}{803\ \text{K}} = 0{,}598 = 59{,}8\ \%$$

- **Der thermodynamische Wirkungsgrad eines Energiewandlers ist vom nutzbaren Temperaturgefälle abhängig**

Verluste

Beim Betrieb elektrischer Maschinen und Geräte treten neben der erwünschten Energiewandlung stets auch unerwünschte Verluste auf. Diese Verlustleistung zeigt sich meist in Form von Wärme. Sie entsteht z. B. durch Stromfluss in Wicklungen und Widerständen, durch Ummagnetisierung von Eisenblechen, durch Wirbelströme, aber auch durch Lager- und Luftreibung. Die Verluste bewirken, dass nur ein Teil der dem Betriebsmittel zugeführten Leistung in die gewünschte Nutzleistung umgewandelt wird. Die Verlustleistung führt insbesondere zu starker Erwärmung der Betriebsmittel und zu erhöhten Betriebskosten.
Nutz- und Verlustleistungen werden meist in Leistungsflussdiagrammen dargestellt.

Wirkungsgrad

Für wirtschaftliche Betrachtungen sind meist nicht die absoluten Verlustleistungen maßgebend, sondern der prozentuale Anteil der Verluste an der Gesamtleistung. Das Verhältnis der von einem Gerät oder einer Maschine abgegebenen Leistung P_{ab} (Nutzleistung) zur insgesamt zugeführten (aufgenommenen) Leistung P_{zu} wird als Wirkungsgrad η (lies: Eta) bezeichnet.
Der Wirkungsgrad ist immer kleiner als 1 bzw. 100 %.

Wirkungsgrad von Aggregaten

Sind mehrere Betriebsmittel so hintereinander geschaltet, dass ein Betriebsmittel das folgende antreibt, so ist der Gesamtwirkungsgrad dieses Aggregats gleich dem Produkt der Einzelwirkungsgrade. Beispiel: Motor treibt Generator; Generator speist Transformator. Der Gesamtwirkungsgrad ist dabei stets kleiner als der kleinste Einzelwirkungsgrad.

Wirkungsgrad von Anlagen

Werden mehrere Betriebsmittel parallel in einer Anlage betrieben, so wird der Gesamtwirkungsgrad der Anlage ermittelt, indem die gesamte abgegebene Leistung der Anlage ermittelt und durch die gesamte aufgenommene Leistung der Anlage dividiert wird.
Der Gesamtwirkungsgrad ist ein Mittelwert der Einzelwirkungsgrade; die Wirkungsgrade werden dabei entsprechend der Leistung der Betriebsmittel gewichtet.

Thermodynamischer Wirkungsgrad

Elektrische Energie lässt sich problemlos in andere Energieformen umwandeln; prinzipiell lässt sich der Wirkungsgrad beliebig nahe an 100 % annähern.
Bei der Umwandlung von Wärmeenergie in andere Energieformen hingegen ist eine 100 %ige Umwandlung prinzipiell unmöglich. Der maximal erreichbare Wirkungsgrad heißt thermodynamischer Wirkungsgrad. Er ist nur vom nutzbaren Temperaturgefälle $T_o - T_u$ (gemessen in Kelvin) abhängig.

Jahreswirkungsgrad

Unter dem Wirkungsgrad eines Betriebsmittels versteht man üblicherweise den Leistungswirkungsgrad, d.h. das Verhältnis von abgegebener zu aufgenommener Leistung. Um die Wirtschaftlichkeit eines Betriebsmittels zu beurteilen ist es aber sinnvoller, die in einem bestimmten Zeitabschnitt abgegebene Arbeit W_{ab} mit der im gleichen Zeitabschnitt aufgenommenen Arbeit W_{auf} zu vergleichen. Das Verhältnis von W_{ab} zu W_{auf} ist ein Arbeitswirkungsgrad; wird über ein ganzes Jahr gezählt, so spricht man vom Jahreswirkungsgrad η_J.

Der Jahreswirkungsgrad interessiert insbesondere bei Transformatoren und Motoren, wenn diese längere Zeit im Leerlauf oder Teillastbereich arbeiten.

ΣW_{ab} Arbeitsabgabe im Jahr in MWh
ΣW_V Verlustarbeit im Jahr in MWh

$$\eta_J = \frac{\Sigma W_{ab}}{\Sigma W_{ab} + \Sigma W_V}$$

Beispiel: Ein Transformator liefert 1 MW Nennlast. Im Leerlauf hat er 3 kW Eisenverluste, bei Nennbelastung hat er zusätzlich 15 kW Kupferverluste. Berechnen Sie den Jahreswirkungsgrad, wenn er 80 % der Zeit mit Nennlast und 20 % der Zeit im Leerlauf betrieben wird.

Lösung:

$$\eta_J = \frac{\Sigma W_{ab}}{\Sigma W_{ab} + \Sigma W_V}$$

$$= \frac{1\,\text{MW} \cdot 0{,}8 \cdot 8760\,\text{h}}{(1 \cdot 0{,}8 + 0{,}018 \cdot 0{,}8 + 0{,}003 \cdot 0{,}2)\,\text{MW} \cdot 8760\,\text{h}} = 98{,}16\,\%$$

Aufgaben

1.17.1 Umwandlungsverluste

Bei der Energieumwandlung treten immer mehr oder weniger Verluste auf. Erklären Sie, wodurch bei folgenden Energiewandlern die Verluste bedingt sind und schätzen Sie den jeweils erreichbaren Wirkungsgrad:

a) Elektromotor
b) Wasserturbine
c) Heizlüfter
d) Bügeleisen
e) Glühlampe
f) Transformator

1.17.2 Gleichstrommotor

Ein Gleichstrommotor hat folgende Nenndaten:
$U_N = 200\,\text{V}$, $I_N = 1{,}8\,\text{A}$, $n_N = 1800\,\text{min}^{-1}$, $M_N = 1{,}24\,\text{Nm}$.
Berechnen Sie
a) die aufgenommene elektrische Leistung,
b) die abgegebene mechanische Leistung,
c) den Wirkungsgrad.

1.17.3 Lastenaufzug

Der Gleichstrom-Getriebemotor eines Lastenaufzugs hat bei $U = 440\,\text{V}$ eine Nennleistung von 11 kW, sein Wirkungsgrad ist 84 %. Der Aufzug (Seilwinde, Getriebe usw.) hat einen Wirkungsgrad von 87 %, das Gewicht der Kabine ist durch Gegengewichte kompensiert. Die Hubgeschwindigkeit soll 1,2 m/s betragen.
Berechnen Sie
a) den Nennstrom des Gleichstrommotors,
b) die Nutzlast bei Nennbetrieb.

1.17.4 Gesamtwirkungsgrad

Ein Aggregat besteht aus 3 hintereinander geschalteten Energiewandlern:

Motor 1 — Generator — Motor 2

P_{zu} — (M) — (G) — (M) — P_{ab}

P_1, η_1 — P_2, η_2 — P_3, η_3

Weisen Sie allgemein nach, dass der Gesamtwirkungsgrad $\eta_{gesamt} = \eta_1 \cdot \eta_2 \cdot \eta_3$ ist.

1.17.5 Wasserkraftwerk

Durch die Turbine eines Wasserkraftwerkes fließen pro Sekunde 120 m³ Wasser; die Fallhöhe beträgt 18 m. Die Anlage hat folgende Einzelwirkungsgrade: Turbine 82 %, Generator 95 %, Transformator 99 %.
a) Skizzieren Sie ein Technologieschema der Anlage.
Berechnen Sie
b) die vom Wasser gelieferte Leistung (Strömungsverluste werden vernachlässigt),
c) die von Turbine, Generator und Transformator abgegebene Leistung,
d) den Gesamtwirkungsgrad.

1.17.6 Wasserförderanlage

Eine Anlage zur Förderung von Grundwasser besteht aus einem Drehstrommotor und einer Kreiselpumpe. Das Aggregat fördert pro Stunde 150 m³ Wasser 32 m hoch. Der Wirkungsgrad der Pumpe beträgt 82 %, der des Motors ist 91 %.
Berechnen Sie
a) die abgegebene Leistung der Pumpe in kW,
b) die elektrische Leistung des Motors.

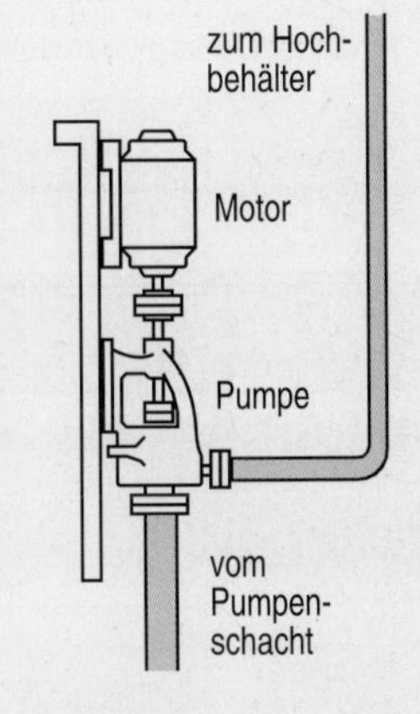

1.17.7 Maschinenhalle

In einer Maschinenhalle arbeiten parallel: 2 Motoren mit $P = 22\,\text{kW}$ und $\eta = 89\,\%$, 20 Motoren mit $P = 5{,}5\,\text{kW}$ und $\eta = 86\,\%$, sowie 24 Getriebemotoren mit $P = 4\,\text{kW}$ und $\eta = 75\,\%$. Berechnen Sie
a) die insgesamt aufgenommene elektrische Leistung,
b) den Gesamtwirkungsgrad der Anlage.

1.18 Elektrowärme

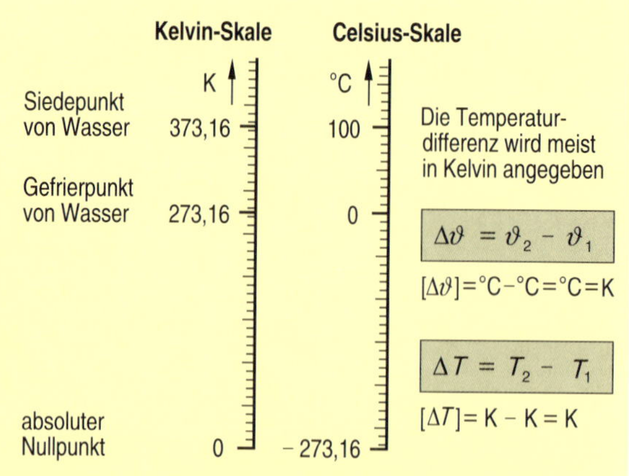

- **Temperatur ist ein Maß für den Wärmezustand, d. h. für die mittlere kinetische Energie der Atome eines Stoffes**

Spezifische Wärmekapazität

Werkstoff	c in $\frac{kJ}{kg \cdot K}$
Wasser	4,187
Aluminium	0,90
Kupfer	0,39
Eisen	0,46
Beton	0,88
Glas	0,84
Polyvinylchlorid	1,5

Zugeführte bzw. abgegebene Wärmeenergie

$$W_{th} = m \cdot c \cdot \Delta\vartheta$$

$$[W] = kg \cdot \frac{Ws}{kg \cdot K} \cdot K$$

m Masse
c spezifische Wärmekapazität
$\Delta\vartheta$ Temperaturdifferenz

- **Die spezifische Wärmekapazität ist eine Stoffkonstante**

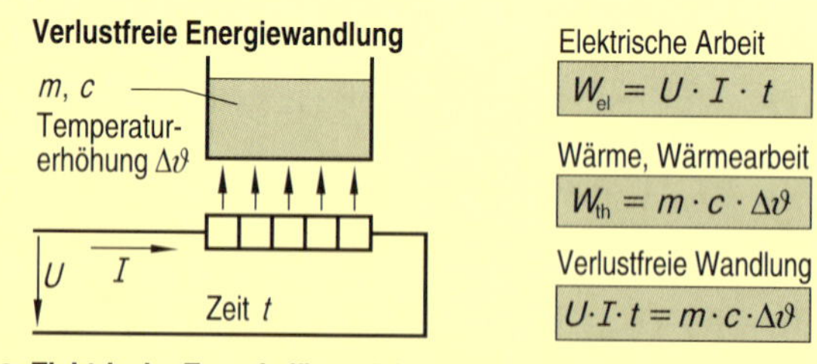

- **Elektrische Energie lässt sich vollständig in Wärme wandeln**

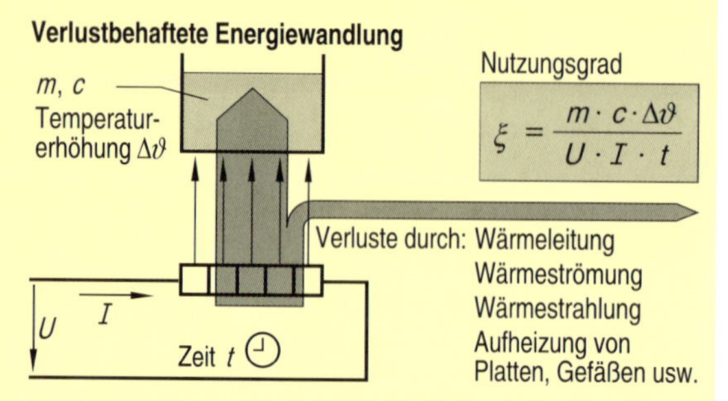

- **Ein Teil der Stromwärme ist für die Nutzung meist verloren**

Wärme und Temperatur

Wärme ist die am häufigsten vorkommenden Energieform. Man versteht darunter die kinetische Energie der ungeordneten Bewegung von Atomen und Molekülen. Wird ein Leiter von Strom durchflossen, so werden die Atome des Werkstoffs zu stärkeren Schwingungen angeregt; der Wärmeinhalt des Werkstoffes steigt an. Die Temperatur ist ein Maß für den Wärmezustand, d. h. für die mittlere kinetische Energie der Atome. Beim absoluten Temperatur-Nullpunkt hört jede Wärmeschwingung auf; bei Energiezufuhr steigt die Intensität der Schwingungen, d.h. die Temperatur nimmt zu. In der Technik wird die thermodynamische Temperaturskale benützt; sie beginnt beim absoluten Nullpunkt, die Einheit ist das Kelvin (K). Für den alltäglichen Gebrauch ist die Einheit Grad Celsius (°C) üblich.

Wärmeenergie

Soll die Temperatur eines Körpers erhöht werden, so muss ihm Energie zugeführt werden. Die zuzuführende thermische Energie (Wärmemenge) W_{th} ist dabei proportional zur gewünschten Temperaturerhöhung $\Delta\vartheta$ und proportional zur Masse m des Körpers. Außerdem spielt der Werkstoff des Körpers eine Rolle. Dieser Stoffeinfluss wird durch eine Werkstoffkonstante, die spezifische Wärmekapazität, berücksichtigt.
Die spezifische Wärmekapazität c gibt an, welche Wärmemenge aufzuwenden ist, um 1 kg des Stoffes um 1 K (1 °C) zu erwärmen.
Wird die Wärme abgegeben, z. B. durch Strahlung, so sinkt die Temperatur um den entsprechenden Wert.

Stromwärme

Die zur Temperaturerhöhung notwendige thermische Energie W_{th} kann mit Hilfe des elektrischen Stromes als elektrische Energie W_{el} zugeführt werden. Viele Geräte wie Bügeleisen, Herde, Elektroheizungen und Lötkolben nutzen diese Möglichkeit. Treten bei der Umwandlung keine Verluste auf, so gilt: $W_{th} = W_{el}$.
Hinweis: Wärmeenergie wird häufig mit dem Formelzeichen Q gekennzeichnet.

Wärmenutzungsgrad

Elektrische Energie wird normalerweise vollständig in Wärmeenergie umgewandelt, d.h. der Wirkungsgrad ist 100 %. Trotzdem lässt sich mit vielen Geräten die Wärmeenergie nicht 100 %ig nützen, weil ein Teil durch Abstrahlung, Leitung oder Konvektion für die eigentliche Nutzung verloren geht. Der Energieanteil, der tatsächlich nutzbar ist, wird Nutzwärme genannt, die durch elektrischen Strom zugeführte Energie heißt Stromwärme.
Die Nutzwärme bezogen auf die Stromwärme heißt Wärmenutzungsgrad ξ (lies: Xi).

Wärmeübertragung

Die Übertragung von Wärme erfolgt stets von Stellen höherer zu Stellen niedrigerer Temperatur.

Für die Wärmeübertragung gibt es 3 Möglichkeiten:

1. Wärmeleitung, z. B. in Metallen
2. Wärmeströmung (Konvektion), z. B. in Gasen
3. Wärmestrahlung, z. B. bei Infrarotstrahlern.

Für die Wärmeabfuhr aus Bauteilen ist die Temperaturdifferenz zwischen Wärmequelle und Umgebung sowie der thermische Widerstand R_{th} maßgebend. Der thermische Widerstand gibt an, bei welcher Temperaturdifferenz $\Delta\vartheta$ die Wärmeleistung $P_V = 1$ W abgeführt wird. Muss die Wärme über mehrere thermische Widerstände abfließen, so ist der gesamte Wärmewiderstand gleich der Summe der Einzelwiderstände.

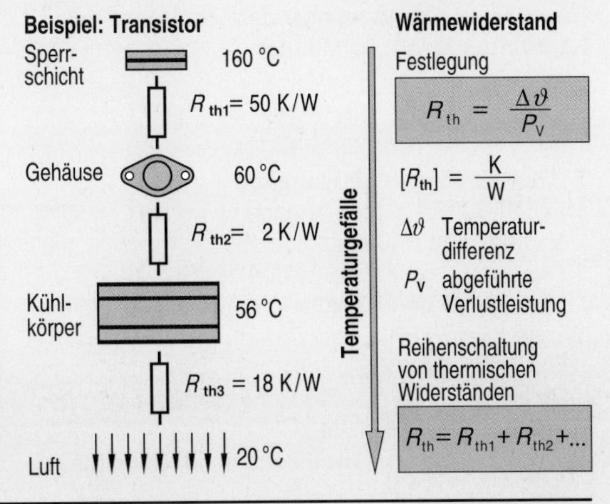

Aufgaben

1.18.1 Temperaturskalen

In Physik und Technik wird die Temperatur meist in Kelvin (K), im täglichen Leben hingegen in Grad Celsius (°C) angegeben.

a) Beschreiben Sie die Unterschiede und die Gemeinsamkeiten beider Temperaturskalen.

b) Rechnen Sie folgende °C-Werte in K-Werte um: 20 °C, 100 °C, -50 °C, 0 °C, 60 °C.

c) Rechnen Sie folgende K-Werte in °C-Werte um: 100 K, 273 K, 300 K, 1000 K, -20 K.

Hinweis: Nehmen Sie den absoluten Nullpunkt näherungsweise bei -273 °C an.

1.18.2 Erwärmung von Stoffen

Folgende Werkstoffe sollen von 20 °C auf 50 °C erwärmt werden: 1 kg Wasser, 1 kg Eisen, 1 kg Aluminium.

a) Berechnen Sie die jeweils notwendige Wärmemenge in kWs, kJ und kWh, wenn Umwandlungsverluste vernachlässigt werden.

b) Diskutieren Sie die Bedeutung der vergleichsweise großen spezifischen Wärmekapazität von Wasser für Technik und Natur.

1.18.3 Nachtspeicherheizung

Der Speicherkern eines Nachtspeicherofens hat die Masse $m = 78$ kg, die spezifische Wärmekapazität des Speicherkerns ist $c = 1{,}2$ kJ/kg · K (Merke: 1 J = 1 Ws). Der Kern darf bei einer Ausgangstemperatur von 20 °C bis auf 600 °C aufgeheizt werden. Berechnen Sie:

a) die Wärmemenge, die im Ofen speicherbar ist,

b) die Leistung der Elektroheizung, wenn das Laden des Speichers 8 h dauern soll,

c) die notwendige Wassermenge für einen Wasserspeicher, der bei einer Wassertemperatur von 100 °C die gleiche Wärmemenge speichern kann.

1.18.4 Heißwasserbereiter

Ein 30-Liter-Heißwassergerät wird von 3 parallel geschalteten Heizwiderständen mit je 52,9 Ω beheizt, die Netzspannung beträgt 230 V, die Anfangstemperatur des Wassers ist 15 °C. Der Wärmenutzungsgrad des Gerätes wird mit 85% angenommen.

Berechnen Sie die Wassertemperatur nach einer Aufheizzeit von 60 Minuten.

1.18.5 Ölhärtebad

Ein Ölhärtebad mit 200 Liter Inhalt soll in 30 Minuten von 20 °C auf 60 °C erwärmt werden. Die Wärmeverluste steigen linear mit der Temperatur von 0 W bei 20 °C auf 400 W bei 60 °C. Berechnen Sie:

a) den Wärmenutzungsgrad,

b) die zu installierende elektrische Leistung,

c) die für das Konstanthalten der Öltemperatur auf 60 °C erforderliche Leistung.

Nehmen Sie bei der Berechnung an, dass die Temperatur des Ölbades linear mit der Zeit ansteigt. Skizzieren Sie den idealisierten und den realen Temperaturanstieg in ein gemeinsames Diagramm $\vartheta = f(t)$.

1.18.6 Dioden-Verlustleistung

Der Wärmewiderstand zwischen Sperrschicht und Gehäuse ist bei der Diode BYX10 $R_{thJC} = 150$ K/W. Eine Messung ergibt bei der Durchlassspannung $U_F = 0{,}8$ V den Durchlassstrom $I_F = 0{,}5$ A.

a) Berechnen Sie die Verlustleistung der Diode.

b) Berechnen Sie die Sperrschichttemperatur, wenn die stationäre Temperatur der Diodenoberfläche 60 °C beträgt.

c) Durch welche Maßnahmen kann die zulässige Verlustleistung gesteigert werden, ohne dass die zulässige Sperrschichttemperatur überschritten wird?

Test 1.1

Fachgebiet: Grundgesetze der Elektrotechnik
Bearbeitungszeit: 90 Minuten

T 1.1.1 Größen und Einheiten

a) Durch welche beiden Angaben wird eine physikalische Größe eindeutig festgelegt?
b) Nennen Sie die 7 Basisgrößen des SI-Systems und die zugehörigen Einheiten und Einheitenzeichen.
c) Leiten Sie die Einheit der Spannung Volt (V) aus den Basiseinheiten ab.
d) Beschreiben Sie, wie die Einheit Ampere (A) messtechnisch festgelegt ist.
e) Welche unterschiedliche Bedeutung haben die Angaben $u = 5\,V$ und $U = 5\,V$?

T 1.1.2 Elektrische Strömung

a) Erklären Sie den Zusammenhang zwischen elektrischer Ladung und elektrischem Strom.
b) Der in einem Stromkreis fließende Strom hat einen Betrag und eine Fließrichtung, trotzdem ist er kein Vektor, sondern ein Skalar.
Erklären Sie den scheinbaren Widerspruch.
c) In einem Cu-Draht mit 0,5 mm Durchmesser fließt der Strom 0,5 A. Berechnen Sie die Stromdichte.

T 1.1.3 Spannung und Energie

a) Untersuchen Sie die Begriffe „Energiegewinnung", „Energieverbrauch", „Spannungserzeuger" sowie „Spannungsverbraucher" im Hinblick auf ihre physikalische Richtigkeit.
b) Nennen Sie die Äquivalente von mechanischer, elektrischer und thermischer Energie.
c) Stellen Sie einen Zusammenhang zwischen elektrischer Spannung, elektrischer Ladung und der Energie in einem Satz und in einer Formel her.

T 1.1.4 Elektronenstrahlröhre

Zwischen Anode und Katode einer Elektronenstrahlröhre liegt die Spannung $U = 18\,kV$. Das elektrische Feld wird als homogen angenommen. Berechnen Sie:
a) die elektrische Feldstärke in der Röhre,
b) die Kraft auf ein Elektron,
c) die Flugzeit eines Elektrons bis zur Anode.

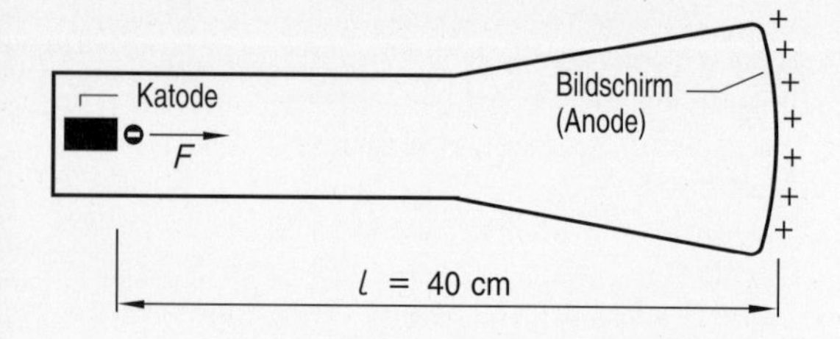

T 1.1.5 Elektrischer Leitungsmechanismus

a) Erklären Sie mit Hilfe des bohrschen Atommodells, wie die elektrische Leitfähigkeit bei Metallen zustande kommt.
b) Erklären Sie mit Hilfe des so genannten Bändermodells die unterschiedlichen Leitfähigkeiten von Metallen, Halbleitern und Isolatoren.
c) Nennen Sie die Formelzeichen sowie die zugehörigen Einheiten des spezifischen Widerstandes und der elektrischen Leitfähigkeit. Welcher Zusammenhang besteht zwischen beiden Größen?

T 1.1.6 Elektrisches Feld

a) Erklären Sie anhand von Feldskizzen den Unterschied zwischen einem homogenen und einem inhomogenen elektrischen Feld.
b) Zwischen zwei parallelen Metallplatten mit Abstand $d = 50\,mm$ herrscht die Spannung 30 kV. Berechnen Sie die Feldstärke und die Kraft auf ein Staubkorn, das die elektrische Ladung $5 \cdot 10^{-12}\,C$ trägt.
c) Ist die Feldstärke ein Vektor oder ein Skalar?

T 1.1.7 Elektrisches Potential

Zwei parallele Metallplatten haben den Abstand 100 mm und liegen an $U = 120\,V$.
a) Erläutern Sie, was man allgemein unter einem elektrischen Potential versteht.
b) Skizzieren Sie die Anordnung und zeichnen Sie 5 Feld- und 5 Äquipotentiallinien mit gleichem Abstand ein. Geben Sie der mittleren Äquipotentiallinie das Potential 0 V und kennzeichnen Sie die anderen Äquipotentiallinien sowie die Platten.

T 1.1.8 Einfacher Stromkreis

Der Widerstand im nebenstehenden Stromkreis ist von 60 Ω bis 300 Ω in 5 gleichen Stufen verstellbar; die Spannungsquelle kann Spannungen zwischen 0 und 120 V liefern.
a) Berechnen Sie den maximal fließenden Strom.
b) Zeichnen Sie die 5 Widerstandsgeraden in ein gemeinsames Diagramm.

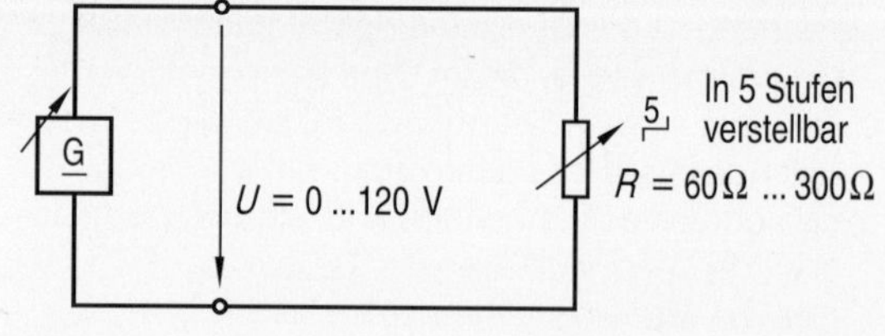

Fachgebiet: Grundgesetze der Elektrotechnik
Bearbeitungszeit: 120 Minuten

T 1.2.1 Spannungserzeugung

a) Erläutern Sie das Grundprinzip von jeder elektrischen Spannungserzeugung.

b) Nennen und erläutern Sie 4 Möglichkeiten für die technische Spannungserzeugung.
Welche Art der Spannungserzeugung hat die größte praktische Bedeutung?

T 1.2.2 Zählpfeilsysteme

a) Skizzieren Sie einen einfachen Stromkreis mit Generator und Verbraucher. Erläutern Sie an diesem Stromkreis den Unterschied zwischen Erzeuger- und Verbraucher-Zählpfeilsystem.

b) Erklären Sie den Unterschied zwischen einem Zählpfeil und einem Vektor.

T 1.2.3 Gruppenschaltung

Eine Gruppenschaltung enthält 7 Widerstände, die gemäß nachfolgender Schaltung miteinander verbunden sind.
Berechnen Sie:

a) den Ersatzwiderstand der Schaltung,

b) alle Teilströme,

c) alle Teilspannungen,

d) die Leistungsaufnahme der gesamten Schaltung.

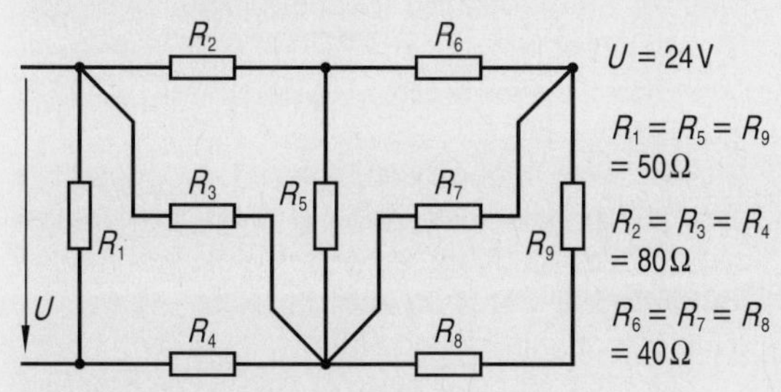

T 1.2.4 Ohmscher Widerstand

Ein Kohleschichtwiderstand hat ungefähr die Länge 8 mm und den Durchmesser 2 mm. Der Widerstand trägt nebenstehende Farbkennung.

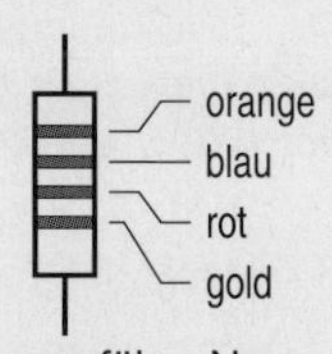

a) Bestimmen Sie aus der Größe die ungefähre Nennleistung des Widerstandes.

b) Welchen Nennwert und welche Toleranz hat der Widerstand?
Welcher Größt- bzw. Kleinstwert ist zulässig?

c) An welcher Spannung darf der Widerstand maximal betrieben werden?

T 1.2.5 Arbeit und Leistung

Ein Lötkolben hat die Nennleistung $P = 30\,W$ bei $U = 230\,V$. Berechnen Sie:

a) den Widerstand der Heizwendel,

b) die Zeit, in der 1 kWh umgesetzt wird,

c) den Vorwiderstand, der die Heizleistung des Lötkolbens auf 15 W begrenzt.

d) Vervollständigen Sie die Zählerschaltung:

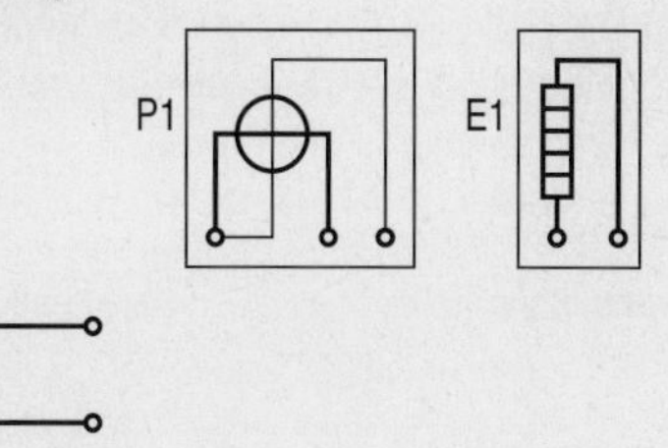

T 1.2.6 Temperatur und Widerstand

a) Beschreiben Sie das Widerstandsverhalten eines Metalldrahtes, eines Kohleschichtwiderstandes und der Legierung Cu Ni 44 (Konstantan) bei Temperaturzunahme.

b) Bei Raumtemperatur 25 °C hat die Wicklung eines Motors den Widerstand 3,5 Ω. Im Betrieb steigt der Widerstand auf 4,7 Ω. Berechnen Sie die Betriebstemperatur der Wicklung.

c) Ein Draht wird in einem Ölbad von 20 °C auf 80 °C erwärmt; dabei nimmt sein Widerstand um 40 % zu. Berechnen Sie den Temperaturbeiwert und bestimmen Sie den Widerstandswerkstoff.

T 1.2.7 Elektromotor mit Pumpe

Das Leistungsschild eines Motors enthält folgende Angaben: 230 V, 1,3 kW, 1440/min. Der Motor treibt eine Pumpe an; bei Motornennbetrieb werden dabei pro Stunde 18 m³ Wasser 3 m hoch gepumpt.
Die Leistungsaufnahme des Motors wird mit einem Zähler bestimmt; während der Messung werden in der Zeit $t = 5\,min$ an der Zählerscheibe $N = 17$ Umdrehungen gezählt. Die Zählerkonstante ist $c_z = 120/kWh$.

a) Erläutern Sie die 3 Leistungsschildangaben.

Berechnen Sie:

b) das Nenndrehmoment des Motors,

c) die aufgenommene Motorleistung,

d) den Motorwirkungsgrad,

e) den Pumpenwirkungsgrad,

f) den Gesamtwirkungsgrad des Aggregats.

Test 1.3

Fachgebiet: Grundgesetze der Elektrotechnik
Bearbeitungszeit: 90 Minuten

T 1.3.1 Messbereichserweiterung

Ein Drehspulmesswerk hat seinen Vollausschlag bei $I_i = 1$ mA, der Innenwiderstand ist $R_i = 10\,\Omega$.
Der Spannungsmessbereich soll durch Vorwiderstände (Schaltung 1), der Strommessbereich durch Nebenwiderstände (Schaltung 2) erweitert werden.

a) Berechnen Sie die 3 Vorwiderstände R_{V1}, R_{V2} und R_{V3} für die Messbereichserweiterung auf 3 V, 10 V und 100 V.

b) Berechnen Sie die 3 Parallelwiderstände R_{P1}, R_{P2} und R_{P3} für die Messbereichserweiterung auf 3 mA, 10 mA und 100 mA. Welche Gefahr kann beim Umschalten der Messbereiche entstehen?

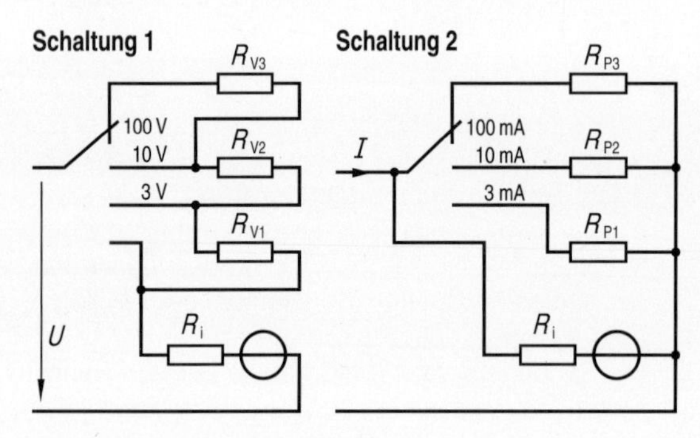

T 1.3.2 Leistungshyperbel

Drei Drahtwiderstände $R_1 = 200\,\Omega$, $R_2 = 300\,\Omega$ und $R_3 = 500\,\Omega$ haben jeweils die Nennleistung 5 W.

a) Zeichnen Sie die Arbeitsgeraden der drei Widerstände sowie die Leistungshyperbel in ein gemeinsames U-I-Diagramm. Achten Sie dabei auf einen sinnvollen Spannungs- bzw. Strommaßstab.

b) Bestimmen Sie mit Hilfe des Diagramms die jeweils maximal zulässige Betriebsspannung.

c) Berechnen Sie die für die drei Widerstände maximal zulässige Betriebsspannung und vergleichen Sie die Ergebnisse mit Aufgabe b).

T 1.3.3 Kochplatte

Eine elektrische Kochplatte hat die Nenndaten $U = 230$ V und $P = 750$ W.
Berechnen Sie:

a) die Stromaufnahme und die Stromdichte, wenn der Heizleiter den Nenndurchmesser $d = 0{,}4$ mm hat,

b) die Länge des Heizleiters bei $\rho = 1{,}12\,\Omega\text{mm}^2/\text{m}$,

c) die Zu- bzw. Abnahme der Leistung in %, wenn die Betriebsspannung um 5 % steigt bzw. abnimmt,

Zu Aufgabe T 1.3.3

d) die Leitungsverluste in W und in %, wenn die Kochplatte über eine 3 m lange Cu-Zuleitung 3x1 mm² angeschlossen ist.

T 1.3.4 Bleiakkumulator

Ein Bleiakku hat die Leerlaufspannung $U_0 = 12{,}4$ V, im Kurzschlussversuch gibt er den Strom $I_k = 84$ A ab.
Berechnen Sie

a) den Innenwiderstand der Spannungsquelle,

b) die Leistung, die dem Akkumulator maximal entnommen werden kann.

Zeichnen Sie in Abhängigkeit vom Laststrom I_L in ein gemeinsames Diagramm:

c) die Klemmenspannung $U = f(I_L)$,

d) die abgenommene Leistung $P_L = f(I_L)$,

e) den Wirkungsgrad $\eta = f(I_L)$.

f) Warum ist für die elektrische Energieversorgung keine Leistungsanpassung möglich?

T 1.3.5 Energieumwandlung

Die Dampfturbine eines Kohlekraftwerkes wird mit Heißdampf mit $\vartheta = 530$ °C gespeist; der Dampf verlässt die Turbine mit $\vartheta = 40$ °C. Berechnen Sie:

a) den thermodynamischen Wirkungsgrad,

b) den Wirkungsgrad der Gesamtanlage, wenn gilt: $\eta_{Turbine} = 85\,\%$, $\eta_{Generator} = 95\,\%$ und $\eta_{Transf.} = 98\,\%$.

c) Am Verbrauchernetz wird ein Motor mit $\eta_{Motor} = 75\,\%$ betrieben.
Berechnen Sie den Wirkungsgrad der gesamten Umwandlungskette, wenn noch folgende Wirkungsgrade berücksichtigt werden: Kohleverbrennung 80 %, Energietransport über die Hoch-, Mittel- und Niederspannungsleitungen jeweils 95 %.

T 1.3.6 Schleifenimpedanz

An der Steckdose in nebenstehender Schaltskizze wird zwischen L1 und PE die Leerlaufspannung $U_0 = 232$ V gemessen. Wird die Spannung mit 10 A belastet, so sinkt sie auf $U_L = 227$ V. Berechnen Sie:

a) den Schleifenwiderstand (Schleifenimpedanz),

b) den Kurzschlussstrom.

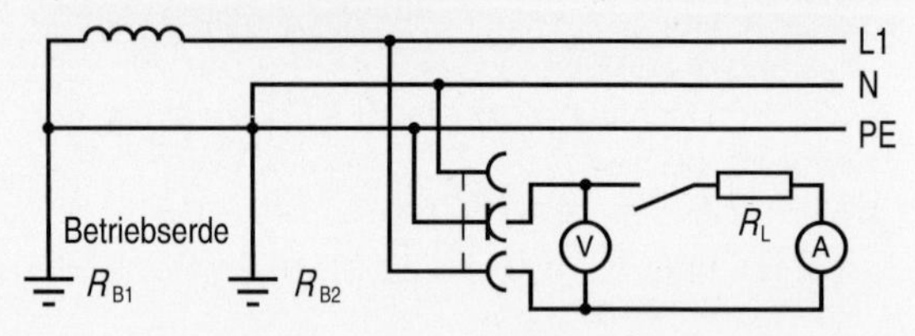

2 Netzwerke

2.1 Stromkreise und Netzwerke

Unverzweigter Stromkreis **Unbelasteter Spannungsteiler**

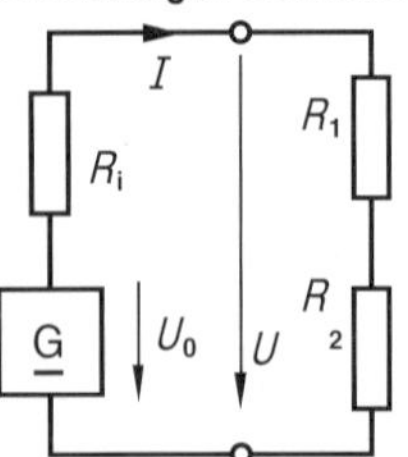

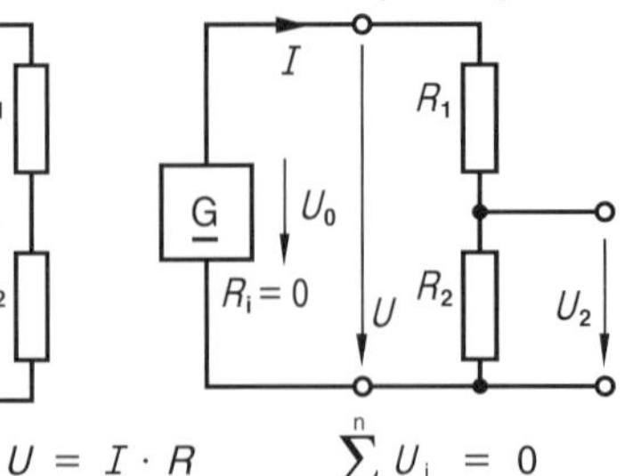

Berechnungshilfen: $U = I \cdot R$ $\quad \sum_{i=1}^{n} U_i = 0$

- **Unverzweigte Stromkreise lassen sich mit dem ohmschen Gesetz und der Maschenregel berechnen**

Einfacher verzweigter Stromkreis

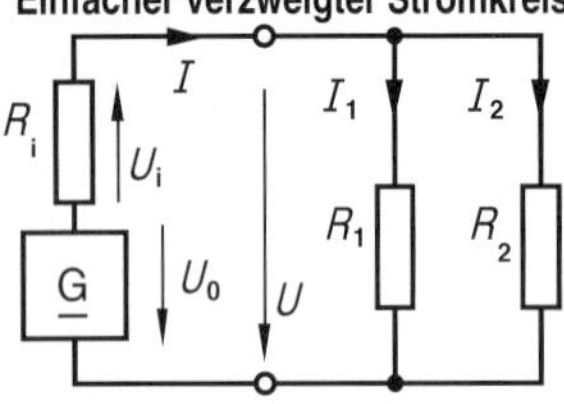

Berechnungshilfen:

$U = I \cdot R$

$\sum_{i=1}^{n} U_i = 0$

$\sum_{i=1}^{n} I_i = 0$

Brückenschaltung

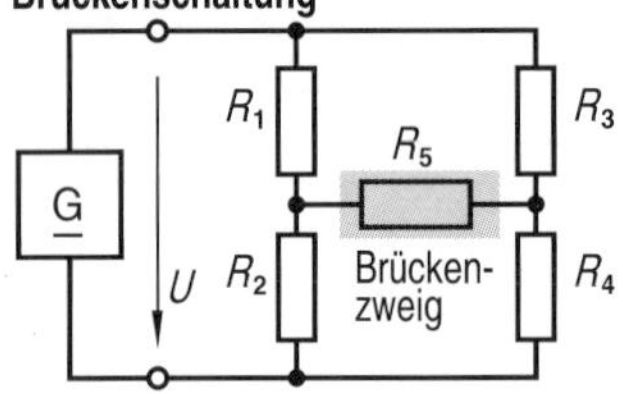

Berechnung z.B. mit Hilfe einer Dreieck-Stern-Umwandlung oder mit Hilfe einer Ersatzspannungsquelle

- **Brückenschaltungen werden mit einer Dreieck-Stern-Umwandlung oder einer Ersatzspannungsquelle berechnet**

Netzwerk mit 4 Spannungsquellen

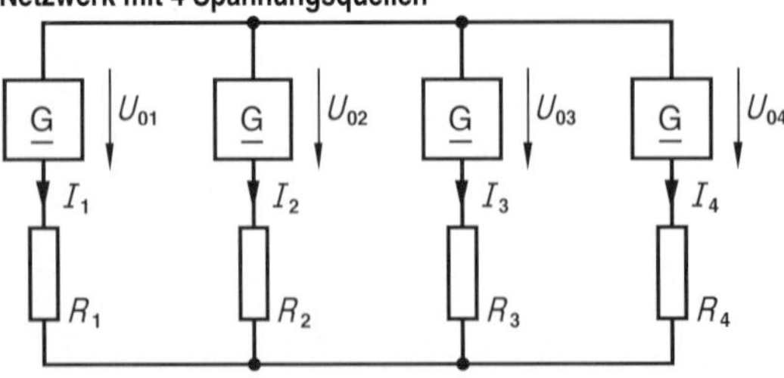

Hilfsmittel für die Berechnung sind:

Ohmsches Gesetz
Knoten- und Maschenregel
Überlagerungsverfahren
Maschenstromverfahren
Ersatzspannungsquelle
Ersatzstromquelle

- **Die Berechnung eines allgemeinen Netzwerkes mit mehreren Spannungsquellen und *m* Stromzweigen führt zu einem Gleichungssystem mit *m* Unbekannten**

Unverzweigter Stromkreis

Der einfachste Stromkreis besteht aus einer Spannungsquelle mit Innenwiderstand und einem oder mehreren in Reihe geschalteten Widerständen. Da der Innenwiderstand der Spannungsquelle üblicherweise wesentlich kleiner ist als der Lastwiderstand, kann er bei Berechnungen meist vernachlässigt werden.
Zur Berechnung des Stromes sowie der Klemmenspannung und der Teilspannungen werden das ohmsche Gesetz sowie die Maschenregel benötigt.
Eine für die Praxis besonders wichtige Schaltung ist der Spannungsteiler. Er wird in Kapitel 2.2 ausführlich behandelt.

Verzweigter Stromkreis

Hat ein Stromkreis einen oder mehrere Knoten, so ist es ein verzweigter Stromkreis. Die günstigste Berechnungsmethode zur Bestimmung seiner Teilströme und Teilspannungen hängt vom Aufbau des verzweigten Stromkreises ab:
Im einfachsten Fall kann der verzweigte Stromkreis schrittweise auf eine unverzweigte Ersatzschaltung zurückgeführt werden. Unter diesen Umständen genügt zur Berechnung das ohmsche Gesetz und die Knoten- und die Maschenregel.
Enthält ein verzweigter Stromkreis hingegen einen oder mehrere Brückenzweige, so ist die Reduzierung auf eine einfache unverzweigte Ersatzschaltung mit den bisher behandelten Rechenmethoden nicht möglich. Die Berechnung der Schaltung erfolgt dann z. B. mit einer Dreieck-Stern-Umwandlung (Kapitel 2.4) oder mit Hilfe einer Ersatzspannungsquelle (Kapitel 2.5).

Allgemeines Netzwerk

Die bisher behandelten Schaltungen haben als gemeinsames Merkmal, dass sie nur eine Spannungsquelle besitzen. In der Praxis ist es aber möglich, dass eine Schaltung mehrere Spannungsquellen in verschiedenen Stromzweigen besitzt. Solche allgemeinen Netzwerke lassen sich nur in Sonderfällen mit einfachen Mitteln berechnen. Im Normalfall führt ein Netzwerk mit *m* unbekannten Zweigströmen durch die Anwendung von Knoten- und Maschenregel zu einem Gleichungssystem mit *m* Gleichungen. Die Berechnung dieses Gleichungssystems erfolgt über Determinanten, das gaußsche Eliminationsverfahren oder mit anderen Methoden. In vielen Fällen ist es auch sinnvoll, das Netzwerk in eine Ersatzspannungsquelle oder Ersatzstromquelle umzuwandeln. Wichtige Berechnungsverfahren werden in Kapiteln 2.4 bis 2.6 behandelt.
Netzwerke, die nur lineare Bauteile enthalten, heißen lineare Netzwerke; sie sind eindeutig berechenbar. Netzwerke mit nichtlinearen Bauteilen lassen sich hingegen oft nur grafisch und näherungsweise berechnen.

Einfacher verzweigter Stromkreis

Viele zunächst kompliziert aussehende Schaltungen lassen sich schrittweise auf überschaubare und leicht berechenbare Grundschaltungen zurückführen. Voraussetzung ist jedoch, dass die Schaltung keine so genannten „Brückenzweige" enthält.
Einfache verzweigte Stromkreise, d. h. Schaltungen ohne Brückenzweige, können prinzipiell wie in der nebenstehenden Aufgabe berechnet werden.

Aufgabe:
Berechnen Sie in nebenstehender Schaltung
a) den Gesamtwiderstand (Ersatzwiderstand) R,
b) den Strom I_8 im Widerstand R_8,
c) die Teilspannung U_8 an Widerstand R_8.

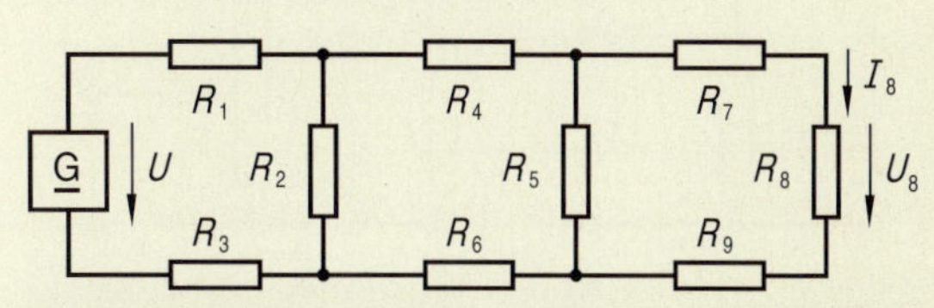

Lösung:
Im ersten Lösungsschritt wird die Schaltung stufenweise auf einen Ersatzwiderstand reduziert; dabei beginnt man stets bei dem Schaltungsteil, der von der Spannungsquelle am weitesten entfernt ist.

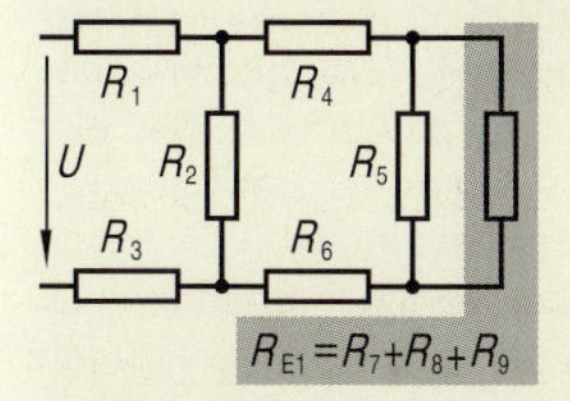

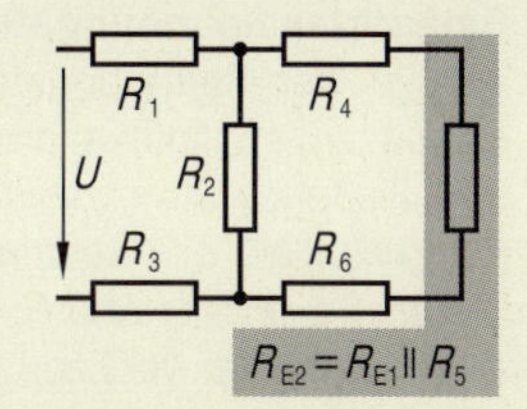

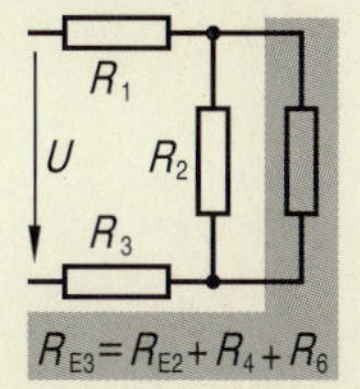

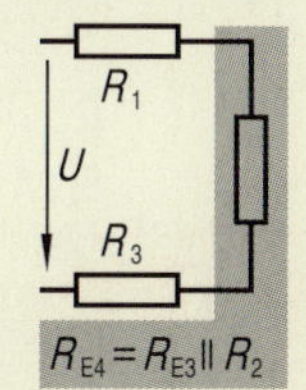

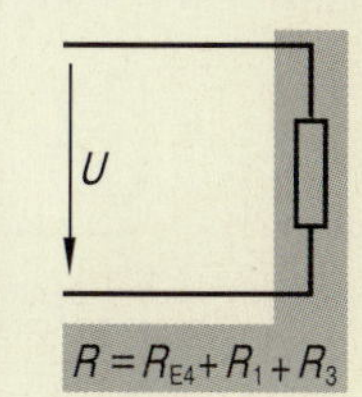

Im zweiten Schritt werden alle Ströme und Spannungen berechnet. Dabei beginnt man bei der Quelle und berechnet nacheinander die Ströme und Spannungen in den vorher berechneten Ersatzwiderständen.

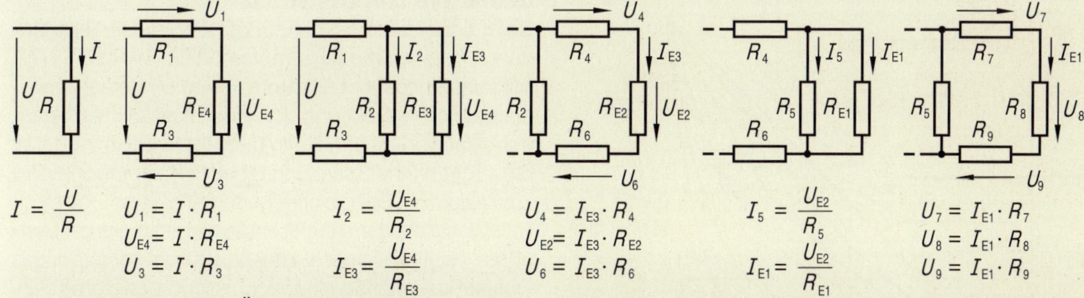

Um eine möglichst gute Übersicht über die Spannungs- und Stromverhältnisse in der Schaltung zu bekommen, ist es oft sinnvoll, die elektrischen Potentiale für wichtige Schaltungspunkte zu bestimmen. Als Bezugspotential wird dabei üblicherweise der Minuspol der Spannungsquelle bzw. der Massepunkt als $\varphi_0 = 0\,\text{V}$ gesetzt.

Aufgaben

2.1.1 Widerstandsschaltung

In der folgenden Schaltung haben alle Widerstände den Wert 1 kΩ; die Generatorspannung ist $U_G = 10\,\text{V}$.

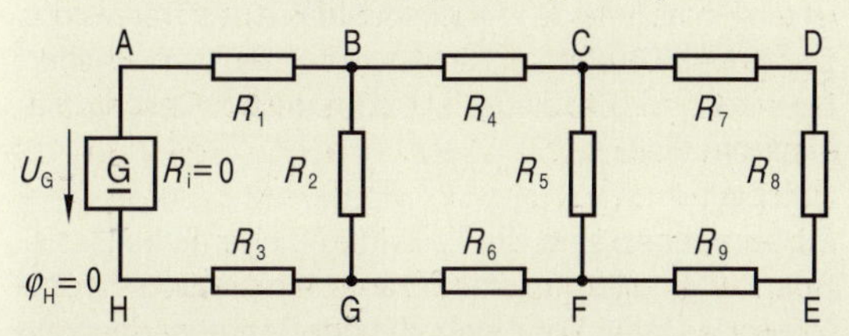

Berechnen Sie alle Teilspannungen und Teilströme und bestimmen Sie die Potentiale an den Punkten A bis G.

2.1.2 *R* / 2*R* - Netzwerk

Im folgenden Netzwerk ist $R = 10\,\text{k}\Omega$ und $U_B = 12\,\text{V}$.

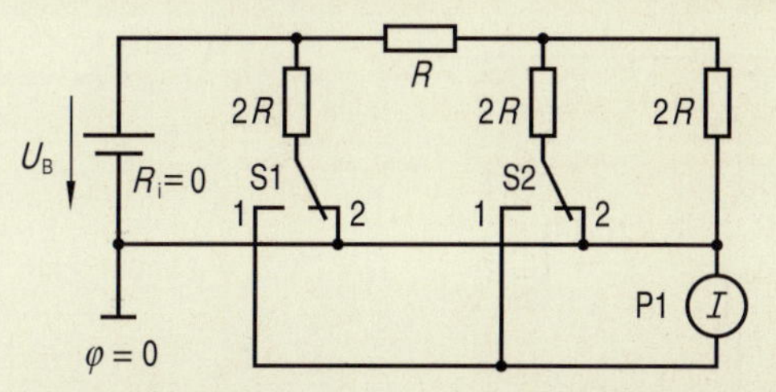

Berechnen Sie den Strom im Strommesser P1 für alle vier Schaltkombinationen der Schalter S1 und S2.

2.2 Spannungsteiler

Fester Spannungsteiler **Verstellbarer Spannungsteiler**

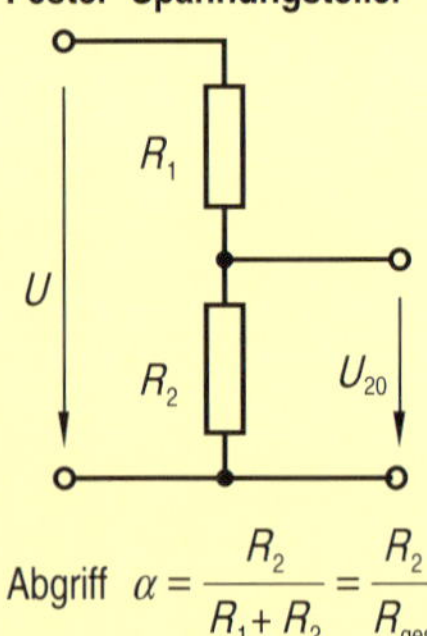

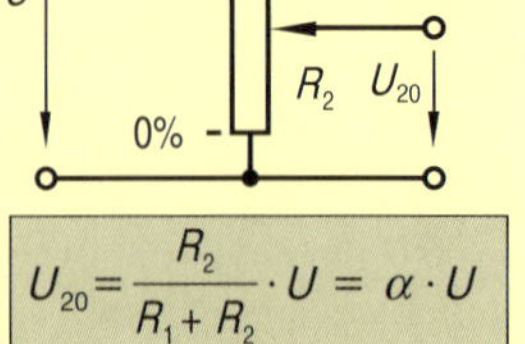

Abgriff $\alpha = \frac{R_2}{R_1 + R_2} = \frac{R_2}{R_{ges.}}$

$$U_{20} = \frac{R_2}{R_1 + R_2} \cdot U = \alpha \cdot U$$

- **Die unbelastete Teilspannung ist proportional zum Abgriff**

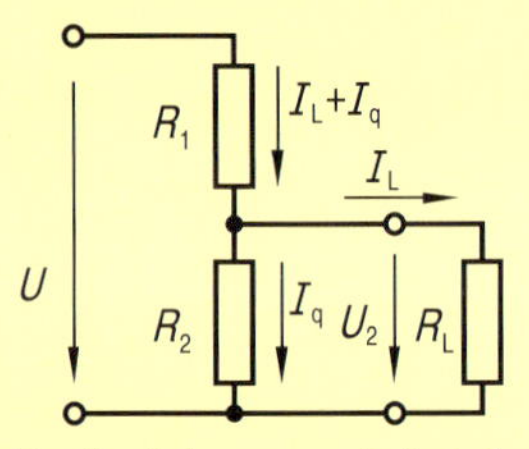

I_L	Laststrom
I_q	Querstrom
$I_L + I_q$	Gesamtstrom

$$U_2 = \frac{R_2 \cdot R_L}{R_1 \cdot R_2 + R_2 \cdot R_L + R_L \cdot R_1} \cdot U$$

- **Der Laststrom vermindert die abgegriffene Teilspannung**

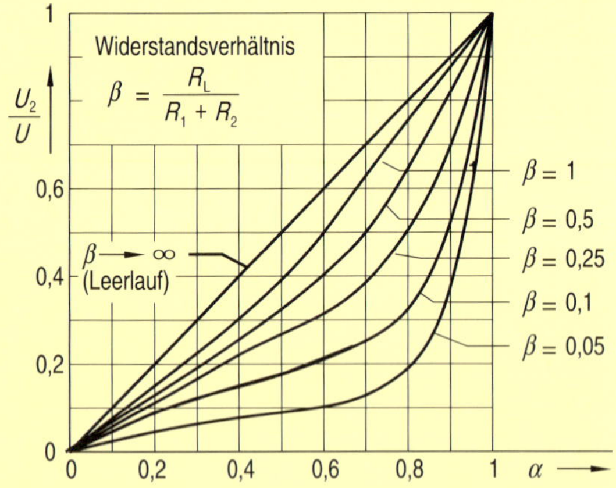

- **Nur niederohmige Spannungsteiler haben einen praktisch linearen Zusammenhang zwischen Abgriff und Spannung**

Beispiel:

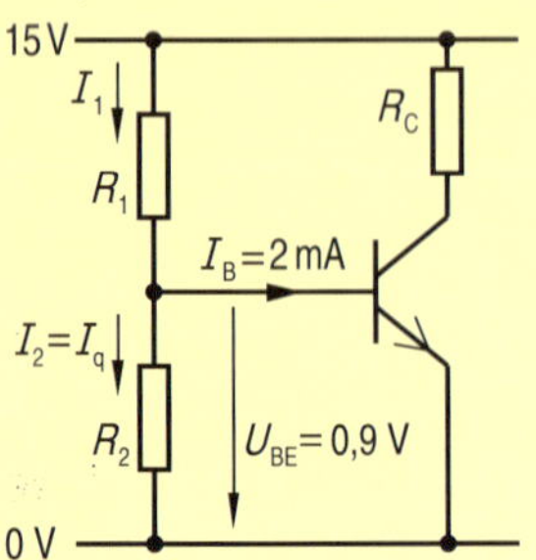

$I_2 = q \cdot I_B = 12 \cdot 2\,\text{mA}$

$I_2 = 24\,\text{mA}$

$R_2 = \frac{U_{BE}}{I_2} = \frac{0{,}9\,\text{V}}{24\,\text{mA}} = 37{,}5\,\Omega$

$I_1 = I_2 + I_B = 24\,\text{mA} + 2\,\text{mA}$

$I_1 = 26\,\text{mA}$

$R_1 = \frac{U_b - U_{BE}}{I_1} = \frac{15\,\text{V} - 0{,}9\,\text{V}}{26\,\text{mA}}$

$R_1 = 542\,\Omega$

Unbelasteter Spannungsteiler

In Elektrotechnik und Elektronik werden häufig Spannungen mit unterschiedlichem Betrag benötigt; meist soll die Spannung während des Betriebes einstellbar sein. Bei Schaltungen mit kleinem Leistungsbedarf, z. B. bei Verstärkereingängen, lässt sich diese Forderung am einfachsten durch Spannungsteiler erfüllen.
Spannungsteiler bestehen aus der Reihenschaltung von zwei Widerständen R_1 und R_2. An der Reihenschaltung liegt die Gesamtspannung U, am Teilwiderstand R_2 wird die Teilspannung U_2, im unbelasteten Fall (Leerlauf) die Teilspannung U_{20} abgegriffen.
Der Abgriff $\alpha = R_1 : (R_1 + R_2)$ wird Teilerverhältnis genannt; dieses kann fest oder veränderbar sein.

Belasteter Spannungsteiler

Wird an den Spannungsteiler ein Verbraucher angeschlossen, so fließt in ihm der Laststrom I_L. Der jetzt in R_2 fließende Strom heißt Querstrom I_q, im Teilwiderstand R_1 fließt der Gesamtstrom $I = I_q + I_L$.
Die am Teilwiderstand R_2 abgegriffene Spannung U_2 sinkt gegenüber der Leerlaufspannung U_{20}, weil durch den zusätzlichen Laststrom am Teilerwiderstand R_1 ein höherer Spannungsfall auftritt.

Querstrom und Laststrom

Beim unbelasteten Spannungsteiler ist die Teilspannung U_{20} proportional zum Verhältnis $\alpha = R_2 : (R_1 + R_2)$. Mit zunehmendem Laststrom I_L wird U_2 kleiner, weil I_L auch durch R_1 fließt und dort einen zusätzlichen Spannungsfall verursacht. Beim belasteten Teiler ist daher die abgegriffene Spannung U_2 nicht mehr proportional zum Abgriff α. Soll die abgegriffene Teilspannung möglichst linear mit dem Abgriff ansteigen, so muss der Laststrom deutlich kleiner als der Querstrom sein, d. h. das Querstromverhältnis $q = I_q : I_L$ muss möglichst groß sein. Diese Bedingung ist erfüllt, wenn der Spannungsteiler im Vergleich zur Last sehr niederohmig ist.
Für die Praxis gilt: ist das Querstromverhältnis $q > 10$, bzw. ist das Widerstandsverhältnis $\beta = R_L : (R_1 + R_2) > 10$, so ist der Zusammenhang zwischen Abgriff α und abgegriffener Spannung U_2 linear.

Arbeitspunkteinstellung

Ein sehr häufiges Einsatzgebiet für Spannungsteiler ist die Einstellung des Arbeitspunktes eines Transistors. Dabei heißt Arbeitspunkteinstellung: die Basis-Emitter-Spannung wird so eingestellt, dass der gewünschte Basisstrom fließt.
Beispiel:
Zu berechnen sind die Teilwiderstände eines Basis-Spannungsteilers für einen Transistorverstärker, wobei folgende Daten vorgegeben sind: Betriebsspannung $U_b = 15\,\text{V}$, Basis-Emitter-Spannung $U_{BE} = 0{,}9\,\text{V}$, Basisstrom $I_B = 2\,\text{mA}$ und Querstromverhältnis $q = 12$.

Linearitätsfehler

Beim unbelasteten Spannungsteiler besteht ein absolut linearer Zusammenhang zwischen Ausgangsspannung U_{20} und Abgriff (Teilerverhältnis) α. Dabei darf das Teilerverhältnis alle Werte zwischen 0 und 100% annehmen. Beim belasteten Spannungsteiler geht diese Linearität verloren, was sich in einem „Durchhängen" der Spannungsteilerkurven $U_{2L}=f(\alpha, U)$ zeigt.
Für die Berechnung der belasteten Ausgangsspannung lässt sich nebenstehende Formel aufstellen. Man kann daraus zwei wichtige Erkenntnisse ableiten:

1. Die Linearität ist umso besser, je hochohmiger der Lastwiderstand R_L ist.
2. Die Linearität ist umso besser, je näher der Abgriff α an 0 oder an 100% herankommt. Die größte Abweichung erhält man für $\alpha=50\,\%$, d. h. wenn $R_1=R_2$ ist. Aus den Spannungsteilerkurven $U_{2L}=f(\alpha, U)$ kann der absolute Linearitätsfehler $F=\Delta U=U_{20}-U_{2L}$ und der zugehörige prozentuale Linearitätsfehler $F_{\%}=\Delta U:U_{20}$ berechnet werden.

Spannungsteilerkurven

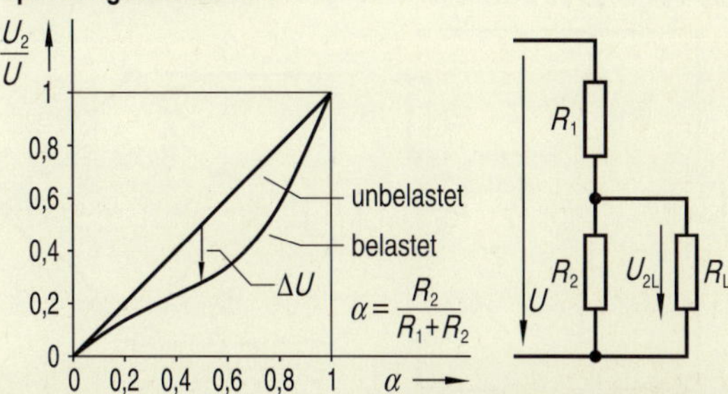

Belastete Spannung

$$U_{2L} = \frac{\alpha \cdot R_L}{R_L + (1-\alpha)\cdot R_2} \cdot U$$

Linearitätsfehler

$$F = \Delta U = U_{20} - U_{2L}$$

Relativer Linearitätsfehler

$$f = \frac{\Delta U}{U_{20}} = \frac{U_{20} - U_{2L}}{U_{20}}$$

Aufgaben

2.2.1 Fester Teiler

Vier Festwiderstände sind entsprechend nebenstehender Schaltung geschaltet.

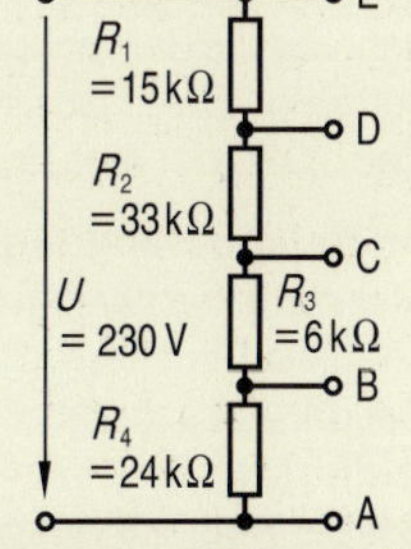

a) Berechnen Sie die Spannung zwischen den Punkten A und B, A und C sowie A und D.
b) Berechnen Sie die von jedem Widerstand aufgenommene Leistung.
c) Erläutern Sie, warum sich Spannungsteiler nicht zum Betrieb von Elektrospielzeug eignen.

2.2.2 Drahtwiderstand als Teiler

Ein Keramikrohr mit der Länge $L=200\,mm$ ist eng mit Widerstandsdraht des Durchmessers $d=0{,}8\,mm$ bewickelt. Die Drahtwicklung liegt an $U=230\,V$.

a) Berechnen Sie die Spannung zwischen zwei nebeneinander liegenden Windungen.
b) Berechnen Sie die Abgriffslängen l_1, l_2 und l_3 für die Spannungen $U_1=6\,V$, $U_2=24\,V$ und $U_3=50\,V$.
c) Welcher Strom fließt durch den Draht, wenn der Windungsdurchmesser $D=30\,mm$ und der spezifische Widerstand $\rho=0{,}5\,\Omega mm^2/m$ beträgt?
d) Berechnen Sie näherungsweise die Spannung am 24-Volt-Abgriff, wenn die Spannung mit dem Laststrom $I_L=1\,A$ belastet wird.
e) Berechnen Sie das Querstromverhältnis für d).
f) Berechnen Sie den absoluten und den prozentualen Spannungsfehler für d).

2.2.3 Temperaturabhängiger Spannungsteiler

Der temperaturabhängige Spannungsteiler in einem Temperaturregler enthält die Festwiderstände R_1 und R_2 sowie den NTC-Widerstand R_3.

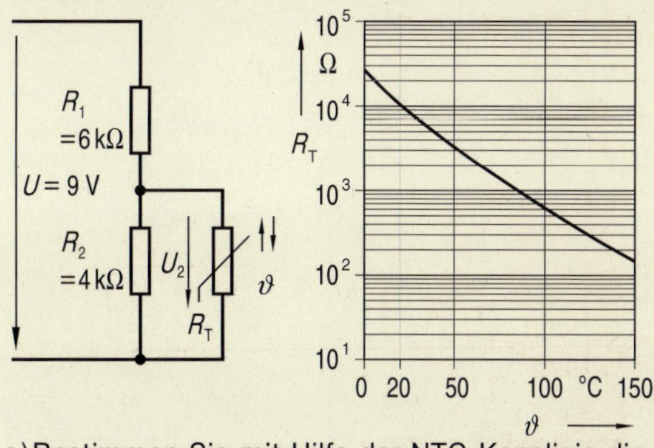

a) Bestimmen Sie mit Hilfe der NTC-Kennlinie die Teilspannung U_2 für die Temperaturen $\vartheta=0\,°C$, 20 °C, 50 °C und 100 °C.
b) Zeichnen Sie den Spannungsverlauf $U_2=f(\vartheta)$.

2.2.4 Belasteter Spannungsteiler

Ein Spannungsteiler besteht aus den Widerständen R_1 und R_2. Die unbelastete Teilspannung U_{20} soll 20% der Gesamtspannung U betragen, also $U_{20}=0{,}2\cdot U$.
Wird die Teilspannung U_2 mit dem Lastwiderstand R_L belastet, wobei $R_L=480\,\Omega$ ist, so soll sich ihr Wert um maximal 5% ändern. Berechnen Sie

a) die Widerstandswerte R_1 und R_2,
b) den Querstrom I_q mit und ohne Last für $U=24\,V$.

2.3 Brückenschaltung

Darstellung von Brückenschaltungen

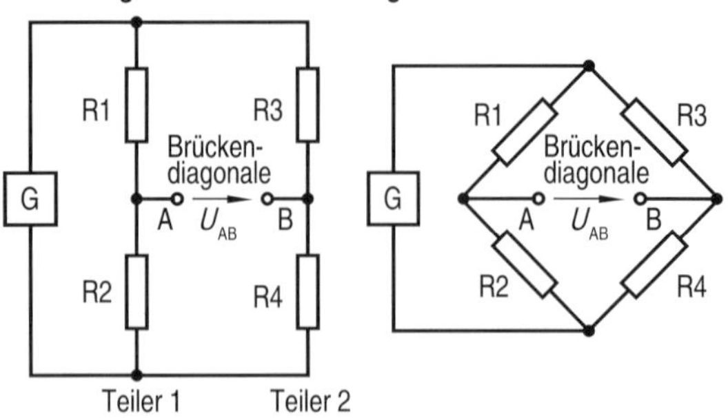

- **Zwei parallele Spannungsteiler bilden eine Brückenschaltung, die Strecke zwischen den Abgriffen heißt Brückendiagonale**

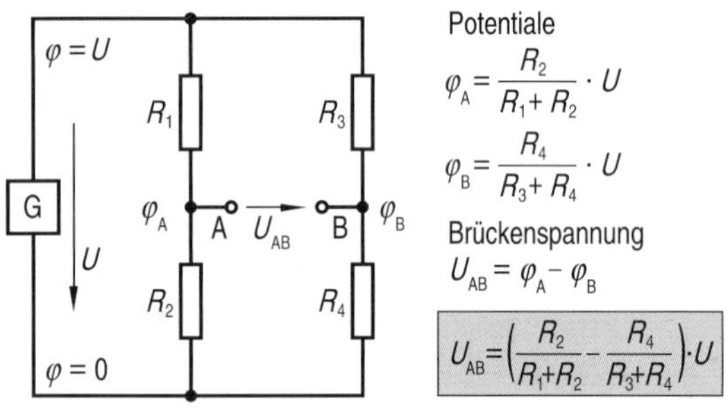

- **Zwischen den Teilerabgriffen entsteht die Brückenspannung**

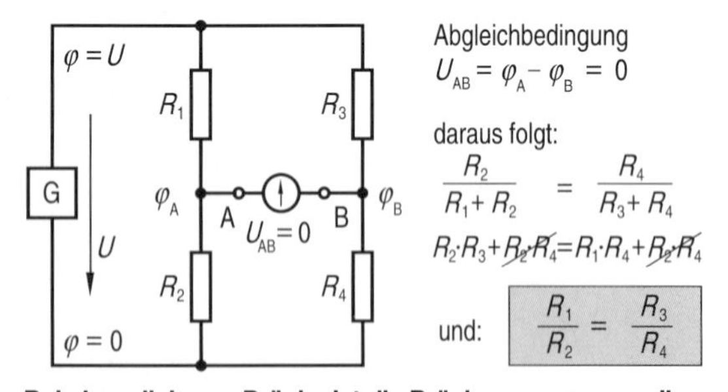

- **Bei abgeglichener Brücke ist die Brückenspannung null**

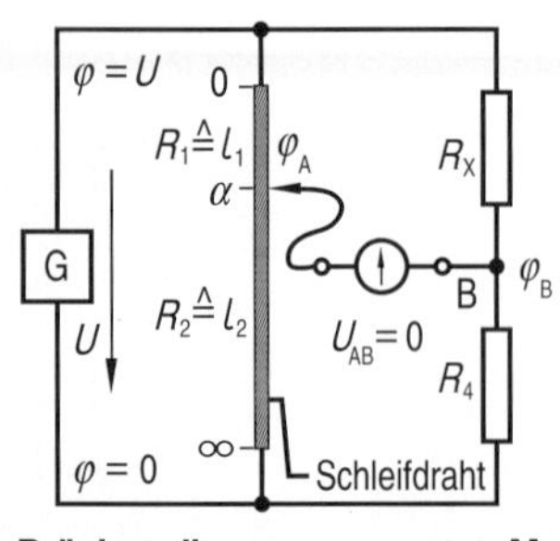

Für den Schleifdraht gilt:

$$\frac{R_1}{R_2} = \frac{l_1}{l_2} = \alpha$$

Damit folgt aus der Abgleichbedingung:

$$R_x = \frac{l_1}{l_2} \cdot R_4 = \alpha \cdot R_4$$

Hinweis: die Skalenteilung für α reicht von 0 bis ∞.

- **Brücken dienen zur genauen Messung von Widerständen**

Aufbau

Eine Brückenschaltung besteht aus der Parallelschaltung von zwei Spannungsteilern R1, R2 und R3, R4. Beide Spannungsteiler liegen an einer gemeinsamen Spannungsquelle. Die Strecke zwischen den Abgriffpunkten A und B heißt Brückenzweig oder Brückendiagonale; zwischen den beiden Punkten A und B tritt die Brückenspannung auf.

Brückenschaltungen enthalten meist ohmsche Widerstände; bei Verwendung als Messbrücke werden auch Schleifdrähte sowie temperaturabhängige Widerstände (PTC- und NTC-Widerstände) und Dehnungsmessstreifen (DMS) eingesetzt.

Die Skizze zeigt zwei unterschiedliche Darstellungsformen einer Brückenschaltung.

Brückenspannung

Brückenschaltungen werden meist als Messbrücken eingesetzt; in dieser Form werden sie nach ihrem Erfinder Charles Wheatstone (engl. Physiker, 1802–1875) auch als wheatstonsche Messbrücke bezeichnet.

Ist die Brückendiagonale gar nicht oder nur durch ein hochohmiges Spannungsmessgerät belastet, so kann die Brückenspannung leicht mit Hilfe der Maschenregel oder durch eine Potentialbetrachtung berechnet werden. Für die Berechnung der belasteten Brückenspannung eignet sich die Dreieck-Stern-Umwandlung (siehe Kap. 2.4) oder eine Ersatzspannungsquelle (Kap. 2.5).

Abgleichbedingung

Messbrücken können als „Ausschlagbrücken" oder als „Abgleichbrücken" eingesetzt werden.

Bei der Ausschlagbrücke wird die Brückenspannung gemessen; sie ist ein Maß für die Messgröße.

Bei der Abgleichbrücke wird einer der 4 Widerstände so weit verändert, bis die Brückenspannung null ist; die Brücke ist dann „abgeglichen". Die so genannte Abgleichbedingung erhält man z. B. durch die Berechnung der Potentiale φ_A und φ_B. Die Brückenspannung ist null, d. h. die Brücke ist abgeglichen, wenn $\varphi_A = \varphi_B$ ist.

Nicht abgeglichene Brücken werden auch als „verstimmt" bezeichnet.

Schleifdrahtbrücke

Wheatstonsche Messbrücken werden häufig als Schleifdrahtbrücken ausgeführt; sie dienen zur Bestimmung eines unbekannten Widerstandes R_X.

Die Brückenschaltung enthält einen kalibrierten Schleifdraht der Länge L, ein Schleiferabgriff teilt die Gesamtlänge des Schleifdrahtes in die Teillängen l_1 und l_2. Zur Bestimmung von R_X wird der Schleifer so lange verstellt, bis die Brücke abgeglichen ist, d. h. bis das möglichst empfindliche Messgerät P1 keinen Ausschlag mehr zeigt. Aus der Stellung des Abgriffs $\alpha = l_1 : l_2$ kann der Widerstandswert R_X direkt abgelesen werden.

Aufgaben

2.3.1 Abgleichbrücke

Eine Widerstandsmessbrücke hat die Widerstände $R_3 = 2{,}5\,\text{k}\Omega$ und $R_4 = 7{,}5\,\text{k}\Omega$.

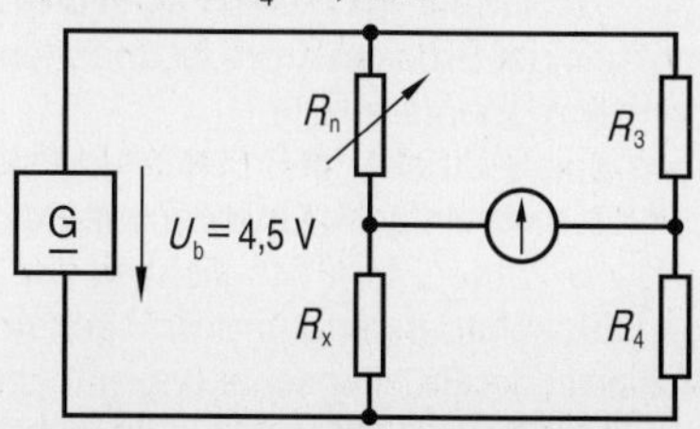

Berechnen Sie den Widerstandswert R_x des gesuchten Widerstandes, wenn die Brücke bei
a) $R_n = 1\,\text{k}\Omega$, b) $R_n = 10\,\text{k}\Omega$, c) $R_n = 25\,\text{k}\Omega$ abgeglichen ist.

2.3.2 Ausschlagbrücke

Eine Brückenschaltung enthält außer den Festwiderständen R1, R2 und R3 einen Widerstand R4, dessen Wert sich im Bereich von 0 bis 1 kΩ ändern lässt.

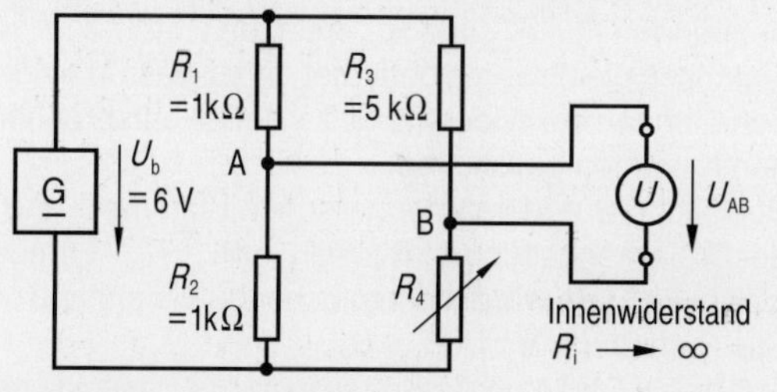

a) In welchem Bereich lässt sich die Brückenspannung U_{AB} ändern?
b) In welchem Widerstandsbereich muss R_4 einstellbar sein, damit sich die Brückenspannung in dem Bereich zwischen −1 V und +1 V einstellen lässt?

2.3.3 Widerstandsbestimmung

Der Widerstandswert der Heizwicklung eines Lötkolbens soll mit Hilfe einer Schleifdrahtmessbrücke bestimmt werden. Der Schleifer hat einen Drehbereich $\alpha_{AE} = 270°$, der Abgleich ist bei $\alpha_0 = 85°$ erreicht.

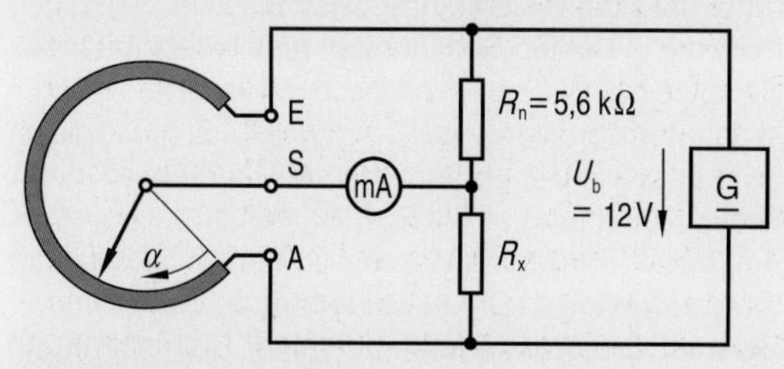

a) Berechnen Sie den Widerstandswert R_x.
b) Diskutieren Sie den Einfluss der Betriebsspannung U_b auf die Messgenauigkeit.

2.3.4 Alarmanlage

Eine Alarmanlage arbeitet nach dem Ruhestromprinzip.

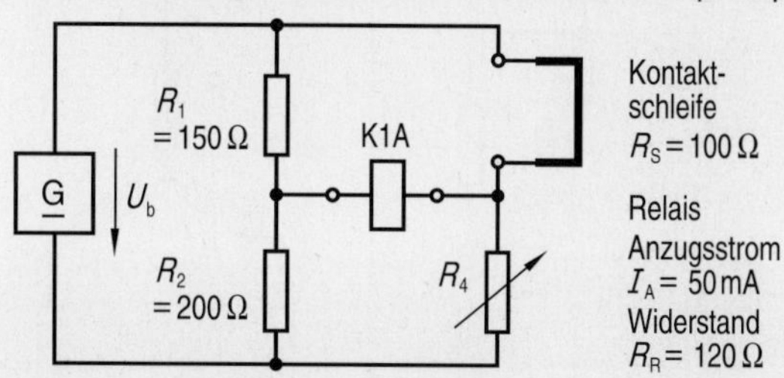

a) Erklären Sie die Arbeitsweise der Schaltung.
b) Berechnen Sie R_4, so dass das Relais K1A bei intakter Kontaktschleife stromlos ist.
c) Berechnen Sie die notwendige Betriebsspannung U_b, damit das Relais bei Unterbrechung der Kontaktschleife sicher anzieht.

2.3.5 Temperaturmessung

Die Temperatur einer Wicklung soll mit Hilfe von zwei NTC-Widerständen überwacht werden.

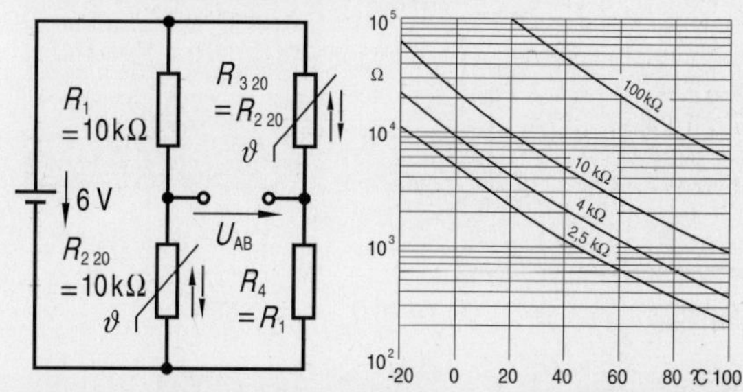

Berechnen Sie die Brückenspannung U_{AB} für die Temperaturen a) $\vartheta = 0\,°\text{C}$, b) $\vartheta = 20\,°\text{C}$, c) $\vartheta = 100\,°\text{C}$.

2.3.6 Fehlerortbestimmung

Ein Erdkabel NAYY 4x150 mm² Cu der Länge $L = 2{,}5\,\text{km}$ hat an unbekannter Stelle einen satten Erdschluss.

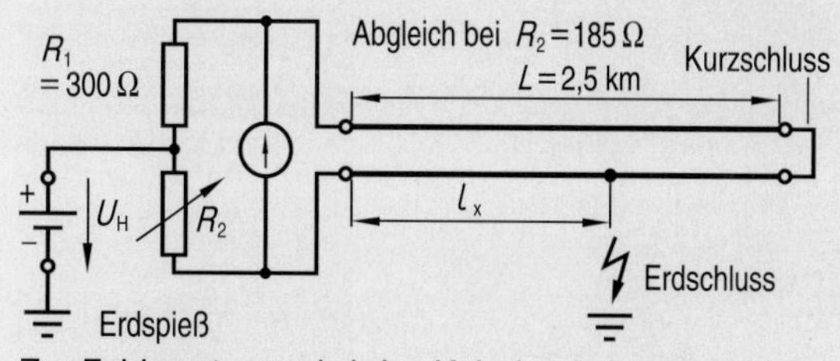

Zur Fehlerortung wird das Kabelende kurzgeschlossen, ein Erdspieß stellt eine Erdverbindung her.
a) Skizzieren Sie die vollständige Brückenschaltung.
b) Berechnen Sie die Entfernung l_x der Fehlerstelle.
c) Diskutieren Sie den Einfluss der Erdwiderstände und der Spannung U_H auf das Messergebnis.

2.4 Umwandlung von Schaltungen

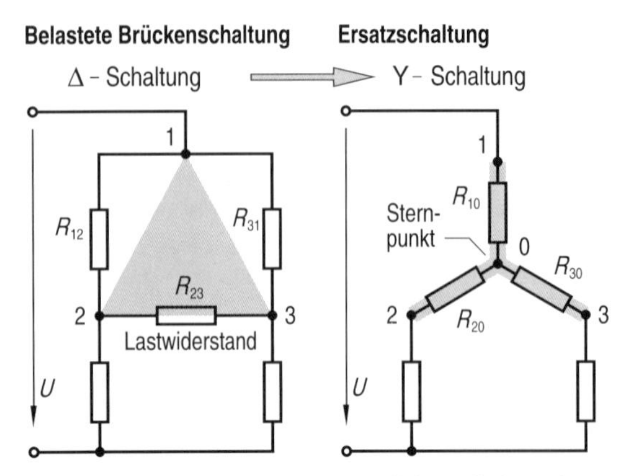

- **Die nichtabgeglichene, belastete Brückenschaltung kann mit einer Dreieck-Stern-Umwandlung berechnet werden**

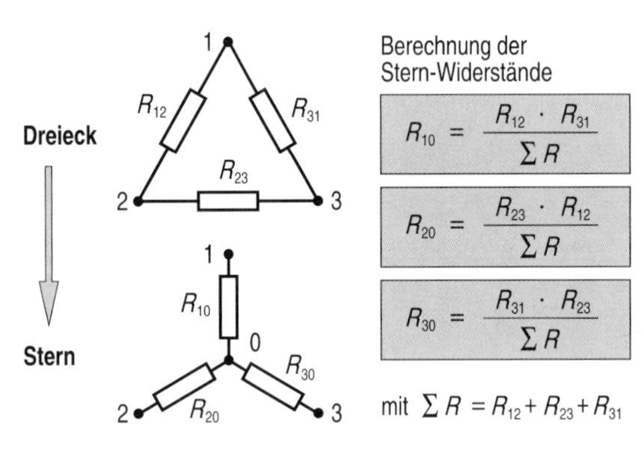

Beispiel: $R_{12} = 40\,\Omega$, $R_{23} = 80\,\Omega$, $R_{31} = 120\,\Omega$.

$$R_{10} = \frac{R_{12} \cdot R_{31}}{\Sigma R} = \frac{40\,\Omega \cdot 120\,\Omega}{40\,\Omega + 80\,\Omega + 120\,\Omega} = 20\,\Omega$$

Ebenso ergibt sich: $R_{20} = 13{,}33\,\Omega$ und $R_{30} = 40\,\Omega$

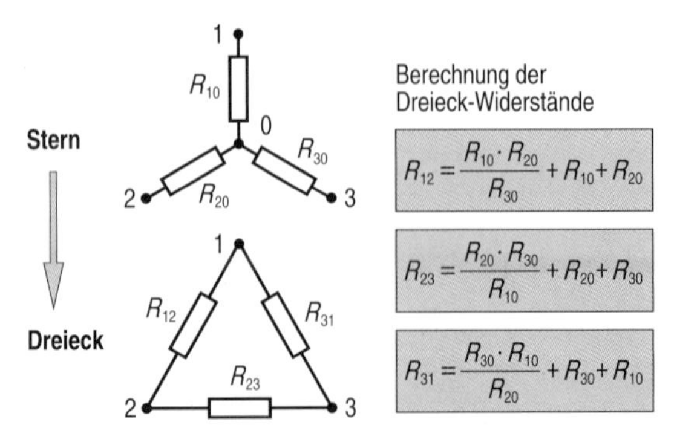

Beispiel: $R_{10} = 120\,\Omega$, $R_{20} = 80\,\Omega$, $R_{30} = 330\,\Omega$.

$$R_{12} = \frac{R_{10} \cdot R_{20}}{R_{30}} + R_{10} + R_{20} = \frac{120\,\Omega \cdot 80\,\Omega}{330\,\Omega} + 120\,\Omega + 80\,\Omega = 229{,}1\,\Omega$$

Ebenso ergibt sich: $R_{23} = 220\,\Omega$ und $R_{31} = 945\,\Omega$

Belastete Brückenschaltung

Bei unbelasteten Brückenschaltungen ist es sehr einfach, die Brückenspannung zu bestimmen. Ist die Brückenspannung hingegen durch einen Lastwiderstand oder ein Messgerät belastet, so ist nur die abgeglichene Brücke leicht überschaubar: in diesem Fall ist die Brückenspannung null, der Brückenstrom ist unabhängig vom Lastwiderstand ebenfalls null.

Eine nicht abgeglichene Brücke mit Brückenwiderstand lässt sich nicht auf eine einfache Grundschaltung zurückführen und berechnen. Eine Möglichkeit zur Bestimmung von Brückenspannung und Brückenstrom besteht, wenn eine in der Brückenschaltung enthaltene „Dreieckschaltung" in eine elektrisch gleichwertige „Sternschaltung" umgewandelt wird. Dreieck-Stern-Umwandlungen können in allen Schaltungen mit aneinander hängenden Maschen sinnvoll sein.

Dreieck-Stern-Umwandlung

Die drei zu einem Dreieck zusammengeschalteten Widerstände R_{12}, R_{23} und R_{31} lassen sich durch eine elektrisch gleichwertige Sternschaltung aus den Widerständen R_{10}, R_{20} und R_{30} ersetzen.

Elektrisch gleichwertig bedeutet dabei, dass in beiden Schaltungen die Widerstände zwischen entsprechenden Klemmen gleich sind.

Beispiel: der Widerstand zwischen Klemme 1 und 2 der Dreieckschaltung ist $R_{\Delta 12} = R_{12} \| (R_{13} + R_{23})$. Er muss gleich groß sein wie der entsprechende Widerstand der Sternschaltung $R_{Y12} = R_{10} + R_{20}$.

Aus dieser Forderung lassen sich die zur Dreieckschaltung zugehörigen Sternwiderstände berechnen.

Beispiel: Die drei Widerstände einer Dreieckschaltung sind $R_{12} = 40\,\Omega$, $R_{23} = 80\,\Omega$ und $R_{31} = 100\,\Omega$. Die drei Widerstände R_{10}, R_{20} und R_{30} der elektrisch gleichwertigen Sternschaltung sind zu berechnen.

Stern-Dreieck-Umwandlung

Entsprechend zur Dreieck-Stern-Umwandlung ist es möglich, eine Sternschaltung aus den Widerständen R_{10}, R_{20} und R_{30} in eine elektrisch gleichwertige Dreieckschaltung umzuwandeln. Auch hier gilt die Forderung, dass die Widerstände zwischen zwei beliebigen Punkten in beiden Schaltungen gleich sein müssen.

Beispiel: der Widerstand zwischen Klemmen 1 und 3 in der Sternschaltung ist $R_{Y13} = R_{10} + R_{30}$. Er muss gleich groß sein wie der entsprechende Widerstand in der Dreieckschaltung $R_{\Delta 13} = R_{13} \| (R_{12} + R_{23})$.

Aus dieser Forderung lassen sich die zur Sternschaltung zugehörigen Dreieckwiderstände berechnen.

Beispiel: Die drei Widerstände einer Sternschaltung sind $R_{10} = 120\,\Omega$, $R_{20} = 80\,\Omega$ und $R_{30} = 330\,\Omega$. Die drei Widerstände R_{12}, R_{23} und R_{31} der elektrisch gleichwertigen Dreieckschaltung sind zu berechnen.

Stern- und Dreieckschaltung
Bei den Begriffen Sternschaltung (Y-Schaltung) und Dreieckschaltung (Δ- oder auch D-Schaltung) denkt man zuerst an Schaltungen der Drehstromtechnik. Tatsächlich kann aber jede Schaltung, deren Bauteile sternförmig bzw. dreieckförmig zusammengeschaltet sind, Stern- bzw. Dreieckschaltung genannt werden. Der wesentliche Unterschied der Drehstromtechnik besteht darin, dass an den Verkettungspunkten unterschiedliche Außenleiter (L1, L2, L3) angeschlossen sind. Einzelheiten siehe Kapitel 7.
Die Formeln zur Umwandlung von Stern- in Dreieckschaltung und umgekehrt gelten sowohl in der Gleichstrom- als auch in der Drehstromtechnik.

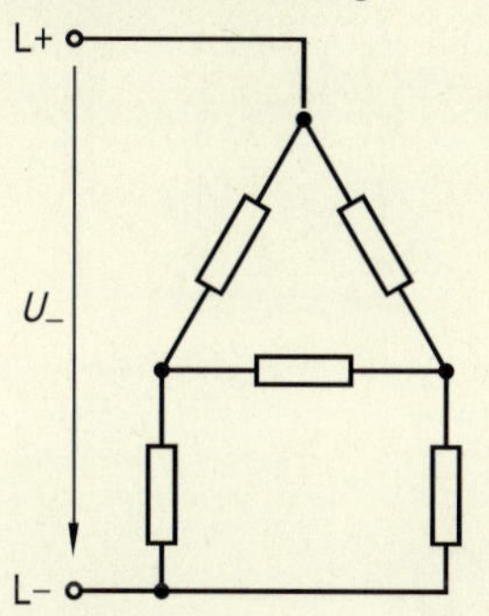

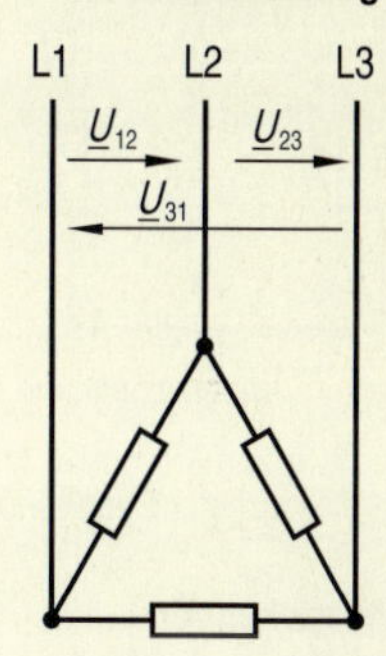

Umwandlungsformeln
Für die mathematische Herleitung der Formeln zur Berechnung der Stern-Widerstände muss berücksichtigt werden, dass die Dreieckschaltung und die daraus abgeleitete Sternschaltung elektrisch gleichwertig (äquivalent) sein müssen. Das heißt: der Widerstand, der zwischen den Klemmen 1 und 2 der Dreieckschaltung auftritt, muss auch zwischen den Klemmen 1 und 2 der Sternschaltung auftreten. Die gleiche Forderung muss auch zwischen den Klemmen 2 und 3 sowie 3 und 1 der beiden Schaltungen erfüllt sein.
Werden die drei Gleichheitsbedingungen aufgestellt, so erhält man drei Gleichungen mit drei Unbekannten. Die Lösung des Gleichungssystems führt zu den bereits dargestellten Umrechnungsformeln. Entsprechendes gilt für die Berechnung der Dreieck-Widerstände.

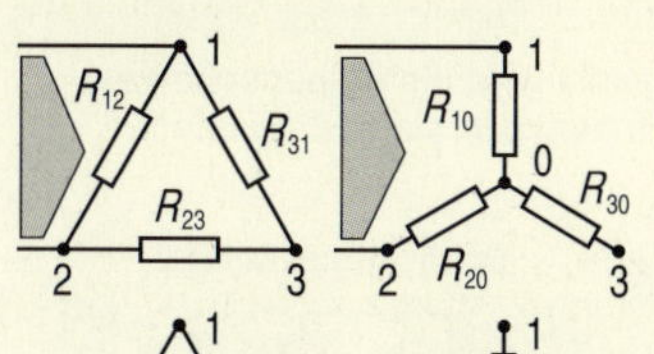

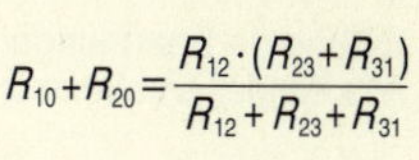

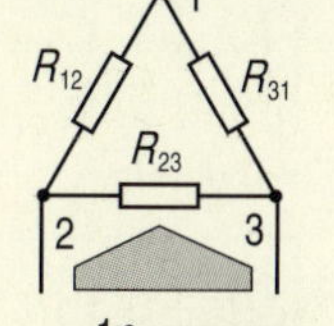

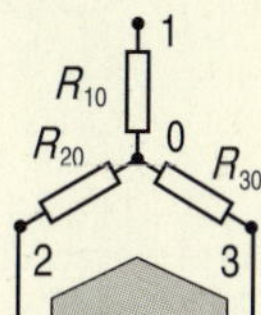

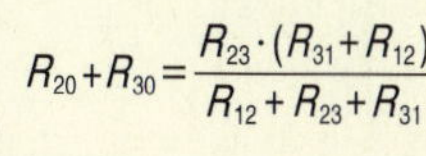

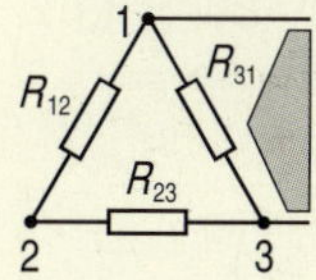

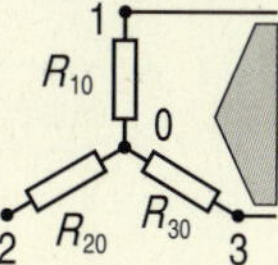

$$R_{30}+R_{10}=\frac{R_{31}\cdot(R_{12}+R_{23})}{R_{12}+R_{23}+R_{31}}$$

Aufgaben

2.4.1 Dreieck-Stern-Umwandlung
Die dargestellte Dreieckschaltung besteht
a) aus 3 gleichen Widerständen $R_{12}=R_{23}=R_{31}=100\,\Omega$,
b) aus $R_{12}=80\,\Omega$, $R_{23}=250\,\Omega$ und $R_{31}=150\,\Omega$.

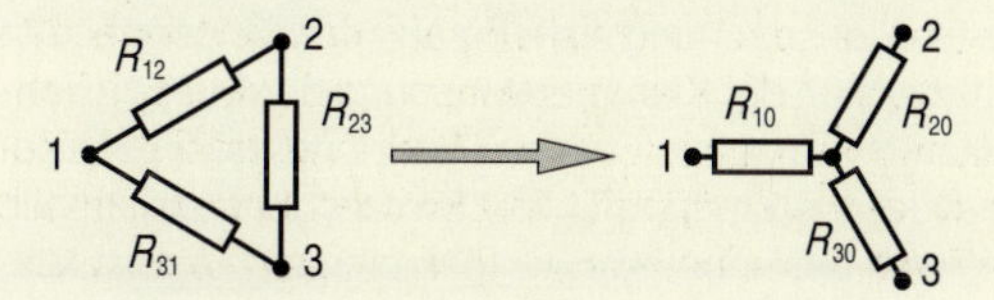

Berechnen Sie für beide Fälle die Widerstände der äquivalenten Sternschaltung.

2.4.2 Stern-Dreieck-Umwandlung
Eine Sternschaltung besteht
a) aus 3 gleichen Widerständen $R_{10}=R_{20}=R_{30}=300\,\Omega$,
b) aus 3 unterschiedlichen Widerständen $R_{10}=200\,\Omega$, $R_{20}=300\,\Omega$, $R_{30}=500\,\Omega$.
Berechnen Sie für beide Fälle die Widerstände der äquivalenten Dreieckschaltung.

2.4.3 Brückenschaltung
Gegeben ist folgende Brückenschaltung:

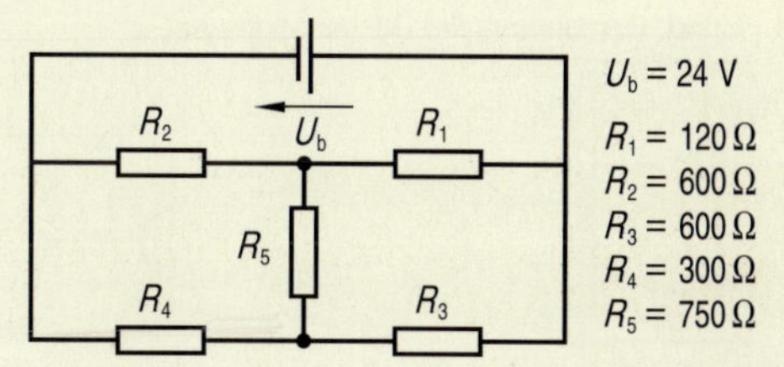

Berechnen Sie mit Hilfe einer Dreieck-Stern-Umwandlung alle Teilströme und Teilspannungen der Schaltung.

2.4.4 Netzwerk
Berechnen Sie in folgender Schaltung Teilstrom I_3.

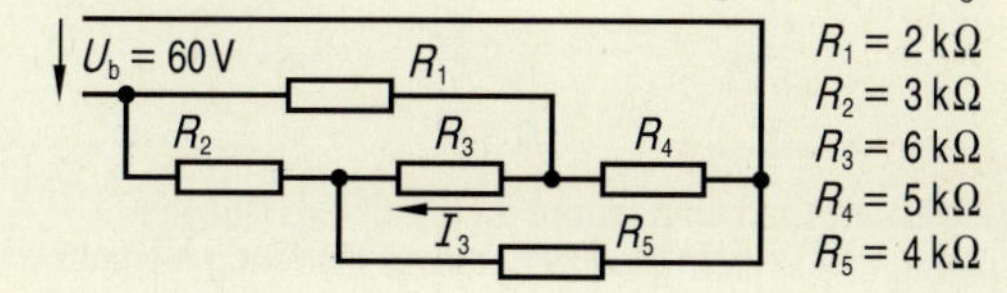

2.5 Ersatzspannungsquelle

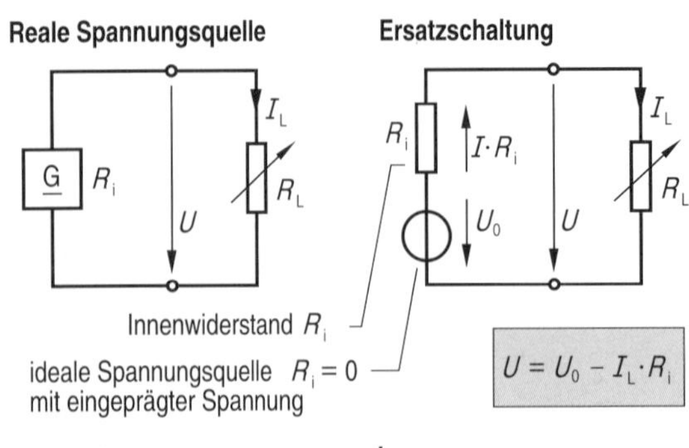

Schaltzeichen für ideale Spannungsquellen:

- **Eine reale Spannungsquelle wird als Reihenschaltung aus idealer Quelle und Innenwiderstand dargestellt**

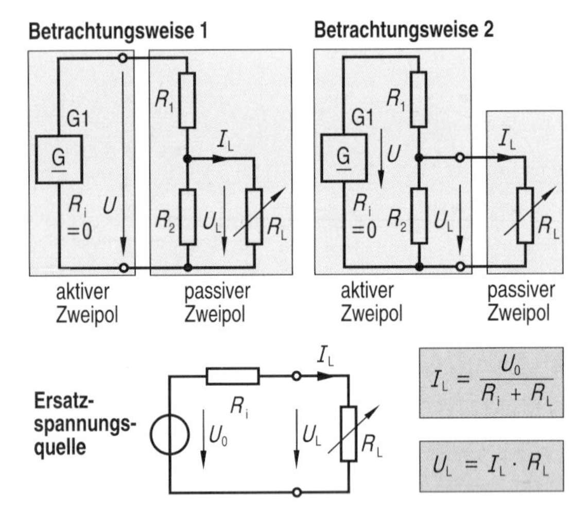

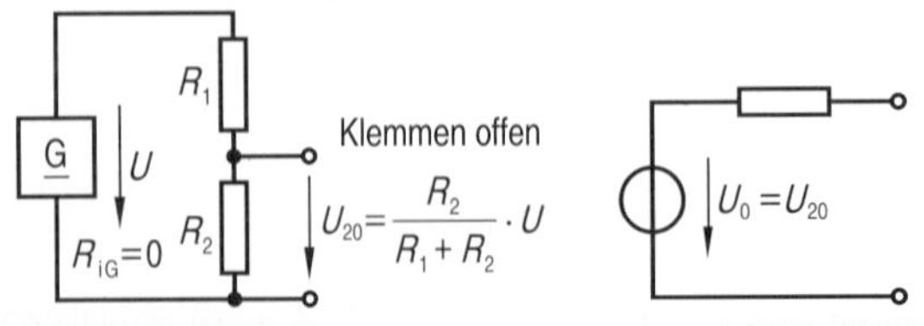

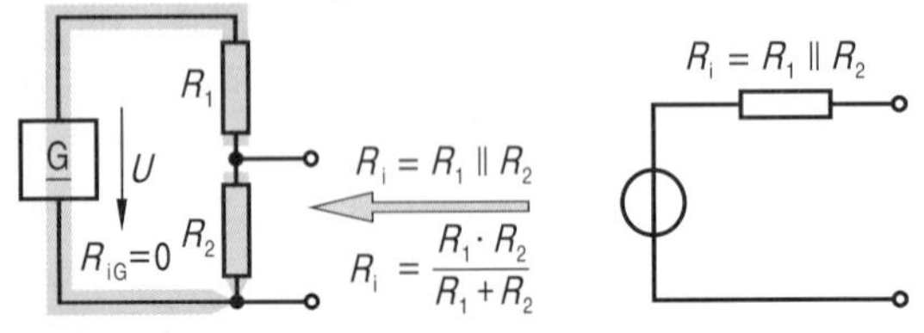

- **Eine Ersatzspannungsquelle ist durch ihre Quellenspannung und ihren Innenwiderstand eindeutig bestimmt**

Spannungserzeuger

Spannungserzeuger, allgemein Generatoren genannt, trennen die Ladungen und stellen dadurch elektrische Spannung zur Verfügung. Wird ein Verbraucher an die Spannung angeschlossen, so fließt elektrischer Strom. Generatoren können somit als Spannungs- oder als Stromquelle (siehe Kap. 2.6) betrachtet werden.
Ideale Spannungsquellen haben keinen Innenwiderstand und somit bei jeder Belastung die gleiche konstante Klemmenspannung U_0.
Reale Spannungsquellen haben einen Innenwiderstand $R_i > 0$, die Klemmenspannung sinkt dadurch mit zunehmender Stromentnahme. Reale Spannungsquellen können als Reihenschaltung aus einer idealen Spannungsquelle mit fester (eingeprägter) Quellenspannung U_0 und einem Innenwiderstand R_i dargestellt werden. R_i ist in der Praxis aber oft vernachlässigbar klein.

Ersatzspannungsquelle

In der nebenstehenden Spannungsteilerschaltung ist G1 die Spannungsquelle; das gesamte Netzwerk aus R_1, R_2 und R_L stellt die Last dar. Man sagt auch: die Spannungsquelle ist der aktive Zweipol, die ohmschen Widerstände bilden den passiven Zweipol. Alle Spannungen und Ströme, z. B. U_L und I_L, können mit den bekannten Formeln bestimmt werden (siehe Kap. 2.2).
Zur Berechnung von Spannung und Strom in R_L eignet sich aber auch eine andere Betrachtungsweise: die Teilerwiderstände R_1 und R_2 werden als Bestandteil einer Ersatzspannungsquelle angesehen; sie bilden zusammen mit G1 den aktiven Zweipol. Der Lastwiderstand R_L ist dann der passive Zweipol.
Sind Quellenspannung und Innenwiderstand der Ersatzspannungsquelle bekannt, dann sind I_L und U_L für jeden Widerstandswert R_L problemlos berechenbar.

Berechnung

Ersatzspannungsquellen sind durch ihre Quellenspannung und ihren Innenwiderstand festgelegt.
Die Quellenspannung einer Ersatzspannungsquelle ist immer gleich der Klemmenspannung der Quelle im unbelasteten Zustand. Für den Spannungsteiler gilt also: die Quellenspannung U_0 der Ersatzspannungsquelle ist gleich der unbelasteten Teilspannung U_{20} am Teilwiderstand R_2. Die Quellenspannung kann somit berechnet werden mit: $U_0 = U \cdot R_2 : (R_1 + R_2)$.
Der Innenwiderstand der Ersatzspannungsquelle ist der Widerstand, den man beim „Hineinschauen in die Schaltung an den Klemmen sieht“. Da die in der Ersatzspannungsquelle wirkenden Spannungen keinen Beitrag zum Widerstand leisten, können diese Spannungsquellen in Gedanken kurzgeschlossen werden. Der Innenwiderstand des Spannungsteilers besteht somit aus der Parallelschaltung von R_1 und R_2.

Lastverhalten von Spannungsquellen

Die Klemmenspannung von Spannungsquellen mit Innenwiderstand ist vom fließenden Laststrom abhängig. Die grafische Darstellung der Funktion $U = U_0 - I \cdot R_L$ ergibt die Lastgerade; sie wird auch R_i-Gerade genannt, weil der Innenwiderstand der Spannungsquelle die Steigung der Geraden festlegt. Der Schnittpunkt mit der U-Achse kennzeichnet den Leerlaufpunkt, der Schnittpunkt mit der I-Achse den Kurzschlusspunkt.

Ersatzschaltung

Lastkennlinie

Leerlauf $R_L \rightarrow \infty$

U_0

$U = U_0 - I \cdot R_i$

Kurzschluss $R_L = 0$

I_K

Beispiel: Brückenschaltung

Wie in Kap 2.4 gezeigt wurde, können Netzwerke mit Brückenzweigen durch eine Dreieck-Stern-Umwandlung auf eine Grundschaltung zurückgeführt werden. Sollen in einem derartigen Netzwerk nur Spannung und Strom in einem Widerstand berechnet werden, z. B. in der Brückendiagonalen, so bietet die Ersatzspannungsquelle eine elegante Lösungsmöglichkeit.

Beispiel:

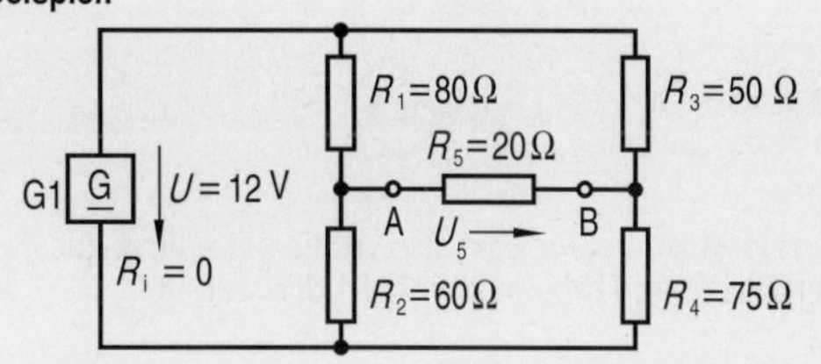

1. Schritt: Berechnung der Quellenspannung

Die Quellenspannung U_{0E} der gesuchten Ersatzspannungsquelle ist gleich der Spannung U_{AB} an der unbelasteten Brückendiagonalen. Die Berechnung erfolgt z. B. mit Hilfe der Potentiale $\varphi_A = U \cdot R_2 : (R_1 + R_2)$ und $\varphi_B = U \cdot R_3 : (R_3 + R_4)$. Für U_{AB} gilt dann: $U_{AB} = \varphi_A - \varphi_B$.
Im vorliegenden Beispiel ist die Quellenspannung U_{0E} negativ, d.h. sie wirkt entgegengesetzt zur eingezeichneten Zählrichtung.

Leerlaufspannung

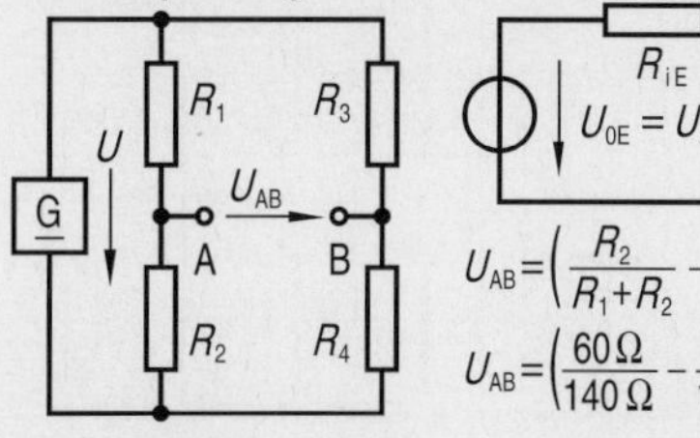

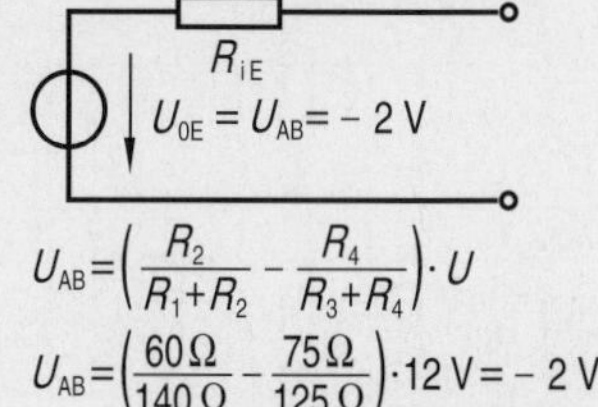

$$U_{AB} = \left(\frac{R_2}{R_1 + R_2} - \frac{R_4}{R_3 + R_4}\right) \cdot U$$

$$U_{AB} = \left(\frac{60\,\Omega}{140\,\Omega} - \frac{75\,\Omega}{125\,\Omega}\right) \cdot 12\,\text{V} = -2\,\text{V}$$

2. Schritt: Berechnung des Innenwiderstandes

Der Innenwiderstand der Ersatzspannungsquelle ist gleich dem Widerstand, den man beim „Hineinschauen in die Schaltung an den Klemmen A und B sieht".
Geht man davon aus, dass die Spannungsquelle der Brückenschaltung den Innenwiderstand $R_i = 0$ hat, so kann man sich einen Kurzschluss zwischen den Punkten 1 und 2 denken. Man sieht dann sofort, dass R_1 und R_2 parallel geschaltet sind; ebenso R_3 und R_4. Der gesuchte Widerstand ist dann $R_{AB} = (R_1 \| R_2) + (R_3 \| R_4)$.

Innenwiderstand

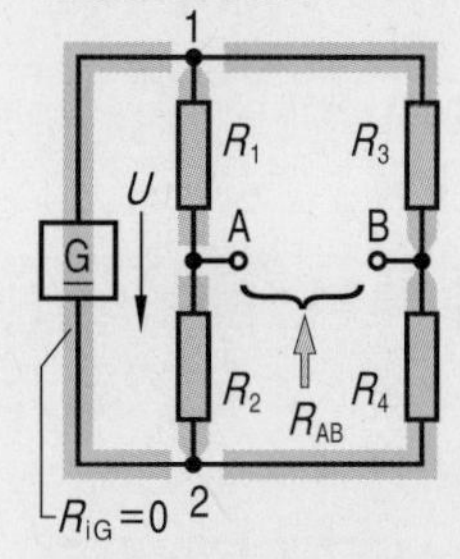

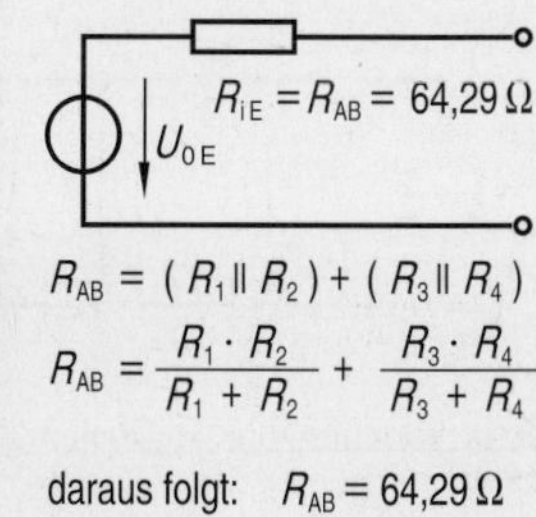

$$R_{AB} = (R_1 \| R_2) + (R_3 \| R_4)$$

$$R_{AB} = \frac{R_1 \cdot R_2}{R_1 + R_2} + \frac{R_3 \cdot R_4}{R_3 + R_4}$$

daraus folgt: $R_{AB} = 64{,}29\,\Omega$

3. Schritt: Lastspannung und Laststrom

Die gesuchten Werte für U_5 und I_5 sind mit Hilfe der Ersatzspannungsquelle über das ohmsche Gesetz leicht berechenbar.
Diese Methode ist auch besonders geeignet, wenn der Lastwiderstand R_5 ein veränderlicher Widerstand ist.

Ersatzspannungsquelle mit Last

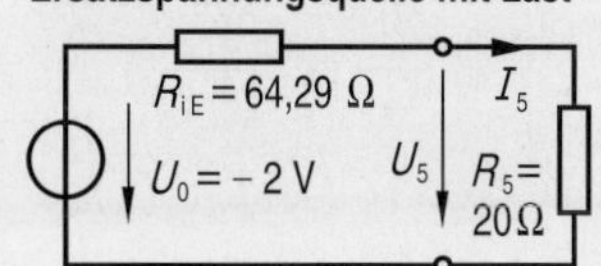

$$I_5 = \frac{U_0}{R_{iE} + R_5} = \frac{-2\,\text{V}}{84{,}29\,\Omega}$$

$$I_5 = -23{,}7\,\text{mA}$$

$$U_5 = I_5 \cdot R_5 = \ldots = -0{,}47\,\text{V}$$

Aufgaben

2.5.1 Spannungsteiler

Ein Spannungsteiler hat die Speisespannung $U = 24\,\text{V}$ und die Teilwiderstände $R_1 = 120\,\Omega$, $R_2 = 480\,\Omega$. Der Lastwiderstand parallel zu R_2 ist $0 < R_L < \infty$.

a) Berechnen Sie $U_L = f(R_L)$ und $I_L = f(R_L)$,

b) Skizzieren Sie die Funktionen $U_L = f(R_L)$ und $I_L = f(R_L)$.

2.5.2 Brückenschaltung

In der obigen Brückenschaltung sind $R_1 = 1{,}2\,\text{k}\Omega$, $R_2 = 800\,\Omega$, $R_3 = 3{,}3\,\text{k}\Omega$ und $R_4 = 1{,}5\,\text{k}\Omega$. Die Speisespannung ist $U = 12\,\text{V}$, der Brückenwiderstand R_5 ist zwischen 0 und 1 kΩ einstellbar. Berechnen und skizzieren Sie die Funktionen $U_5 = f(R_5)$ und $I_5 = f(R_5)$.

2.6 Ersatzstromquelle

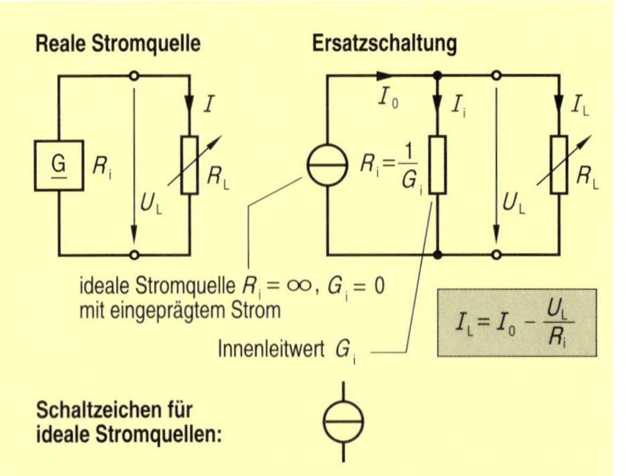

- **Eine reale Stromquelle wird als Parallelschaltung aus idealer Quelle und Innenwiderstand dargestellt**

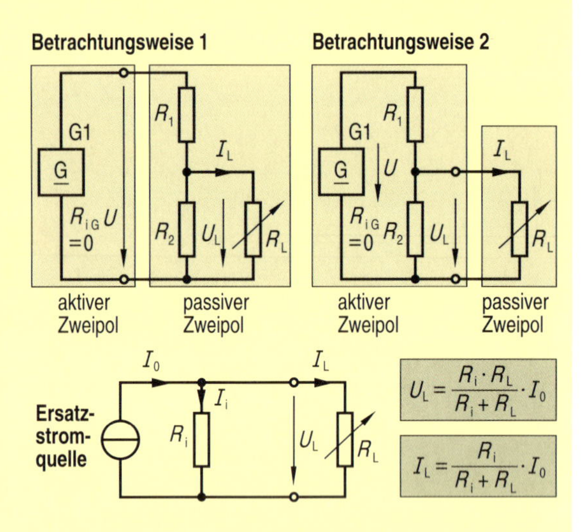

1. Schritt: Berechnung des Quellenstromes

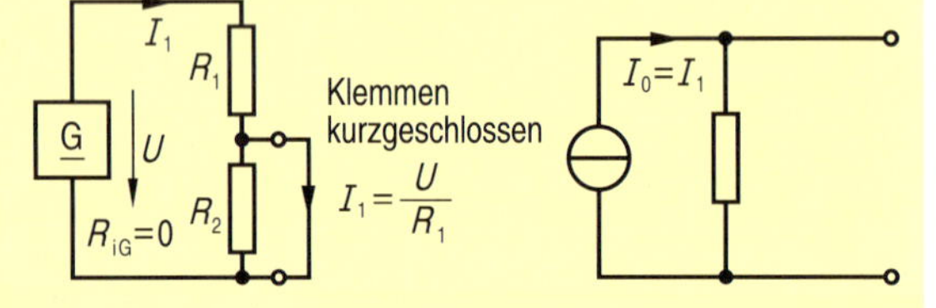

2. Schritt: Berechnung des Innenwiderstandes

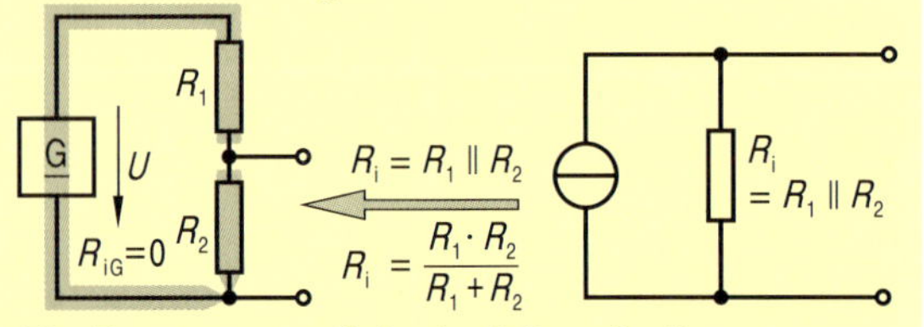

- **Eine Ersatzstromquelle ist durch ihren Quellenstrom und ihren Innenwiderstand eindeutig bestimmt**

Stromquellen

Elektrische Generatoren können, wie in Kap. 2.5 dargestellt wurde, als Spannungs- oder als Stromquellen betrachtet werden. Eine ideale Spannungsquelle ist dabei als ein Generator definiert, der unabhängig von der Last stets die gleiche, konstante Klemmenspannung U_0 liefert. Eine ideale Stromquelle ist demzufolge ein Generator, der unabhängig von der Belastung stets den gleichen, konstanten Strom I_0 liefert; der innere Leitwert der Stromquelle ist dabei null, bzw. ihr innerer Widerstand ist unendlich groß.

Reale Stromquellen haben einen inneren Leitwert, der Laststrom sinkt dadurch mit größer werdendem Lastwiderstand. Reale Stromquellen können als Parallelschaltung aus einer idealen Stromquelle mit festem (eingeprägtem) Quellenstrom I_0 und einem inneren Leitwert G_i bzw. Innenwiderstand R_i dargestellt werden.

Ersatzstromquelle

In der nebenstehenden Spannungsteilerschaltung ist G1 die Stromquelle; das gesamte Netzwerk aus R_1, R_2 und R_L stellt die Last dar. Die Stromquelle G1 bildet den aktiven Zweipol, die drei ohmschen Widerstände bilden den passiven Zweipol, alle Spannungen und Ströme, z. B. U_L und I_L, können mit den bereits bekannten Formeln (siehe Kap. 2.2) berechnet werden.

Wie bei der Ersatzspannungsquelle, kann aber auch hier die Last R_L als passiver Zweipol aufgefasst werden, während das Netzwerk aus G1, R_1 und R_2 als Ersatzstromquelle den aktiven Zweipol bildet.

Sind Quellenstrom und Innenleitwert der Ersatzstromquelle bekannt, dann sind U_L und I_L für jeden Widerstandswert R_L problemlos berechenbar.

Die Ersatzstromquelle ist zweckmäßig, wenn der Innenwiderstand größer als der Lastwiderstand ist.

Berechnung

Eine Ersatzstromquelle ist durch ihren Quellenstrom und ihren Innenwiderstand festgelegt.

Der Quellenstrom I_0 einer Ersatzstromquelle ist gleich dem Strom, der über die kurzgeschlossenen Anschlussklemmen der Quelle fließt. Für den Spannungsteiler gilt: der Quellenstrom I_0 der Ersatzstromquelle ist gleich dem Strom durch Widerstand R_1 bei kurzgeschlossenem Widerstand R_2. Daraus folgt: $I_0 = U : R_1$.

Der Innenwiderstand der Ersatzstromquelle ist der Widerstand, den man beim „Hineinschauen in die Schaltung an den Klemmen sieht". Genau wie bei der Ersatzspannungsquelle besteht der Innenwiderstand des Spannungsteilers aus der Parallelschaltung von R_1 und R_2. Besonders zu berücksichtigen ist aber: der Innenwiderstand der Ersatzspannungsquelle liegt in Reihe zur idealen Quelle, der Innenwiderstand der Ersatzstromquelle liegt parallel zur idealen Quelle.

Vergleich der Ersatzquellen

Ein aktives Netzwerk kann prinzipiell als Spannungs- oder als Stromquelle dargestellt werden. Die beiden möglichen Ersatzschaltungen müssen dabei selbstverständlich äquivalent, d. h. elektrisch gleichwertig sein. Diese Forderung ist erfüllt, wenn beide Ersatzquellen den gleichen Innenwiderstand R_i besitzen und wenn zwischen Quellenspannung U_0 und Quellenstrom I_0 die Beziehung $U_0 = I_0 \cdot R_i$ besteht.

In der Praxis wird die Ersatzspannungsquelle dann bevorzugt, wenn $R_i \ll R_L$ ist; dies ist bei den meisten Anwendungen der Energietechnik der Fall. Bei $R_i \gg R_L$ wird üblicherweise die Ersatzstromquelle bevorzugt.

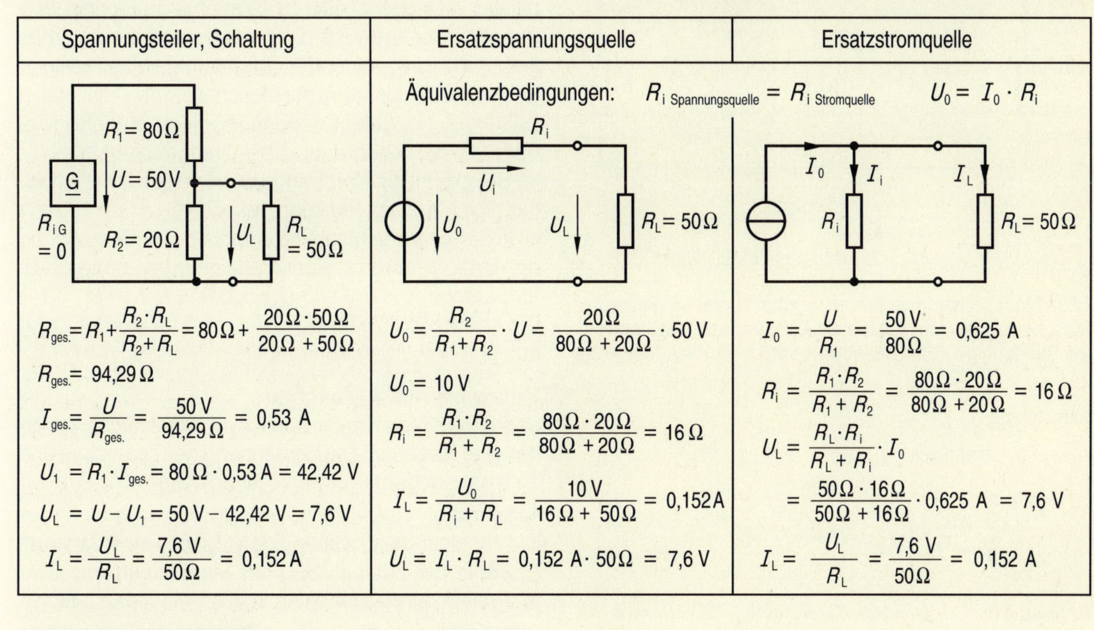

Spannungsteiler, Schaltung	Ersatzspannungsquelle	Ersatzstromquelle
	Äquivalenzbedingungen: $R_{i\,\text{Spannungsquelle}} = R_{i\,\text{Stromquelle}}$	$U_0 = I_0 \cdot R_i$
$R_1 = 80\,\Omega$, G, $U = 50\,\text{V}$, $R_{iG} = 0$, $R_2 = 20\,\Omega$, U_L, $R_L = 50\,\Omega$	R_i, U_i, U_0, U_L, $R_L = 50\,\Omega$	I_0, I_i, I_L, R_i, $R_L = 50\,\Omega$
$R_{ges.} = R_1 + \frac{R_2 \cdot R_L}{R_2 + R_L} = 80\,\Omega + \frac{20\,\Omega \cdot 50\,\Omega}{20\,\Omega + 50\,\Omega}$ $R_{ges.} = 94{,}29\,\Omega$ $I_{ges.} = \frac{U}{R_{ges.}} = \frac{50\,\text{V}}{94{,}29\,\Omega} = 0{,}53\,\text{A}$ $U_1 = R_1 \cdot I_{ges.} = 80\,\Omega \cdot 0{,}53\,\text{A} = 42{,}42\,\text{V}$ $U_L = U - U_1 = 50\,\text{V} - 42{,}42\,\text{V} = 7{,}6\,\text{V}$ $I_L = \frac{U_L}{R_L} = \frac{7{,}6\,\text{V}}{50\,\Omega} = 0{,}152\,\text{A}$	$U_0 = \frac{R_2}{R_1 + R_2} \cdot U = \frac{20\,\Omega}{80\,\Omega + 20\,\Omega} \cdot 50\,\text{V}$ $U_0 = 10\,\text{V}$ $R_i = \frac{R_1 \cdot R_2}{R_1 + R_2} = \frac{80\,\Omega \cdot 20\,\Omega}{80\,\Omega + 20\,\Omega} = 16\,\Omega$ $I_L = \frac{U_0}{R_i + R_L} = \frac{10\,\text{V}}{16\,\Omega + 50\,\Omega} = 0{,}152\,\text{A}$ $U_L = I_L \cdot R_L = 0{,}152\,\text{A} \cdot 50\,\Omega = 7{,}6\,\text{V}$	$I_0 = \frac{U}{R_1} = \frac{50\,\text{V}}{80\,\Omega} = 0{,}625\,\text{A}$ $R_i = \frac{R_1 \cdot R_2}{R_1 + R_2} = \frac{80\,\Omega \cdot 20\,\Omega}{80\,\Omega + 20\,\Omega} = 16\,\Omega$ $U_L = \frac{R_L \cdot R_i}{R_L + R_i} \cdot I_0$ $= \frac{50\,\Omega \cdot 16\,\Omega}{50\,\Omega + 16\,\Omega} \cdot 0{,}625\,\text{A} = 7{,}6\,\text{V}$ $I_L = \frac{U_L}{R_L} = \frac{7{,}6\,\text{V}}{50\,\Omega} = 0{,}152\,\text{A}$

Geregelte Netzgeräte

An Netzgeräte zur Versorgung elektronischer Schaltungen werden meist zwei Forderungen gestellt:

1. Die Klemmenspannung soll bis zur maximal zulässigen Belastung unabhängig von der Last stets den gleichen Wert haben. In diesem Bereich arbeitet das Gerät als Konstantspannungsquelle.
2. Bei Überschreiten der zulässigen Last bis hin zum Kurzschluss soll das Gerät stets den gleichen Strom liefern; es arbeitet dann als Konstantstromquelle.

Kennlinien

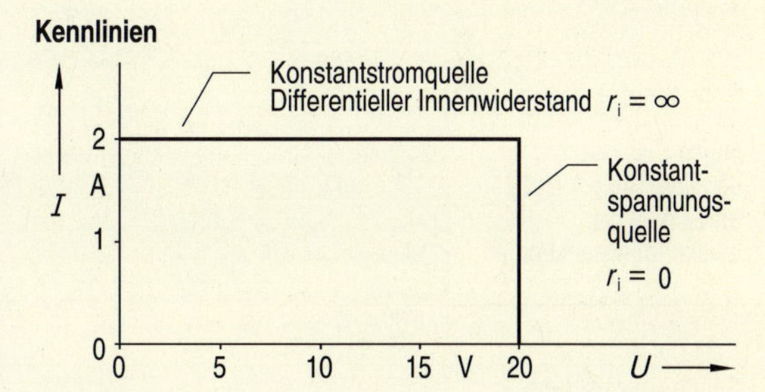

Aufgaben

2.6.1 Brückenschaltung

Gegeben ist folgende Brückenschaltung:

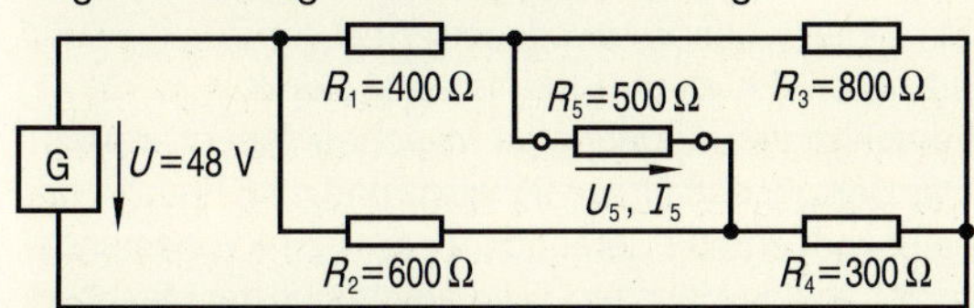

Berechnen Sie U_5 und I_5:

a) mit Hilfe einer Ersatzspannungsquelle,

b) mit Hilfe einer Ersatzstromquelle.

2.6.2 Netzwerk mit 2 Batterien

Gegeben ist das folgende Netzwerk:

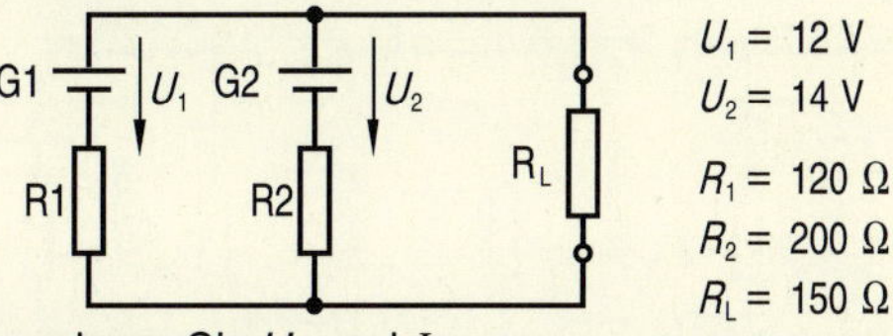

Berechnen Sie U_L und I_L:

a) mit Hilfe einer Ersatzspannungsquelle,

b) mit Hilfe einer Ersatzstromquelle.

2.7 Maschenstromverfahren

Netzwerk mit 2 unabhängigen Maschen

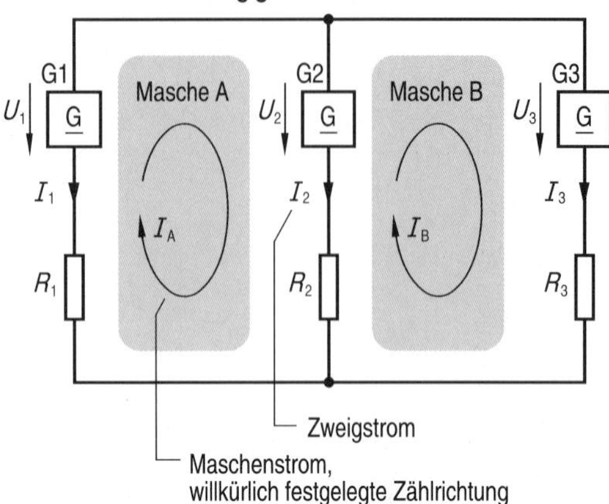

- **Beim Maschenstromverfahren werden zuerst so genannte Maschenströme und daraus die Zweigströme bestimmt; die Richtung der Maschenströme wird willkürlich festgelegt**

Berechnung

Aus der Maschengleichung $\Sigma U = 0$ folgt

für Masche A: $-U_1 + U_2 + (I_A - I_B) \cdot R_2 + I_A \cdot R_1 = 0$

$$\text{oder } I_A = \frac{(U_1 - U_2) + I_B \cdot R_2}{R_1 + R_2} \quad \text{(Gleichung 1)}$$

für Masche B: $-U_2 + U_3 + I_B \cdot R_3 - (I_A - I_B) \cdot R_2 = 0$

$$\text{oder } I_A = \frac{(U_3 - U_2) + I_B \cdot (R_2 + R_3)}{R_2} \quad \text{(Gleichung 2)}$$

Durch Gleichsetzen von Gleichung 1 und 2 erhält man die beiden Maschenströme:

$$I_A = \frac{U_1 \cdot (R_2 + R_3) - U_2 \cdot R_3 - U_3 \cdot R_2}{\Sigma R \cdot R}$$

$$I_B = \frac{U_1 \cdot R_2 + U_2 \cdot R_1 - U_3 \cdot (R_1 + R_2)}{\Sigma R \cdot R}$$

mit $\Sigma R \cdot R = R_1 \cdot R_2 + R_2 \cdot R_3 + R_3 \cdot R_1$

Für die Zweigströme erhält man: $I_1 = -I_A$ | $I_2 = I_A - I_B$ | $I_3 = I_B$

- **Bei der Berechnung der Maschen- und Zweigströme ist unbedingt die festgelegte Zählrichtung zu beachten**

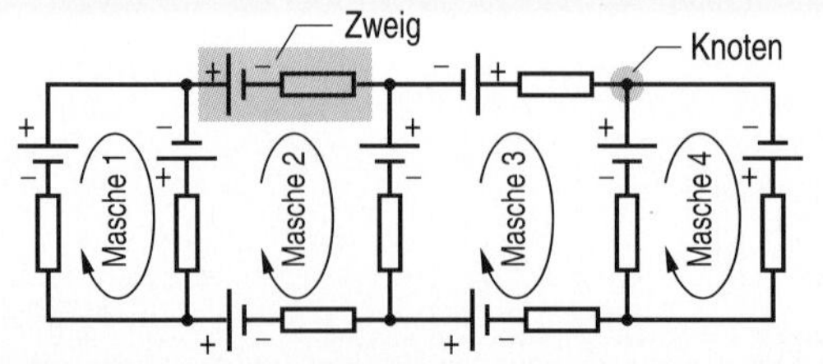

- **Ein Netzwerk mit *m* Zweigen und *n* Knoten führt zu einem System mit $x = m - (n - 1)$ unbekannten Maschenströmen**

Prinzip

Jedes lineare Netzwerk kann durch Anwendung von Maschen- und Knotenregel berechnet werden. Enthält das Netzwerk *m* Zweige, so sind zur Berechnung auch *m* unabhängige Gleichungen nötig.

Die Zahl der notwendigen Gleichungen kann reduziert werden, wenn statt der gesuchten Zweigströme zunächst „Maschen-" oder „Kreisströme" berechnet werden. Zur Bestimmung der Maschenströme wird das Netzwerk in voneinander unabhängige Maschen eingeteilt; die Zählrichtung der Maschenströme kann dabei willkürlich festgelegt werden. Für jede Masche wird dann die Maschenregel ($\Sigma U = 0$) angewandt.

Im Beispiel ist ein Netzwerk aus 3 Zweigen auf 2 unabhängige Maschen reduziert; Masche G1 - G3 - R3 - R1 ist in den anderen Maschen enthalten. Zur Berechnung der Maschenströme sind 2 Gleichungen nötig, z. B. für Masche A: $-U_1 + U_2 + (I_A - I_B) \cdot R_2 + I_A \cdot R_1 = 0$.

Die tatsächlich fließenden Zweigströme werden dann aus den Maschenströmen berechnet, z.B. $I_2 = I_A - I_B$.

Netzwerk mit 2 Maschen

Das obige Netzwerk enthält zwei voneinander unabhängige Maschen. Die Berechnung der Teilströme und Teilspannungen erfolgt in drei Schritten:

1. Schritt

Die voneinander unabhängigen Maschen werden ausgewählt, die Zählrichtung der Maschenströme wird festgelegt; sinnvollerweise in allen Maschen gleich.

2. Schritt

Die Maschengleichungen $\Sigma U = 0$ werden für die beiden Maschen aufgestellt. Das dadurch entstehende Gleichungssystem mit zwei Unbekannten wird gelöst, z. B. mit Hilfe der Gleichsetzungsmethode.

Als Ergebnis erhält man die beiden Maschenströme. Die allgemeine Lösung für I_A und I_B kann für alle Netzwerke, die sich auf zwei unabhängige Maschen reduzieren lassen, verwendet werden.

3. Schritt

Aus den Maschenströmen I_A und I_B werden die tatsächlich fließenden Zweigströme I_1, I_2 und I_3 bestimmt. Mit Hilfe des ohmschen Gesetzes können dann die Teilspannungen U_1, U_2 und U_3 berechnet werden.

Allgemeines Netzwerk

Ein allgemeines Netzwerk besteht aus *m* Zweigen und *n* Knoten. Ein derartiges Netzwerk kann in $m - (n - 1)$ voneinander unabhängige Maschen zerlegt werden. Das Beispiel enthält $m = 9$ Zweige und $n = 6$ Knoten; das Netzwerk enthält demnach $9 - (6 - 1) = 4$ voneinander unabhängige Maschen. Die Berechnung der Maschenströme erfordert somit ein Gleichungssystem mit 4 Unbekannten. Für die Lösung des Systems wird sinnvollerweise ein Computer-Programm eingesetzt.

Beispiel: Allgemeines Netzwerk

Das nebenstehende Netzwerk enthält zwei Gleichspannungsquellen mit unterschiedlichen Spannungen. Der Innenwiderstand beider Quellen ist vernachlässigbar klein.

Zu bestimmen ist die Anzahl der Zweige und Knoten sowie die Anzahl der voneinander unabhängigen Maschen. Die Zählpfeile der Maschenströme sind in das Netzwerk einzuzeichnen, danach sind alle Teilströme und Teilspannungen zu berechnen.

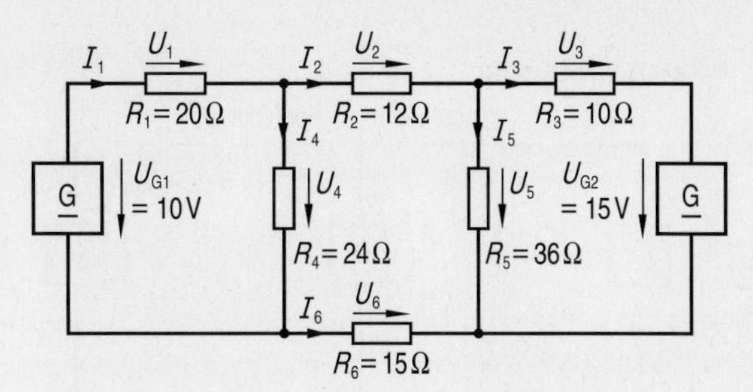

1. Schritt

Zahl der Zweige: $m = 6$

Zahl der Knoten: $n = 4$

Zahl der unabhängigen Maschen: $x = m - (n - 1)$

$x = 6 - (4 - 1) = 3$

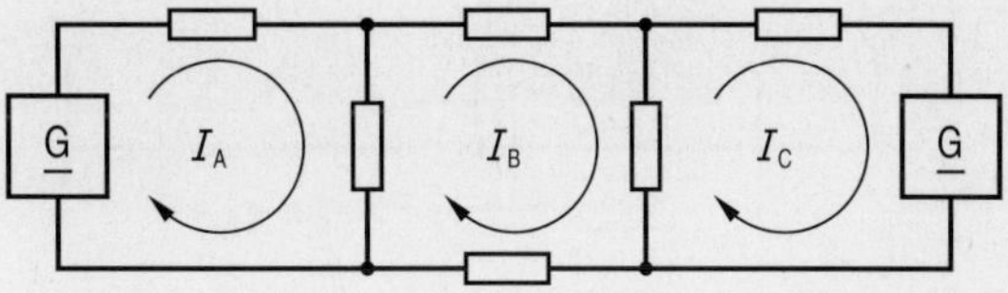

2. Schritt

Masche A:

$$-10\,\text{V} + 20\,\Omega \cdot I_A + 24\,\Omega \cdot (I_A - I_B) = 0$$
$$44\,\Omega \cdot I_A - 24\,\Omega \cdot I_B + 0 \cdot I_C = 10\,\text{V}$$

Masche B:

$$24\,\Omega \cdot (I_B - I_A) + 12\,\Omega \cdot I_B + 36\,\Omega \cdot (I_B - I_C) + 15\,\Omega \cdot I_B = 0$$
$$-24\,\Omega \cdot I_A + 87\,\Omega \cdot I_B - 36\,\Omega \cdot I_C = 0$$

Masche C:

$$36\,\Omega \cdot (I_C - I_B) + 10\,\Omega \cdot I_C + 15\,\text{V} = 0$$
$$0 \cdot I_A - 36\,\Omega \cdot I_B + 46\,\Omega \cdot I_C = -15\,\text{V}$$

Lösungen: $I_A = 152{,}3\,\text{mA}$, $I_B = -137{,}4\,\text{mA}$, $I_C = -433{,}6\,\text{mA}$

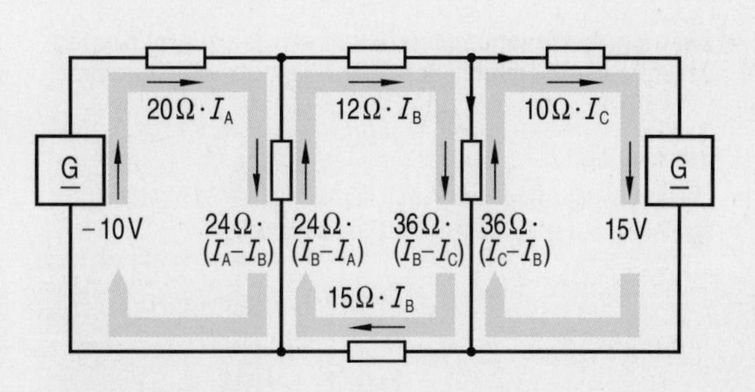

3. Schritt

Zweigströme:

$I_1 = I_A = 152{,}3\,\text{mA}$ $\quad I_4 = (I_A - I_B) = 289{,}7\,\text{mA}$

$I_2 = I_B = -137{,}4\,\text{mA}$ $\quad I_5 = (I_B - I_C) = 296{,}2\,\text{mA}$

$I_3 = I_C = -433{,}6\,\text{mA}$ $\quad I_6 = -I_B = 137{,}4\,\text{mA}$

Teilspannungen:

$U_1 = R_1 \cdot I_1 = 3{,}046\,\text{V}$ $\quad U_4 = R_4 \cdot I_4 = 6{,}953\,\text{V}$

$U_2 = R_2 \cdot I_2 = -1{,}649\,\text{V}$ $\quad U_5 = R_5 \cdot I_5 = 10{,}663\,\text{V}$

$U_3 = R_3 \cdot I_3 = -4{,}336\,\text{V}$ $\quad U_6 = R_6 \cdot I_6 = 2{,}061\,\text{V}$

Aufgaben

2.7.1 T-Schaltung

Die drei Widerstände eines Netzwerkes sind T-förmig angeordnet, die Innenwiderstände der drei Spannungsquellen sind vernachlässigbar klein.

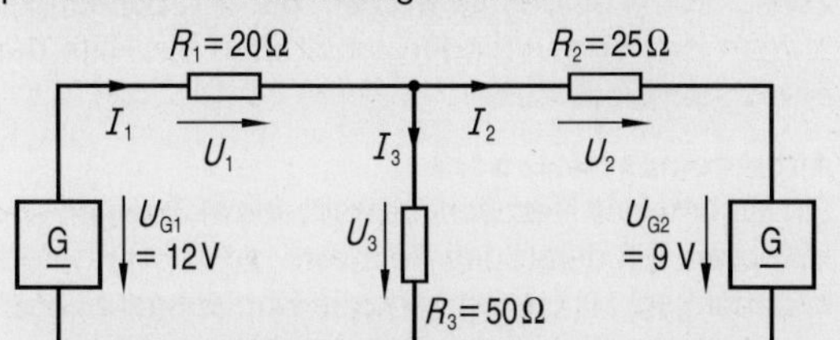

a) Legen Sie die für das Maschenstromverfahren notwendigen Maschenströme fest.

b) Berechnen Sie die gewählten Maschenströme.

c) Berechnen Sie die Ströme und Spannungen an R1, R2 und R3.

2.7.2 Netzwerk

Gegeben ist folgendes Netzwerk:

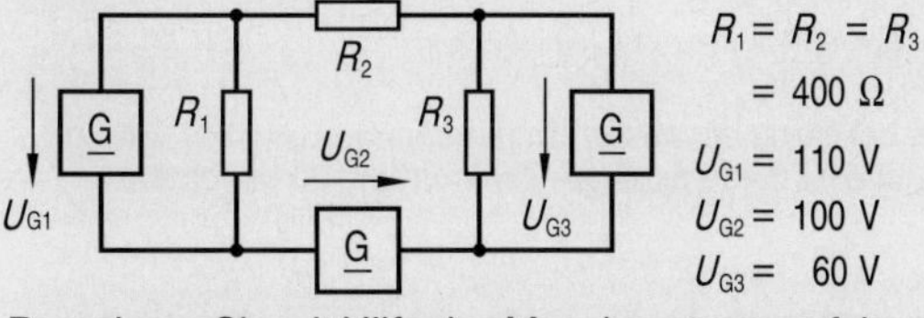

$R_1 = R_2 = R_3 = 400\,\Omega$

$U_{G1} = 110\,\text{V}$

$U_{G2} = 100\,\text{V}$

$U_{G3} = 60\,\text{V}$

Berechnen Sie mit Hilfe des Maschenstromverfahrens alle Teilströme und Teilspannungen.

2.7.3 Netzwerk

Bei dem oben durchgerechneten Beispiel für ein allgemeines Netzwerk ist der Widerstand R6 kurzgeschlossen. Bestimmen Sie für die geänderte Schaltung:

a) die Zahl der unabhängigen Maschen,

b) alle Teilströme und Teilspannungen.

2.8 Knotenspannungsverfahren

Netzwerk mit 2 Knoten

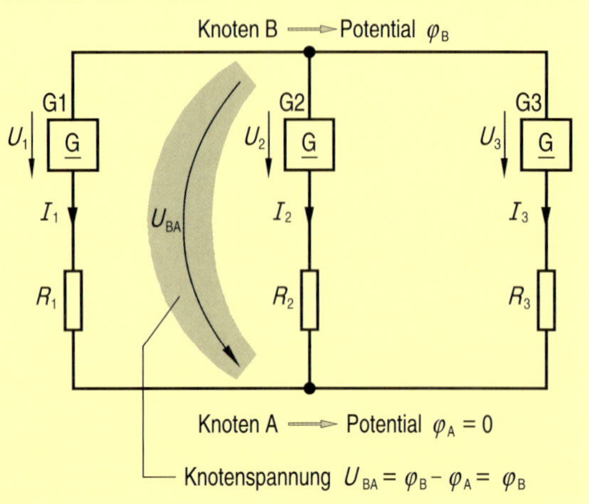

- **Beim Knotenspannungsverfahren werden zuerst Knotenpotentiale und anschließend die Zweigströme bestimmt**

Berechnung

Die drei Zweigströme lassen sich über die gewählte Knotenspannung $U_{BA} = \varphi_B$ folgendermaßen ausdrücken:

Zweig 1: $I_1 = \dfrac{\varphi_B - U_1}{R_1}$

Zweig 2: $I_2 = \dfrac{\varphi_B - U_2}{R_2}$

Zweig 3: $I_3 = \dfrac{\varphi_B - U_3}{R_3}$

Knotenregel: $I_1 + I_2 + I_3 = 0$

$$\frac{\varphi_B - U_1}{R_1} + \frac{\varphi_B - U_2}{R_2} + \frac{\varphi_B - U_3}{R_3} = 0$$

Durch Umformen erhält man:

$$\varphi_B = \frac{U_1 \cdot R_2 \cdot R_3 + U_2 \cdot R_3 \cdot R_1 + U_3 \cdot R_1 \cdot R_2}{\Sigma R \cdot R}$$

mit $\Sigma R \cdot R = R_1 \cdot R_2 + R_2 \cdot R_3 + R_3 \cdot R_1$

Die Zweigströme werden mit $I_1 = \dfrac{\varphi_B - U_1}{R_1}$ usw. berechnet.

- **Bei der Berechnung der Knotenspannungen und Zweigströme ist die festgelegte Zählrichtung zu beachten**

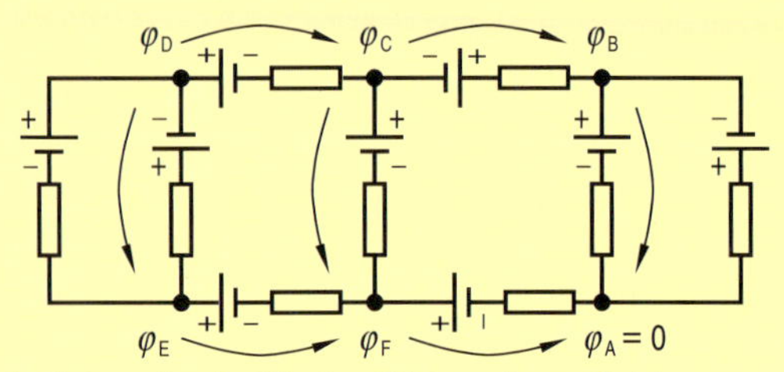

- **Ein Netzwerk mit n Knoten führt zu einem Gleichungssystem mit $(n - 1)$ unbekannten Knotenpotentialen**

Prinzip

Wie in Kap 2.7 ausgeführt wurde, kann ein lineares Netzwerk immer mit Hilfe von Maschen- und Knotenregel berechnet werden; die Anzahl der notwendigen Gleichungen kann dabei durch die Einführung von Maschen- oder Kreisströmen reduziert werden.
Die Zahl der Gleichungen kann auch durch die Einführung von so genannten Knotenspannungen reduziert werden; dabei versteht man unter Knotenspannung die Potentialdifferenz zwischen zwei Knoten.
Zur Bestimmung der Knotenspannungen wird einem Knoten willkürlich das Potential $\varphi_A = 0$ zugeordnet, die Potentiale der anderen Knoten werden hierauf bezogen. Die Zweigströme werden dann als Funktion der Knotenspannung ausgedrückt; mit Hilfe der Knotenregel ($\Sigma I = 0$) kann danach das Potential φ_B und damit die Knotenspannung U_{BA} berechnet werden.
Im Beispiel ist ein Netzwerk mit 2 Knoten dargestellt; zur Bestimmung der Knotenspannung $U_{BA} = \varphi_B - \varphi_A = \varphi_B$ genügt eine Gleichung.

Netzwerk mit 2 Knoten

Das obige Netzwerk enthält zwei Knoten und drei Zweige. Die Berechnung der Teilströme und Teilspannungen erfolgt in drei Schritten:

1. Schritt

Einem willkürlich ausgewählten Knoten wird das Bezugspotential 0 zugeordnet. Im Beispiel erhält Knoten A das Potential $\varphi_A = 0$, die Knotenspannung ist $U_{BA} = \varphi_B$.

2. Schritt

Die drei Zweigströme werden durch die Knotenspannung ausgedrückt, z. B. Zweigstrom $I_1 = (\varphi_B - U_1) : R_1$.
Diese Beziehung folgt aus $U_{BA} = \varphi_B = U_1 + I_1 \cdot R_1$.
Für einen der beiden Knoten, z. B. Knoten A, wird die Knotenregel angewandt: $I_1 + I_2 + I_3 = 0$. Werden hier die durch die Knotenspannung ausgedrückten Zweigströme eingesetzt, dann kann das gesuchte Potential φ_B berechnet werden.

3. Schritt

Mit Hilfe der Knotenspannung $U_{BA} = \varphi_A$ können die drei Zweigströme berechnet werden; die Teilspannungen an den drei Widerständen erhält man mit Hilfe des ohmschen Gesetzes.

Allgemeines Netzwerk

Ein allgemeines Netzwerk besteht aus m Zweigen und n Knoten. Ein derartiges Netzwerk hat $(n - 1)$ Knotenspannungen; zur Berechnung der Knotenspannungen muss somit ein Gleichungssystem mit $(n - 1)$ voneinander unabhängigen Gleichungen aufgestellt werden.
Das Beispiel enthält $n = 6$ Knoten, die Berechnung der Knotenpotentiale erfordert ein Gleichungssystem mit 5 Unbekannten. Für die Lösung des Systems wird sinnvollerweise ein Computer-Programm eingesetzt.

Beispiel: 4 parallele Spannungsquellen

Das Knotenspannungsverfahren lässt sich besonders gut bei Netzwerken einsetzen, die zwar beliebig viele Zweige, aber nur zwei Knoten haben. Dabei ist zu berücksichtigen, dass nebeneinander liegende Verbindungspunkte einen gemeinsamen Knotenpunkt bilden, wenn sie das gleiche Potential besitzen.

Im Beispiel sind die 4 Zweigströme I_1 bis I_4 sowie die Klemmenspannung U_K der parallel geschalteten Spannungsquellen zu bestimmen.

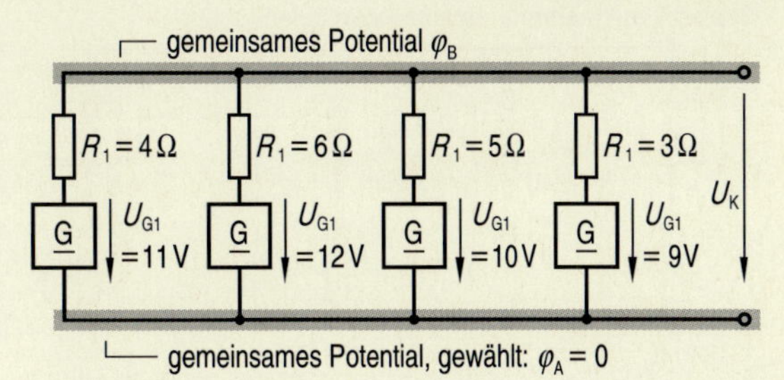

Zweigströme

Zweig 1: $I_1 = \dfrac{\varphi_B - U_{G1}}{R_1} = \dfrac{\varphi_B - 11\,V}{4\Omega}$

Zweig 2: $I_2 = \dfrac{\varphi_B - U_{G2}}{R_2} = \dfrac{\varphi_B - 12\,V}{6\Omega}$

Zweig 3: $I_3 = \dfrac{\varphi_B - U_{G3}}{R_3} = \dfrac{\varphi_B - 10\,V}{5\Omega}$

Zweig 4: $I_4 = \dfrac{\varphi_B - U_{G4}}{R_4} = \dfrac{\varphi_B - 9\,V}{3\Omega}$

Knotenregel

$$\frac{\varphi_B - 11\,V}{4\Omega} + \frac{\varphi_B - 12\,V}{6\Omega} + \frac{\varphi_B - 10\,V}{5\Omega} + \frac{\varphi_B - 9\,V}{3\Omega} = 0$$

ergibt als Lösung: $\varphi_B = U_K = 10{,}26\,V$

Zweigströme

$I_1 = \dfrac{\varphi_B - U_{G1}}{R_1} = \dfrac{10{,}26\,V - 11\,V}{4\Omega} = -\,0{,}185\,A$

$I_2 = -290\,mA$ $\quad I_3 = +53\,mA$ $\quad I_4 = +410\,mA$

Aufgaben

2.8.1 Generatoren

Zwei parallel geschaltete Gleichstromgeneratoren haben die beiden Quellenspannungen $U_1 = 220\,V$ und $U_2 = 224\,V$ sowie die Innenwiderstände $R_1 = 0{,}5\,\Omega$ und $R_2 = 0{,}4\,\Omega$. Die beiden Generatoren speisen gemeinsam einen Lastwiderstand $R_L = 25\,\Omega$.

a) Zeichnen Sie das Schaltbild der Schaltung.

b) Berechnen Sie die Klemmenspannung am Lastwiderstand, den Laststrom und die Verteilung der Last auf die beiden Generatoren.

c) Berechnen Sie die Klemmenspannung an den Generatoren sowie die Generatorströme, wenn der Lastwiderstand abgeschaltet wird.

2.8.2 Batterie

Sechs Akkumulatorzellen sind nach folgendem Schaltbild zu einer Batterie zusammengeschaltet.

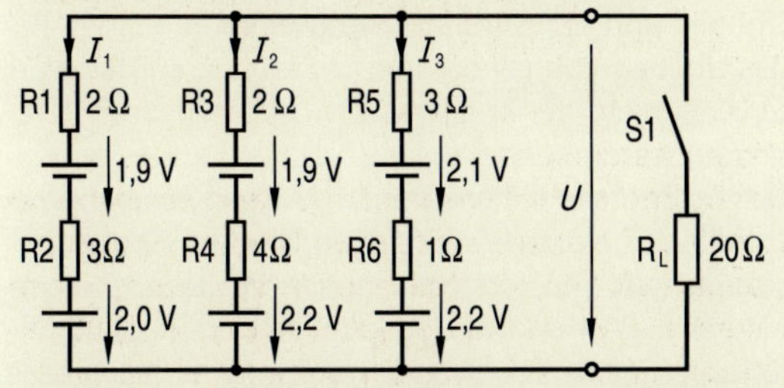

a) Berechnen Sie die Zweigströme und die Klemmenspannung bei abgeschaltetem Lastwiderstand.

b) Berechnen Sie die Zweigströme und die Klemmenspannung bei eingeschaltetem Lastwiderstand.

2.8.3 Netzwerk

Ein Netzwerk besteht aus 5 galvanischen Elementen und 3 ohmschen Widerständen.

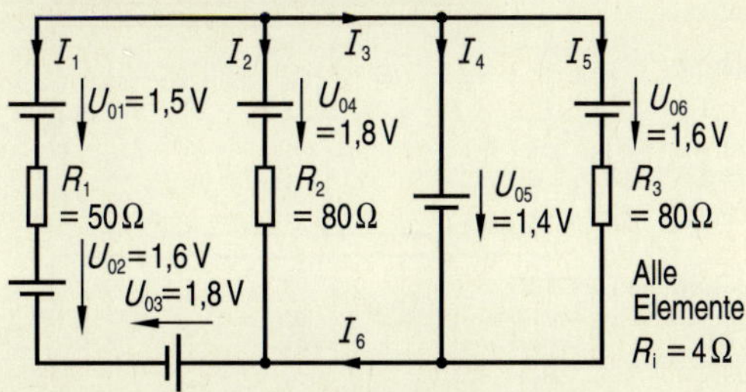

Berechnen Sie die Zweigströme I_1 bis I_6.

2.8.4 Unbekannter Generator

Ein Gleichstromgenerator G1 mit der Leerlaufspannung $U_{G10} = 400\,V$ und $R_{i1} = 0{,}5\,\Omega$ und ein unbekannter Generator G2 sind parallel geschaltet. Leerlauf- und Belastungsmessung ergeben folgende Ergebnisse:

Leerlauf: $U = 402\,V$

Belastung: $U = 395\,V$, $I = 30\,A$.

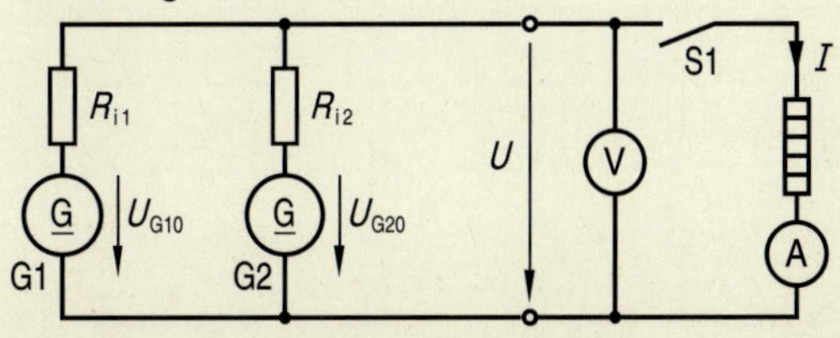

Bestimmen Sie die Quellenspannung und den Innenwiderstand des zweiten Generators.

2.9 Überlagerungsverfahren

Netzwerk mit mehreren Spannungsquellen

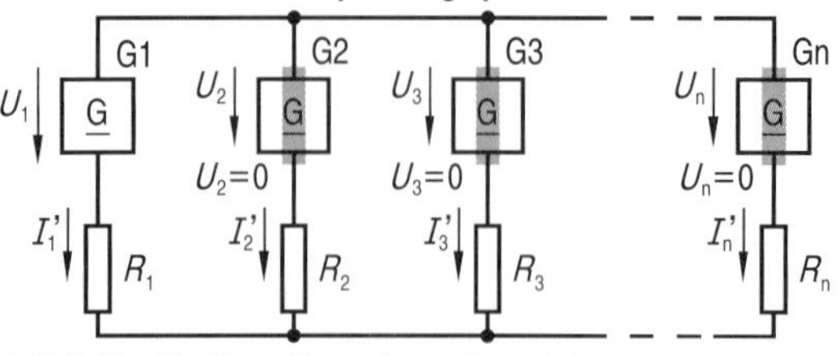

1. Schritt: U_2, U_3 ... U_n werden = 0 gesetzt.
Teil-Zweigströme $I'_1, I'_2, \dots I'_n$ werden berechnet.

2. Schritt: U_1, U_3 ... U_n werden = 0 gesetzt.
Teil-Zweigströme $I''_1, I''_2, \dots I''_n$ werden berechnet.

***n*. Schritt:** U_1, U_2 ... $U_{(n-1)}$ werden = 0 gesetzt.
Teil-Zweigströme $I_1^{n'}, I_2^{n'}, \dots I_n^{n'}$ werden berechnet.

(*n*+1). Schritt: Zweigströme berechnen, z.B. $I_1 = I'_1 + I''_1 + \dots + I_1^{n'}$

- **Beim Überlagerungsverfahren werden die von jeder Quelle verursachten Ströme berechnet und dann addiert**

Prinzip

Bei der Berechnung umfangreicher Netzwerke besteht die Schwierigkeit insbesondere auch darin, dass mehrere Spannungsquellen zusammenwirken und damit zu unübersichtlichen Verhältnissen führen.
Das Problem kann prinzipiell dadurch gelöst werden, dass Schritt für Schritt jede Spannungsquelle und die von ihr verursachten Ströme einzeln untersucht werden, während die Spannungen der anderen Quellen in Gedanken gleich null gesetzt werden. Man erhält auf diese Weise die von jeder Quelle in jedem Zweig verursachten Teilströme. In einem letzten Rechenschritt werden diese Teil-Zweigströme zu den Gesamt-Zweigströmen addiert. Man sagt auch: die Teilströme werden „überlagert"; dabei ist selbstverständlich auf die Zählrichtung der Teilströme zu achten.
Das Überlagerungsverfahren kann bei Netzwerken mit beliebig vielen Spannungsquellen eingesetzt werden.

Berechnung in 4 Schritten

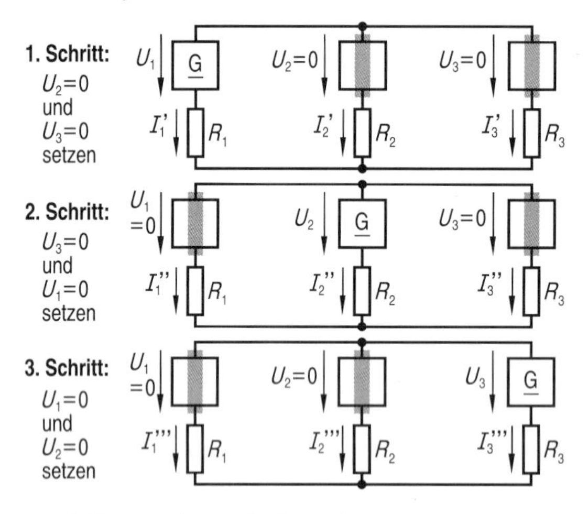

4. Schritt: Zweigströme I_1, I_2 und I_3 berechnen.

Netzwerk mit 3 Spannungsquellen

Das Beispiel zeigt die Berechnung eines Netzwerkes mit 3 Spannungsquellen in allgemeiner Form:

Spannung U_1 aktiv, Spannungen U_2 und U_3 gleich null gesetzt		
$I'_1 = -\frac{U_1 \cdot (R_2 + R_3)}{\Sigma R \cdot R}$	$I'_2 = \frac{U_1 \cdot R_3}{\Sigma R \cdot R}$	$I'_3 = \frac{U_1 \cdot R_2}{\Sigma R \cdot R}$
Spannung U_2 aktiv, Spannungen U_3 und U_1 gleich null gesetzt		
$I''_1 = \frac{U_2 \cdot R_3}{\Sigma R \cdot R}$	$I''_2 = -\frac{U_2 \cdot (R_3 + R_1)}{\Sigma R \cdot R}$	$I''_3 = \frac{U_2 \cdot R_1}{\Sigma R \cdot R}$
Spannung U_3 aktiv, Spannungen U_1 und U_2 gleich null gesetzt		
$I'''_1 = \frac{U_3 \cdot R_2}{\Sigma R \cdot R}$	$I'''_2 = \frac{U_3 \cdot R_1}{\Sigma R \cdot R}$	$I'''_3 = -\frac{U_3 \cdot (R_1 + R_2)}{\Sigma R \cdot R}$
$I_1 = I'_1 + I''_1 + I'''_1$	$I_2 = I'_2 + I''_2 + I'''_2$	$I_3 = I'_3 + I''_3 + I'''_3$

Lineares Netzwerk **Nichtlineares Netzwerk**

G1 G2 G3 G G G R1 R2 R3

G1 G2 G3 G G G R1 R2 V1 R3 U

- **Mit dem Überlagerungsverfahren können grundsätzlich nur lineare Netzwerke berechnet werden**

Lineare und nichtlineare Netzwerke

Das Überlagerungsverfahren ist bei linearen Netzwerken uneingeschränkt anwendbar. Unter linearen Netzwerken werden dabei solche Netzwerke verstanden, die nur Bauteile mit linearer I-U-Kennlinie haben.
Enthält das Netzwerk hingegen Dioden, Spulen mit Eisenkernen, Varistoren oder andere Bauteile mit nichtlinearer I-U-Kennlinie, so kann das Überlagerungsverfahren nicht angewandt werden, weil die lineare Überlagerung der Teilströme zwangsläufig nichtlineare Änderungen der zugehörigen Spannungen zur Folge hat. Nichtlineare Netzwerke sind meist nur näherungsweise durch grafische Verfahren berechenbar.

„Nullsetzen" von Spannungsquellen
Beim Überlagerungsverfahren werden die einzelnen Quellenspannungen nacheinander gleich null gesetzt. In der Praxis sagt man auch unkorrekterweise, die Spannungsquelle werde „kurzgeschlossen". Falls die Spannungsquelle einen von null abweichenden Innenwiderstand besitzt, bleibt dieser selbstverständlich erhalten. Meist geht man aber davon aus, dass der Innenwiderstand in den Zweigwiderständen enthalten ist. Falsch wäre es, die Spannungsquelle zu entfernen, weil dadurch der Stromkreis unterbrochen wäre.
Bei galvanischen Elementen, Batterien und ähnlichen Spannungsquellen ist das „Nullsetzen" der Spannung nur gedanklich möglich. Bei einem Gleichstromgenerator hingegen kann man die Erregerspannung ausschalten; die Quellenspannung wird dadurch null, der Innenwiderstand aber bleibt erhalten.

Beispiel: Nullsetzen der Generatorspannung durch Ausschalten des Erregerstroms

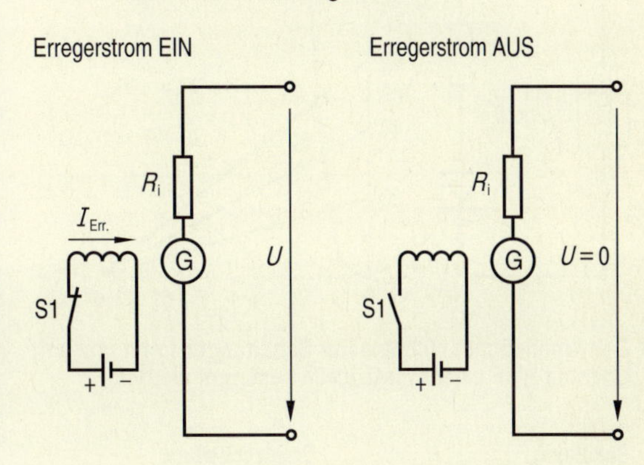

Aufgaben

2.9.1 Parallelschaltung von 2 Batterien
Die beiden nahezu gleichen Batterien G1 und G2 sind entsprechend dem Schaltbild parallel geschaltet und speisen gemeinsam den Lastwiderstand R_L.

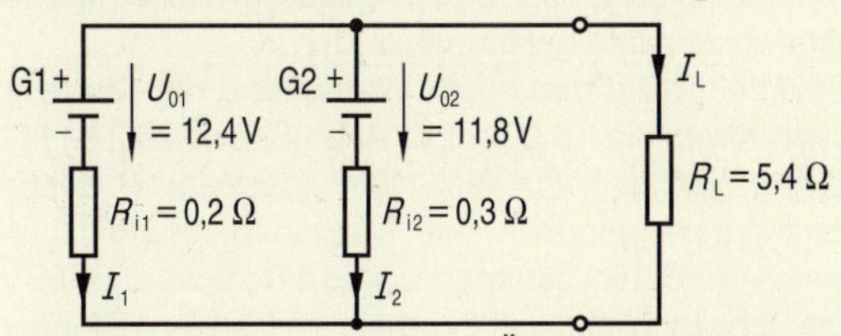

a) Berechnen Sie mit Hilfe des Überlagerungsverfahrens den Laststrom I_L sowie die beiden Batterieströme I_1 und I_2.
b) Überprüfen Sie I_L mit Hilfe einer Ersatzspannungsquelle.
c) Berechnen Sie die durch die Batterien fließenden Ströme bei ausgeschalteter Last.

2.9.2 Netzwerk mit 4 Quellen
Das folgende Netzwerk enthält 4 identische galvanische Elemente. Ihre Quellenspannung beträgt jeweils $U_0 = 1{,}5\,\text{V}$, ihr Innenwiderstand jeweils $R_i = 0{,}5\,\Omega$.

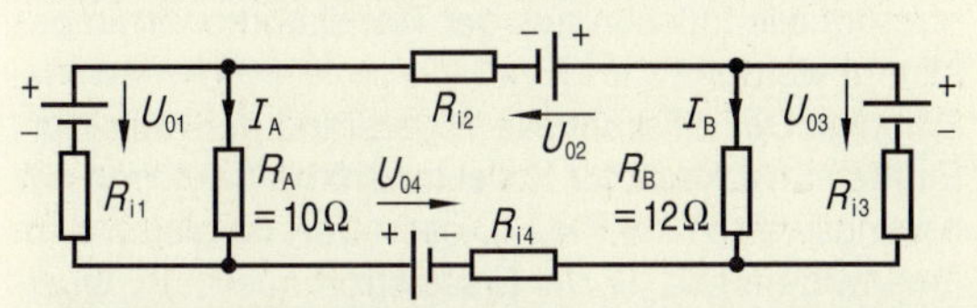

a) Berechnen Sie die Ströme I_A und I_B mit Hilfe des Überlagerungsverfahrens.
b) Überprüfen Sie das Ergebnis mit Hilfe des Maschenstromverfahrens.

2.9.3 Netzwerk mit 2 Quellen
Gegeben ist folgendes Netzwerk mit den beiden Spannungen $U_A = U_B = 60\,\text{V}$.

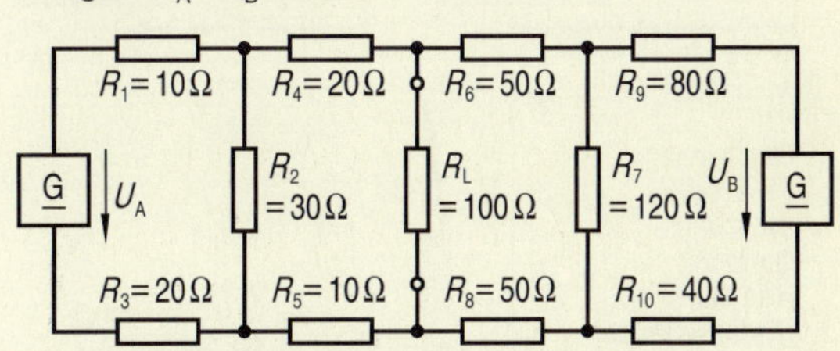

a) Berechnen Sie den Strom im Widerstand R_L mit Hilfe des Überlagerungsverfahrens.
b) Überprüfen Sie das Ergebnis mit Hilfe von Ersatzspannungsquellen.

2.9.4 Parallelschaltung von Generatoren
Die beiden Gleichspannungsgeneratoren G1 und G2 werden irrtümlich gegensinnig parallel geschaltet.

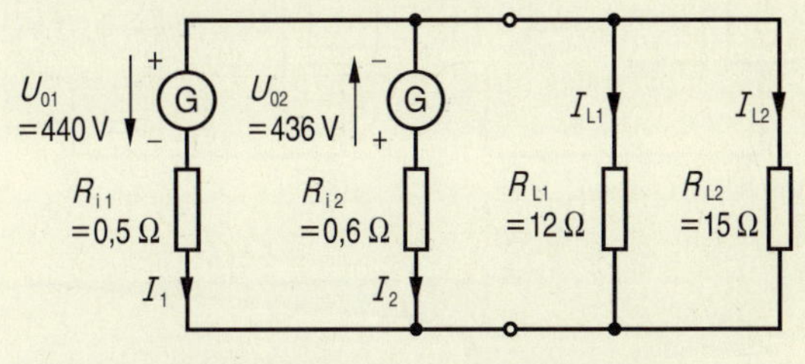

Berechnen Sie die Ströme in den beiden Generatoren und in den beiden Verbraucherwiderständen
a) mit Hilfe des Überlagerungsverfahrens,
b) mit einer Ersatzspannungsquelle,
c) mit Hilfe des Knotenspannungsverfahrens.

2.10 Nichtlineare Netze

Diode als nichtlineares Bauteil

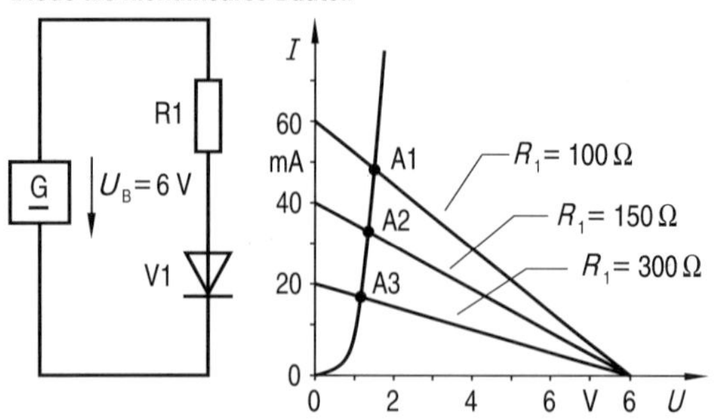

- **Der Arbeitspunkt nichtlinearer Schaltungen kann grafisch oder mit Hilfe einer Ersatzquelle bestimmt werden**

Schaltung **Ersatzschaltung**

Bestimmung der Ersatzspannungsquelle mit Hilfe der Diodenkennlinie

$U_0 = 0{,}9$ V

$$R_i = \frac{\Delta U}{\Delta I} = \frac{0{,}7\text{ V}}{64\text{ mA}} = 11\,\Omega$$

Schaltung **Ersatzschaltung**

Bestimmung der Ersatzstromquelle mit Hilfe der Transistorkennlinie

$I_0 = 40$ mA

$$R_i = \frac{\Delta U}{\Delta I} = \frac{51\text{ V}}{9\text{ mA}} = 5{,}7\text{ k}\Omega$$

Grafische Lösung

Netzwerke, die Bauteile mit einer nichtlinearen I-U-Kennlinie enthalten, können nicht direkt berechnet werden, weil das ohmsche Gesetz nicht anwendbar ist. Ist jedoch die I-U-Kennlinie des nichtlinearen Bauteils aus dem Datenblatt oder einer Messung bekannt, so können die Strom- und Spannungsverhältnisse der Schaltung (siehe Kap. 1.11) grafisch ermittelt werden. Das Beispiel zeigt die Ermittlung des Arbeitspunktes einer Reihenschaltung von Widerstand und Diode für verschiedene Widerstandswerte.

Die Berechnung nichtlinearer Netzwerke ist möglich, wenn das nichtlineare Bauteil durch eine Ersatzquelle nachgebildet wird; als Ersatzquelle kann eine Ersatzspannungs- oder eine Ersatzstromquelle dienen.

Ersatzspannungsquelle

Nichtlineare Bauteile mit kleinem differentiellen Widerstand, z. B. Halbleiterdioden, werden sinnvollerweise durch eine Ersatzspannungsquelle nachgebildet.

Die Reihenschaltung von Widerstand und Halbleiterdiode kann demzufolge durch die Reihenschaltung des Widerstandes und einer Ersatzspannungsquelle dargestellt werden. Die Quellenspannung und der Innenwiderstand der Ersatzspannungsquelle müssen aus der Diodenkennlinie bestimmt werden.

Beispiel: Der differentielle Widerstand der Diode ist nach Kennlinie für $U_F > 1$ V näherungsweise $r = 11\,\Omega$. Dieser Wert ist gleich dem Innenwiderstand R_i der Ersatzspannungsquelle. Die Quellenspannung U_0 ist gleich der Schleusenspannung; im Beispiel $U_0 = 0{,}9$ V. Die Schaltung ist nur gültig, wenn die Diodenspannung nicht durch einen zu großen Vorwiderstand oder eine zu kleine Betriebsspannung unter 0,9 V begrenzt wird.

Ersatzstromquelle

Für nichtlineare Bauteile mit großem differentiellen Widerstand, z. B. für die Kollektor-Emitter-Strecke eines Transistors, ist die Nachbildung durch eine Ersatzstromquelle vorteilhaft.

Die Reihenschaltung von Widerstand und Transistor kann demzufolge als Reihenschaltung des Transistors mit einer Ersatzstromquelle dargestellt werden. Der Quellenstrom und der Innenwiderstand der Ersatzstromquelle müssen aus der Transistorkennlinie bestimmt werden.

Beispiel: Der differentielle Widerstand der Kollektor-Emitter-Strecke ist für Kollektorströme $I_C > 40$ mA näherungsweise $r = 5{,}7$ kΩ. Dieser Wert ist gleich dem Innenwiderstand R_i der Ersatzstromquelle. Ihr Quellenstrom ergibt sich aus der Kennlinie zu $I_0 = 40$ mA. Die Schaltung ist nur gültig, wenn der Kollektorstrom nicht durch einen zu großen Vorwiderstand oder eine zu kleine Betriebsspannung unter 40 mA begrenzt wird.

Beispiel

Die Reihenschaltung aus einem einstellbaren Widerstand und einer Diode liegt an $U_B = 3\,V$. Um den Arbeitspunkt bei verschiedenen Widerstandseinstellungen berechnen zu können, soll die Diode

a) durch eine Ersatzspannungsquelle

b) durch eine Ersatzstromquelle dargestellt werden.

Der kleinste und der größte Diodenstrom soll mit beiden Quellen berechnet werden.

Die analytische Berechnung soll durch eine grafische Lösung überprüft werden.

Schaltung **Diodenkennlinie**

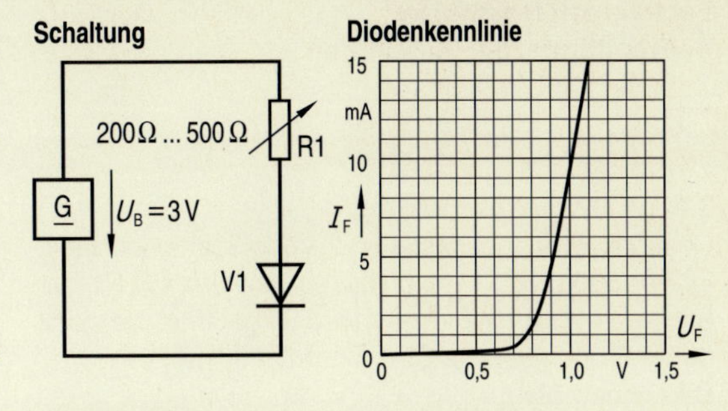

Ersatzspannungsquelle

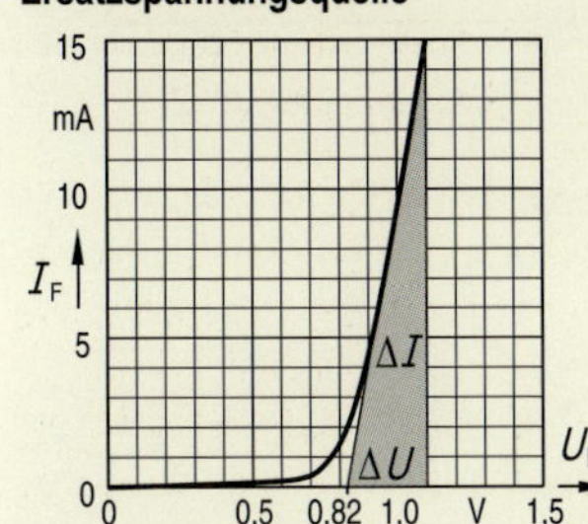

Aus der Kennlinie erhält man:

Quellenspannung

$U_0 = 0{,}82\,V$

Innenwiderstand

$R_i = \frac{\Delta U}{\Delta I} = \frac{0{,}28\,V}{15\,mA}$

$R_i = 18{,}7\,\Omega$

Ersatzschaltung

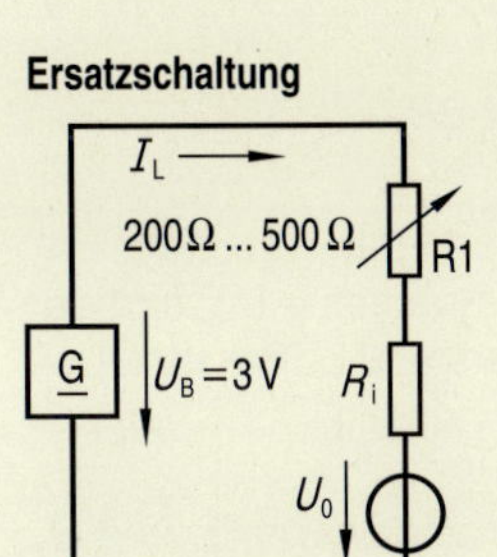

Strom: $I_L = \frac{U_B - U_0}{R_1 + R_i}$

Minimaler Strom:

$I_{min.} = \frac{3\,V - 0{,}82\,V}{500\,\Omega + 18{,}7\,\Omega} = 4{,}2\,mA$

Maximaler Strom:

$I_{max.} = \frac{3\,V - 0{,}82\,V}{200\,\Omega + 18{,}7\,\Omega} = 10\,mA$

Ersatzstromquelle

Die Ersatzstromquelle kann aus der Ersatzspannungsquelle berechnet werden.

Innenwiderstand: $R_{i\,Stromqu.} = R_{i\,Spannungsqu.} = 18{,}7\,\Omega$

Quellenstrom: $I_0 = \frac{U_0}{R_i} = \frac{0{,}82\,V}{18{,}7\,\Omega} = 43{,}9\,mA$

Ersatzschaltung

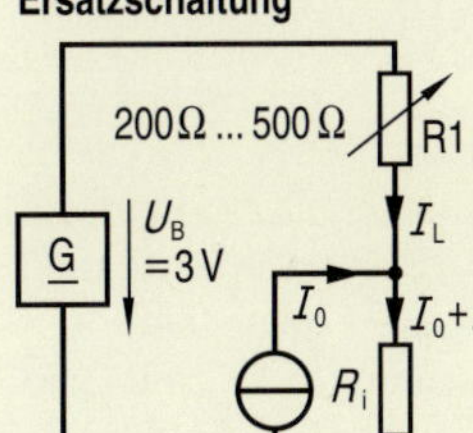

Aus $I_L \cdot R_1 + (I_0 + I_L) \cdot R_i = U_B$

folgt: $I_L = \frac{U_B - I_0 \cdot R_i}{R_1 + R_i}$

Mit $I_0 \cdot R_i = 43{,}9\,mA \cdot 18{,}7\,\Omega$

$= 0{,}82\,V$

folgt: $I_{min.} = 4{,}2\,mA$

und: $I_{max.} = 10\,mA$

Grafische Kontrolle

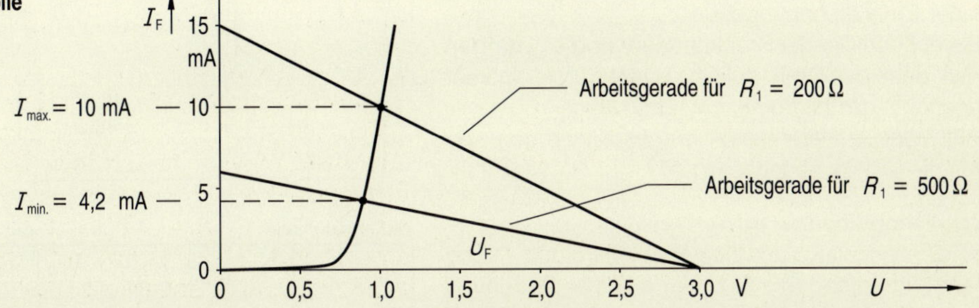

Aufgabe

2.10.1 Arbeitspunkt eines Transistors

Die nebenstehende Schaltung zeigt den Laststromkreis eines Transistors.

Bestimmen Sie den Kollektorstrom

a) durch grafische Ermittlung des Arbeitspunktes mit Hilfe der Kennlinien,

b) durch eine Ersatzstromquelle,

c) durch eine Ersatzspannungsquelle.

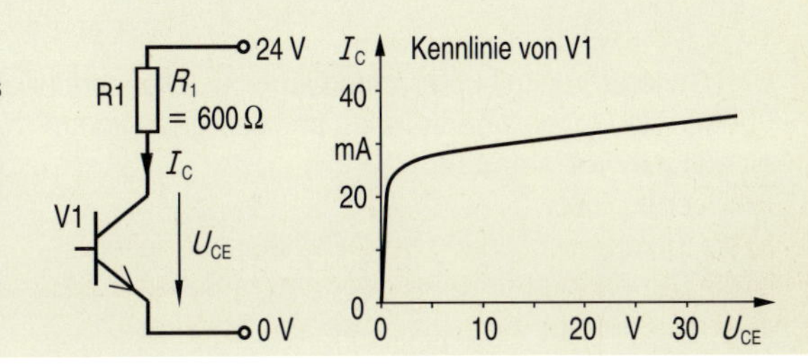

Test 2.1

Fachgebiet: Netzwerke
Bearbeitungszeit: 90 Minuten

T 2.1.1 Gruppenschaltung

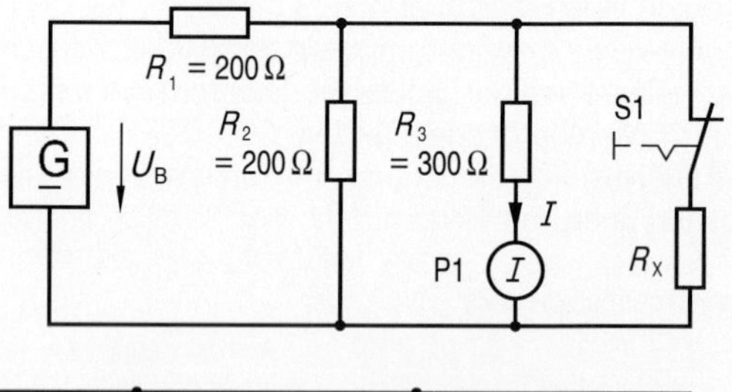

Gegeben ist das nebenstehende Widerstandsnetzwerk. Ist der Schalter S1 geschlossen, so wird mit P1 der Strom $I_A = 20\,\text{mA}$ gemessen; wird S1 geöffnet, so steigt der in P1 gemessene Strom auf $I_B = 30\,\text{mA}$.
Berechnen Sie:
a) die Betriebsspannung U_B
b) den Widerstand R_X.

T 2.1.2 Spannungsteiler

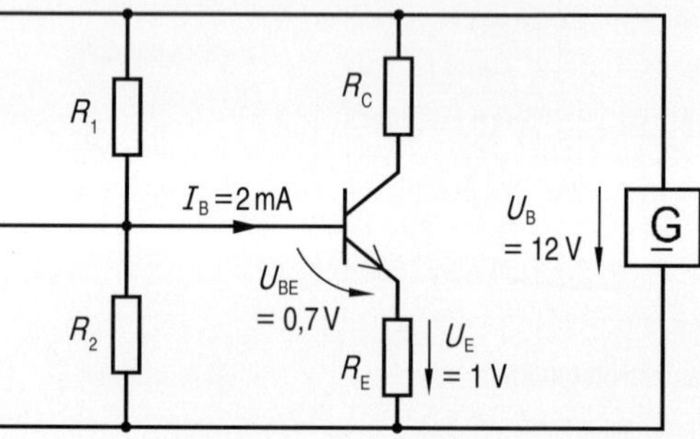

In der nebenstehenden Verstärkerstufe sind der Basistrom I_B, die Basis-Emitter-Spannung U_{BE} und der Spannungsfall am Emitterwiderstand U_E bekannt. Das Querstromverhältnis des Spannungsteilers R_1, R_2 soll $q = 8$ betragen.
a) Berechnen Sie die Widerstandswerte R_1 und R_2 sowie die Leistungsaufnahme P_1 und P_2 der beiden Widerstände.
b) Erläutern Sie den Einfluss von q auf die abgegriffene Teilerspannung U_2.

T 2.1.3 Brückenschaltung

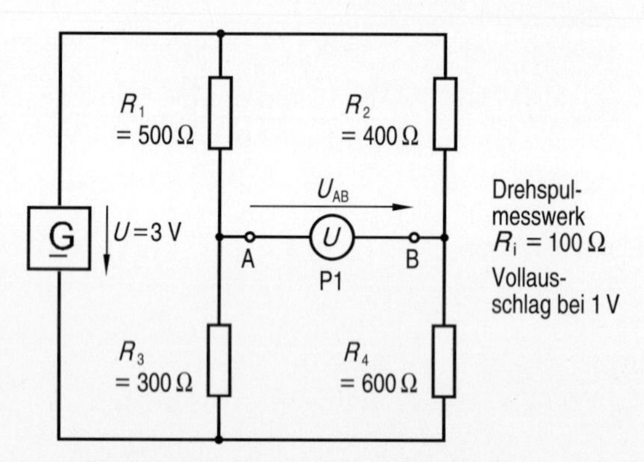

In der nebenstehenden Brückenschaltung sind die Widerstände R_1 bis R_4 gegeben, die Brückenspannung wird mit dem Drehspulmesswerk P1 gemessen.
a) Berechnen Sie die Brückenspannung U_{AB} mit Hilfe einer Dreieck-Stern-Umwandlung.
b) Berechnen Sie die Brückenspannung U_{AB} mit Hilfe einer Ersatzspannungsquelle.
c) Berechnen Sie die Brückenspannung U_{AB} für den Fall, dass das Drehspulinstrument durch ein sehr hochohmiges Instrument ersetzt wird.
d) Auf welchen Wert muss R_3 eingestellt werden, damit die Brücke abgeglichen ist?

T 2.1.4 Nichtlinearer Stromkreis

Die Reihenschaltung aus einer Halbleiterdiode V1 und einem Widerstand $R_1 = 6\,\Omega$ liegt an einer Spannung $U_B = 9\,\text{V}$. Bestimmen Sie die Diodenspannung U_F und den Diodenstrom I_F.

Diodenkennlinie

U_F in V	0	0,6	0,7	0,8	0,9	1,0	1,1
I_F in A	0	0	0,05	0,15	0,45	0,95	1,6

T 2.1.5 Parallele Generatoren

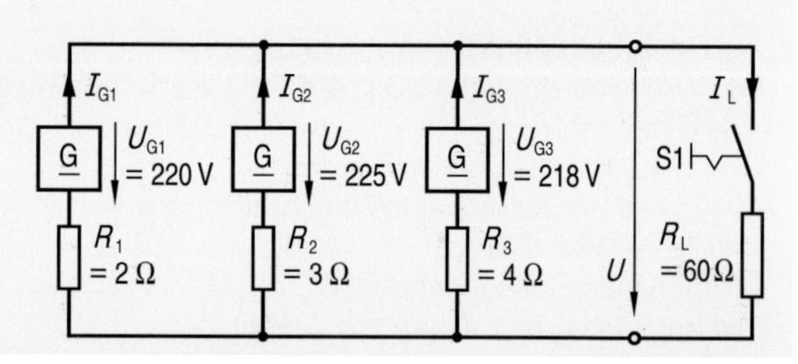

Drei Generatoren mit unterschiedlichen Quellenspannungen und Innenwiderständen speisen gemeinsam einen Lastwiderstand R_L.
Berechnen Sie:
a) die Klemmenspannung bei geöffnetem Schalter S1,
b) die Generatorströme bei geöffnetem Schalter S1,
c) den Laststrom bei geschlossenem Schalter S1.

Fachgebiet: Netzwerke
Bearbeitungszeit: 90 Minuten

T 2.2.1 Vierpol

Ein Vierpol enthält die beiden Widerstände R_1 und R_2. Wird der Vierpol mit $U_B = 12\,V$ gespeist und durch einen unbekannten Lastwiderstand R_3 belastet, so fließt der Laststrom $I_3 = 3{,}6\,mA$.

Berechnen Sie:

a) den unbekannten Lastwiderstand R_3,

b) die Teilströme I_1 und I_2.

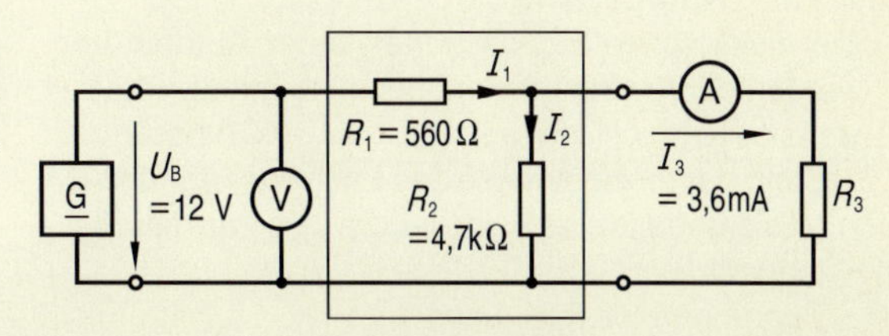

T 2.2.2 Widerstandswürfel

Die zwölf Kanten eines Drahtwürfels bestehen aus 100-Ohm-Widerständen. Berechnen Sie den Widerstand zwischen den Eckpunkten A und B

a) durch gedankliches Aufschneiden des Würfels in 2 parallele Hälften,

b) durch Zerlegen in 6 parallele Pfade.

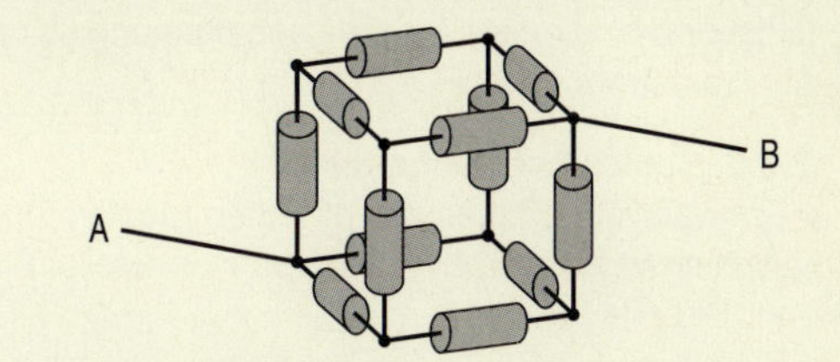

T 2.2.3 Netzwerk mit 2 Spannungsquellen

Ein Netzwerk aus zwei Spannungsquellen G1, G2 und zwei Widerständen R1, R2 wird durch einen veränderbaren Widerstand belastet.

a) Berechnen Sie die Lastspannung U_L und den Laststrom I_L für die Lastwiderstände $R_L = 0$, $200\,\Omega$, $400\,\Omega$, $600\,\Omega$, $800\,\Omega$ und $1\,k\Omega$.

b) Zeichnen Sie die beiden Funktionen $U_L = f(R_L)$ und $I_L = f(R_L)$ in ein gemeinsames Diagramm.

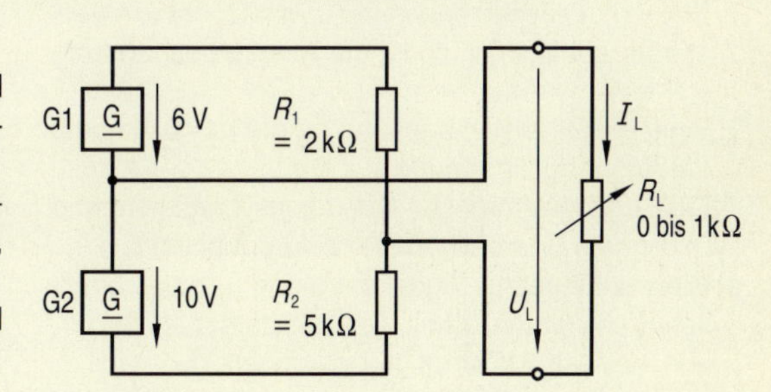

T 2.2.4 Parallele Batterien

Zwei Batterien mit unterschiedlichen elektrischen Eigenschaften sind parallel geschaltet.

a) Der Lastwiderstand ist $10\,\Omega$. Bestimmen Sie mit Hilfe des Überlagerungssatzes den Laststrom sowie die beiden Batterieströme.

b) Überprüfen Sie den Laststrom mit Hilfe einer Ersatzspannungsquelle.

c) Die Parallelschaltung beider Batterien wird mit dem Laststrom $I_L = 2\,A$ belastet. Bestimmen Sie R_L, I_{B1} und I_{B2} für diesen Belastungsfall.

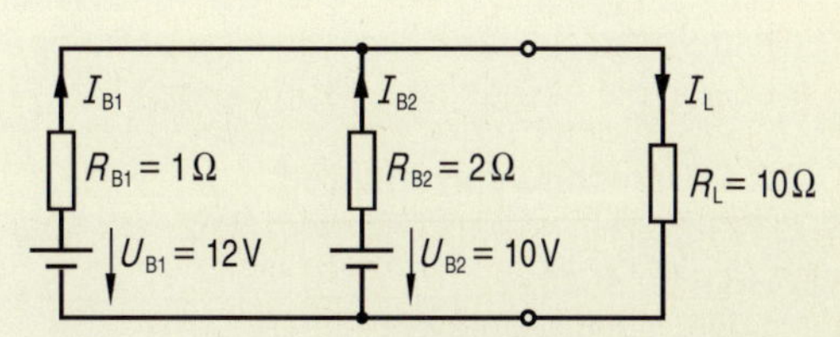

d) Die Parallelschaltung beider Batterien wird kurzgeschlossen. Bestimmen Sie den Kurzschlussstrom und die beiden Batterieströme.

e) Skizzieren Sie aufgrund der bisherigen Ergebnisse den Batteriestrom $I_{B2} = f(R_L)$.

T 2.2.5 Ringschaltung

Ein Drehspulmesswerk hat den Innenwiderstand $R_i = 10\,\Omega$, der Vollausschlag erfolgt bei $I_i = 1\,mA$.

Der Messbereich des Instruments wird durch die nebenstehende Ringschaltung auf 3 mA, 10 mA und 30 mA erweitert.

Berechnen Sie die erforderlichen Ringwiderstände R_1, R_2 und R_3.

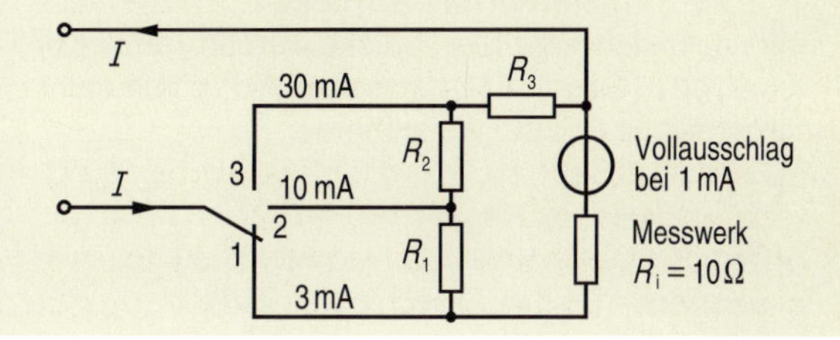

Test 2.3

Fachgebiet: Netzwerke
Bearbeitungszeit: 90 Minuten

T 2.3.1 Autobatterie

Die elektrischen Eigenschaften einer Autobatterie werden durch eine Leerlaufmessung mit $U_0 = 12{,}5\,\text{V}$ und eine Kurzschlussmessung mit $I_k = 60\,\text{A}$ bestimmt.

a) Stellt das Anklemmen eines Lastwiderstandes R_L an die Batterie eine Reihen- oder eine Parallelschaltung dar?
Begründen Sie Ihre Anwort.

b) Stellen Sie die Batterie als Ersatzspannungsquelle dar und bestimmen Sie die Lastspannung U_L und den Laststrom I_L bei $R_L = 4\,\Omega$.

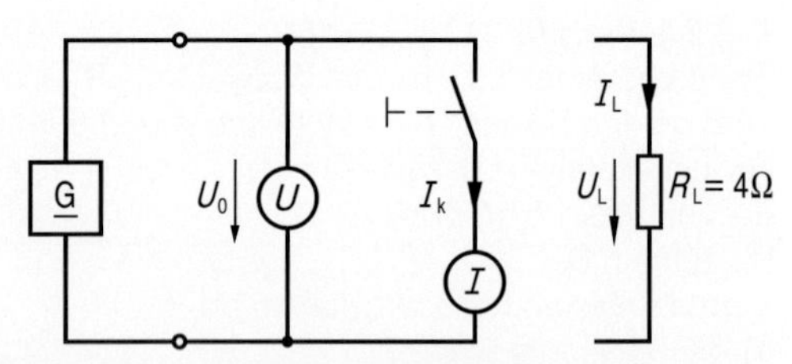

c) Stellen Sie die Batterie als Ersatzstromquelle dar und überprüfen Sie damit die Ergebnisse aus Aufgabe b).

T 2.3.2 Schwellwertschalter

Ein Schwellwertschalter enthält einen idealen Operationsverstärker und die beiden Spannungsteiler R1 – R2 und R3 – R4.

Die Schaltung hat folgende Funktion:

1. Steigt die Differenzspannung u_D am Operationsverstärker auf $u_D > 0\,\text{V}$, so ist die Ausgangsspannung $u_a = 12\,\text{V}$.
2. Sinkt die Differenzspannung u_D auf $u_D < 0\,\text{V}$, so ist die Ausgangsspannung $u_A = 0\,\text{V}$.
Die Eingangsströme des Operationsverstärkers sind 0, d. h. die Spannungsteiler sind unbelastet.

a) Welche Eingangs-Signalspannung u_e muss überschritten werden, damit die Ausgangsspannung u_A von 12 V auf 0 V kippt (Kippschwelle)?

b) Welche Eingangs-Signalspannung u_e muss unterschritten werden, damit die Ausgangsspannung u_A wieder in die Ausgangslage zurückkippt?

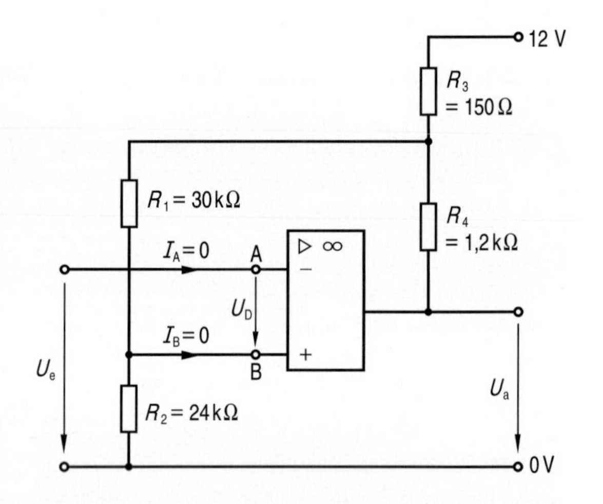

T 2.3.4 Berechnungsverfahren

Berechnen Sie in nebenstehendem Netzwerk Spannung U_3 und Strom I_3

a) mit dem Überlagerungsverfahren,
b) mit dem Maschenstromverfahren,
c) mit dem Knotenspannungsverfahren,
d) mit Hilfe einer Ersatzspannungsquelle.

Diskutieren Sie die Vor- und Nachteile der verschiedenen Verfahren.

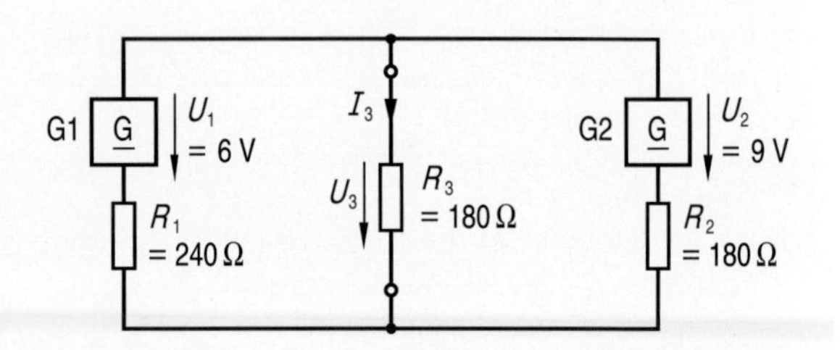

T 2.3.5 Temperatur-Messbrücke

Mit nebenstehender Messbrücke werden Temperaturen von 0 °C bis 100 °C gemessen. Als Temperaturfühler dienen Pt-100-Widerstände.

a) Berechnen Sie R_V so, dass das Messwerk bei 100 °C seinen Vollausschlag $\alpha = 100\,\%$ hat.

b) Berechnen Sie den Ausschlag bei $\vartheta = 50\,°\text{C}$.

c) Skizzieren Sie den Ausschlag $\alpha = f(\vartheta)$.

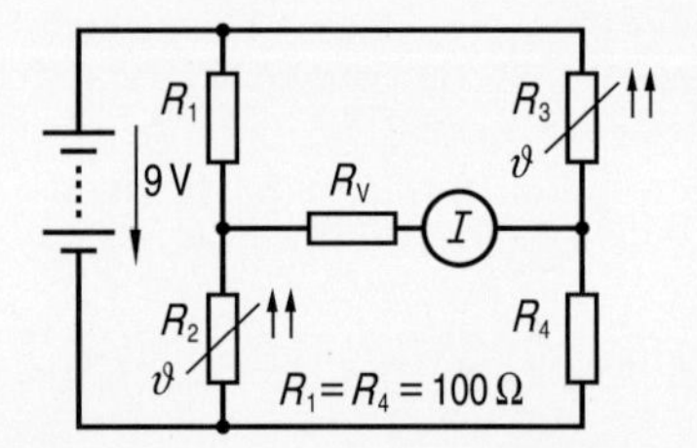

Platin-Sensoren Pt 100 haben bei 0 °C den Widerstand 100 Ω

$R_W = R_0 \cdot (1 + \alpha_{Pt} \cdot \Delta\vartheta)$

mit $\alpha_{Pt} = 3{,}9 \cdot 10^{-9}$

Messwerk

$I_i = 1\,\text{mA}$, $U_i = 100\,\text{mV}$

3 Elektrisches Feld und Kondensator

3.1 Elektrostatisches Feld

Homogenes Feld

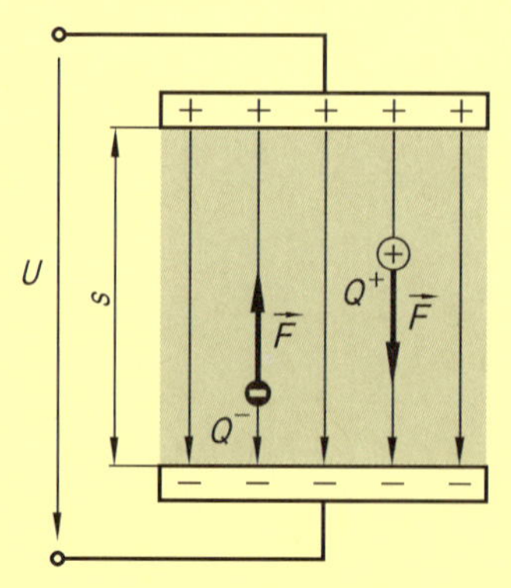

Feldstärke

$$E = \frac{F}{Q}$$

$$[E] = \frac{\text{N}}{\text{As}}$$

oder

$$E = \frac{U}{s}$$

$$[E] = \frac{\text{V}}{\text{m}}$$

$$\frac{1\,\text{V}}{\text{m}} = \frac{1\,\text{N}}{\text{As}}$$

- **Ein elektrisches Feld übt auf Ladungen Kräfte aus; diese elektrische Feldstärke wird in N/As bzw. V/m gemessen**

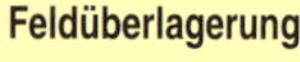

Ungestörtes Feld **Feldüberlagerung** **Feldfreier Raum**

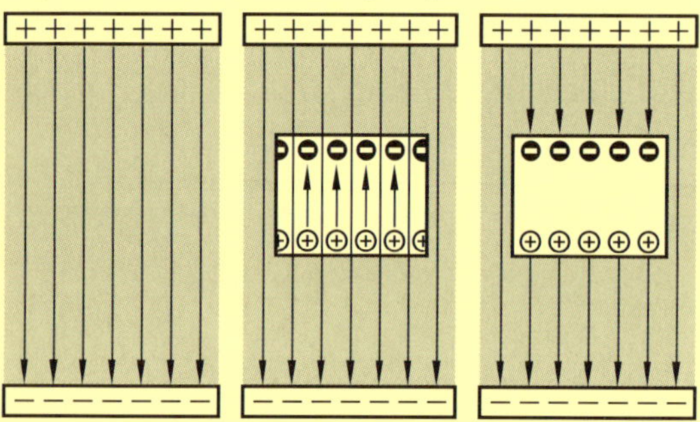

- **Influenz ist die Verschiebung elektrischer Ladungen in einem Leiter unter dem Einfluss eines elektrischen Feldes**

Schematische Darstellung

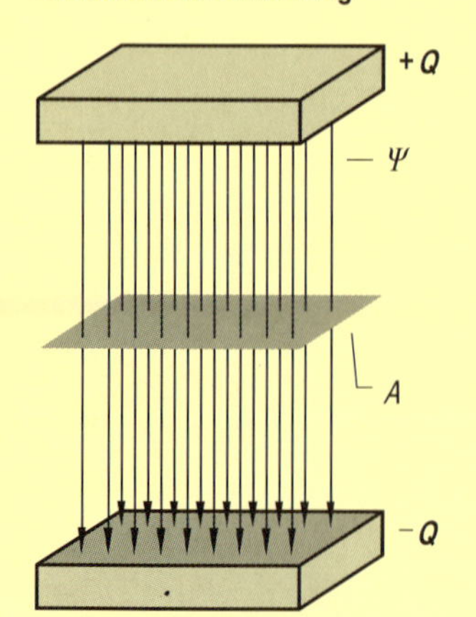

Verschiebungsfluss

$[\Psi] = \text{As}$ $\Psi = Q$

Verschiebungsflussdichte

$[D] = \frac{\text{As}}{\text{m}^2}$ $D = \frac{\Psi}{A}$

Zusammenhang

$$D = \varepsilon_0 \cdot \varepsilon_r \cdot E$$

$$[D] = \frac{\text{As}}{\text{Vm}} \cdot 1 \cdot \frac{\text{V}}{\text{m}}$$

Feldkonstante

$$\varepsilon_0 = 8{,}85 \cdot 10^{-12}\,\frac{\text{As}}{\text{Vm}}$$

- **Der elektrische Verschiebungsfluss Ψ ist die von einem elektrischen Feld verschobene Ladungsmenge *Q***

Elektrisches Feld

Das elektrische Feld ist ein Modell zur Erklärung der elektrischen Energieübertragung, es wird durch sogenannte Feldlinien dargestellt. Im elektrischen Feld werden auf elektrische Ladungen Kräfte ausgeübt; die auf eine Ladungseinheit ausgeübte Kraft heißt elektrische Feldstärke. Die elektrische Feldstärke ist ein Vektor, sie wird in N/As bzw. in V/m gemessen.
Felder, die an jeder Stelle gleiche Stärke und gleiche Richtung besitzen, heißen homogene Felder, sind Feldstärke und/oder Feldrichtung ortsabhängig, so spricht man von inhomogenen Feldern.
Die elektrischen Feldlinien beginnen immer an einer positiven Ladung und enden an einer negativen. Bei ruhenden elektrischen Ladungen (Strom $i = 0$) bildet sich ein elektrostatisches Feld, bei bewegten Ladungen entsteht ein elektrodynamisches Feld.

Influenz

Tragen zwei Metallplatten die elektrischen Ladungen $+Q$ und $-Q$, so herrscht zwischen beiden Platten ein elektrisches Feld. Bringt man in dieses Feld einen metallischen Leiter, so wirken auf dessen Ladungen elektrische Kräfte. Die frei beweglichen Elektronen werden dadurch entgegengesetzt zur Feldrichtung verschoben, wodurch eine Ladungstrennung erfolgt. Die Ladungsverschiebung wird Influenz genannt.
Durch die Ladungstrennung entsteht im Innern des Leiters ein weiteres elektrisches Feld, das dem äußeren Feld entgegenwirkt. Die Ladungsverschiebung ist beendet, wenn das Gegenfeld gleich dem äußeren Feld ist. Das Innere des Leiters ist dann insgesamt feldfrei, d.h. dieser Raum ist gegen das äußere Feld abgeschirmt. Ein solcher Raum heißt faradayscher Käfig.

Verschiebungsfluss

Elektrische Felder bestehen aus der Summe aller Feldlinien. Die Felder entstehen durch das Verschieben der Ladungen, die Summe aller Feldlinien heißt deshalb Verschiebungsfluss Ψ (lies: Psi). Der Verschiebungsfluss ist gleich der Menge der getrennten Ladungen. Es gilt: $\Psi = Q$. Der Verschiebungsfluss ist die feldgemäße Beschreibung der elektrischen Ladung.
Die Feldlinien beginnen an der positiven und enden an der negativen Ladung. Dabei ist die Zahl der Feldlinien pro senkrecht durchsetzter Flächeneinheit je nach Feldverlauf verschieden groß. Der Verschiebungsfluss pro senkrecht durchsetzter Flächeneinheit heißt Verschiebungsflussdichte D. Es gilt: $D = \Psi / A$.
Die Verschiebungsflussdichte ist ein Vektor, sie ist proportional zur elektrischen Feldstärke E. Im Vakuum gilt die Beziehung: $D = \varepsilon_0 \cdot E$, in anderen Stoffen $D = \varepsilon_0 \cdot \varepsilon_r \cdot E$. Dabei ist ε_0 die elektrische Feldkonstante und ε_r die werkstoffabhängige Permittivitätszahl.

Elektrische Dipole
Atome und Moleküle sind normalerweise elektrisch neutral und zeigen nach außen keine elektrische Wirkung. Bei manchen Molekülen fallen aber aufgrund der inneren Bindungskräfte oder durch die Einwirkung äußerer Felder die Ladungsschwerpunkte der positiven Atomkerne und der negativen Atomhüllen nicht mehr zusammen. Die Moleküle sind dadurch an ihren Enden unterschiedlich elektrisch geladen; sie sind sogenannte elektrische Dipole. Besonders deutlich ist die Dipolwirkung bei Wassermolekülen ausgeprägt.

Dipolbildung bei Wasser

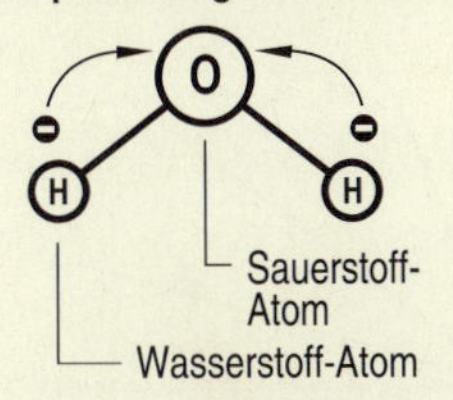

Das Sauerstoff-Atom entreißt den Wasserstoff-Atomen je ein Elektron (Ionen-Bindung)

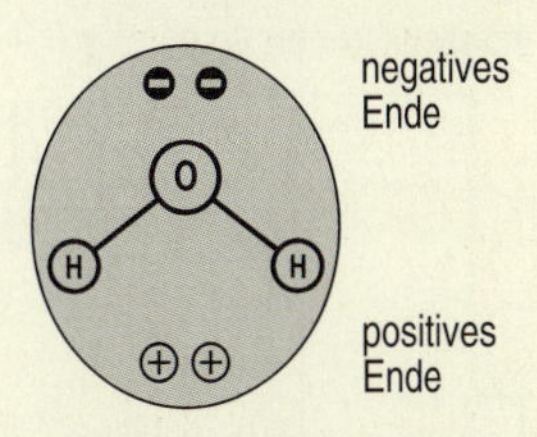

Das Wasser-Molekül ist am einen Ende positiv, am anderen Ende elektrisch negativ geladen

Polarisation
Die Verschiebung von Ladungen im elektrischen Feld erfolgt nicht nur in elektrischen Leitern, sondern auch in isolierenden Werkstoffen. Da die Ladungsträger in Isolatoren ortsgebunden sind, können die elektrischen Ladungen natürlich nur innerhalb ihres zugehörigen Atoms bzw. ihres Moleküls verschoben oder verdreht werden. Aus den zuvor neutralen Isolierstoffatomen entstehen deshalb durch Einwirkung eines elektrischen Feldes kleine elektrische Dipole.
Die im Isolierstoff auftretenden elastischen Verschiebungen der Ladungen sowie die Drehungen bereits vorhandener Dipole tragen zum Verschiebungsfluss Ψ bei. Der Vorgang selbst heißt Polarisation.

Polarisation bei Grießkörnern

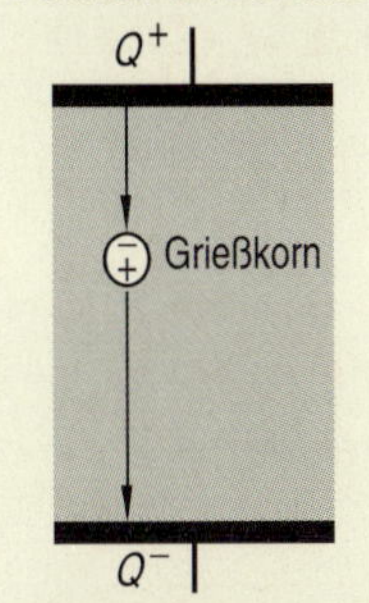

Das Grießkorn wird im elektrischen Feld polarisiert

Nachweis elektrischer Feldlinien durch polarisierte Grießkörner

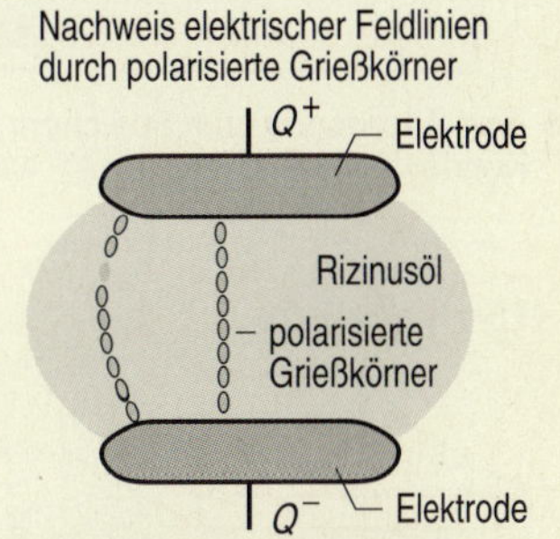

Die Grießkörner reihen sich im Feld entlang den Feldlinien auf

Dielektrika
Werden elektrisch isolierende Werkstoffe in Bauteilen eingesetzt, bei denen starke elektrische Felder auftreten, so werden sie üblicherweise Dielektrika genannt (Einzahl: Dielektrikum). Dies ist z. B. bei Kabelisolierungen und bei Kondensatoren der Fall. Bei diesem Einsatz sind Permittivitätszahl und Durchschlagsfestigkeit des Isolierstoffes von großer Bedeutung.
Die Permittivitätszahl ε_r wurde früher Dielektrizitätszahl oder relative Dielektrizitätskonstante, die Feldkonstante ε_0 wurde absolute Dielektrizitätskonstante genannt. Das Produkt $\varepsilon = \varepsilon_0 \cdot \varepsilon_r$ heißt Permittivität; es wurde früher als Dielektrizitätskonstante bezeichnet.
Die Durchschlagsfestigkeit E_d eines Dielektrikums ist die maximal zulässige elektrische Feldstärke, bei welcher der Werkstoff noch nicht zerstört wird; sie wird in V/m, kV/m, kV/cm oder kV/mm gemessen.

Technisch genutzte Dielektrika, Auswahl

Werkstoff	ε_r	E_d in kV/mm
Luft (Normaldruck)	1	2,1
Wasser (destilliert)	80	–
Naturglimmer	6...8	30...70
Porzellan	5...6	35
Polyethylen (PE)	2,3	60...90
Polystyrol (PS)	2,3...2,8	50
Epoxidharz	3,7...4,2	35
Silikonkautschuk	2,5	20...30

Aufgaben

3.1.1 Grundbegriffe
Erklären Sie die folgenden Grundbegriffe:
a) Elektrische Influenz,
b) Verschiebungsflussdichte,
c) Feldkonstante,
d) Permittivitätszahl,
e) Permittivität,
f) Durchschlagsfestigkeit.

3.1.2 Feldberechnung
Berechnen Sie für nebenstehende Anordnung:
a) die Feldstärke,
b) die Verschiebungsflussdichte,
c) den Verschiebungsfluss,
d) die Ladungsmenge Q.

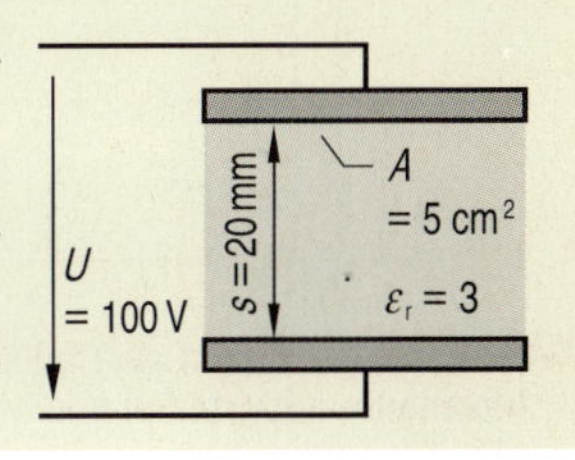

3.2 Kondensator und Kapazität I

Kondensator an Spannung

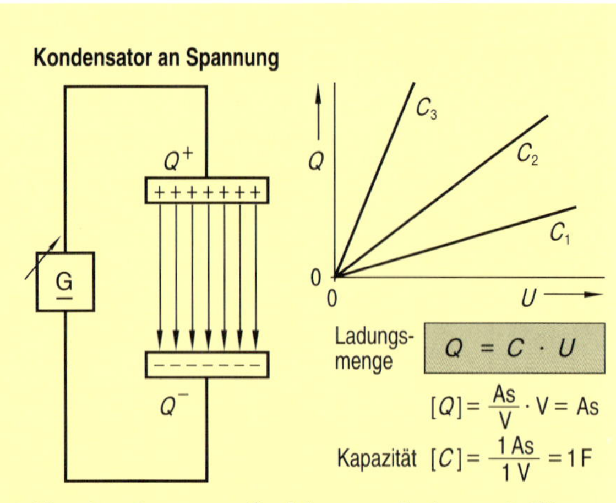

- **Eine Anordnung zum Speichern von Ladungen heißt Kondensator; seine Kapazität wird in Farad gemessen**

Prinzipieller Aufbau

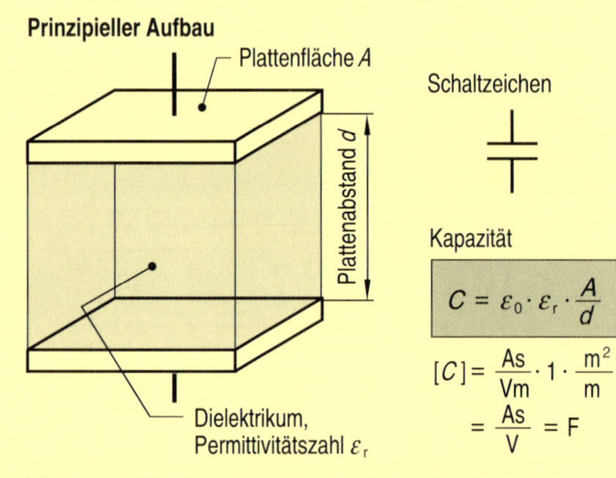

- **Die Kapazität des Plattenkondensators ist von Plattengröße, Plattenabstand und Dielektrikum abhängig**

Prinzipieller Aufbau

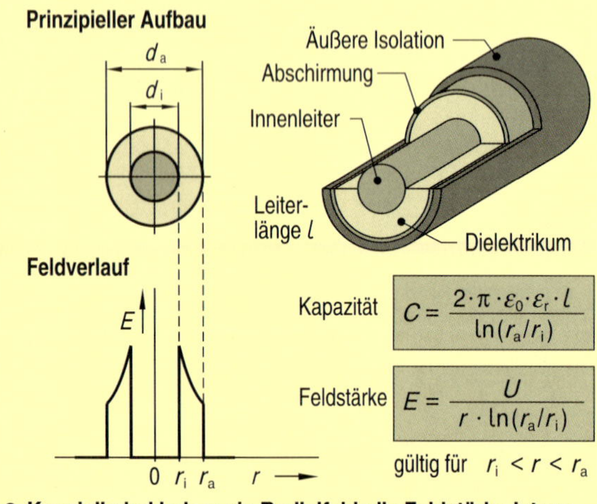

- **Koaxialkabel haben ein Radialfeld; die Feldstärke ist am Innenleiter am größten und nimmt zum Außenleiter hin ab**

Speichern von Ladungen

Wird an zwei Platten, die durch ein Dielektrikum getrennt sind, elektrische Spannung angelegt, so sammeln sich auf den Platten elektrische Ladungen. Die so gespeicherte Ladungsmenge Q steigt proportional mit der angelegten Spannung, es gilt: $Q \sim U$.

Eine Anordnung, die Ladungen speichern kann, heißt Kondensator. Für die gespeicherte Ladungsmenge ist außer der Spannung noch das „Fassungsvermögen“, die sogenannte Kapazität C, von Bedeutung.

Die Kapazität ist eine Baugröße; sie ist von der Form und Größe des Kondensators sowie von der Permittivität des Dielektrikums abhängig. Die Kapazität gibt an, wie viel Ladungseinheiten pro Spannungseinheit gespeichert werden. Als Einheit gilt dabei das nach dem englischen Physiker Michael Faraday (1791 bis 1867) benannte Farad (F). Es gilt: 1 F = 1 As/V.

Plattenkondensator

Die am meisten verwendete Anordnung zum Speichern elektrischer Ladungen besteht aus zwei Metallplatten oder Folien und einem dazwischen liegenden Dielektrikum. Diese Anordnung heißt Plattenkondensator, die Platten werden auch als „Beläge“ bezeichnet.

Die Kapazität C des Plattenkondensators ist direkt proportional zur Plattenfläche A und zur Permittivitätszahl ε_r des Dielektrikums und umgekehrt proportional zum Plattenabstand d.

Der elektrische Feldverlauf im Plattenkondensator ist homogen, d. h. das Feld hat an jeder Stelle den gleichen Betrag und die gleiche Richtung.

Die meisten der in der Praxis eingesetzten Kondensatoren sind nach dem Prinzip des Plattenkondensators aufgebaut. Ihre Kapazität reicht je nach Baugröße und Dielektrikum von einigen pF (p piko) bis zu einigen F.

Koaxialkabel

Zur Signalübertragung in der Hochfrequenztechnik sowie zur Energieübertragung in der Hochspannungstechnik werden meist Koaxialkabel eingesetzt. Diese Kabel bestehen aus einem zylindrischen Innenleiter und einer zylindrischen Abschirmung. Als Dielektrikum wird z. B. Polyethylen (PE) oder Polystyrol (PS) benutzt.

Die Kapazität des Kabels hängt von den Durchmessern der beiden Zylinder sowie von der Kabellänge ab. Die Kapazität bezogen auf eine Einheitslänge heißt Kapazitätsbelag C'. Es gilt $C' = C/l$. Einheit: F/m, F/km.

Bei Koaxialkabeln stellt sich ein sogenanntes Radialfeld ein. Die Feldstärke hat an der Oberfläche des Innenleiters ihr Maximum und nimmt zum Außenleiter hin ab. Bei Hochspannungskabeln ist darauf zu achten, dass die auftretende maximale Feldstärke die Durchschlagsfestigkeit des Dielektrikums nicht erreicht; ein Sicherheitsfaktor muss eingeplant werden.

Berechnung der Kabelkapazität

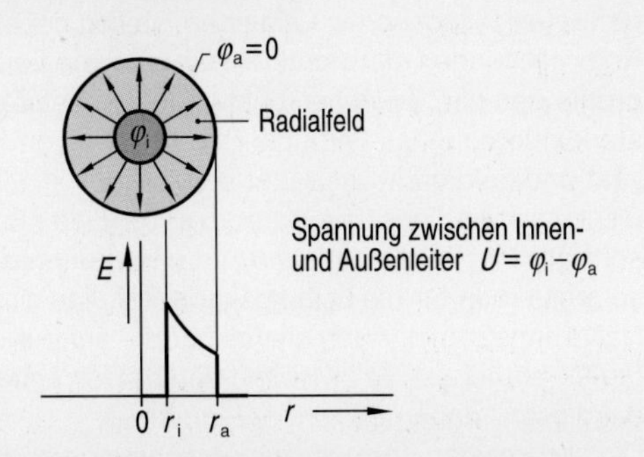

Allgemein gilt: Verschiebungsfluss $\Psi = Q = C \cdot U$

Verschiebungsflussdichte $D = \frac{\Psi}{A} = \frac{Q}{A}$

Elektrische Feldstärke $E = \frac{D}{\varepsilon_0 \cdot \varepsilon_r} = \frac{Q}{\varepsilon_0 \cdot \varepsilon_r \cdot A}$

Beim Koaxialkabel ist die von den Feldlinien durchsetzte Fläche eine Zylinderfläche mit $A = 2 \cdot \pi \cdot r \cdot l$

Somit ergibt sich:

Feldstärke $E = \frac{Q}{\varepsilon_0 \cdot \varepsilon_r \cdot 2 \cdot \pi \cdot r \cdot l}$

Spannung $U = \int_{r_i}^{r_a} E \cdot dr = \int_{r_i}^{r_a} \frac{Q}{\varepsilon_0 \cdot \varepsilon_r \cdot 2 \cdot \pi \cdot r \cdot l} \cdot dr$

$= \frac{Q}{\varepsilon_0 \cdot \varepsilon_r \cdot 2 \cdot \pi \cdot l} \cdot \int_{r_i}^{r_a} \frac{1}{r} \cdot dr$

Mit dem Integral $\int \frac{1}{r} \cdot dr = \ln r$

folgt: $U = \frac{Q}{\varepsilon_0 \cdot \varepsilon_r \cdot 2 \cdot \pi \cdot l} \cdot [\ln r]_{r=r_i}^{r=r_a}$

$= \frac{Q}{\varepsilon_0 \cdot \varepsilon_r \cdot 2 \cdot \pi \cdot l} \cdot [\ln r_a - \ln r_i]$

$= \frac{Q}{\varepsilon_0 \cdot \varepsilon_r \cdot 2 \cdot \pi \cdot l} \cdot \ln \frac{r_a}{r_i}$

Durch Umformen und Einsetzen von $Q = C \cdot U$

folgt: $C = \frac{2 \cdot \pi \cdot \varepsilon_0 \cdot \varepsilon_r \cdot l}{\ln (r_a / r_i)}$

Aufgaben

3.2.1 Plattenkondensator

Die Beläge eines MP-Kondensators (MP Metall-Papier) bestehen aus zwei Aluminiumfolien von je 40 m Länge und 5 cm Breite. Das Dielektrikum besteht aus Papier mit $d = 0{,}05$ mm und $\varepsilon_r = 4$.

a) Diskutieren Sie, ob und wie sich die Kapazität ändert, wenn die Folien aufgewickelt werden.

Berechnen Sie

b) die Kapazität des Kondensators,

c) die zulässige Spannung, wenn die elektrische Feldstärke $E = 4$ kV/mm nicht überschritten werden soll.

3.2.2 Drehkondensator

Ein Drehkondensator enthält 12 feste und 13 drehbare, jeweils parallel geschaltete, halbkreisförmige Platten. Ihr wirksamer Durchmesser ist $D = 6$ cm. Der Abstand zwischen den Plattenoberflächen beträgt $d = 0{,}5$ mm.

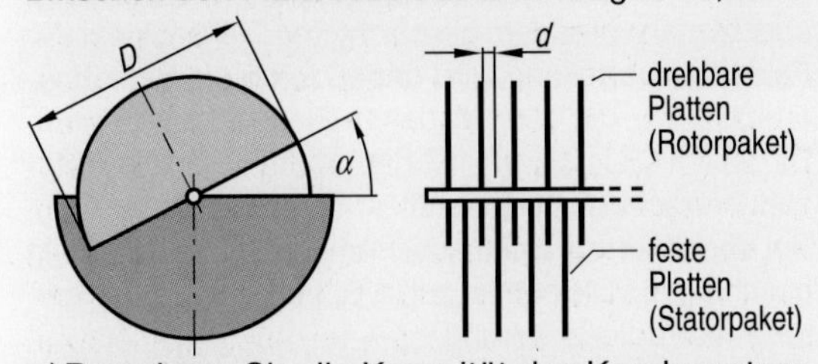

a) Berechnen Sie die Kapazität des Kondensators, wenn die beweglichen Platten ganz eingedreht sind.

b) Skizzieren Sie die Funktion $C = f(\alpha)$, wobei α der Eindrehwinkel ist.

3.2.3 Scheibenkondensator

Ein Scheibenkondensator hat folgende Abmessungen:

$C = 39$ nF $\quad \varepsilon_r = 320$

$d = 0{,}05$ mm $\quad U = 30$ V

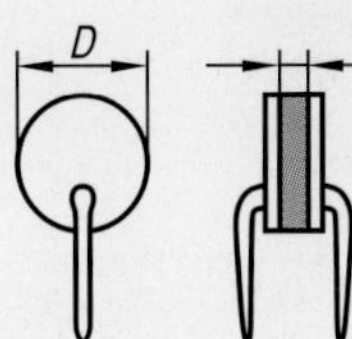

Berechnen Sie:

a) den Durchmesser D der Metallbeläge,

b) die Feldstärke E im Dielektrikum,

c) die Ladung Q auf den Belägen.

3.2.4 Radialfeldkabel

Ein Kabel zur elektrischen Energieübertragung hat folgende Abmessungen:

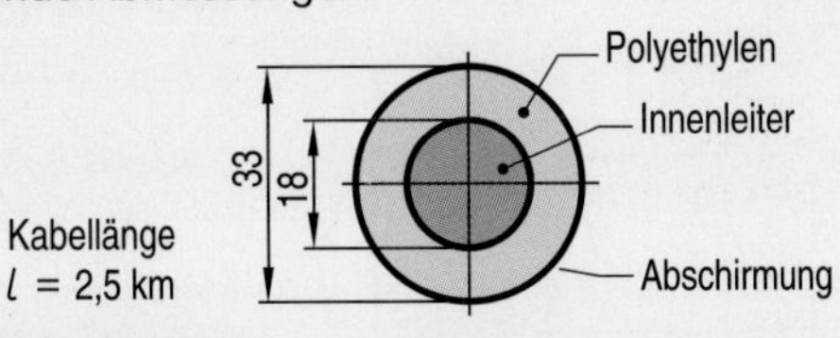

Berechnunen Sie:

a) die Leitungskapazität des gesamten Kabels,

b) den Kapazitätsbelag,

c) die maximal auftretende Feldstärke, wenn die maximal auftretende Spannung zwischen Innenleiter und Abschirmung 14 kV beträgt.

Entscheiden Sie, ob die auftretende elektrische Feldstärke für das Dielektrikum zulässig ist.

3.3 Kondensator und Kapazität II

Parallele Leitungen in Luft

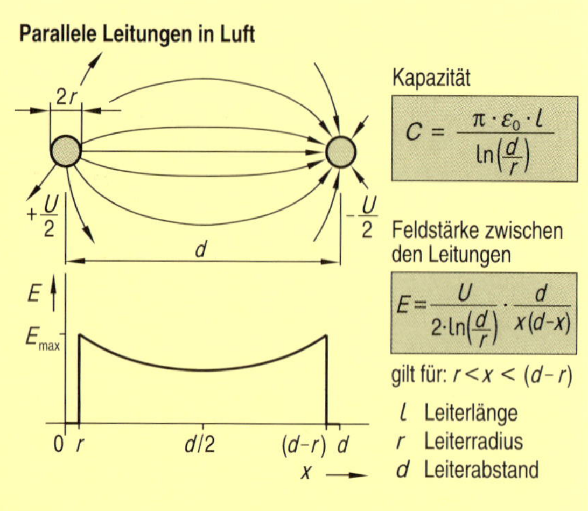

Kapazität

$$C = \frac{\pi \cdot \varepsilon_0 \cdot l}{\ln\left(\frac{d}{r}\right)}$$

Feldstärke zwischen den Leitungen

$$E = \frac{U}{2 \cdot \ln\left(\frac{d}{r}\right)} \cdot \frac{d}{x(d-x)}$$

gilt für: $r < x < (d-r)$

l Leiterlänge
r Leiterradius
d Leiterabstand

Einzelleitung in Luft

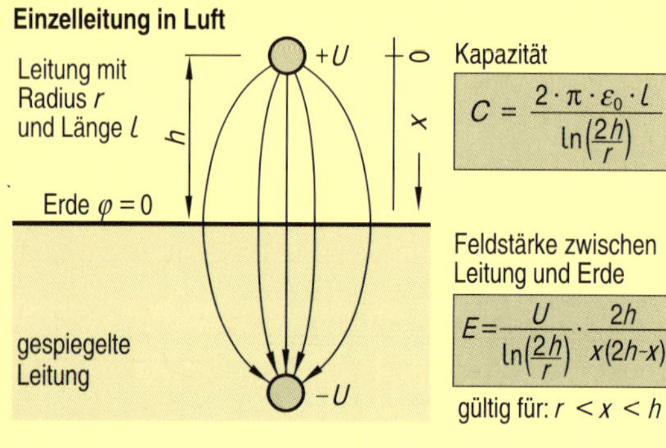

Kapazität

$$C = \frac{2 \cdot \pi \cdot \varepsilon_0 \cdot l}{\ln\left(\frac{2h}{r}\right)}$$

Feldstärke zwischen Leitung und Erde

$$E = \frac{U}{\ln\left(\frac{2h}{r}\right)} \cdot \frac{2h}{x(2h-x)}$$

gültig für: $r < x < h$

Konzentrische Kugeln

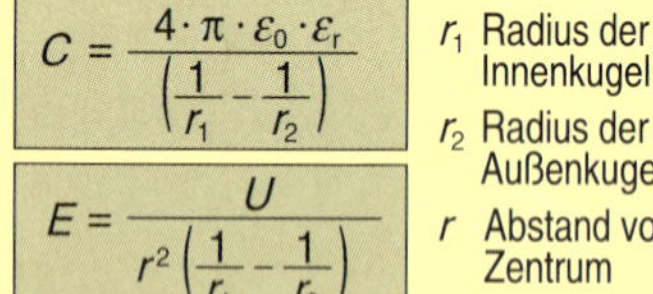

$$C = \frac{4 \cdot \pi \cdot \varepsilon_0 \cdot \varepsilon_r}{\left(\frac{1}{r_1} - \frac{1}{r_2}\right)}$$

$$E = \frac{U}{r^2\left(\frac{1}{r_1} - \frac{1}{r_2}\right)}$$

gültig für: $r_1 < r < r_2$

r_1 Radius der Innenkugel
r_2 Radius der Außenkugel
r Abstand vom Zentrum

Freistehende Kugel

$$C = 4\,\pi \cdot \varepsilon_0 \cdot r$$

$$E = \frac{U \cdot r_1}{r^2}$$

gültig für: $r > r_1$

Beispiel:

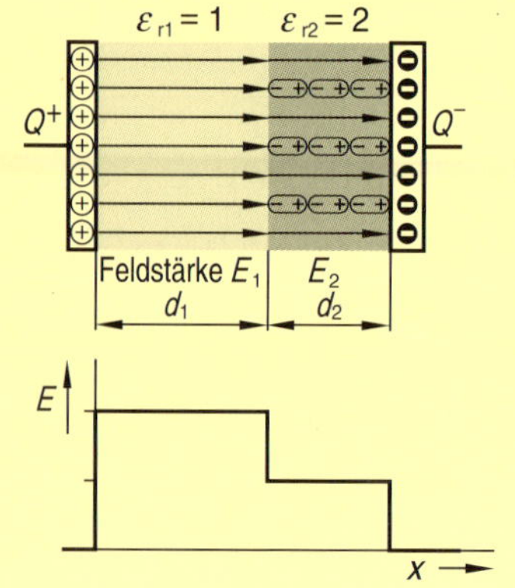

Verläuft die Trennfläche zwischen zwei Dielektrika senkrecht zur Feldrichtung, so gilt für die Feldstärken:

$$\frac{E_1}{E_2} = \frac{\varepsilon_{r2}}{\varepsilon_{r1}}$$

und für die Teilspannungen:

$$\frac{U_1}{U_2} = \frac{\varepsilon_{r2} \cdot d_1}{\varepsilon_{r1} \cdot d_2}$$

Doppelleitung

Doppelleitungen, d.h. Anordnungen von zwei parallel geführten zylindrischen Leitungen, stellen neben den Koaxialleitungen die wichtigste Gruppe von Leiteranordnungen dar. Zwischen beiden Leitern entsteht ein stark inhomogenes Feld; die Berechnung von Kapazität und Feldstärke ist daher schwierig.

Geht man allerdings davon aus, dass der Leiterabstand sehr groß ist im Verhältnis zum Leiterradius ($d \gg r$), so erhält man für die Leitungskapazität eine einfache Näherungsformel. Auch die Feldstärke auf der direkten Verbindungslinie zwischen den beiden Leitern ist bei dieser Annahme leicht berechenbar.

Die allgemeinen Formeln zur Berechnung von Kapazität und Feldstärke sind im Vertiefungsteil dargestellt.

Einzelleitung über Erdboden

Ein parallel über den Erdboden oder eine andere leitfähige Fläche gespannter Leiter stellt einen Sonderfall von zwei parallelen Leitern (Doppelleitung) dar. Man denkt sich dabei den zweiten Leiter und seine Ladung an der Platte gespiegelt; der tatsächlich vorhandene Leiter erhält das Potential $+U$, der gespiegelte Leiter erhält das Potential $-U$. Der Erdboden stellt die Symmetrielinie dar; er hat das Potential 0.

Die Formeln zur Berechnung der Kapazität und der Feldstärkeverteilung entsprechen den Formeln, die zur Berechnung der Doppelleitung verwendet werden.

Kugeln

Die Kapazität zwischen zwei konzentrischen Kugeln (Kugelkondensator) wird wie die Kapazität von koaxialen Zylindern (Koaxialkabel) berechnet, statt der Zylinderfläche $A_{Zyl.} = 2 \cdot \pi \cdot r \cdot l$ muss dabei allerdings die Kugeloberfläche $A_{Kugel} = 4 \cdot \pi \cdot r^2$ eingesetzt werden.

Einen Sonderfall stellt die freistehende Kugel dar. Man versteht darunter eine Kugel, deren Abstand von der Erde h wesentlich größer als ihr Radius r ist.

Geschichtetes Dielektrikum

Befinden sich im elektrischen Feld einer Kondensatoranordnung mehrere unterschiedliche Isolierstoffe, so spricht man von einem geschichteten Dielektrikum. Die Feldstärkeverteilung wird dabei durch die Permittivitätszahlen ε_r der verschiedenen Dielektrika bestimmt. Es gilt: Im Dielektrikum mit der größten Permittivitätszahl herrscht die kleinste elektrische Feldstärke.

Bei der Isolierung elektrischer Anlageteile treten häufig geschichtete Dielektrika auf, z.B. bei ölgetränkten Leitern mit Papierisolierung.

Sinnvoll geschichtete Dielektrika können die Spannungsfestigkeit einer Isolieranordnung erhöhen; andererseits können unerwünschte Gaseinschlüsse und Hohlräume die Spannungsfestigkeit vermindern.

Doppelleitung mit geringem Leiterabstand

Parallele, zylinderförmige Leitungen mit dem Leiterradius r_L und dem Leiterabstand d_L können durch zwei linienförmige Ladungen mit dem Abstand d_0 ersetzt werden. Der Abstand der Linienladungen vom jeweils zugehörigen Leiter beträgt r_L/K_L. Dabei ist K_L eine von der Geometrie der Anordnung abhängige Konstante.

Sie beträgt: $K_L = \frac{d_L}{2r_L} + \sqrt{\left(\frac{d_L}{2r_L}\right)^2 - 1}$

Der gegenseitige Abstand der Linienladungen beträgt: $d_0 = d_L - \frac{2r_L}{K_L}$

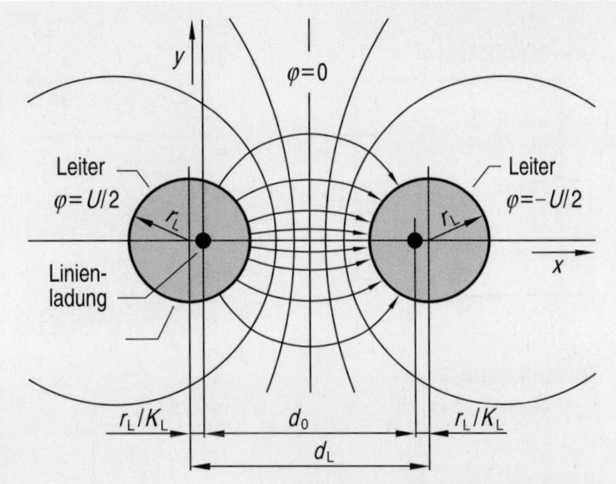

Die Oberflächen der beiden Leiter stellen Äquipotentialflächen dar, denen sinnvollerweise die Potentiale $+U/2$ und $-U/2$ zugeordnet werden. Alle weiteren Äquipotentialflächen werden durch Zylinderschalen mit dem Radius r dargestellt; dabei ist $r_L < r < \infty$. Der Mittelpunkt der Zylinderschalen (bzw. Kreise) ist gegenüber der Linienladung um r/K verschoben, wobei für die Konstante K gilt: $K = \frac{d_0}{2r} + \sqrt{\left(\frac{d_0}{2r}\right)^2 + 1}$

Kapazität bei Leiterlänge l

$$C = \frac{\varepsilon_0 \cdot \pi \cdot l}{\ln\left[(d_L/2r_L) + \sqrt{(d_L/2r_L)^2 - 1}\,\right]}$$

Feldstärke zwischen den Leitern entlang der x-Achse

$$E = \frac{U}{2 \cdot \ln K_L} \cdot \frac{d_0}{x \cdot (d_0 - x)}$$

Aufgaben

3.3.1 Doppelleitung

Zwei Drähte mit dem Durchmesser 4 mm und der Länge 50 m sind parallel im Abstand von 10 cm gespannt. Der Abstand zur Erde sowie zu anderen Körpern ist sehr groß. Zwischen den beiden Drähten ist die Gleichspannung 10 kV angelegt.
Berechnen Sie
a) die Kapazität der Anordnung,
b) die maximal auftretende Feldstärke,
c) die Kapazität der Anordnung, wenn der Leiterabstand verdoppelt wird.

3.3.2 Telegrafenleitung

Eine Telegrafenleitung mit 3 mm Durchmesser und 20 km Länge verläuft 7,5 m über dem Erdboden.
Berechnen Sie
a) die Kapazität der Leitung,
b) die Verminderung der Kapazität in %, wenn die Leitung in 10 m Höhe verlegt wird.

3.3.3 Antennenkabel

Ein als Koaxialkabel ausgeführtes Antennenkabel hat folgende Abmessungen: $d_i = 0{,}8$ mm, $d_a = 8$ mm, $l = 25$ m. Als Dielektrikum wird PE ($\varepsilon_r = 2{,}3$) eingesetzt.
Berechnen Sie
a) die Kapazität und den Kapazitätsbelag des Kabels,
b) die maximal zulässige Kabellänge, wenn die Kabelkapazität 500 pF nicht überschreiten darf.

3.3.4 Doppelleitung

Zwei parallele, in Luft gespannte Drähte haben folgende Abmessungen:

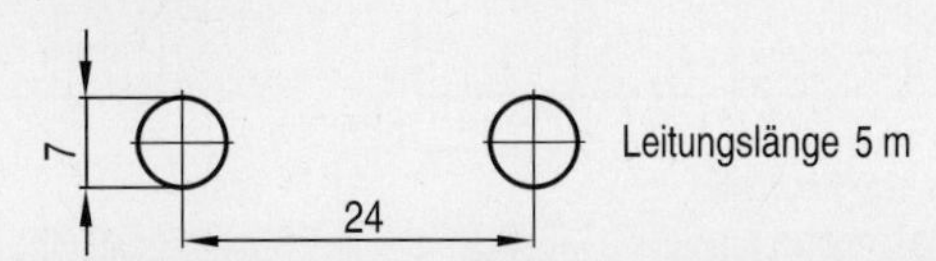

Berechnen Sie die Kapazität der Anordnung mit der genauen Formel und mit der Näherungsformel. Beurteilen Sie den Fehler.

3.3.5 Geschichtetes Dielektrikum

Zwei Kondensatorplatten aus Aluminium haben den Durchmesser $D = 300$ mm und den Abstand $d = 50$ mm. Die Platten liegen an $U = 1000$ V. Im Verlaufe eines Versuches wird zwischen die Kondensatorplatten eine Pertinaxplatte ($\varepsilon_r = 5$) der Dicke $s = 20$ mm eingefügt.

a) Berechnen Sie die Kapazität mit und ohne Pertinaxplatte.
b) Zeichnen Sie das Potential $\varphi = f(x)$ und die Feldstärke $E = f(x)$ für beide Fälle jeweils in ein Diagramm.

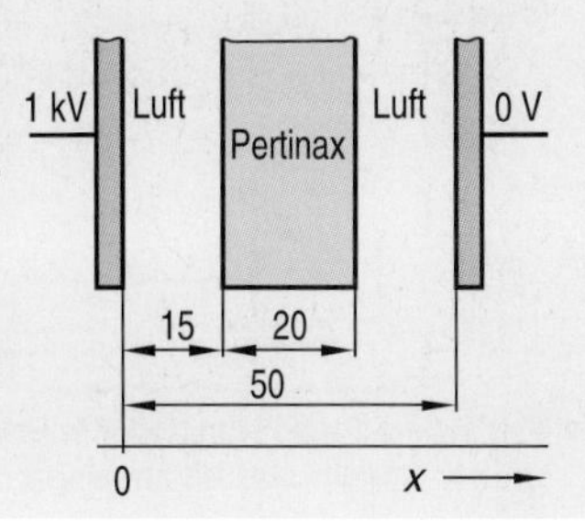

3.4 Schaltung von Kapazitäten

Gesetzmäßigkeiten

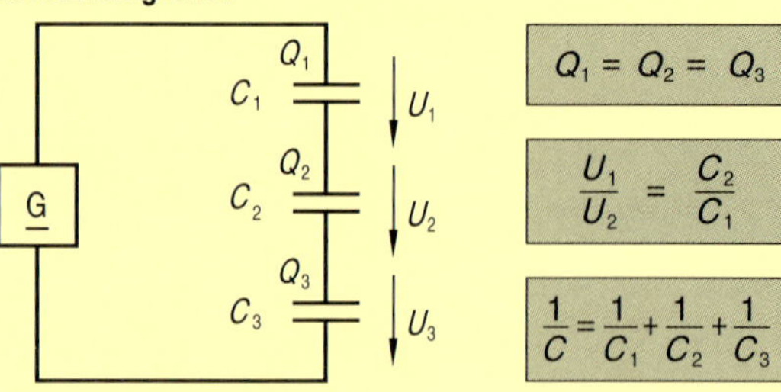

Gesamtkapazität

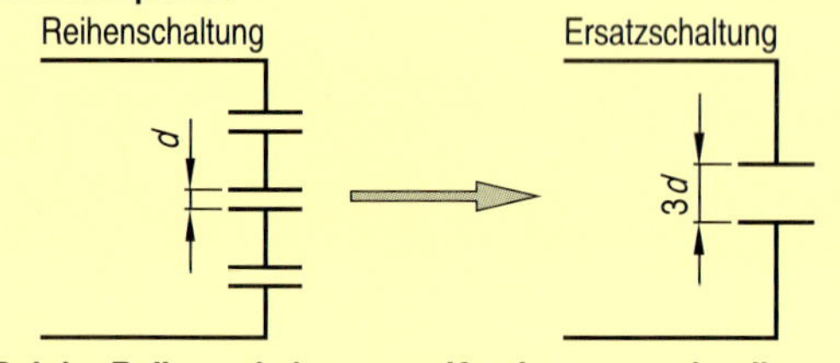

- **Bei der Reihenschaltung von Kondensatoren ist die Gesamtkapazität kleiner als die kleinste Einzelkapazität**

Gesetzmäßigkeiten

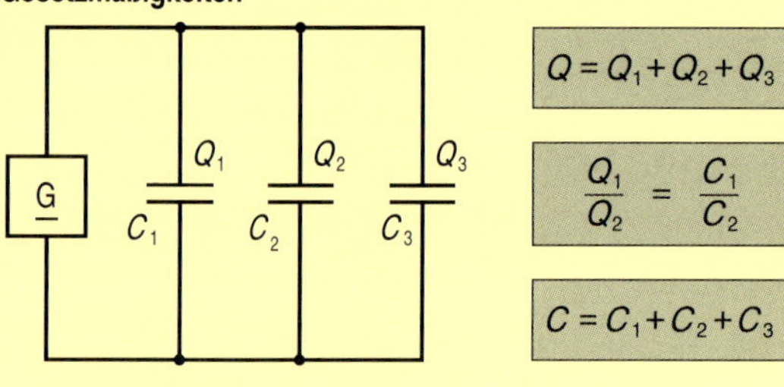

Gesamtkapazität

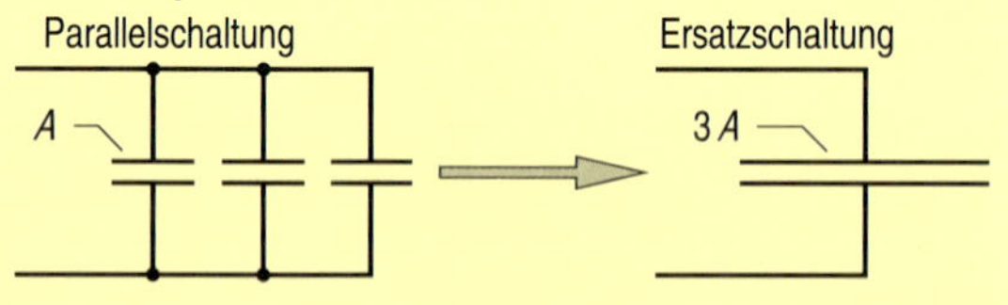

- **Bei der Parallelschaltung von Kondensatoren ist die Gesamtkapazität größer als die größte Einzelkapazität**

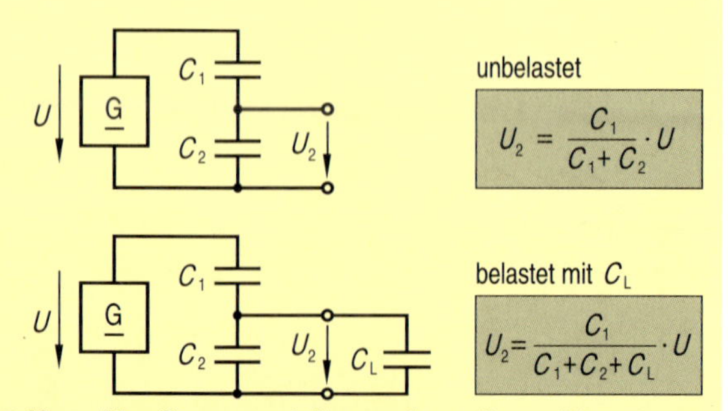

- **Kapazitive Spannungsteiler werden z.B. zur Messung großer Gleich- und Wechselspannungen eingesetzt**

Gesetze der Reihenschaltung

Kondensatoren können wie ohmsche Widerstände in Reihe, parallel oder in beliebigen Kombinationen geschaltet werden.
In der Reihenschaltung fließt beim Anlegen einer Spannung durch alle Kondensatoren der gleiche Ladestrom. Aus diesem Grundgedanken lassen sich folgende 3 Gesetzmäßigkeiten ableiten:

Gesetz 1: In der Reihenschaltung haben alle Kondensatoren die gleiche elektrische Ladung.
Gesetz 2: Die Teilspannungen verhalten sich umgekehrt wie die zugehörigen Teilkapazitäten.
Gesetz 3: Der Kehrwert der Gesamtkapazität ist gleich der Summe der Kehrwerte der Teilkapazitäten.

Die Berechnung der Gesamtkapazität kann an einem mechanischen Modell verdeutlicht werden. Denkt man sich drei gleiche Plattenkondensatoren in Reihe geschaltet, so entsteht daraus ein Ersatzkondensator mit gleicher Plattenfläche und dreifachem Plattenabstand. Die Gesamtkapazität sinkt damit auf ein Drittel.

Gesetze der Parallelschaltung

Bei der Parallelschaltung von Kondensatoren gilt wie beim Parallelschalten von ohmschen Widerständen, dass an allen Bauteilen die gleiche Spannung anliegt. Aus diesem Grundgedanken lassen sich folgende 3 Gesetzmäßigkeiten ableiten:

Gesetz 1: In der Parallelschaltung ist die Gesamtladung gleich der Summe der Teilladungen.
Gesetz 2: Die Teilladungen und damit die Teilströme verhalten sich wie die Teilkapazitäten.
Gesetz 3: Die Gesamtkapazität ist gleich der Summe der Teilkapazitäten.

Die Berechnung der Gesamtkapazität kann auch hier an einem mechanischen Modell verdeutlicht werden. Denkt man sich drei gleiche Plattenkondensatoren parallel geschaltet, so entsteht daraus ein Ersatzkondensator mit gleichem Plattenabstand und dreifacher Plattenfläche. Die Gesamtkapazität steigt damit auf das Dreifache.

Kapazitiver Spannungsteiler

Mit Kondensatoren sind Reihen-, Parallel- und Gruppenschaltungen möglich wie bei ohmschen Widerständen. Besondere Bedeutung für die Messtechnik hat der kapazitive Spannungsteiler. Der Aufbau entspricht dem eines ohmschen Spannungsteilers.
Kapazitive Spannungsteiler werden z.B. in der Hochspannungstechnik zum Messen von Spannungen bis in den MV-Bereich eingesetzt. Zur Messung hoher Spannungen mit dem Oszilloskop werden kapazitive Spannungsteiler in Form von Tastköpfen oder Teilerköpfen benutzt.

Gesamtkapazität bei der Reihenschaltung
In der Reihenschaltung fließt durch alle Kondensatoren der gleiche Strom. Da der Strom in allen Kondensatoren über die gleiche Zeitspanne fließt, haben alle Kondensatoren zum gleichen Zeitpunkt auch die gleiche Ladung: $Q_1 = Q_2 = Q$.
Aus dem Zusammenhang $Q = C \cdot U$ folgt: $U = Q/C$.
Gleiches gilt für die Teilspannungen: $U_1 = Q/C_1$ und $U_2 = Q/C_2$. Da in der Reihenschaltung die Gesamtspannung gleich der Summe der Teilspannungen ist, gilt: $Q/C = Q/C_1 + Q/C_2$ und schließlich: $1/C = 1/C_1 + 1/C_2$.

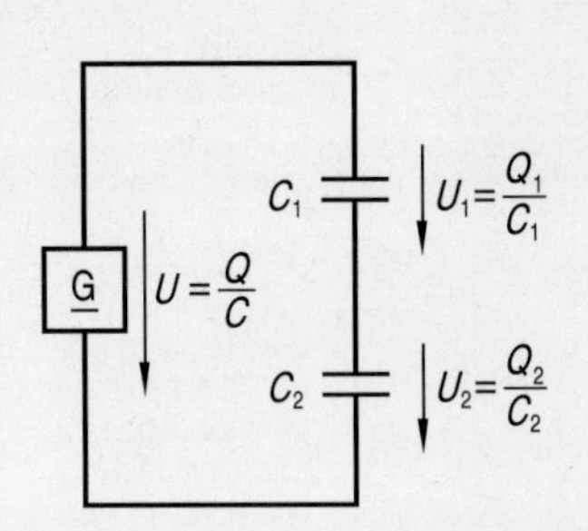

Mit $U = U_1 + U_2$

folgt: $\frac{Q}{C} = \frac{Q_1}{C_1} + \frac{Q_2}{C_2}$

Weil $Q_1 = Q_2 = Q$
folgt
durch Kürzen mit Q:
$\frac{1}{C} = \frac{1}{C_1} + \frac{1}{C_2}$

Gesamtkapazität bei der Parallelschaltung
In der Parallelschaltung verteilt sich der Ladestrom auf alle parallel geschalteten Kondensatoren. Da die Summe der Teilströme gleich dem Gesamtstrom ist, muss auch die Summe der Teilladungen gleich der Gesamtladung sein. Es gilt: $Q_1 = C_1 \cdot U_1$, $Q_2 = C_2 \cdot U_2$ und daraus folgend: $Q = C \cdot U = C_1 \cdot U_1 + C_2 \cdot U_2$.
Da in der Parallelschaltung die Gesamtspannung gleich den Teilspannungen ist, kann die Spannung aus der Gleichung herausgekürzt werden. Es folgt: $C = C_1 + C_2$.

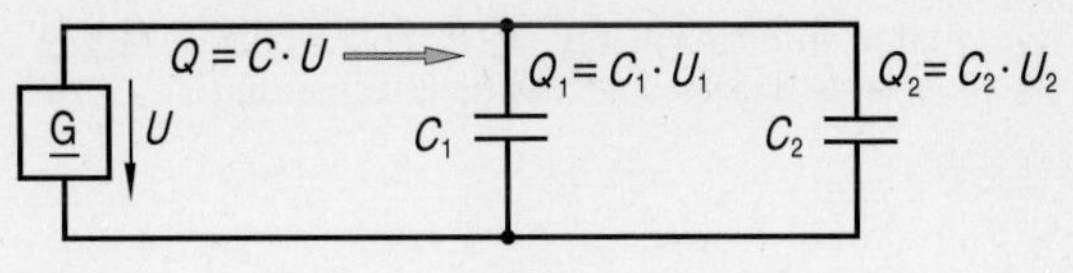

Mit $Q = Q_1 + Q_2$

folgt: $C \cdot U = C_1 \cdot U_1 + C_2 \cdot U_2$

Weil $U_1 = U_2 = U$ folgt durch Kürzen mit U: $C = C_1 + C_2$

Aufgaben

3.4.1 Reihenschaltung
Die drei Kondensatoren $C_1 = 4{,}7\,\text{nF}$, $C_2 = 6{,}8\,\text{nF}$ und $C_3 = 10\,\text{nF}$ sind in Reihe geschaltet. Die Schaltung liegt an 12 V Gleichspannung.
Berechnen Sie
a) Die Gesamtkapazität,
b) die drei Teilspannungen,
c) die drei Teilladungen und die Gesamtladung.

3.4.2 Parallelschaltung
Die drei Kondensatoren $C_1 = 68\,\mu\text{F}$, $C_2 = 150\,\mu\text{F}$ und $C_3 = 40\,\mu\text{F}$ sind parallel geschaltet. Für Kondensator C1 wurde die Ladung $Q_1 = 4080\,\mu\text{C}$ berechnet.
Berechnen Sie
a) Die Gesamtkapazität,
b) die anliegende Gleichspannung,
c) die Teilladungen auf C2 und C3.

3.4.3 Gruppenschaltung
Gegeben ist folgende Schaltung:

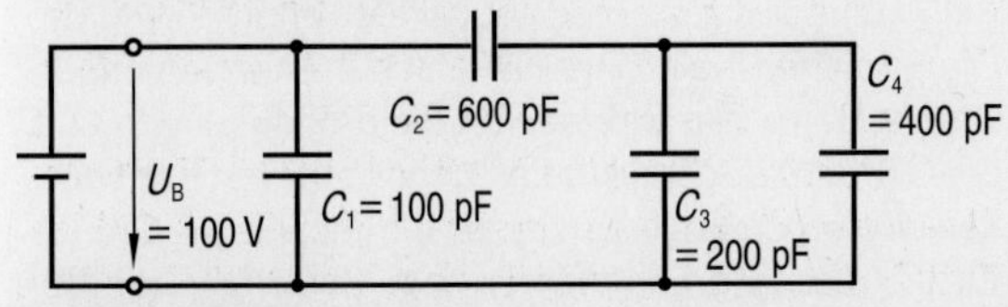

Berechnen Sie
a) die Gesamtkapazität,
b) die Teilspannungen.

3.4.4 Schaltkombinationen
Drei Kondensatoren haben die Kapazitäten $C_1 = 150\,\text{nF}$, $C_2 = 330\,\text{nF}$ und $C_3 = 680\,\text{nF}$.
Berechnen Sie die Gesamtkapazität aller Schaltkombinationen, wenn jeweils alle drei Kondensatoren verwendet werden.

3.4.5 Einstellbare Kapazität
Die Kapazität einer Gruppenschaltung kann durch einen Drehkondensator eingestellt werden.

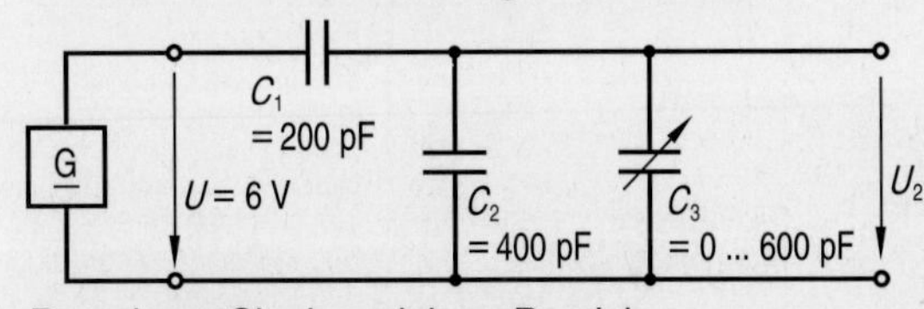

Berechnen Sie, in welchem Bereich
a) die Gesamtkapazität,
b) die Spannung U_2 eingestellt werden kann.

3.4.6 Kapazitätsänderung
Die Kapazität eines Kondensators beträgt $C_1 = 16\,\mu\text{F}$. Durch Zuschalten eines weiteren Kondensators soll die Kapazität
a) um 20 % erhöht,
b) um 20 % reduziert werden.
Skizzieren Sie für beide Fälle die erforderliche Schaltung und berechnen Sie die Kapazität des erforderlichen Kondensators.

3.5 Energieinhalt des elektrischen Feldes

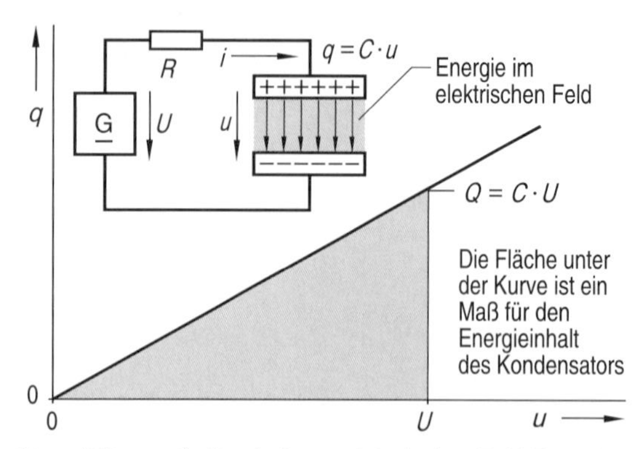

- **Kapazitäten enthalten in ihrem elektrischen Feld Energie; sie können als Energiespeicher genutzt werden**

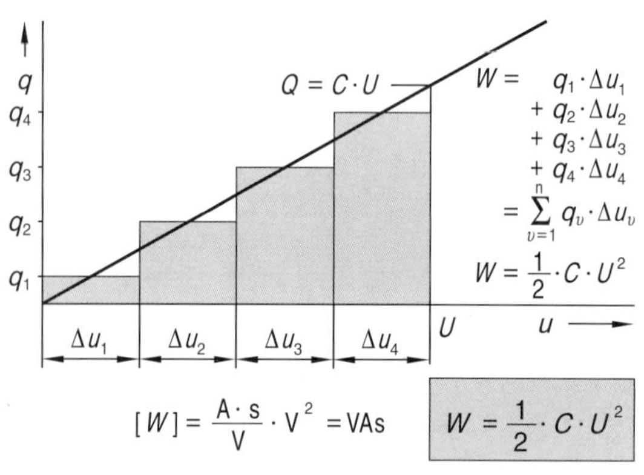

- **Der Energieinhalt eines elektrischen Feldes steigt quadratisch mit der Kondensatorspannung**

C in F	Kondensatoren: ungepolt	Kondensatoren: gepolt, z.B. Elkos
1		
10^{-1} – 10^{-2}		Pufferung der Versorgungsspannung in der Computertechnik
mF 10^{-3} – 10^{-5}	Leistungskondensatoren der Energietechnik z.B. zur Kompensation von indukt. Blindleistung	Glättung und Siebung von gleichgerichteter Spannung, Speicher für Blitzlichtgeräte
µF 10^{-6} – 10^{-7}	Schutzbeschaltung von Halbleitern, Entstörung	Koppelkondensatoren in NF-Verstärkern
10^{-8} – nF 10^{-9}	Schwingkreise, Filter in der NF-Technik	
10^{-10}	Schwingkreise, Koppelung in der HF-Technik	
10^{-11} – pF 10^{-12}	Störkapazitäten (parasitäre Kapazitäten) zwischen Leiterbahnen und Drähten	

- **Kondensatoren können nur relativ kleine Energiemengen speichern; zur Energieversorgung sind sie ungeeignet**

Kondensator als Energiespeicher

Wird ein Kondensator an Spannung gelegt, so sammeln sich auf seinen Belägen elektrische Ladungen; man sagt: er wird aufgeladen. Dabei steigt gemäß der Beziehung $q = C \cdot u$ die Ladung linear mit der Spannung. Der Ladevorgang ist beendet, wenn die Kondensatorspannung gleich der Generatorspannung ist. Der Spannungsanstieg bis zum Endwert dauert theoretisch unendlich lange; in der Praxis ist er je nach Kapazität und Vorschaltwiderstand in wenigen µs bis ms beendet.
Der aufgeladene Kondensator enthält in seinem elektrischen Feld Energie; sie wird beim Entladen wieder abgegeben. Da Energiezustände prinzipiell nicht in der Zeit null geändert werden können, ist eine sprunghafte Änderung der Kondensatorspannung nicht möglich.

Energieinhalt

Beim Aufbau eines elektrischen Feldes wird dem Kondensator in jedem Zeitintervall eine gewisse Energiemenge Δw zugeführt. Für diese Energiemenge gilt: $\Delta w = u \cdot i \cdot \Delta t = u \cdot \Delta q = u \cdot C \cdot \Delta u$. Mit der Spannung steigt gemäß $q = C \cdot u$ auch die Ladung, so dass die in jedem folgenden Spannungsintervall Δu zugeführte Energiemenge Δw ebenfalls steigt.
Die dem Kondensator insgesamt zugeführte Energie ist gleich der Summe der Teil-Energiemengen Δw. Die im Kondensator gespeicherte Energie entspricht also der Fläche unter der Kurve $q = f(u)$. Da diese Fläche ein Dreieck darstellt, gilt: $W = ½ \cdot U \cdot Q$. Mit $Q = C \cdot U$ folgt für die gespeicherte Energie: $W = ½ \cdot C \cdot U^2$.
Der Energieinhalt des elektrischen Feldes ist unabhängig vom zeitlichen Verlauf des Feldaufbaus.

Technische Anwendung

Das Speichervermögen eines Kondensators liegt je nach Kapazität und angelegter Spannung im Bereich von etwa 10^{-12} Ws bis zu einigen kWs. Diese Energiemengen sind ausreichend z.B. für den Betrieb von Schwingkreisen sowie zum Glätten und Sieben von gleichgerichteten Wechselspannungen. Mit Kondensatoren für hohe Spannungen können auch induktive Blindleistungen problemlos kompensiert werden.
Der Einsatz von Kondensatoren zur großtechnischen Zwischenspeicherung von elektrischer Enerie hingegen ist nicht möglich, da bereits die Speicherung von 1 kWh unrealistisch große Kapazitäten erfordern würde. Die Speicherung großer elektrischer Energiemengen wäre z.B. für den Betrieb von Elektrofahrzeugen und zur Glättung der Tagesbelastungskurve von Kraftwerken wünschenswert. Da derzeit die technische Grenze für Kondensatorkapazitäten bei etwa 1 F liegt (bei Spannungen von einigen Volt), können große Energiemengen nur chemisch (Batterien) oder mechanisch (Speicherseen) gespeichert werden.

Energieinhalt, mathematische Herleitung

Wird ein Kondensator mit der Kapazität C über einen Vorwiderstand an die Spannung U gelegt, so steigt die Kondensatorspannung nach einer e-Funktion auf den Endwert U. Dabei wird ihm in jedem Zeitintervall dt die elementare Energiemenge $dw = u \cdot i \cdot dt$ zugeführt. Der gesamte Energieinhalt des geladenen Kondensators setzt sich aus unendlich vielen elementaren Energiemengen dw zusammen; für den mathematischen Zusammenhang gilt das Integral: $W = \int u \cdot i \cdot dt$. Da sich der Strom als $i = dq/dt = C \cdot du/dt$ ausdrücken lässt, folgt $i \cdot dt = C \cdot du$. Für die Energie erhält man $W = C \cdot \int u \cdot du$, mit den Integrationsgrenzen $u = 0$ und $u = U$ ergibt sich als Lösung: $W = \frac{1}{2} \cdot C \cdot U^2$.

Für die gespeicherte Energie ist es dabei gleichgültig, welchen zeitlichen Verlauf der Ladevorgang nimmt.

Aus $$dw = u \cdot i \cdot dt$$

folgt mit $$i = \frac{dq}{dt} \quad \text{und} \quad dq = C \cdot du$$

das Differential: $$dw = C \cdot u \cdot du$$

Durch Integrieren $$\int_0^W dw = C \cdot \int_0^U u \cdot du$$

erhält man: $$[W]_0^W = C \cdot \left[\frac{u^2}{2}\right]_0^U$$

Damit folgt für die Energie: $$W = \frac{1}{2} \cdot C \cdot U^2$$

Energieinhalt des homogenen Feldes

Das elektrische Feld eines Kondensators hat Energie gespeichert. Ist das Feld homogen, so kann diese Energie als Funktion der Feldstärke und des Feldvolumens V angegeben werden.

Durch Einsetzen von $U = E \cdot d$ und $V = A \cdot d$ erhält man aus $W = \frac{1}{2} \cdot C \cdot U^2$ die Formel: $W = \frac{1}{2} \cdot \varepsilon_0 \cdot \varepsilon_r \cdot E^2 \cdot V$.

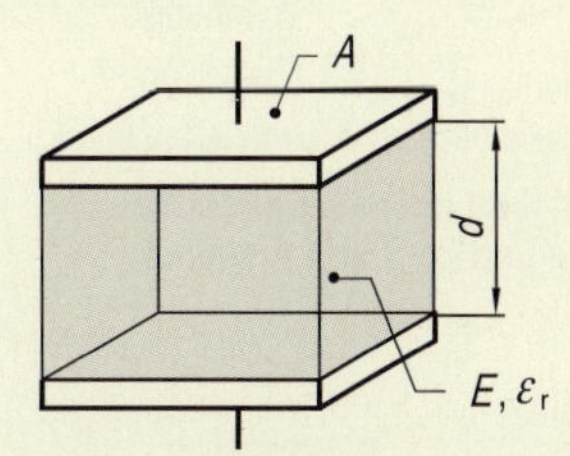

Energie des Feldes

$$W = \frac{1}{2} \varepsilon_0 \cdot \varepsilon_r \cdot E^2 \cdot V$$

$$[W] = \frac{As}{Vm} \cdot \frac{V^2}{m^2} \cdot m^3 = VAs$$

E Feldstärke
V Volumen des Feldes

Aufgaben

3.5.1 Energiespeicher

Ein Kondensator soll zur Pufferung der Betriebsspannung einer Computeranlage eingesetzt werden.

Berechnen Sie die notwendige Kapazität, wenn der Kondensator bei 230 V die gleiche Energiemenge speichern soll wie ein Bleiakkumulator mit 6 V, 20 Ah.

3.5.2 Koaxialkabel

Ein Koaxialkabel hat folgende Daten: $d_i = 20$ mm, $d_a = 40$ mm, $\varepsilon_r = 2{,}3$. Berechnen Sie die pro km Länge gespeicherte Energie, wenn $U = 20$ kV beträgt.

3.5.3 Plattenkondensator

Ein Plattenkondensator mit Luft als Dielektrikum hat den Plattendurchmesser $D = 300$ mm und den Plattenabstand $d = 10$ mm. Er wird an $U = 500$ V aufgeladen und dann von der Spannungsquelle getrennt.

Berechnen Sie

a) die gespeicherte Energie,

b) die Spannung zwischen den Platten und den Energieinhalt des Kondensators, wenn die Platten auf den Abstand 20 mm auseinander gezogen werden,

c) die elektrische Feldstärke zwischen den Platten für die beiden Plattenabstände,

d) Kapazität, Spannung und Energieinhalt der ersten Anordnung, wenn eine 10 mm dicke Pertinaxplatte zwischen die Elektroden geschoben wird.

3.5.4 Umladen von Kondensatoren

Der Kondensator C1 wird an einer Gleichspannungsquelle voll aufgeladen. Nach dem Aufladen wird S1 umgeschaltet, so dass C1 einen Teil seiner Ladung an C2 abgibt.

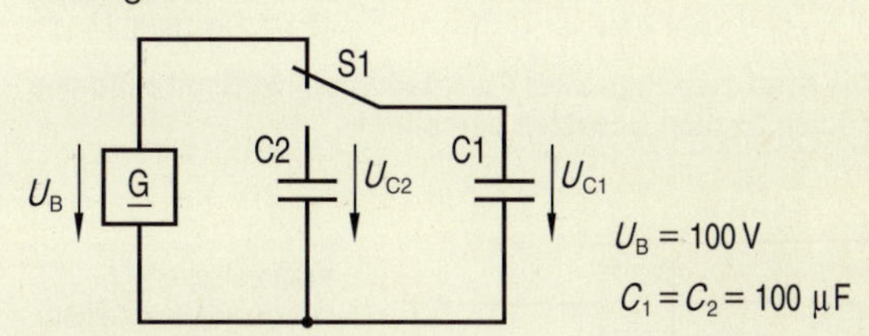

Berechnen Sie

a) den Energieinhalt von C1 nach dem vollständigen Aufladen,

b) den Energieinhalt von C1 und C2 nach dem Umschalten von S1, wenn der Umladevorgang abgeschlossen ist.

c) Addieren Sie die Energiemengen aus b) und vergleichen Sie das Ergebnis mit a).
Diskutieren Sie das Ergebnis.

d) Wiederholen Sie die Berechnungen a) bis c) für den Fall, daß $C_1 = 100\,\mu F$ und $C_2 = 50\,\mu F$ beträgt.

e) Diskutieren Sie das Problem für den Fall, dass alle Leitungen des Stromkreises supraleitend sind, d. h. keinerlei ohmschen Widerstand besitzen.

3.6 Kräfte im elektrostatischen Feld

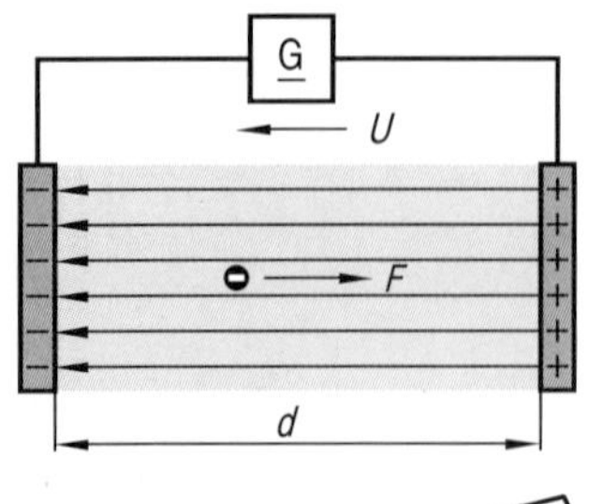

Kraft

$$F = E \cdot Q = \frac{U}{d} \cdot Q$$

Endgeschwindigkeit

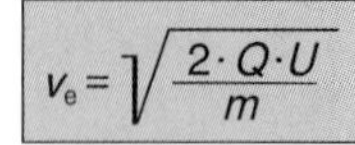

$$v_e = \sqrt{\frac{2 \cdot Q \cdot U}{m}}$$

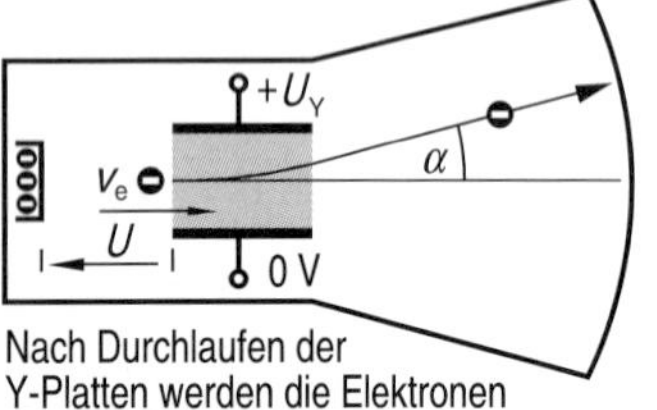

Nach Durchlaufen der Y-Platten werden die Elektronen meist nachbeschleunigt. Die Ablenkung auf dem Bildschirm wird dadurch kleiner.

Ablenkwinkel

$$\tan\alpha = \frac{U_Y}{U} \cdot \frac{l}{2 \cdot d}$$

U_Y Ablenkspannung
U Beschleunigungsspannung
l Plattenlänge
d Plattenabstand

- **Die Kraft, die ein elektrisches Feld auf eine Ladung ausübt, ist proportional zu Feldstärke und zur Ladungsmenge**

Kraft auf freie Ladungen

Wie in Kap. 1.3 bereits ausgeführt wurde, erfahren Ladungen im elektrischen Feld eine Kraftwirkung. Ist die Ladung so klein, dass sie das Feld nicht beeinflusst, dann ist die Kraft aus der Feldstärke E des Feldes und der Ladungsmenge Q berechenbar. Es gilt: $F = E \cdot Q$. Ist die Ladung Q beweglich, so wird sie durch die angreifende Kraft beschleunigt. Die Endgeschwindigkeit nach Durchlaufen des beschleunigenden Feldes ist dabei nur von der Ladung Q, ihrer Masse m und der Beschleunigungsspannung U abhängig. Die zurückgelegte Wegstrecke spielt keine Rolle. Die Formel gilt allerdings nur, wenn keine Reibung auftritt, z. B. im Vakuum, und wenn die Geschwindigkeit klein im Vergleich zur Lichtgeschwindigkeit (300000 km/s) ist. Mit elektrischen Feldern können auch schnell fliegende Elektronen abgelenkt werden. Dies wird z. B. für die Y-Ablenkung bei Elektronenstrahl-Oszilloskopen angewandt. Der Tangens des Ablenkwinkels α ist dabei direkt proportional zur Ablenkspannung U_Y und umgekehrt proportional zur Beschleunigungsspannung U.

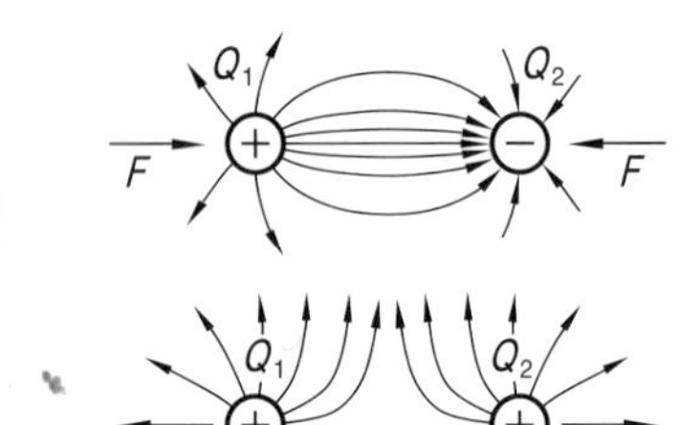

Coulombsches Gesetz

$$F = \frac{Q_1 \cdot Q_2}{4\pi \cdot \varepsilon_0 \cdot \varepsilon_r \cdot r^2}$$

r Ladungsabstand

$$[F] = \frac{\text{As} \cdot \text{As}}{\frac{\text{As}}{\text{Vm}} \cdot \text{m}^2} = \frac{\text{VAs}}{\text{m}}$$

$$[F] = \text{Nm/m} = \text{N}$$

- **Die Kraft zwischen zwei Punktladungen wird mit Hilfe des coulombschen Gesetzes berechnet**

Kraft zwischen Punktladungen

Gleichnamige elektrische Ladungen stoßen sich ab, ungleichnamige Ladungen ziehen sich an. Sind die Durchmesser der Ladungen klein im Verhältnis zu ihrem gegenseitigen Abstand (Punktladungen), so kann die anziehende bzw. abstoßende Kraft leicht berechnet werden. Grundgedanke für die Berechnung ist: Ladung Q_1 erzeugt ein räumliches Radialfeld, das im Abstand r die Stärke $E_1 = Q_1/(4\pi \cdot \varepsilon_0 \cdot \varepsilon_r \cdot r^2)$ besitzt. Ladung Q_2 erfährt in diesem Feld die Kraft $F = E_1 \cdot Q_2$.
Das Gesetz wird nach seinem Entdecker, dem französischen Ingenieur Augustin Coulomb (1736 bis 1806), das coulombsche Gesetz genannt.

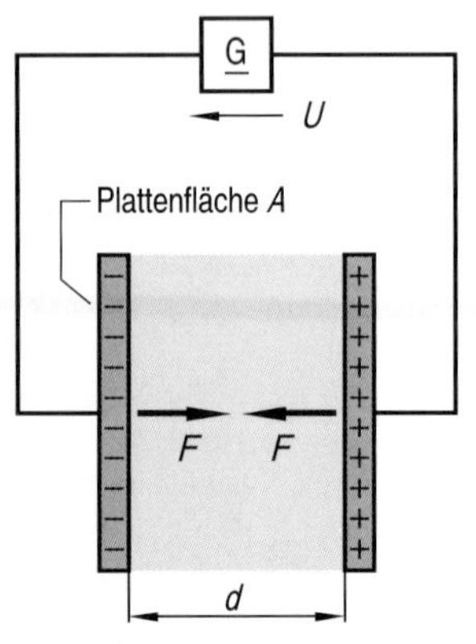

Kraft zwischen den geladenen Platten

$$F = \frac{Q^2}{2 \cdot \varepsilon_0 \cdot \varepsilon_r \cdot A}$$

mit $Q = C \cdot U$

und $C = \frac{\varepsilon_0 \cdot \varepsilon_r \cdot A}{d}$

erhält man:

$$F = \frac{\varepsilon_0 \cdot \varepsilon_r \cdot A \cdot U^2}{2 \cdot d^2}$$

C Kapazität
Q elektrische Ladung

- **Die Kraft zwischen parallelen Platten ist proportional zur Plattenfläche und zum Quadrat der angelegten Spannung und umgekehrt proportional zum Quadrat des Abstandes**

Kraft zwischen parallelen Flächen

Die zwischen zwei geladenen Platten wirkende Kraft kann näherungsweise nach dem coulombschen Gesetz berechnet werden, wenn die Plattenabmessungen klein sind im Vergleich zu ihrem gegenseitigen Abstand. Bei den üblichen Plattenkondensatoren ist dies allerdings nicht der Fall. Eine genaue Formel erhält man über eine Energiebilanz. Dabei wird berücksichtigt, dass die wirksame Kraft die Platten um die winzige Strecke Δs zusammenschiebt. Die dazu benötigte Energiemenge $\Delta W_{mech} = F \cdot \Delta s$ muss aus dem Energievorrat des elektrischen Feldes stammen. Seine Energie nimmt um den Betrag $\Delta W = Q^2 \cdot \Delta s/(2 \cdot \varepsilon_0 \cdot \varepsilon_r \cdot A)$ ab. Durch Gleichsetzen beider Energien erhält man die Kraft als Funktion von Ladung und Plattenfläche. Wird die Ladung ersetzt durch $Q = C \cdot U$, mit C für den Plattenkondensator, so erhält man die Kraft als Funktion von Spannung, Plattenfläche und Plattenabstand.

Anwendung elektrostatischer Kräfte

Die Kraftwirkung elektrostatischer Felder wird für viele technische Anwendungen ausgenützt. Die Kraftwirkung auf bewegte Ladungen dient z. B. zur Beschleunigung und Ablenkung des Elektronenstrahls bei Bildröhren sowie zur Ablenkung der geladenen Staubpartikel bei Elektrofiltern.

Die Kraftwirkung zwischen geladenen Platten wird z. B. bei elektrostatischen Messwerken und Lautsprechern ausgenützt. Die auftretenden Kräfte werden dabei sehr stark durch die Geometrie der Anordnung beeinflusst; in jedem Fall ist die Kraft so gerichtet, dass die aus ihr resultierende Bewegung die Kapazität der Anordnung vergrößert:

In Bild a) bewirkt die elektrostatische Kraft eine Verminderung des Plattenabstandes,

in Bild b) bewirkt sie eine Erhöhung der Plattenfläche,

in Bild c) steigt die Permittivität des Dielektrikums.

Bild a)

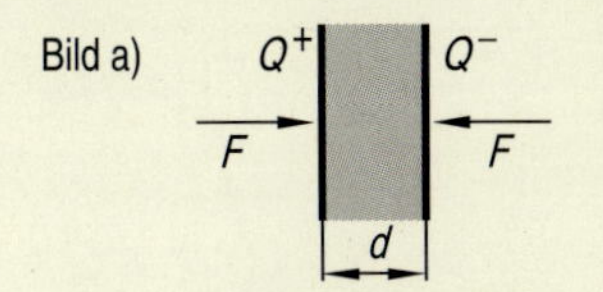

Die Kraft bewirkt eine Verminderung des Plattenabstandes ⟹ Kapazität steigt

Bild b)

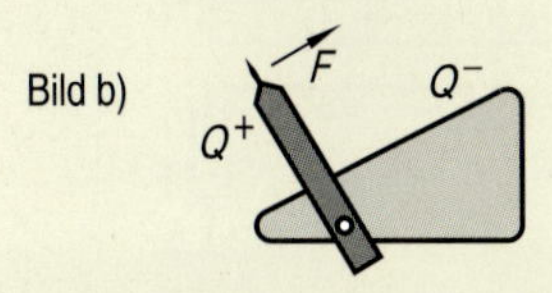

Die Kraft bewirkt eine Zeigerdrehung und damit eine Vergrößerung der wirksamen Plattenfläche ⟹ Kapazität steigt

Bild c)

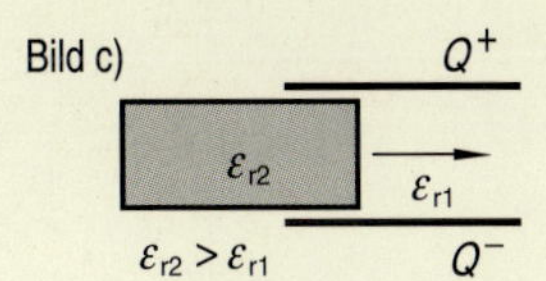

Die Kraft bewirkt, dass das Dielektrikum mit $\varepsilon_{r2} > \varepsilon_{r1}$ in das elektrische Feld hineingezogen wird ⟹ Kapazität steigt

Aufgaben

3.6.1 Elektronenstrahlröhre

Die Bildröhre eines Oszilloskops hat folgende Daten und Abmessungen:

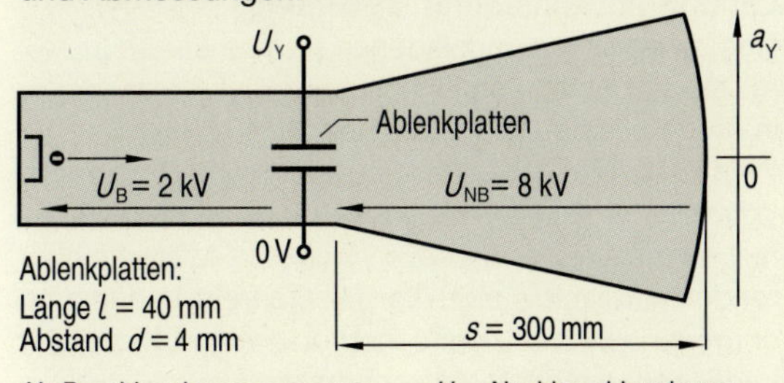

U_B Beschleunigungsspannung U_{NB} Nachbeschleunigung

Berechnen Sie

a) die Geschwindigkeit des Elektrons bei seinem Eintritt in den Y-Ablenkraum,

b) die Geschwindigkeit des Elektrons bei seinem Aufprall auf den Bildschirm.

c) Berechnen Sie ohne Berücksichtigung der Nachbeschleunigung den Ablenkwinkel α und die Y-Ablenkung a_Y in mm bei $U_Y = 50\,V$. Wie wirkt sich die Nachbeschleunigung auf die Ablenkung aus?

3.6.2 Punktladungen

Zwei kleine Metallkügelchen mit dem Durchmesser $D = 5\,mm$ tragen jeweils die Ladung $Q = 5\,nAs$.

a) Welches Potential haben sie gegenüber der Erde, wenn $\varphi_{Erde} = 0\,V$ ist?

b) Mit welcher Kraft F stoßen sie sich gegenseitig ab, wenn ihr gegenseitiger Abstand 50 mm beträgt?

c) Wie groß müsste der Abstand sein, damit die abstoßende Kraft 1 mN beträgt?

3.6.3 Elektrostatischer Lautsprecher

Ein elektrostatischer Lautsprecher besteht aus einer festen Kondensatorplatte und einer davon isoliert aufgespannten Metallmembran mit der Fläche 300 cm². Der Abstand zwischen beiden Elektroden beträgt 2 mm. Die Membran wird durch eine Gleichspannung von 300 V vorgespannt.

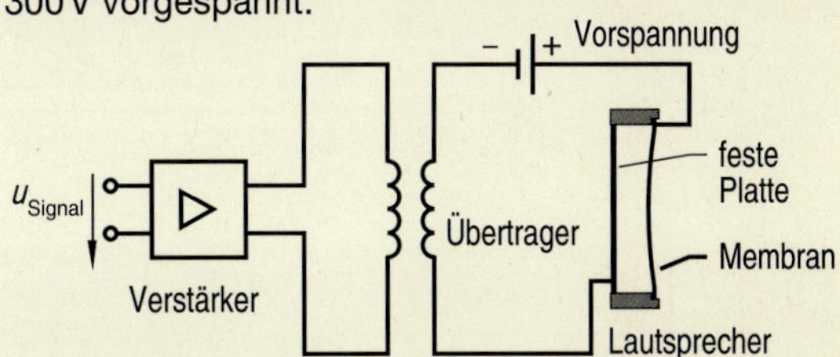

a) Beschreiben Sie die Funktion des Lautsprechers.

Berechnen Sie

b) die Vorspannkraft auf die Membrane,

c) die Auslenkung der Membran, wenn ihre Federkonstante $k = 0{,}2\,N/mm$ beträgt.

3.6.4 Herleiten von Formeln

Die elektrostatische Kraft zwischen parallelen Platten wird nach der Formel $F = \varepsilon_0 \cdot \varepsilon_r \cdot A \cdot U^2 / (2 \cdot d^2)$ berechnet.

a) Leiten Sie die Formel unter Berücksichtigung der Hinweise in Kap. 3.6 her.

b) Leiten Sie auf entsprechende Weise eine Formel zur Berechnung der elektrostatischen Kraft zwischen zwei parallelen, zylindrischen Leitern her.

c) Berechnen Sie den Kraftbelag F' zwischen zwei Leitern mit Durchmesser 20 mm und Abstand 50 cm, wenn die Spannung 30 kV beträgt.

3.7 Schaltvorgänge bei Kondensatoren I

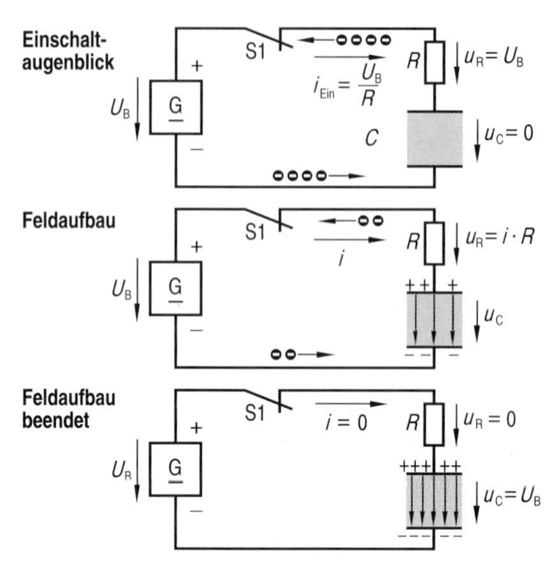

- **Beim Laden eines Kondensators wird ein elektrisches Feld aufgebaut; für die dadurch eintretende Änderung des Energiezustandes wird immer eine bestimmte Zeit benötigt**

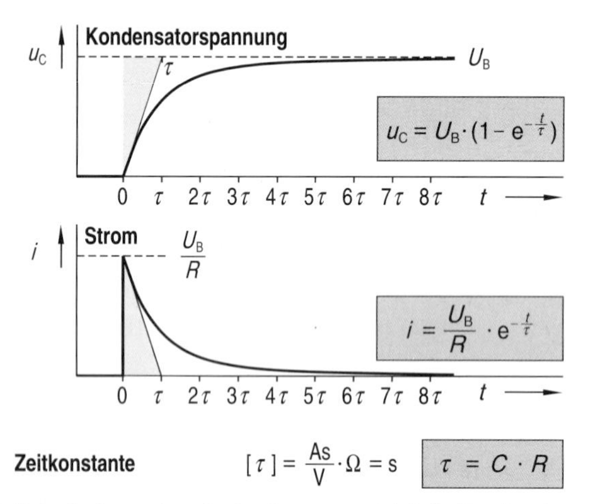

Zeitkonstante $[\tau] = \frac{\text{As}}{\text{V}} \cdot \Omega = \text{s}$ $\quad \tau = C \cdot R$

- **Beim Laden an konstanter Spannung steigt die Kondensatorspannung exponentiell an, der Strom sinkt exponentiell**

Aus $u_C = U_B \cdot (1 - e^{-\frac{t}{\tau}})$ folgt: $\frac{u_C}{U_B} = 1 - e^{-\frac{t}{\tau}}$

und: $e^{-\frac{t}{\tau}} = 1 - \frac{u_C}{U_B}$

Logarithmieren: $\ln e^{-\frac{t}{\tau}} = \ln\left(1 - \frac{u_C}{U_B}\right)$

Hut ab! $-\frac{t}{\tau} \cdot \ln e = \ln\left(1 - \frac{u_C}{U_B}\right)$

$\ln e = 1$ $\quad -\frac{t}{\tau} = \ln\left(1 - \frac{u_C}{U_B}\right)$

$\ln e^{-\frac{t}{\tau}}$ Hut → $\ln e^{-\frac{t}{\tau}}$ Hut ab!

$$t = -\tau \cdot \ln\left(1 - \frac{u_C}{U_B}\right)$$

Feldaufbau

Wird ein Kondensator an Spannung gelegt, so fließt ein sogenannter Ladestrom, zwischen den Belägen wird ein elektrisches Feld aufgebaut. Der zeitliche Verlauf des Ladestroms hängt vom anfänglichen Ladezustand des Kondensators und von der Ladespannung ab. Das Aufladen eines Kondensators an einer Gleichspannung U kann in drei Zeitabschnitte gegliedert werden:

1. Vor dem Schließen von Schalter S1 ist die Kondensatorspannung $u_c = 0$; ebenso ist $i = 0$ und $u_R = 0$. Direkt beim Schließen von S1 ($t = 0$) werden von der oberen Kondensatorplatte Elektronen abgesaugt; es fließt ein Ladestrom i. Der Strom i wird vom Widerstand R begrenzt, der Einschaltstrom ist $i_{max} = U_B/R$. Im Einschaltmoment gilt: $u_C = 0$ und $u_R = i \cdot R = U_B$.
2. Im Verlauf des Ladevorgangs steigt die Kondensatorspannung, der Ladestrom nimmt ab. Zu jeder Zeit gilt die Maschengleichung: $U_B = u_C + i \cdot R$.
3. Ist die Kondensatorspannung $u_C = U_B$ erreicht, so sind Feldaufbau bzw. Ladevorgang abgeschlossen.

Der elektrische Strom i findet im Dielektrikum des Kondensators seine Fortsetzung in der Änderung des Verschiebungsflusses Ψ. Es gilt: $i = \mathrm{d}\Psi/\mathrm{d}t = \mathrm{d}q/\mathrm{d}t$.

Ladung an konstanter Spannung

Das Laden eines ungeladenen Kondensators ($u_c = 0$) mit einer Konstantspannungsquelle (U_B = konst.) ist der in der Praxis häufigste Fall. Beim Einschalten von S1 fließt der größte Ladestrom; er wird nur von R begrenzt. Wäre der ohmsche Widerstand im ganzen Stromkreis null, so müsste der unendlich groß sein. Mit fortschreitender Ladezeit steigt die der Generatorspannung entgegenwirkende Kondensatorspannung und der Ladestrom nimmt entsprechend ab.

Für den zeitlichen Verlauf von Kondensatorspannung und Ladestrom sind die Größen R und C verantwortlich. Das Produkt aus Widerstandswert und Kapazität heißt Zeitkonstante. Es gilt: Zeitkonstante $\tau = C \cdot R$.

Kondensatorspannung und Ladestrom haben einen exponentiellen Verlauf; die Herleitung der Formeln wird im Vertiefungsteil gezeigt.

Im Prinzip dauert der Ladevorgang unendlich lange, in der Praxis gilt er nach der Zeit $t = 5 \cdot \tau$ als beendet.

Ladezustände

Mit den obigen Formeln können der Ladezustand des Kondensators und der Ladestrom zu jedem Zeitpunkt berechnet werden. Soll hingegen der Zeitpunkt bestimmt werden, zu dem eine bestimmte Kondensatorspannung bzw. ein bestimmter Ladestrom auftreten, so müssen die Formeln nach der gesuchten Zeit t umgestellt werden. Dies erfolgt nach der sogenannten „Hut-ab-Regel“. Die Rechnung zeigt exemplarisch die Umformung der Spannungsformel nach der Zeit t.

Kondensatorspannung, mathematische Herleitung

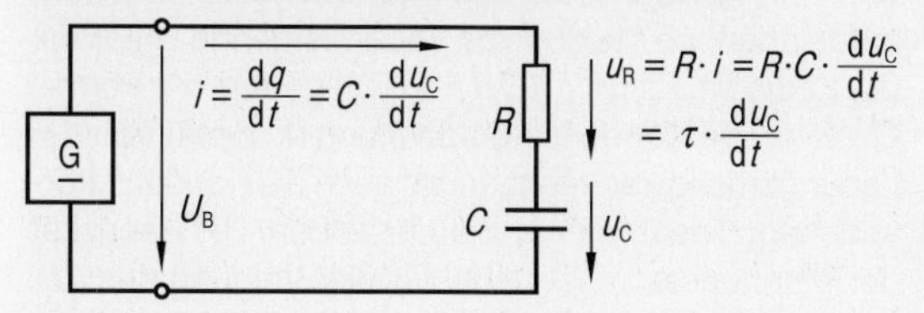

Maschenregel: $U_B = u_R + u_C$

$= \tau \cdot \frac{du_C}{dt} + u_C$

Umformung: $dt = \tau \cdot \frac{du_C}{U_B - u_C} = -\tau \cdot \frac{du_C}{u_C - U_B}$

Integration: $\int dt = -\tau \cdot \int \frac{du_C}{u_C - U_B}$

Lösung des Integrals: $t = -\tau \cdot \ln|(u_C - U_B)| + K$

$= -\tau \cdot \ln(U_B - u_C) + K$

(weil U_B stets $> u_C$ ist)

Mit Randbedingung $u_C = 0$ für $t = 0$
ergibt sich für die Integrationskonstante: $K = \tau \cdot \ln U_B$

Somit folgt: $t = -\tau \cdot \ln(U_B - u_C) + \tau \cdot \ln U_B$

$t = -\tau \cdot (\ln(U_B - u_C) - \ln U_B)$

$-\frac{t}{\tau} = \ln \frac{U_B - u_C}{U_B}$

Exponieren mit Basis e: $e^{-\frac{t}{\tau}} = e^{\ln \frac{U_B - u_C}{U_B}}$

Mit $e^{\ln x} = x$ folgt: $e^{-\frac{t}{\tau}} = \frac{U_B - u_C}{U_B} \Longrightarrow u_C = U_B(1 - e^{-\frac{t}{\tau}})$

Aufgaben

3.7.1 Ladevorgang

Ein Kondensator mit der Kapazität C wird von einer Gleichspannungsquelle U über einen Vorwiderstand R aufgeladen.

a) Welchen Widerstandswert hat der Kondensator bei Beginn des Ladevorgangs und nach Abschluss des Ladevorgangs?

b) Welcher Ladestrom müsste ohne den Vorwiderstand fließen und nach welcher Zeit wäre der Ladevorgang abgeschlossen? Alle Leitungswiderstände und der Innenwiderstand der Spannungsquelle sind dabei als unendlich klein anzunehmen.

c) Erklären Sie den Begriff Zeitkonstante (Ladezeitkonstante) und leiten Sie ihre Einheit her.

d) Zeigen Sie rechnerisch, dass der Ladevorgang mit guter Näherung nach 5 Zeitkonstanten als beendet gelten darf.

e) Das Dielektrikum eines Kondensators ist ein Nichtleiter mit einem im Idealfall unendlich großen Widerstand; der Ladestromkreis ist also nicht geschlossen. Wie kann trotzdem das Zustandekommen eines elektrischen Ladestromes erklärt werden?

3.7.2 Kondensatorspannung

Ein Kondensator $C = 2\,\mu F$ wird über einen Vorwiderstand $R = 5\,k\Omega$ an $U = 12\,V$ aufgeladen.
Zeichnen Sie die Spannungskurve $u_c = f(t)$ möglichst genau. Legen Sie zu den Zeitpunkten $t = 0$, $t = \tau$, $t = 2\tau$, $t = 3\tau$ usw. je eine Tangente an die Kurve und messen Sie den jeweils zugehörigen Abschnitt auf der Geraden $U = 12\,V$.
Diskutieren Sie das Ergebnis.

3.7.3 Berechnung eines Ladevorgangs

Ein Kondensator $C = 4\,\mu F$ wird an $U = 60\,V$ über einen Vorwiderstand $R = 1\,k\Omega$ aufgeladen. Berechnen Sie

a) die Ladezeitkonstante,

b) Kondensatorspannung u_C, Kondensatorstrom i_C und Spannung am Widerstand u_R nach der Zeit $t = 1\,ms$,

c) die notwendige Zeit t_1, um den Kondensator auf 30 V aufzuladen,

d) die notwendige Zeit t_2, um $u_C = 59{,}9\,V$ zu erreichen,

e) die notwendige Zeit t_3, um den Ladestrom auf 1 mA zurückgehen zu lassen.

3.7.4 Messung einer Ladekurve

Die Messung einer Ladekurve $u_C = f(t)$ mit Hilfe eines Oszilloskops ergibt folgendes Diagramm:

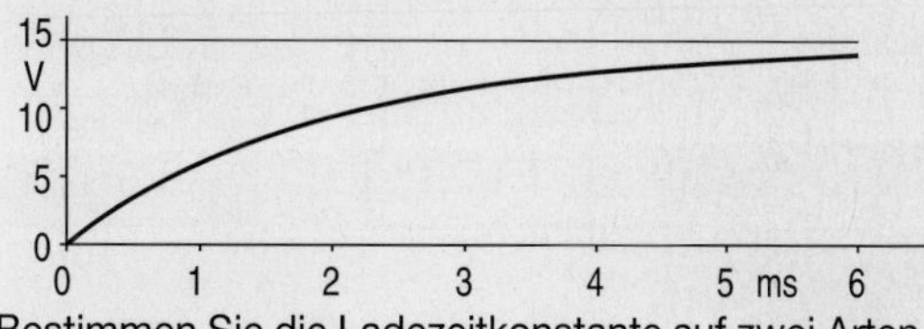

Bestimmen Sie die Ladezeitkonstante auf zwei Arten.

3.7.5 Netzwerk

Gegeben ist folgendes Netzwerk:

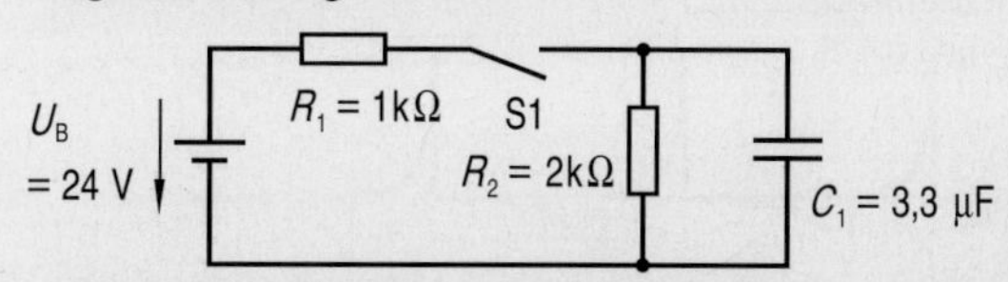

a) Berechnen Sie die Ladezeitkonstante τ,

b) Zeichnen Sie die Ladekurve $u_C = f(t)$.

3.8 Schaltvorgänge bei Kondensatoren II

Kondensatorspannung

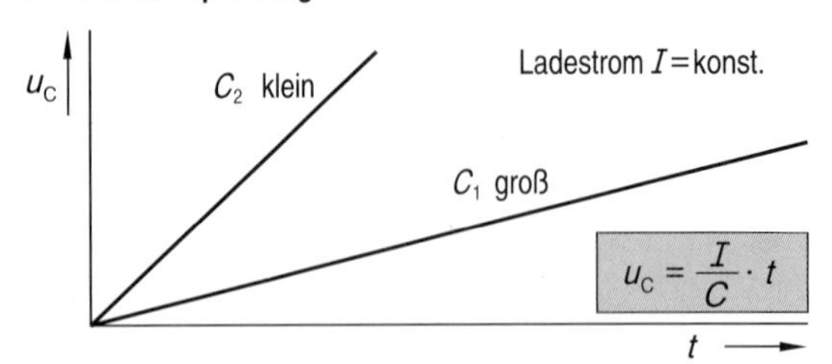

- **Beim Laden eines Kondensators mit konstantem Strom steigt die Kondensatorspannung linear an**

Ladung mit konstantem Strom

Wird ein Kondensator mit einem konstanten Strom aufgeladen, so steigt seine Ladungsmenge linear mit der Ladezeit. Es gilt : $\Delta Q = I \cdot \Delta t$. Da gemäß der Formel $Q = C \cdot U$ die Kondensatorspannung u_C direkt von der Ladungsmenge abhängt, muss auch die Kondensatorspannung linear mit der Zeit ansteigen. Die Kapazität des Kondensators ist dabei für die Steigung des Anstiegs maßgebend: kleine Kapazitäten führen zu einem steilen, große Kapazitäten zu einem flachen Anstieg. Das Laden von Kondensatoren mit konstantem Strom kann z. B. zur Erzeugung von Sägezahnspannungen ausgenützt werden.

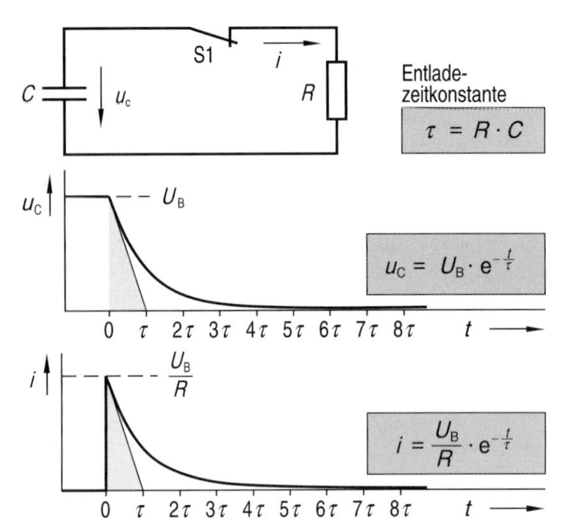

- **Beim Entladen eines Kondensators über einen Widerstand sinken Kondensatorspannung und Strom exponentiell**

Entladevorgang

Ein mit der Ladungsmenge Q aufgeladener Kondensator stellt eine elektrische Energiequelle bzw. einen aktiven Zweipol dar. Die gespeicherte Energiemenge kann durch Entladen über einen Widerstand wieder entnommen und genutzt werden. Der Entladestrom hat zu Beginn der Entladung seinen höchsten Wert, es gilt: $i_{max} = U/R$. Mit fortschreitender Entladung sinkt der Entladestrom auf null. Die Kondensatorspannung sinkt im Laufe der Entladung ebenfalls auf null.
Kondensatorspannung und Entladestrom haben wie beim Ladevorgang einen exponentiellen Verlauf. Die Formeln werden im Vertiefungsteil hergeleitet.
Für die Dauer des Entladevorgangs ist wie beim Laden die Zeitkonstante $\tau = R \cdot C$ maßgebend. Nach der Zeit $t = 5 \cdot \tau$ gilt der Entladevorgang als abgeschlossen.
Für die Berechnung des Zeitpunktes, zu dem eine bestimmte Kondensatorspannung bzw. ein bestimmter Entladestrom auftritt, können die Formeln $u_c = f(t)$ und $i = f(t)$ mit der „Hut-ab-Regel" umgeformt werden.

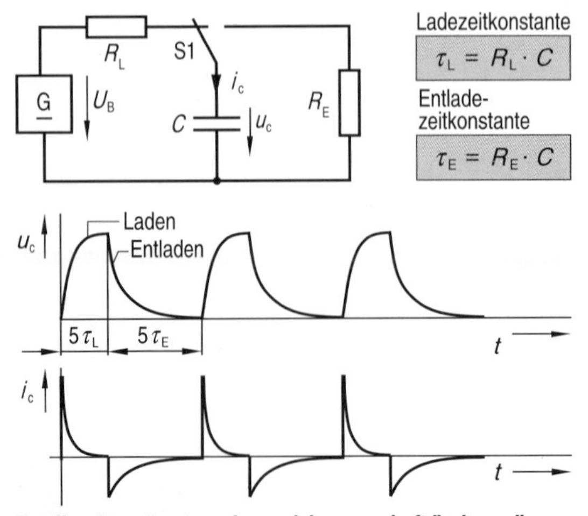

- **Der Kondensatorstrom kann sich sprunghaft ändern, die Kondensatorspannung kann sich nicht sprunghaft ändern**

Umladevorgänge

In vielen Schaltungen werden Kondensatoren ständig umgeladen, d. h. Auflade- und Entladevorgänge wechseln einander ständig ab. Die Formeln zur Berechnung von u_c und i gelten wie bei einzelnen Lade- oder Entladevorgängen, allerdings ist zu beachten:

1. Das Laden und Entladen erfolgt üblicherweise über verschiedene Widerstände R_L und R_E. Damit ergeben sich für den Lade- und den Entladevorgang zwei verschiedene Zeitkonstanten τ_L und τ_E.
2. Ist die Lade- bzw. Entladezeit im Vergleich zu den zugehörigen Zeitkonstanten klein ($t < 5\,\tau$), so kann sich der Kondensator nicht völlig auf- bzw. entladen. Die beim Umschalten tatsächlich auftretende Kondensatorspannung muss berücksichtigt werden.

Sowohl beim Laden als auch beim Entladen ist zu beachten, dass die Kondensatorspannung sich nicht sprunghaft ändern kann, weil sich Energiezustände ($W = ½ \cdot C \cdot U^2$) nicht sprunghaft ändern können.

Aufgaben

3.8.1 Aufladung mit Konstantstrom

Ein Kondensator mit $C = 4\,\mu F$ wird von einer Konstantstromquelle 8 s lang mit $I = 1$ mA aufgeladen.

a) Bestimmen und skizzieren Sie maßstabsgerecht die Funktionen Ladung $q = f(t)$, Kondensatorspannung $u_c = f(t)$ und Energieinhalt des Kondensators $w = f(t)$.

b) Berechnen Sie die Ladung, die Spannung und den Energieinhalt nach Ablauf der Ladezeit.

3.8.2 Sägezahnspannung

Folgende Sägezahnspannung soll durch Laden bzw. Entladen eines Kondensators $C = 0{,}5\,\mu F$ mit Konstantstrom erzeugt werden:

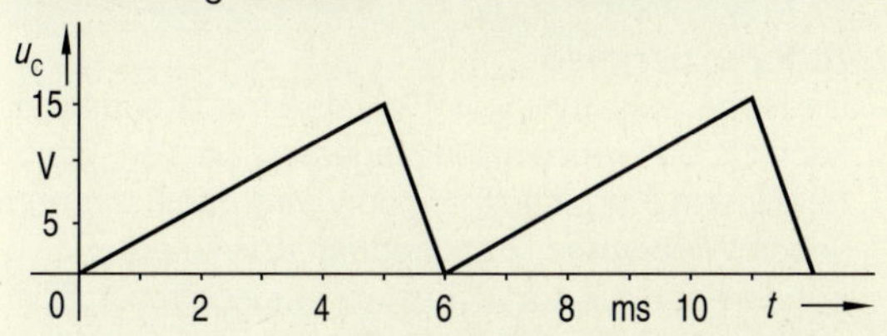

Berechnen Sie den nötigen Lade- und Entladestrom.

3.8.3 Kondensatorentladung

Ein auf 12 V aufgeladener Kondensator kann mit folgender Schaltung wieder entladen werden:

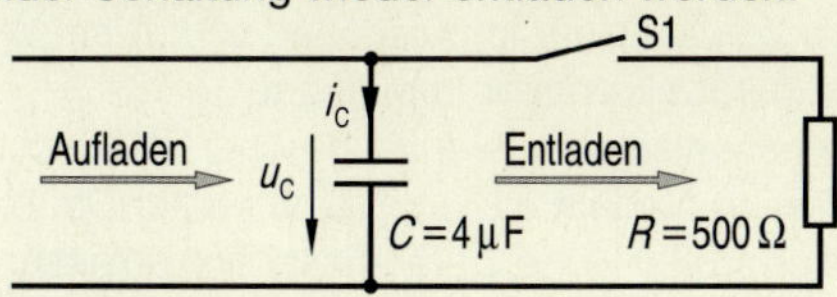

Berechnen Sie

a) die Entladezeitkonstante τ_E,

b) Spannung u_C und Strom i_C zur Zeit $t = 2$ ms.

c) Berechnen Sie, auf wie viel % der Anfangsspannung u_C nach $t = 1\,\tau$, $2\,\tau$, $3\,\tau$...$10\,\tau$ abgefallen ist. Stellen Sie die Ergebnisse in einer Wertetafel dar und zeichnen Sie die Funktion $u_C/U = f(t)$.

3.8.4 Potentialbestimmung

In der folgenden Schaltung sei der Ladevorgang abgeschlossen.

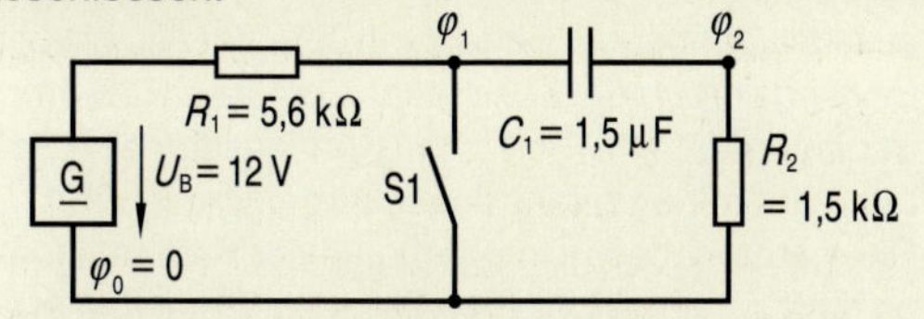

a) Berechnen Sie die Kondensatorspannung U_C und die Potentiale φ_1 und φ_2.

b) Zum Zeitpunkt $t_0 = 0$ wird der Schalter S1 geschlossen. Berechnen und skizzieren Sie die Funktionen $\varphi_1 = f(t)$, $\varphi_2 = f(t)$ und $i_R = f(t)$.

3.8.5 Netzwerk

Im gegebenen Netzwerk wird C1 in Schalterstellung 1 aufgeladen und in Schalterstellung 2 entladen:

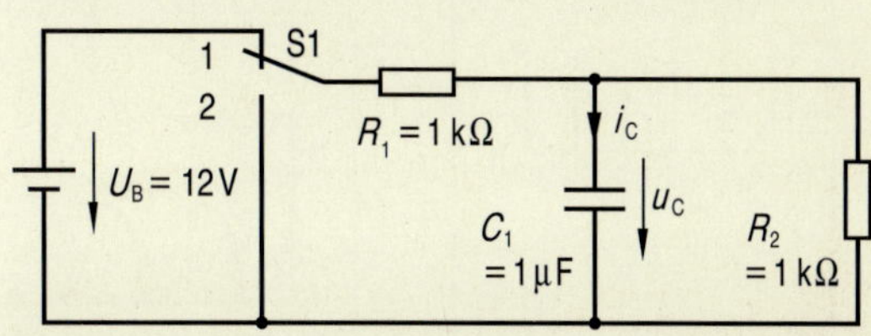

a) Berechnen Sie den Ladevorgang mit Hilfe einer Ersatzspannungsquelle. Skizzieren Sie hierzu die Ersatzschaltung und berechnen Sie U_0 und R_i der Ersatzspannungsquelle sowie die Ladezeitkonstante der Schaltung.

b) Berechnen Sie die Entladezeitkonstante.

c) Zeichnen Sie die Funktionen $u_c = f(t)$ und $i_c = f(t)$ für den Lade- und den Entladevorgang, wenn der Ladevorgang bei ungeladenem Kondensator beginnt und wenn S1 nach $t = 5\,\tau$ umgeschaltet wird.

3.8.6 Vierpol

Ein Vierpol enthält zwei Widerstände R1, R2 sowie einen Kondensator C1. Wird am Eingang die Spannung u_e angelegt, so wird am Ausgang die Spannung u_a und im Kondensator der Strom i_C gemessen.

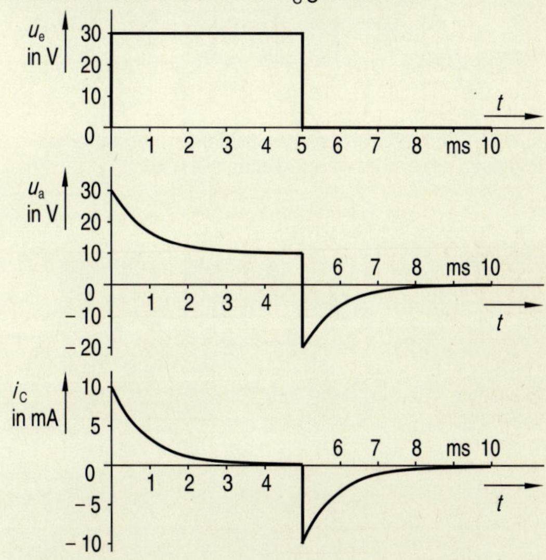

a) Welchen Aufbau muss der Vierpol aufgrund der gegebenen Signalverläufe besitzen? Skizzieren Sie die Schaltung und begründen Sie den gefundenen Schaltungsvorschlag.

b) Berechnen Sie die beiden Widerstandswerte R_1 und R_2 sowie die Kapazität C_1 des Kondensators.

3.9 Impulsverformung

Spannungen an R und C

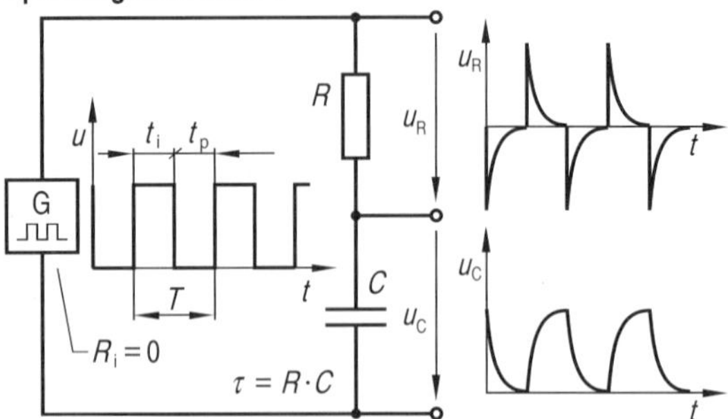

- **Mit einer R-C-Reihenschaltung kann eine Spannung näherungsweise elektrisch differenziert bzw. integriert werden**

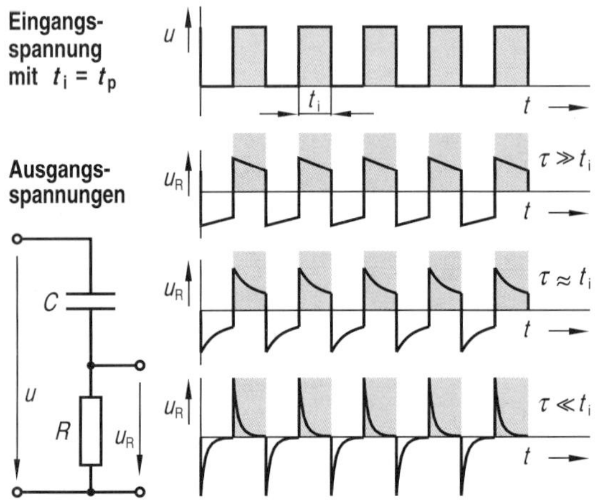

- **Ein CR-Glied differenziert den zeitlichen Verlauf eines Impulses näherungsweise, wenn $\tau \ll t_i$ ist**

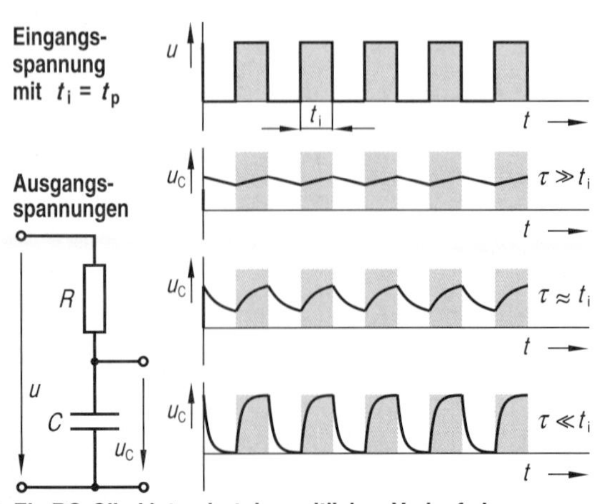

- **Ein RC-Glied integriert den zeitlichen Verlauf eines Impulses näherungsweise, wenn $\tau \gg t_i$ ist**

Prinzip

Wird ein Kondensator mit konstanter Spannung aufgeladen, so steigt seine Spannung stets nach einer e-Funktion (Exponentialfunktion mit Basis e); wird der Kondensator entladen, so sinkt die Spannung ebenfalls nach einer e-Funktion. Wird der Kondensator einer R-C-Reihenschaltung durch eine Rechteckspannung periodisch auf- und entladen, so steigt und sinkt die Kondensatorspannung entsprechend. Die eingespeiste Rechteckspannung wird dabei am Kondensator so verformt, dass sie näherungsweise einer mathematischen Integration des Eingangsimpulses entspricht. Auch am Widerstand tritt eine verformte Spannung auf; sie entspricht näherungsweise der mathematischen Differentiation des Eingangsimpulses.

Differenzierglied

Die Reihenschaltung von Widerstand und Kondensator kann als Differenzierglied eingesetzt werden. Die differenzierte Eingangsspannung wird dabei am ohmschen Widerstand R abgegriffen (CR-Glied).

Für die Form der am Widerstand abgegriffenen Spannung ist die Zeitkonstante τ ausschlaggebend. Wie die nebenstehenden Diagramme zeigen, tritt am Widerstand nahezu der Eingangsimpuls auf, wenn die Zeitkonstante τ groß im Verhältnis zur Impulsdauer t_i der Rechteckspannung ist. Wird die Zeitkonstante hingegen klein im Vergleich zur Impulsdauer, so tritt am Widerstand ein nadelförmiger Impuls auf.

Die mathematische Differentiation einer Rechteckfunktion führt zu Nadeln mit unendlich kurzer Dauer und unendlich großer Höhe. Daraus lässt sich ableiten, dass die elektrische Differentiation mit Hilfe eines CR-Gliedes umso genauer ist, je kleiner die Zeitkonstante im Vergleich zur Impulsdauer ist.

Integrierglied

Mit einer Reihenschaltung aus R und C kann auch eine elektrische Integration erreicht werden; die integrierte Eingangsspannung wird dabei am Kondensator C abgegriffen (RC-Glied).

Wie beim Differenzieren ist das Verhältnis der Zeitkonstanten zur Impulsdauer der Eingangsspannung von ausschlaggebender Bedeutung. Ist $\tau \ll t_i$, so bleibt der Eingangsimpuls am Kondensator praktisch unverformt, ist hingegen $\tau \gg t_i$, so tritt am Kondensator eine Spannung auf mit ungefähr dreieckförmigem Verlauf.

Die mathematische Integration einer Rechteckfunktion führt zu einer Schar von Geraden. Daraus lässt sich ableiten, dass die elektrische Integration mit Hilfe eines RC-Gliedes umso genauer ist, je größer die Zeitkonstante im Vergleich zur Impulsdauer ist.

Differenzier- und Integrierglieder werden insbesondere in der Mess- und Regeltechnik eingesetzt.

Anmerkung zum „Differenzieren“
Unter dem Differenzieren („Ableiten“) einer Funktion (Stammfunktion) versteht man die Bestimmung der Funktionsänderung. Wird die Stammfunktion grafisch dargestellt, so entspricht die differenzierte (abgeleitete) Funktion der Steigung dy/dx der Stammfunktion.
Das Beispiel zeigt eine Trapez-Kurve mit verschiedenen Steigungen (Stammfunktion) und die mathematische Differentiation (Ableitung) dieser Funktion.
Mit einem CR-Glied kann die Kurvenform eines Spannungsimpulses elektrisch differenziert werden. Die elektrische Differentiation entspricht der mathematischen umso besser, je kleiner das Verhältnis τ/t_i ist.

Anmerkung zum „Integrieren“
Das Integrieren stellt die umgekehrte Operation zum Differenzieren dar, d.h. zu einer gegeben Funktion wird die zugehörige Stammfunktion bestimmt. Die Stammfunktion ist die Funktion, die differenziert wieder die ursprüngliche Funktion ergibt.
Nicht zu jeder Funktion kann eine Stammfunktion bestimmt werden; ist eine Integration aber möglich, so gibt es unendlich viele Lösungen.
Das Beispiel zeigt eine Gerade mit positiver Steigung und eine Schar von zugehörigen Stammfunktionen.
Mit einem RC-Glied kann die Kurvenform eines Spannungsimpulses elektrisch integriert werden. Die elektrische Integration entspricht der mathematischen umso besser, je größer das Verhältnis τ/t_i ist.

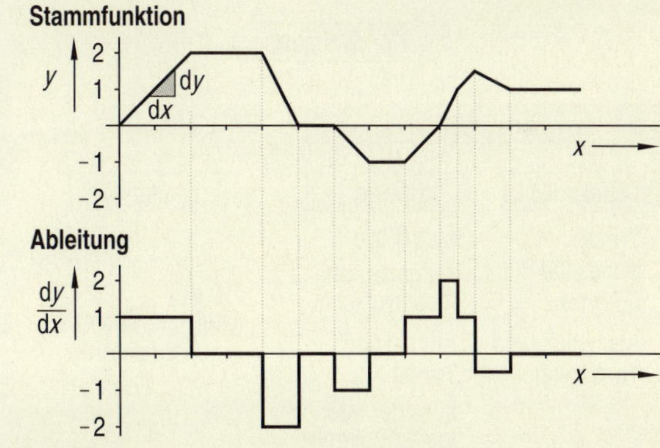

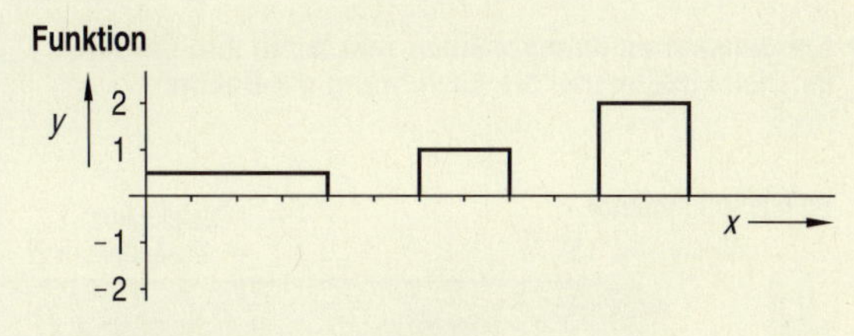

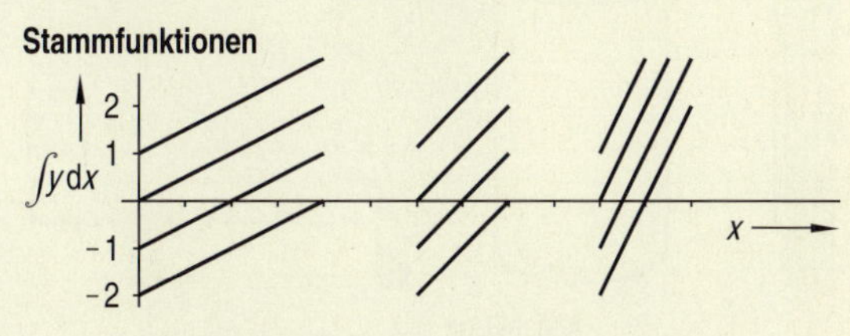

Aufgaben

3.9.1 Differentiation von Impulsen

Gegeben sind folgende elektrische Signale:

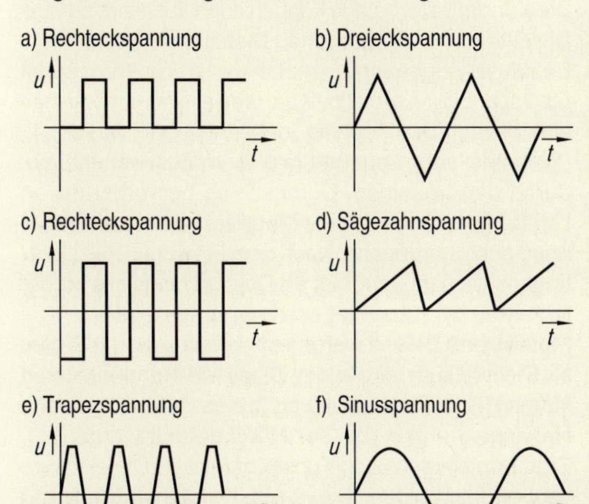

Zeichnen Sie zu jeder Kurve die Ableitung du/dt.

3.9.2 Nadelimpulse

Aus einer symmetrischen Rechteckspannung ($t_i = t_p$) der Periodendauer $T = 20\,\mu s$ sollen mit Hilfe eines CR-Gliedes Nadelimpulse der Breite $2\,\mu s$ erzeugt werden. Berechnen Sie den notwendigen Widerstandswert R, wenn ein Kondensator mit $C = 20\,nF$ gewählt wird.

3.9.3 Impulsübertragung

Eine Signalleitung kann in erster Näherung durch folgendes Ersatzschaltbild dargestellt werden:

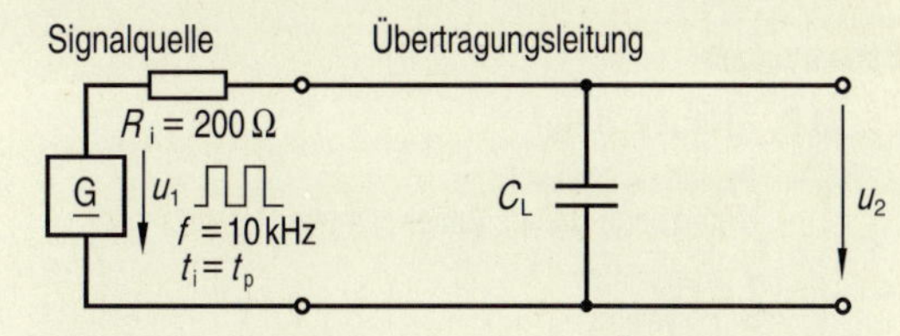

a) Wie beeinflusst die Leitung die Übertragung von Rechteckimpulsen kleiner bzw. großer Frequenz?
b) Berechnen Sie die maximal zulässige Kapazität der Leitung, wenn das Ausgangssignal u_2 am Ende der Leitung noch seinen vollen Wert erreichen soll.

3.10 Bauformen von Kondensatoren I

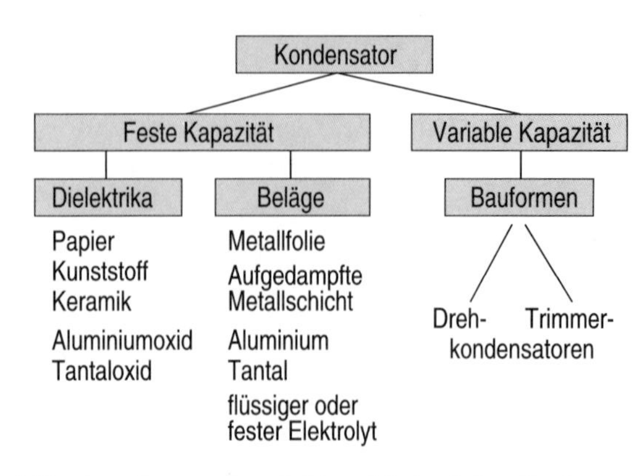

- **Kondensatoren unterscheiden sich durch ihre Bauform, ihr Dielektrikum und die Ausführung der Beläge**

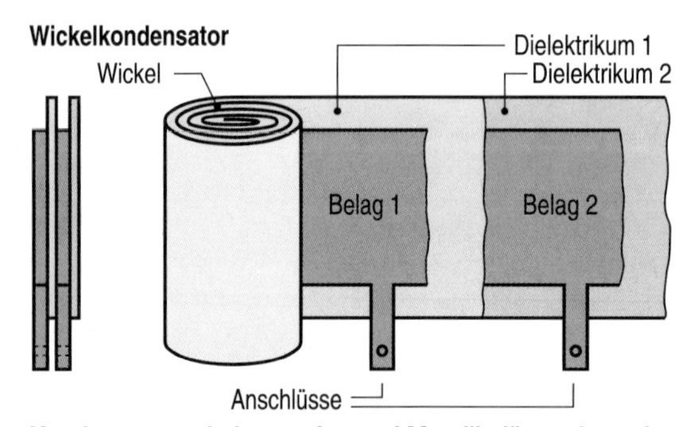

- **Kondensatoren haben meist zwei Metallbeläge mit zwei dazwischenliegenden Dielektrika; zur Platzersparnis werden die vier Schichten zu einem Wickel aufgerollt**

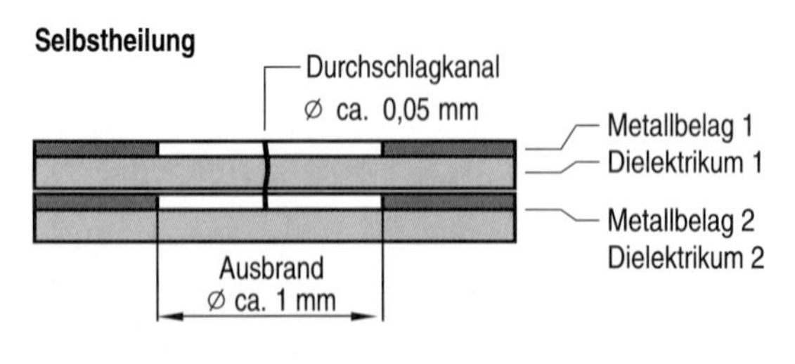

Benennungen

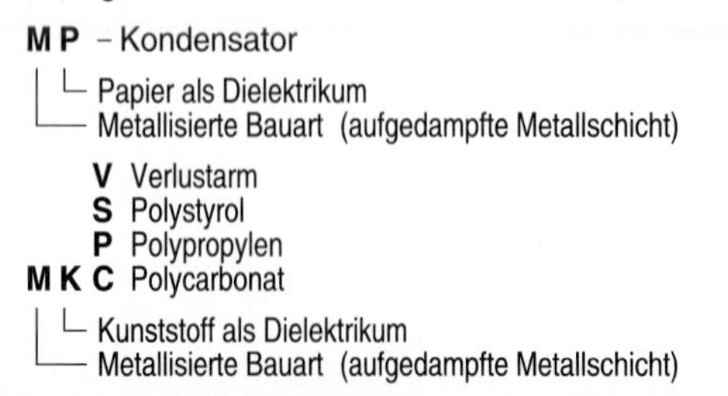

- **Aufgedampfte Beläge haben einen Selbstheilungseffekt**

Feste und variable Kapazität

Für die meisten Anwendungsfälle sind Kondensatoren mit fester Kapazität (Festkondensatoren) ausreichend. Je nach Anwendungsgebiet werden Kapazitäten von 10^{-12} Farad bis etwa ein Farad und Nennspannungen zwischen einigen Volt und einigen Kilovolt verlangt.
Die verschiedenen Kondensatortypen unterscheiden sich
1. durch das Dielektrikum,
2. durch die Ausführung der Beläge.

Je nach Aufbau werden die einzelnen Kondensatoren als Papier- und Kunststofffolien-Kondensatoren, MP-Kondensatoren, MKV-Kondensatoren, Keramik- und Elektrolytkondensatoren bezeichnet.
Soll die Kapazität eines Kondensators veränderbar sein, z. B. zu Abstimmzwecken, so werden Drehkondensatoren oder Trimmerkondensatoren eingesetzt.

Metallfolie als Beläge

Die klassische Ausführung eines Kondensators besteht aus zwei Metallplatten und einem dazwischenliegenden Dielektrikum. Diese Bauweise wird z. B. beim sogenannten Papier-Kondensator angewandt: zwischen zwei „freitragenden“ Aluminiumfolien befindet sich ein mit Isolieröl getränktes Spezialpapier.
Um die Baugröße gering zu halten, werden die Folien zu einem Wickel gerollt, wobei zur Vermeidung von Kurzschlüssen eine weitere Lage Isolierpapier eingebracht werden muss. Die fertigen Wickel werden mit Isolieröl oder Harz getränkt, in ein Aluminiumrohr gesteckt und mit Vergussmasse abgedichtet.
Statt dem Dielektrikum Papier werden in zunehmendem Maße auch Kunststofffolien eingesetzt.

Aufgedampfte Beläge

Die Kondensatorbeläge können auch aus einer auf das Dielektrikum aufgedampften Metallschicht bestehen. Bei dieser sogenannten metallisierten Bauform erhält man sehr dünne Metallbeläge, die bei einem möglichen elektrischen Durchschlag „selbstheilend“ wirken.
„Selbstheilung“ bedeutet in diesem Zusammenhang: durch den bei einem Durchschlag hervorgerufenen Lichtbogen verdampft die Metallschicht in der Umgebung des Lichtbogens. Nach dem Erlöschen des Lichtbogens nach ca. 10 ms ist die Durchschlagstelle wieder fehlerfrei; die Kapazität sinkt nur unwesentlich.
Metallisierte Beläge werden oft zusammen mit Papier als Dielektrikum verwendet. Diese MP-Kondensatoren können für große Kapazitäten (bis ca. 500 µF) und hohe Nennspannungen (bis ca. 20 kV) gebaut werden.
Statt Papier kann auch Kunststofffolie als Dielektrikum verwendet werden. Diese MK-Kondensatoren sind besonders platzsparend und verlustarm.
MP- und MK-Kondensatoren werden vor allem in der Energietechnik eingesetzt.

MKV-Kondensatoren

In Industrieanlagen werden meist MKV-Kondensatoren eingesetzt. Sie besitzen einen kombinierten Aufbau aus Kunststofffolien und beidseitig metallisiertem Papier. Das Papier dient dabei nur als Träger für die Metalldampfschicht und als Imprägnierhilfe.

MKV-Kondensatoren sind sehr verlustarm (Kennbuchstabe V) und platzsparender als MP-Kondensatoren. Anwendungsgebiete sind: Betriebskondensator für Motoren, Kompensation von Blindleistung, Koppel- und Siebkondensatoren in der Industrieelektronik.

Schichtenfolge eines MKV-Kondensators

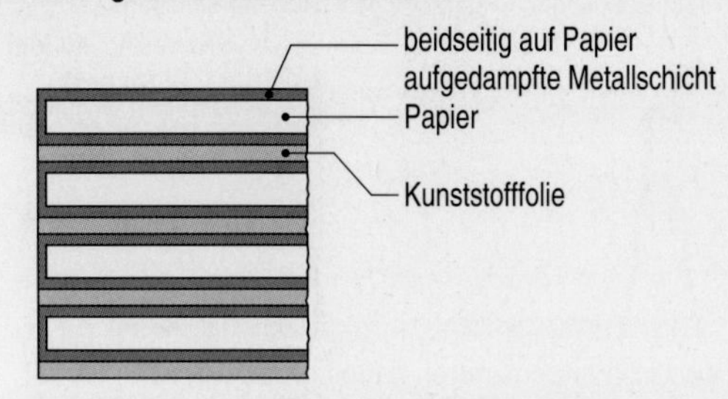

Selbstheilung

Durchschläge zwischen den Metallfolien eines Papier-Kondensators führen meist zur Zerstörung des Kondensators, weil zwischen den Belägen ein leitender Kanal zurückbleiben kann.

Bei den nur etwa 1µm dicken metallisierten Belägen der MP- und MK-Kondensatoren besteht diese Gefahr nicht, weil bei Kondensatorspannungen über 20V der beim Durchschlag entstehende Lichtbogen das Metall an der Fehlerstelle verdampft.

Bei Kondensatorspannungen unter 20V reicht allerdings die Entladeenergie zur Selbstheilung nicht aus. In diesem Fall muss der Kondensator kurzfristig an höhere Spannung gelegt und „ausgeheilt“ werden. Durchschlag und Ausbrennvorgang führen kurzzeitig zu einem Einbruch der Kondensatorspannung. In impulsempfindlichen Schaltungen werden deshalb MPI-Kondensatoren eingesetzt, die eine besonders hohe Sicherheit gegen Durchschläge aufweisen.

Mechanischer Schutz

Die für Kondensatoren als Dielektrika eingesetzten Papiere und Kunststofffolien sind hygroskopisch, d.h. sie nehmen aus der Luft Wasser auf. Durch die Wasseraufnahme sinkt der Isolationswiderstand, die Permittivitätszahl kann sich ebenfalls ändern. Der Wickel muss deshalb vor der Berührung mit der Umgebungsluft geschützt werden.

Der Schutz wird üblicherweise durch Becher aus Aluminium, Kunststoff oder Keramik erreicht, die mit Isolieröl aufgefüllt und mit Gießharz verschlossen werden. Ältere Kondensatoren können auch polychlorierte Biphenyle (PCB), z. B. Clophen, als Isolieröl enthalten. Da diese Stoffe hochgiftig sind und beim Verbrennen Dioxine freisetzen, dürfen sie nicht mehr verwendet werden. PCB-haltige Kondensatoren aus alten Geräten müssen als Sondermüll entsorgt werden.

Dämpfungsarme Kondensatoren

Kondensatorwickel bestehen aus langen, dabei aber vergleichsweise schmalen Belägen. Kondensatoren haben deshalb außer ihrer Kapazität noch einen ohmschen Widerstand und eine gewisse Induktivität.

Ohmscher Widerstand und Induktivität werden stark reduziert, wenn sämtliche Lagen eines Belages an einer Stirnseite durch Löten oder Schweißen miteinander verbunden werden. Derartige Kondensatoren heißen „dämpfungsarm“, sie tragen den Kennbuchstaben „d“.

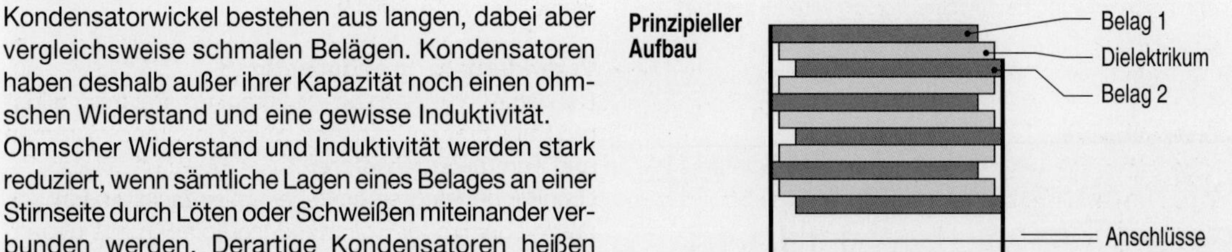

Aufgaben

3.10.1 Aufbau von Kondensatoren

Erklären Sie den prinzipiellen Aufbau von
a) Papier-Kondensatoren,
b) MP- und MK-Kondensatoren,
c) dämpfungsarmen MP-Kondensatoren.
d) Welche Bedeutung haben die Buchstaben C, P und S hinter der Bezeichnung MK eines Kondensators?
e) Wie sind PCB-haltige Kondensatoren zu behandeln?

3.10.2 Betriebseigenschaften

a) Nennen Sie die Vorteile von MP-Kondensatoren im Vergleich zu Papier-Kondensatoren.
b) Erklären Sie die Begriffe Selbstheilung und Ausheilung im Zusammenhang mit MP-Kondensatoren.
c) Warum haben gewickelte Kondensatoren auch noch einen ohmschen und einen induktiven Widerstand? Wie können diese Widerstände verringert werden?

3.11 Bauformen von Kondensatoren II

Bauformen

Scheibenkondensator: Silberbelag, Keramik, ⌀ ca. 10 mm, Anschlussdraht

Rohrkondensator: Silberbelag (außen), Keramik, Silberbelag (innen), Anschlussdraht

- **Keramikkondensatoren haben große Kapazitäten bei kleiner Bauform; ihr Einsatzgebiet ist die HF-Technik**

Prinzipieller Aufbau

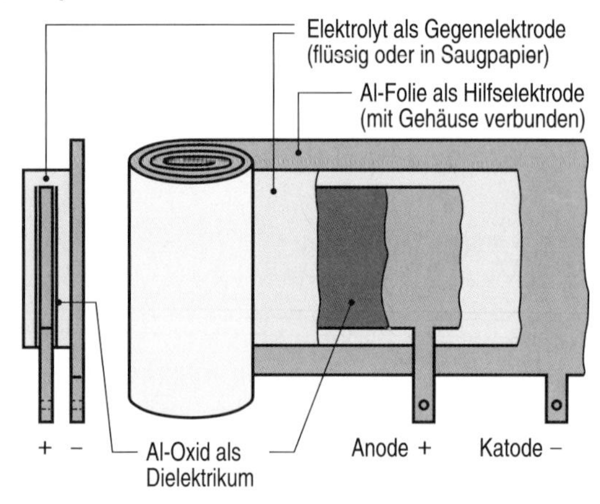

- **Bei Elektrolytkondensatoren wird das Dielektrikum elektrochemisch erzeugt, bei falscher Polung wird es zerstört**

Drehkondensator

Schaltzeichen

Rotorpaket

α

Statorpaket

Trimmkondensator

Schaltzeichen

- **Drehkondensatoren dienen zum betriebsmäßigen Einstellen der Kapazität, Trimmkondensatoren zum einmaligen Abgleich**

Keramik-Kondensator

Dieser Kondensatortyp enthält als Dielektrikum einen sehr dünnwandigen Keramikkörper, auf dessen Oberfläche beidseitig eine Edelmetallschicht aufgedampft ist. Wegen der hohen Permittivitätszahl von keramischen Massen (ε_r bis 10000) sind auch bei vergleichsweise kleinen Baugrößen sehr hohe Kapazitäten (bis zu einigen µF) erreichbar.

Keramikkondensatoren werden wegen ihrer geringen Verluste vor allem in der HF-Technik eingesetzt. In der Starkstromtechnik sind sie aus Sicherheitsgründen (VDE 0100) nicht zugelassen.

Elektrolytkondensatoren

„Elkos" unterscheiden sich von allen anderen Kondensatortypen ganz wesentlich durch ihr Dielektrikum. Während bei „normalen" Kondensatoren das Dielektrikum bei der Herstellung als dünne Folie eingebracht wird, entsteht das Dielektrikum hier beim Anlegen von Gleichspannung durch elektrochemische Vorgänge, das sogenannte Formatieren.

Am häufigsten werden Aluminium-Elektrolytkondensatoren eingesetzt. Sie enthalten Aluminiumfolie als positive Elektrode (Anode) und ein festes oder flüssiges Elektrolyt, welches die Verbindung zum Gehäuse, der negativen Elektrode (Katode), herstellt. Beim Anlegen von Gleichspannung mit korrekter Polarität wird das Dielektrikum, die sehr dünne Al-Oxidschicht, erhalten, bei falscher Polung und an Wechselspannung wird die Oxidschicht abgebaut und zerstört.

Statt Aluminium kann auch Tantal verwendet werden. Elektrolytkondensatoren haben wegen des dünnen Dielektrikums sehr hohe Kapazitäten bei vergleichsweise kleinen Abmessungen.

Veränderbare Kondensatoren

Bei den Kondensatoren mit veränderbarer (einstellbarer) Kapazität unterscheidet man Drehkondensatoren und Trimmkondensatoren.

Drehkondensatoren bestehen im einfachsten Fall aus zwei voneinander isolierten Metallplatten, die gegeneinander verdreht werden können. Zur Vergrößerung der Kapazität werden mehrere feststehende Platten zu einem Statorpaket und entsprechend viele drehbare Platten zu einem Rotorpaket zusammengefasst. Als Dielektrikum dient üblicherweise Luft. Durch mehr oder weniger tiefes Eindrehen des Rotorpaketes in das Statorpaket kann die Kapazität eingestellt werden.

Trimmkondensatoren (trim einstellen) funktionieren im Prinzip wie Drehkondensatoren, ihr Einstellbereich ist aber kleiner. Als Dielektrikum dient Luft (Lufttrimmer) oder Keramik.

Trimmkondensatoren dienen zum einmaligen bzw. gelegentlichen Feinabgleich von Kapazitäten.

NDK- und HDK-Kondensatoren

Die Kapazität von Keramik-Kondensatoren ist wesentlich von der eingesetzten Keramiksorte bzw. deren Permittivitätszahl ε_r abhängig. Man unterscheidet:

Typ 1: Keramik-Kondensatoren, die ein Dielektrikum mit **n**iedriger **D**ielektrizitäts**k**onstante (Permittivitätszahl) im Bereich $\varepsilon_r = 10...200$ verwenden. Anwendung: Filter und Schwingkreise der HF-Technik; Kapazitäten von ca. 0,5 pF bis 10 nF.

Typ 2: Keramik-Kondensatoren, die ein Dielektrikum mit **h**oher **D**ielektrizitäts**k**onstante (Permittivitätszahl) im Bereich $\varepsilon_r = 200...10000$ verwenden. Anwendung: Siebung und Kopplung in der HF-Technik; Kapazitäten bis etwa 0,1 µF.

Miniaturisierung von Kondensatoren

Zum Bestücken von Leiterplatten werden Kondensatoren mit möglichst kleinen Abmessungen benötigt. Diese Forderung ist mit Hilfe der hohen Permittivitätszahl bestimmter keramischer Massen realisierbar. Besonders kleine Abmessungen erhält man mit sogenannten Keramik-Vielschicht-Chip-Kondensatoren.

Diese Kondensatoren bestehen aus einem Stapel von dünnen Keramikscheiben, die mit Edelmetall bedampft sind. Die Maße sind z. B. 2 mm x 1,25 mm x 0,15 mm bei einer Kapazität von 0,47 pF und 63 V Nennspannung. Die Bauteile haben keine Anschlussdrähte, sondern werden auf die Platine geklebt (SMD-Technik).

Elektrolytkondensatoren, Einteilung

Die Einteilung von Elektrolytkondensatoren erfolgt nach DIN in Typen und Gruppen.

Die Einteilungen in Typ 1 und Typ 2 unterscheidet die Kondensatoren nach ihrer Betriebszuverlässigkeit:

Typ 1: Elektrolytkondensatoren für erhöhte Anforderungen, für Dauerbetrieb und mit bestimmten Anforderungen an die Toleranz.

Typ 2: Elektrolytkondensatoren für normale Anforderungen und für Geräte mit eingeschränkter Wichtigkeit.

Die beiden Typen 1 und 2 werden nach ihrem elektrischen Einsatzgebiet jeweils noch in die Untergruppen A und B aufgeteilt.

Gruppe A: Elektrolytkondensatoren zum Glätten und Koppeln von Spannungen mit niedrigen Frequenzen.

Gruppe B: Elektrolytkondensatoren für häufige Lade- bzw. Entladevorgänge, d.h. für den Einsatz bei höheren Frequenzen. Die Toleranzen sind niedriger als bei Gruppe A.

Al- und Ta-Elektrolytkondensatoren

Elektrolytkondensatoren enthalten meist Aluminium. Höhere Betriebszuverlässigkeit und günstigere Kennwerte erreicht man aber mit Tantal-Elektrolytkondensatoren. Sie werden als Wickelkondensatoren, als Sinterkondensatoren und in Chiptechnik hergestellt.

Die wesentlichen Vorteile von Ta-Kondensatoren sind:

1. Nahezu temperatur- und spannungsunabhängige Kapazität,
2. Unbegrenzte Lagerfähigkeit (bei Al nur ca. 4 Jahre),
3. Kleine Restströme.

Restströme

Bei angelegter Gleichspannung fließt in allen Elektrolytkondensatoren ein kleiner Strom, der sogenannte Reststrom. Er beruht insbesondere auf Unreinheiten im Elektrodenmaterial. Mit zunehmender Temperatur steigt der Reststrom stark an.

Der Reststrom verursacht Verluste und damit eine Erwärmung des Kondensators, zum Erhalt der isolierenden Oxidschicht ist er aber zwingend erforderlich. Ta-Elektrolytkondensatoren haben einen kleineren Reststrom als Kondensatoren mit Al-Anode.

Gepolte und ungepolte Kondensatoren

Elektrolytkondensatoren sind gepolte Kondensatoren, d.h. sie müssen mit Gleichspannung und bei richtiger Polung betrieben werden. Bei Falschpolung mit Spannungen über 2 V (je nach Typ) bzw. bei Betrieb an Wechselspannung wird die Oxidschicht abgebaut; das Elektrolyt wird dabei erhitzt und der Kondensator kann explosionsartig zerstört werden.

Um „Elkos“ auch an Wechselspannung betreiben zu können, müssen ungepolte Typen verwendet werden. Bei ihnen sind in einem Gehäuse zwei gepolte Kondensatoren in Reihe, aber gegeneinander (Katode an Katode) geschaltet. Auch zwei diskrete, gleichartige Elkos können auf diese Weise zusammengeschaltet und an Wechselspannung betrieben werden.

3.12 Kennwerte von Kondensatoren

Nennkapazität

Die Kapazität ist die wichtigste Kenngröße eines Kondensators. Die Nennkapazität ist die Kapazität, für die der Kondensator bei 20 °C gebaut und nach der er benannt ist. Die Nennkapazitäten sind nach den IEC-Normreihen E6, E12 oder E24 gestuft, Elektrolytkondensatoren üblicherweise nach Baureihe E6.
Der Aufdruck der Nennkapazität erfolgt je nach den geometrischen Abmessungen des Kondensators sehr verschieden. Folgende Angaben sind üblich:

1. Vollständige Angabe mit Zahlenwert und Einheit
2. Zahlenwert mit verkürzter Einheit
3. Zahlenwert ohne Einheit,
   die korrekte Einheit, pF oder μF, muss vom Fachmann aufgrund der Baugröße gefolgert werden
4. Farbmarkierung nach internationalem Farbcode.

Der tatsächliche Wert der Kapazität kann vom Nennwert um die zulässige Toleranz abweichen.

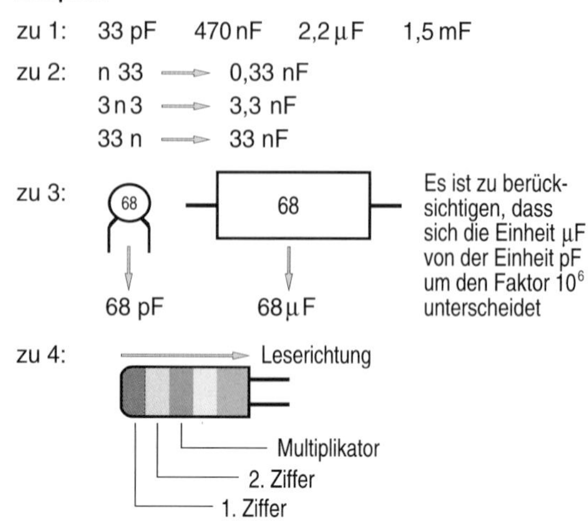

Toleranz

Aus fertigungstechnischen Gründen sind alle Kapazitätsangaben mit Toleranzen behaftet. Die Herstellungstoleranz gilt prinzipiell für den Tag der Auslieferung, durch Lagerung und Betrieb werden die Toleranzen in der Regel größer. Der Aufdruck der Toleranz auf dem Kondensator kann auf verschiedene Arten erfolgen. Folgende Angaben sind üblich:

1. Vollständige prozentuale Zahlenangabe
2. Farbmarkierung nach internationalem Farbcode
3. Markierung mit Buchstabencode (Großbuchstaben).

Bei der Toleranzangabe ist zu beachten, dass die Angaben bei kleinen Kapazitäten bis 10 pF in pF gemacht werden, bei großen Kapazitäten über 10 pF hingegen in Prozent. Diese Regelung gilt sowohl für den Farbals auch für den Buchstabencode.

Beispiele:

zu 1: 2,2 μF ± 5 %

zu 2:

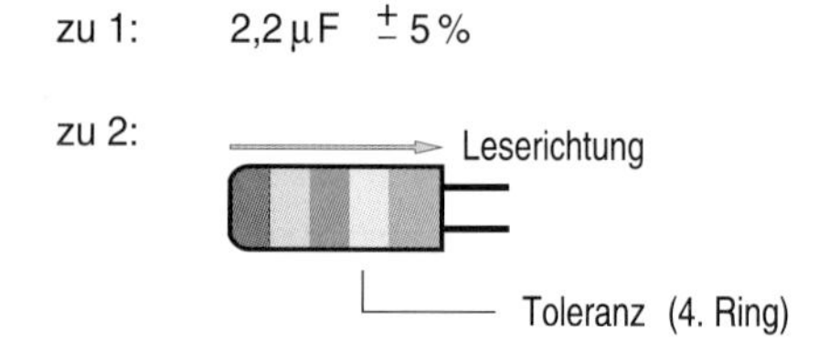

zu 3: 4,7 pF G
└ ± 2 pF weil Nennwert < 10 pF

470 pF G
└ ± 2 % weil Nennwert > 10 pF

Nennspannung

Das Dielektrikum eines Kondensators wird durch das von der Spannung hervorgerufene elektrische Feld stark belastet. Um einen elektrischen Durchschlag zu vermeiden, darf deshalb die Nennspannung nicht überschritten werden.
Die Nennspannung kann als Gleich- oder als Wechselspannungswert angegeben werden; sie bezieht sich auf die Umgebungstemperatur 40 °C.
Auch die Nennspannung kann auf verschiedene Art angegeben werden. Folgende Arten sind üblich:

1. Zahlenangabe in Volt
2. Farbmarkierung nach internationalem Farbcode
3. Markierung mit Buchstabencode (Kleinbuchstaben).

Zu beachten ist, dass für Tantal-Elektrolytkondensatoren wegen ihrer wesentlich kleineren Nennspannungen eine andere Farbcodierung als bei den anderen Kondensatortypen gilt.

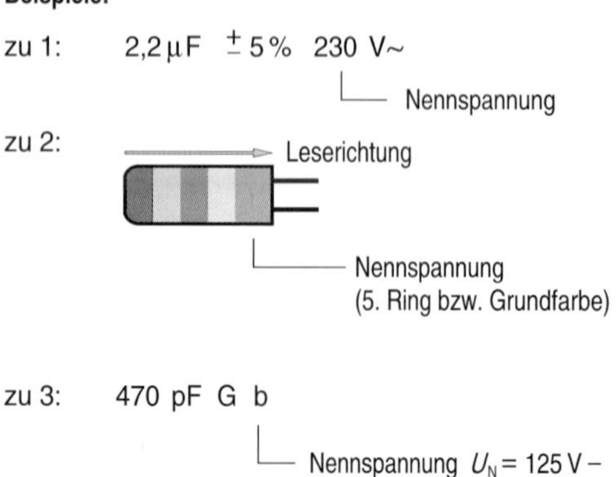

Fertigungswerte von Kondensatoren nach E-Reihen

Reihe	Kapazitätswerte												Toleranz	Bemerkung
E6	1,0		1,5		2,2		3,3		4,7		6,8		±20%	Die Toleranz des tatsächlich gefertigten Bauelements kann andere Werte haben (siehe auch Kap. 1.8)
E12	1,0	1,2	1,5	1,8	2,2	2,7	3,3	3,9	4,7	5,6	6,8	7,5	±10%	
E24	1,0 1,1	1,2 1,3	1,5 1,6	1,8 2,0	2,2 2,4	2,7 3,0	3,3 3,6	3,9 4,3	4,7 5,1	5,6 6,2	6,8 7,5	8,2 9,1	± 5%	

Farb-Kennzeichnung von Kondensatoren, Werte in pF

Farbe der Ringe oder Punkte	schwarz (sw)	braun (br)	rot (rt)	orange (or)	gelb (gb)	grün (gn)	blau (bl)	violett (vl)	grau (gr)	weiß (ws)	gold (au)	silber (ag)	ohne Farbe
1. Ring → 1. Ziffer	–	1	2	3	4	5	6	7	8	9	–	–	–
2. Ring → 2. Ziffer	0	1	2	3	4	5	6	7	8	9	–	–	–
3. Ring → Multiplikator	10^0	10^1	10^2	10^3	10^4	10^5	10^6	10^7	10^8	10^9	10^{-1}	10^{-2}	–
4. Ring → Toleranz	–	± 1%	± 2%	–	–	± 0,5%	–	–	–	–	± 5%	± 10%	± 20%
5. Ring → Nennspg./V bei Ta-Kondensatoren	– 4	100 6	200 10	300 15	400 20	500 25	600 35	700 50	800 –	900 –	1000 –	2000 –	500 –

Kennzeichnung der Toleranzen durch Großbuchstaben

Kennbuchstabe	B	C	D	F	G	J	K	M	N	Q	S	T	Z
Toleranz in %	±0,1	± 0,25	± 0,5	±1	± 2	± 5	±10	± 20	± 30	+ 30 – 10	+ 50 – 20	+ 50 – 10	+ 80 – 20
	bei C_N < 10 pF in pF												

Kennzeichnung der Nennspannung durch Kleinbuchstaben

Kennbuchstabe	a	b	c	d	e	f	g	h	u	v	w
Nennspannung U_N in V	50 –	125 –	160 –	250 –	350 –	500 –	750 –	1000 –	250 ~	350 ~	500 ~

Temperaturbeiwert

Die Kapazität von Kondensatoren ist mehr oder weniger von der Temperatur abhängig. Mit Hilfe des Temperaturbeiwertes α_C kann die Kapazitätsänderung berechnet werden: $\Delta C = C_{20} \cdot \alpha_C \cdot \Delta\vartheta$.

Verlustfaktor

Kondensatoren haben vor allem bei Betrieb an Wechselspannung Verluste durch Restströme und Umpolarisierung. Sie werden durch den Verlustwinkel δ bzw. den Verlustfaktor $d = \tan\delta$ ausgedrückt (s. Kap. 8.11).

Aufgaben

3.12.1 Bauformen von Kondensatoren

a) Warum haben Keramikkondensatoren trotz kleiner Bauformen relativ hohe Kapazitäten? Nennen Sie Einsatzgebiete von Keramik-Kondensatoren.

b) Warum muss bei Elektrolytkondensatoren auf korrekte Polung der Betriebsspannung geachtet werden?

c) Nennen Sie die Vorteile von Ta-Elektrolytkondensatoren im Vergleich zu Al-Elektrolytkondensatoren.

d) Welche Möglichkeiten gibt es, um Elektrolytkondensatoren an Wechselspannung zu betreiben?

3.12.2 Kennzeichnung von Kondensatoren

Interpretieren Sie die folgenden Kennzeichnungen und Aufschriften von Kondensatoren:

a)

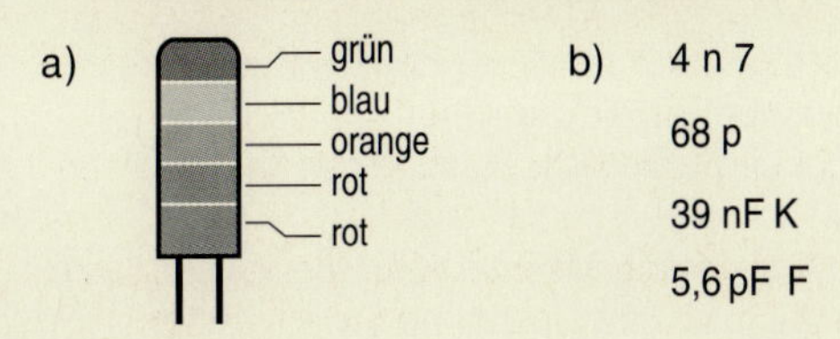

b) 4 n 7

68 p

39 nF K

5,6 pF F

Test 3.1

Fachgebiet: Elektrisches Feld und Kondensator
Bearbeitungszeit: 90 Minuten

T 3.1.1 Grundbegriffe

Erklären Sie folgende Grundbegriffe:
a) Feldkonstante,
b) Permittivitätszahl,
c) Influenz,
d) Polarisation,
e) Verschiebungsfluss.

T 3.1.2 Elektrisches Feld

Zwei sehr gut isolierte, quadratische Metallplatten mit der Fläche $A = 400\,\text{cm}^2$ und dem gegenseitigen Abstand $d = 2\,\text{cm}$ werden auf $U = 10\,\text{kV}$ aufgeladen und dann von der Spannungsquelle getrennt. Der Spannungsmesser P1 hat einen praktisch unendlich hohen Widerstand.

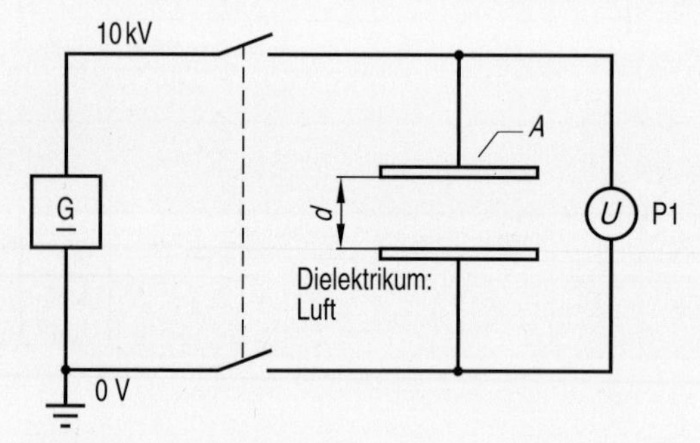

a) Wie ändert sich die Spannung zwischen den Platten, wenn der Plattenabstand verdoppelt, bzw. wenn er halbiert wird?
b) Kann das Feld zwischen den Platten als homogen betrachtet werden? Begründen Sie Ihre Aussage.
c) Berechnen Sie die Feldstärke, die Verschiebungsflussdichte sowie die Ladung auf den Platten.

T 3.1.3 Einleiterkabel

Ein Einleiterkabel zur Energieübertragung hat folgende Abmessungen:

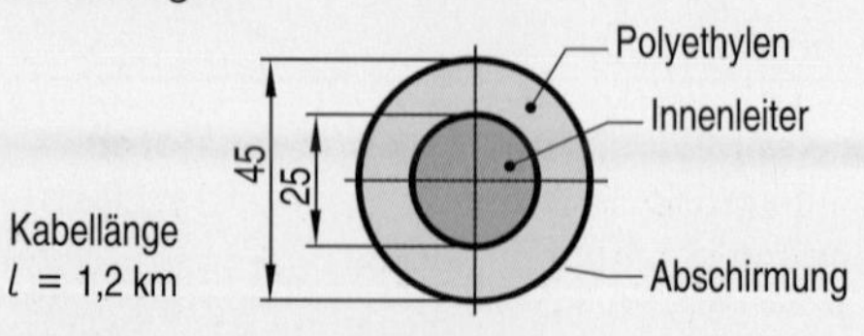

a) Erklären Sie, warum dieser Kabeltyp auch als Radialfeldkabel bezeichnet wird.
b) Berechnen Sie die Kapazität und den Kapazitätsbelag des Kabels.
c) Berechnen Sie die maximal auftretende Feldstärke, wenn die maximale Spannung 30 kV beträgt.

T 3.1.4 Geschichtetes Dielektrikum

Zwischen zwei Metallplatten sind zwei verschiedene Isolierstoffe gemäß folgender Skizze angeordnet; die Platten liegen an $U = 20\,\text{kV}$.

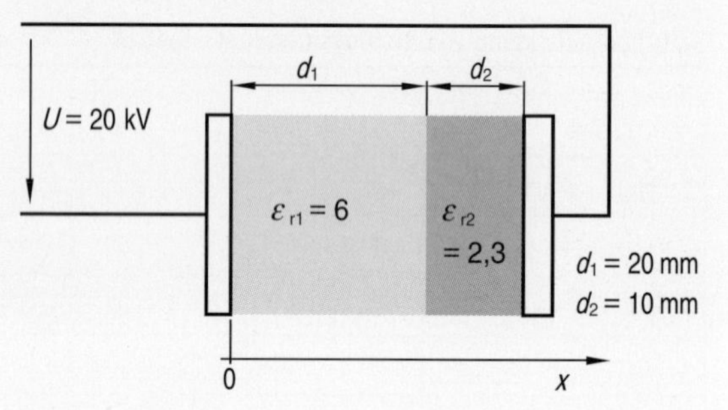

Berechnen Sie
a) die Spannungsaufteilung auf die beiden Dielektrika,
b) die elektrische Feldstärke in beiden Isolierstoffen.
Skizzieren Sie in ein gemeinsames Diagramm:
c) den Potentialverlauf $\varphi = f(x)$,
d) den Feldstärkeverlauf $E = f(x)$.

T 3.1.5 Kapazität

a) Nennen Sie den Zusammenhang zwischen Ladungsmenge, Spannung und Kapazität.
b) Erklären Sie, was man unter der Kapazität eines Kondensators versteht und nennen Sie die Einheit der Kapazität.
c) Aus einem sehr alten Rundfunkempfänger wird ein Kondensator ausgebaut, der als Kapazitätsangabe den Aufdruck „5 cm" enthält.
Erklären Sie diese Kapazitätsangabe.
d) Ein Plattenkondensator hat die aktive Plattenfläche $A = 0{,}1\,\text{m}^2$ und den Plattenabstand $d = 0{,}05\,\text{mm}$; als Dielektrikum dient Polyethylen (PE).
Berechnen Sie die Kapazität des Kondensators und die maximal zulässige Spannung.
e) Eine in Luft frei hängende Metallkugel hat den Durchmesser $D = 50\,\text{cm}$.
Berechnen Sie die Kapazität der Kugel.

T 3.1.6 Elektrische Feldlinien

Das elektrische Feld ist ein Erklärungsmodell, das mit Hilfe von Feldlinien elektrische Zustände anschaulich macht.
Skizzieren und erklären Sie einen Versuchsaufbau, bei dem mit Hilfe von Rizinusöl und Grießkörnern der Verlauf der elektrischen Feldlinien gezeigt werden kann.

Fachgebiet: Elektrisches Feld und Kondensator
Bearbeitungszeit: 90 Minuten

3.2.1 Grundbegriffe

Erklären Sie folgende Grundbegriffe:

a) Dipol,
b) Polarisation,
c) Dielektrikum,
d) Kapazität,
e) faradayscher Käfig.

3.3.2 Drehkondensator

Ein Drehkondensator mit folgenden Abmessungen besteht aus 23 Platten, von denen 12 drehbar gelagert sind. Das Rotorpaket ist im Bereich von $\alpha = 20°$ bis $180°$ drehbar.

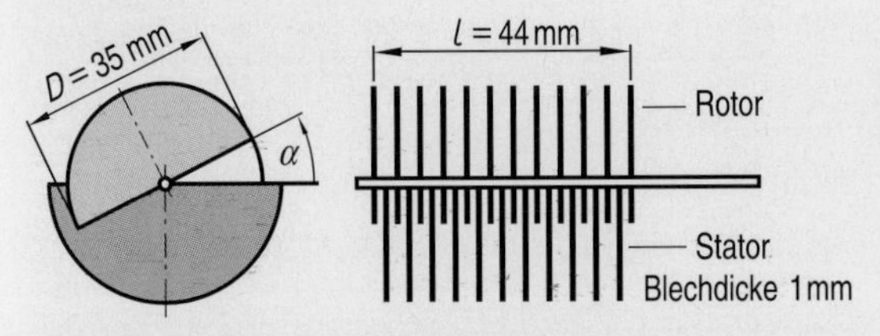

a) Berechnen Sie den einstellbaren Kapazitätsbereich.
b) Skizzieren Sie die Funktion $C = f(\alpha)$.

3.2.3 Kapazitiver Spannungsteiler

Im folgenden kapazitiven Spannungsteiler ist der Kondensator C2 im Bereich 0 bis 20 nF einstellbar.

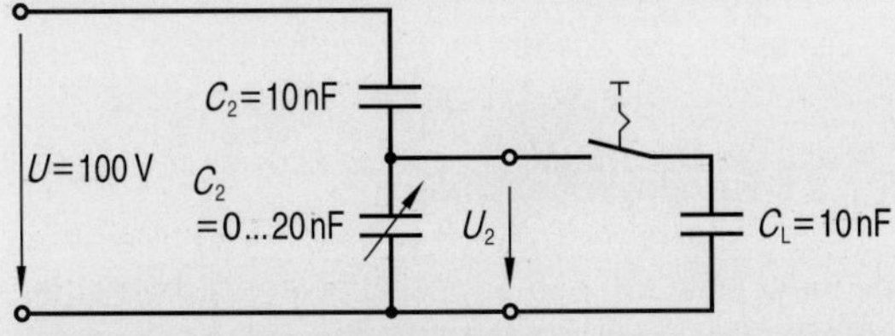

In welchem Bereich ist die Spannung U_2 einstellbar,

a) wenn der Teiler unbelastet ist,
b) wenn der Teiler mit $C_L = 10\,\text{nF}$ belastet ist?

3.2.4 Umladevorgang

In der folgenden Schaltung wird S1 pro Sekunde 5-mal umgeschaltet.

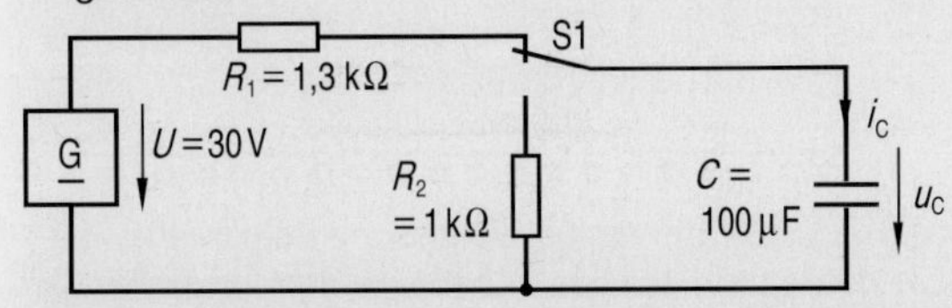

a) Berechnen Sie die Ein- und Ausschaltzeitkonstante.
b) Skizzieren Sie $u_c(t)$ und $i_c(t)$ für $0 < t < 1\,\text{s}$.

3.2.5 Netzwerk

In der folgenden Schaltung sei der Kondensator ungeladen. Zum Zeitpunkt $t_1 = 0$ wird Schalter S1 eingeschaltet, zum Zeitpunkt $t_2 = 1\,\text{s}$ wieder ausgeschaltet.

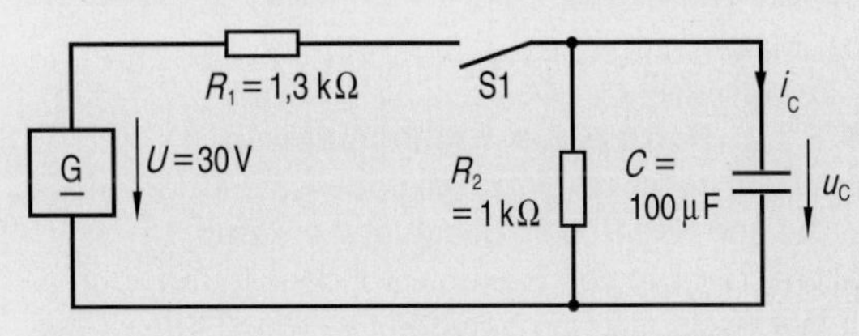

a) Berechnen Sie u_c und i_c für die Zeitpunkte 0, 0,1 s, 0,2 s, 0,3 s usw. bis $t = 2\,\text{s}$.
b) Skizzieren Sie $u_c = f(t)$ und $i_c = f(t)$ für $0 < t < 2\,\text{s}$.

3.2.6 Potentialbestimmung

In der folgenden Schaltung sei der Kondensator C ungeladen.

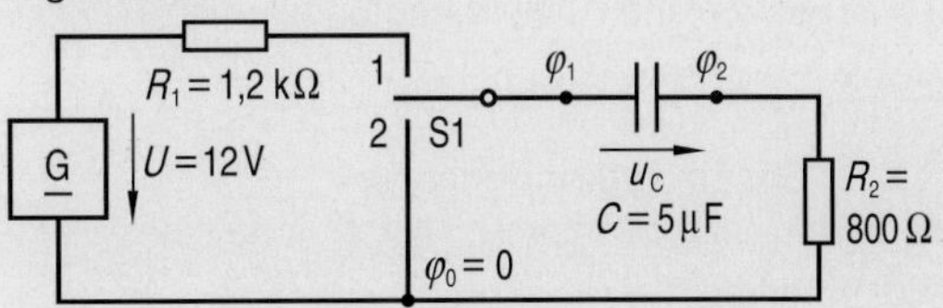

a) Berechnen Sie die Potentiale φ_1 und φ_2 sowie die Spannung u_c für den Augenblick, da Schalter S1 in Stellung 1 gebracht wird.
b) Berechnen Sie φ_1, φ_2 und u_c für den Fall, dass die Aufladung von C abgeschlossen ist.
c) S1 wird jetzt in Stellung 2 gebracht. Berechnen Sie φ_1, φ_2 und u_c für den Umschaltaugenblick.

3.2.7 Differenzierglied

Eine Rechteckspannung soll mit Hilfe einer RC-Schaltung elektrisch differenziert werden.

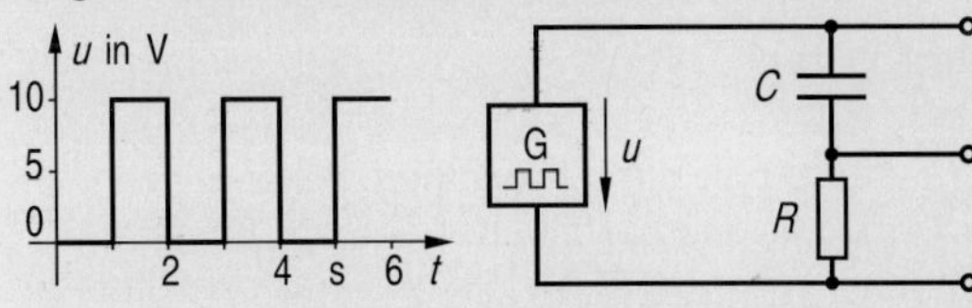

a) An welchem Bauteil tritt die differenzierte Spannung auf?
b) Wie muss die Schaltung dimensioniert werden, damit das Differenzierglied möglichst gut arbeitet?
c) Skizzieren Sie näherungsweise den Verlauf der mathematisch und der elektrisch differenzierten Spannung.

Test 3.3

Fachgebiet: Elektrisches Feld und Kondensator
Bearbeitungszeit: 90 Minuten

T 3.3.1 Kondensatoren

Erklären Sie den prinzipiellen Aufbau von
a) MP-Kondensatoren,
b) MK-Kondensatoren,
c) MKV-Kondensatoren,
d) „Elkos“.

T 3.3.2 Betrieb von Kondensatoren

a) Warum muss bei Elektrolytkondensatoren besonders auf korrekte Polung geachtet werden?
b) Welcher Typ von Elektrolytkondensatoren kann an Wechselspannung betrieben werden? Wie ist dieser Kondensatortyp im Prinzip aufgebaut?
c) Was versteht man unter „Selbstheilung“ eines Kondensators? Bei welchem Kondensatortyp gibt es eine derartige Selbstheilung?
d) Was ist beim Umgang mit PCB-haltigen Kondensatoren besonders zu beachten?
e) Was versteht man unter dämpfungsarmen Kondensatoren? Wie werden sie gekennzeichnet?

T 3.3.3 Elektrolytkondensator

Die Skizze zeigt den prinzipiellen Aufbau eines Elektrolytkondensators:

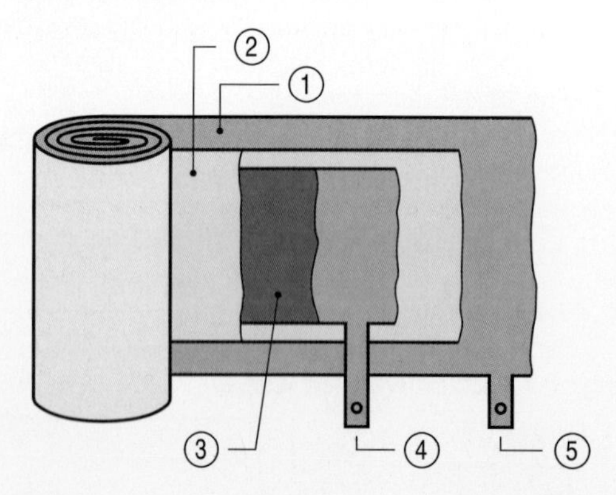

a) Benennen Sie die mit Nummern gekennzeichneten Einzelteile und beschreiben Sie ihre Aufgabe.
b) Warum muss bei Elektrolytkondensatoren stets ein kleiner Reststrom fließen?
c) Welche unangenehme Folgen verursacht der Reststrom eines Elektrolytkondensators?
d) Wie unterscheiden sich Al- und Ta-Elektrolytkondensatoren im Hinblick auf ihre Restströme?
e) Wie unterscheiden sich Al- und Ta-Elektrolytkondensatoren im Hinblick auf ihre Lagerfähigkeit?

T 3.3.4 Kapazitätsangaben

a) Bestimmen Sie die Kapazität der beiden folgenden Kondensatoren:

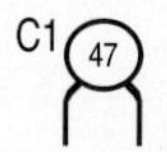

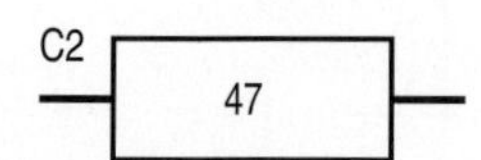

b) Drei Kondensatoren tragen die Aufschriften: n47, 4n7, 47p.
Bestimmen Sie jeweils die Kapazität.
c) Bestimmen Sie Kapazität, Toleranz und Nennspannung der beiden folgenden Kondensatoren:

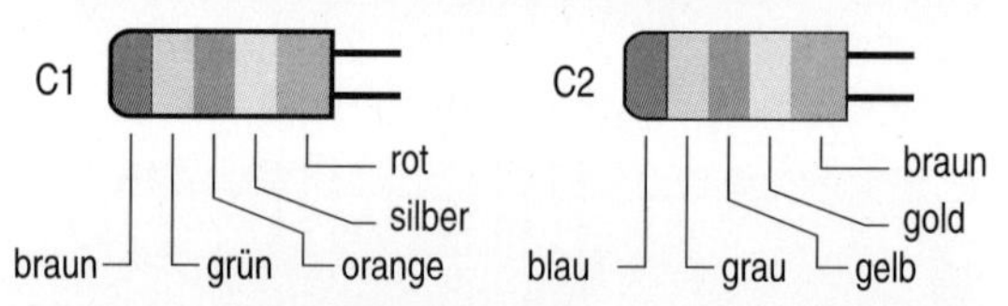

d) Erläutern Sie folgende Kondensatorkennzeichnung: 3,3 µF ±20 % 230 V~ .

T 3.3.5 Kapazitätsberechnung

a) Der Radius der Erde beträgt ungefähr 6378 km. Berechnen Sie die Kapazität der Erdkugel.
b) Die Erdkapazität soll durch einen Wickelkondensator mit folgenden Abmessungen realisiert werden: Breite der beiden Al-Folien $b = 60\,\text{mm}$, Dicke des Dielektrikums $d = 30\,\mu\text{m}$, Permittivitätszahl $\varepsilon_r = 2{,}2$. Berechnen Sie die Länge des Wickelbandes.

T 3.3.6 Faradayscher Käfig

Ein Auto, dessen Karosserie vollständig aus Metall ist, befindet sich unter einer positiv geladenen Gewitterwolke:

a) Skizzieren Sie einige elektrische Feldlinien.
b) Erklären Sie, warum das Innere des Autos frei von elektrischen Feldern ist und somit einen faradayschen Käfig darstellt.

4 Magnetisches Feld und Spule

4.1 Grundlagen des Magnetismus

Kompass

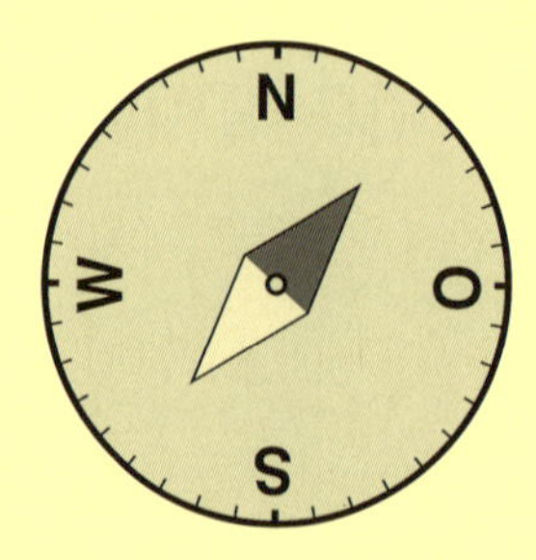

- **Magnetismus ist seit dem Altertum bekannt; der Magnet-Kompass wird seit dem Mittelalter zur Orientierung benutzt**

Erdmagnetisches Feld

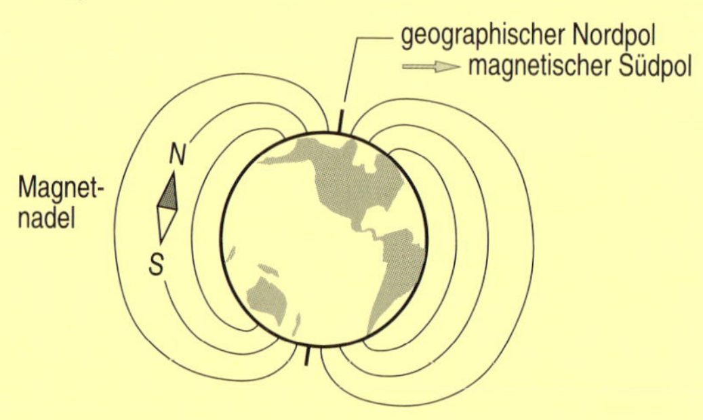

Hinweis: Die Magnetpole der Erde sind gegenüber den geographischen Polen um einige hundert Kilometer versetzt.

- **Die Magnetpole eines Körpers heißen Nord- bzw. Südpol. Gleichartige Pole (Nord-Nord bzw. Süd-Süd) stoßen sich ab, verschiedenartige Pole (Nord-Süd) ziehen sich an**

Dauermagnet

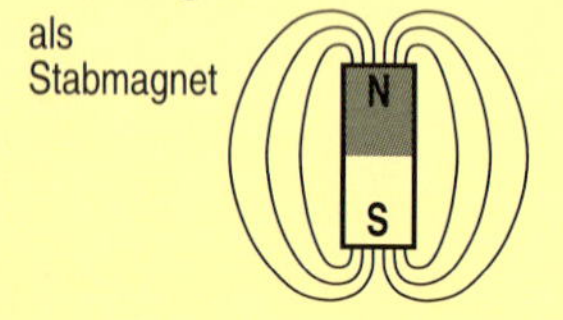

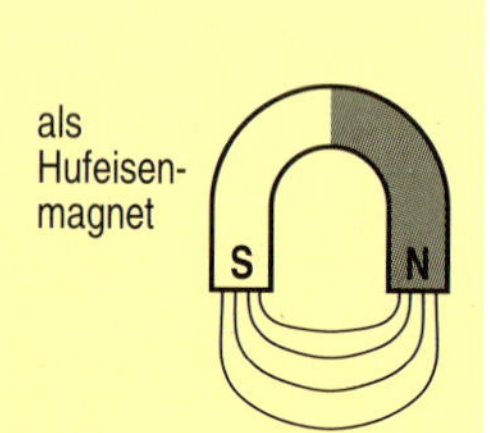

Elektromagnet

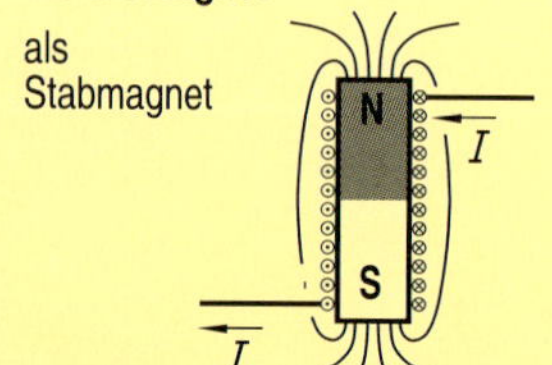

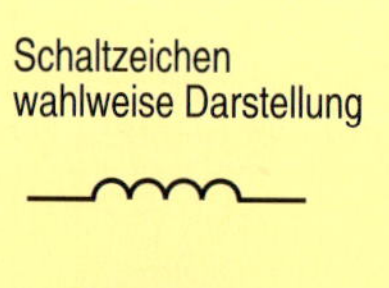

- **Elektrischer Strom und Magnetismus (magnetisches Feld) sind untrennbar miteinander verbunden**

Magnetismus

Die Wirkungsweise vieler moderner Geräte und Maschinen beruht auf den besonderen Eigenschaften von Magneten, insbesondere von Elektromagneten.
Einige magnetische Eigenschaften, z. B. die anziehenden und abstoßenden Kräfte, waren aber bereits im Altertum bekannt; andere wurden hinzugedichtet.
Der Name „Magnet“ ist vermutlich auf den griechischen Ort Magnesia zurückzuführen: dort wurden „magnetische Steine“ gegen allerlei Gebrechen feilgeboten.
Zu den wichtigsten Anwendungen des Magnetismus gehört die Kompassnadel. Mit ihr konnte das magnetische Feld der Erde zur Ortsbestimmung und damit zur Entdeckung der Erde nutzbar gemacht werden.

Magnetpole

Zu den auffälligsten Erscheinungen des Magnetismus zählt die gegenseitige Anziehung bzw. Abstoßung von Magneten. Dabei fällt auf, daß die Kraftwirkung an manchen Stellen des Magneten besonders groß ist. Diese Stellen werden Pole genannt.
Da die technische Nutzung des Magnetismus mit dem Kompass begann, wurden die Magnetpole nach den Himmelsrichtungen Nord und Süd benannt. Der Pol einer drehbaren Magnetnadel, der zum geographischen Nordpol zeigt, wird magnetischer Nordpol genannt; der andere Pol heißt Südpol.
Ob sich zwei Magnetpole anziehen oder abstoßen, ist von ihrer magnetischen Polung abhängig. Allgemein gilt: Gleichnamige Magnetpole stoßen sich ab
Ungleichnamige Magnetpole ziehen sich an
Da die Magnetnadel eines Kompasses in Richtung des geographischen Nordpols zeigt, muss sich dort der magnetische Südpol der Erde befinden.

Dauermagnete, Elektromagnete

Für technische Zwecke werden sowohl Dauermagnete (Permanentmagnete) als auch Elektromagnete (Zeitmagnete, temporäre Magnete) eingesetzt.
Dauermagnete entstehen durch Einwirkung magnetischer Felder auf bestimmte Werkstoffe wie Kobalt, Nickel oder kohlenstoffreichen Stahl. Die genannten Stoffe behalten ihren Magnetismus, auch wenn das äußere Magnetfeld aufhört zu wirken.
Noch wichtiger als Dauermagnete sind Elektromagnete. Sie entstehen, wenn elektrische Ladungen bewegt werden, bzw. wenn elektrischer Strom fließt. Elektrischer Strom ist untrennbar mit einem magnetischen Feld verbunden, der Magnetismus verschwindet, wenn kein Strom mehr fließt.
Der einfachste Elektromagnet besteht aus einem stromdurchflossenen Draht. Zur Verstärkung des Magnetismus wird der Draht zu einer Spule gewickelt.

Ursachen des Magnetismus

Als Ursache für jeden Magnetismus ist der elektrische Strom anzusehen. Dieser Zusammenhang ist bei Elektromagneten offensichtlich: fließt in einer Spule Strom, so entstehen magnetische Wirkungen, wird der Strom abgeschaltet, verschwindet auch der Magnetismus.
Bei Dauermagneten ist der Zusammenhang weniger offensichtlich; der Magnetismus wird hier von den sogenannten amperschen Elementarströmen verursacht.
Auf der Grundlage des bohrschen Atommodells kann man zwei Arten von Elementarströmen unterscheiden:

1. die um den Atomkern rotierenden Elektronen stellen einen winzig kleinen Kreisstrom dar,
2. die Elektronen haben zusätzlich eine Eigendrehung, den sogenannten Elektronenspin.

Elektronenumlauf und Elektronenspin stellen elektrische Ströme dar, die jeweils Magnetismus erzeugen.

Bewegte Ladungen

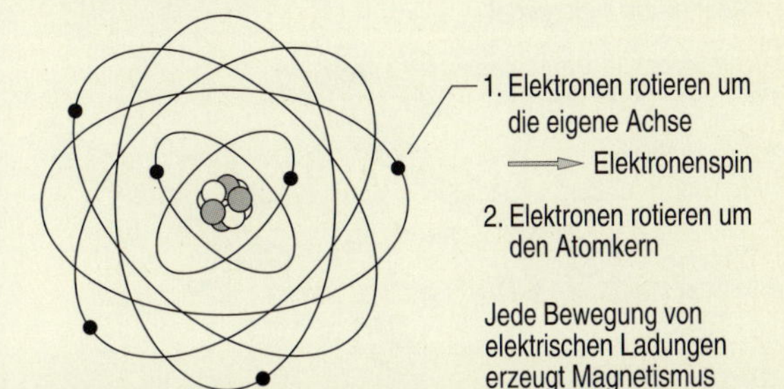

Bei den meisten Stoffen heben sich die magnetischen Momente auf. Bei einigen Stoffen sind die Achsen dieser Momente aber so gerichtet, dass sich kleine magnetische Bezirke (Weiss-Bezirke) bilden.

Magnetische Werkstoffe

Alle Werkstoffe bestehen aus Atomen, in jedem Stoff wirken deshalb elementare Magnetfelder. Diese elementaren Magnetfelder beeinflussen sich aber gegenseitig; je nach Aufbau und Struktur des Stoffes können sich die Elementarfelder aufheben oder verstärken und zu verschiedenem magnetischen Verhalten führen. Unter diesem Gesichtspunkt unterscheidet man drei magnetische Werkstoffgruppen: paramagnetische, diamagnetische und ferromagnetische. Vor allem die ferromagnetischen Stoffe haben große Bedeutung.

Paramagnetische Stoffe verstärken ein äußeres Magnetfeld ganz geringfügig. Dazu gehören: Luft, Aluminium, Chrom, Zinn, Wolfram.
Diamagnetische Stoffe schwächen ein äußeres Magnetfeld ganz geringfügig ab. Dazu gehören: Wasser, Glas, Kupfer, Gold, Blei.
Ferromagnetische Stoffe (z. B. Eisen, Nickel, Kobalt) zeichnen sich dadurch aus, dass sich ihre Elementarströme ausrichten lassen; stromdurchflossene Spulen können dadurch starke Magnete erzeugen.

Ferromagnetismus

Die Eigenschaften ferromagnetischer Werkstoffe beruhen auf dem besonderen Kristallgefüge dieser Stoffe. In diesem Gefüge entstehen kleine Kristallbezirke, die wie kleine Dauermagnete wirken. Nach ihrem Entdecker, dem französischen Physiker Pierre Weiss (1865 bis 1940) werden sie Weiss-Bezirke genannt.
Die Weiss-Bezirke können durch äußere magnetische Einwirkung ausgerichtet bzw. umgerichtet werden. Das Ausrichten erfolgt sprungartig; mit Hilfe einer Induktionsspule und einem Verstärker kann es hörbar gemacht werden. Sind alle Elementarmagnete ausgerichtet, so ist der Werkstoff magnetisch „gesättigt".
Die Weiss-Bezirke sind für zwei technisch sehr interessante Materialeigenschaften verantwortlich, die so genannte Curie-Temperatur und die Magnetostriktion:

Curie-Temperatur

Alle ferromagnetischen Stoffe verlieren oberhalb einer bestimmten Temperatur ihre ferromagnetischen Eigenschaften und werden dann paramagnetisch. Diese Temperatur heißt Curie-Temperatur (nach Marie und Pierre Curie, franz. Physiker, 1867 bis 1934 bzw. 1859 bis 1906). Für reines Eisen beträgt diese Temperatur 769°C, für Kobalt 1120°C, für Nickel 360°C.

Magnetostriktion

Durch Ausrichten der Weiss-Bezirke ändert sich die Länge des Magneten, d. h. ständiges Ummagnetisieren führt zu einer ständigen Längenänderung des Magneten. Das 100-Hz-Brummen von Transformatoren beruht teilweise auf dieser Magnetostriktion.

Aufgabe

4.1.1 Magnetische Grundbegriffe

Erklären Sie folgende Begriffe:

a) Magnetischer Nordpol bzw. Südpol
b) Dauermagnet, Zeitmagnet
c) Weiss-Bezirk
d) para-, dia-, ferromagnetisch
e) Elektronenspin
f) Curie-Temperatur
g) Magnetostriktion.

4.2 Strom und Magnetfeld

Rechtsschraubenregel

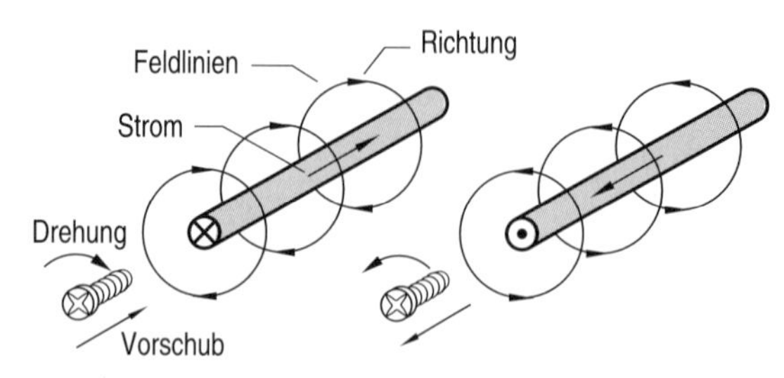

- **Magnetische Feldlinien sind in sich geschlossen; ihre Richtung wird mit der Rechtsschraubenregel bestimmt**

Gleichsinnig durchflossene Leiter

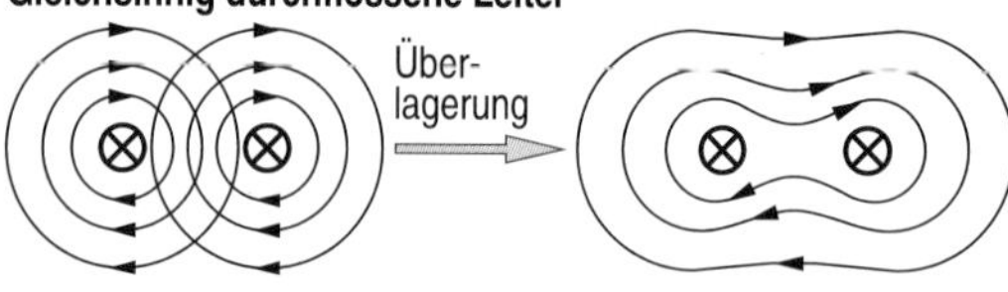

Gegensinnig durchflossene Leiter

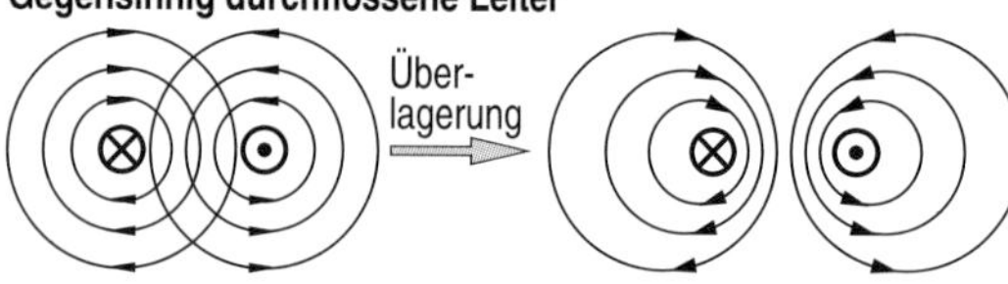

- **Gleichsinnig von Strom durchflossene Leiter ziehen sich an, gegensinnig durchflossene Leiter stoßen sich ab**

Feld einer gestreckten Spule

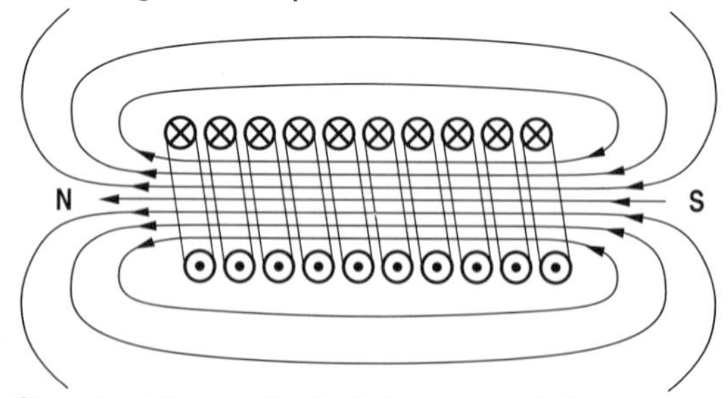

- **Stromdurchflossene Spulen haben ausgeprägte magnetische Pole; die Austrittstelle der Feldlinien ist der Nordpol**

Magnetfeld einer Ringspule

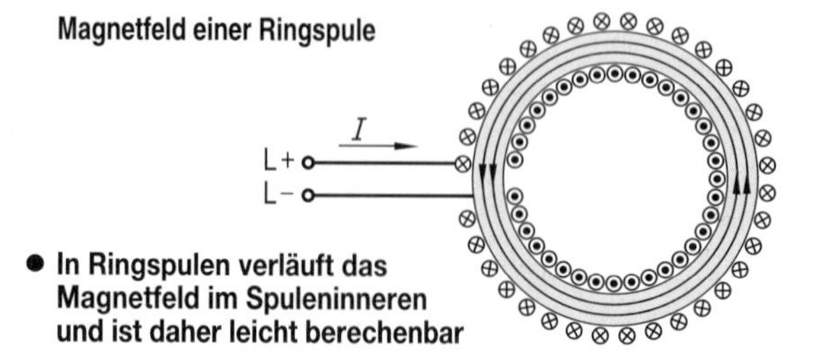

- **In Ringspulen verläuft das Magnetfeld im Spuleninneren und ist daher leicht berechenbar**

Stromdurchflossener Leiter

Wird ein Leiter von elektrischem Strom durchflossen, so ensteht um den Leiter ein Raum mit magnetischen Eigenschaften. Diese Eigenschaften können durch ein magnetisches Feldmodell beschrieben werden.
Das magnetische Feld denkt man sich aus Feldlinien aufgebaut. Diese Feldlinien umgeben den stromdurchflossenen Leiter als konzentrische Kreise bzw. konzentrische Zylinder; sie sind in sich geschlossen, d. h. sie haben weder Anfang noch Ende. Die Richtung der Feldlinien hängt von der Stromrichtung ab und kann mit der sogenannten Rechtsschraubenregel bestimmt werden: „Dreht man eine Schraube mit Rechtsgewinde so, dass ihr Vorschub in Stromrichtung zeigt, so gibt ihre Drehrichtung die Richtung des Magnetfeldes an."

Parallele Leiter

Werden mehrere Leiter von Strom durchflossen, so überlagern sich die einzelnen Magnetfelder zu einem Gesamtfeld. Gleichgerichtete Felder verstärken dabei das Gesamtfeld, entgegengesetzte Felder schwächen es ab bzw. machen es zu null.
Bei parallelen, gleichsinnig von Strom durchflossenen Leitern bildet sich ein Gesamtfeld, das beide Leiter umschließt. Es bewirkt eine gegenseitige Anziehung der beiden Leiter.
Bei parallelen, gegensinnig von Strom durchflossenen Leitern entsteht ein Gesamtfeld mit einer starken Feldlinienverdichtung zwischen beiden Leitern. Sie bewirkt eine gegenseitige Abstoßung der beiden Leiter.

Spule

Zur Verstärkung des Magnetfeldes werden elektrische Leiter zu Spulen aufgewickelt, wodurch eine „Mehrfachnutzung" des elektrischen Stromes erreicht wird.
Die magnetischen Felder der einzelnen Windungen überlagern sich dabei zu einem Gesamtfeld gemäß nebenstehender Skizze. Das Gesamtfeld entspricht dem eines Stabmagneten: die Austrittstelle der Feldlinien aus der Spule ist der Nordpol, die Eintrittstelle ist der Südpol. Der Feldlinienverlauf kann mit der sogenannten Rechte-Hand-Regel bestimmt werden: „Legt man die rechte Hand so um eine Spule, dass die Finger in Stromrichtung zeigen, dann zeigt der abgespreizte Daumen in Richtung des Nordpols."

Ringspule

Bei normalen, langgestreckten Spulen verläuft das Magnetfeld teils im Spuleninneren, teils außerhalb. Das außerhalb der Spule verlaufende Feld ist stark inhomogen und damit praktisch nicht berechenbar.
Bei einer Ringspule (Toroid) verläuft das Magnetfeld fast ausschließlich im Spuleninneren. Die Stärke des Feldes ist überall nahezu gleich und kann mit einfachen Mitteln berechnet werden (siehe Kap. 4.3).

Feldlinienmodelle
Elektrische und magnetische Felder dienen der Beschreibung von Zuständen und Vorgängen, die der Mensch nicht direkt wahrnehmen kann. Beide Feldlinienmodelle sind einander ähnlich, weisen jedoch auch zahlreiche Unterschiede auf:
Elektrische Felder bestehen immer zwischen unterschiedlichen Ladungen. Die Feldlinien beginnen an der positiven Ladung (Quelle) und enden an der negativen Ladung (Senke). Magnetische Felder entstehen durch bewegte Ladungen (elektrischer Strom). Die Feldlinien umschließen den Strom, sie sind in sich geschlossen und haben weder Anfang noch Ende.
Elektrische und magnetische Felder haben an jedem Ort eine gewisse Stärke und Richtung, sie sind durch Vektoren darstellbar. Beide Felder können homogen oder inhomogen sein.

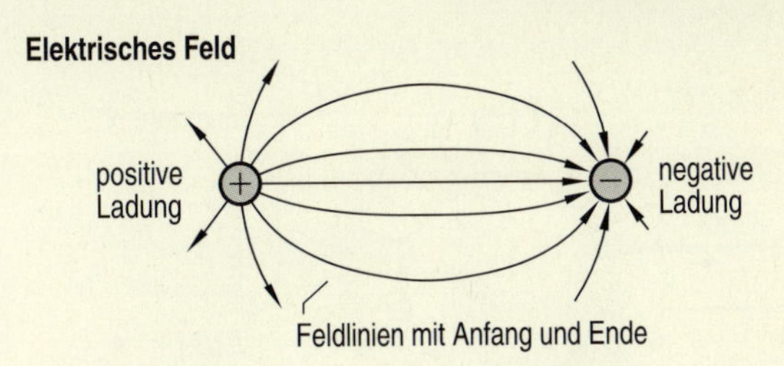

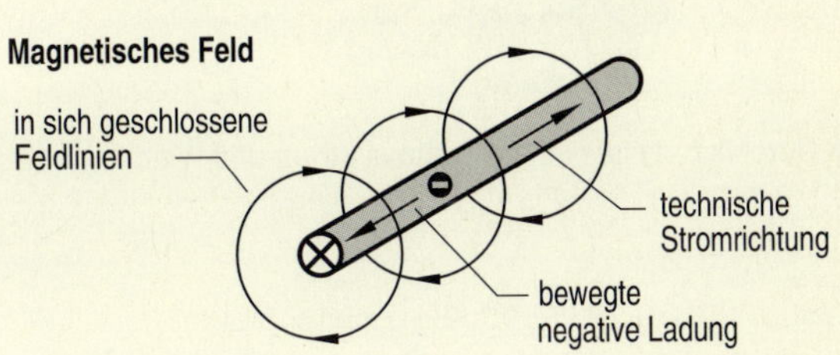

Darstellung magnetischer Feldlinien
Magnetische Felder sind von den menschlichen Sinnen nicht direkt wahrnehmbar. Die Felder bzw. die Feldlinien können aber über ihre Kraftwirkungen indirekt gezeigt werden.
Für die Darstellung eignet sich am besten feinkörniges Eisenpulver (z. B. Eisenfeilspäne). Wird die Umgebung eines stromdurchflossenen Leiters vorsichtig mit Eisenpulver bestreut, so ordnen sich die feinen Körner entlang der gedachten Feldlinien und geben ein ungefähres Bild vom Feldverlauf.
Magnetische Felder können auch mit Kompassnadeln und anderen magnetischen Sensoren wie Feldplatten oder Hall-Generatoren nachgewiesen werden.

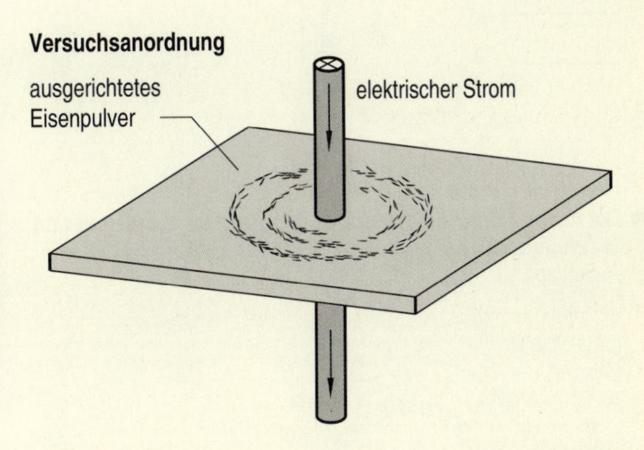

Elektrosmog
Da von praktisch allen elektrisch betriebenen Geräten elektrische und magnetische Felder ausgehen, ist es von großer Bedeutung, ob diese Felder die Gesundheit beeinträchtigen. Nach augenblicklichem Kenntnisstand sind bei schwachen Feldern, wie sie von den üblichen Geräten ausgehen, keine Gefahren zu erwarten. Geräte, die aufgrund ihrer Funktion starke elektromagnetische Felder erzeugen, z. B. Monitore für Computer, müssen aber bei der Abschirmung dieser Felder bestimmte Mindestnormen erfüllen.
Bei langer Einwirkung starker elektrischer Felder (z. B. unter Hochspannungsleitungen) oder magnetischer Felder (z. B. bei Untersuchungen in Kernspin-Tomographen) können Gesundheitsschäden nicht prinzipiell ausgeschlossen werden; die Ergebnisse der hierzu vorliegenden Untersuchungen sind aber umstritten.
Elektromagnetische Felder haben starken Einfluss auf elektronische Schaltungen. Geräte mit elektronischen Schaltungen müssen deshalb auf ihre „elektromagnetische Verträglichkeit“ (EMV) untersucht werden.

Aufgaben

4.2.1 Magnetisches Feld
Skizzieren Sie das magnetische Feld der nebenstehenden Leiterschleife
a) bei gegebener,
b) bei umgekehrter Stromrichtung.

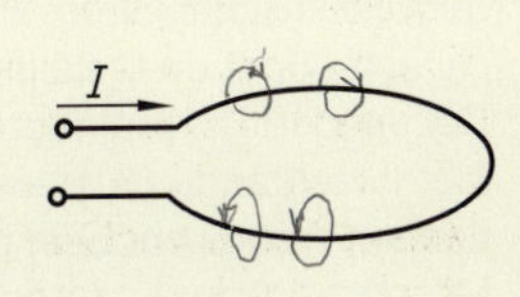

4.2.2 Grundregeln
Bestimmen Sie mit der Rechte-Hand-Regel die Magnetpole der nebenstehen Spule. Überprüfen Sie das Ergebnis anhand des Feldlinienbildes.

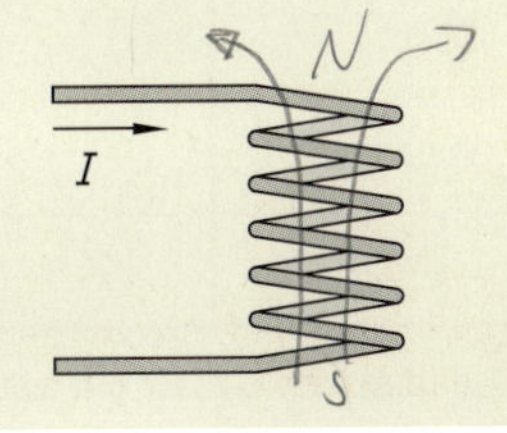

4.3 Magnetische Grundgrößen

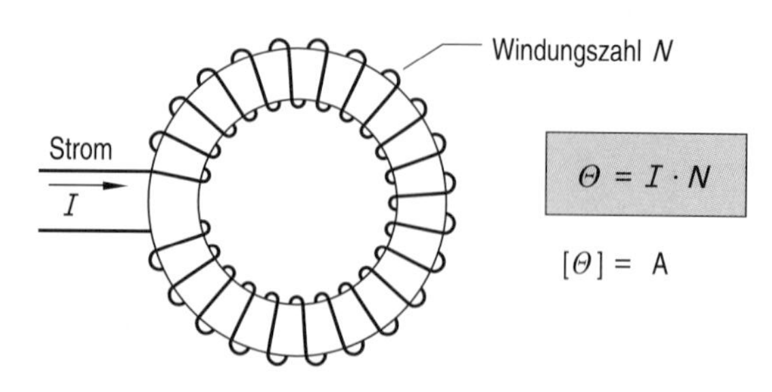

- **Durchflutung ist das Produkt aus Strom und Windungszahl**

Magnetische Durchflutung

Die Gesamtheit aller magnetischen Feldlinien, der sogenannte magnetische Fluss, wird durch den elektrischen Strom verursacht. Dabei ist es von Bedeutung, ob der Strom nur durch eine Windung fließt oder mehrfach genutzt wird. Die magnetische Wirkung ist proportional zum Strom und zur Windungszahl.

Das Produkt aus Strom I und Windungszahl N heißt magnetische Durchflutung Θ (lies: Theta). Für die magnetische Wirkung ist es dabei gleichgültig, ob z. B. der Strom 1 A durch 100 Windungen fließt oder der Strom 100 A durch 1 Windung. Die Durchflutung wird auch als magnetische Spannung bezeichnet.

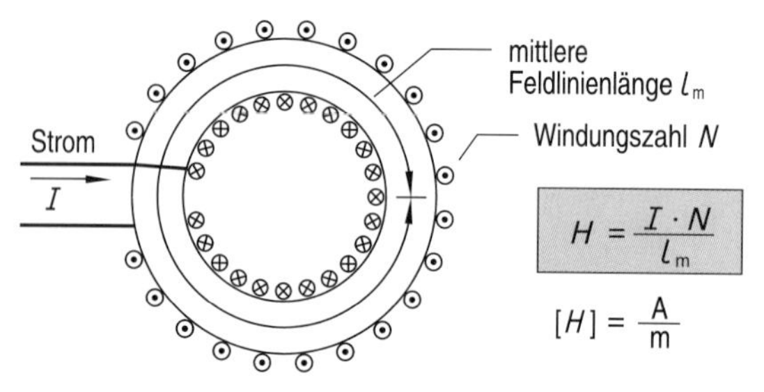

- **Die magnetische Feldstärke ist das Produkt aus Strom und Windungszahl, bezogen auf die mittlere Feldlinienlänge**

Magnetische Feldstärke

Das magnetische Feld, bzw. der magnetische Fluss wird von der magnetischen Durchflutung verursacht. Für die Größe des Magnetflusses ist aber noch entscheidend, welchen Weg die Feldlinien überwinden müssen.

Für den allgemeinen Fall ist dieser Feldlinienweg praktisch nicht berechenbar; in besonderen Fällen, z.B. bei der Ringspule, kann aber eine mittlere Feldlinienlänge angegeben werden. Bei der Ringspule entspricht die mittlere Feldlinienlänge dem Mittelwert zwischen innerem und äußeren Umfang.

Der Quotient aus magnetischer Durchflutung und mittlerer Feldlinienlänge heißt magnetische Feldstärke H.

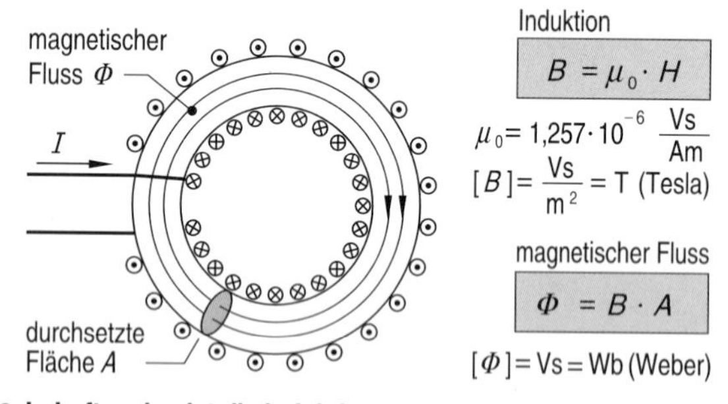

- **In Luftspulen ist die Induktion proportional zur Feldstärke**

Magnetischer Fluss und Flussdichte

Die Gesamtheit aller magnetischen Feldlinien wird als magnetischer Fluss Φ (lies: Phi) bezeichnet. Er ist bei einer Spule, die keinen ferromagnetischen Kern enthält (Luftspule), direkt proportional zur Feldstärke.

Wichtiger als der Gesamtfluss ist oft die magnetische Flussdichte B, d. h. der Fluss, der eine bestimmte Querschnittsfläche senkrecht durchsetzt. Es gilt: $B = \mathrm{d}\Phi/\mathrm{d}A$. Die Flussdichte heißt auch magnetische Induktion.

Für eine Luftspule gilt der Zusammenhang: $B = \mu_0 \cdot H$. Dabei ist μ_0 eine Naturkonstante, die sogenannte magnetische Feldkonstante.

	Elektrischer Kreis	Magnetischer Kreis
Spannung	U	$\Theta = I \cdot N$
Strom	I	$\Phi = B \cdot A$
Widerstand	$R = \frac{U}{I}$	$R_m = \frac{\Theta}{\Phi} = \frac{I \cdot N}{B \cdot A}$
Leitwert	$G = \frac{1}{R}$	$\Lambda = \frac{1}{R_m}$

- **Das ohmsche Gesetz gilt auch im magnetischen Kreis**

Magnetischer Kreis

Magnetfelder können mit elektrischen Stromkreisen verglichen werden. Im Stromkreis treibt die Spannung einen Strom durch einen Widerstand. Das ohmsche Gesetz $U = I \cdot R$ verknüpft die drei Größen.

Im magnetischen Kreis stellt die Durchflutung $\Theta = I \cdot N$ die magnetische Spannung dar, der Fluss Φ entspricht dem elektrischen Strom I, der magnetische Widerstand R_m entspricht dem elektrischen Widerstand R.

Der magnetische Widerstand ist eine Baugröße; er hängt von Länge, Querschnitt und Material des magnetischen Weges ab. Sein Kehrwert heißt magnetischer Leitwert Λ (lies: Lambda). Einheit: $[\Lambda] = \text{Vs/A} = \Omega\text{s}$.

Magnetische Feldstärke $H = f(I)$ bei einfachen Leiteranordnungen

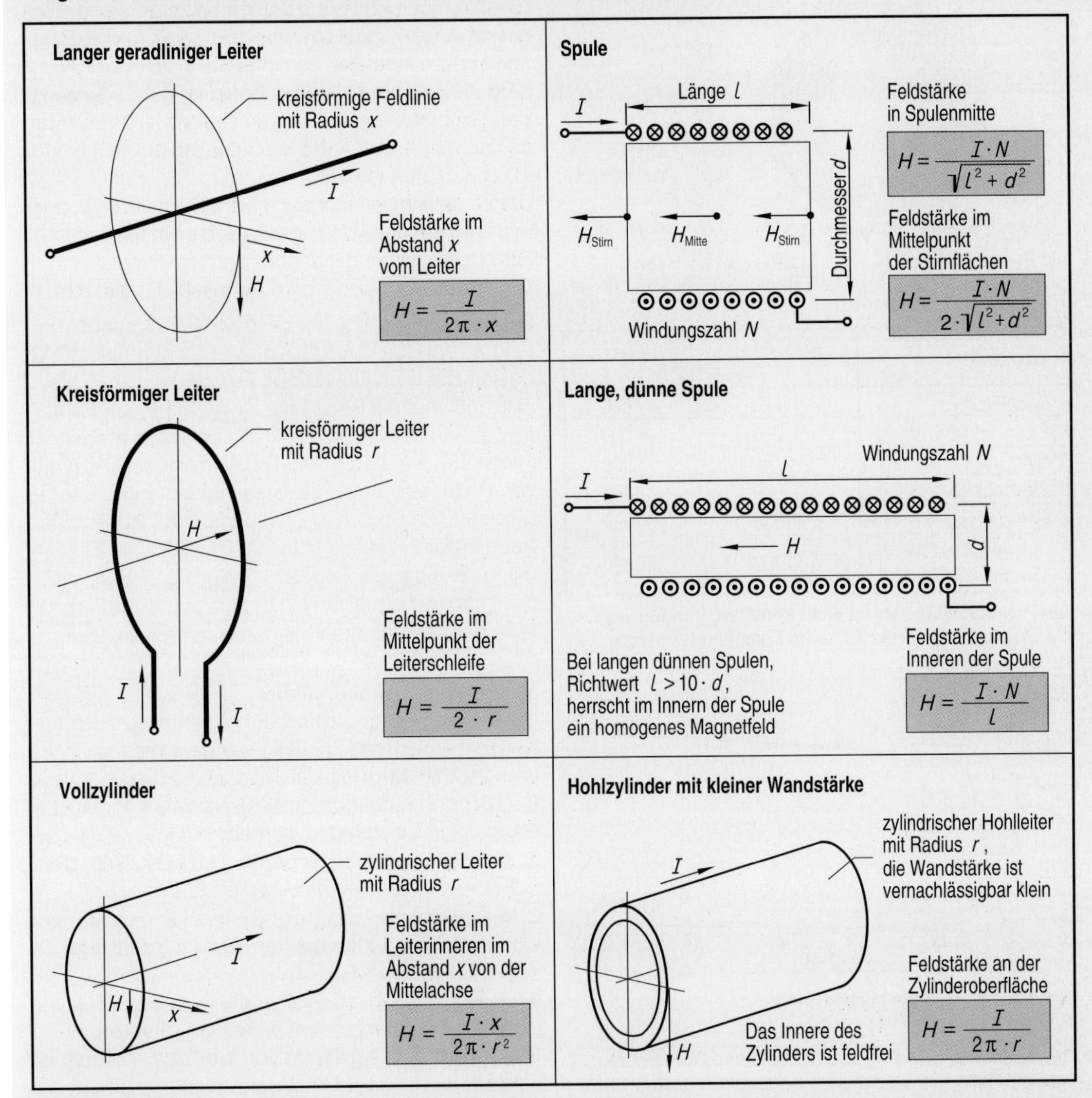

Aufgaben

4.3.1 Ringspule

Ein ringförmiger, eisenloser Spulenkörper hat den Innendurchmesser $d_i = 50\,mm$ und den Außendurchmesser $d_a = 70\,mm$, der Querschnitt des Spulenkörpers ist kreisförmig. Die Wicklung besteht aus $N = 250$ Windungen, der Erregerstrom beträgt $I = 2\,A$. Berechnen Sie

a) die magnetische Durchflutung,
b) die magnetische Feldstärke,
c) die Induktion und den magnetischen Fluss,
d) den magnetischen Widerstand und magn. Leitwert.

4.3.2 Zylinderspule

Eine 6-lagige ($z = 6$), eisenlose Zylinderspule hat den mittleren Windungsdurchmesser $d_m = 20\,mm$ und die Windungszahl $N = 3000$; der Cu-Draht hat den Durchmesser $D = 0{,}5\,mm$. Im Innern der Spule soll die magnetische Induktion $B = 20\,mT$ herrschen. Berechnen Sie

a) die Spulenlänge l und die Drahtlänge L,
b) die notwendige Stromstärke I,
c) die notwendige Spannung U,
d) die in der Spule umgesetzte Leistung P.

4.4 Eisen im Magnetfeld

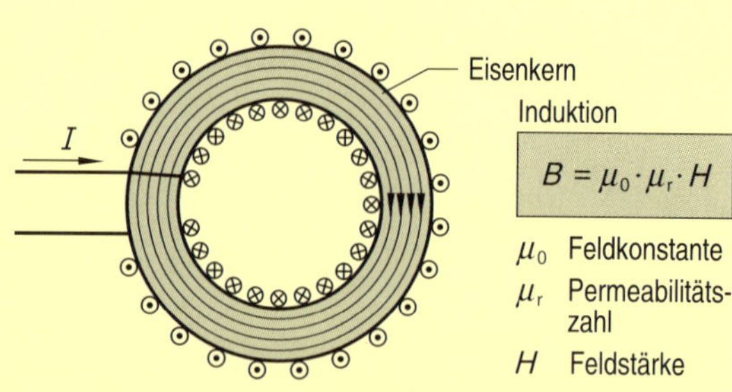

Induktion

$$B = \mu_0 \cdot \mu_r \cdot H$$

μ_0 Feldkonstante
μ_r Permeabilitätszahl
H Feldstärke

- **Die Permeabilitätszahl eines Stoffes gibt an, wievielmal größer seine magnetische Leitfähigkeit als die von Luft ist**

Werkstoff	Anfangs- Permeabilität	Maximal- Permeabilität
Gusseisen	70	600
Eisen, kohlenstoffarm	250	6 000
Stahl mit 1% C	40	7 000
Elektroblech	500	7 000
Reinstes Eisen	25 000	250 000
(Supermalloy (79% Ni, 15% Fe, 5% Mo, Mn)	100 000	300 000

- **Die Permeabilitätszahl ist nicht konstant, sondern von der magnetischen Feldstärke im Eisenkern abhängig**

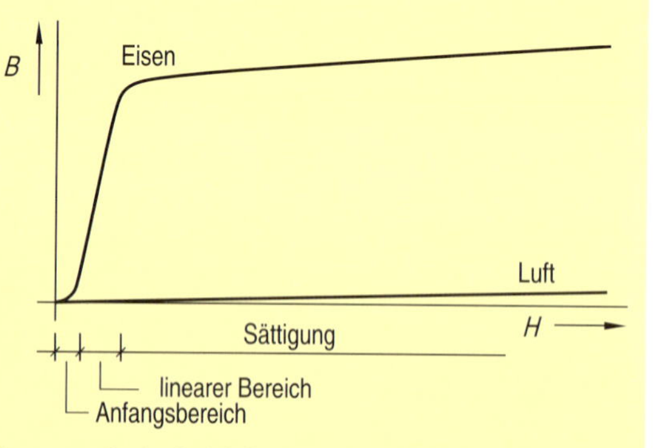

- **Die magnetische Induktion einer eisengefüllten Spule wird mit Hilfe der Magnetisierungskennlinie bestimmt**

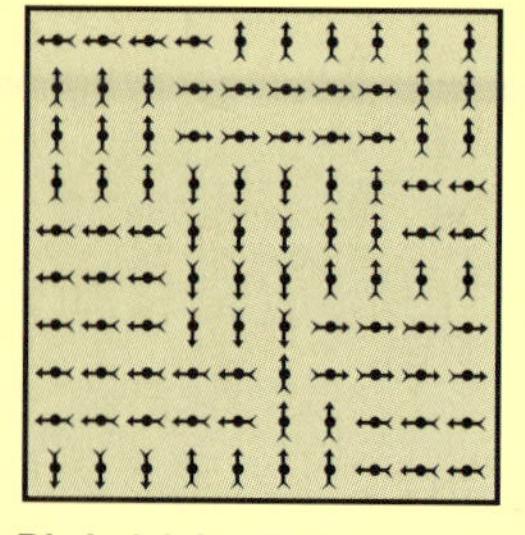

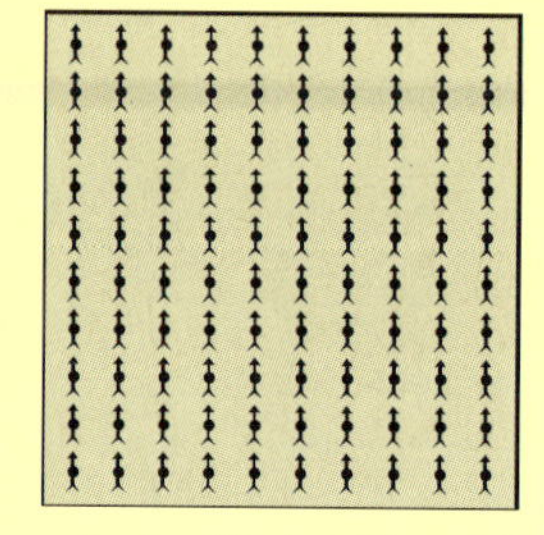

- **Die Induktion *B* eines ferromagnetischen Werkstoffes wird durch das Ausrichten der Weiss-Bezirke stark erhöht**

Permeabilitätszahl

Eine stromdurchflossene Spule erzeugt stets eine magnetische Induktion B bzw. einen Fluss Φ. Für die Ringspule ist die Induktion berechenbar mit $B = \mu_0 \cdot I \cdot N / l_m$. Wird die Spule mit einem Eisenkern gefüllt, so erzeugt der gleiche Strom eine wesentlich größere Induktion. Je nach Werkstoff kann die Induktion um den Faktor 100 bis 10 000 steigen.

Der Verstärkungsfaktor wird Permeabilitätszahl μ_r oder relative Permeabilität μ_r genannt; sie hat die Einheit 1. Für die Ringspule gilt dann: $B = \mu_0 \cdot \mu_r \cdot I \cdot N / l_m$.
Das Produkt $\mu_0 \cdot \mu_r = \mu$ wird Permeabilität genannt.

Die Permeabilitätszahl ist keine Konstante, sondern ein Faktor, der stark von der magnetischen Feldstärke beeinflusst wird. Bei kleinen Feldstärken ist μ_r klein, mit zunehmender Feldstärke steigt die Permeabilitätszahl auf ein Maximum und nimmt bei weiter steigender Feldstärke wieder ab. Die Tabelle zeigt eine Auswahl von Permeabilitätszahlen verschiedener Werkstoffe. Eisengefüllte Spulen sind wegen der feldabhängigen Permeabilitätszahl nichtlineare Bauteile. Die Bestimmung der magnetischen Induktion erfolgt deshalb meist nicht mit der Formel $B = \mu_0 \cdot \mu_r \cdot H$, sondern grafisch mit Hilfe der sogenannten Magnetisierungskennlinie.

Magnetisierungskennlinie

Der Zusammenhang zwischen magnetischer Feldstärke und magnetischer Induktion von ferromagnetischen Werkstoffen wird mit der Magnetisierungskennlinie $B = f(H)$ dargestellt. In dieser Kennlinie können drei Bereiche unterschieden werden:

1. Im Anfangsbereich ist der Verlauf sehr flach, die Permeabilitätszahl des Werkstoffes ist klein.
2. Im linearen Bereich steigt die Induktion etwa linear mit der Feldstärke, die Permeabilitätszahl erreicht ihr Maximum.
3. Im Sättigungsbereich sinkt die Permeabilitätszahl, die Kennlinie entspricht der einer Luftspule.

Die Magnetisierungskurve von Luft bzw. Vakuum ist eine Ursprungsgerade mit der Steigung μ_0.

Elementarmagnete

Die besonderen Eigenschaften der ferromagnetischen Stoffe lassen sich durch Elementarmagnete (Weiss-Bezirke) erklären. Man versteht darunter Kristallbezirke, die aufgrund des überall gleichen Elektronenspins wie kleine Dauermagnete wirken. Im unmagnetisierten Eisen sind die Elementarmagnete ungeordnet, ihre Wirkung hebt sich nach außen auf. Unter dem Einfluss eines magnetischen Feldes werden die Elementarmagnete geordnet. Sind alle Teilchen ausgerichtet, so ist der Werkstoff magnetisch gesättigt. Das Modell zeigt Eisen im unmagnetischen und im gesättigten Zustand.

Magnetisierungskennlinien

a) für kleine magnetische Feldstärken

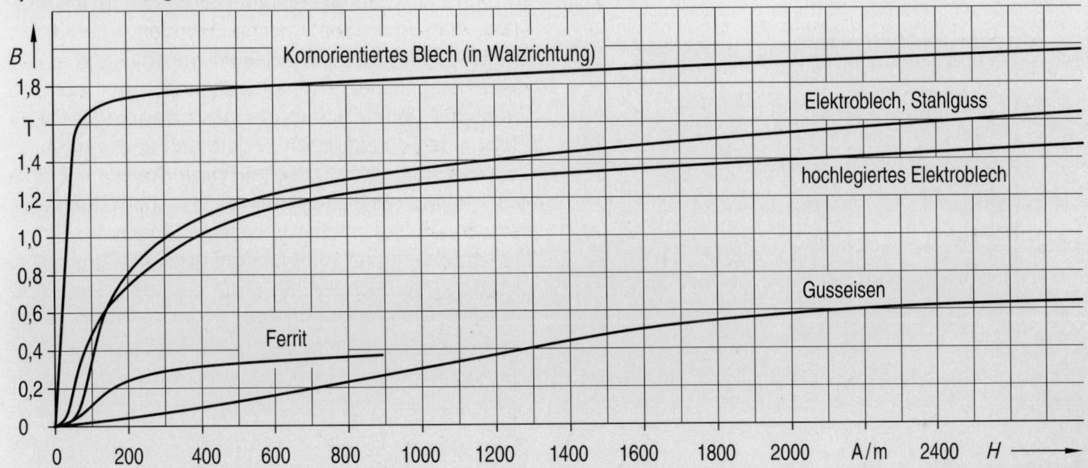

b) für große magnetische Feldstärken

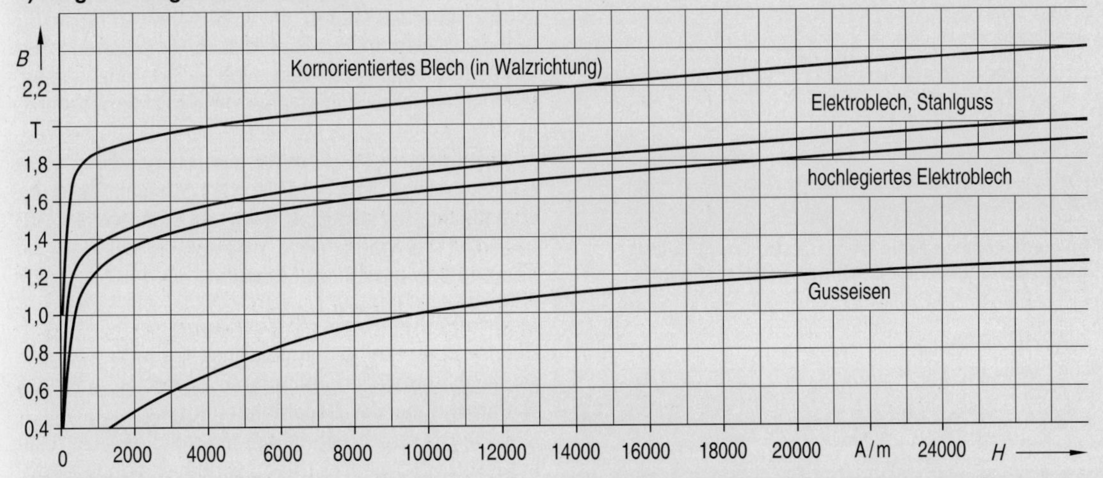

Aufgaben

4.4.1 Schnittbandkern

Ein Schnittbandkern hat folgende Daten:

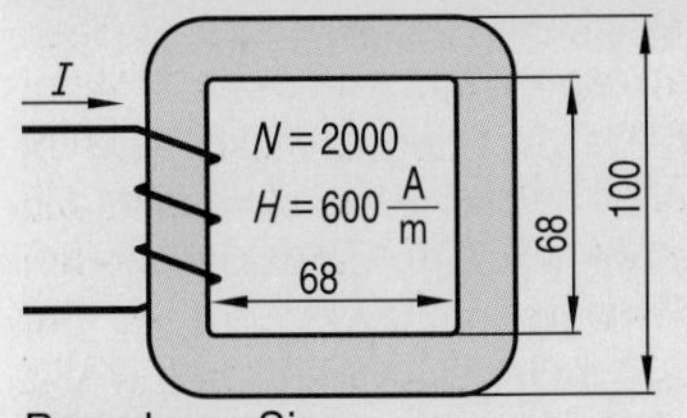

Der Kern ist aus kornorientiertem Blech gewickelt, Blechbreite 20 mm

Berechnen Sie:

a) den Strom I in der Zuleitung,

b) den magnetischen Fluss Φ im Eisenkern,

c) die Permeabilitätszahl μ_r des Eisens.

4.4.2 U-Kern

Ein U-Kern aus Stahlguss mit der mittleren Eisenlänge $l_m = 300\,\text{mm}$ und der Querschnittsfläche $A = 400\,\text{mm}^2$ trägt eine Wicklung mit $N = 1000$ Windungen. Der Strom in der Wicklung beträgt $I = 300\,\text{mA}$.

a) Skizzieren Sie die Anordnung.

b) Bestimmen Sie den magnetischen Widerstand R_m der Spule. Wie ändert sich der magnetische Widerstand, wenn der Strom steigt?

4.4.3 Permeabilitätszahl

Skizzieren Sie mit Hilfe von $B = f(H)$ die Funktion $\mu_r = f(H)$ für Stahlguss im Bereich 0 bis 2000 A/m.

4.5 Eisenkern mit Luftspalt

Kern mit Luftspalt

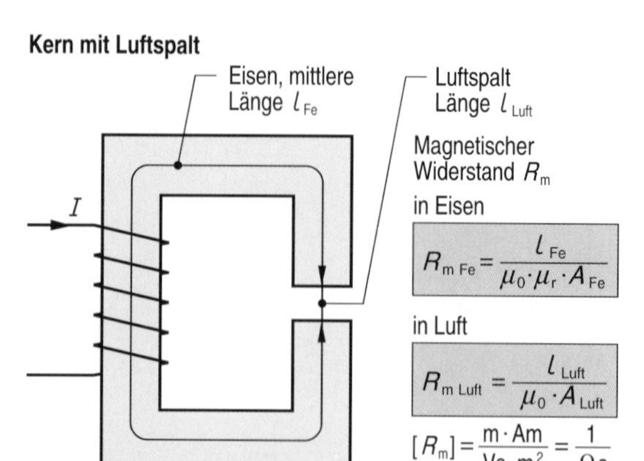

- **Die magnetischen Feldlinien bilden einen magnetischen Kreis; er ist mit dem elektrischen Stromkreis vergleichbar**

Berechnung

$$\Theta_{gesamt} = \Theta_{Fe} + \Theta_{Luft}$$

Daraus folgt:

$$I \cdot N = B_{Fe} \cdot A_{Fe} \cdot \frac{l_{Fe}}{\mu_0 \cdot \mu_r \cdot A_{Fe}} + B_{Luft} \cdot A_{Luft} \cdot \frac{l_{Luft}}{\mu_0 \cdot A_{Luft}}$$

$$I \cdot N = H_{Fe} \cdot l_{Fe} + H_{Luft} \cdot l_{Luft}$$

Für hintereinander geschaltete magnetische Widerstände gilt:

$$I \cdot N = H_1 \cdot l_1 + H_2 \cdot l_2 + \ldots$$

- **Im magnetischen Kreis ist die Gesamtdurchflutung gleich der Summe der einzelnen Teildurchflutungen**

Gesamtdurchflutung

$$I \cdot N = H_{Fe} \cdot l_{Fe} + H_{Luft} \cdot l_{Luft}$$

- $H_{Luft} \cdot l_{Luft}$: Aus $H_{Luft} = \frac{B_{Luft}}{\mu_0}$ berechenbar
- $H_{Fe} \cdot l_{Fe}$: Mit Hilfe der Magnetisierungskennlinie berechenbar
- $I \cdot N$: Aus der Gesamtdurchflutung kann je nach Aufgabenstellung der Strom oder die Windungszahl berechnet werden

Induktion

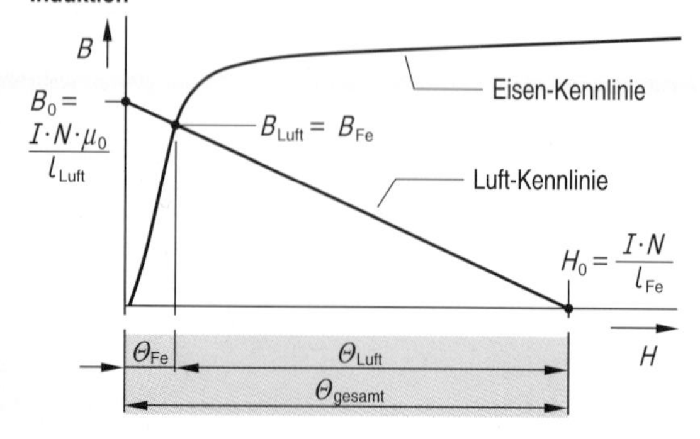

Magnetischer Kreis

Enthält eine stromdurchflossene Spule einen geschlossenen Eisenkern, so entsteht ein definierter Magnetfluss, dessen Induktion B mit Hilfe der zugehörigen Magnetisierungskurve bestimmt werden kann.
Ist der magnetische Kreis durch einen oder mehrere Luftspalte unterbrochen, so muss der magnetische Fluss einen zusätzlichen Widerstand überwinden.
Zur Berechnung des magnetischen Kreises mit Luftspalt ist ein Vergleich mit dem elektrischen Stromkreis sinnvoll. Im elektrischen Stromkreis muss der Strom die verschiedenen Widerstände durchfließen, wobei sich die Gesamtspannung U auf die Teilwiderstände aufteilt. Im magnetischen Kreis muss der Magnetfluss alle Eisen- und Luftstrecken durchfließen, wobei sich die magnetische Gesamtspannung Θ (Gesamtdurchflutung) auf die magnetischen Teilwiderstände aufteilt.

Durchflutungssatz

In Analogie zur Maschenregel $U = \sum U_{Teil}$ bzw. $U = \sum I \cdot R$ des elektrischen Stromkreises kann für den magnetischen Kreis das Gesetz $\Theta = \sum \Theta_{Teil}$ bzw. $\Theta = \sum \Phi \cdot R_m$ aufgestellt werden. Für R_m sind dabei die magnetischen Widerstände der Eisen- bzw. Luftstrecken einzusetzen. Die magnetischen Widerstände der einzelnen Abschnitte sind berechenbar, wenn die Feldstärken über diese Abschnitte hinweg konstant sind; bei geschlossenen Eisenkernen ist dies der Fall, wenn die Luftspalte nur verhältnismäßig klein sind. In langen Luftstrecken hingegen ist das magnetische Feld sehr inhomogen und damit praktisch nicht berechenbar.

Magnetischer Kreis, Berechnung

Bei der Berechnung magnetischer Kreise lassen sich zwei Problemstellungen unterscheiden:

1. Berechnung der Gesamtdurchflutung

Meist wird in einem magnetischen Kreis eine bestimmte Induktion vorgegeben. Die dazu notwendige Gesamtdurchflutung wird über die Teildurchflutungen berechnet. Für die Luftstrecke gilt: $\Theta_{Luft} = B \cdot l_{Luft} / \mu_0$, die für den Eisenkern notwendige Teildurchflutung Θ_{Fe} wird mit Hilfe der Magnetisierungskennlinie bestimmt. Die Gesamtdurchflutung erhält man mit $\Theta_{ges} = \Theta_{Luft} + \Theta_{Fe}$.

2. Berechnung der Induktion

Soll in einem Magnetkreis mit Luftspalt ($A_{Fe} = A_{Luft}$) bei gegebener Gesamtdurchflutung die Induktion bestimmt werden, so ist folgendes grafische Verfahren sinnvoll: in die Magnetisierungskennlinie des Eisens wird eine Gerade mit den Achsenabschnitten $H_0 = I \cdot N / l_{Fe}$ und $B_0 = I \cdot N \cdot \mu_0 / l_{Luft}$ eingezeichnet. Der Schnittpunkt der Geraden mit der Magnetisierungskennlinie markiert die Induktion und die Teildurchflutungen in Luft und Eisen. Das Verfahren ist nur anwendbar, wenn die Luftspaltinduktion gleich der Induktion im Eisenkern ist.

Streuung

In einem magnetischen Kreis geht man üblicherweise davon aus, dass der gesamte Magnetfluss Φ durch sämtliche Eisenstrecken und durch sämtliche Luftspalte fließt. Tatsächlich schließt sich ein Teil der Feldlinien aber bereits direkt um die erzeugende Spule. Diese Feldlinien heißen Streufeldlinien, der Fluss wird als Streufluss Φ_σ (lies: Phi Sigma) bezeichnet.
Die Streuung hängt vor allem von den Luftspalten ab; mit zunehmender Länge der Luftspalte nehmen auch die Streuflüsse zu. Magnetische Streuung spielt für das Betriebsverhalten von elektrischen Maschinen und Transformatoren eine große Rolle.

Eisenkern mit Luftspalt

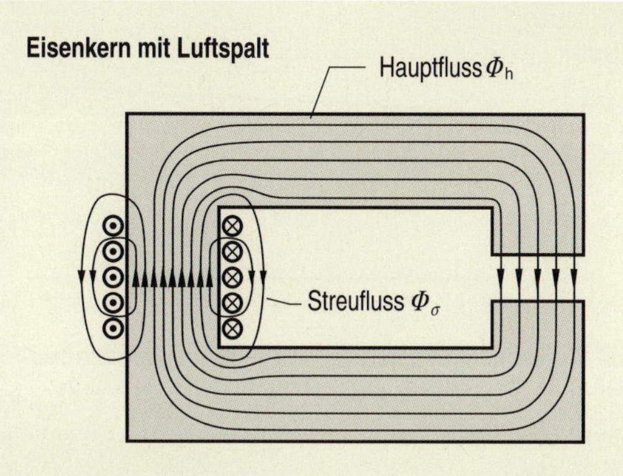

Luftspaltinduktion

Im magnetischen Kreis verlaufen die Feldlinien vorzugsweise im Eisenkern. Beim Überwinden eines Luftspaltes weichen die Feldlinien jedoch wegen des hohen magnetischen Widerstandes von Luft teilweise vom direkten Weg ab (Luftspaltstreuung). Die Luftspaltinduktion sinkt dadurch im Vergleich zur Induktion im Eisen, das Feld im Luftspalt ist am Rand inhomogen.
Wird die Übergangsfläche von Eisen auf Luft durch Polschuhe vergrößert, so sinkt die Luftspaltinduktion, das Feld im Luftspalt ist annähernd homogen.

Feld im Luftspalt

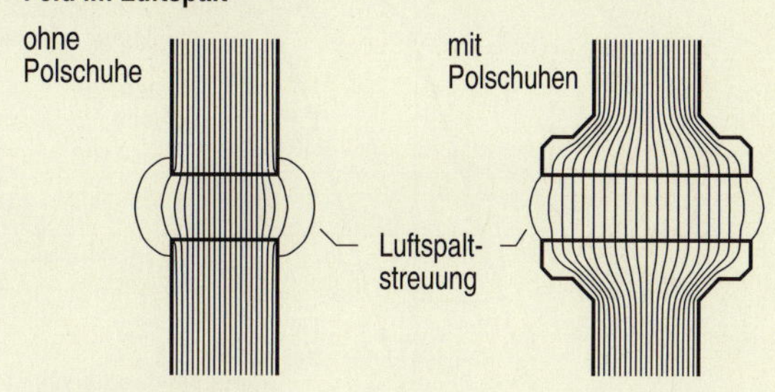

Eisenkerne

Die Eisenkerne von Spulen können aus massivem Stahl oder Gusseisen bestehen. Bei Wechselstrom werden die Kerne allerdings aus Blechen geschichtet, um die Wirbelstromverluste zu mindern. Die Bleche werden als M-, EI- oder UI-Schnitt gestanzt (siehe Kap. 6.16). Besondere Bedeutung haben Bandkerne. Sie bestehen aus aufgewickelten, zusammengeklebten Blechbändern aus kaltgewalztem, kornorientiertem Blech. Da das Einbringen der Wicklung in einen Bandkern schwierig ist, werden die Bandkerne meist aufgeschnitten (Schnittbandkern) und an den Schnittflächen geschliffen und poliert. Nach dem Einbringen der Wicklungen werden die Kernhälften wieder zusammengefügt und durch eine Schelle zusammengehalten.

Schnittbandkern

gewickeltes Blechband

aufgeschnittener Kern

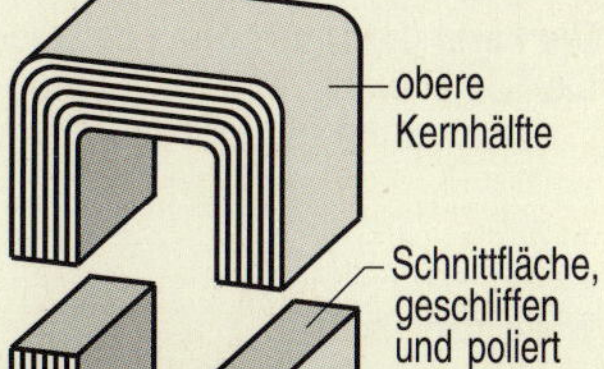

Aufgaben

4.5.1 UI-Kern

Ein UI-Kern hat die mittlere Eisenlänge $l_{Fe} = 120\,\text{cm}$ und den Eisenquerschnitt $A_{Fe} = 28\,\text{cm}^2$. Der Kern besteht aus hochlegiertem Elektroblech (siehe Kap. 4.4) und hat zwei Luftspalte von je 1 mm Länge.
Berechnen Sie die erforderlichen Teildurchflutungen und die Gesamtdurchflutung für
a) Induktion $B = 0{,}5$ T,
b) Induktion $B = 1{,}5$ T.
Bewerten Sie das Ergebnis hinsichtlich der Verteilung der Gesamtdurchflutung auf Eisen- und Luftweg.

4.5.2 Schnittbandkern

Gegeben ist ein Schnittbandkern aus kornorientiertem Blech.
Berechnen Sie die erforderliche Erregerstromstärke I, wenn
a) kein Luftspalt ist,
b) zwei Luftspalte von jeweils 0,25 mm vorhanden sind.

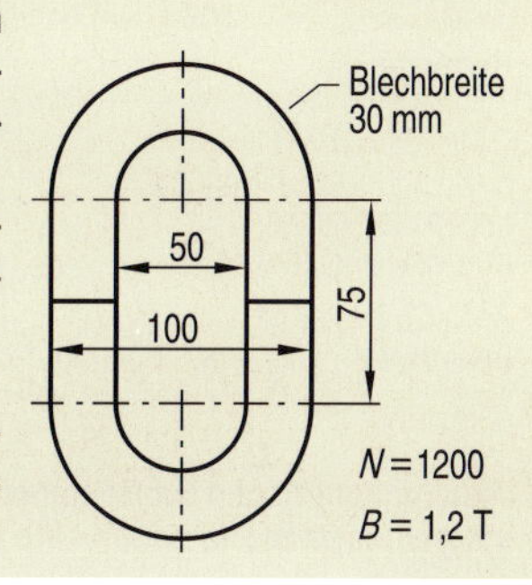

4.6 Weich- und hartmagnetische Stoffe

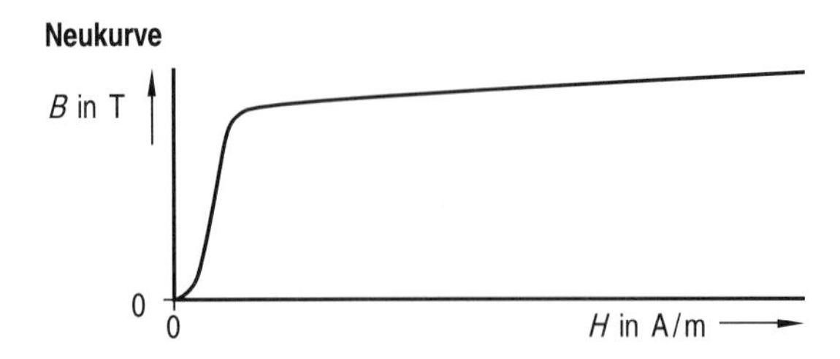

- **Die bei der Erstmagnetisierung eines Magnetwerkstoffes entstehende Magnetisierungskennlinie heißt Neukurve**

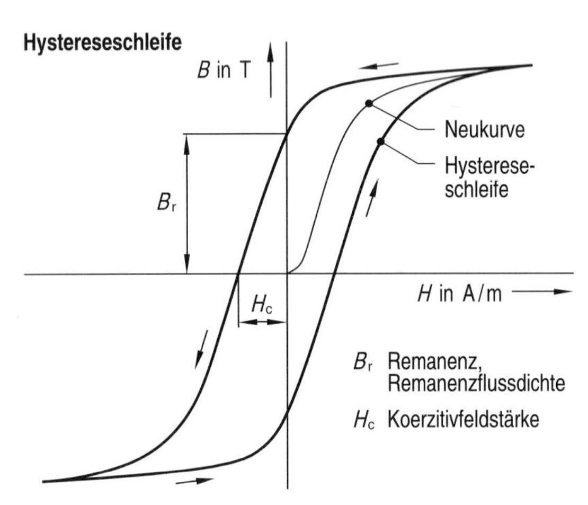

- **Die Form der Ummagnetisierungskennlinie wird durch die Remanenz B_r und die Koerzitivfeldstärke H_c bestimmt**

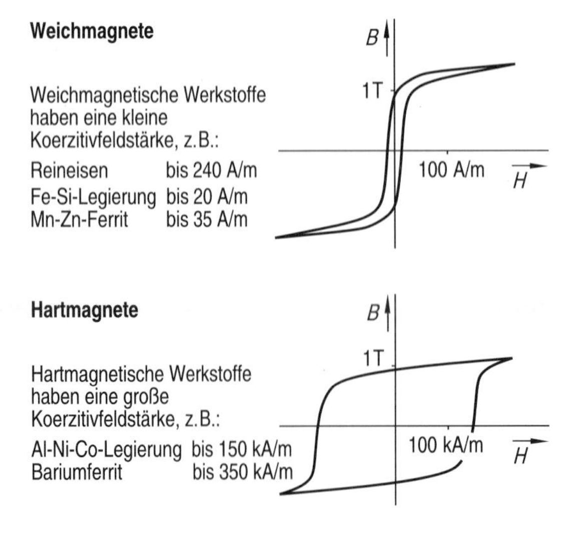

- **Weichmagnetische Stoffe haben eine schmale, hartmagnetische Stoffe haben eine breite Hystereseschleife**

Magnetisierungskennlinie

Wird eine eisengefüllte Spule von Strom durchflossen, so wird im Eisenkern Magnetismus erzeugt. Der Zusammenhang zwischen Strom bzw. magnetischer Feldstärke und der magnetischen Induktion wird in der Magnetisierungskurve dargestellt (siehe Kap. 4.4).

Die dargestellte Magnetisierungskurve ist allerdings nur realisierbar, wenn der Eisenkern vor dem Beginn des Stromflusses vollständig entmagnetisiert war. Die in diesem Fall entstehende Magnetisierungskurve wird Neukurve genannt.

Ummagnetisierungskennlinie

Wird der Strom in einer eisengefüllten Spule reduziert, so sinkt naturgemäß die magnetische Induktion. Entgegen der Erwartung bleibt nach dem Abschalten des Stromes aber noch ein gewisser Restmagnetismus zurück. Dieser Restmagnetismus heißt Remanenz B_r.

Um die Remanenz zu überwinden, muss ein gewisser Strom entgegengesetzt zur ursprünglichen Stromrichtung fließen. Die Feldstärke, die den Restmagnetismus auf null reduziert, heißt Koerzitivfeldstärke H_c.

Wird der entgegengesetzt fließende Spulenstrom gesteigert, so gerät der Eisenkern wieder in die magnetische Sättigung. Nach dem Abschalten des Stromes bleibt auch in dieser Richtung ein Restmagnetismus erhalten, der durch eine entsprechende Koerzitivfeldstärke überwunden werden kann.

Die beim Ummagnetisieren eines Eisenkerns durchlaufene Kurve $B = f(H)$ wird Ummagnetisierungskennlinie oder Hystereseschleife genannt (griechisch: Hysterese = Zurückbleiben, Nachwirken).

Weich- und hartmagnetische Stoffe

Die Hysterese ist bei den verschiedenen ferromagnetischen Stoffen verschieden stark ausgeprägt.

Eisen mit wenig Kohlenstoff hat z. B. eine schmale Hysteresekurve mit kleiner Koerzitivfeldstärke. Weil dieser Werkstoff mechanisch weich ist, wird er auch als weichmagnetisch bezeichnet. Weichmagnetische Stoffe werden z. B. für Elektrobleche eingesetzt.

Eisen mit hohem Kohlenstoffgehalt (ca 1%) hat eine breite Hysteresekurve mit großer Koerzitivfeldstärke. Da kohlenstoffreiches Eisen härtbar ist (Werkzeugstahl), werden Stoffe mit großer Koerzitivfeldstärke auch als hartmagnetisch bezeichnet. Hartmagnetische Werkstoffe werden für Dauermagnete benötigt.

Zum Ummagnetisieren eines Werkstoffes wird Energie benötigt, die im Eisenkern in Wärme umgewandelt wird. Der Flächeninhalt der Hystereseschleife ist dabei ein Maß für die Verlustwärme. Werkstoffe, die ständig ummagnetisiert werden, z. B. Transformatorbleche, sollen deshalb eine schmale, Dauermagnete hingegen eine möglichst breite Hystereseschleife haben.

Hartmagnetische Werkstoffe

Für Dauermagnete wurde früher kohlenstoffreicher Stahl verwendet. Höhere Koerzitivfeldstärken erzielt man mit Legierungen aus Eisen, Aluminium, Nickel und Kobalt (Al Ni Co) sowie Chrom und Vanadium. Die höchsten H_C-Werte erreicht man mit Legierungen aus Kobalt mit Seltenerden (SE) wie z. B. Samarium (Sa), Yttrium (Y) und Cer (Ce). Große Bedeutung haben auch hartmagnetische Ferrite. Sie bestehen aus einem Gemisch von Eisenoxid mit anderen Metalloxiden.

Das nebenstehende Diagramm zeigt die Entmagnetisierungskennlinien einiger hartmagnetischer Stoffe.

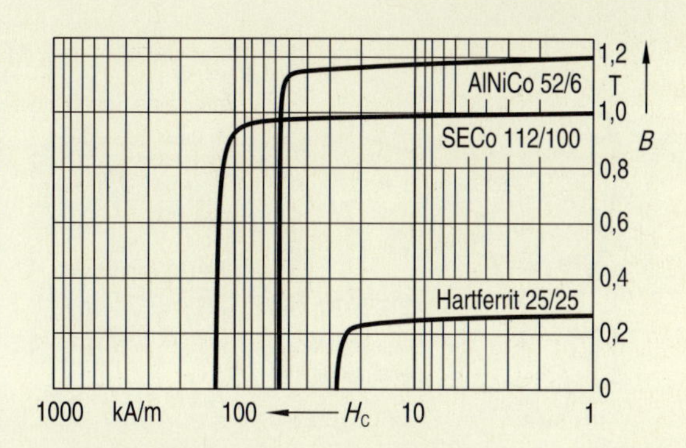

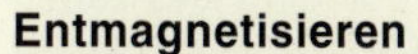

Entmagnetisieren

Magnetische Teile können entmagnetisiert werden, wenn die Elementarmagnete des Werkstoffes wieder in den ungeordneten Zustand versetzt werden. Man erreicht dies z. B. dadurch, dass man das Teil in ein magnetisches Wechselfeld bringt und das Feld durch Reduzierung des Magnetisierungsstromes langsam schwächt. Die gleiche Wirkung wird erreicht, wenn das zu entmagnetisierende Teil langsam aus dem Wechselfeld entfernt wird. Entmagnetisieren kann z. B. bei Werkzeugen, Uhren, Tonbändern notwendig sein.

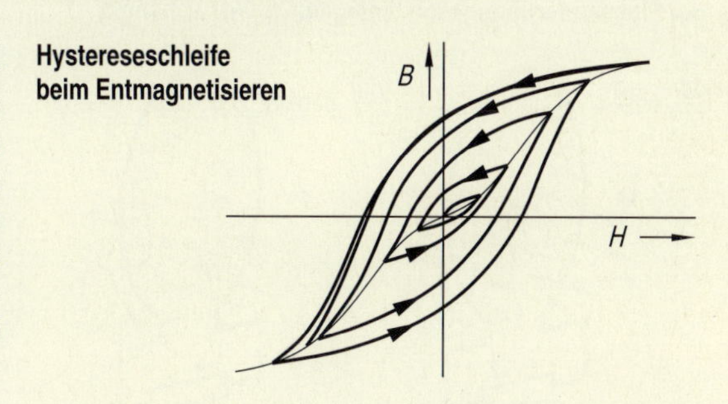

Linearisierung der Magnetisierungskurve

Eisengefüllte Spulen haben eine hohe magnetische Permeabilität μ und damit schon bei kleiner Feldstärke H eine große magnetische Flussdichte B. Nachteilig ist allerdings, dass die Magnetisierungskurve $B = f(H)$ nicht linear verläuft; die Induktivität (siehe Kap. 4.9) einer eisengefüllten Spule ist somit nicht konstant, sondern abhängig vom Magnetisierungsstrom.

Dieser Nachteil kann durch einen Luftspalt im Eisenkern vermindert werden. Der Luftspalt bewirkt zweierlei:

1. Die Magnetisierungskurve wird linearisiert, d. h. sie verläuft jetzt über einen größeren Feldstärkebereich geradlinig. Die Linearisierung durch einen Luftspalt wird auch Scherung genannt.
2. Die Magnetisierungskurve verläuft flacher. Die große Permeabilitätszahl μ_r des Eisens wird dabei durch die kleinere „effektive Permeabiliät" μ_e der Eisen-Luft-Strecke ersetzt.

Eine Linearisierung der Magnetisierungskurve soll z. B. Verzerrungen bei der Signalübertragung vermindern.

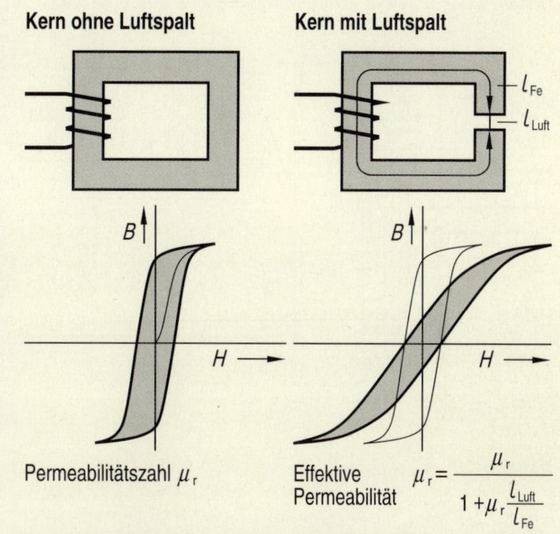

Permeabilitätszahl μ_r

Effektive Permeabilität $\mu_r = \dfrac{\mu_r}{1 + \mu_r \dfrac{l_{Luft}}{l_{Fe}}}$

Aufgaben

4.6.1 Grundbegriffe

Erläutern Sie die Begriffe
a) Remanenz,
b) Koerzitivfeldstärke,
c) Hystereseschleife,
d) Neukurve.

4.6.2 Magnetwerkstoffe

Erläutern Sie, was man unter hart- bzw. weichmagnetischen Stoffen versteht und nennen Sie Anwendungsgebiete beider Werkstoffgruppen.
Welche Bedeutung hat in diesem Zusammenhang die Breite der Hysteresekurve?

4.7 Induktionsgesetz

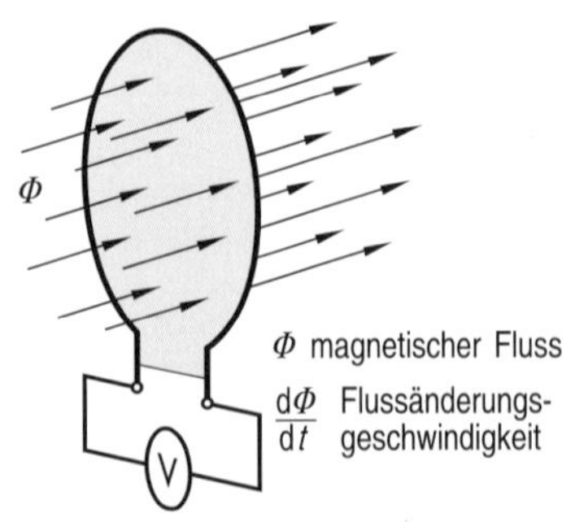

Induzierte Spannung in einer Schleife

$$u = \frac{d\Phi}{dt}$$

bei N Windungen

$$u = N \cdot \frac{d\Phi}{dt}$$

$$[u] = 1 \cdot \frac{Vs}{s} = V$$

- **Die in einer Leiterschleife induzierte Spannung ist von der Flussänderungsgeschwindigkeit $d\Phi/dt$ abhängig**

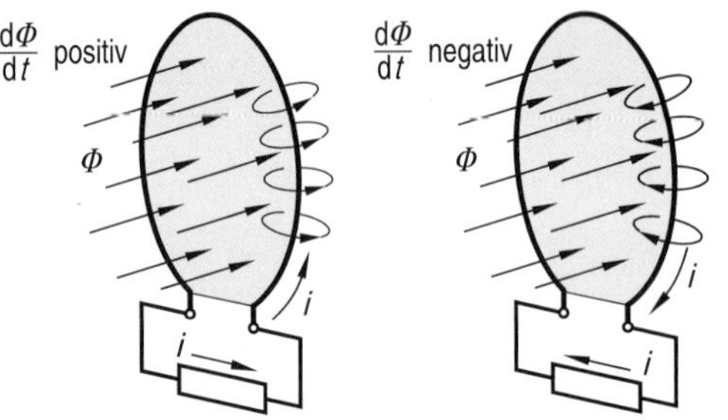

- **Der Induktionsstrom ist nach der lenzschen Regel so gerichtet, dass er seiner Entstehungsursache entgegenwirkt**

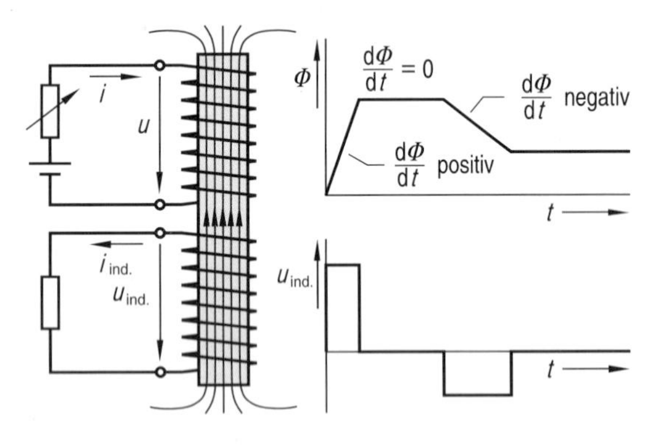

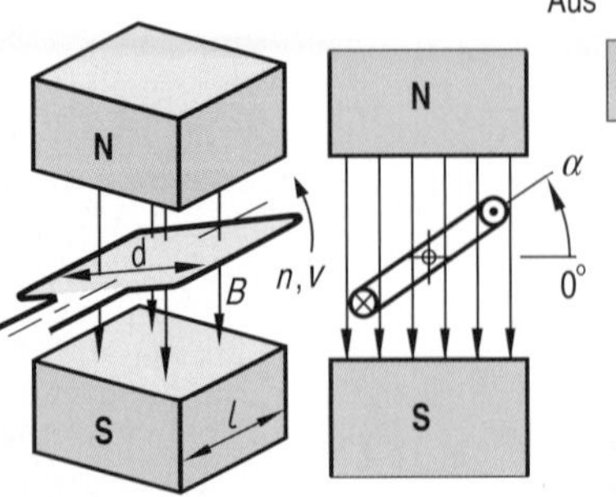

Aus $u = N \cdot \frac{d\Phi}{dt}$ folgt:

$$u = B \cdot 2l \cdot v \cdot N \cdot \sin\alpha$$

B Induktion
l Leiterlänge im Magnetfeld
$v = d \cdot \pi \cdot n$ Geschwindigkeit des Leiters
n Drehfrequenz
N Windungszahl
siehe auch Kap.5.3

Induktion einer Leiterschleife

Elektrischer Strom und magnetisches Feld sind untrennbar miteinander verbunden. Es gilt: jede Bewegung elektrischer Ladungen erzeugt ein Magnetfeld, jede Änderung eines Magnetfeldes erzeugt eine Verschiebung elektrischer Ladungen.
Tritt innerhalb einer Leiterschleife eine magnetische Flussänderung $d\Phi/dt$ auf, so werden in der Leiterschleife Ladungen verschoben, an den Leitungsklemmen entsteht eine elektrische Spannung $u = d\Phi/dt$. Diese Spannung wird Induktionsspannung genannt. Die Möglichkeit, elektrische Spannung durch Induktion zu erzeugen, wurde um 1831 von dem englischen Physiker Michael Faraday (1791-1867) entdeckt.

Lenzsche Regel

Wird die Leiterschleife, in der die Induktionsspannung entsteht, über einen Verbraucher geschlossen, so fließt ein sogenannter Induktionsstrom. Die Größe dieses Stromes hängt von der induzierten Spannung und dem Widerstand des Stromkreises ab. Es gilt: $i = u/R$.
Die Fließrichtung des Induktionsstromes ist so gerichtet, dass sein Magnetfeld der Änderung des verursachenden Magnetflusses $d\Phi/dt$ entgegenwirkt. Diese nach dem deutschen Physiker H. F. Emil Lenz (1804-1864) benannte lenzsche Regel ist eine direkte Folgerung aus dem Energieerhaltungssatz.

Transformatorprinzip

Ursache für das Entstehen einer Induktionsspannung ist in jedem Fall eine Flussänderung $d\Phi/dt$. Diese Flussänderung kann z. B. durch einen zeitlich veränderlichen Strom i_1 in einer Spule 1 erzeugt werden. Durchsetzt der Magnetfluss eine zweite Spule 2, so wird in dieser eine Spannung u_2 induziert. Der bei Belastung von Spule 2 fließende Strom i_2 ist so gerichtet, dass er der Änderung des magnetischen Flusses entgegenwirkt. Die Erzeugung von Spannung nach dem beschriebenen Prinzip wird Transformatorprinzip genannt. Da sich hier keine mechanischen Teile bewegen, spricht man auch von „Induktion der Ruhe".

Generatorprinzip

Großtechnisch wird elektrische Spannung meist durch „Induktion der Bewegung" erzeugt. Dabei wird z. B. eine Leiterschleife in einem homogenen Magnetfeld mit konstanter Drehfrequenz gedreht. Die hierbei induzierte Spannung ist eine Wechselspannung; sie erreicht ihr Maximum, wenn die Leiter senkrecht zum Magnetfeld bewegt werden ($\alpha = 90°$, $d\Phi/dt$ = maximal). Bewegt sich die Leiterschleife parallel zum Feld ($\alpha = 0°$, $d\Phi/dt = 0$), so wird keine Spannung induziert.
Wird die Generatorspannung belastet, dann ist der Induktionsstrom so gerichtet, dass die Drehbewegung durch sein Magnetfeld abgebremst wird.

Lorentzkraft

Das Entstehen der Induktionsspannung kann durch die von dem niederländischen Physiker Hendrik Antoon Lorentz (1853-1928) entdeckte Lorentzkraft erklärt werden. Diese Kraft wirkt auf elektrische Ladungen, die sich in einem Magnetfeld bewegen. Ein Elektron mit der Ladung e, das sich mit der Geschwindigkeit v senkrecht zu einem Magnetfeld mit der Induktion B bewegt, erfährt eine Kraft $F = e \cdot B \cdot v$. Die Kraftrichtung ist senkrecht zur Richtung von B und von v.
Die Lorentzkraft bewirkt im bewegten Leiter eine Ladungstrennung, somit entsteht elektrische Spannung.

Rechte-Hand-Regel

Die Fließrichtung des Induktionsstromes kann mit der lenzschen Regel bestimmt werden. Als anschauliches Hilfsmittel dient dabei häufig die sogenannte Rechte-Hand-Regel. Sie besagt: Hält man die rechte Hand so, dass die magnetischen Feldlinien vom Nordpol her die Handfläche durchdringen und der abgespreizte Daumen die Bewegungsrichtung anzeigt, so fließt der Induktionsstrom in Richtung der ausgestreckten Finger.

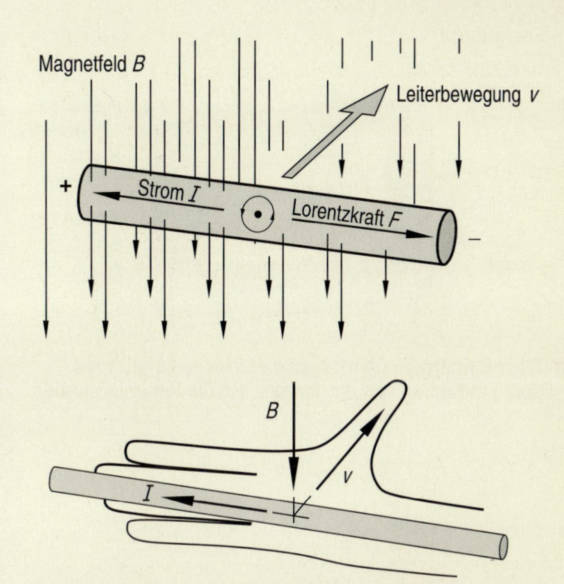

Die Rechte-Hand-Regel heißt auch Generator-Regel.

Aufgaben

4.7.1 Induktionsspannung

In einer Spule mit $N = 400$ Windungen ändert sich der magnetische Fluss linear
a) in 2 ms von 0 auf 30 mWb
b) in 5 µs von 20 mWb auf 10 mWb.
Berechnen Sie die jeweils induzierte Spannung.

4.7.2 Lenzsche Regel

Eine kurzgeschlossene Leiterschleife dreht sich in einem Magnetfeld. Erläutern Sie an diesem Beispiel die lenzsche Regel und zeichnen Sie den Induktionsstrom sowie das resultierende Magnetfeld ein.

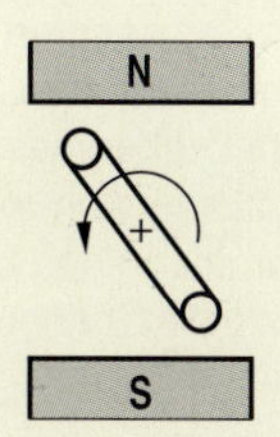

4.7.3 Induktion

Ein Leiter wird mit $v = 20$ m/s senkrecht durch ein 10 cm breites Magnetfeld bewegt. Ein am Leiter angeschlossener Strommesser mit $R_i = 12\,\Omega$ zeigt $I = 0{,}5$ mA. Berechnen Sie die Induktion B des Magnetfeldes.

4.7.4 Rotierende Spule

Eine Spule mit Durchmesser $d = 5$ cm, Länge $l = 4$ cm und Windungszahl $N = 80$ rotiert mit $n = 1500\,\text{min}^{-1}$ in einem Feld mit $B = 200$ mT. Berechnen und skizzieren Sie die in der Spule induzierte Spannung $u = f(\alpha)$.

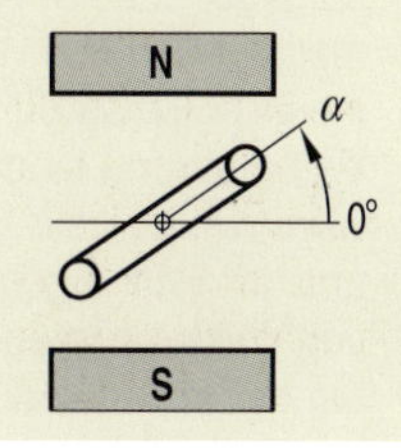

4.7.5 Zeitlich veränderlicher Fluss

Eine Spule mit $N = 200$ Windungen wird von folgenden magnetischen Flüssen $\Phi = f(t)$ durchsetzt. Berechnen und skizzieren Sie die jeweilige Spannung $u = f(t)$.

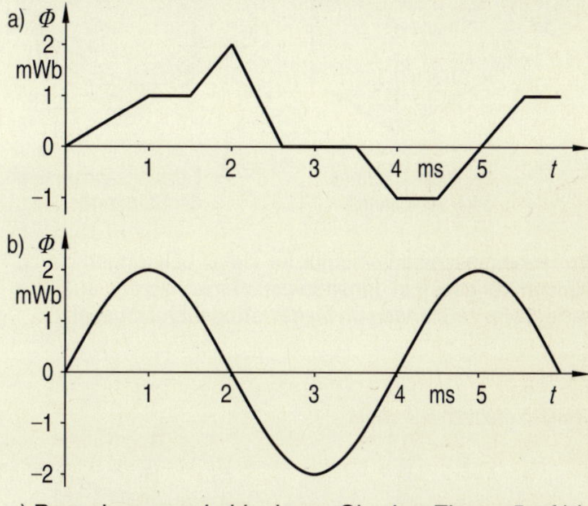

c) Berechnen und skizzieren Sie den Fluss $\Phi = f(t)$, wenn folgende Spannung induziert werden soll:

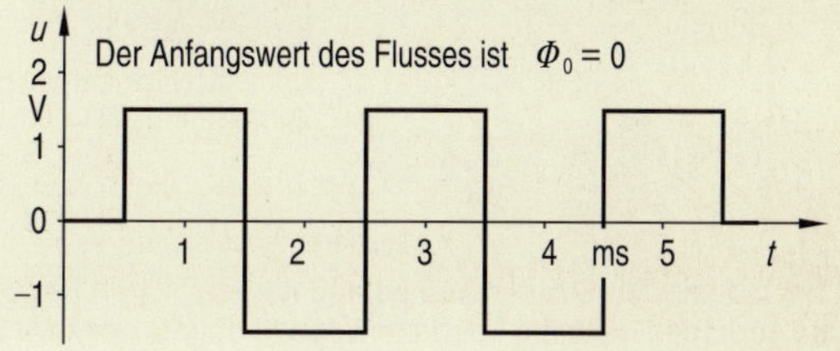

4.8 Induktion, technische Bedeutung

Energiefluss

Eingangswicklung (Primärwicklung)
Eisenkern
Ausgangswicklung (Sekundärwicklung)
Energieübertragung durch Induktion
Energiezufuhr
Energieabgabe

- **Transformatoren übertragen elektrische Leistungen durch Induktion von der Primär- auf die Sekundärspule**

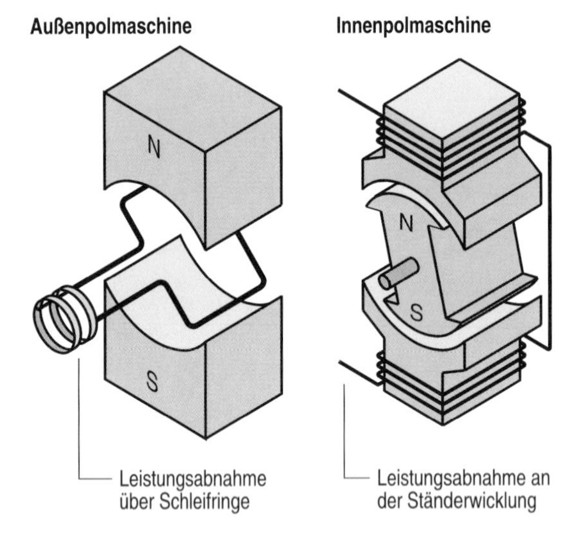

- **Außenpolmaschinen sind nur für kleine Leistungen bis zu einigen kW geeignet, Innenpolmaschinen werden auch für sehr große Leistungen im Megawattbereich eingesetzt**

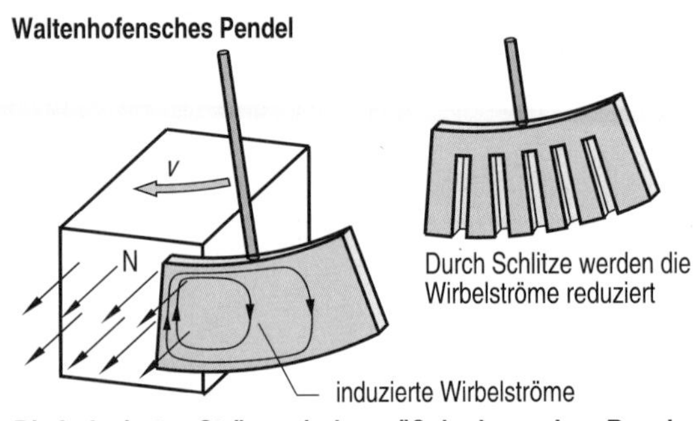

- **Die induzierten Ströme sind gemäß der lenzschen Regel so gerichtet, dass die Pendelbewegung abgebremst wird**

Transformator

Eine sehr wichtige technische Nutzanwendung des Induktionsgesetzes ist der Transformator (lateinisch: transformare = umformen, umgestalten). Er besteht im einfachsten Fall aus einem geschlossenen Eisenkern und zwei Spulen (Wicklungen). Wird an die Eingangswicklung N_1 eine sinusförmige Wechselspannung angelegt, so entsteht an der Ausgangswicklung N_2 ebenfalls eine sinusförmige Wechselspannung. Die Spannungswerte (Effektivwerte) beider Spannungen verhalten sich dabei wie die zugehörigen Windungszahlen. Es gilt: $U_1 : U_2 = N_1 : N_2$. Die Übertragung der elektrischen Energie von der Eingangs- auf die Ausgangswicklung erfolgt durch Induktion.

Generator

Außenpolmaschine

Eine weitere Anwendung des Induktionsgesetzes sind die Generatoren. Im einfachsten Fall rotiert eine Leiterschleife (Läufer) in einem möglichst homogenen Magnetfeld (Ständer). Die in der Leiterschleife induzierte Wechselspannung wird über Schleifringe abgenommen. Wird die Spannung über Stromwender abgenommen, so erhält man pulsierende Gleichspannung.
Nachteilig bei Außenpolmaschinen ist, dass die gesamte Leistung über Schleifringe abgenommen wird; sie werden daher nur für kleine Leistungen gebaut.

Innenpolmaschine

Generatoren für große Leistungen werden als Innenpolmaschinen ausgeführt. Der Läufer (Polrad) besteht dabei aus einem Dauermagnet, bei großen Maschinen aus einem mit Gleichstrom erregten Elektromagnet. Die Induktionsspulen sind in den feststehenden Teil des Generators, den Ständer eingelegt.
Beim Drehen des Polrades wird in den Ständerspulen Wechselspannung induziert. Große Generatoren zur Energieversorgung enthalten drei Spulengruppen, in denen die Spannung mit zeitlicher Verschiebung (dreiphasiger Wechselstrom, Drehstrom) induziert wird.

Wirbelströme

Induktionsspannungen bzw. -ströme treten nicht nur in Spulen auf, sondern in allen Metallen, die sich in einem Magnetfeld bewegen, bzw. die von einem veränderlichen Magnetfeld durchsetzt werden. Die dabei fließenden Induktionsströme haben keinen eindeutig vorgegebenen Stromweg, sie werden daher Wirbelströme genannt. Auch Wirbelströme sind so gerichtet, dass sie ihrer Entstehungsursache entgegenwirken.
Wirbelströme sind bei elektrischen Maschinen unerwünscht, weil sie Verluste (Erwärmung) verursachen und den Wirkungsgrad senken. Die technische Nutzung von Wirbelströmen ist z. B. in Wirbelstrombremsen und bei der induktiven Erwärmung von Metallen möglich.

Wirbelstrombremse
Wirbelströme sind meist unerwünscht, in einigen Fällen werden sie aber technisch genutzt.
Große Bedeutung hat die Wirbelstrombremse. Sie nutzt die Tatsache, dass die Wirbelströme so gerichtet sind, dass die verursachende Bewegung abgebremst wird. Wirbelstrombremsen werden z. B. zum Abbremsen von Fahrzeugen und Antrieben, zur Messung von Drehmomenten, zur Dämpfung von Messwerken und zum Abbremsen von kWh-Zählerscheiben eingesetzt.
Bei Wirbelstrombremsen tritt keinerlei mechanische Reibung auf; sie können deshalb verschleißfrei und relativ wartungsfrei betrieben werden.

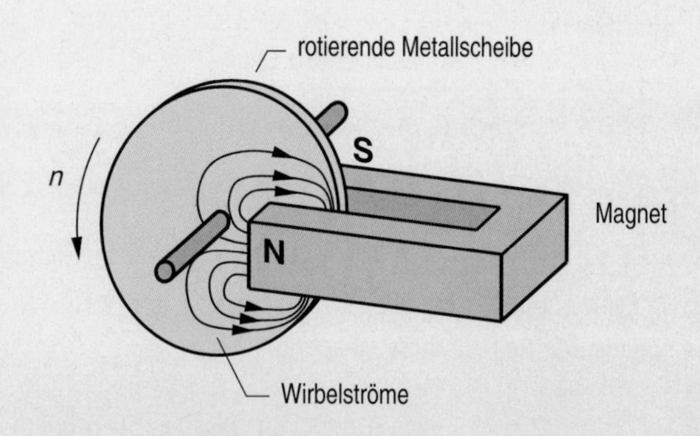

Abschirmung magnetischer Felder
Das Abschirmen magnetischer Felder kann aus zwei Gründen notwendig sein: zum einen müssen empfindliche elektronische Schaltungen vor Fremdeinflüssen geschützt werden, zum anderen muss verhindert werden, dass die Schaltung selbst Störfelder aussendet. Diese sogenannte „elektromagnetische Verträglichkeit" (EMV) gewinnt zunehmend an Bedeutung.
Gleichfelder bzw. niederfrequente Felder werden durch eine Umhüllung aus magnetisch gut leitendem Blech abgeschirmt. Geeignete Werkstoffe sind z. B. reines Eisen, Eisen-Silizium- und Eisen-Nickel-Legierungen.
Hochfrequente Felder werden durch Umhüllungen aus elektrisch gut leitenden Werkstoffen wie Cu und Al abgeschirmt; dabei werden die induzierten Wirbelströme genutzt, die dem äußeren Magnetfeld entgegenwirken.

Abschirmung statischer Magnetfelder

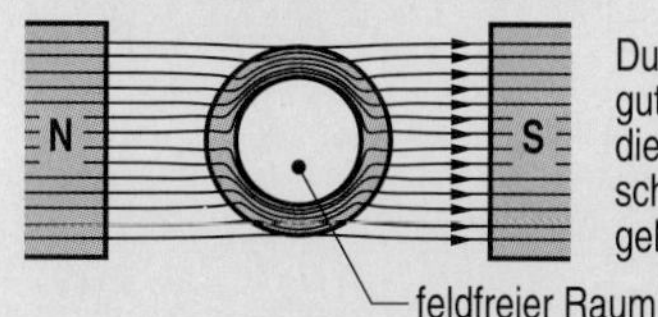

Durch ein magnetisch gut leitendes Blech werden die Feldlinien um den zu schützenden Raum herumgeleitet (magn. Bypass)

Abschirmung hochfrequenter Magnetfelder

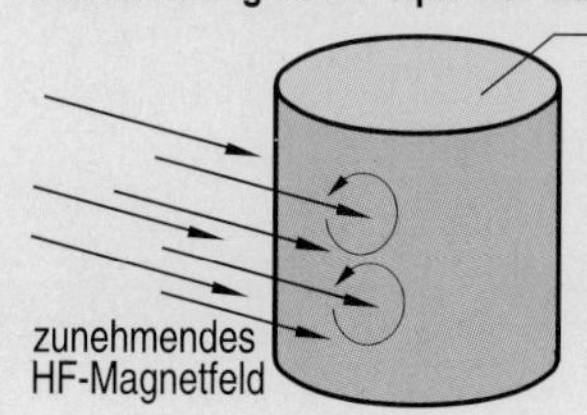

Die induzierten Wirbelströme wirken mit ihrem Magnetfeld den Änderungen des äußeren Magnetfeldes entgegen.
Im Inneren des Bechers ist das Störfeld abgeschwächt.

Aufgaben

4.8.1 Transformator
In einer langen zylindrischen Luftspule mit $N_1 = 400$ befindet sich eine zweite Spule mit $N_2 = 1200$.

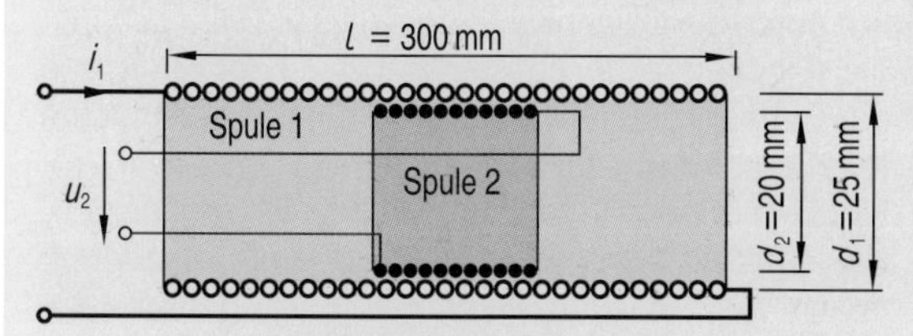

Berechnen und skizzieren Sie die in der Sekundärspule induzierte Spannung $u_2 = f(t)$, wenn der Strom in der Primärspule $i_1 = f(t)$ folgenden zeitlichen Verlauf hat:

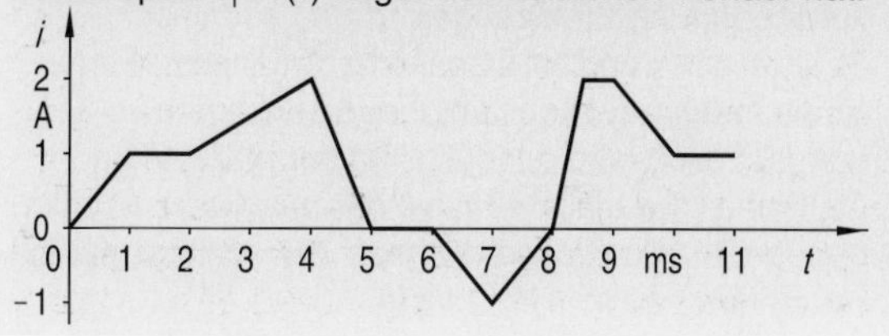

4.8.2 Generator
Eine Spule mit $l = 120$ mm, $d = 60$ mm, $N = 200$ rotiert mit $n = 1500\,\text{min}^{-1}$ in einem homogenen Magnetfeld $B = 0{,}3$ T. Berechnen Sie $u = f(\alpha)$ für $0° < \alpha < 360°$ in 30°-Schritten und skizzieren Sie die Kurve.

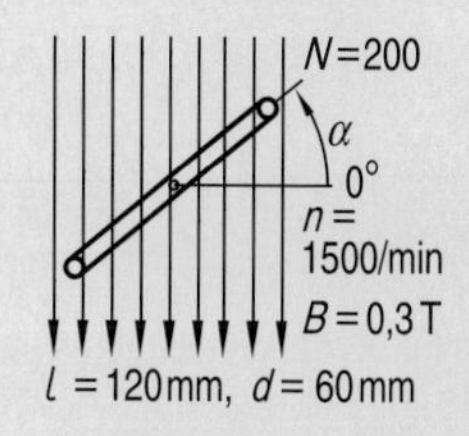

4.8.3 Rotierende Al-Scheibe
Eine Al-Scheibe ($d = 180$ mm) rotiert in einem homogenen Magnetfeld ($B = 200$ mT) mit $n = 3000\,\text{min}^{-1}$. Der Magnetfluss durchsetzt die Scheibe senkrecht.

a) Berechnen Sie die Spannungen U_{AB} und U_{AC}.
b) Welche Wirbelströme fließen in der Scheibe?

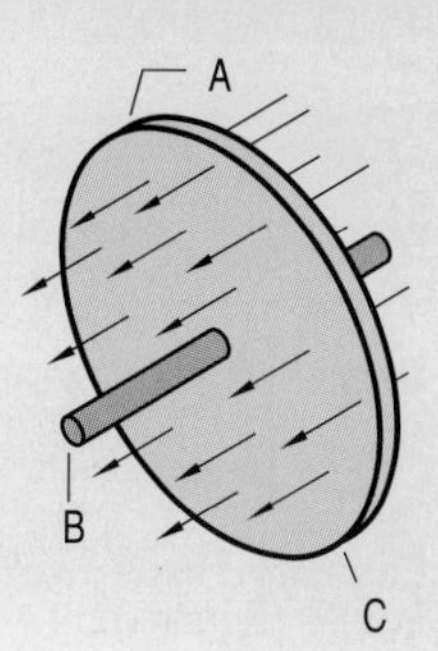

4.9 Induktion und Induktivität

Stromkreis mit veränderbarem Widerstand

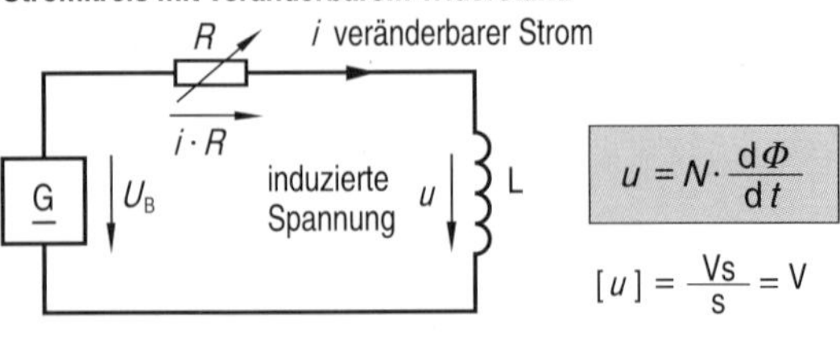

- **Jede Stromänderung in einer Spule erzeugt eine sogenannte Selbstinduktionsspannung**

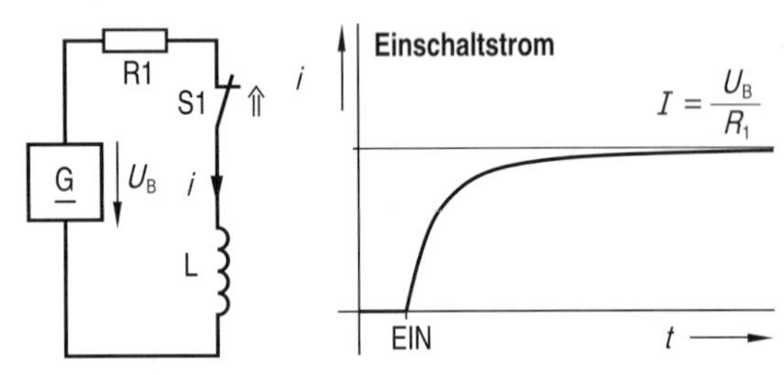

- **Der Einschaltstrom einer Induktivität folgt einer e-Funktion**

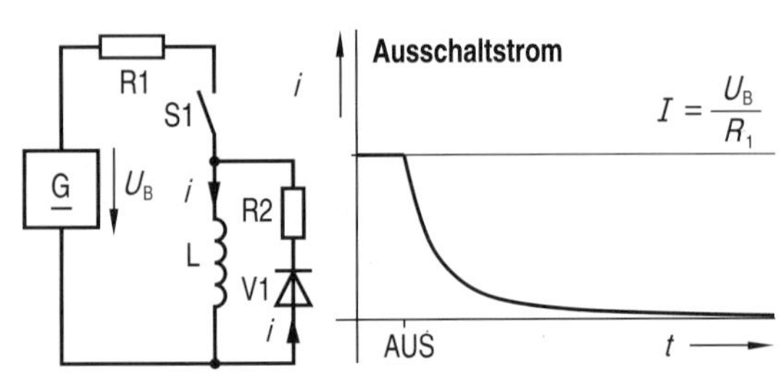

- **Der Ausschaltstrom einer Induktivität folgt einer e-Funktion**

Aus dem Induktionsgesetz $u = N \cdot \frac{\mathrm{d}\Phi}{\mathrm{d}t}$

folgt durch Erweitern: $u = N \cdot \frac{\mathrm{d}i}{\mathrm{d}i} \cdot \frac{\mathrm{d}\Phi}{\mathrm{d}t} = N \cdot \frac{\mathrm{d}\Phi}{\mathrm{d}i} \cdot \frac{\mathrm{d}i}{\mathrm{d}t}$

Für Permeabilitätszahl μ_r = konstant gilt: $\frac{\mathrm{d}\Phi}{\mathrm{d}i} = \frac{\Phi}{I}$

Daraus folgt für die Selbstinduktionsspannung: $u = \frac{N \cdot \Phi}{I} \cdot \frac{\mathrm{d}i}{\mathrm{d}t}$

Der Ausdruck $\frac{N \cdot \Phi}{I}$ heißt Induktivität L $\quad L = \frac{N \cdot \Phi}{I}$

$[L] = \frac{\mathrm{Vs}}{\mathrm{A}} = \mathrm{H}$

Das Induktionsgesetz erhält damit die Form: $u = L \cdot \frac{\mathrm{d}i}{\mathrm{d}t}$

$[u] = \frac{\mathrm{Vs}}{\mathrm{A}} \cdot \frac{\mathrm{A}}{\mathrm{s}} = \mathrm{V}$

- **Eine Spule hat die Induktivität 1 H, wenn eine gleichmäßige Stromänderung von 1 A/1 s in ihr 1 V Spannung induziert**

Selbstinduktion

Wird in einer Spule mit N Windungen der magnetische Fluss Φ geändert, so wird in ihr nach dem Induktionsgesetz die Spannung $u = N \cdot \mathrm{d}\Phi/\mathrm{d}t$ erzeugt. Diese Spannung wird nicht nur in einer fremden Spule induziert, sondern auch in der Spule, die den Magnetfluss erzeugt. Der dabei ablaufende Vorgang heißt sinngemäß Selbstinduktion, die induzierte Spannung ist die Selbstinduktionsspannung. Auch die Selbstinduktionsspannung unterliegt der lenzschen Regel, d. h. sie ist so gerichtet, dass sie der Flussänderung entgegenwirkt.

Einschaltvorgang

Beim Einschalten einer Spule muss das Magnetfeld, bzw. der Strom, vom Wert null auf einen Endwert ansteigen. Da die Selbstinduktionsspannung diesem Anstieg entgegenwirkt, dauert es eine gewisse Zeit, bis der Einschaltvorgang abgeschlossen ist. Ein sprungartiges Ansteigen des Spulenstromes in der Zeit $t = 0$ auf den Endwert ist nicht möglich. Der Einschaltstrom $i = \mathrm{f}(t)$ folgt einer Exponentialfunktion (siehe Kap. 4.16), der Anstieg des Spulenstromes entspricht dem Anstieg der Ladespannung eines Kondensators.

Ausschaltvorgang

Beim Ausschalten einer Spule müssen Magnetfeld und Strom wieder auf null sinken. Dies kann nicht sprungartig erfolgen, weil die Selbstinduktionsspannung auch einem Abbau des Magnetfeldes entgegenwirkt.

Im Beispiel erfolgt das Ausschalten der Spule mit Hilfe einer Diode. Wird der Schalter S1 geöffnet, so fließt der Strom im ersten Moment über die Diode V1 weiter und sinkt dann auf null ab. Der Abschaltstrom folgt einer Exponentialkurve; der Vorgang entspricht dem Absinken der Entladespannung eines Kondensators.

Induktivität

Die Selbstinduktionsspannung einer Spule wird wesentlich durch die Spulendaten beeinflusst. Dazu gehören die Windungszahl, die Abmessungen der Spule und die Permeabilitätszahl des Kerns. Die Spulendaten ergeben gemeinsam den Selbstinduktionskoeffizienten. Dieser Koeffizient wird Induktivität L genannt.

Die Induktivität einer Spule ist eine Baugröße; sie entspricht der Kapazität eines Kondensators bzw. dem Widerstandswert eines ohmschen Widerstandes. Man kann sagen: die Induktivität einer Spule ist ein Maß für ihre Fähigkeit, bei Stromänderungen eine Selbstinduktionsspannung zu erzeugen.

Bei Luftspulen und bei Eisenkernen im linearen Bereich ist die Induktivität konstant; bei Eisenkernen im Sättigungsbereich ist die Induktivität stromabhängig.

Als Einheit der Induktivität gilt das nach dem amerikanischen Physiker Joseph Henry (1797–1878) benannte Henry (H). Es gilt: 1 H = 1 Vs/A.

Bauformen von Induktivitäten

Induktivitäten sind wie Widerstände und Kapazitäten (Kondensatoren) passive Zweipole. Sie werden durch Aufwickeln eines Drahtes auf einen Spulenkörper mit vorzugsweise kreisförmigem Querschnitt hergestellt; als Sammelbegriff dient auch der Name „Wickelgüter". Zu unterscheiden sind dabei Induktivitäten mit und solche ohne magnetisch wirksamen Kern (Luftspulen). Im Gegensatz zu Widerständen und Kondensatoren sind Induktivitäten aber keine genormten Bauelemente.

Da die Anforderungen sehr unterschiedlich sind, werden Induktivitäten meist speziell für die jeweilige Anwendung entwickelt und gefertigt. Die Induktivitätswerte reichen von einigen nH (z. B. für Rundfunkspulen) bis zu einigen kH (z. B. für Siebdrosseln).

Hinweis: Der Begriff Induktivität ist wie die Begriffe Widerstand und Kapazität mehrdeutig. Er bezeichnet sowohl das Bauteil (Spule, Drosselspule, Wicklung) als auch den Induktivitätswert.

Skineffekt

Die durch magnetische Flussänderung hervorgerufene Selbstinduktionsspannung hat auch für die Übertragung von elektrischer Energie durch Leitungen und Kabel große Bedeutung. Wird der Leiterquerschnitt A von einem Gleichstrom I durchflossen, so ist die Stromdichte $J = I/A$ an jeder Stelle des Querschnitts gleich groß. Fließt durch den Querschnitt Wechselstrom, so wird der Strom zum Rand hin abgedrängt; die Stromdichte ist im Leiterinneren klein, dem Rand zu steigt sie an. Diese Vorgang wird Skineffekt (englisch: skin = Haut) genannt. Der Effekt lässt sich durch die im Leiter auftretende Selbstinduktion erklären; sie ist im Inneren des Leiters am größten und nimmt zum Rand hin ab.

Der Skineffekt erhöht den Leiterwiderstand in Abhängigkeit von der Frequenz und dem Leiterdurchmesser. Der Stromverdrängungsfaktor $k = R_{\sim}/R_{-}$ gibt das Verhältnis der Leiterwiderstände bei Betrieb mit Wechsel- und Gleichstrom an. Der Skineffekt kann auch durch die Eindringtiefe δ (lies: Delta) erfasst werden. Die Eindringtiefe gibt an, in welcher Tiefe die Stromdichte auf 37% der Randstromdichte abgefallen ist.

Abhilfe gegen die Widerstandserhöhung ist möglich z. B. durch Hohlleiter, Versilbern der Leiteroberfläche, Aufteilen des Leiters in isolierte Einzeldrähte (Hochfrequenzlitze, Röbelstäbe bei elektrischen Maschinen).

Stromdichte im zylindrischen Leiter

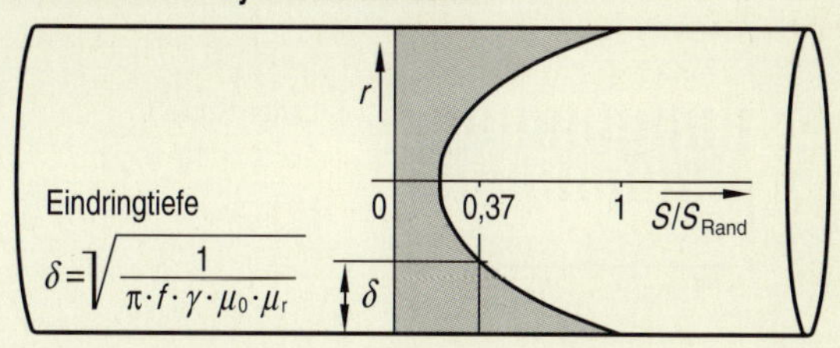

Stromverdrängungsfaktor bei runden Cu-Drähten

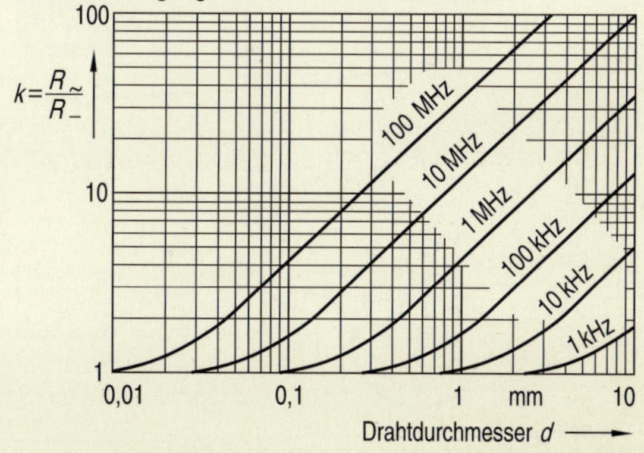

Aufgaben

4.9.1 Versuchsauswertung

a) Nach dem Einschalten von S1 dauert es mehrere Sekunden, bis die Glühlampe H1 voll leuchtet.
Geben Sie eine ausführliche Begründung für dieses Verhalten.

b) Beim Ausschalten von S1 leuchtet die Glimmlampe H1 auf und erlischt dann sofort wieder. Geben Sie eine ausführliche Begründung für dieses Verhalten.

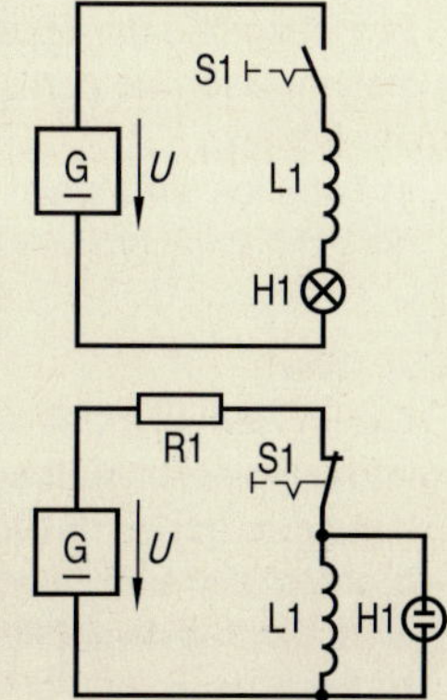

4.9.2 Begriffserklärung

Erklären Sie: a) Selbstinduktionskoeffizient,
b) Selbstinduktionsspannung,
c) Skineffekt.

4.9.3 Induktivität

Eine luftgefüllte Zylinderspule hat die Länge $l = 20\,\text{cm}$, den Querschnitt $A = 4\,\text{cm}^2$ und die Windungszahl $N = 1000$. Der Strom in der Spule beträgt $I = 1\,\text{A}$.

a) Berechnen Sie den von der Spule erzeugten magnetischen Fluss Φ und die Induktivität L der Spule.

b) Berechnen Sie die Anstiegsgeschwindigkeit des Stromes $\mathrm{d}i/\mathrm{d}t$ im Einschaltaugenblick, wenn die Spule an Gleichspannung $U = 100\,\text{V}$ gelegt wird.

4.10 Induktivität von Spulen

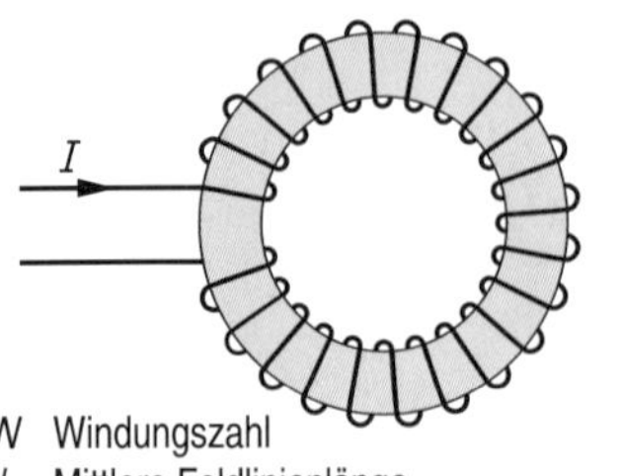

N Windungszahl
l_m Mittlere Feldlinienlänge
A Kernquerschnitt
μ_0 Feldkonstante
μ_r Permeabilitätszahl

Luftgefüllte Spule

$$L = \frac{\mu_0 \cdot A}{l_m} \cdot N^2$$

Eisengefüllte Spule

$$L = \frac{\mu_0 \cdot \mu_r \cdot A}{l_m} \cdot N^2$$

$$[L] = \frac{\frac{\text{Vs}}{\text{Am}} \cdot \text{m}^2}{\text{m}} = \frac{\text{Vs}}{\text{A}}$$

$$[L] = \Omega\,\text{s}$$

Ringspule

Bei Spulen mit eindeutig festgelegtem Feldlinienverlauf bzw. eindeutiger Feldlinienlänge l ist der magnetische Leitwert der Spule und damit die Induktivität leicht berechenbar; dies ist bei Ringspulen der Fall.
Ist die Spule eisenlos, so ist ihr magnetischer Leitwert $\Lambda = \mu_0 \cdot A/l_m$ und ihre Induktivität $L = N^2 \cdot \mu_0 \cdot A/l_m$.
Hat die Spule einen Eisen- oder Ferritkern, so kann ihre Induktivität mit $L_{Fe} = \mu_r \cdot L_{Luft}$ berechnet werden. Dabei ist allerdings zu beachten, dass μ_r keine Konstante ist, sondern vom Magnetisierungszustand des Kerns abhängt. Die Induktivität ist somit auch vom Magnetisierungszustand bzw. vom Augenblicksstrom abhängig.

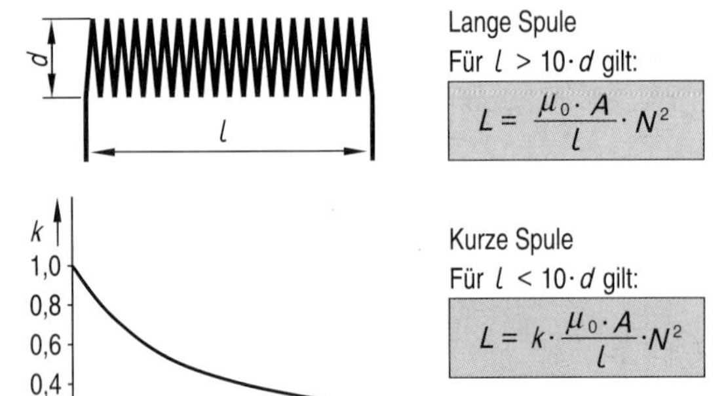

Lange Spule
Für $l > 10 \cdot d$ gilt:

$$L = \frac{\mu_0 \cdot A}{l} \cdot N^2$$

Kurze Spule
Für $l < 10 \cdot d$ gilt:

$$L = k \cdot \frac{\mu_0 \cdot A}{l} \cdot N^2$$

Zylindrische, eisenfreie Spule

Bei zylindrischen Spulen kann keine mittlere Feldlinienlänge angegeben werden, weil der Feldlinienverlauf außerhalb der Spule zumindest theoretisch bis ins Unendliche reicht. Eine Ausnahme bilden Spulen, bei denen das Verhältnis von Spulendurchmesser d zu Spulenlänge l sehr klein ist (Richtwert: $l > 10 \cdot d$). Hier kann die Spulenlänge näherungsweise gleich der Feldlinienlänge gesetzt werden. Die Induktivität von zylindrischen und anderen gestreckten Spulen kann somit wie die Induktivität von Ringspulen berechnet werden. Für kurze Spulen kann die Formel mit einem Korrekturfaktor k versehen werden. Das Diagramm $k = f(d/l)$ zeigt, dass der Faktor bei sehr langen Spulen ($d/l = 0{,}1$) nahezu 1 ist, bei $d/l = 1$ beträgt er ungefähr 0,65.

Einfacher Ring

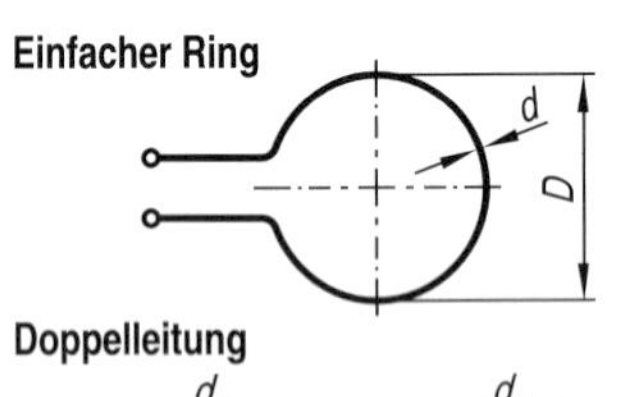

$$L = \frac{\mu_0 D}{2}\left(\ln\frac{D}{d} + 0{,}25\right)$$

D Ringdurchmesser
d Drahtdurchmesser

Doppelleitung

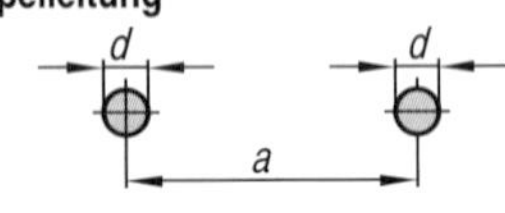

$$L = \frac{\mu_0 l}{\pi}\left(\ln\frac{2a}{d} + 0{,}25\right)$$

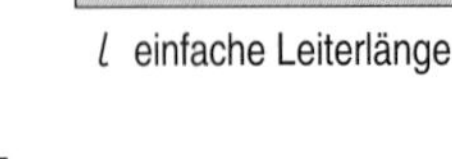

l einfache Leiterlänge

Koaxialleitung

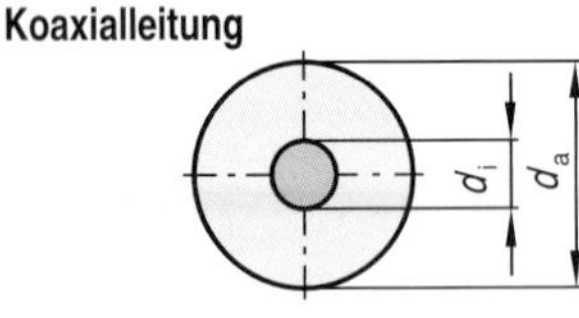

$$L = \frac{\mu_0 l}{2\pi}\left(\ln\frac{d_a}{d_i} + 0{,}25\right)$$

l einfache Leiterlänge

Eisenfreie Leiteranordnungen

Nebenstehende Formeln sind Näherungsformeln zur Berechnung der Induktion von Leiterringen, parallelen Leitern und Koaxialleitungen. Die Formeln sind gültig, wenn die Leiterdurchmesser d bzw. d_i klein sind im Vergleich zu den übrigen Abmessungen. Die Zahl 0,25 stellt ein Korrekturglied dar, mit dem die „innere Induktivität" der Drähte berücksichtigt wird.
Die Leitungsinduktivitäten stellen vor allem bei Betrieb mit Wechselspannung höherer Frequenz eine wichtige Betriebsgröße dar. Zusammen mit den Leitungskapazitäten bilden sie den sogenannten Wellenwiderstand der Leitung.
In Tabellen wird meist der Induktivitätsbelag L', d. h. die Induktivität pro Leitungslänge in H/km angegeben.

Der Induktivitätsfaktor A_L ist die auf die Windungszahl $N = 1$ bezogene Induktivität einer Spule: $A_L = \frac{L}{N^2}$

$$L = A_L \cdot N^2$$

- **Die Induktivität steigt mit dem Quadrat der Windungszahl**

A_L-Wert

Die im Handel erhältlichen Magnetkerne sind wegen ihres komplexen Aufbaus nur schwer berechenbar. Die Hersteller geben deshalb zu jedem Kern den magnetischen Leitwert mit und ohne Luftspalt an. Dieser Wert wird als Induktivitätsfaktor, Kernfaktor oder A_L-Wert bezeichnet. Er gibt die Induktivität für $N = 1$ an.

Induktivität von eisengefüllten Spulen

Die Induktivität L einer Spule mit Eisen- oder Ferritkern ist kein konstanter Wert, sondern vom augenblicklichen Magnetisierungszustand des Eisens, bzw. von der augenblicklichen Permeabilitätszahl abhängig.

Die Permeabilitätszahl kann für eine bestimmte Flussdichte aus der Magnetisierungskennlinie abgelesen werden. Enthält der Eisenkern einen Luftspalt, so kann die Induktivität der Spule aus dem magnetischen Fluss und dem Strom berechnet werden. Für die Berechnung des Magnetflusses in einem magnetischen Kreis mit Luftspalt siehe Kap. 4.5.

Permeabilitätszahl, prinzipieller Verlauf

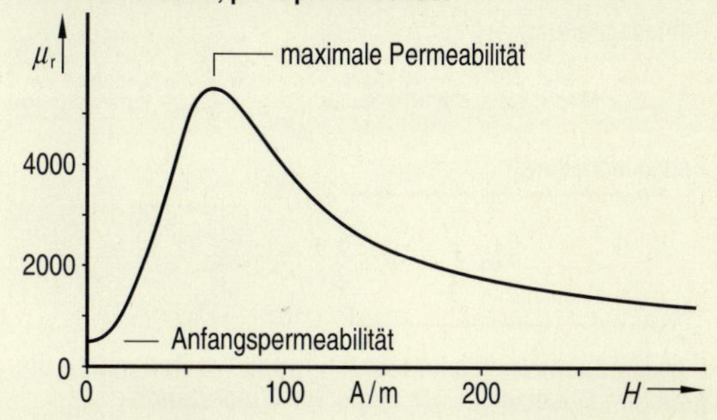

Spule mit Schalenkern

Für die Induktivitäten von Filtern und Schwingkreisen werden meist Schalenkerne mit und ohne Luftspalt eingesetzt. Diese Schalenkerne bestehen aus zwei Schalenhälften, zwischen denen sich der Spulenkörper mit Wicklung befindet. Als Kernmaterial werden verschiedene weichmagnetische Ferrite verwendet.

Die Spulen können abhängig von den jeweiligen Anforderungen berechnet und bewickelt werden. Für die Induktivität gilt: $L = N^2 \cdot A_L$.

Schalenkerne ohne Luftspalt haben vergleichsweise hohe Toleranzen. Sie werden insbesondere durch den unvermeidlichen Restluftspalt an den Trennflächen (rauhe Oberfläche) beider Schalenhälften verursacht.

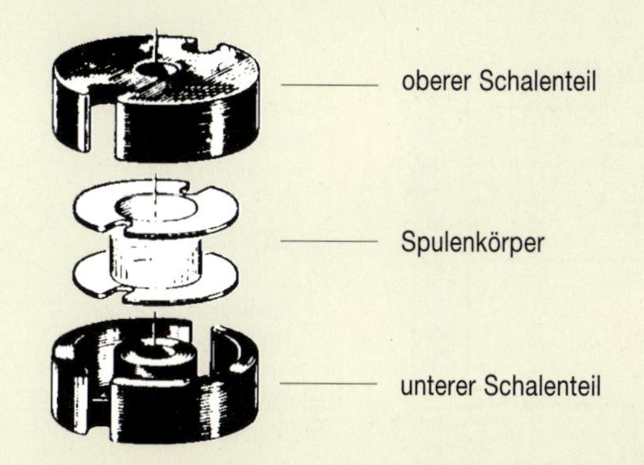

Aufgaben

4.10.1 Ringspule

Eine Ringspule mit Kunststoffkern hat folgende Abmessungen:

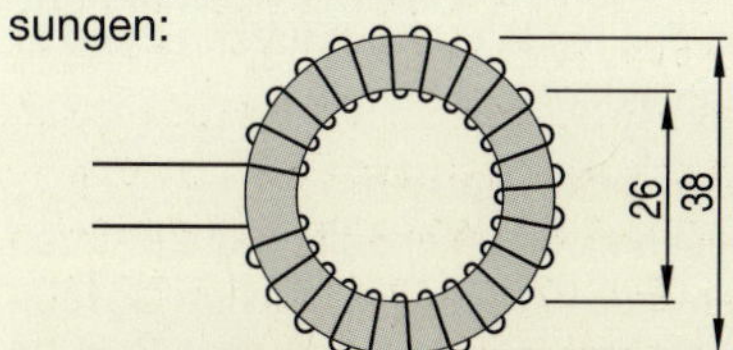

Der Querschnitt des Ringkerns ist kreisförmig

Berechnen Sie

a) den magnetischen Leitwert (A_L-Wert) der Spule,

b) die Induktivität L_1 der Spule bei $N_1 = 200$,

c) die Induktivität L_F, wenn statt des Kunststoffkerns ein Ferritkern mit der effektiven Permeabilität $\mu_e = 120$ eingesetzt wird,

d) die Windungszahl N_2, wenn bei Einsatz des Ferritkerns die Induktivität $L_2 = 80\,\text{mH}$ erreicht werden soll.

4.10.2 Doppelleitung

Eine Doppelleitung hat folgende Daten: einfache Länge $l = 200\,\text{m}$, Drahtdicke $d = 3\,\text{mm}$, Leiterabstand $a = 20\,\text{cm}$.

Berechnen Sie:

a) die Induktivität,

b) den Induktivitätsbelag der Leitung.

4.10.3 Zylinderspulen

Gegeben sind die Abmessungen der folgenden vier zylinderförmigen Luftspulen:

Spule	Länge	Querschnitt	Windungszahl
1	50 mm	Ø 100 mm	1000
2	25 cm	Ø 25 mm	1500
3	200 mm	Ø 100 mm	500
4	50 mm	50 mm x 50 mm	200

Berechnen Sie jeweils die Induktivität.

4.10.4 Induktivität mit Schalenkern

Ein Schalenkern Ø 18 x 11 hat laut Herstellerliste folgende Daten: $A_L = 40\,\text{nH} \pm 3\,\%$ bei 1,6 mm Luftspalt und $A_L = 180\,\text{nH} + 30\,\% - 20\,\%$ ohne Luftspalt.

a) Berechnen Sie die Denninduktivität einer Spule mit $N = 400$ für beide Typen von Schalenkernen.

b) Berechnen Sie die notwendige Windungszahl für die Induktivität $L = 200\,\text{mH}$ bei Verwendung des Schalenkerns mit Luftspalt.

c) Begründen Sie die hohe Toleranz des A_L-Wertes bei Schalenkernen ohne Luftspalt.

d) Welchen Vorteil haben Magnetkerne mit Luftspalt?

4.11 Schaltung von Induktivitäten

Reihen- und Parallelschaltung

Induktivitäten können wie andere Bauteile in Reihe oder parallel geschaltet sein. Sie verhalten sich dabei wie ohmsche Widerstände, d. h. bei der Reihenschaltung werden die Einzelinduktivitäten zur Gesamtinduktivität addiert, bei der Parallelschaltung hingegen werden die Kehrwerte der Einzelinduktivitäten zum Kehrwert der Gesamtinduktivität addiert.

Voraussetzung für die Gültigkeit dieser Gesetze ist aber, dass sich die Magnetfelder der einzelnen Induktivitäten nicht gegenseitig beeinflussen, d. h. dass sie nicht magnetisch gekoppelt sind.

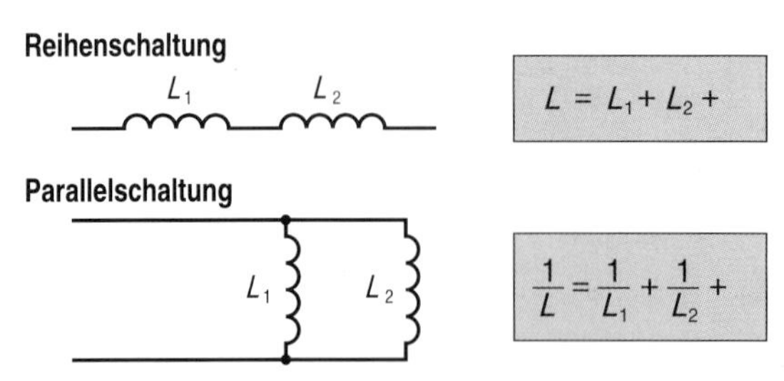

- **Für das Zusammenschalten von Induktivitäten gelten die gleichen Gesetze wie für ohmsche Widerstände**

Induktive Kopplung

Das zeitlich veränderliche Magnetfeld Φ_1 einer stromdurchflossenen Induktivität L_1 kann unter bestimmten Bedingungen eine zweite Induktivität L_2 durchsetzen und in dieser eine Spannung u_2 induzieren. Ist auch der Stromkreis von L_2 geschlossen und fließt in L_2 ein Induktionsstrom, so kann das dadurch entstehende Magnetfeld Φ_2 wiederum L_1 beeinflussen. Die gegenseitige Beeinflussung heißt magnetische bzw. induktive Kopplung. Sie kann vollständig sein (Kopplungsfaktor, Kopplungsgrad $k = 1$) oder je nach Auftreten von Streuflüssen $\Phi_{\sigma 1}$ und $\Phi_{\sigma 2}$ mehr oder weniger lose ($0 < k < 1$).

Die von den beiden Induktivitäten in der jeweils anderen Induktivität induzierte Spannung kann folgendermaßen berechnet werden:

1. Von L_1 in L_2 induziert: $u_2 = M_{12} \cdot \mathrm{d}i_1/\mathrm{d}t$,
2. Von L_2 in L_1 induziert: $u_1 = M_{21} \cdot \mathrm{d}i_2/\mathrm{d}t$.

Der Faktor $M_{12} = M_{21} = M$ wird Gegeninduktionskoeffizient bzw. Gegeninduktivität genannt. Diese Gegeninduktivität ist von den beiden Induktivitäten L_1 und L_2 und dem Kopplungsfaktor k abhängig.

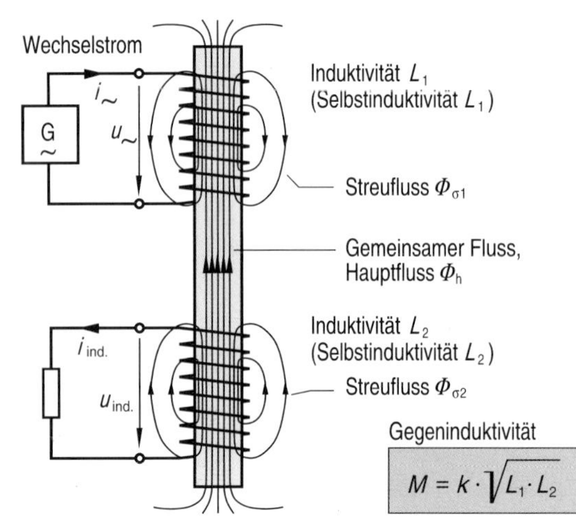

- **Je nach Kopplungsfaktor wirkt zwischen zwei Induktivitäten eine mehr oder weniger große Gegeninduktivität**

Magnetisch gekoppelte Spulen

Für zwei magnetisch nicht gekoppelte Induktivitäten gelten beim Zusammenschalten die gleichen Gesetzmäßigkeiten wie bei ohmschen Widerständen. Sind die Induktivitäten jedoch magnetisch gekoppelt, so muss bei der Berechnung der Gesamtinduktivität zusätzlich zu den Einzelinduktivitäten L_1 und L_2 noch die Gegeninduktivität M berücksichtigt werden.

Beim Zusammenschalten von Spulen muss auch ihr Wickelsinn beachtet werden, weil sich die Magnetfelder je nach Wickelsinn gegenseitig schwächen oder verstärken können. Für die Reihen- und für die Parallelschaltung gibt es somit - anders als bei ohmschen Widerständen - jeweils zwei Möglichkeiten.

Im Schaltbild wird der Wickelsinn der Spulen durch Punkte markiert. Nach DIN 5489 gilt: die Punkte kennzeichnen den Spulenanschluss, von dem aus die gemeinsame magnetische Achse der Spulen im gleichen Sinn umlaufen werden kann.

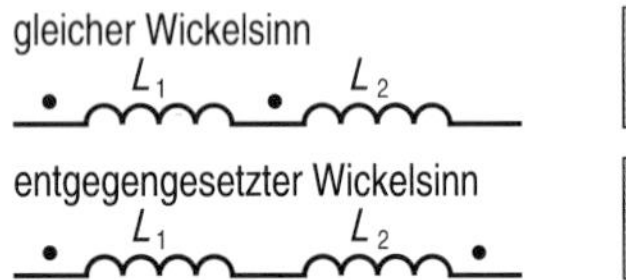

$$L = L_1 + L_2 + 2M$$

$$L = L_1 + L_2 - 2M$$

Parallelschaltung

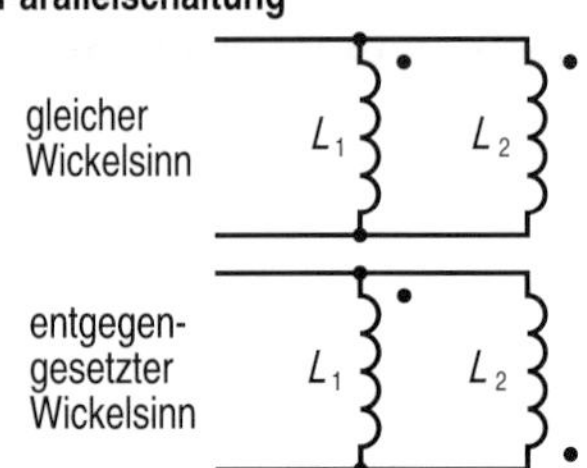

$$L = \frac{L_1 \cdot L_2 - M^2}{L_1 + L_2 - 2M}$$

$$L = \frac{L_1 \cdot L_2 - M^2}{L_1 + L_2 + 2M}$$

- **Bei der Berechnung magnetisch gekoppelter Spulen muss die Gegeninduktivität berücksichtigt werden**

Gegeninduktivität von Spulen und Freileitungen

Koaxiale, einlagige, gleichlange Spulen

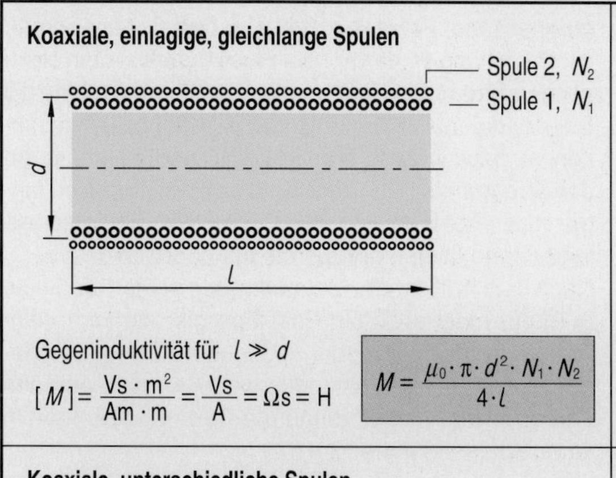

Gegeninduktivität für $l \gg d$

$$[M] = \frac{\text{Vs} \cdot \text{m}^2}{\text{Am} \cdot \text{m}} = \frac{\text{Vs}}{\text{A}} = \Omega\text{s} = \text{H}$$

$$M = \frac{\mu_0 \cdot \pi \cdot d^2 \cdot N_1 \cdot N_2}{4 \cdot l}$$

Zwei beliebige Doppelleitungen

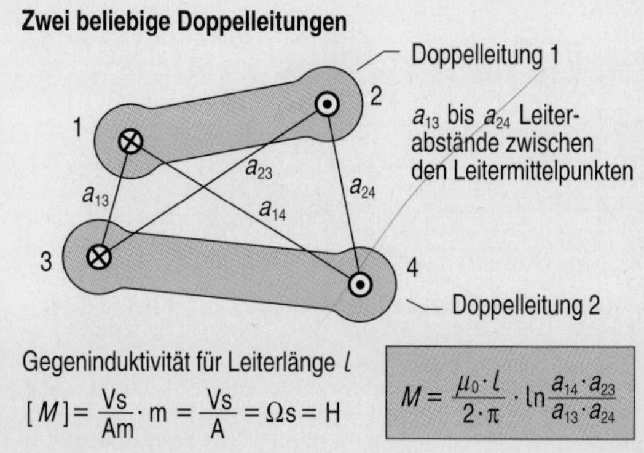

Gegeninduktivität für Leiterlänge l

$$[M] = \frac{\text{Vs}}{\text{Am}} \cdot \text{m} = \frac{\text{Vs}}{\text{A}} = \Omega\text{s} = \text{H}$$

$$M = \frac{\mu_0 \cdot l}{2 \cdot \pi} \cdot \ln \frac{a_{14} \cdot a_{23}}{a_{13} \cdot a_{24}}$$

Koaxiale, unterschiedliche Spulen

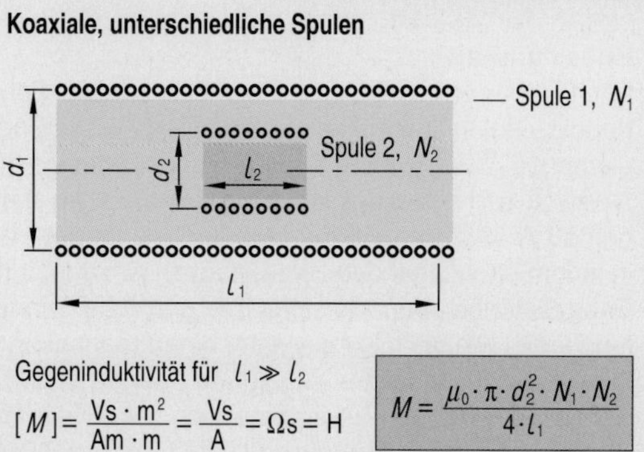

Gegeninduktivität für $l_1 \gg l_2$

$$[M] = \frac{\text{Vs} \cdot \text{m}^2}{\text{Am} \cdot \text{m}} = \frac{\text{Vs}}{\text{A}} = \Omega\text{s} = \text{H}$$

$$M = \frac{\mu_0 \cdot \pi \cdot d_2^2 \cdot N_1 \cdot N_2}{4 \cdot l_1}$$

Parallele, gleiche Doppelleitungen

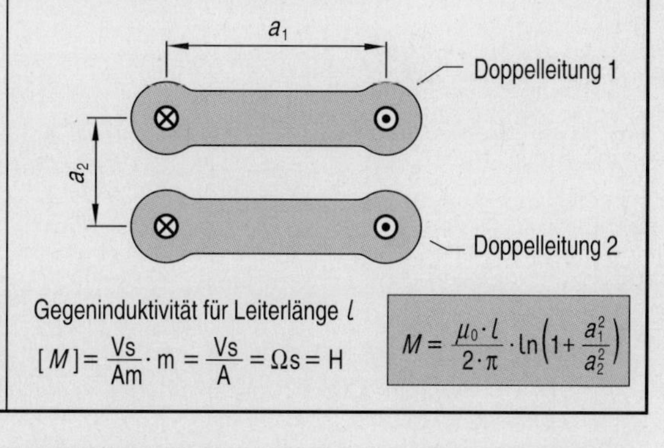

Gegeninduktivität für Leiterlänge l

$$[M] = \frac{\text{Vs}}{\text{Am}} \cdot \text{m} = \frac{\text{Vs}}{\text{A}} = \Omega\text{s} = \text{H}$$

$$M = \frac{\mu_0 \cdot l}{2 \cdot \pi} \cdot \ln\left(1 + \frac{a_1^2}{a_2^2}\right)$$

Aufgaben

4.11.1 Gruppenschaltung

Drei Induktivitäten sind wie folgt geschaltet:

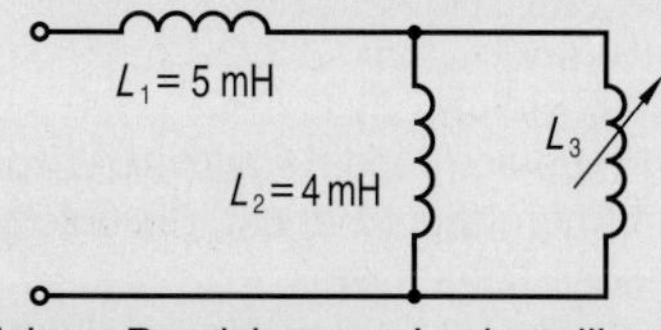

a) In welchem Bereich muss L_3 einstellbar sein, wenn die gesamte Induktivität zwischen 6 mH und 8 mH einstellbar sein soll?

b) Wie viel Windungen hat L_1, wenn die Induktivität aus einem Schalenkern mit $A_L = 20\,\text{nH}$ aufgebaut ist?

4.11.2 Gekoppelte Spulen

Zwei Spulen haben einzeln die Induktivitäten $L_1 = 50\,\text{mH}$ und $L_2 = 150\,\text{mH}$. Die Gegeninduktivität ist $M = 20\,\text{mH}$. Berechnen Sie

a) den Kopplungsfaktor,

b) die Gesamtinduktivität für gleich- und gegensinnige Reihen- und Parallelschaltung beider Spulen.

4.11.3 Kopplungsfaktor

Zwei gleiche Luftspulen sind magnetisch gekoppelt. Bei Reihenschaltung mit gleichem Wickelsinn wird mit Hilfe einer Induktivitätsmessbrücke die Gesamtinduktivität $L_{g1} = 100\,\text{mH}$, bei entgegengesetztem Wickelsinn die Gesamtinduktivität $L_{g2} = 60\,\text{mH}$ gemessen. Berechnen Sie die Einzelinduktivitäten und den Kopplungsfaktor.

4.11.4 Spulen mit gemeinsamem Eisenkern

Zwei gleiche Spulen mit gemeinsamem Eisenkern haben jeweils die Selbstinduktivität L, die magnetische Kopplung ist $k = 1$. Berechnen Sie die Gesamtinduktivität beider Spulen für alle vier Schaltmöglichkeiten.

4.11.5 Freileitungen

Zwei gleiche Doppelleitungen haben den Drahtabstand $a_1 = 30\,\text{cm}$ sowie den gegenseitigen Abstand $a_2 = 40\,\text{cm}$. Die Leitungslänge beträgt $l = 300\,\text{m}$, der Drahtdurchmesser $d = 4\,\text{mm}$. Berechnen Sie

a) die Induktivität L einer Doppelleitung,

b) die Gegeninduktivität M des Leitungspaares.

4.12 Energieinhalt des magnetischen Feldes

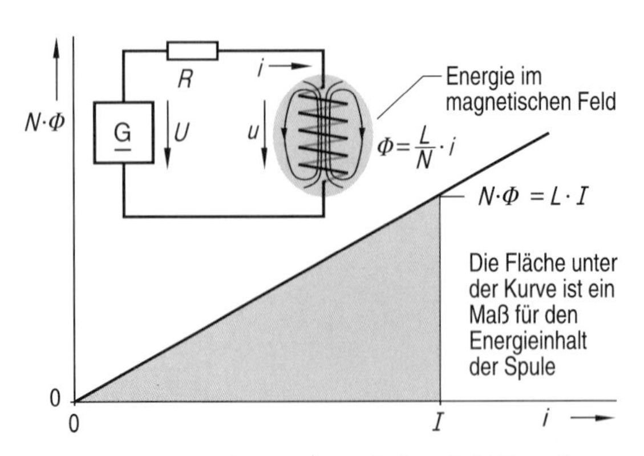

- **Spulen enthalten in ihrem magnetischen Feld Energie; sie können als Energiespeicher genutzt werden**

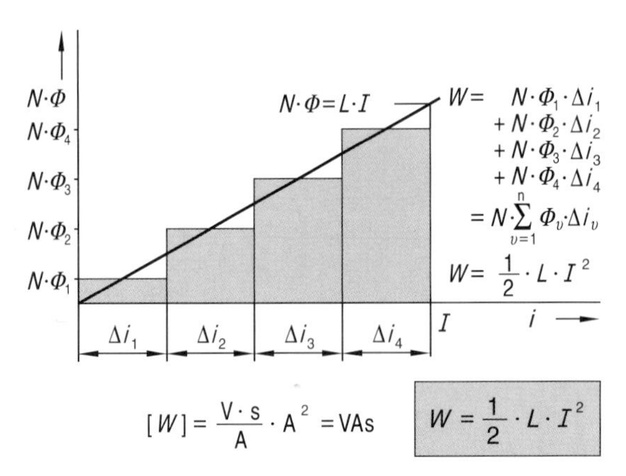

$$[W] = \frac{V \cdot s}{A} \cdot A^2 = VAs \qquad W = \frac{1}{2} \cdot L \cdot I^2$$

- **Der Energieinhalt eines magnetischen Feldes steigt quadratisch mit dem Spulenstrom**

Stromglättung

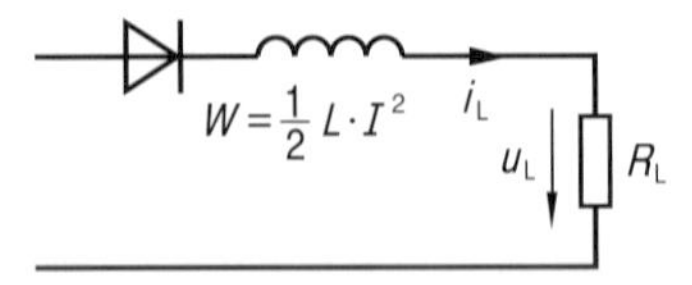

Die Spule gleicht Stromschwankungen von i_L aus. Dadurch ist auch u_L konstant.

Spannungsglättung

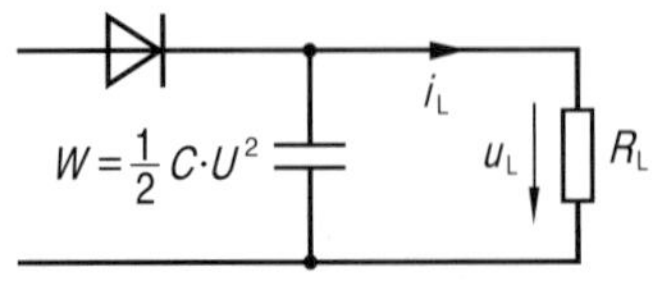

Der Kondensator gleicht Spannungsschwankungen von u_L aus. Dadurch ist auch i_L konstant.

- **Induktivitäten und Kapazitäten wirken stabilisierend, weil sie sich jeder Energieänderung widersetzen**

Spule als Energiespeicher

Fließt durch eine Spule elektrischer Strom, so wird ein magnetischer Fluss Φ aufgebaut. Dabei steigt gemäß der Beziehung $N \cdot \Phi = L \cdot i$ der Fluss linear mit dem elektrischen Strom. Der Stromanstieg ist beendet, wenn die Selbstinduktionsspannung der Spule auf null abgesunken ist, bzw. wenn gilt: $i = I = U/R$. Theoretisch dauert der Stromanstieg bis zum Endzustand unendlich lange; in der Praxis ist er je nach Induktivität und Vorschaltwiderstand in wenigen µs bis ms abgeschlossen.

Nach dem Aufbau des Magnetflusses enthält die Spule in ihrem magnetischen Feld Energie; sie wird beim Abbau des Feldes wieder abgegeben. Da jede Änderung eines Energiezustandes prinzipiell eine gewisse Zeit erfordert, sind sprunghafte Stromänderungen in einer Spule nicht möglich.

Energieinhalt

Beim Aufbau eines magnetischen Feldes wird der Spule (Induktivität) in jedem Zeitintervall eine gewisse Energiemenge Δw zugeführt. Für diese Energiemenge gilt: $\Delta w = i \cdot u \cdot \Delta t = i \cdot N \cdot \Delta\Phi = i \cdot L \cdot \Delta i$. Mit dem Strom steigt gemäß $N \cdot \Phi = L \cdot i$ auch der Magnetfluss, so dass die in jedem nachfolgenden Stromintervall Δi zugeführte Energiemenge ebenfalls steigt. Die grafische Darstellung ergibt wie beim Kondensator eine Treppenkurve. Die der Spule insgesamt zugeführte Energie ist gleich der Summe der Teil-Energiemengen Δw. Die in der Spule gespeicherte Energie entspricht also der Fläche unter der Kurve $\Phi \cdot N = f(i)$. Da diese Fläche ein Dreieck darstellt, gilt: $W = ½ \cdot I \cdot \Phi \cdot N = ½ \cdot L \cdot I^2$. Die Formel ist allerdings nur gültig, wenn die Induktivität für jeden Stromwert i gleich groß ist.

Der Energieinhalt des magnetischen Feldes ist unabhängig vom zeitlichen Verlauf des Feldaufbaus.

L und C im Vergleich

Induktivitäten (Spulen) und Kapazitäten (Kondensatoren) stellen Energiespeicher dar. Sie unterscheiden sich in folgenden Merkmalen:

Bei Induktivitäten wird die Energie im magnetischen Feld gespeichert. Eine sprunghafte Änderung der Spulenspannung ist möglich, der Strom hingegen kann sich nicht sprunghaft ändern.

Bei Kapazitäten wird die Energie im elektrischen Feld gespeichert. Eine sprunghafte Änderung des Kondensatorstromes (Lade-, Entladestrom) ist möglich, die Spannung kann nicht sprunghaft geändert werden.

Beide Speicher werden z.B. zur Glättung pulsierender Gleichströme benützt. Die Spule widersetzt sich dabei jeder Stromänderung (I-Zwischenkreis, Stromglättung), der Kondensator will jede Spannungsänderung verhindern (U-Zwischenkeis, Spannungsglättung).

Energieinhalt, mathematische Herleitung

Wird eine Spule mit der Induktivität L über einen Vorwiderstand R an eine Spannung U gelegt, so steigt der Spulenstrom nach einer e-Funktion von 0 auf den Endwert $I = U/R$. Dabei wird ihr je Zeitintervall dt die elementare Energiemenge $dw = i \cdot u \cdot dt$ zugeführt. Der gesamte Energieinhalt der stromdurchflossenen Spule setzt sich aus unendlich vielen elementaren Energiemengen dw zusammen; für den mathematischen Zusammenhang gilt das Integral: $W = \int i \cdot u \cdot dt$. Da sich die Spannung als $u = N \cdot d\Phi/dt = L \cdot di/dt$ ausdrücken lässt, folgt $u \cdot dt = L \cdot di$. Für die Energie erhält man $W = L \cdot \int i \cdot di$, mit den Integrationsgrenzen $i = 0$ und $i = I$ ergibt sich als Lösung: $W = ½ \cdot L \cdot I^2$.

Für die gespeicherte Energie ist es gleichgültig, welchen zeitlichen Verlauf der Spulenstrom $i = f(t)$ hat.

Aus $$dw = i \cdot u \cdot dt$$

folgt mit $$u = L \cdot \frac{di}{dt}$$

das Differential: $$dw = L \cdot i \cdot di$$

Durch Integrieren $$\int_0^W dw = L \cdot \int_0^I i \cdot di$$

erhält man: $$[W]_0^W = L \cdot \left[\frac{i^2}{2} \right]_0^I$$

Damit folgt für die Energie: $$W = \frac{1}{2} \cdot L \cdot I^2$$

Bei Spulen mit Eisenkern gilt die Energieformel wegen der Eisenverluste nur näherungsweise.

Energieinhalt des homogenen Feldes

Das magnetische Feld einer Spule hat Energie gespeichert. Ist die Feldstärke dem Betrag nach überall gleich oder nahezu gleich, so kann diese Energie als Funktion der Feldstärke bzw. der Induktion und des Feldvolumens angegeben werden. Enthält die Spule Eisen, so müssen die Eisenverluste berücksichtigt werden. Besonders große Energiemengen lassen sich mit Hilfe von supraleitenden Wicklungen speichern, da sich hiermit Induktionen bis über 20 T realisieren lassen. Mit normalen Cu-Wicklungen können in kleinen Luftspulen bis 3 T, in größeren Spulen etwa 1 T realisiert werden.

Beispiel: Ringspule

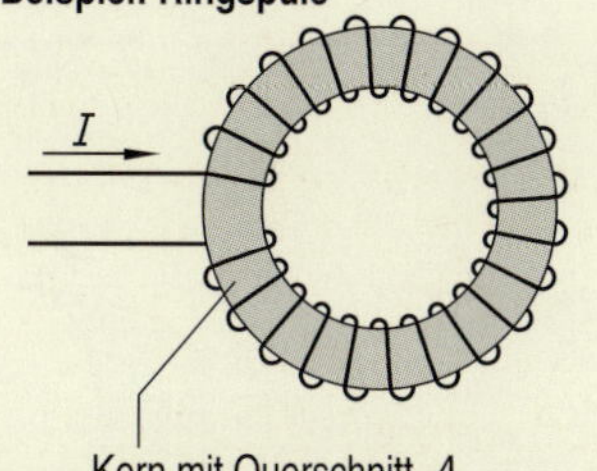

Kern mit Querschnitt A
Länge l
Permeabilitätszahl $\mu_r = 1$

$$W = \frac{H^2 \cdot \mu_0 \cdot V}{2}$$

$$W = \frac{B^2 \cdot V}{2 \cdot \mu_0}$$

H magn. Feldstärke
B magn. Induktion
$V = A \cdot l$ = Volumen des Magnetfeldes

Technische Energiespeicher

Energie kann in vielfältiger Form gespeichert werden. Von besonderer technischer Bedeutung sind:

1. Spulen (Induktivitäten)
2. Kondensatoren (Kapazitäten)
3. Linear bewegte Massen
4. Rotierende Massen
5. Gespannte Federn

Für alle Energiespeicher lassen sich Formeln der Form $W = ½ \cdot a \cdot x^2$ zur Berechnung der Energie angeben.

Speicher	Größen	Energie
Spule (Induktivität)	L Induktivität I elektrischer Strom	$W = \frac{1}{2} \cdot L \cdot I^2$
Kondensator (Kapazität)	C Kondensator U el. Spannung	$W = \frac{1}{2} \cdot C \cdot U^2$
Linear bewegte Masse	m Masse v Geschwindigkeit	$W = \frac{1}{2} \cdot m \cdot v^2$
Rotierende Masse	J Trägheitsmoment ω Winkelgeschw.	$W = \frac{1}{2} \cdot J \cdot \omega^2$
Gespannte Feder	K Federkonstante s Weg	$W = \frac{1}{2} \cdot K \cdot s^2$

Aufgaben

4.12.1 Magnetische und elektrische Energie

Eine luftgefüllte Ringspule hat den magnetisch wirksamen Spulenquerschnitt $A = 4\,cm^2$ und die mittlere Feldlinienlänge $l = 20\,cm$. Die Windungszahl ist $N = 800$, der Strom beträgt $I = 2{,}5\,A$.

Berechnen Sie:

a) die Induktivität der Spule,
b) den Energieinhalt der Spule,
c) die Energiedichte der Spule in Ws/cm^3,
d) die Kapazität eines Kondensators, der bei $U = 100\,V$ die gleiche Energiemenge speichern könnte.

4.12.2 Energiespeicher

Ein Auto hat die Masse $m = 800\,kg$ und fährt mit der Geschwindigkeit $v = 100\,km/h$.

Berechnen Sie

a) die kinetische Energie des Autos,
b) die Induktivität einer Spule, die bei $I = 100\,A$ die gleiche Energiemenge speichern könnte,
c) die Kapazität eines Kondensators, der bei $U = 1000\,V$ die gleiche Energiemenge speichern könnte.
d) Beurteilen Sie die Möglichkeiten, die Spulen und Kondensatoren für die Energiespeicherung bieten.

4.13 Verluste der eisengefüllten Spule

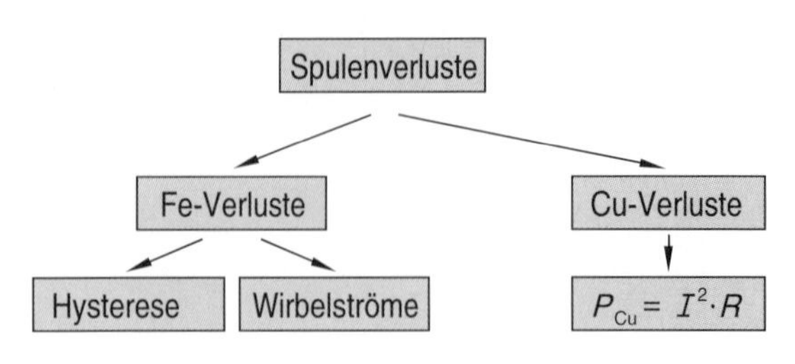

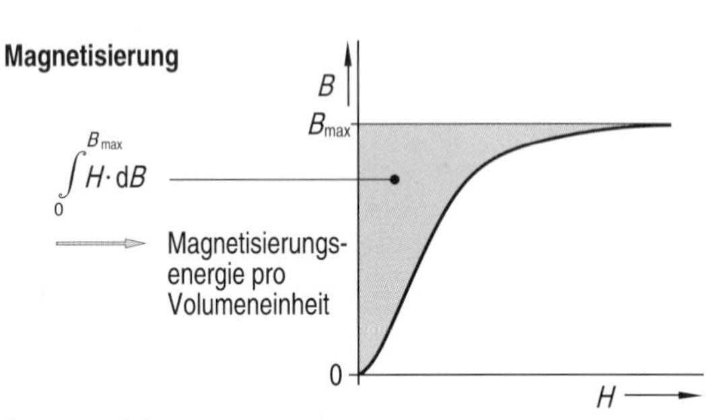

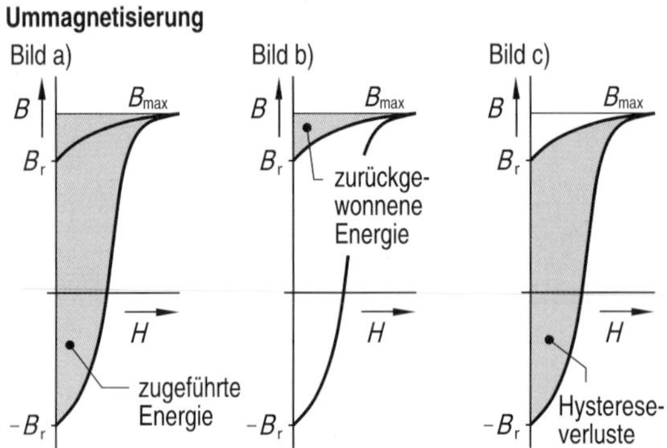

- **Die von der Hystereseschleife eingeschlossene Fläche ist ein Maß für die Ummagnetisierungsarbeit**

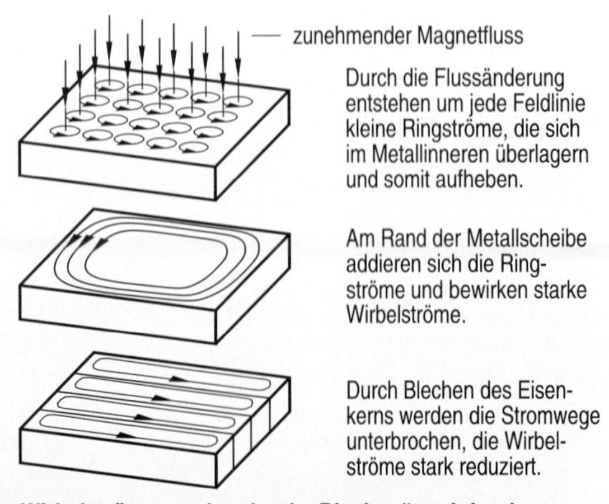

- **Wirbelströme werden durch „Blechen“ und durch Widerstandserhöhung des Kernmaterials reduziert**

Eisen- und Kupferverluste

In Spulen mit Eisenkern entstehen bei Wechselstrombetrieb durch das ständige Drehen der Elementarmagnete sogenannte Hystereseverluste; die Wirbelströme erzeugen zusätzliche Wirbelstromverluste. Beide Verluste zusammen bilden die Eisenverluste.
Zusätzlich entstehen durch den Erregerstrom in der Wicklung die sogenannten Kupferverluste $P_{Cu} = I^2 \cdot R$.

Hystereseverluste

Wird der Eisenkern einer Spule magnetisiert, so muss dazu Energie aufgewandt werden. Da wegen der Eisensättigung die Flussdichte B nicht proportional mit der Feldstärke H steigt, muss die Energie über eine Integration berechnet werden. Für das Energieintegral

gilt: $W = \int_0^{\phi} I \cdot N \mathrm{d}\Phi$ und mit $H = I \cdot N / l_{Fe}$ sowie $\Phi = B \cdot A$

folgt: $W = l_{Fe} \cdot A_{Fe} \cdot \int_0^{B} H \mathrm{d}B = V_{Fe} \cdot \int_0^{B} H \mathrm{d}B$

Dabei ist $l_{Fe} \cdot A_{Fe} = V_{Fe}$ das Volumen des Eisenkerns. Das Integral entspricht der Fläche zwischen B-Achse und Magnetisierungskurve (Neukurve).

Wird der Eisenkern ummagnetisiert, so verläuft die Magnetisierungskurve beim Stromanstieg anders als beim Stromrückgang (Hysterese). Die zum Magnetisieren notwendige Energie entspricht der grau unterlegten Fläche in Bild a). Beim Abbau des Magnetismus wird nur eine geringere Energiemenge in elektrische Energie zurückgewandelt (Bild b)); die in Bild c) grau dargestellte Energiemenge entspricht daher der Verlustarbeit im Eisenkern. Wird die Hystereseschleife auf Millimeter-Papier gezeichnet, dann kann die Verlustarbeit durch Auszählen der Fläche bestimmt werden.

Wirbelstromverluste

Außer durch Ummagnetisierung kann es auch durch Wirbelströme zu erheblichen Verlustleistungen und zu Materialerwärmung kommen. Wirbelströme können nicht nur in Eisenkernen, sondern auch in allen anderen leitfähigen Werkstoffen auftreten. Zur Reduzierung der Wirbelströme in Eisenkernen werden zwei Methoden angewandt:

1. Magnetkerne werden statt aus massivem Eisen aus dünnen, gegeneinander isolierten Blechen angefertigt. In solchen „geblechten“ Eisenkernen sind die möglichen Stromwege vielfach unterbrochen.
2. Das magnetische Kernmaterial wird möglichst hochohmig gemacht. Dies wird bei Elektroblechen für Transformatoren und elektrische Maschinen durch Legieren mit etwa 3% bis 4% Silizium erreicht.

Für Kerne der Hochfrequenztechnik werden elektrisch nichtleitende Ferrite eingesetzt.

Ummagnetisierungsverluste

Die bei Transformatoren und elektrischen Maschinen durch Hysterese und Wirbelströme verursachten Eisenverluste sind von der Dicke der Elektrobleche, den Legierungsbestandteilen und der Behandlung durch Walzen und Glühen abhängig. Die Verluste steigen stark mit der Induktion (Flussdichte).

Die Tabelle zeigt die Ummagnetisierungsverluste (Verluste durch Hysterese und Wirbelströme) verschiedener Blechsorten bei der Frequenz 50 Hz und den Standardflussdichten 1,0 T, 1,5 T und 1,7 T.

Hinweis: Der Begriff „Ummagnetisierungsverluste" wird meist im Sinne von Hystereseverluste angewandt. In nebenstehender Tabelle schließt er gemäß DIN 50014 auch die Wirbelstromverluste ein.

Elektroblech und Elektroband nach DIN 46600, Auswahl

Behandlung	Kurzname	Dicke in mm	Verluste in W/kg 1,0 T	1,5 T	1,7 T
kaltgewalzt, nicht kornorientiert, schlussgeglüht	V250-35A	0,35	1,00	2,50	–
	V270-50A	0,50	1,10	2,70	–
	V350-65	0,65	1,50	3,50	–
kaltgewalzt, nicht kornorientiert, nicht schlussgeglüht	—	—	—	—	—
	VH660-50	0,50	2,80	2,7	–
	VH800-65	0,65	3,30	8,00	–
kaltgewalzt, kornorientiert	VM89-27M	0,27	–	0,89	1,40
	VM97-30N	0,30	–	0,97	1,50
	VM111-35N	0,35	–	1,11	1,35

Induktive Erwärmung

Wirbelströme dienen auch zur großtechnischen Erwärmung von Metallen. In Induktionsschmelzöfen werden Metalle, z. B. Rohstahl, durch hochfrequente Wirbelströme auf Schmelztemperatur erhitzt. Die Schmelze kann dann legiert und weiterverarbeitet werden.

Die Erwärmung durch Hystereseverluste spielt hierbei eine untergeordnete Rolle, da ferromagnetische Stoffe oberhalb der Curietemperatur (bei Stahl $T_{Curie} \approx 750\,°C$) ihre magnetischen Eigenschaften verlieren.

Hochfrequente Wirbelströme werden auch beim Oberflächenhärten von Stählen eingesetzt. Das zu härtende Werkstück wird dabei durch eine Induktionsspule erhitzt und anschließend abgeschreckt. Durch die Frequenz des Induktionsstromes kann die Eindringtiefe sehr genau gesteuert werden (Skineffekt). Man erhält durch Oberflächenhärten Werkstücke mit harter, verschleißfester Oberfläche und weichem, zähem Kern.

Induktionsschmelzofen

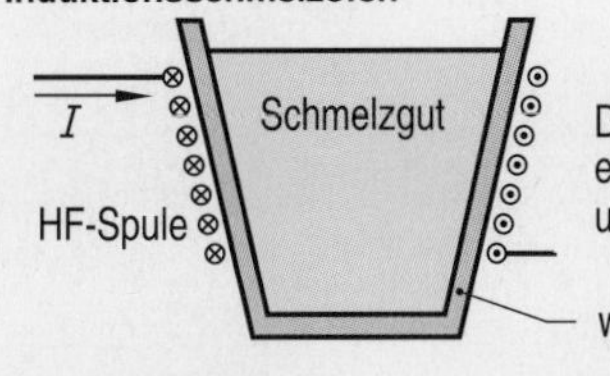

Induktionshärten

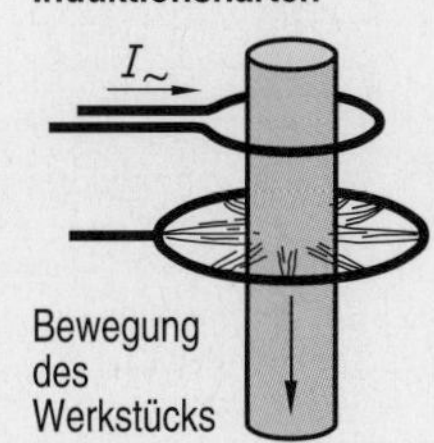

Aufgaben

4.13.1 Hystereseverluste

Ein Transformatorkern hat die mittlere Eisenlänge $l_{Fe} = 60\,cm$ und den Eisenquerschnitt $A_{Fe} = 18\,cm^2$. Das Diagramm zeigt die Hystereseverluste des Kernmaterials. Bestimmen Sie mit Hilfe des *B*-*H*-Diagramms:

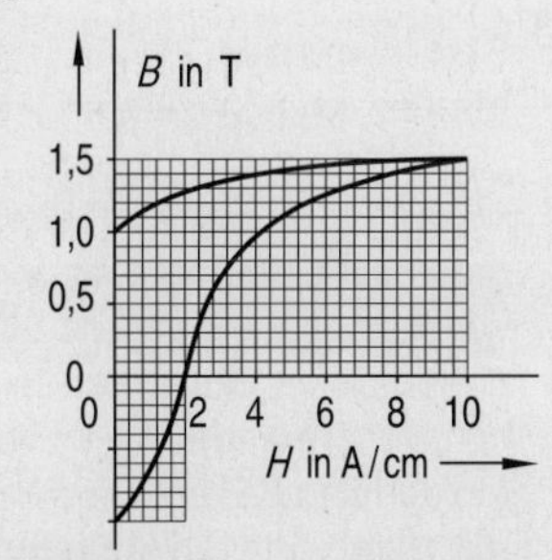

a) die für einen Ummagnetisierungsvorgang notwendige Energie pro Volumeneinheit,

b) die Verlustleistung pro kg Eisenmasse, wenn der Kern 50-mal pro Sekunde ummagnetisiert wird,

c) die Hystereseverluste des gesamten Eisenkerns. Die Wirbelströme werden nicht berücksichtigt.

4.13.2 Wirbelstromverluste

Eine zylindrische Spule enthält einen massiven Eisenkern, die Spule wird von Wechselstrom durchflossen.

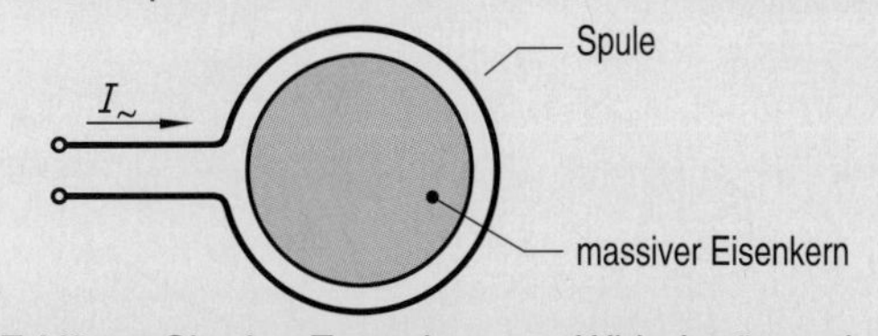

a) Erklären Sie das Entstehen von Wirbelströmen im Eisenkern und skizzieren Sie einige Strompfade.

b) Wie wirkt sich die Frequenz des Spulenstromes auf die induzierten Wirbelströme aus?

c) Erläutern Sie 2 Möglichkeiten, mit denen die Wirbelströme in einem Eisenkern reduziert werden können.

d) Welchen Vorteil besitzen Ferritkerne in HF-Spulen gegenüber Eisenkernen?

4.14 Kräfte im Magnetfeld I

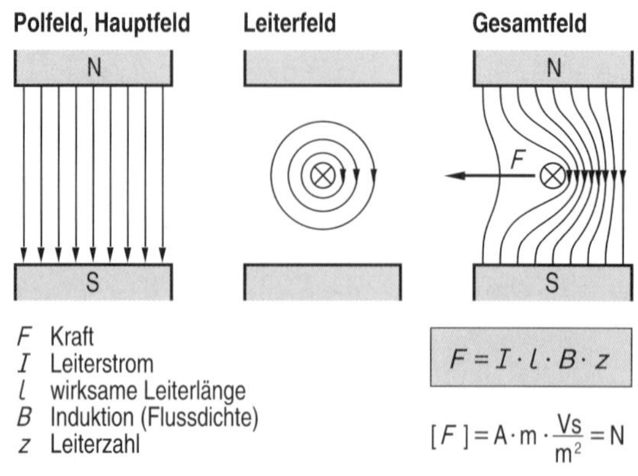

- **Stromdurchflossene Leiter erfahren im Magnetfeld eine Kraft; sie wirkt senkrecht zum Feld und zur Stromrichtung**

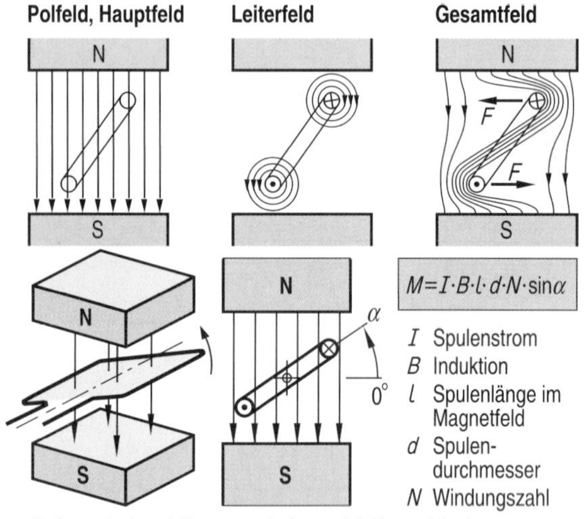

- **Auf stromdurchflossene Leiterschleifen wirkt im Magnetfeld ein Kräftepaar bzw. ein Drehmoment**

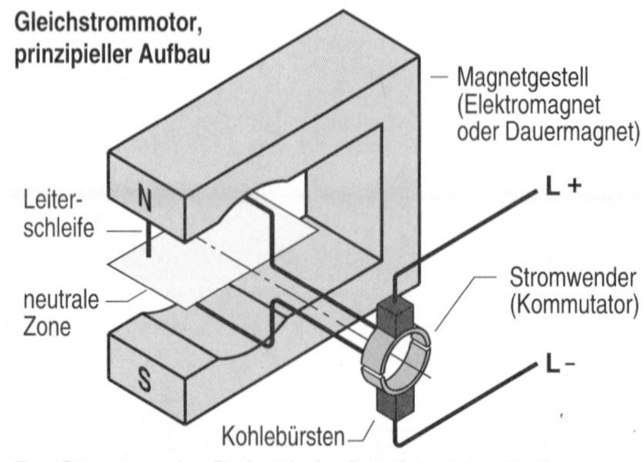

- **Der Stromwender ändert beim Durchlauf durch die neutrale Zone die Stromrichtung in der Leiterschleife**

Leiter im Magnetfeld

Stromdurchflossene Leiter erfahren im Magnetfeld eine ablenkende Kraft; sie kann durch die auf die fließenden Elektronen wirkende Lorentzkraft erklärt werden (siehe Kap. 4.7). Für ein Elektron, das sich mit der Geschwindigkeit v senkrecht zu einem Magnetfeld B bewegt, gilt für die ablenkende Kraft: $F = e \cdot v \cdot B$. Die auf den Leiter wirkende Kraft ist dann gleich der Summe aller Lorentzkräfte. Ist der Stromleiter geradlinig, so ist die Kraft F proportional zur elektrischen Stromstärke, zur magnetischen Induktion B und zur wirksamen Leiterlänge l. Stehen das Magnetfeld und der stromdurchflossene Leiter senkrecht aufeinander, so gilt: $F = I \cdot l \cdot B$. Hat der Leiter mehrere Einzelleiter z, z. B. bei einer Spule, so gilt für die Gesamtkraft: $F = I \cdot l \cdot B \cdot z$.
Die durch Magnetfelder hervorgerufenen Kräfte werden auch elektrodynamische Kräfte genannt.

Motorprinzip

Die Kraft auf stromdurchflossene Leiter im Magnetfeld wird zum Bau von Elektromotoren genutzt.
Befindet sich eine stromdurchflossene Leiterschleife in einem Magnetfeld, so wirkt auf die beiden senkrecht zum Magnetfeld verlaufenden Leiterteile jeweils eine Kraft F. Da die Ströme in den Leitern entgegengesetzt fließen, wirken auch die Kräfte entgegengesetzt. Das Kräftepaar bewirkt an der Leiterschleife ein Drehmoment $M = F \cdot a$. Ist die Leiterschleife drehbar gelagert, so dreht sie sich bis in die waagrechte Lage.
Ist das Magnetfeld homogen, so ist die auf die Leiter wirkende Kraft in jeder Stellung α gleich groß. Das auf die Leiterschleife wirkende Drehmoment ist hingegen von der Stellung α abhängig, da nur die senkrecht zum Hebelarm wirkende Kraftkomponente einen Beitrag zum Drehmoment liefert. Es gilt: $M = F \cdot a \cdot \sin\alpha$. Das Moment ist also bei senkrechter Stellung der Leiterschleife maximal, in waagrechter Stellung null.

Stromwender

Mit der oben gezeigten Anordnung kann die Leiterschleife maximal um eine halbe Umdrehung gedreht werden. Soll sich die Leiterschleife weiterdrehen, so muss die Stromrichtung in der Leiterschleife gedreht werden. Diese Aufgabe übernimmt in der Praxis der sogenannte Stromwender oder Kommutator (lat.: commutare = verändern, vertauschen). Er besteht im einfachsten Fall aus zwei halben Metallringen, über die mit Hilfe von Kohlebürsten der Leiterschleife Strom zugeführt wird. Der Kommutator ist so angebracht, dass die Stromrichtung gerade dann gewechselt wird, wenn sich die Schleife in der „neutralen Zone“ befindet.
Da in der neutralen Zone kein Drehmoment erzeugt wird, muss der Motor diesen „toten Punkt“ durch die gespeicherte Rotationsenergie (Schwung) überwinden.

Linke-Hand-Regel
Die Richtung der Kraft, die ein stromdurchflossener Leiter im Magnetfeld erfährt, kann aus den Feldlinien ermittelt werden. Als anschauliches Hilfsmittel kann auch die Linke-Hand-Regel angewandt werden. Sie besagt: Hält man die linke Hand so, dass die Feldlinien vom Nordpol her die Handfläche durchdringen und die ausgestreckten Finger in Stromrichtung zeigen, dann wirkt die Kraft in Richtung des abgespreizten Daumens.

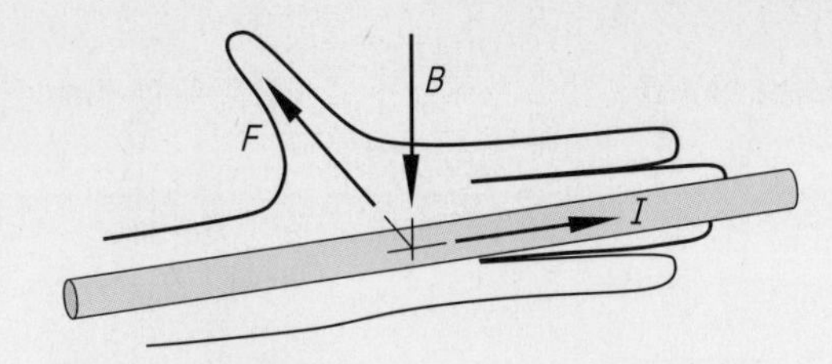

Die Linke-Hand-Regel heißt auch Motor-Regel.

Drehmoment
Die Entstehung eines Drehmomentes auf eine stromdurchflossene Leiterschleife kann auf zwei Arten anschaulich dargestellt werden:
1. Das aus Pol- und Leiterfeld resultierende Gesamtfeld bewirkt auf die Leiter ablenkende Kräfte. Die Feldlinien kann man sich dabei als Gummifäden denken, die sich verkürzen wollen und dabei Kräfte entwickeln. Das Kräftepaar entwickelt je nach Stellung der Leiterschleife ein mehr oder weniger großes Drehmoment.
2. Wie das Polfeld, so hat auch das Magnetfeld der Leiterschleife einen Nord- und einen Südpol. Der Norpol der Leiterschleife ist dort, wo die Feldlinien aus der Schleife heraustreten. Da sich ungleichnamige Pole anziehen und gleichnamige Pole abstoßen, entsteht ein Drehmoment.
In beiden Darstellungen ist auch ersichtlich, dass sich die Drehrichtung ändert, wenn der Leiterstrom oder das Polfeld umgepolt wird.

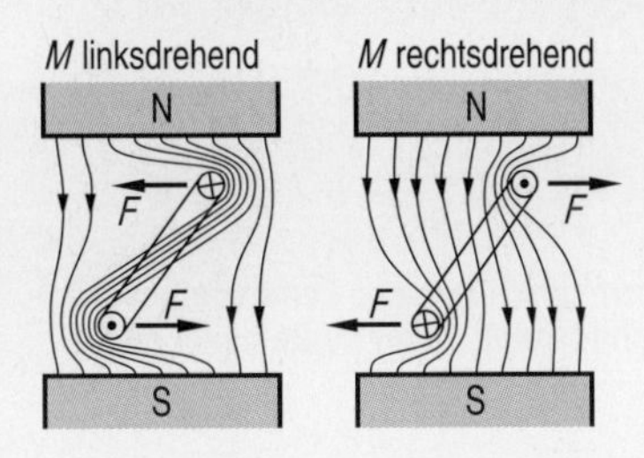

Modellvorstellung: Die magnetischen Feldlinien wirken wie gespannte Gummifäden und üben auf die Leiterschleife Kräfte aus.

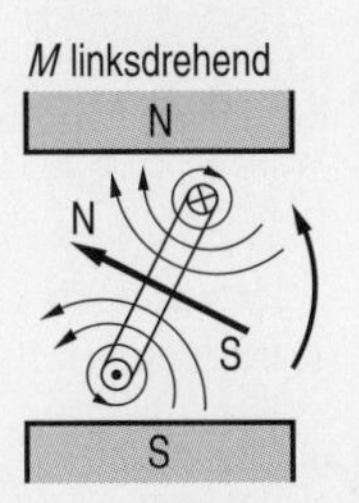

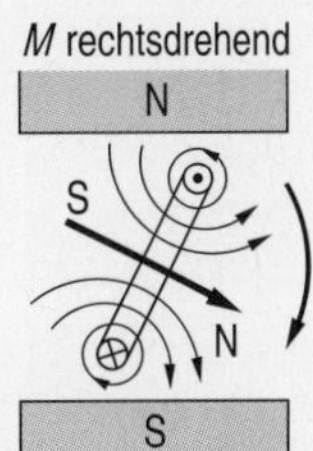

Modellvorstellung: Ungleichnamige Pole von Polfeld und Leiterschleife ziehen sich an, gleichnamige stoßen sich ab.

Aufgaben

4.14.1 Leiter im Magnetfeld
Im Luftspalt eines Magneten befindet sich ein Leiter der wirksamen Länge $l = 5\,\text{cm}$; er wird von $I = 5\,\text{A}$ durchflossen.

S — $B = 0{,}5\,\text{T}$ — N

a) Erklären Sie, was man unter der wirksamen Leiterlänge versteht.
b) Bestimmen Sie die Kraft auf den Leiter nach Betrag und Richtung.

4.14.2 Energiebilanz
Eine Spannungsquelle, zwei parallele Schienen und ein beweglicher Metallstab bilden einen Stromkreis. Die Schleife wird senkrecht von einem Magnetfeld durchsetzt.

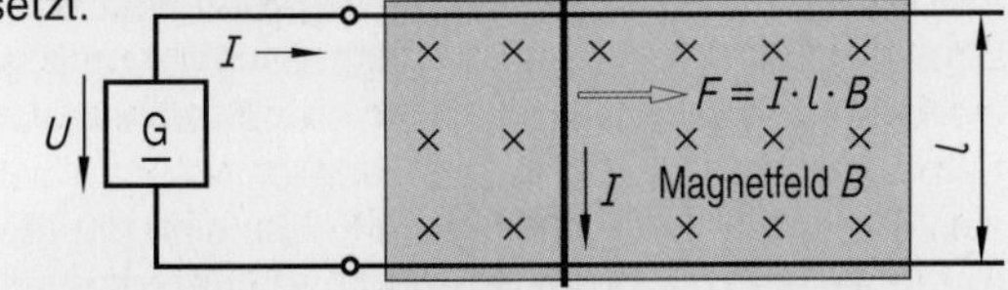

Leiten Sie mit einer Energiebilanz „Elektrische Energie = mechanische Energie" das Gesetz $F = I \cdot l \cdot B$ her.

4.14.3 Spule im Magnetfeld
Gegeben sind folgende zwei Anordnungen:

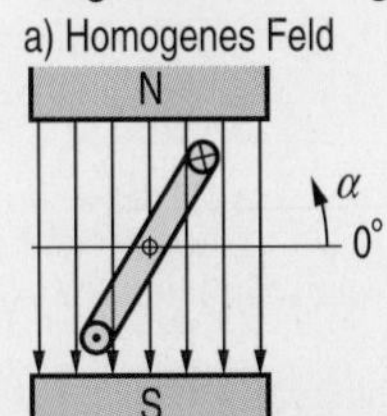

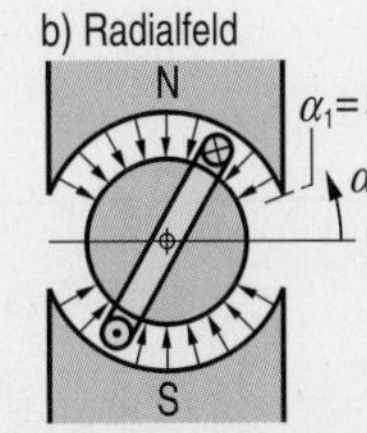

Für beide Anordnungen gilt:
$l = 50\,\text{mm}$
$d = 40\,\text{mm}$
$B = 0{,}4\,\text{T}$
$N = 200$
$I = 4\,\text{A}$

Berechnen und zeichnen Sie das Drehmoment $M = f(\alpha)$ für beide Anordnungen für je eine volle Umdrehung. Zeichnen Sie die Kurven bei Stromzufuhr mit und ohne Kommutator (Stromwender).

4.14.4 Gleichstrommotor
Auf einem Trommelanker mit Durchmesser 30 cm befinden sich immer 150 Drähte der Länge 20 cm gleichzeitig im Radialfeld $B = 0{,}8\,\text{T}$. Welcher Strom fließt in den Drähten, wenn $M = 20\,\text{Nm}$ ist?

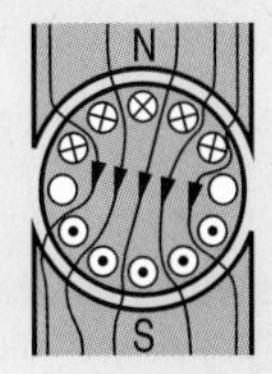

4.15 Kräfte im Magnetfeld II

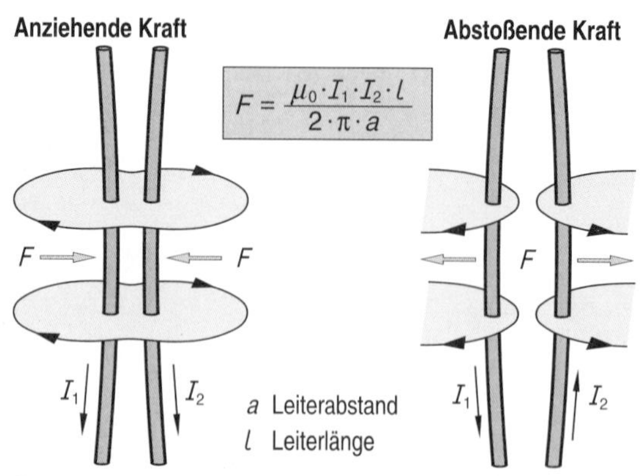

- **Gleichsinnig von Strom durchflossene Leiter ziehen sich an, gegensinnig durchflossene Leiter stoßen sich ab**

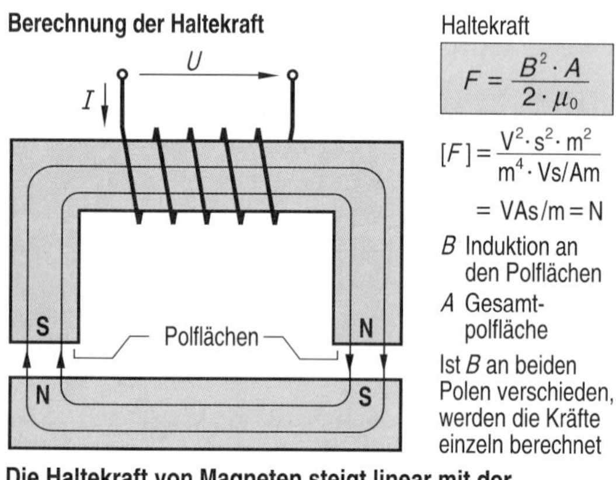

- **Die Haltekraft von Magneten steigt linear mit der wirksamen Polfläche und quadratisch mit der Induktion**

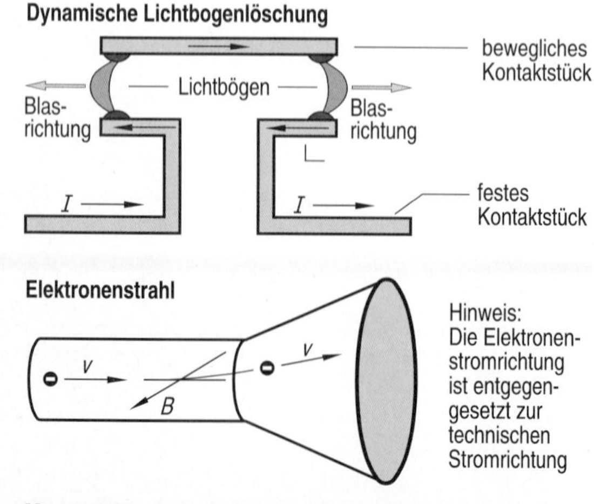

- **Magnetfelder haben eine ablenkende Wirkung auf stromdurchflossene Leiter, Lichtbögen und Elektronenstrahlen**

Stromdurchflossene Leiter

Nebeneinander liegende, stromdurchflossene Leiter beeinflussen sich gegenseitig durch ihr Magnetfeld. Die Magnetfelder der einzelnen Leiter überlagern sich zu einem Gesamtfeld und üben dadurch Kräfte aufeinander aus. Für die Kraftrichtung ist die Stromrichtung in den Leitern maßgebend. Sind zwei Leiter gleichsinnig von Strom durchflossen, so umschließt das resultierende Feld beide Leiter und führt zu einer anziehenden Kraft. Werden die Leiter gegensinnig durchflossen, so kommt es zwischen den Leitern zu einer Feldlinienverdichtung, was zu einer abstoßenden Kraft führt.

Bei zwei parallelen Leitern, deren Durchmesser klein gegenüber ihrem Abstand ist, kann die Kraft mit nebenstehender Formel berechnet werden. Sind die Leiter von Eisen umgeben, so muss noch μ_r berücksichtigt werden, was in der Praxis aber schwierig ist.

Elektromagnet

Die Kraftwirkung von magnetischen Feldern wird für verschiedene Arten von Elektromagneten genutzt. Das Auftreten anziehender Kräfte ist wie folgt zu erklären: kommt ein ferromagnetisches Material in das Feld eines Magneten, so wird es selbst magnetisch, wobei sich stets ungleichnamige Pole gegenüberstehen. Die Anzugskraft steigt proportional mit der wirksamen Polfläche und quadratisch mit der Induktion im Luftspalt zwischen den beiden Magneten (Luftspaltinduktion). Die Kraft-Formel dient zur Berechnung der Anzugskraft zwischen beiden Magneten (Magnet-Anker), wenn keine Bewegung stattfindet. Diese Kraft heißt Haltekraft. Die Herleitung der Formel erfolgt im Vertiefungsteil. Elektromagnete werden als Lasthebemagnete, Spannvorrichtungen und für Relais und Schütze eingesetzt.

Lichtbögen und Elektronenstrahlen

Magnetfelder üben nicht nur Kräfte auf Ströme aus, die in festen Leitern fließen, sondern auf jede bewegte elektrische Ladung.

Diese Eigenschaft wird z. B. zum „Ausblasen" von Lichtbögen genutzt, die insbesondere beim Unterbrechen von induktiv belasteten Gleichstromkreisen entstehen. Eine starke magnetische Blaswirkung wird durch geschickte Formgebung der Schalterkontakte erreicht. Die ablenkenden Kräfte lassen sich verstärken, wenn die Zuleitungen zu den Kontakten über sogenannte Blasspulen mit 3 bis 4 Windungen geführt werden.

Eine weitere Nutzung elektromagnetischer Kräfte ist die Ablenkung von Elektronenstrahlen in Bildröhren von Fernsehgeräten und Monitoren. Vorteilhaft im Vergleich zur Ablenkung durch elektrische Felder sind die größeren Ablenkkräfte; die Bildröhren können dadurch kürzer gebaut werden. Äußere Magnetfelder können allerdings auch zu Bildverzerrungen führen.

Haltekraft, mathematische Herleitung

Die Formel zur Berechnung der Haltekraft zwischen den Polen von zwei Magneten kann über eine Energiebilanz bestimmt werden:
Der Anker in nebenstehender Anordnung wird durch das Magnetfeld mit der Kraft F angezogen. Wird er dabei um den sehr kleinen Weg ds bewegt, so wird ihm die Energie $dW = F \cdot ds$ zugeführt. Diese Energie stammt aus dem Magnetfeld; die Magnetfeldenergie nimmt daher um diesen Betrag ab. Durch Gleichsetzen beider Energiebeträge erhält man die anziehende Kraft. Bei Elektromagneten gilt die Kraft-Formel nur, wenn sich der Anker nicht bewegt (Haltekraft), weil bei bewegtem Anker zusätzliche Energie aus der Spannungsquelle einströmt und die Energiebilanz stört.

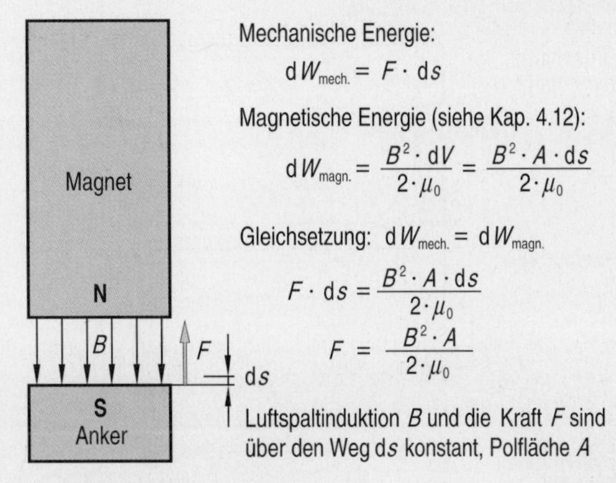

Anpresskraft, Abhebekraft

Schaltkontakte von Last- und Trennschaltern müssen unter allen Betriebsbedingungen, insbesondere auch unter der Einwirkung von Kurzschlussströmen, einen sicheren Kontakt gewährleisten, da sonst die Schaltstücke abbrennen oder verschweißen können. Diese Forderung kann durch Ausnützung elektrodynamischer Kräfte unterstützt werden. Die Schaltglieder müssen dazu so geformt sein, dass der Kontaktdruck durch den elektrischen Strom verstärkt wird. Die Abbildung zeigt eine konstruktive Möglichkeit für die elektrodynamische Kontaktkraftverstärkung.
Schaltkontakte, die im Kurzschlussfall den Stromkreis unterbrechen sollen, müssen hingegen so geformt sein, dass die elektrodynamischen Kräfte das Öffnen der Kontakte unterstützen. Durch einen „Schlaganker", der unter Einwirkung eines Kurzschlussstromes mit großer Wucht auf das bewegliche Schaltglied aufschlägt, lässt sich der Stromkreis in 1 bis 3 ms öffnen. Solche Schalter sind strombegrenzend, d. h. sie öffnen so schnell, dass der Kurzschlussstrom seinen rechnerischen Maximalwert nicht erreichen kann.

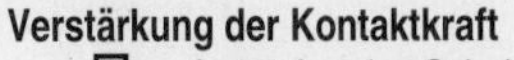

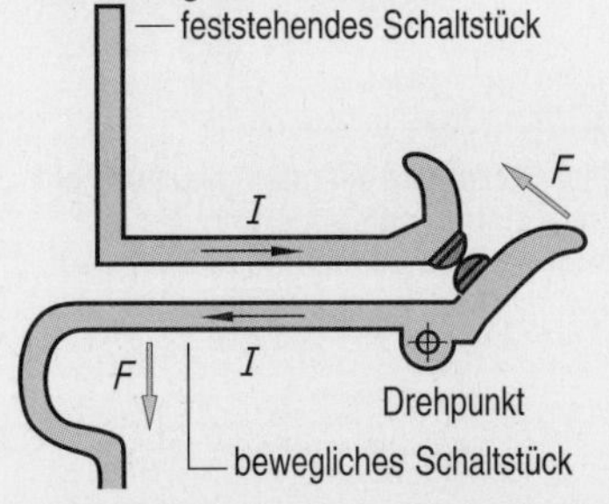

Beschleunigung der Kontaktunterbrechung

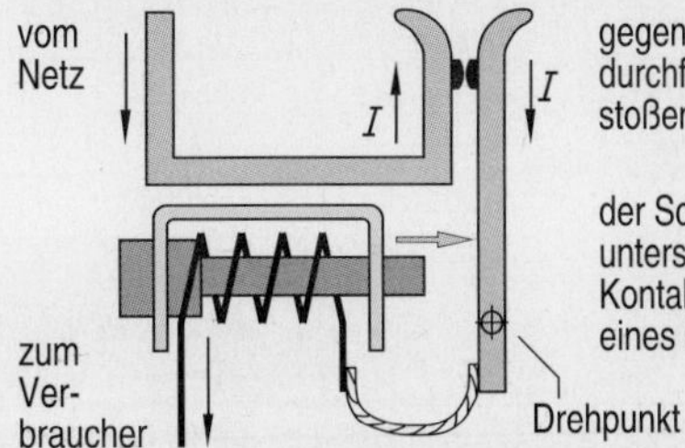

Aufgaben

4.15.1 Stromschienen

Zwei Stromschienen werden gegensinnig von Gleichstrom durchflossen. Ihr Abstand beträgt $a = 20$ cm, ihre Länge beträgt $l = 2$ m. Der Nennstrom ist mit 250 A angegeben, bei Kurzschluss fließt $I_k = 20 \cdot I_N$.
Berechnen Sie die Abstoßungskraft auf die Schienen für Nennbetrieb und im Kurzschlussfall.

4.15.2 Basiseinheit Ampere

Zwei im Abstand von 1 m verlaufende parallele Leiter führen je den Strom 1 A.
Berechnen Sie die Kraft zwischen den Leitern pro 1 m Leitungslänge (Definition der Einheit 1 A).

4.15.3 Elektromagnet

Ein Elektromagnet hat folgende Daten:

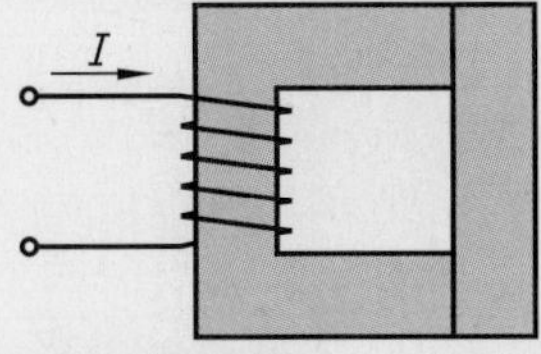

Polfläche je $A_{Pol} = 3600$ mm²
Mittlere Feldlinienlänge $l_m = 720$ mm
Windungszahl $N = 800$
Werkstoff Stahlguss

Berechnen Sie
a) die Haltekraft bei einer Luftspaltinduktion $B = 0{,}8$ T,
b) die notwendige Stromstärke in der Erregerspule, wenn die Haltekraft 50 N betragen soll.

4.16 Schaltvorgänge bei Spulen I

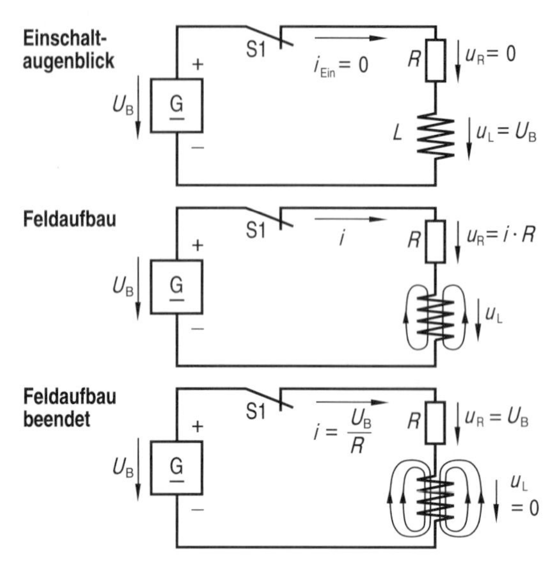

- **Beim Magnetisieren einer Spule wird ein magnetisches Feld aufgebaut; für die dadurch eintretende Änderung des Energiezustandes wird immer eine bestimmte Zeit benötigt**

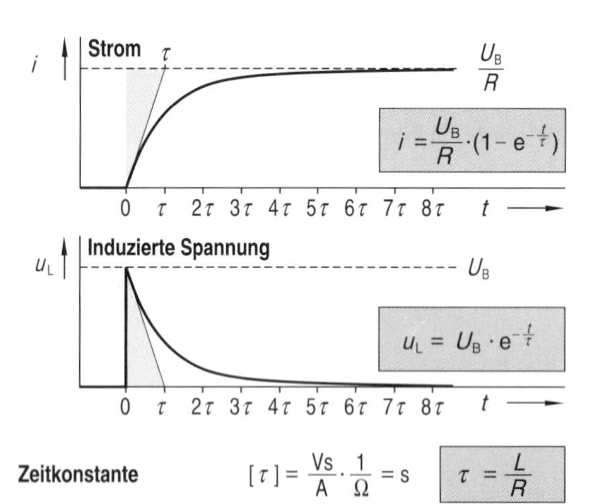

- **Beim Magnetisieren mit Gleichspannung steigt der Strom exponentiell an, die Induktionsspannung sinkt exponentiell**

Aus $\quad i = \frac{U_B}{R} \cdot (1 - e^{-\frac{t}{\tau}})$ folgt: $\frac{i \cdot R}{U_B} = 1 - e^{-\frac{t}{\tau}}$

und: $\quad e^{-\frac{t}{\tau}} = 1 - \frac{i \cdot R}{U_B}$

Logarithmieren: $\quad \ln e^{-\frac{t}{\tau}} = \ln\left(1 - \frac{i \cdot R}{U_B}\right)$

Hut ab! $\quad -\frac{t}{\tau} \cdot \ln e = \ln\left(1 - \frac{i \cdot R}{U_B}\right)$

$\ln e = 1 \quad -\frac{t}{\tau} = \ln\left(1 - \frac{i \cdot R}{U_B}\right)$

$\ln e^{-\frac{t}{\tau}}$ Hut

$\ln e^{-\frac{t}{\tau}}$ Hut ab!

$$t = -\tau \cdot \ln\left(1 - \frac{i \cdot R}{U_B}\right)$$

Feldaufbau

Wird eine Spule an Spannung gelegt, so fließt ein sogenannter Magnetisierungsstrom, der untrennbar mit einem Magnetfluss verküpft ist. Der Aufbau des Magnetfeldes (Flussänderung dΦ) erzeugt eine Selbstinduktionsspannung, die das sprunghafte Ansteigen des Stromes verhindert. Bei einer angelegten Gleichspannung kann der Feldaufbau in drei Zeitabschnitte gegliedert werden:

1. Vor dem Schließen von S1 fließt kein Strom ($i = 0$), weder am Vorwiderstand R noch an der Spule L liegt Spannung ($u_R = 0$, $u_L = 0$).
   Direkt beim Schließen von S1 ($t = 0$) fließt weiterhin kein Strom, weil sich der Energiezustand der Induktivität nicht sprunghaft ändern kann. Die induzierte Spannung ist $u_L = U_B$, am Widerstand liegt $u_R = 0$.
2. Im Laufe des Feldaufbaus steigt der Strom, die induzierte Spannung nimmt ab. Zu jedem Zeitpunkt gilt die Maschengleichung: $U_B = u_L + i \cdot R$.
3. Hat der Strom den Wert $i = U_B / R$ erreicht, so ist der Aufbau des Magnetfeldes abgeschlossen.

Der Aufbau des Magnetfeldes einer Spule entspricht dem Ladevorgang eines Kondensators.

Einschaltvorgang

Das Einschalten von Spulen mit einem mehr oder weniger großen ohmschen Widerstand hat für die Praxis große Bedeutung. Die Diagramme zeigen Strom- und Spannungsverlauf in einer Reihenschaltung aus ohmschem Widerstand R und verlustfreier Induktivität L beim Anlegen einer Gleichspannung. Im Einschaltaugenblick ist die induzierte Gegenspannung gleich der angelegten Gleichspannung U_B, der Strom ist null. Mit fortschreitender Zeit sinkt die induzierte Spannung, im gleichen Maße steigt der Magnetisierungsstrom. Für den zeitlichen Verlauf von induzierter Spannung und Magnetisierungsstrom sind die Größen L und R verantwortlich. Der Quotient aus L und R heißt Zeitkonstante. Es gilt: Zeitkonstante $\tau = L / R$.

Induktionsspannung und Strom haben einen exponentiellen Verlauf. Im Prinzip dauert es unendlich lange, bis der Strom seinen Endwert erreicht hat, in der Praxis gilt der Vorgang nach der Zeit $t = 5 \cdot \tau$ als beendet.

Magnetisierungszustände

Mit den obigen Formeln können die Teilspannungen sowie der Magnetisierungsstrom zu jedem Zeitpunkt berechnet werden. Soll hingegen der Zeitpunkt bestimmt werden, zu dem eine bestimmte Spannung bzw. ein bestimmter Strom auftreten, so müssen die Formeln nach der Zeit t umgestellt werden. Dies erfolgt nach der sogenannten „Hut-ab-Regel“.

Die Rechnung zeigt exemplarisch die Umformung der Stromformel nach der gesuchten Zeit t.

Magnetisierungsstrom, mathematische Herleitung

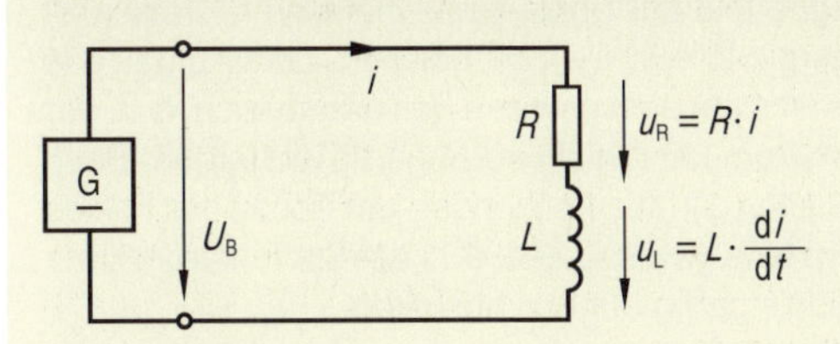

Maschenregel: $U_B = u_R + u_L = R \cdot i + L \cdot \frac{di}{dt}$

$$\frac{U_B}{R} = i + \frac{L}{R} \cdot \frac{di}{dt} = i + \tau \cdot \frac{di}{dt}$$

Umformung: $dt = \tau \cdot \frac{di}{U_B/R - i} = -\tau \cdot \frac{di}{i - U_B/R}$

Integration: $\int dt = -\tau \cdot \int \frac{di}{i - U_B/R}$

Lösung des Integrals $t = -\tau \cdot \ln|(i - U_B/R)| + K$

$$= -\tau \cdot \ln(U_B/R - i) + K$$

(weil U_B/R stets $> i$ ist)

Mit Randbedingung $i = 0$ für $t = 0$
ergibt sich für die Integrationskonstante: $K = \tau \cdot \ln \frac{U_B}{R}$

Somit folgt: $t = -\tau \cdot \ln(U_B/R - i) + \tau \cdot \ln U_B/R$

$$t = -\tau \cdot \left(\ln(U_B/R - i) - \ln U_B/R\right)$$

$$-\frac{t}{\tau} = \ln \frac{U_B/R - i}{U_B/R}$$

Exponieren mit Basis e: $e^{-\frac{t}{\tau}} = e^{\ln \frac{U_B/R - i}{U_B/R}}$

Mit $e^{\ln x} = x$ folgt: $e^{-\frac{t}{\tau}} = \frac{U_B/R - i}{U_B/R} \Longrightarrow i = \frac{U_B}{R}(1 - e^{-\frac{t}{\tau}})$

Aufgaben

4.16.1 Magnetischer Feldaufbau

Eine Spule mit Induktivität L wird in Reihe mit einem Vorwiderstand R an Gleichspannung U gelegt.

a) Welchen Widerstandswert hat die Spule im Augenblick des Einschaltens und nach der Beendigung des Feldaufbaus? (Hinweis: die Spule sei ideal, d. h. der Drahtwiderstand der Spule ist 0 Ohm.)

b) Erklären Sie den Begriff Zeitkonstante und leiten Sie ihre Einheit her.

c) Zeigen Sie rechnerisch, dass der Aufbau des Magnetfeldes mit guter Näherung nach 5 Zeitkonstanten als abgeschlossen gelten darf.

d) Der Drahtwiderstand einer Spule ist im Idealfall vernachlässigbar klein. Wie kann erklärt werden, dass trotzdem im Einschaltaugenblick kein Strom fließt?

4.16.2 Spulenstrom

Eine Induktivität $L = 800\,\text{mH}$ wird über einen Vorwiderstand $R = 400\,\Omega$ an die Spannung $U = 12\,\text{V}$ gelegt. Zeichnen Sie die Stromkurve $i_L = f(t)$ möglichst genau. Legen Sie zu den Zeitpunkten $t = 0$, $t = \tau$, $t = 2\,\tau$, $t = 3\,\tau$ usw. je eine Tangente an die Stromkurve und messen Sie den jeweils zugehörigen Abschnitt auf der Geraden $I = U/R$. Diskutieren Sie das Ergebnis.

4.16.3 Reihenschaltung

Eine Reihenschaltung aus $R = 150\,\Omega$ und $L = 12\,\text{H}$ wird zur Zeit $t = 0$ an $U = 220\,\text{V}$ Gleichspannung gelegt.

a) Berechnen Sie die Zeitkonstante τ.

b) Berechnen Sie i, u_L und u_R für $t = 0$, $t = \tau$, $t = 2\tau$, $t = 3\tau$, $t = 4\,\tau$, $t = 5\,\tau$ und $t = 10\,\tau$ und zeichnen Sie $i = f(t)$, $u_L = f(t)$ und $u_R = f(t)$ in ein gemeinsames Diagramm.

4.16.4 Stromanstieg

Die Erregerspule eines Schrittmotors hat die Induktivität $L = 2{,}4\,\text{mH}$ und den Wicklungswiderstand $R = 6\,\Omega$, die Nennspannung beträgt $U = 24\,\text{V}$.

a) Berechnen Sie den Strom, der 0,1 ms, 0,2 ms, 0,3 ms 0,4 ms, 1 ms, 10 ms nach dem Einschalten fließt.

b) Berechnen Sie die Zeit, die ab dem Einschalten vergeht, bis der Strom auf 0,5 A, 1 A, 2 A, 3 A, 4 A angestiegen ist.

c) Welche Zeit wird benötigt, bis der Strom auf 99,5 % seines Endwertes angestiegen ist?

4.16.5 Spule mit Stahlgusskern

Ein geschlossener Stahlgusskern (MK siehe Kap. 4.4) hat den Eisenquerschnitt $A_{Fe} = 6\,\text{cm}^2$ und die mittlere Feldlinienlänge $l_m = 25\,\text{cm}$; die Magnetisierungskurve $B = f(H)$ wird im ausgenützten Bereich als linear angenommen. Die Spule hat $N = 500$ Windungen und den ohmschen Widerstand $R = 40\,\Omega$. Im Nennbetrieb beträgt die Induktion im Eisenkern $B = 0{,}82\,\text{T}$.

Berechnen Sie a) die Induktivität der Spule, b) die Nennspannung und c) die Zeit, nach der $i = 50\,\text{mA}$ beträgt.

4.16.6 Netzwerk

Gegeben ist folgendes Netzwerk:

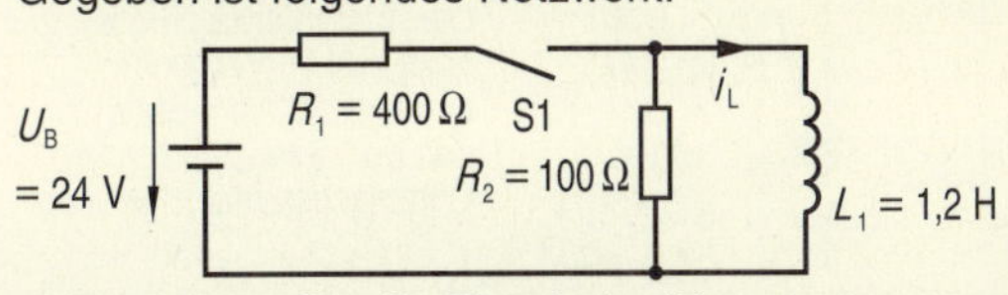

a) Berechnen Sie die Einschaltzeitkonstante τ,

b) Zeichnen Sie die maßstäbliche Stromkurve $i_L = f(t)$.

4.17 Schaltvorgänge bei Spulen II

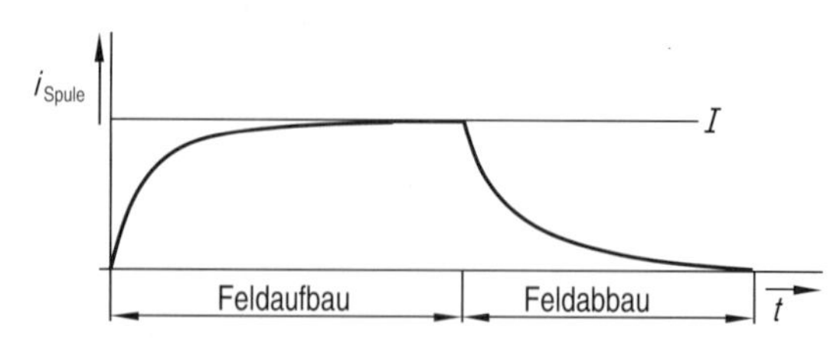

- **Der Auf- und Abbau magnetischer Felder kann nicht sprungartig erfolgen, sondern benötigt eine gewisse Zeit**

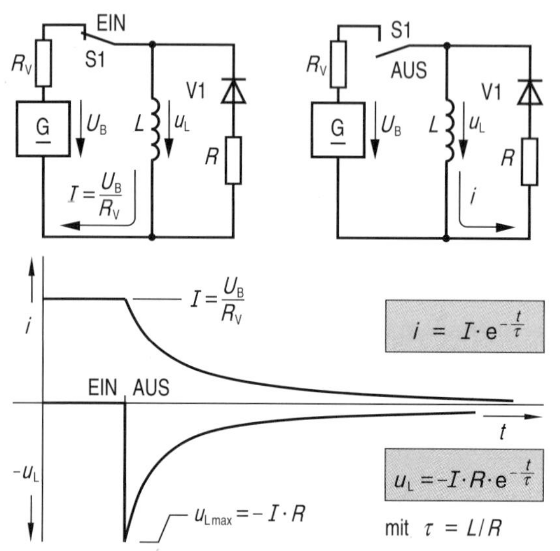

- **Die in einer Spule gespeicherte magnetische Energie kann über „Ersatz-Stromkreise" abgebaut werden**

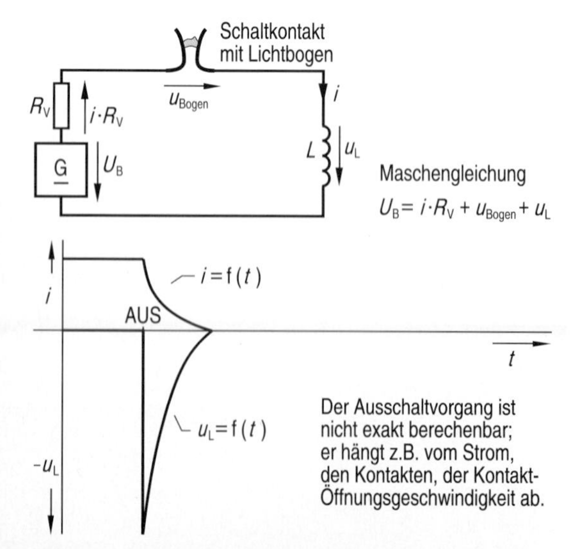

- **Beim Ausschalten von induktiven Stromkreisen können an der Schaltstelle Lichtbögen entstehen**

Ausschalten von induktiven Stromkreisen

Im Magnetfeld der Spule eines induktiven Kreises ist die Energie $W = \frac{1}{2} \cdot L \cdot I^2$ gespeichert. Zum Aufbau des Feldes ist stets eine gewisse Zeit erforderlich, d. h. der Spulenstrom kann nicht sprungartig ansteigen. Beim Ausschalten gilt entsprechendes: der Abbau des Feldes benötigt eine gewisse Zeit, d. h. der Spulenstrom kann nicht sprungartig auf null absinken.

Das Ausschalten eines induktiven Stromkreises kann „sanft" oder „abrupt" erfolgen.

„Sanftes" Ausschalten

Das Weiterfließen des Stromes nach dem Abschalten des Stromkreises kann durch einen „Ersatz-Stromkreis" ermöglicht werden. Dieser Ersatzweg kann z. B. aus einer Diode (Freilaufdiode), einem Widerstand, einer RC-Kombination oder einem Varistor bestehen.

Im Beispiel fließt der Strom nach dem Ausschalten von S1 über die Freilaufdiode V1 weiter, bis die Magnetfeldenergie im Widerstand R in Wärme umgesetzt ist; die Spule wird dabei als verlustfrei angenommen. Die Stromstärke nimmt vom Anfangswert I beginnend exponentiell ab; die Dauer des Vorgangs wird durch die Zeitkonstante $\tau = L/R$ bestimmt. Es gilt: $i = I \cdot e^{-t/\tau}$.

Die Formel zeigt: Je größer der Widerstand R ist, desto schneller ist der Ausschaltvorgang abgeschlossen, allerdings steigt mit der Widerstandsgröße auch die Höhe der von L induzierten Spannung. Da der Strom beim Ausschalten von S1 zunächst in gleicher Größe weiterfließen muss, ist die beim Ausschalten induzierte Spannung $u_{ind} = I \cdot R$. Durch hohe Induktionsspannungen können elektronische Bauteile zerstört werden.

„Abruptes" Ausschalten

Wird ein induktiver Stromkreis unterbrochen, ohne dass die Energie über Freilaufdioden oder andere Bauteile abgebaut werden kann, so muss der Strom über den Schalter weiterfließen. Beim Öffnen des Schalters wird dabei in der Spule eine so hohe Spannung induziert, dass die Luftstrecke zwischen den Schaltkontakten durchschlägt und durch Ionisation elektrisch leitfähig wird (Funkenstrecke, Lichtbogen). Die im magnetischen Feld enthaltene Energie $W = \frac{1}{2} \cdot L \cdot I^2$ kann somit über den geöffneten Schalter abgebaut werden. Der zeitliche Verlauf des Ausschaltstromes lässt sich allerdings nur näherungsweise bestimmen, weil der Widerstand des Lichtbogens nicht exakt erfasst werden kann.

Wird der Stromkreis von einer Quelle gespeist, die Spannungen von etwa 25 V und Ströme im Ampere-Bereich liefern kann, so kann an der Schaltstelle ein Lichtbogen stehen bleiben. Die für einen Lichtbogen notwendige Spannung hängt von Strom, Kontaktwerkstoff und Kontaktabstand ab, der Zusammenhang wird in Lichtbogen-Grenzkurven dargestellt.

Lichtbogen

Beim Ausschalten eines induktiven Stromkreises kann es zwischen den geöffneten Schaltkontakten zu einer Gasentladung (Lichtbogen) kommen. Der Lichtbogen erlischt, wenn Strom und Spannung bestimmte Grenzwerte unterschreiten.

Um einen Lichtbogen aufrechtzuerhalten, ist an der Anode eine werkstoffabhängige Mindestspannung von etwa 5 V (Anodenfall), an der Katode von etwa 10 V (Katodenfall) notwendig; der Lichtbogen selbst erfordert je nach Bogenlänge eine Mindestspannung von 5 V bei sehr großen Strömen und einigen hundert Volt bei sehr kleinen Strömen. Die absolute Mindestspannung zur Aufrechterhaltung eines Lichtbogens beträgt somit etwa 25 V. Der Mindeststrom zur Aufrechterhaltung eines Lichtbogens beträgt etwa 0,5 A.

Das Diagramm zeigt die Lichtbogen-Grenzkurve von Ag-Pd-Kontakten bei sehr kleinem Kontaktabstand.

Lichtbogen-Grenzkurve für Silber-Palladium-Kontakte

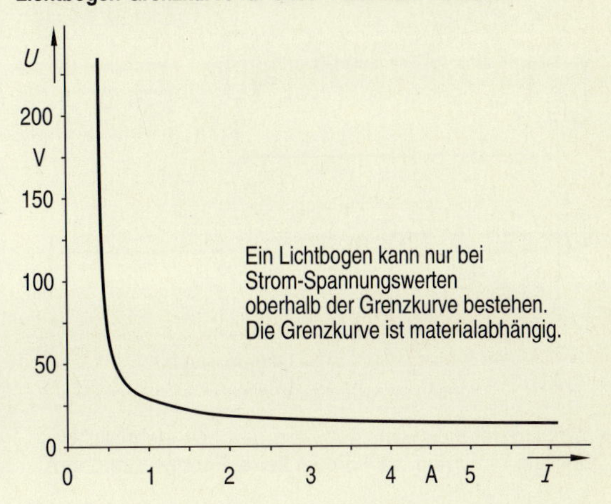

Zündimpulse

Die beim Unterbrechen von induktiven Stromkreisen entstehenden hohen Spannungsspitzen sind meist unerwünscht, weil sie elektronische Bauteile, Schaltkontakte und Isolationen zerstören können.

Die hohen Induktionsspannungen können aber auch z. B. zur Erzeugung von Zündfunken (Kfz-Technik) und zur Speisung von elektrischen Weidezäunen mit Hochspannungsimpulsen eingesetzt werden.

Das Beispiel zeigt das Zünden einer Leuchtstofflampe mit Hilfe eines Bimetall-Starters: beim Öffnen der Bimetall-Kontakte wird der induktive Stromkreis unterbrochen; die dadurch entstehende hohe Induktionsspannung leitet die Gasentladung in der Lampe ein.

Zünden einer Leuchtstofflampe

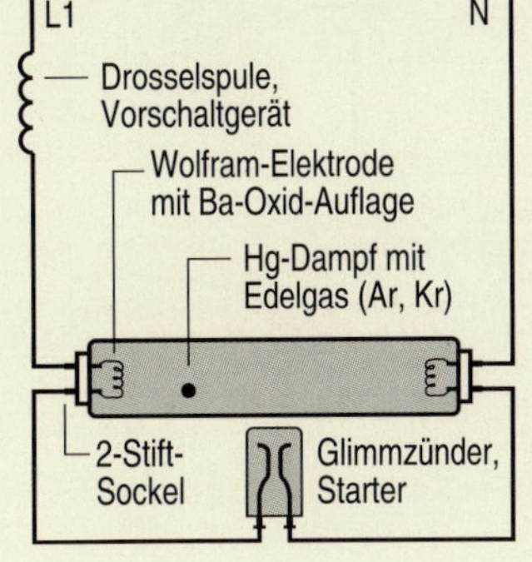

Zündvorgang:
1. Der Starter schließt den Stromkreis.
2. Die Elektroden werden aufgeheizt.
3. Starter öffnet, Stromkreis wird unterbrochen.
4. Die Drosselspule induziert Spannungen bis etwa 1000 V, die Lampe zündet.

Die Induktionsspannung hängt vom Zeitpunkt der Stromunterbrechung ab.

Aufgaben

4.17.1 Schaltvorgänge

In der folgenden Schaltung wird S1 zum Zeitpunkt $t=0$ eingeschaltet, nach $t=0{,}1$ s wird S2 unterbrechungslos von Stellung 1 nach Stellung 2 umgeschaltet.

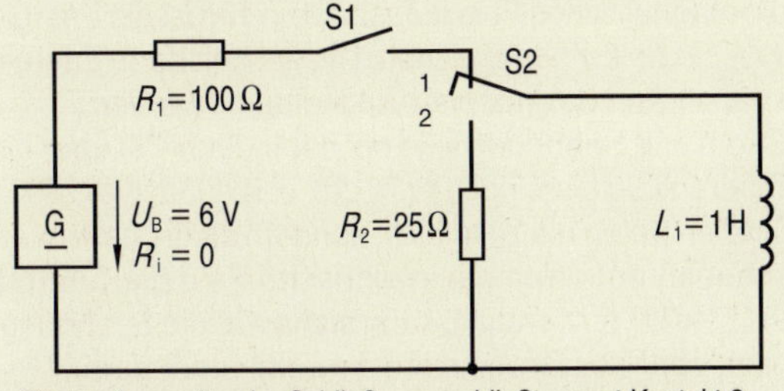

S2 ist ein voreilender Schließer; er schließt zuerst Kontakt 2, bevor er Kontakt 1 öffnet.

Skizzieren Sie maßstabsgerecht $i=\mathrm{f}(t)$ und $u_L=\mathrm{f}(t)$ für $0<t<1$ s in ein gemeinsames Diagramm.

4.17.2 Stromkreisunterbrechung

Eine Spule mit $L=5$ H und $R=2\,\Omega$ Innenwiderstand wird über Schalter S1 an eine 6-V-Batterie angeschlossen.

a) Beschreiben Sie die Vorgänge, die beim Öffnen von S1 ablaufen.

b) Kann an S1 ein dauerhafter Lichtbogen entstehen?

4.17.3 Zündgerät

In der folgenden Versuchsanordnung wird S1 im 1-Sekunden-Takt geschlossen und wieder geöffnet:

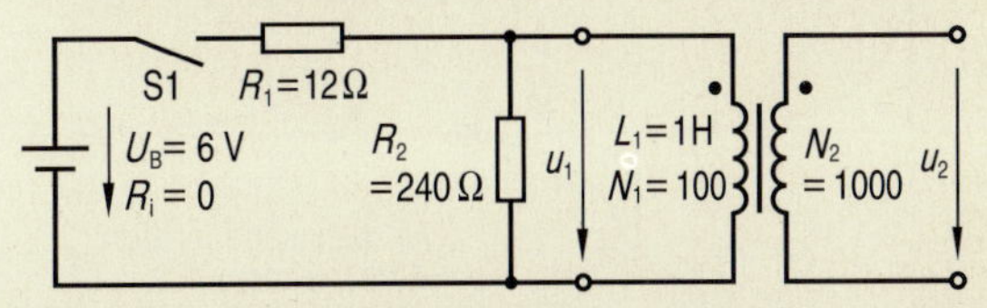

Skizzieren Sie maßstabsgerecht $u_1=\mathrm{f}(t)$ und $u_2=\mathrm{f}(t)$ für $0<t<4$ s in ein gemeinsames Diagramm.

4.18 R, C und L im Vergleich

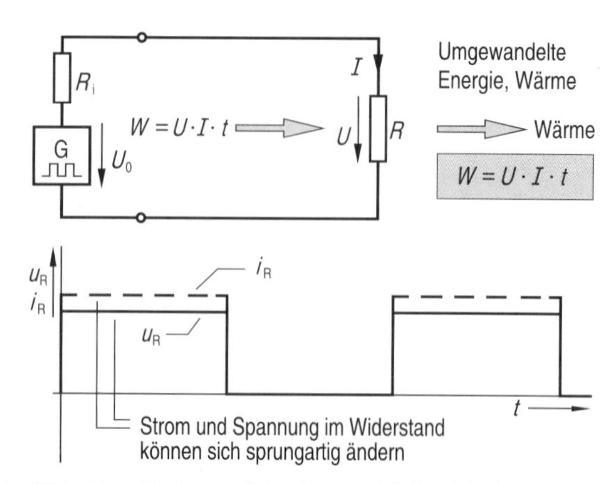

- **Wirkwiderstände wandeln alle zugeführte elektrische Energie in Wärme, sie können keine Energie speichern**

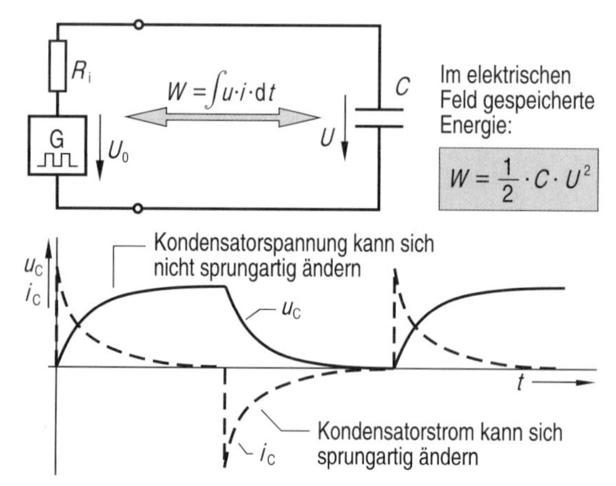

- **Kondensatoren können die zugeführte Energie in ihrem elektrischen Feld speichern und in das Netz zurückspeisen**

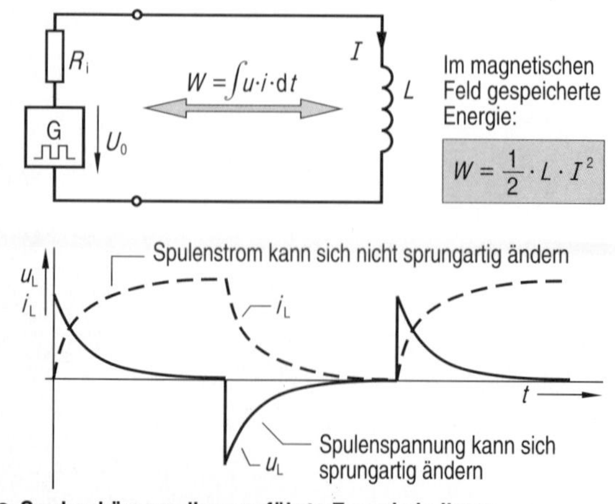

- **Spulen können die zugeführte Energie in ihrem Magnetfeld speichern und in das Netz zurückspeisen**

Wirkwiderstand

Widerstände hemmen den elektrischen Strom, d. h. sie bewirken bei Stromfluss einen gewissen Spannungsfall. Für den Widerstandswert 1 Ohm gilt: $1\,\Omega = 1\,V / 1\,A$. Rein ohmsche Widerstände (Wirkwiderstände) unterscheiden sich von Kapazitäten und Induktivitäten vor allem darin, dass sie weder elektrische noch magnetische Energie speichern können. Die dem Widerstand zugeführte Energie wird in Wärmeenergie gewandelt; sie kann nicht in den Stromkreis zurückgeführt werden.
Strom und Spannung sind über das ohmsche Gesetz $u = i \cdot R$ miteinander verknüpft, zwischen u und i gibt es keine zeitliche Verschiebung (Phasenverschiebung). Spannungen und Ströme können sich in ohmschen Widerständen sprunghaft ändern.
Wirkwiderstände haben stets auch kapazitive und induktive Anteile; sie sind aber meist vernachlässigbar.

Kondensator

Kondensatoren haben eine gewisse elektrische Kapazität, d. h. sie können elektrische Ladungen speichern. Für den Kapazitätswert 1 Farad gilt: $1\,F = 1\,As / V$.
Zwischen den Platten (Belägen) eines Kondensators wird durch Anlegen einer Spannung ein elektrisches Feld aufgebaut; in ihm ist die Energie $W_{el.} = \frac{1}{2} \cdot C \cdot U^2$ gespeichert. Die gespeicherte Energie kann in den Stromkreis zurückgeführt werden.
Strom und Spannung sind bei der Kapazität über die Differentialgleichung $i = C \cdot du/dt$ verknüpft, die beiden Größen treten nie zeitgleich, sondern stets phasenverschoben auf. Weil das elektrische Feld die Energie $W_{el.} = \frac{1}{2} \cdot C \cdot U^2$ enthält, kann sich zwar der Strom, nicht aber die Kondensatorspannung sprunghaft ändern.
Kondensatoren haben stets auch ohmsche und induktive Anteile, sie sind jedoch meist vernachlässigbar.

Spule

Spulen haben eine gewisse Induktivität, d. h. sie sind in der Lage, elektrische Spannungen zu induzieren. Für den Induktivitätswert 1 Henry gilt: $1\,H = 1\,Vs / A$.
In den Windungen einer Spule wird durch Stromfluss ein magnetisches Feld aufgebaut; in ihm ist die Energie $W_{magn.} = \frac{1}{2} \cdot L \cdot I^2$ gespeichert. Die gespeicherte Energie kann in den Stromkreis zurückgeführt werden.
Strom und Spannung sind bei der Induktivität über die Differentialgleichung $u = L \cdot di/dt$ verknüpft, die beiden Größen treten nie zeitgleich, sondern stets phasenverschoben auf. Weil das elektrische Feld die Energie $W_{magn.} = \frac{1}{2} \cdot L \cdot I^2$ enthält, kann sich zwar die Spannung, nicht aber der Spulenstrom sprunghaft ändern.
Insbesondere eisengefüllte Spulen haben große Wirkanteile (Hysterese, Wirbelströme), die üblicherweise berücksichtigt werden müssen; die kapazitiven Anteile hingegen sind meist vernachlässigbar klein.

Übergangsverhalten von RR-, RC- und RL-Gliedern

Werden an eine Schaltung, die nur Wirkwiderstände enthält, Gleichspannungsimpulse angelegt, so stellt sich die Schaltung sprungartig auf die neuen Verhältnisse ein. Da keine Energiezustände geändert werden müssen, wird für den Ausgleichsvorgang keine Zeit benötigt. Die Ausgangsspannung ändert sich dabei proportional mit der Eingangsspannung; die Schaltung stellt ein Proportionalglied dar.

Enthält die Schaltung hingegen einen Energiespeicher, so dauert es eine gewisse Zeit, bis die Schaltung über einen Ausgleichsvorgang auf die neuen Verhältnisse eingeschwungen ist. Der Eingangsimpuls wird dabei nach einer e-Funktion verformt. Je nach Schaltung kann der Eingangsimpuls differenziert oder integriert werden. (Differenzier- und Integrierglieder siehe Kap. 3.9.) Die Tabelle zeigt die verschiedenen Schaltungen.

Schaltungsübersicht

Proportionalglied

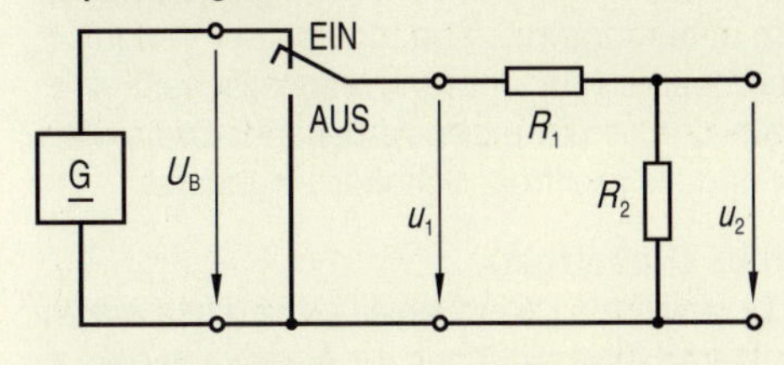

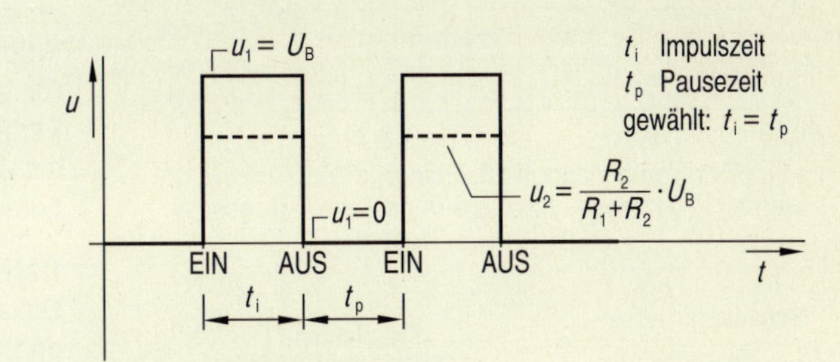

Differenzierglieder

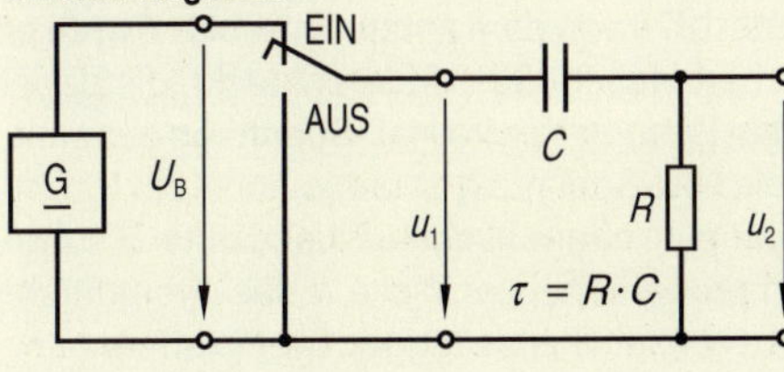

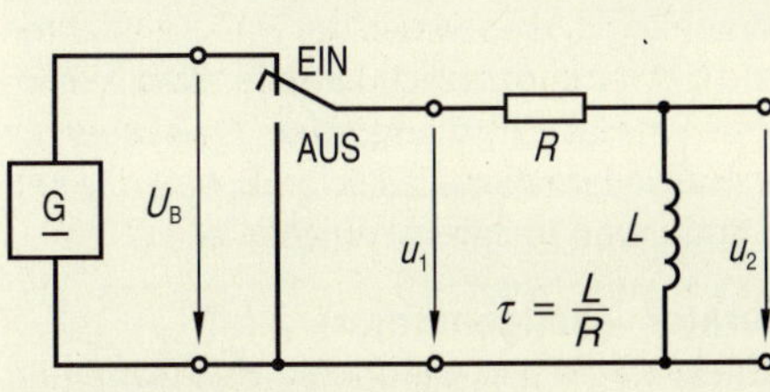

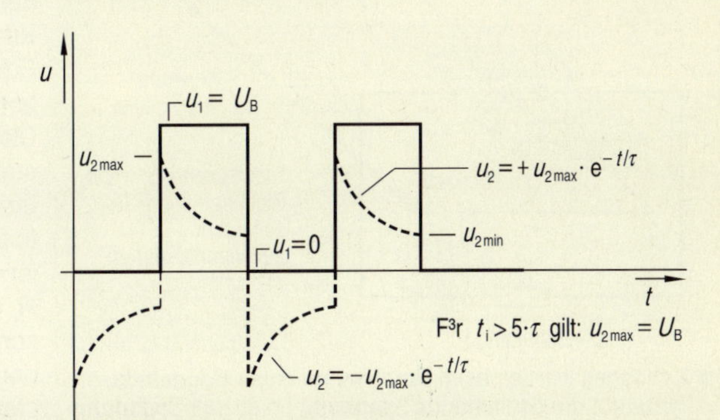

Ist die Impulsdauer t_i wesentlich größer als die Zeitkonstante τ, so entspricht u_2 der zeitlichen Differentiation (Ableitung) von u_1.

Integrierglieder

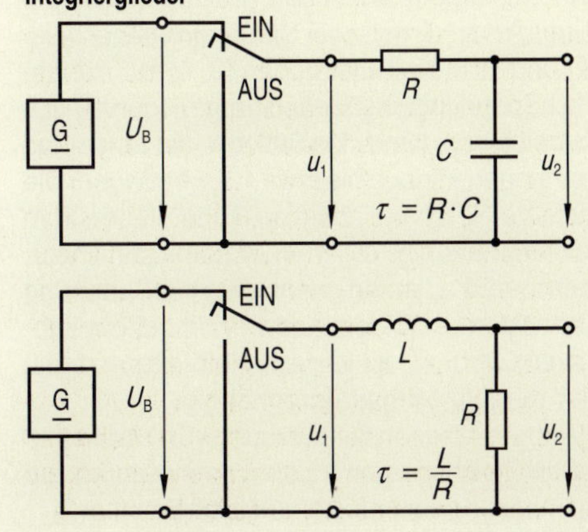

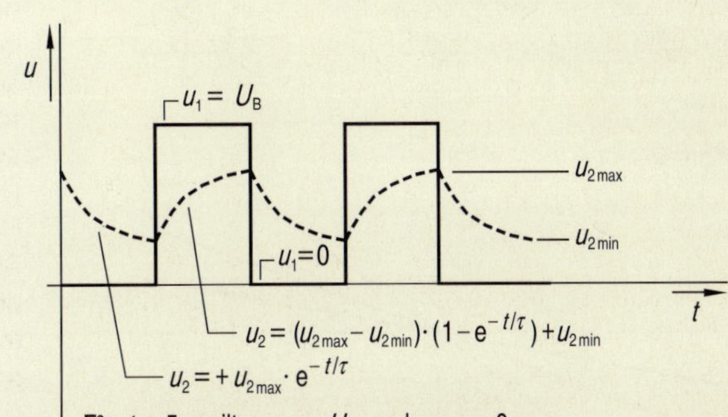

F³r $t_i > 5 \cdot \tau$ gilt: $u_{2\,max} = U_B$ und $u_{2\,min} = 0$

Ist die Impulsdauer t_i wesentlich kleiner als die Zeitkonstante τ, so entspricht u_2 der zeitlichen Integration von u_1.

4.19 Magnetwirkung auf Halbleiter

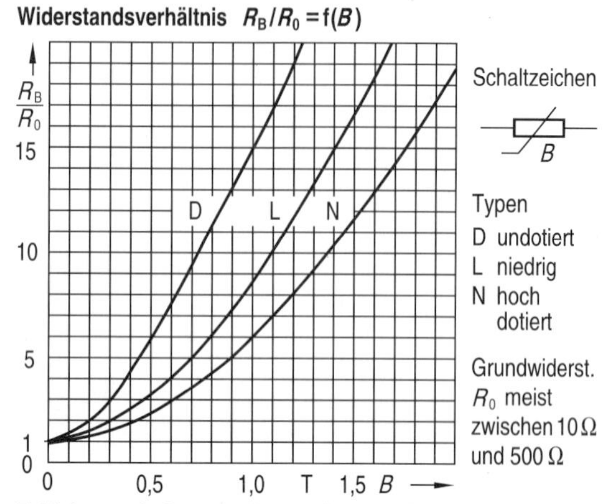

- **Feldplatten sind magnetfeldabhängige Widerstände; sie werden in der Mess- und Regelungstechnik eingesetzt**

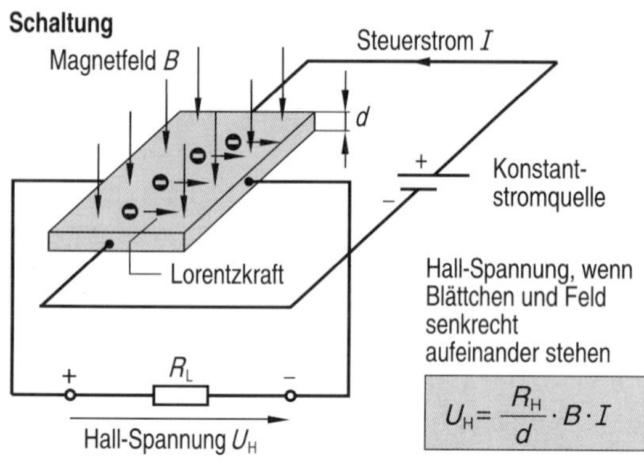

- **Ladungen werden beim Durchlaufen eines Magnetfeldes getrennt; die entstehende Spannung heißt Hall-Spannung**

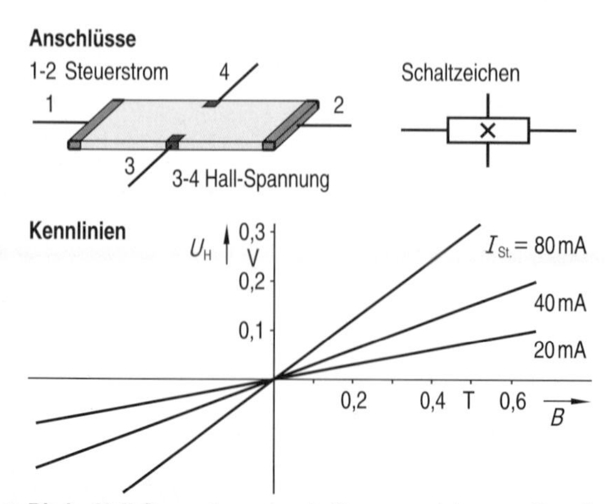

- **Die im Hall-Generator erzeugte Spannung ist proportional zum Steuerstrom und zur magnetischen Induktion**

Feldplatte (FP)

Bewegte elektrische Ladungen erfahren im Magnetfeld eine ablenkende Kraft, die sogenannte Lorentz-Kraft (siehe Kap. 4.7). Bei bestimmten Halbleitern kann dieser Effekt zum Bau magnetfeldabhängiger Widerstände, den sogenannten Feldplatten, genutzt werden; Feldplatten (FP) werden auch als MDR (magnetical dependent resistor) bezeichnet.

Der Widerstandswert einer Feldplatte ohne magnetische Einwirkung heißt Grundwiderstand R_0. Je nach Bautyp beträgt er 10 Ω bis 5 kΩ. Bei Einwirkung eines Magnetfeldes B steigt ihr Widerstand; die Widerstandszunahme dR_B/dB ist dabei ungefähr proportional zur Feldstärke B, die Widerstandskurve $R_B = f(B)$ hat somit einen näherungsweise quadratischen Verlauf.

Feldplatten werden zur Messung magnetischer Felder, als kontakt- und berührungslos arbeitende Drehpotentiometer und als prellfreie Schalter eingesetzt.

Hall-Effekt (Halleffekt)

Die auf die bewegten Ladungen eines Stromes wirkende Lorentzkraft führt nicht nur zur Ablenkung der Ladungen, sondern auch zur Ladungstrennung. Dieser Effekt wurde 1879 von dem amerikanischen Physiker Edwin Herbert Hall (1855-1938) entdeckt, die dabei entstehende Spannung wird Hall-Spannung genannt.

Die erzeugte Hall-Spannung ist proportional zur Stromstärke I und zur magnetischen Flussdichte B sowie umgekehrt proportional zur Dicke d des stromdurchflossenen Leiterplättchens (Zunge). Die Hall-Spannung ist materialabhängig; dies wird in der Hall-Konstanten R_H ausgedrückt. Grundsätzlich kann in allen elektrischen Leitern ein Hall-Effekt entstehen; R_H ist aber nur bei einigen Halbleitermaterialien so groß, dass die entstehende Spannung technisch nutzbar ist.

Hall-Generator (Hallgenerator)

Der Hall-Effekt wird im so genannten Hall-Generator (Hall-Sensor, Hall-Sonde) genutzt. Er besteht aus einem dünnen Halbleiterplättchen (Indium-Antimonid oder Indium-Arsenid) mit zwei Steuerstromanschlüssen (1, 2) und zwei Hall-Elektroden (3, 4) zur Abnahme der Hall-Spannung. Die Steuerströme liegen je nach Typ im Bereich von 10 mA bis 500 mA, die erzeugten Hall-Spannungen können bis etwa 1,5 V betragen. Die Hall-Konstante R_H ist von Induktion B und Steuerstrom I praktisch unabhängig, $U_H = f(B)$ ist somit fast linear; die Linearität wird optimiert, wenn die Hall-Spannung mit dem korrekten Lastwiderstand $R_L = R_{LL}$ belastet (abgeschlossen) wird. R_H ist je nach Halbleitermaterial mehr oder weniger temperaturabhängig.

Hall-Generatoren dienen zur Messung von Magnetfeldern, großen Gleichströmen (Hochstrommessung), zur Leistungsmessung und als kontaktlose Schalter.

Feldplatte, Aufbau und Wirkungsweise

Feldplatten sind magnetfeldabhängige Widerstände. Sie erfordern Werkstoffe mit einer möglichst großen Hall-Konstante. Die üblichen Feldplatten bestehen aus polykristallinem Indium-Antimonid (InSb) oder Indium-Arsenid (InAs), in welches elektrisch gut leitende Nickel-Antimonidnadeln (NiSb) eingelagert sind.

Die etwa 25 µm dicke Halbleiterschicht ist auf eine etwa 100 µm dicke Trägerschicht aus Eisen (E-Typ) oder Kunststoff bzw. Keramik (K-Typen) aufgetragen; die sehr kleinen NiSb-Nadeln liegen senkrecht zur Verbindungslinie der Kontakte.

Liegt am Widerstand kein Magnetfeld an, bewegen sich die Ladungsträger auf direktem Weg zwischen den Anschlüssen; das Bauteil hat den Grundwiderstand R_0. Steigt die Induktion B, so werden die Ladungsträger durch den Hall-Effekt abgelenkt. Der Widerstandswert R_B steigt auf ein Vielfaches des Grundwiderstandes.

Aufbau

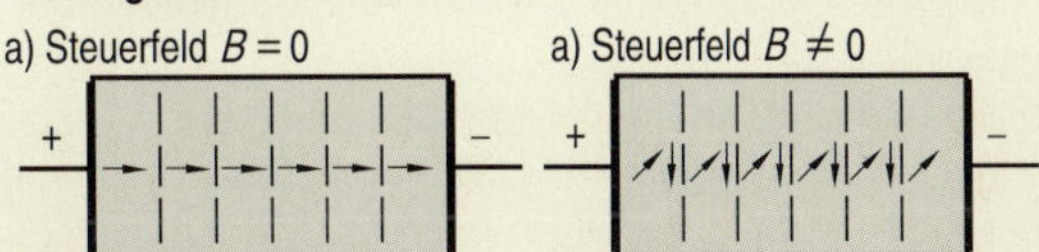

Die aktive Fläche von Feldplatten beträgt etwa 1 mm² bis 1 cm², die Dicke einige 100 µm.

Der Grundwiderstand wird durch die Form (z.B. Mäander) beeinflusst.

Wirkungsweise

a) Steuerfeld $B = 0$

Ohne angelegtes Magnetfeld verläuft der Strom direkt zwischen den Anschlüssen, der Grundwiderstand R_0 ist klein.

a) Steuerfeld $B \neq 0$

Mit Magnetfeld wird der Strom zwischen den Nadeln abgelenkt, der Stromweg wird länger, der Widerstand R_B steigt stark an.

Hall-Konstante

Die Hall-Konstante ist materialabhängig. Bei Metallen ist sie sehr klein und deswegen technisch nicht nutzbar. Bei Halbleitern kann sie wesentlich höhere Werte annehmen; in der Praxis sind vor allem Indium-Arsenid und Indium-Antimonid von großer Bedeutung.

Werkstoffe mit unterschiedlicher Hall-Konstante

Werkstoff	Kupfer	InAs	InSb
R_H in $\frac{m^3}{As}$	$-54 \cdot 10^{-12}$	$50...100 \cdot 10^{-6}$	$200...300 \cdot 10^{-6}$

Lineare Anpassung

Für messtechnische Zwecke ist ein möglichst linearer Zusammenhang zwischen der Hall-Spannung U_H und der Induktion B erwünscht. Dies kann durch Abschluss der Hall-Spannung mit einem passenden Widerstand R_{LL} erreicht werden. Der ungefähre Wert für R_{LL} ist im Datenblatt angegeben, der genaue Wert muss für jeden Hall-Generator experimentell ermittelt werden. Das Diagramm zeigt die auf den Steuerstrom normierte Hall-Spannung als Funktion des Steuerfeldes bei verschiedenen Abschlusswiderständen (Lastwiderständen) für den Hall-Generator FA 24.

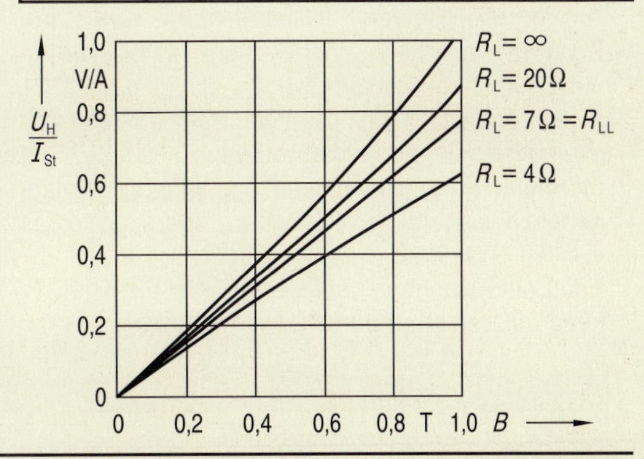

Aufgaben

4.19.1 Feldplatte

Zu einer Feldplatte wird folgendes Diagramm geliefert:

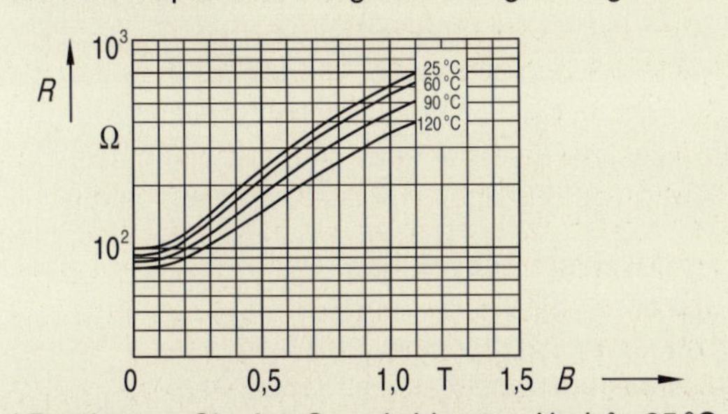

a) Bestimmen Sie den Grundwiderstand bei $\vartheta = 25\,°C$.

b) Skizzieren Sie $R_B/R_0 = f(B)$ bei $\vartheta = 25\,°C$.

4.19.2 Hall-Generator

a) Ein Hall-Generator hat eine 50 µm dicke Schicht aus InSb mit $R_H = 250 \cdot 10^{-6}\,m^3/As$. Der Steuerstrom beträgt 0,1 A, die senkrecht einwirkende Induktion 0,3 T. Berechnen Sie die Hall-Spannung.

b) Folgende Schaltung dient zur Messung von I_L:

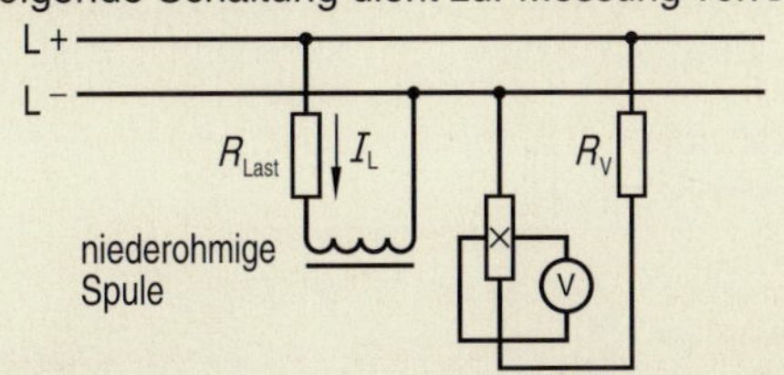

Erklären Sie die Funktion der Messschaltung.

Test 4.1

Fachgebiet: Magnetisches Feld und Spule
Bearbeitungszeit: 90 Minuten

T 4.1.1 Grundbegriffe

a) Erklären Sie die Herkunft der Begriffe „magnetischer Nordpol“ bzw. „magnetischer Südpol“.

b) Skizzieren Sie einen Hufeisenmagneten und sein Magnetfeld einschließlich der Richtungspfeile der Feldlinien.

c) Erklären Sie, wie mit Hilfe eines einfachen Versuches die magnetischen Feldlinien „sichtbar“ gemacht werden können. Mit welchem Versuch können elektrische Feldlinien „sichtbar“ gemacht werden?

d) Erläutern Sie die Begriffe Dauermagnet und Zeitmagnet. Nennen Sie jeweils praktische Beispiele.

e) Erklären Sie die Begriffe paramagnetisch, diamagnetisch und ferromagnetisch.

T 4.1.2 Magnetische Kraftwirkung

a) Welche Kraftwirkung tritt bei zwei parallelen Leitern auf, die gleich- bzw. gegensinnig von elektrischem Strom durchflossen werden? Begründen Sie Ihre Antwort mit Hilfe von Feldlinienbildern.

b) Erklären Sie anhand einer Skizze, was man unter der Lorentzkraft versteht.

c) Eine stromdurchflossene Leiterschleife befindet sich in einem homogenen Magnetfeld.
Skizzieren Sie das homogene Magnetfeld, das Magnetfeld des stromdurchflossenen Leiters sowie das resultierende Feld.
Erklären Sie anhand der Magnetfelder die Kraftwirkung auf den stromdurchflossenen Leiter.

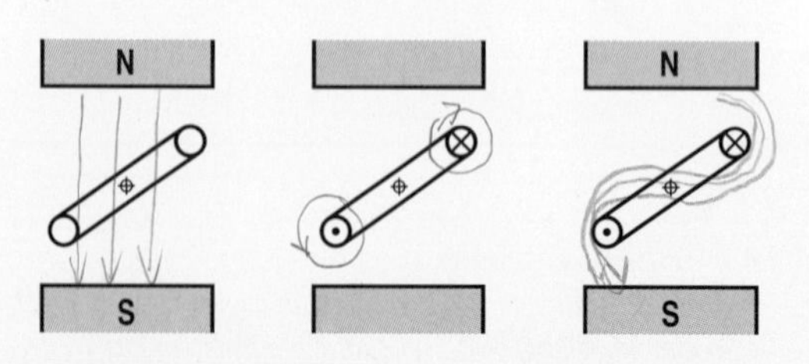

d) Im folgenden Schaltkontakt erfolgt bei großen Strömen I eine sogenannte Kontaktkraftverstärkung. Erklären Sie, wie diese Kontaktkraftverstärkung zustande kommt und warum sie erwünscht ist.

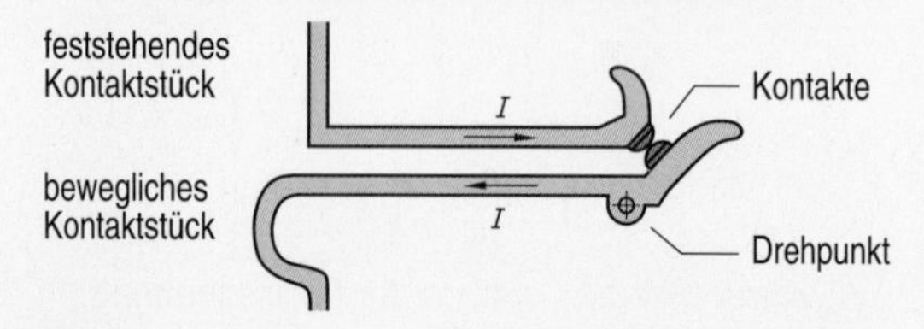

T 4.1.3 Ringspule

Eine luftgefüllte Ringspule hat folgende Daten:

Außendurchmesser $d_a = 48\,\text{mm}$
Innendurchmesser $d_i = 32\,\text{mm}$
Windungszahl $N = 600$
$I = 50\,\text{mA}$

Berechnen Sie

a) die magnetische Durchflutung,

b) die mittlere magnetische Feldstärke,

c) die magnetische Induktion (Flussdichte),

d) den magnetischen Fluss.

T 4.1.4 Zylinderspule

Im Innern einer einlagigen, luftgefüllten Spule aus Cu-Draht soll die Induktion $B = 10\,\text{mT}$ erzeugt werden.

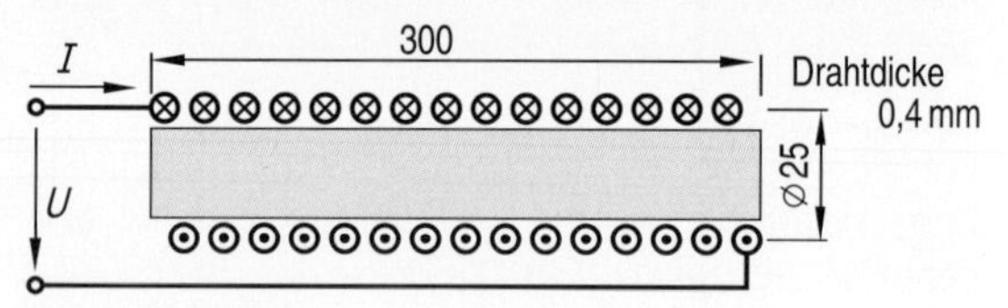

Berechnen Sie

a) den notwendigen Spulenstrom I,

b) die anzulegende Spannung U,

c) die in der Spule umgesetzte Leistung.

T 4.1.5 Spule mit Eisenkern

Der Eisenkern einer Spule mit $N = 500$ Windungen hat folgende Daten:

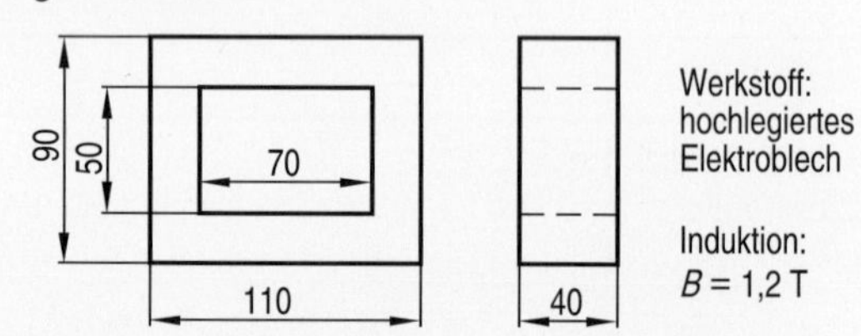

Berechnen Sie den notwendigen Spulenstrom:

a) wenn der Eisenkern keinen Luftspalt enthält,

b) wenn der Luftspalt im Eisenkern 1 mm beträgt.

T 4.1.6 Hystereseschleife

Skizzieren Sie die Hystereseschleife

a) eines weichmagnetischen Werkstoffes,

b) eines hartmagnetischen Werkstoffes.

c) Erläutern Sie, worin der wesentliche Unterschied zwischen beiden Kennlinien besteht.

Fachgebiet: Magnetisches Feld und Spule
Bearbeitungszeit: 90 Minuten

T 4.2.1 Magnetwerkstoffe

a) Erklären Sie, wie die Begriffe „hartmagnetisch" und „weichmagnetisch" entstanden sind und was man unter diesen Begriffen versteht.

b) Skizzieren Sie die Magnetisierungskennlinie eines ferromagnetischen Werkstoffes. In welche drei Abschnitte kann die Kennlinie gegliedert werden?

c) Die beiden Skizzen zeigen das Gefüge von ferromagnetischen Werkstoffen (z. B. Eisen) in verschiedenen Zuständen. Erläutern Sie die Skizzen.

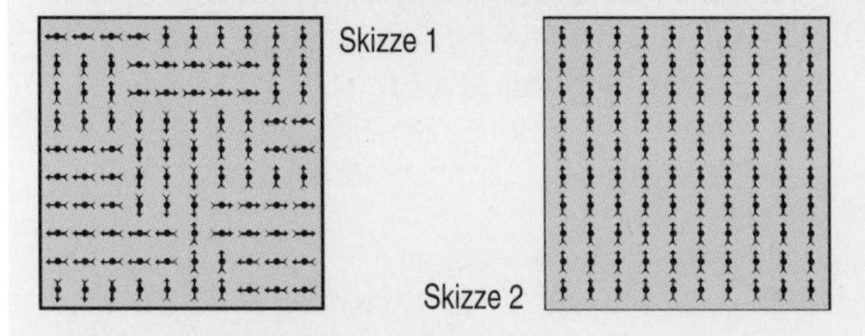

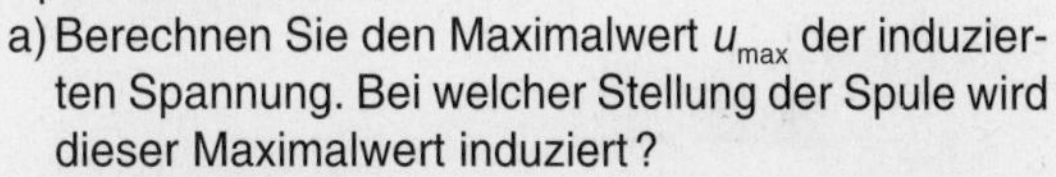

T 4.2.2 Magnetischer Kreis

Ein Gleichstrommotor ist vereinfacht durch folgenden magnetischen Kreis darstellbar.

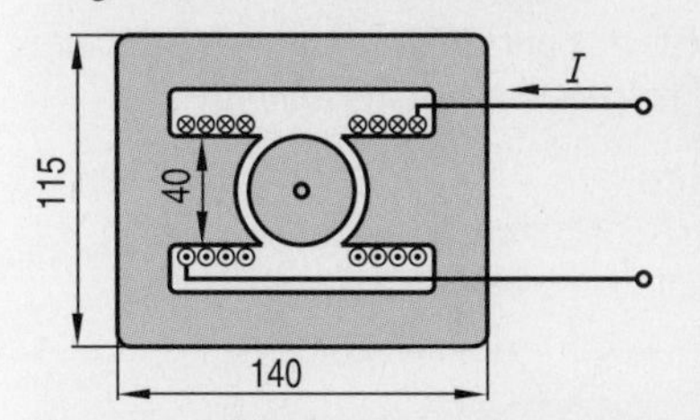

Berechnen Sie den notwenigen Magnetisierungsstrom.

T 4.2.3 Wirbelstrombremse

Die Skizze zeigt ein so genanntes waltenhofensches Pendel:

Magnet N — Pendel — v

a) Erklären Sie, warum die Pendelbewegung im Magnetfeld abgebremst wird.

b) Durch welche konstruktive Maßnahme am Pendel kann die Bremswirkung abgeschwächt werden?

c) Nennen Sie technische Anwendungen des waltenhofenschen Pendels.

d) Welchen Vorteil hat die Wirbelstrombremse gegenüber mechanischen Bremssystemen?

T 4.2.4 Induktion

Eine Spule rotiert mit konstanter Drehfrequenz in einem homogenen Magnetfeld, die Spannung wird über Schleifringe abgenommen. Dabei ist:

$N = 200$
$n = 1000\ \text{min}^{-1}$
$B = 0{,}4\ \text{T}$
Spulenlänge 50 mm
Spulendurchmesser 40 mm

a) Berechnen Sie den Maximalwert u_{max} der induzierten Spannung. Bei welcher Stellung der Spule wird dieser Maximalwert induziert?

b) Welchen zeitlichen Verlauf hat die induzierte Spannung? Stellen Sie die Gleichung $u_{ind} = f(t)$ auf.

c) Erklären Sie, warum die Drehbewegung der Spule abgebremst wird, wenn die induzierte Spannung durch einen ohmschen Widerstand belastet wird.

T 4.2.5 Induktivität

a) Erklären Sie allgemein, was man unter der Induktivität einer Spule versteht.

b) Erklären Sie die Einheit 1 Henry (1 H).

c) In einer Spule wird der Strom konstant um 20 mA/s gesteigert; dabei wird in der Spule die Spannung 5 V erzeugt. Berechnen Sie die Induktivität der Spule.

d) Eine Spule mit $L = 100\ \text{mH}$ und $R = 100\ \Omega$ wird an 50 V Gleichspannung gelegt.
Berechnen Sie die Stromanstiegsgeschwindigkeit für den Einschaltaugenblick. Wie ändert sie sich mit zunehmender Zeit?

T 4.2.6 Induktivität von Spulen

a) Von welchen Größen ist die Induktivität einer Spule abhängig?

b) Welcher Zusammenhang besteht zwischen dem A_L-Wert und dem magnetischen Leitwert einer Spule?

c) Warum ist es prinzipiell schwierig, die Induktivität einer eisengefüllten Spule zu berechnen?

d) Der A_L-Wert eines Schalenkernes ist im Katalog mit 250 nH angegeben. Berechnen Sie die erforderliche Windungszahl, wenn eine Induktivität mit 100 mH hergestellt werden soll.

e) Eine luftgefüllte Zylinderspule hat die Länge 150 mm und den Durchmesser 20 mm. Berechnen Sie den A_L-Wert der Spule und die erforderliche Windungszahl, wenn die Induktivität $L = 2\ \text{H}$ betragen soll.

Test 4.3

Fachgebiet: Magnetisches Feld und Spule
Bearbeitungszeit: 90 Minuten

T 4.3.1 Eisenkern mit Polschuhen

Ein magnetischer Kreis hat folgende Abmessungen:

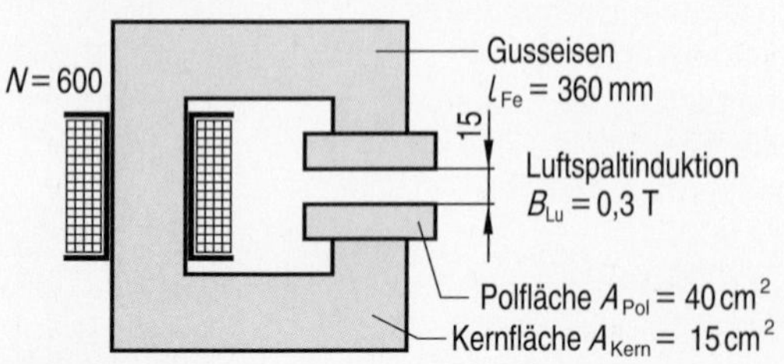

Berechnen Sie:

a) die Flussdichte und den Fluss im Eisenkern,
b) den notwenigen Magnetisierungsstrom I.

T 4.3.2 Transformator

Ein Transformator hat einen Eisenkern aus unlegiertem Elektroblech mit einem mittleren Eisenweg von 40 cm. Durch die Wicklung (N=500) fließt sinusförmiger Wechselstrom mit dem Maximalwert i_{max}=1,4 A.
Berechnen Sie die maximale Induktion im Eisenkern

a) ohne Luftspalt,
b) wenn im Kern ein Luftspalt von 1 mm besteht.

T 4.3.3 Energieinhalt

Ein Auto mit der Masse m=800 kg fährt mit der Geschwindigkeit v=50 km/h.

a) Berechnen Sie die kinetische Energie des fahrendenden Autos.
b) In einer Spule fließt der Strom I=10 A. Welche Induktivität müsste die Spule haben, damit sie die gleiche Energie wie das Auto in Aufgabe a) speichert?
c) Ein Kondensator hat die Kapazität C=1000 µF. Auf welche Spannung müsste er aufgeladen werden, damit er die gleiche Energie wie das Auto in Aufgabe a) speichert?
d) Diskutieren Sie die Ergebnisse im Hinblick auf die Möglichkeit der Energiespeicherung mit Hilfe von Spulen und Kondensatoren.

T 4.3.4 Magnetwirkung auf Halbleiter

a) Erklären Sie die Bezeichnungen MDR und FP. Skizzieren Sie das Schaltzeichen einer Feldplatte.
b) Was versteht man unter dem Grundwiderstand einer Feldplatte?
c) Erläutern Sie den prinzipiellen Aufbau eines Hall-Generators und geben Sie sein Schaltzeichen an.
d) Von welchen Größen ist die erzeugte Hall-Spannung eines Hall-Generators abhängig? Skizzieren Sie einige charakteristische Kennlinien.

T 4.3.5 Schaltvorgänge

Gegeben sind die folgenden zwei Schaltungen:

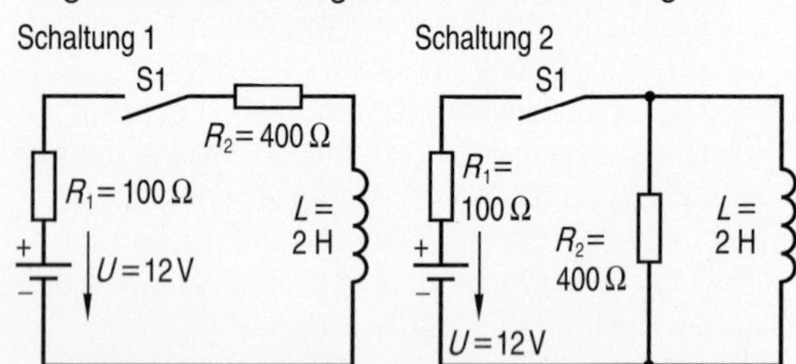

Zum Zeitpunkt t=0 wird S1 eingeschaltet. Berechnen Sie für beide Schaltungen:

a) die Spannung U_L im Einschaltaugenblick,
b) die Spannung U_L nach Erreichen des stationären Zustandes,
c) die Einschaltzeitkonstante,
d) die Zeit, nach welcher die Spannung U_L=3 V beträgt.
e) Skizzieren Sie für beide Schaltungen den zeitlichen Verlauf der Spannung U_L=f(t).

Nach Erreichen des stationären Zustandes wird S1 ausgeschaltet.

f) Beschreiben Sie den prinzipiellen Unterschied beim Ausschaltvorgang bei beiden Schaltungen.

T 4.3.6 Freilaufdiode

In der folgenden Schaltung wird die Induktivität L1 mit Hilfe des Transistors V1 ein- und ausgeschaltet.

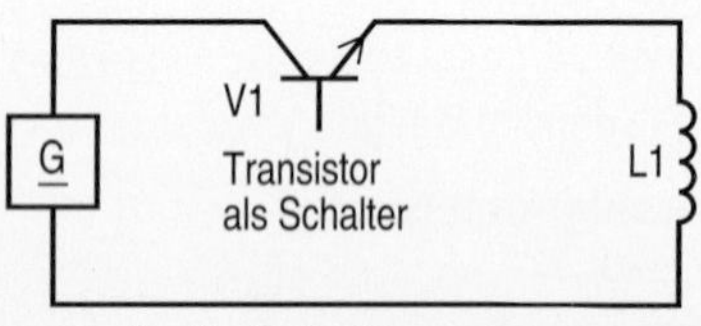

Zeichnen Sie in die Schaltung eine so genannte Freilaufdiode V2 ein und erklären Sie deren Funktion.

T 4.3.7 Induktiver Fühler

Ein Dauermagnet bewegt sich mit konstanter Geschwindigkeit direkt an einer Spule vorbei; er erreicht die Spule zur Zeit t_x=200 ms.

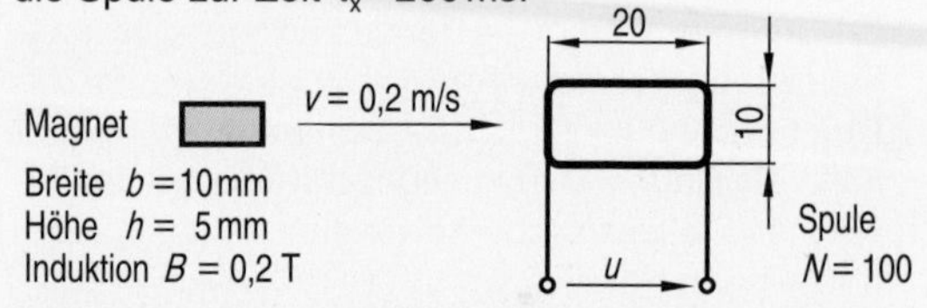

Skizzieren Sie maßstäblich die induzierte Spannung u=f(t) im Zeitintervall 0<t<500 ms.

5 Grundlagen der Wechselströme

5.1 Wechselstromgrößen I

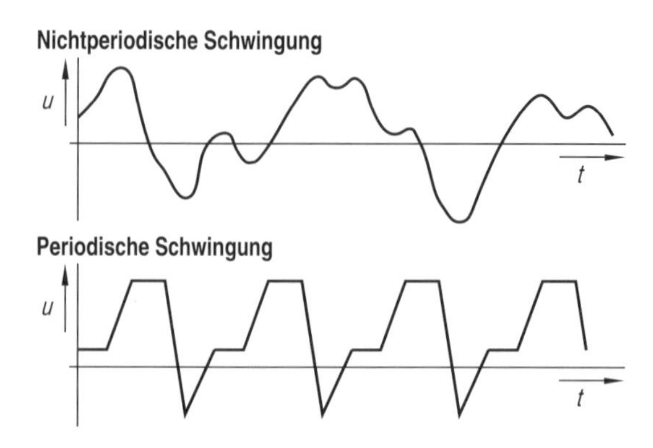

Periodische Mischspannung

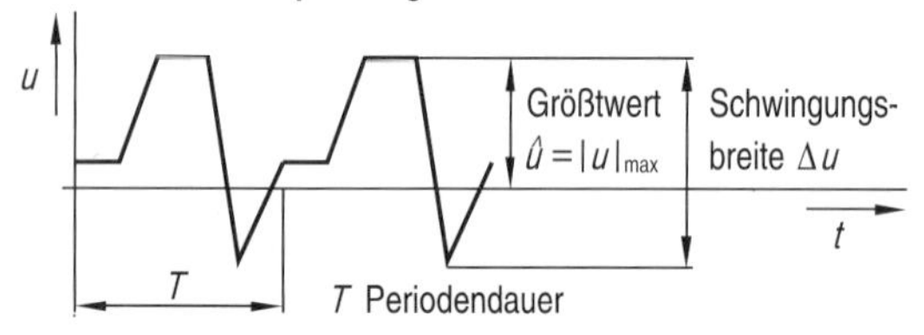

Frequenz $[f] = \frac{1}{s} = \text{Hz (Hertz)}$

$$f = \frac{1}{T}$$

Gleichwert der Mischgröße für die Spannung

$$\bar{u} = \frac{1}{T} \int_0^T u \cdot dt$$

Effektivwert der Mischgröße für die Spannung

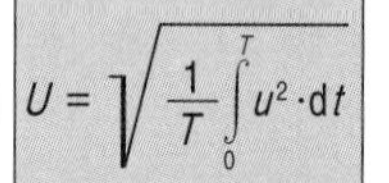

$$U = \sqrt{\frac{1}{T} \int_0^T u^2 \cdot dt}$$

Effektivwert des Wechselanteils für die Spannung

$$U_\sim = \sqrt{U^2 - \bar{u}^2}$$

Schwingungsgehalt

$$s = \frac{\text{Effektivwert des Wechselanteils}}{\text{Effektivwert der Mischgröße}} \Longrightarrow s_U = \frac{U_\sim}{U}$$

$$\Longrightarrow s_I = \frac{I_\sim}{I}$$

Welligkeit

$$w = \frac{\text{Effektivwert des Wechselanteils}}{\text{Gleichwert der Mischgröße}} \Longrightarrow w_U = \frac{U_\sim}{\bar{u}}$$

$$\Longrightarrow w_I = \frac{I_\sim}{\bar{i}}$$

- **Alle Formeln zur Berechnung von Gleichwerten, Effektivwerten, Welligkeit usw. gelten für Spannungen und Ströme**

Gleich- und Wechselgrößen

Spannungen und Ströme können über einen längeren Zeitabschnitt konstante Werte haben; sie heißen dann Gleichspannung bzw. Gleichstrom. Ist hingegen der Spannungs- bzw. Stromwert zeitabhängig, so handelt es sich um Wechsel- bzw. Mischgrößen. Der zeitliche Verlauf dieser Schwingungen kann unregelmäßig und ohne erkennbare Gesetzmäßigkeit sein (z. B. Sprach- und Musiksignale), der Verlauf der Größe kann sich aber auch nach einer gewissen Zeit (Periode) wiederholen. Periodischen Wechselgrößen, vor allem die mit sinusförmigem Verlauf, sind in der Technik von besonders großer Bedeutung.

Periodische Schwingungen

Spannungen und Ströme mit periodischem Verlauf sind durch die Begriffe Periodendauer, Frequenz, Schwingungsbreite, Größtwert, Gleich- und Effektivwert gekennzeichnet. Die Begriffe sind in DIN 40 110 genormt.

Periodendauer (Schwingungsdauer) ist die Zeit, die zum vollständigen Ablauf einer Schwingung benötigt wird; nach Ablauf der Periodendauer wiederholt sich der Schwingungsverlauf.

Frequenz ist die Geschwindigkeit, mit der sich die Perioden der Schwingung wiederholen. Die Frequenz ist somit der Kehrwert der Periodendauer.

Schwingungsbreite ist die Differenz zwischen dem größten und kleinsten Augenblickswert.

Größtwert ist der größte Betrag des Augenblickswertes der Spannung bzw. des Stromes.

Gleichwert ist der lineare (arithmetische) Mittelwert von $u = f(t)$ bzw. $i = f(t)$ über eine Periode T.

Effektivwert ist der quadratische (geometrische) Mittelwert von $u = f(t)$ bzw. $i = f(t)$ über eine Periode T.

Ist der Gleichwert von Spannung bzw. Strom null, so ist es eine (reine) Wechselgröße; ist der Gleichwert ungleich null, so handelt es sich um eine Mischgröße.

Festlegungen bei Mischgrößen

Mischspannungen bzw. Mischströme enthalten einen Gleich- und einen Wechselanteil. Der Wechselanteil z. B. einer Mischspannung kann durch Fourier-Analyse in eine Grundschwingung u_1 mit f als Grundfrequenz und in Oberschwingungen u_2, u_3, u_4... mit den ganzzahligen Vielfachen der Grundfrequenz zerlegt werden. Sind Gleich- und Wechselanteile bekannt, so kann der Effektivwert der reinen Wechselgröße und der Mischgröße bestimmt werden. Daraus können der Schwingungsgehalt und die Welligkeit (effektive Welligkeit) der Wechselgröße bestimmt werden.

Schwingungsgehalt ist der Effektivwert des Wechselanteils bezogen auf den Effektivwert der Mischgröße.

Welligkeit ist der Effektivwert des Wechselanteils bezogen auf den Gleichwert der Mischgöße.

Gleich- und Effektivwert

Der Gleich- und der Effektivwert sind die beiden wichtigsten Mittelwerte von periodischen Wechsel- und Mischgrößen. Sie können bei beliebigen periodischen Schwingungen durch eine Integration berechnet werden; allerdings kann nicht zu jedem beliebigen Integral eine Lösung gefunden werden.

Gleichwerte werden durch „Überstreichen“, Effektivwerte werden durch Großbuchstaben gekennzeichnet. Das Beispiel zeigt die Berechnung von Gleich- und Effektivwert für eine Rechteckschwingung. Die Integration ist in diesem Fall sehr einfach, weil die Spannung abschnittweise $u = 10\,\text{V} = \text{konstant}$ bzw. $u = 0$ ist.

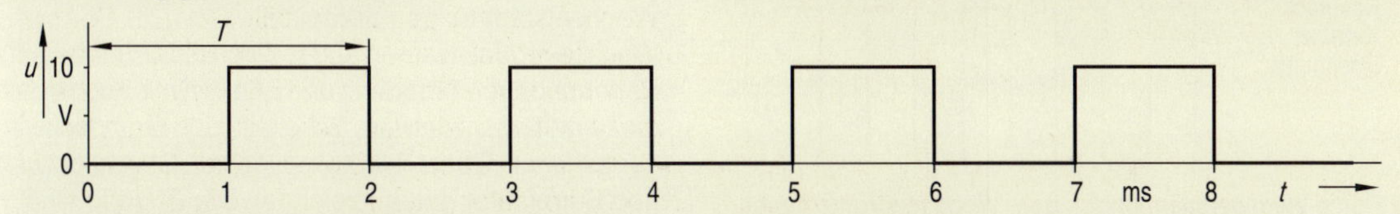

Gleichwert, arithmetischer Mittelwert

Aus $\quad \overline{u} = \frac{1}{T}\int_0^T u \cdot dt$

folgt: $\quad \overline{u} = \frac{1}{T}\int_0^T u \cdot dt = \frac{1}{2\,\text{s}}\int_0^{2\,\text{s}} u \cdot dt$

$$\overline{u} = \frac{1}{2\,\text{s}}\left[0\,\text{V}\int_0^{1\,\text{s}} dt + 10\,\text{V}\int_{1\,\text{s}}^{2\,\text{s}} dt\right]$$

$$\overline{u} = \frac{1}{2\,\text{s}}\left[0\,\text{Vs} + 10\,\text{Vs}\right] = 5\,\text{V}$$

Wird die Spannung mit einem Drehspulmesswerk gemessen, so wird der Gleichwert angezeigt.

Effektivwert, geometrischer (quadratischer) Mittelwert

Aus $\quad U = \sqrt{\frac{1}{T}\int_0^T u^2 \cdot dt}$ folgt: $\quad U = \sqrt{\frac{1}{2\,\text{s}}\int_0^{2\,\text{s}} u^2 \cdot dt}$

und $\quad U = \sqrt{\frac{1}{2\,\text{s}}\left[(0\,\text{V})^2\int_0^{1\,\text{s}} dt + (10\,\text{V})^2\int_{1\,\text{s}}^{2\,\text{s}} dt\right]}$

$$U = \sqrt{\frac{1}{2\,\text{s}}\left[0\,\text{V}^2\text{s} + 100\,\text{V}^2\text{s}\right]} = \sqrt{50\,\text{V}^2} = 7{,}07\,\text{V}$$

Wird die Spannung mit einem Dreheisenmesswerk gemessen, so wird der Effektivwert angezeigt.

Wichtige Kurvenformen

Kurvenform von Spannung bzw. Strom	Gleichwert	Effektivwert
Rechteckspannung (u, û, −û, 0, t_i, $t_p = t_i$, T, t)	$\overline{u} = 0$	$U = \hat{u}$
Rechteckspannung (u, $\hat{u}_1$, $\hat{u}_2$, 0, t_i, t_p, T, t)	$\overline{u} = \frac{\hat{u}_1 \cdot t_i + \hat{u}_2 \cdot t_p}{T}$ Vorzeichen der Spannungen beachten!	$U = \sqrt{\frac{1}{T}\left(\hat{u}_1^2 \cdot t_i + \hat{u}_2^2 \cdot t_p\right)}$
Dreieck- bzw. Sägezahnspannung (u, û, −û, 0, T, t)	$\overline{u} = 0$	$U = \frac{\hat{u}}{\sqrt{3}}$
Dreieck- bzw. Sägezahnimpulse (u, û, 0, t_i, T, t)	$\overline{u} = \frac{1}{2} \cdot \frac{t_i}{T} \cdot \hat{u}$	$U = \sqrt{\frac{t_i}{3T}} \cdot \hat{u}$
Mischspannung (Wechselspg. $U_\sim$; Gleichspg. U_-; Mischspg. U)	Für den Effektivwert der Mischspannung gilt: $U = \sqrt{U_\sim^2 + U_-^2}$	

5.2 Wechselstromgrößen II

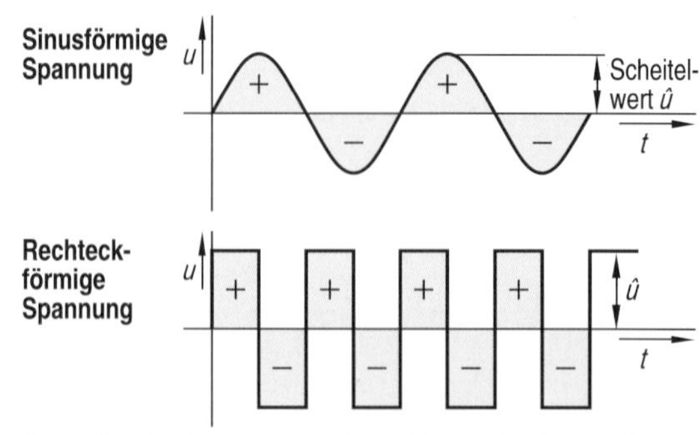

- **Reine Wechselspannungen bzw. Wechselströme haben keinen Gleichanteil, ihr Gleichwert $\overline{u}$ bzw. $\overline{i}$ ist null**

Scheitelfaktor (Crestfaktor)

$$F_{\text{Crest}} = \frac{\text{Scheitelwert der Wechselgröße}}{\text{Effektivwert der Wechselgröße}} \Rightarrow F_{\text{Crest u}} = \frac{\hat{u}}{U}$$

$$\Rightarrow F_{\text{Crest i}} = \frac{\hat{i}}{I}$$

Formfaktor

$$F = \frac{\text{Effektivwert der Wechselgröße}}{\text{Mittelwert der Wechselgröße}} \Rightarrow F_{\text{u}} = \frac{U}{|\overline{u}|}$$

$$\Rightarrow F_{\text{i}} = \frac{I}{|\overline{i}|}$$

Grundschwingungsgehalt

$$g = \frac{\text{Effektivwert der Grundschwingung}}{\text{Effektivwert der Wechselgröße}} \Rightarrow g_{\text{u}} = \frac{U_1}{U}$$

$$\Rightarrow g_{\text{i}} = \frac{I_1}{I}$$

Oberschwingungsgehalt (Klirrfaktor)

$$k_{\text{s}} = \frac{\text{Effektivwert der Oberschwingungen}}{\text{Effektivwert der Wechselgröße}} \Rightarrow k_{\text{u}} = \frac{\sqrt{U_2^2 + U_3^2 + \ldots}}{U}$$

$$\Rightarrow k_{\text{i}} = \frac{\sqrt{I_2^2 + I_3^2 + \ldots}}{I}$$

Leistung als Funktion von Spannung und Strom

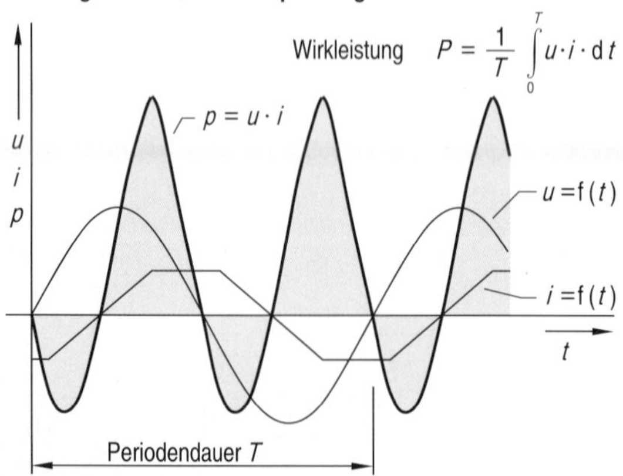

Reine Wechselgrößen

Hat eine periodische Schwingung keinen Gleichanteil, so stellt sie eine (reine) Wechselgröße dar. Im Linienbild $u = \text{f}(t)$ bzw. $i = \text{f}(t)$ sind die Flächen zwischen der Funktion und der Nulllinie in der Summe gleich null.

Im Beispiel sind eine sinusförmige und eine rechteckförmige Spannung als typische Vertreter von reinen Wechselspannungen dargestellt.

Wechselgrößen werden außer durch die Grundbegriffe Periodendauer, Frequenz und Effektivwert noch durch die Begriffe Scheitelwert, Scheitelfaktor, Grundschwingungsgehalt, Oberschwingungsgehalt, Gleichrichtwert und Formfaktor gekennzeichnet. Die Begriffe sind in DIN 40110 genormt.

Festlegungen bei Wechselgrößen

Bei reinen Wechselgrößen gelten nach DIN 40110 die folgenden Benennungen und Festlegungen:

Scheitelwert ist der größte Betrag des Augenblickswertes; bei sinusförmigen Spannungen und Strömen wird der Scheitelwert meist Amplitude genannt.

Gleichrichtwert ist der über eine Periode genommene arithmetische Mittelwert der Beträge der Wechselgröße. Der Gleichrichtwert ist z. B. beim Gleichrichten von Wechselströmen von Bedeutung.

Scheitelfaktor ist der Scheitelwert der Wechselgröße, bezogen auf den Effektivwert der Wechselgröße.

Formfaktor ist das Verhältnis des Effektivwertes der Wechselgröße zu einem arithmetischen Mittelwert der Wechselgröße. Als Mittelwert wird üblicherweise der Gleichrichtwert benutzt.

Grundschwingungsgehalt ist das Verhältnis des Effektivwertes der Grundschwingung zum Effektivwert der gesamten Wechselgröße.

Oberschwingungsgehalt (Klirrfaktor) ist der Effektivwert der Oberschwingungen, bezogen auf den Effektivwert der Wechselgröße.

Leistung

Ist u der Augenblickswert der Spannung zwischen zwei Klemmen eines Stromkreises und i der Augenblickswert des zugehörigen Stromes, so gilt für die Augenblicksleistung in diesem Abschnitt $p = u \cdot i$.

Bei Wechselspannungen und -strömen hat dieses Produkt während einer Periode meist positive und negative Werte. Die positiven Leistungswerte zeigen einen Energiefluss in die eine, die negativen Werte hingegen einen Energiefluss in die andere Richtung an.

Der Durchschnittswert der positiven Leistung wird auch Vorlaufleistung, der Durchschnittswert der negativen Leistung entsprechend Rücklaufleistung genannt. Die mittlere Leistung wird Wirkleistung, die zwischen Erzeuger und Verbraucher pendelnden Leistungen werden Blindleistung genannt.

Gleich- und Gleichrichtwert

Gleich- und Gleichrichtwert stellen arithmetische Mittelwerte von Wechselspannungen oder -strömen dar. Der Gleichwert stellt dabei den Mittelwert über eine Periode dar, wobei positive und negative Spannungs- bzw. Stromwerte berücksichtigt werden. Der Gleichwert einer reinen Wechselgröße ist immer null; der Gleichwert einer Mischgröße kann positiv oder negativ sein.
Der Gleichrichtwert ist ein Mittelwert über die Beträge der Augenblickswerte; sein Wert ist immer positiv.
Der Gleichwert einer Größe wird durch „Überstreichen" des Formelzeichens gekennzeichnet. Beim Gleichrichtwert wird das Formelzeichen in Betragszeichen eingeschlossen, das gesamte Zeichen wird überstrichen.

Trapezspannung

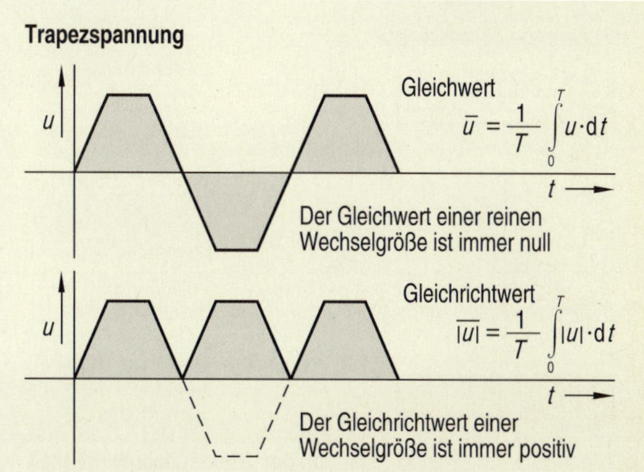

Oberschwingungen

Die für die Elektrotechnik wichtigste Schwingung ist die Sinusschwingung. Alle anderen periodischen Schwingungen können mit einem mathematischen Verfahren, der sogenannten Fourier-Analyse (nach J. B. J. Fourier, franz. Mathematiker, 1768 - 1830), in Sinusschwingungen zerlegt werden. Die nichtsinusförmige Schwingung besteht dann aus einer Grundschwingung mit der Grundfrequenz und unendlich vielen Oberschwingungen, deren Frequenzen ein ganzzahliges Vielfaches der Grundfrequenz sind. Das Beispiel zeigt die Grundschwingung und die ersten zwei Oberschwingungen einer Rechteckschwingung; geradzahlige Oberschwingungen treten in diesem Fall nicht auf.

Oberschwingungen einer Rechteckschwingung

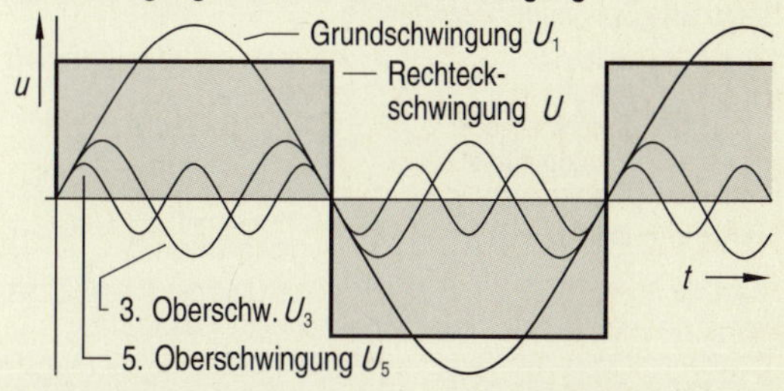

Allgemein gilt für den Effektivwert der Oberschwingungen:

$$U_{\text{Oberschw.}} = \sqrt{U_2^2 + U_3^2 + U_4^2 + U_5^2 + \dots} = \sqrt{U^2 - U_1^2}$$

Aufgaben

5.2.1 Messung mit dem Oszilloskop

Mit einem Oszilloskop werden die Rechteckspannung, die Dreieck- und die Sägezahnspannung eines Funktionsgenerators gemessen. Dabei ergeben sich die folgenden drei Linienbilder:

Linienbild 1

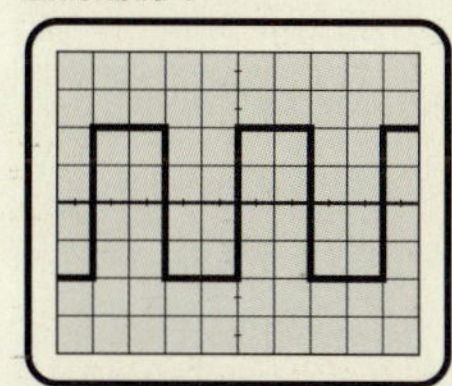

Einstellungen:
Zeitbasis 2 ms / DIV.
Y-Eingangsteiler 5 V / DIV.

Linienbild 2

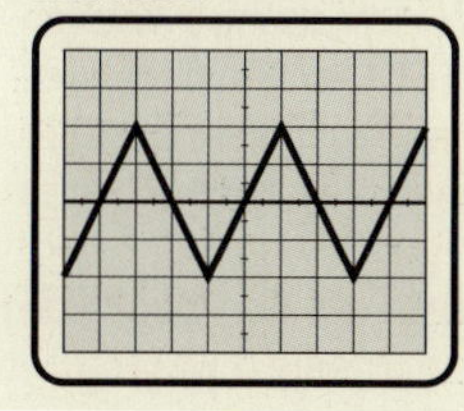

Einstellungen:
Zeitbasis 5 µs / DIV.
Y-Eingangsteiler 20 mV / DIV.

Linienbild 3

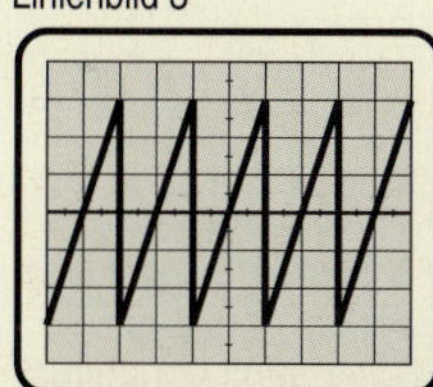

Einstellungen:
Zeitbasis 0.1 ms / DIV.
Y-Eingangsteiler 2 V / DIV.

Die Nulllinie der Diagramme liegt in der Bildschirmmitte.
Bestimmen Sie für jede Spannung:

a) Periodendauer und Frequenz,
b) Gleichwert und Gleichrichtwert,
c) Effektivwert,
d) Scheitelfaktor,
e) Formfaktor.
f) Entscheiden Sie, ob es sich bei den Spannungen um reine Wechselgrößen oder um Mischgrößen handelt.
g) Beschreiben Sie eine prinzipielle Methode, mit der der so genannte Klirrfaktor der Spannungen berechnet werden könnte.

5.3 Sinusförmiger Wechselstrom I

Rotierende Leiterschleife

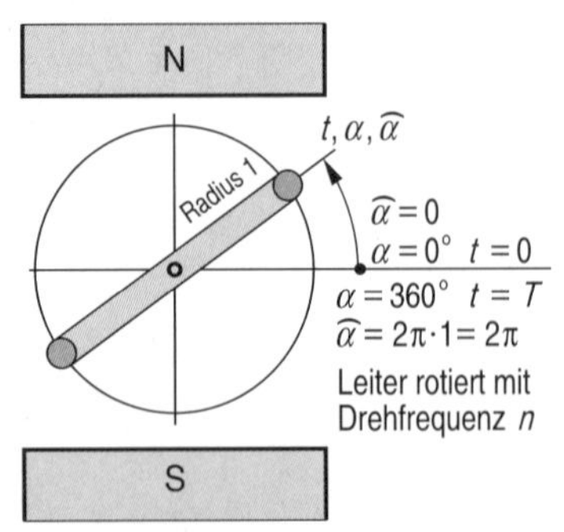

Zusammenhang:

$$\frac{\alpha}{360°} = \frac{\widehat{\alpha}}{2\pi} = \frac{t}{T}$$

Winkel im Bogenmaß

$$\widehat{\alpha} = \frac{2\pi}{T} \cdot t = \omega \cdot t$$

Winkelgeschwindigkeit

$$\omega = \frac{2\pi}{T} = 2\pi \cdot n$$

$[\omega] = 1/\text{s}$

- **Die induzierte Spannung ist von der Winkelgeschwindigkeit abhängig, der Winkel wird im Bogenmaß angegeben**

Induzierte Spannung, Berechnung

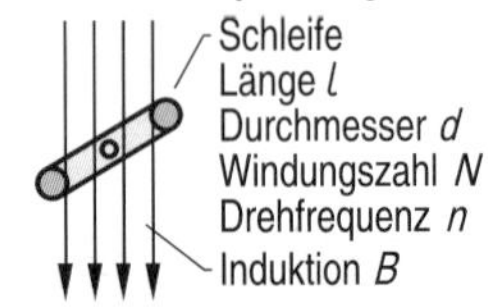

$$u = N \cdot \frac{d\Phi}{dt} = N \cdot \frac{d(B \cdot l \cdot d \cdot \cos\widehat{\alpha})}{dt}$$

$$= N \cdot B \cdot l \cdot d \cdot \frac{\cos \omega t}{dt}$$

$$= -\underbrace{N \cdot B \cdot l \cdot d \cdot \omega}_{\text{Scheitelwert } \hat{u}} \cdot \sin \omega t$$

Wird der Ausdruck $N \cdot B \cdot l \cdot d \cdot \omega = \hat{u}$ gesetzt und das Minus-Zeichen vernachlässigt, so erhält man für die induzierte Spannung:

$$u = \hat{u} \cdot \sin(\omega t) = \hat{u} \cdot \sin(\underbrace{2\pi n}_{\text{Winkelgeschwindigkeit}} \cdot t) = \hat{u} \cdot \sin(\underbrace{2\pi f}_{\text{Kreisfrequenz}} \cdot t) = \hat{u} \cdot \sin\frac{2\pi}{T}t$$

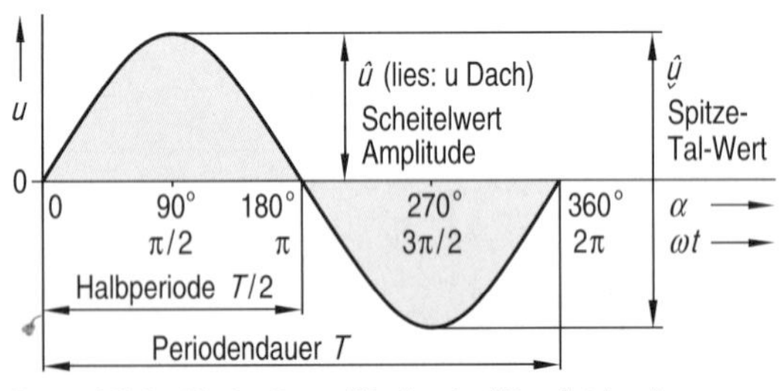

- **Der zeitliche Verlauf von Wechselgrößen ist in einer Funktionsgleichung oder im Liniendiagramm darstellbar**

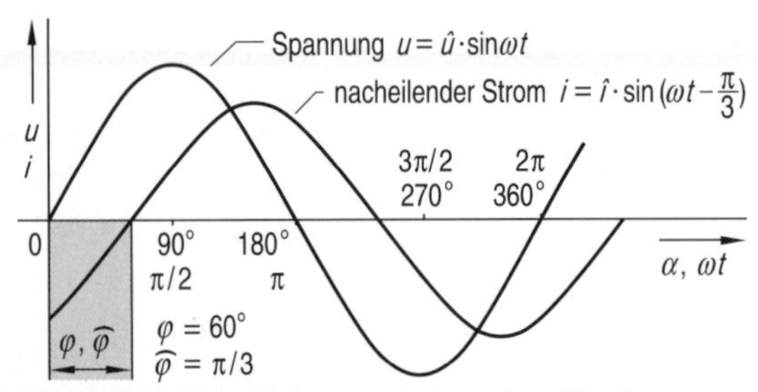

- **Die zeitliche Verschiebung zwischen sinusförmigen Wechselgrößen wird als Phasenverschiebung bezeichnet**

Bogenmaß und Winkelgeschwindigkeit

Wechselspannung wird meist durch Induktion erzeugt. Im einfachsten Fall rotiert dabei eine Leiterschleife mit konstanter Drehfrequenz n in einem homogenen Magnetfeld B. Die induzierte Spannung ist dann von der Flussänderung $d\Phi/dt$ abhängig, diese wiederum hängt von der Drehfrequenz der Leiterschleife und von ihrer augenblicklichen Stellung α ab. Im Prinzip könnte der Winkel α im Gradmaß angegeben werden; da sich der Winkel aber mit der Zeit t ändert, ist es sinnvoll, ihn im Bogenmaß anzugeben. Mit dem Bogenmaß lässt sich der Winkel in Abhängigkeit von der Zeit t angeben.
Für die induzierte Spannung ist maßgebend, wie schnell sich der Winkel ändert. Diese Winkeländerung wird als Winkelgeschwindigkeit ω bezeichnet. Es gilt $\omega = 2\pi \cdot n$.

Induzierte Spannung

Die in der Leiterschleife induzierte Spannung ist von der Flussänderung in der Leiterschleife abhängig. Wird eine Leiterschleife mit konstanter Drehfrequenz in einem homogenen Magnetfeld gedreht, so ändert sich der magnetische Fluss nach einer Kosinusfunktion. Mit Hilfe der nebenan dargestellten mathematischen Ableitung erhält man für die induzierte Spannung eine Funktion der Form $u = \hat{u} \cdot \sin(\omega t)$. Dabei ist $\hat{u}$ der Scheitelwert (Maximalwert) und $\omega = 2\pi \cdot f$ die so genannte Kreisfrequenz der induzierten Spannung.
Bei N Windungen wird die Spannung N-mal größer.

Liniendiagramm

Wechselgrößen lassen sich nicht wie Gleichgrößen mit einem einzigen Wert (z. B. $U = 10\,\text{V}$) beschreiben.
Das wichtigste Mittel zur Beschreibung einer Wechselgröße ist die Funktionsgleichung; mit ihr lassen sich alle Augenblickswerte zu jedem Zeitpunkt berechnen. Anschaulicher, aber ungenauer ist die Darstellung im Liniendiagramm. Es stellt grafisch alle Augenblickswerte einer Wechselgröße in Abhängigkeit von einem Drehwinkel α bzw. von der Zeit t dar. Wichtige Kennwerte von Sinusschwingungen sind die Periodendauer, die Amplitude (Scheitelwert) und der Spitze-Tal-Wert.

Phasenverschiebung

Bei Schaltungen, die Induktivitäten bzw. Kapazitäten enthalten, können Spannungen und Ströme gegeneinander zeitlich verschoben sein, d. h. die Spannung hat ihren Nulldurchgang früher oder später als der zugehörige Strom. Diese zeitliche Verschiebung zwischen Spannungen und Strömen heißt Phasenverschiebung. Die zuerst auftretende Größe ist gegenüber der später auftretenden Größe „voreilend", die folgende Größe ist entsprechend „nacheilend".
Phasenverschiebungen können in der Funktionsgleichung und im Liniendiagramm dargestellt werden.

Technische Entwicklung

Die technische Nutzung der Elektrizität begann zwar mit der Gleichstromtechnik, eine Übertragung großer Energiemengen über weite Entfernungen wurde aber erst durch die Wechselstromtechnik möglich. Auf der Grundlage des von Michael Faraday entdeckten Induktionsprinzips entwickelte Werner Siemens 1866 das elektrodynamische Prinzip als Basis für Generatoren und elektrische Antriebe. Das dreiphasige Wechselstromsystem (Drehstrom) wurde um 1887 von Dolivo-Dobrowolski entwickelt, zwei Jahre später konstruierte er den ersten Drehstrommotor mit Kurzschlussläufer. Die Übertragung einer Drehstromleistung von mehreren 100 kW über die 175 km lange Strecke von Lauffen am Neckar nach Frankfurt am Main gelang erstmals im Jahre 1891. Die ersten Energieübertragungen wurden von Oscar von Miller und Charles Brown realisiert.

Der wesentliche Vorteil von Wechselströmen liegt in ihrer Transformierbarkeit; nur durch den Einsatz sehr hoher Spannungen (z. B. 400 kV) ist eine verlustarme Übertragung über große Entfernungen möglich.
Der Transformatorenbau begann um 1885 mit Leistungen von 1 kVA, um 1910 betrugen sie bereits 25 MVA, derzeit werden Transformatoren im 1000-MVA-Bereich gebaut. Die Spannungen mussten mit zunehmender Leistung ebenfalls steigen: Anfang des Jahrhunderts: 110 kV, Ende der 20er Jahre: 220 kV, 1957: Einführung der 380-kV-Spannungsebene. In Kanada und in den GUS-Staaten betragen die Übertragungsspannungen wegen der großen Entfernungen bis zu 750 kV. Höhere Spannungen für noch größere Entfernungen bzw. Übertragung durch Kabel erfordern allerdings Gleichstrom (HGÜ Hochspannungs-Gleichstrom-Übertragung).

Konstruktion der Sinuslinie

Rotiert eine Leiterschleife mit konstanter Drehfrequenz in einem homogenen Magnetfeld, so folgt die induzierte Spannung der Sinusfunktion $u = \hat{u} \cdot \sin \omega t$. Die grafische Darstellung der Funktion ergibt als Linienbild die so genannte Sinuslinie.
Zur Konstruktion der Sinuslinie kann man sich die rotierende Leiterschleife als rotierenden Zeiger denken. Für diesen Zeiger gelten drei Vereinbarungen:

1. die Zeigerlänge ist proportional zur Amplitude der Wechselspannung bzw. des Wechselstroms,
2. der Zeiger rotiert im mathematisch positiven Sinn, d. h. im Gegenuhrzeigersinn, mit einer Umdrehung je Periodendauer T,
3. der Augenblickswert der Wechselgröße ist gleich der Projektion des Zeigers auf die senkrechte Achse des Systems.

Aus den Augenblickswerten kann die Sinuslinie punktweise konstruiert werden. Die Abszissenachse kann im Gradmaß, im Bogenmaß oder im Zeitmaß eingeteilt werden.
Das Beispiel zeigt eine Wechselspannung mit $\hat{u} = 10\,\text{V}$ und Periodendauer $T = 20\,\text{ms}$ bzw. Frequenz $f = 50\,\text{Hz}$.

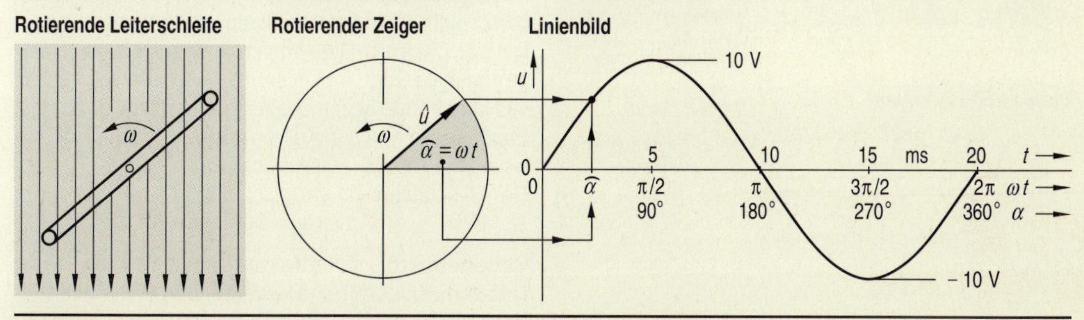

Aufgabe

5.3.1 Linienbild und Funktionsgleichung

Bestimmen Sie aus nebenstehenden Oszillogrammen
a) die Scheitelwerte beider Spannungen,
b) die Periodendauer und Frequenz,
c) die Phasenverschiebung,
d) die Funktionsgleichungen.
Einstellungen am Oszilloskop:
Y-Eingangsteiler: 5 V/DIV, Zeitbasis: 1 ms/DIV.
Als Zeitnullpunkt ist der Mittelpunkt des Bildschirms anzunehmen.

Oszillogramm 1

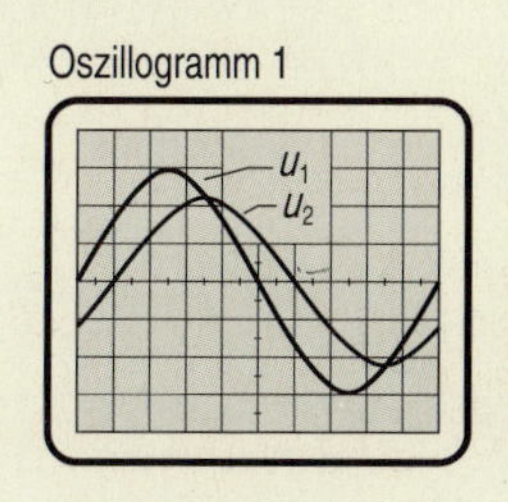

Oszillogramm 2

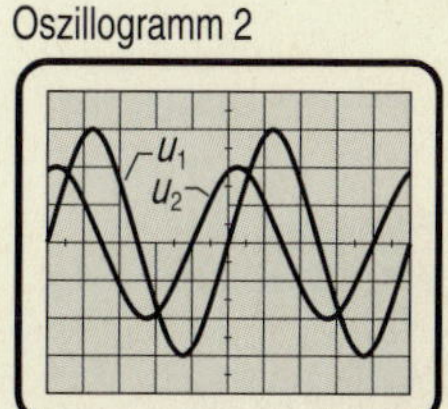

5.4 Sinusförmiger Wechselstrom II

Grafische Ermittlung des Effektivwertes

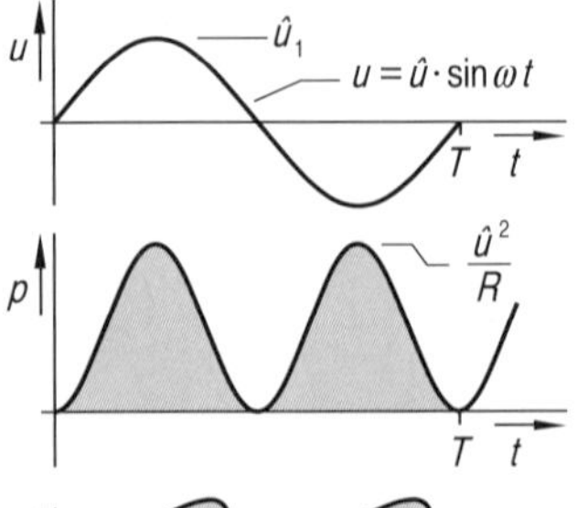

Wird Spannung an einen Widerstand R gelegt, so wird in ihm Wärme produziert.

Die graue Fläche ist ein Maß für die in einer Periode T umgesetzte Energie.

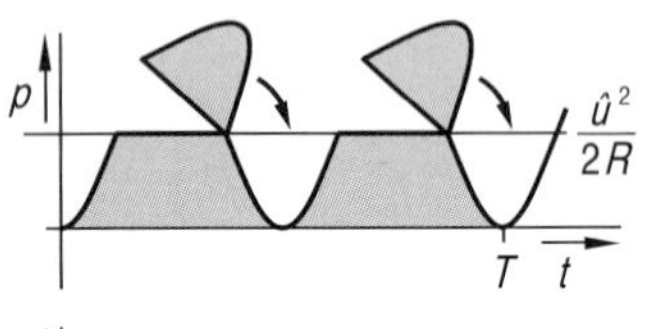

Die Fläche unter der sinusförmigen Linie wird durch Abschneiden der oberen Hälfte in ein flächengleiches Rechteck umgewandelt.

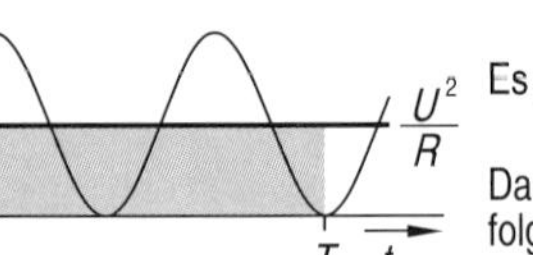

Es gilt: $\frac{\hat{u}^2}{2R} \cdot T = \frac{U^2}{R} \cdot T$

Daraus folgt: $U = \frac{\hat{u}}{\sqrt{2}}$

Sinusförmige Spannung

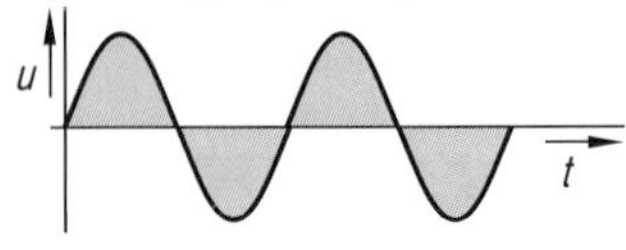

Gleichwert $\bar{u} = 0$

Ein Drehspulmesswerk mit großer Trägheit zeigt keinen Ausschlag

Einpuls-Gleichrichtung

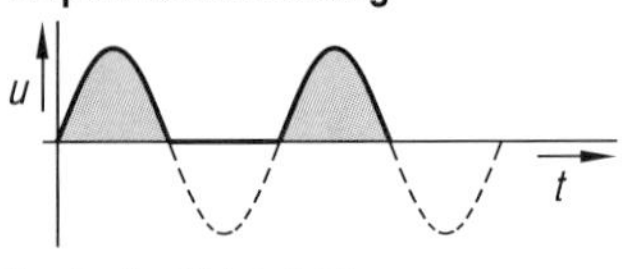

Gleichrichtwert

$\overline{|u|} = \frac{1}{\pi} \cdot \hat{u} = 0{,}318 \cdot \hat{u}$

$\overline{|u|} = \frac{\sqrt{2}}{\pi} \cdot U = 0{,}45 \cdot U$

Zweipuls-Gleichrichtung

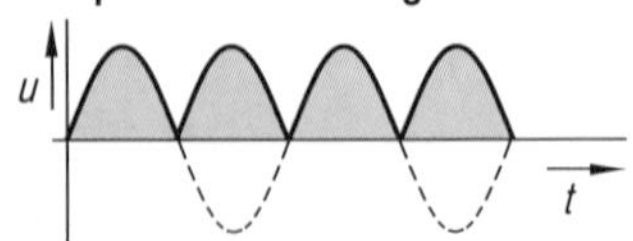

Gleichrichtwert

$\overline{|u|} = \frac{2}{\pi} \cdot \hat{u} = 0{,}637 \cdot \hat{u}$

$\overline{|u|} = \frac{2\sqrt{2}}{\pi} \cdot U = 0{,}9 \cdot U$

Scheitelfaktor der Spannungen $F_{Crest} = \frac{\hat{u}}{U} = \sqrt{2} = 1{,}41$

Scheitelfaktor der Ströme $F_{Crest} = \frac{\hat{\imath}}{I} = \sqrt{2} = 1{,}41$

Formfaktor bei Einpuls-Gleichrichtung $F = \frac{U}{0{,}45 \cdot U} = 2{,}22$

Formfaktor bei Zweipuls-Gleichrichtung $F = \frac{U}{0{,}9 \cdot U} = 1{,}11$

Effektivwert

Sinusförmige Wechselgrößen lassen sich durch die Funktionen $u = \hat{u} \cdot \sin \omega t$ bzw. $i = \hat{\imath} \cdot \sin \omega t$ darstellen. Damit können die Augenblickswerte von Spannung bzw. Strom zu jedem Zeitpunkt bestimmt werden. Für die Praxis ist es meist ausreichend, den Effektivwert der Wechselgröße zu kennen. Man versteht darunter den Mittelwert der Größe, der in einem Widerstand die gleiche Wärmemenge produziert wie ein gleich großer konstanter Gleichwert.

Mathematisch wird der Effektivwert als quadratischer Mittelwert durch eine Integralrechnung bestimmt (siehe Vertiefungsteil). Der Effektivwert kann auch grafisch ermittelt werden. Dabei wird die Fläche $W = (\int u^2 \mathrm{d}t)/R$ unter der sinusförmigen Leistungskurve in ein flächengleiches Rechteck $W = (U^2 \cdot t)/R$ verwandelt. Als Zeitspanne wird sinnvollerweise $t = T$ gewählt.

Effektivwerte werden wie Gleichwerte mit Großbuchstaben (U, I) bezeichnet, in der amerikanischen Literatur auch als U_{RMS} und I_{RMS} (RMS Root Mean Square, quadratischer Mittelwert).

Gleichwert, Gleichrichtwert

Sinusförmige Spannungen und Ströme haben wie alle reinen Wechselgrößen den Gleichwert null. Wird die Wechselgröße hingegen durch eine Gleichrichterschaltung gleichgerichtet, so ist der arithmetische Mittelwert der Größe ungleich null. Zu unterscheiden sind dabei die Einpuls- und die Zweipuls-Gleichrichtung.

Bei der Einpuls-Gleichrichtung wird nur eine Halbperiode genutzt. Der Gleichrichtwert ist deshalb genau halb so groß wie bei der Zweipuls-Gleichrichtung.

Bei der Zweipuls-Gleichrichtung werden beide Halbperioden genutzt. Im Linienbild wird dabei die negative Halbperiode in den positiven Bereich geklappt, die Fläche zwischen den Kurvenstücken und der Nulllinie ist ein Maß für den Gleichrichtwert.

Der Gleichrichtwert wird auch mit U_d bzw. I_d oder mit U_{AV} bzw. I_{AV} (AV average Durchschnitt) bezeichnet.

Scheitelfaktor, Crestfaktor

Das Verhältnis des Scheitelwertes zum Effektivwert einer Wechselgröße wird nach DIN 40110 als Scheitel- bzw. Crestfaktor bezeichnet. Bei rein sinusförmigen Wechselstromgrößen hat der Scheitelfaktor immer den Wert $\sqrt{2}$. Scheitel- und Effektivwerte können somit problemlos ineinander umgerechnet werden.

Formfaktor

Das Verhältnis des Effektivwertes zum Gleichrichtwert einer Wechselstromgröße wird nach DIN 40110 als Formfaktor bezeichnet. Bei rein sinusförmigen Wechselstromgrößen hat der Formfaktor bei Einpulsgleichrichtung den Wert 2,22, bei Zweipulsgleichrichtung den Wert 1,11.

Effektivwert, mathematische Bestimmung

Für den Effektivwert gilt allgemein: $U = \sqrt{\frac{1}{T}\int_0^T u^2 \cdot dt}$

Für die Spannung $u = \hat{u} \cdot \sin\omega t$ folgt somit:

$$U = \sqrt{\frac{1}{T}\int_0^T (\hat{u} \cdot \sin\omega t)^2 \cdot dt} = \sqrt{\frac{\hat{u}^2}{T}\int_0^T (\sin^2\omega t) \cdot dt}$$

Nach Formelsammlung ist die Lösung des Integrals

$$\int (\sin^2\omega t) \cdot dt = \frac{t}{2} - \frac{\sin 2\omega t}{4\omega} = \frac{t}{2} - \frac{\sin\frac{2\pi}{T}t}{4 \cdot \frac{2\pi}{T}}$$

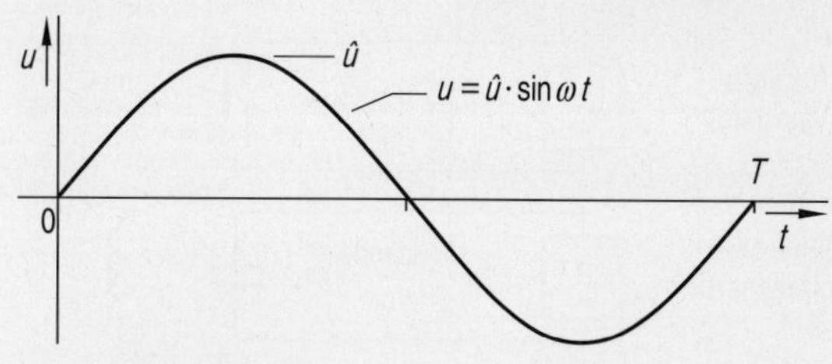

Einsetzen der Grenzen $t = 0$ und $t = T$ ergibt:

$$U = \sqrt{\frac{\hat{u}^2}{T}\left[\left(\frac{T}{2} - 0\right) - \left(0 - 0\right)\right]} = \sqrt{\frac{\hat{u}^2}{2}} = \frac{\hat{u}}{\sqrt{2}} = 0{,}707 \cdot \hat{u}$$

Effektivwert von Mischgrößen

Enthält eine Spannung bzw. ein Strom sowohl einen Gleich- als auch einen oder mehrere Wechselanteile, so handelt es sich um eine Mischgröße. Der Effektivwert der Mischgröße wird im Prinzip dadurch bestimmt, dass die Leistungen der Einzelgrößen berechnet und addiert werden. Aus der Gesamtleistung kann dann der Effektivwert der Mischgröße berechnet werden.

Allgemein gilt: Enthält eine Mischspannung Einzelspannungen mit den Effektivwerten U_1, U_2, U_3..., so ist der Effektivwert der Gesamtspannung gleich der Wurzel aus der Summe der Quadrate der einzelnen Spannungen. Entsprechendes gilt für Mischströme.

Das Beispiel zeigt die Berechnung des Effektivwertes eines Mischstromes aus 4 A Gleichstrom mit einem überlagerten Wechselstrom von 4 A effektiv.

Beispiel: Zu bestimmen ist der Effektivwert des Mischstromes

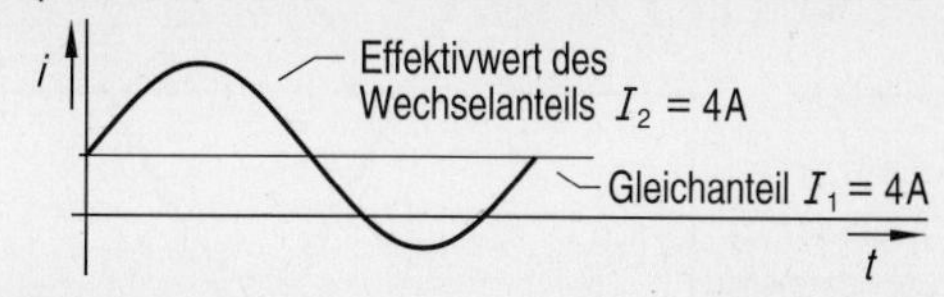

Lösung:

In einem Widerstand R wird von beiden Strömen Wärme erzeugt. Die gesamte Wärmeenergie ist:

$$W = I_1^2 \cdot R + I_2^2 \cdot R = (I_1^2 + I_2^2) \cdot R$$

Der Effektivwert I des Mischstromes hat genau die gleiche Wärmewirkung: $W = I^2 \cdot R$

Daraus folgt: $I^2 = I_1^2 + I_2^2 \Longrightarrow I = \sqrt{I_1^2 + I_2^2}$

$$I = \sqrt{(4\,A)^2 + (4\,A)^2} = 5{,}61\,A$$

Messen von Wechselstromgrößen

Das Ergebnis einer Wechselstrommessung muss üblicherweise sorgfältig interpretiert werden, da nicht immer klar ist, welcher Wert der Wechselgröße gemessen wurde. Entscheidend für das Ergebnis ist die Art des Messgerätes bzw. Messwerkes.

Messgeräte mit Dreheisenmesswerk zeigen immer den Effektivwert der Wechselgröße an; dabei spielt die Kurvenform der Wechselgröße keine Rolle.

Enthält das Messgerät ein Drehspulmesswerk, so wird von diesem der arithmetische Mittelwert, d.h. der Gleichwert angezeigt. Reiner Wechselstrom erzeugt also keinen Zeigerausschlag. Wird der Wechselstrom gleichgerichtet, so zeigt das Messwerk den Gleichrichtwert; durch Multiplikation mit dem Formfaktor 1,11 erhält man den Effektivwert. Die Messung ergibt aber nur bei rein sinusförmigen Größen genaue Ergebnisse.

Bei Digitalmessgeräten ist besondere Aufmerksamkeit nötig. In der Schalterstellung RMS (Root Mean Square) wird der Effektivwert von reinen Wechselgrößen angezeigt. Geräte mit der Aufschrift TRMS (True Root Mean Square) zeigen eventuell auch bei Mischgrößen den Effektivwert an (Herstellerangaben beachten!). Der Formfaktor der Messgröße darf in beiden Fällen den vom Hersteller angegebenen Wert nicht überschreiten.

Aufgaben

5.4.1 Wechselspannung

Eine sinusförmige Wechselspannung hat den Effektivwert 24 V und die Frequenz 50 Hz. Berechnen Sie:

a) Scheitelwert, Crestfaktor und Periodendauer,
b) Effektivwert, Gleichrichtwert und Formfaktor, wenn die Spannung durch eine Einpuls-Gleichrichtung gleichgerichtet wird,
c) Effektivwert und Crestfaktor, wenn der Wechselspannung eine Gleichspannung von 10 V überlagert wird.

5.4.2 Mischstrom

Ein sinusförmiger Mischstrom hat den Effektivwert 2 A; er enthält einen Gleichstromanteil von 1 A.

Berechnen Sie:

a) den Effektivwert des Wechselstromanteils,
b) den Crestfaktor des Mischstromes,
c) den Effektivwert des neuen Mischstromes, wenn dem ursprünglichen Strom noch ein sinusförmiger Strom mit 1 A effektiv und $f = 100$ Hz überlagert wird.

5.5 R, C, L an Wechselspannung

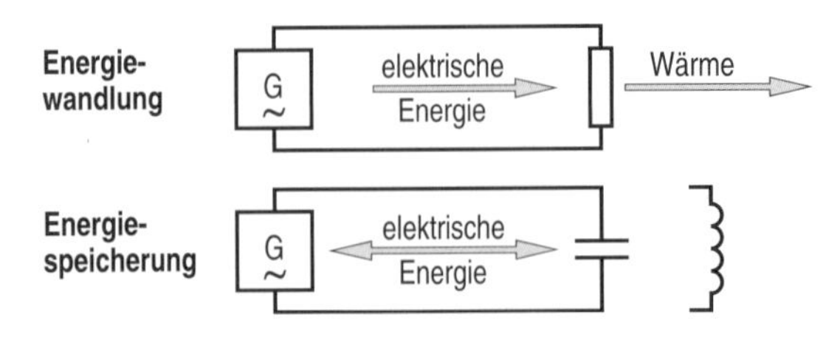

Energiewandler, Energiespeicher

Ohmsche Widerstände, Kapazitäten und Induktivitäten sind die drei wesentlichen Bauelemente der klassischen Elektrotechnik. Im Stromkreis zeigen sie ein sehr unterschiedliches Verhalten: Widerstände wandeln elektrische Energie in Wärme, Kapazitäten und Induktivitäten speichern die aufgenommene Energie und geben sie später an den Generator zurück.

Stromkreis mit reiner Wirklast

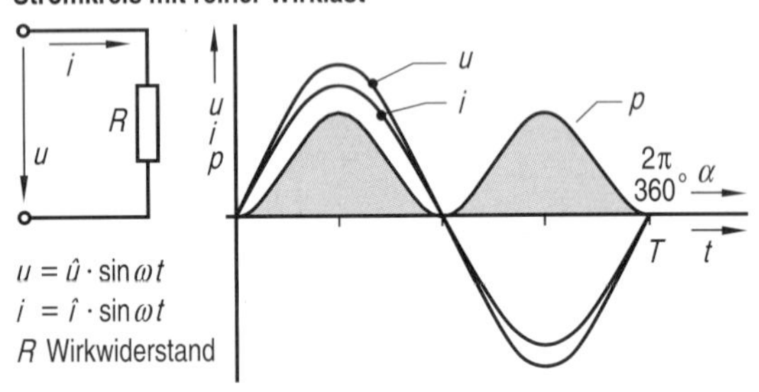

- **In ohmschen Widerständen treten Spannungen und zugehörige Ströme zeitgleich auf; sie sind „in Phase“**

R an Wechselspannung

Wird ein ohmscher Widerstand an sinusförmige Wechselspannung gelegt, so fließt in ihm ein sinusförmiger Wechselstrom. Spannung und Strom sind dabei in Phase, d. h. beim Nulldurchgang der Spannungskurve hat auch die Stromkurve ihren Nulldurchgang.
Die vom Widerstand aufgenommene Leistung kann in jedem Augenblick mit $p = u \cdot i$ berechnet werden. Die Leistungskurve $p = u \cdot i$ stellt eine Sinuskurve mit der doppelten Grundfrequenz dar. Die Leistung ist zu jedem Zeitpunkt positiv, d. h. der Leistungsfluss verläuft stets vom Generator zum Widerstand. Eine derartige Leistung wird als „Wirkleistung“ bezeichnet, ohmsche Widerstände werden „Wirkwiderstände“ genannt.

Stromkreis mit rein kapazitiver Blindlast

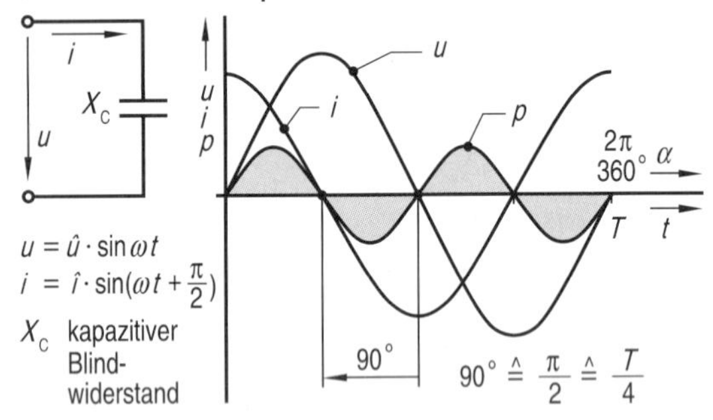

- **In Kapazitäten tritt eine Phasenverschiebung auf; der Strom eilt seiner zugehörigen Spannung um 90° voraus**

C an Wechselspannung

Wird eine Kapazität an sinusförmige Wechselspannung gelegt, so fließt in ihr ein sinusförmiger Wechselstrom. Spannung und Strom treten aber nicht gleichzeitig, sondern phasenverschoben auf. Der Strom eilt um 90° bzw. $\pi/2$ vor, d. h. die Stromkurve ist gegenüber der Spannungskurve um 90° nach links verschoben.
Die von der Kapazität aufgenommene Leistung $p = u \cdot i$ stellt in der grafischen Darstellung eine Sinuslinie mit doppelter Grundfrequenz dar. Die Leistung ist abwechselnd positiv und negativ, d. h. die Kapazität nimmt Leistung auf (positiv) und gibt sie wieder an den Generator zurück (negativ). Eine derartige Leistung wird „Blindleistung“ genannt. Der Wechselstromwiderstand einer Kapazität heißt kapazitiver „Blindwiderstand“.

Stromkreis mit rein induktiver Blindlast

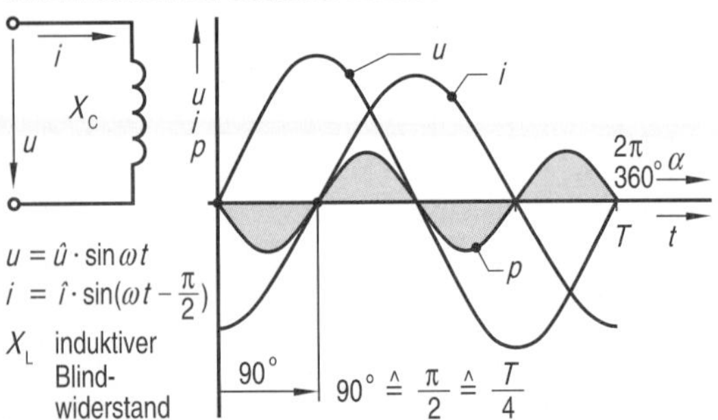

- **In Induktivitäten tritt eine Phasenverschiebung auf; der Strom eilt seiner zugehörigen Spannung um 90° nach**

L an Wechselspannung

Wird eine Induktivität an sinusförmige Wechselspannung gelegt, so fließt in ihr ein sinusförmiger Wechselstrom. Spannung und Strom treten nicht gleichzeitig, sondern phasenverschoben auf. Der Strom eilt um 90° bzw. $\pi/2$ nach, d. h. die Stromkurve ist gegenüber der Spannungskurve um 90° nach rechts verschoben.
Die von der Induktivität aufgenommene Leistung $p = u \cdot i$ stellt wie bei der Kapazität eine Sinuslinie mit doppelter Grundfrequenz dar; sie pendelt ebenfalls zwischen Generator und Induktiviät und wird als induktive Blindleistung bezeichnet. Die induktive Blindleistung ist gegenüber der kapazitiven Blindleistung um 180° bzw. um π verschoben. Der Wechselstromwiderstand einer Induktivität heißt induktiver Blindwiderstand.

Phasenverschiebung, mathematische Bestimmung

In Kapazitäten und Induktivitäten treten die angelegte Wechselspannung und der zugehörige Strom nicht zeitgleich, sondern zeitlich verschoben (phasenverschoben) auf.

Bei Kapazitäten ist der Zusammenhang zwischen Strom und Spannung durch die Gleichung $i = \mathrm{d}q/\mathrm{d}t$ gegeben. Wird für die Ladung $q = C \cdot u$ (siehe Kap. 3.5) und für die Spannung $u = \hat{u} \cdot \sin \omega t$ eingesetzt, so ergibt sich eine Differentialgleichung, deren Lösung den Zusammenhang zwischen Strom und Spannung beschreibt.

Bei Induktivitäten ist der Zusammenhang zwischen Spannung und Strom durch $u = N \cdot \mathrm{d}\Phi/\mathrm{d}t$ gegeben. Wird für den Magnetfluss $\Phi = L \cdot i/N$ (siehe Kap. 4.9) und für den Strom $i = \hat{\imath} \cdot \sin \omega t$ eingesetzt, so ergibt sich eine Differentialgleichung, deren Lösung den Zusammenhang zwischen Strom und Spannung beschreibt.

Als Merkhilfe für das Vor- bzw. Nacheilen von Strom und Spannung gilt der Satz:

Beim Kondensator eilt der Strom vor,
bei der Induktivität kommt er zu spät.

Kapazitiver Stromkreis

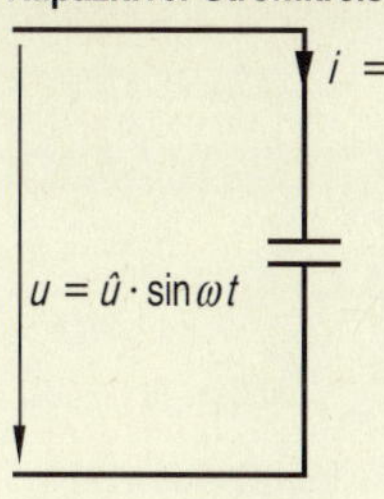

$$i = \frac{\mathrm{d}q}{\mathrm{d}t} = C \cdot \frac{\mathrm{d}u}{\mathrm{d}t} = C \cdot \hat{u} \cdot \frac{\mathrm{d}\sin \omega t}{\mathrm{d}t}$$

Die Differentialgleichung hat die Lösung

$$i = \omega \cdot C \cdot \hat{u} \cdot \cos \omega t = \hat{\imath} \cdot \cos \omega t$$

Da $\cos \omega t = \sin(\omega t + \frac{\pi}{2})$ ist, gilt:

Der von einer sinusförmigen Spannung bewirkte Strom ist ebenfalls sinusförmig und eilt der Spannung um $\pi/2$ voraus.

Induktiver Stromkreis

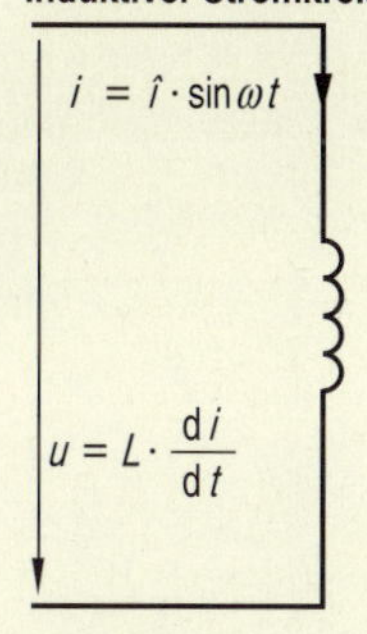

Fließt in der Induktivität $i = \hat{\imath} \cdot \sin \omega t$, so liegt die Spannung

$$u = L \cdot \frac{\mathrm{d}i}{\mathrm{d}t} = L \cdot \hat{\imath} \cdot \frac{\mathrm{d}\sin \omega t}{\mathrm{d}t}$$ an.

Die Differentialgleichung hat die Lösung

$$u = \omega \cdot L \cdot \hat{\imath} \cdot \cos \omega t = \hat{u} \cdot \cos \omega t$$

Da $\cos \omega t = \sin(\omega t + \frac{\pi}{2})$ ist, gilt:

Die für einen sinusförmigen Strom nötige Spannung ist ebenfalls sinusförmig und eilt dem Strom um $\pi/2$ voraus, bzw. der Strom eilt der Spannung um $\pi/2$ nach.

Wirk- und Blindleistung

Leistung, die immer vom Generator zum angeschlossenen Verbraucher fließt, heißt Wirkleistung. Sie kann in Wärme, aber auch in Licht oder mechanische Antriebsleistung umgewandelt werden. Die von der Wirkleistung in einem bestimmten Zeitintervall vollbrachte Arbeit $W = P \cdot t$ ist vom Stromkunden zu bezahlen.

Die Blindleistung, die ständig zwischen Generator und Verbraucher pendelt, kann nicht als Wärme oder Antriebsleistung genutzt werden und muss vom Kunden nicht bezahlt werden. Der Blindleistungsfluss belastet allerdings Generatoren, Transformatoren und Übertragungsleitungen. Die Stromversorgungsunternehmen (EVU) verlangen daher meist die Kompensation der unerwünschten Blindleistung. In der Praxis wird die meist auftretende induktive Blindleistung durch Parallelschalten von Kapazitäten kompensiert.

Aufgaben

5.5.1 Messung mit dem Oszilloskop

Mit einem Zweikanal-Oszilloskop erhält man bei zwei Messungen folgende zwei Oszillogramme:

Oszillogramm 1 Oszillogramm 2

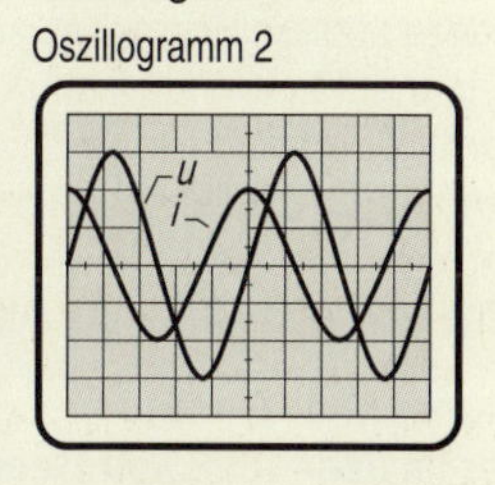

Die Maßstäbe sind jeweils 10 V/DIV bzw. 5 mA/DIV.
Bestimmen Sie für beide Linienbilder:

a) Scheitel- und Effektivwert von Strom und Spannung,
b) Phasenverschiebung zwischen u und i,
c) Art des Verbrauchers, an dem die Messung durchgeführt wird.
d) Skizzieren Sie in beide Oszillogramme die zugehörige Leistungskurve mit dem Maßstab 100 mW/DIV.

5.5.2 Wirk- und Blindleistung

Die drei Bauteile R, L und C werden nacheinander an sinusförmige Wechselspannung mit $f = 50\,\mathrm{Hz}$ gelegt. Der Effektivwert der Spannung ist $U = 100\,\mathrm{V}$, der Effektivwert des Stromes beträgt in allen drei Fällen $I = 1\,\mathrm{A}$.

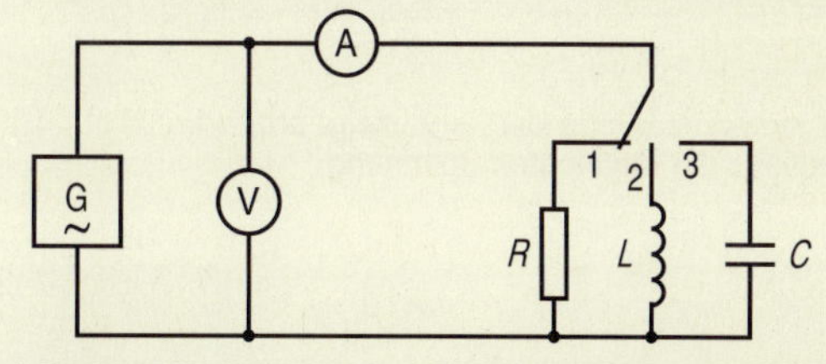

a) Stellen Sie für alle drei Fälle eine Spannungsgleichung $u = f(t)$ und eine Stromgleichung $i = f(t)$ auf.
b) Stellen Sie für alle drei Fälle die Leistungsgleichung $p = u \cdot i$ auf.
c) Skizzieren Sie die Kurven $u = f(t)$, $i = f(t)$ und $p = f(t)$ für alle drei Fälle jeweils in ein gemeinsames Diagramm. Die Maßstäbe können frei gewählt werden.

5.6 Wirk- und Blindwiderstände

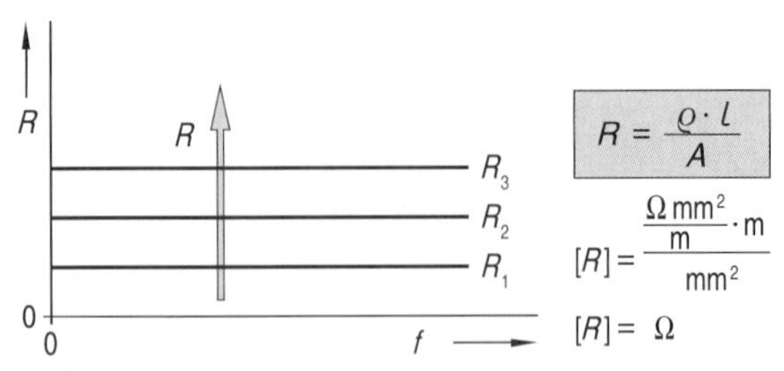

- **Der Widerstandswert von reinen Wirkwiderständen ist unabhängig von der Frequenz der angelegten Spannung**

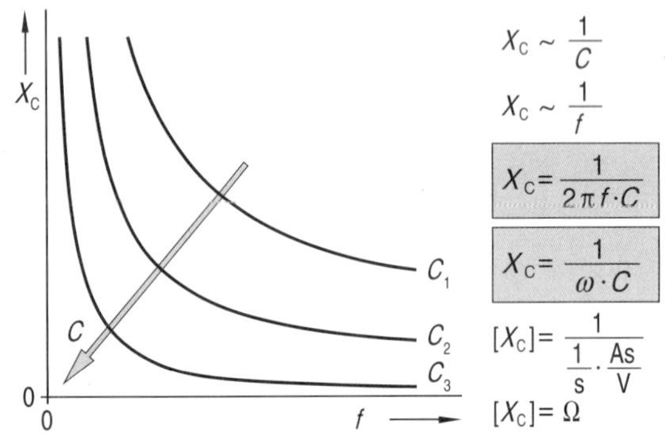

- **Der kapazitive Blindwiderstand steigt umgekehrt proportional mit der Frequenz der angelegten Spannung**

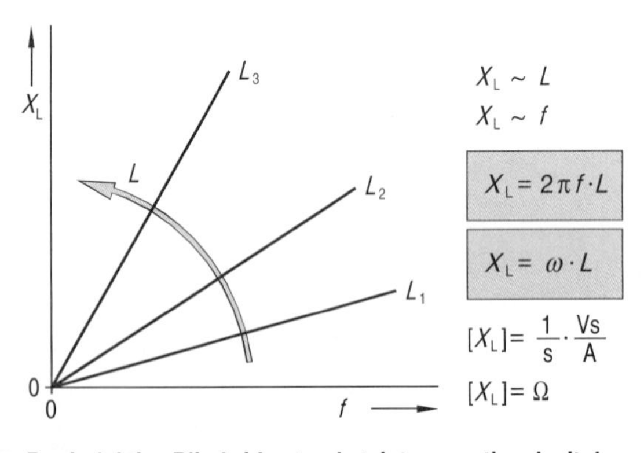

- **Der induktive Blindwiderstand steigt proportional mit der Frequenz der angelegten Spannung**

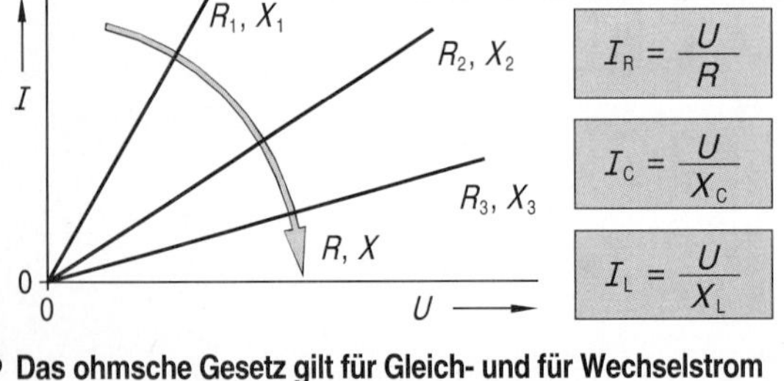

- **Das ohmsche Gesetz gilt für Gleich- und für Wechselstrom**

Wirkwiderstand

Draht-, Kohle- und Metallschichtwiderstände setzen dem elektrischen Stromfluss einen Widerstand entgegen, der von Länge, Querschnitt und Werkstoff des Bauteiles abhängig ist. Der Widerstandswert ist jedoch unabhängig davon, ob Gleich- oder Wechselspannung angelegt wird; auch die Frequenz einer angelegten Wechselspannung hat praktisch keinen Einfluss auf den Widerstandswert.

Wirkwiderstände wandeln die zugeführte Leistung in Wärme um, die Leistung $P = I^2 \cdot R$ ist eine Wirkleistung.

Kapazitiver Blindwiderstand

Kapazitäten setzen dem elektrischen Stromfluss auch einen Widerstand entgegen; dieser ist jedoch frequenzabhängig. An Gleichspannung ist der Widerstandswert nach Beendigung des Ladevorgangs unendlich groß, an Wechselspannung sinkt er mit steigender Frequenz. Für den kapazitiven Widerstand gilt: $X_C \sim 1/f$. Auch die Kapazität hat Einfluss auf den Widerstand; X_C steigt umgekehrt proportional mit der Kapazität: $X_C \sim 1/C$. Aus beiden Zusammenhängen lässt sich für den kapazitiven Blindwiderstand die Formel $X_C = 1/2\pi f \cdot C = 1/\omega \cdot C$ ableiten.

Rein kapazitive Widerstände werden im Betrieb nicht warm. Die Blindleistung $Q_C = I^2 \cdot X_C$ wird periodisch aufgenommen und wieder zur Quelle zurückgeschickt.

Induktiver Blindwiderstand

Induktivitäten setzen wie Kapazitäten dem elektrischen Stromfluss einen frequenzabhängigen Widerstand entgegen. An Gleichspannung ist der Widerstandswert nach Beendigung der Magnetisierung null, an Wechselspannung steigt er mit steigender Frequenz.

Für den induktiven Widerstand gilt: $X_L \sim f$. Auch die Induktivität hat Einfluss auf den Widerstand; X_L steigt proportional mit der Induktivität: $X_L \sim L$. Aus beiden Zusammenhängen lässt sich für den induktiven Blindwiderstand die Formel $X_L = 2\pi f \cdot L = \omega \cdot L$ ableiten.

Rein induktive Widerstände werden im Betrieb nicht warm. Die Blindleistung $Q_L = I^2 \cdot X_L$ wird periodisch aufgenommen und wieder zur Quelle zurückgeschickt.

Reale Kondensatoren und Spulen haben außer ihren Blindwiderständen noch Wirk- bzw. Verlustwiderstände.

Ohmsches Gesetz

Der im Jahr 1826 von Georg Simon Ohm entdeckte Zusammenhang zwischen Strom, Spannung und Widerstand hat Allgemeingültigkeit. Das ohmsche Gesetz kann daher auch in Wechselstromkreisen mit induktiven und kapazitiven Blindwiderständen angewandt werden. Enthält ein Stromkreis mehrere Widerstände, so ist zu beachten, dass die Widerstände nicht algebraisch, sondern unter Beachtung ihrer Phasenlage geometrisch addiert werden müssen (siehe Kap. 5.10).

Widerstände in grafischer Darstellung

Blindwiderstände sind mit den Formeln $X_L = \omega \cdot L$ und $X_C = 1/\omega \cdot C$ leicht berechenbar. Bei häufigem Gebrauch ist auch die Benutzung eines Nomogrammes sinnvoll. In der folgenden Darstellung sind die Widerstände als Funktion von Frequenz und Kapazität bzw. Induktivität in doppelt logarithmischem Maßstab aufgetragen. Die Zusammenhänge werden dadurch linearisiert und ermöglichen einen großen Ablesebereich.

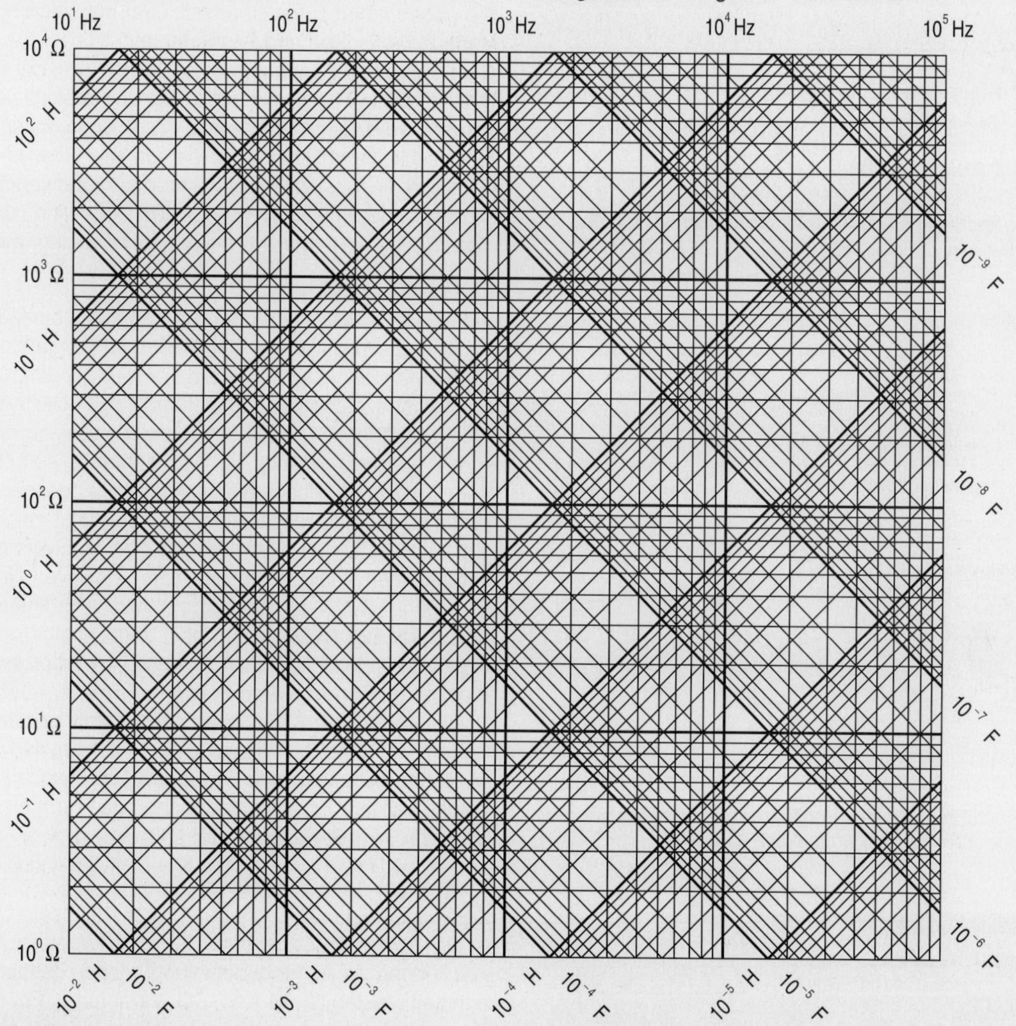

Aufgaben

5.6.1 Parallelschaltung von L und C

Ein Kondensator mit $C = 5\,\mu F$ und eine Spule mit $L = 10\,mH$ sind parallel geschaltet und werden von einer Spannungsquelle $U = 12\,V$, $f = 1\,kHz$ gespeist.

a) Berechnen Sie die Blindwiderstände X_C und X_L.

b) Berechnen Sie die beiden Blindströme und überlegen Sie, welcher Strom von der Spannungsquelle geliefert werden muss.

c) Bei welcher Frequenz haben X_C und X_L den gleichen Wert? Welcher Strom fließt dann in der Zuleitung?

5.6.2 Blindwiderstände

a) Berechnen Sie die fehlenden Werte:

f in Hz	50		$2 \cdot 10^3$
C in µF	0,47	0,1	
X_C in kΩ		30	0,5
L in mH	50		
X_L in kΩ		47	150

b) Überprüfen Sie die Ergebnisse mit dem Nomogramm.

5.7 Zeigerdarstellung

Beispiel: Grafische Addition von zwei Spannungen

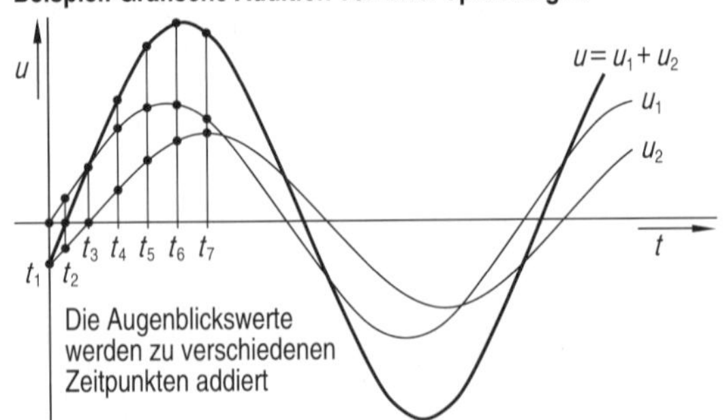

- **Das Rechnen mit Sinusfunktionen ist aufwendig und wird deshalb in der Praxis durch Zeigerdarstellungen ersetzt**

Rechnen mit Sinusfunktionen

Technisch genutzte Spannungen und Ströme haben meist einen sinusförmigen Verlauf der Form $u = \hat{u} \cdot \sin\omega t$ bzw. $u = \hat{u} \cdot \sin(\omega t + \varphi)$, wobei φ die Phasenlage (Nullphasenwinkel) angibt. Die zugehörigen Liniendiagramme geben einen guten Überblick über den zeitlichen Verlauf der Ströme und Spannungen.
Die Ströme und Spannungen können mit Hilfe der Sinuslinien auch addiert, subtrahiert und multipliziert werden, so dass im Prinzip alle Werte von gemischten Wechselstromschaltungen berechnet werden können. Allerdings ist dieses Verfahren sehr aufwendig, so dass in der Praxis die symbolische Darstellung und Berechnung mit sogenannten Zeigern bevorzugt wird.

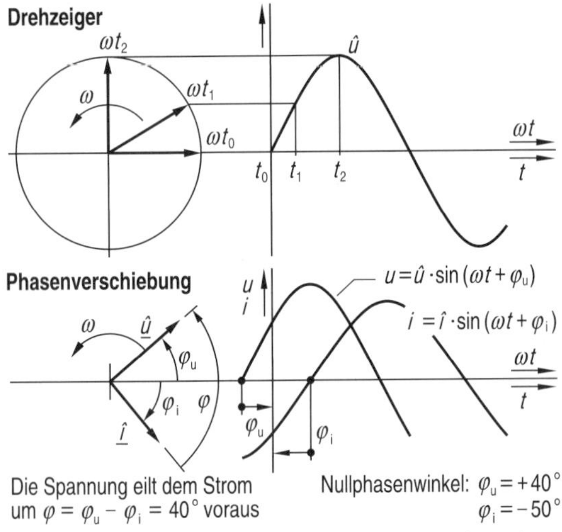

Die Spannung eilt dem Strom um $\varphi = \varphi_u - \varphi_i = 40°$ voraus

Nullphasenwinkel: $\varphi_u = +40°$, $\varphi_i = -50°$

- **Sinusförmige Wechselgrößen werden durch rotierende Zeiger (Drehzeiger) symbolisch dargestellt**

Zeigerdarstellung

Sinusförmige Wechselgrößen können durch einen im mathematisch positiven Sinn (Gegenuhrzeigersinn) rotierenden Zeiger symbolisch dargestellt werden. Die Zeigerlänge entspricht dabei dem Scheitelwert der Wechselgröße ($\hat{u}$, $\hat{i}$), die Drehfrequenz des Zeigers entspricht der Kreisfrequenz der Wechselgröße. Zeitliche Verschiebungen (Phasenverschiebungen) gegenüber einem meist willkürlich gewählten Zeitnullpunkt werden durch den Nullphasenwinkel angegeben. Man versteht darunter den Winkel zwischen dem „positiven Nulldurchgang" der Wechselgröße und dem Koordinaten-Nullpunkt. Der Nullphasenwinkel kann positiv oder negativ sein. Die Phasenverschiebung zwischen zwei Wechselgrößen ist gleich der Differenz ihrer beiden Nullphasenwinkel; ob sie positiv oder negativ ist, hängt von der Wahl der Bezugsgröße ab. In der Praxis wird noch angegeben, welche Größe vor- bzw. nacheilt.
Zeiger werden durch Unterstreichen des Formelzeichens ($\underline{u}$, $\underline{i}$) gekennzeichnet.

Addition von Zeigern

Beispiel: Die Zeiger $\underline{U}_1$ und $\underline{U}_2$ sollen addiert werden.

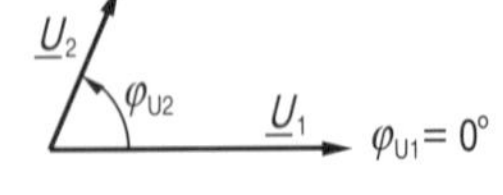

Grafische Lösung 1:

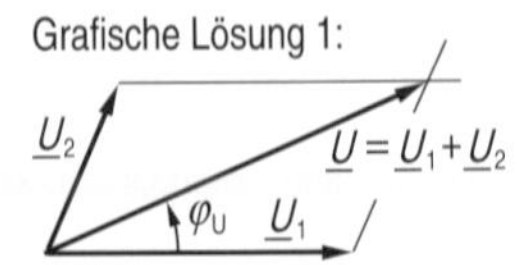

Prinzip:
Ergänzung zum Parallelogramm

Grafische Lösung 2:

$\underline{U} = \underline{U}_1 + \underline{U}_2$, φ_U, $\underline{U}_1$, $\underline{U}_2$

Prinzip:
Zeigerverschiebung

Betrag der Spannung U

$$U = \sqrt{U_1^2 + U_2^2 + 2U_1U_2\cos\varphi_{U2}}$$

Phasenverschiebung

$$\tan\varphi_U = \frac{U_2 \cdot \sin\varphi_{U2}}{U_1 + U_2 \cdot \cos\varphi_{U2}}$$

- **Effektivwerte von Wechselgrößen werden durch nichtrotierende Zeiger (Festzeiger) symbolisch dargestellt**

Drehzeiger und Festzeiger

Zur vollständigen Beschreibung einer Wechselgröße ist ein rotierender Zeiger (Drehzeiger) erforderlich; mit ihm können die Augenblickswerte für jeden Zeitpunkt ermittelt werden (siehe Kap. 5.3, Vertiefung). Für die Praxis sind hingegen fast ausschließlich die zeitunabhängigen Effektivwerte von Bedeutung. Sie lassen sich durch nicht rotierende Zeiger (Festzeiger) darstellen. Bei Festzeigern entspricht die Zeigerlänge dem Effektivwert der Größe, die Phasenlage wird wie beim Drehzeiger durch den Nullphasenwinkel angegeben.
Mit Zeigern lassen sich elektrische Wechselgrößen wie Spannungen, Ströme und Leistungen leicht addieren und subtrahieren, auch wenn sie unterschiedliche Phasenlage haben. Die Addition kann zeichnerisch oder rechnerisch erfolgen. Voraussetzung ist aber in jedem Fall, dass die zu addierenden Größen sinusförmigen Verlauf und gleiche Frequenz haben.

Betrag des Zeigers, mathematische Bestimmung

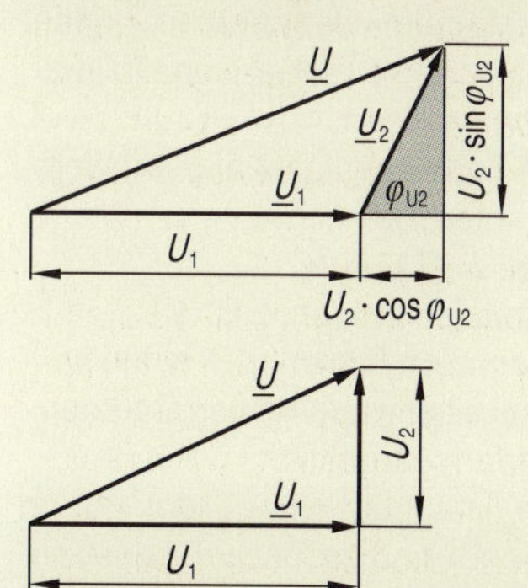

Satz des Pythagoras, Kosinussatz

$$\underline{U}^2 = (U_1 + U_2 \cdot \cos\varphi_{U2})^2 + (U_2 \cdot \sin\varphi_{U2})^2$$

$$U^2 = U_1^2 + 2U_1 U_2 \cos\varphi_{U2} + U_2^2 \cdot \cos^2\varphi_{U2} + U_2^2 \cdot \sin^2\varphi_{U2}$$

$$U^2 = U_1^2 + 2U_1 U_2 \cos\varphi_{U2} + U_2^2 \cdot (\cos^2\varphi_{U2} + \sin^2\varphi_{U2})$$

Mit $\cos^2\varphi_{U2} + \sin^2\varphi_{U2} = 1$ folgt:

$$U^2 = U_1^2 + 2U_1 U_2 \cos\varphi_{U2} + U_2^2 \Longrightarrow U = \sqrt{U_1^2 + U_2^2 + 2U_1 U_2 \cos\varphi_{U2}}$$

Haben die beiden Zeiger $\underline{U}_1$ und $\underline{U}_2$ eine Phasenverschiebung von 90°, so reduziert sich der Kosinussatz auf den normalen Satz des Pythagoras.

Es gilt: $U^2 = U_1^2 + U_2^2 \Longrightarrow U = \sqrt{U_1^2 + U_2^2}$

Beispiel

An einer Reihenschaltung von R und L werden die Spannungen $U_R = 50\,V$ und $U_L = 20\,V$ gemessen. Die Gesamtspannung U ist mit Hilfe eines Zeigerbildes nach Betrag und Phasenlage sowohl zeichnerisch als auch rechnerisch zu bestimmen. Für den Spannungsmaßstab gilt: $m_U = 2\,V/mm$.

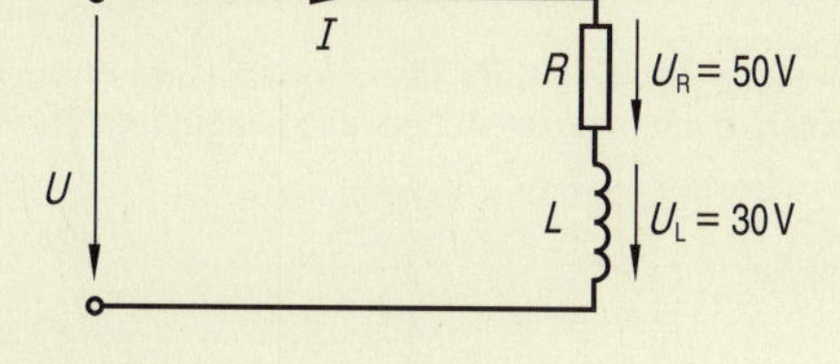

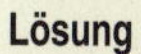

Lösung

1. Schritt: Dem Strom und damit der Wirkspannung wird willkürlich der Nullphasenwinkel $\varphi_I = \varphi_{UR} = 0°$ zugeordnet, die Spannung an der Induktivität eilt dann um 90° voraus.

2. Schritt: Zeigerbild

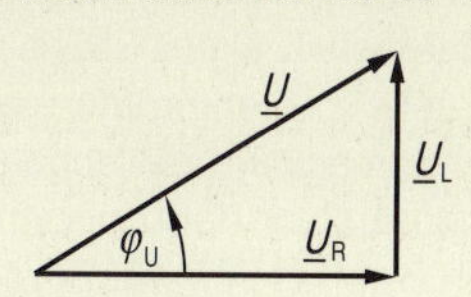

3. Schritt: Auswertung

Zeigerlänge von U ist 29,2 mm

$\Longrightarrow U = 29{,}2\,mm \cdot 2\,V/mm = 58{,}4\,V$

Nullphasenwinkel von U ist $\varphi_U = 31°$

$\Longrightarrow$ Die Gesamtspannung eilt der Spannung an der Induktivität um 31° voraus

4. Schritt: Berechnung der Gesamtspannung

Betrag $U = \sqrt{U_R^2 + U_L^2 + 2U_R U_L \cos\varphi_{UL}}$

$U = \sqrt{50^2 V^2 + 30^2 V^2 + 0} = 58{,}3\,V$

Phasenlage $\tan\varphi_U = \dfrac{U_L \cdot \sin\varphi_{U2}}{U_R + U_L \cdot \cos\varphi_{UL}}$

$\tan\varphi_U = \dfrac{50\,V \cdot 1}{30\,V + 0} = 0{,}6$

$\varphi_U = \arctan\varphi_U = 31°$

Wegen der zeichnerischen Ungenauigkeiten stimmen die Ergebnisse von Zeichnung und Rechnung nicht völlig überein.

Aufgaben

5.7.1 Reihenschaltungen

Gegeben sind folgende Reihenschaltungen:

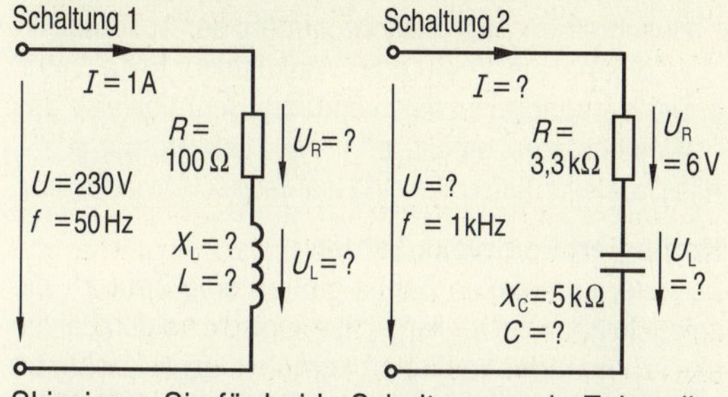

Skizzieren Sie für beide Schaltungen ein Zeigerdiagramm und berechnen Sie die fehlenden Werte.

5.7.2 Parallelschaltungen

Gegeben sind folgende Parallelschaltungen:

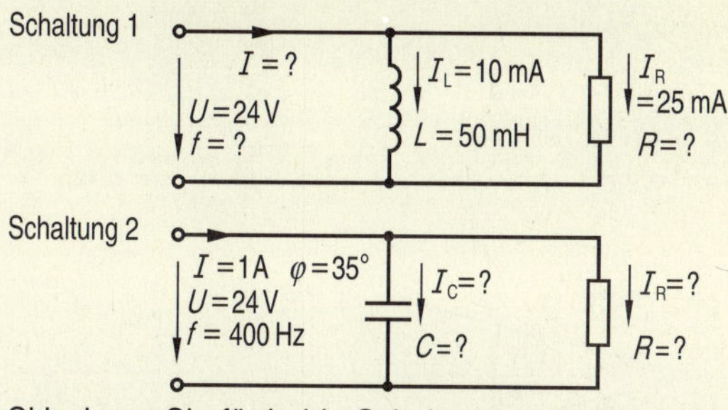

Skizzieren Sie für beide Schaltungen ein Zeigerdiagramm und berechnen Sie die fehlenden Werte.

5.8 Komplexe Zahlen

Reelle Zahlengerade

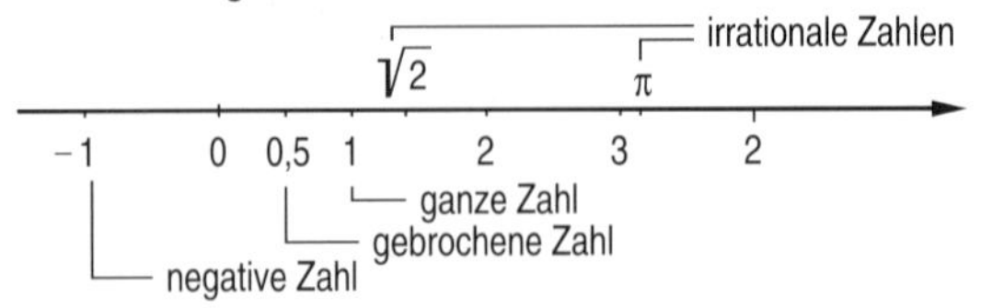

Imaginäre Zahlengerade

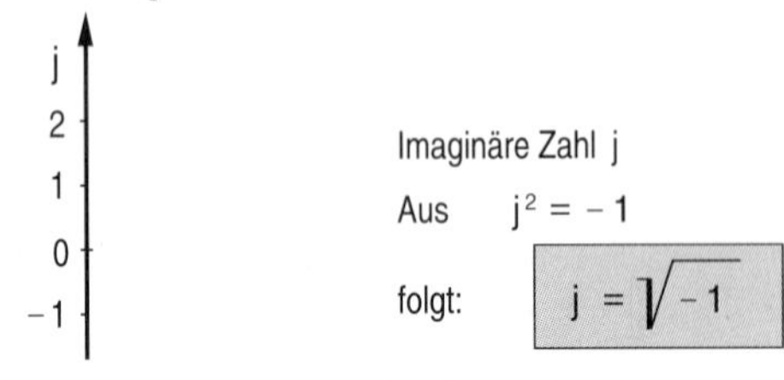

- **Die reelle Achse enthält alle rationalen und irrationalen Zahlen, die imaginäre Achse alle imaginären Zahlen**

Beispiel:

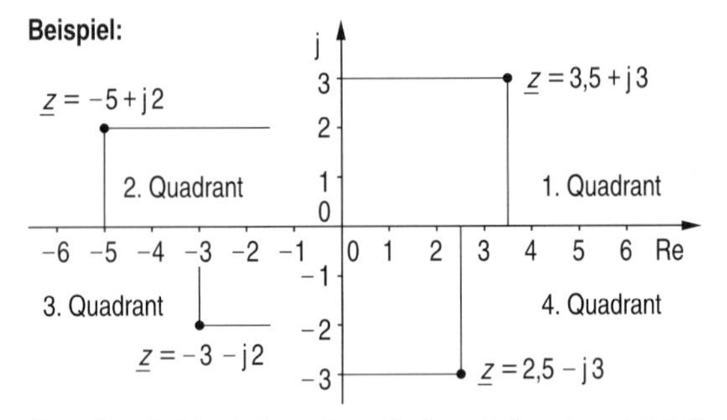

- **Komplexe Zahlen haben einen Real- und einen Imaginärteil**

Komplexe Zahlenebene

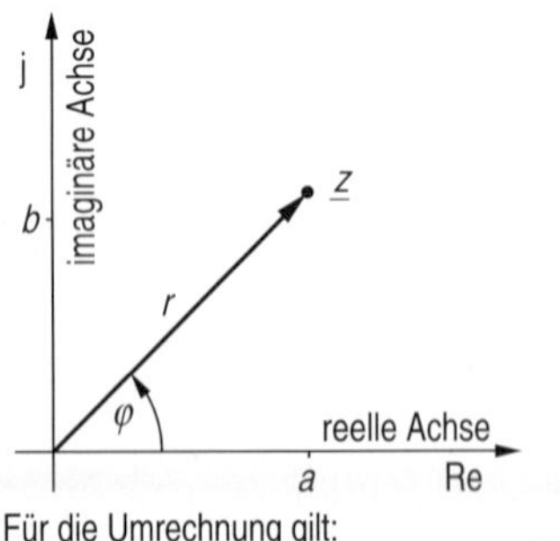

Algebraische Form

$$\underline{z} = a + jb$$

Trigonometrische Form

$$\underline{z} = r \cdot (\cos\varphi + j\sin\varphi)$$

Exponentialform

$$\underline{z} = r \cdot e^{j\varphi}$$

Versorform

$$\underline{z} = r \underline{/\varphi}$$

Für die Umrechnung gilt:

$a = r \cdot \cos\varphi$ $\quad b = r \cdot \sin\varphi$ $\quad r = \sqrt{a^2 + b^2}$ $\quad \varphi = \arctan \frac{b}{a}$

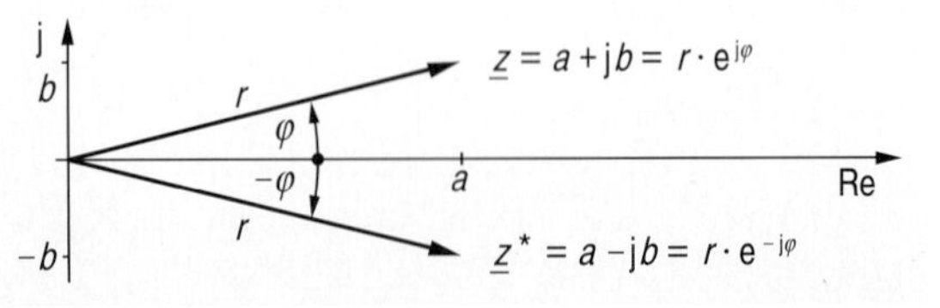

Reelle und imaginäre Zahlen

Die Menge aller in der Mathematik benutzen Zahlen kann in zwei große Gruppen, die reellen und die imaginären Zahlen, eingeteilt werden.

Die Gruppe der reellen Zahlen umfasst alle „tatsächlich vorkommenden" Zahlen, nämlich

1. die rationalen Zahlen, z. B. 1, 2, 3,
2. die algebraisch irrationalen Zahlen, z.B. $\sqrt{2}$,
3. die transzendent irrationalen Zahlen, z.B. π, tan 31°.

Reelle Zahlen werden auf einer waagrechten Geraden, der reellen Zahlengeraden, dargestellt.

Die imaginären Zahlen (imaginär: eingebildet, nur in der Vorstellung existierend) sind sozusagen künstlich erzeugte Zahlen. Sie entstehen aus der Bestimmungsgleichung $j^2 = -1$. Die imaginäre Zahl j ist demnach die Zahl, die mit sich selbst multipliziert −1 ergibt. Imaginäre Zahlen werden auf einer senkrechten Geraden, der imaginären Zahlengeraden, dargestellt.

Komplexe Zahlenebene

Reelle und imaginäre Zahlen können addiert werden. Als Ergebnis erhält man eine so genannte komplexe Zahl $\underline{z}$ der Form $\underline{z} = a + jb$. Dabei ist a der reelle und b der imaginäre Anteil, der Unterstrich deutet an, dass es sich um eine komplexe Zahl handelt.

Komplexe Zahlen werden in einer komplexen Zahlenebene dargestellt. Diese Ebene wird durch eine waagrechte reelle Zahlengerade (reelle Achse) und eine senkrechte imaginäre Zahlengerade (imaginäre Achse) aufgespannt. Nach dem deutschen Mathematiker Karl Friedrich Gauß (1777-1855) wird sie auch als gaußsche Zahlenebene bezeichnet.

Darstellungsformen

Komplexe Zahlen haben einen Real- und einen Imaginärteil. Sie können in 4 Formen dargestellt werden:

1. In der algebraischen Form wird die komplexe Zahl als Summe von Real- und Imaginärteil dargestellt.
2. In der trigonometrischen Form wird der komplexen Zahl ein Zeiger mit der Länge r und dem Winkel φ gegen die reelle Achse zugeordnet; die komplexe Zahl wird in Polarkoordinaten beschrieben.
3. Die Exponentialform ist eine weitere Möglichkeit der Beschreibung in Polarkoordinaten; der Ausdruck $e^{j\varphi}$ wird dabei als Dreh- oder Winkelfaktor bezeichnet.
4. Die Versorform ist eine verkürzte Schreibweise des Winkelfaktors; es gilt: $e^{j\varphi} = \underline{/\varphi}$, lies „Versor φ".

Alle Darstellungsformen sind ineinander umwandelbar.

Konjugiert komplexe Zahlen

Zu jeder komplexen Zahl $\underline{z}$ gibt es eine Zahl $\underline{z}^*$, die spiegelbildlich zur reellen Achse liegt; die beiden Zahlen sind zueinander konjugiert komplex. Zwei konjugiert komplexe Zahlen unterscheiden sich nur im Vorzeichen ihres Imaginärteiles.

Bedeutung der komplexen Rechnung

Das Rechnen mit imaginären bzw. komplexen Zahlen scheint zunächst eine rein mathematische Spielerei zu sein. In der Tat ist es aber so, dass sich alle elektrische Größen wie Spannungen, Ströme, Leistungen und Widerstände in komplexer Form darstellen lassen, wobei sowohl ihr Betrag als auch ihre Phasenlage erfasst ist. Durch Anwendung der vergleichsweise einfachen Gesetze der komplexen Rechnung können auch komplizierte Wechselstromschaltungen elegant berechnet werden. Die komplexe Rechnung stellt deshalb ein wichtiges Hilfsmittel in der allgemeinen Elektrotechnik und vor allem in der Regelungstechnik dar.

Schreibweise der imaginären Zahl

Die imaginäre Zahl wird in der Mathematik allgemein mit dem Buchstaben „i" bezeichnet. Die zugehörige Maßzahl bzw. der zugehörige Buchstabe wird davor gesetzt, z. B. $\underline{z} = 10\,\mathrm{i}$, $\underline{z} = 4 + 3\,\mathrm{i}$, $\underline{z} = a + b\,\mathrm{i}$.

In der Elektrotechnik besteht allerdings Verwechslungsgefahr mit dem elektrischen Strom *i*. Nach DIN 1302 wird deshalb der Buchstabe j benutzt und vor die Zahl bzw. den Buchstaben gesetzt, z. B. $\underline{U} = 10\,\mathrm{V} + \mathrm{j}\,5\,\mathrm{V}$.

Umrechnungsbeispiele

Beispiel 1:

Ein Zeiger hat den komplexen Wert $z = 4\,\mathrm{mm} + \mathrm{j}\,3\,\mathrm{mm}$. Der komplexe Wert ist in die Exponential- und die Versorform umzurechnen.

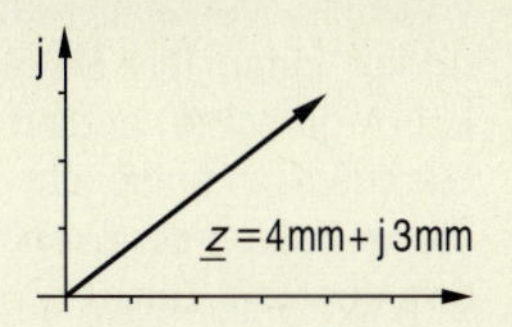

Beispiel 2:

Ein Zeiger hat den Wert $z = 10\,\mathrm{mm}\ \underline{/40°}$. Er ist in die Exponentialform und in die algebraische Form umzurechnen.

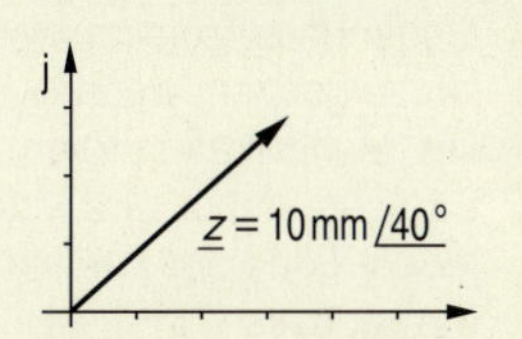

Lösung zu Beispiel 1:

Aus $\underline{z} = 4\,\mathrm{mm} + \mathrm{j}\,3\,\mathrm{mm}$

folgt: $r = |\underline{z}| = \sqrt{4^2\,\mathrm{mm}^2 + 3^2\,\mathrm{mm}^2} = 5\,\mathrm{mm}$

und: $\varphi = \arctan \dfrac{3\,\mathrm{mm}}{4\,\mathrm{mm}} = 0{,}75 \Longrightarrow \varphi = 36{,}87°$

daraus folgt: $\underline{z} = 5\,\mathrm{mm} \cdot e^{\mathrm{j}36{,}87°} = 5\,\mathrm{mm}\ \underline{/36{,}87°}$

Lösung zu Beispiel 2:

Es gilt: $\underline{z} = 10\,\mathrm{mm}\ \underline{/40°} = 10\,\mathrm{mm} \cdot e^{\mathrm{j}40°}$

Aus $\underline{z} = 10\,\mathrm{mm}\ \underline{/40°}$ folgt: $a = 10\,\mathrm{mm} \cdot \cos 40° = 7{,}66\,\mathrm{mm}$

und: $b = 10\,\mathrm{mm} \cdot \sin 40° = 6{,}43\,\mathrm{mm}$

daraus folgt: $\underline{z} = 7{,}66\,\mathrm{mm} + \mathrm{j}\,6{,}43\,\mathrm{mm}$

Eulersche Formel

Der Zusammenhang zwischen der Exponentialform und der algebraischen Form einer komplexen Zahl wurde von dem schweizerischen Mathematiker Leonhard Euler (1707-1783) entdeckt.

In der eulerschen Formel muss der Winkel φ mathematisch korrekt im Bogenmaß eingesetzt werden; in der Praxis werden aber stets Winkelgrade angegeben, was die Gleichung anschaulicher macht. Der eulersche Drehfaktor (Winkelfaktor) $e^{\mathrm{j}\varphi}$ gibt den Nullphasenwinkel des Zeigers an; das Vorzeichen von φ ist zu beachten.

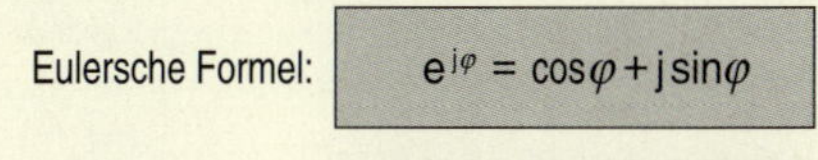

Eulersche Formel: $e^{\mathrm{j}\varphi} = \cos\varphi + \mathrm{j}\sin\varphi$

erweitert mit Zeigerlänge r: $r\,e^{\mathrm{j}\varphi} = r(\cos\varphi + \mathrm{j}\sin\varphi)$

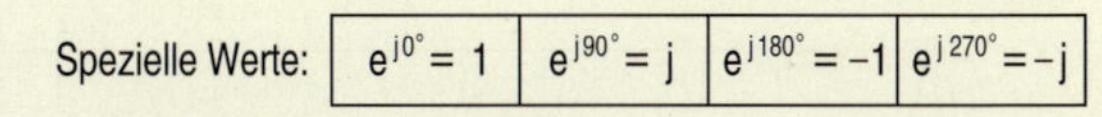

Spezielle Werte:	$e^{\mathrm{j}0°} = 1$	$e^{\mathrm{j}90°} = \mathrm{j}$	$e^{\mathrm{j}180°} = -1$	$e^{\mathrm{j}270°} = -\mathrm{j}$

Aufgaben

5.8.1 Komplexe Zeigerdarstellung

Stellen Sie die folgenden 4 Zeiger in allen Darstellungsformen dar:

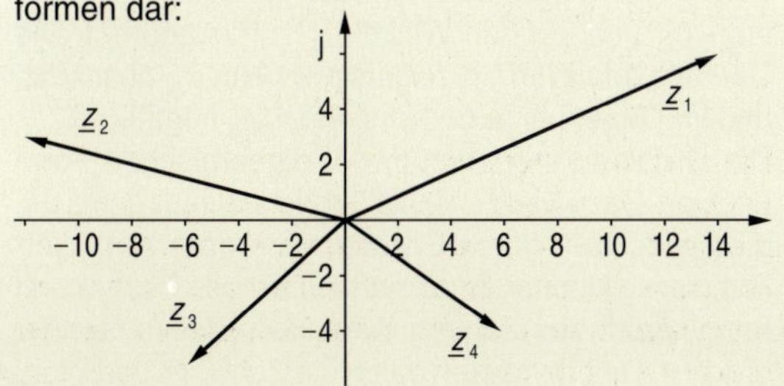

5.8.2 Umwandlung komplexer Zahlen

Wandeln Sie folgende komplexe Zahlen in die Exponentialform und die Versorform um:

a) $\underline{z} = 40 + \mathrm{j}\,80$

b) $\underline{U} = 20\,\mathrm{V} + \mathrm{j}\,50\,\mathrm{V}$

c) $\underline{Z} = 25\,\Omega - \mathrm{j}\,15\,\Omega$

Wandeln Sie folgende komplexe Zahlen in die algebraische Form um:

d) $\underline{z} = 80 \cdot e^{\mathrm{j}30°}$

e) $\underline{I} = 5\,\mathrm{A} \cdot e^{-\mathrm{j}40°}$

f) $\underline{U} = 230\,\mathrm{V}\ \underline{/-25°}$

5.9 Rechnen mit komplexen Zahlen

Berechnung

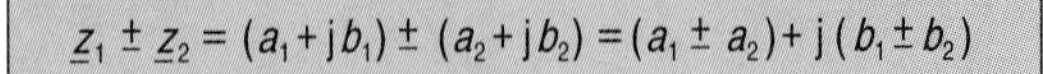

Geometrische Deutung

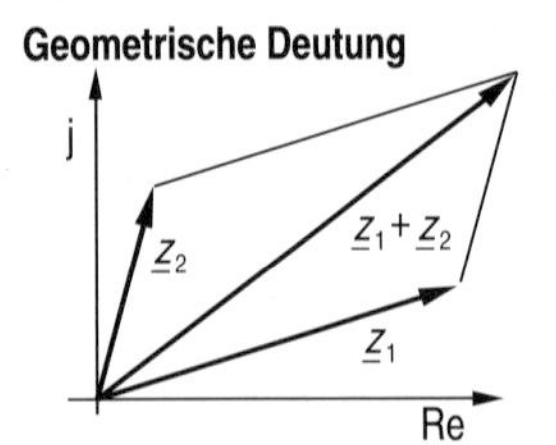

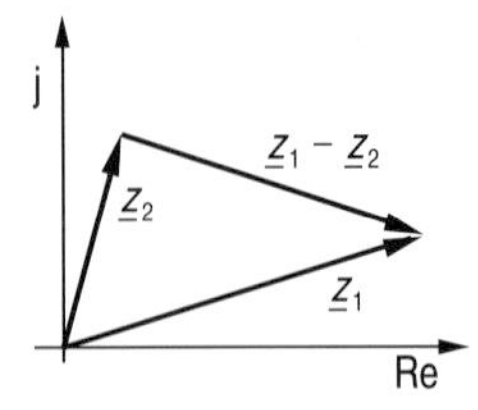

Berechnung

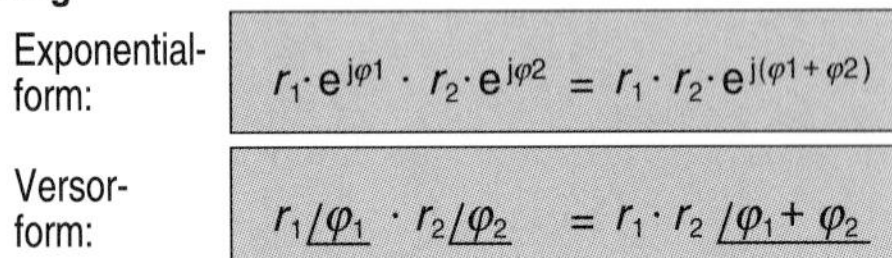

Geometrische Deutung

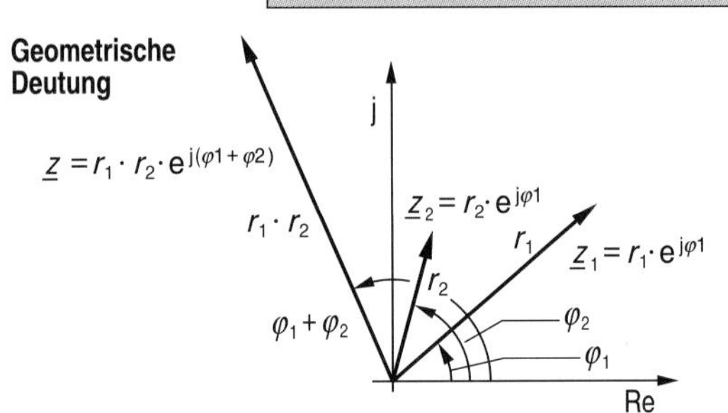

Aus $\underline{z} = a + \mathrm{j}b$ und $\underline{z}^* = a - \mathrm{j}b$

folgt: $\underline{z} \cdot \underline{z}^* = (a + \mathrm{j}b) \cdot (a - \mathrm{j}b)$

$\underline{z} \cdot \underline{z}^* = (a^2 - \mathrm{j}^2 b^2)$

mit $\mathrm{j}^2 = -1$

folgt: $\underline{z} \cdot \underline{z}^* = (a^2 + b^2) = |z|^2$

$$\underline{z} \cdot \underline{z}^* = |z|^2$$

$$r\underline{/\varphi} \cdot r\underline{/-\varphi} = |r|^2$$

Berechnung

Exponentialform:

$$\frac{r_1 \cdot e^{\mathrm{j}\varphi 1}}{r_2 \cdot e^{\mathrm{j}\varphi 2}} = \frac{r_1}{r_2} \cdot e^{\mathrm{j}(\varphi 1 - \varphi 2)}$$

Versorform:

$$\frac{r_1 \underline{/\varphi_1}}{r_2 \underline{/\varphi_2}} = \frac{r_1}{r_2} \underline{/\varphi_1 - \varphi_2}$$

Geometrische Deutung

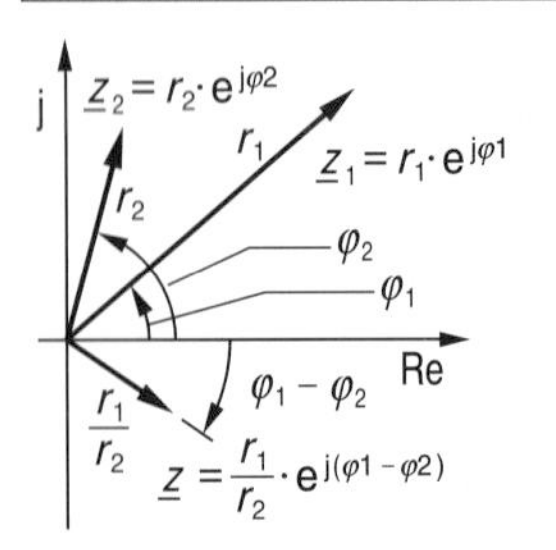

- **Komplexe Zahlen können zeichnerisch und rechnerisch addiert, subtrahiert, multipliziert und dividiert werden**

Addition und Subtraktion

Zur Addition bzw. Subtraktion müssen die komplexen Zahlen in ihrer algebraischen Form vorliegen. Die Addition bzw. Subtraktion erfolgt, indem man die Real- und die Imaginärteile jeweils für sich getrennt addiert bzw. subtrahiert.

Geometrisch entspricht die Addition bzw. Subtraktion zweier komplexer Zahlen der Addition bzw. Subtraktion von zwei Zeigern. Die Addition bzw. Subtraktion kann nach der „Parallelogrammregel" oder durch Verschieben der Zeiger erfolgen.

Multiplikation

Für die Multiplikation sollten die komplexen Zahlen sinnvollerweise in ihrer Exponential- oder Versorform vorliegen. Die Multiplikation zweier komplexer Zahlen erfolgt, indem ihre Beträge multipliziert und ihre Winkel (Argumente) addiert werden.

Geometrisch entspricht die Multiplikation zweier komplexer Zahlen der Drehstreckung des ersten Zeigers, d. h. der erste Zeiger r_1 wird auf das r_2-fache gestreckt und um den Winkel φ_2 gedreht. Die Drehung erfolgt im Gegenuhrzeigersinn, wenn φ_2 positiv ist; sie erfolgt im Uhrzeigersinn, wenn φ_2 negativ ist.

Die Multiplikation kann auch in algebraischer Form erfolgen; dabei wird jedes Glied der ersten Zahl mit jedem Glied der zweiten Zahl multipliziert. Zu beachten ist, dass $\mathrm{j}^2 = -1$ ist.

Multiplikation konjugiert komplexer Zahlen

Zwei konjugiert komplexe Zahlen $\underline{z}$ und $\underline{z}^*$ haben die gleichen Realteile, die Winkel unterscheiden sich nur im Vorzeichen. Werden zwei konjugiert komplexe Zahlen miteinander multipliziert, so erhält man immer eine reelle Zahl, nämlich das Quadrat des Betrages von $\underline{z}$.

Division

Die Division zweier komplexer Zahlen erfolgt wie die Multiplikation sinnvollerweise in der Exponential- oder der Versorform. Die Division zweier komplexer Zahlen erfolgt, indem der Betrag des Zählers durch den Betrag des Nenners dividiert und der Winkel des Nenners vom Winkel des Zählers subtrahiert wird.

Geometrisch entspricht die Division zweier komplexer Zahlen der Drehstreckung des ersten Zeigers, d.h. der Zeiger r_1 wird auf das $1/r_2$-fache gestreckt (bzw. gestaucht) und um den Winkel φ_2 zurückgedreht. Die Drehung erfolgt im Uhrzeigersinn, wenn φ_2 positiv ist, und im Gegenuhrzeigersinn, wenn φ_2 negativ ist.

Die Division kann auch in der algebraischen Form erfolgen. Dazu wird zunächst der Nenner reell gemacht; dies geschieht durch Erweitern mit dem konjugiert komplexen Nenner. Anschließend werden Realteil und Imaginärteil des Zählers durch den reellen Nenner dividiert. Das Dividieren durch die Zahl 0 ist verboten.

Höhere Rechenarten

An komplexen Zahlen lassen sich außer den Grundrechnungsarten auch höhere Rechenarten wie Potenzieren, Radizieren und Logarithmieren durchführen. Das Potenzieren kann in der algebraischen Form und in den Polarformen durchgeführt werden; dabei gilt:

1. Eine in algebraischer Form vorliegende komplexe Zahl wird nach dem binomischen Lehrsatz entwickelt.
2. Eine in Polarform (trigonometrische Form, Exponentialform) vorliegende komplexe Zahl wird in die n-te Potenz erhoben, indem man ihren Betrag r in die n-te Potenz erhebt und ihr Argument (Winkel) φ mit dem Exponenten n multipliziert.

Radizieren und Logarithmieren von komplexen Zahlen haben für die Elektrotechnik nur geringe Bedeutung und werden hier nicht beschrieben.

Potenzieren in algebraischer Form

$$\underline{z}^n = (a + \mathrm{j}\,b)^n = a^n + \mathrm{j}\binom{n}{1}a^{n-1}\cdot b + \mathrm{j}^2\binom{n}{2}a^{n-2}\cdot b^2 + \ldots + \mathrm{j}^n\cdot b^n$$

Potenzieren in den Polarformen

Trigonometrische Form:

$$\underline{z}^n = [r\cdot(\cos\varphi + \mathrm{j}\cdot\sin\varphi)]^n = r^n\,[\cos(n\varphi) + \mathrm{j}\cdot\sin(n\varphi)]$$

Exponentialform:

$$\underline{z}^n = [r\cdot \mathrm{e}^{\mathrm{j}\varphi}]^n = r^n\cdot \mathrm{e}^{\mathrm{j}n\varphi} \quad \text{(Formeln von Moivre)}$$

Spezielle Werte:	$\mathrm{j}^0 = 1$	$\mathrm{j}^1 = \mathrm{j}$	$\mathrm{j}^2 = -1$	$\mathrm{j}^3 = -\mathrm{j}$	$\mathrm{j}^4 = 1$

Fest- und Drehzeiger

Für Berechnungen in elektrischen Schaltungen sind meist nur die zeitunabhängigen Effektivwerte von Strom und Spannung von Bedeutung. Sie können als komplexer Wert oder als Festzeiger nach Betrag und Phasenlage festgelegt werden.

Mit komplexer Rechnung lassen sich auch die zeitabhängigen Augenblickswerte bestimmen. Der zeitunabhängige Festzeiger muss dazu mit dem Drehfaktor $\mathrm{e}^{\mathrm{j}\omega t}$ multipliziert werden. Aus dem Festzeiger wird dann ein mit der Kreisfrequenz ω rotierender Drehzeiger.

Festzeiger

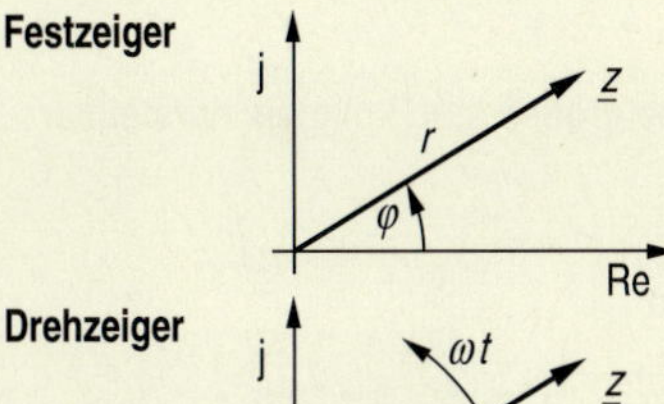

$$\underline{z} = r\cdot \mathrm{e}^{\mathrm{j}\varphi}$$

Drehzeiger

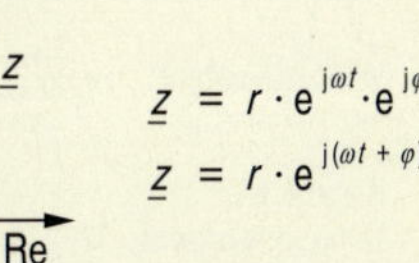

$$\underline{z} = r\cdot \mathrm{e}^{\mathrm{j}\omega t}\cdot \mathrm{e}^{\mathrm{j}\varphi}$$

$$\underline{z} = r\cdot \mathrm{e}^{\mathrm{j}(\omega t + \varphi)}$$

Aufgaben

5.9.1 Addition komplexer Größen

Addieren Sie jeweils folgende komplexe Größen und überprüfen Sie die Rechnung durch eine grafische Addition der Zeiger:

a) $\underline{z}_1 = 3\,\text{cm} + \mathrm{j}5\,\text{cm}$, $\underline{z}_2 = 4\,\text{cm} + \mathrm{j}2\,\text{cm}$
b) $\underline{z}_1 = 8\,\text{cm}\,\underline{/40^\circ}$, $\underline{z}_2 = 6\,\text{cm}\,\underline{/-20^\circ}$
c) $\underline{z}_1 = 6\,\text{cm}\,\underline{/45^\circ}$, $\underline{z}_2 = 5\,\text{cm}\,\underline{/-60^\circ}$, $\underline{z}_3 = 5\,\text{cm}\,\underline{/90^\circ}$
d) $\underline{U}_1 = 60\,\text{V}\,\underline{/0^\circ}$, $\underline{U}_2 = 100\,\text{V}\,\underline{/30^\circ}$
e) $\underline{U}_1 = 400\,\text{V}\,\underline{/0^\circ}$, $\underline{U}_2 = 400\,\text{V}\,\underline{/-120^\circ}$

5.9.2 Subtraktion komplexer Größen

Subtrahieren Sie jeweils die zweite komplexe Größe von der ersten und überprüfen Sie das Ergebnis durch eine grafische Subtraktion der Zeiger:

a) $\underline{z}_1 = 5\,\text{cm} + \mathrm{j}4\,\text{cm}$, $\underline{z}_2 = 4\,\text{cm} + \mathrm{j}1\,\text{cm}$
b) $\underline{z}_1 = 5\,\text{cm} + \mathrm{j}2\,\text{cm}$, $\underline{z}_2 = 8\,\text{cm} - \mathrm{j}5\,\text{cm}$
c) $\underline{U}_1 = 400\,\text{V}\,\underline{/0^\circ}$, $\underline{U}_2 = 400\,\text{V}\,\underline{/120^\circ}$
d) $\underline{U}_1 = 230\,\text{V}\,\underline{/90^\circ}$, $\underline{U}_2 = 230\,\text{V}\,\underline{/-30^\circ}$

5.9.3 Konjugiert komplexe Zahlen

Berechnen Sie zu folgenden komplexen Größen jeweils die konjugiert komplexe Größe:

a) $\underline{U} = 40\,\text{V} + \mathrm{j}30\,\text{V}$, b) $\underline{I} = 5\,\text{A}\,\underline{/30^\circ}$, c) $\underline{z} = 4\,\text{cm} - \mathrm{j}5\,\text{cm}$.

5.9.4 Multiplikation und Division

Multiplizieren Sie folgende komplexe Größen:

a) $\underline{z}_1 = 4 - \mathrm{j}15$, $\underline{z}_2 = 5 + \mathrm{j}3$
b) $\underline{z}_1 = 20\cdot \mathrm{e}^{\mathrm{j}30^\circ}$, $\underline{z}_2 = 30\cdot \mathrm{e}^{-\mathrm{j}20^\circ}$

Dividieren Sie jeweils die erste komplexe Zahl durch die zweite:

c) $\underline{z}_1 = 20 + \mathrm{j}30$, $\underline{z}_2 = 10\,\underline{/20^\circ}$
d) $\underline{z}_1 = 50 - \mathrm{j}20$, $\underline{z}_2 = 50 + \mathrm{j}20$

5.9.5 Rechnen mit Zeigern

Gegeben sind folgende 2 Zeigerdarstellungen:

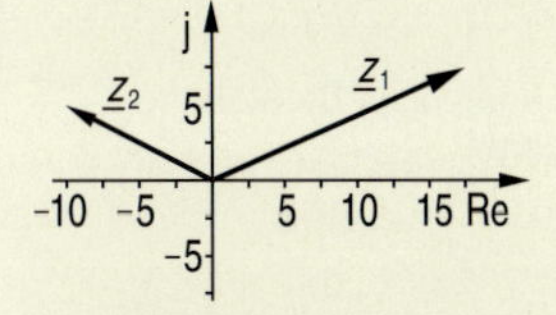

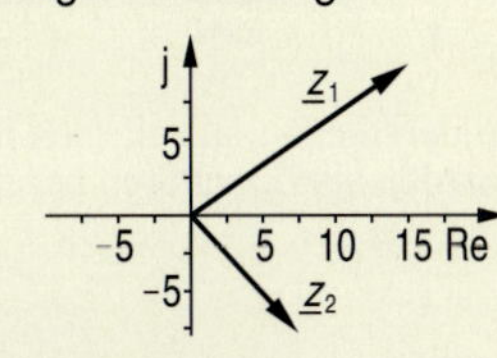

a) Stellen Sie alle Zeiger in der algebraischen, der exponentiellen und der Versorform dar.
b) Addieren Sie jeweils beide Zeiger zeichnerisch und rechnerisch.
c) Subtrahieren Sie jeweils zeichnerisch und rechnerisch den Zeiger $\underline{z}_2$ von $\underline{z}_1$.

5.10 Wechselgrößen in komplexer Darstellung

Spannung und Strom

Spannungen und Ströme mit sinusförmigem zeitlichen Verlauf können durch Liniendiagramme anschaulich dargestellt werden. Die aufwendige Berechnung mit Hilfe der Sinusfunktionen kann aber durch die komplexe Rechnung bzw. durch Zeigerdarstellung elegant umgangen werden. Da üblicherweise nur die Effektivwerte, nicht aber die Augenblickswerte interessieren, können Spannungen und Ströme durch ihren Wert (Effektivwert) und ihre Phasenlage (Nullphasenwinkel) komplex beschrieben werden. Da der Zeitnullpunkt beliebig wählbar ist, kann auch der Nullphasenwinkel einer Größe beliebig gewählt werden; der Nullphasenwinkel der anderen Größen ergibt sich dann automatisch. Ein Drehfaktor $e^{j\omega t}$ ist nicht erforderlich.

Komplexe Größen werden durch Unterstreichen des Formelzeichens gekennzeichnet, z. B. $\underline{U}$, $\underline{I}$.

Das Beispiel zeigt die Darstellung einer sinusförmigen Spannung und eines sinusförmigen Stromes als Linienbild, als komplexe Zahl und als Zeiger (Festzeiger).

Linienbild

u, i

$u = \hat{u} \cdot \sin(\omega t + \varphi_u) = U \cdot \sqrt{2} \cdot \sin(\omega t + \varphi_u)$

$i = \hat{i} \cdot \sin(\omega t + \varphi_i) = I \cdot \sqrt{2} \cdot \sin(\omega t + \varphi_i)$

t

es zählt: φ_u positiv, φ_i negativ

φ_u φ_i

Komplexe Darstellung

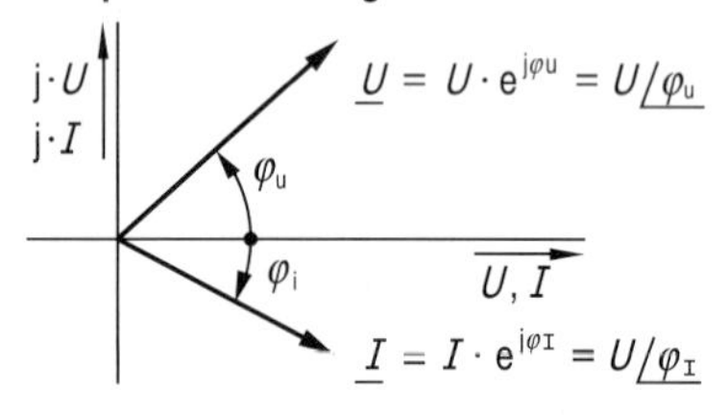

- **Sinusförmige Wechselgrößen sind komplex darstellbar**

Operatoren

Zur Berechnung elektrischer Stromkreise müssen auch die drei Bauelemente Wirkwiderstand (ohmscher Widerstand), kapazitiver Blindwiderstand (Kapazität, Kondensator) und induktiver Blindwiderstand (Induktivität, Spule) als komplexe Größe definiert werden. Die komplexe Darstellung der Widerstände und der zugehörigen Leitwerte bezeichnet man als Operatoren.

Die komplexe Form der Widerstands-Operatoren kann über das ohmsche Gesetz hergeleitet werden. Danach ergibt sich:

1. Wirkwiderstände haben einen positiven reellen Wert; ihr Zeiger zeigt immer waagrecht nach rechts.
2. Kapazitive Blindwiderstände haben einen negativen imaginären Wert; ihr Zeiger zeigt immer senkrecht nach unten.
3. Induktive Blindwiderstände haben einen positiven imaginären Wert; ihr Zeiger zeigt immer senkrecht nach oben.

Komplexe Widerstände mit Wirk- und Blindanteil werden als Scheinwiderstand oder Impedanz bezeichnet; sie erhalten das Formelzeichen $\underline{Z}$.

Die Leitwert-Operatoren erhält man aus dem Kehrwert (Inversion) des jeweiligen Widerstand-Operators.

Komplexe Widerstände

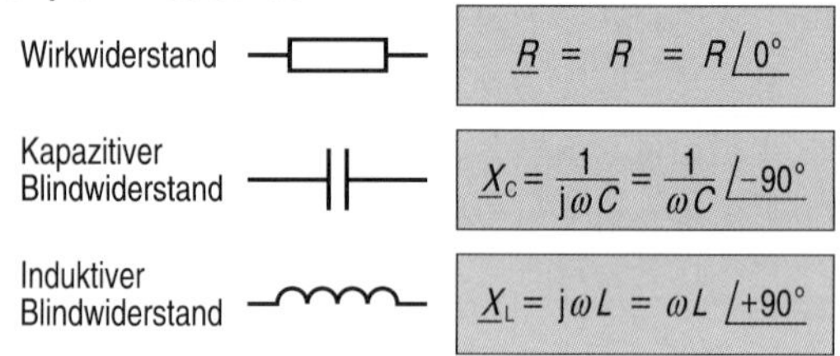

Zeigerbilder

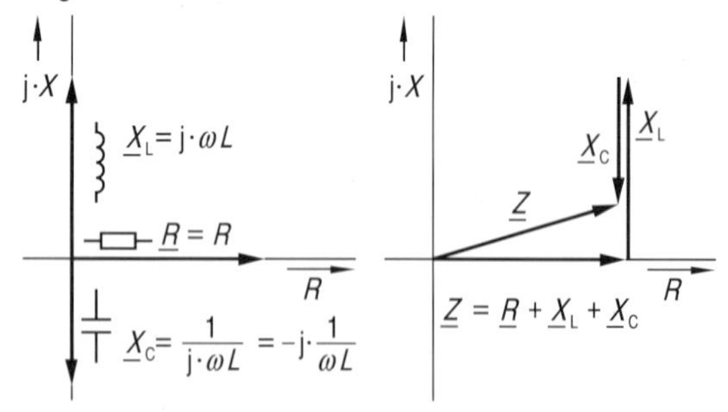

- **Widerstände und Leitwerte in komplexer Darstellung werden als Operatoren bezeichnet**

Ohmsches Gesetz

Der Zusammenhang zwischen Spannung, Strom und Widerstand bzw. Impedanz kann in komplexer Form dargestellt werden. Gegenüber der nichtkomplexen Form hat dies den Vorteil, dass man alle Größen nach Betrag und Phasenlage erhält.

Das ohmsche Gesetz in komplexer Form bildet die Grundlage zur Berechnung komplexer Schaltungen.

Für die Effektivwerte sinusförmiger Wechselgrößen gilt:

$$\underline{I} = \frac{\underline{U}}{\underline{Z}} = \frac{U}{Z} \,\underline{/\varphi_U - \varphi_Z}$$

- **Mit komplexer Rechnung werden die Wechselgrößen nach Betrag und Phasenlage berechnet**

Leitwert-Operatoren

In Parallelschaltungen kann es sinnvoll sein, mit komplexen Leitwerten statt mit komplexen Impedanzen zu rechnen. Die Leitwert-Operatoren erhält man als Kehrwert der zugehörigen Widerstands-Operatoren.
Reine Wirkleitwerte haben das Formelzeichen G, reine Blindleitwerte haben die Zeichen B_L bzw. B_C.
Komplexe Scheinleitwerte mit Real- und Imaginärteil werden mit Y gekennzeichnet.
Bei der Bildung des Kehrwerts einer komplexen Zahl ist zu beachten, dass der Winkel dem Betrag nach gleich bleibt, das Vorzeichen aber geändert wird.

Komplexe Leitwerte

Wirkleitwert	$\underline{G} = \frac{1}{\underline{R}} = \frac{1}{R}\,\underline{/0°}$
Kapazitiver Blindleitwert	$\underline{B}_C = \mathrm{j}\,\omega C = \omega C\,\underline{/+90°}$
Induktiver Blindleitwert	$\underline{B}_L = \frac{1}{\mathrm{j}\omega L} = \frac{1}{\omega L}\,\underline{/-90°}$
Komplexer Scheinleitwert	$\underline{Y} = \frac{1}{\underline{Z}} = \frac{1}{Z\underline{/\varphi_Z}} = \frac{1}{Z}\,\underline{/-\varphi_Z}$

Aufgaben

5.10.1 Oszillogramme

Die beiden Messungen zweier Spannungen u_1 und u_2 ergeben folgende Oszillogramme:

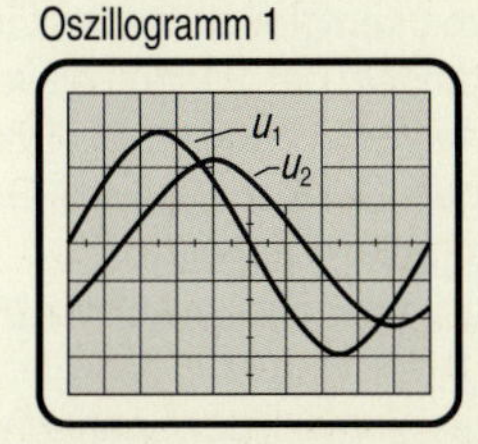

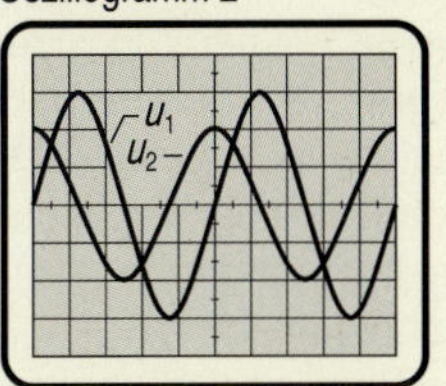

Die Einstellungen am Oszilloskop sind:
Y-Eingangsteiler: 1 V/DIV., Zeitbasis: 0,2 ms/DIV.
Legen Sie den Zeitnullpunkt in den positiven Nulldurchgang der Spannung u_1 und bestimmen Sie für beide Oszillogramme

a) die Funktionsgleichungen der Spannungen,
b) die komplexen Effektivwerte in allen Darstellungsformen,
c) die Zeigerdiagramme der Effektivwerte (Festzeiger).
d) Lösen Sie die Aufgaben a) bis c) unter der Annahme, dass der Zeitnullpunkt im positiven Nulldurchgang der Spannung u_2 liegt.

Hinweis: Unter dem „positiven Nulldurchgang" versteht man den Nulldurchgang, in dem die Steigung der Kurve positiv ist.

5.10.2 Komplexe Wechselgrößen

Deuten Sie folgende komplexe Angaben:

a) $\underline{U}_1 = 10\,\mathrm{V}\,\underline{/30°}$, $\underline{U}_2 = 25\,\mathrm{V}\,\underline{/-20°}$
b) $\underline{U} = 100\,\mathrm{V}\cdot e^{\mathrm{j}30°}$, $\underline{I} = 2\,\mathrm{A}\cdot e^{-\mathrm{j}30°}$,
c) $\underline{U} = 24\,\mathrm{V}\,\underline{/0°}$, $\underline{I} = 100\,\mathrm{mA}\,\underline{/40°}$
d) $\underline{I} = 1\,\mathrm{A} + \mathrm{j}\cdot 3\,\mathrm{A}$
e) $\underline{X}_L = \mathrm{j}\cdot 200\,\Omega$,
f) $\underline{Z} = 50\,\Omega - \mathrm{j}\cdot 20\,\Omega$
g) $\underline{Z} = 50\,\Omega\,\underline{/45°}$
h) $\underline{Y} = 50\,\mathrm{mS} + \mathrm{j}\cdot 40\,\mathrm{mS}$.

5.10.3 Impedanzen

Gegeben sind folgende Reihenschaltungen:

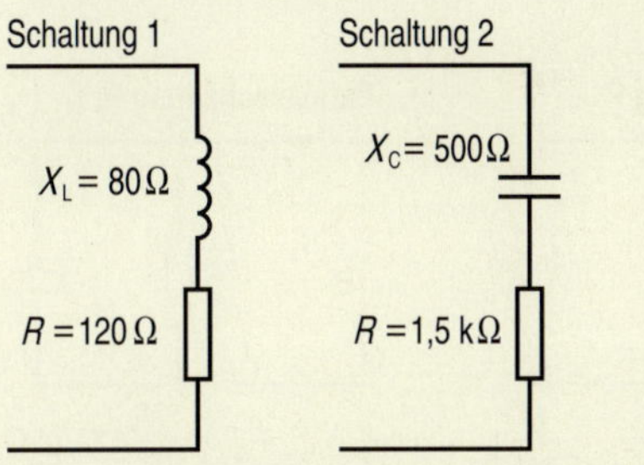

Berechnen Sie die komplexen Impedanzen für alle drei Schaltungen.

5.10.4 Operatoren

Gegeben sind folgende Widerstands-Operatoren:

a) $\underline{Z}_1 = 80\,\Omega + \mathrm{j}\cdot 60\,\Omega$
b) $\underline{Z}_2 = 50\,\Omega - \mathrm{j}\cdot 80\,\Omega$
c) $\underline{Z}_3 = 30\,\Omega + \mathrm{j}\cdot 100\,\Omega$

Berechnen Sie zu den Widerstands-Operatoren den jeweils zugehörigen Leitwert-Operator und zeichnen Sie mit einem selbstgewählten Maßstab die Zeiger für die Widerstände und die Leitwerte.

5.10.5 Komplexe Schaltung

Gegeben ist folgende komplexe Schaltung:

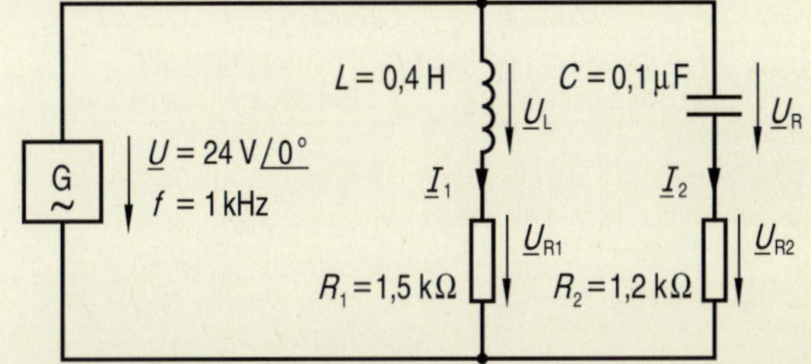

Berechnen Sie die beiden Zweigströme sowie die vier Teilspannungen nach Betrag und Phasenlage.

5.11 Komplexe Grundschaltungen I

Reihenschaltung R, L

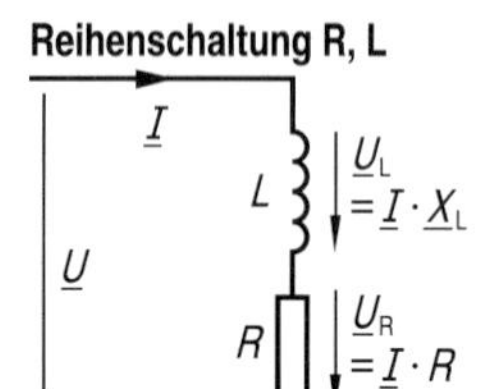

$\underline{Z} = R + j\omega L$

$\underline{I} = \frac{\underline{U}}{\underline{Z}} = \frac{\underline{U}}{R + j\omega L}$

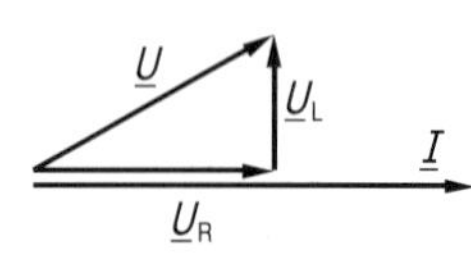

Reihenschaltung R, C

$\underline{I}$ C $\underline{U}_L = \underline{I} \cdot \underline{X}_C$ R $\underline{U}_R = \underline{I} \cdot R$

$\underline{Z} = R - j\frac{1}{\omega C}$

$\underline{I} = \frac{\underline{U}}{\underline{Z}} = \frac{\underline{U}}{R - j/\omega C}$

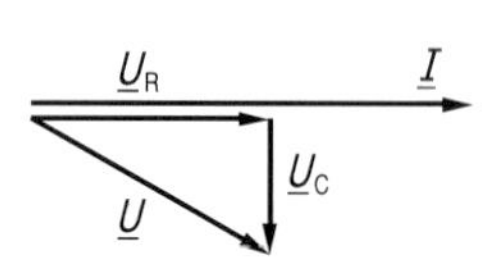

Parallelschaltung R, L

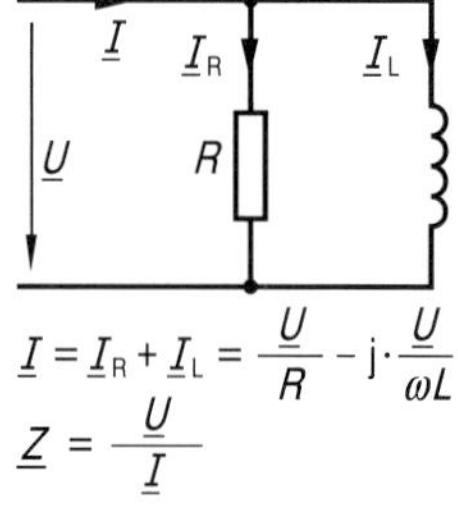

$\underline{I} = \underline{I}_R + \underline{I}_L = \frac{\underline{U}}{R} - j \cdot \frac{\underline{U}}{\omega L}$

$\underline{Z} = \frac{\underline{U}}{\underline{I}}$

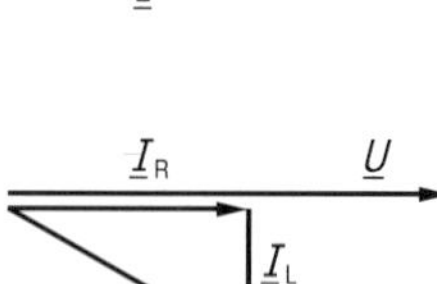

Parallelschaltung R, C

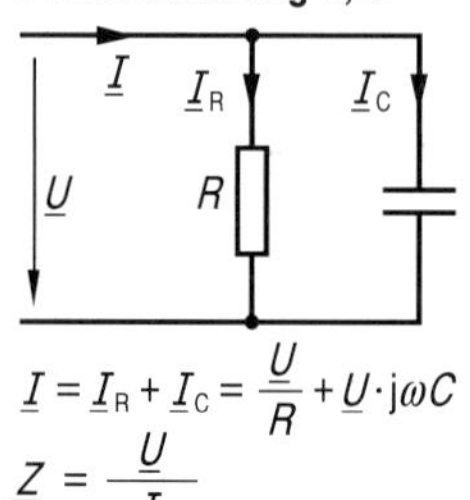

$\underline{I} = \underline{I}_R + \underline{I}_C = \frac{\underline{U}}{R} + \underline{U} \cdot j\omega C$

$\underline{Z} = \frac{\underline{U}}{\underline{I}}$

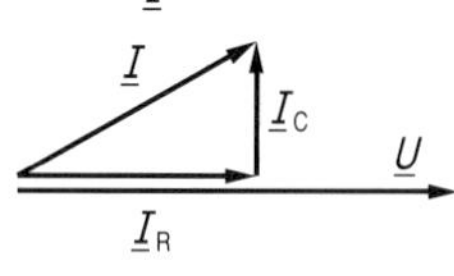

Induktive Schaltungen

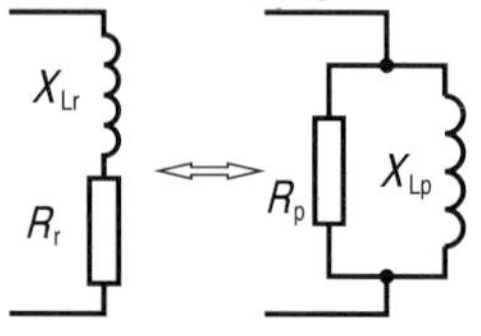

Kapazitive Schaltungen

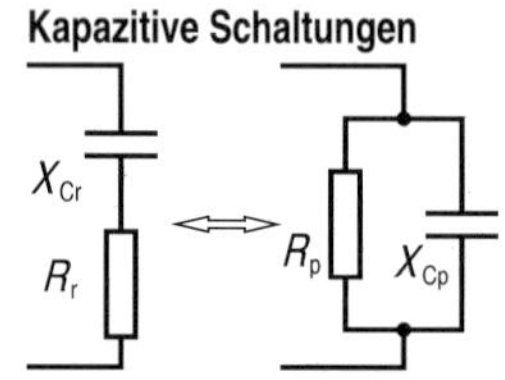

Für induktive und kapazitive Schaltungen gilt:

Ersatzreihenschaltung **Ersatzparallelschaltung**

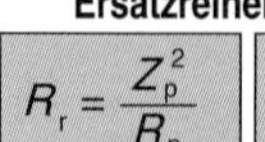

$X_r = \frac{Z_p^2}{X_p}$

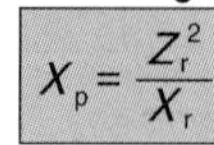

$X_p = \frac{Z_r^2}{X_r}$

Dabei gilt für die
- Reihenschaltung: $Z_r^2 = R_r^2 + X_r^2$
- Parallelschaltung: $Z_p^2 = \frac{R_p^2 \cdot X_p^2}{R_p^2 + X_p^2}$

$\underline{X} = \underline{X}_C = \frac{1}{j \cdot \omega C}$ für ⊣⊢ $\underline{X} = \underline{X}_L = j \cdot \omega L$ für ⌒⌒⌒

Reihenschaltung

Bei der Reihenschaltung von komplexen Widerständen gilt wie bei rein ohmschen Widerständen: Der Gesamtwiderstand (Impedanz) ist gleich der Summe der einzelnen Widerstände, dabei ist aber die Phasenlage der Einzelwiderstände zu berücksichtigen. Für den Betrag der Impedanz gilt: $Z = \sqrt{R^2 + X^2}$, der Tangens des Nullphasenwinkels wird aus X/R berechnet.

Bei einer Reihenschaltung ist es sinnvoll, dem Strom, der in allen Widerständen gleich ist, den Nullphasenwinkel $\varphi_I = 0°$ zuzuordnen. Für die Teilspannung am Wirkwiderstand ergibt sich dann ebenfalls ein Nullphasenwinkel $\varphi_{UR} = 0°$. Die Spannung am induktiven Widerstand ist dann positiv imaginär, die Spannung am kapazitiven Widerstand negativ imaginär. Der Nullphasenwinkel der Gesamtspannung φ_{UR} ist in der induktiven Schaltung positiv, in der kapazitiven Schaltung hingegen negativ.

Parallelschaltung

Bei der Parallelschaltung von komplexen Widerständen gilt wie bei Wirkwiderständen: der Gesamtleitwert ist gleich der Summe der einzelnen Leitwerte; die Phasenlage ist zu berücksichtigen. Der Kehrwert des Gesamtleitwertes ergibt die komplexe Impedanz.

Die Impedanz kann aber auch über die Teilströme berechnet werden.

Bei Parallelschaltungen ist es sinnvoll, der Spannung, die an allen Widerständen gleich ist, den Nullphasenwinkel $\varphi_{UR} = 0°$ zuzuordnen. Für den Teilstrom im Wirkwiderstand ergibt sich dann ebenfalls ein Nullphasenwinkel $\varphi_{IR} = 0°$; der Strom im induktiven Widerstand ist negativ imaginär, der Strom im kapazitiven Widerstand positiv imaginär. Der Nullphasenwinkel des Gesamtstromes ist in der induktiven Schaltung negativ, in der kapazitiven Schaltung hingegen positiv.

Äquivalente Schaltungen

Reihenschaltungen aus einem Wirk- und einem induktiven oder kapazitiven Blindwiderstand können in gleichwertige (äquivalente) Parallelschaltungen umgewandelt werden; umgekehrt können auch Parallelschaltungen in äquivalente Reihenschaltungen umgewandelt werden. Diese Umwandlung in eine äquivalente Ersatzschaltung kann bei der Berechnung von komplizierten Wechselstromschaltungen von Vorteil sein.

Für die Umrechnung einer komplexen Schaltung in eine komplexe Ersatzschaltung gilt grundsätzlich: die beiden Schaltungen sind dann, und nur dann, elektrisch gleichwertig, wenn ihre Scheinwiderstände in Betrag und Phasenlage bzw. im Real- und im Imaginärteil übereinstimmen.

In nebenstehenden Formeln steht der Index r für die Reihenschaltung, der Index p für die Parallelschaltung.

Äquivalente Schaltungen, komplexe Berechnung

Beispiel: induktive Schaltung

Äquivalente Schaltungen

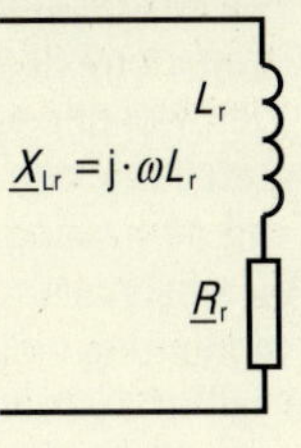

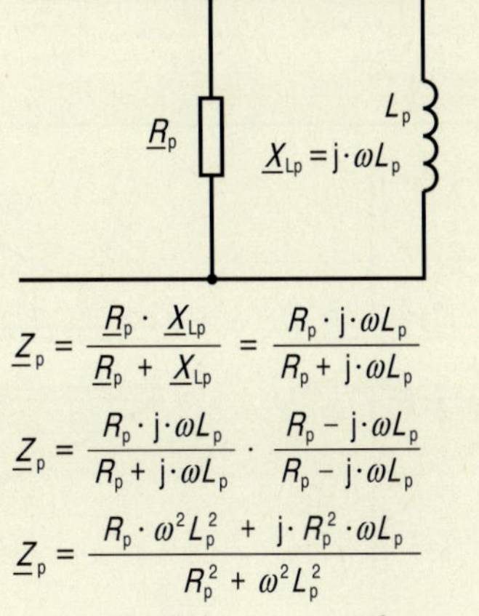

Komplexe Berechnung

$$\underline{Z}_r = R_r + j \cdot \omega L_r$$

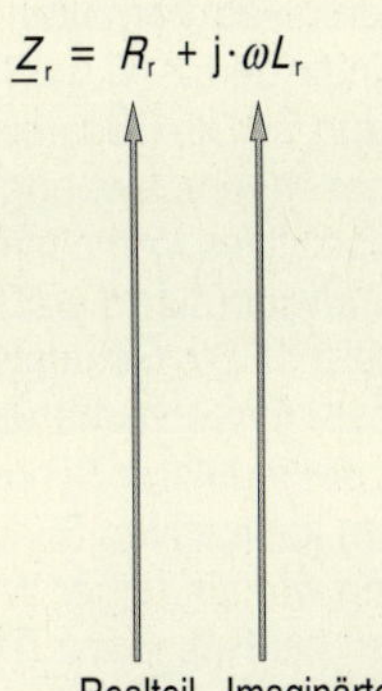

Realteil Imaginärteil

Bei der Berechnung der Parallelschaltung wird der Nenner des Bruchs reell gemacht, indem mit dem konjugiert komplexen Wert des Nenners erweitert wird. Die Impedanz kann dann in ihren Real- und Imaginärteil zerlegt werden.

$$\underline{Z}_p = \frac{\underline{R}_p \cdot \underline{X}_{Lp}}{\underline{R}_p + \underline{X}_{Lp}} = \frac{R_p \cdot j \cdot \omega L_p}{R_p + j \cdot \omega L_p}$$

$$\underline{Z}_p = \frac{R_p \cdot j \cdot \omega L_p}{R_p + j \cdot \omega L_p} \cdot \frac{R_p - j \cdot \omega L_p}{R_p - j \cdot \omega L_p}$$

$$\underline{Z}_p = \frac{R_p \cdot \omega^2 L_p^2 + j \cdot R_p^2 \cdot \omega L_p}{R_p^2 + \omega^2 L_p^2}$$

$$\underline{Z}_p = \frac{R_p\, \omega^2 L_p^2}{R_p^2 + \omega^2 L_p^2} + j \cdot \frac{R_p^2\, \omega L_p}{R_p^2 + \omega^2 L_p^2}$$

Realteil Imaginärteil

Gleichsetzen **Realteile** $R_r = \dfrac{R_p\, \omega^2 L_p^2}{R_p^2 + \omega^2 L_p^2} = \dfrac{Z_p^2}{R_p}$ **Imaginärteile** $\omega L_r = \dfrac{R_p^2\, \omega L_p}{R_p^2 + \omega^2 L_p^2} = \dfrac{Z_p^2}{X_p}$

Zwei komplexe Schaltungen sind dann, und nur dann, elektrisch gleichwertig, wenn die Impedanzen in Realteil und Imaginärteil gleich sind.

Durch Gleichsetzen der beiden Real- und Imaginärteile erhält man zwei Bestimmungsgleichungen. Sie können nach den gesuchten Größen umgestellt werden.

Aufgaben

5.11.1 Reihenschaltung

Eine Reihenschaltung von $R = 200\,\Omega$ und $L = 50\,\text{mH}$ liegt an $U = 12\,\text{V}$, $f = 800\,\text{Hz}$. Der Nullphasenwinkel des Stromes soll mit 0° festgelegt werden.

Berechnen Sie komplex

a) die Impedanz der Schaltung,
b) den Strom,
c) die Teilspannungen und den Nullphasenwinkel der Gesamtspannung.
d) Zeichnen Sie das Zeigerdiagramm von Strom, Spannungen und Widerständen.
e) Warum wird willkürlich $\varphi_I = 0°$ gesetzt?

5.11.2 Parallelschaltung

Eine Parallelschaltung von $R = 1\,\text{k}\Omega$ und $C = 2{,}2\,\mu\text{F}$ liegt an $U = 15\,\text{V}$, $f = 100\,\text{Hz}$. Der Nullphasenwinkel der Spannung soll mit 0° festgelegt werden.

Berechnen Sie komplex

a) die Teilströme und den Gesamtstrom,
b) die Impedanz der Schaltung,
c) die Einzelleitwerte und den Gesamtleitwert.
d) Zeichnen Sie das Zeigerdiagramm von Spannung, Strömen, Widerständen und Leitwerten.

5.11.3 Spannungsteiler

Die Reihenschaltung aus verstellbarem Wirkwiderstand und Induktivität wird als Spannungsteiler eingesetzt.

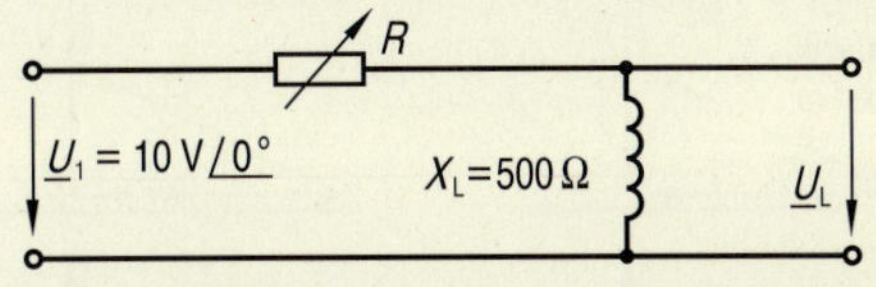

a) Berechnen Sie die Spannung $\underline{U}_L$ für die Widerstände $R = 0\,\Omega$, $250\,\Omega$, $500\,\Omega$, $750\,\Omega$, $1\,\text{k}\Omega$ und ∞.
b) Zeichnen Sie alle Spannungszeiger $\underline{U}_L$ in ein gemeinsames Diagramm.

5.11.4 Äquivalente Schaltungen

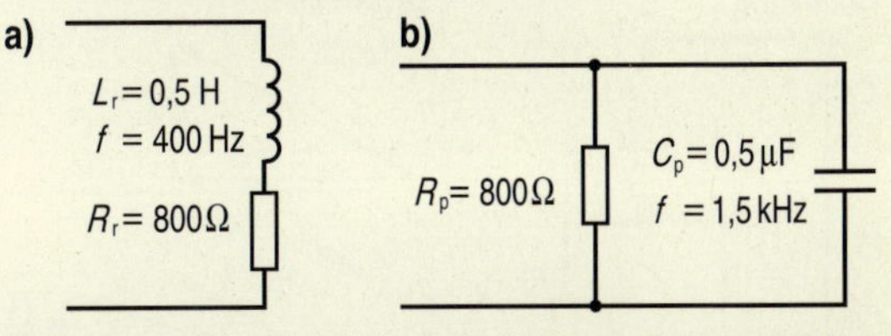

Berechnen Sie für beide Schaltungen die zugehörige äquivalente Parallel- bzw. Reihenschaltung.

5.12 Komplexe Grundschaltungen II

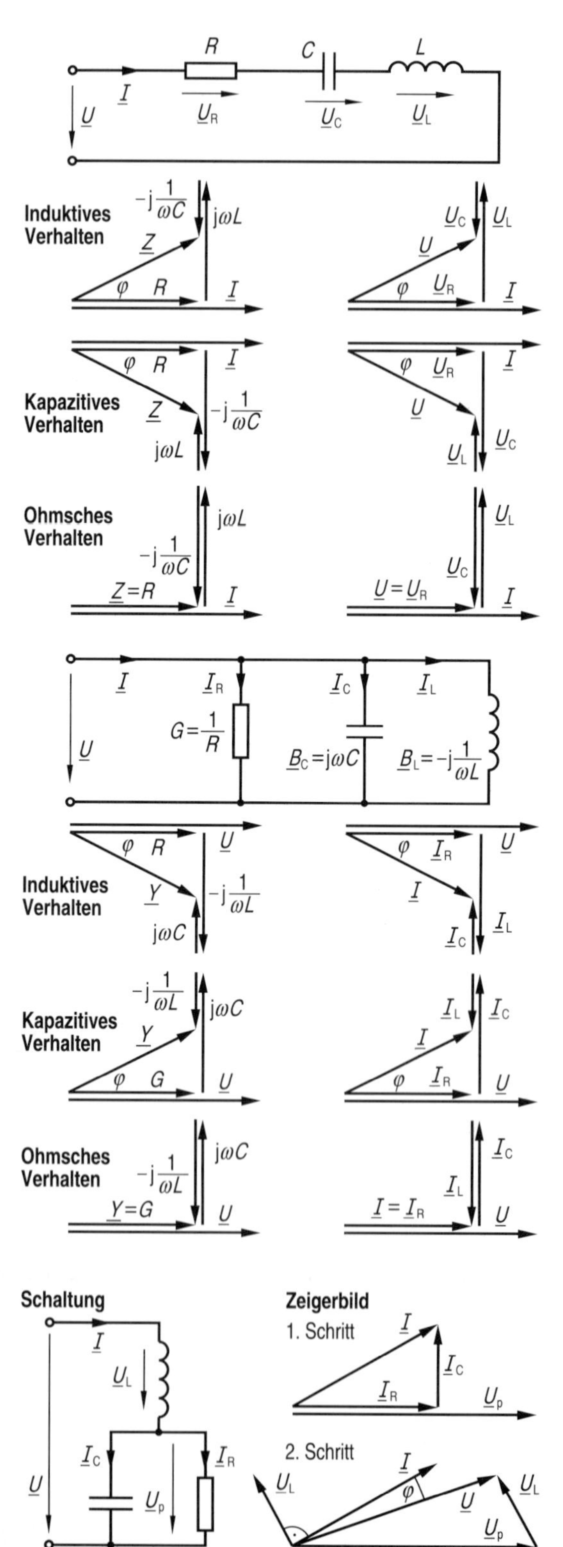

Reihenschaltung von R, C, L

In der Reihenschaltung werden alle Bauteile vom gleichen Strom durchflossen. Es ist deshalb sinnvoll, dem Strom den Nullphasenwinkel $\varphi_I = 0°$ zuzuordnen. Bei der Darstellung des Zeigerdiagramms beginnt man daher mit dem waagrecht liegenden Stromzeiger.

Eine Reihenschaltung aus R, C und L kann sich je nach Dimensionierung induktiv oder kapazitiv verhalten; als Sonderfall ist auch reines Wirkverhalten möglich.

Induktives Verhalten ergibt sich, wenn der induktive Blindwiderstand größer als der kapazitive Blindwiderstand ist. Die Gesamtspannung eilt dem Strom um den Phasenverschiebungswinkel φ vor.

Kapazitives Verhalten ergibt sich, wenn der kapazitive Blindwiderstand größer als der induktive Blindwiderstand ist. Die Gesamtspannung eilt dem Strom um den Phasenverschiebungswinkel φ nach.

Ist der induktive Blindwiderstand betragsmäßig gleich dem kapazitiven Blindwiderstand, so wirkt die Schaltung wie ein reiner Wirkverbraucher. Dieser Zustand wird als Resonanz (Reihenresonanz) bezeichnet.

Parallelschaltung von R, C, L

In der Parallelschaltung liegen alle Bauteile an der gleichen Spannung. Es ist deshalb sinnvoll, der Spannung den Nullphasenwinkel $\varphi_U = 0°$ zuzuordnen. Bei der Darstellung des Zeigerdiagramms beginnt man daher mit dem waagrecht liegenden Spannungszeiger.

Eine Parallelschaltung aus R, C und L kann sich je nach Dimensionierung induktiv oder kapazitiv verhalten; als Sonderfall ist auch reines Wirkverhalten möglich.

Induktives Verhalten ergibt sich, wenn der induktive Blindeitwert größer als der kapazitive Blindleitwert ist. Der Gesamtstrom eilt der Spannung um den Phasenverschiebungswinkel φ nach.

Kapazitives Verhalten ergibt sich, wenn der kapazitive Blindleitwert größer als der induktive Blindleitwert ist. Der Gesamtstrom eilt der Spannung um den Phasenverschiebungswinkel φ vor.

Ist der induktive Blindleitwert betragsmäßig gleich dem kapazitiven Blindleitwert, so zeigt die Parallelschaltung wie die Reihenschaltung reines Wirkverhalten. Der Zustand wird als Parallelresonanz bezeichnet.

Gemischte Schaltungen

In der Praxis bestehen viele Schaltungen aus einer Kombination von Reihen- und Parallelschaltungen. Die Konstruktion der Zeigerdiagramme sowie die komplexe Berechnung erfolgen schrittweise. Für das nebenstehende Beispiel ist folgendes Vorgehen möglich:

1. Schritt: Spannungszeiger $\underline{U}_p$ waagrecht legen, zugehörige Stromzeiger zeichnen.
2. Schritt: Spannungszeiger $\underline{U}_L$ senkrecht zu $\underline{I}$ einzeichnen, Gesamtspannung $\underline{U}$ konstruieren.

Komplexe Schaltungen, Analyse und Berechnung
Spannungen und Ströme in Wechselstromschaltungen lassen sich mit Hilfe der komplexen Rechnung vergleichsweise leicht nach Betrag und Phasenlage berechnen. Die Berechnung sollte aber grundsätzlich durch eine Schaltungsanalyse und ein Zeigerdiagramm vorbereitet sein; das Zeigerdiagramm muss dabei nicht maßstäblich gezeichnet werden. Die Lage des ersten Zeigers kann im Prinzip willkürlich gewählt werden, meist wird er waagrecht gelegt. Alle anderen Zeiger ergeben sich dann zwangsläufig. Als ersten Zeiger wählt man sinnvollerweise:

1. Bei Reihenschaltungen den Stromzeiger,
2. bei Parallelschaltungen den Spannungszeiger,
3. bei gemischten Schaltungen den Zeiger eines Teilstromes oder einer Teilspannung.

Das Beispiel zeigt die prinzipielle Vorgehensweise bei der Entwicklung eines Zeigerdiagramms.

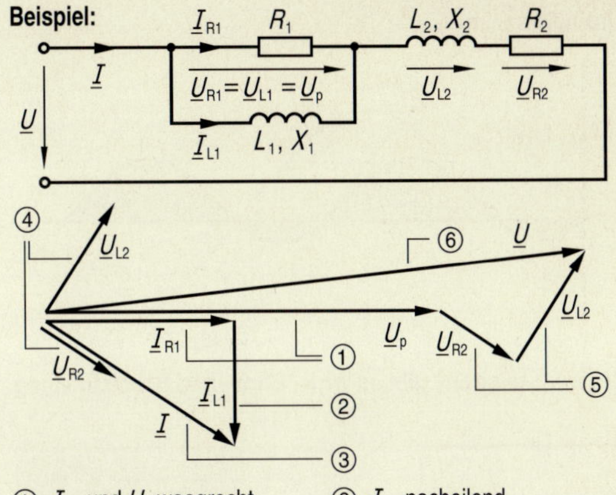

Aufgaben

5.12.1 Reihenschaltung von R und L

Ein Widerstand $R = 1\,\text{k}\Omega$ und eine Induktivität $L = 10\,\text{mH}$ sind in Reihe geschaltet. Berechnen Sie

a) den Strom bei $\underline{U} = 5\,\text{V}\,\underline{/0°}$, $f = 5\,\text{kHz}$,

b) die Frequenz f_1, bei der an R und L betragsmäßig die gleiche Spannung anliegt,

c) die Frequenz f_2, bei der die Spannung an R betragsmäßig gleich der halben Gesamtspannung ist.

5.12.2 Reihenschaltung von Spulen

Zwei Spulen mit den Induktivitäten $L_1 = 120\,\text{mH}$ und $L_2 = 150\,\text{mH}$ und den ohmschen Wirkanteilen $R_1 = 20\,\Omega$ und $R_2 = 25\,\Omega$ sind in Reihe geschaltet. Die Schaltung liegt an $U = 230\,\text{V}$, $f = 50\,\text{Hz}$. Berechnen Sie

a) die Impedanz der Schaltung,

b) den Strom und die Teilspannungen,

c) den Phasenverschiebungswinkel.

d) Zeichnen Sie das maßstäbliche Zeigerdiagramm.

5.12.3 Vierpol

Ein Vierpol enthält einen ohmschen Widerstand und ein frequenzabhängiges Bauteil.

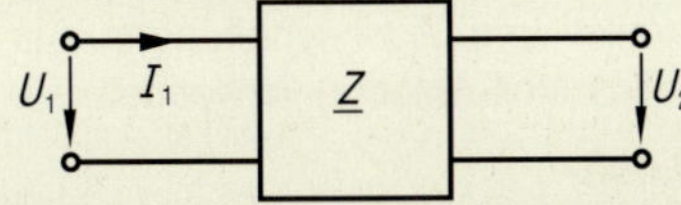

a) Eine Messung mit Gleichspannung $U_1 = 12\,\text{V}$ ergibt den Strom $I_1 = 6\,\text{mA}$ und $U_2 = 12\,\text{V}$. Welche Schaltungen kann der Vierpol enthalten?

b) Eine zweite Messung mit $U_1 = 12\,\text{V}$, $f = 100\,\text{Hz}$ ergibt die Ausgangsspannung $U_2 = 6\,\text{V}$.
Bestimmen Sie die Schaltung und berechnen Sie die beiden enthaltenen Bauteile.

5.12.4 Gruppenschaltung I

Gegeben ist folgende komplexe Schaltung:

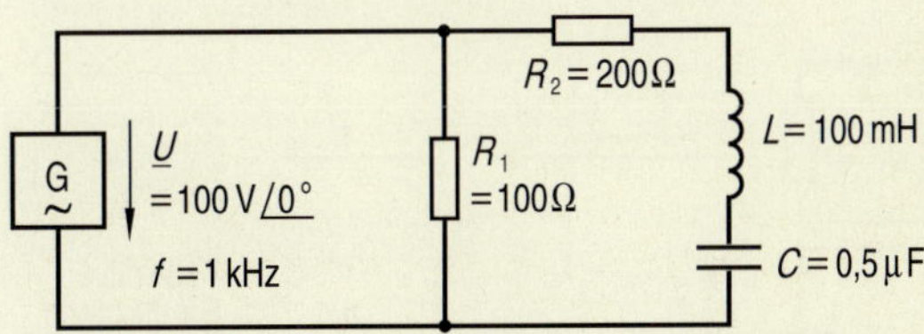

Berechnen Sie mit Hilfe der komplexen Rechnung:

a) die Widerstände X_L und X_C,

b) die Teilströme und den Gesamtstrom,

c) die Gesamtimpedanz der Schaltung,

d) die Frequenz, bei welcher der Gesamtstrom am größten ist, sowie den dabei fließenden Strom.

e) Zeichnen Sie für die Frequenz 1 kHz sowie für die in d) berechnete Frequenz je ein maßstäbliches Zeigerbild für alle Ströme und Spannungen.

5.12.5 Gruppenschaltung II

Gegeben ist folgende komplexe Schaltung:

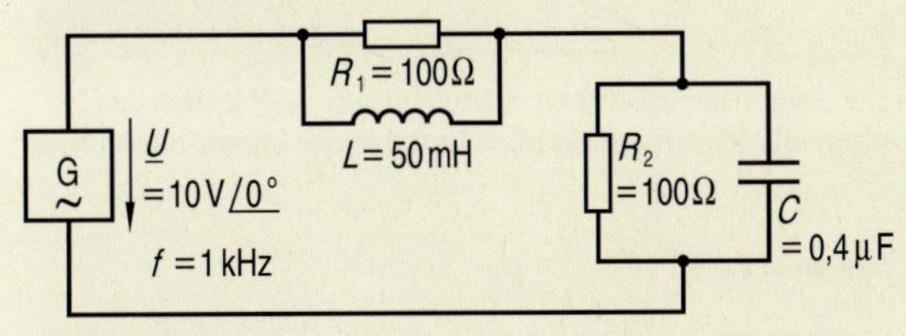

a) Berechnen Sie mit Hilfe der komplexen Rechnung alle unbekannten Spannungen, Ströme und Wider stände sowie die Gesamtimpedanz.

b) Zeichnen Sie ein maßstäbliches Zeigerbild für alle Spannungen und Ströme.

5.13 Komplexe Leistung

Liniendiagramm

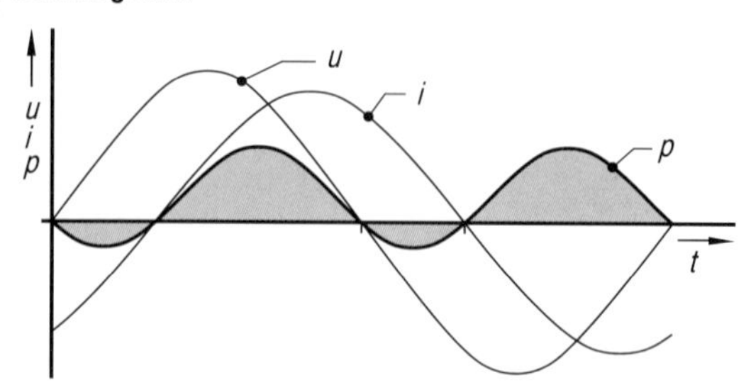

- **Bei Wechselstrom gibt es Wirk-, Blind- und Scheinleistung**

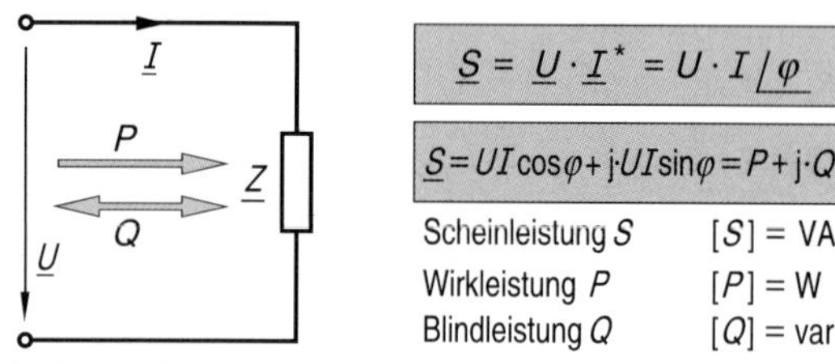

- **Bei der Leistungsberechnung ist die komplexe Spannung $\underline{U}$ und der konjugiert komplexe Strom $\underline{I}^*$ einzusetzen**

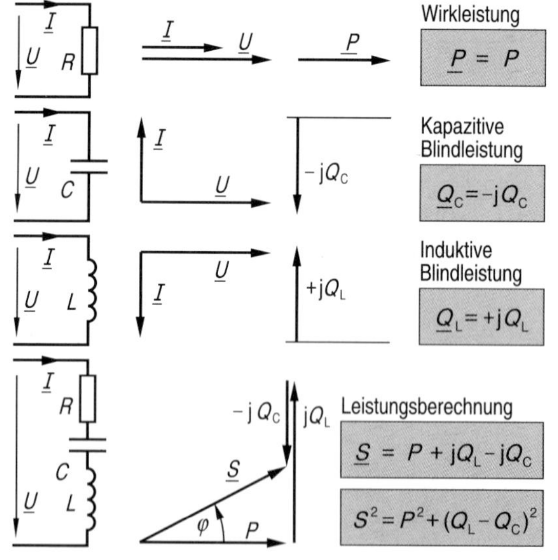

- **Der Zeiger der induktiven Blindleistung zeigt immer nach oben, der kapazitive Blindleistungszeiger immer nach unten**

Induktive Last

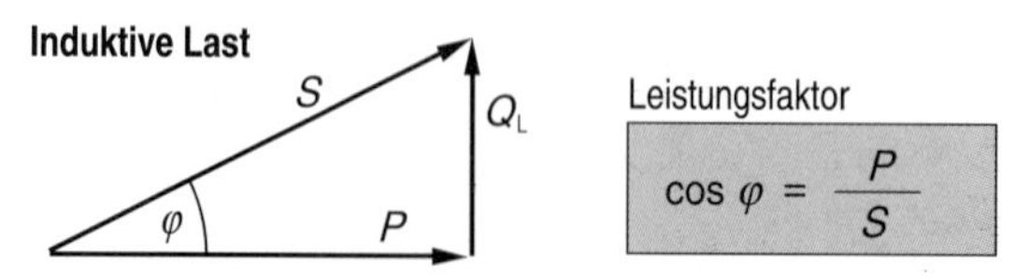

- **Das Verhältnis von Wirk- zu Scheinleistung, der „cos φ", wird als Leistungsfaktor bezeichnet**

Leistung im Wechselstromkreis

Die Augenblicksleistung ist in Gleich- und Wechselstromkreisen stets gleich dem Produkt aus Strom und Spannung: $p = u \cdot i$. Dabei ist es allerdings entscheidend, ob Strom und Spannung phasengleich sind oder nicht. Im allgemeinen Wechselstromkreis sind Strom und Spannung meist phasenverschoben. In diesem Fall wird ein Teil der aufgenommenen Leistung in Wärme oder mechanische Arbeit umgewandelt; dies ist die Wirkleistung. Ein anderer Teil pendelt zwischen Verbraucher und Generator; dies ist die Blindleistung. Die gesamte Leistung wird Scheinleistung genannt.

Berechnung

Der Effektivwert der Scheinleistung kann aus dem Produkt der Effektivwerte von Spannung und Strom berechnet werden; bei der komplexen Berechnung ist allerdings der konjugiert komplexe Wert des Stromes $\underline{I}^*$ einzusetzen. Durch Verwendung des konjugiert komplexen Stromwertes ist es völlig gleichgültig, welchen Nullphasenwinkel Spannung und Strom haben; entscheidend ist allein die Phasenverschiebung φ zwischen beiden Größen.

Wirk-, Blind-, Scheinleistung

Die Art des Verbrauchers entscheidet über die Art der aufgenommenen Leistung.
Ohmsche Widerstände sind reine Wirkverbraucher, sie nehmen nur Wirkleistung auf. Wirkleistung hat keinen Imaginäranteil, der Wirkleistungszeiger liegt immer waagrecht nach rechts zeigend in der komplexen Zahlenebene. Wirkleistung wird in Watt (W) gemessen.
Kapazitive Widerstände nehmen nur kapazitive Blindleistung auf; der kapazitive Blindleistungszeiger liegt immer senkrecht nach unten zeigend in der komplexen Zahlenebene.
Induktive Widerstände nehmen nur induktive Blindleistung auf; der induktive Blindleistungszeiger zeigt in der komplexen Zahlenebene immer nach oben.
Kapazitive und induktive Blindleistung erhalten meist zur deutlichen Unterscheidung von der Wirkleistung die Einheit var (lies: Volt-Ampere-reaktiv).
Die Scheinleistung ist gleich der komplexen Summe der Wirk- und Blindleistungen. Dies gilt gleichermaßen für Reihen-, Parallel- und Mischschaltungen. Als Einheit wird das VA (lies: Volt-Ampere) verwendet.

Leistungsfaktor

Für die Wirtschaftlichkeit von elektrischen Maschinen ist von Bedeutung, welcher Anteil der Gesamtleistung S als Wirkleistung P auftritt. Das Verhältnis von Wirk- zu Scheinleistung wird Leistungsfaktor genannt. Er ist gleich dem Kosinus des Phasenverschiebungswinkels. Auf dem Leistungschild elektrischer Maschinen wird der Nennleistungsfaktor immer angegeben.

Leistung, mathematische Deutung

Für den Augenblickswert von Wechselstromleistung gilt allgemein: $p(t) = u(t) \cdot i(t)$.

Sind Spannung und Strom in Phase, so ergibt sich zu jeder Zeit eine positive Leistung. Diese schwingt mit doppelter Grundfrequenz um den Mittelwert $P = U \cdot I$. Dieser Mittelwert heißt Wirkleistung.

Sind Spannung und Strom um 90° bzw. π/2 phasenverschoben, so ist die Leistung abwechselnd positiv und negativ. Sie schwingt mit doppelter Grundfrequenz um den Mittelwert null. Der Scheitelwert (Amplitude) dieser Schwingung hat den Wert $Q = U \cdot I$, dieser Scheitelwert wird als Blindleistung bezeichnet.

Im Beispiel wird die kapazitive Blindleistung $Q_C = U_C \cdot I_C$ eines Kondensators hergeleitet, für eine Induktivität gilt entsprechend $Q_L = U_L \cdot I_L$.

Phasenverschiebungswinkel

In komplexen Schaltungen tritt zwischen der Spannung und dem zugehörigen Strom meist eine zeitliche Verschiebung, die sogenannte Phasenverschiebung, auf. In der Praxis wird dabei üblicherweise der Spannungszeiger als Bezugsgröße angenommen. Ein der Spannung voreilender Strom hat danach einen positiven, ein nacheilender Strom einen negativen Phasenverschiebungswinkel φ. Diese Festlegung ist sinnvoll, weil im normalen Konstantspannungssystem die Spannung die natürliche Bezugsgröße darstellt.

Nach DIN 40110 wird jedoch der Strom als Bezugsgröße festgelegt. Diese Festlegung führt dazu, dass die induktive Blindleistung positiv imaginär und die kapazitive Blindleistung negativ imaginär gezählt wird.

Wirkleistung

$p_R = \hat{u}_R \cdot \sin\omega t \cdot \hat{\imath}_R \cdot \sin\omega t$

$= \hat{u}_R \cdot \hat{\imath}_R \cdot \sin^2 \omega t$

Mit der trigonometrischen Formel $\sin^2 \omega t = \frac{1}{2}(1 - \cos 2\omega t)$ folgt:

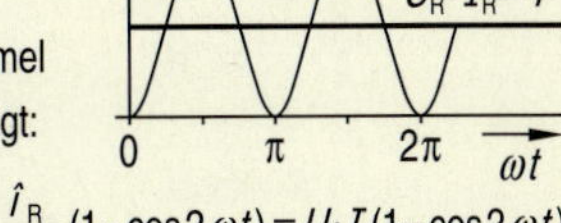

$$p_R = \frac{\hat{u}_R \cdot \hat{\imath}_R}{2}(1 - \cos 2\omega t) = \frac{\hat{u}_R}{\sqrt{2}} \cdot \frac{\hat{\imath}_R}{\sqrt{2}}(1 - \cos 2\omega t) = U \cdot I\,(1 - \cos 2\omega t)$$

Blindleistung des Kondensators

$p_C = \hat{u}_C \cdot \sin\omega t \cdot \hat{\imath}_C \cdot \cos\omega t$

$= \hat{u}_C \cdot \hat{\imath}_C \cdot \sin\omega t \cdot \cos\omega t$

Mit der trigonometrischen Formel $\sin\omega t \cdot \cos\omega t = \frac{1}{2}\sin 2\omega t$ folgt:

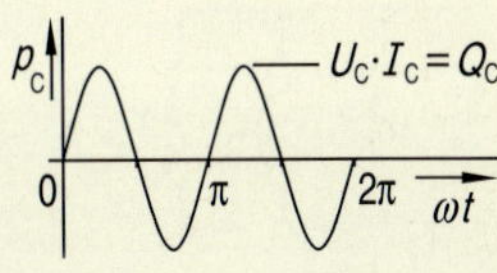

$$p_C = \frac{\hat{u}_C \cdot \hat{\imath}_C}{2}\sin 2\omega t = \frac{\hat{u}_C}{\sqrt{2}} \cdot \frac{\hat{\imath}_C}{\sqrt{2}}\sin 2\omega t = U \cdot I \cdot \sin 2\omega t$$

Festlegung nach DIN 40110

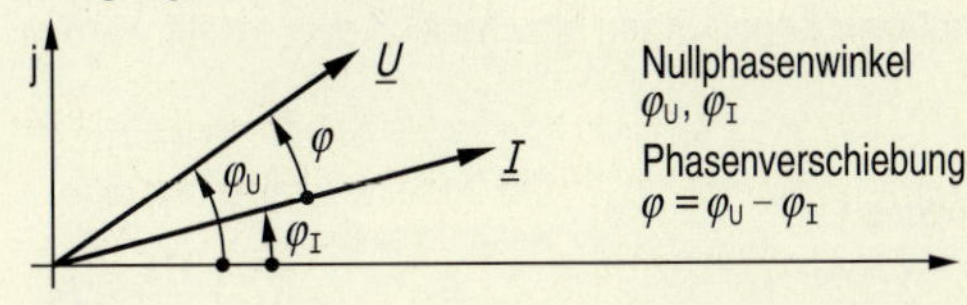

Leistung

$$\underline{S} = \underline{U} \cdot \underline{I}^* = U\underline{/\varphi_U} \cdot I\underline{/-\varphi_I} = U \cdot I\,\underline{/\varphi_U - \varphi_I} = U \cdot I\,\underline{/\varphi}$$

$$\underline{S} = U \cdot I \cdot \cos\varphi + \mathrm{j} \cdot U \cdot I \cdot \sin\varphi$$

- $U \cdot I \cdot \cos\varphi$: Wirkleistung
- $U \cdot I \cdot \sin\varphi$: Blindleistung, induktiv, wenn φ positiv; kapazitiv, wenn φ negativ

Aufgaben

5.13.1 Komplexe Leistung

Gegeben ist folgende Reihenschaltung:

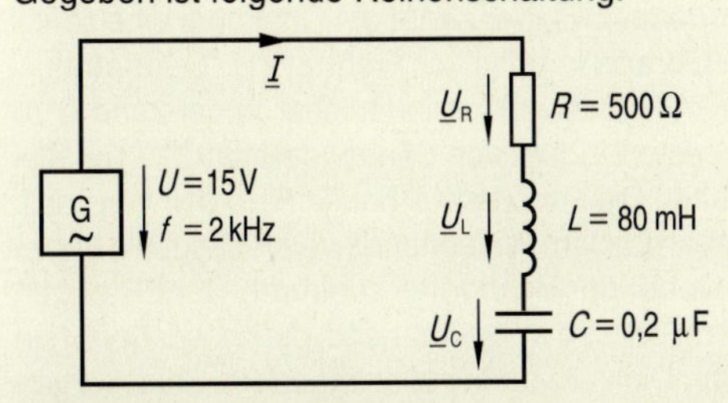

Berechnen Sie komplex

a) den Strom und die Teilspannungen,

b) alle auftretenden Leistungen.

c) Zeichnen Sie ein vollständiges maßstäbliches Zeigerdiagramm mit Strom und allen Spannungen und Leistungen.

d) Bei welcher Frequenz liefert der Generator nur noch Wirkleistung? Berechnen Sie diese Wirkleistung.

5.13.2 Parallelschaltung

Eine Parallelschaltung von R, L und C liegt an 230 V, 50 Hz. Die aufgenommene Wirkleistung beträgt 460 W, in der Spule fließt der Strom 3 A, der Gesamtstrom in der Zuleitung beträgt ebenfalls 3 A.

Skizzieren Sie die Schaltung und berechnen Sie

a) den Leistungsfaktor,

b) die Werte R, L und C,

c) die beiden Blindleistungen Q_L und Q_C.

5.13.3 Wechselstrommotor

Ein Motor hat die Leistungsschildangaben $U = 230$ V, $P = 1{,}5$ kW (abgegebene Leistung), $\cos\varphi = 0{,}8$, $\eta = 0{,}85$.

Berechnen Sie

a) den Strom in der Zuleitung, wenn der Motor mit Nennleistung belastet wird,

b) den Strom in der Zuleitung sowie den Leistungsfaktor, wenn dem Motor ein Kondensator $C = 50\,\mu$F parallel geschaltet wird.

5.14 Ortskurven

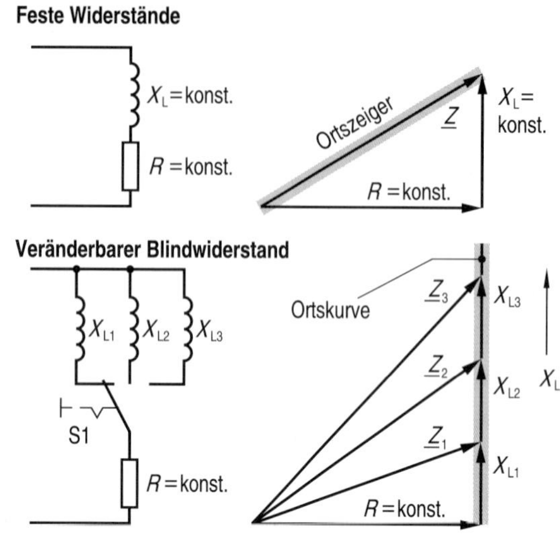

- **Mit Ortskurven kann das Verhalten von veränderlichen komplexen Schaltungen anschaulich dargestellt werden**

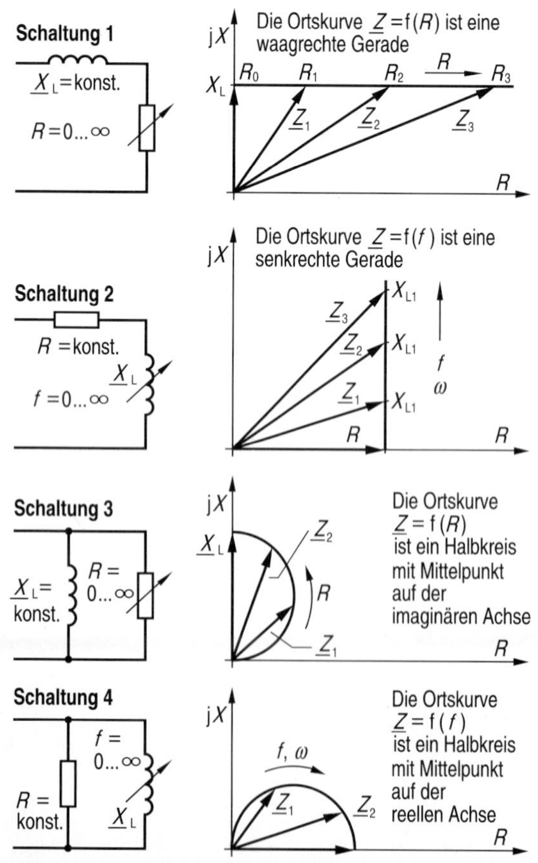

- **Grundschaltungen aus R und L oder R und C haben eine Gerade oder einen Halbkreis als Ortskurve**

Feste und veränderbare Widerstände

Die in der Praxis benutzen komplexen Schaltungen zeichnen sich oft dadurch aus, dass sie aus Bauteilen mit konstanten Widerstandswerten R, X_L und X_C bestehen. Diese Schaltungen haben eine nach Betrag und Phasenlage eindeutige Impedanz; für jede Spannung kann ein zugehöriger Strom bestimmt werden.

Daneben gibt es komplexe Schaltungen, bei denen sich ein Widerstand in Abhängigkeit von einem Parameter ändert. Als Parameter können veränderbare ohmsche Widerstände, Induktivitäten, Kapazitäten oder Frequenzen auftreten. Der Parameter kann üblicherweise Werte zwischen 0 und ∞ annehmen.

Verändert sich in einer Schaltung ein Parameter, so ändern sich die Impedanz, die Spannungen bzw. Ströme sowie die zugehörigen Zeigerbilder. Bei kontinuierlicher Veränderung eines Parameters erhält man unendlich viele Zeigerbilder. Verbindet man nun die Spitzen aller entsprechenden variablen Zeiger, dann erhält man eine sogenannte Ortskurve.

Grundschaltungen

Das Entstehen von Ortskurven soll an vier Grundschaltungen erläutert werden:

In Schaltung 1 ist ein veränderlicher Widerstand R mit einem festen induktiven Blindwiderstand X_L in Reihe geschaltet. Die Impedanz Z hat somit für $R=0$ einen rein imaginären, positiven Wert. Mit zunehmendem Widerstandswert R steigt der Realteil der Impedanz. Die Verbindung aller Impedanz-Zeiger ergibt als Ortskurve eine waagrechte Gerade.

In Schaltung 2 ist der ohmsche Widerstand R fest, die Frequenz f ist veränderlich und somit auch der induktive Blindwiderstand X_L. Der Impedanz-Zeiger ändert sich mit der Frequenz. Bei Frequenz $f=0$ hat die Impedanz keinen Imaginärteil, ihr Wert ist reell. Mit zunehmender Frequenz steigt der Imaginärteil, die Verbindung aller Impedanz-Zeiger ergibt als Ortskurve eine senkrechte Gerade in positiver Richtung (1. Quadrant).

In Schaltung 3 ist ein veränderlicher Widerstand R zu einem festen induktiven Blindwiderstand X_L parallel geschaltet. Die Impedanz Z hat für $R=0$ den Wert null. Mit zunehmendem Widerstandswert R steigt die Impedanz, wobei der Blindanteil zunimmt. Geht R gegen unendlich, so wird X_L bestimmend, die Impedanz ist rein imaginär. Die Verbindung aller Impedanz-Zeiger ergibt als Ortskurve einen Halbkreis im 1. Quadranten.

In Schaltung 4 ist der Widerstand R fest, der induktive Widerstand X_L ändert sich mit der Frequenz. Die Impedanz Z hat somit für $f=0$ den Wert null. Geht die Frequenz gegen unendlich, so wird der Wirkwiderstand bestimmend. Die Impedanz ist rein reell. Die Verbindung aller Impedanz-Zeiger ergibt als Ortskurve einen Halbkreis im 1. Quadranten.

Grundschaltungen und ihre Ortskurven

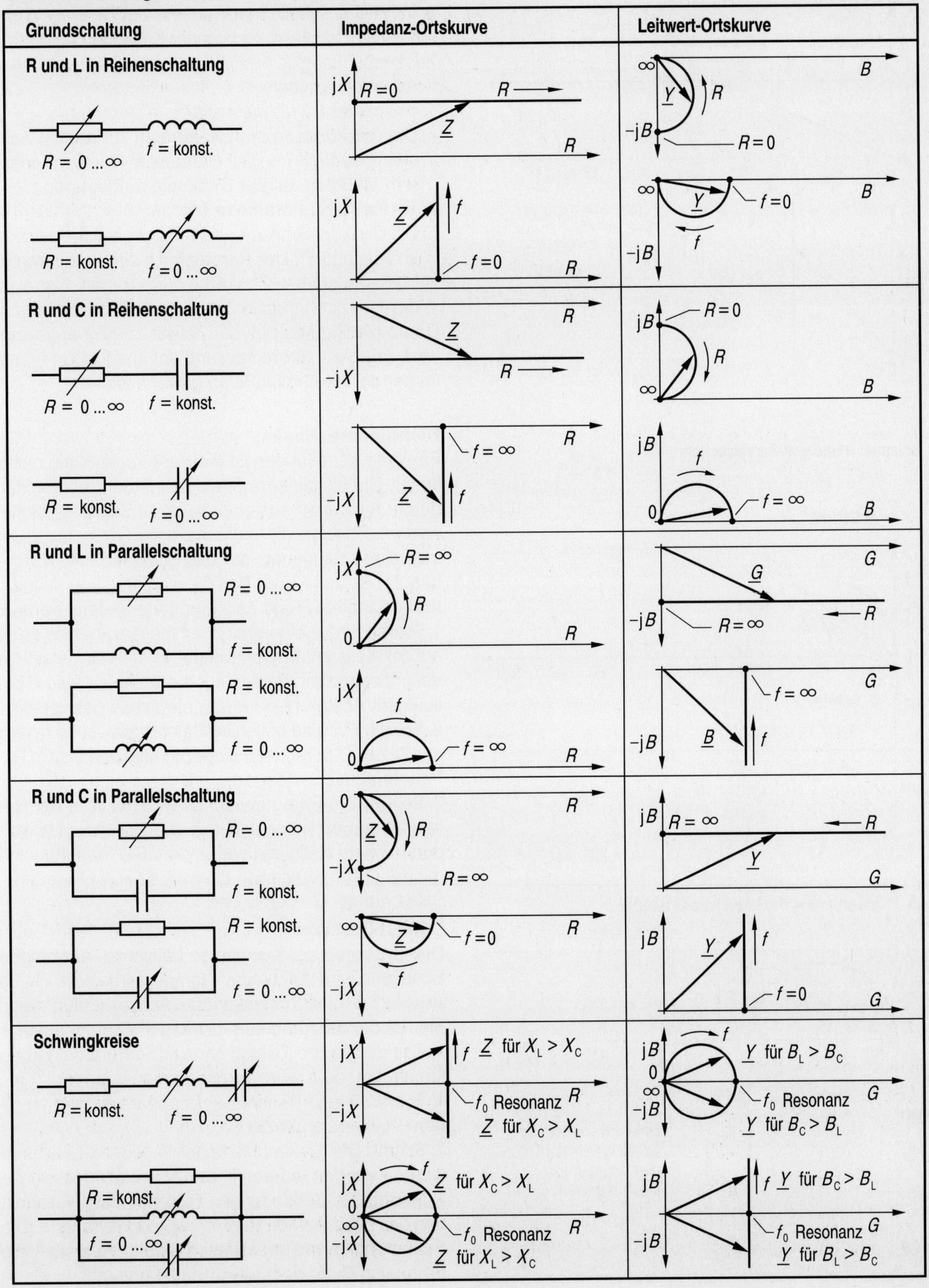

Grundschaltung	Impedanz-Ortskurve	Leitwert-Ortskurve
R und L in Reihenschaltung R = 0 ... ∞, f = konst.	jX, R=0, R, $\underline{Z}$, R	∞, $\underline{Y}$, R, −jB, R=0, B
R = konst., f = 0 ... ∞	jX, $\underline{Z}$, f, f=0, R	∞, $\underline{Y}$, f=0, B, f, −jB
R und C in Reihenschaltung R = 0 ... ∞, f = konst.	R, $\underline{Z}$, −jX, R	jB, R=0, R, ∞, B
R = konst., f = 0 ... ∞	R, f = ∞, −jX, $\underline{Z}$, f	jB, f, 0, f = ∞, B
R und L in Parallelschaltung R = 0 ... ∞, f = konst.	jX, R = ∞, R, 0, R	G, $\underline{G}$, −jB, R = ∞, R
R = konst., f = 0 ... ∞	jX, f, 0, f = ∞, R	G, f = ∞, −jB, $\underline{B}$, f
R und C in Parallelschaltung R = 0 ... ∞, f = konst.	0, R, $\underline{Z}$, R, −jX, R = ∞	jB, R = ∞, R, $\underline{Y}$, G
R = konst., f = 0 ... ∞	∞, R, $\underline{Z}$, f=0, f, −jX	jB, $\underline{Y}$, f, f=0, G
Schwingkreise R = konst., f = 0 ... ∞	jX, f, $\underline{Z}$ für $X_L > X_C$, R, −jX, f_0 Resonanz, $\underline{Z}$ für $X_C > X_L$	jB, f, $\underline{Y}$ für $B_L > B_C$, 0, ∞, −jB, f_0 Resonanz, G, $\underline{Y}$ für $B_C > B_L$
R = konst., f = 0 ... ∞	jX, f, $\underline{Z}$ für $X_C > X_L$, 0, ∞, −jX, f_0 Resonanz, R, $\underline{Z}$ für $X_L > X_C$	jB, f, $\underline{Y}$ für $B_C > B_L$, −jB, f_0 Resonanz, G, $\underline{Y}$ für $B_L > B_C$

5.15 Parametrierung von Ortskurven

Beispiel: R und L in Reihenschaltung

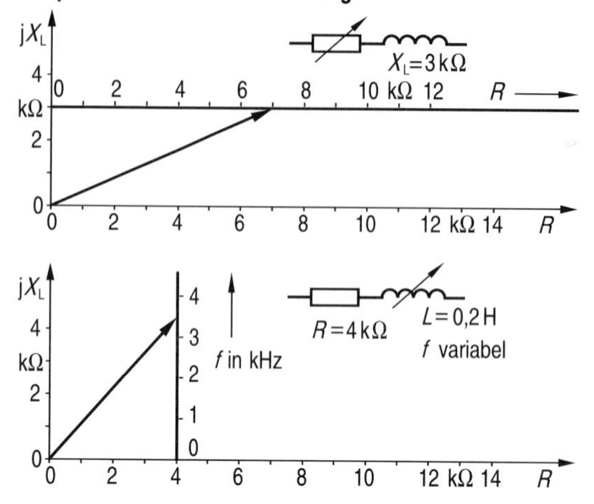

Beispiel: R und L in Parallelschaltung

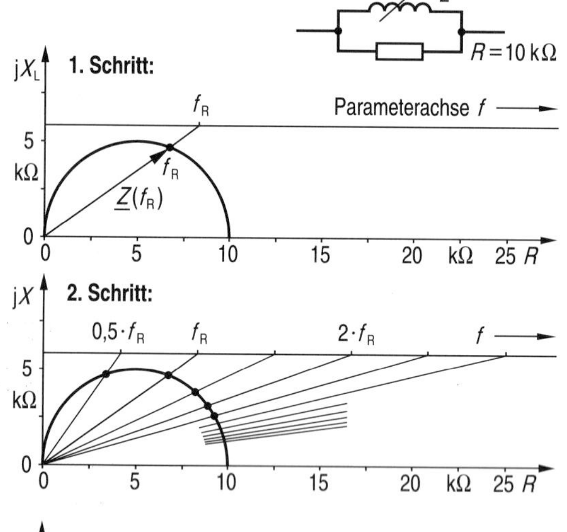

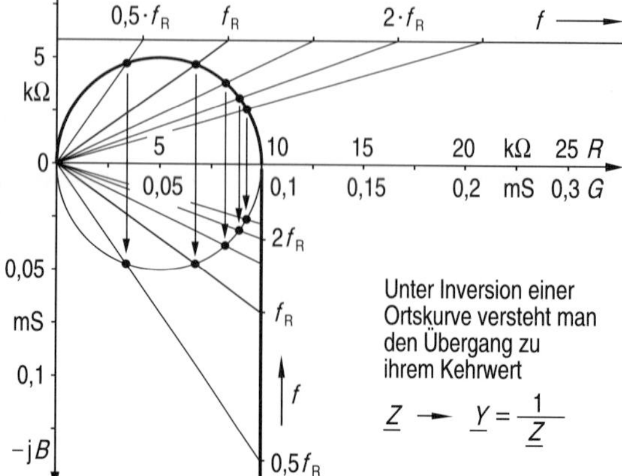

Lineare Skalen

In der Reihenschaltung von ohmschem Widerstand und Induktivität ist die Impedanz der Schaltung durch den Zusammenhang $\underline{Z} = R + j\omega L$ gegeben. Man kann zwei Fälle unterscheiden:

1. f = konstant, Parameter R
   Die Ortskurve verläuft waagrecht zur reellen Achse im Abstand ωL. Der Parameter R wird mit linearem Maßstab auf der Ortskurve aufgetragen.
2. R = konstant, Parameter f
   Die Ortskurve verläuft parallel zur imaginären Achse im Abstand R. Der Parameter f wird mit linearem Maßstab auf der Ortskurve aufgetragen. Dabei ist der Umrechnungsfaktor $f = X_L / 2\pi \cdot L$ zu beachten.

Damit die Phasenlage der Zeiger korrekt angezeigt wird, muss auf der reellen und der imaginären Achse immer der gleiche Maßstab gewählt werden.

Nichtlineare Skalen

Für viele Schaltungen ist die Parameter-Skale nichtlinear. Die nichtlineare Skale kann aber geometrisch durch „Inversion" aus einer linearen Skale abgeleitet werden. Ohne auf die mathematischen Grundlagen der Inversion einzugehen, soll das grundsätzliche Vorgehen am Beispiel einer Parallelschaltung von R und L mit konstantem R und f als Parameter gezeigt werden.

1. Schritt: Ein Halbkreis mit Durchmesser $R = 10\,\text{k}\Omega$ wird auf der reellen Achse gezeichnet. Er stellt die Ortskurve der Impedanz dar. Parallel zur reellen Achse wird in beliebigem Abstand eine Parameterachse gezeichnet.

2. Schritt: Für eine beliebige Referenzfrequenz f_R wird der Zeiger $\underline{Z}$ berechnet, eingezeichnet und bis zur Parameterachse verlängert.

3. Schritt: Die Parameterachse wird mit Hilfe der Referenzfrequenz linear eingeteilt. Die Skalenpunkte werden mit dem Nullpunkt verbunden. Die Schnittpunkte mit der Ortskurve stellen die (nichtlineare) Frequenz-Skale auf der Ortskurve dar.

Leitwert-Ortskurve

Die Ortskurve der komplexen Leitwerte der obigen Schaltung wird durch eine Gerade dargestellt, die im Abstand $G = 1/R$ zur imaginären Achse verläuft. Auch hier ist darauf zu achten, dass reelle und imaginäre Achse die gleiche Teilung haben. Die Parametrierung kann folgendermaßen vorgenommen werden:

1. Schritt: Die Ortskurve der Impedanzen wird zu einem Vollkreis ergänzt.

2. Schritt: Die Skalenpunkte der Impedanz-Ortskurve werden auf den unteren Halbkreis gespiegelt.

3. Schritt: Die Verbindungen zwischen dem Nullpunkt und den gespiegelten Punkten werden verlängert. Die Schnittpunkte mit der Leitwert-Ortskurve stellen die Frequenz-Skale der Leitwert-Ortskurve dar.

Beispiel: Parallelschaltung von R und C

Ein ohmscher Widerstand $R = 1\,\text{k}\Omega$ und ein Kondensator mit $C = 0{,}24\,\mu\text{F}$ sind parallel geschaltet. Die Frequenz der angelegten Spannung sei im Bereich von 0 bis ∞ veränderlich.

Für die Schaltung ist die Leitwert-Ortskurve $\underline{Y} = \text{f}(f)$ und die Impedanz-Ortskurve $\underline{Z} = \text{f}(f)$ zu konstruieren. Beide Ortskurven sind zu parametrieren.

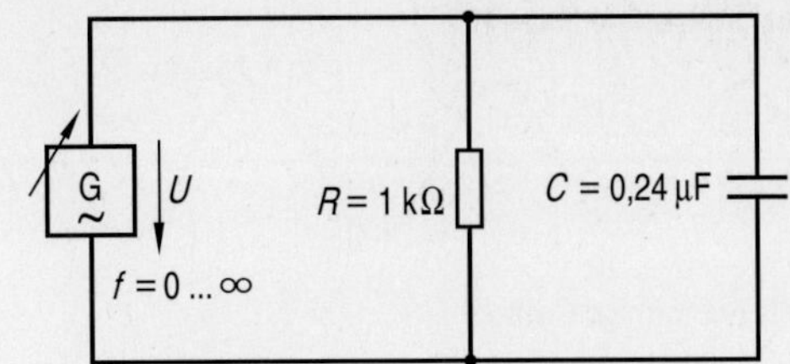

Lösung:

1. Schritt: Festlegung der Maßstäbe

Widerstand $m_Z = 1\,\text{k}\Omega / 50\,\text{mm} = 20\,\Omega/\text{mm}$

Leitwert $m_Y = 1\,\text{mS}/50\,\text{mm} = 20\,\mu\text{S}/\text{mm}$

2. Schritt: Leitwert-Ortskurve

Die Leitwert-Ortskurve ist eine senkrechte Gerade im Abstand 1mS von der imaginären Achse.

3. Schritt: Impedanz-Ortskurve

Die Impedanz-Ortskurve ist ein Halbkreis mit Durchmesser 1kΩ.

4. Schritt: Frequenzmaßstab der Leitwert-Ortskurve

Für eine beliebige Frequenz, z.B. $f = 1\,\text{kHz}$, wird der Blindleitwert berechnet.

$$B_C(1\,\text{kHz}) = \omega \cdot C$$
$$= 2 \cdot \pi \cdot 1000 \cdot \frac{1}{\text{s}} \cdot 0{,}24\,\frac{\mu\text{s}}{\Omega} = 1{,}5\,\text{mS}$$

Die Frequenzskale wird linear unterteilt.

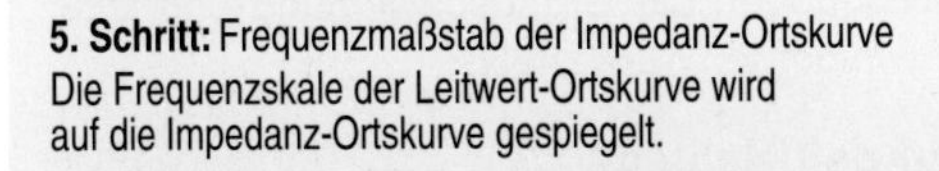

5. Schritt: Frequenzmaßstab der Impedanz-Ortskurve

Die Frequenzskale der Leitwert-Ortskurve wird auf die Impedanz-Ortskurve gespiegelt.

Die Frequenz 0 liegt für beide Ortskurven auf der reellen Achse bei $R = 1\,\text{k}\Omega$ bzw. bei $G = 1\,\text{mS}$.

Die Frequenz ∞ liegt für beide Ortskurven im Nullpunkt.

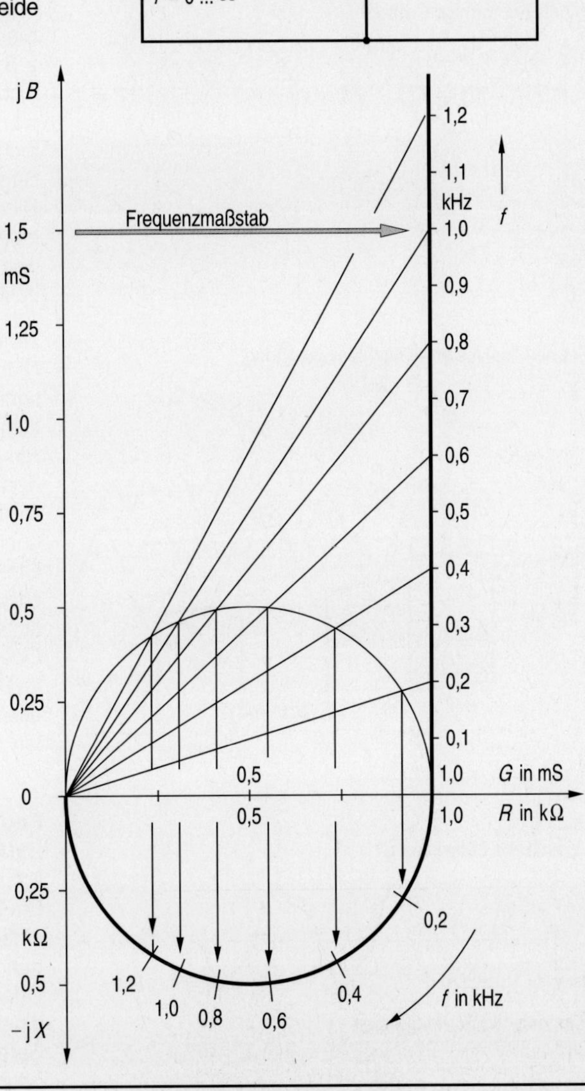

Aufgaben

5.15.1 Induktive Schaltung

Eine Parallelschaltung aus $R = 5\,\text{k}\Omega$ und $L = 100\,\text{mH}$ liegt an einer Spannung mit variabler Frequenz 0...20 kHz. Zeichnen Sie die Impedanz-Ortskurve und die Leitwert-Ortskurve und parametrieren Sie beide Kurven. Lesen Sie die Impedanz für $f = 5\,\text{kHz}$ und für $f = 20\,\text{kHz}$ nach Betrag und Phasenlage ab.

5.15.2 Kapazitive Schaltung

Eine Reihenschaltung aus $R = 5\,\text{k}\Omega$ und $C = 8\,\text{nF}$ liegt an einer Spannung mit variabler Frequenz 0...20 kHz. Zeichnen Sie die Impedanz-Ortskurve und die Leitwert-Ortskurve und parametrieren Sie beide Kurven. Lesen Sie die Impedanz für $f = 5\,\text{kHz}$ und für $f = 10\,\text{kHz}$ nach Betrag und Phasenlage ab.

5.16 Fourier-Analyse I

Sinusförmige Spannung

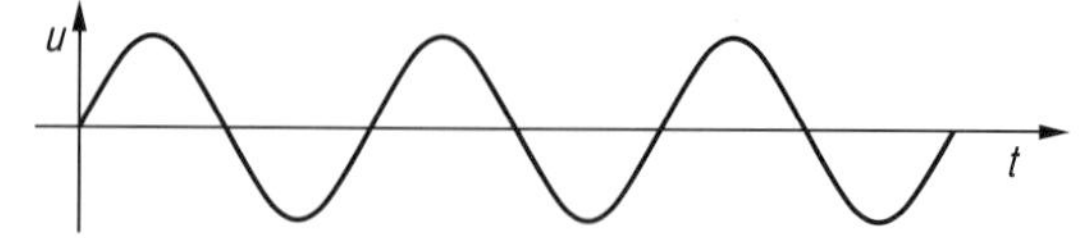

Nichtsinusförmige Größen

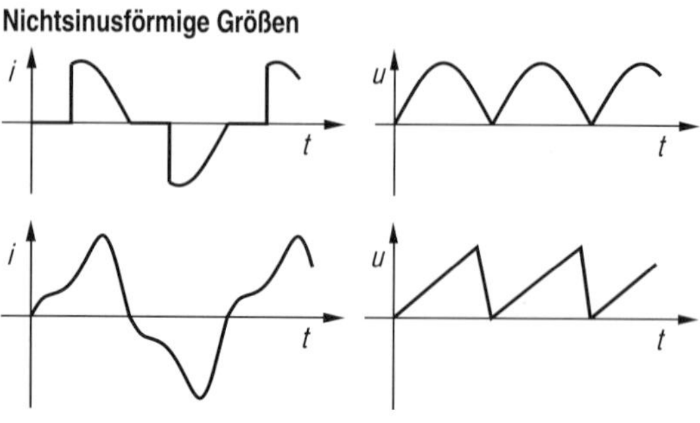

Fourier-Analyse einer Rechteckspannung

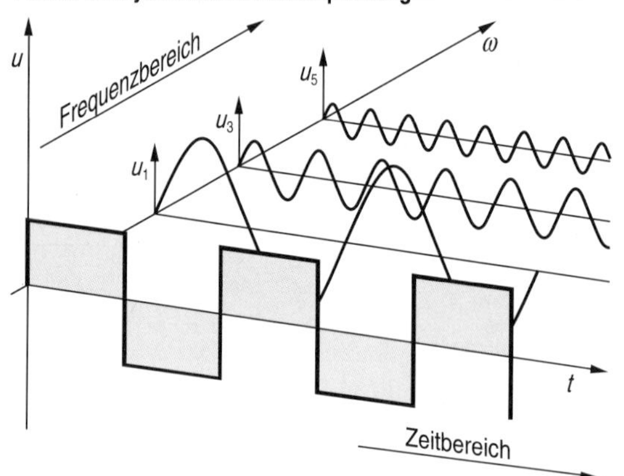

Periodische Schwingung

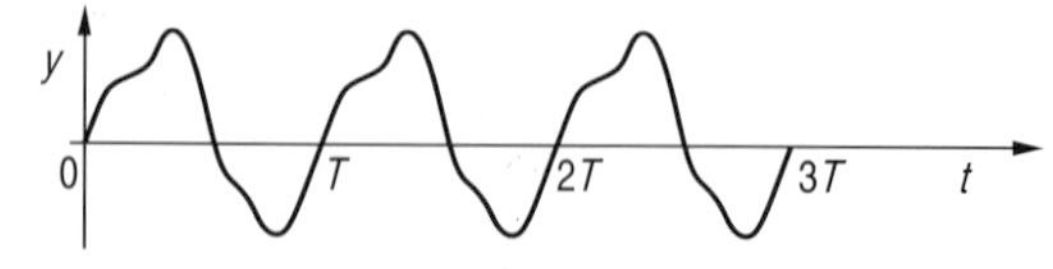

Harmonische Schwingungen

$$y(t) = \frac{a_0}{2} + \sum_{k=1} \left[a_k \cos(k\omega_1 t) + b_k \sin(k\omega_1 t) \right]$$

Fourier-Koeffizienten

für $k = 1, 2, 3, ...$

mit Grundfrequenz

$$\omega_1 = \frac{2\pi}{T}$$

$$a_0 = \frac{2}{T} \int_0^T y(t)\,\mathrm{d}t$$

$$a_k = \frac{2}{T} \int_0^T y(t) \cos(k\omega_1 t)\,\mathrm{d}t$$

$$b_k = \frac{2}{T} \int_0^T y(t) \sin(k\omega_1 t)\,\mathrm{d}t$$

Wechselgrößen

Wechselgrößen mit sinusförmigem Verlauf stellen eine gewisse Idealform dar. Dies ist darauf zurückzuführen, dass sowohl die mathematische Ableitung (Differentiation) als auch die Integration einer Sinuslinie wieder zu einer Kurve mit sinusförmigem Verlauf führt.
In der Praxis sind rein sinusförmige Verläufe von Strömen und Spannungen kaum anzutreffen. Dies hängt z. B. damit zusammen, dass sinusförmige Größen durch nichtlineare Bauteile mehr oder weniger stark verzerrt werden. Außerdem werden in vielen Fällen bewusst nichtsinusförmige Größen wie z. B. Rechteck- oder Sägezahnspannungen eingesetzt.
Diese nichtsinusförmigen Größen lassen sich mit den bekannten Gesetzen der Wechselstromtechnik berechnen, wenn sie mit der sogenannten Fourier-Analyse in sinusförmige Schwingungen zerlegt werden.

Zerlegung nichtsinusförmiger Größen

Nichtsinusförmige, aber periodische Wechselgrößen können nach einem von dem französischen Mathematiker J. B. J. Fourier (1768 - 1830) entdeckten Verfahren in eine unendliche Reihe elementarer Sinus- und Kosinusschwingungen (Fourier-Reihe) zerlegt werden. Diese Reihe besteht aus einer Grundschwingung und unendlich vielen Oberschwingungen. Die Frequenz der Oberschwingungen beträgt ein ganzzahliges Vielfaches *k* der Frequenz der Grundschwingung. Die Grundschwingung wird meist auch „1. Harmonische", die Oberschwingungen 2., 3. usw. Harmonische genannt.
Im Beispiel wird die Zerlegung einer Rechteckspannung qualitativ gezeigt. Dabei sind von den unendlich vielen Schwingungen die Grundschwingung und zwei Oberschwingungen dargestellt.

Fourier-Koeffizienten

Die Fourier-Reihe besteht aus dem Glied a_0 und unendlich viel Gliedern der Form $a_k \cdot \cos(k\omega_1 t) + b_k \cdot \sin(k\omega_1 t)$.
Die Koeffizienten a_0, a_k und b_k (Fourier-Koeffizienten) stellen dabei die Amplituden der einzelnen Schwingungsbeiträge dar. Der Faktor *k*, das Verhältnis der Oberschwingungs- zur Grundschwingungsfrequenz, ist die Ordnungszahl der jeweiligen Teilschwingung. Das Berechnen der Koeffizienten wird als Fourier-Analyse oder harmonische Analyse bezeichnet; es erfolgt mit Hilfe der nebenstehenden Formeln.
Korrekterweise müssten bei der Analyse unendlich viele Harmonische berechnet werden. Für die Praxis ist aber je nach Schwingung bereits die Amplitude der 7. oder 8. Oberschwingung vernachlässigbar klein.
Das Berechnen der Fourier-Koeffizienten kann einen erheblichen Rechenaufwand verursachen. Sinnvollerweise benutzt man für die Analyse spezielle Computer-Programme wie z. B. PSpice.

Fourier-Analyse wichtiger Funkionen I

Kurvenform	Fourier-Reihe	Amplituden-Spektrum
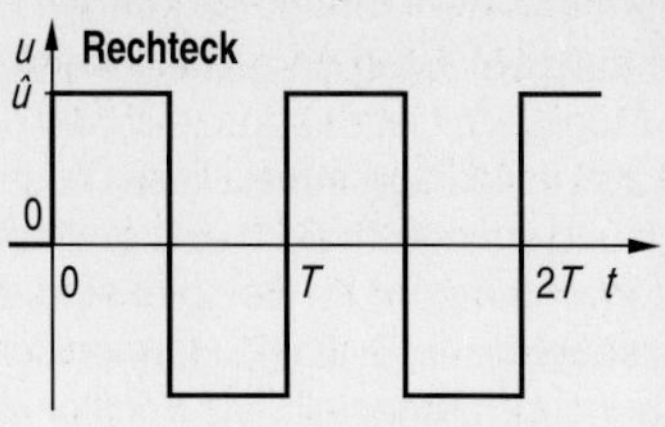 Rechteck	$u(t) = \frac{4\hat{u}}{\pi}\left[\sin(\omega_1 t) + \frac{1}{3}\sin(3\omega_1 t) + \frac{1}{5}\sin(5\omega_1 t) + \ldots\right]$	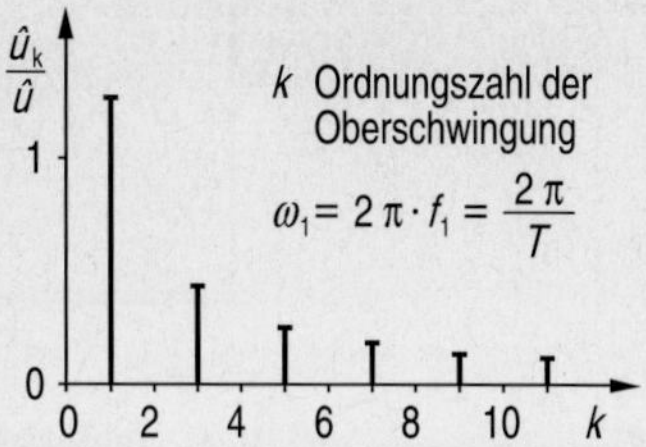 k Ordnungszahl der Oberschwingung $\omega_1 = 2\pi \cdot f_1 = \frac{2\pi}{T}$
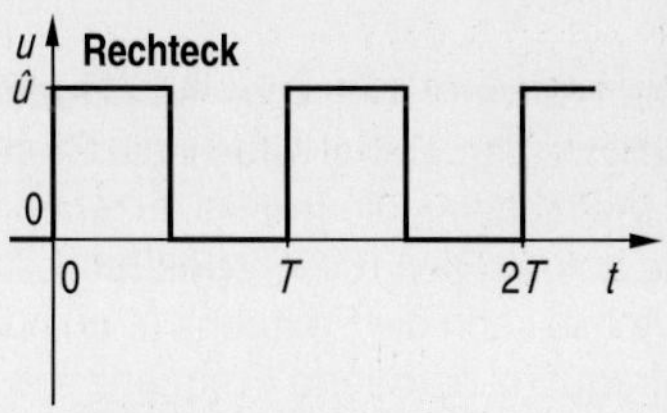 Rechteck	$u(t) = \frac{\hat{u}}{2} + \frac{2\hat{u}}{\pi}\left[\sin(\omega_1 t) + \frac{1}{3}\sin(3\omega_1 t) + \frac{1}{5}\sin(5\omega_1 t) + \ldots\right]$	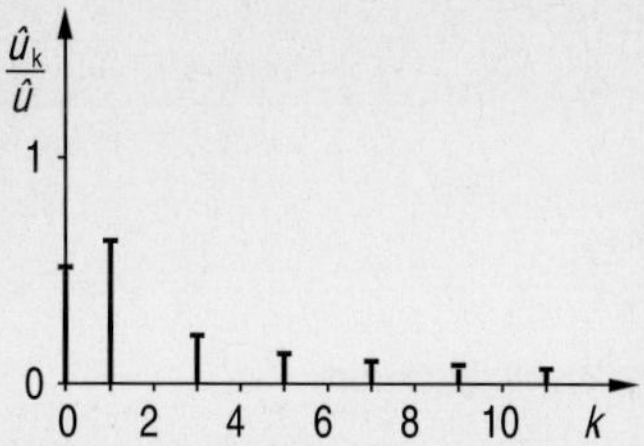
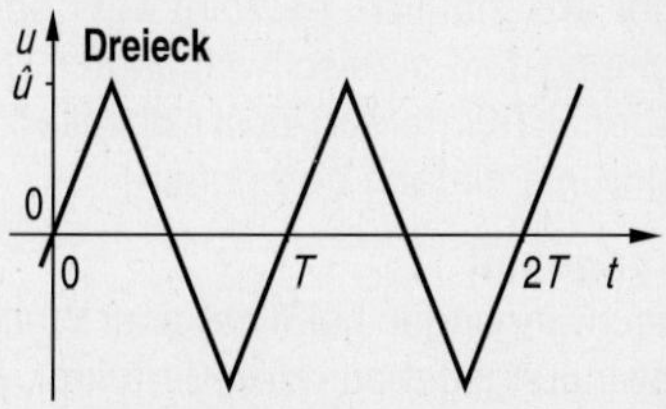 Dreieck	$u(t) = \frac{8\hat{u}}{\pi^2}\left[\frac{1}{1^2}\sin(\omega_1 t) - \frac{1}{3^2}\sin(3\omega_1 t) + \frac{1}{5^2}\sin(5\omega_1 t) - + \ldots\right]$	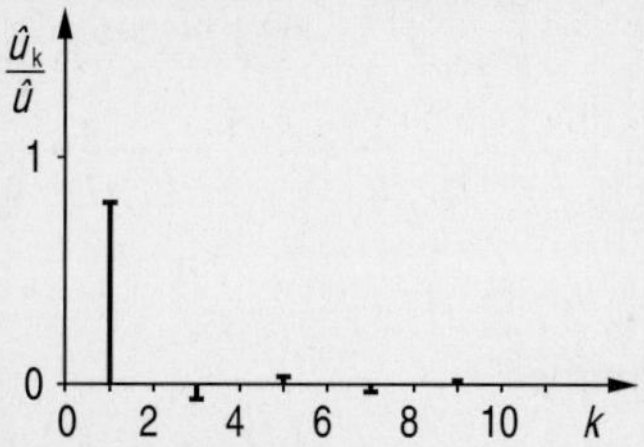
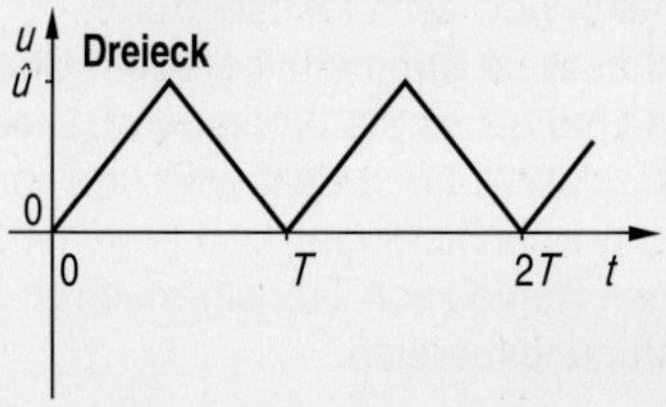 Dreieck	$u(t) = \frac{\hat{u}}{2} - \frac{4\hat{u}}{\pi^2}\left[\frac{1}{1^2}\sin(\omega_1 t) + \frac{1}{3^2}\sin(3\omega_1 t) + \frac{1}{5^2}\sin(5\omega_1 t) + \ldots\right]$	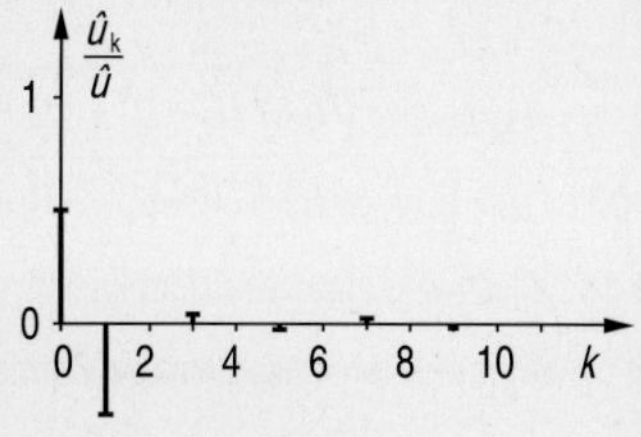
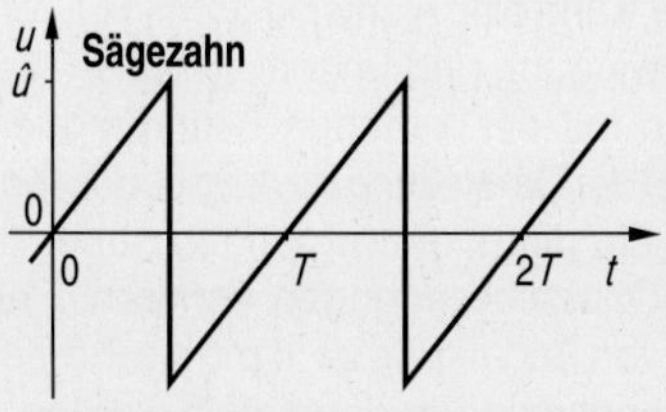 Sägezahn	$u(t) = \frac{2\hat{u}}{\pi}\left[\sin(\omega_1 t) - \frac{1}{2}\sin(2\omega_1 t) + \frac{1}{3}\sin(3\omega_1 t) - + \ldots\right]$	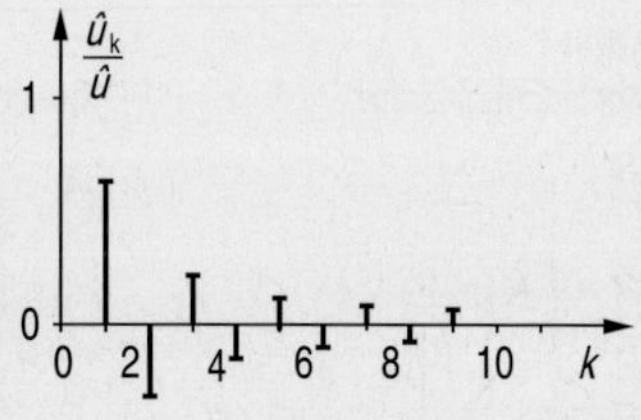
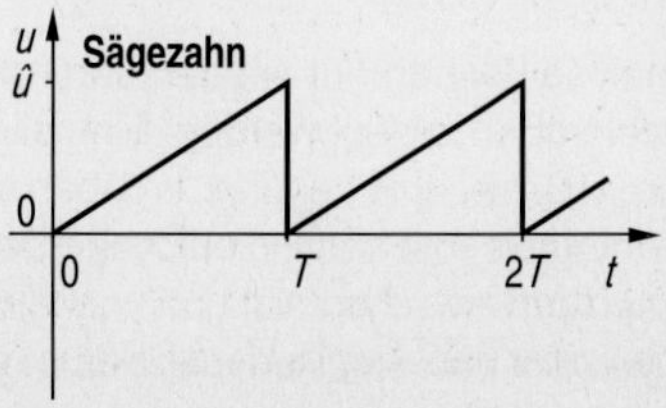 Sägezahn	$u(t) = \frac{\hat{u}}{2} - \frac{\hat{u}}{\pi}\left[\sin(\omega_1 t) + \frac{1}{2}\sin(2\omega_1 t) + \frac{1}{3}\sin(3\omega_1 t) + \ldots\right]$	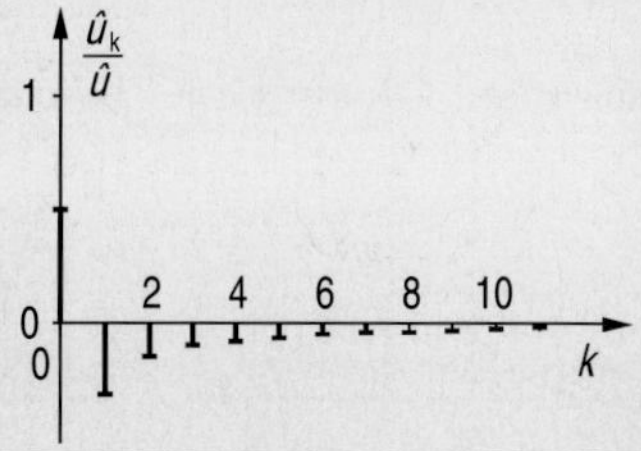

5.17 Fourier-Analyse II

Liniendiagramm

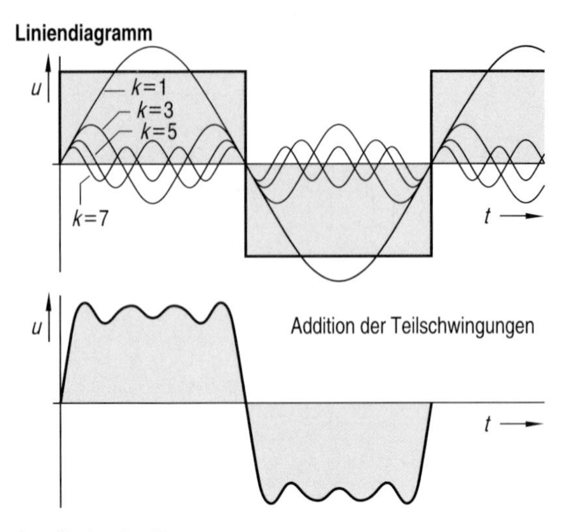

Amplituden-Spektrum

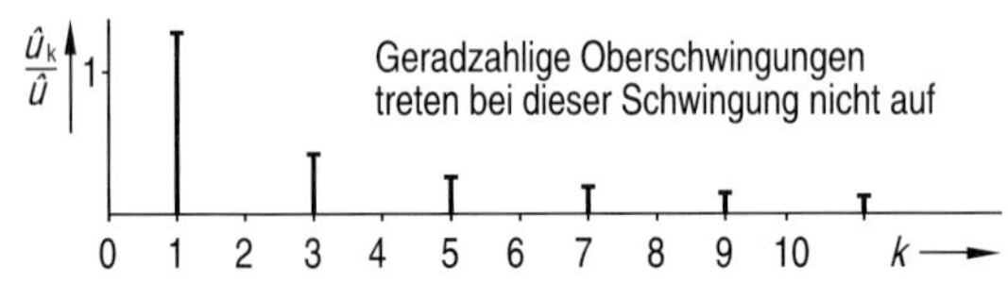

Klirrfaktor

$$k_U = \frac{U_{\text{Oberschw.}}}{U}$$

Mit $U_{\text{Oberschw.}} = \sqrt{U_2^2 + U_3^2 + U_4^2 + U_5^2 + \ldots} = \sqrt{U^2 - U_1^2}$

Und $U = \sqrt{U_1^2 + U_2^2 + U_3^2 + U_4^2 + U_5^2 + \ldots}$

Da die Teilschwingungen sinusförmig sind, gilt: $\hat{u} = U \cdot \sqrt{2}$

Für die Ströme gelten entsprechende Formeln.

Beispiel

Amplitudenspektrum

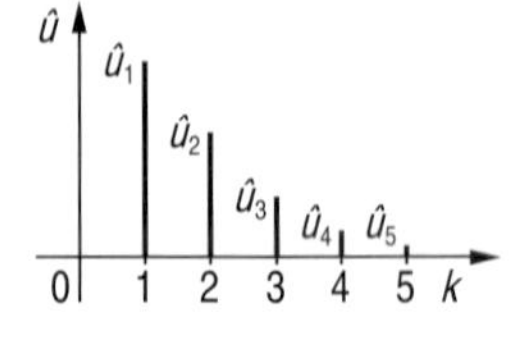

Phasenspektrum

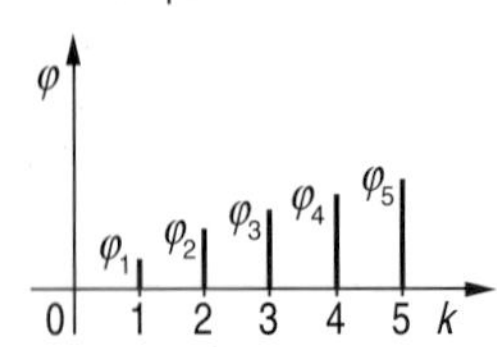

Zeitfunktion → **Frequenzfunktion**

u

$\hat{u}$

$-t_1$ t_1 t

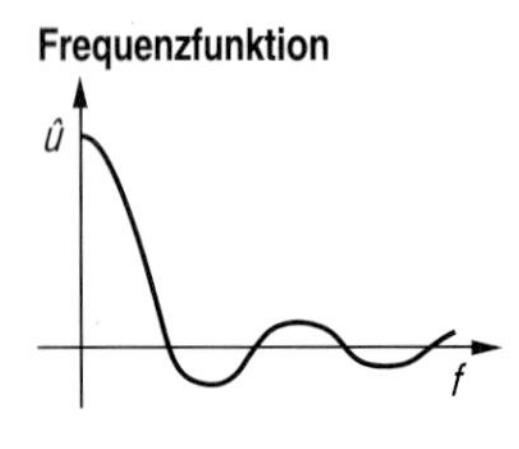

Darstellungsformen

Wird eine nichtsinusförmige, periodische Schwingung mit Hilfe der Fourier-Analyse in Grund- und Oberschwingungen (Harmonische) zerlegt, so können die Teilschwingungen auf zwei Arten dargestellt werden. Die naheliegende Möglichkeit ist das Aufzeichnen der Teilschwingungen als Liniendiagramme. Diese Darstellung ist anschaulich und ermöglicht auch eine grafische Addition der Teilschwingungen. Im Beispiel sind die Grundschwingung sowie die 3., 5. und 7. Harmonische einer Rechteckschwingung dargestellt. Die Addition der vier Schwingungen ergibt bereits ein gut angenähertes Rechteck.

Mit weniger Zeichenaufwand kann das Amplituden-Spektrum dargestellt werden. Dabei wird für die Grundfrequenz und alle Vielfachen k die jeweils zugehörige Amplitude als Linie aufgetragen (Linienspektrum). Auf der waagrechten Achse kann die Frequenz (f, ω) oder die auf die Grundfrequenz normierte Frequenz k aufgetragen werden. Das Amplitudenspektrum ist für den Ungeübten weniger anschaulich, es zeigt aber sehr deutlich die Gewichtung der Einzelschwingungen. Der Oberschwingungsgehalt (Klirrfaktor) lässt sich mit Hilfe des Frequenzspektrums einfach berechnen.

Oberschwingungsgehalt

Der Anteil an Oberschwingungen heißt bei einer Wechselgröße Oberschwingungsgehalt oder Klirrfaktor. Er ist gleich dem Effektivwert aller Oberschwingungen bezogen auf den Effektivwert der Wechselgröße.

Führt ein elektrisches Netz Ströme mit großem Oberschwingungsgehalt, so gilt es als „verseucht“. Diese Verseuchung wird vor allem durch elektronische Schaltungen wie Phasenanschnittsteuerungen begünstigt, aber auch durch den Betrieb von Transformatoren im magnetischen Sättigungsbereich.

Amplituden- und Phasenspektrum

Wie gezeigt wurde, kann eine nichtsinusförmige Größe in eine Grundschwingung und unendlich viele Oberschwingungungen mit der k-fachen Grundfrequenz zerlegt werden. Bei der Darstellung im Amplitudenspektrum geht dabei allerdings die Information über die Phasenlage der Oberschwingungen verloren. Falls diese Information von Bedeutung ist, kann sie in einem zusätzlichen Phasenspektrum dargestellt werden.

Fourier-Integral

Mit der Fourier-Analyse können nur wiederkehrende, periodische Wechselgrößen zerlegt werden. Einmalige Vorgänge hingegen, z. B. einzelne Impulse, ergeben mit Hilfe des „Fourier-Integrals“ ein kontinuierliches Spektrum, das alle Frequenzen zwischen null und unendlich enthält. Das Beispiel zeigt das Amplitudenspektrum eines einzelnen Rechteckimpulses.

Fourier-Analyse wichtiger Funktionen II

Kurvenform	Fourier-Reihe	Amplituden-Spektrum
Einpulsgleichrichtung (u, $\hat{u}$; 0, $T/2$, T, t)	$u(t) = \frac{\hat{u}}{\pi} + \frac{\hat{u}}{2}\sin(\omega_1 t) - \frac{2\hat{u}}{\pi}\left[\frac{1}{1\cdot 3}\cos(2\omega_1 t) + \frac{1}{3\cdot 5}\cos(4\omega_1 t) + \frac{1}{5\cdot 7}\cos(6\omega_1 t) + \ldots\right]$	$\frac{\hat{u}_k}{\hat{u}}$; k Ordnungszahl der Oberschwingung; $\omega_1 = 2\pi \cdot f_1 = \frac{2\pi}{T}$
Zweipulsgleichrichtung (u, $\hat{u}$; 0, T, $2T$, t)	$u(t) = \frac{2\hat{u}}{\pi} - \frac{4\hat{u}}{\pi}\left[\frac{1}{1\cdot 3}\cos(2\omega_1 t) + \frac{1}{3\cdot 5}\cos(4\omega_1 t) + \frac{1}{5\cdot 7}\cos(6\omega_1 t) + \ldots\right]$	$\frac{\hat{u}_k}{\hat{u}}$

Aufgaben

5.17.1 Fourier-Analyse

Mit Hilfe eines Oszilloskops wurden folgende periodische Wechselspannungen gemessen:

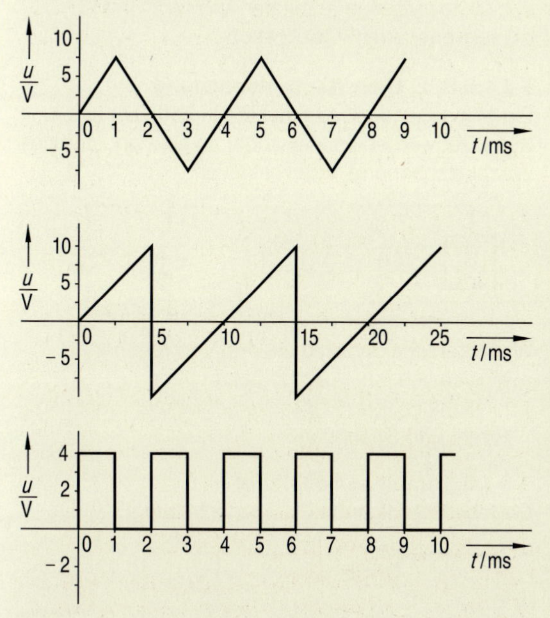

Bestimmen Sie zu jeder Spannung die Gleichung der ersten 5 Schwingungen und zeichnen Sie jeweils das zugehörige Amplituden-Spektrum.

Benutzen Sie zur Berechnung der Fourier-Reihen die Tabelle von Kap. 5.16.

5.17.2 Gleichrichtung

Durch Einpuls- bzw. Zweipulsgleichrichtung erhält man folgende zwei Spannungen.

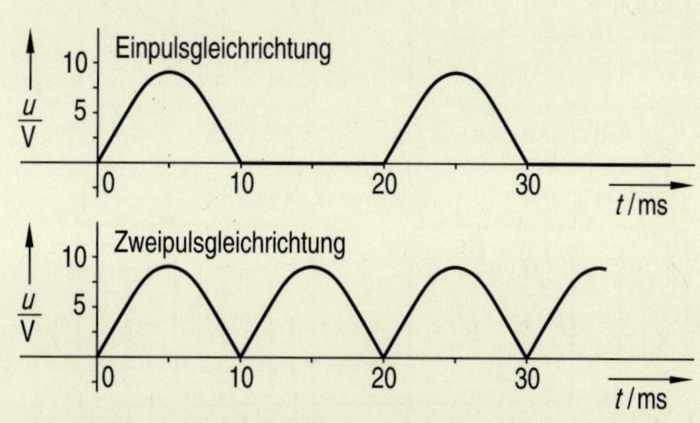

Berechnen Sie für beide Spannungen

a) den Effektivwert,
b) den Gleichspannungsanteil,
c) den Effektivwert der Grundschwingung,
d) den Effektivwert aller Oberschwingungen,
e) die Welligkeit,
f) den Scheitelwert der 2., 4. und 6. Oberschwingung.

5.17.3 Nichtsinusförmige Größen

a) Nennen und erläutern Sie zwei Ursachen dafür, dass im Energieversorgungsnetz zusätzlich zur Grundfrequenz 50 Hz Ströme mit der Frequenz $k \cdot 50$ Hz auftreten.
b) Erläutern Sie den Unterschied im Amplitudenspektrum einer periodischen Wechselgröße und eines einmaligen Impulses.

Test 5.1

Fachgebiet: Einphasiger Wechselstrom
Bearbeitungszeit: 90 Minuten

T 5.1.1 Wechselgrößen

a) Erklären Sie anhand von Liniendiagrammen $u = f(t)$, was man unter einer Gleichspannung, einer allgemeinen Wechselspannung und einer periodischen Wechselspannung versteht.

b) Erklären Sie, worin der Unterschied zwischen einer reinen Wechselgröße und einer Mischgröße besteht.

c) Definieren Sie die Begriffe Gleichwert und Effektivwert einer periodischen Wechselgröße.

d) Beschreiben Sie den Zusammenhang zwischen der Frequenz und der Periodendauer einer periodischen Wechselgröße.

T 5.1.2 Messungen mit dem Oszilloskop

Mit einem Oszilloskop werden folgende Linienbilder gemessen:

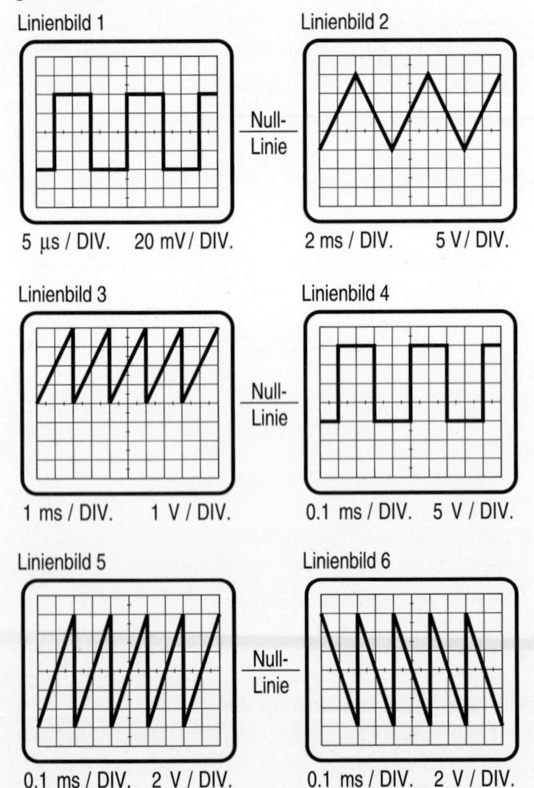

Bestimmen Sie für jede gemessene Spannung

a) Periodendauer,

b) Frequenz,

c) Gleichwert,

d) Effektivwert des Wechselanteils,

e) Effektivwert.

T 5.1.3 Sinusförmige Spannungen

Mit einem Oszilloskop wird nebenstehendes Linienbild gemessen. Die Einstellungen am Oszilloskop sind:
Y-Eingangsteiler: 10 V/DIV.
Zeitbasis: 5 ms/DIV.

Bestimmen Sie

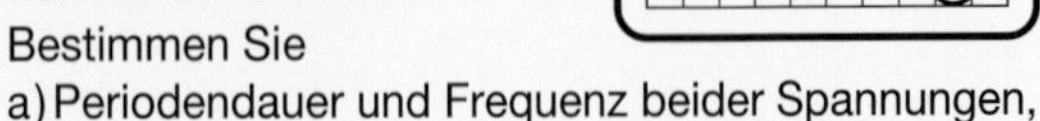

a) Periodendauer und Frequenz beider Spannungen,

b) Scheitelwert, Spitze-Tal-Wert und Effektivwert beider Spannungen,

c) die zeitliche Verschiebung (Phasenverschiebung) zwischen beiden Spannungen,

d) die Funktionsgleichungen beider Spannungen.

T 5.1.4 Messung von Wechselgrößen

Welcher Wert einer Wechselgröße wird mit folgenden Messwerken bzw. Messgeräten bestimmt?

a) Drehspulmesswerk,

b) Dreheisenmesswerk,

c) digitales Messgerät mit der Aufschrift TRMS,

d) Elektronenstrahl-Oszilloskop.

T 5.1.5 R, L, C an Wechselspannung

Ein ohmscher Widerstand, eine Induktivität und eine Kapazität werden nacheinander an eine sinusförmige Wechselspannung angeschlossen.

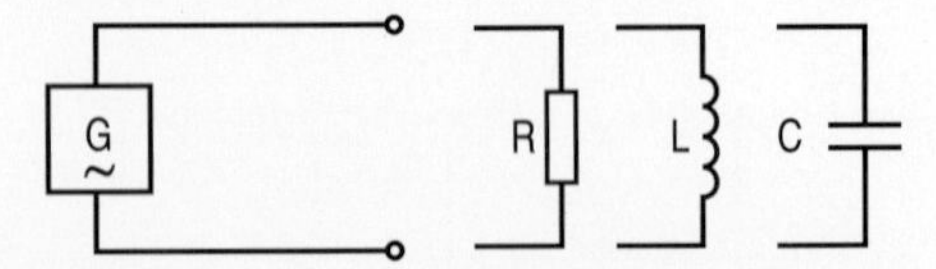

Wie unterscheiden sich die drei Verbraucher

a) hinsichtlich ihrer Leistungsaufnahme,

b) hinsichtlich ihrer Phasenverschiebung zwischen Strom und Spannung?

T 5.1.6 Komplexe Schaltung

Gegeben ist folgende Gruppenschaltung:

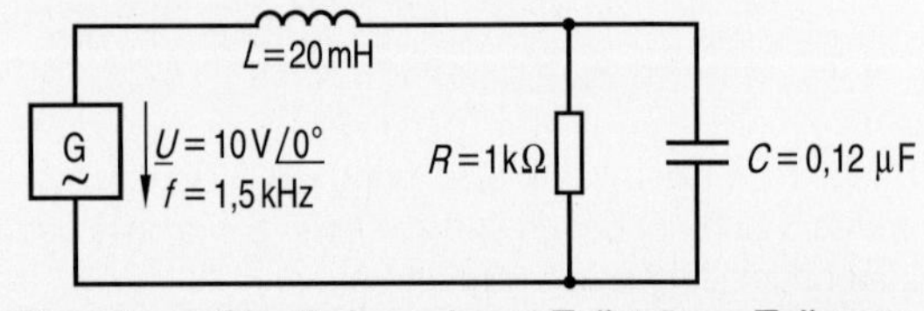

Berechnen Sie die komplexen Teilströme, Teilspannungen, Gesamtstrom und Impedanz der Schaltung.

Fachgebiet: Einphasiger Wechselstrom
Bearbeitungszeit: 120 Minuten

T 5.2.1 Messung mit dem Oszilloskop

Die Messung einer Rechteckspannung und einer Dreieckspannung ergibt untenstehende Liniendiagramme. Die Einstellungen sind 5 V/DIV. und 0,1 ms/DIV.
Berechnen Sie für beide Spannungen
a) Periodendauer, b) Frequenz, c) Gleichwert, d) Effektivwert des Wechselspannungsanteils, e) Effektivwert, f) Schwingungsgehalt, g) Welligkeit.

Linienbild 1 Linienbild 2

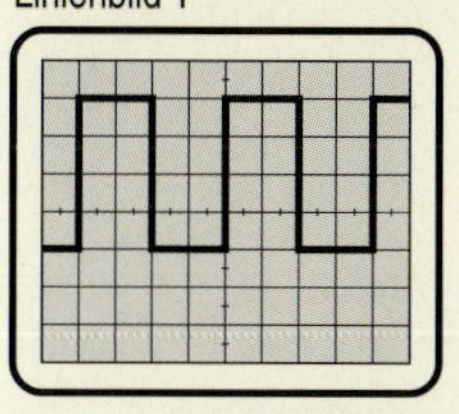

Null-Linie

T 5.2.2 Ableseübung

a) Bestimmen Sie mit Hilfe des in Kap. 5.6 dargestellten Nomogramms die fehlenden Werte der folgenden Tabelle:

f in Hz	50		$2 \cdot 10^3$
C in µF	0,47	0,1	
X_C in kΩ		30	0,5
L in mH	50		
X_L in kΩ		47	150

b) Überprüfen Sie die abgelesenen Werte durch eine Rechnung.

T 5.2.3 Spannungsteiler

Die beiden komplexen Spannungsteiler enthalten jeweils einen veränderbaren ohmschen Widerstand:

Teiler 1

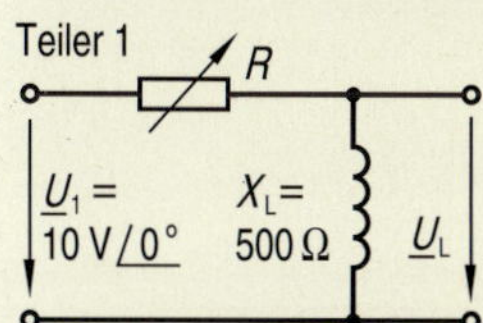

Teiler 2

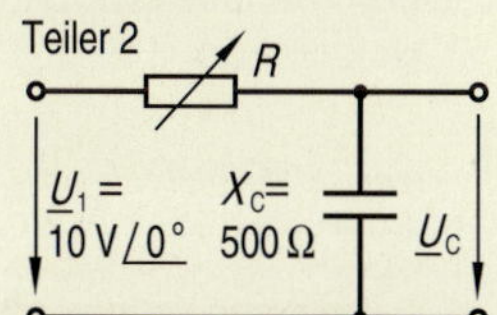

a) Berechnen Sie die komplexe Teilspannung $\underline{U}_L$ für die Werte R=0 Ω, 200 Ω, 500 Ω, 1 kΩ, 2 kΩ und ∞.
b) Berechnen Sie die komplexe Teilspannung $\underline{U}_C$ für die Werte R=0 Ω, 200 Ω, 500 Ω, 1 kΩ, 2 kΩ und ∞.
c) Skizzieren Sie alle Spannungszeiger $\underline{U}_L$ und $\underline{U}_C$ in ein gemeinsames Zeigerdiagramm. Verbinden Sie alle Zeigerspitzen und diskutieren Sie das Ergebnis.

T 5.2.4 Schaltungskombinationen

Gegeben sind ein ohmscher Widerstand R=500 Ω, eine Induktivität L=300 mH und eine Kapazität C=5,3 µF.
a) Berechnen Sie die beiden komplexen Widerstände sowie die zugehörigen komplexen Leitwerte für die Frequenz f=100 Hz.
b) Skizzieren Sie alle Schaltungskombinationen, die sich mit den drei Widerständen realisieren lassen.
c) Berechnen Sie für alle Schaltungen die Impedanz.

T 5.2.5 Gruppenschaltung

Gegeben ist folgende komplexe Schaltung:

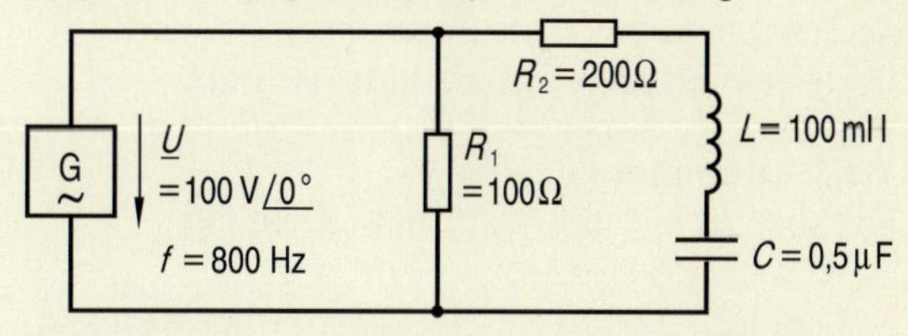

Berechnen Sie mit Hilfe der komplexen Rechnung:
a) $\underline{X}_L$ und $\underline{X}_c$,
b) die Teilströme und den Gesamtstrom,
c) die Gesamtimpedanz.

T 5.2.6 Leistungsfaktor

Ein Wechselstrommotor trägt folgende Angaben auf seinem Leistungsschild: U=230 V, f=50 Hz, P=1,1 kW, cos φ=0,78, η=0,82. Berechnen Sie
a) den Strom in der Zuleitung, wenn der Motor mit Nennleistung belastet wird,
b) den Strom in der Zuleitung, wenn dem Motor bei Nennlast ein Kondensator mit C=47 µF parallel geschaltet ist,
c) den notwendigen Parallelkondensator, damit der Leistungsfaktor auf cos φ=1 steigt.

T 5.2.7 Fourier-Analyse

Die folgende Rechteckschwingung soll mit Hilfe der Fourier-Analyse zerlegt werden.

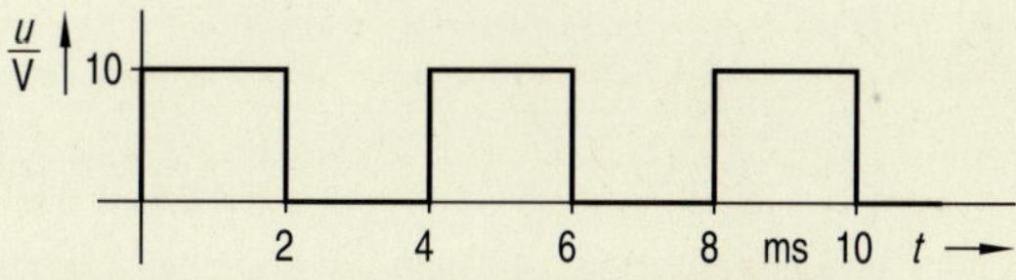

a) Berechnen Sie den Gleichspannungsanteil.
Berechnen Sie Frequenz und Scheitelwert
b) der Grundschwingung
c) der 3., 5. und 7. Oberschwingung.

Test 5.3

Fachgebiet: Einphasiger Wechselstrom
Bearbeitungszeit: 90 Minuten

T 5.3.1 Grundlagen

a) Erklären Sie, was man bei periodischen Wechselgrößen unter dem Scheitelfaktor und dem Formfaktor versteht. Geben Sie beide Größen für eine sinusförmige Wechselspannung an.

b) Winkel können im Grad- und im Bogenmaß angegeben werden. Stellen Sie einen mathematischen Zusammenhang zwischen beiden Maßangaben her.

c) Erklären Sie, was man unter der Winkelgeschwindigkeit und der Kreisfrequenz einer rotierenden Leiterschleife versteht.

d) Eine sinusförmige Spannung der Frequenz $f = 50\,\text{Hz}$ eilt ihrem zugehörigen Strom um 45° voraus. Erklären Sie, was man darunter versteht.

T 5.3.2 Komplexe Leistung

Gegeben ist folgende komplexe Schaltung:

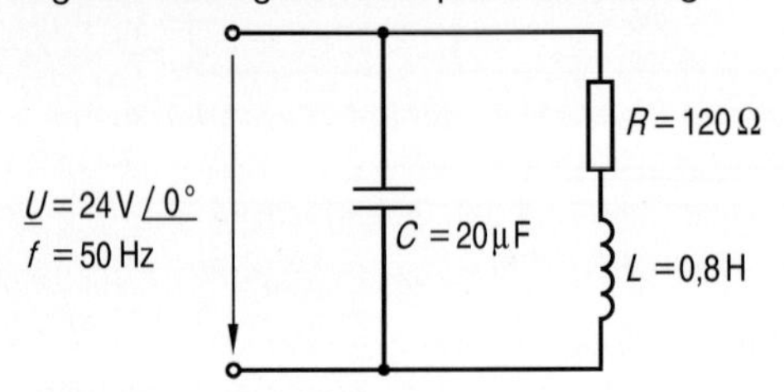

a) Berechnen Sie komplex alle Einzelleistungen sowie die Gesamtleistung.

b) Zeichnen Sie ein vollständiges, nichtmaßstäbliches Zeigerbild der Spannungen, Ströme und Leistungen.

c) Wie müsste der Kondensator verändert werden, damit in der Zuleitung zur Gesamtschaltung nur noch Wirkleistung übertragen wird?

d) Bei welcher Frequenz erreicht der Strom in der Zuleitung sein Minimum?

T 5.3.3 Messen von Wechselgrößen

Folgende sinusförmige Wechselspannung wird mit verschiedenen Messgeräten gemessen:

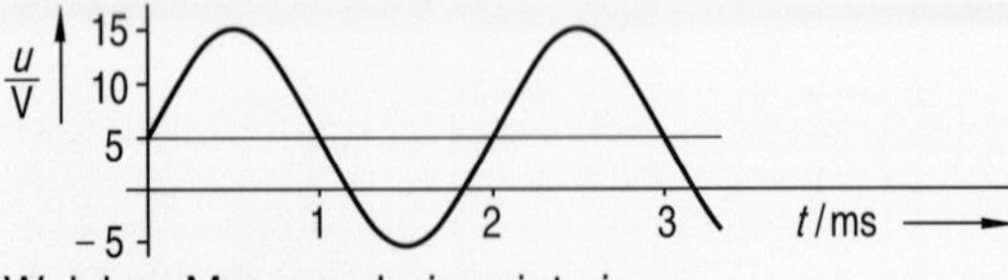

Welches Messergebnis zeigt ein

a) Drehspulmesswerk,

b) Dreheisenmesswerk,

c) Digitalmessgerät, Stellung AC, mit Aufschrift RMS,

d) Digitalmessgerät, Stellung AC, mit Aufschrift TRMS?

T 5.3.4 Operatoren

Ein Widerstand $R = 500\,\Omega$, eine Induktivität $L = 20\,\text{mH}$ und eine Kapazität $C = 30\,\text{nF}$ sind in Reihe geschaltet und werden an $U = 20\,\text{V}$, $f = 5\,\text{kHz}$ gelegt.

a) Erklären Sie, was man unter einem Widerstands- bzw. einem Leitwertoperator versteht.

b) Berechnen Sie die Widerstands- und die Leitwertoperatoren der drei Bauteile.

c) Zeichnen Sie ein maßstäbliches Zeigerbild der drei komplexen Widerstände.

d) Berechnen Sie die Impedanz und den in der Schaltung fließenden Strom.

T 5.3.5 Äquivalente Schaltungen

Gegeben sind folgende Schaltungen:

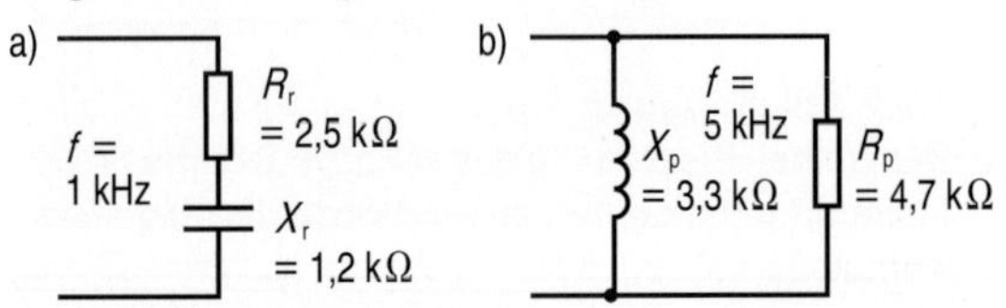

Berechnen Sie die jeweils zugehörige äquivalente Parallel- bzw. Reihenschaltung (X_p und C_p bzw. X_r und L_r).

T 5.3.6 Ortskurven I

Gegeben ist folgende Schaltung

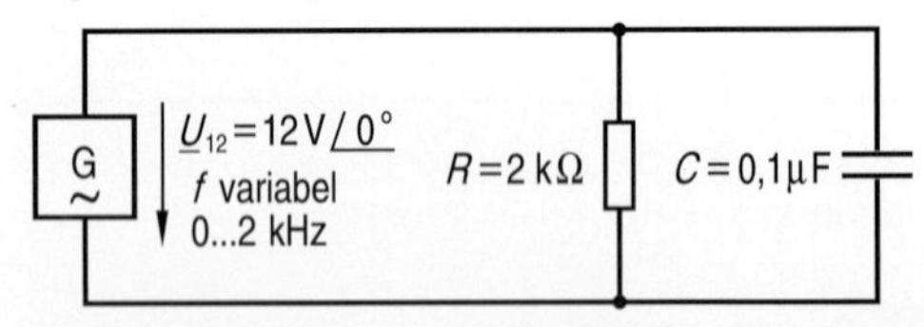

a) Zeichnen Sie die Impedanz-Ortskurve und die Leitwert-Ortskurve. Parametrieren Sie beide Ortskurven.

b) Leiten Sie aus der Leitwert-Ortskurve die Strom-Ortskurve ab.

T 5.3.7 Ortskurven II

Gegeben ist folgende Schaltung

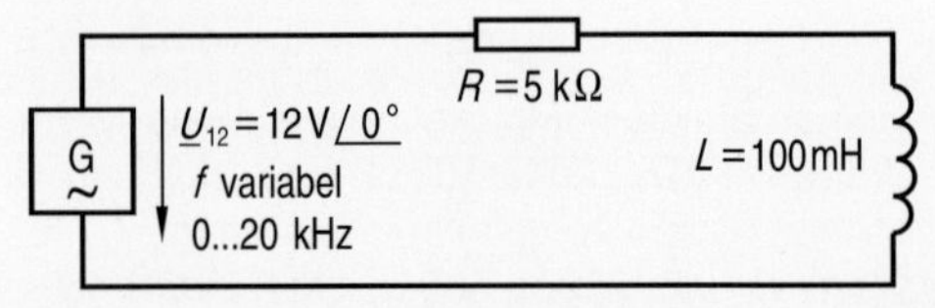

a) Zeichnen Sie die Impedanz-Ortskurve und die Leitwert-Ortskurve. Parametrieren Sie beide Ortskurven.

b) Zeichnen Sie mit Hilfe von a) die Strom-Ortskurve.

6 Anwendung der Wechselströme

6.1 Siebschaltungen I

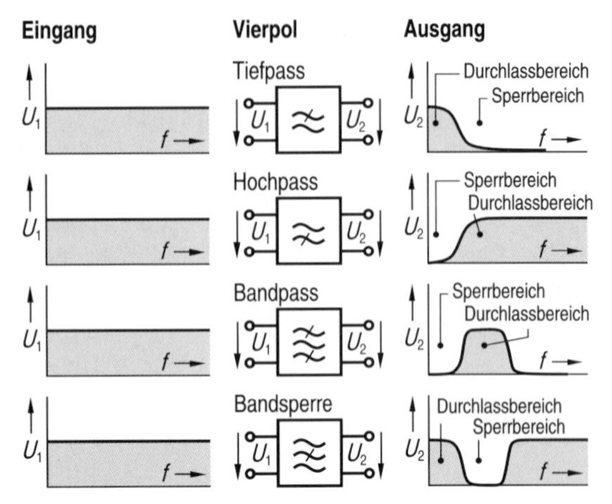

- **Siebschaltungen sperren bestimmte Frequenzbereiche und lassen andere Frequenzbereiche passieren**

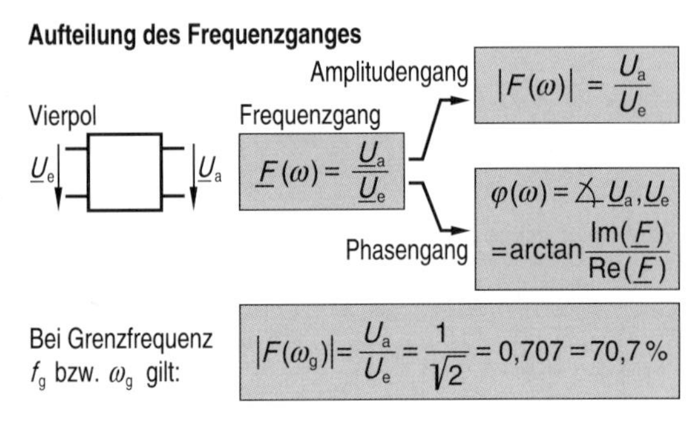

- **Der Frequenzgang ist eine komplexe Größe, er enthält den Amplitudengang und den Phasengang**

Beispiel: Tiefpass

Darstellung als komplexe Ortskurve (Nyquist-Diagramm)

Darstellung in zwei Frequenzkennlinien (Bode-Diagramm)

Amplitudengang

Phasengang

- **Der Frequenzgang eines Vierpols kann in der komplexen Zahlenebene (Nyquist-Diagramm) oder durch Amplituden- und Phasengang (Bode-Diagramm) dargestellt werden**

Pässe und Sperren

Enthält eine Schaltung Spulen und/oder Kondensatoren, so hat die Schaltung ein von der Frequenz abhängiges Verhalten. Von besonderem Interesse ist dabei das Durchgangs- bzw. Übertragungsverhalten von Vierpolen. Hinsichtlich ihres Durchgangsverhaltens können Vierpole in 4 Gruppen unterteilt werden:

1. Tiefpässe lassen Spannungen mit tiefen Frequenzen ungehindert passieren, Spannungen mit hohen Frequenzen gelangen hingegen nicht zum Ausgang.
2. Hochpässe lassen hohe Frequenzen passieren, alle tiefen Frequenzen werden gesperrt.
3. Bandpässe lassen nur Spannungen eines bestimmten Frequenzbereichs zum Ausgang.
4. Bandsperren sperren einen bestimmten Frequenzbereich und lassen den Rest passieren.

Pässe und Sperren werden allgemein auch als Siebschaltungen oder Filter bezeichnet.

Frequenzgang

Ein Maß für das frequenzabhängige Verhalten eines Vierpols ist das Verhältnis der komplexen Ausgangsspannung $\underline{U}_a$ zur komplexen Eingangsspannung $\underline{U}_e$. Das Verhältnis wird als Frequenzgang bzw. Übertragungsfunktion $F(\omega)$ bezeichnet. $\underline{F}(\omega)$ ist eine komplexe Größe; sie enthält den Betrag des Spannungsverhältnisses (Amplitudengang) sowie den Phasenwinkel zwischen Ein- und Ausgangsspannung (Phasengang). Für den Frequenzgang ist die sogenannte Grenzfrequenz f_g bzw. ω_g von besonderer Bedeutung. Man versteht darunter die Frequenz bzw. die Kreisfrequenz, bei der die Ausgangsspannung auf den $\sqrt{2}$ten Teil der Eingangsspannung abgefallen ist.

Grafische Darstellung

Der Frequenzgang eines Vierpols ist durch die komplexe Funktion $\underline{F}(\omega) = \underline{U}_a / \underline{U}_e$ vollständig beschrieben. Anschaulicher als die Funktion selbst ist jedoch ihre grafische Darstellung. Dafür gibt es 2 Möglichkeiten:

1. Der Frequenzgang kann als Ortskurve in der komplexen Zahlenebene dargestellt werden. Amplituden- und Phasengang sind in einem einzigen Diagramm enthalten (siehe Kap. 5.14).
2. Der komplexe Frequenzgang $\underline{F}(\omega)$ kann aber auch in Amplitudengang $F(\omega)$ und Phasengang $\varphi(\omega)$ aufgespalten werden. Zur Darstellung des komplexen Frequenzganges sind dann 2 Frequenzkennlinien nötig; die Achsen können dabei eine lineare oder eine logarithmische Skale besitzen.

Die Darstellung des Frequenzgangs als Ortskurve wird nach dem amerikanischen Elektrotechniker H. Nyquist Nyquist-Diagramm genannt, die Darstellung in zwei Frequenzkennlinien heißt nach dem amerikanischen Elektrotechniker H. W. Bode auch Bode-Diagramm.

Vierpole

Schaltungen der Analogtechnik können meist als Vierpole aufgefasst werden. Unter einem Vierpol versteht man dabei jede Schaltung mit vier Anschlussklemmen, wobei zwei Klemmen den Eingang und zwei Klemmen den Ausgang bilden. Technisch wichtige Vierpole sind z. B. Verstärker, Filter, Gleichrichter, Übertrager, Dämpfungsglieder und Entzerrer.
Vierpole werden insbesondere nach ihrer Leistungsbilanz in passive und aktive Vierpole eingeteilt. Passive Vierpole enthalten nur passive Bauelemente wie Widerstände, Induktivitäten und Kapazitäten; die Energie stammt ausschließlich aus dem Eingangssignal. Aktive Vierpole entnehmen die Energie einer separaten Stromquelle, so dass die Energie des Ausgangssignals die Energie des Eingangssignals übersteigen kann (z.B. Verstärkerschaltungen, aktive Filter).
Vierpole können auch nach ihrer Linearität (linear, nichtlinear), ihrer Umkehrbarkeit (umkehrbar, nichtumkehrbar) und ihrer Symmetrie unterschieden werden.

Beispiele für Vierpole

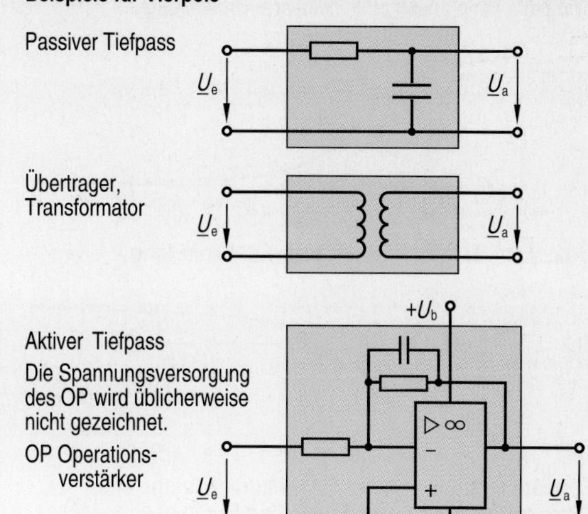

Skalenteilung

Die Achsen von Diagrammen werden meist mit linearen Skalen versehen, d. h. dass zwischen allen aufeinander folgenden Werten jeweils der gleiche Abstand ist. Auf einer Frequenzskale ist z. B. zwischen 1 Hz und 2 Hz der gleiche Abstand wie z. B. zwischen 4768 Hz und 4769 Hz. Der Nachteil dieser Einteilung besteht darin, dass bei Skalen, die über mehrere Zehnerpotenzen reichen, die kleinen Werte nicht mehr ablesbar sind. Dieser Nachteil kann durch logarithmische Skalen umgangen werden. Bei dieser Teilung steht jeder Zehnerpotenz (Dekade) der gleiche Platz zur Verfügung.
Zur Darstellung der Frequenzkennlinien von Filtern wird für die Frequenzachse meist ein logarithmischer Maßstab eingesetzt, weil er die übersichtliche Darstellung beliebig vieler Dekaden gestattet. Die Amplitudenachse kann einen linearen oder logarithmischen Maßstab haben, die Phasenachse wird immer linear geteilt.

Einfachlogarithmische Darstellung

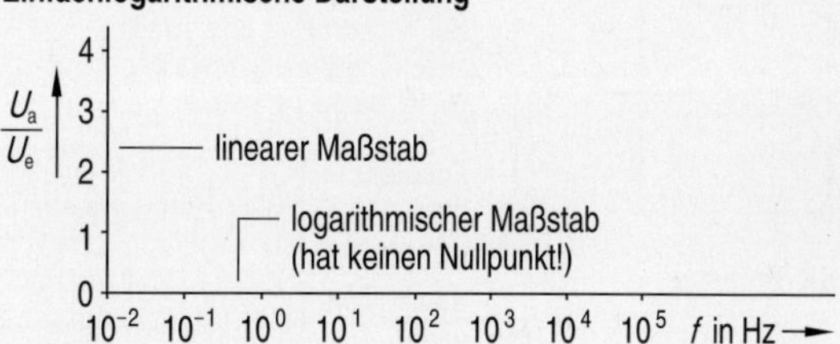

Doppellogarithmische Darstellung

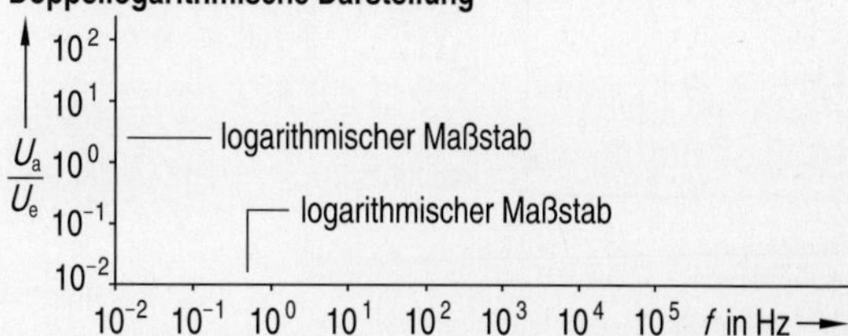

Dämpfung und Verstärkung

Der Amplitudengang eines Vierpols wird üblicherweise in einem logarithmischen Maß, dem Dezibel (dB), gemessen. Da die Ausgangsspannung beim passiven Vierpol stets kleiner als die Eingangsspannung ist, also gedämpft wird, hat sich in der Praxis statt Amplitudengang der Begriff Dämpfung durchgesetzt. Das Verhältnis U_a / U_e wird dabei als Dämpfungsfaktor D, das logarithmische Maß $20 \cdot \lg(U_a / U_e)$ als Dämpfungsmaß a bezeichnet (a attenuation Dämpfung).
Bei einem aktiven Vierpol kann die Ausgangsspannung größer als die Eingangsspannung sein; der Amplitudengang stellt dann eine negative Dämpfung bzw. eine Verstärkung dar.

Dämpfungsfaktor

$$D = |F(\omega)| = \frac{U_a}{U_e}$$

$[D] = 1$

Dämpfungsmaß

$$a = |F(\omega)|_{dB} = 20 \cdot \lg \frac{U_a}{U_e}$$

$[a]$ = dB (Dezibel)

Dämpfung und Verstärkung, Zahlenbeispiele

	Dämpfung					Verstärkung			
$D = \frac{U_a}{U_e}$	$\frac{1}{100}$	$\frac{1}{10}$	$\frac{1}{2}$	$\frac{1}{\sqrt{2}}$	$\frac{1}{1}$	$\frac{\sqrt{2}}{1}$	$\frac{2}{1}$	$\frac{10}{1}$	$\frac{100}{1}$
$a = 20 \lg \frac{U_a}{U_e}$	-40	-20	-6	-3	0	+3	+6	+20	+40

6.2 Siebschaltungen II

Tiefpass, Amplitudengang in linearer Darstellung

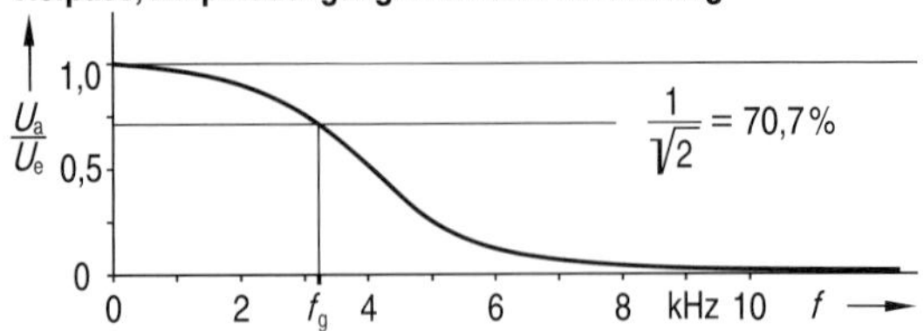

Hochpass, Amplitudengang in linearer Darstellung

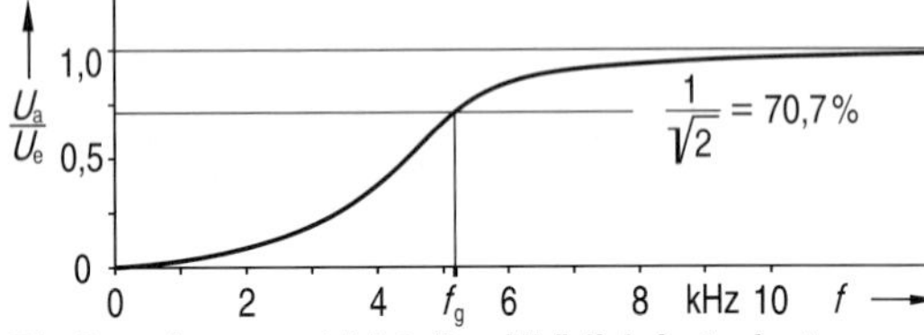

- **Die Grenzfrequenz bildet die willkürlich festgelegte Grenze zwischen Sperrbereich und Durchlassbereich**

RC-Tiefpass

Zeitkonstante $\tau = R \cdot C$

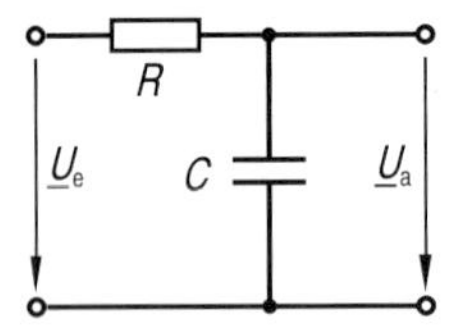

Bei Verwendung der jeweils zugehörigen Zeitkonstanten τ gilt für beide Tiefpässe:

Frequenzgang:

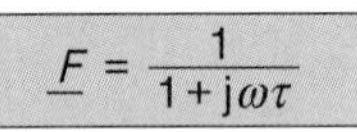

Amplitudengang:

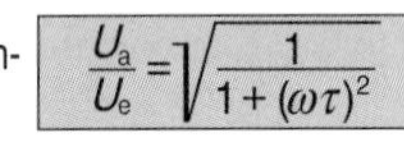

Phasengang: $\varphi = -\arctan \omega\tau$

Grenzfrequenz: $f_g = \frac{1}{2\pi \cdot \tau}$

LR-Tiefpass

Zeitkonstante $\tau = L/R$

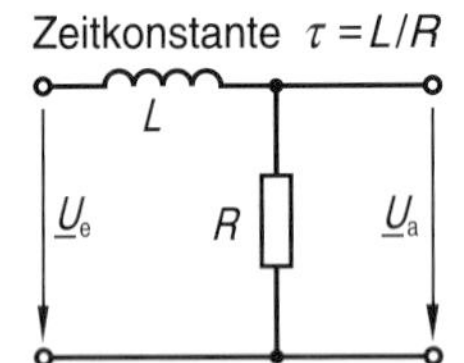

CR-Hochpass

Zeitkonstante $\tau = R \cdot C$

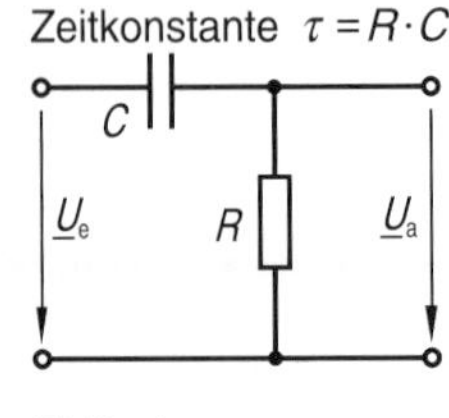

Bei Verwendung der jeweils zugehörigen Zeitkonstanten τ gilt für beide Hochpässe:

Frequenzgang: $\underline{F} = \frac{1}{1 + 1/j\omega\tau}$

Amplitudengang:

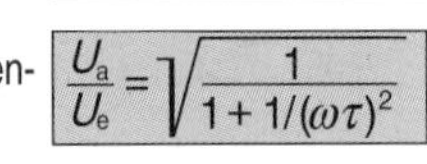

Phasengang:

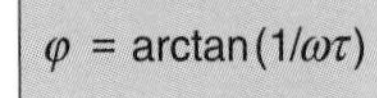

Grenzfrequenz: $f_g = \frac{1}{2\pi \cdot \tau}$

RL-Hochpass

Zeitkonstante $\tau = L/R$

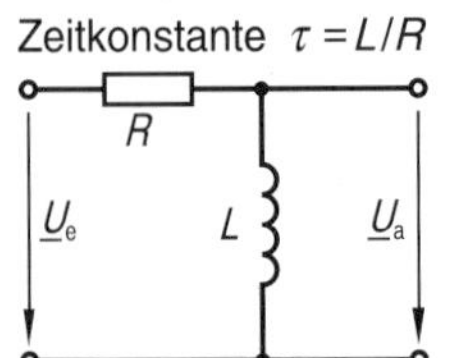

Tief- und Hochpässe

Die meisten Siebschaltungen sind als Tief- oder Hochpässe realisiert. Unter einem Tiefpass versteht man dabei eine Schaltung, die tiefe Frequenzen, insbesondere auch Gleichspannung, passieren lässt und hohe Frequenzen sperrt. Bei Hochpässen ist es umgekehrt: tiefe Frequenzen, insbesondere Gleichspannung, werden gesperrt, hohe Frequenzen können passieren. Der Übergang vom Sperr- zum Durchlassbereich und umgekehrt ist fließend; die willkürlich festgelegte Grenze zwischen beiden Bereichen heißt Grenzfrequenz. Man versteht darunter die Frequenz f_g bzw. Kreisfrequenz ω_g, bei der die Ausgangsspannung auf $1/\sqrt{2} = 70{,}7\,\%$ der Eingangsspannung bzw. um 3 dB abgesunken ist.
Siebschaltungen, die nur eine Induktivität oder eine Kapazität enthalten, sind Siebschaltungen 1. Ordnung; Schaltungen mit mehreren frequenzabhängigen Bauteilen sind Siebschaltungen höherer Ordnung.

Tiefpässe 1. Ordnung

Einfache Tiefpässe lassen sich durch eine RC- bzw. RL-Schaltung realisieren. Diese Schaltungen bestehen im Prinzip aus einem Spannungsteiler, wobei die Spannung an dem Bauteil abgegriffen wird, welches die tiefen Frequenzen besser sperrt.
Die Grenzfrequenz der Tiefpässe ist von der Zeitkonstanten $\tau = R \cdot C$ bzw. $\tau = L/R$ abhängig; je größer die Zeitkonstante ist, desto kleiner ist die Grenzfrequenz. Bei der Grenzfrequenz hat das frequenzabhängige Bauteil den gleichen Widerstandswert wie der ohmsche Widerstand, an beiden Bauteilen liegt betragsmäßig die gleiche Spannung. Die Phasenverschiebung zwischen Ausgangs- und Eingangsspannung ist 45°.
Tiefpässe werden z. B. zum Ausfiltern hochfrequenter Störsignale sowie zum Glätten von gleichgerichteten Wechselspannungen eingesetzt.

Hochpässe 1. Ordnung

Hochpässe lassen sich wie Tiefpässe durch RC- bzw. RL-Schaltungen realisieren, die Spannung wird jeweils am anderen Bauteil wie beim Tiefpass abgegriffen.
Pässe 1. Ordnung haben eine geringe Flankensteilheit, d. h. der Übergang vom Sperr- in den Durchlassbereich vollzieht sich über einen größeren Frequenzbereich. Steilere Übergänge erzielt man mit Pässen zweiter oder höherer Ordnung.
Die grafische Darstellung des Frequenzganges von Tief- und Hochpässen kann als Ortskurve (Nyquist-Diagramm) oder in den beiden Frequenzkennlinien (Bode-Diagramm) erfolgen. Die Frequenzachse wird dabei meist logarithmisch und auf die Grenzfrequenz normiert aufgetragen. Der Amplitudengang U_a/U_e kann linear oder logarithmisch dargestellt werden; der Phasenwinkel φ wird immer linear dargestellt.

Beispiel: CR-Hochpass

Der Frequenzgang des folgenden CR-Hochpasses soll im Bereich 1 Hz bis 100 kHz untersucht werden.
Der komplexe Frequenzgang soll dazu in einer Wertetafel sowie in den beiden Frequenzlinien (Bode-Diagramm) dargestellt werden.

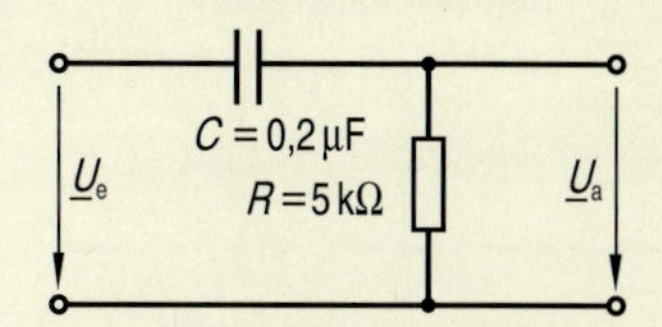

Zeitkonstante
$\tau = R \cdot C = 5\,k\Omega \cdot 0{,}2\,\mu F$
$\tau = 1\,ms$
Grenzfrequenz
$f_g = 1/2\pi\tau$
$= 1/2\pi \cdot 1\,ms = 159\,Hz$

Lösung:

Wertetafel mit

$|F| = \sqrt{\frac{1}{1 + (1/\omega\tau)^2}}$

$|F|_{dB} = 20 \cdot \lg |F|$

$\varphi = \arctan \frac{1}{\omega\tau}$

f in Hz	Amplitudengang $\|F\|$ (Dämpfungsfaktor D)	Amplitudengang $\|F\|_{dB}$ (Dämpfungsmaß a)	Phasengang φ
1	0,006	– 44 dB	89,6°
10	0,063	– 24 dB	86,4°
100	0,53	– 5,5 dB	57,9°
159	0,707	– 3 dB	45°
1000	0,988	– 0,1 dB	9°
10000	0,999	– 0,001 dB	0,9°
100000	1	0 dB	0,002°

Amplitudengang

in einfach-logarithmischer Darstellung

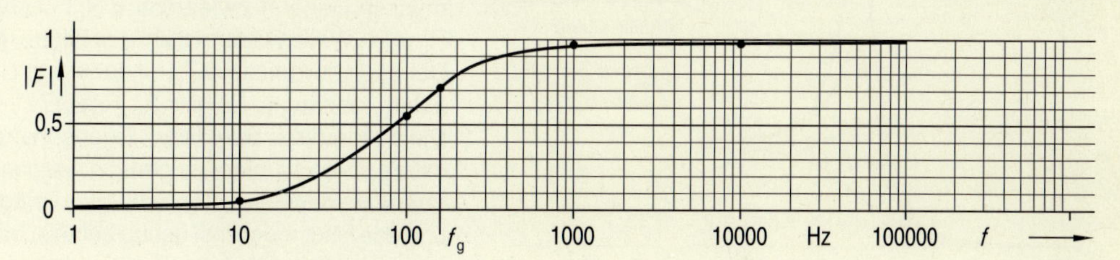

Phasengang

in einfach-logarithmischer Darstellung

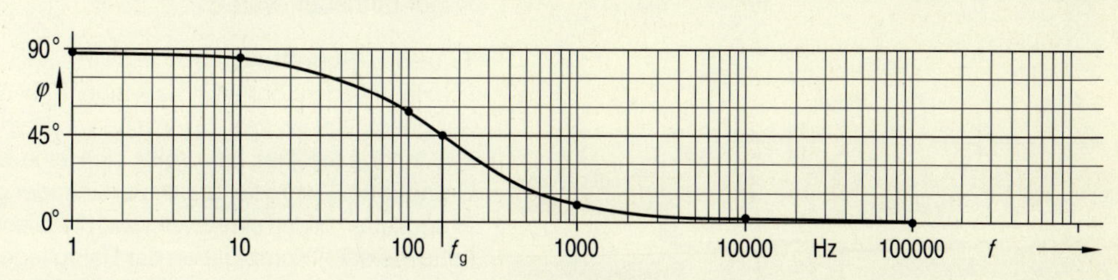

Aufgaben

6.2.1 RC-Hochpass

Im obigen Beispiel ist der Amplitudengang in einfach-logarithmischer Darstellung aufgezeichnet.

a) Zeichnen Sie den Amplitudengang in doppellogarithmischer Darstellung. Vergleichen Sie beide Darstellungsarten.
b) Legen Sie in der doppellogarithmischen Darstellung die Grenze zwischen Sperr- und Durchlassbereich fest und bestimmen Sie die Dämpfung im Sperrbereich in dB je Dekade.
c) Zeichnen Sie die komplexe Ortskurve des CR-Hochpasses.

6.2.2 Hoch- und Tiefpässe

Aus $R = 3{,}3\,k\Omega$ und $L = 0{,}2\,H$ soll jeweils ein Tief- und ein Hochpass geschaltet werden.

a) Zeichnen Sie die beiden Schaltungen.
b) Leiten Sie eine Formel zur Berechnung der Grenzfrequenz her und bestimmen Sie die Grenzfrequenz für beide Schaltungen.
c) Skizzieren Sie den Amplitudengang beider Schaltungen in doppellogarithmischer Darstellung im Bereich von 0,1 Hz bis 1 MHz.
d) Bestimmen Sie für beide Schaltungen im Sperrbereich die Dämpfung in dB/Frequenzdekade.

6.3 Siebschaltungen III

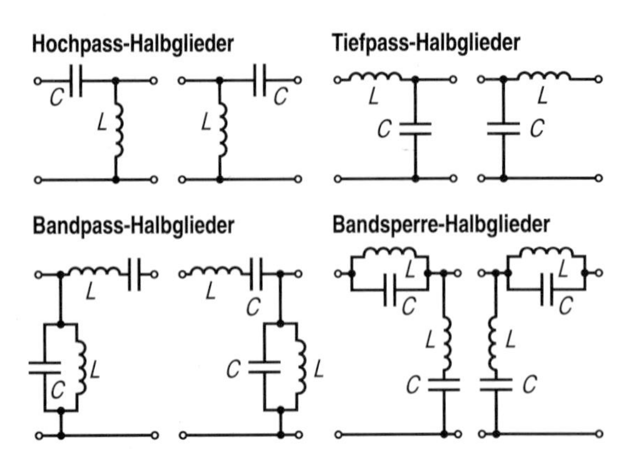

LC-Filter

Einfache RC- bzw. RL-Filter haben drei negative Eigenschaften:

1. Der Dämpfungsanstieg im Sperrbereich beträgt nur 20dB/Dekade, was in vielen Fällen zu wenig ist.
2. Bei Belastung des Filters ist die Dämpfung im Durchlassbereich wegen der Wirkwiderstände zu groß.
3. Der angeschlossene Lastwiderstand beeinflusst die Grenzfrequenz des Filters.

Mit Filtern aus verlustarmen Spulen und Kondensatoren können diese Nachteile weitgehend beseitigt werden. Grundbausteine für alle LC-Filter sind die sogenannten Halbglieder. Aus ihnen können je nach gewünschter Charakteristik beliebige Filterketten aufgebaut werden.

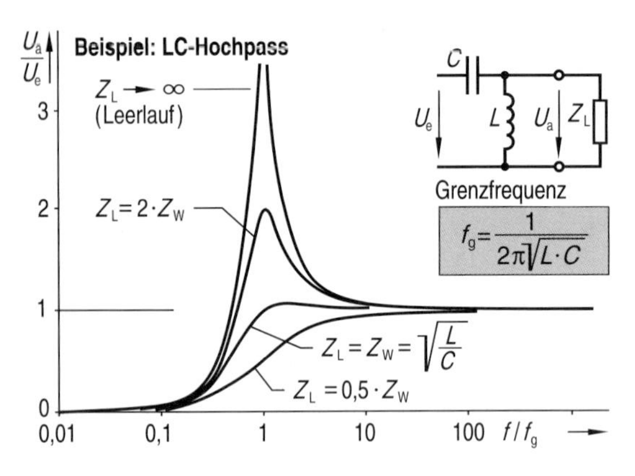

Durchlass- und Dämpfungsverhalten

Für den Frequenzgang von LC-Filtern ist die Beschaltung mit Generator und Lastwiderstand ausschlaggebend. Man kann 2 Grundforderungen unterscheiden:

1. Das LC-Filter soll die Generatorleistung im Durchlassbereich möglichst gut übertragen. In diesem Fall müssen Generatorwiderstand R_G, Lastwiderstand R_L und „Wellenwiderstand" des Filters gleich sein. Der Wellenwiderstand Z_W ist dabei von L und C des Filters abhängig. Es gilt: $Z_W = \sqrt{L/C}$.
2. Die besonderen selektiven Eigenschaften des LC-Filters sollen unmittelbar genutzt werden. In diesem Fall muss der Generatorwiderstand möglichst klein und das Filter möglichst gering belastet bzw. im Leerlauf betrieben werden.

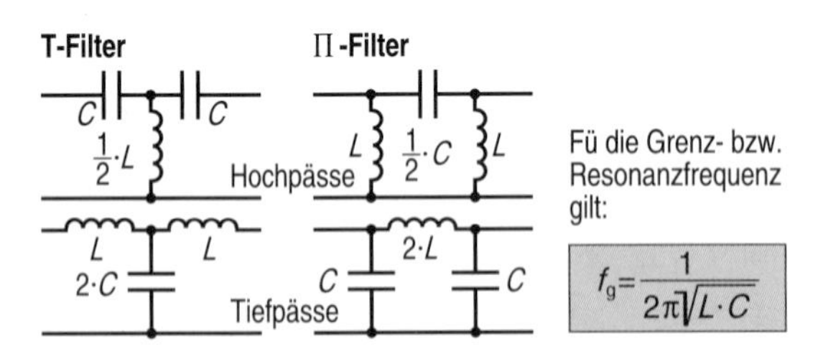

T- und Π-Schaltung

LC-Halbglieder können in beliebiger Zahl hintereinander geschaltet werden. Werden zwei Halbglieder zusammengeschaltet, so ergibt sich eine eingliedrige Grundkette. Zwei oder drei hintereinander geschaltete Grundketten bilden eine zwei- bzw. dreigliedrige Grundkette. Je nach Kombination der Halbglieder sehen die Grundketten wie ein T oder wie ein Π (Pi) aus. Die Filter werden daher T- bzw. Π-Filter (Pi-Filter) genannt.

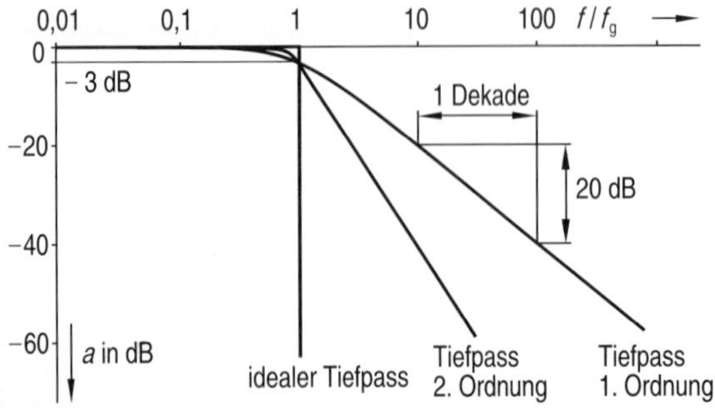

Flankensteilheit

Filterschaltungen mit nur einem frequenzabhängigen Bauteil (Filter 1. Ordnung) sind einfach zu realisieren und leicht berechenbar. Nachteilig ist jedoch der vergleichsweise flache Übergang zwischen Sperr- und Durchlassbereich. Diese Flankensteilheit im Sperrbereich wird in dB pro Dekade bzw. dB pro Oktave angegeben. Unter einer Dekade versteht man dabei den Frequenzbereich von f bis $10 \cdot f$, unter einer Oktave den Bereich von f bis $2 \cdot f$. Mit Filtern 1. Ordnung lassen sich 20 dB/Dekade = 6 dB/Oktave realisieren, mit Filtern 2. Ordnung 40 dB/Dekade = 12 dB/Oktave, mit Filtern 3. Ordnung 60 dB/Dekade = 18 dB/Oktave usw.

Pässe und Sperren

Bandpass-Filter (BP) sind so dimensioniert, dass sie nur ein bestimmtes Frequenzband passieren lassen. Bandsperr-Filter (BS) lassen alle Frequenzen passieren, mit Ausnahme eines bestimmten Frequenzbandes. Das geöffnete bzw. gesperrte Frequenzband heißt Kanal. Bandpässe und Bandsperren können durch die Hoch-Tiefpass-Kombinationen realisiert werden.
Im Beispiel ist ein Bandpass durch Reihenschaltung des Hochpasses $C_H R_H$ mit dem Tiefpass $R_T C_T$ realisiert. Die Grenzfrequenz des Hochpasses f_{gH} muss dabei kleiner als die Grenzfrequenz des Tiefpasses f_{gT} sein. Eine RC-Bandsperre erhält man im Beispiel durch die Kombination des Tiefpasses $R_T C_T$ mit dem Hochpass $C_H R_H$. Die Grenzfrequenz des Hochpasses f_{gH} muss dabei größer sein als f_{gT}.

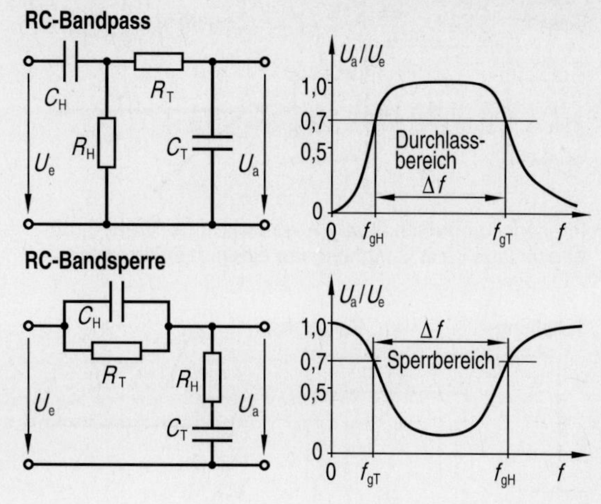

Leitungen als Filter

Leitungen zur Übertragung hochfrequenter Signale enthalten 4 wirksame Komponenten: einen Wirkwiderstand und eine Induktivität in Längsrichtung sowie einen Wirkleitwert und eine Kapazität in Querrichtung. Diese Komponenten sind gleichmäßig über die gesamte Leiterlänge verteilt.
Für die meisten Anwendungsfälle, insbesondere bei kurzen Leitungen, können die Wirkanteile vernachlässigt werden. Eine Leitung kann damit als die Reihenschaltung von vielen (genau unendlich vielen) LC-Tiefpassgliedern aufgefasst werden. Die Grenzfrequenz wird mit $f_{gT} = 1/(2 \cdot \pi \cdot \sqrt{L \cdot C})$ berechnet.

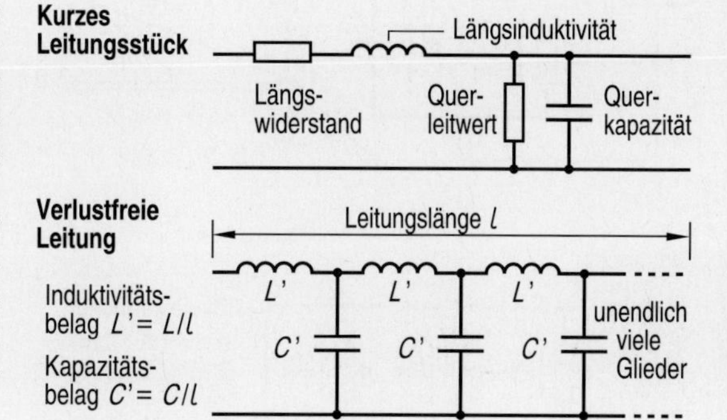

Wellenwiderstand

In einer verlustfreien Leitung ist die in jeder Teilinduktivität kurzfristig gespeicherte magnetische Energie $W'_{magn.} = ½ \cdot L' \cdot \hat{\imath}^2$ gleich der in der Teilkapazität kurzfristig gespeicherten Energie $W'_{el.} = ½ \cdot C' \cdot \hat{u}^2$. Werden beide Energien gleichgesetzt, so erhält man $L' \cdot \hat{\imath}^2 = C' \cdot \hat{u}^2$. Durch Umformen erhält man $\hat{u}/\hat{\imath} = \sqrt{L/C}$. Dieser Wert wird als Wellenwiderstand Z_W bezeichnet, er beträgt bei Signalleitungen zwischen 50 Ω und 300 Ω.

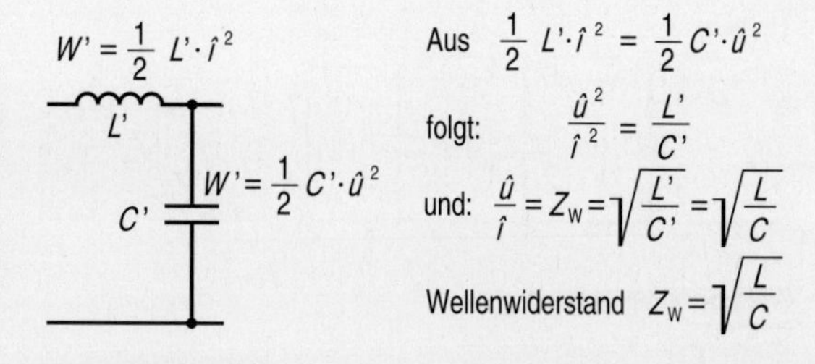

Aufgaben

6.3.1 Grundlagen

a) Nennen Sie 2 Vorteile von LC-Filtern gegenüber RC-Filtern bzw. RL-Filtern.
b) Erklären Sie, was man bei Hoch- bzw. Tiefpässen unter Flankensteilheit versteht.
Erklären Sie in diesem Zusammenhang auch, was man unter einer Dekade und einer Oktave versteht.
c) Welche Dämpfung hat ein Filter bei seiner Grenzfrequenz?
d) Skizzieren Sie einen LC-Hochpass und einen LC-Tiefpass jeweils als T- und als Π-Glied.

6.3.2 LC-Tiefpass

Eine Induktivität $L = 20$ mH und eine Kapazität $C = 10$ nF bilden einen Tiefpass.
a) Skizzieren Sie die Schaltung.
b) Berechnen Sie die Grenzfrequenz und den Wellenwiderstand der Schaltung.
c) Berechnen Sie die Dämpfung a des Vierpols in dB für $f = f_g$, $10^{-3} \cdot f_g$, $10^{-2} \cdot f_g$, $10^{-1} \cdot f_g$, $10^{1} \cdot f_g$, $10^{2} \cdot f_g$, $10^{3} \cdot f_g$,
1. im Leerlauf,
2. bei Belastung mit dem Wellenwiderstand.
d) Skizzieren Sie $a = f(f/f_g)$ für beide Belastungsfälle.

6.4 Phasenschieber

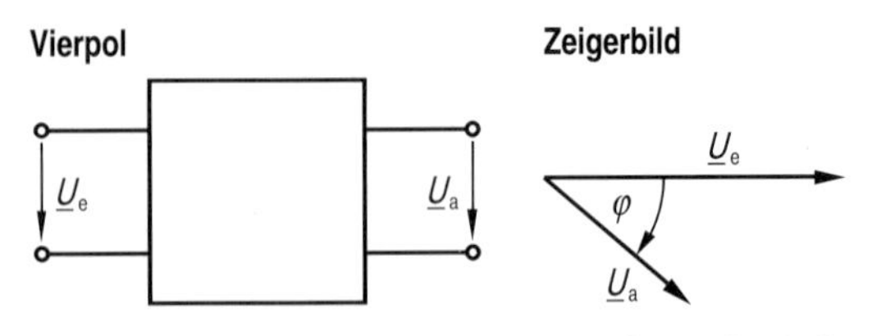

- **Phasenschieberschaltungen verändern (verdrehen) die Phasenlage einer Spannung um einen definierten Wert**

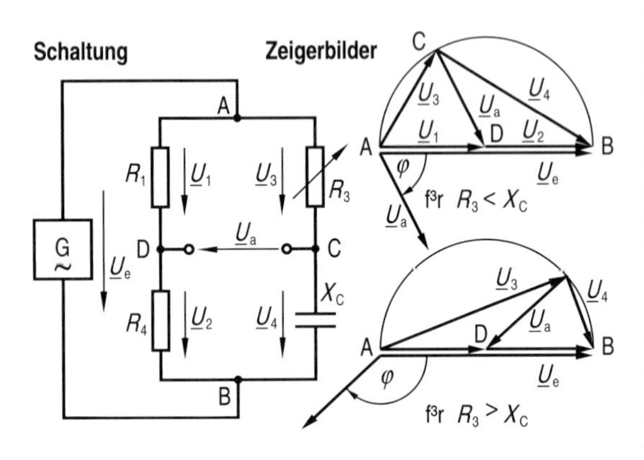

Hochpass

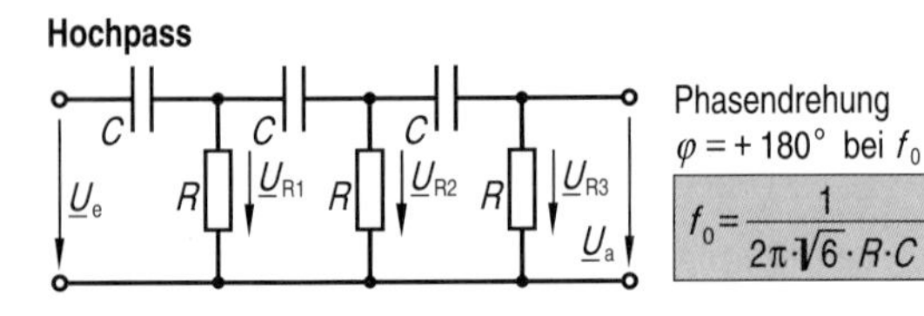

Phasendrehung
$\varphi = +180°$ bei f_0

$$f_0 = \frac{1}{2\pi \cdot \sqrt{6} \cdot R \cdot C}$$

Tiefpass

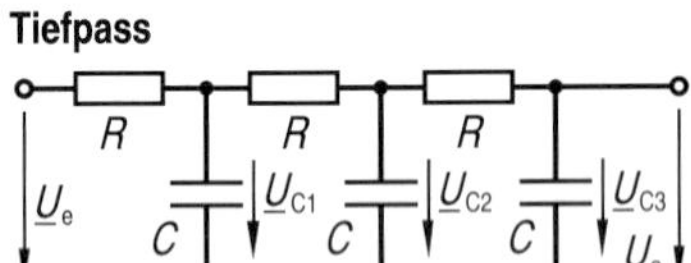

Phasendrehung
$\varphi = -180°$ bei f_0

$$f_0 = \frac{\sqrt{6}}{2\pi \cdot R \cdot C}$$

Wien-Spannungsteiler

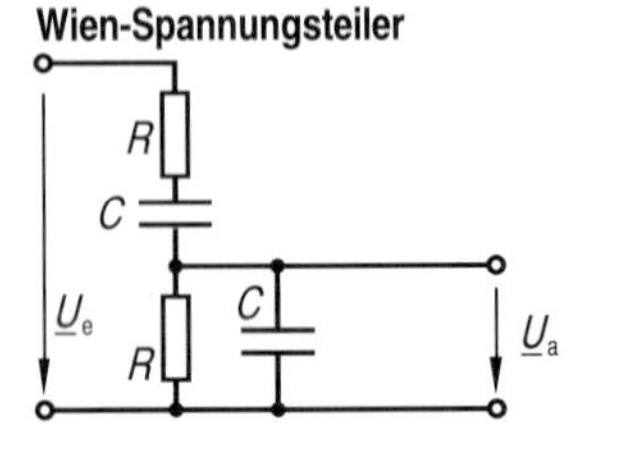

Phasendrehung
$\varphi = 0°$ bei f_0

$$f_0 = \frac{1}{2\pi \cdot R \cdot C}$$

Bei f_0 ist $\underline{U}_a = \frac{1}{3} \underline{U}_e$

Wien-Robinson-Brücke

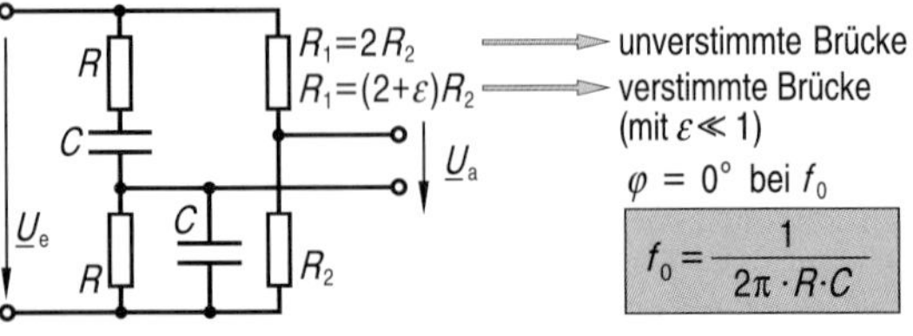

$R_1 = 2R_2$ → unverstimmte Brücke
$R_1 = (2+\varepsilon)R_2$ → verstimmte Brücke (mit $\varepsilon \ll 1$)

$\varphi = 0°$ bei f_0

$$f_0 = \frac{1}{2\pi \cdot R \cdot C}$$

Phasenschiebung

Wird am Eingang eines komplexen Vierpols eine sinusförmige Spannung angelegt, so unterscheidet sich die Ausgangsspannung nach Betrag und Phasenlage von der Eingangsspannung. Hat der Vierpol vor allem die Aufgabe, die Phasenlage zwischen U_a und U_e zu ändern, so spricht man von einer Phasenschieberschaltung. Derartige Schaltungen werden z. B. zum Bau von Oszillatoren (Schwingungserzeugern) benötigt.

Phasendrehbrücke

Eine einfache Phasendrehbrücke besteht aus dem Spannungsteiler R1, R2 mit $R_1 = R_2$ und dem parallel geschalteten Spannungsteiler aus R3 und C. Die gegenüber der Eingangsspannung U_e um φ gedrehte Ausgangsspannung U_a wird an der Brückendiagonale abgegriffen. Der Phasenverschiebungswinkel (Phasendrehwinkel) kann durch Verstellen des Widerstandes R3 ungefähr zwischen 0° und 180° verstellt werden. Die Wirkungsweise kann am Zeigerbild verdeutlicht werden: Ist $R_3 = 0$, so ist $U_3 = 0$ und $U_C = U_e$, die Phasenverschiebung ist 0. Bei $R_3 < X_C$ ist $0 < \varphi < 90°$ und bei $R_3 > X_C$ ist $90° < \varphi < 180°$. Für $R_3 = X_C$ ist die Phasenverschiebung genau $\varphi = 90°$.

Phasenschieberkette

Eine Phasenverschiebung von 180° zwischen Ein- und Ausgangsspannung lässt sich gut mit hintereinander geschalteten RC-Gliedern erreichen. Wird z. B. an die RC-Kette (Hochpass) die Wechselspannung U_e angelegt, so eilt die Spannung U_{R1} um einen Winkel zwischen 0 und 90° voraus. Die Spannung U_{R2} eilt dann abermals voraus usw. Um die Phasendrehung 180° zu erreichen, benötigt man mindestens 3 RC-Glieder.
Eine Phasenverschiebung von 180° zwischen Eingangs- und Ausgangsspannung kann auch mit einer CR-Kette (Tiefpass) erreicht werden. Auch hier werden mindestens 3 Glieder benötigt.

Wien-Robinson-Spannungsteiler

Zur Erzeugung von Sinusschwingungen wird häufig der nach dem Physiker Max Wien (1866–1938) benannte Wien-Oszillator eingesetzt. Kernstück dieser Schaltung ist der Wien-Spannungsteiler (Wien-Brücke). Er besteht aus der Reihenschaltung eines RC-Hoch- und eines RC-Tiefpasses. Der Frequenzgang ist ähnlich wie bei einem Schwingkreis; der Verlauf ist aber sehr flach und damit für den Einsatz in einem Oszillator ungünstig. Einen steileren Verlauf hat die Wien-Robinson-Brücke. Sie besteht aus einer Wien-Brücke mit einem zusätzlichen frequenzunabhängigen Spannungsteiler. Bei der abgestimmten Brücke ($R_1 = 2 \cdot R_2$) ist die Brückenspannung im Resonanzfall null. Dies kann in der Praxis dadurch vermieden werden, dass die Brücke etwas verstimmt wird, wobei $R_1 = (2 + \varepsilon) \cdot R_2$ ist.

Frequenzgang von Phasenschieberketten

Zur Berechnung des Frequenzganges (Übertragungsfunktion) einer Phasenschieberkette wird die Schaltung als mehrstufiger Spannungsteiler betrachtet. Dabei wird jede Stufe durch die folgende belastet. Die Berechnung erfolgt im Prinzip wie bei einer entsprechenden Gleichstromschaltung, wegen der komplexen Widerstände ist die allgemeine Berechnung aber sehr aufwendig. Das Beispiel zeigt die allgemein gültige Lösung für eine Phasenschieberkette mit 3 Gliedern.

Phasenschieberkette mit 3 Gliedern

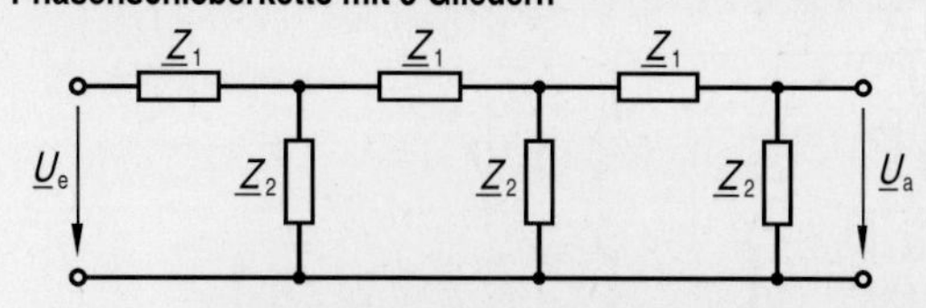

Frequenzgang $\underline{F}(\omega)$
$$\frac{\underline{U}_a}{\underline{U}_e} = \frac{\underline{Z}_2^3}{\underline{Z}_2^3 + 6\,\underline{Z}_2^2 \cdot \underline{Z}_1 + 5\,\underline{Z}_2 \cdot \underline{Z}_1^2 + \underline{Z}_1^3}$$

Tiefpasskette mit 3 Gliedern

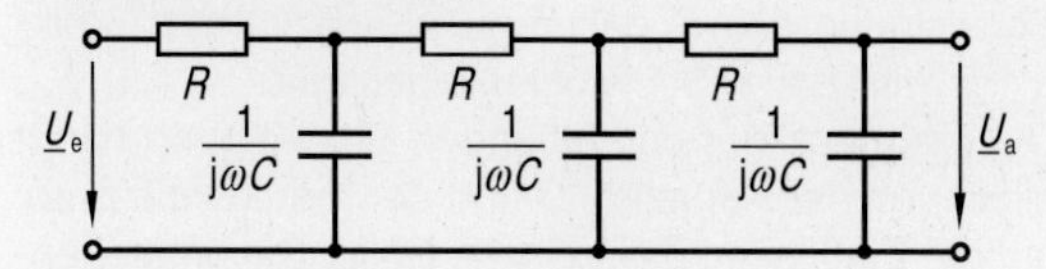

Wird in die oben dargestellte Gleichung $\underline{Z}_1 = R$ und $\underline{Z}_2 = \frac{1}{j\omega C} = -\frac{j}{\omega C}$

eingesetzt, so erhält man: $\frac{\underline{U}_a}{\underline{U}_e} = \frac{1}{1 - 5\omega^2 R^2 C^2 + j\omega RC \cdot (6 - \omega^2 R^2 C^2)}$

Der Frequenzgang ist reell, wenn der imaginäre Teil null ist.

$$j\omega RC \cdot (6 - \omega^2 R^2 C^2) = 0$$

1. Lösung: $\omega = 0 \longrightarrow$ Gleichspannung, $\underline{U}_e = \underline{U}_a$

2. Lösung: $(6 - \omega^2 R^2 C^2) = 0$

$$\omega = \omega_g = \frac{\sqrt{6}}{RC} \longrightarrow \text{Grenzfrequenz}$$

$$\frac{\underline{U}_a}{\underline{U}_e} = \frac{1}{1 - 5\omega_g^2 R^2 C^2} = \frac{1}{1 - 5 \cdot 6} = -\frac{1}{29}$$

$\longrightarrow$ $\underline{U}_a$ und $\underline{U}_e$ sind um 180° phasenverschoben

Hochpasskette mit 3 Gliedern

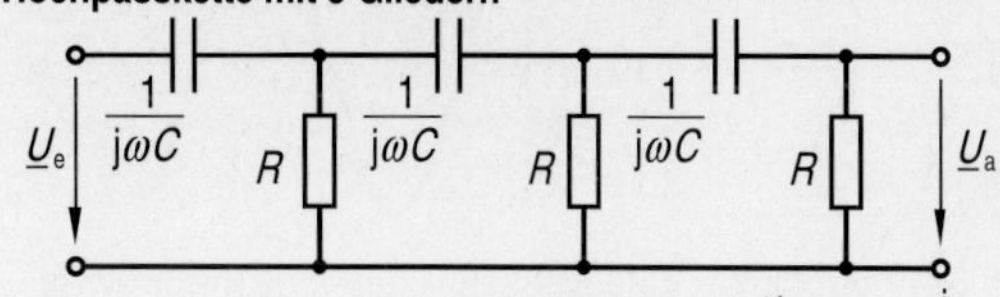

Wird in die oben dargestellte Gleichung $\underline{Z}_1 = \frac{1}{j\omega C} = -\frac{j}{\omega C}$ und $\underline{Z}_2 = R$

eingesetzt, so erhält man: $\frac{\underline{U}_a}{\underline{U}_e} = \frac{1}{1 - \frac{5}{\omega^2 R^2 C^2} + \frac{j}{\omega RC} \cdot \left(\frac{1}{\omega^2 R^2 C^2} - 6\right)}$

Der Frequenzgang ist reell, wenn der imaginäre Teil null ist.

$$\frac{j}{\omega RC} \cdot \left(\frac{1}{\omega^2 R^2 C^2} - 6\right) = 0$$

1. Lösung: $\omega \longrightarrow \infty$

2. Lösung: $\left(\frac{1}{\omega^2 R^2 C^2} - 6\right) = 0$

$$\omega = \omega_g = \frac{1}{\sqrt{6}RC} \longrightarrow \text{Grenzfrequenz}$$

$$\frac{\underline{U}_a}{\underline{U}_e} = \frac{1}{\left(1 - \frac{5}{\omega_g^2 R^2 C^2}\right)} = \frac{1}{1 - 5 \cdot 6} = -\frac{1}{29}$$

$\longrightarrow$ $\underline{U}_a$ und $\underline{U}_e$ sind um 180° phasenverschoben

Phasenschieber in der Energietechnik

In der Energietechnik hat der Begriff „Phasenschieber" eine andere Bedeutung als in der Nachrichtentechnik. Im wesentlichen geht es darum, die Übertragungsleitungen von Blindleistung zu entlasten. Meist erfolgt dies dadurch, dass die von den Maschinen benötigte induktive Blindleistung von parallel geschalteten Kondensatoren geliefert wird. Induktive Blindleistung kann aber auch von Synchronmaschinen geliefert werden. Ob eine Synchronmaschine (Motor oder Generator) Blindleistung in das Netz einspeist, hängt vom Erregerstrom ab. Wird die Maschine mit ihrem Nennstrom erregt, so liefert sie keine Blindleistung. Bei Übererregung liefert sie induktive, bei Untererregung liefert sie kapazitive Blindleistung in das Netz. Maschinen, die zur Verbesserung des Leistungsfaktors $\cos\varphi$ eingesetzt werden, heißen Phasenschiebermaschinen.

Das Diagramm zeigt die Stromaufnahme eines Synchronmotors in Abhängigkeit von Erregerstrom und Belastung. Die Kurven werden wegen ihrer Form als V-Kurven bezeichnet.

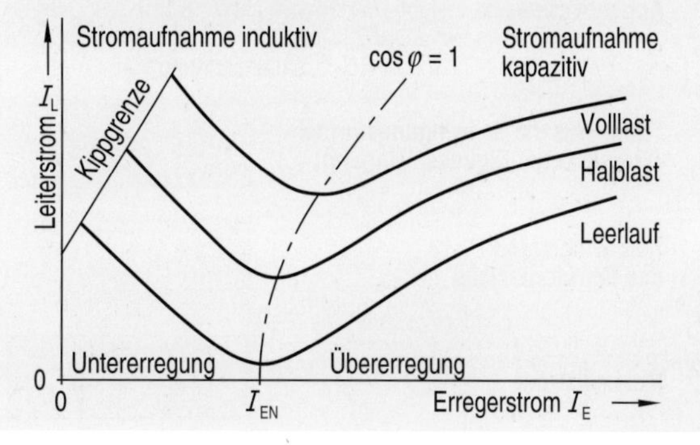

6.5 Schwingkreis I

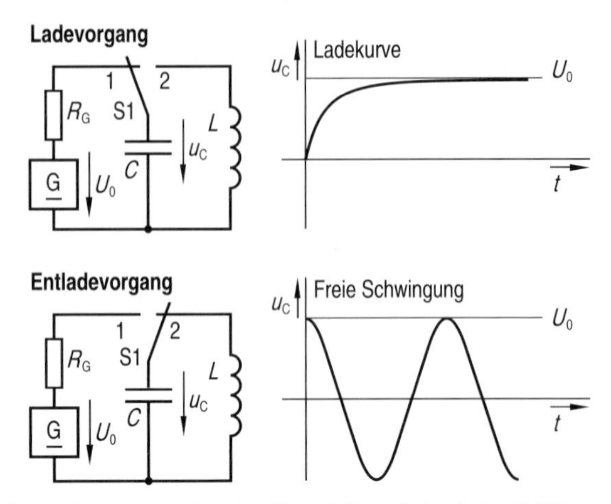

- **Ein Stromkreis, der eine Kapazität und eine Induktivität enthält, stellt einen elektrischen Schwingkreis dar**

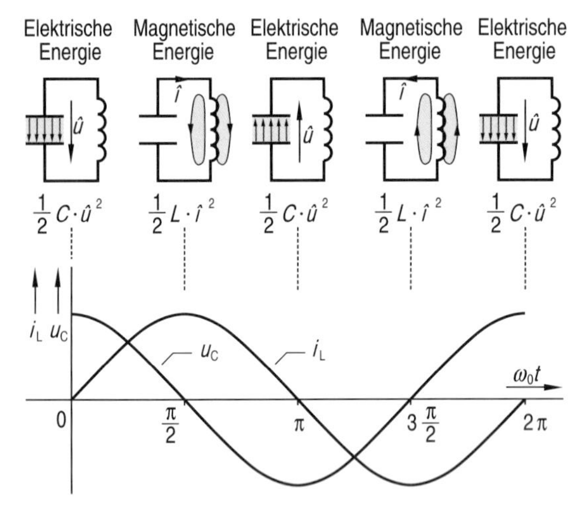

- **Die Energie eines Schwingkreises wird abwechselnd im elektrischen und im magnetischen Feld gespeichert**

Augenblickswerte	$i = \hat{\imath}\cdot\sin\omega_0 t$	$u = \hat{u}\cdot\sin\left(\omega_0 t + \frac{\pi}{2}\right)$

mit $\hat{u} = U_0$ = Ladespannung von C

Thomsonsche Schwingungsformel (Frequenz der Eigenschwingung)

$$\omega_0 = \frac{1}{\sqrt{L\cdot C}}$$

Kennwiderstand des Schwingkreises

$$Z_0 = \sqrt{\frac{L}{C}}$$

Maximalstrom

$$\hat{\imath} = \frac{U_0}{Z_0} = U_0\cdot\sqrt{\frac{C}{L}}$$

Freie Schwingung

In nebenstehender Schaltung wird ein Kondensator über den Schalter S1 auf die Spannung U_0 einer Gleichspannungsquelle aufgeladen. Wird der Schalter S1 in Stellung 2 gebracht, so wird der Kondensator über die Spule entladen. Allerdings sinkt die Kondensatorspannung nicht stetig auf null ab, wie es bei Entladung über einen Widerstand zu erwarten wäre. Mit einem angeschlossenen Oszilloskop kann vielmehr nachgewiesen werden, dass die Spannung sinusförmig abfällt, wieder ansteigt, wieder abfällt usw. Beim Entladen eines Kondensators über eine Spule entsteht somit eine Schwingung; eine Schaltung aus Kapazität und Induktivität wird daher Schwingkreis genannt.

Die Frequenz der entstehenden Schwingung hängt allein von der Kapazität C und der Induktivität L ab, äußere Einflüsse spielen keine Rolle. Die entstehende Schwingung heißt deshalb freie Schwingung.

Energieaustausch

Das Entstehen einer Schwingung in einem Schwingkreis beruht auf dem ständigen Austausch von Energie zwischen Kondensator und Spule.

Nach dem Aufladen des Kondensators enthält sein elektrisches Feld die elektrische Energie $W_{el.} = \frac{1}{2}\cdot C\cdot\hat{u}^2$, der Strom ist null. Schließt S1 den Stromkreis zur Spule, entlädt sich der Kondensator. Die Spannung sinkt dabei sinusförmig ab, der Strom steigt sinusförmig an. Ist die Spannung auf null gesunken, dann hat der Strom sein Maximum erreicht. Die gesamte Energie ist dann im magnetischen Feld enthalten: $W_{magn.} = \frac{1}{2}\cdot L\cdot\hat{\imath}^2$. Nach Erreichen des Maximums wird das Magnetfeld wieder abgebaut, der Strom wird kleiner, der Kondensator negativ aufgeladen usw.

Wird die Energie verlustfrei transportiert, so stellt sich eine ungedämpfte Eigenschwingung ein. Im Normalfall enthält aber jeder Schwingkreis Verlustwiderstände; in diesem Fall stellt sich eine abklingende oder gedämpfte Eigenschwingung ein.

Kenngrößen

Die ungedämpfte Eigenschwingung eines Schwingkreises ist durch die Kurvenform von Strom und Spannung, die Amplitude des Stromes sowie durch die Frequenz der Schwingung gekennzeichnet.

1. Die ungedämpfte Eigenschwingung eines Schwingkreises ist immer sinusförmig; Strom und Spannung sind dabei um 90° phasenverschoben.
2. Die Frequenz der Eigenschwingung ist von L und C abhängig. Es gilt: $\omega_0 = 1/\sqrt{L\cdot C}$ (Eigenfrequenz).
3. Die Stromamplitude hängt von der Ladespannung des Kondensators und vom sogenannten Kennwiderstand des Schwingkreises ab.
   Für den Kennwiderstand gilt: $Z = \sqrt{L/C}$.

Schwach gedämpfte Schwingung

Treten beim Energietransport zwischen Kondensator und Spule Verluste auf, z. B. durch Leitungswiderstände oder durch Ummagnetisierung eines Eisenkerns, so klingt die Schwingung nach einiger Zeit ab. Die Verluste des Kreises werden durch einen in Reihe zur Spule geschalteten Verlustwiderstand R_V nachgebildet. Für eine schwach gedämpfte Schwingung gilt:

1. Die Amplitude der Schwingung klingt exponentiell mit der Zeitkonstante τ ab, diese Zeitkonstante ist von den Daten des Schwingkreises abhängig.
2. Die Eigenfrequenz ist kleiner als die Eigenfrequenz eines ungedämpften Schwingkreises.

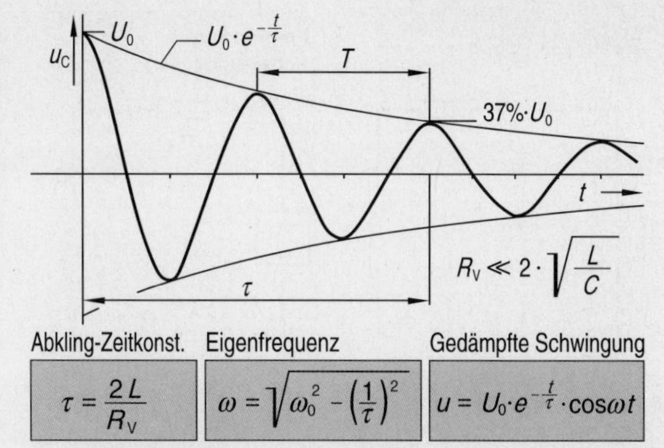

Stark gedämpfte Schwingung

Ist der Dämpfungswiderstand sehr klein, so ist die Schwingung schwach gedämpft und periodisch. Ist der Dämpfungswiderstand hingegen sehr groß, so ist die Schwingung aperiodisch. Man unterscheidet 3 Fälle:

1. Ist der Verlustwiderstand wesentlich größer als der Kennwiderstand des Schwingkreises, so entlädt sich der Kondensator nach einer e-Funktion; es ist eine „kriechende" Entladung.
2. Ist der Verlustwiderstand genau gleich $R_V = 2 \cdot \sqrt{L/C}$, so kommt gerade noch keine Schwingung zustande. Dieser Fall liegt somit zwischen Schwingen und Kriechen und heißt aperiodischer Grenzfall.
3. Ist der Verlustwiderstand etwas kleiner als der zweifache Kennwiderstand des Kreises, so kommt es zum ein- oder mehrmaligen Überschwingen.

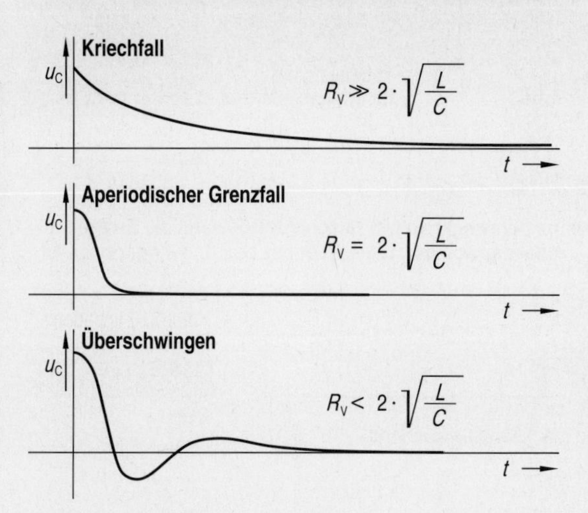

Schwingungsgleichung

Die freie Schwingung in einem Schwingkreis hängt von den Bauteilen R_V, L und C ab sowie vom anfänglichen Energiezustand. Liegt eine äußere Spannung u_a am Schwingkreis an, so wird eine Schwingung erzwungen. Die mathematische Herleitung führt jeweils zu einer linearen Differentialgleichung 2. Ordnung; ihre Lösung erfordert aber Kenntnisse in höherer Mathematik.

Lineare Differentialgleichung 2. Ordnung

für eine freie Schwingung

$$\frac{d^2 i}{dt^2} + \frac{R_V}{L} \cdot \frac{di}{dt} + \frac{1}{L \cdot C} \cdot i = 0$$

eine erzwungene Schwingung

$$\frac{d^2 i}{dt^2} + \frac{R_V}{L} \cdot \frac{di}{dt} + \frac{1}{L \cdot C} \cdot i = \frac{1}{L} \cdot \frac{du_a}{dt}$$

Aufgaben

6.5.1 Freie, ungedämpfte Schwingung

Ein Kondensator $C = 10\,\text{nF}$ wird auf $U_0 = 20\,\text{V}$ aufgeladen und dann über eine Induktivität $L = 20\,\text{mH}$ entladen.

a) Skizzieren Sie die Schaltung.

Berechnen Sie:

b) die Frequenz der Eigenschwingung,

c) den Kennwiderstand des Schwingkreises,

d) den Maximalwert des Stromes.

e) Skizzieren Sie maßstäblich $u_c = f(t)$ und $i_L = f(t)$.

f) Erklären Sie die Begriffe „freie" Schwingung und „ungedämpfte" Schwingung.

6.5.2 Freie, gedämpfte Schwingung

Ein Kondensator $C = 5\,\mu\text{F}$ wird auf $U_0 = 10\,\text{V}$ aufgeladen und dann über eine Induktivität $L = 50\,\text{mH}$ entladen. Der Kreis enthält einen Dämpfungswiderstand $R = 4\,\Omega$.

Berechnen Sie:

a) die Frequenz der ungedämpften Eigenschwingung,

b) die Abkling-Zeitkonstante,

c) die Frequenz der gedämpften Eigenschwingung.

d) Skizzieren Sie den Verlauf der abklingenden Kondensatorspannung $u_c = f(t)$.

e) Wodurch ist die Dämpfung in der Praxis bedingt?

6.6 Schwingkreis II

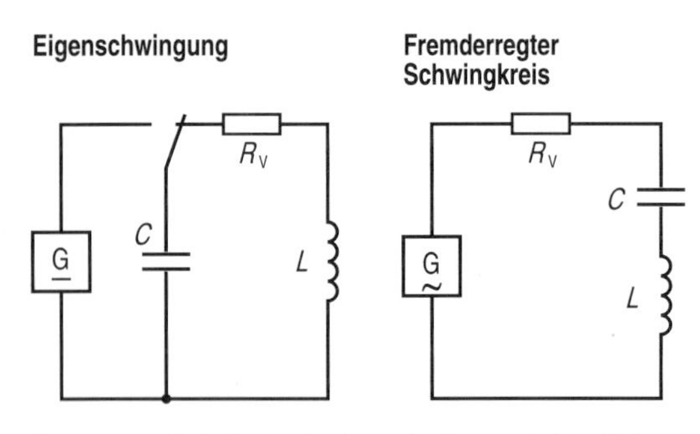

- **Fremderregte Schwingkreise schwingen nicht mit ihrer Eigenfrequenz, sondern mit der Frequenz der Erregung**

Aus $X_L = X_C$

folgt

$$\omega_0 \cdot L = \frac{1}{\omega_0 \cdot C}$$

und $\omega_0 = \frac{1}{\sqrt{L \cdot C}}$

Thomsonsche Schwingungsformel

$$\omega_0 = \frac{1}{\sqrt{L \cdot C}}$$

$$[\omega_0] = \frac{1}{\sqrt{\Omega s \cdot \frac{s}{\Omega}}} = \frac{1}{s}$$

- **Im Schwingkreis tritt Resonanz auf, wenn die Erregerfrequenz gleich der Eigenfrequenz des Schwingkreises ist**

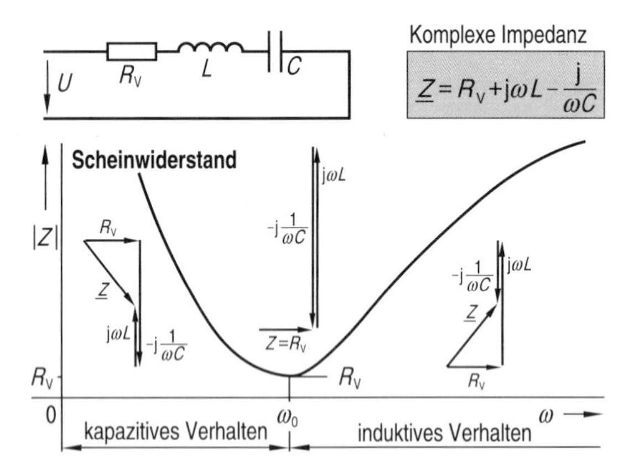

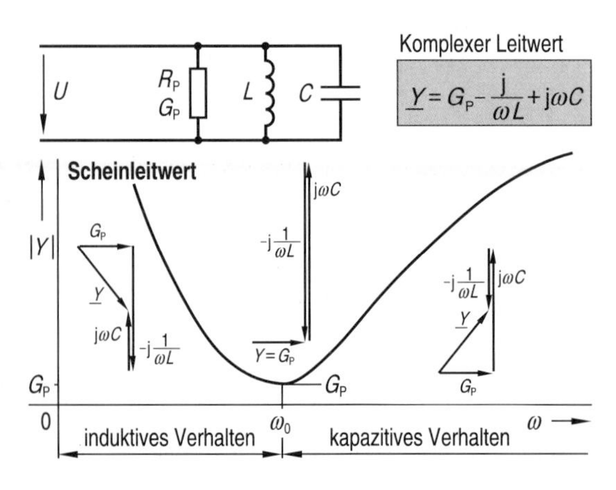

Fremderregte Schwingkreise

Ungedämpfte bzw. schwach gedämpfte Schwingkreise, die keine äußere Energiezufuhr haben, schwingen mit ihrer Eigenfrequenz (freie Schwingung). Wird der Kreis jedoch von außen erregt, d. h. wird ihm von einer äußeren Quelle periodisch Energie zugeführt, so schwingt er mit der Frequenz der Erregung. Eine derartige Schwingung heißt erzwungene Schwingung.

Ein besonderer Zustand tritt ein, wenn die Erregerfrequenz gleich der Eigenfrequenz des Schwingkreises ist. Dieser Zustand heißt Resonanz (lat. resonare mitschwingen). Bei Resonanz können je nach Schaltung besonders hohe Spannungen bzw. Ströme auftreten.

Resonanz

Beim Betrieb von Schwingkreisen ist die Resonanz der wichtigste Fall; technisch genutzte Schwingkreise werden daher auch Resonanzkreise genannt. Die Resonanzfrequenz ist erreicht, wenn induktiver und kapazitiver Widerstand gleich groß sind. Diese Bedingung führt zu der nach dem englischen Physiker William Thomson, dem späteren Lord Kelvin (1824–1907), benannten thomsonschen Schwingungsformel.

Reihenschwingkreis

Sind L und C in Reihe geschaltet, so spricht man von einem Reihenschwingkreis. Die Verluste (Dämpfung) werden dabei sinnvollerweise durch einen in Reihe geschalteten ohmschen Widerstand R_V symbolisiert.

Die Impedanz Z des Kreises ist frequenzabhängig. Bei kleinen Frequenzen wird der Strom durch den jetzt großen kapazitiven Widerstand begrenzt; die Schaltung ist insgesamt kapazitiv. Bei Resonanzfrequenz ist der kapazitive gleich dem induktiven Blindwiderstand, ihre Summe ist null. Im Resonanzfall wird der Strom also nur durch den Verlustwiderstand begrenzt.

Bei höheren Frequenzen wirkt zunehmend der induktive Widerstand; die Schaltung ist insgesamt induktiv. Reihenschwingkreise heißen auch Saugkreise.

Parallelschwingkreis

Sind L und C parallel geschaltet, so spricht man von einem Parallelschwingkreis. Die Verluste (Dämpfung) werden dabei sinnvollerweise durch einen parallel geschalteten ohmschen Leitwert G_p symbolisiert.

Der Leitwert Y des Kreises ist frequenzabhängig. Bei kleinen Frequenzen kann der Strom durch den jetzt großen induktiven Leitwert fließen; die Schaltung ist insgesamt induktiv. Bei Resonanzfrequenz ist der kapazitive gleich dem induktiven Blindleitwert, ihre Summe ist null, die Impedanz unendlich groß. Bei Resonanz fließt der Strom nur über den Verlustleitwert. Bei höheren Frequenzen wirkt zunehmend der kapazitive Leitwert; die Schaltung ist daher insgesamt kapazitiv. Parallelschwingkreise heißen auch Sperrkreise.

Spannungsüberhöhung beim Reihenschwingkreis
Der Reihenschwingkreis stellt einen frequenzabhängigen Zweipol dar. Bei Frequenzen unterhalb der Resonanzfrequenz wirkt er kapazitiv, bei Frequenzen oberhalb der Resonanzfrequenz induktiv. Bei Resonanz wirkt er wie ein rein ohmscher Widerstand.
Die Besonderheiten des Reihenschwingkreises zeigen sich bei Einspeisung mit konstanter Spannung. Bei sehr kleinen und bei sehr großen Frequenzen ist die Impedanz groß, der Strom entsprechend klein. Nahe der Resonanzfrequenz und insbesondere bei Resonanz wird die Impedanz sehr klein, der Strom entsprechend groß. Durch den großen Strom treten an Kapazität und Induktivität sehr große Spannungsfälle auf. Sie können je nach Größe des Verlustwiderstandes ein Vielfaches der eingespeisten Spannung betragen (Spannungsresonanz). Das im Resonanzfall auftretende Verhältnis von Kondensatorspannung bzw. Spulenspannung zu eingespeister Spannung heißt Spannungsüberhöhung.

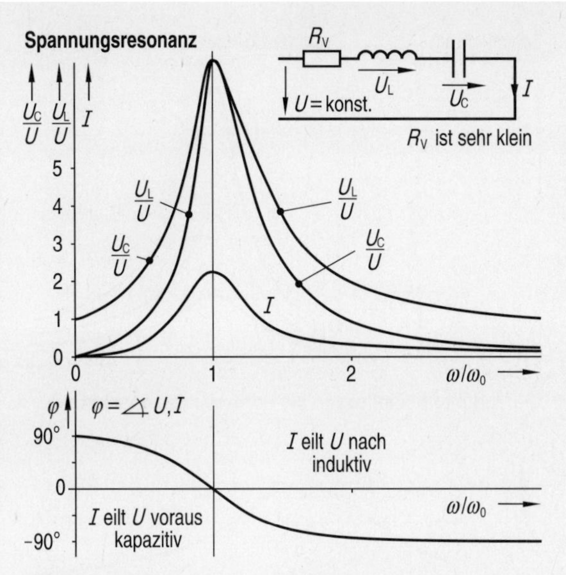

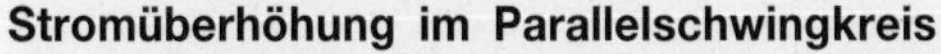

Stromüberhöhung im Parallelschwingkreis
Der Parallelschwingkreis stellt ebenfalls einen frequenzabhängigen Zweipol dar. Unterhalb der Resonanzfrequenz wirkt er jedoch induktiv, oberhalb der Resonanzfrequenz kapazitiv. Bei Resonanz wirkt er wie ein rein ohmscher Widerstand.
Die Besonderheiten des Parallelschwingkreises zeigen sich bei Einspeisung mit konstantem Strom. Bei sehr kleinen und bei sehr großen Frequenzen ist der Leitwert groß, die Spannung entsprechend klein. Nahe der Resonanzfrequenz und insbesondere bei Resonanz wird der Leitwert sehr klein, die Spannung entsprechend groß. Durch die große Spannung fließen durch Kapazität und Induktivität sehr große Ströme. Sie können je nach Größe des Verlustleitwertes ein Vielfaches des zugeführten (konstanten) Stromes betragen (Stromresonanz). Das im Resonanzfall auftretende Verhältnis von Kondensatorstrom bzw. Spulenstrom zum eingespeisten Strom heißt Stromüberhöhung.

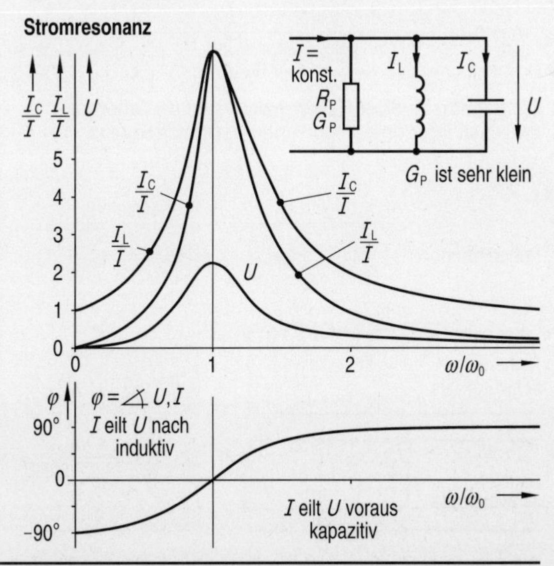

Aufgaben

6.6.1 Reihenschwingkreis
Ein Reihenschwingkreis aus $R_v = 20\,\Omega$, $L = 250\,\text{mH}$ und $C = 1\,\mu\text{F}$ liegt an der konstanten Spannung 30 V. Die Frequenz ist im Bereich von 0 bis 20 kHz veränderbar. Berechnen Sie
a) Kennwiderstand und Resonanzfrequenz,
b) den Strom im Resonanzfall,
c) die Spannung an L und C im Resonanzfall,
d) die Spannungsüberhöhung.
e) Skizzieren Sie $I = f(\omega)$ qualitativ.
f) Wie ändern sich Strom und Spannungsüberhöhung im Resonanzfall, wenn R_V vernachlässigbar wird?

6.6.2 Parallelschwingkreis
Ein Parallelschwingkreis aus $R_P = 15\,\text{k}\Omega$, $L = 100\,\text{mH}$ und $C = 0{,}2\,\mu\text{F}$ wird von einem Konstantstrom $I = 1\,\text{mA}$ gespeist. Die Frequenz ist von 0 bis 20 kHz veränderbar. Berechnen Sie
a) Kennleitwert und Resonanzfrequenz,
b) die Spannung im Resonanzfall,
c) den Strom in L und C im Resonanzfall,
d) die Stromüberhöhung im Resonanzfall.
e) Welchen Wert muss R_P haben, damit die Stromüberhöhung im Resonanzfall gerade 10 beträgt?
f) Wie groß muss C sein, damit $f_0 = 1\,\text{kHz}$ beträgt?

6.7 Schwingkreis III

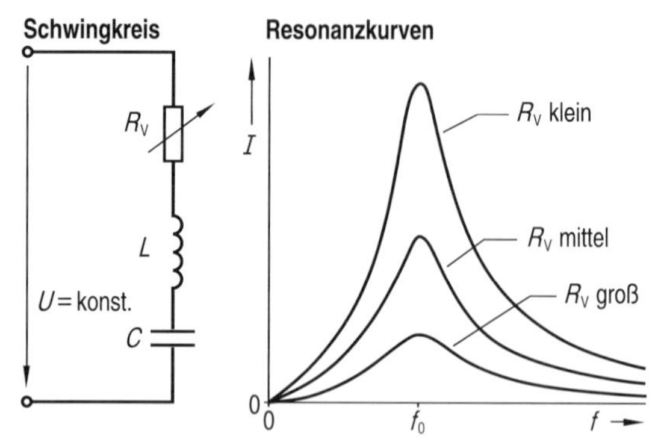

- **Die Verluste beeinflussen die Form der Resonanzkurve**

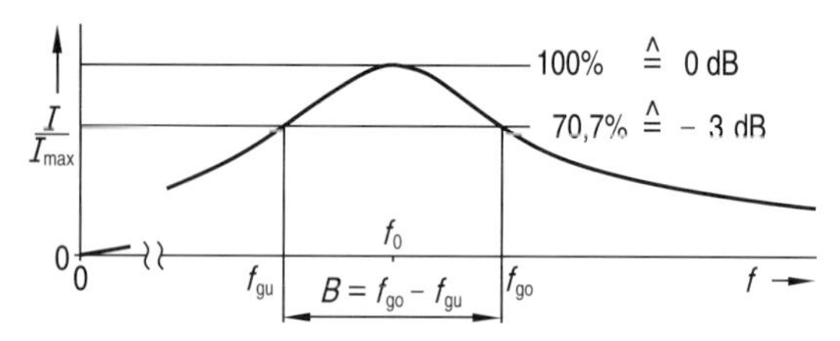

- **Die Bandbreite einer Resonanzkurve ist die Differenz zwischen ihrer oberen und unteren Grenzfrequenz**

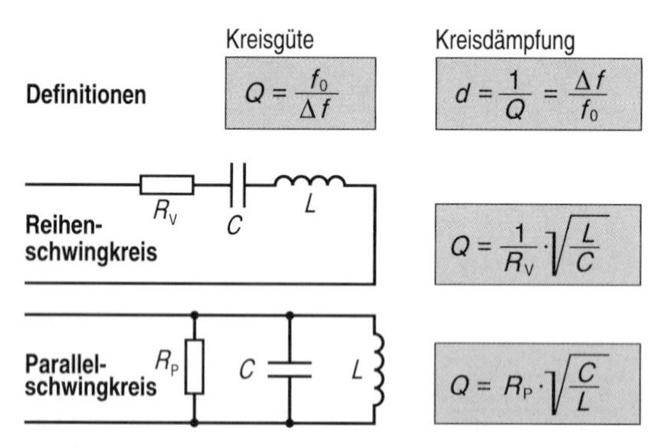

- **Die Kreisgüte Q ist von den Verlusten (Verlustwiderstand) und vom Kennwiderstand des Schwingkreises abhängig**

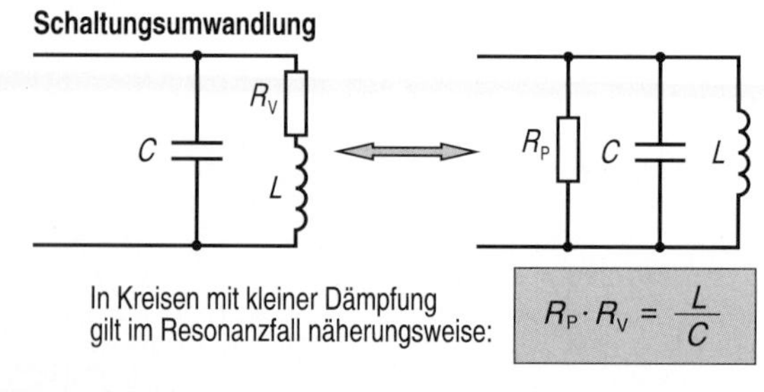

- **Die Verluste eines Schwingkreises können durch einen Vor- oder einen Parallelwiderstand berücksichtigt werden**

Schwingkreisverluste

Im Idealfall besteht ein Schwingkreis nur aus Induktivität und Kapazität; die Energie kann verlustfrei zwischen beiden Energiespeichern pendeln. In der Praxis treten aber stets Verluste auf. Sie stammen insbesondere vom Drahtwiderstand der Spule und von eventuellen Eisenverlusten durch Ummagnetisierung und Wirbelströme. Im Kondensator entstehen Verluste vor allem durch Umpolarisierung des Dielektrikums. Die Kondensatorverluste sind im Vergleich zu den Spulenverlusten allerdings meist vernachlässigbar.

Die Verluste zeigen sich vor allem in den Resonanzkurven: bei kleinen Verlusten sind sie schmal und hoch, bei großen Verlusten verlaufen sie breit und flach.

Bandbreite

Zur Beschreibung der Resonanzkurven dient insbesondere die Angabe der unteren und oberen Grenzfrequenz f_{gu} und f_{go}. Die beiden Grenzfrequenzen sind die Frequenzen, bei denen die Schwingungsamplitude auf 70,7 % der Resonanzamplitude abgefallen ist; dies entspricht einer Dämpfung von 3 dB. Die Bandbreite wird dann aus der Differenz der beiden Grenzfrequenzen berechnet: $\Delta f = f_{go} - f_{gu}$.

Die Bandbreite wird auch mit B oder $b_{0,7}$ bezeichnet.

Kreisgüte, Kreisdämpfung

Die Bandbreite ist ein wichtiges Maß zur Beschreibung der Resonanzkurve. Für die Beurteilung der Qualität (Güte) des Schwingkreises ist zusätzlich von Bedeutung, zu welcher Resonanzfrequenz diese Bandbreite gehört. Die Resonanzfrequenz f_0 bezogen auf die Bandbreite Δf wird als Kreisgüte Q bezeichnet; der Kehrwert der Kreisgüte heißt Kreisdämpfung d.

Kreisdämpfung bzw. Kreisgüte hängen vom Verlustwiderstand des Kreises ab; genauer vom Verhältnis des Verlustwiderstandes zum Resonanzwiderstand der Induktivität. Beim Reihenschwingkreis gilt $Q = X_{0L}/R_V$, beim Parallelschwingkreis $Q = R_P/X_{0L}$. Da im Resonanzfall Induktivität und Kapazität den gleichen Widerstand haben, kann statt X_{0L} auch X_{0C} eingesetzt werden.

Verlustwiderstände

Die Verluste eines Schwingkreises können in einem einzigen Verlustwiderstand zusammengefasst werden. Um die Berechnung möglichst einfach zu gestalten, verwendet man bei Reihenschwingkreisen sinnvollerweise einen Vorwiderstand R_V, bei Parallelschwingkreisen einen Parallelwiderstand R_P. Da verlustbehaftete Spulen üblicherweise als Reihenschaltung aus reiner Induktivität und Verlustwiderstand angegeben werden, ist es deshalb bei Parallelschwingkreisen notwendig, die Reihenschaltung aus L und R_V in eine gleichwertige (äquivalente) Parallelschaltung umzuwandeln.

Spannungs- und Stromüberhöhung

Bei einem Reihenschwingkreis sinkt die Impedanz im Resonanzfall bis auf den in Reihe geschalteten kleinen Verlustwiderstand. Der Strom steigt dadurch bei konstanter Eingangsspannung stark an und die Spannungsfälle an Induktivität und Kapazität können ein Vielfaches der Gesamtspannung betragen. Diese sogenannte Spannungsüberhöhung ist von der Schwingkreisgüte Q abhängig. Für die Spannungsüberhöhung gilt: Im Resonanzfall ist die Spannung an L und C gleich dem Q-fachen der Eingangsspannung.

Beim Parallelschwingkreis gilt entsprechendes für die Ströme. Im Resonanzfall steigt die Impedanz bis auf den sehr großen parallel geschalteten Verlustwiderstand an. Die Spannung steigt dadurch bei konstantem Eingangsstrom stark an und die Ströme durch Induktivität und Kapazität können ein Vielfaches des Eingangsstromes betragen. Diese sogenannte Stromüberhöhung ist von der Kreisgüte Q abhängig. Für die Stromüberhöhung gilt: Im Resonanzfall ist der Strom durch L und C gleich dem Q-fachen Eingangsstrom.

Dämpfung im Reihenschwingkreis

Im ungedämpften bzw. nur sehr schwach gedämpften Reihenschwingkreis treten das Strommaximum sowie die Maxima der Spannungen U_L und U_C genau bei der Resonanzfrequenz auf.
Im gedämpften Reihenschwingkreis ist das Strommaximum weiterhin bei Resonanzfrequenz, das Maximum der Kondensatorspannung tritt jedoch bei einer kleineren, das Maximum der Spulenspannung bei einer größeren Frequenz auf. Die Maxima liegen umso weiter auseinander, je größer der Verlustwiderstand ist.

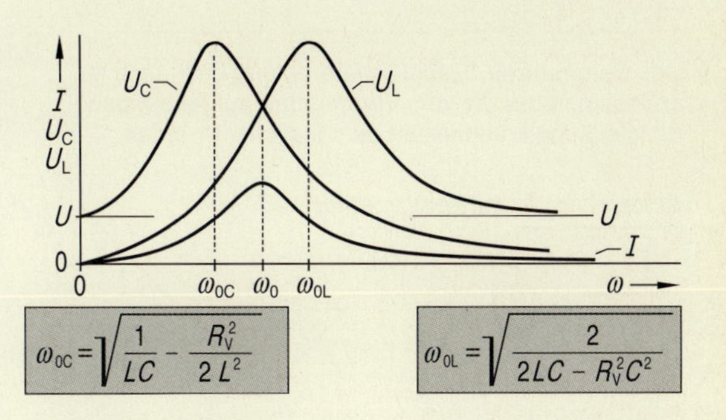

$$\omega_{0C} = \sqrt{\frac{1}{LC} - \frac{R_V^2}{2L^2}}$$

$$\omega_{0L} = \sqrt{\frac{2}{2LC - R_V^2 C^2}}$$

Dämpfung im Parallelschwingkreis

Im ungedämpften bzw. nur sehr schwach gedämpften Parallelschwingkreis gilt für die Resonanzfrequenz die thomsonsche Schwingungsformel $\omega_0 = \sqrt{1/(L \cdot C)}$.
Im gedämpften Parallelschwingkreis sinkt die Resonanzfrequenz mit zunehmendem Verlustwiderstand R_V. Die Berechnung der Resonanzfrequenz kann auch mit dem äquivalenten, parallel zum Schwingkreis gedachten Verlustwiderstand R_p erfolgen. Ein tatsächlich zugeschalteter Parallelwiderstand würde aber die Resonanzfrequenz nicht beeinflussen.

Absenkung der Resonanzfrequenz durch einen zur Spule in Reihe geschalteten Verlustwiderstand

$$\omega_0 = \sqrt{\frac{1}{LC} - \frac{R_V^2}{L^2}}$$

Berechnung der reduzierten Resonanzfrequenz mit einem äquivalenten Parallelwiderstand

$$\omega_0 = \sqrt{\frac{1}{LC} - \frac{1}{R_P^2 C^2}}$$

Aufgaben

6.7.1 Schwingkreis, Grundbegriffe

a) Wodurch können in einem Schwingkreis Verluste entstehen? Wie wird die Resonanzkurve durch die Verluste beeinflusst?

Erklären Sie die Begriffe

b) Grenzfrequenz und Bandbreite,

c) Kreisgüte und Kreisdämpfung.

6.7.2 Reihenschwingkreis

Ein Schwingkreis besteht aus der Reihenschaltung von $L = 50\,\text{mH}$, $C = 50\,\text{nF}$ und dem Widerstand $R_V = 50\,\Omega$.
Berechnen Sie

a) die Resonanzfrequenz,

b) die Kreisgüte,

c) die Bandbreite,

d) die obere und untere Grenzfrequenz.

6.7.3 Parallelschwingkreis

Ein Parallelschwingkreis besteht aus $L = 60\,\text{mH}$, $C = 5\,\mu\text{F}$ und $R_P = 3\,\text{k}\Omega$. Der Kreis liegt an $U = 12\,\text{V}$, die Frequenz f ist variabel. Berechnen Sie

a) die Resonanzfrequenz f_0 ohne und mit Berücksichtigung des Verlustwiderstandes,

b) die Kreisgüte,

c) die Ströme in den drei Bauteilen sowie den Strom in der Zuleitung, wenn $f = f_0$ ist.

6.7.4 Schaltungsumwandlung

Eine Spule mit $L = 100\,\text{mH}$ hat den Vorwiderstand $R_v = 25\,\Omega$. Zusammen mit der Kapazität $C = 0{,}2\,\mu\text{F}$ bildet sie einen Parallelschwingkreis. Berechnen Sie

a) den äquivalenten Parallelwiderstand R_p,

b) die Kreisgüte und die Kreisdämpfung.

6.8 Kompensation I

Energieübertragung

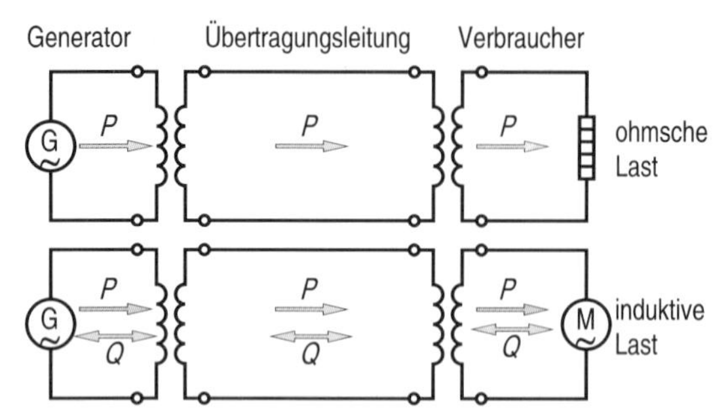

- **Um Generatoren, Transformatoren und Leitungen zu entlasten, muss die vom Verbraucher aufgenommene Blindleistung kompensiert (ausgeglichen) werden**

Motor, ohne und mit Kompensation

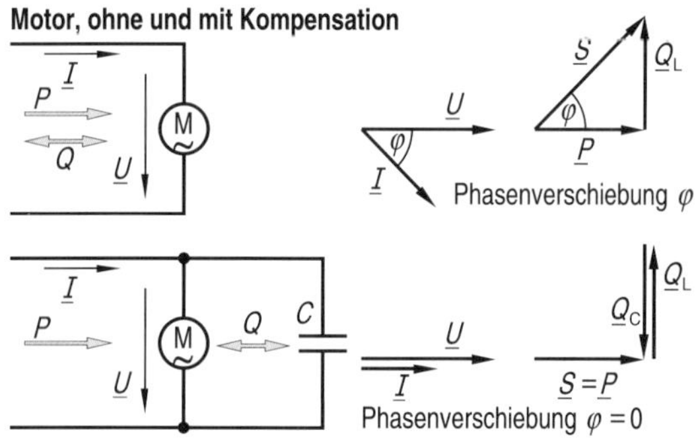

- **Die Blindleistung von induktiven Verbrauchern kann durch Parallelschalten von Kondensatoren kompensiert werden**

Zeigerdiagramm

Q_L, Q_C, $S = P$, φ

Kompensationskondensator

$$Q_C = P \cdot \tan\varphi$$

$$C = \frac{Q_C}{\omega \cdot U^2}$$

- **Bei vollständiger Kompensation wird die gesamte induktive Blindleistung vom Kondensator geliefert**

Zeigerdiagramm

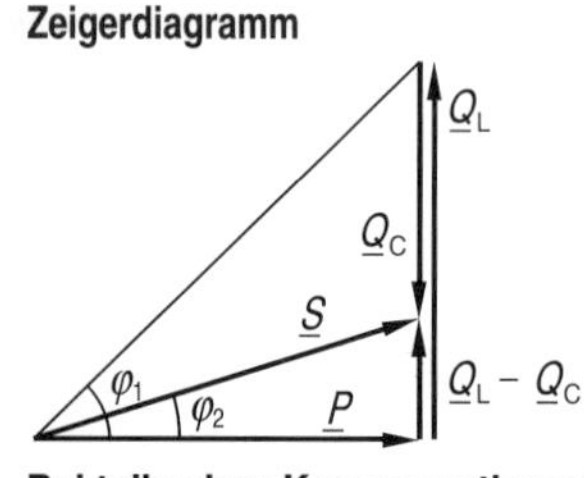

Kompensationskondensator

$$Q_C = P(\tan\varphi_1 - \tan\varphi_2)$$

$$C = \frac{Q_C}{\omega \cdot U^2}$$

Bei teilweiser Kompensation wird die Blindleistung zum Teil vom Netz und zum Teil vom Kondensator geliefert

Blindleistung

Ein Teil der am elektrischen Netz angeschlossenen Geräte nimmt reine Wirkleistung auf; zu diesen Geräten zählen z. B. Heizgeräte und Glühlampen. Die meisten Betriebsmittel hingegen, insbesondere Motoren und Transformatoren, enthalten Induktivitäten und beziehen induktive Blindleistung aus dem Netz. Diese Blindleistung ist für den Aufbau der magnetischen Felder zwingend erforderlich, sie liefert aber keinen Beitrag zur Wirkleistung des Geräts oder der Maschine.

Die Blindleistung pendelt ständig zwischen Generator und Verbraucher und belastet somit Generator, Transformator und Übertragungsleitungen. Um die damit verbundenen Verluste zu reduzieren, verlangen die EVU (Energieversorgungsunternehmen) von den Stromkunden eine gewisse Blindleistungskompensation.

Parallelkompensation

Die Kompensation induktiver Blindleistung erfolgt meist durch parallel geschaltete Kondensatoren. Die induktive Leistung wird dann nicht vom weit entfernten Generator, sondern direkt aus dem Kondensator bezogen. Die Parallelkompensation stellt einen Parallelschwingkreis dar. Im Resonanzfall tritt Stromüberhöhung ein (siehe Kap. 6. 6). Da hier mit konstanter Spannung eingespeist wird, zeigt sich die Stromüberhöhung dadurch, dass der Strom im Verbraucher konstant bleibt und in der Zuleitung kleiner wird. Die Kapazität des Kondensators bestimmt, ob die Anlage kompensiert (Leistungsfaktor $\cos\varphi = 1$), unterkompensiert ($\cos\varphi < 1$, induktiv) oder überkompensiert ($\cos\varphi < 1$, kapazitiv) ist.

Vollständige Kompensation

Soll die von einem Verbraucher aufgenommene induktive Blindleistung vollständig kompensiert werden, so muss der parallel geschaltete Kondensator die gesamte Blindleistung liefern. Sind von dem induktiven Verbraucher Nennspannung U, Wirkleistung P und Leistungsfaktor $\cos\varphi$ bekannt, so erfolgt die Berechnung der Kondensatorkapazität in drei Schritten:

1. Aus $\cos\varphi$ wird $\tan\varphi$ berechnet.
2. Aus P und $\tan\varphi$ wird Q_C berechnet.
3. Aus Q_C, U und Netzfrequenz f folgt die Kapazität C.

Teilweise Kompensation

Da die elektrischen Verteilernetze üblicherweise als Kabelnetze mit einer gewissen Kabelkapazität realisiert sind, verlangen die EVU meist nur eine teilweise Blindleistungskompensation. In diesem Fall muss der zu kleine Leistungsfaktor $\cos\varphi_1$ auf $\cos\varphi_2$, z. B. auf 0,95 erhöht werden. Die Berechnung der Kondensatorkapazität erfolgt wiederum in drei Schritten:

1. Aus $\cos\varphi_1$ wird $\tan\varphi_1$, aus $\cos\varphi_2$ $\tan\varphi_2$ berechnet.
2. Aus P, $\tan\varphi_1$ und $\tan\varphi_2$ wird Q_C berechnet.
3. Aus Q_C, U und Netzfrequenz f folgt die Kapazität C.

Kompensationskondensatoren

Die Kompensation erfolgt üblicherweise mit MP-, MK- oder MKV-Kondensatoren. Für den Niederspannungsbereich werden verlustarme Leistungskondensatoren bis 690 V Nennspannung und Leistungen bis 1000 kvar angeboten. Die Verlustleistungen betragen bei MKV-Kondensatoren unter 500 mW/kvar.

Wegen ihrer guten elektrischen Eigenschaften wurden früher Polychlorierte Biphenyle (PCB, z. B. Clophen) in Kondensatoren eingefüllt. Bei Erwärmung auf 300 °C bis 1000 °C entstehen aber hochgiftige Dioxine. Noch vorhandene PCB-haltige Kondensatoren müssen ausgewechselt und sachgerecht entsorgt werden.

Bemessung von Kompensationskondensatoren

Die Kompensation von induktiver Blindleistung hat den Zweck, den unnötigen Transport von Blindleistung zwischen Generator und Verbraucher zu unterbinden. Dies reduziert den Leitungsstrom und damit die Stromwärmeverluste im Generator, in den Transformatoren und in den Übertragungsleitungen. Den geringsten Leitungsstrom erzielt man bei vollständiger Kompensation der Blindleistung, d. h. wenn der Leistungsfaktor der Verbraucher durch Kompensation auf $\cos\varphi = 1$ angehoben wird.

Die EVU erwarten keine Kompensation auf exakt $\cos\varphi = 1$, sondern legen in ihren Tarifbedingungen (AVB-EltV) fest, dass der Leistungsfaktor einer Anlage zwischen $\cos\varphi = 0{,}8$ induktiv und $\cos\varphi = 0{,}9$ kapazitiv liegen muss. Einzelne induktive Verbraucher werden auf etwa $\cos\varphi = 0{,}9$ induktiv kompensiert. Bei Drehstrommotoren bis 30 kW Nennleistung soll die Kondensatorleistung etwa 40 % bis 50 % der Nennleistung betragen. Ein höherer Kompensationsaufwand ist wirtschaftlich nicht sinnvoll.

Wird die induktive Blindleistung eines Verbrauchers vollständig kompensiert, so muss der Kondensator die gesamte vom Verbraucher benötigte induktive Blindleistung liefern. Es gilt: $Q_C = Q_L = P \cdot \tan\varphi$. Dabei ist φ der Phasenverschiebungswinkel ohne Kompensation.
Bei teilweiser Kompensation kann die notwendige Kondensatorleistung aus folgendem Zeigerbild abgeleitet werden; φ_1 ist dabei der Phasenverschiebungswinkel ohne Kompensation, φ_1 der Phasenverschiebungswinkel mit Kompensation.

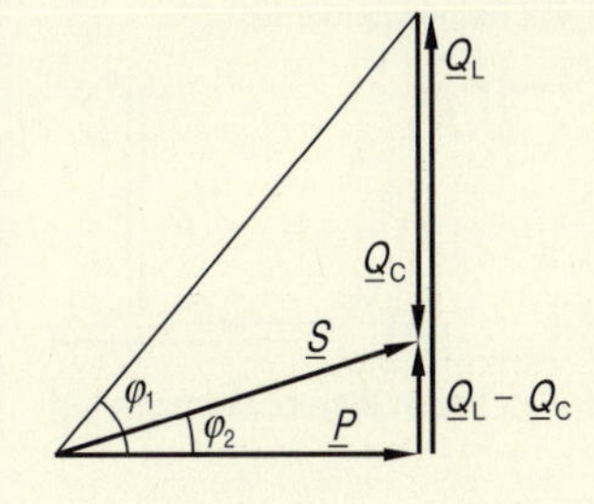

Für die Blindleistungen ergibt sich aus dem Zeigerbild:

$\underline{Q}_L = P \cdot \tan\varphi_1$

$\underline{Q}_L - \underline{Q}_C = P \cdot \tan\varphi_2$

Daraus folgt für die nötige kapazitive Blindleistung:

$\underline{Q}_C = P \cdot \tan\varphi_1 - P \cdot \tan\varphi_2$

$\underline{Q}_C = P \cdot (\tan\varphi_1 - \tan\varphi_2)$

Entladewiderstände

Das Berühren eines geladenen Kondensators kann je nach Kapazität und Ladespannung lebensgefährlich sein; auch das Zuschalten von noch geladenen Kondensatoren soll vermieden werden. Kondensatoren müssen daher nach dem Abschalten der Anlage entladen werden. Für Niederspannungskondensatoren bis 690 V Nennspannung gilt als Regel: die Ladespannung muss innerhalb einer Minute auf eine ungefährliche Spannung von 50 V absinken.

Die Entladung von Kondensatoren kann über eigene, fest angeschlossene Entladewiderstände oder über Entladedrosseln erfolgen. Bei der Kompensation von Motoren ist die Entladung auch über die Motorwicklungen möglich. In jedem Fall muss verhindert werden, dass der Kondensator unbeabsichtigt von der Entladeeinrichtung getrennt werden kann; zwischen Kondensator und Entladeeinrichtung dürfen daher keine Schalter oder andere Trennstellen sein.

Aufgaben

6.8.1 Quecksilberdampf-Hochdrucklampe

Eine Hg-Hochdrucklampe für $U = 230$ V und $f = 50$ Hz mit 125 W Nennleistung nimmt mit Vorschaltgerät die Leistung 137 W und den Strom 1,15 A auf. Zur Kompensation wird ein Kondensator $C = 8\,\mu$F parallel geschaltet.

a) Skizzieren Sie die Schaltung.

b) Berechnen Sie Leistungsfaktor, Leitungsstrom I_{Ltg} und Lampenstrom I_{Lampe} ohne und mit C.

c) Welche Kapazität muss parallel geschaltet werden, damit der Leistungsfaktor 0,95 beträgt? Berechnen Sie den dann in der Zuleitung fließenden Strom.

6.8.2 Einphasen-Wechselstrommotor

Der Antriebsmotor einer Kreissäge liegt an 230 V und nimmt bei Nennbelastung 10,5 A auf. Der Leistungsfaktor ist 0,8. Zur Verbesserung des Leistungsfaktors wird zuerst ein Kondensator mit 30 µF und dann ein weiterer Kondensator mit 150 µF parallel geschaltet.

a) Skizzieren Sie die Schaltung.

b) Berechnen Sie jeweils den Leistungsfaktor und den Leitungsstrom. Beurteilen Sie beide Schaltungen.

c) Der Leistungsfaktor soll 1 betragen. Berechnen Sie den nötigen Kondensator und den Leitungsstrom.

6.9 Kompensation II

Parallelkompensation **Reihenkompensation**

- **Bei der Reihenkompensation wird der Laststrom stark vom Kompensationskondensator beeinflusst**

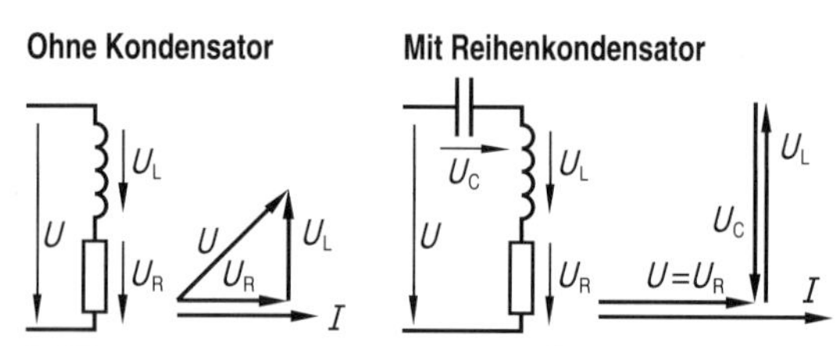

- **Bei Reihenkompensation treten hohe Überspannungen auf**

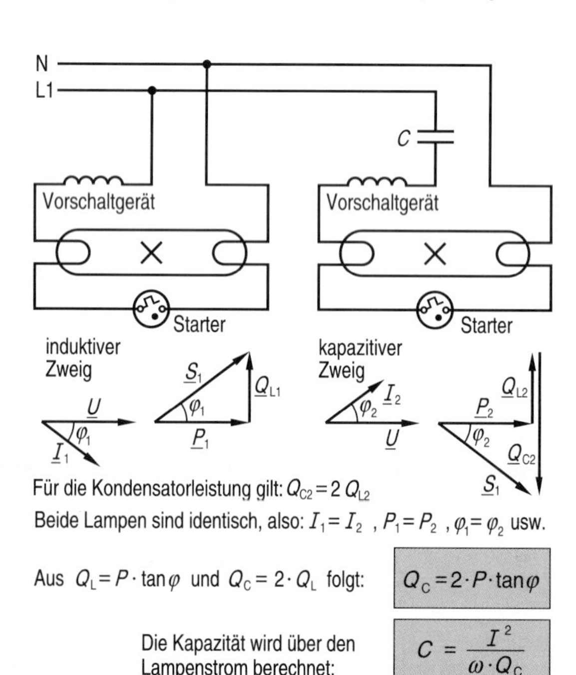

- **Die Duo-Schaltung enthält einen induktiven und einen kapazitiven Zweig; der Gesamtleistungsfaktor ist $\cos\varphi = 1$**

Parallel- und Reihenkompensation

Die von einem induktiven Verbraucher benötigte Blindleistung kann prinzipiell von einem Kondensator geliefert werden. Dabei ist es theoretisch gleichgültig, ob der Kondensator parallel oder in Reihe zum induktiven Verbraucher geschaltet ist. Die Blindleistung pendelt in jedem Fall zwischen Induktivität und Kapazität.

Für die Praxis ist allerdings zu beachten, dass die Verbraucher meist an einer Konstantspannungsquelle betrieben werden. Für die Parallelkompensation bedeutet dies einen konstanten Strom im Verbraucher, unabhängig vom Kompensationskondensator. Bei der Reihenkompensation ist der Strom im Verbraucher stark vom Kondensator abhängig: bei sehr kleiner Kapazität ist er fast null, im Resonanzfall kann er hingegen gefährlich hohe Werte annehmen. Die Reihenkompensation kann deshalb in der Praxis üblicherweise nicht eingesetzt werden.

Spannungsüberhöhung

Im Resonanzfall wird der Strom bei Reihenkompensation nur durch den Wirkwiderstand begrenzt, da der induktive Widerstand durch den kapazitiven Widerstand des Kondensators kompensiert wird. Der große Strom erzeugt dabei an Induktivität und Kapazität je eine hohe Spannung. Sie kann je nach ohmschem Widerstandsanteil ein Vielfaches der angelegten Spannung betragen und die Isolation der Bauteile zerstören.

Duo-Schaltung

Während die normale Reihenkompensation wegen der oben genannten Probleme praktisch keine Rolle in der Energietechnik spielt, hat sich eine Sonderform, die so genannte Duo-Schaltung, zu einer Standardschaltung der Lichttechnik entwickelt.

Bei der Duo-Schaltung sind 2 gleiche Leuchtstofflampen parallel geschaltet. Der eine Zweig ist unkompensiert und wegen des Vorschaltgerätes induktiv. Der andere Zweig wird durch einen Reihenkondensator überkompensiert und somit kapazitiv. Der Kondensator muss so bemessen sein, dass in der Lampe der gleiche Strom fließt wie im unkompensierten Zustand. Der Leistungsfaktor der Gesamtschaltung beträgt $\cos\varphi = 1$.

Für die Berechnung des Reihenkondensators gilt der Grundgedanke, dass seine kapazitive Leistung gleich dem Zweifachen der induktiven Leistung des Vorschaltgerätes ist. Unter dieser Bedingung ist die Schaltung kapazitiv (überkompensiert) und führt betragsmäßig den gleichen Strom wie die unkompensierte Schaltung.

Für einen einwandfreien Betrieb muss die Kapazität des Reihenkondensators genau auf die Lampe mit Vorschaltgerät abgestimmt sein; seine Toleranz darf deshalb maximal ± 4 % betragen. Die Spannungsfestigkeit bei Betrieb an 230 V muss etwa 440 V betragen.

Besonderheiten der Duo-Schaltung

Die Parallelkompensation von induktiven Verbrauchern hat den Nachteil, dass die Rundsteuersignale der EVU abgeschwächt bzw. kurzgeschlossen werden. Diese Tonfrequenzsignale liegen im Bereich von 175 Hz bis 2 kHz und dienen zum Steuern bestimmter Betriebsmittel wie z. B. Nachtspeicherheizungen.

Bei der Duo-Schaltung tritt dieser Effekt nicht auf, weil zum Kompensationskondensator eine Induktivität in Reihe geschaltet ist.

Reihenkompensation bei Fernleitungen

Zur Kompensation der induktiven Blindleistung von Verbrauchern spielt die Reihenkompensation außer bei der Duo-Schaltung keine Rolle. In der Mittel- und Hochspannungstechnik hingegen werden Reihenkondensatoren zur Kompensation der Leitungsinduktivitäten eingesetzt. Bei Fernleitungen wird dadurch vor allem die Stabilität der Energieübertragung verbessert.

Die Duo-Schaltung vermindert außerdem den sogenannten stroboskopischen Effekt. Dieser Effekt entsteht dadurch, dass die Leuchtstofflampe im Rhythmus des Wechselstromes ihre Helligkeit ändert; die Helligkeit der Lampen pulsiert mit der Frequenz 100 Hz. Rotierende Teile, die durch Leuchtstofflampen beleuchtet werden, können dadurch scheinbar stillstehen. Dieser scheinbare Stillstand bewegter Teile kann zu schweren Unfällen führen und muss daher vermieden werden.

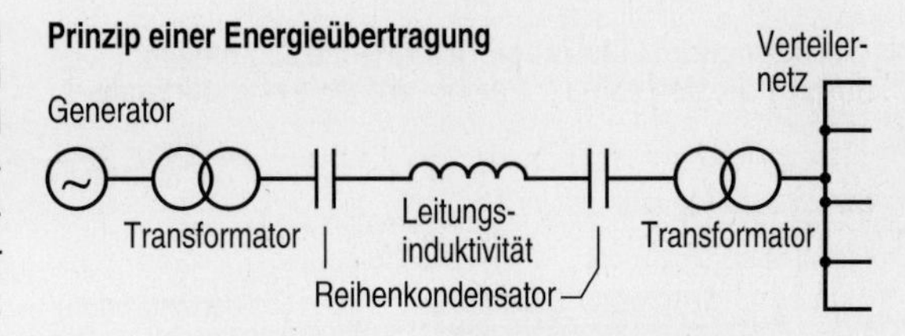

Aufgaben

6.9.1 Parallelkompensation

Ein induktiver Verbraucher hat die Nennspannung *U*, die Frequenz *f*, die Wirkleistung *P* und den Leistungsfaktor $\cos\varphi_1$. Der Leistungsfaktor soll durch einen parallel geschalteten Kondensator auf $\cos\varphi_2$ erhöht werden.

a) Erklären Sie, warum die Erhöhung des Leistungsfaktors sinnvoll ist und von den Energieversorgungsunternehmen (EVU) gefordert wird.

b) Leiten Sie aus den gegebenen Größen *U*, *P*, $\cos\varphi_1$ und $\cos\varphi_2$ mit Hilfe eines Zeigerbildes die Formeln zur Berechnung der Blindleistung und der Kapazität des Kompensationskondensators ab.

c) Erläutern Sie die Probleme der Parallelkompensation im Hinblick auf die Rundsteuersignale der EVU. Wie könnten diese Probleme gelöst werden?

6.9.2 Blindleistungskompensation einer Spule

Eine Spule nimmt an 230 V, 50 Hz die Wirkleistung 1,5 kW auf. Der Leistungsfaktor ist 0,6 und soll durch Parallelkompensation auf 0,95 verbessert werden.

a) Skizzieren Sie die Schaltung.

Berechnen Sie

b) die Leistung und die Kapazität des erforderlichen Kompensationskondensators,

c) den Spulenstrom mit und ohne Kompensation,

d) den Strom in der Zuleitung mit und ohne Kompensation.

Berechnen Sie den Leistungsfaktor und den Strom in der Zuleitung, wenn die Kapazität des Kondensators

e) halbiert,

f) verdoppelt wird.

6.9.3 Reihenkompensation

Eine Spule nimmt an 230 V, 50 Hz die Wirkleistung 1,5 kW auf, der Leistungsfaktor beträgt 0,6. Die Blindleistung soll durch einen Reihenkondensator vollständig kompensiert werden.

a) Skizzieren Sie das Schaltbild der unkompensierten und der kompensierten Schaltung sowie die zugehörigen Zeigerdiagramme.

b) Berechnen Sie die Kapazität des Kondensators und diskutieren Sie, ob und unter welcher Bedingung die Schaltung betrieben werden kann. Berücksichtigen Sie dabei, dass sich die Wirkleistung der Spule nicht ändern darf.

6.9.4 Duo-Schaltung

Zwei Leuchtstofflampen werden an 230 V, 50 Hz in Duo-Schaltung betrieben. Ihr Betriebsstrom beträgt 0,44 A, ihre Leistung mit Vorschaltdrossel jeweils 48 W.

a) Skizzieren Sie die Schaltung.

Berechnen Sie

b) die Kapazität des Kompensationskondensators,

c) die Ströme in der Zuleitung und in den beiden Lampen nach Betrag und Phasenlage,

d) die Spannung am Kompensationskondensator.

Erklären Sie

e) warum der stroboskopische Effekt durch die Duo-Schaltung vermindert wird,

f) warum die zulässige Toleranz des Kondensators nur ±4% beträgt,

g) welche Auswirkungen die Schaltung auf die Rundsteuersignale der EVU hat.

6.10 Transformator I

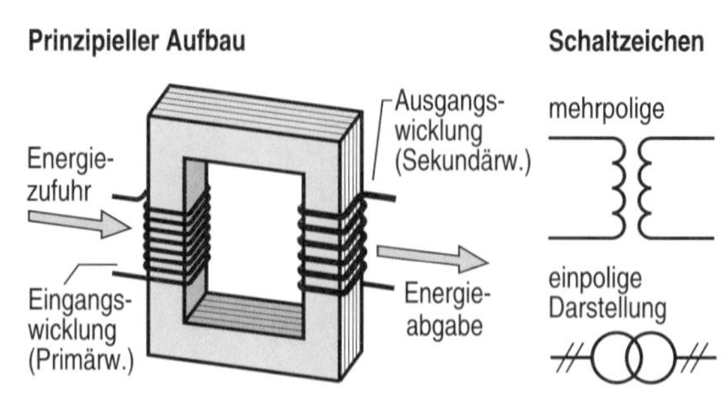

- **Transformatoren übertragen elektrische Leistungen durch Induktion von der Primär- auf die Sekundärspule**

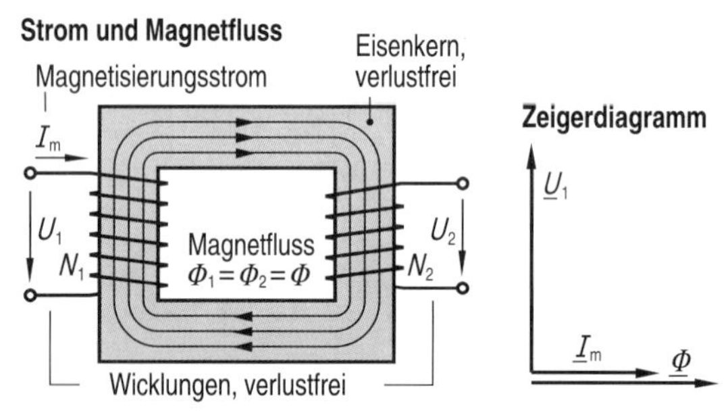

- **Ideale Transformatoren haben weder Verluste noch magnetische Streuflüsse, noch magnetische Sättigung**

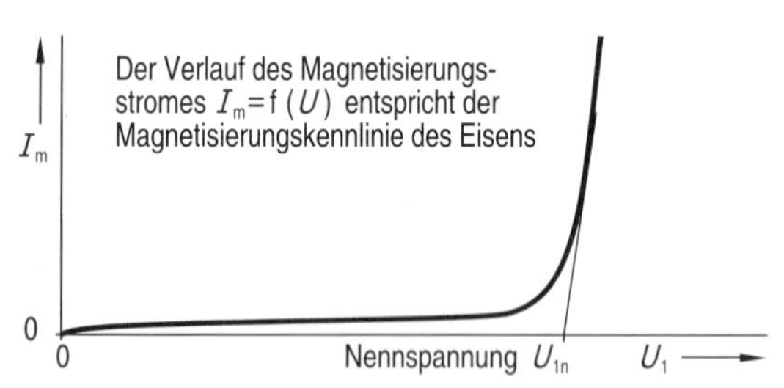

- **Transformatoren werden knapp unterhalb der Sättigung betrieben; der Betrieb im Sättigungsbereich hätte einen unzulässig großen Magnetisierungsstrom zur Folge**

Bei sinusförmigem Verlauf des Magnetisierungsstroms folgt aus dem Induktionsgesetz $u = N \cdot d\Phi/dt$

$$U_0 = 4{,}44 \cdot N \cdot f \cdot \hat{B} \cdot A_{Fe}$$

Induzierte Spannungen:

$U_1 = 4{,}44 \cdot N_1 \cdot f \cdot \hat{B} \cdot A_{Fe}$

$U_2 = 4{,}44 \cdot N_2 \cdot f \cdot \hat{B} \cdot A_{Fe}$

U_0 Induzierte Spannung
N Windungszahl
f Frequenz
$\hat{B}$ Induktion, Maximalwert
A_{Fe} Eisenquerschnitt

Die in einem Transformator induzierte Spannung wird mit der Transformatorenhauptgleichung berechnet

Aufbau und Prinzip

Transformatoren (lat.: transformare umwandeln, umformen) bestehen im wesentlichen aus zwei Spulen, die durch einen gemeinsamen Eisenkern magnetisch miteinander gekoppelt sind. Die beiden Spulen haben untereinander keine elektrische Verbindung; eine Ausnahme bildet der sogenannte Spartransformator.

Die Funktion von Transformatoren beruht auf dem Induktionsprinzip, d. h. die Energie wird durch Induktion über das magnetische Feld von der Eingangs- auf die Ausgangsseite übertragen.

Transformatoren werden zur Umwandlung von Spannungen, Strömen und Impedanzen sowie zur galvanischen Trennung von Stromkreisen eingesetzt.

Idealer Transformator

Das Betriebsverhalten von realen Transformatoren wird stark von den Verlusten und magnetischen Streuflüssen sowie der Sättigung des Eisenkerns beeinflusst.

Zur Herleitung der Transformatorgesetze ist es sinnvoll, einen idealisierten Transformator ohne Kupfer- und Eisenverluste und ohne magnetische Sättigung anzunehmen. Ideale Transformatoren haben auch keine Streuflüsse, d. h. der gesamte eingangsseitige Magnetfluss durchsetzt auch die Ausgangswicklung.

Der bei offenen Ausgangsklemmen (Leerlauf) in der Eingangswicklung fließende Strom dient zur Erzeugung des Magnetfeldes; er heißt Magnetisierungsstrom.

Magnetisierungsstrom

Ein unbelasteter Transformator wirkt wie eine Drosselspule. Wird an seine Eingangswicklung Spannung angelegt, so fließt der Leerlaufstrom. Beim idealen Transformator dient er ausschließlich zum Aufbau des Magnetfeldes (Magnetisierungsstrom). Der Magnetisierungsstrom bei Transformatoren im MVA-Bereich beträgt 2% bis 5%, bei Kleintransformatoren bis zu 15% des eingangsseitigen Nennstroms.

Der Magnetisierungsstrom steigt etwa linear mit der Eingangsspannung. Kommt der Eisenkern in die Sättigung, dann steigt der Magnetisierungsstrom stark an.

Transformatorenhauptgleichung

Da ein idealer Transformator keine Verluste hat, können keine ohmschen Spannungsfälle auftreten. Die in der Primärwicklung induzierte Selbstinduktionsspannung muss deshalb immer gleich der angelegten Spannung sein; sie wirkt gemäß der lenzschen Regel ihrer Entstehungsursache, d. h. der Stromänderung entgegen. Die induzierte Spannung hängt von der magnetischen Flussänderung und der Windungszahl der Spule ab. Da der Primärfluss auch die Sekundärwicklung durchsetzt, wird in ihr pro Windung die gleiche Spannung wie in der Primärwicklung induziert.

Geschichtliche Entwicklung des Transformators

Die großtechnische Nutzung elektrischer Enerie begann um 1890; ein Meilenstein dieser Entwicklung war die erste Drehstrom-Fernübertragung von Lauffen am Neckar nach Frankfurt am Main im Jahre 1891.

Die Entwicklung der notwendigen Transformatoren vollzog sich in Deutschland in 4 Perioden:

1. von 1890 bis 1930 stieg die Maximalleistung von Transformatoren bis auf etwa 100 MVA,
2. bis etwa 1950 Verharren in dieser Größenordnung,
3. Weiterentwicklung bis 1968 auf 420 MVA,
4. danach mit ansteigender Nutzung der Kernenergie Steigerung bis über 1000 MVA.

Parallel zum Anstieg der Leistung verlief die Erhöhung der Übertragungsspannung. Am Anfang des Jahrhunderts betrug die Übertragungsspannung 110 kV, Ende der 20er Jahre 220 kV, und 1957 wurde die 380-kV-Spannungsebene eingeführt.

Die gegenwärtige Entwicklung bezieht sich vor allem auf Verbesserung der Werkstoffe, Verminderung der Verluste und auf die umweltschonende Entsorgung.

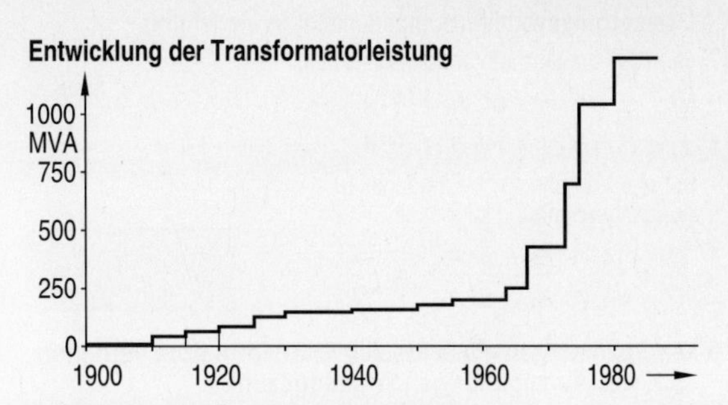

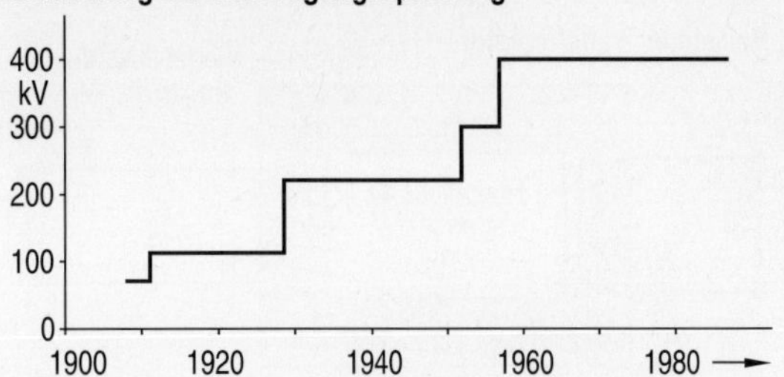

Magnetisierungsstrom

Wird beim verlustfreien Transformator sinusförmige Spannung angelegt, so ist wegen $u = u_{ind} = N \cdot d\Phi/dt$ auch der Magnetfluss sinusförmig. Im linearen Teil der Magnetisierungskennlinie hat dann auch der Magnetisierungsstrom sinusförmigen Verlauf.

Im Sättigungsbereich der Magnetisierungskennlinie ist zwar der Fluss weiterhin sinusförmig, der zur Erzeugung des Flusses notwendige Strom ist aber wesentlich größer. Der Magnetisierungsstrom wird daher sehr groß und stark verzerrt, er enthält viele Oberschwingungen. Bei Berücksichtigung der Hysterese gibt es zusätzliche Verzerrungen (siehe Kap. 6.15).

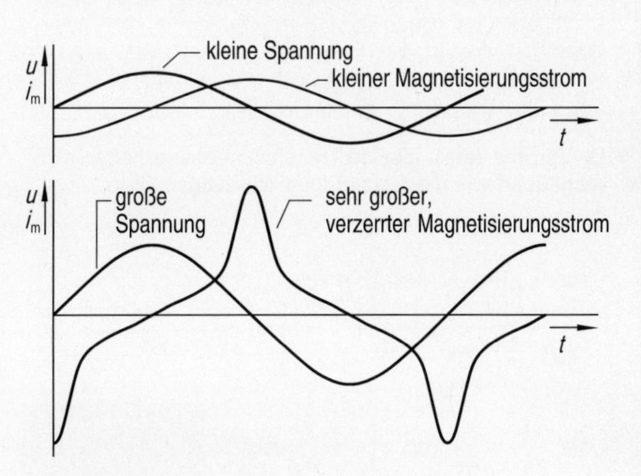

Transformatorenhauptgleichung

Wird an die Primärspule eines idealen Transformators eine sinusförmige Spannung angelegt, so fließt ein um 90° nacheilender sinusförmiger Magnetisierungsstrom. Der Magnetisierungsstrom verursacht einen ebenfalls sinusförmigen Magnetfluss. Die durch die Flussänderung erzeugte Induktionsspannung ist gleich der angelegten Wechselspannung.

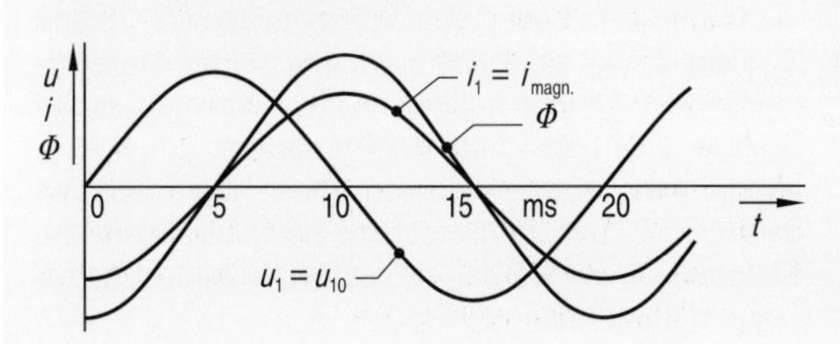

Magnetisierungsstrom, Magnetfluss

Angelegte Spannung: $u_1 = \hat{u}_1 \cdot \sin\omega t$

Magnetisierungsstrom: $i_1 = \text{-}_1 \cdot \sin(\omega t - \frac{\pi}{2}) = -\text{-}_1 \cdot \cos\omega t$

Magnetfluss: $\Phi = -\hat{\Phi} \cdot \cos\omega t$

$\Phi = -\hat{B} \cdot A_{Fe} \cdot \cos\omega t$

Induzierte Spannung

Augenblickswert: $u_{10} = N_1 \cdot \frac{d\Phi}{dt} = -N_1 \cdot \hat{B} \cdot A_{Fe} \cdot \frac{d\cos\omega t}{dt}$

$u_{10} = -N_1 \cdot \hat{B} \cdot A_{Fe} \cdot \omega \cdot (-\sin\omega t)$

$u_{10} = \omega \cdot N_1 \cdot \hat{B} \cdot A_{Fe} \cdot \sin\omega t$

$u_{10} = 2\pi f \cdot N_1 \cdot \hat{B} \cdot A_{Fe} \cdot \sin\omega t = \hat{u}_{10} \cdot \sin\omega t$

Effektivwert: $U_{10} = \frac{2\pi}{\sqrt{2}} \cdot N_1 \cdot f \cdot \hat{B} \cdot A_{Fe} = 4{,}44 \cdot N_1 \cdot f \cdot \hat{B} \cdot A_{Fe}$

6.11 Transformator II

Übersetzungsverhältnis, mathematische Herleitung

Gemäß Transformatorenhauptgleichung

gilt: $U_1 = U_{10} = 4{,}44 \cdot N_1 \cdot f \cdot \hat{B} \cdot A_{Fe}$

und: $U_2 = U_{20} = 4{,}44 \cdot N_2 \cdot f \cdot \hat{B} \cdot A_{Fe}$

Für das Verhältnis von Eingangs- zu Ausgangsspannung folgt dann:

$$\frac{U_1}{U_2} = \frac{4{,}44 \cdot N_1 \cdot f \cdot \hat{B} \cdot A_{Fe}}{4{,}44 \cdot N_2 \cdot f \cdot \hat{B} \cdot A_{Fe}} = \frac{N_1}{N_2}$$

$$\frac{U_1}{U_2} = \frac{N_1}{N_2} = ü$$

- **Die Spannungen eines idealen Transformators verhalten sich wie die zugehörigen Windungszahlen**

Belasteter Transformator

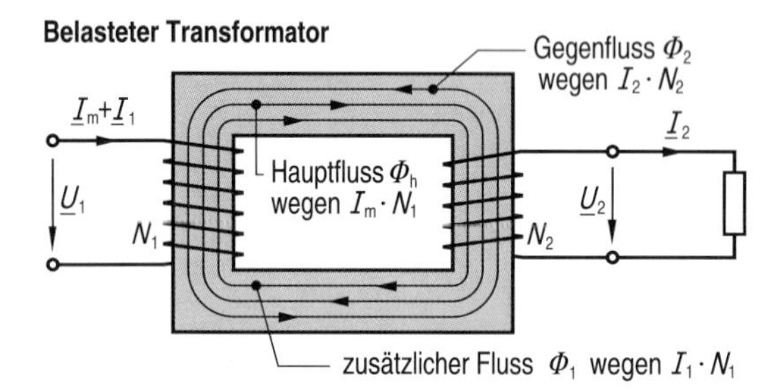

Wenn U_1 = konst. ist, dann muss auch Φ_h = konst. sein. Es folgt: $I_1 \cdot N_1 = I_2 \cdot N_2$
Magnetisierungsstrom I_m ist vernachlässigt.

$$\frac{I_1}{I_2} = \frac{N_2}{N_1}$$

- **Die Ströme eines idealen Transformators verhalten sich umgekehrt wie die zugehörigen Windungszahlen**

Aus $Z_1 = \frac{U_1}{I_1}$ und $Z_2 = \frac{U_2}{I_2}$

folgt: $\frac{Z_1}{Z_2} = \frac{U_1}{I_1} : \frac{U_2}{I_2} = \frac{U_1 \cdot I_2}{U_2 \cdot I_1}$

Mit $\frac{U_1}{U_2} = \frac{N_1}{N_2}$ und $\frac{I_2}{I_1} = \frac{N_1}{N_2}$ folgt:

$$\frac{Z_1}{Z_2} = \frac{N_1^2}{N_2^2}$$

- **Ein Übertrager transformiert Widerstände (Impedanzen) im Quadrat des Übersetzungsverhältnisses**

Schaltung und Ersatzschaltung

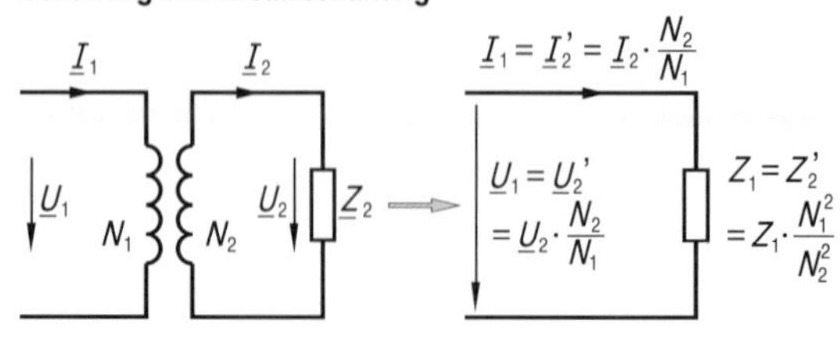

Der Magnetisierungsstrom ist vernachlässigt

- **Die beiden Seiten eines Transformators können zusammengeschaltet werden, wenn eine der beiden Seiten auf die andere Seite transformiert wird**

Spannungstransformation

Da beim idealen Transformator Eingangs- und Ausgangswicklung vom gleichen Magnetfluss durchsetzt werden, folgt aus der Transformatorenhauptgleichung, dass sich die Spannungen beider Wicklungen wie ihre zugehörigen Windungszahlen verhalten.

Nach VDE 0532 ist die Übersetzung das ungekürzte Verhältnis der größeren zur kleineren Nennspannung. Nennspannungen sind bei Großtransformatoren mit $S_N > 16$ kVA die Leerlaufspannungen, bei Kleintransformatoren die Spannungen bei ohmscher Nennlast.

Stromtransformation

Wird die Ausgangsspannung eines Transformators durch einen Widerstand belastet, so fließt ein Strom und im Widerstand wird Energie umgesetzt. Diese Energie wird von der Eingangsseite über das Magnetfeld bezogen. Dabei laufen folgende Vorgänge ab:

1. Im Leerlauf fließt der Magnetisierungsstrom I_m, im Kern entsteht der Magnetfluss Φ_h (Hauptfluss).
2. Bei Belastung mit Strom I_2 wird der Fluss Φ_h durch die Gegendurchflutung $I_2 \cdot N_2$ geschwächt.
3. Der jetzt geschwächte Fluss Φ_0 induziert eine kleinere Gegenspannung U_{10}, wodurch der Eingangsstrom ansteigt; er steigt um I_1 an, so dass die zusätzliche primäre Durchflutung $I_1 \cdot N_1$ genau gleich $I_2 \cdot N_2$ ist.

Der ursprüngliche Magnetfluss Φ_0 ist nach Beendigung des Einschwingvorgangs wiederhergestellt.

Widerstandstransformation

Mit Transformatoren können Spannungen und Ströme transformiert werden. Da Spannungen und zugehörige Ströme über das ohmsche Gesetz miteinander verknüpft sind, werden automatisch auch Widerstände bzw. Impedanzen transformiert. Dabei gilt: die Impedanzen werden mit dem Quadrat des Übersetzungsverhältnisses transformiert. Bei einem Transformator 200 V/100 V erscheint ein Ausgangswiderstand von 100 Ω auf der Eingangsseite als Widerstand von 25 Ω.

Ersatzschaltbild

Die beiden Seiten eines Transformators werden üblicherweise in ein gemeinsames Ersatzschaltbild gezeichnet. Dazu ist es nötig, dass alle Spannungen, Ströme und Impedanzen der Sekundärseite auf die Primärseite transformiert (bezogen) werden. Die auf die Primärseite bezogenen Werte heißen U_2', I_2' und Z_2' (lies: U zwei ein Strich usw.). Die beiden Transformatorseiten können auch dann zusammengeschaltet werden, wenn die Werte der Primärseite auf die Sekundärseite bezogen werden. Diese Werte werden dann U_1'', I_1'' und Z_1'' (lies: U eins zwei Strich) genannt. Bezogene Werte werden in Ersatzschaltbildern und in Zeigerdiagrammen verwendet.

Einsatz von Transformatoren
Transformatoren spielen in der Energie- und Nachrichtentechnik eine sehr große Rolle.
Leistungstransformatoren bis zu 1300 MVA werden eingesetzt, um die in den Kraftwerken erzeugte Spannung (z. B. 11 kV) auf sehr hohe Werte (z. B. 400 kV) zu transformieren. Diese hohen Spannungen sind nötig, um einen verlustarmen und damit wirtschaftlichen Energietransport über große Entfernungen zu gewährleisten. Je nach Übertragungsweg werden verschiedene Spannungsebenen benützt: 400 kV, 230 kV und 115 kV für große, 10 kV bis 30 kV für mittlere Entfernungen. Für den Verbraucher muss die Spannung wieder auf kleine Werte (z. B. 400 V) transformiert werden.
Kleintransformatoren werden vor allem zum Betrieb von Spielzeug, Klingeln, medizinischen Geräten mit Spannungen von z. B. 12 V eingesetzt. Für Transformatoren zur Erzeugung von Schutzkleinspannung gelten besonders strenge Sicherheitsvorschriften.

Für einige Anwendungen steht nicht die Spannungs-, sondern die Stromtransformation im Vordergrund. Dazu zählen z. B. Schweißgeräte, Elektrolysebäder und Lichtbogenöfen. Hier werden sehr große Ströme bei kleinen Spannungen benötigt.
In der Nachrichtentechnik werden vor allem Widerstände (Impedanzen) transformiert. Dies kann z. B. nötig sein, um die Impedanz eines Lautsprechers an den Innenwiderstand des Verstärkers anzupassen (Leistungsanpassung). Die hier eingesetzten Transformatoren werden Übertrager genannt.
Mit Hilfe von Transformatoren können auch sehr große Spannungen und Ströme gemessen werden. Diese Messtransformatoren werden Spannungs- bzw. Stromwandler (allgemein Messwandler) genannt.
Trenntransformatoren dienen dazu, zwei Stromkreise galvanisch zu trennen. Sie haben z. B. das Übersetzungsverhältnis 230 V/230 V.

Aufgaben

6.11.1 Grundlagen des Transformators
a) Welche physikalische Größen können mit einem Transformator transformiert (übersetzt) werden?
b) Was versteht man nach Norm bei einem Transformator unter dem Übersetzungsverhältnis $ü$?
Welcher Unterschied wird dabei zwischen Klein- und Großtransformatoren gemacht?
c) Warum „brummen“ Transformatoren? Welche Frequenz hat der Brummton?
d) Leiten Sie die Formel für die Stromübersetzung auf zwei verschiedene Arten her.

6.11.2 Kleinspannungstransformator
Ein idealer Transformator wird eingangsseitig an 230 V angeschlossen und soll ausgangsseitig 24 V liefern. Der Kernquerschnitt ist 23 mm x 32 mm, der Eisenfüllfaktor $f_{Fe} = 0{,}9$. Der Transformatorkern soll mit maximal 1,2 T Flussdichte belastet werden.
a) Erklären Sie den Begriff Eisenfüllfaktor.
b) Berechnen Sie die Windungszahlen N_1 und N_2.
c) Berechnen Sie den primären und sekundären Strom bei Belastung der Sekundärwicklung mit $R = 16\,\Omega$.
d) Ist der Transformator auch zur Transformation von 24 V auf 230 V bzw. 48 V auf 460 V verwendbar? Begründen Sie Ihre Antwort.
e) In der Praxis muss der ohmsche Widerstand der Cu-Wicklungen berücksichtigt werden.
Muss die Windungszahl der Ein- bzw. der Ausgangswicklung erhöht oder reduziert werden, um den Einfluss des ohmschen Widerstandes auszugleichen?

6.11.3 Experimentiertransformator
Ein als ideal angenommener Transformator hat den Eisenquerschnitt 12 cm², $N_1 = 150$ und $N_2 = 80$. Die Induktion im Eisenkern soll maximal 1,3 T betragen.
a) Welche Höchstspannung darf an die Primärwicklung angelegt werden?
b) Welche Folgen sind zu erwarten, wenn die in a) berechnete Spannung überschritten wird?
c) Die Ausgangswicklung wird mit einem Widerstand $R_2 = 30\,\Omega$ belastet. Mit welchem Widerstand wird dadurch die Eingangsseite belastet?

6.11.4 Widerstandsanpassung
Ein Lautsprecher mit 4 Ω Innenwiderstand soll durch einen Übertrager an den Innenwiderstand 6 kΩ des Verstärkers angepasst werden.
a) Berechnen Sie das Übersetzungsverhältnis.
b) Begründen Sie die Notwendigkeit der Anpassung.

6.11.5 Magnetisierungsstrom
Ein idealer Transformator nimmt im Leerlauf bei 230 V Nennspannung, 50 Hz den Strom 1 A auf.
a) Berechnen Sie die Induktivität des unbelasteten Transformators.
b) Wie groß wird der aufgenommene Strom etwa sein, wenn die Eingangsspannung halbiert bzw. wenn sie verdoppelt wird? Begründen Sie Ihre Aussage.
c) Welche Folgen sind zu erwarten, wenn der Transformator versehentlich zwischen die Außenleiter des Netzes mit $U = 400\,V$ geschaltet wird?

6.12 Transformator III

Verluste und Streuflüsse

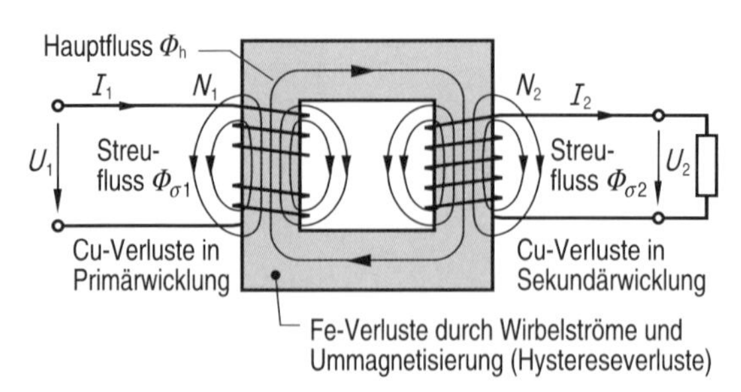

- **Beim realen Transformator sind die Fe- und Cu-Verluste sowie die magnetischen Streuflüsse zu berücksichtigen**

Realer Transformator

Ideale Transformatoren haben weder Verluste noch Streuflüsse. Reale Transformatoren haben hingegen Kupfer- und Eisenverluste. Die Kupferverluste steigen mit dem Quadrat des Stromes, sie sind also belastungsabhängig. Die Eisenverluste werden vom Magnetfluss erzeugt; sie setzen sich aus den Wirbelstrom- und den Ummagnetisierungsverlusten zusammen. Die Eisenverluste steigen mit zunehmender Eingangsspannung, von der Belastung sind sie nicht abhängig.

Reale Transformatoren haben auch Streuflüsse. Man versteht darunter Magnetflüsse, die jeweils nur eine Wicklung durchsetzen. Streuflüsse werden stark von der Bauart des Transformators beeinflusst.

Vereinfachtes Ersatzschaltbild

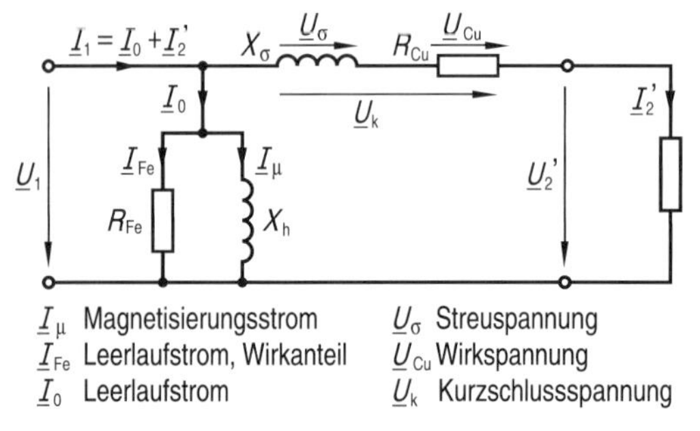

- **Die Kennwerte des Ersatzschaltbildes werden durch einen Leerlauf- und einen Kurzschlussversuch ermittelt**

Ersatzschaltbilder

Das komplizierte Betriebsverhalten von realen Transformatoren kann durch mehr oder weniger komplizierte Ersatzschaltbilder erfasst werden. Für die meisten Anwendungsfälle der Energietechnik ist das nebenstehende, vereinfachte Ersatzschaltbild ausreichend. Es enthält vier Widerstände mit folgenden Funktionen:

1. Blindwiderstand X_h repräsentiert die Hauptinduktivität; in ihm fließt der Magnetisierungsstrom I_μ.
2. Wirkwiderstand R_{Fe} repräsentiert die Eisenverluste; in ihm fließt der Wirkanteil des Leerlaufstromes.
3. Blindwiderstand X_σ repräsentiert die Streuinduktivität; an ihm fällt die sogenannte Streuspannung ab.
4. Wirkwiderstand R_{Cu} repräsentiert den ohmschen Widerstand beider Wicklungen.

Leerlaufmessung an Nennspannung

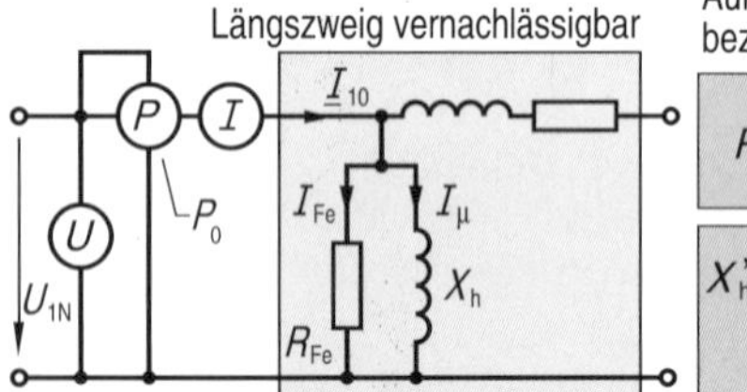

Auf Eingangsseite bezogene Werte

$$R'_{Fe} = \frac{U_{1N}^2}{P_0}$$

$$X'_h = \frac{U_{1N}}{\sqrt{I_0^2 - \frac{P_0^2}{U_{1N}^2}}}$$

- **Im Leerlaufversuch werden die Eisenverluste bestimmt**

Leerlaufversuch

Der Querzweig des Ersatzschaltbildes, d. h. X_h und R_{Fe}, wird durch eine Leerlaufmessung bestimmt. Dabei wird an die Eingangswicklung Nennspannung angelegt und der Eingangsstrom sowie die aufgenommene Leistung gemessen. Da der Leerlaufstrom wesentlich kleiner als der Nennstrom ist, treten hier praktisch keine Kupferverluste auf; die gemessene Leistung P_0 entspricht ungefähr den Eisenverlusten. Aus Nennspannung, Leerlaufstrom und Leerlaufleistung können X_h und R_{Fe} sowie der Leistungsfaktor $\cos\varphi_0$ berechnet werden.

Kurzschlussmessung mit Nennstrom

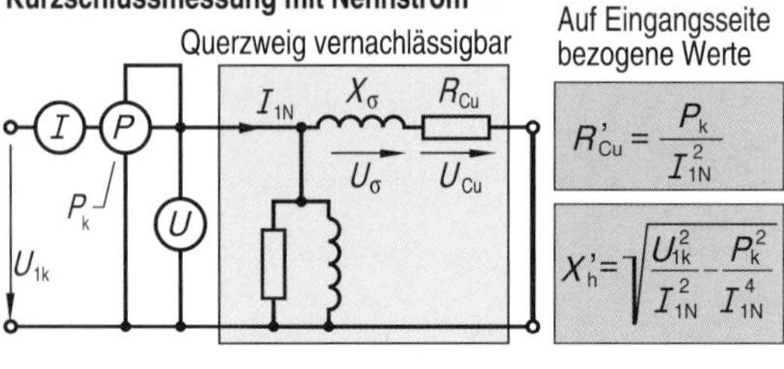

Auf Eingangsseite bezogene Werte

$$R'_{Cu} = \frac{P_k}{I_{1N}^2}$$

$$X'_h = \sqrt{\frac{U_{1k}^2}{I_{1N}^2} - \frac{P_k^2}{I_{1N}^4}}$$

- **Im Kurzschlussversuch werden die Kupferverluste bestimmt**

Kurzschlussversuch

Der Längszweig des Ersatzschaltbildes, d. h. X_σ und R_{Cu}, wird durch eine Kurzschlussmessung bestimmt. Dabei wird die Eingangsspannung so weit reduziert, dass gerade der Nennstrom fließt. Diese reduzierte Spannung heißt Nennkurzschlussspannung. Die dabei gemessene Leistung P_k entspricht den Kupferverlusten im Nennbetrieb, da bei der kleinen Spannung die Eisenverluste vernachlässigbar klein sind. Aus Kurzschlussspannung, Nennstrom und Kurzschlussleistung können X_σ, R_{Cu} sowie $\cos\varphi_k$ berechnet werden.

Vollständiges Ersatzschaltbild

Für die meisten Probleme der Energietechnik genügt das vereinfachte Ersatzschaltbild des Transformators. Für genauere Betrachtungen können aber die Kupferverluste und Streuflüsse für Primär- und Sekundärseite getrennt erfasst werden. Der Magnetisierungsstrom und die Eisenverluste werden auf der Primärseite berücksichtigt. Die magnetische Kopplung von Primär- und Sekundärseite erfolgt über einen idealen Transformator.

Ersatzschaltbild mit idealem Transformator

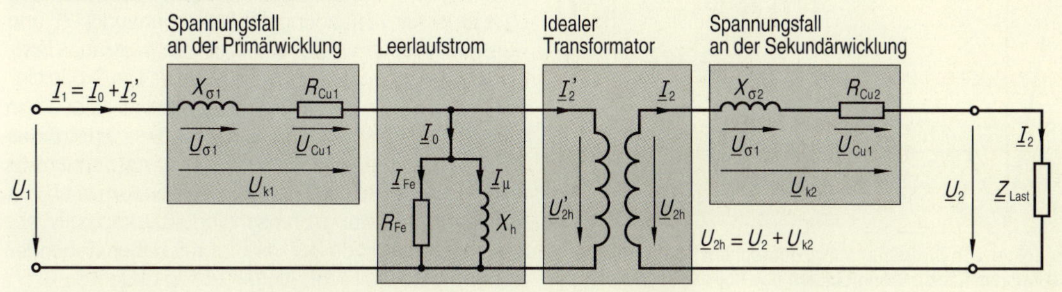

Ersatzschaltbild ohne idealen Transformator

alle Werte der Sekundärseite sind auf die Primärseite transformiert

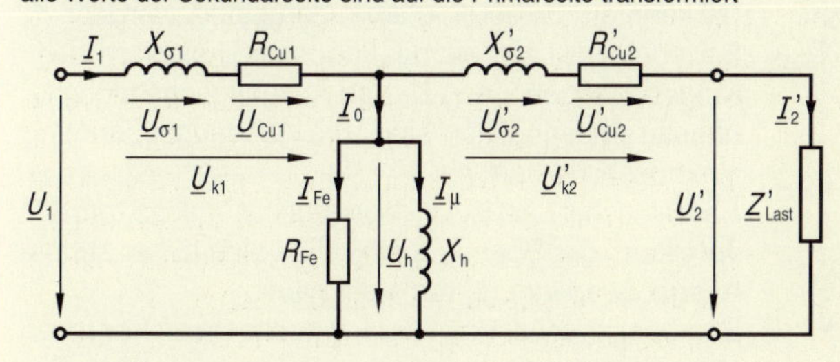

Zeigerdiagramm

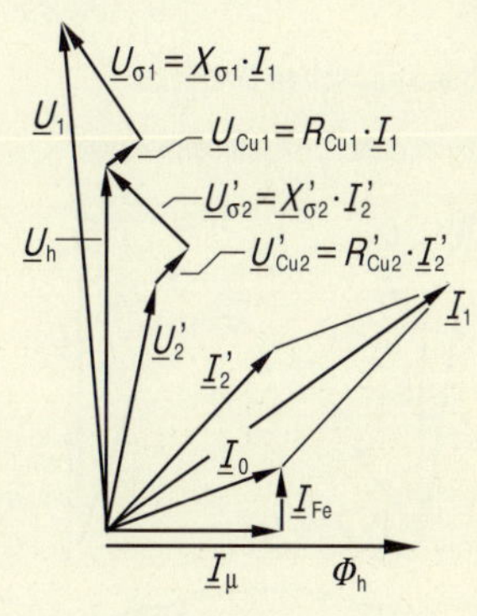

Aufgaben

6.12.1 Idealer und realer Transformator

a) Nennen Sie die wesentlichen Unterschiede zwischen einem realen und einem idealen Transformator.

b) Welcher mathematische Zusammenhang besteht zwischen den Eisenverlusten und dem Laststrom eines Transformators?

c) Welcher mathematische Zusammenhang besteht zwischen den Kupferverlusten und dem Laststrom eines Transformators?

d) Skizzieren Sie das vereinfachte Ersatzschaltbild eines Transformators und erläutern Sie die Bedeutung der vier Widerstände R_{Fe}, X_h, R_{Cu} und X_σ.

Erklären Sie anhand des vereinfachten Ersatzschaltbildes, warum

e) mit einer Leerlaufmessung die Eisenverluste eines Transformators bestimmt werden können,

f) mit einer Kurzschlussmessung die Kupferverluste eines Transformators bestimmt werden können.

g) Was versteht man beim Transformator unter Streuung? Wie wird sie im Ersatzschaltbild berücksichtigt?

6.12.2 Messungen am Transformator

a) Skizzieren Sie die Messschaltung für den Leerlaufversuch. Bei welcher Spannung bzw. welchem Strom wird der Versuch durchgeführt? Welche Verluste können bestimmt werden? Welche Bauteile des Ersatzschaltbildes können berechnet werden?

b) Skizzieren Sie die Schaltung für den Kurzschlussversuch. Bei welcher Spannung bzw. bei welchem Strom wird der Versuch durchgeführt? Welche Verluste können bestimmt werden? Welche Bauteile des Ersatzschaltbildes können berechnet werden?

6.12.3 Ersatzschaltbild

Ein Transformator 400 V/230 V hat die Nennleistung 20 kVA. Der oberspannungsseitige Leerlaufversuch ergibt: $I_0 = 4$ A, $P_0 = 150$ W. Der oberspannungsseitige Kurzschlussversuch ergibt: $U_k = 18$ V, $P_k = 700$ W.

a) Skizzieren Sie das vereinfachte Ersatzschaltbild.

b) Berechnen Sie die vier Widerstände, bezogen auf die Ober- und auf die Unterspannungsseite.

6.13 Transformator IV

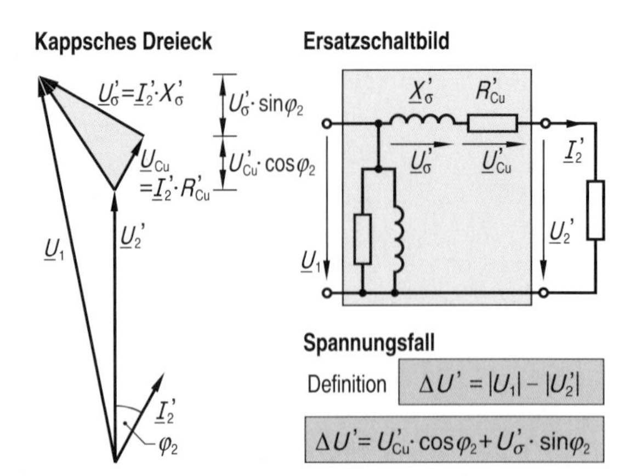

- **Die Zeiger von Streuspannung, ohmschem Spannungsfall und Kurzschlussspannung bilden das kappsche Dreieck**

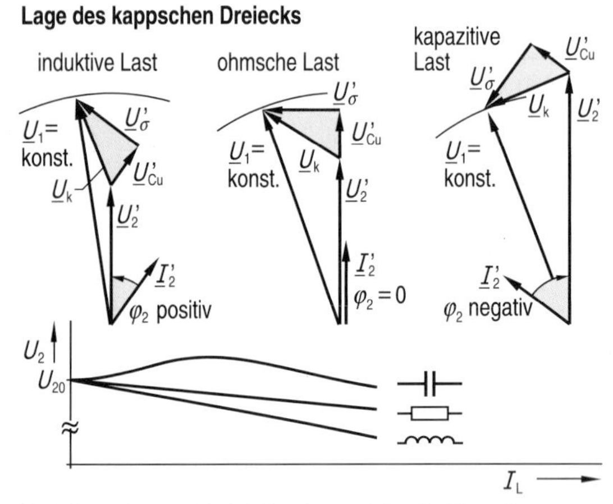

- **Bei ohmscher und induktiver Last sinkt die Transformatorausgangsspannung, bei kapazitiver Last steigt sie an**

Bezogene Kurzschlussspannung

u_{kN} ist die auf die Nennspannung bezogene Nennkurzschlussspannung, gemessen in %

$$u_{kN} = \frac{U_{kN}}{U_N} \cdot 100\%$$

U_{kN} Nennkurzschlussspannung in V

U_N Nennspannung

Dauerkurzschlussstrom

I_{kd} ist der nach Beendigung des Einschwingvorgangs fließende Kurzschlussstrom

$$I_{kd} = \frac{I_N}{u_{kN}} \cdot 100\%$$

I_N Nennstrom

u_{kN} Bezogene Nennkurzschlussspannung in %

Alle Ströme und Spannungen können auf die Primär- (') oder Sekundärseite ('') des Transformators bezogen werden.

- **Die Nennkurzschlussspannung ist die Spannung, die im kurzgeschlossenen Transformator den Nennstrom fließen lässt; sie wird in % der Nennspannung angegeben**

Spannungsfall bei Belastung

Beim realen Transformator stimmt die Formel für die Spannungsübersetzung $U_1/U_2 = N_1/N_2$ nur im Leerlauf. Bei Belastung tritt am ohmschen Widerstand der Spulen R_{Cu} und vor allem an der Streureaktanz X_σ ein Spannungsfall auf. Dieser Spannungsfall ist im Zeigerdiagramm gut erkennbar: die Zeiger von Streuspannung U_σ, ohmschem Spannungsfall (Wirkspannung) U_{Cu} und Kurzschlussspannung U_k bilden ein rechtwinkliges Dreieck, das sogenannte kappsche Dreieck. Die Größe dieses Dreiecks hängt vom Belastungsstrom, seine Lage vom Phasenverschiebungswinkel φ des Laststromes ab. Der Spannungsfall $\Delta U' = U_1 - U_2'$ hängt somit nicht nur von der Größe des Laststromes, sondern auch von der Art der Belastung (ohmsch, induktiv, kapazitiv) ab. Die Berechnung von $\Delta U'$ erfolgt mit nebenstehender Näherungsformel (Vorzeichen von φ beachten!).

Belastungsarten

Der Einfluss der Belastungsarten auf den Spannungsfall kann am Zeigerdiagramm dargestellt werden:
Bei induktiver Last liegt das kappsche Dreieck so, dass Kurzschlussspannung U_k und Ausgangsspannung U_2 nahezu phasengleich sind, die Ausgangsspannung sinkt deshalb stark ab.
Bei ohmscher Last ist U_k gegenüber U_2' nahezu um 90° voreilend; der Spannungsfall wirkt sich daher auf die Ausgangsspannung nur wenig aus.
Bei kapazitiver Last liegt das kappsche Dreieck so, dass U_k gegenüber U_2' um mehr als 90° vorauseilt. Der Spannungsfall $\Delta U'$ wird dadurch sehr klein, null oder sogar negativ. Die Ausgangsspannung kann deshalb bei kapazitiver Last ansteigen.
Bei allen Betrachtungen ist zu berücksichtigen, dass die Streureaktanz der üblichen Transformatoren deutlich größer ist als der Wicklungswiderstand.

Kurzschlussspannung, Kurzschlussstrom

Die Kurzschlussspannung ist die Spannung, die beim belasteten Transformator an der inneren Impedanz (Cu-Wicklungen und Streureaktanz) abfällt. Die Nennkurzschlussspannung, d.h. die Kurzschlussspannung bei Nennstrom, wird im sogenannten Kurzschlussversuch ermittelt. Die Nennkurzschlussspannung ist eine wichtige Kenngröße des Transformators; sie ist ein Maß für den Spannungsfall bei Belastung. Transformatoren mit kleiner Kurzschlussspannung sind spannungssteif, d. h. sie haben einen kleinen Spannungsfall. Bei Kurzschluss unter Nennspannung fließen hohe Kurzschlussströme. Transformatoren mit großer Kurzschlussspannung sind spannungsweich, die Kurzschlussströme sind klein. Auf dem Leistungsschild wird nicht die absolute Kurzschlussspannung U_k in V, sondern die auf die Nennspannung bezogene Spannung u_k in % angegeben.

Spannungsfall, Näherungslösung

Der Spannungsfall eines Transformators ist definiert als Differenz zwischen den Absolutwerten von Primär- und Sekundärspannung; dabei müssen beide Spannungen auf die gleiche Seite bezogen sein. Die genaue Berechnung erfordert eine umfangreiche komplexe Rechnung, weil zwischen beiden Spannungen eine üblicherweise nicht bekannte Phasendrehung besteht. Für die Praxis genügt eine Näherungsrechnung mit einfachen Winkelfunktionen. Bei Anwendung der Formel ist aber darauf zu achten, dass definitionsgemäß induktive Last einen positiven, kapazitive Last hingegen einen negativen Verschiebungswinkel φ ergibt.

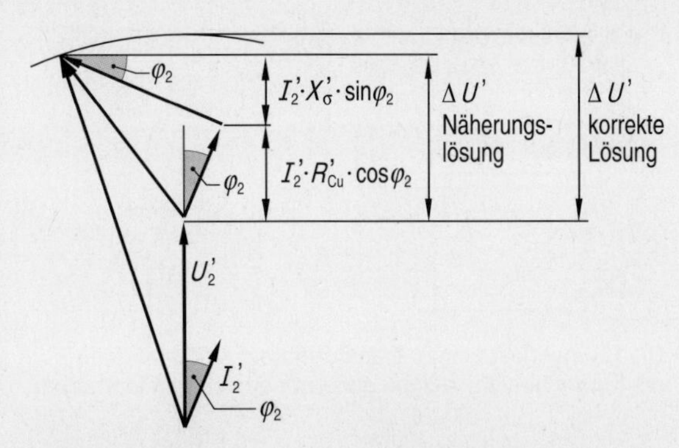

Beeinflussung der Kurzschlussspannung

Die Kurzschlussspannung kann durch den Wicklungswiderstand und durch die Streuung beinflusst werden. In der Praxis wird u_k nur über die Streuung beeinflusst, weil der Wirkwiderstand der Wicklungen wegen der Erwärmung immer möglichst klein sein muss. Spannungssteife Transformatoren benötigen eine möglichst kleine Streuung. Sie wird durch Übereinanderwickeln von Primär- und Sekundärwicklung erreicht. Werden beide Wicklungen räumlich getrennt, so erhöht sich die Streuung und die Kurzschlussspannung steigt. Durch Einfügen von Streujochen wird die Streuung weiter erhöht. In der Praxis werden bezogene Kurzschlussspannungen zwischen 1 % und 100 % realisiert.

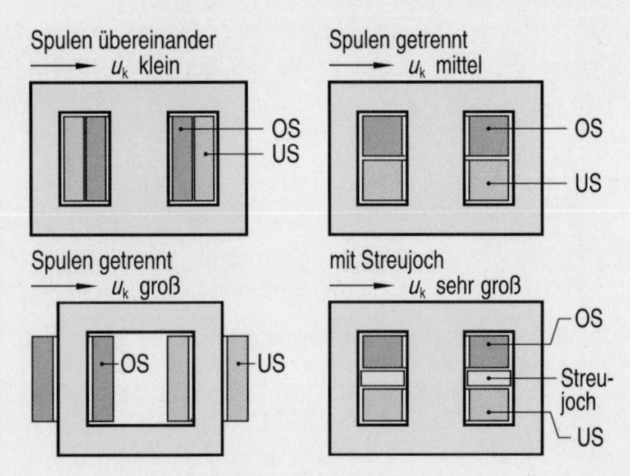

Kurzschlussspannungen

Transformator	u_k	Transformator	u_k
Spannungswandler	<1%	Einphasentransformatoren	
Drehstromtransformatoren			
Nennleistung bis 200 kVA	4%	Trenntransformatoren	10 %
Nennleistung 250 kVA bis 3150 kVA	6%	Spielzeugtransformatoren	20 %
4 MVA bis 5 MVA	8%	Klingeltransformatoren	40 %
über 6,3 MVA	10%	Zusammensteckbare Experimentiertr.	70 %
		Zündtransformatoren	100%

Aufgaben

6.13.1 Betriebsverhalten I

Ein Einphasentransformator hat folgende Nenndaten: $ü = 10\,kV/400\,V$, $S_N = 50\,kVA$. Die Leerlauf- bzw. Kurzschlussmessung auf der Oberspannungsseite ergeben: $I_0 = 0{,}5\,A$, $P_0 = 220\,W$, $U_k = 500\,V$, $P_k = 1100\,W$.

a) Zeichnen Sie das vereinfachte Ersatzschaltbild und berechnen Sie seine 4 verschiedenen Widerstände bezogen auf die Oberspannungsseite.

b) Dem Transformator wird oberspannungsseitig 10 kV eingespeist. Berechnen Sie die Ausgangsspannung, wenn der Transformator mit Nennstrom bei $\cos\varphi = 1$, $\cos\varphi = 0{,}7$ ind. bzw. $\cos\varphi = 0{,}6$ kap. betrieben wird.

6.13.2 Betriebsverhalten II

Ein Einphasentransformator hat folgende Nenndaten: $ü = 400\,V/24\,V$, $S_N = 20\,kVA$, $u_k = 7{,}5\,\%$. Bei der Kurzschlussmessung nimmt der Transformator auf der Oberspannungsseite $P_k = 600\,W$ auf.

a) Welche Spannung muss auf der Oberspannungsseite eingespeist werden, wenn die Unterspannungsseite mit Nennlast bei $\cos\varphi = 0{,}8$ ind., bzw. $\cos\varphi = 0{,}8$ kap. betrieben wird und die Unterspannung 24 V betragen soll?

b) Berechnen Sie den ober- und unterspannungsseitigen Dauerkurzschlussstrom bei $U_1 = 400\,V$.

6.14 Transformator V

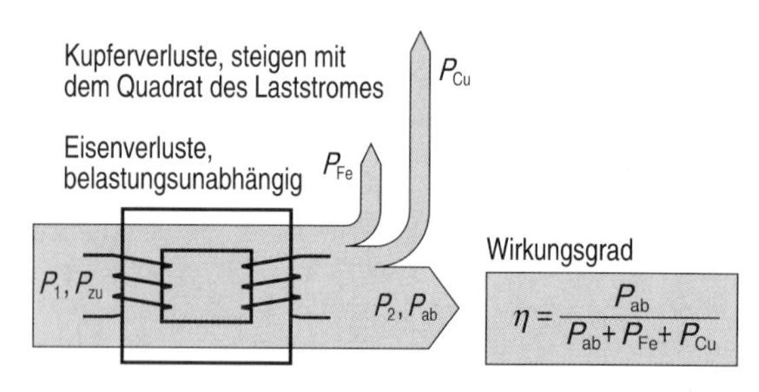

- **Die Eisenverluste eines Transformators sind konstant, die Kupferverluste steigen quadratisch mit dem Laststrom**

Verluste und Wirkungsgrad

Beim Transformator treten zwei Arten von Verlusten auf: die Eisen- und die Kupferverluste P_{Fe} und P_{Cu}. Die Fe-Verluste entstehen durch das periodische Ummagnetisieren (Hystereseverluste) und durch die im Eisen induzierten Wirbelströme. Sie steigen mit der angelegten Spannung und der Frequenz; von der Belastung sind sie nicht abhängig. Da Eingangsspannung und Frequenz normalerweise nicht verändert werden, sind die Fe-Verluste konstant. Die Cu-Verluste entstehen durch die Stromwärmeverluste in den Wicklungen. Sie steigen quadratisch mit dem Belastungsstrom.

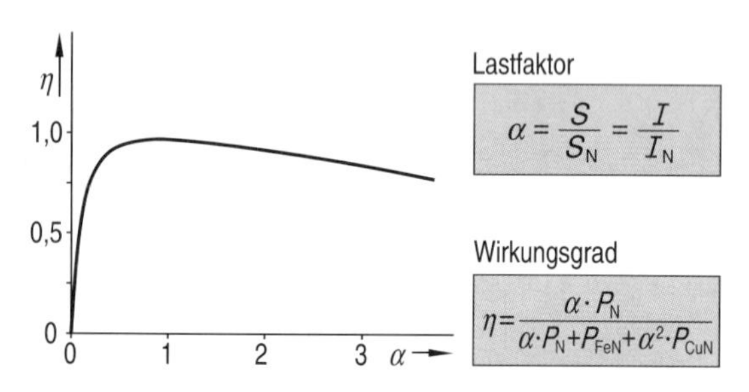

- **Der Wirkungsgrad von Transformatoren ist sehr stark vom Lastfaktor abhängig**

Lastfaktor

Der Wirkungsgrad eines Transformators ist stark von seiner Belastung abhängig: im Leerlauf und im Kurzschluss hat er den Wirkungsgrad null, im Bereich der Nennlast steigt der Wirkungsgrad je nach Größe des Transformators auf bis zu 99,9 %. Die Belastung wird durch den Lastfaktor gekennzeichnet. Man versteht darunter das Verhältnis von abgegebener Scheinleistung zur Nennscheinleistung, bzw. das Verhältnis von Laststrom zum Nennlaststrom.

Die Fe-Verluste sind vom Lastfaktor unabhängig, die Cu-Verluste steigen quadratisch mit dem Lastfaktor.

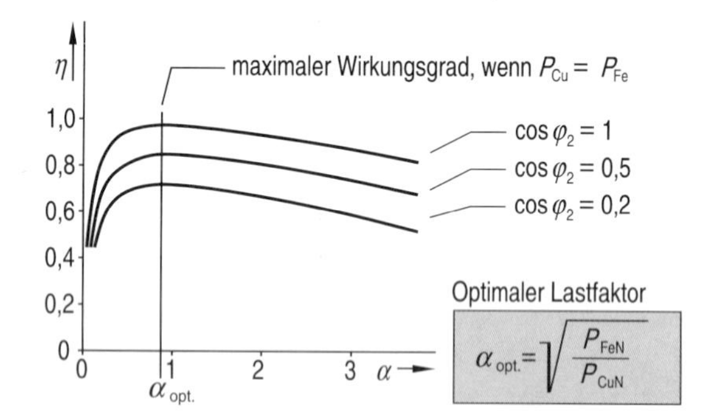

- **Ein Transformator hat seinen maximalen Wirkungsgrad bei reiner Wirklast und wenn die Eisenverluste gleich den Kupferverlusten sind**

Optimaler Lastfaktor

Aus wirtschaftlichen Gründen ist es notwendig, einen Transformator möglichst so zu belasten, dass er seinen maximalen Wirkungsgrad erreicht. Dieser optimale Lastfaktor ist erreicht, wenn die Kupferverluste genau gleich den Eisenverlusten sind. Der optimale Lastfaktor wird mit der Formel $\alpha_{opt.} = \sqrt{P_{FeN}/P_{CuN}}$ bestimmt.

Der Wirkungsgrad wird außer durch den Lastfaktor auch durch den Leistungsfaktor $\cos\varphi$ beeinflusst.

Der optimale Lastfaktor kann durch die Transformatorbauweise beeinflusst werden: Transformatoren mit kleinem Kupfer- und großem Eisenanteil haben ihren maximalen Wirkungsgrad bei großem Lastfaktor (z. B. bei Nennlast), Transformatoren mit wenig Eisen und viel Kupfer bei kleinem Lastfaktor.

Jahreswirkungsgrad

$$\eta_a = \frac{W_a}{W_a + W_{Fe} + W_{Cu}}$$

(a annum, lat. Jahr)

W_a Arbeitsabgabe im Jahr
W_{Fe} Eisenverlustarbeit im Jahr
W_{Cu} Kupferverlustarbeit im Jahr

η_a wird nach DIN 1304 auch Nutzungsgrad ξ (lies: Zeta) genannt.

- **Der Jahreswirkungsgrad eines Transformators ist am größten, wenn er kontinuierlich mit optimalem Lastfaktor und reiner Wirklast betrieben wird**

Jahreswirkungsgrad

Für die Wirtschaftlichkeit eines Transformators ist nicht nur der Leistungswirkungsgrad von Bedeutung, sondern auch sein Jahreswirkungsgrad. Man versteht darunter das Verhältnis der in einem Jahr abgegebenen Arbeit zur aufgenommenen Arbeit.

Da die Eisenverluste unabhängig von der Belastung sind, also auch im Leerlauf auftreten, sinkt der Jahreswirkungsgrad, wenn der Transformator eingeschaltet, aber nicht belastet wird. Leerlauf und geringe Last sind aus wirtschaftlichen Gründen möglichst zu vermeiden.

Reduzierung der Verluste

Um den Wirkungsgrad und damit die Wirtschaftlichkeit eines Transformators zu erhöhen, müssen die Verluste so gering wie möglich gehalten werden.
Die Kupferverluste könnten dadurch reduziert werden, dass die Stromdichte gering gehalten wird; allerdings hätte dies große Transformatoren bei kleiner Leistung zur Folge, was wiederum unwirtschaftlich ist.
Die Eisenverluste werden vor allem durch „Blechen" des Kerns reduziert: je dünner die Eisenbleche, desto stärker werden die durch Ummagnetisieren verursachten Wirbelströme unterdrückt. Die Wirbelströme werden auch durch Zulegieren von bis zu 4 % Silizium reduziert.
Die Tabelle zeigt die Ummagnetisierungsverluste (Hysterese- und Wirbelstromverluste) unterschiedlicher Normbleche bei verschiedenen Flussdichten in W / kg.

Elektroblech und Elektroband nach DIN 46 400

Kurzname	Nenndicke in mm	Verluste in W bei 1,0 T	1,5 T	1,7 T	
V250-35A	0,35	1,00	2,50	–	nichtkornorientiert
V300-35A	0,35	1,20	3,00	–	nichtkornorientiert
V330-50A	0,50	1,35	3,30	–	nichtkornorientiert
V400-50A	0,50	1,70	4,00	–	nichtkornorientiert
V600-65A	0,65	2,60	6,00	–	nichtkornorientiert
V800-65A	0,65	3,60	8,00	–	nichtkornorientiert
VH1200-65	0,65	5,00	12,00	–	nichtkornorientiert
VM89-27N	0,27	–	0,89	1,40	kornorientiert
VM97-30N	0,30	–	0,97	1,50	kornorientiert
VM130-27S	0,27	–	–	1,30	kornorientiert
VM117-30P	0,30	–	–	1,17	kornorientiert

Optimaler Lastfaktor, mathematische Herleitung

Die mathematische Bestimmung des optimalen Lastfaktors erfolgt durch Ableiten des Leistungsfaktors nach dem Lastfaktor mit anschließendem Nullsetzen.

Für den Wirkungsgrad eines Transformators gilt unter Berücksichtigung des Lastfaktors:

$$\eta = \frac{\alpha \cdot P_N}{\alpha \cdot P_N + P_{FeN} + \alpha^2 \cdot P_{CuN}}$$

Die Ableitung mit Hilfe der Quotientenregel ergibt:

$$\frac{d\eta}{d\alpha} = \frac{(\alpha \cdot P_N + P_{FeN} + \alpha^2 \cdot P_{CuN}) \cdot P_N \; - \; \alpha \cdot P_N \, (P_N + 2\,\alpha \cdot P_{CuN})}{(\alpha \cdot P_N + P_{FeN} + \alpha \cdot P_{CuN})^2}$$

Das Nullsetzen der Ableitung ergibt:

$$(\alpha \cdot P_N + P_{FeN} + \alpha^2 \cdot P_{CuN}) \cdot P_N \; - \; \alpha \cdot P_N \, (P_N + 2\,\alpha \cdot P_{CuN}) = 0$$

Durch Zusammenfassen erhält man:

$$P_{FeN} \cdot P_N - \alpha^2 \cdot P_{CuN} \cdot P_N = 0 \quad | : P_N$$

$$P_{FeN} - \alpha^2 \cdot P_{CuN} = 0$$

Optimaler Lastfaktor $\alpha_{opt.} = \sqrt{\frac{P_{FeN}}{P_{CuN}}}$

Wird der optimale Lastfaktor in die Gleichung für den Wirkungsgrad eingesetzt, so ergibt sich der maximale Wirkungsgrad.

Aufgaben

6.14.1 Wirkungsgrad

a) Welche Verluste treten bei einem Transformator auf? Welche davon sind lastabhängig?
b) Wie können die Eisenverluste reduziert werden?
c) Erklären Sie den Unterschied zwischen dem normalerweise benutzten Wirkungsgrad und dem Jahreswirkungsgrad.

6.14.2 Leistungstransformator I

Ein Drehstrom-Leistungstransformator mit der Nennleistung 400 kVA hat im Leerlaufversuch 1,2 KW und im Kurzschlussversuch 4,6 kW Verluste.
a) Welche Verluste werden im Leerlaufversuch bzw. im Kurzschlussversuch gemessen?
Berechnen Sie:
b) die Last, bei der der Transformator seinen maximalen Wirkungsgrad hat,
c) den maximalen Wirkungsgrad bei reiner Wirklast,
d) den maximalen Wirkungsgrad bei induktiver Last mit $\cos\varphi = 0{,}8$ und $\cos\varphi = 0{,}4$.

6.14.3 Leistungstransformator II

Ein 250-kVA-Transformator hat seinen maximalen Wirkungsgrad von 98,5 % bei Belastung mit 150 kW Wirkleistung. Berechnen Sie
a) die Eisenverluste,
b) die Kupferverluste bei Nennlast,
c) den Wirkungsgrad bei Nennlast, $\cos\varphi = 1$.
Der Transformator arbeitet im Jahr 2000 h mit Nennlast, 5000 h mit 60% der Nennlast und die restliche Zeit mit 20 % der Nennlast; der Leistungsfaktor ist immer $\cos\varphi = 0{,}9$ induktiv.
d) Berechnen Sie den Jahreswirkungsgrad.

6.14.4 Einsatz von Transformatoren

Ein Transformator wird etwa 20 Stunden pro Tag nur mit 40 % bis 50 % seiner Nennlast belastet; in der restlichen Zeit wird er voll belastet bzw. leicht überlastet. Welchen Anteil an den Verlusten müssen die Fe-Verluste und die Cu-Verluste haben, damit der Transformator wirtschaftlich arbeitet?

6.15 Einschwingvorgänge

Idealer Transformator, unbelastet

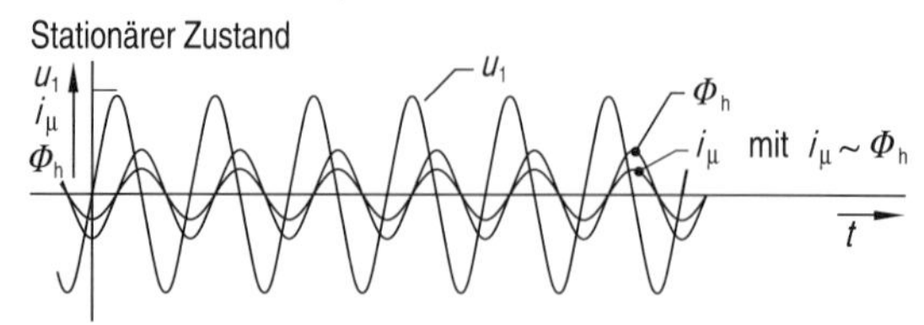

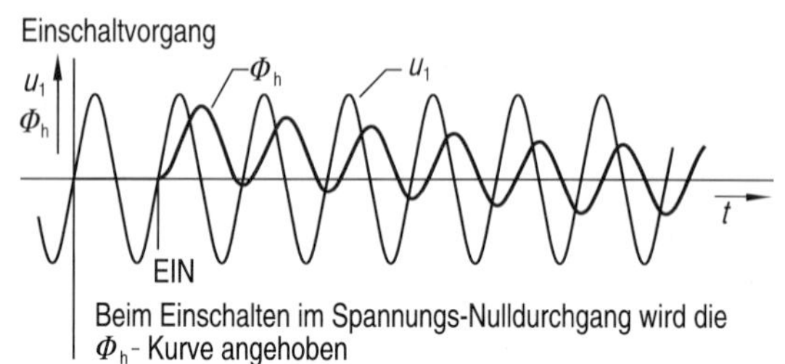

Beim Einschalten im Spannungs-Nulldurchgang wird die Φ_h- Kurve angehoben

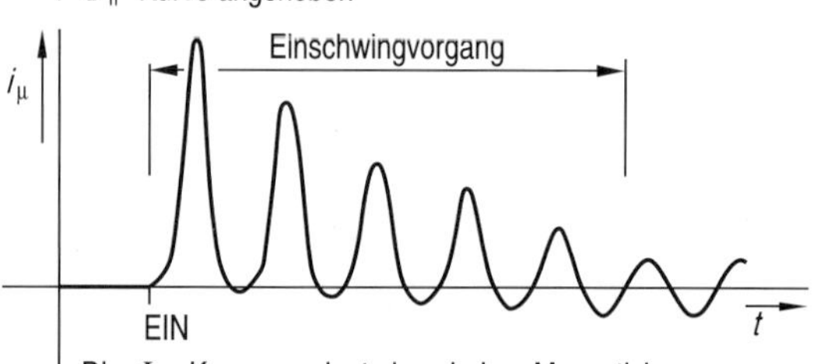

Die Φ_h- Kurve erzwingt einen hohen Magnetisierungsstrom, weil das Eisen weit in die Sättigung gelangt

- **Wird ein Transformator im Spannungsnulldurchgang eingeschaltet, so treten hohe Einschaltstromspitzen auf**

Einschaltvorgang bei Transformatoren

Beim Einschalten eines Transformators können auch im unbelasteten Zustand Stromspitzen auftreten, die ein Vielfaches vom Nennstrom betragen. Falls dabei keine Sicherungen auslösen, schwingt der Strom nach einigen Perioden auf seinen normalen Verlauf ein.

Die hohen Einschaltstromspitzen sind durch die Sättigung im Eisenkern erklärbar:

Im eingeschwungenen Zustand sind Eingangsspannung und Magnetfluss Φ_h bzw. Magnetisierungsstrom I_μ um 90° phasenverschoben. Beide Größen sind sinusförmig und schwingen um die Null-Linie, der Kern wird knapp unterhalb der Sättigung betrieben.

Wird der unbelastete Transformator beim Spannungsnulldurchgang eingeschaltet, so erzwingt die anliegende Spannung die gleiche Flussänderung (die gleiche Kurvenform) wie im eingeschwungenen Zustand. Da der Fluss aber bei null beginnt, wird die Φ_h-Kurve um den Wert Φ_{hmax} angehoben. Da der Eisenkern im Normalbetrieb bereits an der Grenze zur Sättigung betrieben wird, gelangt er jetzt weit in die Sättigung und erfordert einen entsprechend großen Magnetisierungsstrom. Hat der Kern noch einen positiven Restmagnetismus, so steigt der Einschaltstrom noch höher an, bei negativem Restmagnetismus sind die Einschaltstromspitzen weniger hoch.

Wird der Transformator im Spannungsmaximum eingeschaltet, so erreicht der Strom sofort seinen stationären (eingeschwungenen) Zustand.

Abklingender Kurzschlussstrom

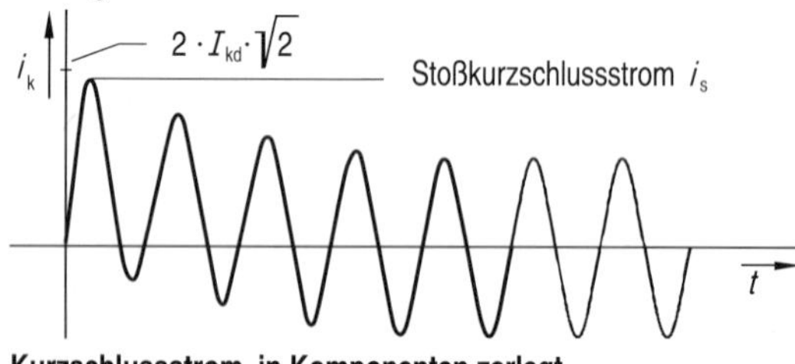

Kurzschlussstrom, in Komponenten zerlegt

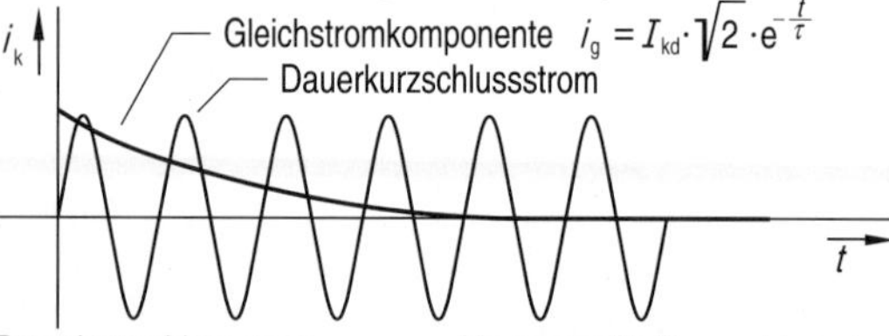

Dauerkurzschlussstrom	Maximaler Stoßkurzschlussstrom
$I_{kd} = \frac{I_N}{u_k} \cdot 100\,\%$	$i_s = 1{,}8 \cdot I_{kd} \sqrt{2} \approx 2{,}5 \cdot I_{kd}$

- **Wird ein Transformator beim Spannungsnulldurchgang kurzgeschlossen, so tritt ein hoher Stoßkurzschlussstrom auf, der große dynamische Kräfte zur Folge hat**

Kurzschlussstrom bei Transformatoren

Tritt am Ausgang eines Transformators ein Kurzschluss auf, so fließt nach Ablauf der Einschwingzeit der sogenannte Dauerkurzschlussstrom I_{kd}, falls keine Überstromauslöser den Stromkreis vorher unterbrechen. Sein Effektivwert kann aus Nennstrom und Kurzschlussspannung berechnet werden (siehe Kap. 6.13).

Der Übergang vom Normalbetrieb zum Kurzschluss vollzieht sich in einem Einschwingvorgang. Sein Verlauf hängt wesentlich vom Zeitpunkt ab, zu dem der Kurzschluss auftritt; auch die Kurzschluss-Zeitkonstante $\tau = L_\sigma / R_{Cu}$ des Transformators ist von Bedeutung.

Die erste und höchste Stromspitze heißt Stoßkurzschlussstrom. Sie ist am größten, wenn die Zeitkonstante groß ist und der Kurzschluss beim Nulldurchgang der Spannung auftritt. Der Stoßkurzschlussstrom erreicht unter dieser Bedingung den doppelten Wert vom Spitzenwert des Dauerkurzschlussstromes. In der Praxis wird dieser Wert nicht erreicht. Die höchste zu erwartende Stromspitze beträgt etwa das 1,8fache vom Spitzenwert des Dauerkurzschlussstromes.

Hohe Stoßkurzschlussströme sind gefährlich, weil sie große dynamische Kräfte zur Folge haben.

Magnetisierungsstrom

Zur Erzeugung des magnetischen Hauptflusses eines Transformators muss in der Primärwicklung ein Magnetisierungsstrom fließen. Ist die angelegte Spannung sinusförmig, so muss auch der Fluss einen sinusförmigen Verlauf haben und der Spannung um 90° nacheilen. Wird der Eisenkern im linearen Teil betrieben und wird die Hysterese vernachlässigt, so hat auch der Magnetisierungsstrom einen sinusförmigen Verlauf.

Wird die Eingangsspannung so weit gesteigert, dass der Eisenkern in die magnetische Sättigung gelangt, dann steigt der Magnetisierungsstrom überproportional an. Durch die dann nicht mehr vernachlässigbare Hysterese der Magnetisierungskennlinie wird der Magnetisierungsstrom (bzw. Leerlaufstrom) stark verzerrt. Das Beispiel zeigt die Konstruktion des Leerlaufstromes mit Hilfe der Hysteresekurve.

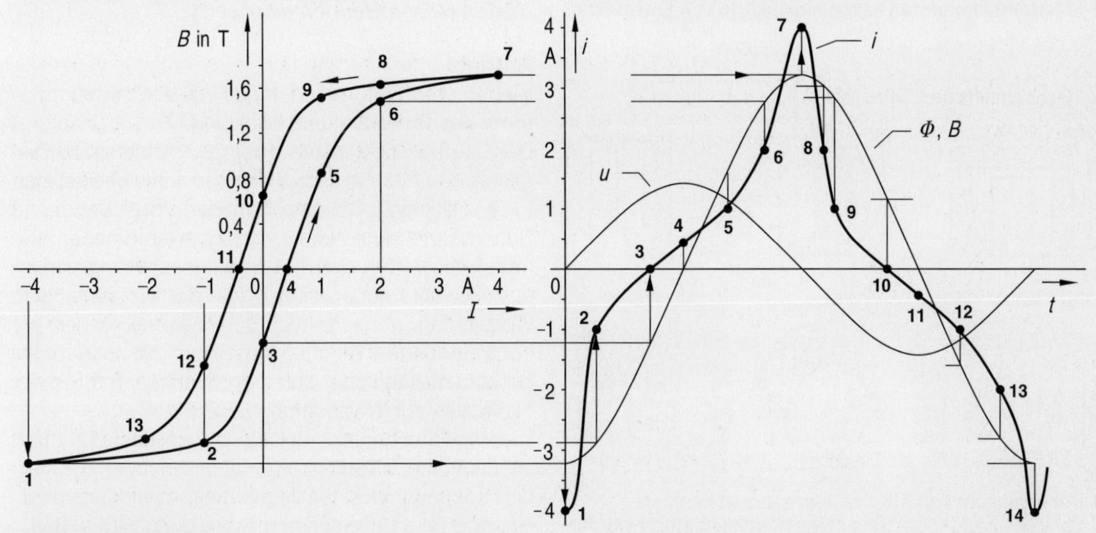

Kurzschlussströme

Beim Auftreten von Kurzschlussströmen denkt man zunächst an die Gefahr der thermischen Überlastung und das Durchbrennen von Wicklungen. Tatsächlich benötigt die Überhitzung der Wicklungen wegen der Wärmekapazität der Kupfermassen eine gewisse Zeit, in der die Schutzeinrichtungen sicher abschalten.

Problematischer sind die dynamischen Kräfte, die zeitgleich mit den Kurzschlussströmen auftreten. Die axialen Kräfte, die von der Wicklung eines 800-MVA-Transformators im Kurzschluss aufgenommen werden müssen, betragen z. B. 3200 kN. Das entspricht dem Schub der Triebwerke von 4 Jumbojets beim Start.

Aufgaben

6.15.1 Einschaltstrom

Der Magnetisierungsstrom eines Transformators beträgt 1 A (Effektivwert), dabei entsteht eine maximale Induktion von 1,2 T. Der Eisenkern besteht aus kornorientiertem Blech (Kennlinien siehe Kap. 4.4).

a) Bestimmen Sie den Spitzenwert des Einschaltstromes, wenn der unbelastete Transformator beim Nulldurchgang der Spannung eingeschaltet wird. Der Kern ist nicht vormagnetisiert, ohmsche Widerstände werden vernachlässigt.
b) Warum wird der Einschaltspitzenstrom in der Praxis kleiner sein als der in a) berechnete Wert?
c) Unter welcher Bedingung könnte der in der Praxis auftretende Einschaltspitzenstrom noch größer sein als der in a) berechnete Wert?

6.15.2 Kurzschlussstrom

Das Leistungsschild eines Einphasentransformators enthält u. a. folgende Angaben:
Nennleistung 20 kVA, Nennspannungen 6000 V / 230 V, Nennströme 3,44 A / 87 A, Kurzschlussspannung 6 %.
An der Ausgangsseite (Niederspannungsseite) des Transformators tritt ein Kurzschluss auf. Berechnen Sie für die Niederspannungsseite:

a) den Dauerkurzschlussstrom,
b) den höchsten zu erwartenden Stoßkurzschlussstrom.
c) Wovon hängt es ab, ob der Stoßkurzschlussstrom seinen Maximalwert erreicht oder nicht?
d) Welche Gefahren können für einen Transformator und für die gesamte elektrische Anlage durch hohe Stoßkurzschlussströme entstehen?

6.16 Kleintransformatoren

Leistungsschild

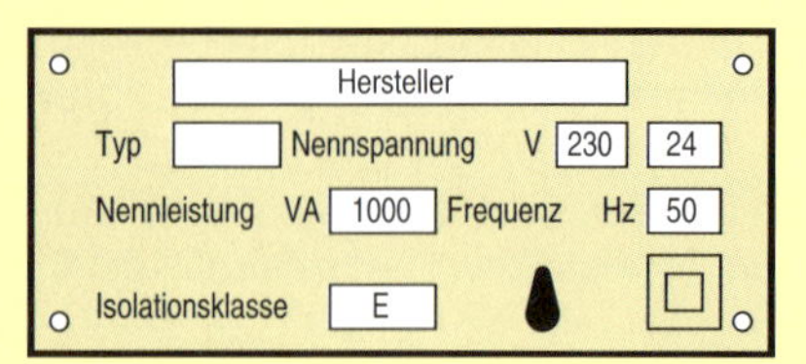

- **Kleintransformatoren haben maximal 16 kVA und 1000 V**

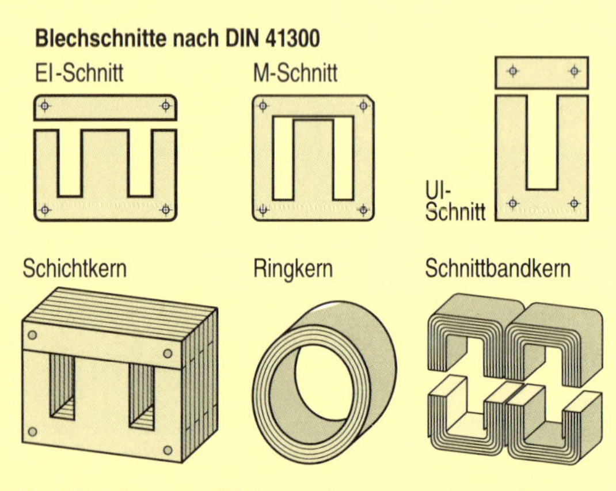

- **Der Eisenkern von Kleintransformatoren kann als Schicht-, Band- oder Schnittbandkern ausgeführt werden**

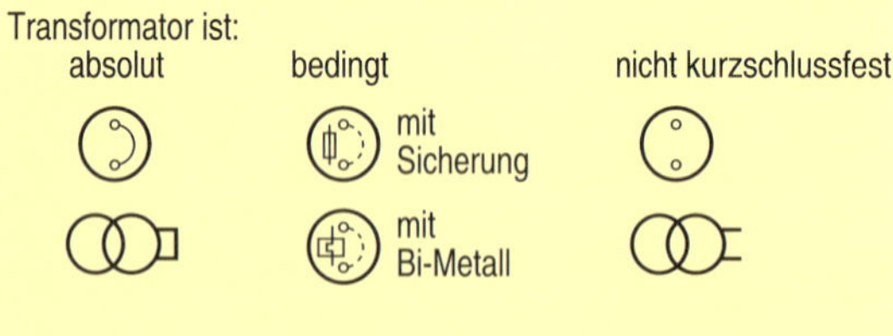

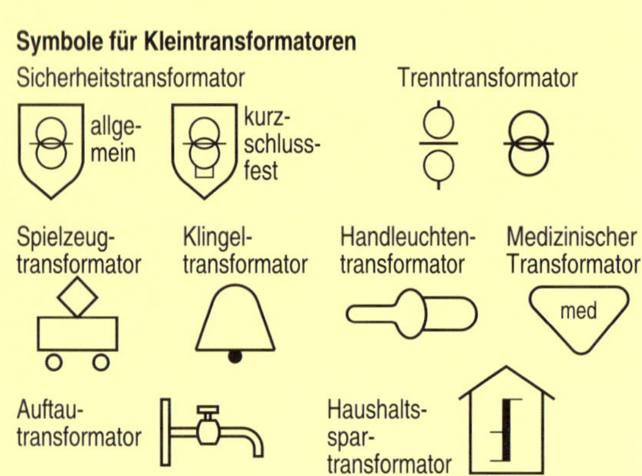

- **Für die Schutzmaßnahme Schutzkleinspannung sind nur Sicherheitstransformatoren mit VDE-Zeichen zugelassen**

Definition

Kleintransformatoren sind Transformatoren mit einer maximalen Nennleistung von 16 kVA zur Verwendung in Netzen bis 1000 V und 500 Hz.
Kleintransformatoren haben ein großes Einsatzgebiet, z. B. als Spannungsversorgung für elektronische Geräte und Schützschaltungen. Insbesondere werden sie aber als Sicherheits- bzw. Schutztransformatoren für die Versorgung von Spielzeug, Klingeln, Handleuchten und medizinischen Geräten eingesetzt.

Aufbau

Kleintransformatoren bestehen wie alle Transformatoren aus Eisenkern und Wicklung.
Der Eisenkern besteht meist aus geschichteten Blechen genormter Größe; je nach Blechform unterscheidet man EI-, M-, UI- und L-Schnitte. Daneben gibt es Band- und Schnittbandkerne aus kornorientierten Blechen. Sie haben den Vorteil, dass die Ummagnetisierungsverluste besonders gering sind, wenn der Magnetfluss in Walzrichtung verläuft. Auch Schichtkerne können aus kornorientierten Blechen bestehen; die Eisenquerschnitte müssen aber dort vergrößert werden, wo der Fluss quer zur Walzrichtung verläuft.
Die Wicklung besteht meist aus Kupferlackdraht und sitzt auf einem Spulenkörper aus Kunststoff. Primär- und Sekundärwicklung liegen meist zylindrisch übereinander, die Unterspannungswicklung liegt außen.

Anwendung

Wichtigstes Anwendungsgebiet von Kleintransformatoren sind die Sicherheits- bzw. Schutztransformatoren. Sie liefern ausgangsseitig Schutzkleinspannung (max. 50 V) und eine maximale Leistung von 10 kVA. Sicherheitstransformatoren müssen aufgrund ihrer Bauart kurzschlussfest oder bedingt kurzschlussfest sein. Wichtige Sicherheitstransformatoren sind:

Spielzeugtransformatoren:
: Sie sind für elektrisch betriebenes Kinderspielzeug vorgeschrieben. Die maximale Ausgangsspannung (Nenn-Lastspannung) beträgt 24 V, die maximale Leistung 200 VA, Schutzisolierung ist erforderlich.

Klingeltransformatoren:
: Sie dienen zur Versorgung von Klingeln, Summern und Türöffnern. Sie dürfen keine Nennausgangsspannung über 24 V haben und müssen unbedingt kurzschlussfest sein. Die Ausgangsklemmen müssen ohne Freilegung der Eingangsklemmen zugänglich sein.

Handleuchtentransformatoren:
: Sie müssen schutzisoliert, spritzwassergeschützt und wasserdicht sein.

Auch Auftautransformatoren und Transformatoren für medizinische Geräte sind Sicherheitstransformatoren.

Berechnung von Kleintransformatoren

Kleintransformatoren zur Versorgung elektronischer Geräte können selbst berechnet und hergestellt werden. Da bei Kleintransformatoren aber die Verluste und die Streuung eine sehr große Rolle spielen, führt die Berechnung mit Hilfe der üblichen Formeln (z.B. Transformatorenhauptgleichung, Übersetzungsformeln) zu sehr unbefriedigenden Ergebnissen. Besser ist es, die benötigten Windungszahlen und Drahtquerschnitte den für die genormten Blechschnitte entwickelten Tabellen zu entnehmen. Sie berücksichtigen die Verluste und Streufelder mit hinreichender Genauigkeit.

Auf keinen Fall dürfen aber Sicherheitstransformatoren selbst hergestellt werden, da diese unbedingt den VDE-Schutzbestimmungen entsprechen müssen.

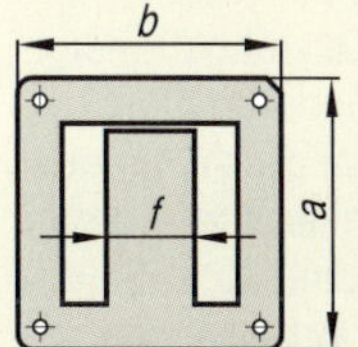

M-Schnitt	M 30	M 42	M 55	M 65	M 74	M 85	M 102
a in mm	30	42	55	65	74	85	102
b in mm	30	42	55	65	74	85	102
f in mm	7	12	17	20	23	29	34

M-Schnitt	EI 30	EI 130	EI 150	EI 170	EI 231
a in mm	30	130	150	170	231
b in mm	20	87,5	100	118	176
f in mm	10	35	40	45	65

Berechnung:

1. Nennlast der anzuschließenden Verbraucher bestimmen.
2. Transformatorkern auswählen.
3. Aus Spannung je Windung die Windungszahlen bestimmen.
4. Aus zulässiger Stromdichte Drahtquerschnitte bestimmen.

Bei Speisung von Gleichrichterschaltungen müssen die Gleichstromwerte mit nebenstehenden Faktoren multipliziert werden:

Schaltung	M1	M2	B2
Sekundärspannung	2,22	2·1,11	1,11
Sekundärstrom	1,57	0,79	1,11
Sekundärleistung	3,49	1,75	1,23
Primärleistung	2,7	1,23	1,23
Transformatorleistung	3,1	1,5	1,23

S_N	1 Eingangs-, 1 oder 2 Ausgangsw. Bei mehr als 3 Wicklungen	in VA in VA	4,5 3	12 9	26 21	48 40	62 52	120 100	180 160	230 210	280 260	350 320	420 380	500 460
Eisenkern	Kernblech, Belastung mit $\hat{B} = 1{,}2$ T		M 42	M 55	M 65	M 74	M 85	M 102a	M 102b	EI 130a	EI 130a	EI 150a	EI 150b	EI 150c
	Pakethöhe	in mm	15	20	27	32	32	35	52	35	45	40	50	60
	Eisenquerschnitt bei $f_{Fe} = 0{,}9$	in cm²	1,6	3,0	4,9	6,7	8,4	11	16	11	14	14	18	21
	Nutzbare Fensterhöhe	in mm	6,5	7,5	9	10	9	12		24		28		
	Nutzbare Fensterbreite	in mm	24	30	35	43	46	58		61		68		
	Eisenmasse	in kg	0,14	0,33	0,62	0,88	1,3	2	3	2,4	3	3,5	4,4	5,2
Kupferwicklung	Windungszahl bei ohmscher Nennlast – Primär	je V	19,5	10,9	7,05	5,23	4,18	3,26	2,19	3,22	2,52	2,48	1,98	1,66
	Windungszahl bei ohmscher Nennlast – Sekundär	je V	29,1	13,53	8,13	5,81	4,58	3,50	2,30	3,44	2,65	2,60	2,08	1,72
	Stromdichte innen	in A/mm²	4,6	3,9	3,4	3,1	3,0	2,5	2,3	1,7	1,7	1,5	1,5	1,4
	Stromdichte außen	in A/mm²	5,3	4,4	3,7	3,4	3,4	2,8	2,7	2,2	2,1	1,9	1,9	1,8
	Kupfermasse	in kg	0,04	0,09	0,16	0,23	0,3	0,5	0,6	1,6	1,8	2,5	2,7	3,0
η	Wirkungsgrad, ungefähr	in %	60	70	77	83	84	88	89	90	91	92	93	94

Aufgaben

6.16.1 Transformator für ohmsche Last

Zur Versorgung einer ohmschen Last von 120 W soll ein Kleintransformator 230 V/24 V entworfen werden.

a) Wählen Sie einen geeigneten Eisenkern aus.
b) Berechnen Sie Windungszahl und Drahtquerschnitt der beiden Wicklungen nach Tabelle.
c) Berechnen Sie die Windungszahlen für $\hat{B} = 1{,}2$ T mit der Hauptgleichung. Bewerten Sie das Ergebnis.

6.16.2 Transformator für Netzgerät

Ein einfaches Netzgerät zum Anschluss an 230 V besteht aus einem Transformator und einem Gleichrichter in Brückenschaltung (Schaltung B2). Die Gleichspannung beträgt 12 V, der Gleichstrom 4 A.

a) Wählen Sie einen passenden Kern zur Herstellung des Transformators aus.
b) Berechnen Sie die beiden Wicklungen.

6.17 Sondertransformatoren

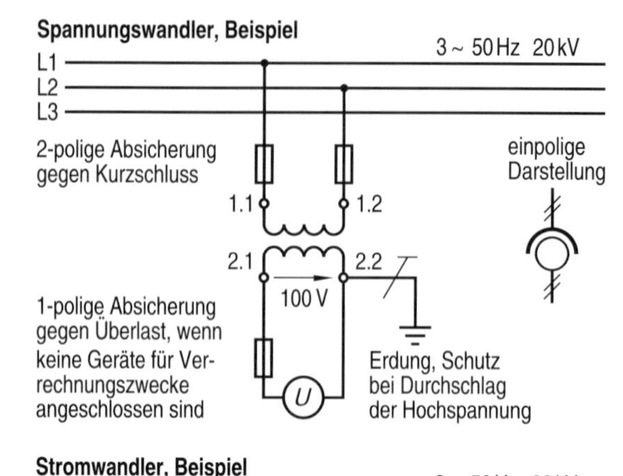

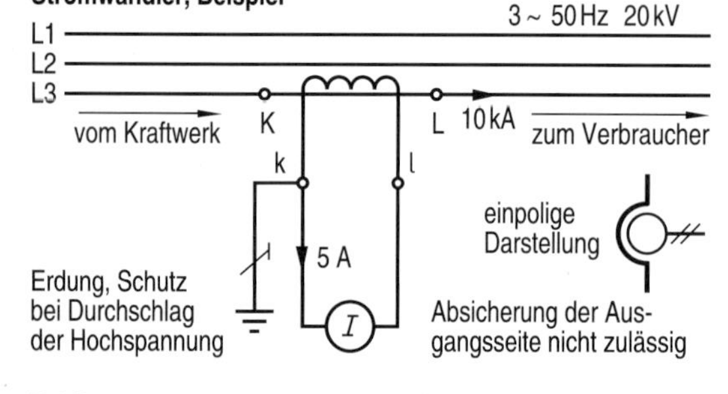

- **Bei Spannungswandlern darf der Nennstrom bzw. zulässige Grenzstrom nicht überschritten werden, Stromwandler dürfen nur unter Last bzw. im Kurzschluss betrieben werden**

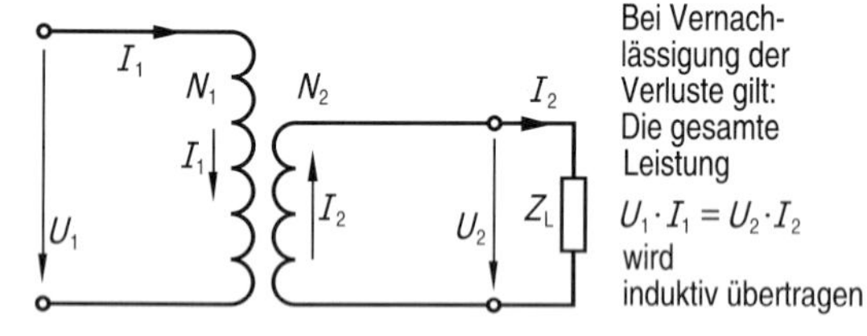

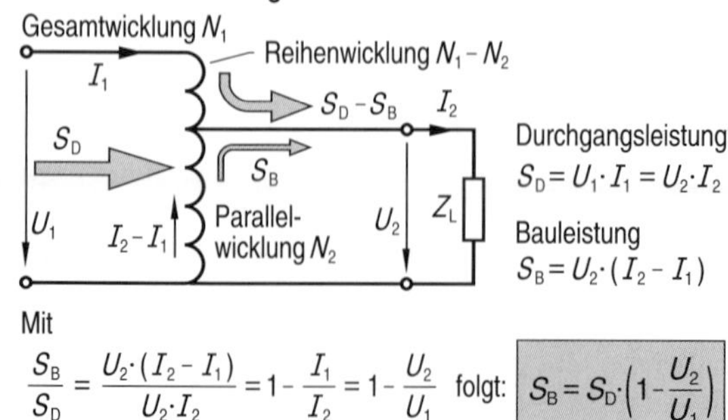

Mit

$$\frac{S_B}{S_D} = \frac{U_2 \cdot (I_2 - I_1)}{U_2 \cdot I_2} = 1 - \frac{I_1}{I_2} = 1 - \frac{U_2}{U_1} \quad \text{folgt:} \quad S_B = S_D \cdot \left(1 - \frac{U_2}{U_1}\right)$$

- **Mit Spartransformatoren wird sowohl Wicklungskupfer als auch Kerneisen eingespart; zur Erzeugung von Sicherheitskleinspannung dürfen sie nicht verwendet werden**

Messwandler

Messgeräte und Relais dürfen aus Sicherheitsgründen nicht direkt in das Hochspannungsnetz eingebaut werden. Die hohen Spannungen werden deshalb über Spannungswandler auf ungefährliche Werte, meist 100 V (110 V) Nennspannung, transformiert. Auch sehr große Ströme in Niederspannungsanlagen werden über Stromwandler auf gut messbare Werte, meist 5 A (1 A) Nennstrom, transformiert.

Spannungswandler sind im Prinzip Leistungstransformatoren mit sehr genauem Übersetzungsverhältnis und sehr kleiner Streuung. Sie dürfen auf der Ausgangsseite höchstens mit dem Grenzstrom belastet werden, da sonst die Wicklungen überlastet sind. Zum Schutz bei Durchschlag der Hochspannung sind die Ausgangsseite sowie das Wandlergehäuse geerdet.

Stromwandler sind Transformatoren mit nur einer Windung als Eingangswicklung; die Windungszahl der Ausgangswicklung bestimmt das Übersetzungsverhältnis. Stromwandler dürfen nie im Leerlauf betrieben werden, weil der dann fehlende magnetische Gegenfluss den Eisenkern weit in die Sättigung treibt. Dies kann zur Überhitzung des Kerns (Ausglühen) und zu gefährlich hohen Spannungen in der Ausgangswicklung führen (Zerstörung der Isolation). Die Ausgangsseite von Stromwandlern darf daher auch niemals abgesichert werden. Zum Schutz bei Hochspannungsdurchschlägen muss die Ausgangsseite geerdet werden.

Spartransformator

Beim Spartransformator wird ein Teil der Wicklung von der Eingangs- und der Ausgangsseite gemeinsam benutzt. Im Vergleich zum normalen Transformator mit getrennten Wicklungen kann dadurch Wicklungskupfer und Kerneisen eingespart werden. Wegen des hohen Wirkungsgrades werden sie häufig eingesetzt, der Einsatz als Sicherheitstransformator ist wegen der fehlenden galvanischen Trennung aber nicht erlaubt.

Die beiden Wicklungsteile eines Spartransformators werden Reihenwicklung und Parallelwicklung genannt. Die Parallelwicklung bildet dabei die Unterspannungswicklung, die Oberspannungswicklung besteht aus der Reihenschaltung von Reihen- und Parallelwicklung.

Beim Spartransformator heißt die insgesamt zu übertragende Leistung Durchgangsleistung S_D. Ein Teil davon wird direkt übertragen, der andere Teil durch Induktion. Der durch Induktion übertragene Teil wird Bauleistung S_B genannt; sein Anteil ist vom Verhältnis der Eingangs- zur Ausgangsspannung abhängig. Er ist umso kleiner, je näher dieses Verhältnis bei 1 liegt.

Spartransformatoren sind richtige Transformatoren, mit denen Spannungen auf- und abwärts transformiert werden können. Ihre Wirkungsweise darf nicht mit einem Spannungsteiler verglichen werden.

Einsatz von Messwandlern

Schalttafel-Messinstrumente, mit denen große Wechselspannungen bzw. Wechselströme gemessen werden, enthalten meist Dreheisenmesswerke mit einem Messbereich von 100 V bzw. 5 A (1 A). Eine Messbereichserweiterung durch Vor- und Nebenwiderstände ist hier nicht möglich, die zu messenden Spannungen und Ströme müssen daher durch Messwandler transformiert werden. Der Einsatz von Messwandlern ermöglicht zusätzlich eine sichere galvanische Trennung der Messgeräte vom Starkstromnetz. Auch Relais zur Überwachung von Hochspannungsanlagen werden über Messwandler betrieben.

Das Betriebsverhalten der Wandler ist aus ihrem Leistungsschild ersichtlich:

Leistungsschild eines Spannungswandlers

Zu ① 12 kV Höchste dauernd zulässige Eingangsspannung
28 kV Nenn-Stehwechselspannung für die Windungsprüfung bei erhöhter Frequenz
35 kV Nenn-Stehwechselspannung für die Wicklungsprüfung
70 kV Nenn-Stoßspannung für die Isolationsprüfung

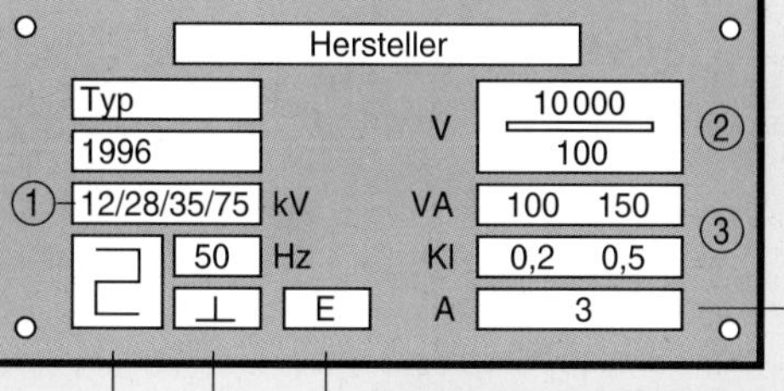

Zu ② Übersetzungsverhältnis 1000 V / 100 V
Zu ③ 100 VA Leistung bei Fehlerklasse 0,2
150 VA Leistung bei Fehlerklasse 0,5
3 A Grenzstrom, wenn die Genauigkeit keine Rolle spielt

Prüfzeichen, nur bei Wandlern für Verrechnungszwecke erforderlich
Temperaturbeständigkeits-Klasse (E 120 °C)
Senkrechte Gebrauchslage

Leistungsschild eines Stromwandlers

Zu ① 0,5kV Höchste zulässige Betriebsspannung (Netzspannung)
3 kV Nenn-Stehwechselspannung für die Windungsprüfung bei erhöhter Frequenz
6 kV Nennstoßspannung für die Isolationsprüfung
Zu ② 6 kA thermischer Nenn-Kurzzeitstrom, zulässig für 1 Sekunde
Zu ③ 15 kA dynamischer Kurzzeitstrom, zulässig für einige Millisekunden

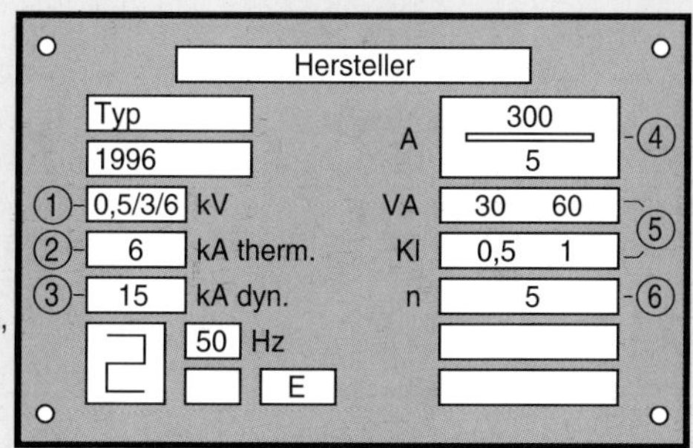

Zu ④ Übersetzungsverhältnis 300 A / 5 A
Zu ⑤ 30 VA Leistung bei Fehlerklasse 0,5
60 VA Leistung bei Fehlerklasse 1,0
Zu ⑥ 5 · 5 A zulässig, wenn die Genauigkeit keine Rolle spielt

Bürde

Bei Messwandlern wird die angeschlossene Last als Bürde bezeichnet. Bei Spannungswandlern meint man damit den Scheinleitwert der angeschlossenen Geräte. Die Bürde ist zu groß, wenn z. B. zu viele Spannungsmesser parallel geschaltet sind. Bei Stromwandlern meint man mit Bürde den Scheinwiderstand der angeschlossenen Geräte. Die Bürde ist zu groß, wenn z. B. zu viele Strommesser in Reihe geschaltet sind.

Auf dem Leistungsschild wird statt der Nennbürde die Nennleistung in VA angegeben.

Aufgaben

6.17.1 Messwandler

a) Warum darf bei Spannungswandlern der zulässige Grenzstrom nicht überschritten werden?
b) Warum dürfen Stromwandler nicht im Leerlauf betrieben werden?
c) Warum wird bei Messwandlern eine Klemme der Ausgangsseite geerdet?
d) Was versteht man bei Messwandlern unter Bürde?
e) An einem Stromwandler soll der Strommesser abgeklemmt werden. Was ist unbedingt zu beachten?

6.17.2 Spartransformator

Ein Spartransformator hat das Übersetzungsverhältnis 400 V / 230 V und die Durchgangsleistung 1 kVA.

a) Erklären Sie die Begriffe Durchgangsleistung und Bauleistung.
b) Berechnen Sie die Bauleistung.
c) Berechnen Sie die Ströme in der Reihen- und in der Parallelwicklung bei Nennlast.
d) Unter welcher Bedingung wird beim Spartransformator besonders viel Kupfer und Eisen eingespart?

6.18 Wachstumsgesetze

Wachstumsfaktor k_w

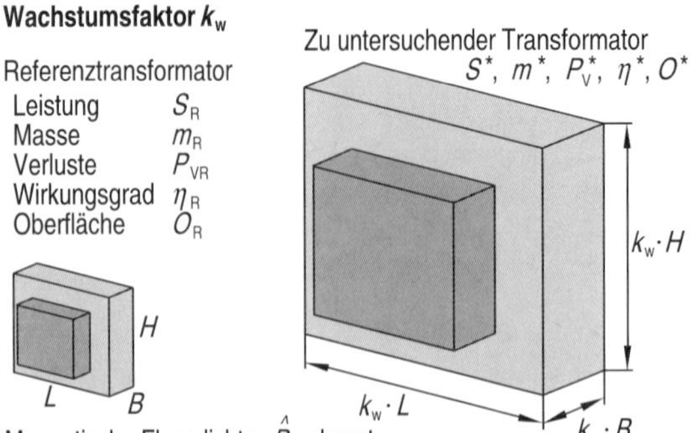

Referenztransformator
Leistung S_R
Masse m_R
Verluste P_{VR}
Wirkungsgrad η_R
Oberfläche O_R

Zu untersuchender Transformator
S^*, m^*, P_V^*, η^*, O^*

L B H $k_w \cdot L$ $k_w \cdot B$ $k_w \cdot H$

Magnetische Flussdichte $\hat{B}$ = konst.
Elektrische Stromdichte J = konst.

Wachstum

Beim Einsatz von Transformatoren ist es interessant zu wissen, ob es wirtschaftlicher ist, wenige große oder viele kleine Anlagen zu bauen. Zu diesem Zweck soll untersucht werden, wie sich Leistung, Verluste, Wirkungsgrad, Kühlmöglichkeiten und Materialbedarf eines Transformators ändern, wenn alle Abmessungen linear mit dem Wachstumsfaktor k_w vergrößert werden. Unter Wachstum um den Faktor k_w wird dabei verstanden, dass Länge, Breite und Höhe eines Vergleichs- bzw. Referenztransformators jeweils mit diesem Faktor multipliziert werden. Die Stromdichte in den Wicklungen und die Flussdichte im Eisenkern sollen aber unabhängig vom Wachstum immer gleich bleiben.

Aus $U = 4{,}44 \cdot f \cdot N \cdot \hat{B} \cdot A_{Fe}$
und $I = J \cdot A_{Cu}$ folgt für den
Referenztransformator: $S = U \cdot I = \underbrace{4{,}44 \cdot f \cdot \hat{B} \cdot J}_{\text{konstant}} \cdot A_{FeR} \cdot N_R \cdot A_{CuR}$
und den mit Faktor k_w
gewachsenen Transf.: $S^* = \text{konst.} \cdot k_w^2 \cdot A_{FeR} \cdot k_w^2 \cdot N_R \cdot A_{CuR}$

Leistung des gewachsenen Transformators: $S^* = k_w^4 \cdot S_R$

- **Die Leistung eines Transformators steigt mit der vierten Potenz des Wachstumsfaktors**

Leistung

Die Leistung eines Transformators ist gleich dem Produkt aus Spannung und Strom. Wird der Transformator in alle drei Richtungen um den Faktor k_w vergrößert, so vergrößert sich der Kernquerschnitt um k_w^2, zusätzlich wächst auch der Kupferquerschnitt mit dem Faktor k_w^2. Hat der neue Transformator gleiche Strom- und gleiche Flussdichte wie der Referenztransformator, so steigen Strom und Magnetfluss jeweils quadratisch an. Da gemäß Transformatorenhauptgleichung Spannung und Magnetfluss proportional zueinander sind, folgt: die Transformatorleistung steigt mit dem Faktor k_w^4.

Volumen des gewachsenen Transformators: $V^* = k_w^3 \cdot V_R$

Masse des gewachsenen Transformators: $m^* = k_w^3 \cdot m_R$

Verluste des gewachsenen Transformators: $P_V^* = k_w^3 \cdot P_{VR}$

- **Volumen, Masse und Verluste eines Transformators steigen mit der dritten Potenz des Wachstumsfaktors**

Masse, Verluste

Wächst ein Transformator mit dem Faktor k_w, so wächst sein Volumen und somit auch seine Masse mit k_w^3. Die Materialkosten steigen also mit der dritten Potenz des Wachstumsfaktors.

Bleiben Stromdichte und Flussdichte des um k_w gewachsenen Transformators konstant, so steigen sowohl die Kupfer- als auch die Eisenverluste linear mit dem Volumen bzw. mit der Masse. Die Verluste steigen daher mit der dritten Potenz des Wachstumsfaktors.

Aus $\eta^* ? \dfrac{P^* - P_V^*}{P^*} = 1 - \dfrac{P_V^*}{P^*} = 1 - \dfrac{k_w^3 \cdot P_{VR}}{k_w^4 \cdot P}$ folgt:

Wirkungsgrad des gewachsenen Transf.: $\eta^* = 1 - \dfrac{P_{VR}}{k_w \cdot P_R}$

- **Der Wirkungsgrad eines Transformators nähert sich mit zunehmender Größe asymptotisch dem Grenzwert 100%**

Wirkungsgrad

Der Wirkungsgrad des mit k_w wachsenden Transformators lässt sich aus der Leistung und den Verlusten berechnen. Da die Leistung mit k_w^4, die Verluste aber nur mit k_w^3 wachsen, wird der Wirkungsgrad von Transformatoren mit zunehmender Baugröße auch größer. Der Grenzwert 1 bzw. 100 % wird natürlich nie erreicht.

Oberfläche (Kühlfläche) des gewachsenen Transformators: $O^* = k_w^2 \cdot O_{VR}$

- **Bei großen Transformatoren ist wegen mangelnder Kühloberfläche eine Zwangskühlung erforderlich**

Oberfläche, Kühlung

Die durch Verluste in Kern und Wicklung entstehende Wärme wird über die Oberfläche des Transformators abgegeben. Da die Oberfläche mit k_w^2 ansteigt, die Verluste aber mit k_w^3, wird die Kühlung mit zunehmender Baugröße immer problematischer. Große Transformatoren benötigen deshalb eine Zwangskühlung.

Wachstumsgesetze, wirtschaftliche Bedeutung
Die Frage, ob zur elektrischen Energieversorgung lieber wenige große oder lieber viele kleine Anlagen gebaut werden sollen, wird unter vielen Gesichtspunkten kontrovers diskutiert.
Aufgrund der Wachstumsgesetze gilt für Transformatoren, dass große Transformatoren deutlich günstiger sind als kleine: sie haben bessere Wirkungsgrade und einen günstigeren Material- und Raumbedarf pro Leistungseinheit. Nur die Kühlung wird mit zunehmender Größe schlechter. Das Diagramm zeigt die Abhängigkeit von Leistung, Verlusten, Wirkungsgrad und Kühlfläche vom Wachstumsfaktor k_w.
Die Wachstumsgesetze von Transformatoren lassen sich sinngemäß auf andere Maschinen und Anlagen wie Kraftwerke übertragen. Hier spielt eine Rolle, dass bei Großanlagen die Reinigung der Abgase vergleichsweise günstiger ist. Die Leistung von Kraftwerksblöcken wurde folgerichtig in den letzten Jahrzehnten auf über 1 GW erhöht. Die technische Grenze bei der Konstruktion von Großmaschinen liegt derzeit bei etwa 4 GW.

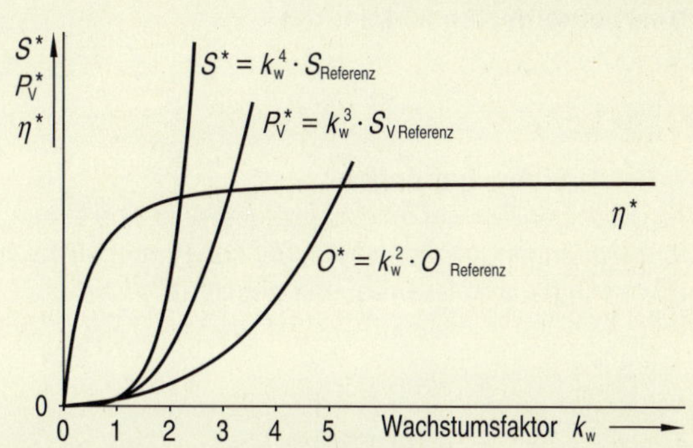

Den Vorteilen von großen, zentralen Kraftwerksblöcken stehen zwei Nachteile gegenüber:
1. Die Verteilung der elektrischen Energie erfordert sehr lange Übertragungsleitungen mit entsprechend hohen Übertragungsverlusten.
2. Die Nutzung der Kraftwerkswärme zu Heizzwecken (Kraft-Wärme-Kopplung) ist wegen der langen Übertragungswege unwirtschaftlich bzw. unmöglich.

Wirkungsgrad
Da die Leistung eines Transformators mit der vierten Potenz des Wachstumsfaktors steigt, die Verluste aber nur mit der dritten Potenz, steigt der Wirkungsgrad asymptotisch gegen 1 bzw. 100 %. Transformatoren im GVA-Bereich erreichen tatsächlich Wirkungsgrade von 99,9 %. Bei Motoren gelten ähnliche Verhältnisse, die Zusammenhänge sind aber wegen der mechanischen Reibungsverluste etwas schwieriger zu erfassen.

Wirkungsgrad, Näherungswerte bei Nennlast

Transformator	S_N in VA	10^2	10^3	10^4	10^5	10^6	10^7	10^8
	η in %	88	95	97	98	99	99,5	99,8
Drehstrommotor	P_N in W	10^2	$5 \cdot 10^2$	10^3	10^4	10^5	10^6	$5 \cdot 10^6$
	η in %	60	80	82	92	94	96	97

Aufgaben

6.18.1 Kleintransformator
Ein Kleintransformator mit Kernblech M 102a hat laut Tabelle (siehe Kap. 6.16) die Nennleistung $S_N = 120\,VA$, den Wirkungsgrad $\eta = 88\,\%$, die Eisenmasse $m_{Fe} = 2\,kg$ und die Kupfermasse $m_{Cu} = 0{,}5\,kg$.
Ein zweiter Transformator mit gleicher Stromdichte, gleicher Flussdichte und gleichen Materialeigenschaften hat die Leistung $S_N = 500\,VA$.
Berechnen Sie von dem zweiten Transformator
a) den Wachstumsfaktor,
b) die Eisen- und die Kupfermasse,
c) den Wirkungsgrad.
d) Vergleichen Sie die berechneten Werte mit den entsprechenden Tabellenwerten und erklären Sie die eventuellen Abweichungen.
e) Erläutern Sie, warum für den obigen Transformator mit Kernblech 102 a die Leistung 120 VA bei 1 Eingangs- und 1 oder 2 Ausgangswicklungen angegeben ist, bei mehr Wicklungen aber nur 100 VA.

6.18.2 Leistungstransformator
Ein Drehstromtransformator hat die Nennleistung 25 kVA. Im Leerlaufversuch werden 120 W, im Kurzschlussversuch 680 W Verluste gemessen.
Berechnen Sie
a) den Wirkungsgrad des Transformators bei ohmscher Nennlast,
b) den Wirkungsgrad eines 100-MVA-Transformators, der mit gleicher Strom- und gleicher Flussdichte bei ohmscher Nennlast betrieben wird,
c) die Nennleistung eines Transformators, der unter den gleichen Bedingungen einen Nennwirkungsgrad von 99,9 % erreichen soll,
d) die Nennleistung eines Transformators, der die doppelte Masse wie der 25-kVA-Transformator hat.
e) Warum brauchen große Transformatoren prinzipiell eine Zwangskühlung, z. B. durch umlaufendes Öl?
f) Warum kann die Baugröße von Maschinen nicht beliebig gesteigert werden?

Test 6.1

Fachgebiet: Anwendung der Wechselströme
Bearbeitungszeit: 90 Minuten

T 6.1.1 Siebschaltungen

An die folgenden vier Vierpole wird jeweils eine sinusförmige Eingangsspannung U_1 mit konstantem Effektivwert und variabler Frequenz angelegt.

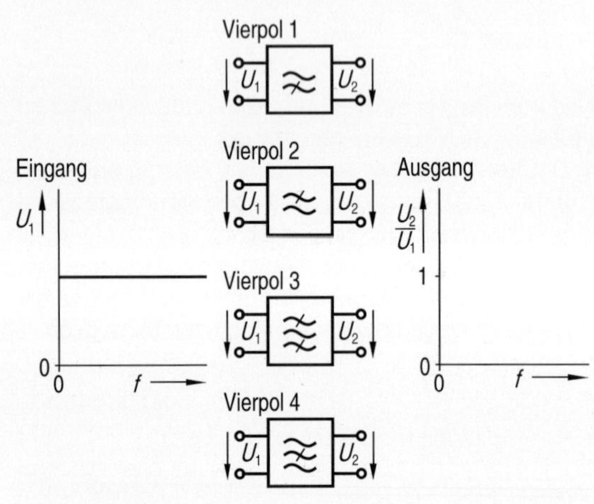

Skizzieren Sie für jeden Vierpol die Funktion $U_2/U_1 = f(f)$ und benennen Sie die Vierpole im Hinblick auf ihr Durchgangsverhalten.

T 6.1.2 Frequenzgang

Gegeben ist ein passiver Vierpol mit Eingangsspannung U_e und Ausgangsspannung U_a.

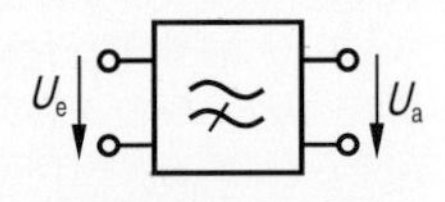

a) Erklären Sie, was man unter dem komplexen Frequenzgang $\underline{F}(\omega)$ des Vierpols versteht.

b) Erklären Sie, was man unter dem Amplitudengang und dem Phasengang des Vierpols versteht.

c) Stellen Sie qualitativ den komplexen Frequenzgang des obigen Vierpols als Bode-Diagramm (Amplituden- und Phasengang) und als Nyquist-Diagramm (komplexe Ortskurve) dar.

T 6.1.3 RL-Hochpass

Aus $R = 4{,}6\,\text{k}\Omega$ und $L = 1\,\text{mH}$ soll ein Hochpass aufgebaut werden.

a) Zeichnen Sie die Schaltung.

b) Was versteht man unter der Grenzfrequenz f_g des Hochpasses?

c) Berechnen Sie die Grenzfrequenz des Hochpasses.

d) Zeichnen Sie den Amplitudengang der Schaltung in einfachlogarithmischer Darstellung im Bereich von 10 Hz bis 10 MHz. Berechnen Sie dazu mindestens 6 Werte und stellen Sie eine Wertetabelle auf.

T 6.1.4 RC-Vierpol

Ein Vierpol enthält ein RC-Glied mit $R = 20\,\text{k}\Omega$. Eine Messreihe ergibt folgenden Amplitudengang:

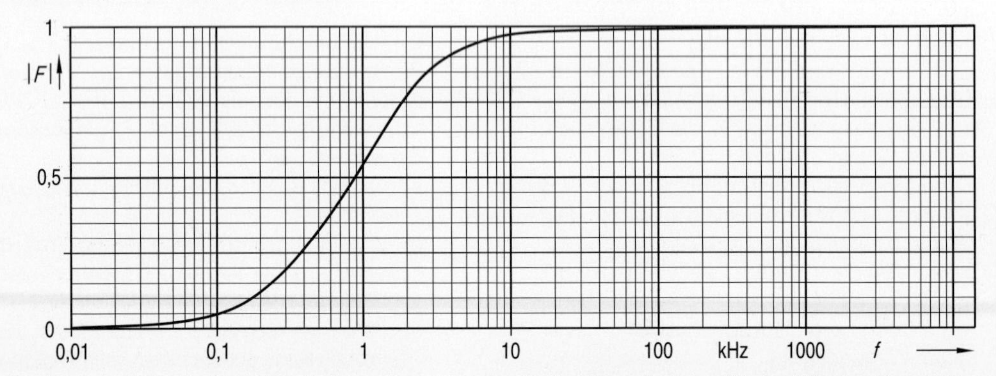

a) Um welche Art von Siebschaltung handelt es sich bei diesem Vierpol? Skizzieren Sie die Schaltung.

b) Bestimmen Sie die Grenzfrequenz der Schaltung.

c) Berechnen Sie die Kapazität des Kondensators.

d) Lesen Sie aus dem gegebenen Amplitudengang den Dämpfungsfaktor D für die Frequenzen 100 Hz, 1 kHz und 10 kHz ab. Überprüfen Sie die Ableseergebnisse durch eine Berechnung mit den Werten R und C.

e) Berechnen Sie das Dämpfungsmaß a in dB für die Frequenzen 100 Hz, 1 kHz und 100 kHz.

f) Berechnen Sie den Phasengang der Schaltung für die Frequenzen 100 Hz, 1 kHz, 100 kHz und für die Grenzfrequenz. Skizzieren Sie den Phasengang in einfachlogarithmischer Darstellung.

Fachgebiet: Anwendung der Wechselströme
Bearbeitungszeit: 90 Minuten

T 6.2.1 Freie, ungedämpfte Schwingung

In einem ungedämpften Schwingkreis pendelt ständig Energie verlustfrei zwischen Spule und Kondensator.

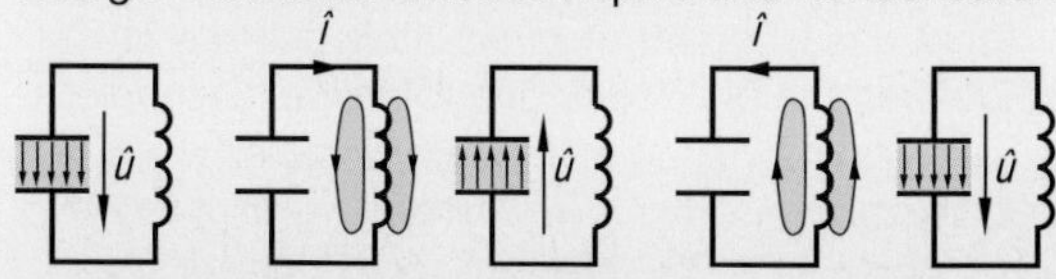

Für den Maximalstrom gilt dabei $\hat{\imath} = \hat{u}/Z$, wobei Z der Kennwiderstand des Schwingkreises ist.

a) Leiten Sie mit Hilfe einer Energiebilanz die Formel $Z = \sqrt{L/C}$ her.

b) Mit welcher Frequenz (Eigenfrequenz) schwingt die Energie im ungedämpften Schwingkreis?

c) Berechnen Sie allgemein den Widerstand des Kondensators und den Widerstand der Spule bei Eigenfrequenz des Schwingkreises.

T 6.2.2 Reihenschaltung R, L, C

Gegeben ist folgende Reihenschaltung:

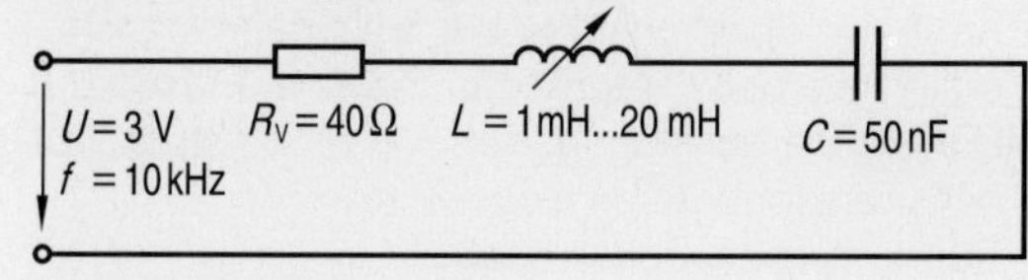

a) Berechnen Sie die Impedanz der Reihenschaltung für $L = 10\,\text{mH}$.

b) Für welchen Induktivitätswert L ist der Schwingkreis in Resonanz?

c) Berechnen Sie die Spannung an L und C im Resonanzfall sowie die Güte des Schwingkreises.

d) Erklären Sie die Begriffe Resonanz und Spannungsüberhöhung.

T 6.2.3 Parallelschwingkreis

Gegeben ist folgende Parallelschaltung aus L, C, R:

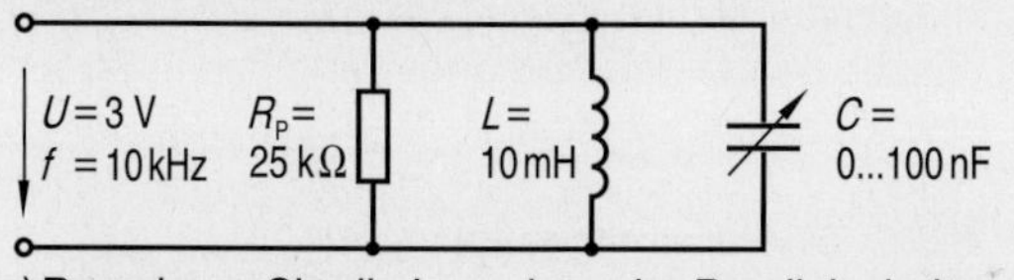

a) Berechnen Sie die Impedanz der Parallelschaltung für $C = 50\,\text{nF}$.

b) Für welchen Kapazitätswert C_X ist der Schwingkreis in Resonanz?

c) Berechnen Sie den Strom durch L und C im Resonanzfall sowie die Güte des Schwingkreises.

d) Erklären Sie den Begriff Stromüberhöhung.

T 6.2.4 Reihenschwingkreis

Ein Kondensator ($C = 20\,\text{nF}$) und eine Spule mit Ferritkern ($L = 0{,}1\,\text{mH}$) bilden einen Reihenschwingkreis. Die Verluste werden durch einen in Reihe zur Spule geschalteten Widerstand $R_V = 1{,}5\,\Omega$ berücksichtigt.

a) Erklären Sie, wodurch die Verluste des Schwingkreises entstehen.

b) Berechnen Sie die Resonanzfrequenz, die Güte und die Spannungsüberhöhung des Schwingkreises.

c) Berechnen Sie unter Berücksichtigung des Verlustwiderstandes die Frequenz, bei der die maximale Kondensatorspannung bzw. die maximale Spulenspannung auftritt. Diskutieren Sie die Abweichung von der Resonanzfrequenz.

T 6.2.5 Parallelschwingkreis

Ein Kondensator ($C = 50\,\text{nF}$) und eine Spule mit Ferritkern ($L = 0{,}2\,\text{mH}$) bilden einen Parallelschwingkreis. Die Verluste werden durch einen in Reihe zur Spule geschalteten Widerstand $R_V = 1{,}2\,\Omega$ berücksichtigt.

a) Berechnen Sie die Resonanzfrequenz des Kreises ohne und mit Berücksichtigung des Verlustwiderstandes. Diskutieren Sie das Ergebnis.

b) Rechnen Sie für die Resonanzfrequenz den in Reihe geschalteten Verlustwiderstand in einen äquivalenten Parallelwiderstand R_P um.

c) Berechnen Sie die Kreisgüte, die Kreisdämpfung, die Bandbreite sowie die untere und obere Grenzfrequenz.

T 6.2.6 Parallelkompensation

Der Leistungsfaktor einer Quecksilberdampf-Hochdrucklampe HQLS125W soll durch Parallelschalten eines Kondensators verbessert werden.

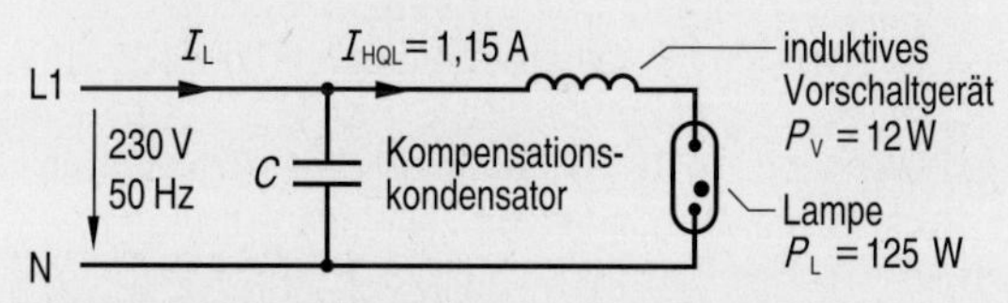

Berechnen Sie die Kapazität C des Kondensators und den Leiterstrom I_L wenn der Leistungsfaktor

a) auf $\cos\varphi = 0{,}9$ induktiv,

b) auf $\cos\varphi = 1$ kompensiert wird.

c) Berechnen Sie den Leiterstrom und den Leistungsfaktor, wenn die Kapazität des Kompensationskondensators $C = 50\,\mu\text{F}$ beträgt.
Diskutieren Sie das Ergebnis.

Test 6.3

Fachgebiet: Anwendung der Wechselströme
Bearbeitungszeit: 90 Minuten

T 6.3.1 Kleintransformator

Ein Kleintransformator hat einen Eisenkern EI 150c mit 21 cm^2 nutzbarem Eisenquerschnitt, die maximal zulässige Flussdichte beträgt 1,2 T. Der Transformator soll die 230-Volt-Netzspannung auf 24 V transformieren.

a) Berechnen Sie die Windungszahlen N_1 und N_2 mit Hilfe der Transformatorenhauptgleichung. Alle Verluste werden dabei vernachlässigt.

b) Der für die gesamte Wicklung zur Verfügung stehende Querschnitt beträgt nach Tabelle $A_{Fenster} = 19\,cm^2$. Berechnen Sie die Transformatorleistung, wenn die zulässige Stromdichte J in beiden Wicklungen mit $1{,}6\,A/mm^2$ und der Platzbedarf für die Isolierung mit 30% des Wickelraumes angenommen wird.

c) Vergleichen Sie die berechneten Werte für die Windungszahlen und die Leistung mit den Tabellenwerten auf Seite 215 und diskutieren Sie das Ergebnis.

T 6.3.2 Leistungstransformator

Ein einphasiger Transformator hat die Nennleistung 150 kVA und das Übersetzungsverhältnis 10 kV/400V (im Leerlauf).

Eine eingangsseitige Leerlaufmessung ergibt:
$P_0 = 1{,}2\,kW$, $I_0 = 0{,}6\,A$.

Eine eingangsseitige Kurzschlussmessung ergibt:
$P_k = 4\,kW$, $U_k = 400\,V$.

a) Skizzieren Sie das vereinfachte Ersatzschaltbild des Transformators und berechnen Sie mit Hilfe der Messergebnisse von Leerlauf- und Kurzschlussmessung die 4 Bauelemente des Ersatzschaltbildes.

b) Der Transformator wird ausgangsseitig nacheinander mit Nennstrom bei $\cos\varphi = 1$, $\cos\varphi = 0{,}6$ ind. und $\cos\varphi = 0{,}6$ kap. belastet. Berechnen Sie für alle drei Belastungsfälle die Spannung U_2, wenn die eingespeiste Spannung $U_1 = 10\,kV$ ist.
Zeichnen Sie für alle drei Belastungsfälle ein qualitatives Zeigerbild.

c) Berechnen Sie den Wirkungsgrad des Transformators für die drei Belastungsfälle aus Aufgabe b).

d) Bei welchem Lastfaktor hat der Transformator seinen höchsten Wirkungsgrad? Berechnen Sie den maximalen Wirkungsgrad des Transformators.

e) Während des Betriebs tritt unterspannungsseitig ein Kurzschluss auf.
Berechnen Sie den Dauerkurzschlussstrom und den maximalen Stoßkurzschlussstrom.
Wovon hängt es ab, ob der Stoßkurzschlussstrom groß oder klein ist?

T 6.3.3 Kleintransformatoren

a) Was versteht man unter Kleintransformatoren?

b) Erklären Sie, wie bei Klein- und bei Großtransformatoren das Übersetzungsverhältnis definiert ist.

c) Erklären Sie die Bedeutung folgender Symbole:

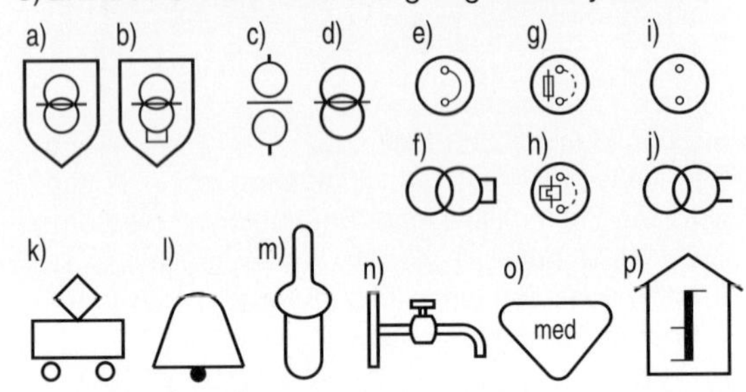

T 6.3.4 Spartransformator

a) Erklären Sie anhand einer Skizze den Aufbau eines Spartransformators. Erläutern Sie dabei die Begriffe Durchgangsleistung und Bauleistung.

b) Kann ein Spartransformator als Spannungsteiler erklärt werden? Begründen Sie Ihre Aussage.

c) Dürfen Spartransformatoren 230 V/12 V als Sicherheitstransformatoren eingesetzt werden?
Begründen Sie Ihre Aussage.

d) Ein Spartransformator mit Eingangsspannung 400 V und Ausgangsspannung 230 V soll eine Durchgangsleistung von 1200 VA haben. Berechnen Sie seine Bauleistung.

e) Unter welcher Bedingung sind Spartransformatoren besonders wirtschaftlich im Vergleich zu Transformatoren mit getrennten Wicklungen?

T 6.3.5 Messwandler

a) Wozu werden Messwandler eingesetzt?

b) Warum dürfen Stromwandler ausgangsseitig nicht im Leerlauf betrieben werden?

c) Welche genormten Ausgangswerte haben Strom- bzw. Spannungswandler?

T 6.3.6 Wachstumsgesetze

a) Zur Versorgung eines Industriebetriebs ist die elektrische Leistung 100 MVA nötig. Ist ein einziger 100-MVA-Transformator wirtschaftlich sinnvoller oder mehrere kleine Transformatoren?

b) Ein 1-kVA-Transformator hat $\eta = 95\,\%$ Wirkungsgrad. Berechnen Sie den Wirkungsgrad eines 100-MVA-Transformators bei gleicher Strom- und Flussdichte.

7 Dreiphasiger Wechselstrom

7.1 Drehstrom

Prinzip der Innenpolmaschine

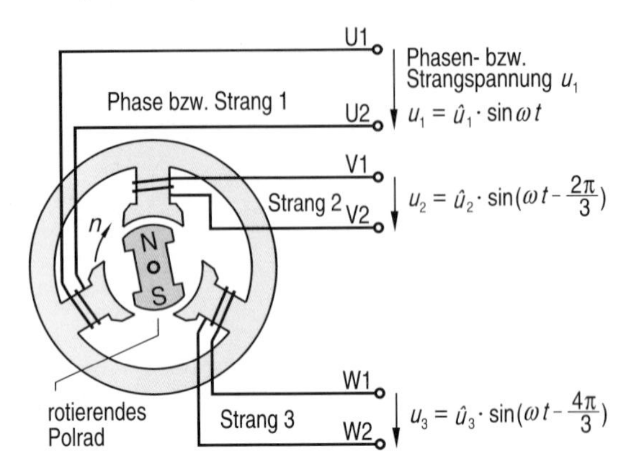

- **Dreiphasiger Wechselstrom wird meist Drehstrom genannt**

Strang- bzw. Phasenspannungen

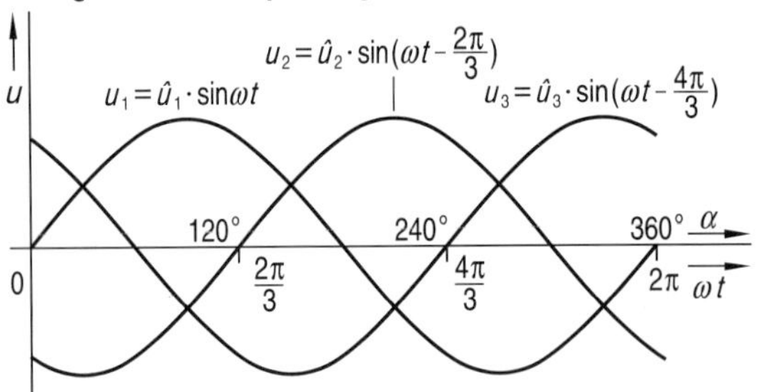

- **Im symmetrischen Dreiphasensystem ist die Summe der drei Spannungen in jedem Augenblick gleich null**

Symmetrisches Netz

$\underline{U}_1 = U \angle 0°$ $\quad \underline{U}_2 = U \angle -120°$ $\quad \underline{U}_3 = U \angle -240°$

mit $|\underline{U}_1| = |\underline{U}_2| = |\underline{U}_3| = U$

Darstellung als Stern

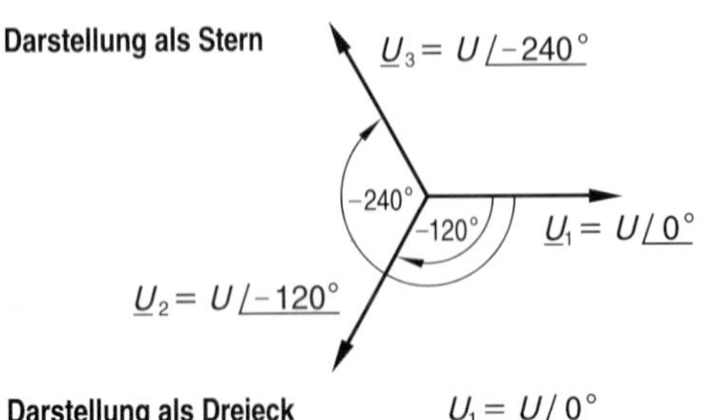

Darstellung als Dreieck

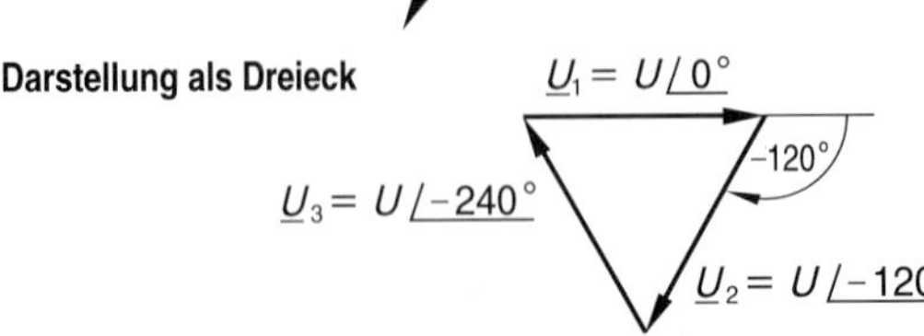

- **Im symmetrischen Dreiphasennetz ist die Summe der drei Strangspannungszeiger gleich null**

Entstehung

„Drehstrom" ist der nach DIN 40 108 allgemein übliche Name für dreiphasigen Wechselstrom. Man versteht darunter ein System von drei Stromkreisen, deren Spannungen gegeneinander zeitlich um eine Drittel Periode verschoben sind.

Drehstrom wird üblicherweise mit Synchrongeneratoren in Innenpol-Bauweise erzeugt. Innenpolmaschinen bestehen im Prinzip aus dem Ständer (Stator) mit drei um 120° versetzten Spulen (Strängen, Phasen). Als Läufer (Rotor) dient ein drehbar gelagerter Dauer- oder Elektromagnet; er wird als Polrad bezeichnet.

Dreht sich das Polrad mit konstanter Drehfrequenz, z. B. $3000\,\text{min}^{-1}$, so wird in jeder der drei Spulen Spannung mit gleichbleibender Frequenz, z. B. 50 Hz, induziert. Da die drei Spulen räumlich gegeneinander versetzt sind, sind die drei Spannungen zeitlich gegeneinander verschoben (phasenverschoben).

Linienbilder

Die drei induzierten Strangspannungen können wie einphasige Wechselspannung mit dem Oszilloskop gemessen und als Linienbild dargestellt werden.

Das Linienbild zeigt, dass Spannung u_2 der Spannung u_1 um den Winkel 120° (Gradmaß) bzw. $2\pi/3$ (Bogenmaß) nacheilt; Spannung u_3 eilt wiederum Spannung u_2 um 120° nach.

Sind die Scheitelwerte der drei sinusförmigen Spannungen gleich groß, so spricht man von einem symmetrischen Dreiphasensystem. Das Liniendiagramm zeigt, dass in diesem Fall die Summe der drei Strangspannungen in jedem Augenblick gleich null ist.

Komplexe Darstellung

Wie in der einphasigen Wechselstromtechnik ist es sinnvoll, Spannungen und Ströme als Zeiger in der komplexen Zahlenebene darzustellen. Dabei interessieren, wie im einphasigen System, nicht die Augenblickswerte, sondern die Effektivwerte der Spannungen und Ströme. Die Effektivwerte werden durch den Betrag und die Phasenlage von Spannung bzw. Strom angegeben. Der Betrag entspricht dabei der Zeigerlänge, die Phasenlage wird durch den Winkel zwischen reeller Achse und Zeiger angegeben.

Für die Darstellung eines dreiphasigen Systems ist die Phasenlage der ersten Strangpannung frei wählbar, z. B. $\underline{U}_1 = U_1 \angle 0°$. Der Zeiger liegt dann in Richtung der reellen Achse. Der Zeiger der zweiten Strangspannung, $\underline{U}_2 = U_2 \angle -120°$, hat dann gegenüber der reellen Achse den Winkel −120°, der Zeiger der dritten Strangspannung, $\underline{U}_3 = U_3 \angle -240°$, den Winkel −240°.

Zeiger sind frei verschiebbar, das System kann deshalb als Stern oder als Dreieck dargestellt werden. Beide Darstellungen sind gleichwertig.

Geschichtliche Entwicklung

Die Entwicklung von ein- und mehrphasigen Wechselstromsystemen begann vor etwas über 100 Jahren. Bis dahin hatten die meisten Pioniere der Elektrotechnik, wie z.B. Edison, ganz auf Gleichstrom gesetzt und eine Übertragung von Wechselstrom für völlig unmöglich gehalten.

Der Durchbruch begann 1891 mit der geglückten Drehstromübertragung vom Wasserkraftwerk Lauffen am Neckar bis ins 175 km entfernte Frankfurt am Main. Dabei wurde die Leistung 225 PS (165 kW) mit einem Wirkungsgrad von ca. 75% übertragen. In rascher Folge entstanden weitere Wasser- und vor allem Wärmekraftwerke sowie die zugehörigen Übertragungsanlagen. Derzeit beträgt die installierte Kraftwerksleistung in Deutschland weit über 100 GW, die Übertragungsspannungen betragen im Verbundnetz 400 kV.

Wechselstrom hat gegenüber Gleichstrom den Vorteil, dass er beliebig transformierbar und damit auch über große Entfernungen verlustarm transportierbar ist. Nur bei sehr langen Freileitungen (>1000 km) bzw. langen Kabelübertragungen (> 30 km) ist Gleichspannung mit bis zu 1 MV Spannung (HGÜ) wirtschaftlicher.

Mit dreiphasigem Wechselstrom (Drehstrom) kann ein rotierendes Magnetfeld, ein sogenanntes Drehfeld, erzeugt werden. Diese Eigenschaft führte zu dem Namen Drehstrom. Aufgrund des Drehfeldes lassen sich Motoren konstruieren, die wesentlich einfacher, robuster und wartungsfreier sind als entsprechende Gleichstrommotoren. Diese Motoren haben wesentlichen Anteil am Erfolg des Drehstroms.

Technische Erzeugung von Drehstrom

Dreiphasiger Wechselstrom wird fast ausschließlich in Synchrongeneratoren erzeugt. Diese können bei kleinen Leistungen als Außenpolmaschinen gebaut werden; bei großen Leistungen im MW-Bereich werden nur Innenpolmaschinen eingesetzt.

Synchrongeneratoren in Innenpolausführung bestehen aus einem Polrad mit Dauermagnet oder Gleichstromerregung und einem Ständer mit Drehstromwicklung. Der Erregerstrom (Gleichstrom) wird dem Polrad über zwei Schleifringe zugeführt; die Drehstromleistung wird direkt an der Drehstromwicklung des Ständers abgenommen. Die Polzahl bzw. Polpaarzahl des Generators richtet sich nach der Drehfrequenz der Turbine: Dampfturbinen (3000 min^{-1} oder 1500 min^{-1}) erfordern zwei- oder vierpolige Generatoren, sehr langsam laufende Francis- oder Kaplanturbinen in Flusskraftwerken benötigen z. B. 12-polige oder 24-polige Generatoren.

Die Leistung von Drehstromgeneratoren in Flusskraftwerken liegt im Bereich von 10 MW, Kohlekraftwerke haben Generatoren bis etwa 300 MW, große Kernkraftwerke haben eine Leistung bis 1300 MW pro Block.

Zeittafel

1769: James Watt baut die erste brauchbare Dampfmaschine.

1787: Luigi Galvani entdeckt den sogenannten „Froschschenkeleffekt“.

1800: Alessandro Volta baut die „Voltaische Säule“, eine Spannungsquelle aus vielen in Reihe geschalteten „Galvanischen Elementen“.

1826: Georg Simon Ohm entdeckt den Zusammenhang zwischen Spannung, Strom und elektrischem Widerstand.

1831: Michael Faraday entdeckt das Induktionsgesetz und erfindet den ersten Elektromotor.

1854: Heinrich Göbel erfindet die erste Glühlampe; Alva Edison verbessert sie 1879 und macht sie für die Allgemeinheit einsatzfähig.

1866: Werner von Siemens baut den ersten sich selbst erregenden Gleichstromgenerator. Zusammen mit G. Halske und F. von Hefner-Alteneck baut er Elektromotoren und Dynamomaschinen.

1889: Michael von Dolivo-Dobrowolsky baut den ersten brauchbaren Motor mit Dreiphasenwicklung; er führt den Namen „Drehstrom“ ein.

1891: Oskar von Miller baut die erste Fernleitung von Lauffen nach Frankfurt. Danach Bau der Elektrizitätswerke Walchensee und Bayernwerk.

1927: Georg Klingenberg baut in Berlin ein richtungsweisendes Großkraftwerk mit 270 MW Leistung.

Seit 1948: Ausbau moderner Großanlagen zur Gewinnung und Verteilung elektrischer Energie; Bau von Atomkraftwerken.

Innenpolgenerator, zweipolig

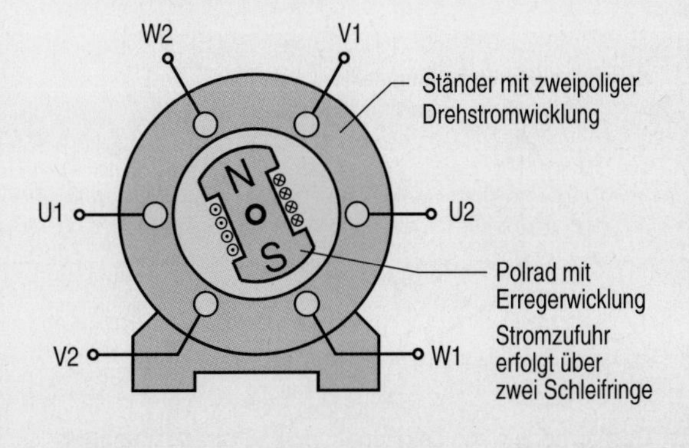

7.2 Verkettung zur Sternschaltung

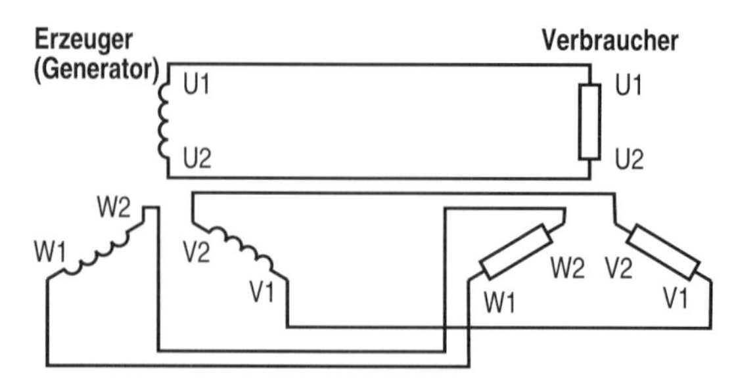

- **Die Energieübertragung im offenen Drehstromsystem ist unwirtschaftlich, weil 6 Übertragungsleitungen nötig sind**

Pfeilung im Verbraucherzählpfeilsystem

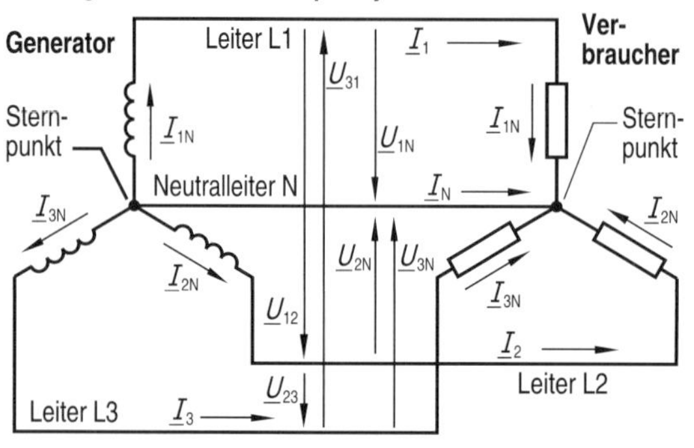

- **In der Sternschaltung treten Leiter- und Strangwerte auf**

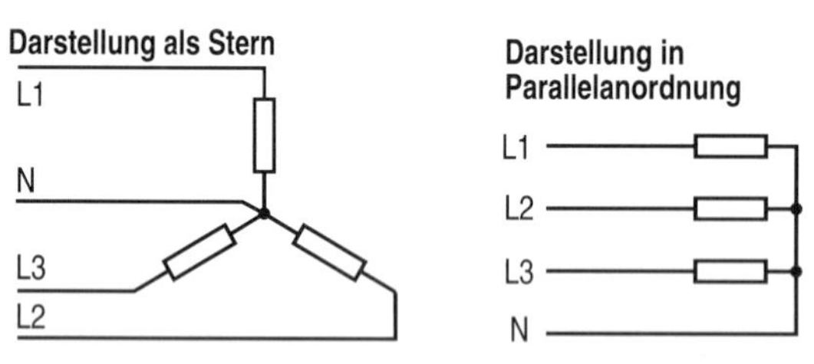

- **Die Darstellung der Sternschaltung als Stern ist übersichtlicher, die Parallelanordnung ist platzsparender**

Herleitung des Verkettungsfaktors

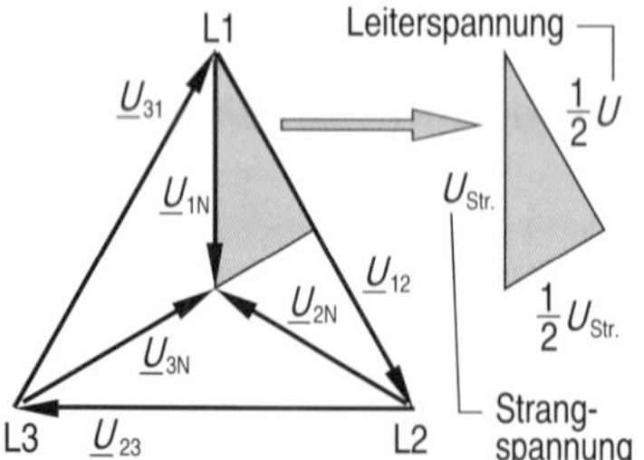

Leiterspannung $\frac{1}{2}U$

$U_{Str.}$

$\frac{1}{2}U_{Str.}$

Strangspannung

Satz des Pythagoras:

$$U_{Str.}^2 = \left(\frac{U}{2}\right)^2 + \left(\frac{U_{Str.}}{2}\right)^2$$

$$\frac{U^2}{4} = U_{Str.}^2 - \frac{U_{Str.}^2}{4}$$

$$U^2 = 3 \cdot U_{Str.}^2$$

$$U = \sqrt{3} \cdot U_{Str.}$$

- **Das Verhältnis von Leiterspannung zu Strangspannung heißt Verkettungsfaktor; der Faktor hat den Wert $\sqrt{3}$**

Unverkettetes Drehstromsystem

Die drei Stränge (Phasen) eines dreiphasigen Generators können im Prinzip unabhängig voneinander betrieben werden. Man hat in diesem Fall drei voneinander unabhängige Stromkreise; zur Übertragung der elektrischen Energie sind 6 Leitungen notwendig. Ein derartiges System heißt offenes Dreiphasensystem. Eine wirtschaftlichere Übertragung der Energie ist möglich, wenn die drei Stränge miteinander verbunden sind. Ein derartiges System heißt verkettetes Dreiphasensystem. Eine Verkettung ist als Stern- und als Dreieckschaltung möglich.

Sternschaltung

Eine Sternschaltung (Y-Schaltung) entsteht, wenn die drei Enden der Stränge, U2, V2 und W2 miteinander verbunden werden. Diese Verkettung ist sowohl für den Generator als auch für den Verbraucher möglich. Der durch die Verkettung entstehende gemeinsame Punkt aller drei Stränge heißt Sternpunkt, der von diesem Punkt abgehende Leiter heißt Sternpunktleiter oder Neutralleiter (N-Leiter). Die von den Stranganfängen U1, V1 und W1 abgehenden Leiter heißen Außenleiter oder einfach Leiter. Sie werden mit L1, L2 und L3 bezeichnet.
In der verketteten Schaltung unterscheidet man die Leiterströme $\underline{I}_1$, $\underline{I}_2$, $\underline{I}_3$, $\underline{I}_N$, die Strangströme $\underline{I}_{1N}$, $\underline{I}_{2N}$, $\underline{I}_{3N}$, die Leiterspannungen $\underline{U}_{12}$, $\underline{U}_{23}$, $\underline{U}_{31}$ sowie die Strangspannungen $\underline{U}_{1N}$, $\underline{U}_{2N}$ und $\underline{U}_{3N}$.

Zeichnerische Darstellung

Für die Sternschaltung gibt es 2 Darstellungsformen:

1. Die drei Erzeugerspulen bzw. die drei Verbraucher werden gegeneinander um 120° gedreht dargestellt. Diese Darstellung ergibt einen Stern; sie eignet sich vor allem dann, wenn aus der Schaltung auch Zeigerbilder abzuleiten sind.
2. Die drei Spulen bzw. Verbraucher werden parallel zueinander gezeichnet. Diese Darstellung ist einfacher zu zeichnen und ist platzsparender.

Spannungsverkettung

In der Sternschaltung sind die Leiterströme gleich wie die zugehörigen Strangströme. Man kann sagen: der Verkettungsfaktor der Ströme ist 1.
Die Leiterspannungen hingegen setzen sich jeweils aus zwei Strangspannungen zusammen. Die Berechnung erfolgt über die Maschenregel. Für die Masche L1, L2, N zum Beispiel gilt: $\underline{U}_{12} + \underline{U}_{2N} - \underline{U}_{1N} = 0$.
In der Praxis spielen hauptsächlich symmetrische Dreiphasensysteme eine Rolle. Für solche Systeme lässt sich z. B. mit Hilfe des Satzes von Pythagoras zwischen Leiterspannung und Strangspannung der konstante Verkettungsfaktor $U_{Leiter} : U_{Strang} = \sqrt{3}$ berechnen.

Drei- und Vierleiternetz

Verbrauchernetze sind üblicherweise Vierleiternetze, d. h. die Energie wird von einem Transformator geliefert, dessen Ausgangsseite in Stern geschaltet ist; der N-Leiter wird mitgeführt. Die Leiterspannung (Außenleiterspannung) beträgt 400 V, die Strangspannung 230 V. Früher waren die Werte 380 V/220 V genormt. Vierleiternetze bieten den Vorteil von zwei Spannungen: Motoren, Speicheröfen, Herde und andere Großgeräte werden an 400 V, die leistungsschwächeren Geräte wie Glühlampen werden an 230 V betrieben. Der N-Leiter kann, wenn sein Kupferquerschnitt 10 mm² oder mehr beträgt, auch als Schutzleiter verwendet werden (PEN-Leiter); bei kleineren Querschnitten muss ein zusätzlicher Schutzleiter (PE) eingesetzt werden. Das Netz ist dann ein Fünfleiternetz.

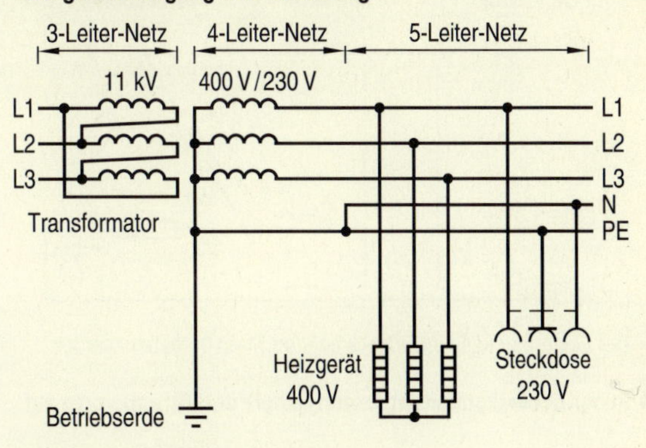

Strom im N-Leiter

Unter den 4 Leitern eines Drehstromsystems in Sternschaltung nimmt der N-Leiter eine Sonderstellung ein. Im Normalfall, d. h. bei beliebiger, unsymmetrischer Belastung, fließt im N-Leiter ein gewisser Ausgleichsstrom; er ist mit Hilfe der Knotenregel berechenbar. Bei symmetrischer Belastung, also wenn $\underline{Z}_1 = \underline{Z}_2 = \underline{Z}_3$ ist, ist dieser Ausgleichsstrom gleich null, weil die Summe der drei komplexen Strangströme gleich null ist. Bei symmetrischer Belastung fließt somit im N-Leiter kein Strom. Auf einen N-Leiter kann daher in einer symmetrisch belasteten Sternschaltung verzichtet werden, was zu einer Einsparung von Leitermaterial führt. Beim Anschluss von Drehstrommotoren zum Beispiel wird von dieser Möglichkeit Gebrauch gemacht.

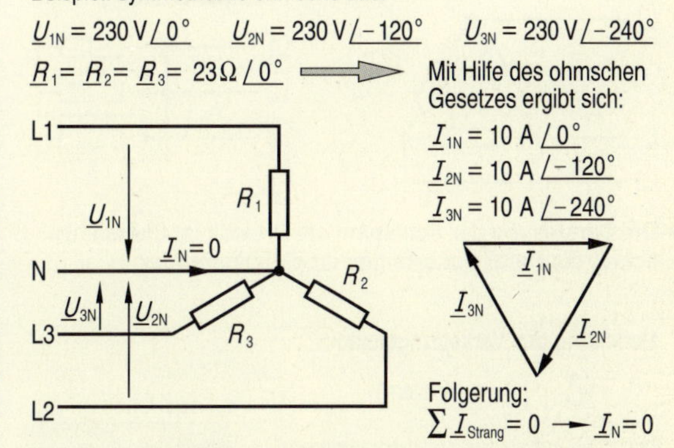

Aufgaben

7.2.1 Verkettungsfaktor

Weisen Sie mit Hilfe der komplexen Rechnung nach, daß bei der symmetrischen Sternschaltung mit N-Leiter der Verkettungsfaktor zwischen Leiter- und Strangspannung gleich $\sqrt{3}$ ist.

Geben Sie für die Berechnung der Strangspannung U_{1N} die Phasenlage +90° und zeichnen Sie ein Zeigerdiagramm aller Spannungen.

7.2.2 N-Leiter-Strom

Gegeben sind drei symmetrisch belastete Sternschaltungen mit folgenden Belastungswiderständen:

1. drei ohmsche Widerstände mit je 46 Ω,
2. drei induktive Widerstände mit je 46 Ω
3. drei Impedanzen mit je $46\,\Omega\,/\underline{30°}$.

Als Strangspannungen des Systems sind gegeben: $\underline{U}_{1N} = 230\,V\,/\underline{0°}$, $\underline{U}_{2N} = 230\,V\,/\underline{-120°}$.

a) Berechnen Sie für alle drei Fälle die Strangströme und zeichnen Sie die zugehörigen Zeigerbilder.

b) Zeigen Sie, dass die N-Leiter-Ströme jeweils 0 sind.

7.2.3 Leitungsverluste

Die drei Heizwiderstände eines Glühofens werden an der Spannung U betrieben und nehmen dabei je die Leistung P auf. Die elektrische Leistung muss über eine Strecke L übertragen werden. Für die Energieübertragung gibt es folgende zwei Möglichkeiten:

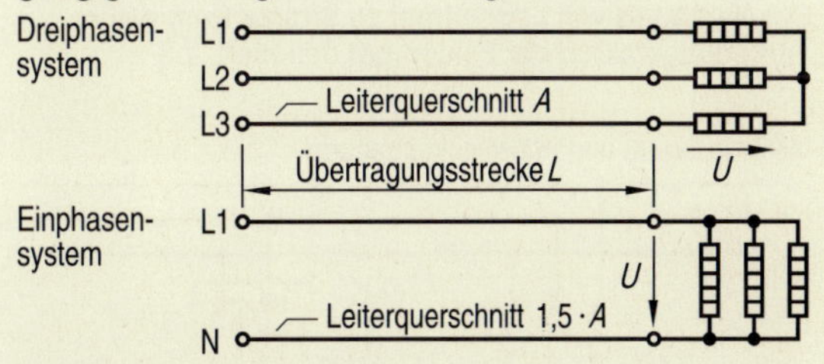

Die Drehstromleitung hat den Leiterquerschnitt A, die Wechselstromleitung den Querschnitt $1{,}5 \cdot A$; beide Systeme haben damit den gleichen Bedarf an Kupfer. Berechnen Sie das Verhältnis der Leitungsverluste beider Übertragungssysteme.

7.3 Verkettung zur Dreieckschaltung

Pfeilung im Verbraucherzählpfeilsystem

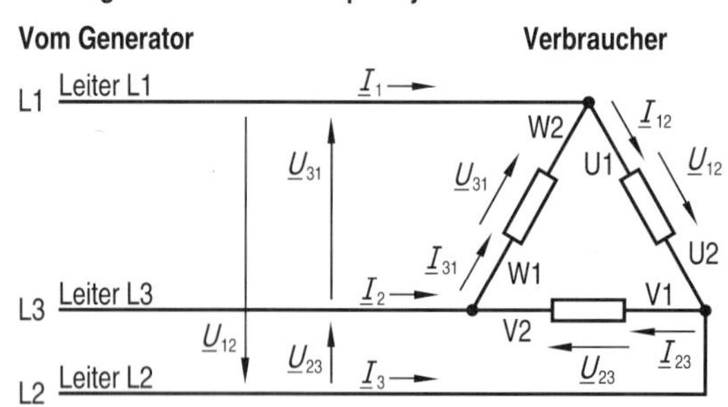

Der Generator kann im Dreieck oder im Stern betrieben werden

- **In der Dreieckschaltung treten Leiter- und Strangwerte auf**

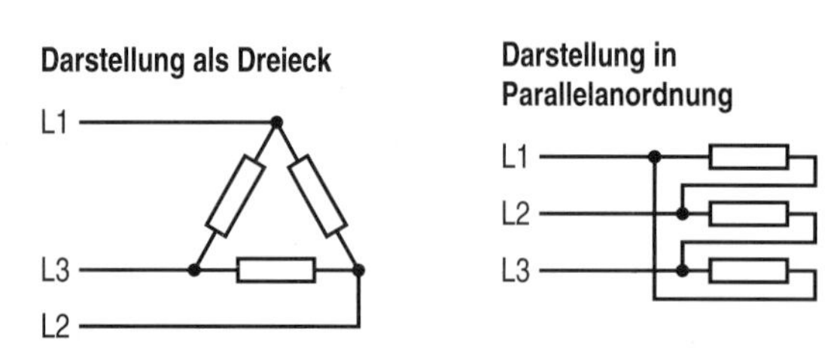

- **Die Darstellung der Schaltung als Dreieck ist übersichtlicher, die Parallelanordnung ist platzsparender**

Herleitung des Verkettungsfaktors

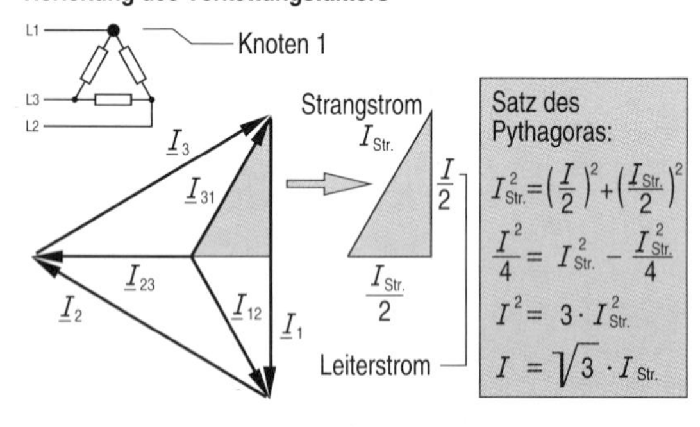

- **Das Verhältnis von Leiterstrom zu Strangstrom heißt Verkettungsfaktor; der Faktor hat den Wert $\sqrt{3}$**

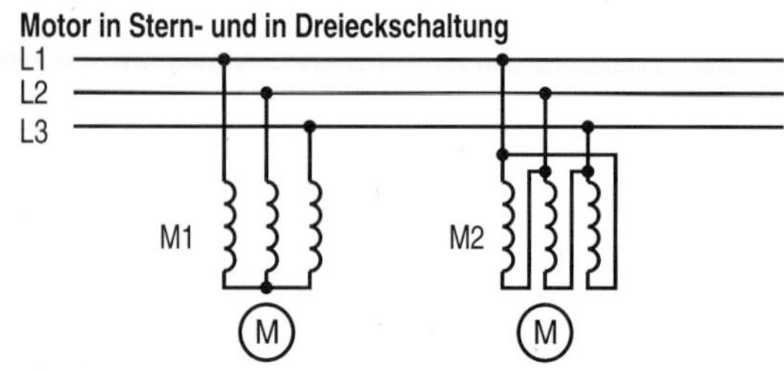

- **Drehstromverbraucher können in Stern oder Dreieck betrieben werden; entscheidend ist die zulässige Spannung**

Dreieckschaltung

Eine Dreieckschaltung (Δ-Schaltung) entsteht, wenn das Ende des ersten Stranges mit dem Anfang des zweiten Stranges, das Ende des zweiten Stranges mit dem Anfang des dritten Stranges und das Ende des dritten Stranges wieder mit dem Anfang des ersten Stranges verbunden wird. Die Leiter L1, L2 und L3 werden an die Verbindungspunkte angeschlossen.
Einen besonders hervorgehobenen Punkt wie den Sternpunkt gibt es bei der Dreieckschaltung nicht.
Bei der Dreieckschaltung unterscheidet man die Leiterströme $\underline{I}_1, \underline{I}_2, \underline{I}_3$, die Strangströme $\underline{I}_{12}, \underline{I}_{23}, \underline{I}_{31}$, die Leiterspannungen $\underline{U}_{12}$, $\underline{U}_{23}$, $\underline{U}_{31}$ sowie die Strangspannungen $\underline{U}_{12}$, $\underline{U}_{23}$ und $\underline{U}_{31}$. Die Strangspannungen sind identisch mit den entsprechenden Leiterspannungen.

Zeichnerische Darstellung

Für die Dreieckschaltung sind zwei Darstellungsformen gebräuchlich:

1. Die drei Erzeugerspulen bzw. die drei Verbraucher werden gegeneinander um 120° gedreht dargestellt. Diese Darstellung ergibt ein Dreieck; sie eignet sich vor allem dann, wenn aus der Schaltung Zeigerbilder abzuleiten sind.
2. Die drei Spulen bzw. Verbraucher werden parallel zueinander gezeichnet. Diese Darstellung ist einfacher zu zeichnen und ist platzsparender.

Stromverkettung

In der Dreieckschaltung sind die Strangspannungen gleich wie die zugehörigen Leiterspannungen. Der Verkettungsfaktor der Spannungen ist somit 1.
Die Leiterströme setzten sich hingegen jeweils aus zwei Strangströmen zusammen. Die Berechnung erfolgt über die Knotenregel. Für den Knoten 1 zum Beispiel gilt: $\underline{I}_1 - \underline{I}_{12} + \underline{I}_{31} = 0$.
In der Praxis ist die Belastung von Drehstromsystemen häufig symmetrisch, d.h. die drei Belastungswiderstände sind gleich: $\underline{Z}_1 = \underline{Z}_2 = \underline{Z}_3$. Bei einer derartigen symmetrischen (gleichmäßigen) Belastung lässt sich z.B. mit Hilfe des Satzes von Pythagoras zwischen Leiterstrom und Strangstrom der konstante Verkettungsfaktor $I_{\text{Leiter}} : I_{\text{Strang}} = \sqrt{3}$ berechnen.

Stern- und Dreieckschaltung

Stern- und Dreieckschaltung lassen sich in einer Anlage problemlos nebeneinander betreiben. Zum Beispiel kann ein Motor in Sternschaltung parallel zu einem anderen in Dreieckschaltung betrieben werden.
Auch Spannungsquelle und Verbraucher können jeweils eine verschiedene Schaltung aufweisen.
Bei Versorgungstransformatoren ist es üblich, dass die Oberspannungsseite (z.B. 20 kV) in Dreieck geschaltet ist, während die Niederspannungsseite (400 V/230 V) als Sternschaltung mit N-Leiter ausgeführt ist.

V-Schaltung
Werden die drei Spannungen eines Dreiphasensystems mit Hilfe von drei einzelnen Transformatoren (Transformatorenbank) transformiert, so kann der dritte Transformator auch entfallen. Die zwei verbleibenden Transformatoren bilden ein vollständiges Drehstromsystem. Die Leistung wird allerdings auf 58% der ursprünglichen Leistung reduziert.
Diese sogenannte V-Schaltung (offenes Dreieck, open delta) wird z. B. bei Messschaltungen in Verbindung mit Spannungswandlern häufig eingesetzt.

Spannungswandler in V-Schaltung

Die drei Ausgangsspannungen U^*_{12}, U^*_{23} und U^*_{31} bilden ein vollständiges Dreiphasensystem

Anschluss von Drehstrommotoren
Drehstromasynchronmotoren (DASM) sind die wichtigsten Motoren der gesamten Antriebstechnik. Sie können wie andere Drehstromverbraucher in Stern oder in Dreieck betrieben werden. Da die drei Stränge gleiche Impedanzen (Wechselstromwiderstände) haben, sind DASM symmetrische Verbraucher; ein N-Leiter wird deshalb nicht angeschlossen. Zusätzlich zu den drei Außenleitern muss aber stets ein Schutzleiter angeschlossen sein.
Die Klemmbretter von Drehstrommotoren sind so konstruiert, dass der Motor durch Umklemmen von drei Metallbrücken von Sternschaltung in Dreieckschaltung umgeschaltet werden kann. Die korrekte Schaltung ist aus dem Leistungsschild ersichtlich.

Motorklemmbrett

Sternschaltung

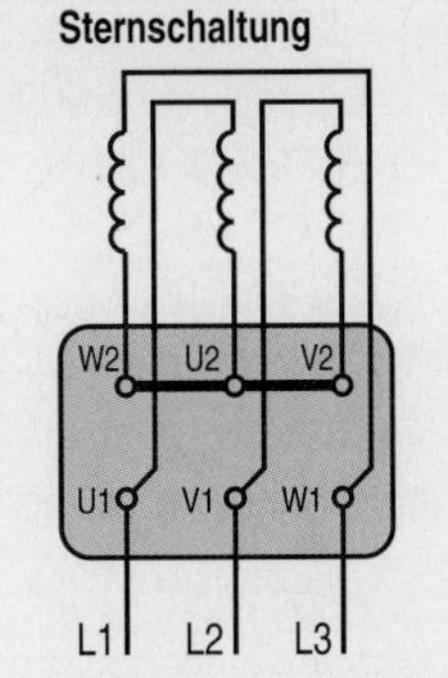

Dreieckschaltung

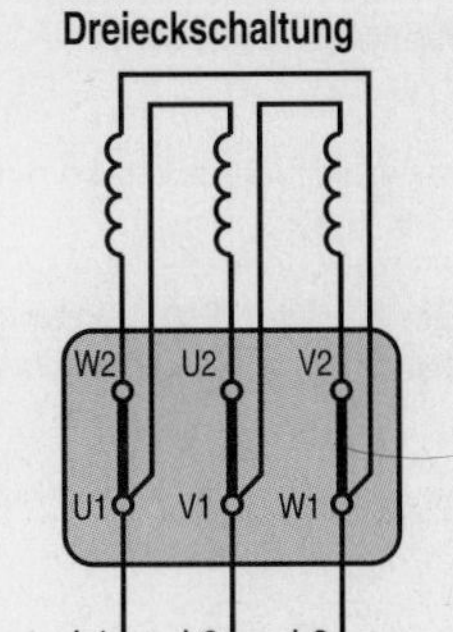

Stern-Dreieck-Umschaltung
Symmetrische Drehstromverbraucher, insbesondere Motoren und Elektroheizungen, werden häufig wahlweise in Stern- oder in Dreieckschaltung betrieben.
Drehstrommotoren werden z. B. in Sternschaltung angelassen (eingeschaltet), nachdem sie ihre Nenndrehfrequenz erreicht haben, werden sie in Dreieck umgeschaltet. Mit diesem sogenannten Stern-Dreieck-Anlassverfahren kann der Anlaufstrom auf ein Drittel des normalen Wertes gesenkt werden.
Bei Heizungen sind durch das Umschalten zwei Heizleistungen, die im Verhältnis 1:3 stehen, realisierbar. Ein Betrieb in Stern- und in Dreieckschaltung ist nur möglich, wenn die Stränge des Betriebsmittels für die volle Netzspannung, meist 400 V, ausgelegt sind.

Stern-Dreieck-Anlaufschaltung

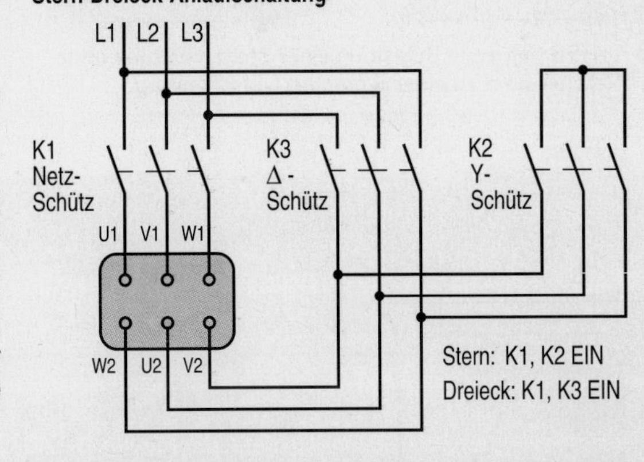

Aufgaben

7.3.1 Verkettungsfaktor
Weisen Sie mit Hilfe der komplexen Rechnung nach, dass bei der symmetrisch belasteten Dreieckschaltung der Verkettungsfaktor zwischen Leiter- und Strangstrom gleich $\sqrt{3}$ ist.
Geben Sie für die Berechnung dem Strangstrom $\underline{I}_{12}$ die Phasenlage 0° und zeichnen Sie ein Zeigerdiagramm aller Ströme.

7.3.2 Stern- und Dreieckschaltung
Drei Heizwiderstände mit je 20 Ω Widerstand werden wahlweise in Stern und in Dreieck betrieben. Die Netzspannung (Leiterspannung) beträgt 400 V.
Berechnen Sie:
a) den Strangstrom bei Sternschaltung,
b) Strang- und den Leiterstrom bei Dreieckschaltung,
c) Strang- und Gesamtleistung in beiden Schaltungen.

7.4 Unsymmetrische Belastung

Beispiel:

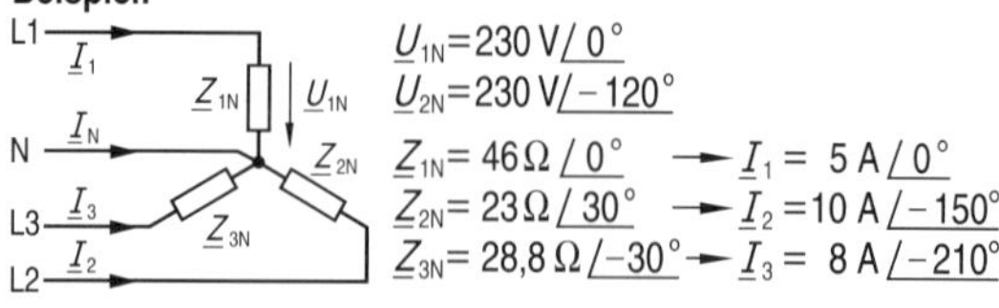

Zeigerdiagramm

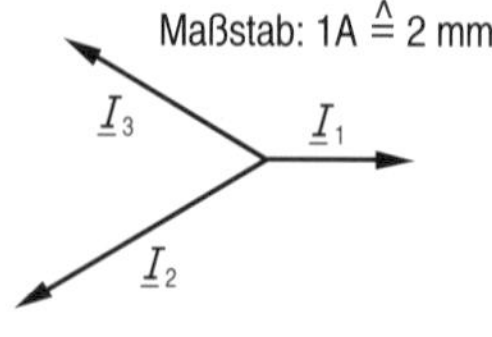

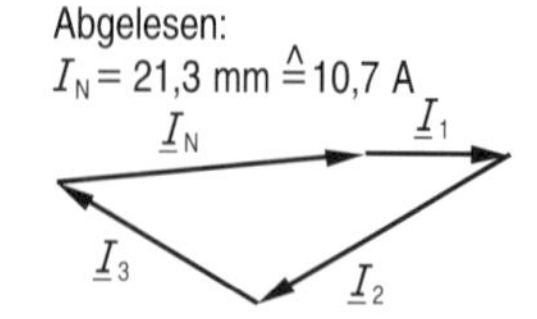

Komplexe Rechnung

$\underline{I}_N = -(\underline{I}_1 + \underline{I}_2 + \underline{I}_3) = -5\ \text{A} \angle 0° - 10\ \text{A} \angle -150° - 8\ \text{A} \angle -210°$

$= (-5 + 8{,}66 + 6{,}93)\ \text{A} + \text{j}(0 + 5 - 4)\ \text{A} = 10{,}59\ \text{A} + \text{j} \cdot 1\ \text{A}$

$= 10{,}64\ \text{A} \angle 5{,}4°$

- **Der N-Leiter-Strom kann grafisch mittels Zeigerbild oder durch komplexe Rechnung bestimmt werden**

Fester Sternpunkt

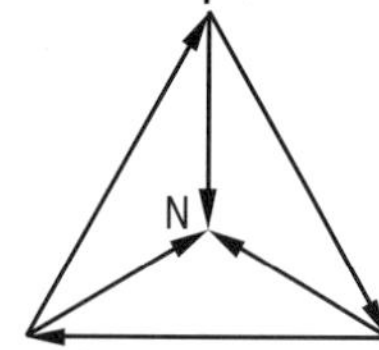

Sternpunktverschiebung

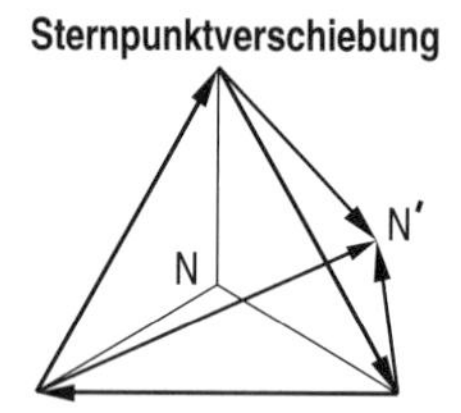

- **Unsymmetrische Belastung einer Sternschaltung ohne N-Leiter führt zu einer Sternpunktverschiebung**

Beispiel:

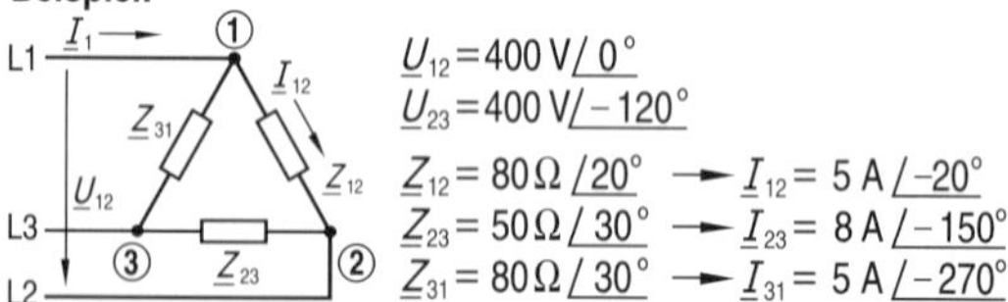

Zeigerdiagramm

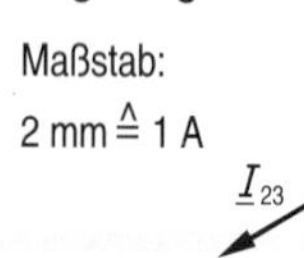

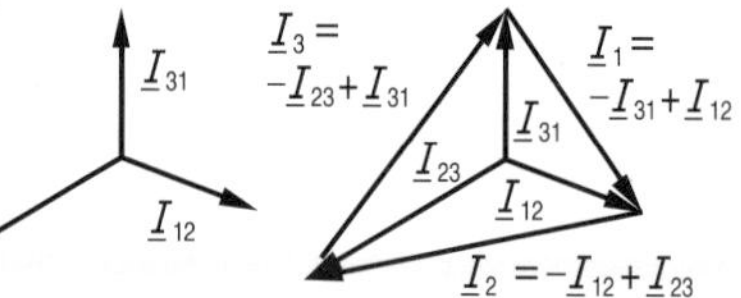

Abgelesen:

$\underline{I}_1 = 16$ mm ≙ 8 A, $\underline{I}_2 = 24$ mm ≙ 12 A, $\underline{I}_3 = 23$ mm ≙ 11,5 A

Komplexe Rechnung

$\underline{I}_1 = -\underline{I}_{31} + \underline{I}_{12} = -5\ \text{A} \angle -270° + 5\ \text{A} \angle -20° = \ldots = 8{,}18\ \text{A} \angle -55°$

$\underline{I}_2 = -\underline{I}_{12} + \underline{I}_{23} = -5\ \text{A} \angle -20° + 8\ \text{A} \angle -150° = \ldots = 11{,}83\ \text{A} \angle -169°$

$\underline{I}_3 = -\underline{I}_{23} + \underline{I}_{31} = -8\ \text{A} \angle -150° + 5\ \text{A} \angle -270° = \ldots = 11{,}34\ \text{A} \angle 52{,}5°$

- **Die Leiterströme können grafisch mittels Zeigerdiagramm oder durch komplexe Rechnung bestimmt werden**

Sternschaltung mit N-Leiter

Wird eine Sternschaltung mit N-Leiter unsymmetrisch belastet, so sind die drei Strangströme unterschiedlich, d. h. die Summe der drei Strangströme ist ungleich null. Als Folge davon fließt ein Ausgleichsstrom über den N-Leiter. Laut Knotenregel gilt: $\underline{I}_1 + \underline{I}_2 + \underline{I}_3 + \underline{I}_N = 0$.

Die Berechnung der Strang- bzw. Leiterströme ist einfach, da wegen des angeschlossenen N-Leiters die Strangspannungen auch bei unsymmetrischer Last ein symmetrisches System bilden. Der N-Leiter-Strom $\underline{I}_N$ kann auf zwei Arten bestimmt werden:

1. Zeichnerisch:

Die Strangströme werden nach Betrag und Phasenlage berechnet und in ein maßstäbliches Zeigerdiagramm eingezeichnet. Der N-Leiter-Strom ist dann durch den Zeiger gekennzeichnet, der den Polygonzug schließt (Knotenregel: $\sum \underline{I} = 0$).

2. Komplex:

Die Strangströme werden komplex berechnet. Mit der nach $\underline{I}_N$ umgeformten Knotenregel $\underline{I}_N = -(\underline{I}_1 + \underline{I}_2 + \underline{I}_3)$ wird dann der N-Leiter-Strom komplex berechnet.

Sternschaltung ohne N-Leiter

Wird eine Sternschaltung ohne N-Leiter betrieben, so lassen sich die Strangströme bei unsymmetrischer Belastung nicht mehr mit einfachen mathematischen Hilfsmitteln berechnen. Durch die Unsymmetrie ändern sich die Strangspannungen, was zu einer sogenannten Sternpunktverschiebung führt. Die dabei auftretende Sternpunktspannung kann in der Größenordnung der Leiterspannung liegen.

Möglichkeiten zur Berechnung siehe Kapitel 7.5.

Dreieckschaltung

Die Strangströme können aus den Strangspannungen und den zugehörigen Widerständen berechnet werden, weil die Strangspannungen auch bei unsymmetrischer Last dem Betrag nach immer gleich sind.

Die drei Leiterströme sind bei unsymmetrischer Last verschieden groß; sie setzen sich jeweils aus zwei komplexen Strangströmen zusammen. Die Bestimmung der Leiterströme kann auf zwei Arten erfolgen:

1. Zeichnerisch:

Die Strangströme werden nach Betrag und Phasenlage berechnet und in ein maßstäbliches Zeiderdiagramm in Sternform eingezeichnet. Die Leiterströme erhält man, indem man für alle drei Knoten die beiden Zeiger der zufließenden Strangströme entsprechend der Knotenregel addiert.

2. Komplex

Die Strangströme werden komplex berechnet. Mit Hilfe der Knotenregel werden dann die drei Leiterströme komplex berechnet. Für Knoten 1 gilt zum Beispiel: $\underline{I}_1 - \underline{I}_{12} + \underline{I}_{31} = 0$. Daraus folgt: $\underline{I}_1 = +\underline{I}_{12} - \underline{I}_{31}$.

Beispiel 1: Sternschaltung

Aufgabe:

Drei komplexe Widerstände sind in Stern geschaltet und liegen am 400V/230-V-Netz.

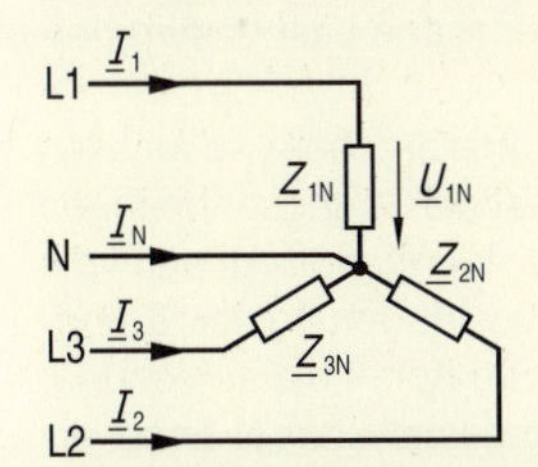

a) Berechnen Sie mitttels komplexer Rechnung die drei Strangströme und den N-Leiter-Strom.

b) Zeichnen Sie ein maßstäbliches Zeigerbild.

Lösung:

Strangströme: $\underline{I}_1 = \underline{I}_{1N} = \frac{\underline{U}_{1N}}{\underline{Z}_{1N}} = \frac{230\,V\,/\underline{0°}}{80\,\Omega\,/\underline{20°}} = 2{,}88\,A\,/\underline{-20°}$

$\underline{I}_2 = 3{,}83\,A\,/\underline{-165°}$ $\quad \underline{I}_3 = 1{,}92\,A\,/\underline{-210°}$

N-Leiter-Strom: $\underline{I}_N = -(\underline{I}_1 + \underline{I}_2 + \underline{I}_3)$

$= -2{,}88\,A\,/\underline{-20°} - 3{,}83\,A\,/\underline{-165°} - 1{,}92\,A\,/\underline{-210°}$

$= (2.67 + j\,1{,}01)\,A = 2.85\,A\,/\underline{21°}$

Zeigerdiagramm (1 mm $\hat{=}$ 0,2 A)

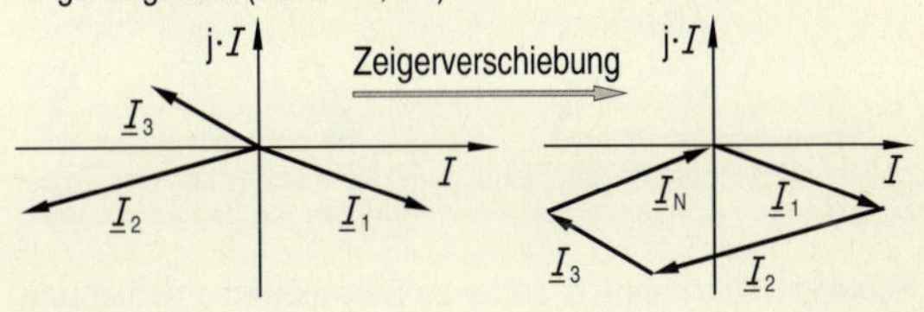

Beispiel 2: Dreieckschaltung

Aufgabe:

Drei komplexe Widerstände sind in Dreieck geschaltet und liegen am 400-V-Netz.

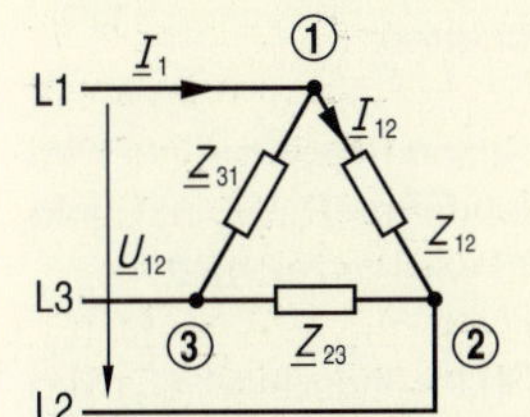

a) Berechnen Sie mittels komplexer Rechnung die drei Strangströme und die drei Leiterströme.

b) Zeichnen Sie ein maßstäbliches Zeigerbild aller Strang- und Leiterströme.

Lösung:

Strangströme: $\underline{I}_{12} = \frac{\underline{U}_{12}}{\underline{Z}_{12}} = \frac{400\,V\,/\underline{-60°}}{150\Omega\,/\underline{25°}} = 2{,}67\,A\,/\underline{-85°}$

$\underline{I}_{23} = 3{,}33\,A\,/\underline{-225°}$ $\quad \underline{I}_{31} = 2{,}00\,A\,/\underline{0°}$

Leiterströme: $\underline{I}_1 = \underline{I}_{12} - \underline{I}_{31}$

$= 2{,}67\,A\,/\underline{-85°} - 2{,}00\,A\,/\underline{0°} = 3{,}19\,A\,/\underline{-123{,}64°}$

$\underline{I}_2 = 5{,}64\,A\,/\underline{-242{,}68°}$ $\quad \underline{I}_3 = 4{,}95\,A\,/\underline{-28{,}41°}$

Zeigerdiagramm (1 mm $\hat{=}$ 0,2 A)

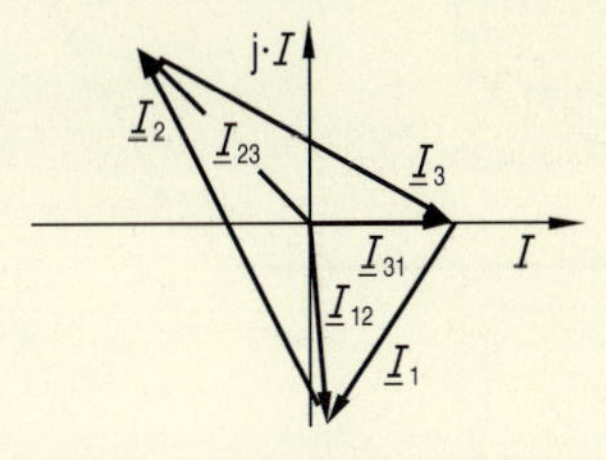

Aufgaben

7.4.1 Sternschaltung

Die drei Widerstände $\underline{Z}_1 = j \cdot 120\,\Omega$, $\underline{Z}_2 = (80+j60)\,\Omega$ und $\underline{Z}_3 = 100\,\Omega$ sind in Stern geschaltet; der N-Leiter ist angeschlossen. An $\underline{Z}_1$ liegt die Spannung $230\,V\,/\underline{0°}$, an $\underline{Z}_2$ die Spannung $230\,V\,/\underline{-120°}$.

a) Skizzieren Sie die Schaltung und bestimmen Sie, welcher Art die Widerstände sind.

b) Berechnen Sie die Strangströme und den N-Leiter-Strom mit komplexer Rechnung. Zeichnen Sie ein maßstäbliches Zeigerbild der Ströme.

c) Berechnen Sie den Leistungsfaktor in jedem Strang.

d) Vertauschen Sie $\underline{Z}_1$ und $\underline{Z}_2$ miteinander und skizzieren Sie die geänderte Schaltung. Berechnen Sie alle vier Ströme. Zeichnen Sie ein maßstabgerechtes Zeigerbild der Ströme und vergleichen Sie die Ergebnise mit den Ergebnissen von Aufgabe b).

7.4.2 Dreieckschaltung

Drei komplexe Widerstände $\underline{Z}_1$, $\underline{Z}_2$ und $\underline{Z}_3$ sind in Dreieck geschaltet. Sie haben folgende Werte: $\underline{Z}_1 = 220\,\Omega$ $\cos\varphi = 0{,}8$ induktiv, $\underline{Z}_2 = 400\,\Omega$ mit $\cos\varphi = 0{,}7$ induktiv und $\underline{Z}_3 = 300\,\Omega$ mit $\cos\varphi = 0{,}6$ kapazitiv.

An Widerstand $\underline{Z}_1$ liegt die Spannung $400\,V\,/\underline{0°}$, an $\underline{Z}_2$ liegt die Spannung $400\,V\,/\underline{-120°}$.

a) Skizzieren Sie die Schaltung und berechnen Sie die drei komplexen Widerstände.

b) Berechnen Sie die drei Strangströme und die drei Leiterströme mit komplexer Rechnung. Zeichnen Sie ein maßstäbliches Zeigerbild der Ströme.

c) Vertauschen Sie $\underline{Z}_2$ und $\underline{Z}_3$ miteinander. Skizzieren Sie die geänderte Schaltung und berechnen Sie die Ströme. Zeichnen Sie ein maßstäbliches Zeigerbild und vergleichen Sie mit den Ergebnissen von b).

7.5 Sternpunktverschiebung

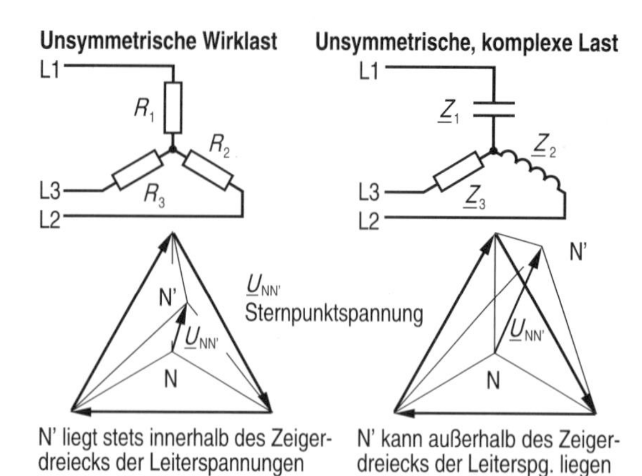

N' liegt stets innerhalb des Zeigerdreiecks der Leiterspannungen

N' kann außerhalb des Zeigerdreiecks der Leiterspg. liegen

- **Schieflast führt ohne N-Leiter zu Sternpunktverschiebung**

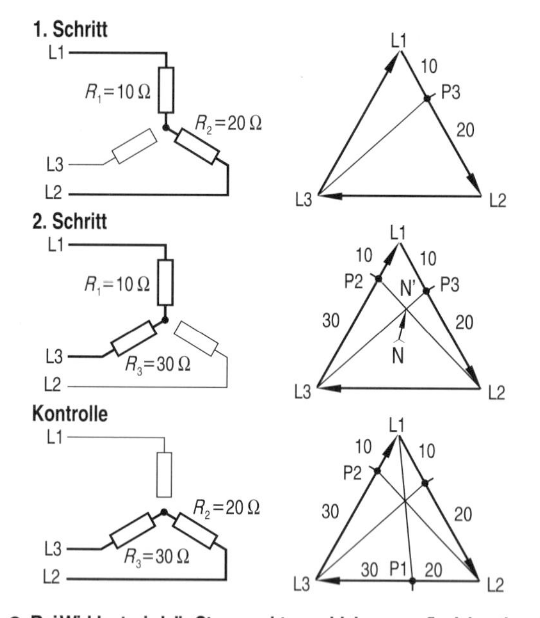

- **Bei Wirklast wird die Sternpunktverschiebung grafisch bestimmt**

Berechnung der komplexen Strangströme

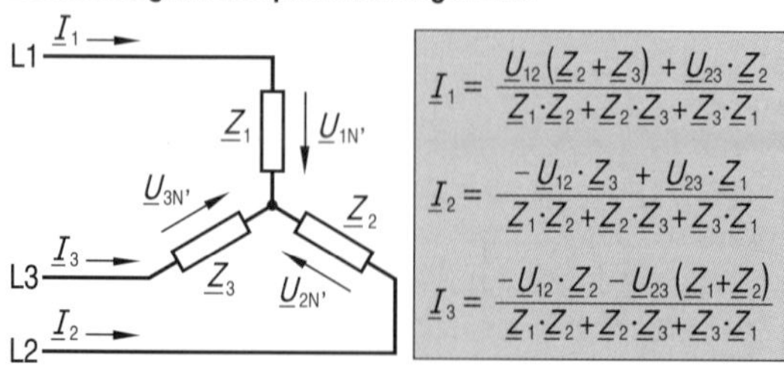

$$\underline{I}_1 = \frac{\underline{U}_{12}(\underline{Z}_2 + \underline{Z}_3) + \underline{U}_{23} \cdot \underline{Z}_2}{\underline{Z}_1 \cdot \underline{Z}_2 + \underline{Z}_2 \cdot \underline{Z}_3 + \underline{Z}_3 \cdot \underline{Z}_1}$$

$$\underline{I}_2 = \frac{-\underline{U}_{12} \cdot \underline{Z}_3 + \underline{U}_{23} \cdot \underline{Z}_1}{\underline{Z}_1 \cdot \underline{Z}_2 + \underline{Z}_2 \cdot \underline{Z}_3 + \underline{Z}_3 \cdot \underline{Z}_1}$$

$$\underline{I}_3 = \frac{-\underline{U}_{12} \cdot \underline{Z}_2 - \underline{U}_{23}(\underline{Z}_1 + \underline{Z}_2)}{\underline{Z}_1 \cdot \underline{Z}_2 + \underline{Z}_2 \cdot \underline{Z}_3 + \underline{Z}_3 \cdot \underline{Z}_1}$$

Die Leiterspannungen sind bei dieser Betrachtung starr, die Strangspannungen werden mit dem ohmschen Gesetz berechnet.

- **Komplexe Last erfordert den Einsatz der komplexen Rechnung**

N-Leiter-Unterbrechung

In einem starren Drehstromnetz mit angeschlossenem N-Leiter bilden die drei Leiterspannungen und die drei Strangspannungen ein symmetrisches System; dies gilt auch, wenn die angeschlossene Last unsymmetrisch ist (Schieflast).

Wird hingegen der N-Leiter unterbrochen , so müssen sich bei unsymmetrischer Last die Strangspannungen ändern; am größeren Strangwiderstand liegt auch die größere Strangspannung. Diese Änderung der Strangspannungen bedeutet eine Sternpunktverschiebung; sie kann an der Unterbrechungsstelle des N-Leiter als sogenannte Verlagerungsspannung oder Sternpunktspannung $\underline{U}_{NN'}$ gemessen werden.

Die Leiterspannungen bleiben auch bei unsymmetrischer Last und N-Leiter-Unterbrechung konstant.

Unsymmetrische, ohmsche Last

Bei einer rein ohmschen, unsymmetrischen Last kann die Sternpunktverschiebung durch ein einfaches grafisches Verfahren bestimmt werden. Dazu wird das Zeigerbild der Leiterspannungen als maßstäbliches Dreieck gezeichnet; die Ermittlung des neuen Sternpunktes N' erfolgt in zwei Schritten:

1. Schritt

Leiter L3 wird unterbrochen, Spannungszeiger U_{12} wird im Verhältnis der Strangwiderstände $R_1 : R_2$ im Punkt P3 geteilt. Teilungslinie L3P3 wird gezeichnet.

2. Schritt

Leiter L2 wird unterbrochen, Spannungszeiger U_{31} wird im Verhältnis der Strangwiderstände $R_3 : R_1$ im Punkt P2 geteilt. Teilungslinie L2P2 wird gezeichnet.

Der Schnittpunkt der Teilungslinien stellt den verschobenen Sternpunkt N' dar, die Strecke $\overline{NN'}$ ist ein Maß für die Sternpunktspannung $\underline{U}_{NN'}$.

Als Kontrolle kann noch Leiter L1 unterbrochen und der Spannungszeiger U_{23} im Verhältnis $R_2 : R_3$ im Punkt P1 geteilt werden. Teilungslinie L1P1 muss dann durch den bereits vorhandenen Schnittpunkt N' gehen.

Unsymmetrische, komplexe Last

Enthält die Sternschaltung mit unterbrochenem N-Leiter beliebige komplexe Lastwiderstände, so ist eine einfache grafische Lösung zur Bestimmung des verschobenen Sternpunktes nicht möglich.

Als Lösungsansatz können stattdessen die Knotengleichung und zwei Maschengleichungen aufgestellt werden. Aus diesem komplexen Gleichungssystem lassen sich die unbekannten Strangströme $\underline{I}_{1N'}$, $\underline{I}_{2N'}$ und $\underline{I}_{3N'}$ bestimmen. Mit Hilfe der berechneten Ströme und der gegeben komplexen Strangwiderstände können dann die Strangspannungen $\underline{U}_{1N'}$, $\underline{U}_{2N'}$ und $\underline{U}_{3N'}$ berechnet werden. Die Sternpunktspannung kann dann z. B. durch die Gleichung $\underline{U}_{1N} + \underline{U}_{NN'} - \underline{U}_{1N'} = 0$ bestimmt werden.

Beispiel zur komplexen Schieflast

Aufgabe:

Gegeben ist folgende komplexe Sternschaltung ohne angeschlossenem N-Leiter:

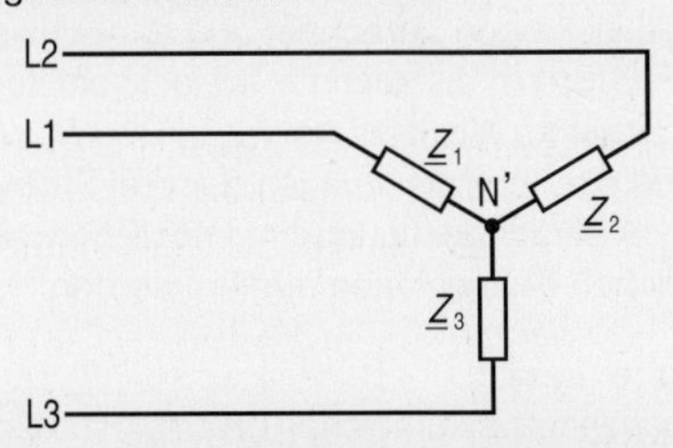

Dabei ist: $\underline{U}_{12} = 400\,\text{V}\,\underline{/0^\circ}$

$\underline{U}_{23} = 400\,\text{V}\,\underline{/-120^\circ}$

$\underline{Z}_1 = 40\,\Omega\,\underline{/0^\circ}$

$\underline{Z}_2 = 100\,\Omega\,\underline{/-30^\circ} = 86{,}6\,\Omega - \text{j}\,50\,\Omega$

$\underline{Z}_3 = 80\,\Omega\,\underline{/40^\circ} = 61{,}3\,\Omega + \text{j}\,51{,}4\,\Omega$

Berechnen Sie mit Hilfe der komplexen Rechnung

a) die drei Strangströme $\underline{I}_1, \underline{I}_2, \underline{I}_3$,

b) die drei Strangspannungen $\underline{U}_{1N'}$, $\underline{U}_{2N'}$, $\underline{U}_{3N'}$,

c) die Sternpunktspannung $\underline{U}_{NN'}$.

d) Zeichnen Sie das maßstabgerechte Zeigerbild der Leiterspannungen, der Strangspannungen und der Sternpunktspannung.

Lösung:

a) Strangströme: Aus $\underline{I}_1 = \dfrac{\underline{U}_{12}(\underline{Z}_2+\underline{Z}_3) + \underline{U}_{23}\cdot\underline{Z}_2}{\underline{Z}_1\cdot\underline{Z}_2+\underline{Z}_2\cdot\underline{Z}_3+\underline{Z}_3\cdot\underline{Z}_1}$

folgt:

$$\underline{I}_1 = \frac{400\,\text{V}\,\underline{/0^\circ}\,(147{,}9+\text{j}\cdot 1{,}4)\,\Omega + 400\,\text{V}\,\underline{/-120^\circ}\,(86{,}6-\text{j}\cdot 50)\,\Omega}{4000\,\Omega^2\,\underline{/-30^\circ} + 8000\,\Omega^2\,\underline{/10^\circ} + 3200\,\Omega^2\,\underline{/40^\circ}}$$

$$= \frac{(24519-\text{j}\cdot 19440)\,\text{V}\Omega}{(13794+\text{j}\cdot 1464)\,\Omega^2} = \frac{31290\,\text{V}\Omega\,\underline{/-38{,}4^\circ}}{13870\,\Omega^2\,\underline{/6^\circ}}$$

$$= 2{,}26\,\text{A}\,\underline{/-44{,}4^\circ}$$

sowie: $\underline{I}_2 = 3{,}41\,\text{A}\,\underline{/-137{,}4^\circ}$ und: $\underline{I}_3 = 3{,}93\,\text{A}\,\underline{/75{,}6^\circ}$

b) Strangspannungen: $\underline{U}_{1N'} = 90{,}2\,\text{V}\,\underline{/-44{,}4^\circ}$

$\underline{U}_{2N'} = 341{,}4\,\text{V}\,\underline{/-169{,}3^\circ}$ $\underline{U}_{3N'} = 314{,}1\,\text{V}\,\underline{/115{,}6^\circ}$

c) Sternpunktspannung:

$\underline{U}_{NN'} = 145{,}3\,\text{V}\,\underline{/158{,}4^\circ}$

d) Zeigerbild:

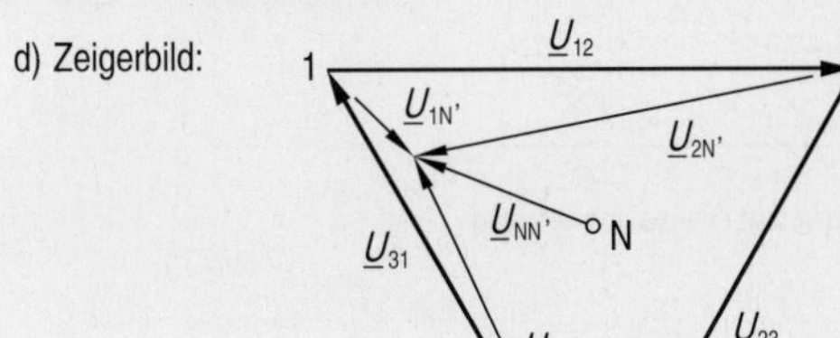

Aufgaben

7.5.1 Ohmsche Schieflast

Drei Heizleiter werden am 400 V/230-V-Netz in Sternschaltung betrieben; der N-Leiter ist angeschlossen. Die drei Heizleiter haben die Leistungen:

$P_1 = 600\,\text{W}$, $P_2 = 1200\,\text{W}$, $P_3 = 2000\,\text{W}$.

a) Berechnen Sie die drei Strangströme und den N-Leiterstrom bei angeschlossenem N-Leiter.

b) Bestimmen Sie grafisch die drei Strangspannungen und die Sternpunktspannung bei unterbrochenem N-Leiter.

c) Überprüfen Sie das grafisch gewonnene Ergebnis durch eine komplexe Rechnung.

d) Berechnen Sie die drei Strangleistungen bei unterbrochenem N-Leiter.

7.5.2 Motorwicklung

Die drei Stränge eines in Y geschalteten Motors ohne N-Leiter haben im Nennbetrieb die Impedanzen $60\,\Omega$, $\cos\varphi = 0{,}85$ induktiv. Bei der Reparatur wird ein Strang falsch bewickelt, so dass sein ohmscher Widerstandsanteil um $20\,\Omega$ steigt.

Berechnen Sie den Betrag der Sternpunktspannung, wenn die Außenleiterspannung 400 V beträgt.

7.5.3 Komplexe Schieflast

Gegeben ist folgende komplexe Schaltung:

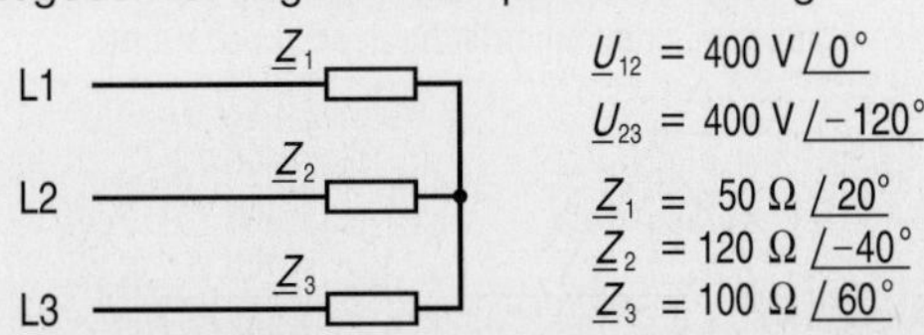

$\underline{U}_{12} = 400\,\text{V}\,\underline{/0^\circ}$

$\underline{U}_{23} = 400\,\text{V}\,\underline{/-120^\circ}$

$\underline{Z}_1 = 50\,\Omega\,\underline{/20^\circ}$

$\underline{Z}_2 = 120\,\Omega\,\underline{/-40^\circ}$

$\underline{Z}_3 = 100\,\Omega\,\underline{/60^\circ}$

Berechnen Sie:

a) die Strangspannungen und die Sternpunktspannung der gegebenen Schaltung,

b) die Strangspannungen und die Sternpunktspannung, wenn in der Schaltung die Impedanzen $\underline{Z}_2$ und $\underline{Z}_3$ vertauscht werden.

7.5.4 Herleiten von Formeln

Leiten Sie die komplexen Formeln zur Berechnung der drei Strangströme des unsymmetrischen Systems her.

Verwenden Sie die Maschenregel für die Maschen 1 und 2 sowie die Knotenregel.

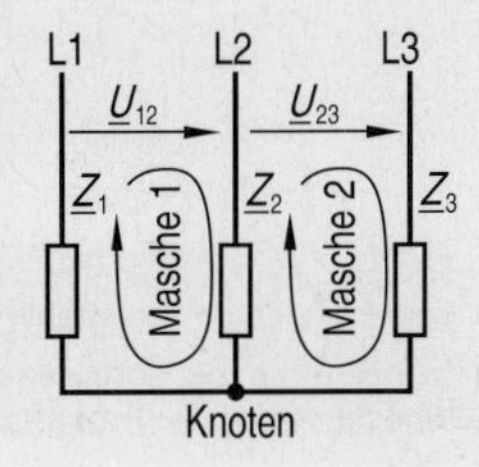

7.6 Drehstromleistung

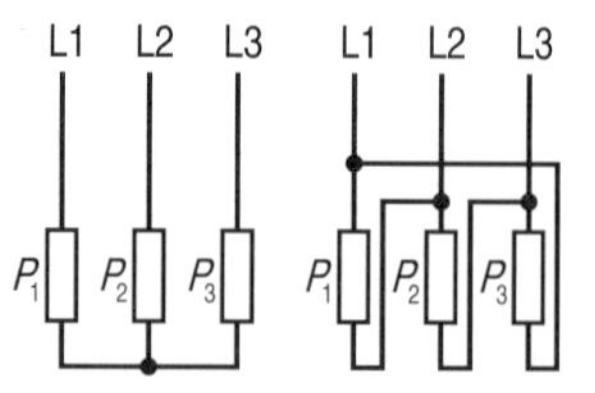

$$P_{gesamt} = P_1 + P_2 + P_3$$

mit

$P_1 = U_{Str.1} \cdot I_{Str.1} \cdot \cos\varphi_{Str.1}$

$P_1 = U_{Str.1} \cdot I_{Str.1} \cdot \cos\varphi_{Str.1}$

$P_1 = U_{Str.1} \cdot I_{Str.1} \cdot \cos\varphi_{Str.1}$

- **Die Wirkleistungen der drei Stränge dürfen direkt zur gesamten Wirkleistung zusammengefasst werden**

Symmetrische Sternschaltung

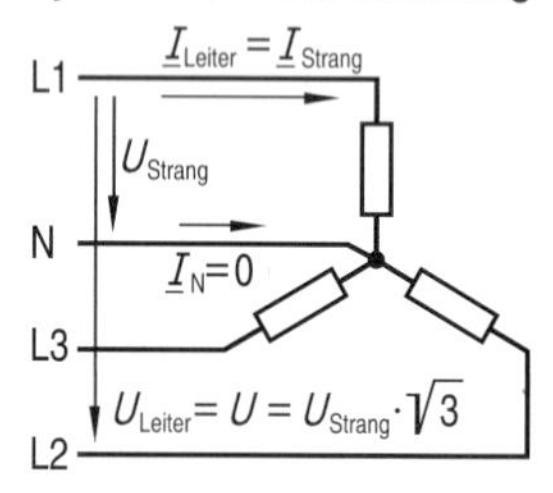

$P_{gesamt} = P = 3 \cdot P_{Str.}$

mit $P_{Str.} = U_{Str.} \cdot I_{Str.} \cdot \cos\varphi_{Str.}$

und $I_{Str.} = I_{Leiter} = I$

und $U_{Str.} = U_{Leiter} : \sqrt{3} = U : \sqrt{3}$

folgt: $P = 3 \cdot \frac{U}{\sqrt{3}} \cdot I \cdot \cos\varphi$

$$P = U \cdot I \cdot \sqrt{3} \cdot \cos\varphi$$

Symmetrische Dreieckschaltung

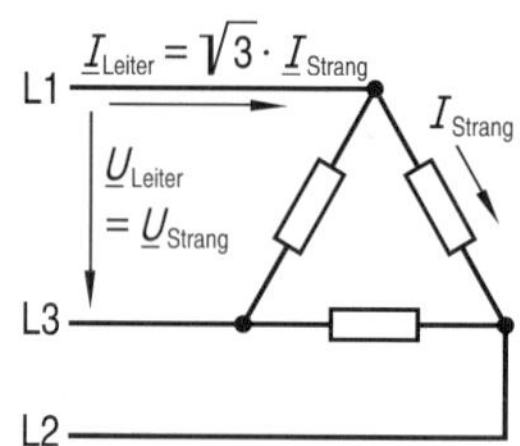

$P_{gesamt} = P = 3 \cdot P_{Str.}$

mit $P_{Str.} = U_{Str.} \cdot I_{Str.} \cdot \cos\varphi_{Str.}$

und $I_{Str.} = I_{Leiter} : \sqrt{3} = I : \sqrt{3}$

und $U_{Str.} = U_{Leiter} = U$

folgt: $P = 3 \cdot U \cdot \frac{I}{\sqrt{3}} \cdot \cos\varphi$

$$P = U \cdot I \cdot \sqrt{3} \cdot \cos\varphi$$

- **Für einen symmetrischen Drehstromverbraucher gilt bei Stern- und bei Dreieckschaltung: $P = U \cdot I \cdot \sqrt{3} \cdot \cos\varphi$**

Beispiel: komplexe, unsymmetrische Dreieckschaltung

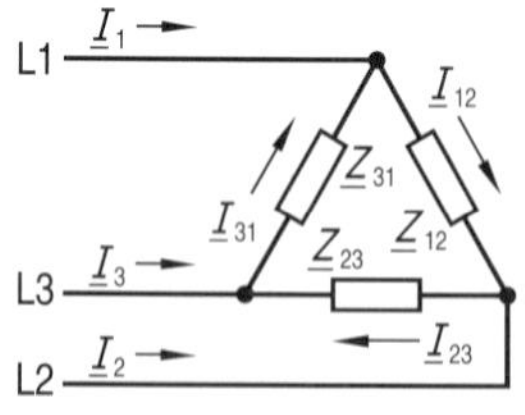

$\underline{U}_{12} = 400\,\text{V} \angle 0°$
$\underline{U}_{23} = 400\,\text{V} \angle -120°$
$\underline{U}_{31} = 400\,\text{V} \angle -240°$
$\underline{Z}_{12} = 200\,\Omega \angle -30°$
$\underline{Z}_{23} = 250\,\Omega \angle 30°$
$\underline{Z}_{31} = 400\,\Omega \angle 20°$

Ströme

$\underline{I}_{12} = 2\,\text{A} \angle 30°$ $\quad \underline{I}_{23} = 1{,}6\,\text{A} \angle -150°$ $\quad \underline{I}_{31} = 1\,\text{A} \angle -260°$

Strangleistungen

$\underline{S}_1 = \underline{U}_{12} \cdot \underline{I}_{12}^* = 400\,\text{V} \angle 0° \cdot 2\,\text{A} \angle -30° = 800\,\text{W} \angle -30°$

$= 800\,\text{W} \cdot (\cos(-30°) + \text{j} \cdot \sin(-30°)) = 693\,\text{W} - \text{j} \cdot 400\,\text{W}$

Wirkleistung (693 W)
Blindleistung (j · 400 W)

$\underline{S}_2 = \underline{U}_{23} \cdot \underline{I}_{23}^* = \ldots = 640\,\text{W} \angle 30° = 554\,\text{W} + \text{j} \cdot 320\,\text{W}$

$\underline{S}_3 = \underline{U}_{31} \cdot \underline{I}_{31}^* = \ldots = 400\,\text{W} \angle 20° = 376\,\text{W} + \text{j} \cdot 137\,\text{W}$

- **Der Realteil der komplexen Leistung stellt die Wirkleistung, der Imaginärteil stellt die Blindleistung dar**

Wirkleistung

Die gesamte Wirkleistung eines Drehstromverbrauchers setzt sich aus den Leistungen der drei Stränge zusammen. Bei unsymmetrischer Belastung müssen die drei Einzelleistungen berechnet und addiert werden. Sowohl für Stern- als auch für Dreieckschaltung gilt deshalb: gesamte Wirkleistung $P_{gesamt} = P_1 + P_2 + P_3$. Die Blind- und die Scheinleistungen der drei Stränge dürfen nur unter Berücksichtigung ihrer möglicherweise unterschiedlichen Phasenlagen addiert werden.

Symmetrische Last

Ist ein Dreiphasennetz symmetrisch belastet, so ist die gesamte Wirkleistung gleich der dreifachen Strangleistung. Sowohl für Stern- als auch für Dreieckschaltung gilt: $P_{gesamt} = 3 \cdot P_{Strang}$.
Bei symmetrischer Last können auch die Blindleistungen bzw. die Scheinleistungen der drei Stränge jeweils direkt addiert werden, da sie in allen Strängen die gleiche Phasenlage haben. Damit erhält man die einfachen Formeln: $S_{gesamt} = 3 \cdot S_{Strang}$ und $Q_{gesamt} = 3 \cdot Q_{Strang}$.
Die Strangleistung erhält man dabei für Schein-, Wirk- und Blindleistung aus dem Produkt von Strangspannung und Strangstrom, nämlich $S_{Strang} = U_{Strang} \cdot I_{Strang}$, $P_{Strang} = U_{Strang} \cdot I_{Strang} \cdot \cos\varphi$ und $Q_{Strang} = U_{Strang} \cdot I_{Strang} \cdot \sin\varphi$.
Da bei der Sternschaltung die Spannungen, bei der Dreieckschaltung die Ströme durch den Faktor $\sqrt{3}$ miteinander verkettet sind, lassen sich für beide Schaltungen die gleichen Formeln ableiten:
$S = U \cdot I \cdot \sqrt{3}$, $P = U \cdot I \cdot \sqrt{3} \cdot \cos\varphi$ und $Q = U \cdot I \cdot \sqrt{3} \cdot \sin\varphi$.
U und I stellen dabei Leiterwerte dar, φ ist der Winkel zwischen Strangspannung und Strangstrom.

Komplexe Berechnung

Die verschiedenen Leistungen lassen sich auch durch komplexe Rechnung ermitteln. Dabei ist zu berücksichtigen, dass die Leistung gleich dem Produkt aus Spannung $\underline{U}$ und dem zugehörigen konjugiert komplexen Strom $\underline{I}^*$ ist. Damit erhält man unabhängig von der Phasenlage der Strangspannungen und Strangströme:

1. Wirkleistung hat immer die Phasenlage 0°, das heißt $\underline{P} = P \angle 0°$. Die Wirkleistungen der drei Stränge können direkt zur Gesamtleistung addiert werden.
2. Induktive Blindleistung hat immer die Phasenlage +90°, d. h. $\underline{Q}_L = Q_L \angle 90°$, kapazitive Blindleistung hat immer die Phasenlage −90°, d. h. $\underline{Q}_C = Q_C \angle -90°$. Die Blindleistungen der drei Stränge können unter Beachtung des Vorzeichens zur gesamten Blindleistung addiert werden.
3. Die Scheinleistungen der drei Stränge können unter Berücksichtigung ihrer jeweiligen Phasenlage zur Gesamtscheinleistung addiert werden.

Das Beispiel zeigt die Bestimmung der Leistungen in einer unsymmetrisch belasteten Dreieckschaltung.

Zeigerbilder

Auch für die Leistungen der drei Stränge können wie für Ströme und Spannungen Zeigerbilder gezeichnet werden. Die Wirkleistungen haben dabei immer die Richtung der positiven reellen Achse. Induktive Blindleistungen haben die Richtung der positiven, imaginären Achse und kapazitive Blindleistungen die Richtung der negativen, imaginären Achse.

Die Zeiger der Leistungen können addiert werden. Die Wirkleistungen der drei Stränge ergeben die gesamte Wirkleistung des Drehstromverbrauchers.

Die Blindleistungen der drei Stränge können sich auch zu null addieren, d.h. die einzelnen Stränge nehmen Blindleistung auf, die Gesamtleistung ist aber null. Eine Entlastung der Leitungen von Blindstrom bedeutet dies aber nicht unbedingt, da kapazitive und induktive Leistungen ja in verschiedenen Strängen auftreten.

Unsymmetrische Sternschaltung

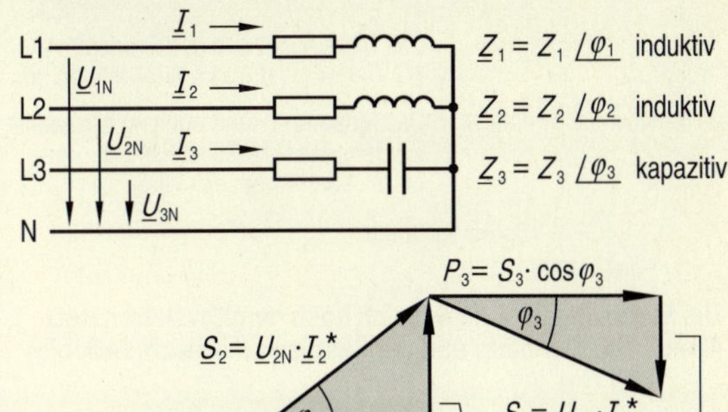

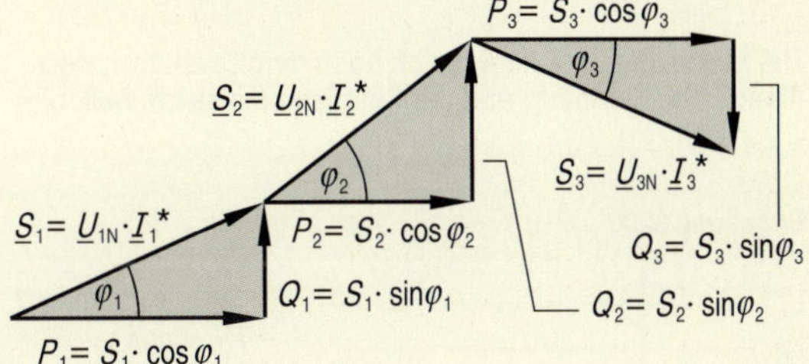

Aufgaben

7.6.1 Heizofen

Drei Heizwiderstände mit je 26,5 Ω können wahlweise in Stern- oder Dreieckschaltung am 400 V/230-V-Netz betrieben werden.

a) Berechnen Sie die Leiterströme und die Gesamtleistung in Sternschaltung.
b) Berechnen Sie Strang- und die Leiterströme sowie die Gesamtleistung in Dreieckschaltung.

7.6.2 Pumpenantrieb

Eine Pumpe mit der Nennleistung 8 kW und dem Wirkungsgrad 84% wird von einem Drehstrommotor mit dem Wirkungsgrad 88% und dem Leistungsfaktor 0,9 angetrieben. Der Motor wird in Dreieckschaltung an 400 V betrieben.

Berechnen Sie für den Nennbetrieb:

a) Leiterstrom und Strangstrom,
b) die aufgenommene Blindleistung.

7.6.3 Ohmsche Widerstände

Drei ohmsche Widerstände mit je 25 Ω werden in Sternschaltung am 400 V/230-V-Vierleiternetz betrieben.

Berechnen Sie die aufgenommene Leistung

a) bei intakter Schaltung,
b) bei Ausfall des N-Leiters,
c) bei Ausfall eines Außenleiters,
d) bei Ausfall von zwei Außenleitern,
e) bei Ausfall eines Außenleiters und des N-Leiters.

7.6.4 Schaltanlage

In einer symmetrisch belasteten Schaltanlage werden gemessen: $U = 395\,\text{V}$, $I = 115\,\text{A}$, $\cos\varphi = 0{,}94$ induktiv. Berechnen Sie Scheinleistung, Wirkleistung, Blindleistung, Wirkarbeit und Blindarbeit bei einem 8-stündigen Arbeitstag.

7.6.5 Kondensatorbatterie

Drei Kondensatoren mit je 20 µF können wahlweise in Stern- oder Dreieckschaltung an 400 V, 50 Hz betrieben werden. Berechnen Sie die aufgenommene Blindleistung und den Leiterstrom

a) bei Sternschaltung,
b) bei Dreieckschaltung.

7.6.6 Unsymmetrische Sternschaltung

Gegeben ist folgende unsymmetrische Y-Schaltung:

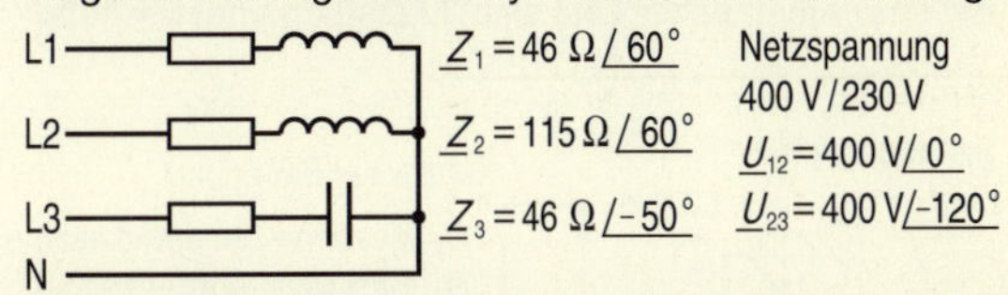

Berechnen Sie mit komplexer Rechnung

a) die drei Außenleiterströme und den N-Leiter-Strom,
b) die drei Schein-, Wirk- und Blindleistungen,
c) Schein-, Wirk- und Blindleistung der gesamten Schaltung, wenn L1 und N eine Unterbrechung haben.

7.6.7 Unsymmetrische Dreieckschaltung

Gegeben ist folgende unsymmetrische Δ-Schaltung:

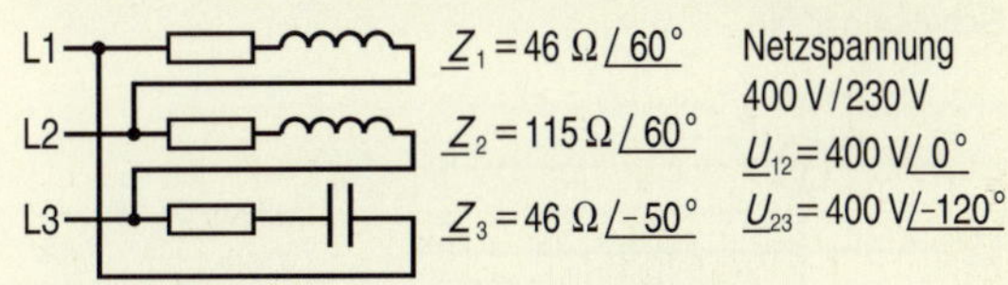

Berechnen Sie mit komplexer Rechnung

a) die Strang- und die Leiterströme,
b) die drei Schein-, Wirk- und Blindleistungen,
c) Schein-, Wirk- und Blindleistung der gesamten Schaltung, wenn Außenleiter L1 eine Unterbrechung hat.

7.7 Drehstrom-Leistungsmessung

Messwerk zur Produktbildung

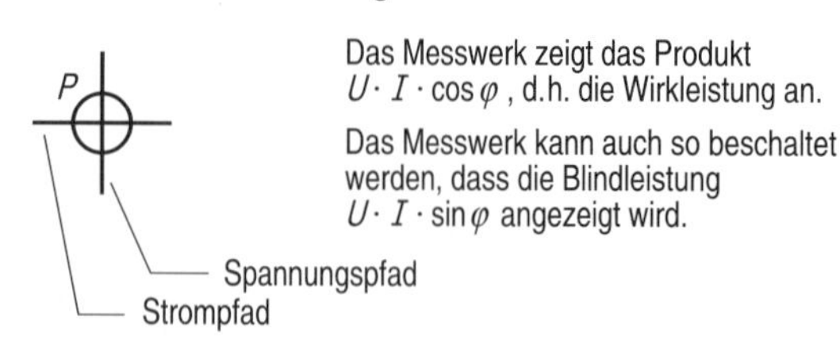

- **Die Messschaltung richtet sich nach dem Drehstromnetz (Drei- oder Vierleiter) und der Last (symmetrisch, beliebig)**

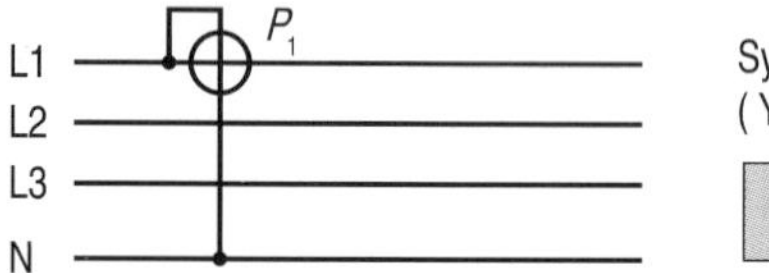

Symmetrische Last
(Y oder Δ)

$$P = 3 \cdot P_1$$

- **Zur Leistungsmessung im Vierleiternetz ist bei symmetrischer Last nur ein Leistungsmesser nötig**

Schaltung 6200

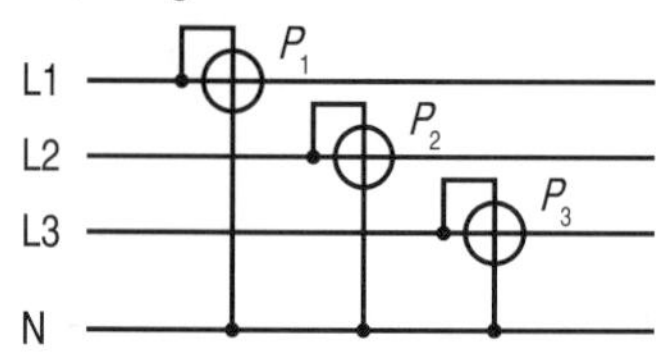

Beliebige Last
(Y oder Δ)

$$P = P_1 + P_2 + P_3$$

- **Bei unsymmetrischer Last sind 3 Leistungsmesser nötig**

Schaltung 4250

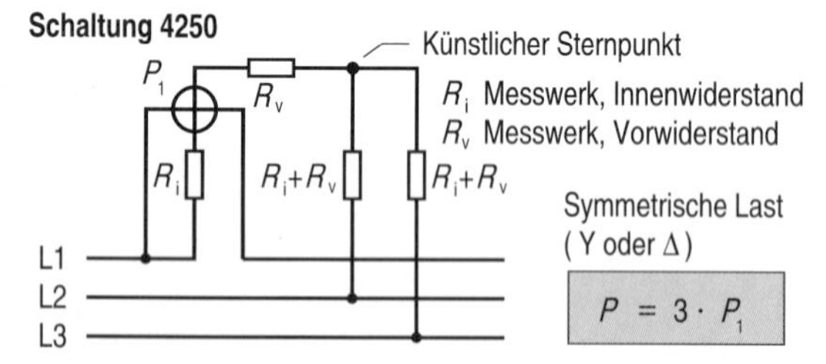

- **Mit 2 Zusatzwiderständen kann im Dreileiternetz ein künstlicher Sternpunkt (Potential null) gemacht werden**

Schaltung 5200

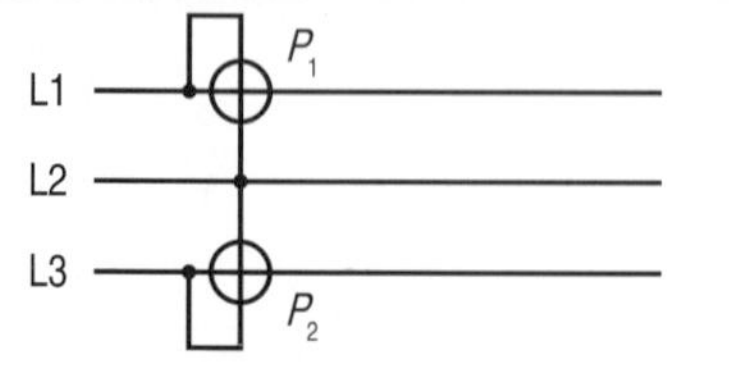

Beliebige Last
(Y oder Δ)

$$P = P_1 + P_2$$

- **Bei der Aron-Schaltung muss die Richtung des Zeigerausschlags bei der Summenbildung berücksichtigt werden**

Prinzip

Bei der Leistungsmessung müssen die Spannungen und die zugehörigen Ströme erfasst und miteinander multipliziert werden. Im Drehstromsystem erfordert dies unterschiedliche Messschaltungen, je nachdem, ob in einem Drei- oder Vierleiternetz gemessen wird und ob die Last symmetrisch oder unsymmetrisch ist.
Als Messwerke werden elektrodynamische Messwerke, Drehspulmesswerke mit Messzusatz (Hall-Generator) sowie elektronische Messumformer eingesetzt.
Die Messschaltungen sind nach DIN 43807 genormt.

Vierleiternetz

Symmetrische Last

Stellt der Verbraucher eine symmetrische Belastung dar (Motor, Elektroheizung), so genügt es, eine Strangleistung zu messen. Die gesamte Leistung erhält man durch Multiplikation mit dem Faktor 3. Bei manchen Messgeräten ist der Faktor 3 bereits bei der Eichung berücksichtigt. Diese Methode wird Ein-Wattmeter-Methode genannt.

Unsymmetrische Last

Enthält der Drehstromverbraucher unterschiedliche Stränge, so müssen drei Leistungsmesser eingesetzt werden (Drei-Wattmeter-Methode). Jeder Leistungsmesser zeigt die Wirkleistung in einem Strang an, die Gesamtleistung ist gleich der Summe der Einzelleistungen. Wirken alle drei Messwerke auf eine gemeinsame Welle, so kann die Gesamtleistung direkt abgelesen werden.

Dreileiternetz

Künstlicher Sternpunkt

In Dreileiternetzen, die naturgemäß keinen Sternpunkt haben, lassen sich Strangleistungen nicht direkt messen. Mit Hilfe von zwei zusätzlichen Widerständen, die aus dem Innenwiderstand des Spannungspfades und seinem Vorwiderstand berechnet werden, lässt sich jedoch ein künstlicher Sternpunkt nachbilden. Bei symmetrischer Last wird vom Messgerät die Strangleistung angezeigt; die Gesamtleistung erhält man dann durch Multiplikation mit dem Faktor 3.

Aron-Schaltung

Im Dreileiternetz kann mit Hilfe einer Zwei-Wattmeter-Methode (Aron-Schaltung) bei symmetrischer und unsymmetrischer Last die Gesamtleistung gemessen werden. Bei dieser Schaltung können beide Messwerke auch bei symmetrischer Last je nach Leistungsfaktor verschiedene Werte anzeigen: Bei $\cos\varphi = 1$ sind beide Zeigerausschläge gleich, bei $\cos\varphi = 0{,}5$ ist ein Ausschlag null. Ist $\cos\varphi < 0{,}5$, so ist ein Ausschlag negativ, die Messwerte sind dann voneinander abzuziehen. Für $\cos\varphi < 0{,}3$ wird die Messung sehr ungenau.

Schaltungsnummern für Leistungsmesser
Die Schaltungen zur Messung der Leistung in Gleich- sowie Wechsel- und Drehstromkreisen werden durch Kennziffern nach DIN 43 807 bezeichnet. Die Schaltungsnummern enthalten 4 Kennziffern für Stromart, Messgröße, Messart und Anschlussart.

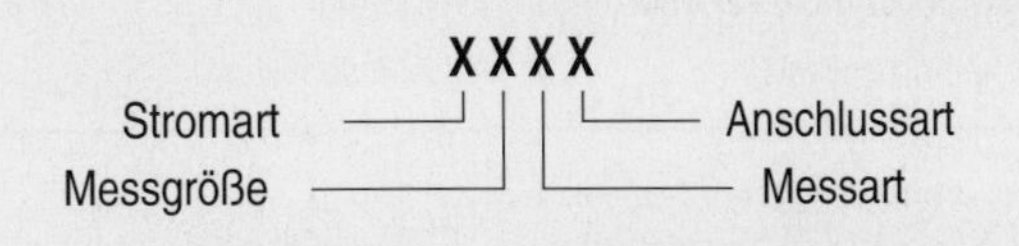

Ziffer	Stromart	Messgröße	Messart	Anschlussart
0		Strom	alle Fälle außer 1...6	unmittelbar
1	Zweileiter-Gleichstrom	Spannung	L+ in Stromspule	an Stromwandler
2	Dreileiter-Gleichstrom	Wirkleistung	L− in Stromspule	an Strom- u. Sp.-W.
3	einphasiger Wechselstrom	Blindleistung	o. angeschl. N-Leiter	an Nebenwiderstände
4	Dreileiter-Drehstrom, symmetrische Last	Leistungsfaktor	mit angeschl. N-Leiter	
5	Dreileiter-Drehstrom, beliebige Last		eingeb. Nullp.-Widerst.	
6	Vierleiter-Drehstrom, beliebige Last		eingeb. Kunstschaltung	

Blindleistungsmessung
Werden in den verschiedenen Messschaltungen die Wirkleistungsmesser durch Blindleistungsmesser ersetzt, so wird naturgemäß die Blindleistung erfasst. In Drehstromschaltungen kann die Blindleistung auch mit Wirkleistungsmessern gemessen werden, wenn der Spannungspfad so angeschlossen wird, dass im Vergleich zur entsprechenden Wirkleistungsmessung die Spannung um 90° phasenverschoben ist.
Die Schaltbilder zeigen die Möglichkeiten der Blindleistungsmessung mit Wirkleistungsmessern im beliebig belasteten Vierleiter- und Dreileiternetz. Bei der Berechnung der gesamten Blindleistung ist in beiden Schaltungen noch der Faktor $\sqrt{3}$ zu berücksichtigen. Zur Messung der Blindleistung in symmetrisch belasteten Netzen genügt ein Messgerät.

Messung der Blindleistung mit Wirkleistungsmesser

im Vierleiternetz

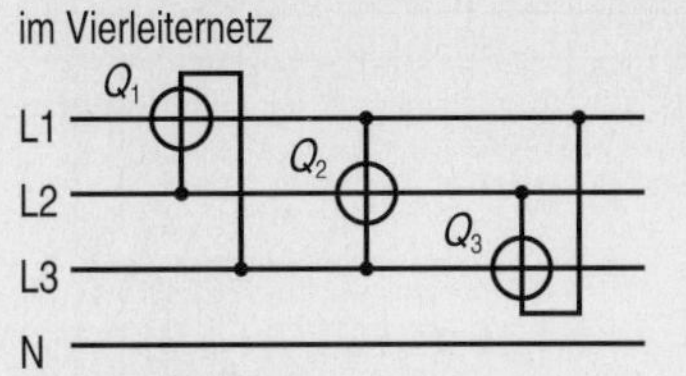

Gesamte Blindleistung

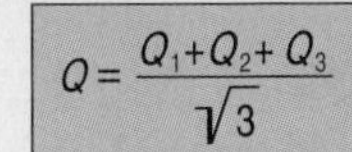

im Dreileiternetz

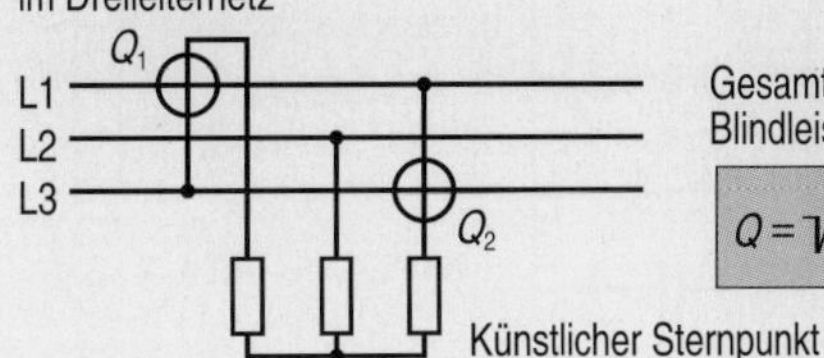

Gesamte Blindleistung

$Q = \sqrt{3} \cdot (Q_1 + Q_2)$

Aufgaben

7.7.1 Drehstrommessung I
Die Leistung eines Drehstromverbrauchers soll mit folgender Messschaltung bestimmt werden.

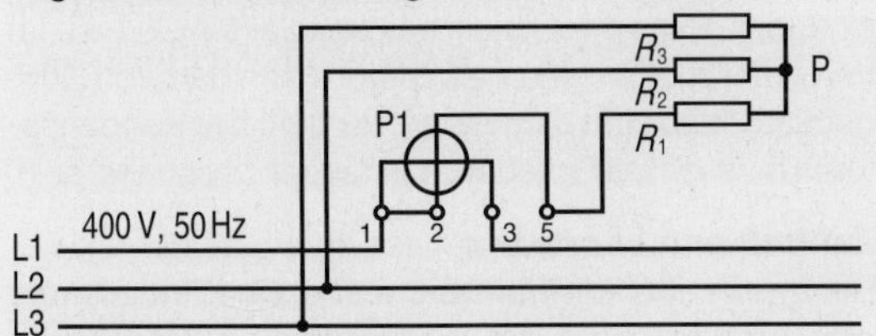

a) Für welche Art von Verbrauchern ist die Schaltung geeignet?
b) Wie heißt der mit P gekennzeichnete Punkt?
c) Der Spannungspfad hat den Nennstrom 1 mA und den Innenwiderstand 10 kΩ. Berechnen Sie die drei Widerstände R_1, R_2 und R_3.

7.7.2 Drehstrommessung II
Die Leistung eines Drehstromverbrauchers soll mit folgender Messschaltung bestimmt werden.

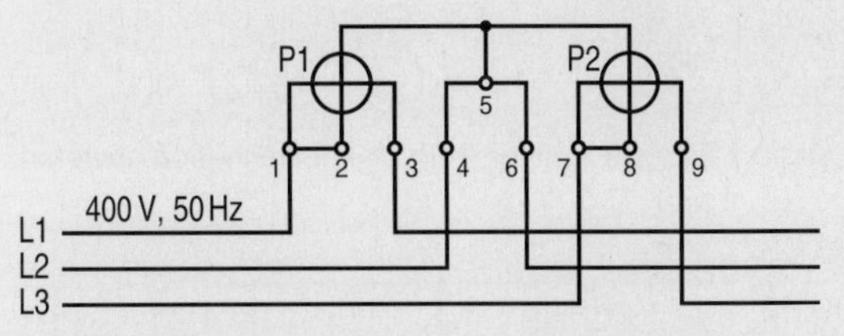

a) Wie heißt die Schaltung und wofür ist sie geeignet?
Berechnen Sie die Anzeige der beiden Messgeräte P1 und P2 für folgende symmetrische Lastfälle:
b) $S = 1$ kVA, $\cos\varphi = 1$,
c) $S = 1$ kVA, $\cos\varphi = 0{,}5$ induktiv,
d) $S = 1$ kVA, $\cos\varphi = 0{,}3$ induktiv.

7.8 Drehstrom-Kompensation

Leistungsflüsse auf Übertragungsleitungen

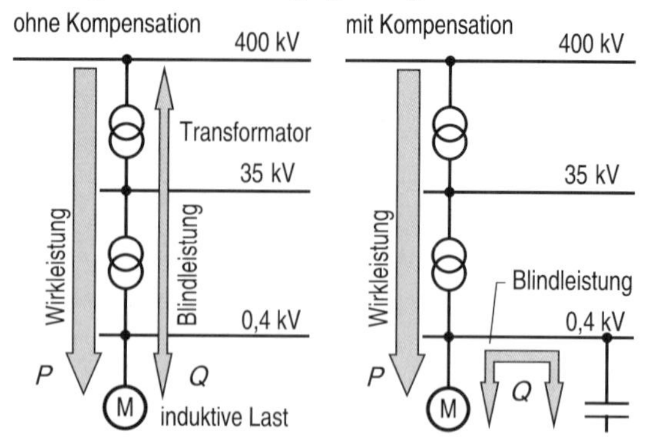

- **Die zu kompensierende Blindleistung bzw. der zu erreichende Leistungsfaktor wird vom EVU festgelegt**

Einzelkompensation eines Drehstrommotors

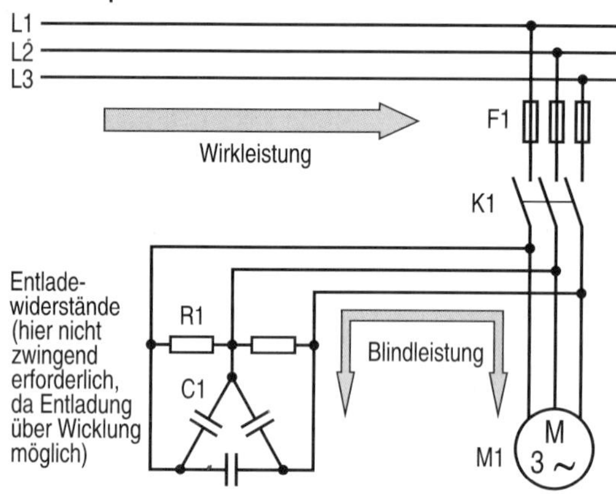

- **Kleine Anlagen sind für Einzelkompensation geeignet**

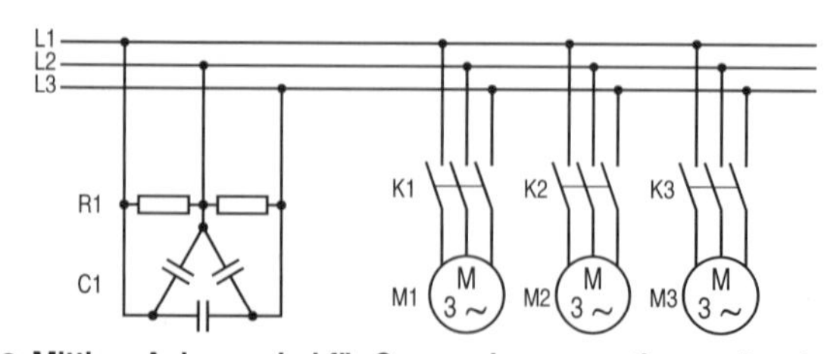

- **Mittlere Anlagen sind für Gruppenkompensation geeignet**

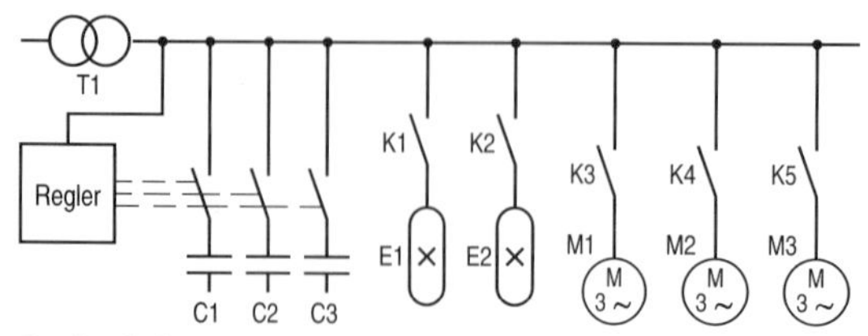

- **Große Anlagen setzen meist die Zentralkompensation ein**

Technische Anschlussbedingungen

Die technischen Anschlussbedingungen (TAB) der Energieversorgungsunternehmen (EVU) schreiben in ihren Tarifverträgen die teilweise Kompensation der Blindleistung vor. Der nach der Kompensation auftretende Leistungsfaktor muss üblicherweise zwischen $\cos\varphi = 0{,}8$ ind. und $\cos\varphi = 0{,}9$ kap. liegen. Diese Vorschrift soll verhindern, dass Generatoren, Transformatoren und Übertragungsleitungen durch die zwischen Generator und Verbraucher hin und her pendelnde Blindleistung übermäßig belastet werden. Übersteigt der Blindleistungsbezug den vom EVU genehmigten Wert, so muss er vom Tarifkunden bezahlt werden. Die Messung erfolgt durch Blindleistungszähler.

Die Kompensation der Blindleistung kann durch Einzel-, Gruppen- oder Zentralkompensation erfolgen.

Einzelkompensation

Bei der Einzelkompensation wird die induktive Blindleistung durch Kondensatoren direkt an jedem Verbraucher kompensiert. Die drei Kondensatoren können in Stern oder in Dreieck geschaltet werden. Da bei der Sternschaltung die 3fache Kondensatorkapazität wie bei der Dreieckschaltung benötigt wird, bevorzugt man aus wirtschaftlichen Gründen die Dreieckschaltung.

Die Kapazität der Kondensatoren muss so bemessen sein, dass sie die zu kompensierende Blindleistung aufnehmen. Die Berechnung der Blindleistung und der Kondensatoren erfolgt wie bei einphasigem Wechselstrom (Kapitel 6.8), die Blindleistung wird gleichmäßig auf die drei einzelnen Kondensatoren verteilt.

Nach dem Abschalten müssen die Kondensatoren innerhalb von 60 s auf eine ungefährliche Spannung von $U < 50\,\text{V}$ entladen werden. Dies kann über die Motorwicklungen oder über Entladewiderstände erfolgen.

Gruppenkompensation

Bei der Gruppenkompensation werden mehrere Verbraucher gemeinsam durch eine Kondensatorbatterie kompensiert. Dabei geht man von der Erfahrung aus, dass nicht alle Verbraucher gleichzeitig eingeschaltet sind, d. h. dass der Gleichzeitigkeitsfaktor $g < 1$ ist. Im Vergleich zur Einzelkompensation kann dadurch Kondensatorkapazität eingespart werden. Die Kondensatoren müssen mit Entladewiderständen beschaltet sein.

Zentralkompensation

Bei der Zentralkompensation wird die Blindleistung einer großen Anlage mit einer zentralen Kondensatorbatterie kompensiert. Zur lastabhängigen Kompensation werden Blindleistungsregler eingesetzt; sie schalten automatisch so viele Kondensatoren zu, wie zur Deckung des augenblicklichen Blindleistungsbedarfs notwenig sind. Die Kondensatoren müssen mit Entladewiderständen beschaltet sein.

Tonfrequenzsperren

Zur Ansteuerung von Zweitarifzählern, Nachtspeicherheizungen, Straßenbeleuchtungen u.ä. werden vom EVU Rundsteueranlagen eingesetzt. Dabei werden Signale zwischen 175 Hz und 2 kHz in das Mittelspannungsnetz eingespeist, über die Transformatoren ins Niederspannungsnetz übertragen und von speziellen Rundsteuerempfängern empfangen und verarbeitet. Ziel dieser Maßnahme ist es, bestimmte Anlagen zeitlich so ein- und auszuschalten, dass Kraftwerke und Verteilungsnetz optimal ausgenützt werden.

Die zur Kompensation benutzen Kondensatoren stellen für diese Signale eine sehr starke Belastung dar; zu den Kondensatoren müssen deshalb Sperrkreise in Reihe geschaltet werden, die für die Signalfrequenz einen möglichst hohen Widerstand haben, für die Netzfrequenz aber keine Beeinträchtigung darstellen.

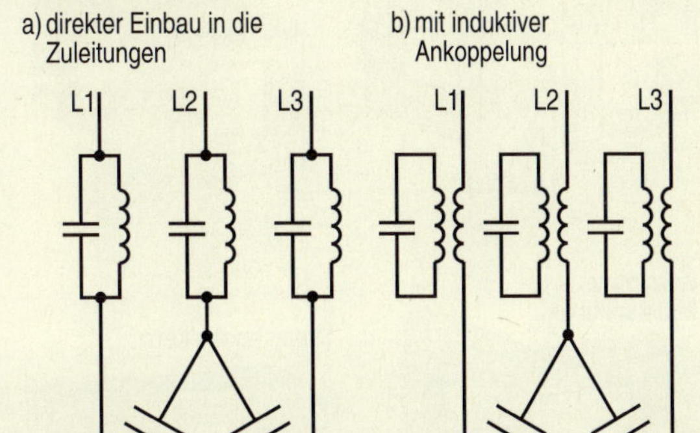

Phasenschieber

Die durch Motoren, Transformatoren, Drosselspulen und andere Betriebsmittel auftretende induktive Blindleistung wird üblicherweise durch Kondensatorbatterien kompensiert.

Eine andere Möglichkeit besteht im Einsatz von Synchronmaschinen als Generatoren oder Motoren. Bei Synchronmaschinen kann die aus dem Netz bezogene bzw. die ins Netz gelieferte Blindleistung durch die Erregung beeinflusst werden. Der Einsatz von Synchronmaschinen zur Kompensation wird als Phasenschieberbetrieb bezeichnet. Er wird insbesondere bei der Kompensation von sehr großen Leistungen bevorzugt. Allgemein gilt:

1. Übererregte Synchronmaschinen liefern induktive Leistung ins Netz; sie wirken wie Kondensatoren.
2. Untererregte Synchronmaschinen liefern kapazitive Leistung ins Netz; sie wirken wie Drosselspulen.

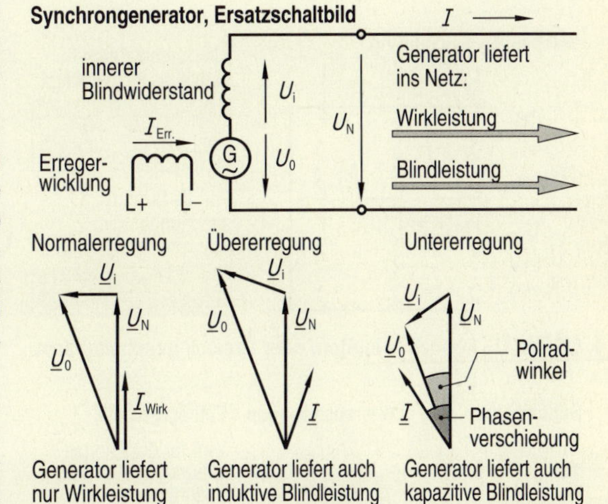

Aufgaben

7.8.1 Kompensationskondensatoren

In einer Werkstatt soll ein Drehstrommotor mit folgenden Leistungsschild-Angaben betrieben werden: 11 kW, 400 V/230 V, $\cos\varphi = 0{,}87$, $\eta = 0{,}85$. Das zuständige EVU schreibt vor, dass die Kondensatorleistung der Kompensationsanlage 50 % der Motornennleistung beträgt.

Berechnen Sie:

a) die Kapazität der 3 benötigten Kondensatoren für Dreieckschaltung und für Sternschaltung,

b) den Strom in der Netzzuleitung ohne und mit Kondensatoren,

c) den Leistungsfaktor der Anlage nach Einbau der Kompensationskondensatoren,

d) die Kapazität der 3 Kondensatoren in Δ-Schaltung, wenn eine Kompensation auf $\cos\varphi = 1$ verlangt wird.

7.8.2 Probleme der Kompensation

Diskutieren Sie folgende Probleme:

a) Warum kann die Blindleistung von Motoren nicht durch Reihenkompensation kompensiert werden?

b) Warum ist die Dreieckschaltung der Kondensatoren günstiger als die Sternschaltung?

c) Warum müssen in die Zuleitungen zu den Kondensatoren Tonfrequenzsperren eingebaut werden?

7.8.3 Leitungsverluste

Ein Motor mit den Nenndaten 15 kW, 400 V, $\cos\varphi = 0{,}88$ und $\eta = 0{,}86$ wird über eine 200 m lange Cu-Leitung mit Querschnitt 6 mm² gespeist.

Berechnen Sie die Leitungsverluste ohne Kompensation und mit Kompensation auf $\cos\varphi = 1$.

7.9 Drehstromtransformatoren I

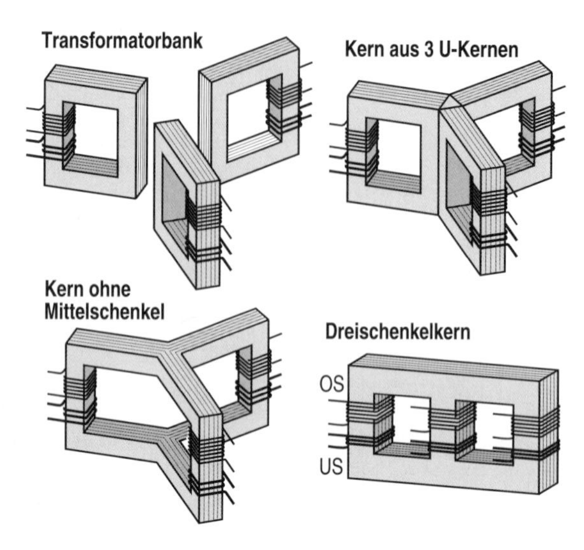

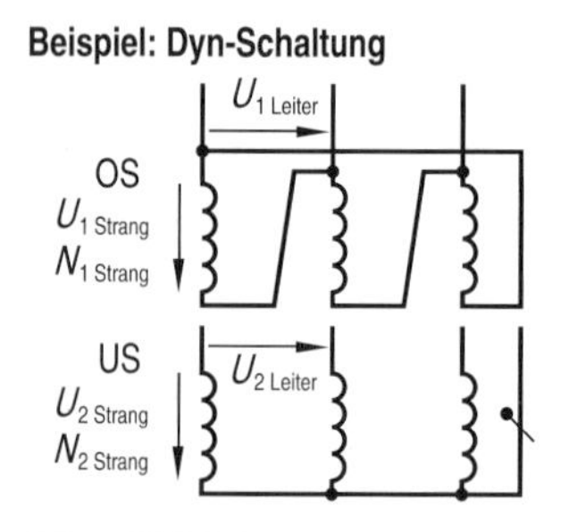

Als Übersetzungsverhältnis ist festgelegt:

$$\ddot{u} = \frac{U_{1\,\text{Leiter}}}{U_{2\,\text{Leiter}}}$$

Für die Strangspannungen gilt:

$$\frac{U_{1\,\text{Strang}}}{U_{2\,\text{Strang}}} = \frac{N_{1\,\text{Strang}}}{N_{2\,\text{Strang}}}$$

- **OS und US können je in Stern oder Dreieck geschaltet sein**

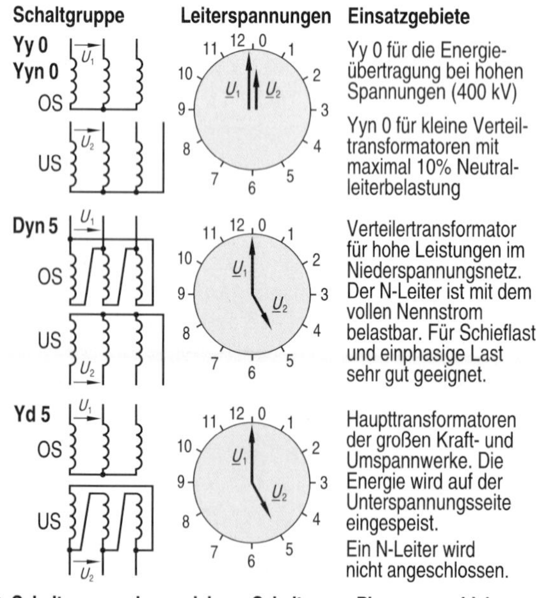

- **Schaltgruppen kennzeichnen Schaltung u. Phasenverschiebung**

Aufbau

Die Transformation von Drehstrom kann im Prinzip auf zwei Arten erfolgen:

1. Drei einphasige Transformatoren werden zu einer sogenannten Transformatorbank zusammengeschaltet. Die drei Eingangs- und Ausgangswicklungen können jeweils in Stern oder Dreieck geschaltet werden. Diese Methode wird z. B. in den USA praktiziert.
2. Die drei Kerne der drei Transformatoren werden zu einem einzigen Kern zusammengefügt. Da bei einem symmetrischen System die Summe der Strangströme stets null ist und somit auch die Summe der Magnetflüsse null ist, kann der mittlere Schenkel entfallen. Durch Verschieben der drei verbleibenden Schenkel in eine Ebene erhält man den in Europa üblichen Dreischenkelkern.

Für sehr große Transformatoren im 1000-MVA-Bereich werden auch Fünfschenkelkerne eingesetzt.

Schaltungen

Die Stränge der Oberspannungsseite (OS) und der Unterspannungsseite (US) können jeweils in Stern (Y) oder in Dreieck (D) geschaltet werden. Damit sind 4 Schaltkombinationen möglich: Stern-Stern (Yy), Dreieck-Dreieck (Dd), Stern-Dreieck (Yd) und Dreieck-Stern (Dy). Der Großbuchstabe bezeichnet die OS , der Kleinbuchstabe die US, ein herausgeführter N-Leiter wird durch den Buchstaben n bezeichnet, z. B. Dyn.
Als Übersetzungsverhältnis wird bei Drehstromtransformatoren das ungekürzte Verhältnis der Außenleiterspannungen angegeben, z. B. $\ddot{u} = 20000\,\text{V}/400\,\text{V}$.

Schaltgruppen

Insbesondere für das Parallelschalten von Drehstromtransformatoren ist neben der Größe der Ober- und Unterspannung auch die Phasenlage von Bedeutung. Haben OS und US die gleiche Schaltung (Yy oder Dd), so ist die Phasenlage der zugehörigen Außenleiterspannungen gleich oder um 180° verschoben, je nach Wickelsinn der Wicklungen. Haben OS und US verschiedene Schaltungen (Yd oder Dy), so beträgt die Phasenverschiebung 150° oder 330°.
Die Phasenverschiebung wird durch eine Kennzahl angegeben, die aus dem Zifferblatt der Uhr abgeleitet ist. Da jede Stunde des Zifferblattes einem Winkel von 30° entspricht, wird die Phasenverschiebung 0° mit der Kennziffer 0, die Phasenverschiebung 150° mit 5 (entsprechend $5 \cdot 30° = 150°$), die Verschiebung 180° mit 6 und die Verschiebung 330° mit der Ziffer 11 angegeben. Damit sind je nach Schaltung von OS und US die Schaltgruppen Yy0, Yy6, Dd0, Dd6; Yd5, Yd11, Dy5 und Dy11 möglich. In Verbraucheranlagen wird häufig die Schaltgruppe Dyn5 eingesetzt, für die Energieübertragung bei hohen Spannungen Yy0.

Symmetrische Last, Schieflast

Große Übertragungs- und Verteilungstransformatoren werden üblicherweise symmetrisch belastet. Für diesen Belastungsfall kann der Transformator in jeder beliebigen Schaltgruppe betrieben werden.

Kleine Verteilungstransformatoren zur Versorgung von Haushalten hingegen werden oft unsymmetrisch, in Ausnahmefällen auch einphasig belastet. Da die US wegen des erforderlichen N-Leiters hier stets eine Y-Schaltung sein muss, kommen nur die Schaltgruppen Yyn und Dyn in Frage.

Gemäß nebenstehender Skizze wird bei einphasiger Belastung einer Yyn-Schaltung ausgangsseitig nur ein Schenkel belastet. Eingangsseitig muss der Strom des belasteten Stranges über die beiden anderen Wicklungen zurückfließen. In den beiden zugehörigen Schenkeln steigt der magnetische Fluss dadurch bis weit in die Sättigung, weil die zugehörige Gegendurchflutung der Ausgangsseite fehlt. Die Ausgangsspannung der unbelasteten Stränge steigt dadurch an. Der N-Leiter einer Yyn-Schaltung darf deshalb nur bis etwa 10% des Leiter-Nennstromes belastet werden.

Bei der Dyn-Schaltung gibt es dieses Problem nicht; sie ist auch einphasig bis zum Nennstrom belastbar.

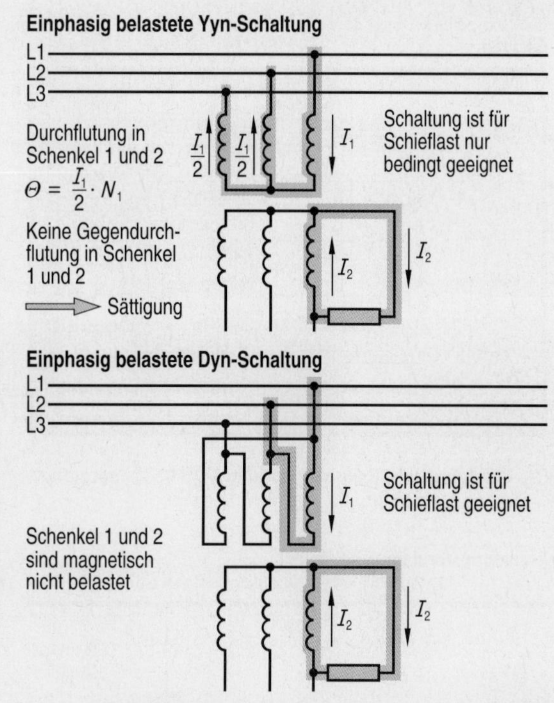

Aufgaben

7.9.1 Aufbau von Transformatoren

Drehstromtransformatoren können als kompakter, einzelner Transformator mit Dreischenkelkern oder als Transformatorbank durch Zusammenschalten von drei einzelnen Transformatoren realisiert werden.

Diskutieren Sie die Vor- und Nachteile beider Möglichkeiten im Hinblick auf

a) den Materialbedarf,

b) die Einsatzbereitschaft bei einem Fehler in einem einzelnen Strang,

c) den Transport und die Aufstellung an kritischen Orten wie z. B. Bergwerksstollen.

7.9.2 Schaltgruppen

Zeichnen Sie zu folgenden Schaltungen je ein Zeigerbild der OS und der US und leiten Sie daraus die Schaltgruppe ab:

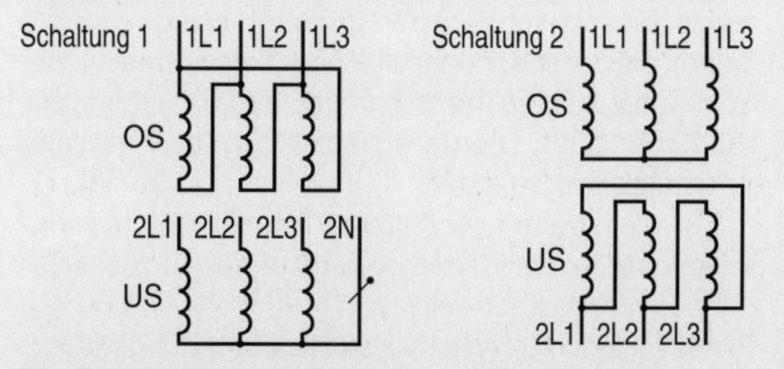

Die Spulen haben jeweils den gleichen Wickelsinn.

7.9.3 Delta-Schaltung

Drei einzelne Transformatoren sind zu einer Transformatorbank zusammengeschaltet. OS und US sind jeweils in Dreieck geschaltet.

a) Zeigen Sie, dass auch bei Ausfall eines Transformators die beiden verbleibenden Transformatoren auf der Unterspannungsseite ein vollständiges Drehstromsystem liefern.

b) Berechnen Sie, welche Nennleistung die verbleibende V-Schaltung im Verhältnis zur vollständigen Dreieckschaltung noch übertragen kann.

7.9.4 Zickzackschaltung

In der Transformatorschaltung sind die Strangwicklungen der US gleichmäßig auf zwei Schenkel verteilt. Die Schaltung der US wird Zickzackschaltung (z) genannt.

a) Leiten Sie aus einem Zeigerbild der Spannungen von OS und US die Kennziffer der Schaltgruppe ab.

b) Untersuchen Sie, ob die Schaltung für Schieflast geeignet ist.

c) Vergleichen Sie den Cu-Aufwand für die Wicklung der US mit dem einer Yyn-Schaltung.

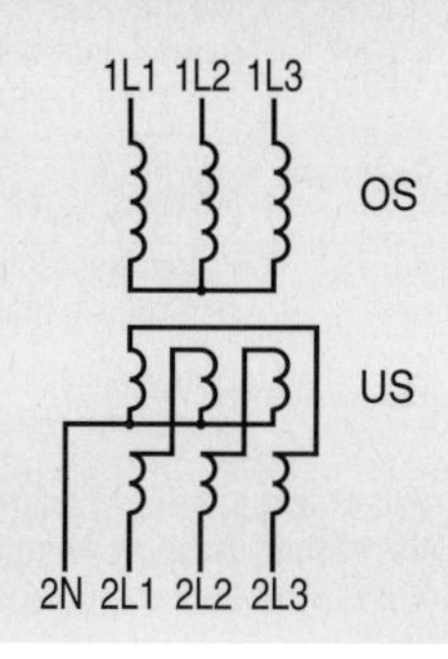

7.10 Drehstromtransformatoren II

Beispiel

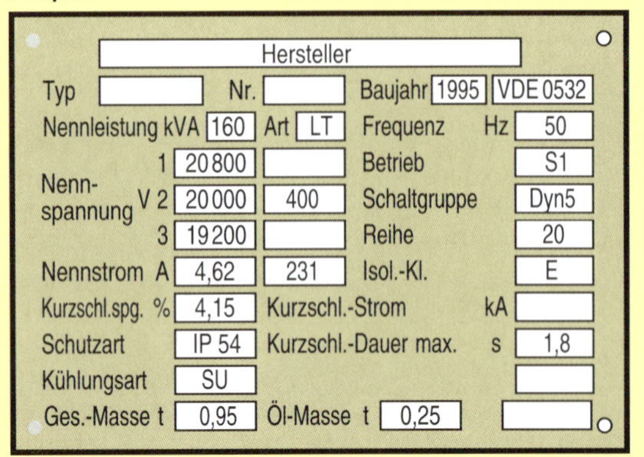

- **Die Leistungsschildangaben sind in VDE 0532 festgelegt**

Transformatorstation, vereinfacht

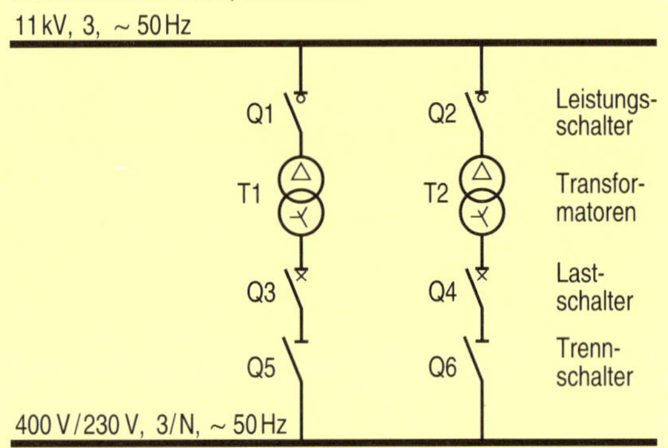

- **Drehstromtransformatoren dürfen nur parallel geschaltet werden, wenn alle Parallelschaltbedingungen erfüllt sind**

Berechnung der Lastverteilung

S_1, S_2, ... Lastanteil der parallel geschalteten Transformatoren

ΣS Gesamtlast

S_{N1}, S_{N2}, ... Nennlast der parallel geschalteten Transformatoren

ΣS_N Summe der Nennleistungen

u_{k1}, u_{k2}, ... Kurzschlussspannungen der Transformatoren

u_k Durchschnittliche Kurzschlussspannung

Lastverteilung bei gleichem u_k

$$S_1 = \Sigma S \cdot \frac{S_1}{\Sigma S_{N1}}$$

Lastverteilung bei unterschiedlichem u_k

$$u_k = \frac{\Sigma S_N}{\frac{S_{N1}}{u_{k1}} + \frac{S_{N2}}{u_{k2}} + \frac{S_{N3}}{u_{k3}}}$$

$$S_1 = S_{N1} \cdot \frac{u_k}{u_{k1}} \cdot \frac{\Sigma S}{\Sigma S_N}$$

- **Spannungssteife Transformatoren übernehmen im Verhältnis zu ihrer Nennleistung einen größeren Lastanteil als spannungsweiche Transformatoren**

Leistungsschild

Das Leistungsschild eines Transformators enthält die Nennspannungen, die Nennströme, die Nennleistung, die Kurzschlussspannung, die Frequenz und die Schaltgruppe. Im Beispiel ist die Leiterspannung der Oberspannungsseite 20 kV, die der Unterspannungsseite 0,4 kV. Durch einen Stufenschalter lässt sich die Oberspannungsseite an 20,8 kV und an 19,2 kV anpassen. Bei der Art unterscheidet man z. B. Leistungstransformatoren (LT), Zusatztransformatoren (ZT) und Spartransformatoren (SpT). Die Kühlung kann z.B. durch Luft, Öl, oder Ölumlauf mit zusätzlicher Wasserkühlung erfolgen. Die Betriebsart gibt an, ob der Transformator für Dauerbetrieb (S1) oder Kurzzeitbetrieb (S2) bestimmt ist. Weitere Angaben betreffen die Schutzart, die zulässige Kurzschlussdauer und die sogenannte Reihenspannung (Isolationsfestigkeit).

Parallelschaltbedingungen

Die Einspeisung elektrischer Energie in das Niederspannungsnetz erfolgt meist über mehrere parallele Drehstromtransformatoren im Netzparallelbetrieb oder Sammelschienenbetrieb. Um gefährliche Ausgleichströme und ungleiche Lastverteilung zwischen den Transformatoren zu vermeiden (Überlastung einzelner Transformatoren), müssen nach VDE 0532 folgende vier Parallelschaltbedingungen erfüllt sein:

1. Ober- und Unterspannungen sowie Nennfrequenzen der Transformatoren müssen gleich sein.
2. Die Kurzschlussspannungen u_k der Transformatoren dürfen maximal um 10 % voneinander abweichen.
3. Das Verhältnis der Transformator-Nennleistungen soll kleiner als 3 : 1 sein.
4. Die Kennzahl der Transformator-Schaltgruppen muss gleich sein.

Lastverteilung

Bei parallel geschalteten Transformatoren wird erwartet, dass sich die Gesamtlast entsprechend den Nennleistungen der beteiligten Transformatoren aufteilt. Dies ist aber nur dann möglich, wenn alle Transformatoren die gleiche bezogene (prozentuale) Kurzschlussspannung haben. Bei ungleichen Kurzschlussspannungen wird der spannungssteifere Transformator (kleinere Kurzschlussspannung) den größeren Leistungsanteil liefern, als der spannungsweichere Transformator. Der spannungssteifere Transformator wird dadurch eventuell überlastet. Die Berechnung der Lastverteilung erfolgt in zwei Schritten:

1. Für alle parallel geschalteten Transformatoren wird eine durchschnittliche (resultierende) Kurzschlussspannung berechnet.
2. Mit der resultierenden Kurzschlussspannung wird die Belastung von jedem Einzeltransformator bestimmt.

Fehler beim Betrieb von Transformatoren

Transformatoren übertragen Energieflüsse bis zu etwa 1300 MVA. Trotzdem sind die Verluste im ungestörten Betrieb relativ klein und die Erwärmung entsprechend gering. Bei Überlast bzw. beim Auftreten von Fehlern kann es jedoch zu einer unzulässigen Erwärmung von Wicklungen, Eisenkern und Kühlflüssigkeit kommen. Viele Fehler treten in der Wicklung auf. Wicklungsfehler entstehen z. B. durch Alterung der Isolation infolge zu großer Erwärmung. Dabei können zunächst Vorentladungen, später Lichtbögen auftreten. Unmittelbare Auslöser für Windungs- und Wicklungsschlüsse sind meist hohe Spannungsspitzen, die durch Schalthandlungen oder Blitzeinschläge entstehen.

Im Eisengestell können Fehler durch zerstörte Blech- oder Bolzenisolation entstehen. Die starken Magnetfelder induzieren dann in den leitfähigen Anlageteilen sehr große Wirbelströme, die das Kernmaterial abschmelzen können.

Auch in der Ölkühlanlage können Fehler, z.B. durch Lecks im Ölkessel auftreten. Bei inneren Fehlern kann das Öl auch unzulässig erwärmt und vergast werden. Dies ist sehr gefährlich, weil die Gase brennbar sind und es bei Entzündung der Gase zur Explosion des Kessels führen kann.

Transformatorschutz

Der Schutz gegen Überlast erfolgt bei Transformatoren bis 250 kVA durch Hochleistungssicherungen oder Leistungsschalter mit integriertem Überlastschutz, größere Transformatoren erhalten Leistungsschalter mit getrennten Überstromzeitrelais. Gegen hohe Spannungsspitzen (Gewitter) werden Überspannungsableiter und Schutzfunkenstrecken eingebaut.

Größere Transformatoren werden durch einen sogenannten Differentialschutz gegen innere Fehler und Fehler in den äußeren Anlageteilen geschützt. Dabei werden die Ströme der Ober- und Unterspannungsseite über Stromwandler erfasst und miteinander verglichen. Treten Differenzströme auf, so löst das Relais aus und trennt den Transformator beidseitig vom Netz. Das Relais darf durch den Einschaltstrom und die unvermeidlichen Toleranzen der Wandler nicht ansprechen.

Schutz ölgekühlter Transformatoren

Bei ölgekühlten Transformatoren bietet die laufende Kontrolle von Öltemperatur und Ölstand gute Schutzmöglichkeiten. Eine besondere Rolle spielt dabei das sogenannte Buchholz-Relais.

Das Buchholz-Relais besteht aus einem Ölgefäß mit meist zwei Schwimmern. Das Gefäß wird in die Ölleitung zwischen Kessel und Ölausdehnungsgefäß montiert. Die beiden Schwimmer reagieren auf Gasbildung, Druckwellen, Lufteintritt und Absinken des Ölspiegels. Bei leichten Fehlern mit geringfügiger Gasentwicklung wird Schwimmer 1 nach unten gedrückt; der zugehörige Kontakt löst ein Warnsignal aus. Bei schweren Fehlern (z.B. innerer Kurzschluß) entstehen starke Druckwellen im Öl; die Stauklappe spricht an und der zugehörige Kontakt schaltet den Transformator ab.

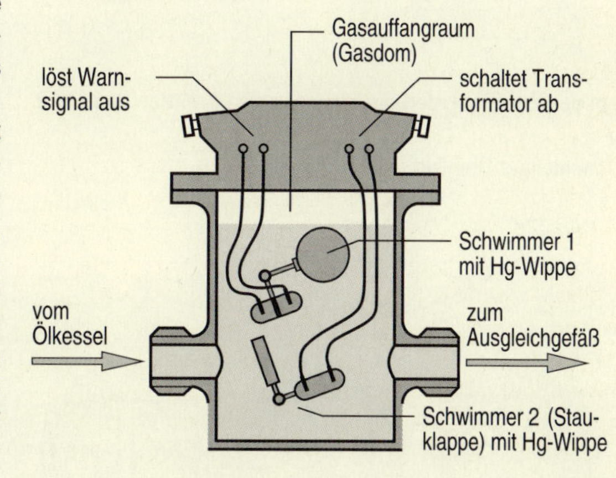

Aufgaben

7.10.1 Lastverteilung

Drei Drehstromtransformatoren 20 kV/0,4 kV sind parallel geschaltet. Sie haben folgende Daten:

T1: $S_{N1} = 160\,kVA$, $u_k = 4{,}1\,\%$

T2: $S_{N2} = 250\,kVA$, $u_k = 4{,}0\,\%$

T3: $S_{N3} = 400\,kVA$, $u_k = 3{,}7\,\%$

a) Berechnen Sie die Leistungen und die Ströme der drei Transformatoren, wenn die Gesamtbelastung $S = 810\,kVA$ beträgt.

b) Berechnen Sie die zulässige Gesamtlast S, wenn keiner der 3 Transformatoren überlastet werden darf.

7.10.2 Transformatorschutz

a) In welchen Teil des Transformators wird das Buchholz-Relais eingebaut?

b) Unter welcher Bedingung gibt das Buchholz-Relais eine Warnmeldung, unter welcher Bedingung schaltet es den Transformator ab?

c) Erklären Sie mit Hilfe einer Schaltskizze das Prinzip des Differentialschutzes von Transformatoren.

d) Wie kann verhindert werden, dass der Differentialschutz durch den Einschaltstromstoß ausgelöst wird?

e) Welchen Zweck erfüllen Überspannungsableiter?

7.11 Drehfeld

Entstehung des Drehfeldes

- **Ein rotierendes Magnetfeld wird Drehfeld genannt**

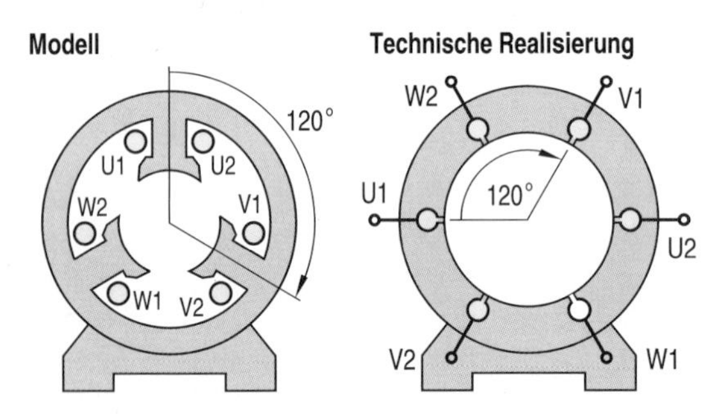

- **In der Praxis werden die Strangspulen in Nuten eingelegt**

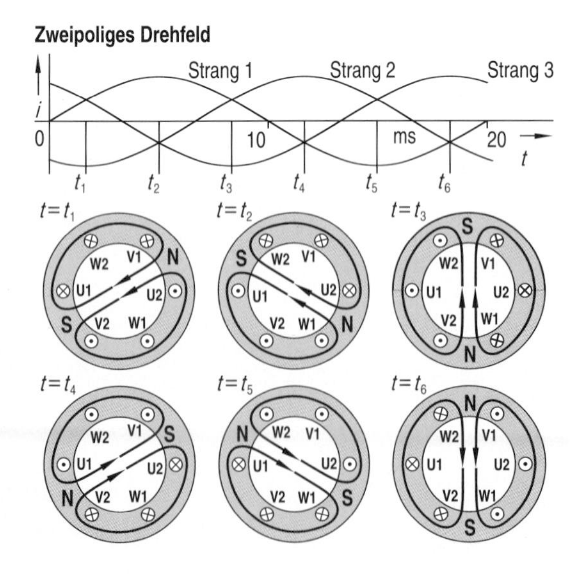

Drehfrequenzen bei Netzfrequenz 50 Hz

p	1	2	3	4	5	6
n_s in min^{-1}	3000	1500	1000	750	600	500

$$n_s = \frac{f}{p}$$

- **Im 50-Hz-Netz ist die maximale Drehfrequenz 3000/min**

Drehstrommotor, Modell

Der wesentliche Grund für die überragende technische Bedeutung des dreiphasigen Wechselstroms ist seine Fähigkeit, ein rotierendes Magnetfeld, ein Drehfeld, erzeugen zu können. Magnetische Drehfelder bilden die Grundlage für alle Drehstrommotoren.

Magnetische Drehfelder entstehen durch das Zusammenwirken von drei einzelnen Magnetfeldern in zeitlicher Abfolge. Das Beispiel zeigt das Magnetfeld eines Ständers mit ausgeprägten Polen zu 6 verschiedenen Zeitpunkten. Die Bilderfolge zeigt, dass sich das resultierende Magnetfeld nach jeweils 3,33 ms um 60° weitergedreht hat; nach 20 ms hat es eine volle Umdrehung gemacht. Das in diesem Beispiel gezeigte Drehfeld ist ein 2-poliges Drehfeld.

Drehstrommotor, technische Realisierung

Das Ständermodell mit ausgeprägten Polen eignet sich gut, um den prinzipiellen Aufbau eines Drehstrommotors zu zeigen. In der Praxis werden die Strangspulen aber nicht auf ausgeprägte Pole gewickelt, sondern in die gleichmäßig am Umfang des Ständers verteilten Nuten eingelegt. Auf diese Weise wird der Platz besser ausgenutzt und das magnetische Drehfeld ist wesentlich gleichmäßiger.

Um einen 2-poligen Ständer zu realisieren, benötigt man 3 Spulen; da jede Spule 2 Seiten hat, muss der Ständer mindestens 6 Nuten haben. Für ein 4-poliges Feld werden 6 Spulen, d. h. mindestens 12 Nuten gebraucht.

Drehfeld

Das Drehfeld im Ständer eines realen Drehstrommotors entsteht wie im Modell durch das Zusammenwirken der drei Strangspulen.

Zum Zeitpunkt t_1 fließt in Strang 1 und in Strang 3 jeweils der halbe maximale Strangstrom. Die Stromrichtung ist gemäß Liniendiagramm positiv, d. h. der Strom fließt an den Stranganfängen U1 und V1 hinein und an den Strangenden U2 und V2 wieder heraus. Die Stromrichtung ist durch Kreuze und Punkte gekennzeichnet. In Strang 3 fließt der maximale Strom; seine Richtung ist negativ, d. h. er fließt am Spulenende hinein (Kreuz) und am Spulenanfang heraus (Punkt). Bild 1 zeigt das durch die Spulenströme erzeugte Magnetfeld.

Zum Zeitpunkt t_2 haben sich die Ströme und die Fließrichtungen geändert; entsprechend hat sich das Magnetfeld weitergedreht. Nach einer Periodendauer, beim technischen Wechselstrom also nach 20 ms, hat sich das Magnetfeld um 360° gedreht.

Drehfrequenz

Die Drehfrequenz des Drehfeldes wird auch synchrone Drehfrequenz n_s genannt. Sie ist direkt proportional zur Frequenz f der anliegenden Spannung und umgekehrt proportional zur Polpaarzahl p des Drehfeldes.

Mehrpolige Wicklungen

Zweipolige Wicklungen ($p=1$) erzeugen bei der Netzfrequenz $f=50\,\text{Hz}$ ein Drehfeld mit der Drehfrequenz $n_s=3000\,\text{min}^{-1}$. Ein Synchronmotor dreht sich dann mit dieser Drehfrequenz, beim Asynchronmotor ist die Drehfrequenz ein wenig kleiner. Für viele Motoren wird jedoch eine kleinere Drehfrequenz gewünscht. Falls keine Speisespannung mit variabler Frequenz zur Verfügung steht, kann dies nur durch Ständerwicklungen mit höherer Polpaarzahl realisiert werden.
In der Praxis werden Wicklungen mit 2, 4, 6, 8 Polen eingesetzt ($p=1, 2, 3, 4$); für Sonderzwecke sind aber auch Wicklungen mit bis zu 24 und mehr Polen üblich.
Das Beispiel zeigt eine 4-polige Wicklung sowie das zugehörige Magnetfeld für positive Ströme in Strang 1 und 2 sowie negativem Strom in Strang 3.
Die Stränge können je nach zulässiger Strangspannung zur Stern- oder zur Dreieckschaltung verkettet werden.

Vierpolige Wicklung in Sternschaltung

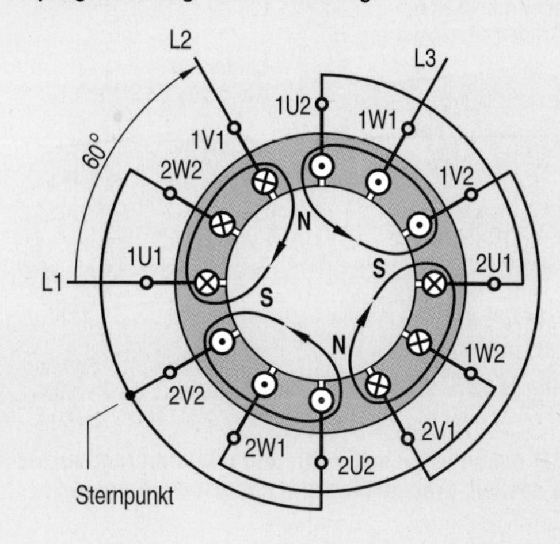

Drehrichtungsumkehr

Die Drehrichtung des Drehfeldes ist davon abhängig, in welcher Reihenfolge die Strangspulen vom Strom durchflossen werden. Entsprechend kann die Drehrichtung geändert werden, wenn Anschlüsse an den Spulen getauscht werden. Am einfachsten erfolgt die Umkehr der Drehrichtung (Reversieren) durch Vertauschen von zwei Außenleiteranschlüssen.
Die Skizze zeigt das Vertauschen der Leiter L1 und L3 mit Hilfe einer Schützschaltung. Zu beachten ist, dass die beiden Drehrichtungen nicht gleichzeitig eingeschaltet sein dürfen, da sonst ein Kurzschluss entsteht. Das bedeutet, dass die beiden Schütze in jedem Fall gegeneinander verriegelt sein müssen. Im Beispiel erfolgt die Verriegelung sowohl über die Tastschalter S2 und S3 (Tasterverriegelung), als auch über die Schützkontakte K1 und K2 (Schützverriegelung). Die doppelte Verriegelung erfolgt aus Sicherheitsgründen.

Hauptstromkreis **Steuerstromkreis**

Drehsinn, Drehrichtung

Der Drehsinn einer umlaufenden Maschine ist beim Blick auf die Antriebswelle erkennbar. Nach VDE 0532 ist festgelegt: Blickt man auf die Antriebsseite des Motors, so gilt die Drehung im Uhrzeigersinn als Rechtslauf, die Drehung im Gegenuhrzeigersinn als Linkslauf. Bei zwei herausgeführten Wellenenden zählt die Hauptwelle. Man versteht darunter das dickere Wellenende bzw. das Wellenende, das sich gegenüber dem Lüfter, dem Kollektor oder den Schleifringen befindet.
Der Rechtslauf eines Drehstrommotors muss sich einstellen, wenn die Außenleiter L1, L2 und L3 auf die Klemmen U1, V1, W1 des Klemmbretts geführt werden. Die Umkehr der Drehrichtung erfolgt durch Vertauschen von zwei Außenleitern.

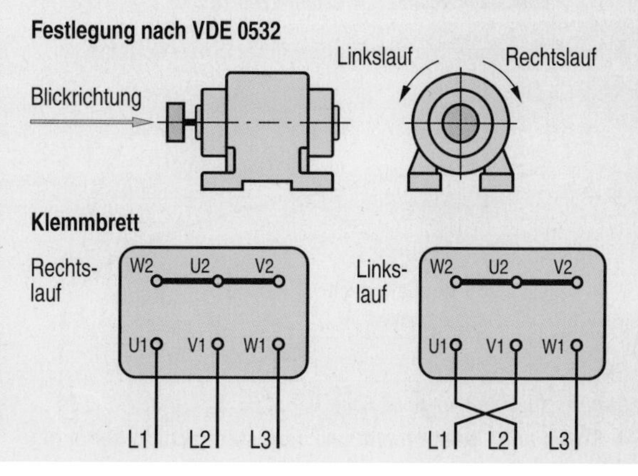

7.12 Drehstromasynchronmotoren I

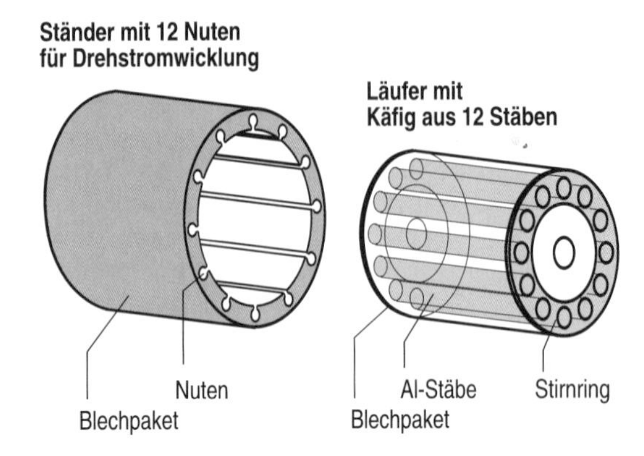

- **DASM haben einen einfachen und robusten Aufbau; sie sind deshalb preisgünstig und nahezu wartungsfrei**

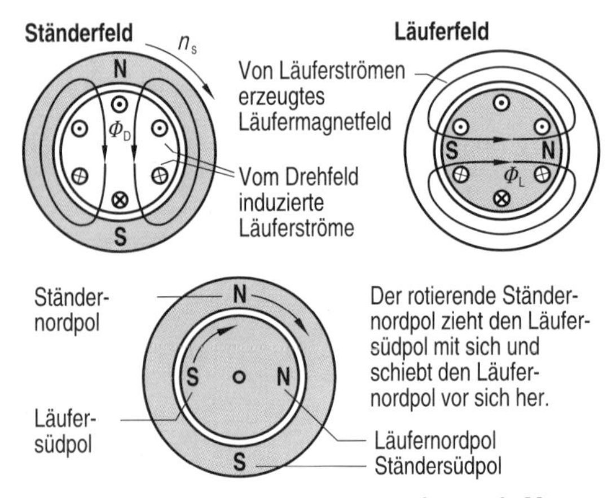

- **Ständer- und Läuferfeld erzeugen gemeinsam ein Moment**

Schlupffrequenz

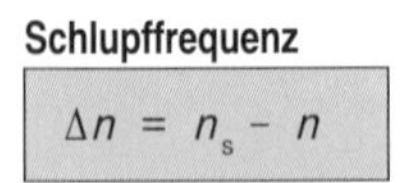

$$\Delta n = n_s - n$$

Schlupf

$$s = \frac{n_s - n}{n_s} \cdot 100\%$$

n_s Drehfelddrehfrequenz , n Läuferdrehfrequenz

- **Induktionsmotoren benötigen immer einen Schlupf**

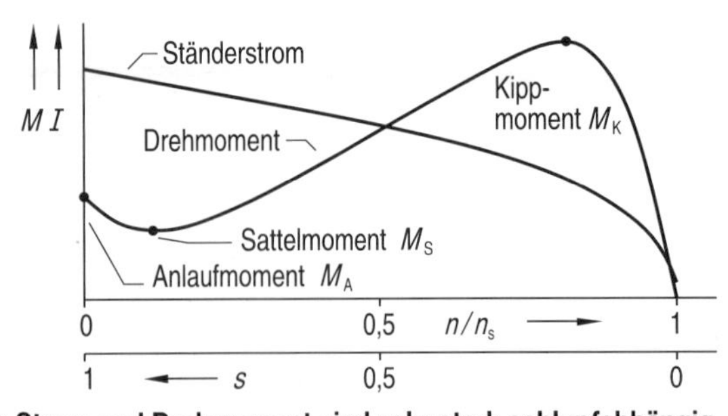

- **Strom und Drehmoment sind sehr stark schlupfabhängig**

Aufbau

Drehstromasynchronmotoren (DASM) haben im Vergleich zu anderen Motoren einen einfachen Aufbau. Der Ständer (Stator) besteht im wesentlichen aus einem Blechpaket mit Nuten zum Einlegen der dreiphasigen Wicklung. Das Blechpaket ist in ein Gehäuse aus Gusseisen oder Aluminium eingepresst. Auf dem Gehäuse ist der Klemmenkasten zum Anschluss der Drehstromleitung. Das Gehäuse hat meist Kühlrippen.

Der Läufer (Rotor) besteht aus einem auf die Welle aufgepressten Blechpaket mit Nuten. In die Nuten sind Aluminiumstäbe eingegossen; die Stäbe sind an den Stirnseiten durch Kurzschlussringe miteinander verbunden. Die kurzgeschlossenen Stäbe bilden die Wicklung des Läufers. Da die Wicklung einem (Hamster-) Käfig ähnelt, wird der Läufer auch Käfigläufer genannt. Der Läufer benötigt keinerlei Stromzufuhr.

Wirkungsweise

Ein DASM arbeitet im Prinzip wie ein Transformator; die Ständerwicklung ist dabei die Eingangswicklung, der Käfig des Läufers bildet die Ausgangswicklung. Das von der Eingangswicklung erzeugte Drehfeld Φ_D durchsetzt den Käfig des Läufers und erzeugt in diesem eine Induktionsspannung. Da die Läuferstäbe kurzgeschlossene Stromkreise bilden, verursacht die induzierte Läuferspannung einen entsprechenden Kurzschlussstrom. Der Kurzschlussstrom wiederum hat ein Magnetfeld im Läufer zur Folge. Wird die Induktivität des Läufers vernachlässigt, so stehen Ständerdrehfeld und das durch Induktion erzeugte Läuferfeld in jedem Augenblick senkrecht aufeinander.

Die Magnetpole von Ständer und Läufer üben Kräfte aufeinander aus; auf den Rotor wirkt ein antreibendes Drehmoment in Drehrichtung des Drehfeldes.

Schlupf

Läuferstrom und Läufermagnetfeld entstehen durch Induktion. Voraussetzung für die Induktion ist aber eine Differenz zwischen Drehfelddrehfrequenz und Läuferdrehfrequenz. Diese Differenz wird Schlupffrequenz genannt; die Schlupffrequenz bezogen auf die Drehfelddrehfrequenz heißt Schlupf.

Hochlaufkennlinien

Der Schlupf ist die wichtigste Variable beim DASM. Er beeinflusst insbesondere den Läuferstrom I_L und damit die Stromaufnahme I im Ständer sowie das Drehmoment M des Motors.

Das Beispiel zeigt die charakteristische Stromkurve $I = f(n)$ bzw. $I = f(s)$ und die zugehörige Drehmomentenkurve $M = f(n)$ bzw. $M = f(s)$ eines handelsüblichen DASM mit Rundstabläufer für den Drehfrequenzbereich $n = 0$ bis $n = n_s$. Der Strom nimmt dabei mit zunehmender Drehfrequenz stetig ab, der Drehmomentenverlauf hingegen enthält ein Sattel- und ein Kippmoment.

Strom und Leistungsfaktor

Zum Hochlaufen vom Stillstand bis zur stationären Drehzahl benötigt ein DASM je nach anzutreibender Last einige hundert Millisekunden bis ca. 10 Sekunden. Dabei ist der Strom im Stillstand ($s = 1$, Kurzschluss) am größten; er ist je nach Motorgröße 3- bis 8-mal so groß wie der Nennstrom. Mit zunehmender Drehfrequenz, d. h. mit kleiner werdendem Schlupf, sinkt der Strom. Bei synchroner Drehzahl ($s = 0$, Leerlauf) wird im Läufer kein Strom mehr induziert; im Ständer fließt nur noch der Leerlaufstrom, der im wesentlichen zur Erzeugung des Drehfeldes dient (Magnetisierungsstrom).

Der Schlupf hat nicht nur Einfluss auf die Stromstärke, sondern auch auf den Leistungsfaktor $\cos\varphi$. Im Stillstand ist $\cos\varphi$ im Läufer wegen der hohen Frequenz des Läuferstomes klein. Mit zunehmender Drehfrequenz steigt $\cos\varphi$ merklich an und geht bei Annäherung an die synchrone Drehfrequenz gegen 1.

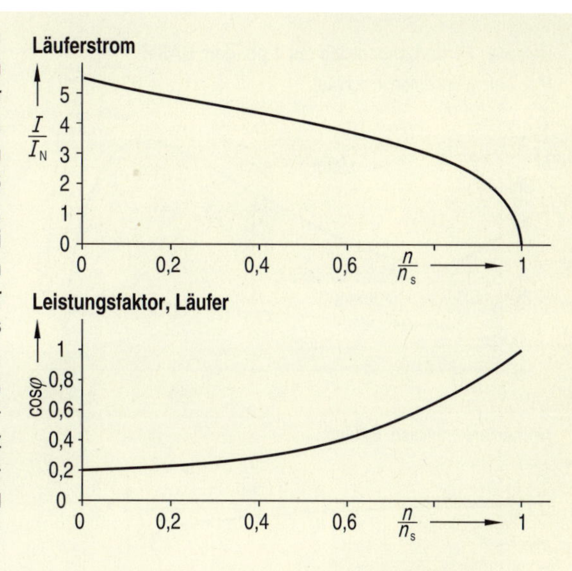

Hochlaufkennlinie

Das vom Motor entwickelte Drehmoment ist von der Stärke von Ständer- und Läuferstrom und ihrer Phasenlage abhängig, da nur der Wirkanteil der Ströme zur Momentenbildung beiträgt. Das Moment wird auch durch Oberschwingungen des Drehfeldes beeinflusst. Der Momentenverlauf ist wie folgt erklärbar:

1. Im Stillstand fließt ein großer Strom; das Moment ist wegen des hohen Blindanteils trotzdem klein.
2. Mit zunehmender Drehfrequenz werden Obeschwingungen des Drehfeldes wirksam; das Moment sinkt.
3. Mit weiter steigender Drehfrequenz sinkt der Strom, der Leistungsfaktor steigt auch; das Drehmoment steigt ebenfalls und erreicht ein Maximum.
4. Weil der Strom weiter absinkt, sinkt auch das Drehmoment stark ab. Bei synchroner Drehfrequenz wird weder Läuferstrom noch Drehmoment erzeugt.

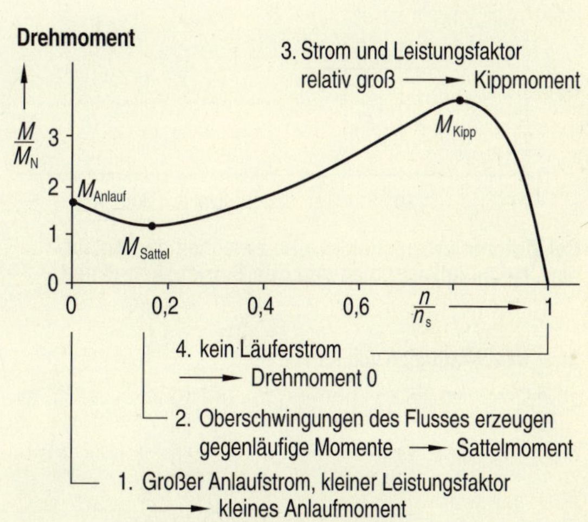

Linearmotoren

Mit Hilfe von dreiphasigem Wechselstrom können auch Motoren realisiert werden, die keine Rotations-, sondern eine Translationsbewegung ausführen. Diese sogenannten Linearmotoren bestehen im Prinzip aus einem aufgeschnittenen und dann gestreckten Drehstromständer, der hier Induktor genannt wird. Linearmotoren haben üblicherweise zwei gegenüberliegende Induktoren mit einer Drehstromwicklung. Zwischen den Induktoren liegt der Anker; er entspricht dem Käfigläufer beim DASM und besteht aus einem massiven, leitfähigen Material wie z.B. Aluminium, Stahl oder einem Verbund aus beidem.

Wird die Wicklung des Induktors mit Drehstrom gespeist, so bewegen sich die Magnetpole im Induktor; es entsteht ein sogenanntes Wanderfeld. Dieses Wanderfeld induziert im Anker Wirbelströme, die eine Kraftwirkung auf den Anker zur Folge haben.

Linearmotoren wirken wie Asynchronmotoren, ihr Schlupf ist aber wesentlich größer. Sie werden z. B. zum Antrieb von Förderbändern, Toren, großen Scheiben und Magnetschwebebahnen eingesetzt.

Prinzipieller Aufbau

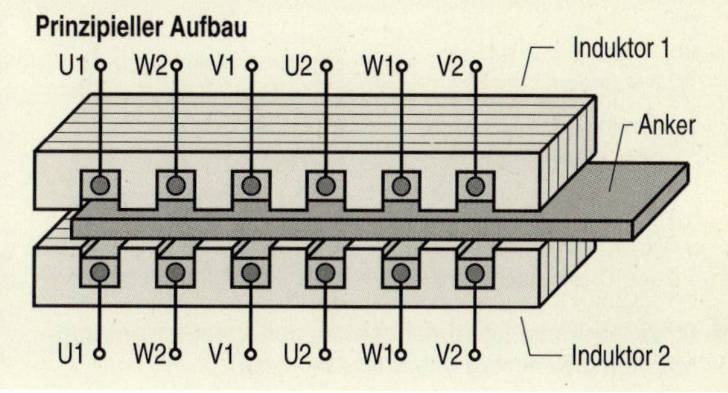

7.13 Drehstromasynchronmotoren II

Beispiel: Förderbandantrieb mit 4-poligem DASM

Momentenkennlinien, Hochlauf

Momentenkennlinien, Betrieb

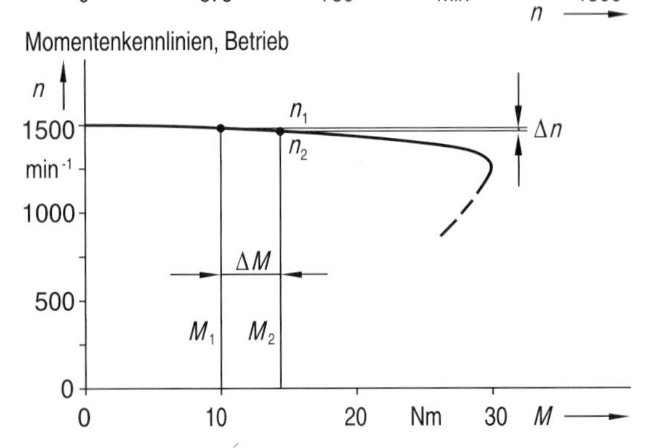

- **Bei Motoren unterscheidet man zwischen den Anlauf- bzw. Hochlaufkennlinien und den Betriebskennlinien**

Stab- bzw. Nutformen von Käfigläufern

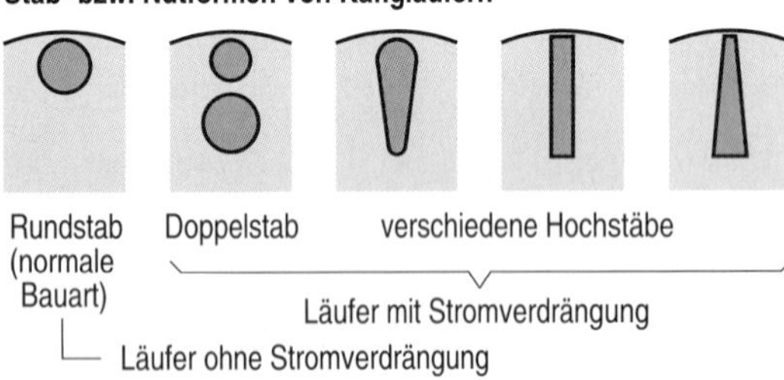

Hochlaufkennlinien

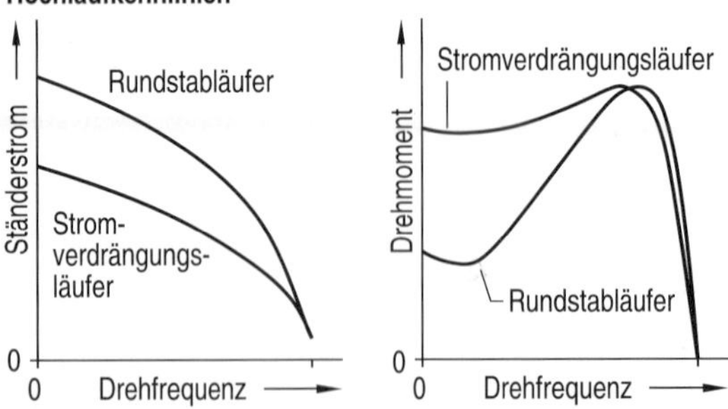

- **Stromverdrängungsläufer senken den Anlaufstrom und erhöhen gleichzeitig das Anlaufmoment**

Betriebsverhalten

Motoren treiben üblicherweise Arbeitsmaschinen an; das Betriebsverhalten ist deshalb als Zusammenspiel von Motor und Arbeitsmaschine zu betrachten.

Anlaufvorgang

Zur Untersuchung des Anlaufvorgangs ist es sinnvoll, Antriebs- und Lastmoment als Funktion der Drehfrequenz, $M = f(n)$, aufzutragen. Dabei wird ersichtlich, dass ein Teil des Antriebsmomentes als Gegenmoment zur Last gebraucht wird; der verbleibende Teil ist das Beschleunigungsmoment. Der Schnittpunkt der zwei Momentenlinien bildet den Arbeitspunkt; der Motor hat hier seine stationäre Drehfrequenz erreicht.

Die Anlaufzeit t_A, d.h. die Zeitspanne zwischen Einschalten und Erreichen der stationären Drehfrequenz, ist vom Beschleunigungsmoment M_B und vom Trägheitsmoment des Antriebs $J_{Motor} + J_{Last}$ abhängig.

Stationärer Betrieb

Während des Betriebes kann sich die anzutreibende Last ändern. Die dadurch bedingten Drehfrequenzänderungen lassen sich gut untersuchen, wenn die Drehmomentenkennlinie des Motors in der Form $n = f(M)$ dargestellt wird. Aus der Kennlinie ist ersichtlich, dass die Drefrequenzänderungen auch bei großen Laständerungen klein sind, d. h. die Drehfrequenz sinkt bei zusätzlicher Last nur wenig ab. Da auch Gleichstromnebenschlussmotoren eine derartige Kennlinie haben, nennt man dieses Verhalten „Nebenschlussverhalten".

Beeinflussung der Kennlinien $I = f(n)$ und $M = f(n)$

Aus den Hochlaufkennlinien eines DASM sind zwei ungünstige Eigenschaften des Motors erkennbar:

1. Der Anlaufstrom I_A des Motors ist relativ groß; je nach Motorgröße gilt: $I_A = 3...8 \cdot I_N$.
2. Das Anlaufmoment ist trotz großem Anlaufstrom klein, eventuell kleiner als das Nennmoment.

Anlaufstrom und Anlaufmoment werden insbesondere durch die Form der Läuferstäbe beeinflusst. Läuferstäbe mit kreisförmigem Querschnitt ergeben Wicklungen mit kleinem ohmschen Widerstandsanteil. Dies führt beim Anlauf zu Strömen mit hohem Blindanteil; der Blindanteil ist jedoch an der Momentenbildung nicht beteiligt. Werden die Käfigstäbe hingegen so geformt, dass sie tief in den Läufer hineinragen, so wird der Wirkanteil des Widerstandes während des Anlaufs stark erhöht. Dies führt zu einer Reduzierung des Anlaufstromes bei gleichzeitiger Erhöhung des Anlaufmomentes. Diese Wirkung beruht auf einem so genannten Stromverdrängungseffekt.

Für besonders große Anlaufmomente werden Schleifringläufermotoren eingesetzt. Sie haben im Läufer eine Drehstromwicklung, die über Schleifringe mit ohmschen Widerständen beschaltet werden kann.

Anlaufzeit

In der Praxis ist die Anlauf- oder Hochlaufzeit t_A eines Antriebes von großer Bedeutung. Diese Anlaufzeit wird von 2 Größen bestimmt:

1. vom Beschleunigungsmoment M_B
2. vom gesamten Trägheitsmoment $J_{ges.}$.

Es gilt: $$t_A = \frac{2 \cdot \pi \cdot n_N \cdot J_{ges.}}{M_B} = \frac{2 \cdot \pi \cdot n_N \cdot \sum J}{M_B}$$

Da weder das Motormoment noch das Lastmoment während des Anlaufs konstant ist, ist auch das Beschleunigungsmoment stark von der augenblicklichen Drehfrequenz abhängig. Da eine genaue Berechnung nur mit Hilfe einer Integration möglich ist, wird meist aus Motor- und Lastkennlinie ein mittleres Beschleunigungsmoment geschätzt.

Das Trägheitsmoment von Normmotoren kann den Herstellertabellen entnommen werden, das Trägheitsmoment der Last muss eventuell berechnet oder durch Messung ermittelt werden.

Beispiel:

Ein Motor mit Nennleistung $P_N = 4\,\text{kW}$ und Nenndrehfrequenz $n_N = 2880\,\text{min}^{-1}$ entwickelt während des Anlaufs ein durchnittliches Drehmoment $M = 2 \cdot M_N$. Das Lastmoment ist während des gesamten Anlaufvorgangs $M_L = M_N =$ konstant; das Trägheitsmoment des Motors ist $J_M = 0{,}0075\,\text{kgm}^2$, die angetriebene Arbeitsmaschine hat das Trägheitsmoment $J_L = 5 \cdot J_M$.

Berechnen Sie die Anlaufzeit t_A des Antriebs.

Lösung:

Nennmoment: $$M_N = \frac{P_N}{2 \cdot \pi \cdot n_N} = \frac{4000\,\text{W} \cdot 60\,\text{s}}{2 \cdot \pi \cdot 2880} = 13{,}25\,\text{Nm}$$

Beschleunigungsmoment: $$M_B = 2 \cdot M_N - M_N = M_N = 13{,}25\,\text{Nm}$$

Gesamtes Trägheitsmoment: $$J_{ges.} = J_M + J_L = J_M + 5 \cdot J_M = 6 \cdot J_M = 0{,}045\,\text{kg} \cdot \text{m}^2$$

Hochlaufzeit: $$t_H = \frac{2 \cdot \pi \cdot n_N \cdot J_{ges.}}{M_B}$$

$$t_H = \frac{2 \cdot \pi \cdot 2880 \cdot 0{,}045\,\text{kg} \cdot \text{m}^2}{60\,\text{s} \cdot 13{,}25\,\text{Nm}} = 1\,\text{s}$$

Stromverdrängung

Die Stromverdrängung lässt sich am Doppelstabläufer folgendermaßen erklären: Stab 1 liegt nahe am Luftspalt und ist daher nur von wenigen Streufeldlinien umgeben. Stab 2 ist ganz von Eisen und entsprechend vielen Streufeldlinien umgeben.

Bei Läuferstillstand ($s = 1$) hat Stab 2 einen hohen induktiven Widerstand, weil die Frequenz der Läuferspannung groß (50 Hz) ist. Für den Stromfluss steht praktisch nur der obere Leiter zur Verfügung; d. h. der Käfig hat einen großen ohmschen Widerstand.

Bei Nenndrehfrequenz ($s = 2\%...6\%$) spielt der induktive Widerstand keine Rolle mehr, weil die Frequenz der Läuferspannung klein (1 Hz bis 3 Hz) ist. Für den Stromfluss stehen jetzt beide Leiter zur Verfügung, d.h. der Käfig hat einen kleinen ohmschen Widerstand.

Stillstand

$s = 1$ $f_{Läufer} = 50$ Hz

$u_{Läufer}$ groß z.B. 50 V

Ständer

X_σ klein

X_σ groß

Läufer

Stab 2 hat großen induktiven Widerstand → Strom wird nach Stab 1 verdrängt

Luftspalt

Stab 1

von wenig Eisen umgeben → wenig Streufeldlinien

Stab 2

von viel Eisen umgeben → viele Streufeldlinien

Nenndrehfrequenz

$s = 4\%$ $f_{Läufer} = 2$ Hz

$u_{Läufer}$ klein z.B. 2 V

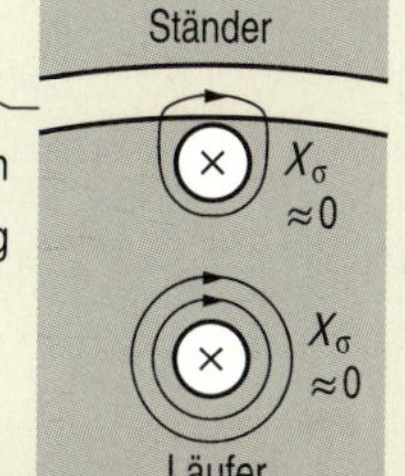

Induktiver Widerstand ist vernachlässigbar klein → Strom fließt gleichmäßig in beiden Stäben

Aufgaben

7.13.1 Drehstromasynchronmotor I

Ein DASM hat 4 Pole und wird mit der Netzspannung 400 V, 50 Hz gespeist, der Nennschlupf beträgt 4 %.

a) Berechnen Sie die synchrone Drehfrequenz.

b) Erklären Sie, was man unter dem Schlupf versteht und warum er beim DASM notwendig ist.

c) Berechnen Sie die Nenndrehfrequenz des Motors.

d) Skizzieren Sie die Hochlaufkennlinie eines DASM und tragen sie Anlauf-, Sattel- und Kippmoment ein.

e) Erklären Sie, warum DASM trotz eines hohen Anlaufstromes ein verhältnismäßig kleines Anlaufdrehmoment entwickeln.

7.13.2 Drehstromasynchronmotor II

Ein DASM hat folgende Daten: $U = 400\,\text{V}$, $P = 1{,}1\,\text{kW}$, $n = 975\,\text{min}^{-1}$, $\cos\varphi = 0{,}85$, $\eta = 0{,}8$ $p = 3$.

Berechnen Sie

a) die synchrone Drehfrequenz, den Nennschlupf und die Polzahl des Motors,

b) das Nenndrehmoment,

c) den Nennstrom.

d) Wie unterscheiden sich Anlaufmoment und Anlaufstrom eines Motors mit Rundstabläufer von den entsprechenden Werten eines Hochstabläufers? Worauf sind die Unterschiede zurückzuführen?

7.14 Drehstromasynchronmotoren III

Stern-Dreieck-Anlauf

- **Durch Stern-Dreieck-Anlauf werden Anlaufstrom und Anlaufmoment auf ein Drittel der Dreieckwerte gesenkt**

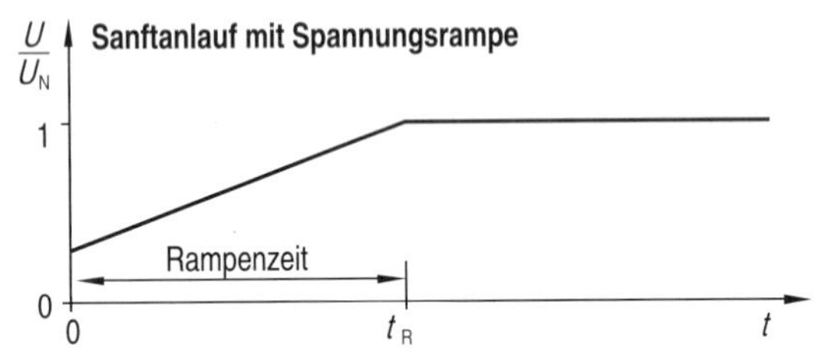

- **Mit elektronischen Motorstartern können Anlaufstrom und Anlaufdrehmoment beliebig begrenzt werden**

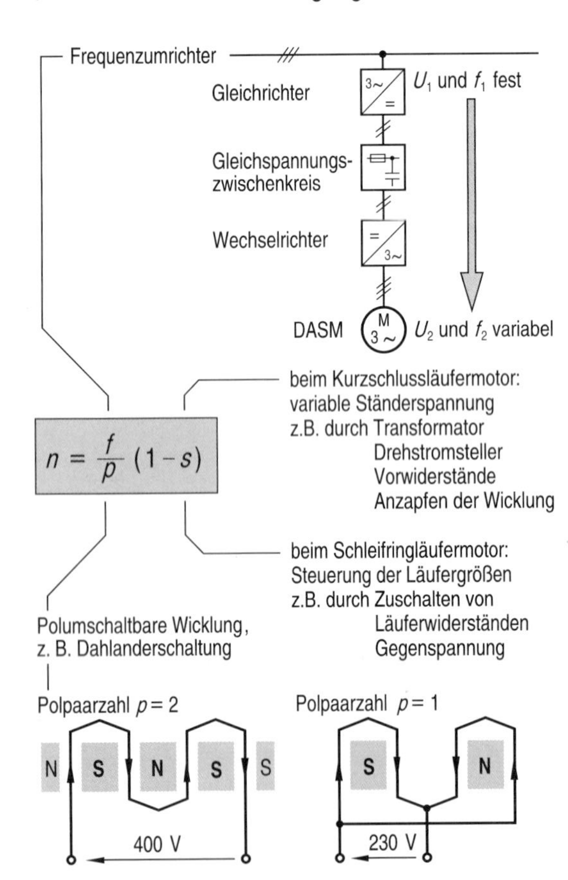

- **Die Drehfrequenz von DASM kann durch die Frequenz, die Polpaarzahl und den Schlupf gesteuert werden**

Anlassverfahren

DASM, die einen Anlaufstrom über 60 A aufnehmen, dürfen nur mit strombegrenzenden Anlaufverfahren eingeschaltet werden. Bei Kurzschlussläufermotoren muss dazu die Einschaltspannung reduziert werden, bei Schleifringläufermotoren können in den Läuferkreis ohmsche Widerstände zugeschaltet werden.
Die einfachste Möglichkeit zur Absenkung der Ständerspannung bietet das Y-Δ-Anlassverfahren. Der Motor wird dabei in Y-Schaltung eingeschaltet und nach dem Hochlaufen in Δ umgeschaltet. Der Einschaltstrom und das Anlaufmoment wird auf ein Drittel der jeweiligen Dreieckwerte gesenkt.
Sollen Stromaufnahme und Drehmoment während des Hochlaufs beliebig reduzierbar sein, so werden elektronische Motorstarter verwendet. Sie gestatten einen Motorsanftanlauf durch einen zeitlich abgestimmten Spannungs- bzw. Stromanstieg (Spannungsrampe, Stromrampe).
In älteren Anlagen werden auch Anlasswiderstände, Anlassdrosseln und Anlasstransformatoren eingesetzt.

Drehfrequenzsteuerung

Die Drehfrequenz eines DASM ist von der Frequenz f der Speisespannung, der Polpaarzahl p der Ständerwicklung und vom Schlupf s abhängig. Die Drehfrequenz ist durch diese drei Parameter steuerbar.

Frequenzsteuerung

Die wirkungsvollste Steuerung wird mit Frequenzumrichtern erzielt. Damit kann der Motor mit Spannungen im Frequenzbereich von 0 bis etwa 500 Hz gespeist werden, wodurch man Drehfrequenzen zwischen 0 und 30000 min^{-1} erreicht; bei kleinen Motoren sind auch Drehfrequenzen bis 100000 min^{-1} realisierbar.
Frequenzumrichter ermöglichen die stufenlose Drehfrequenzsteuerung bis in den 100-kW-Bereich.

Polsteuerung

Für Antriebe, die nur 2 oder 3 feste Drehfrequenzen verlangen, kann die Ständerwicklung für mehrere Polpaarzahlen konzipiert werden. Im Prinzip können 2 oder mehr unabhängige Wicklungen in den Ständer eingelegt werden; damit sind dann 2 oder mehr voneinander unabhängige Drehfrequenzen realisierbar. Sehr wirtschaftlich ist die Dahlander-Schaltung; mit ihr sind 2 Drehzahlen realisierbar, die im Verhältnis 2:1 stehen.

Schlupfsteuerung

Wird bei einem DASM die Ständerspannung reduziert, so sinkt das Drehmoment. Beim belasteten Motor steigt dadurch der Schlupf so weit, bis der induzierte Strom das Lastmoment erzeugen kann. Durch Absenken der Spannung kann demzufolge die Drehfrequenz gesteuert werden. Die Schlupfsteuerung ist aber nur für Lüfter- und Pumpenantriebe geeignet.

Stern-Dreieck-Anlauf

Der Stern-Dreieck-Anlauf ist das am meisten verwendete Verfahren zum Vermindern der Ständerspannung. Es kann für Motoren eingesetzt werden, deren Stränge für Netzspannung ausgelegt sind. Für den Betrieb am 230 V/400-V-Netz muss das Leistungsschild die Angabe Δ 400 V oder 400 V/690 V enthalten.

Beim Einschalten in Y-Schaltung wird der Einschaltstrom auf ein Drittel des Wertes bei Δ-Schaltung begrenzt; ebenso wird das Anlaufmoment begrenzt. Für den Anlauf unter Voll- oder Schwerlast ist diese Schaltung deshalb üblicherweise nicht geeignet.

Nach dem Hochlauf in Y-Schaltung muss in Δ umgeschaltet werden, weil sonst der Motor unter Last nicht seine vorgeschriebene Drehfrequenz erreicht, einen zu großen Strom aufnimmt und eventuell zerstört wird. Für den Y-Δ-Anlauf können Handschalter oder Schützschaltungen eingesetzt werden.

Schützschaltung für Stern-Dreieck-Anlauf

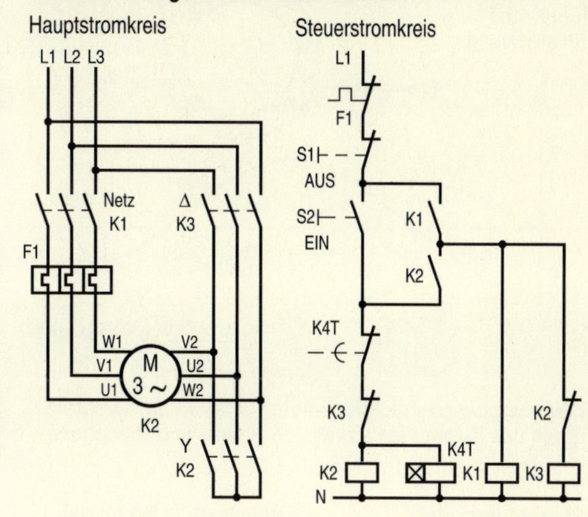

Elektronische Motorstarter

Die Ständerspannung von Drehstrommotoren kann durch Drehstromsteller stufenlos gesteuert werden. Damit kann sowohl der Anlaufstrom als auch das Anlaufmoment beliebig reduziert werden. Elektronische Motorstarter eignen sich besonders für alle Antriebe, die einen sanften Anlauf und/oder sanften Auslauf erfordern. Sie ermöglichen auch eine sogenannte Teillastoptimierung, d.h. bei Teillast oder Leerlauf wird die Spannung reduziert, wodurch Wirkungsgrad und Leistungsfaktor verbessert werden. Elektronische Motorstarter sind wie die Y-Δ-Anlassschaltung nicht für Anlauf bei Voll- oder Schwerlast geeignet.

Drehstromsteller mit Thyristoren

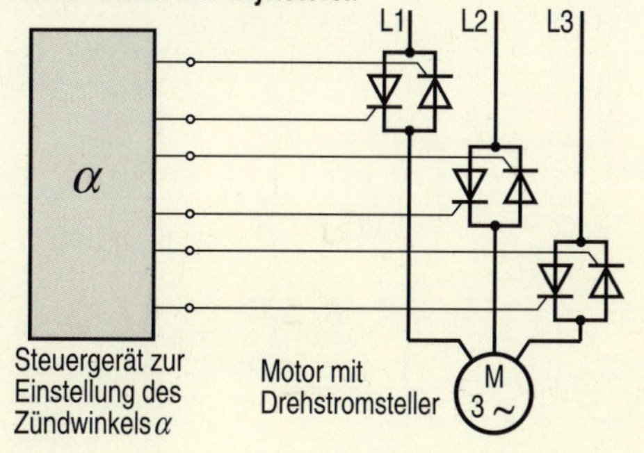

Schleifringläufermotoren

DASM mit Kurzschlussläufer haben einen hohen Anlaufstrom bei kleinem Anlaufmoment. Dieser Nachteil wird vermieden, wenn der Läufer statt des Käfigs eine Drehstromwicklung erhält, die über Schleifringe und Kohlebürsten beschaltet werden kann.

Beim Anlaufen des Motors werden ohmsche Widerstände über Schleifringe in den Läuferkreis geschaltet; dies erhöht das Anlaufmoment (Schwerlastanlauf) und reduziert den Anlaufstrom. Nach dem Hochlauf werden die Widerstände kurzgeschlossen.

Schleifringläufermotoren sind unwirtschaftlicher als Kurzschlussläufermotoren; sie werden deshalb nur in Sonderfällen eingesetzt.

Schaltung

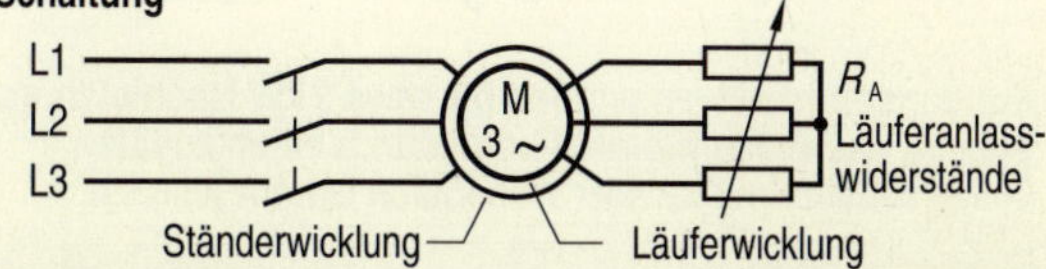

Kennlinien

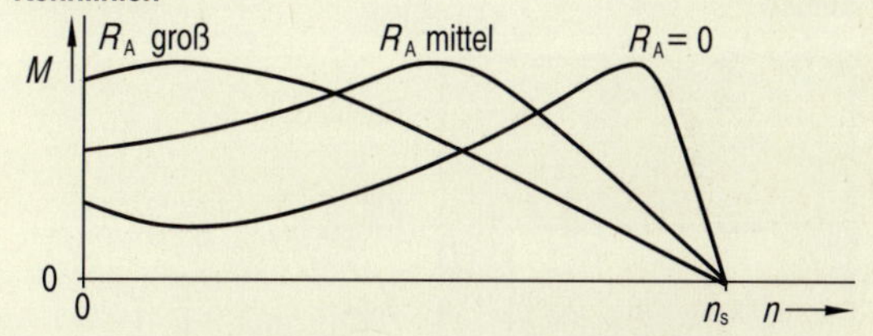

Frequenzumrichter

Wegen der fortschreitenden Prozessautomatisierung in der Industrie werden zunehmend Antriebe benötigt, deren Drehfrequenzen schnell und stufenlos geregelt werden können. Diese Anforderung konnte bisher gut mit Gleichstrommotoren erfüllt werden, Drehstrommotoren am festen 50-Hz-Netz sind dafür ungeeignet.

Durch die Fortschritte bei der elektronischen Stromrichtertechnik wurde auch der Einsatz von Drehstromasynchronmotoren möglich. Dies ist wirtschaftlich von großer Bedeutung, weil DASM keine Kollektoren und Bürsten enthalten und deshalb wesentlich wartungsärmer und preisgünstiger sind.

7.15 Einphasige Induktionsmotoren

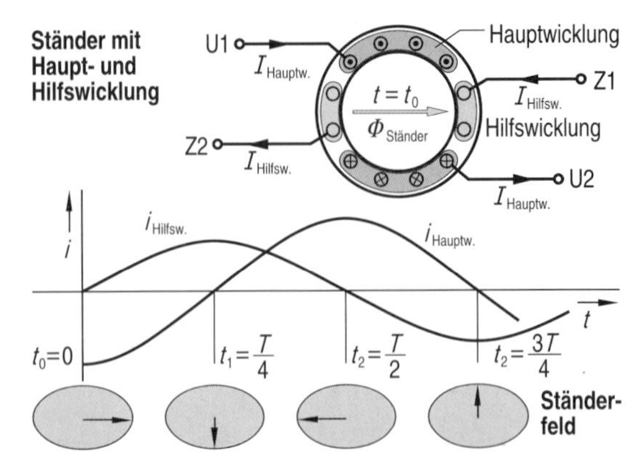

- **Beim Einphasen-Induktionsmotor entsteht das Drehfeld durch das Zusammenwirken von Haupt- und Hilfsphase**

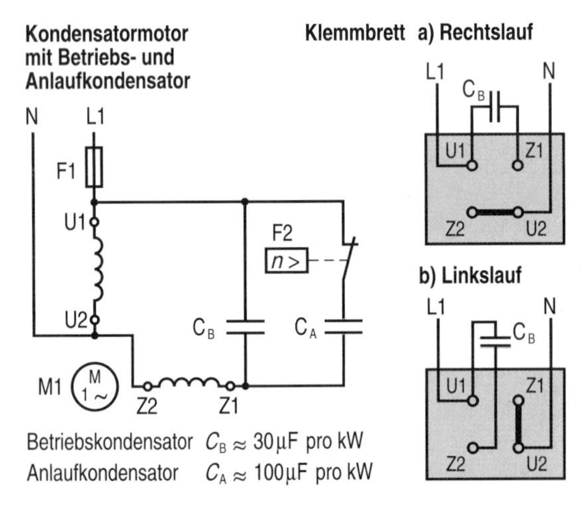

- **Kondensatormotoren werden bis etwa 2 kW Nennleistung gebaut, das Anlaufmoment kann durch einen zusätzlichen Anlaufkondensator wesentlich erhöht werden**

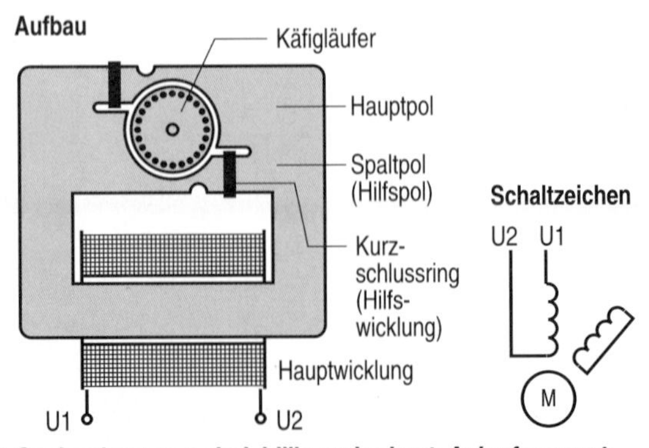

- **Spaltpolmotoren sind billig und robust, Anlaufmoment und Wirkungsgrad sind gering, die Drehrichtung geht stets vom Hauptpol zum Spaltpol und ist nicht umkehrbar**

Drehfeld

Der Ständer eines einphasigen Induktionsmotors hat eine Hauptwicklung (U1 - U2) und eine Hilfswicklung (Z1 - Z2). Die Hauptwicklung füllt meist zwei Drittel der Nuten, die Hilfswicklung ein Drittel. Beide Wicklungen sind um 90° gegeneinander versetzt.

Um im Ständer ein Drehfeld zu erzeugen, müssen in beiden Wicklungen zeitlich gegeneinander verschobene Ströme fließen. Im Beispiel eilt der Strom der Hilfswicklung $I_{Hilfsw.}$ dem Strom der Hauptwicklung $I_{Hauptw.}$ um 90° voraus. Haupt- und Hilfswicklung erzeugen dadurch ihr Magnetfeld mit zeitlicher Verschiebung; die Überlagerung beider Felder führt zu einem Drehfeld. Dieses Drehfeld hat in waagrechter und senkrechter Lage meist unterschiedliche Beträge; es wird als elliptisches Drehfeld bezeichnet.

Kondensatormotor

Die notwendige Phasenverschiebung zwischen den Strömen von Haupt- und Hilfswicklung kann am wirkungsvollsten erreicht werden, wenn in Reihe zur Hilfswicklung ein Kondensator (Betriebskondensator C_B) geschaltet wird. Seine Kapazität soll bei 230 V etwa 30 µF pro 1 kW Motorleistung betragen. Um das Anlaufmoment zu steigern, kann während der Hochlaufzeit ein zusätzlicher Kondensator (Anlaufkondensator C_A) parallel zum Betriebskondensator zugeschaltet werden. Seine Kapazität soll ungefähr den 3fachen Wert des Betriebskondensators haben.

Hilfswicklung und Kondensator bilden einen Reihenschwingkreis, die Kondensatorspannung ist daher vor allem im Leerlauf höher als die Netzspannung. Die Kondensatoren für den Betrieb am 230-V-Netz müssen deshalb für mindestens 440 V ausgelegt sein.

Kondensatormotoren werden bis zu Nennleistungen von etwa 2 kW zum Antrieb von Baumaschinen, Werkzeugmaschinen und Haushaltgeräten eingesetzt.

Spaltpolmotor

Einen besonders einfachen und preisgünstigen Aufbau bietet der Spaltpolmotor. Er besteht aus einem Magnetgestell, das zwei Hauptpole und zwei davon abgespaltete Hilfspole enthält. Auf den Hilfspolen liegt ein Kurzschlussring (Kurzschlusswicklung). Der Kurzschlussring bewirkt, dass das Magnetfeld im Spaltpol immer mit zeitlicher Verzögerung zum Magnetfeld im Hauptpol auf- und abgebaut wird. Auf diese Weise entsteht ein Wanderfeld, das immer vom Haupt- zum Spaltpol gerichtet ist; die Drehrichtung des Motors geht daher immer vom Haupt- zum Spaltpol.

Spaltpolmotoren sind preisgünstig und robust. Wegen ihres kleinen Wirkungsgrades werden sie nur für Nennleistungen bis etwa 300 W gefertigt. Sie dienen zum Antrieb von Pumpen, Lüftern, Haushaltgeräten.

Einphasenmotor mit Widerstandshilfsstrang

Die notwendige Phasenverschiebung zwischen den Strömen der beiden Wicklungen eines einphasigen Induktionsmotors wird meist durch einen Kondensator im Hilfsstrang erreicht. Ein Drehfeld kann auch erzeugt werden, wenn in den Hilfsstrang ein ohmscher Widerstand geschaltet wird. Diese Möglichkeit wird in der Praxis dadurch realisiert, dass die Hilfswicklung zum Teil bifilar gewickelt wird, z. B. indem ⅓ der Spulenwindungszahl gegenläufig zu den anderen Windungen gewickelt wird. Um eine thermische Überlastung zu vermeiden, muss die Hilfswicklung nach dem Hochlauf abgeschaltet werden (Fliehkraftschalter, Stromrelais). Motoren mit Widerstandshilfsstrang sind preisgünstiger als Kondensatormotoren, sie haben aber ein kleineres Anlaufmoment und einen geringeren Wirkungsgrad. Sie werden für Antriebe mit geringer Schalthäufigkeit und geringem Anlaufmoment eingesetzt. Die Motoren werden für Nennleistungen bis etwa 300 W gebaut.

Wechselfeld, Drehfeld

Drehstrom-Asynchronmotoren haben folgende Eigenart: wird ein Außenleiter unterbrochen, so kann der Motor nicht selbständig anlaufen, wird der Motor hingegen angeworfen, so kann er auch mit nur zwei Außenleitern (einphasig) weiterlaufen. Eine Erklärung für dieses Verhalten ist möglich, wenn das Wechselfeld in zwei gegensinnig umlaufende Drehfelder zerlegt wird.

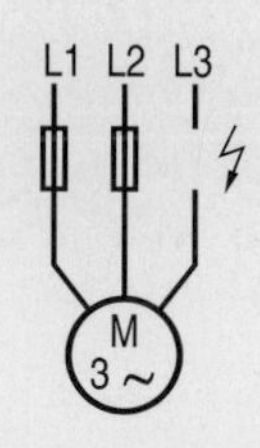

Ein DASM kann mit nur 2 Außenleitern (einphasig) weiterlaufen, aber nicht selbständig anlaufen.

Bei einphasigem Lauf hat der Motor eine erhöhte Stromaufnahme.

Zerlegung des Wechselfeldes

Ein sinusförmiges Wechselfeld $B = B_{max} \cdot \cos\omega t$ kann gemäß dem Zusammenhang $\cos\omega t = 0{,}5 \cdot (e^{j\omega t} + e^{-j\omega t})$ in ein links- und ein rechtsdrehendes Drehfeld zerlegt werden. Beide Drehfelder haben die halbe Amplitude des Wechselfeldes und die Kreisfrequenz ω bzw. $-\omega$. Die Zerlegung erfolgt nur gedanklich, in Wirklichkeit tritt immer die Resultierende beider Drehfelder auf.

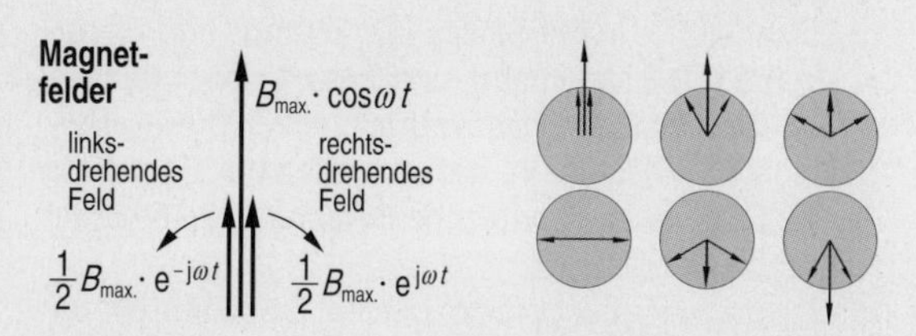

Drehmomente

Die beiden durch die Zerlegung gewonnenen Drehfelder erzeugen in einem Käfigläufer je ein Drehmoment: das linksdrehende Drehfeld ein linksdrehendes, das rechtsdrehende Drehfeld ein rechtsdrehendes. Bei stillstehendem Rotor sind beide Drehmomente gleich groß, der Motor kann nicht selbständig anlaufen. Wird der Motor hingegen in eine Drehrichtung angeworfen, so überwiegt das Drehmoment in diese Richtung und der Motor kann selbständig weiterlaufen.

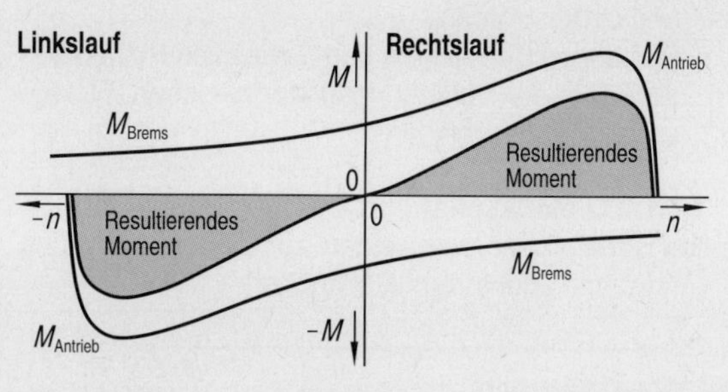

Steinmetz-Schaltung

Drehstrommotoren mit 230 V Strangspannung können am einphasigen Netz betrieben werden, wenn mit Hilfe eines Kondensators eine Hilfsphase gebildet wird. Die nach dem deutsch-amerikanischen Ingenieur Charles Steinmetz (1865–1923) benannte Steinmetzschaltung wird zum Betrieb von Motoren bis etwa 2 kW Nennleistung angewandt. Die Leistung des einphasig betriebenen Motors sinkt auf etwa 70 %, das Anlaufmoment auf unter 50 % im Vergleich zum Drehstrombetrieb.

Der für die Bildung der Hilfsphase erforderliche Betriebskondensator C_B muss bei 230 V Betriebsspannung eine Kapazität von etwa 70 µF pro kW Motornennleistung besitzen. Das Anlaufmoment kann durch einen zusätzlichen Anlaufkondensator erhöht werden. Seine Kapazität soll ungefähr $C_A = 2 \cdot C_B$ betragen.

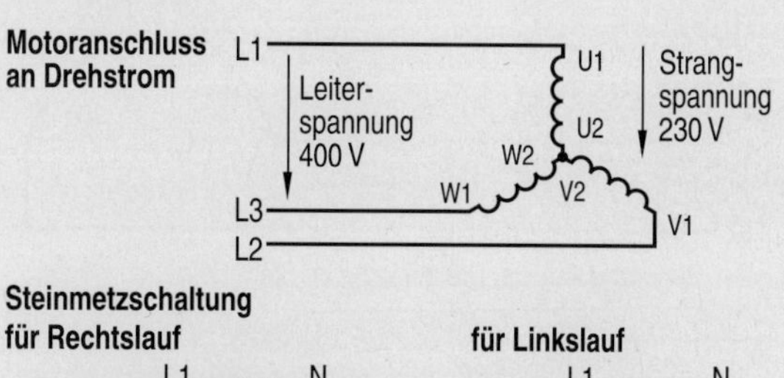

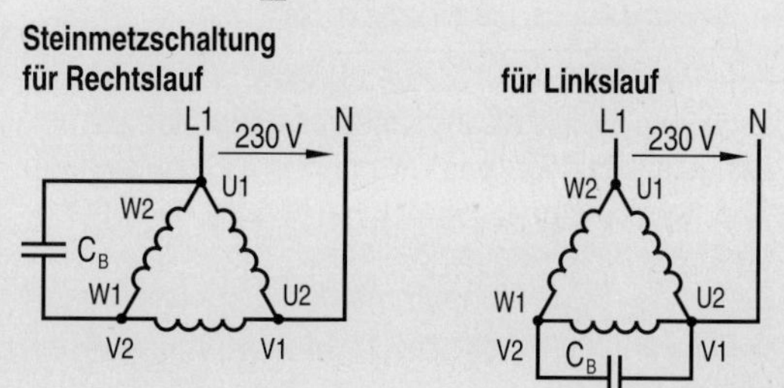

Test 7.1

Fachgebiet: Dreiphasiger Wechselstrom
Bearbeitungszeit: 90 Minuten

T 7.1.1 Sternschaltung

Die Schaltskizze zeigt ein zur Sternschaltung verkettetes Dreiphasensystem:

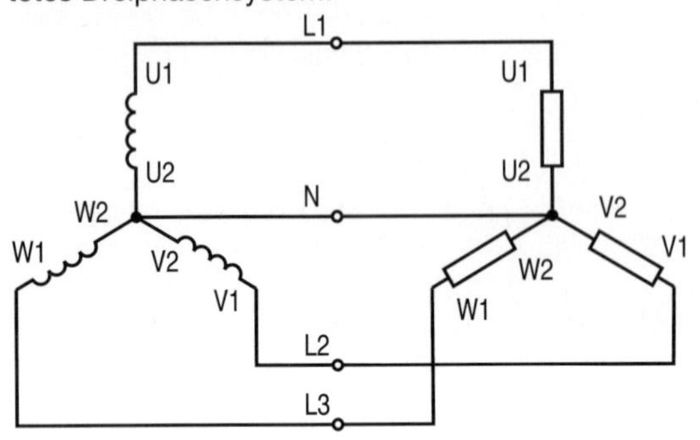

a) Zeichnen Sie in die Skizze alle Strang- und Leiterströme sowie alle Strang- und Leiterspannungen ein. Benutzen Sie dabei das Verbraucherzählpfeilsystem.
b) Zeigen Sie allgemein, dass bei gleicher Belastung aller Stränge (symmetrische Belastung) im N-Leiter der Strom null fließt.
c) Welcher Verkettungsfaktor besteht zwischen Strang- und Leiterströmen.
d) Berechnen Sie mit Hilfe des Satzes von Pythagoras allgemein den Verkettungsfaktor zwischen Strang- und Leiterspannungen.

T 7.1.2 Dreieckschaltung

Die Schaltskizze zeigt einen zur Dreieckschaltung verketteten Drehstromverbraucher:

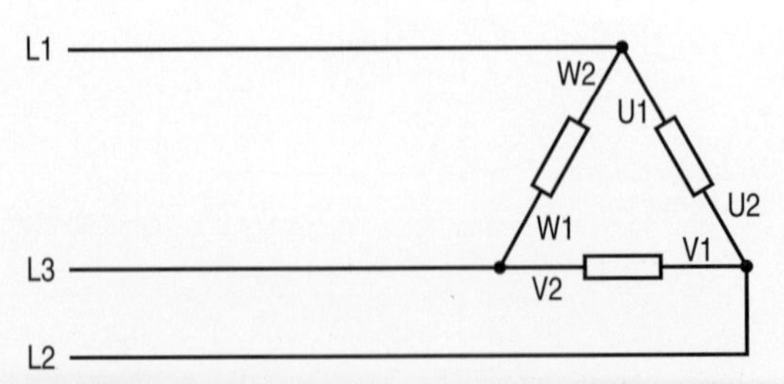

Der Generator kann im Dreieck oder im Stern betrieben werden

a) Zeichnen Sie in die Skizze alle Strang- und Leiterströme sowie alle Strang- und Leiterspannungen ein. Benutzen Sie dabei das Verbraucherzählpfeilsystem.
b) Welcher Verkettungsfaktor besteht zwischen Strang- und Leiterspannungen?
c) Berechnen Sie für den symmetrischen Belastungsfall den Verkettungsfaktor zwischen den Strang- und den Leiterströmen.

T 7.1.3 Unsymmetrische Sternschaltung I

Die folgende unsymmetrische Sternschaltung wird am 400V/230-V-Netz betrieben:

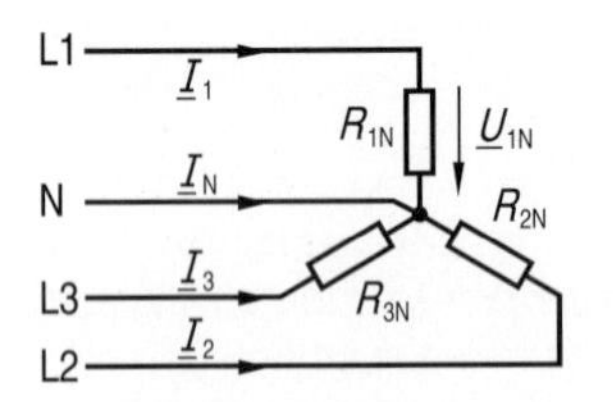

$\underline{U}_{1N} = 230\,\text{V}\,\underline{/\,0°}$
$\underline{U}_{2N} = 230\,\text{V}\,\underline{/-120°}$
$R_{1N} = 46\,\Omega$
$R_{2N} = 23\,\Omega$
$R_{3N} = 28{,}75\,\Omega$

a) Berechnen Sie mittels komplexer Rechnung die drei Strangströme und den N-Leiter-Strom.
b) Zeichnen Sie ein maßstäbliches Zeigerdiagramm für alle Spannungen und Ströme.

T 7.1.4 Unsymmetrische Sternschaltung II

Die folgende unsymmetrische Sternschaltung wird am 400 V/230 -V-Netz betrieben:

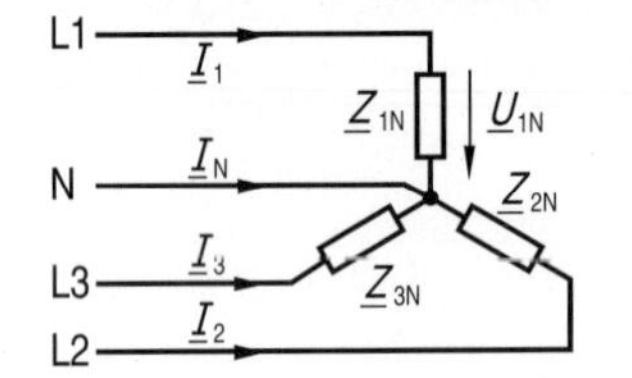

$\underline{U}_{1N} = 230\,\text{V}\,\underline{/\,0°}$
$\underline{U}_{2N} = 230\,\text{V}\,\underline{/-120°}$
$\underline{Z}_{1N} = 46\,\Omega\,\underline{/\,0°}$
$\underline{Z}_{2N} = 57{,}5\,\Omega\,\underline{/\,60°}$
$\underline{Z}_{3N} = 115\,\Omega\,\underline{/-45°}$

a) Berechnen Sie mittels komplexer Rechnung die drei Strangströme und den N-Leiter-Strom.
b) Zeichnen Sie ein maßstäbliches Zeigerdiagramm für alle Spannungen und Ströme.
c) Vertauschen Sie $\underline{Z}_2$ und $\underline{Z}_3$ und berechnen Sie den jetzt fließenden N-Leiter-Strom.

T 7.1.5 Unsymmetrische Dreieckschaltung

Die folgende unsymmetrische Dreieckschaltung wird am 400-V-Netz betrieben:

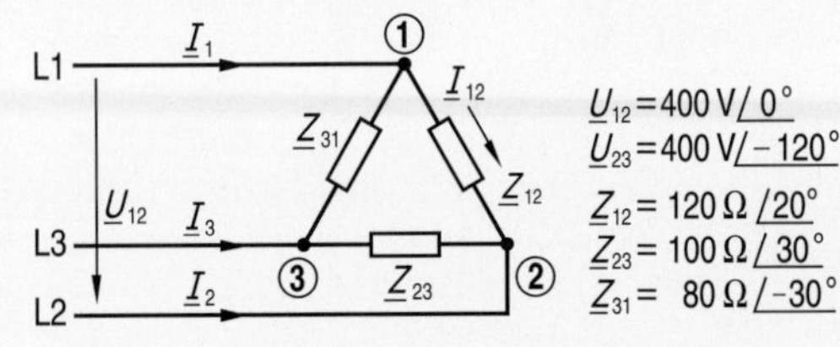

a) Berechnen Sie mittels komplexer Rechnung die drei Strangströme und die Leiterströme.
b) Zeichnen Sie ein maßstäbliches Zeigerdiagramm für alle Spannungen und Ströme.

Fachgebiet: Dreiphasiger Wechselstrom
Bearbeitungszeit: 180 Minuten

T 7.2.1 Unsymmetrische Dreieckschaltung I

Die folgende unsymmetrische Dreieckschaltung wird am 400-V-Netz betrieben:

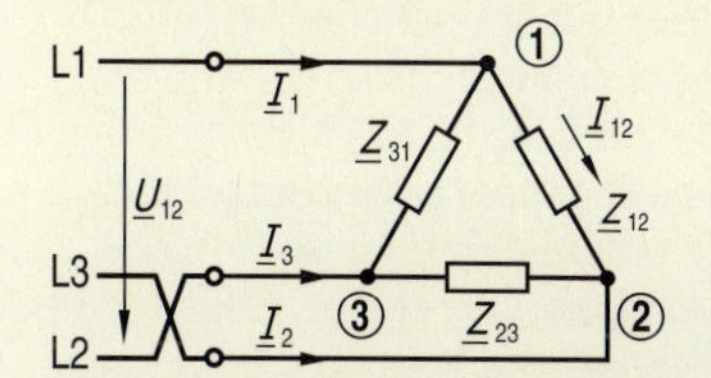

$\underline{U}_{12} = 400\ \text{V} \angle 0°$
$\underline{U}_{23} = 400\ \text{V} \angle -120°$
$\underline{Z}_{12} = 120\ \Omega \angle 20°$
$\underline{Z}_{23} = 100\ \Omega \angle 30°$
$\underline{Z}_{31} = 80\ \Omega \angle -30°$

Hinweis: die Werte entsprechen denen von Aufgabe T 7.1.5, die beiden Leiter L2 und L3 sind aber vertauscht!

a) Berechnen Sie mit komplexer Rechnung die drei Strang- und Leiterströme.
b) Zeichnen Sie ein maßstäbliches Zeigerdiagramm für alle Spannungen und Ströme.

T 7.2.2 Unsymmetrische Dreieckschaltung II

Die folgende unsymmetrische Dreieckschaltung wird am 400-V-Netz betrieben:

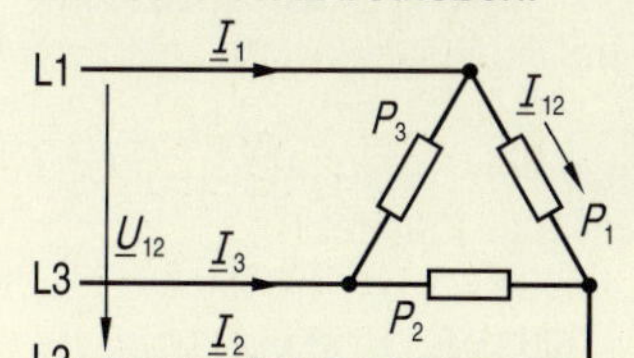

$\underline{U}_{12} = 400\ \text{V} \angle 0°$
$\underline{U}_{23} = 400\ \text{V} \angle -120°$
$P_1 = 800\ \text{W}$ $\cos\varphi_1 = 1$
$P_2 = 1{,}2\ \text{kW}$ $\cos\varphi_2 = 0{,}7$ ind.
$P_3 = 1{,}5\ \text{kW}$ $\cos\varphi_3 = 0{,}8$ kap.

a) Berechnen Sie mit komplexer Rechnung die drei Strang- und Leiterströme.
b) Zeichnen Sie ein maßstäbliches Zeigerdiagramm für alle Spannungen und Ströme.

T 7.2.3 Unsymmetrische Sternschaltung

Die folgende unsymmetrische Sternschaltung wird am 400 V/230-V-Netz betrieben:

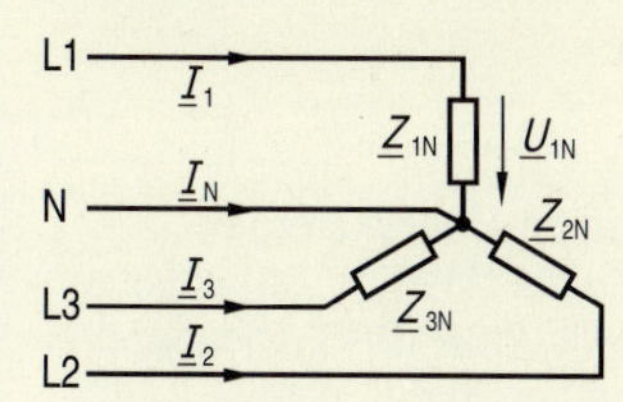

$\underline{U}_{12} = 400\ \text{V} \angle 0°$
$\underline{U}_{23} = 400\ \text{V} \angle -120°$
$P_1 = 1{,}2\ \text{kW}$ $\cos\varphi_1 = 1$
$P_2 = 1{,}2\ \text{kW}$ $\cos\varphi_2 = 0{,}6$ ind.
$P_3 = 0{,}8\ \text{kW}$ $\cos\varphi_3 = 0{,}8$ kap.

a) Berechnen Sie mit komplexer Rechnung die drei Strangströme und den N-Leiter-Strom.
b) Berechnen Sie den N-Leiter-Strom für den Fall, dass Verbraucher 1 und Verbraucher 2 getauscht werden.

T 7.2.4 Drehstromleistung

Ein Drehstromasynchronmotor (DASM) hat auf dem Leistungsschild folgende Angaben:
$U = 400\ \text{V}$, Δ-Schaltung, $P = 4\ \text{kW}$, $\eta = 0{,}85$, $\cos\varphi = 0{,}89$, $n_N = 2880\ \text{min}^{-1}$.
Berechnen Sie für den Nennbetrieb
a) die Strang- und Leiterströme,
b) die Blindleistungsaufnahme,
c) das an der Welle abgegebene Drehmoment.

T 7.2.5 Sternpunktverschiebung I

Die folgende unsymmetrische Sternschaltung wird am 400-V-Netz ohne N-Leiter betrieben.

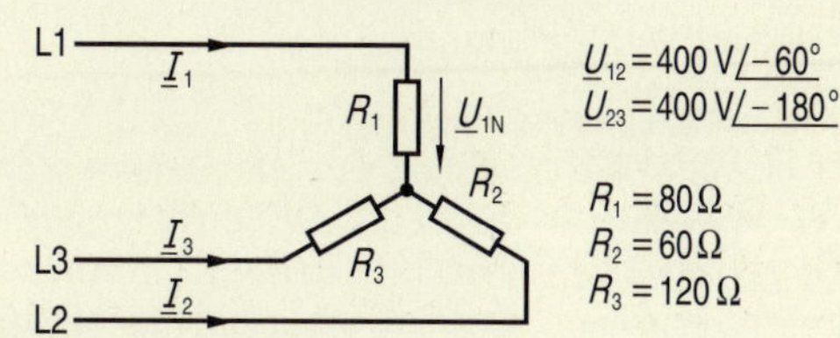

$\underline{U}_{12} = 400\ \text{V} \angle -60°$
$\underline{U}_{23} = 400\ \text{V} \angle -180°$
$R_1 = 80\ \Omega$
$R_2 = 60\ \Omega$
$R_3 = 120\ \Omega$

Bestimmen Sie betragsmäßig mit einem grafischen Verfahren
a) die drei Strangspannungen,
b) die drei Leiterströme,
c) die Sternpunktverschiebung.

T 7.2.6 Sternpunktverschiebung II

Die folgende unsymmetrische Sternschaltung wird am 400-V-Netz ohne N-Leiter betrieben.

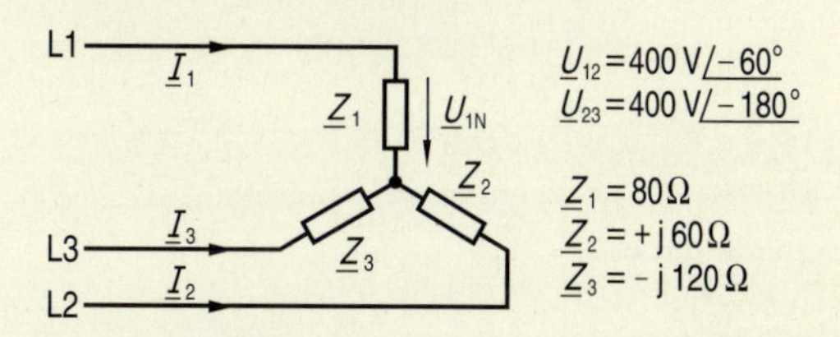

$\underline{U}_{12} = 400\ \text{V} \angle -60°$
$\underline{U}_{23} = 400\ \text{V} \angle -180°$
$\underline{Z}_1 = 80\ \Omega$
$\underline{Z}_2 = +\text{j}\ 60\ \Omega$
$\underline{Z}_3 = -\text{j}\ 120\ \Omega$

Bestimmen Sie mit Hilfe der komplexen Rechnung nach Betrag und Phasenlage
a) die drei Strang- bzw. Leiterströme,
b) die drei Strangspannungen,
c) die Sternpunktverschiebung.
Vertauschen Sie die beiden komplexen Widerstände $\underline{Z}_2$ und $\underline{Z}_3$ und berechnen Sie für diesen Fall
d) die drei Strangspannungen,
e) die Sternpunktverschiebung.
f) Zeichnen Sie für die ursprüngliche und die abgeänderte Schaltung ein Zeigerbild der Spannungen.

Test 7.3

Fachgebiet: Dreiphasiger Wechselstrom
Bearbeitungszeit: 120 Minuten

T 7.3.1 Drehstrom

a) Erklären Sie, was man unter „Drehstrom“ versteht und worauf sich der Name begründet.
b) Wie wird „Drehstrom“ in der Praxis erzeugt? Erklären Sie das Prinzip anhand einer Skizze.

T 7.3.2 Messung der Drehstromleistung

Die Leistung eines Drehstromverbrauchers wird mit folgender Schaltung bestimmt:

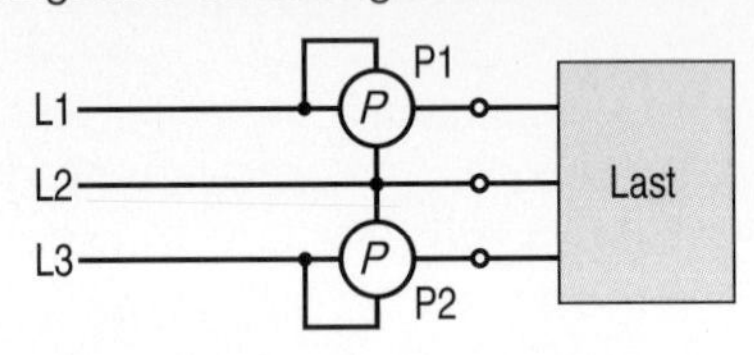

a) Wie heißt die Messschaltung?
b) Wie groß ist die Leistung des Verbrauchers, wenn das Messgerät P1 250 W und P2 500 W anzeigt?

Mit der obigen Messschaltung wird zuerst ein symmetrischer, ohmscher Drehstromverbraucher gemessen, anschließend wird ein symmetrischer Verbraucher mit $\cos\varphi = 0{,}5$ induktiv gemessen.

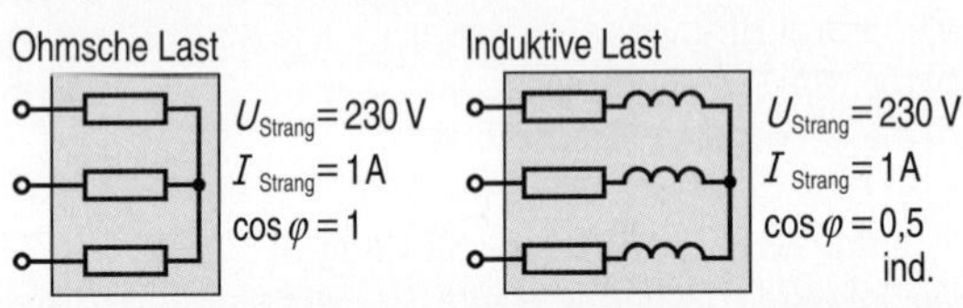

c) Zeigen Sie anhand von Zeigerbildern, welche Leistung die beiden Wirkleistungsmesser P1 und P2 in beiden Fällen jeweils anzeigen.

T 7.3.3 Kompensation

Ein Drehstromasynchronmotor hat folgende Leistungsschildangaben:
$U = 400\,\text{V}$, $P = 5{,}5\,\text{kW}$, $\cos\varphi = 0{,}84$, $\eta = 86{,}5\,\%$.
Der Leistungsfaktor soll durch Zuschalten von Kondensatoren auf $\cos\varphi = 0{,}95$ angehoben werden.

a) Ist für die Kondensatoren die Stern- oder Dreieckschaltung wirtschaftlich sinnvoller? Begründen Sie Ihre Aussage.
Skizzieren Sie die Schaltung.
b) Berechnen Sie die Kapazität der drei Kondensatoren für die Dreieckschaltung.
c) Warum muss der Kondensatorbatterie eventuell eine sogenannte Tonfrequenzsperre vorgeschaltet werden? Wie wird die Tonfrequenzsperre in der Praxis realisiert?

T 7.3.4 Drehstromtransformator

a) Erklären Sie anhand von Skizzen den Aufbau einer Transformatorbank sowie den Aufbau eines Drehstromtransformators mit Dreischenkelkern.
b) Was versteht man bei einem Drehstromtransformator unter dem Übersetzungsverhältnis?
c) Ein Drehstromtransformator hat die Schaltgruppe Dyn 5. Erklären Sie diese Bezeichnung.
d) Die Skizze zeigt ein Buchholz-Relais. Erklären Sie die prinzipielle Wirkung des Buchholz-Relais.

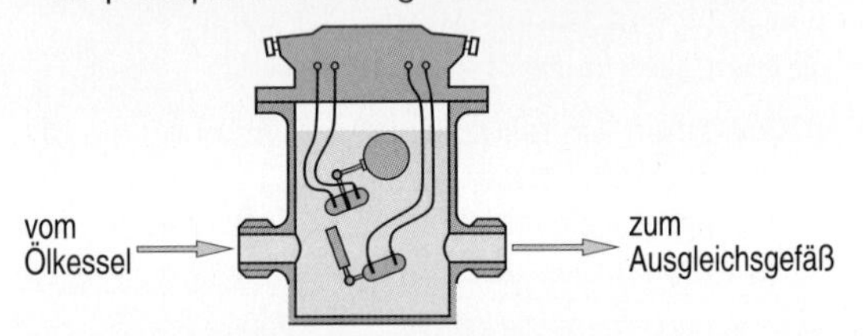

T 7.3.5 Parallelschaltbedingungen

Zur Einspeisung elektrischer Energie werden meist mehrere Drehstromtransformatoren parallel geschaltet.

a) Nennen Sie die 4 Parallelschaltbedingungen nach VDE 0532.

Drei Drehstromtransformatoren 10 kV/0,4 kV mit folgenden Daten werden parallel geschaltet:
Transformator T1: $S_{N1} = 250\,\text{kVA}$, $u_k = 4{,}2\,\%$
Transformator T2: $S_{N2} = 400\,\text{kVA}$, $u_k = 3{,}9\,\%$
Transformator T3: $S_{N3} = 630\,\text{kVA}$, $u_k = 3{,}7\,\%$

b) Berechnen Sie die Leistungen der drei Transformatoren, wenn die Gesamtbelastung 1280 kVA beträgt.
c) Berechnen Sie die zulässige Gesamtlast und die Leistung der drei Transformatoren, wenn keiner der Transformatoren überlastet werden darf.

T 7.3.6 Drehstromasynchronmotor (DASM)

Die Skizze zeigt das Klemmbrett eines DASM. Ergänzen Sie das Klemmbrett so, dass sich

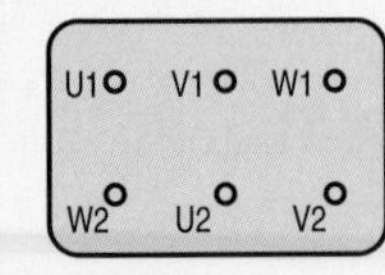

a) eine Sternschaltung für Rechtslauf
b) eine Dreieckschaltung für Linkslauf ergibt.
c) Erklären Sie, was man bei einem DASM unter dem Schlupf versteht und warum ein DASM prinzipiell einen gewissen Schlupf benötigt.
d) Skizzieren Sie die Hochlaufkennlinien $M = f(n)$ eines Rundstabläufers und eines Hochstabläufers.
e) Nennen Sie drei prinzipielle Methoden zur Drehfrequenzsteuerung eines DASM.

8 Messtechnik

8.1 Grundbegriffe

Beispiel: elektrische Spannung

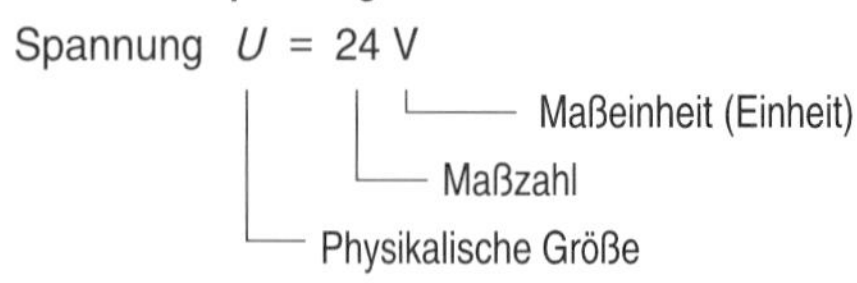

Das Messergebnis $U = 24\,\text{V}$ bedeutet:
Die Spannung 24 V ist 24-mal größer als die Einheit 1 V.

- **Messen heißt Vergleichen mit einer festgelegten Größe**

Analoge Anzeige

Kreis-Skale (Skala)

Quadrant-Skale

Hinweis: Skale ist die nach DIN 1319 eingedeutschte Form von Skala (Leiter, Treppe).

- **Mit analog anzeigenden Geräten können Veränderungen des Messwertes (Trends) leicht und schnell erfasst werden**

Digitale Anzeige

Hinweis: die Analoganzeige besteht aus einzelnen Segmenten und ist daher keine echte Analoganzeige

quasianaloge Anzeige

- **Mit digital anzeigenden Geräten können Messwerte schnell und fehlerfrei abgelesen werden**

Beispiel: Drehspulmessgerät

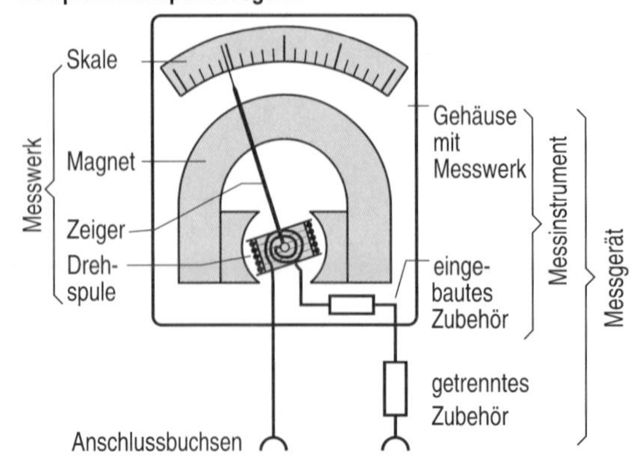

- **Die Gesamteinrichtung zur Durchführung einer Messung heißt Messgerät; sie besteht aus dem Messinstrument und dem Zubehör zum Anschluss an das Messobjekt**

Messen

Messen einer unbekannten Größe bedeutet immer ein Vergleichen mit einer bekannten Größe. Der Messwert $U = 24\,\text{V}$ bedeutet: die gemessene Spannung ist 24-mal größer als die festgelegte Einheit 1 Volt.
Messungen können zu sehr unterschiedlichen Zwecken durchgeführt werden. Wichtige Zielsetzungen sind:

1. Überprüfung auf ordnungsgemäße Funktion
2. Fehlersuche
3. Gewinnung von Daten für Steuerung und Regelung
4. Gewinnung von Daten für Abrechnungszwecke.

Messanzeige

Messgeräte zum Messen elektrischer und nichtelektrischer Größen können nach sehr unterschiedlichen Prinzipien arbeiten, das Messergebnis muss dem Benutzer aber in jedem Fall mitgeteilt werden. Die meisten Messgeräte zeigen diesen Messwert an, es sind anzeigende Geräte. Andere Messgeräte zeichnen die Augenblickswerte kontinuierlich über eine gewisse Zeitspanne auf einem Bildschirm, auf Papier oder einem anderen Datenträger auf. Anzeigende Messgeräte können in analog (analog: ähnlich, entsprechend) und in digital (digitus: Finger) anzeigende Geräte eingeteilt werden. Bei analogen Messgeräten folgt eine Marke, z. B. ein Zeiger, stetig der Messgröße. Bei digitalen Messgeräten wird die Messgröße in vorgegebenen Intervallen abgetastet, über einen Analog-Digital-Wandler umgewandelt und als Zahl dargestellt.
Der wichtigste Vorteil der digitalen Anzeige ist die gute und fehlerfreie Ablesbarkeit, bei analoger Anzeige ist jedoch eine Änderung des Messwerts nach Größe und Richtung (Trend) besser erkennbar. Manche Digitalmessgeräte haben zusätzlich eine analoge Anzeige.

Aufbau von Messgeräten

Unter einem Messgerät versteht man die gesamte Einrichtung, die zu einer Messung erforderlich ist. Das Messgerät besteht demnach aus dem Messinstrument und dem Messzubehör wie Messleitungen, Tastköpfen, Messwandlern und Messgrößenumformern.
Das eigentliche Messinstrument besteht aus dem Gehäuse und allen darin enthaltenen Bauelementen. In der Praxis wird allerdings zwischen Messgerät und Messinstrument meist nicht unterschieden.
Kernstück von Analogmessgeräten ist das elektromechanische Messwerk: es besteht aus dem beweglichen Teil, dessen Lage von der Messgröße abhängt, und dem feststehenden Teil. Weitere Teile eines Messwerks sind der Zeiger, die Skale und das Dämpfungsorgan.
Digitale Messgeräte haben keine beweglichen Teile; ihr Kernstück besteht aus einem elektronischen Analog-Digital-Wandler (AD-Wandler), der Messwert wird auf einem LED- oder LCD-Display angezeigt.

Messen, Prüfen, Eichen

In der Messtechnik sind außer dem Begriff Messen auch die Begriffe Prüfen und Eichen von Bedeutung.

Prüfen ist ein Vorgang, bei dem man feststellt, ob ein Prüfling bestimmte vorgegebene Bedingungen erfüllt oder nicht. Typische Prüfungen sind z.B. Durchgangs- und Isolationsprüfungen von Leitungen. Die Prüfung kann objektiv mit Messgeräten erfolgen; das Prüfergebnis kann dann z. B. lauten: der Isolationswiderstand der geprüften Leitung ist größer als 1 MΩ, der tatsächliche Widerstandswert ist dabei unwesentlich. Eine Prüfung kann auch subjektiv durch die Sinnesorgane erfolgen; das Prüfergebnis kann dann z. B. lauten: die Laufgeräusche des geprüften Motors sind zu groß.

Eichen ist ein Vorgang, bei dem die Anzeige eines Messgerätes mit der eines Normalinstrumentes verglichen und bei Bedarf korrigiert wird. Das Normalinstrument muss dabei eine wesentlich höhere Genauigkeit als das zu eichende Gerät besitzen. Betriebsmessgeräte können mit Feinmessgeräten geeicht werden, Feinmessgeräte werden durch Kompensationsverfahren mit Hilfe von Eichnormalen (Messnormalen) geeicht. In diesem Sinne werden statt dem Begriff Eichen in der Praxis auch die Begriffe Kalibrieren (Einmessen) und Justieren (Abgleichen) verwendet. Im engeren Sinne meint man mit Eichen die amtliche Überprüfung und Beglaubigung durch eine staatliche Eichbehörde.

Bildzeichen für Messgeräte

Um einen einfachen Umgang mit dem Messgerät zu gewährleisten, sind seine wichtigsten Merkmale in Form von Bildzeichen auf der Skale aufgedruckt. Die nach DIN 43802 genormten Zeichen betreffen analoge Geräte. Bei Digitalmessgeräten ist die Beschriftung meist englisch, sie kann je nach Hersteller verschieden sein.

Symbole für Analogmessgeräte, Auswahl

Stromart
- Gleichstrom
- Wechselstrom
- Gleich- und Wechselstrom
- Drehstrom
- Drehstrom, mit einem Messwerk

Nennlage
- senkrechte Nennlage
- waagrechte Nennlage
- 60° schräge Nennlage, mit Angabe des Winkels

Prüfspannung
- Prüfspannung 500 V
- 2 Prüfspannung 2 kV

Allgemeines
- Gebrauchsanweisung beachten!
- Zeigernullstellvorrichtung

Messwerke
- Drehspulmesswerk, allgemein
- Drehspulmesswerk mit Gleichrichter
- mit Thermoumformer
- Dreheisenmesswerk
- Elektrodynamisches Messwerk, eisenlos
- Bimetallmesswerk
- Elektrostatisches Messwerk
- Vibrationsmesswerk
- Messwerk mit magn. Abschirmung, Sinnbild für den Schirm
- Messgerät mit elektronischer Anordnung (z.B. Verstärker)

Symbole für Digitalmessgeräte, Auswahl

RMS	Root Mean Square, Effektivwert; korrekt gemessen wird der Effektivwert sinusförmiger Wechselgrößen
TRMS	True Root Mean Square, wahrer Effektivwert; korrekt gemessen wird der Effektivwert sinusförmiger und nichtsinusförmiger Wechselgrößen, z.B. bei Phasenanschnittsteuerungen (der zulässige Crestfaktor ist zu beachten)
RANGE	Messbereich; kann meist mit Taste **AUT/MAN** von Automatikbetrieb auf Handbetrieb umgeschaltet werden
HOLD, MEM	Messwert wird in Digitalanzeige gespeichert. Viele Geräte unterscheiden zwischen DATA-HOLD und PEAK-HOLD (Speicherung des Spitzenwertes)
EXTR	Minimal- und Maximalwert werden gespeichert
TIME	Messwertspeicherung in vorgegebenen Zeitintervallen
STO	Speicherung mehrerer gleicher oder verschiedener Messwerte mit Einheit und Polarität
ZOOM, EXPAND	Lupenfunktion bei Analog-Digital-Multimetern; die Analogskale kann in mehreren Stufen gedehnt werden
REL	Ein vorgegebener Wert dient als Referenzwert, die Abweichung vom Referenzwert wird angezeigt
LIM	Grenzwertvorgabe, alle Grenzwertüberschreitungen werden akustisch und optisch gemeldet
dB	Pegelmessung
BEEP	Ein- und Ausschaltung des Summers
	Durchgangsprüfung, Summer
	Halbleitermessung, Diodenmessung

Aufgabe

8.1.1 Grundlagen

a) Erklären Sie, was Analog- und was Digitalmessgeräte sind. Nennen Sie die Vor- und Nachteile beider Typen von Messgeräten.

b) Erklären Sie die Begriffe Messwerk, Messinstrument und Messgerät für ein Analogmessgerät.

c) Diskutieren Sie kritisch die Aufschrift RMS und TRMS auf einem Digitalmessgerät.

d) Erklären Sie, was man unter Messen, Prüfen und Eichen versteht.

e) Wie wird die Prüfspannung gekennzeichnet?

8.2 Messfehler I

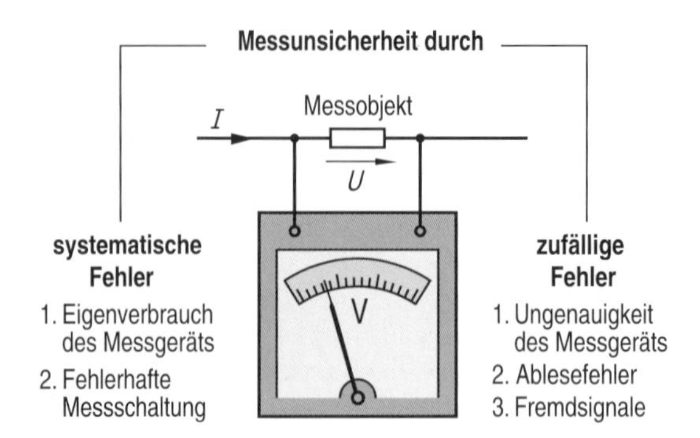

- **Jedes Messergebnis hat eine gewisse Messunsicherheit; sie entsteht durch systematische und zufällige Fehler**

Spannungsfehlerschaltung
(Stromrichtigschaltung)

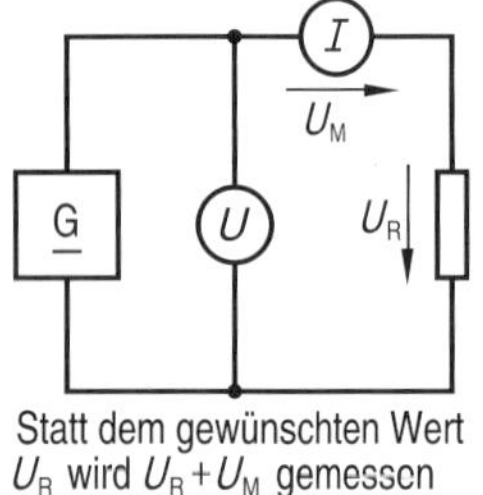

Statt dem gewünschten Wert U_R wird $U_R + U_M$ gemessen

Stromfehlerschaltung
(Spannungsrichtigschaltung)

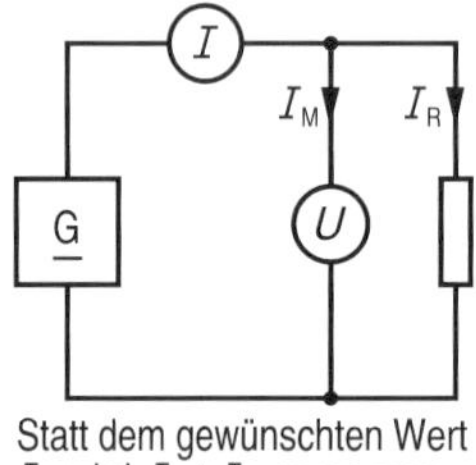

Statt dem gewünschten Wert I_R wird $I_R + I_M$ gemessen

- **Systematische Fehler können rechnerisch korrigiert werden**

Absoluter Fehler

$$F = \Delta x = x - x_R$$

Relativer Fehler

$$f = \frac{x - x_R}{x_R} = \frac{F}{x_R}$$

für kleine Fehler

$$f = \frac{x - x_R}{x} = \frac{F}{x}$$

x Messwert $\quad x_R$ wahrer Wert

- **Messfehler können als absolute Werte in V, A, Ω usw. oder als relative Werte in % angegeben werden**

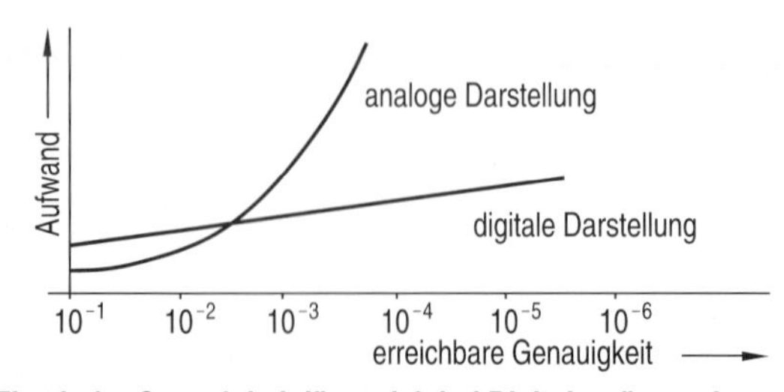

- **Eine hohe Genauigkeit lässt sich bei Digitalgeräten mit weniger Aufwand erreichen als bei Analoggeräten**

Messunsicherheit

Misst man z. B. den Strom in einem Verbraucher mit verschiedenen Strommessern, so zeigt jede Messung einen geringfügig anderen Wert. Auch die mehrfache Messwiederholung mit dem gleichen Gerät bringt jeweils unterschiedliche Ergebnisse. Daraus folgt, dass jede Messung mit einer gewissen Messunsicherheit behaftet ist, die durch Messfehler verursacht wird. Man unterscheidet dabei systematische und zufällige Fehler. Systematische Fehler entstehen durch die Messschaltung selbst; der Fehler kann mathematisch korrigiert werden. Zufällige Fehler können viele Ursachen haben, z. B. ungenaues Ablesen, fehlerhafte Kontakte, Fremdsignaleinstreuung, Reibung. Da zufällige Fehler unvorhersehbar sind, können sie nur durch mehrfache Wiederholung der Messung eingegrenzt werden.

Systematische Fehler

Da jede Messung einen Eingriff in die zu untersuchende Schaltung darstellt, wird durch den Eigenverbrauch des Messgerätes ein gewisser Fehler verursacht. Wird z. B. die Spannung an einem Verbraucher gemessen, so wird die Schaltung zusätzlich belastet und die Verbraucherspannung sinkt. Bei modernen Messgeräten ist dieser Fehler allerdings sehr klein.
Ein häufiger systematischer Fehler entsteht bei der gleichzeitigen Messung von Spannung und Strom eines Verbrauchers. Je nach Anschluss der beiden Messgeräte entsteht eine Spannungsfehlerschaltung oder eine Stromfehlerschaltung. Der dabei entstehende Messfehler kann rechnerisch korrigiert werden.

Fehlerangaben

Bei der Angabe der Messunsicherheit unterscheidet man den absoluten und den relativen Fehler.
Unter dem absoluten Fehler F versteht man dabei die Differenz zwischen dem richtigen (wahren) Wert x_r und dem gemessenen Wert x. Der absolute Fehler hat die gleiche Einheit wie die Messgröße. Um den Messfehler besser bewerten zu können, wird er auf den richtigen Wert, bei kleinen Fehlern auch auf den Messwert bezogen. Dieser Fehler heißt relativer Fehler f.

Analoge und digitale Messgeräte

Eine wesentliche Fehlerquelle ist die Ungenauigkeit des Messgerätes. Um die Messunsicherheit einschätzen zu können, ist der höchstzulässige Fehler eines Messgerätes auf der Skale bzw. im Handbuch angegeben. Analogmessgeräte werden dabei in Genauigkeitsklassen eingeteilt, bei Digitalmessgeräten muss zusätzlich zu einem Grundfehler noch ein Quantisierungsfehler berücksichtigt werden (siehe Kap. 8.3).
Der Aufwand für eine höhere Genauigkeit steigt bei analog anzeigenden Geräten sehr stark an.

Genauigkeit, Empfindlichkeit, Auflösung

Die Begriffe Genauigkeit und Empfindlichkeit werden häufig verwechselt, tatsächlich haben sie aber sehr verschiedene Bedeutungen.

Die **Genauigkeit** eines Messgerätes legt den zulässigen Messfehler fest. Er wird in Prozent vom Skalenendwert bzw. in Prozent vom eingestellten Messbereich angegeben. Die durch die Genauigkeitsklasse garantierten Fehlergrenzen werden aber nur dann zuverlässig eingehalten, wenn bestimmte Betriebsbedingungen wie Nenntemperatur (z. B. 20° C), Nennlage (z. B. waagrecht) und Nennfrequenz (z. B. 50 Hz) eingehalten werden. Die Bedingungen sind in VDE 0410 festgelegt.

Unter der **Empfindlichkeit** eines Messgerätes versteht man das Verhältnis der Anzeigenänderung zur verursachenden Änderung der Messgröße. Bei analogen Messgeräten ist die Empfindlichkeit gleich dem Weg des Zeigers auf der Skale pro Messgrößenänderung; die Empfindlichkeit kann z. B. $E = 4\,\text{mm/mA}$ oder $E = 5\,\text{mm}/100\,\text{V}$ betragen. Bei digitalen Geräten ist die Empfindlichkeit gleich der Anzahl der Ziffernschritte pro Messgrößenänderung; die Empfindlichkeit kann z. B. $E = 10\,\text{Ziffern/V}$ betragen. Sehr empfindliche Messgeräte (z. B. Galvanometer) haben meist eine relativ kleine Genauigkeit.

Unter **Auflösung** versteht man allgemein die kleinste Änderung der Eingangsgröße, die gerade noch eine Änderung am Ausgang bewirkt. Bei digitalen Messgeräten meint man mit Auflösung auch die Zahl der möglichen Stufen bzw. die Zahl der Binärstellen im Dualcode des AD-Wandlers.

Fehlerfortpflanzung

Häufig wird ein Gesamtmessergebnis aus mehreren Teilergebnissen gebildet. Dabei werden die Fehler der Einzelmessungen natürlich auch den Fehler des Endergebnisses beeinflussen. Die Art und Weise, wie die Einzelfehler in das Gesamtergebnis eingehen, heißt Fehlerfortpflanzung. Bei der Berechnung der Fehlerfortpflanzung muss zwischen den systematischen und den zufälligen Fehlern unterschieden werden.

Bei der Fehlerfortpflanzung systematischer Fehler gilt:

1. Bei der Addition von Messwerten werden die absoluten Einzelfehler addiert; bei der Subtraktion von Messwerten werden die absoluten Fehler subtrahiert.
2. Bei der Multiplikation von Messwerten (Leistungsberechnung) werden die relativen Einzelfehler addiert; bei der Division von Messwerten (Widerstandsberechnung) werden die relativen Einzelfehler subtrahiert.

Für die Fehlerfortpflanzung der zufälligen Fehler können in erster Näherung die gleichen Gesetze wie bei den systematischen Fehlern angenommen werden. Allerdings gibt dies unrealistisch hohe Gesamtfehler, da nicht anzunehmen ist, dass alle Einzelfehler jeweils ihren Höchstwert haben und sich addieren. Realistischer ist die Annahme einer statistischen Verteilung. Dafür gilt:

1. Bei der Addition und Subtraktion von Messwerten ist der wahrscheinliche absolute Gesamtfehler gleich dem geometrischen (quadratischen) Mittelwert der einzelnen Absolutfehler.
2. Bei der Multiplikation und Division von Messwerten ist der wahrscheinliche relative Gesamtfehler gleich dem geometrischen (quadratischen) Mittelwert der einzelnen Relativfehler.

Aufgaben

8.2.1 Bildzeichen

Ein Analogmessgerät trägt auf seiner Skale folgende Bildzeichen:

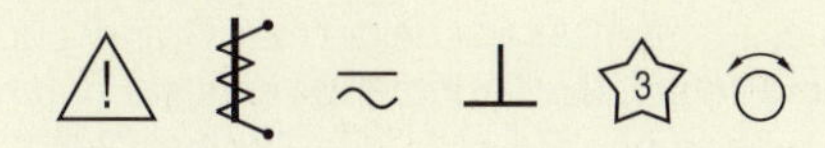

Erklären Sie die Bedeutung der einzelnen Zeichen.

8.2.2 Messfehler

a) Warum sind alle Messungen prinzipiell fehlerhaft?

b) Vergleichen Sie die prinzipielle Messgenauigkeit von analogen und digitalen Messgeräten.

c) Was versteht man unter einem Parallaxenfehler?

d) Erklären Sie die Begriffe systematischer und zufälliger Fehler. Nennen Sie jeweils Beispiele.

8.2.3 Fehlerberechnung

a) Erläutern Sie den Begriff Messunsicherheit.

b) Definieren Sie den absoluten und den relativen Messfehler. Welche Fehlerangabe ist aussagekräftiger?

Zwei unbekannte Widerstände im kΩ-Bereich werden mit folgenden beiden Messschaltungen bestimmt:

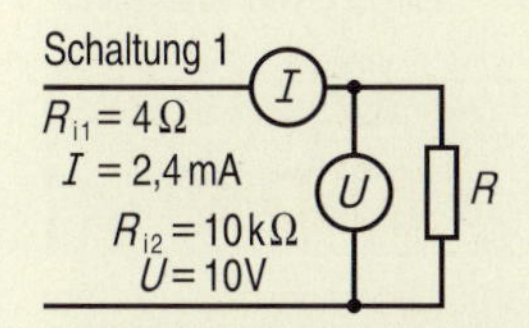

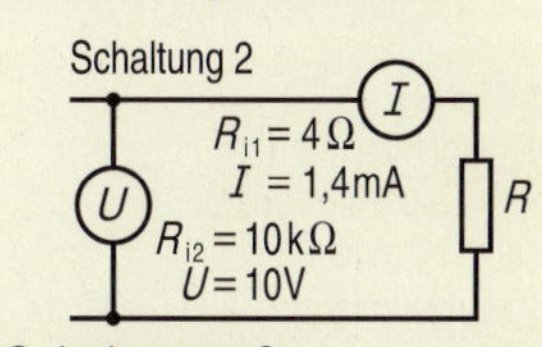

c) Wie heißen die beiden Schaltungen?

d) Berechnen Sie für beide Fälle den unkorrigierten und den korrigierten Widerstandswert. Bei welcher Schaltung ist der systematische Fehler kleiner?

8.3 Messfehler II

Genauigkeitsklassen

Feinmessgeräte	0,1	0,2	0,5	-
Betriebsmessgeräte	1	1,5	2,5	5

- **Die Genauigkeitsklasse gibt den zulässigen Messfehler in Prozent vom Skalenendwert (Messbereich) an**

Relativer Fehler

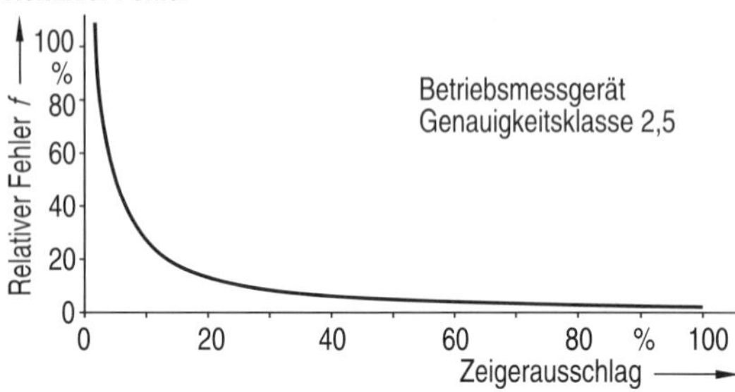

- **Für möglichst hohe Genauigkeit sollte jede Messung im letzten Skalendrittel erfolgen**

Spiegelunterlegte Skale

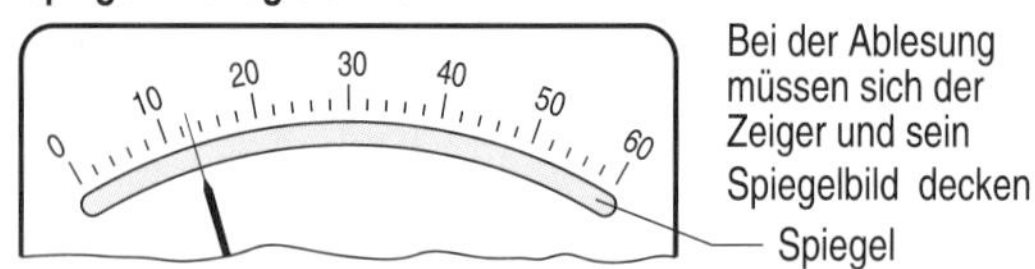

- **Für hohe Genauigkeit müssen die Nennbedingungen eingehalten werden; das Ablesen muss parallaxenfrei erfolgen**

Messfehler

Grundfehler | Quantisierungsfehler

Beispiel:

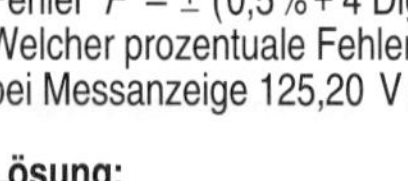

Messgerät 4½ - stellige Anzeige

Messbereich 200 V

Größte Anzeige 199,99 V

Fehler $F = \pm$ (0,5% + 4 Digits)

Welcher prozentuale Fehler tritt bei Messanzeige 125,20 V auf?

199.99

Ziffern 0 bis 9 möglich

halbe Stelle, nur Ziffern 0 und 1 möglich

Lösung:

Grundfehler

$F_G = \pm\ 0{,}5\% \cdot 125{,}20\ \text{V}$

$= \pm\ 0{,}626\ \text{V}$

Anzeigeumfang 19 999 Digits, d. h. 20 000 Messschritte zu je 10 mV

Quantisierungsfehler $F_Q = \pm\ 4 \cdot 10\ \text{mV} = \pm\ 0{,}04\ \text{V}$

Maximaler absoluter Fehler $F = \pm\ (0{,}626 + 0{,}04)\ \text{V} = \pm\ 0{,}666\ \text{V}$

Maximaler relativer Fehler $f = \frac{F}{x} = \frac{\pm\ 0{,}666\ \text{V}}{125{,}20\ \text{V}} = \pm\ 0{,}53\%$

Analoge Messgeräte

Gerätefehler

Der Anzeige- oder Gerätefehler wird vor allem durch Fertigungstoleranzen und Streuungen bei den Werkstoffeigenschaften beeinflusst. Bei Analogmessgeräten resultieren daraus z.B. Reibungsfehler (Lagerreibung), Skalenfehler (ungenau bedruckte Skalen) und Kippfehler (Spiel bei Spitzenlagerung). Alle derartigen Fehler werden durch die Genauigkeitsklasse berücksichtigt. Die Genauigkeitsklasse gibt den zulässigen Anzeigefehler bezogen auf den Messbereichsendwert an. Im Hinblick auf die Genauigkeitsklasse unterscheidet man Feinmessgeräte (±0,1 % bis ±0,5 %) und Betriebsmessgeräte (±1 % bis ±5 %).

Der zulässige absolute Anzeigefehler wird durch die Genauigkeitsklasse bestimmt; er ist über den gesamten Messbereich hinweg konstant, z. B. 1,5 % vom Skalenendwert. Der relative Fehler ist deshalb vom Messwert abhängig, am Skalenende ist er am kleinsten, am Skalenanfang am größten.

Einfluss- und Ablesefehler

Die Genauigkeitsklasse kann nur voll ausgenützt werden, wenn keine zusätzlichen Einfluss- und Ablesefehler auftreten. Negative Einflüsse entstehen aber z. B. durch falsche Gebrauchslage, starke Abweichung von der Nenntemperatur (20° C) und durch äußere Magnetfelder. Ablesefehler sind persönliche Fehler; sie entstehen z. B. durch schräge Blickrichtung (Parallaxe) oder ungenaues Interpolieren.

Digitale Messgeräte

Digital anzeigende Messgeräte vermitteln durch die eindeutige Anzeige meist den Eindruck, dass sie den Messwert absolut richtig anzeigen. Da aber auch diese Geräte toleranzbehaftete Bauteile enthalten, muss auch ihre Anzeige Messunsicherheiten enthalten. Die Genauigkeit von Digitalgeräten entspricht aber meist der von analog arbeitenden Feinmessgeräten. Angaben über die Genauigkeit von digitalen Messgeräten finden sich üblicherweise in der Bedienungsanleitung.

Fehlerarten

Bei Digitalmessgeräten unterscheidet man Grund- und Quantisierungsfehler. Der Grundfehler entsteht durch die toleranzbehafteten Bauteile des Analog-Digital-Wandlers; er wird in Prozent vom angezeigten Messwert angegeben und beträgt meist 0,5 % bis 1 %. Der Quantisierungsfehler beruht auf der mehr oder weniger großen Auflösung des A/D-Wandlers; er beträgt 1 bis 5 Digits. Der absolute Fehler hängt dann vom Wert eines Digits ab. Die Angabe des zulässigen Gesamtfehlers kann z. B. $F_{max} = \pm$ (0,5 % + 2 Digit) lauten.

Hinweis: In Betriebsanleitungen wird häufig der zulässige Gesamtfehler als Grundfehler bezeichnet.

Genauigkeit von Messgeräten

Die Genauigkeit bzw. der zulässige Fehler eines Messgeräts ist von der Messfunktion (z. B. Wechselspannung, Gleichstrom) und dem Messbereich (z. B. 100 mV, 3 A) abhängig. Moderne Geräte haben meist eine analoge und eine digitale Anzeige. Für die Analoganzeige sorgt bei manchen Messgeräten eine Lupenfunktion (ZOOM) für eine Dehnung der Skale. Der Messwert kann dadurch bequemer und auch genauer abgelesen werden. Die Genauigkeit hängt damit bei der Analoganzeige auch vom eingestellten Zoomfaktor ab.

Um die vom Hersteller angegebenen Messfehler einzuhalten, müssen auch die Referenzbedingungen (Nennbedingungen) eingehalten werden; außerhalb der Referenzbedingungen nimmt der Fehler zu.

Die folgende Tabelle zeigt Messfehler und Auflösung eines handelsüblichen Analog-Digital-Multimeters.

Messfunktion	Messbereich	Messfehler bei Referenzbedingungen Digitalanzeige ± (...% v. Messwert + ...Digit)	Analoganzeige ± ...% vom Endwert Zoomfaktor 1	Zoomfaktor 10	Auflösung	
V⎓	300,00 mV	0,05 + 3	1,3	0,2	10 µV	
	3,0000 V				100 µV	
	30,000 V				1 mV	
	300,00 V				10 mV	
	1000,0 V		1,95	0,45	100 mV	
V~	300,00 mV	0,5 + 30 ab einer Anzeige von 300 Digit	1,85	0,75	10 µV	**Referenzbedingungen:** Umgebungstemperatur +23 °C ± 2 K Relative Luftfeuchtigkeit 45 % bis 55 % Frequenz der Messgröße 45 Hz bis 55 Hz Sinusförmige Messgröße Batteriespannung 6 V ± 0,1 V
	3,0000 V				100 µV	
	30,000 V				1 mV	
	300,00 V				10 mV	
	1000,0 V		2,7	1,2	100 mV	
A⎓	30,000 mA	0,3 + 6	1,6	0,45	1 µA	
	300,00 mA				10 µA	
	3,0000 A				100 µA	
	15,000 A	0,5 + 6	3,05	0,8	1 mA	
A~	30,000 mA	0,75 + 30 ab einer Anzeige von 300 Digit	2,1	1,0	1 µA	
	300,00 mA				10 µA	
	3,0000 A				100 µA	
	15,000 A	1,0 + 30 ab einer Anzeige von 300 Digit	3,7	1,45	1 mA	
Ω	300,00 Ω	0,2 + 30	1,55	0,45	10 mΩ	
	3,0000 kΩ	0,2 + 6	1,5	0,35	100 mΩ	
	30,000 kΩ				1 Ω	
	300,00 kΩ				10 Ω	
	3,0000 MΩ	0,4 + 6	1,7	0,55	100 Ω	
	30,000 MΩ	1,5 + 6	2,8	1,65	1 kΩ	

Aufgaben

8.3.1 Analogmessgerät

Mit einem Analogmessgerät der Klasse 1,5 und dem Messbereich 300 V werden 80 V gemessen.

a) Berechnen Sie den absoluten und relativen Fehler (Messunsicherheit) sowie den Unsicherheitsbereich.

b) Warum soll der Messbereich so eingestellt werden, dass die Ablesung im letzten Skalendrittel erfolgt?

8.3.2 Analog-Digital-Multimeter

Mit dem in obiger Tabelle dargestellten Messgerät wird eine sinusförmige Wechselspannung gemessen; der abgelesene Wert beträgt 70 V, der Messbereich 300 V. Berechnen Sie den absoluten und den relativen Fehler

a) bei digitaler Messung,

b) bei analoger Messung mit Zoomfaktor 10.

8.4 Analoge Messwerke I

Arbeitspunkte

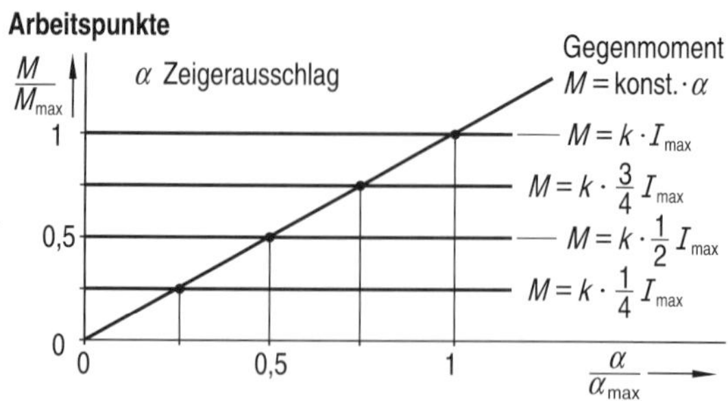

- **Der Zeiger hat seinen Endausschlag erreicht, wenn das antreibende und das bremsende Drehmoment gleich sind**

Aufbau des Drehspulmesswerkes

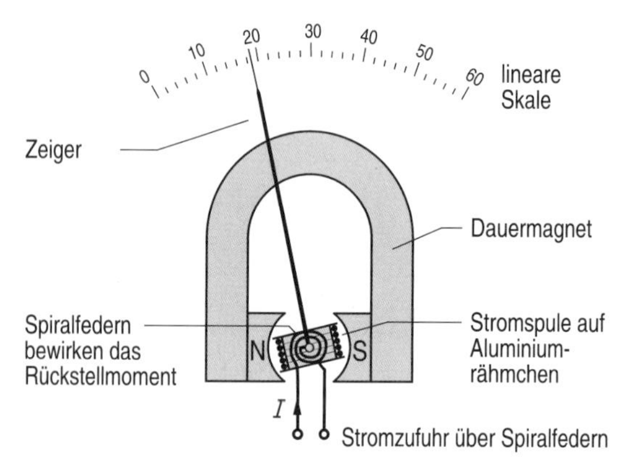

- **Drehspulmesswerke sind nur für Gleichstrom geeignet, sie messen stets den arithmetischen Mittelwert (Gleichwert)**

Aufbau des Dreheisenmesswerkes

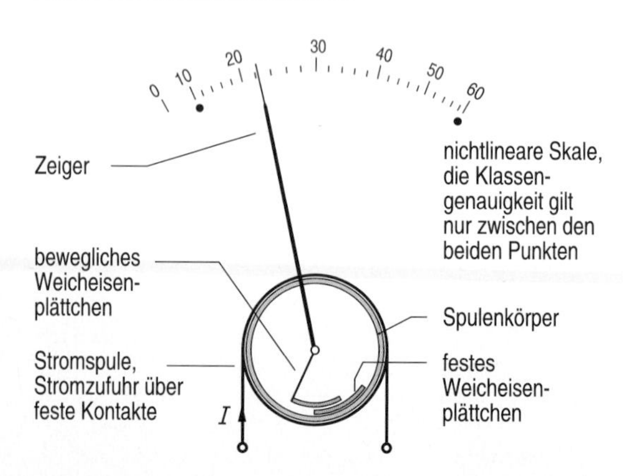

- **Dreheisenmesswerke sind für Gleich- und Wechselstrom geeignet; sie messen unabhängig von der Kurvenform stets den geometrischen Mittelwert (Effektivwert, TRMS)**

Zeigerausschlag

Analoge Messgeräte haben meist einen festen und einen drehbar gelagerten Teil mit Zeiger sowie eine Skale (Skala); diese Bauelemente bilden das Messwerk. Durch die Messgröße entsteht im Messwerk ein mehr oder weniger großes Drehmoment, welches das bewegliche Organ mit dem Zeiger dreht. Bei der Drehung entsteht durch eine Spiralfeder ein Gegenmoment. Der Zeiger hat seinen Endausschlag erreicht, wenn das antreibende Drehmoment gleich dem Gegenmoment ist. Damit der Zeiger möglichst schnell auf den Endausschlag einschwingt, muss seine Bewegung gedämpft werden.

Drehspulmesswerk

Das Drehspulmesswerk ist das klassische Messwerk für die meisten Vielfachmessgeräte. Es besteht aus einem Dauermagnet, einem Weicheisenkern und einer drehbar gelagerten Spule. Die Spule hat je nach Empfindlichkeit des Messwerkes 20 bis 300 Windungen, die auf ein Aluminiumrähmchen gewickelt sind.

Fließt Strom durch die Spule, so entsteht ein Magnetfeld, das zusammen mit dem Feld des Dauermagneten ein Drehmoment bildet. Das Moment ist proportional zum Strom und abhängig von der Stromrichtung. Das Messwerk ist nur für Gleichstrom geeignet; es misst stets den arithmetischen Mittelwert.

Drehspulmesswerke haben folgende Vorteile:

1. sehr hohe Empfindlichkeit,
2. geringer Eigenverbrauch,
3. gleichmäßig geteilte (lineare) Skale,
4. geringer Fremdfeldeinfluss.

Durch Vorschalten von Gleichrichtern oder Thermoumformern sind auch Wechselströme messbar.

Dreheisenmesswerk

Das Dreheisenmesswerk ist das klassische Messwerk für Schalttafelinstrumente. Es besteht im Prinzip aus einer Spule sowie einem festen und einem drehbar gelagerten Eisenplättchen.

Fließt Strom durch die Spule, so werden beide Eisenplättchen gleichsinnig magnetisiert und stoßen sich ab; das drehbare Plättchen bewirkt den Zeigerausschlag. Da die beiden Plättchen unabhängig von der Stromrichtung immer gleichsinnig magnetisiert werden, können Gleich- und Wechselströme gemessen werden. Dreheisenmesswerke messen bis ca. 300 Hz unabhängig von der Kurvenform stets den Effektivwert (TRMS).

Dreheisenmesswerke haben folgende Vorteile:

1. robuster Aufbau, kurzzeitig überlastbar,
2. geeignet für Gleich- und Wechselstrom (Effektivwert),
3. direkter Anschluss an Messwandler möglich.

Der Eigenverbrauch von Dreheisenmesswerken ist verhältnismäßig groß (bis 5 VA), sie eignen sich daher nicht zum Messen kleiner Werte (Messbereich ab 6 V, 10 mA).

Dämpfung

Elektromechanische Messwerke sind schwingfähige Systeme. Tritt am Messwerk eine sprunghafte Änderung der Messgröße auf, so stellt sich der Zeiger erst nach einigem Hin- und Herpendeln auf den neuen Wert ein. Um die Einschwingzeit kurz zu halten, muss das Messwerk bedämpft werden. Die Stärke der Dämpfung wird durch den sogenannten Dämpfungsfaktor d beschrieben; die optimale Dämpfung wird bei $d = 0{,}8$ erreicht. Stärkere oder schwächere Dämpfung verlängern die Einschwingzeit.

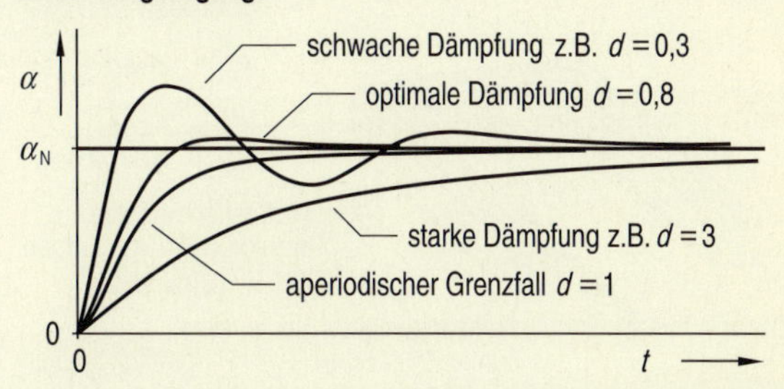

Dämpfungsmaßnahmen

Unter Dämpfen versteht man das Abbremsen einer Bewegung mit einer Bremskraft, die proportional zur Drehgeschwindigkeit des Zeigers ist; die Genauigkeit darf dabei nicht beeinflusst werden. Meist werden die Wirbelstrom- und die Luftkammerdämpfung eingesetzt. Bei der Wirbelstromdämpfung wird ein Metallrähmchen oder eine Metallscheibe im Magnetfeld gedreht. Die induzierten Ströme bremsen die Bewegung ab. Bei der Luftkammerdämpfung bewegt sich ein Plättchen durch eine Luftkammer (eventuell auch Öl). Die Luftwirbel bremsen die Drehbewegung ab. In beiden Fällen steigt die Bremswirkung mit zunehmender Geschwindigkeit; im Stillstand tritt keine Bremswirkung auf.

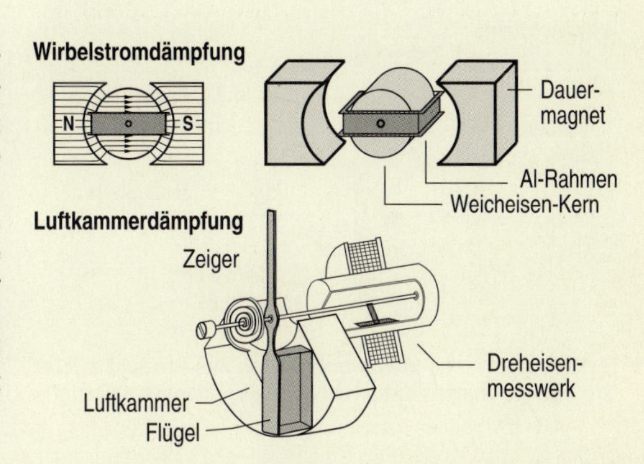

Betrieb von Drehspulmesswerken

Drehspulmesswerke befinden sich in den meisten analogen Vielfachmessgeräten. Sie haben einen geringen Eigenverbrauch (1 µW ... 1 mW), eine große Genauigkeit (bis ± 0,1 %) und eine hohe Empfindlichkeit (bis 1 mm/µA). Der kleinste Meßbereich liegt bei 10 µA, der größte direkte Messbereich bei 100 mA. Der Spannungsmessbereich lässt sich durch Vorschalten, der Strommessbereich durch Parallelschalten von Widerständen vergrößern. Durch Vorschalten von Gleichrichtern kann auch Wechselstrom gemessen werden, dabei muss aber der Formfaktor der Gleichrichterschaltung berücksichtigt werden.

Nachteilig bei Drehspulmesswerken ist, dass sie sehr empfindlich gegen Erschütterung und Überlastung sind.

Betrieb von Dreheisenmesswerken

Dreheisenmesswerke befinden sich in vielen Schalttafelinstrumenten. Sie sind robust, preisgünstig und kurzzeitig stark überlastbar. Ihr Hauptvorteil ist, dass sie für Gleich- und Wechselspannung einsetzbar sind und auch bei Abweichungen von der Sinusform stets den Effektivwert messen. Nachteilig ist ihr hoher Eigenverbrauch (0,1 VA...5 VA), ihre geringe Empfindlichkeit und ihre meist nichtlineare Skale.

Niedrigste Messbereiche sind ungefähr 30 mA bzw. 6 V, direkte Messbereiche von 100 V bzw. 100 A sind möglich. Eine notwendige Messbereichserweiterung erfolgt mit Hilfe von Strom- bzw. Spannungswandlern.

Aufgaben

8.4.1 Drehspulmesswerk

a) Erklären Sie die Funktion des Drehspulmesswerks.
b) Warum haben Drehspulmesswerke eine sehr hohe Empfindlichkeit und eine lineare Skale?
c) Wie kann der Messbereich von Drehspulmesswerken erweitert werden?
d) Wie lässt sich Wechselspannung mit einem Drehspulmesswerk messen? Was ist dabei zu beachten?

8.4.2 Dreheisenmesswerk

a) Erklären Sie die Funktion eines Dreheisenmesswerks.
b) Warum haben Dreheisenmesswerke eine relativ kleine Empfindlichkeit und meist eine nichtlineare Skale?
c) Welcher Mittelwert wird von einem Drehspul- bzw. von einem Dreheisenmesswerk gemessen?
d) Welche Art der Dämpfung wird bei Dreheisen- bzw. bei Drehspulmesswerken eingesetzt?

8.5 Analoge Messwerke II

Elektrodynamisches Messwerk

Aufbau, Prinzip

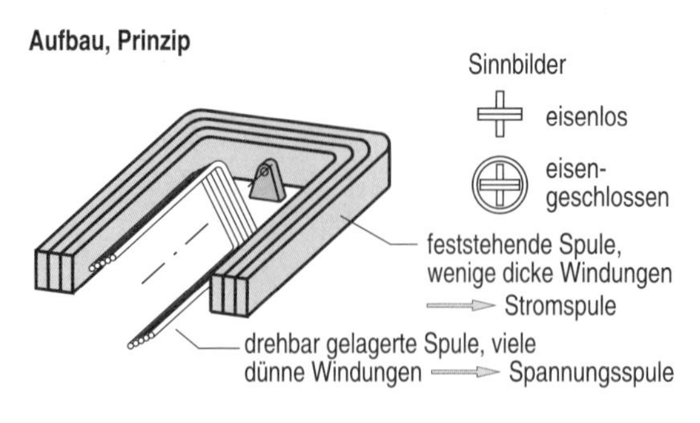

Wirkungsweise

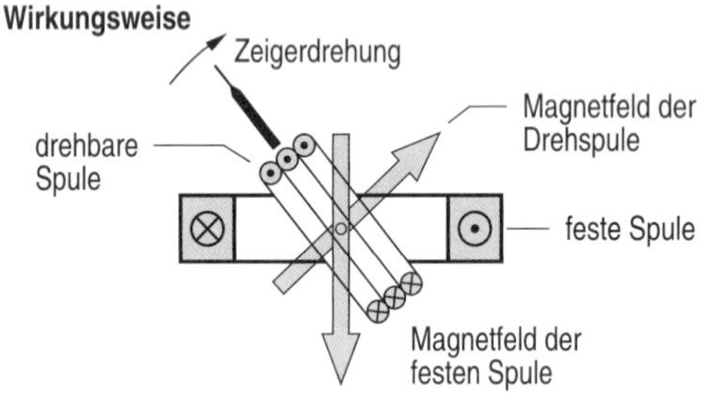

- **Elektrodynamische Messwerke bilden das Produkt zweier Größen, sie werden daher als Leistungsmesser benützt**

Das elektrodynamische Messwerk ist eine Sonderform des Drehspulmesswerkes. Im Innern ist wie beim Drehspulmesswerk eine Spule drehbar gelagert (Drehspule), der Dauermagnet ist durch eine zweite Spule (Feldspule) ersetzt. Die Feldspule kann einen Eisenkern besitzen; das Messwerk heißt dann eisengeschlossen. Für genaue Messungen sind die Fe-Verluste störend; in diesem Fall werden eisenlose Ausführungen bevorzugt.
Die Wirkungsweise elektrodynamischer Messwerke beruht auf dem Zusammenwirken von Feld- und Drehspule. Fließt in beiden Spulen Strom, so entsteht ein Drehmoment, weil sich die Felder beider Spulen in eine gemeinsame Richtung ausrichten wollen. Das Drehmoment ist proportional zu beiden Strömen, die Anzeige ist somit proportional zum Produkt beider Ströme.
Haupteinsatzgebiet elektrodynamischer Messwerke ist die Leistungsmessung. Die Feldspule wird dabei als Strom-, die Drehspule als Spannungsspule eingesetzt. Sind Feld- und Drehspule in Reihe geschaltet, so ist die Anzeige proportional zum Quadrat des Stromeffektivwertes; das Messwerk kann somit zur Messung von Effektivwerten unabhängig von Frequenz und Kurvenform des Stromes eingesetzt werden.

Induktionszähler

Aufbau, Prinzip

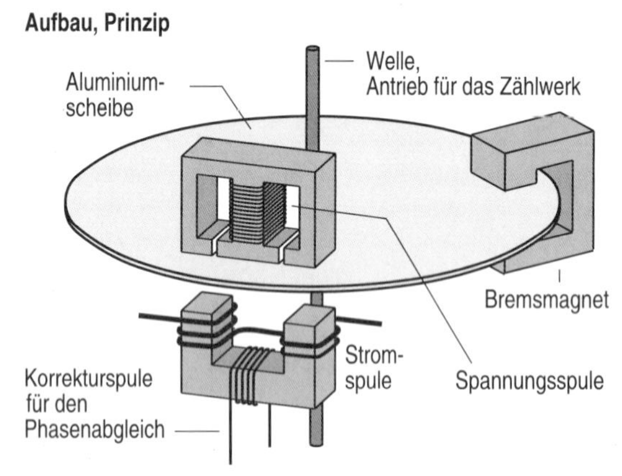

- **Strom- und Spannungsspule erzeugen gemeinsam ein magnetisches Wanderfeld, das in der Aluminiumscheibe Wirbelströme erzeugt und ein Drehmoment bewirkt**

Zählerkonstante

W	Arbeit
P	Leistung
n	Drehfrequenz
$n \cdot t$	Zahl der Umdrehungen
c_Z	Zählerkonstante

$$W = \frac{n \cdot t}{c_Z}$$

$$P = \frac{n}{c_Z}$$

- **Induktionszähler dienen zur Messung der elektrischen Arbeit; mit Hilfe der Zählerkonstanten und einem Zeitmesser kann auch die elektr. Leistung bestimmt werden**

Induktionszähler dienen zum Messen der elektrischen Arbeit $W = U \cdot I \cdot t \cdot \cos\varphi$. Ihre Wirkungsweise ist ähnlich wie die eines Asynchron- bzw. eines Linearmotors.
Die Hauptbestandteile eines Induktionszählers sind eine Aluminiumscheibe sowie zwei beidseits der Scheibe angeordnete Elektromagnete. Der eine Magnet trägt eine Spule mit vielen dünnen Windungen zur Messung der Spannung, der andere hat zwei in Reihe geschaltete Spulen mit wenigen dicken Windungen zur Messung des Stroms. Die Stromspule hat eine geringe Induktivität, die Spannungsspule eine sehr hohe. Bei rein ohmscher Last eilt daher der Strom der Spannungsspule dem Strom der Stromspule um 90° nach.
Fließen durch beide Spulen zeitlich versetzte Ströme, so entsteht in der Aluminiumscheibe ein magnetisches Wanderfeld. Die dadurch induzierten Wirbelströme erzeugen selbst ein Magnetfeld und bilden zusammen mit dem Wanderfeld ein Drehmoment, das die Aluminiumscheibe antreibt. Um die Drehfrequenz nicht unkontrolliert ansteigen zu lassen, wird die Scheibe durch einen Bremsmagnet gebremst. Die Drehfrequenz der Scheibe ist damit proportional zur umgesetzten Wirkleistung, die Anzahl der Umdrehungen ist ein Maß für die umgesetzte Arbeit.
Auf dem Leistungsschild von Zählern wird die Zählerkonstante c_z angegeben; sie gibt an, wie viel Umdrehungen die Arbeit 1 kWh ergeben, z. B. $c_z = 96/\text{kWh}$.

Induktionszähler, Wirkungsweise

Das Drehmoment für den Antrieb der Aluminiumscheibe wird durch die zeitlich versetzt auftretenden Felder von Spannungs- und Stromspule erzeugt. Die Skizze zeigt die Felder zu drei Zeitpunkten.
Zur Zeit t_1 wirkt nur die Spannungsspule. Wegen der Luftspalte in ihrem Eisenkern entsteht Streuung und ein Teil ihres Feldes durchsetzt die Al-Scheibe. Zur Zeit t_2 wirkt nur die Stromspule und erzeugt ein räumlich versetztes Feld, zur Zeit t_3 wirkt wieder die Spannungsspule usw.

Phasenverschiebung

Stromspule i, Φ
Spannungsspule i, Φ
i, Φ
t
t_1 t_2 t_3

Magnetfeld zu verschiedenen Zeitpunkten

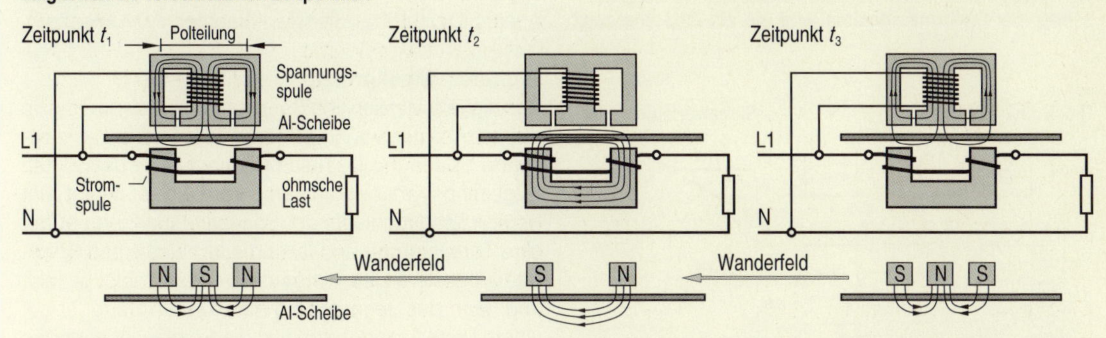

Die Skizzen zeigen, dass die Pole des resultierenden Magnetfeldes von rechts nach links über die Al-Scheibe wandern. Dieses Wanderfeld hat nach einer Periode eine Polteilung (Länge des Magneten) zurückgelegt.

Weitere Messwerke

Für Sonderzwecke werden außer dem Drehspul-, Dreheisen- und dem elektrodynamischen Messwerk eine Reihe weiterer Messwerke eingesetzt:
Bimetallmesswerke nutzen die Wärmewirkung des Stromes. Sie messen den Effektivwert, sind aber sehr träge und haben nur geringe Genauigkeit.
Kreuzspulmesswerke stellen eine Abwandlung der Drehspulmesswerke dar. Sie enthalten zwei gekreuzt angebrachte Drehspulen, die gegensinnig vom Strom durchflossen werden. Da die Momente beider Spulen gegensinnig wirken, wirkt die Anordnung als Quotientenmesswerk. Hauptanwendung ist die Bestimmung des Widerstandes aus Strom- und Spannungsmessung.
Elektrostatische Messwerke nutzen nicht die magnetischen, sondern die elektrischen Kräfte. Sie eignen sich zur Effektivwertmessung von Gleich- und Wechselspannungen bis in den kV-Bereich.
Zungenfrequenzmesser werden zur Frequenzmessung im Bereich 10 Hz bis etwa 2 kHz eingesetzt. Dabei wird die Resonanz von Stahlzungen ausgenutzt.

Aufgaben

8.5.1 Elektrodynamisches Messwerk

a) Beschreiben Sie Aufbau und Wirkungsweise eines elektrodynamischen Messwerks.
b) Nennen Sie Vor- und Nachteile von eisenlosen elektrodynamischen Messwerken im Vergleich zu eisengeschlossenen Ausführungen.
c) Nennen Sie das Haupteinsatzgebiet elektrodynamischer Messwerke.
d) Wie kann mit einem elektrodynamischen Messwerk der Effektivwert eines Stromes bestimmt werden? Welcher Skalenverlauf ist zu erwarten?

8.5.2 Induktionszähler

a) Nennen Sie das Haupteinsatzgebiet von Induktionszählern. Sind sie auch für Gleichstrom geeignet?
b) Warum benötigen Induktionszähler einen Bremsmagneten?
c) Ein Zähler hat die Zählerkonstante $c_Z = 120/\text{kWh}$. Welche Leistung wird gemessen, wenn sich die Zählerscheibe in 5 min 14-mal dreht?
d) Die Leistung einer 1500-Watt-Kochplatte soll mit dem Zähler aus Aufgabe c) überprüft werden. Welche Drehfrequenz muss die Scheibe haben?

8.6 Digitale Messwerke

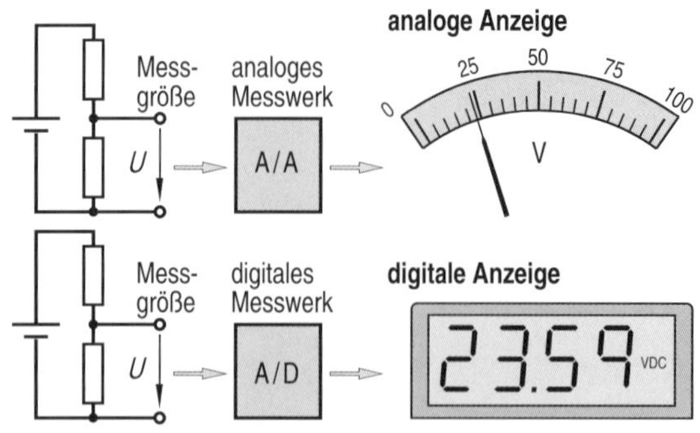

- **Bei Analogmessgeräten wird die Messgröße als Zeigerausschlag, bei Digitalmessgeräten wird sie als Zahl angezeigt**

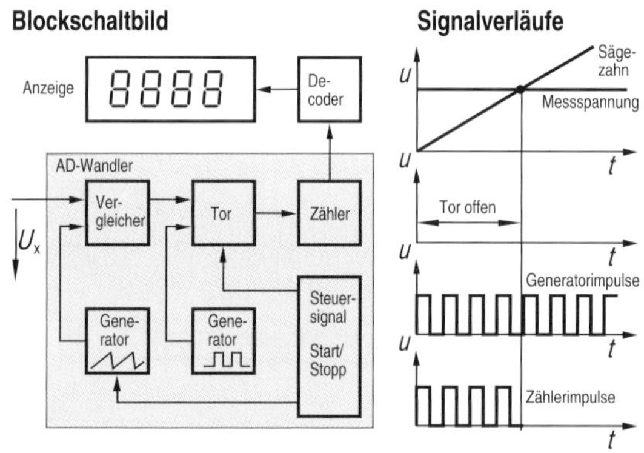

- **Kernstück eines digital anzeigenden Messgerätes ist der Analog-Digital-Wandler (AD-Wandler, ADU)**

- **Digitalmessgeräte enthalten ein LCD- oder ein LED-Display**

Beispiele:

3½-stellige Anzeige

Ziffern 0 bis 9 darstellbar
Ziffern 0 und 1 darstellbar
Anzeigeumfang 1999 Digits

4-stellige Anzeige

999.9

Ziffern 0 bis 9 darstellbar
Anzeigeumfang 9999 Digits

- **Der mögliche Anzeigeumfang eines Displays ist von der Zahl der Stellen und vom Wert der ersten Stelle abhängig**

Anzeigearten

Elektrische Größen, z. B. Spannungen und Ströme, sind meist stetige Größen, d. h. sie können innerhalb gewisser Grenzen jeden beliebigen Wert annehmen.
Bei analogen Messgeräten wird diese Größe durch einen elektromechanischen Messwandler, z. B. ein Drehspulmesswerk, in einen entsprechenden (analogen) Zeigerausschlag umgesetzt. Die Umsetzung in eine zahlenmäßige Darstellung, z. B. 25,4 V, erfolgt im Bewusstsein des ablesenden Menschen.
Bei digitalen Messgeräten erfolgt diese Analog-Digital-Umwandlung bereits im Messgerät. Kernstück eines digital anzeigenden Messgerätes ist daher stets ein Analog-Digital-Wandler (AD-Wandler, AD-Umsetzer).

Digitales Messprinzip

Das digitale Messen von Spannungen beruht im Prinzip auf dem Zählen von Impulsen. Dazu wird die zu messende Spannung U_x zusammen mit einer definierten Sägezahnspannung an einen Vergleicher gelegt. Mit Beginn des Hochlaufs der Sägezahnspannung öffnet eine Torschaltung und lässt die Impulse eines Generators passieren; sie werden von einem Zähler gezählt und nach der Decodierung durch einen Decoder auf einem Display angezeigt. Hat die Sägezahnspannung den Wert U_x erreicht, so schließt das Tor. Ist die Spannung U_x klein, so hat die Sägezahnspannung schon nach kurzer Zeit diesen Wert erreicht, ist U_x hingegen groß, so können viele Impulse das Tor passieren. Die Zahl der gezählten Impulse ist somit ein Maß für die zu messende Spannung U_x.

Messwertanzeige

Das Messergebnis kann über ein Display mit Leuchtdioden (LED) oder Flüssigkristallen (LCD) angezeigt werden. LCD-Anzeigen benötigen weniger Energie, sie können aber nicht selbständig leuchten. In beiden Fällen werden die anzeigenden Elemente so geformt und angeordnet, dass sie Zahlen und Buchstaben darstellen. Häufig werden 7-Segment-Anzeigen eingesetzt; für kompliziertere Anzeigen sind auch 14- und 16-Segment- oder Punkt-Matrix-Anzeigen üblich.

Anzeigeumfang

Die Anzahl der darstellbaren Werte hängt von der Stellenzahl der Anzeige ab. Bei 2 vollwertigen Stellen sind die Zahlen 01 bis 99, bei 3 Stellen die Zahlen 001 bis 999 darstellbar; im ersten Fall sind also 99 Digits (Ziffern), im zweiten Fall 999 Digits darstellbar. Oft kann die erste Stelle nur die Ziffern 0 und 1 darstellen; sie wird dann als halbe Stelle bezeichnet. Der Anzeigeumfang reicht dann von 01 bis 19 bzw. von 001 bis 199 bzw. 0001 bis 1999 usw. Auch ¾-Stellen sind möglich, sie können die Ziffern 0 bis 4 darstellen.

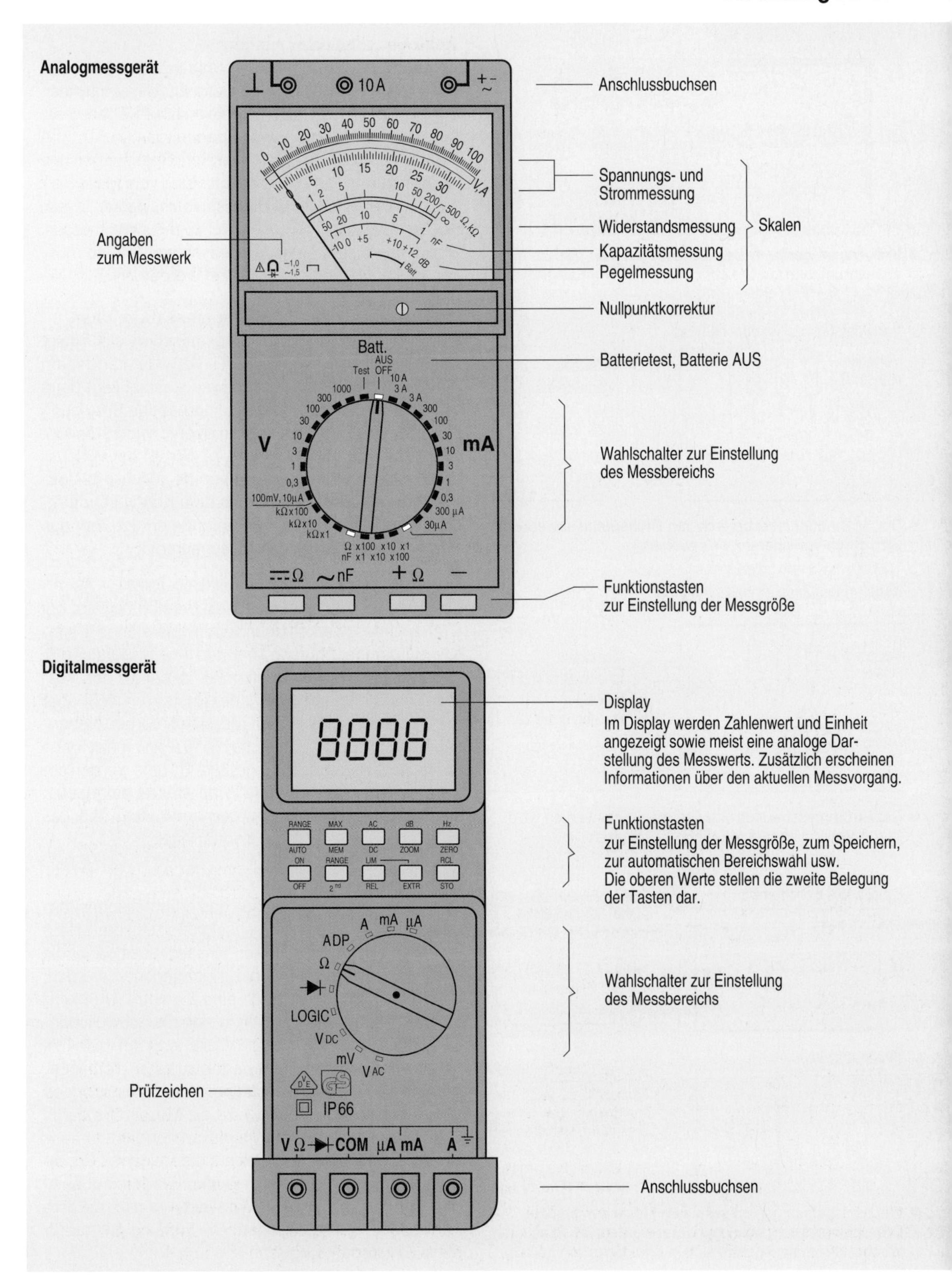

Analogmessgerät
Anschlussbuchsen
Spannungs- und Strommessung
Widerstandsmessung
Kapazitätsmessung
Pegelmessung
Skalen
Angaben zum Messwerk
Nullpunktkorrektur
Batterietest, Batterie AUS
Wahlschalter zur Einstellung des Messbereichs
Funktionstasten zur Einstellung der Messgröße
Digitalmessgerät
Display
Im Display werden Zahlenwert und Einheit angezeigt sowie meist eine analoge Darstellung des Messwerts. Zusätzlich erscheinen Informationen über den aktuellen Messvorgang.
Funktionstasten
zur Einstellung der Messgröße, zum Speichern, zur automatischen Bereichswahl usw.
Die oberen Werte stellen die zweite Belegung der Tasten dar.
Wahlschalter zur Einstellung des Messbereichs
Prüfzeichen
Anschlussbuchsen

8.7 Spannungs- und Strommessung I

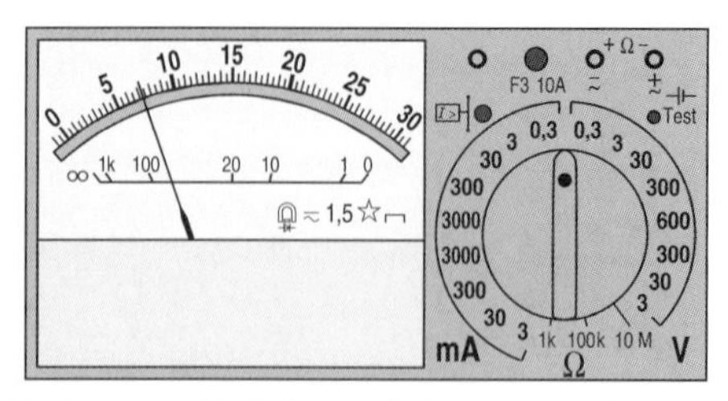

- **Vielfachmessgeräte haben Schaltungen zur Messbereichserweiterung und zur Gleichrichtung von Wechselgrößen**

Vorwiderstände, Prinzipschaltung

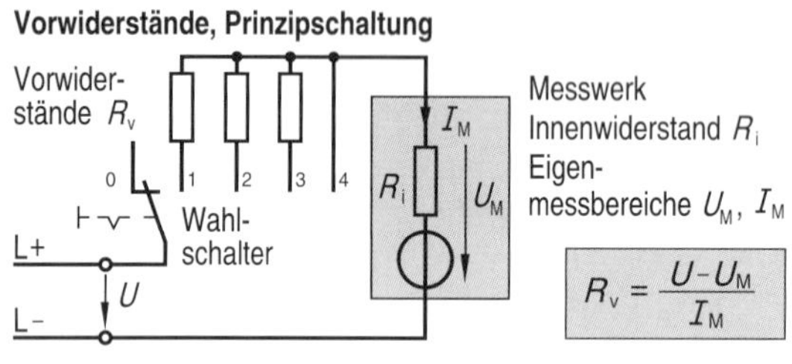

$$R_v = \frac{U - U_M}{I_M}$$

- **Der Spannungsmessbereich von Drehspulmesswerken wird durch Vorwiderstände erweitert**

Nebenwiderstände, Prinzipschaltung

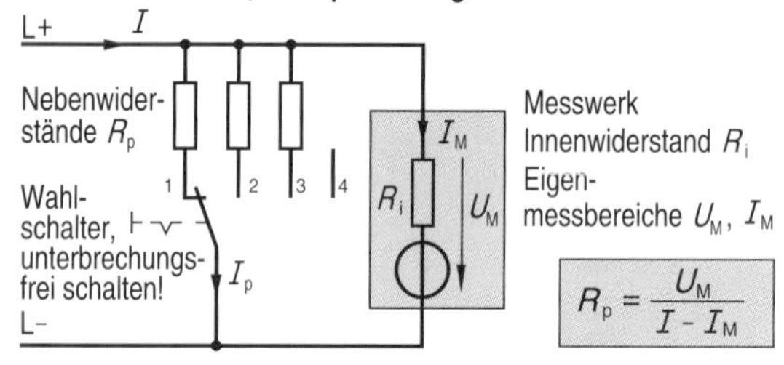

$$R_p = \frac{U_M}{I - I_M}$$

- **Der Strommessbereich von Drehspulmesswerken wird durch Nebenwiderstände (Shunts) erweitert**

Brückengleichrichter B2

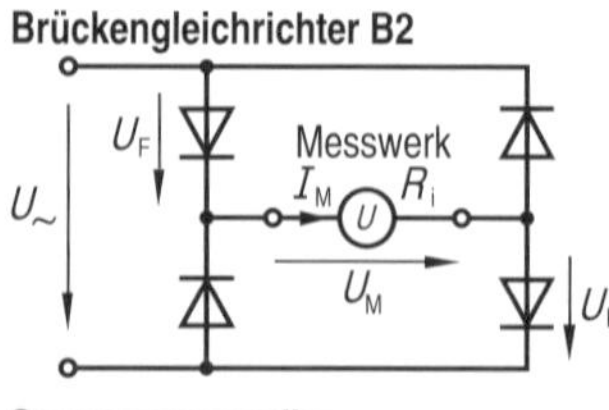

Das Messwerk misst den arithmetischen Mittelwert von $U_\sim$. Die Skalenwerte sind mit dem Formfaktor 1,11 multipliziert, ⟹ Effektivwert
Die Schleusenspg. $2 \cdot U_F$ verfälscht das Ergebnis

Spannungswandler

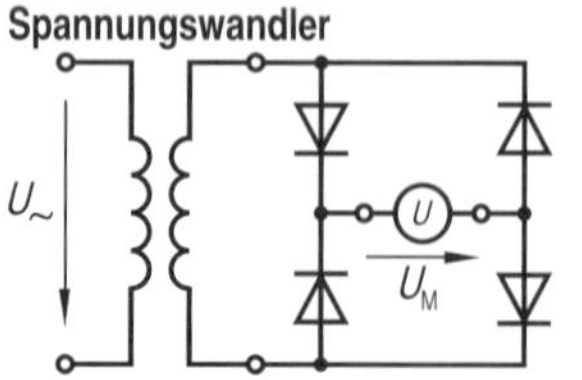

Der Spannungswandler ermöglicht die Messung von Spannungen < 1 V. Die untere Grenzfrequenz wird auf ca. 20 Hz eingeschränkt. Obere Grenzfrequenz ist etwa 20 kHz

- **Wechselspannungen müssen zum Messen mit einem Drehspulmesswerk gleichgerichtet werden; die Skalen der Wechselstrommessgeräte sind in Effektivwerten geeicht**

Analoge Vielfachmessgeräte

Analog anzeigende Vielfachmessgeräte enthalten üblicherweise ein Drehspulmesswerk als Messumformer. Da Drehspulmesswerke einen sehr kleinen Eigenmessbereich haben, z. B. 3 mV Spannungs- und 0,1 mA Strommessbereich, müssen größere Spannungen und Ströme durch eine Zusatzbeschaltung vom Messwerk ferngehalten werden. Mit Drehspulmesswerken lassen sich nur Gleichströme bzw. Gleichspannungen messen. Sollen Wechselgrössen gemessen werden, so müssen diese zuerst gleichgerichtet werden.

Erweiterung des Spannungsmessbereichs

Die Erweiterung des Spannungsmessbereichs erfolgt bei Drehspulmesswerken über Vorwiderstände; am Innenwiderstand R_i des Messwerks selbst liegt dann maximal die für den Vollausschlag nötige Spannung U_m, die Restspannung liegt an den Vorwiderständen. Statt des Nennmessstromes I_M (Strom bei Vollausschlag) wird häufig der sogenannte „Ohm-pro-Volt-Wert" angegeben; er ist gleich dem Kehrwert von I_M. Die Berechnung der Vorwiderstände erfolgt über das ohmsche Gesetz und die Maschenregel.

Erweiterung des Strommessbereichs

Die Erweiterung des Strommessbereichs erfolgt bei Drehspulmesswerken über Nebenwiderstände (Parallelwiderstände, Shunts); über den Innenwiderstand R_i des Messwerks fließt dann maximal der für den Vollausschlag nötige Strom I_M, der Reststrom fließt über die Nebenwiderstände am Messwerk vorbei. Nebenwiderstände für Messbereiche bis 10 A sind meist in das Messgerät eingebaut. Für größere Ströme werden separate, sehr niederohmige Widerstände eingesetzt. Die Berechnung der Nebenwiderstände erfolgt über das ohmsche Gesetz und die Knotenregel.

Messung von Wechselspannung

Drehspulmesswerke messen den arithmetischen Mittelwert, bei einer reinen Wechselgröße zeigt das Messwerk keinen Ausschlag. Zum Messen muss daher die Wechselspannung zunächst gleichgerichtet werden; dies geschieht meist durch eine Zweipuls-Brückenschaltung (B2). Nachteilig wirkt sich die Schwellspannung der Dioden aus (Ge 0,2 V...0,3 V, Si 0,6 V...0,7 V); sie führt bei kleinen Messwerten zu einer nichtlinearen Skale. Um auch Spannungen unter 1 V hinreichend genau messen zu können, wird die Messgröße durch einen Spannungswandler hochtransformiert.

Drehspulmesswerke mit Gleichrichter zeigen im Prinzip den Gleichrichtwert an, die Skalen werden jedoch in Effektivwerten geeicht. Der Messwert wird dazu mit dem Formfaktor 1,11 multipliziert. Die Eichung gilt nur für reine Sinusspannungen.

Schaltungen zur Messbereichserweiterung

Wie schon gezeigt wurde, lässt sich der Spannungsmessbereich eines Drehspulmesswerks immer durch Vorwiderstände, der Strommessbereich hingegen durch Nebenwiderstände erweitern. In der Praxis wird aber nicht für jeden Messbereich ein eigener Widerstand eingesetzt, vielmehr werden Vor- und Nebenwiderstände miteinander kombiniert. Die nebenstehende Skizze zeigt die übliche Grundschaltung für einen Mehrbereichs-Spannungsmesser.

Für einen Mehrbereichs-Strommesser wird die sogenannte Ringschaltung eingesetzt. Sie hat gegenüber dem einfachen Parallelschalten von mehreren Nebenwiderständen zwei entscheidende Vorteile:

1. Der Übergangswiderstand des Wahlschalters $R_ü$ begrenzt zwar ganz unwesentlich den Stromfluss, er geht aber nicht als Fehler in das Messergebnis ein.
2. Der Wahlschalter muss nicht unterbrechungsfrei umschalten. Bei der einfachen Parallelschaltung kann das Unterbrechen des Parallelzweiges zur Überlastung und Zerstörung des Messwerkes führen.

Ein weiterer Vorteil besteht darin, dass das Dämpfungsverhalten des Messwerkes bei jedem Messbereich gleich ist. Der Grund liegt in der Tatsache, dass die Zeitkonstante $\tau = L_M / R_S$ bei jedem Messbereich gleich ist. L_M ist dabei die Induktivität der Drehspule, R_S der sogenannte Schließungswiderstand mit $R_S = R_i + R_{p1} + R_{p2} + R_{p3}$.

Erweiterung des Spannungsmessbereichs

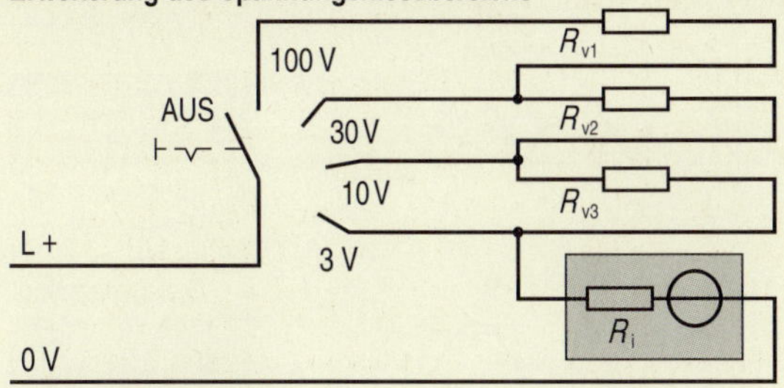

Erweiterung des Strommessbereichs, Ringschaltung

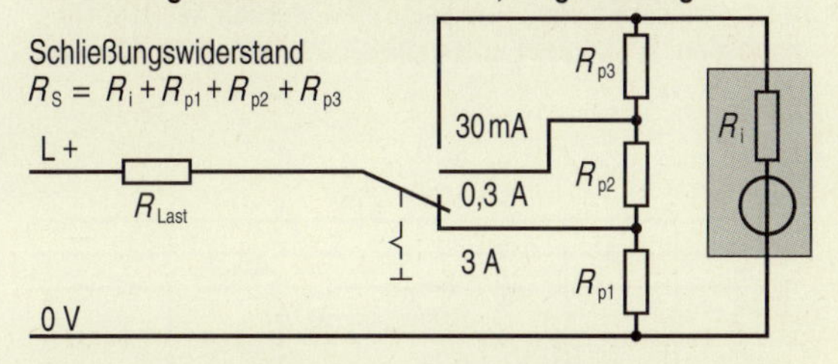

Messung von kleinen Wechselspannungen

Drehspulmesswerke eignen sich zur Messung von Wechselspannungen nur dann, wenn diese vorher gleichgerichtet wurden. Bei größeren Spannungen z. B. $U > 10\,V$ funktioniert das problemlos, bei Spannungen $U < 1\,V$ bereitet die Schleusenspannung der Dioden erhebliche Probleme. Dieser störende Einfluss lässt sich eliminieren, wenn die Gleichrichterbrücke aus einer Stromquelle gespeist wird, die einen zur Messspannung proportionalen Strom liefert. Die Realisierung erfolgt z. B. mit Hilfe eines Operationsverstärkers gemäß nebenstehender Schaltung.

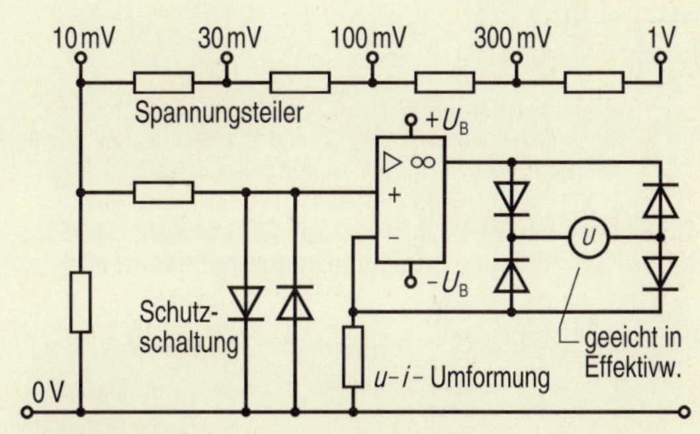

Bei Wechselspannungsmessern mit stromgespeisten Gleichrichtern geht die Schleusenspannung der Dioden nicht in die Messung ein, Messbereiche bis 1 mV sind realisierbar, die Skale veräuft in allen Bereichen linear. Das Messgerät benötigt allerdings eine Batterie zur Speisung des Operationsverstärkers.

Messung von Wechselströmen

Vielfachmessgeräte mit Gleichrichter eignen sich in erster Linie zur Spannungsmessung. Ströme können indirekt gemessen werden, wenn der Messstrom über einen niederohmigen Messwiderstand geleitet und die am Widerstand entstehende Spannung abgegriffen wird. Eine Messbereichserweiterung kann durch das Umschalten der Messwiderstände erreicht werden.

Eine weitere Möglichkeit besteht im Einsatz eines Stromwandlers, der als Spartransformator ausgeführt sein kann. Der Messwiderstand bleibt in diesem Fall konstant, die Bereichswahl erfolgt über die verschiedenen Anzapfungen des Transformators.

Strommessung mit Stromwandler

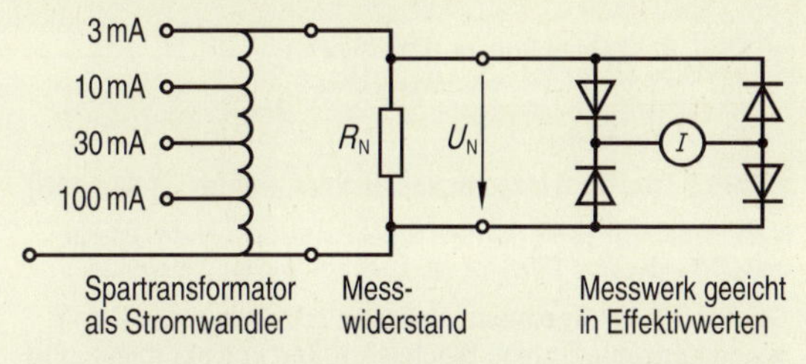

Die Schwellspannung der Dioden beeinflusst das Messergebnis, insbesondere bei kleinen Messspannungen.

8.8 Spannungs- und Strommessung II

Formfaktoren

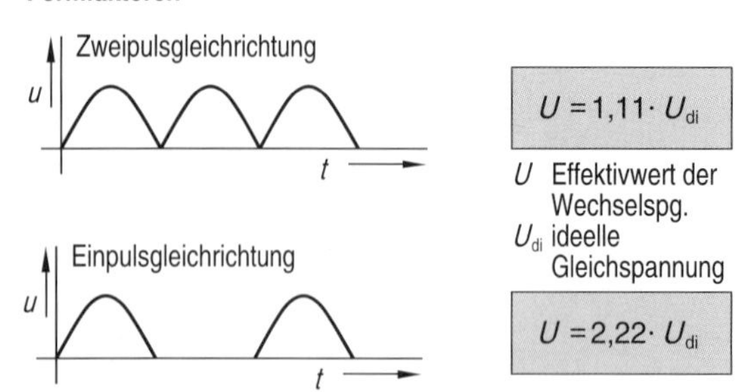

- **Bei der Messung von Wechselgrößen werden Mittelwerte gemessen; sie können arithmetisch oder geometrisch sein**

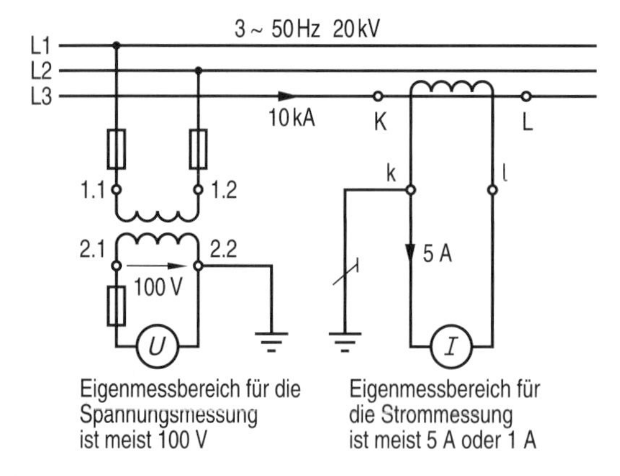

- **Dreheisenmesswerke messen den Effektivwert; die Messbereichserweiterung erfolgt meist durch Messwandler**

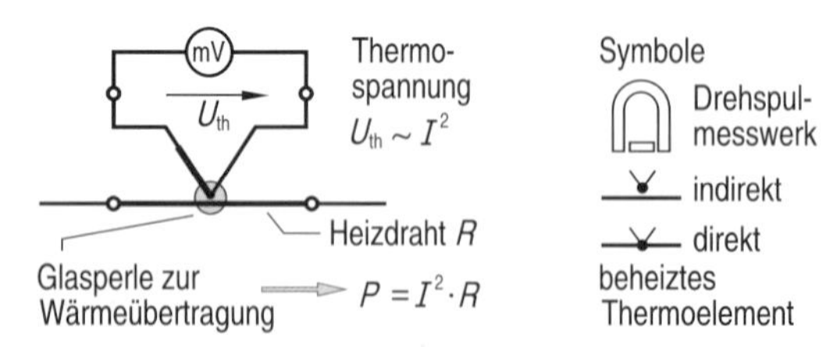

- **Thermoumformer liefern eine Gleichspannung, die quadratisch mit dem Effektivwert des Messstroms ansteigt**

$$U = \sqrt{\frac{1}{T}\int_0^T u^2 \cdot \mathrm{d}t}$$

TRMS **True Root Mean Square (echter, wahrer Effektivwert)**

Mathematisch gibt es nur den nach obiger Formel berechneten Effektivwert (RMS), das Wort TRMS hat sich zu einem Modewort entwickelt.

- **Bei der Effektivwertmessung ist zu prüfen, ob das Gerät auch nichtsinusförmige Wechselgrößen korrekt misst, und ob bei Mischgrößen auch Gleichanteile erfasst werden. Die Angaben des Geräteherstellers sind zu beachten!**

Arithmetischer und geometrischer Mittelwert

Bei der Messung von reinen Gleichspannungen und -strömen macht die Deutung des Messergebnisses keine Schwierigkeiten; der Messwert stellt den Gleichstromwert bzw. Effektivwert dar.
Bei Wechsel- und Mischgrößen ändert sich der Augenblickswert ständig, so dass der angezeigte Messwert einen Mittelwert darstellen muss. Bei Drehspulmesswerken ist der angezeigte Wert gleich dem arithmetischen Mittelwert. Bei gleichgerichteten sinusförmigen Größen kann der arithmetische Mittelwert über den Formfaktor in den geometrischen Mittelwert (quadratischer M., Effektivwert) umgerechnet werden. Bei beliebig geformten Größen ist diese Rechnung nicht möglich.

Effektivwertmessung

Dreheisenmesswerk

Bei der Messung von Wechselgrößen soll üblicherweise der Effektivwert bestimmt werden. Das klassische Zeigerinstrument für diese Messung ist das Dreheiseninstrument. Es zeigt bis zu Frequenzen von einigen hundert Hz stets den Effektivwert an. Nachteilig ist der beträchtliche Eigenverbrauch von 0,1 W (Feinmessgeräte) bis etwa 1 W (Betriebsmessgeräte). Der Einsatz beschränkt sich daher meist auf die Energietechnik; Haupteinsatzgebiet sind Schalttafelmessgeräte.
Die Messbereichserweiterung erfolgt bei Wechselstrom meist transformatorisch, d. h. über Strom- und Spannungswandler (siehe Kap. 6.17). Eine Erweiterung des Strommessbereichs kann aber auch über Spulenabgriffe erfolgen, eine Erweiterung des Spannungsmessbereichs ist eingeschränkt auch über Vorwiderstände möglich (Frequenzgangkompensation ist erforderlich).

Drehspulmesswerk mit Thermoumformer

Für sehr kleine Messwerte sind Dreheisenmesswerke wegen ihres hohen Eigenverbrauchs nicht geeignet. Abhilfe kann ein Drehspulmesswerk in Verbindung mit einem Theroumformer schaffen. Dieses Gerät wertet die Wärmewirkung des Stromes in einem Widerstandsdraht aus. Da die Wärmewirkung quadratisch mit dem Strom bzw. der Spannung steigt, hat die Messskale einen quadratischen Verlauf. Eingesetzt werden derartige Geräte vor allem in der Hochfrequenztechnik.

Elektronische Effektivwertmessung

Digitale Messgeräte messen bei rein sinusförmigen Größen den Effektivwert, bei abweichender Kurvenform können große Messfehler auftreten. Trägt das Gerät die Aufschrift RMS, so wird nur der Effektivwert von sinusförmigen Wechselgrößen richtig gemessen. Geräte mit der Aufschrift TRMS messen auch auch verzerrte Wechselgrößen korrekt, falls der zulässige Crestfaktor nicht überschritten wird. Ein eventuell vorhandener Gleichanteil wird meist nicht erfasst.

Probleme der Effektivwertmessung

Die Messung der Effektivwerte von Strom und Spannung kann Probleme bereiten, wenn die Messgröße keinen rein sinusförmigen Verlauf hat. Sehr sicher ist die Messung mit „echten" Effektivwertmessern wie dem Dreheisenmesswerk. Da bei höheren Frequenzen aber störende Wirbelströme in den Eisenteilen auftreten, liegt die obere Grenzfrequenz für genaue Messungen bei etwa 300 Hz. Dies ist z. B. bei Messungen in der Leistungselektronik störend, weil durch Phasenanschnittsteuerungen ein großer Anteil an Oberschwingungen mit hohen Frequenzen entsteht. Auch die Magnetisierungsströme von Transformatoren, deren Kern im Sättigungsbereich betrieben wird, sind verzerrt und weisen Oberschwingungen auf.

Drehspulmesswerke mit Thermoumformer haben diese Beschränkung nicht; sie können bis zu Frequenzen von 100 MHz eingesetzt werden. Da sie aber teuer und empfindlich gegen Überlast sind und außerdem eine quadratische Skale haben, sind sie als Betriebsmessgerät nur bedingt tauglich.

In digitalen Multimetern werden z. B. Effektivwertbildner mit Analogrechnern eingesetzt; auch Spannungskomparatoren sind üblich, welche die zu messende Wechselspannung mit einer bekannten Gleichspannung als Referenzspannung vergleichen. Durch diese zum Teil sehr aufwendigen Schaltungen sind auch bei digitalen Messgeräten genaue Messergebnisse zu erreichen. Beim Einsatz digitaler Multimeter zur Effektivwertmessung nichtsinusförmiger Größen sind aber in jedem Fall die Anweisungen des Herstellers zu beachten.

Phasenanschnittsteuerung

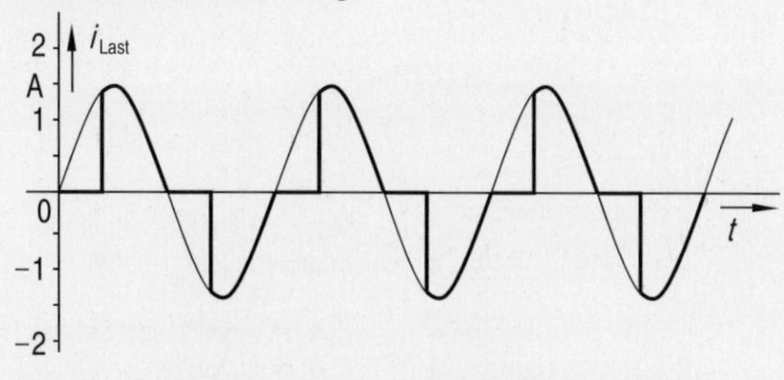

Magnetisierungsstrom, Eisenkern gesättigt

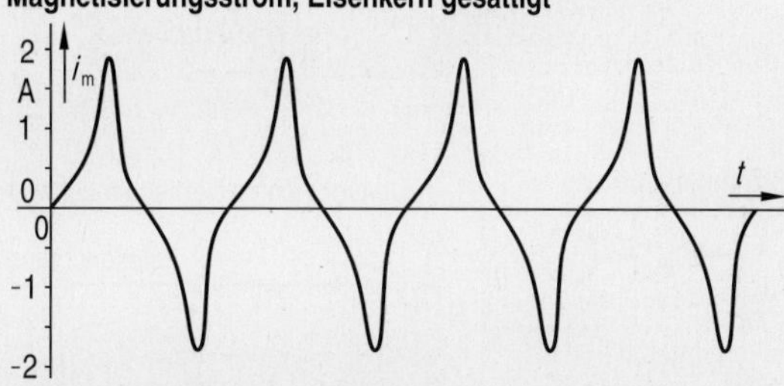

Spitzenwertmessung

In der Hochfrequenztechnik ist es oft erforderlich, den Spitze-Tal-Wert (Spitze-Spitze-Wert) einer Wechselspannung zu messen. Diese Aufgabe kann mit einem Drehspulmesswerk und einer elektronischen Schaltung zur Spannungsverdopplung gelöst werden.

Bei den Spannungsverdopplern unterscheidet man Einpuls-Verdoppler (Schaltung D1, Villard-Schaltung) und Zweipuls-Verdoppler (D2, Delon-Schaltung).

Die elektronische Schaltung kann z. B. in einem Tastkopf untergebracht sein, die am Kondensator entstehende Gleichspannung wird über eine abgeschirmte Messleitung dem Drehspulmesswerk zugeführt. Das Drehspulmesswerk arbeitet als reiner Gleichspannungsmesser und ist frei von hochfrequenten Strömen.

Einpuls-Verdopplerschaltung D1

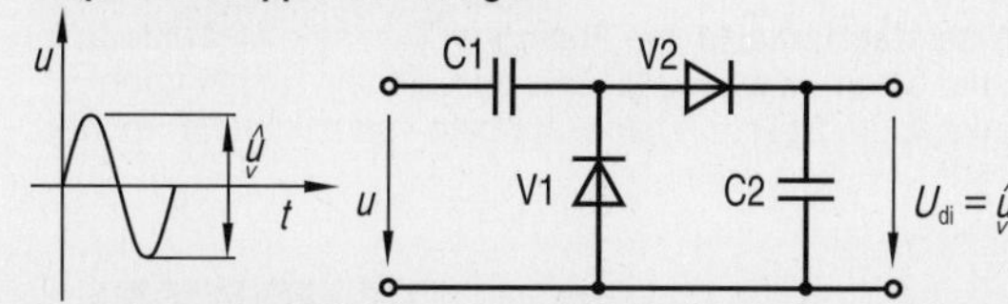

Zweipuls-Verdopplerschaltung D2

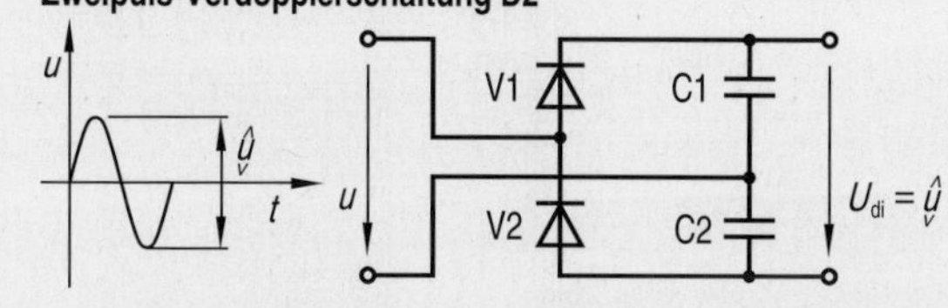

Aufgaben

8.8.1 Effektivwertmessung I

a) Erklären Sie den Begriff Formfaktor und geben Sie die Formfaktoren für Einpuls- und Zweipulsgleichrichtung an.

b) Erklären Sie Bezeichnungen RMS und TRMS auf einem Digital-Multimeter. Warum soll bei der Effektivwertmessung nichtsinusförmiger Größen erst die Betriebsanleitung des Messgeräts gelesen werden?

8.8.2 Effektivwertmessung II

a) Welche besonderen Vorteile haben Drehspulmesswerke mit Thermoumformern für die Effektivwertmessung nichtsinusförmiger Größen?

b) Welche Probleme treten bei der Effektivwertmessung in Phasenanschnittsteuerungen auf?

c) Wie wird üblicherweise der Messbereich von Dreheisenmessgeräten erweitert?

8.9 Widerstandsmessung I

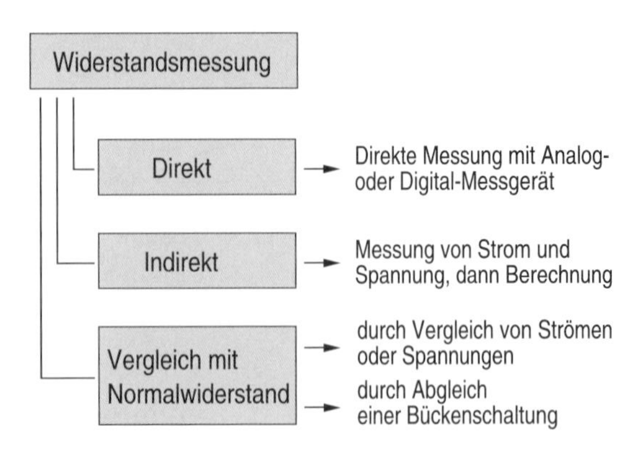

Strommessprinzip

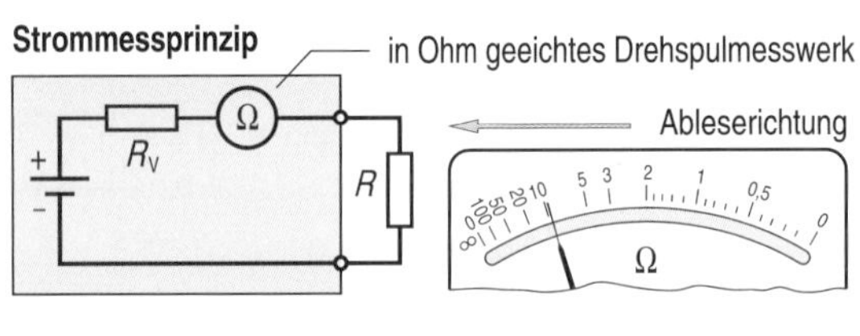

Spannungsmessprinzip

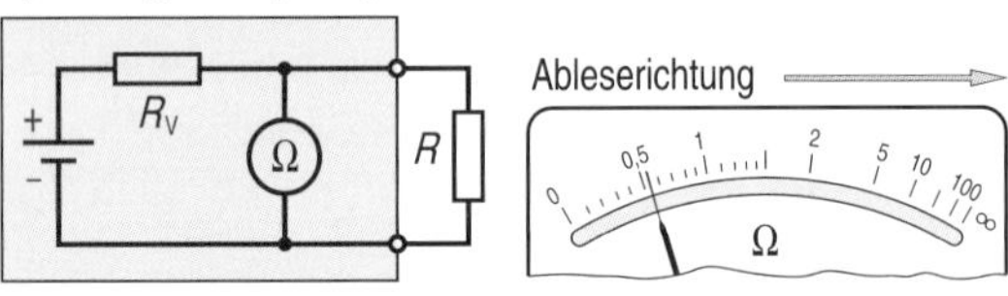

- **Widerstandsskalen von Analoggeräten sind nichtlinear; beim Strommessprinzip verlaufen sie von rechts nach links, beim Spannungsmessprinzip von links nach rechts**

Beispiel

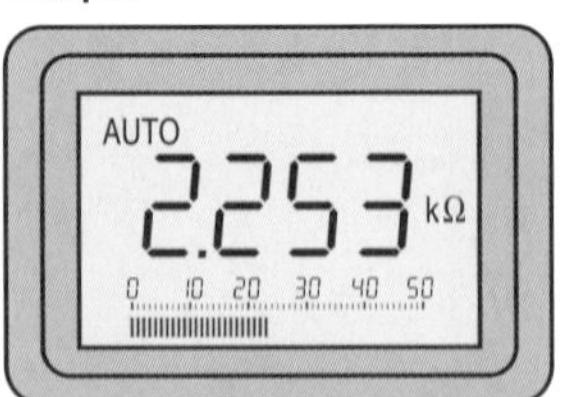

Die Messunsicherheit ist vom Messbereich abhängig. Die Tabelle zeigt Daten eines Geräteherstellers:

Messbereich	Unsicherheit
300 Ω	± (0,2% +30 Dig.)
3 kΩ	± (0,2% + 6 Dig.)
30 kΩ	± (0,2% + 6 Dig.)
300 kΩ	± (0,2% + 6 Dig.)
3 MΩ	± (0,4% + 6 Dig.)
30 MΩ	± (1,5% + 6 Dig.)

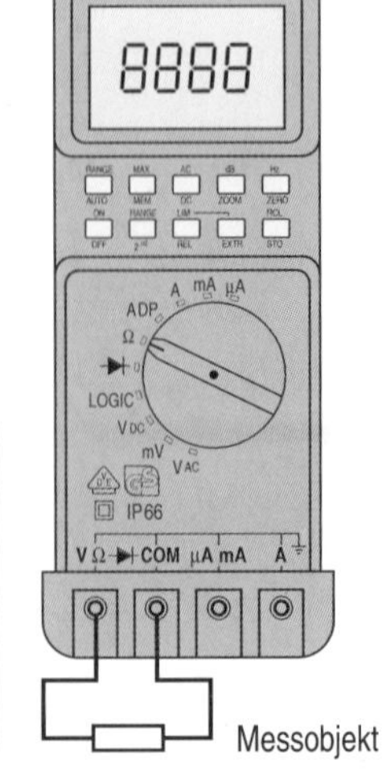

- **Bei analoger oder digitaler Widerstandsmessung muss der zu messende Widerstand unbedingt stromlos sein**

Messprinzipien

Die Bestimmung des Widerstandswertes eines ohmschen Widerstandes kann nach mehreren Prinzipien erfolgen. Am einfachsten ist die direkte Messung; sowohl analoge als auch digitale Messgeräte bieten die Möglichkeit, Widerstandswerte direkt zu messen. Der Widerstand kann auch indirekt mit Hilfe des ohmschen Gesetzes aus einer Spannungs- und einer Strommessung bestimmt werden. Sehr genaue Messergebnisse bietet der Vergleich mit hochpräzisen Normalwiderständen. Der Vergleich kann über einen Spannungs- oder Stromvergleich realisiert werden oder durch ein Abgleichverfahren mit Hilfe einer Brückenschaltung.

Direkte analoge Messung

Analoge Messgeräte mit einem Drehspulmesswerk eignen sich gut als Widerstandsmessgerät (Ohmmeter); Voraussetzung ist aber, dass sie eine eigene Spannungsquelle (Batterie) besitzen. Je nach Schaltung des Messwerks unterscheidet man das Strommessprinzip und das Spannungsmessprinzip.

Beim meist verwendeten Strommessprinzip liegt das Messwerk in Reihe zum Messobjekt. Da der Strom mit zunehmendem Widerstand abnimmt, verläuft die Skale von rechts nach links; sie ist stark nichtlinear.

Beim Spannungsmessprinzip liegt das Messwerk parallel zum Messobjekt. Da die Spannung am Messobjekt mit zunehmendem Widerstand größer wird, verläuft die Skale von links nach rechts; sie ist ebenfalls nichtlinear.

Bei beiden Messprinzipien geht die Batterlespannung in das Messergebnis ein. Vor jeder Messung sollte daher ein Nullabgleich gemacht werden.

Direkte digitale Messung

Digitale Messgeräte verdrängen in zunehmendem Maße die zum Teil sehr teuren, schwierig abzulesenden und nicht sehr genauen Analoggeräte.

Die einfachste Möglichkeit besteht in der Verwendung einer Konstantstromquelle. Wird der Messwiderstand R_X an die Konstantstromquelle angeschlossen, so fließt in ihm stets der gleiche Strom, unabhängig von seinem Widerstandswert. Der Spannungsfall am Messwiderstand ist somit proportional zum Widerstandswert R_X. Der Spannungsfall kann mit einem digitalen Spannungsmesser gemessen werden, die Anzeige ist in Widerstandswerten geeicht.

Konstantstromquellen können auch in analogen Instrumenten eingesetzt werden; man erhält dann eine lineare, von links nach rechts laufende Widerstandsskale.

Digitale Messgeräte können auch einen Widerstands-Zeit-Umformer enthalten. Die Widerstandsmessung wird damit durch eine Zeitmessung ersetzt, die bei entsprechendem Aufwand Messunsicherheiten < 1 % möglich macht.

Widerstandsmessung mit Kreuzspulinstrument
Eine häufig angewandte Methode zur direkten Widerstandsmessung arbeitet mit Hilfe eines Kreuzspulmesswerkes. Dieses Messwerk ist wie ein Drehspulmesswerk aufgebaut, besitzt aber zwei gekreuzte Drehspulen, deren Drehmomente gegeneinander wirken; das Messwerk zeigt somit den Quotienten beider Spulenströme an. Beim Einsatz als Widerstandsmesser wird mit der einen Spule die Spannung am Messobjekt registriert, mit der anderen Spule der durch den Messwiderstand fließende Strom. Derartige Widerstandsmesser werden auch im Zusammenhang mit temperaturabhängigen Widerständen als Temperaturmesser eingesetzt. Nebenstehend sind zwei übliche Messschaltungen dargestellt. Die erste Schaltung eignet sich insbesondere zur Messung niederohmiger Widerstände unter 10 Ω; die zweite Schaltung dient zum Messen hochohmiger Widerstände bis in den Mega-Ohm-Bereich. Die Skale ist in beiden Fällen nichtlinear.

Schaltung zur Messung kleiner Widerstände

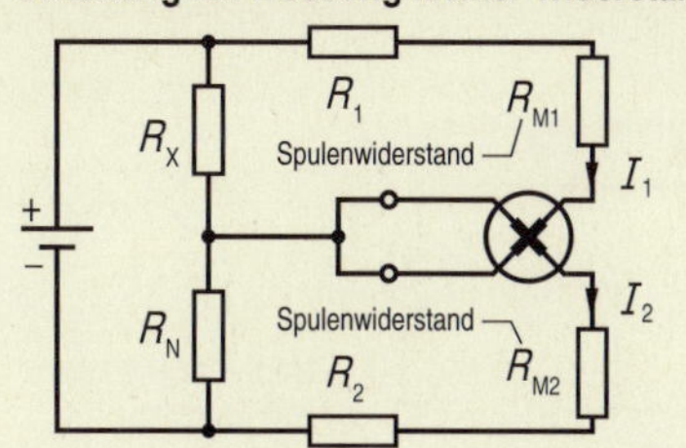

Für sehr kleine Widerstände R_X und R_N gilt näherungsweise:

$R_X = R_N \cdot \frac{I_1}{I_2}$

$= R_N \cdot f(\alpha)$ mit

α = Zeigerausschlag

Schaltung zur Messung großer Widerstände

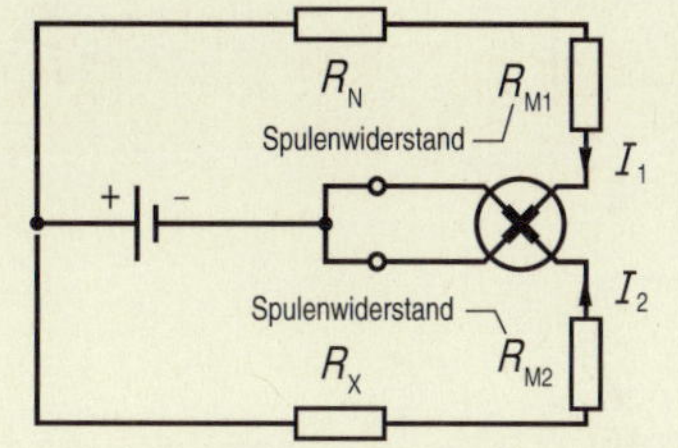

Für sehr große Widerstände R_X und R_N gilt näherungsweise:

$R_X = R_N \cdot \frac{I_1}{I_2}$

$= R_N \cdot f(\alpha)$ mit

α = Zeigerausschlag

Indirekte Messung
Die indirekte Widerstandmessung beruht auf der gleichzeitigen Messung von Spannung und Strom am unbekannten Widerstand. Der Widerstand wird dann mit Hilfe des ohmschen Gesetzes $R = U/I$ berechnet. Die Messung enthält in jedem Fall einen durch die Messschaltung bedingten systematischen Fehler.
Wird der Spannungsmesser vor den Strommesser geschaltet, so entsteht die Spannungsfehlerschaltung; sie eignet sich für Widerstände, die wesentlich größer sind als der Innenwiderstand des Strommessers.
Wird der Strommesser vor den Spannungsmesser geschaltet, so entsteht die Stromfehlerschaltung; sie eignet sich für Widerstände, die wesentlich kleiner sind als der Innenwiderstand des Spannungsmessers.

Spannungs- und Stromfehlerschaltung

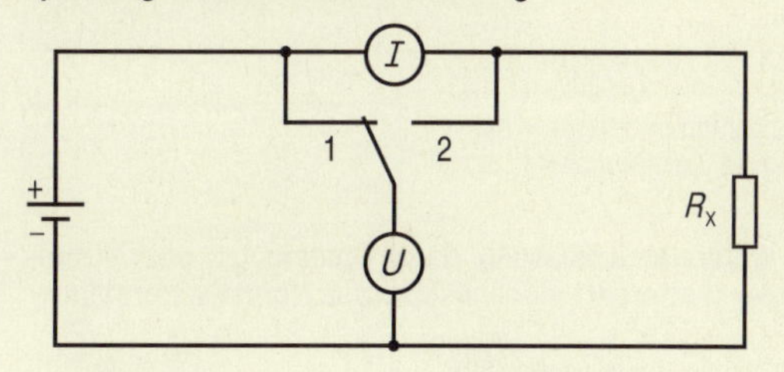

Stellung 1
Spannungsfehlerschaltung, besonders geeignet für große Messwiderstände

Stellung 2
Stromfehlerschaltung, besonders geeignet für kleine Messwiderstände

Aufgaben

8.9.1 Ablesen von Analogmessgeräten

Ein analoges Multimeter zeigt folgenden Ausschlag:

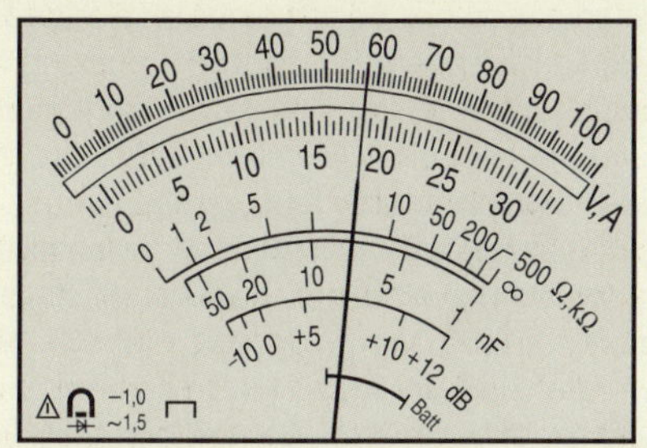

a) Welcher Widerstand wird gemessen, wenn der Bereichsschalter auf Ω x100 eingestellt ist?
b) Beurteilen Sie die Genauigkeit der Messung.

8.9.2 Digitale Widerstandsbestimmung

Ein 4-stelliges, digitales Messgerät hat sich bei der Messung eines Widerstandes automatisch auf den Messbereich 30 kΩ eingestellt. Die Messunsicherheit beträgt ±(0,2 % + 6 Digits). Das Display macht die Anzeige 12.34 kΩ. Berechnen Sie die prozentualen Fehler und den minimalen und maximalen Widerstandswert.

8.9.3 Indirekte Widerstandsmessung

Zur Widerstandsbestimmung wird ein Strommesser mit $R_{iA} = 1\ \Omega$ und ein Spannungsmesser mit $R_{iV} = 10\ k\Omega$ eingesetzt. Berechnen Sie, für welche Widerstände R_X der systematische Fehler kleiner als 3 % ist
a) bei der Stromfehlerschaltung,
b) bei der Spannungsfehlerschaltung.

8.10 Widerstandsmessung II

Vergleichsschaltungen

Widerstandsmessungen können auf einen Vergleich mit bekannten Vergleichswiderständen (Normalwiderständen) zurückgeführt werden. Der Vergleich kann mit einer Spannungs- oder einer Strommessung erfolgen.

Spannungsvergleich

Bei dieser Methode werden der zu messende Widerstand R_X und ein genau bekannter Vergleichswiderstand R_N in Reihe geschaltet. Für eine genaue Messung muss der Vergleichswiderstand ähnlich groß sein wie der Messwiderstand, damit die Spannungen U_X und U_N möglichst im gleichen Messbereich und im gleichen Skalenbereich des Spannungsmessers gemessen werden können. Der Innenwiderstand des Spannungsmessers geht nicht in das Messergebnis ein, wenn er während der gesamten Messung konstant ist.

Spannungsvergleichsmessung

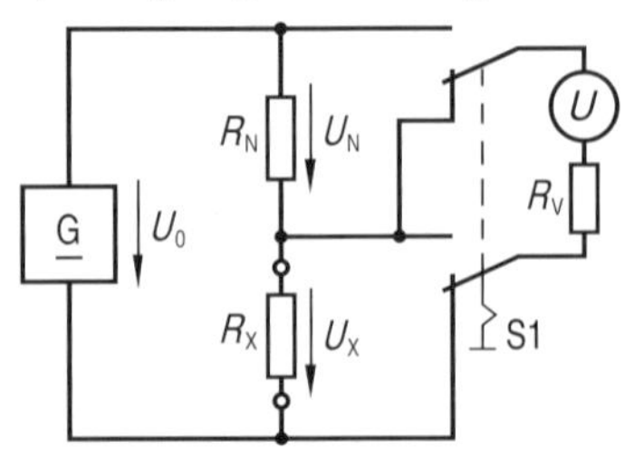

Nach der Messung von U_N und U_X wird berechnet:

$$R_X = \frac{U_X}{U_N} \cdot R_N$$

Stromvergleich

Bei dieser Methode werden der zu messende Widerstand R_X und ein genau bekannter Vergleichswiderstand R_N parallel geschaltet. Für eine genaue Messung muss der Vergleichswiderstand ähnlich groß sein wie der Messwiderstand, damit die Ströme I_X und I_N möglichst im gleichen Mess- und im gleichen Skalenbereich des Strommessers gemessen werden können. Der Innenwiderstand R_i des Strommessers führt zu einem systematischen Fehler, der umso kleiner ist, je kleiner R_i und je kleiner die Differenz zwischen R_X und R_N ist. Der Stromvergleich eignet sich vor allem zur Messung hochohmiger Widerstände, z. B. zur Isolationsmessung.

Stromvergleichsmessung

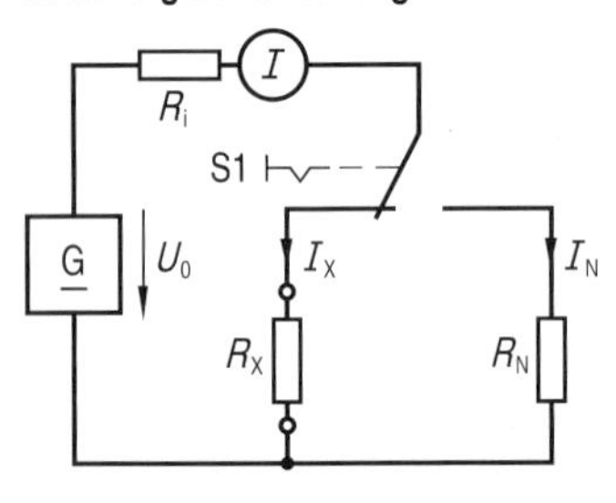

Nach der Messung von I_N und I_X wird berechnet:

$$R_X = \frac{I_N}{I_X} \cdot R_N$$

Wird der Innenwiderstand des Strommessers berücksicht, so gilt:

$$R_X = \frac{I_N}{I_X} \cdot R_N - \frac{I_X - I_N}{I_X} \cdot R_i$$

- **Die Widerstandsmessung durch Spannungs- oder Stromvergleich erfordert möglichst präzise Normalwiderstände**

Brückenschaltungen

Eine weitere, sehr genaue Methode zur Bestimmung eines unbekannten Widerstandes mit Hilfe von Vergleichswiderständen bieten die Brückenschaltungen. Die wichtigste ist die von dem englischen Physiker Charles Wheatstone (1802–1875) erfundene und nach ihm benannte Wheatstone-Brücke. Sie kann als Abgleichbrücke zur Messung von Festwiderständen oder als Ausschlagbrücke zur Messung von sich ändernden Widerständen eingesetzt werden. Beim Einsatz als Abgleichbrücke wird der Abgriff eines skalierten Potentiometers so lange verstellt, bis die Spannung an der Brückendiagonalen null ist. Aus der Abgleichbedingung folgt dann der gesuchte Widerstand R_X.

Um den Brückenabgleich festzustellen, muss in die Brückendiagonale ein Nullindikator geschaltet sein. Häufig wird dazu ein empfindliches Drehspulmesswerk (Galvanometer) mit dem Nullpunkt in der Skalenmitte verwendet. Ein Vorwiderstand R_V vermindert die Empfindlichkeit für den Grobabgleich, bei überbrücktem Vorwiderstand folgt der Feinabgleich.

Wird die Messbrücke mit Wechselspannung gespeist, so eignen sich auch Kopfhörer als Nullindikator.

Messprinzip

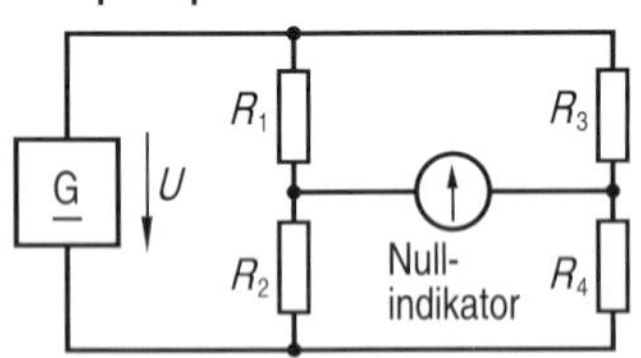

Bei abgeglichener Brücke (Nullabgleich) gilt:

$$\frac{R_1}{R_2} = \frac{R_3}{R_4}$$

Schleifdrahtbrücke, prinzipieller Aufbau

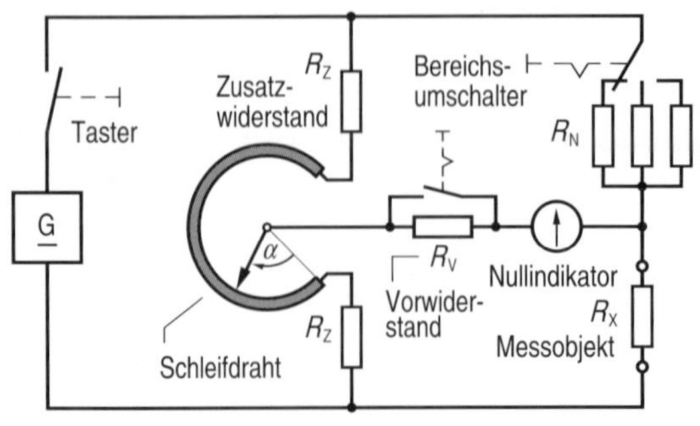

- **Mit der Wheatstone-Brücke lassen sich Widerstände im Bereich von einigen Ω bis zu einigen MΩ genau messen**

Widerstandsdekaden

Die Genauigkeit, mit der sich ein Widerstand messen lässt, hängt entscheidend von der Genauigkeit der Vergleichswiderstände ab. Sehr genaue Widerstände lassen sich mit sogenannten Widerstandsdekaden realisieren. Die Skizze zeigt einen Widerstand mit 5 Dekaden; er lässt sich zwischen 0 Ω und 9999,9 Ω in Schritten von 0,1 Ω einstellen. Im Beispiel hat der eingestellte Widerstand den Wert 5281,2 Ω.

Widerstand mit 5 Dekaden

0...0,9 Ω 0...9 Ω 0...90 Ω 0...900 Ω 0...9000 Ω

Eingestellter Wert: 5281,2 Ω

Thomson-Brücke

Mit der wheatstonschen Messbrücke lassen sich sehr genaue Messungen durchführen; je nach Ausführung der Brücke kann die Messunsicherheit kleiner als 10^{-5} sein. Für Messobjekte $R_x < 10\,\Omega$ machen sich aber die Zuleitungen zu den einzelnen Widerständen störend bemerkbar. Diese Störeinflüsse lassen sich mit Hilfe der nach ihrem Erfinder William Thomson (engl. Physiker, 1824–1907) benannten Messbrücke ausschalten. Die thomsonsche Messbrücke enthält außer den vier Widerständen der Wheatstone-Brücke zwei zusätzliche Widerstände zur Kompensation der Messleitungen. Für eine genaue Messung muss die Brücke zweifach abgeglichen werden; sie heißt deshalb Doppelmessbrücke. Für den Nullabgleich gilt: $R_X : R_2 = R_3 : R_4$.
Die thomsonsche Messbrücke eignet sich für Messobjekte im Bereich von $10^{-7}\,\Omega$ bis etwa $100\,\Omega$.

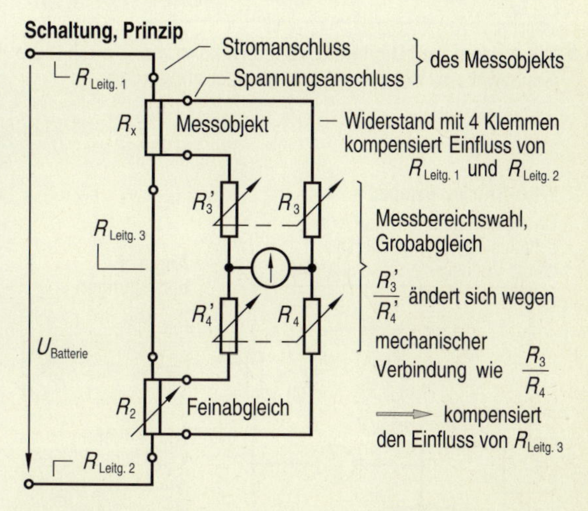

Fehlerortbestimmung

Brückenmessverfahren eignen sich sehr gut zur Fehlerortung bei Erd- oder Leiterschluss eines Erdkabels. Beim Leitungsschluss von zwei Adern ist eine Messung möglich, wenn außer den fehlerhaften Adern noch eine gesunde Ader zur Verfügung steht. Die Spannungsquelle wird mit einer der beiden vom Leitungsschluss betroffenen Adern verbunden.
Beim Erdschluss einer Ader ist eine Messung möglich, wenn außer der fehlerhaften Ader noch eine „gesunde" Ader zur Verfügung steht. Die Spannungsquelle wird über einen Erdspieß mit der Erde verbunden.
Voraussetzung für beide Messungen ist, dass das Kabel überall den gleichen Querschnitt und den gleichen Werkstoff hat. Die Übergangswiderstände gehen praktisch nicht in das Messergebnis ein.

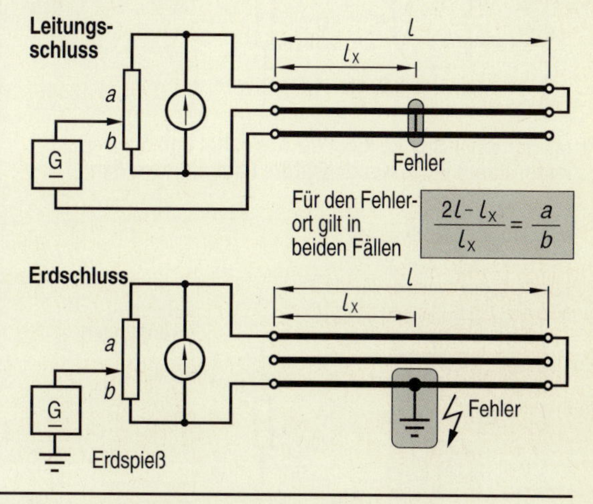

Aufgabe

8.10.1 Kabel mit Erdschluss

Nebenstehendes Kabel hat an der Stelle x einen Erdschluss. Die Länge l_X bis zur Fehlerstelle soll mit einer Brückenmessung bestimmt werden.

a) Vervollständigen Sie die Messschaltung.

b) Berechnen Sie die Länge l_X.

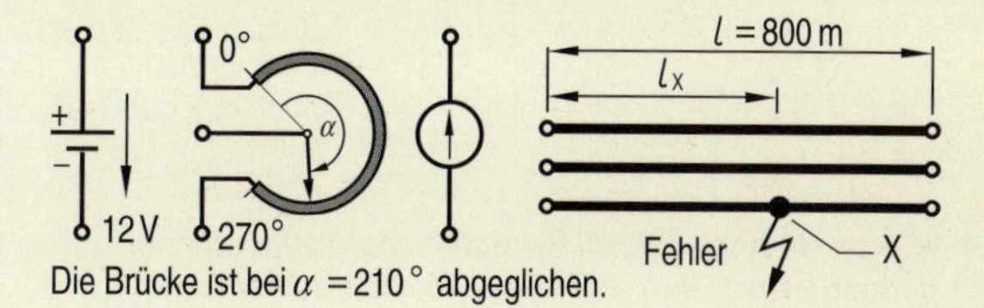

Die Brücke ist bei $\alpha = 210°$ abgeglichen.

8.11 Induktivitäts- und Kapazitätsmessung

Beispiel: Analog-Multimeter

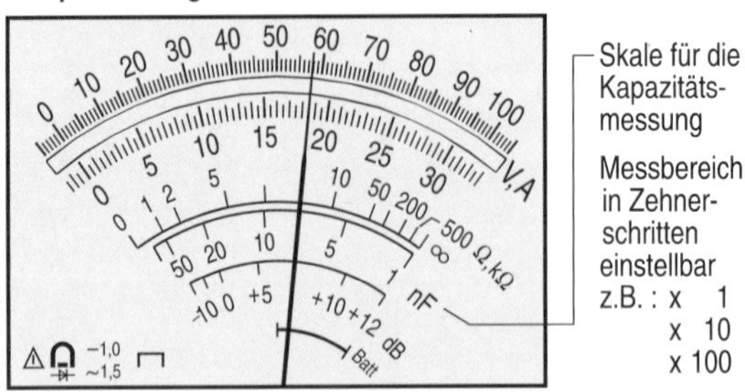

- **Mit Analog- und Digital-Multimetern kann meist auch die Kapazität von Kondensatoren gemessen werden**

Wien-Brücke, Beispiel

Das Messobjekt wird als Parallelschaltung einer Kapazität mit einem Verlustwiderstand aufgefasst

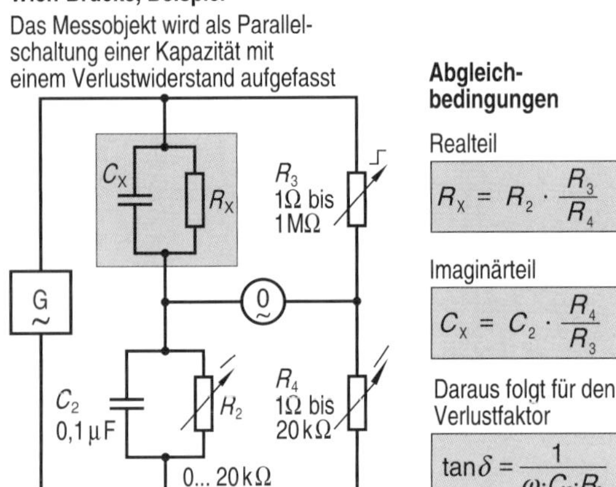

- **Mit der Wien-Brücke kann die Kapazität und der Verlustfaktor ($\tan\delta$) eines Kondensators bestimmt werden**

Maxwell-Brücke, Beispiel

Das Messobjekt wird als Reihenschaltung einer Induktivität mit einem Verlustwiderstand aufgefasst

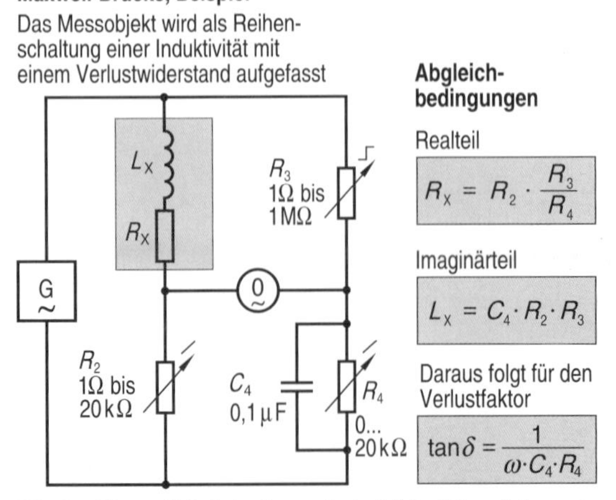

- **Mit der Maxwell-Brücke kann die Induktivität und der Verlustfaktor ($\tan\delta$) einer Spule bestimmt werden**

Direkte Messung mit Multimetern

Die für den Anwender bequemste Messmethode ist die direkte Messung der unbekannten Größe mit Hilfe eines allgemein verwendeten Multimeters. Die Messung der Kapazität von Kondensatoren ist nach derzeitigem Stand der Technik sowohl mit guten Digital- als auch mit Analogmessgeräten möglich. Die Messbereiche liegen bei digitaler Messung zwischen 10 pF und 30 μF, bei analoger Messung zwischen 1 nF und 10 μF. Die Messgenauigkeit ist geringer als bei der Messung von ohmschen Widerständen.

Die Induktivität von Spulen kann mit handelsüblichen Multimetern nicht direkt gemessen werden.

Wechselstrommessbrücken

Zur genauen Bestimmung von Kapazitäten und Induktivitäten werden üblicherweise Messbrücken eingesetzt.

Wien-Messbrücke

Zur Kapazitätsmessung eignet sich insbesondere die nach dem deutschen Physiker Wilhelm Wien (1864 bis 1928) benannte Wien-Messbrücke. Diese Brückenschaltung ermöglicht die Messung der Kapazität und des Verlustwiderstandes von Kondensatoren. Bei der Messung wird üblicherweise der zu bestimmende Kondensator als Parallelschaltung einer idealen Kapazität mit einem Verlustwiderstand aufgefasst.

Der Brückenabgleich erfolgt in 2 Stufen:

1. Zur Bestimmung von C_X (Imaginärteilabgleich) wird R_3 stufenweise (Grobabgleich) und anschließend R_4 stufenlos verstellt, bis der Nullindikator ein Minimum anzeigt.
2. Zur Bestimmung von R_X (Realteilabgleich) wird R_2 stufenlos bis zum Nullabgleich verstellt. R_3 und R_4 dürfen dabei nicht mehr verändert werden.

Maxwell-Messbrücke

Zur Induktivitätsmessung eignet sich insbesondere die nach dem englischen Physiker J. C. Maxwell (1831 bis 1879) benannte Maxwell-Messbrücke. Diese Schaltung ermöglicht die Messung der Induktivität und des Verlustwiderstandes bzw. der Güte von Spulen. Die Spule wird dabei normalerweise als Reihenschaltung einer idealen Induktivität mit einem Verlustwiderstand aufgefasst. Als Vergleichsnormal dient auch hier ein Kondensator. Der Abgleich erfolgt wie bei der Wien-Brücke. Betriebsmessbrücken können normalerweise von Kapazitätsmessung auf Induktivitätsmessung umgeschaltet werden (Wien-Maxwell-Messbrücke).

Zur Speisung von Wechselstrommessbrücken eignen sich sinusförmige Spannungen im NF-Bereich, z. B. 1 kHz. Als Nullindikator werden im Tonfrequenzbereich hauptsächlich Kopfhörer eingesetzt; das menschliche Ohr wirkt dann als sehr empfindlicher Indikator. Auch Zeigerinstrumente und Oszilloskope sind verwendbar.

Verlustbehaftete Bauteile

Kondensatoren und Spulen nehmen zusätzlich zu ihrer kapazitiven bzw. induktiven Blindleistung immer auch Wirkleistung (Verlustleistung) auf. Bei Kondensatoren beruht die Verlustleistung vor allem auf der ständigen Umpolarisierung des Dielektrikums, bei Spulen sind es hauptsächlich Kupferverluste und Ummagnetisierungsverluste im Eisenkern. Die verlustbehafteten Bauteile können durch eine Ersatzschaltung aus dem idealen Bauteil und einem Verlustwiderstand dargestellt werden. Als Ersatzschaltung kann sowohl eine Reihen- als auch eine Parallelschaltung dienen. Aus praktischen Gründen wird beim Kondensator eine Parallelschaltung aus C und R, bei der Spule eine Reihenschaltung aus L und R bevorzugt. Für die Umrechnung äquivalenter Schaltungen siehe Kap. 5.11.

Das Verhältnis von Wirk- zu Blindwiderstand wird durch den Verlustfaktor bzw. die Güte gekennzeichnet.

Ersatzschaltungen

Verlustbehafteter Kondensator

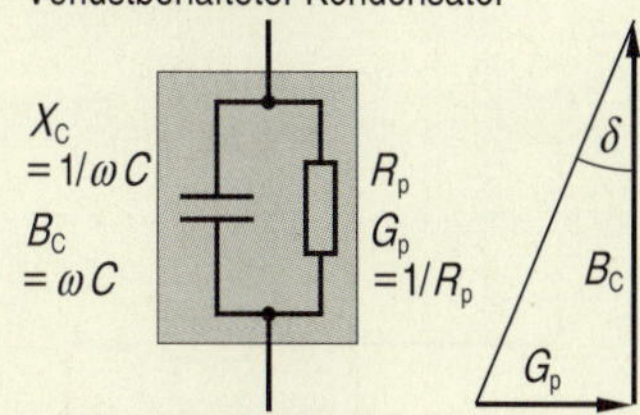

Verlustfaktor $d = \tan\delta$

$$d = \frac{G_p}{B_C} = \frac{1}{R_p \omega C}$$

Gütefaktor $Q = 1/d$

$$Q = \frac{R_p}{X_C} = R_p \omega C$$

Verlustbehaftete Spule

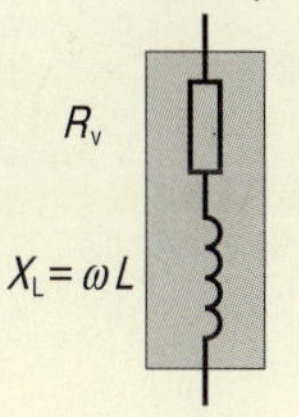

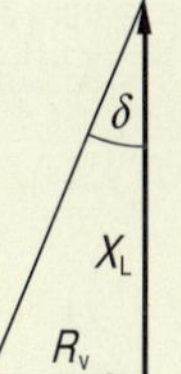

Verlustfaktor $d = \tan\delta$

$$d = \frac{R_v}{X_L} = \frac{R_v}{\omega L}$$

Gütefaktor $Q = 1/d$

$$Q = \frac{X_L}{R_v} = \frac{\omega L}{R_v}$$

Wechselstrom-Messbrücken

In der Praxis hat sich die Kombination von Wien- und Maxwell-Messbrücke (Wien-Maxwell-Brücke) als universelles Messgerät zur Bestimmung von Kondensator- und Spulenwerten durchgesetzt. Der Abgleich ist frequenzunabhängig, falls die Messobjekte selbst frequenzunabhängig sind. Nachteilig ist allerdings, dass ein zweifacher Abgleich, nämlich ein Betrags- und ein Phasenabgleich, erforderlich ist. Dies macht die Bedienung der Brücke kompliziert und zeitaufwendig. Zur Vereinfachung wurden elektronische Schaltungen entwickelt, die nur den Abgleich des Kapazitäts- bzw. Induktivitätswertes erfordern, der zweite Abgleich erfolgt automatisch durch das Messgerät. Derartige Brücken heißen halbautomatische Messbrücken.

Aufgabe

8.11.1 Maxwell-Wien-Brücke

Gegeben ist folgende umschaltbare Brückenschaltung:

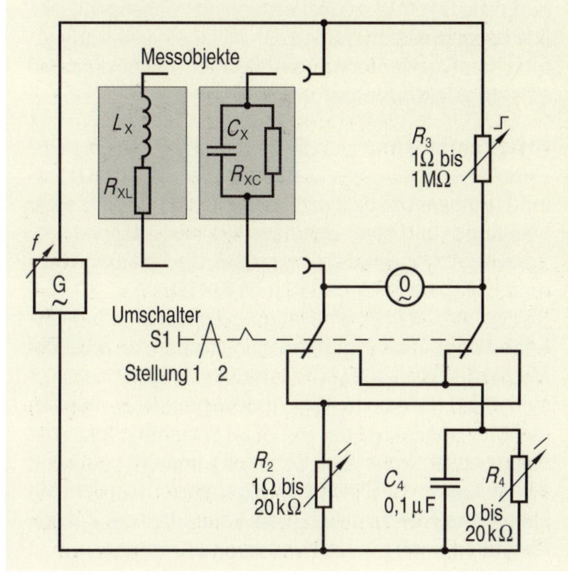

a) Welche Größen können mit der nebenstehenden Brückenschaltung in Schalterstellung 1 bzw. Schalterstellung 2 bestimmt werden?

b) Mit der Brücke soll ein unbekannter Kondensator bestimmt werden. Beschreiben Sie den prinzipiellen Abgleichvorgang.

c) Der Abgleich bei der Messung eines Kondensators erfolgt bei $f = 8\,\text{kHz}$, $R_2 = 5\,\text{k}\Omega$, $R_3 = 50\,\text{k}\Omega$, $R_4 = 16\,\text{k}\Omega$. Berechnen Sie die Kapazität, den Verlustfaktor und die Güte des unbekannten Kondensators.

d) Der Abgleich bei der Messung einer Spule erfolgt bei $f = 20\,\text{kHz}$, $R_2 = 1\,\text{k}\Omega$, $R_3 = 2\,\text{k}\Omega$, $R_4 = 2{,}5\,\text{k}\Omega$. Berechnen Sie die Induktivität, den Verlustfaktor und die Güte der unbekannten Spule.

e) Nennen Sie Geräte, die als Indikatoren für den Nullabgleich geeignet sind.

f) Durch welche Verluste wird der Verlustfaktor von Kondensatoren bzw. von Spulen beeinflusst?

Hinweis: Kapazität, Induktivität und Verlustfaktor müssen bei der Messung mit einer Maxwell-Wien-Brücke nicht berechnet werden, sondern sind direkt ablesbar.

8.12 Leistungs- und Arbeitsmessung

Wirkleistungsmesser, Schaltung 3200

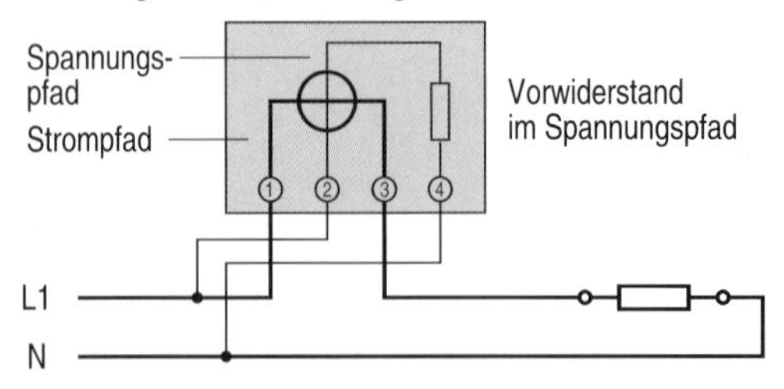

Blindleistungsmesser, Schaltung 3300

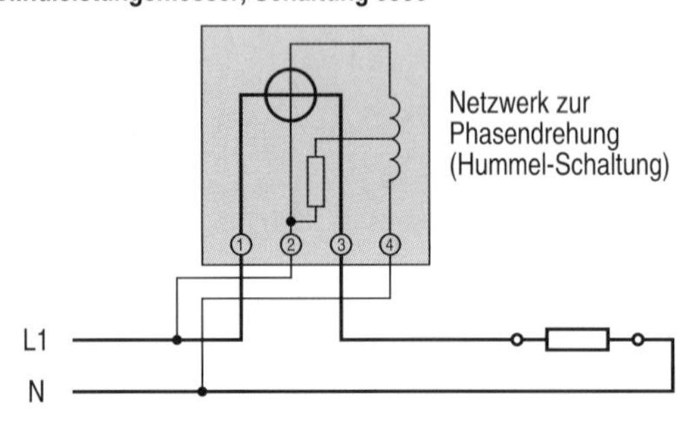

- **Wirk- und Blindleistung werden meist mit elektrodynamischen Messwerken bestimmt; mit einigen Digitalmessgeräten kann auch die Scheinleistung direkt gemessen werden**

Strom-, Spannungs-, Leistungsfaktormessung

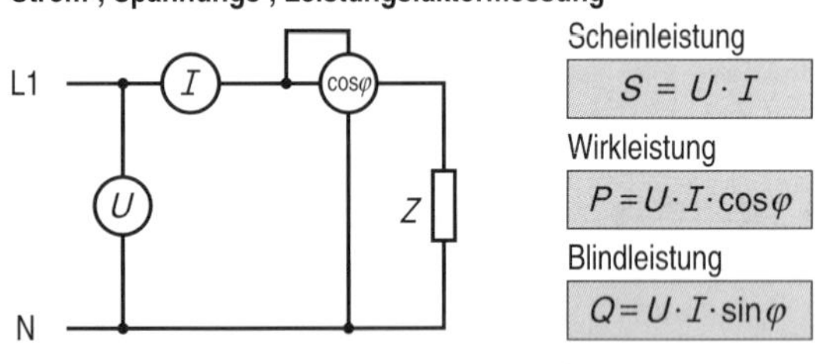

Scheinleistung

$$S = U \cdot I$$

Wirkleistung

$$P = U \cdot I \cdot \cos\varphi$$

Blindleistung

$$Q = U \cdot I \cdot \sin\varphi$$

- **Durch indirekte Leistungsmessung mit Spannungs- und Strommesser wird vor allem die Scheinleistung bestimmt**

Wechselstromzähler, Schaltung 1000

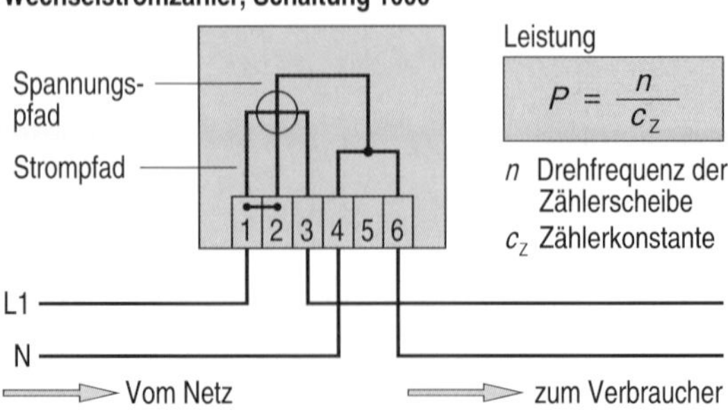

Leistung

$$P = \frac{n}{c_Z}$$

n Drehfrequenz der Zählerscheibe
c_Z Zählerkonstante

- **Elektrische Arbeit wird mit Hilfe von Induktionszählern oder durch eine Messung von Leistung und Zeit bestimmt**

Direkte Leistungsmessung

Bei der Leistungsmessung muss zunächst entschieden werden, ob die Wirk-, Blind- oder Scheinleistung gemessen werden soll.
In den meisten Fällen interessiert die Wirkleistung; sie wird insbesondere zur Bestimmung des Energieverbrauchs benötigt. Zur Messung werden sowohl Analogmessgeräte mit elektrodynamischem Messwerk als auch Digitalmessgeräte angeboten. In jedem Fall muss das Messgerät den Strom und die Spannung des Verbrauchers erfassen.
Die Blindleistung kann mit elektrodynamischen Messwerken erfasst werden, wenn der Strom im Spannungspfad mit Hilfe eines Phasenschiebers gegenüber der Spannung um −90° gedreht wird. Die im Beispiel dargestellte Hummel-Schaltung zur Phasendrehung arbeitet nur bei einer bestimmten Frequenz, z. B. 50 Hz, korrekt. Auch Messungen bei Spannungen mit hohem Oberschwingungsgehalt (Phasenanschnittsteuerung) sind fehlerhaft. Der Zeigerausschlag von Blindleistungsmessern ist bei induktiver Leistung positiv, bei kapazitiver Leistung negativ.
Die direkte Messung der Scheinleistung ist mit elektrodynamischen Messwerken nicht möglich, wird aber von einigen Digital-Messgeräten angeboten.

Indirekte Leistungsmessung

Die Scheinleistung eines Verbrauchers kann leicht mit Hilfe einer Spannungs- und einer Strommessung bestimmt werden. Eventuell muss dabei der systematische Fehler, der durch die Spannungsfehler- bzw. Stromfehlerschaltung entsteht, berücksichtigt werden.
Zur Bestimmung der Wirk- und der Blindleistung muss zusätzlich die Phasenverschiebung zwischen Spannung und Strom bzw. der Leistungsfaktor bekannt sein. Der Leistungsfaktor kann z. B. mit einem elektrodynamischen Quotientenmesswerk oder einem digitalen Leistungsfaktormesser ermittelt werden.

Arbeitsmessung

Die in einer bestimmten Zeitspanne in einem Betriebsmittel umgesetzte elektrische Arbeit kann mit Hilfe einer Leistungs- und einer Zeitmessung bestimmt werden. Voraussetzung ist allerdings, dass die Leistung während der ganzen Messzeit konstant ist.
Soll die Arbeit über eine längere Zeit hinweg bei veränderlicher Leistung gemessen werden, so wird die Messung mit einem Elektrizitätszähler (Induktionszähler siehe Kap. 8.5) bevorzugt. Induktionszähler messen die Wirkarbeit; wird der Strom im Spannungspfad mit einer phasendrehenden Schaltung um −90° gedreht, so kann auch die Blindleistung gemessen werden. Mit Hilfe eines Elektrizitätszählers kann über die Zählerkonstante auch die Leistung ermittelt werden.

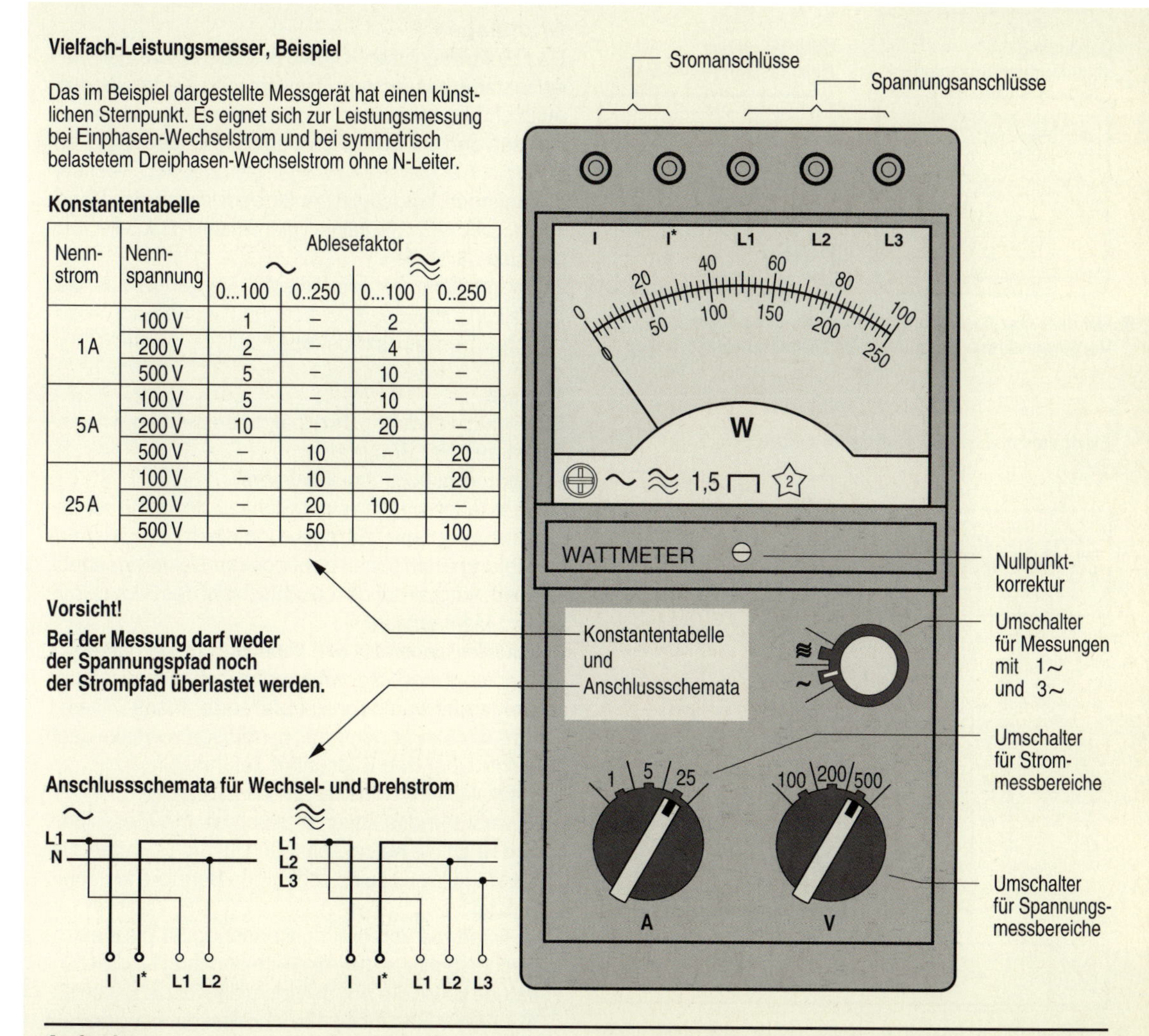

Vielfach-Leistungsmesser, Beispiel

Das im Beispiel dargestellte Messgerät hat einen künstlichen Sternpunkt. Es eignet sich zur Leistungsmessung bei Einphasen-Wechselstrom und bei symmetrisch belastetem Dreiphasen-Wechselstrom ohne N-Leiter.

Konstantentabelle

Nennstrom	Nennspannung	Ablesefaktor ~ 0...100	~ 0..250	≈ 0...100	≈ 0..250
1A	100 V	1	–	2	–
	200 V	2	–	4	–
	500 V	5	–	10	–
5A	100 V	5	–	10	–
	200 V	10	–	20	–
	500 V	–	10	–	20
25 A	100 V	–	10	–	20
	200 V	–	20	100	–
	500 V	–	50		100

Vorsicht!

Bei der Messung darf weder der Spannungspfad noch der Strompfad überlastet werden.

Anschlussschemata für Wechsel- und Drehstrom

Aufgaben

8.12.1 Leistungsmessung

a) Beschreiben Sie die prinzipielle Wirkungsweise eines elektrodynamischen Messwerks.

b) Warum kann man mit einem elektrodynamischen Messwerk zwar Wirk- und Blindleistung eines Verbrauchers messen, nicht aber seine Scheinleistung?

c) Wie kann die Scheinleistung eines Verbrauchers ermittelt werden?

d) Wie kann der Leistungsfaktor eines Verbrauchers ermittelt werden, wenn Wirkleistungsmesser, Strom- und Spannungsmesser zu Verfügung stehen?

e) Ein Wechselstromzähler hat die Zählerkonstante $c_Z = 240/\text{kWh}$. Berechnen Sie die Leistung der angeschlossenen Verbraucher, wenn sich die Zählerscheibe in 5 Minuten 20-mal dreht.

8.12.2 Ablesen von Messgeräten

Mit dem oben dargestellten Leistungsmesser wird die Leistung an Wechsel- und Drehstrom gemessen.

a) Stellen Sie eine Formel $P = f(\alpha, c)$ auf, wenn α der Zeigerausschlag und c der Ablesefaktor ist.

b) Bei der Leistungsmessung wird ein Stromwandler mit $\ddot{u}_i = 100\,\text{A}/5\,\text{A}$ und ein Spannungswandler mit $\ddot{u}_u = 1000\,\text{V}/100\,\text{V}$ eingesetzt. Ergänzen Sie die in a) aufgestellte Formel.

c) Bei einer Wechselstrommessung ist der Zeigerausschlag 180 W auf der 0...250-Skale. Der Strombereich ist auf 5 A, der Spannungsbereich auf 500 V eingestellt. Berechnen Sie die gemessene Leistung.

d) Berechnen Sie die Leistung von c), wenn dem Messgerät ein Wandler 100 A/5 A vorgeschaltet ist.

8.13 Oszilloskop I

Darstellung sinusförmiger Spannungen

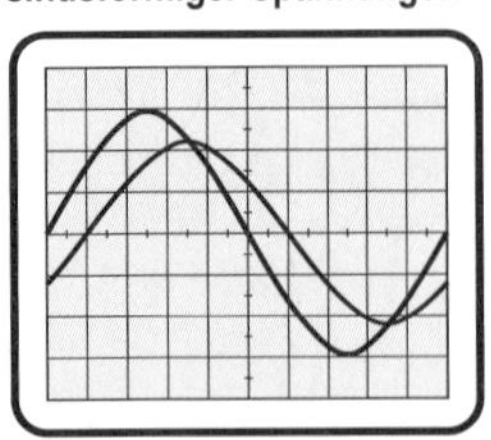

Darstellung der Hysteresekurve von Eisen

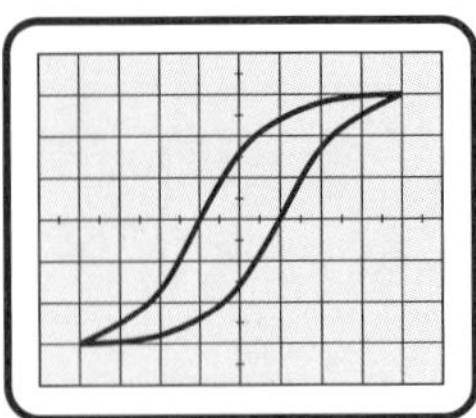

- **Mit dem Oszilloskop werden vor allem periodische Vorgänge sowie Kennlinien dargestellt und gemessen**

Elektronenstrahlröhre, prinzipieller Aufbau

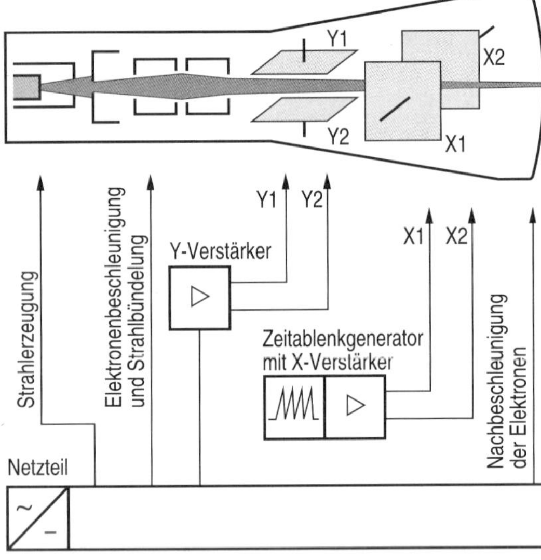

- **Ein Oszilloskop besteht im wesentlichen aus Elektronenstrahlröhre, Zeitablenkung, Y-Verstärker und Netzteil**

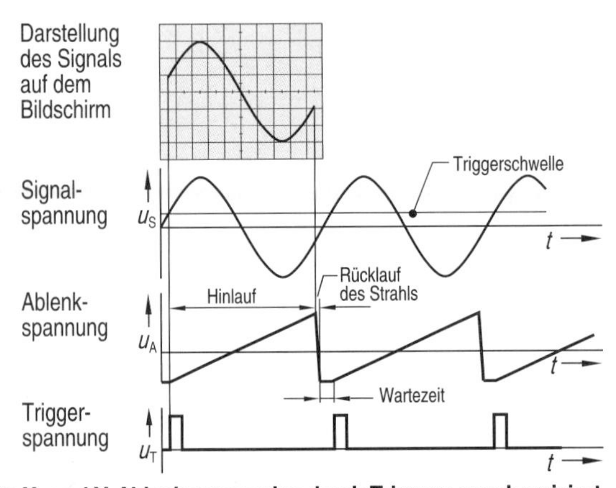

- **X- und Y-Ablenkung werden durch Triggern synchronisiert**

Grundlagen

Das Elektronenstrahl-Oszilloskop gehört zu den vielseitigsten Messgeräten. Der Name Oszilloskop bedeutet „Schwingungsseher", das Gerät wird vor allem zum Messen und zur bildlichen Darstellung von schnellen, periodisch ablaufenden Vorgängen, z.B. von Wechselspannungen, eingesetzt. Außerdem lassen sich Kennlinien, z. B. U-I-Kennlinien nichtlinearer Bauteile, problemlos darstellen.

Zur Darstellung nichtperiodischer Vorgänge, z. B. des Stromverlaufs einer Blitzentladung, eignen sich sogenannte Speicheroszilloskope.

Aufbau

Ein Elektronenstrahl-Oszilloskop besteht im wesentlichen aus vier Baugruppen:

1. **Elektronenstrahlröhre (Bildröhre):**
   sie erzeugt mit Hilfe einer Glühkatode, mehrerer Beschleunigungselektroden und einer Fokussiereinrichtung einen scharf gebündelten Elektronenstrahl. Beim Aufprall auf der Leuchtschicht des Bildschirms wird Licht erzeugt.
2. **Zeitablenkgenerator mit Verstärker (X-Verstärker):**
   er erzeugt eine Sägezahnspannung mit langsam ansteigender und schnell abfallender Flanke. Damit wird der Elektronenstrahl periodisch von links nach rechts über den Bildschirm geführt.
3. **Vertikalablenkverstärker (Y-Verstärker):**
   er verstärkt das zuvor abgeschwächte Messsignal und liefert die Ablenkspannung für die Y-Platten. Der Verstärker muss eine sehr große Bandbreite haben.
4. **Netzteil:**
   es liefert die Versorgungsspannung für die elektronischen Schaltungen, die Heizspannung für die Glühkatode sowie die Anodenspannung für die Beschleunigung der Elektronen. Die Anodenspannung beträgt je nach Oszilloskop etwa 5 kV bis 15 kV.

Zeitablenkung und Synchronisation

Durch das Zusammenwirken der X- und Y-Ablenkung kann der Elektronenstrahl auf dem Bildschirm einen Linienzug „schreiben". Ein ruhig stehendes Bild ist aber nur dann möglich, wenn X- und Y-Ablenkung zeitlich aufeinander abgestimmt (synchronisiert) sind. In der Praxis erreicht man die Synchronisation durch gezieltes Triggern (Auslösen) der Zeitablenkspannung.

Das Triggern erfolgt meist durch die zu messende Signalspannung selbst. Dabei kann am Oszilloskop automatisch oder manuell ein Triggerniveau (Level) bestimmt werden, bei dem die X-Ablenkung des Elektronenstrahls gestartet wird. Die Triggerung kann auch durch externe Signale oder die Netzfrequenz erfolgen. Mit der Slope-Taste wird bestimmt, ob die Triggerung bei ansteigender oder abfallender Flanke erfolgt.

Blockschaltbild

Elektronenstrahl-Oszilloskope sind komplexe Messgeräte mit umfangreichen elektronischen Schaltungen. Für den Anwender genügt aber meist das vereinfachte Blockschaltbild mit den wichtigsten Funktionsblöcken.

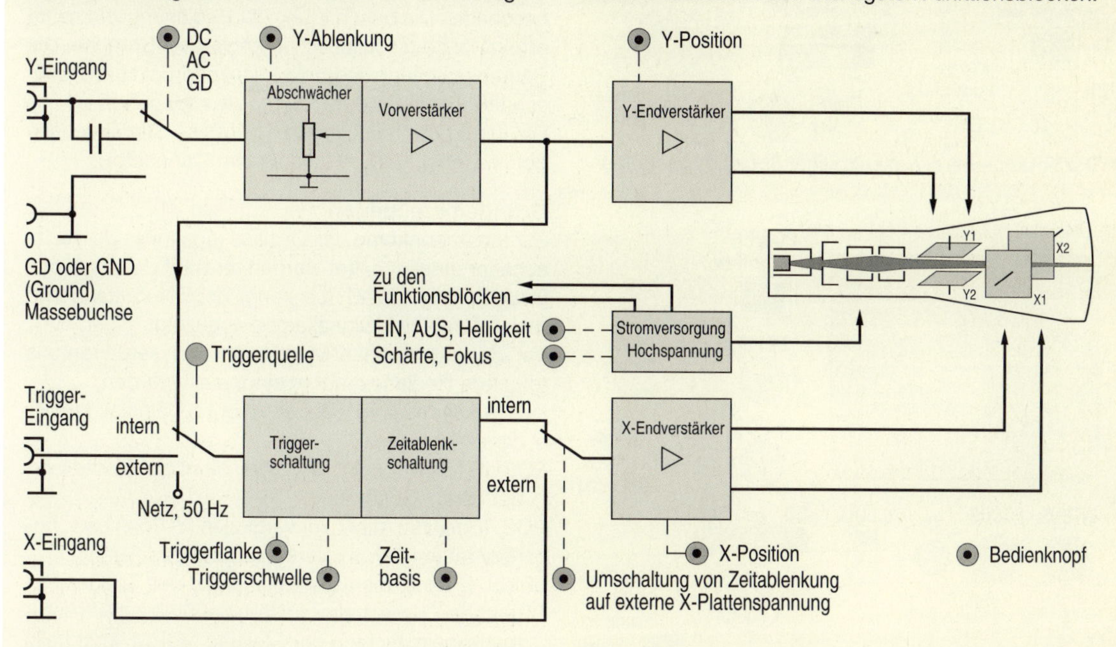

Zweikanal-Oszilloskop

Sollen zwei periodische Vorgänge gleichzeitig dargestellt werden, so bieten sich Zweistrahl-Bildröhren an, die in einem Glaskolben zwei voneinander unabhängige Strahl- und Ablenksysteme haben. Oszilloskope mit derartigen Röhren („echte" Zweistrahl-Oszilloskope) sind sehr leistungsfähig, aber teuer. Eine billigere Alternative bieten die Zweikanal-Oszilloskope („unechte" Zweistrahl-Oszilloskope).

Ein Zweikanal-Oszilloskop enthält eine normale Elektronenstrahlröhre mit nur einem Strahlsystem, aber für jedes der beiden Eingangssignale einen separaten Y-Verstärker. Um beide Signale sichtbar zu machen, wird der Elektronenstrahl abwechselnd vom einen und dann vom anderen Signal ausgelenkt. Die Umschaltung von Kanal I (engl. channel, CH. I) auf Kanal II (CH. II) erfolgt durch einen elektronischen Schalter. Die Umschaltgeschwindigkeit wird dabei je nach Frequenz der zu messenden Signale groß oder klein gewählt:

Haben die Signale eine hohe Frequenz, so wird der Alternate-Betrieb gewählt (engl. alternate abwechseln). In dieser Betriebsart wird nach jedem Strahldurchlauf auf den anderen Kanal umgeschaltet; dadurch wird abwechselnd das eine und das andere Signal vollständig dargestellt. Der ALT-Betrieb ist der Normalbetrieb.

Haben die Signale eine niedrige Frequenz, so kann für den elektronischen Umschalter eine hohe Umschaltfrequenz (bis 2 MHz) gewählt werden. Dieser Betrieb heißt Chopper-Betrieb (engl. to chop = zerhacken). Er bewirkt, dass abwechselnd ein kleiner Teil des einen und dann des anderen Signals geschrieben wird.

Alternate-Betrieb (Dual-Betrieb)

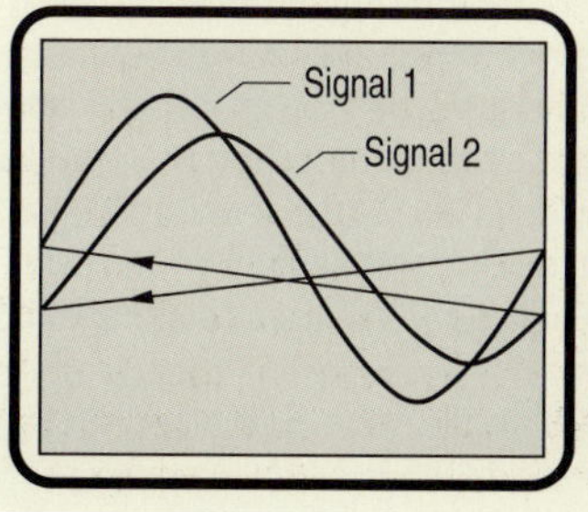

Im Alternate-Betrieb wird abwechselnd Signal 1 und Signal 2 dargestellt. Der Alternate-Betrieb ist für die meisten Messungen geeignet, bei kleinen Frequenzen können die Kurvenzüge flackern. Der Strahl wird beim Hinlauf hell, beim Rücklauf dunkel getastet.

Chopper-Betrieb

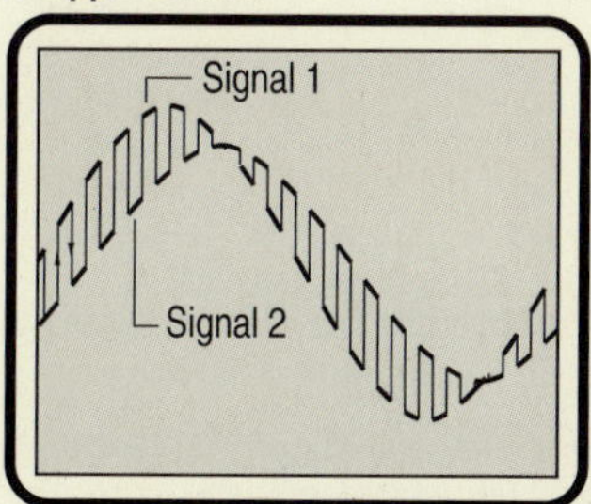

Im Chopper-Betrieb wird abwechselnd ein Teil von Signal 1 und dann ein ein Teil von Signal 2 dargestellt. Der Chopper-Betrieb ist nur für die Messung von Signalen mit kleiner Frequenz geeignet. Der Strahl wird beim Umschalten dunkel getastet.

8.14 Oszilloskop II

• **Oszilloskope werden in englischer Sprache beschriftet**

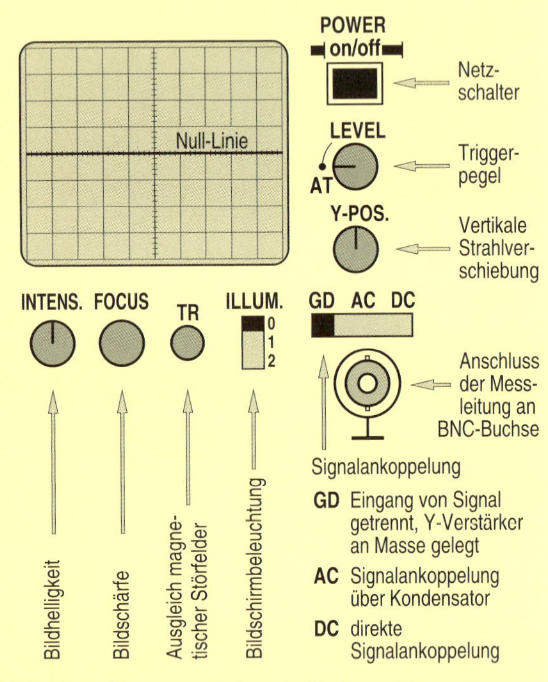

• **Vor jeder Messung mit dem Oszilloskop müssen die Grundeinstellungen überprüft bzw. neu eingestellt werden**

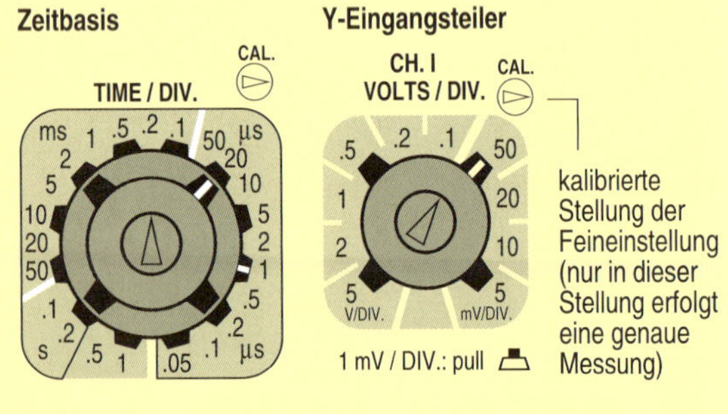

OVERSCAN

△ ▽ Die Leuchtdioden der LED-Anzeige zeigen an, in welcher Richtung der Strahl den Bildschirm verlassen hat

• **Zeitbasis (TIME/DIV.) und Y-Auslenkung (VOLTS/DIV.) müssen an das Messsignal angepasst werden**

Grundlagen

Die Einstellung der verschiedenen Betriebszustände erfolgt beim Oszilloskop durch Dreh-, Druck- und Schiebeschalter. Die Beschriftung der Bedienungselemente erfolgt fast ausschließlich in englischer Sprache. Die Betriebszustände gedrückt/nicht gedrückt bei Druckschaltern werden durch Symbole angegeben.

Die Eingangssignale werden auf BNC-Steckbuchsen geführt (engl. BNC=Bayonet Nut Connector).

Grundeinstellungen

Zur Inbetriebnahme des Oszilloskops muss der Netzschalter eingeschaltet werden, er trägt die englische Bezeichnung POWER (Leistung), der EIN-Zustand wird meist durch eine Signallampe angezeigt.

Vor der eigentlichen Messungen müssen eventuell folgende Bedienelemente eingestellt werden:

INTENS. (Intensity Helligkeit), dient zur Einstellung der Strahl-Helligkeit.

FOCUS (Brennpunkt, Schärfe), dient zur Einstellung der Strahl-Schärfe.

POS. (Position), dient zur vertikalen (Y-Pos.) bzw. horizontalen (X-Pos.) Verschiebung des Strahls.

LEVEL (Pegel), dient zur Einstellung des Trigger-Pegels; der Drehschalter sollte in der Stellung AT (Automatik) sein, nicht in der Stellung NORM. (manuell).

GD - AC - DC
dient zur Auswahl der Signalankopplung; der Grundstrahl (Null-Linie) wird mit der Einstellung GD (GND) (Ground Masse) eingestellt.

TR (Trace rotation Strahldrehung), dient zur Korrektur eines nicht waagrecht verlaufenden Grundstrahls bei Eingangskopplung GD infolge magnetischer Störfelder; wird mit Schraubendreher eingestellt.

ILLUM. (Illumination Beleuchtung) dient zur Einstellung der Hintergrundbeleuchtung des Bildschirms.

Zeitbasis und Signalverstärkung

Zur Signalmessung dienen folgende Einstellungen:

TIME/DIV. (Time/Division Zeit/Skalenteilung), dient zur Einstellung der Zeitskale in s/cm, ms/cm, µs/cm. Die Einteilung ist nur exakt, wenn der Drehknopf zur Zeitbasis-Dehnung in der Stellung CAL. (kalibriert) einrastet. Durch Verstellen des Knopfes kann die dargestellte Kurve in X-Richtung gedehnt werden.

VOLTS/DIV. (Spannung pro Skalenteilung), dient zur Einstellung der Spannungsskale in V/cm und mV/cm. Wie bei der Zeitskale ist die Einstellung nur exakt, wenn der Drehknopf zur Maßstabsdehnung in der Stellung CAL. einrastet. Bei Mehrkanal-Geräten kann der Spannungsmaßstab für jeden Kanal separat eingestellt werden.

Wird an einen Kanal eine zu hohe Signalspannung angelegt, so leuchtet eine OVERSCAN-Anzeige auf.

Oszilloskop, Bedienelemente

Moderne Oszilloskope beherrschen eine Vielzahl von Funktionen. Entsprechend umfangreich und für den Anfänger verwirrend sind die Bedienfelder.

Die Skizze zeigt die Frontseite eines handelsüblichen 3-Kanal-Oszilloskops mit Bildschirm und allen Bedienelementen. Die Erklärung folgt in Kap. 8.15.

Bildschirm

mit eingeätztem Raster und 3-stufig einstellbarer Rasterbeleuchtung, die Rastereinheit wird als DIV. (Division) bezeichnet (1 DIV. = 1 cm = 10 mm)

Bedienfeld 2

zum Ein- und Ausschalten des Geräts
zur Einstellung der Zeitbasis
zur Einstellung der Triggerung

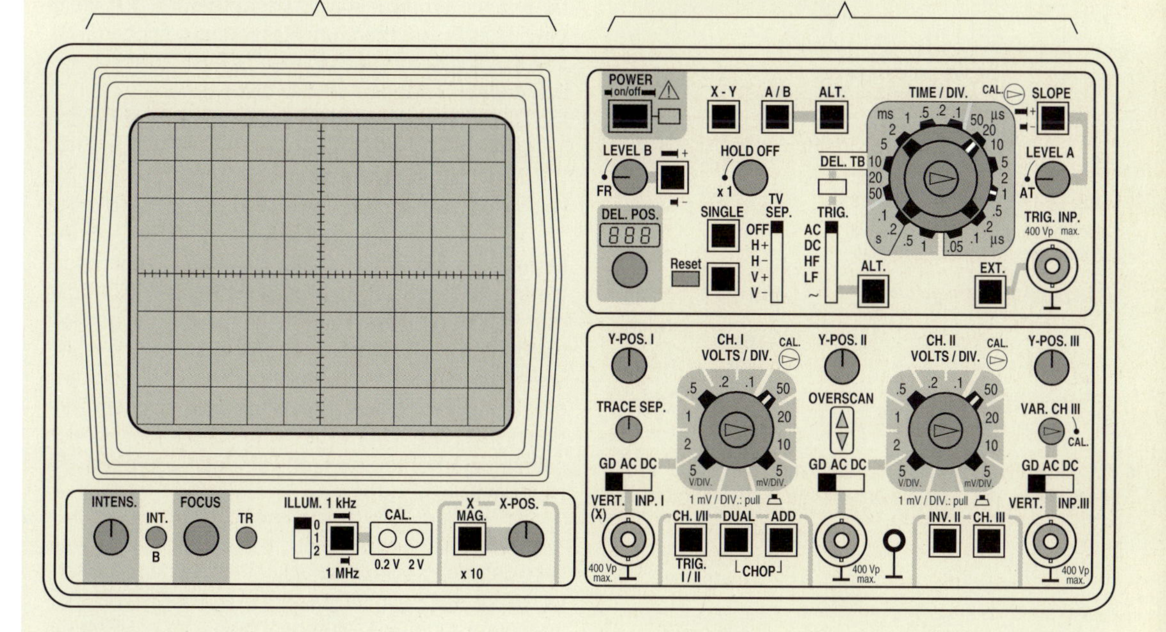

Bedienfeld 1

zur Grundeinstellung des Elektronenstrahls
zur Beeinflussung der X-Ablenkung
zur Kalibrierung des Geräts

Bedienfeld 3

zum Anschluss der Messleitungen
zur Einstellung der Y-Ablenkung
zur Wahl der Messkanäle und der Signalankoppelung

Aufgaben

8.14.1 Oszilloskop, Grundlagen

a) Nennen Sie die beiden Haupteinsatzgebiete des Oszilloskops.
b) Womit können einmalige elektrische Vorgänge dargestellt und gemessen werden?
c) Nennen Sie die 4 Hauptbaugruppen eines Oszilloskops und beschreiben Sie ihre Aufgaben.
d) Was versteht man unter Triggern und was soll damit bewirkt werden?
e) Erklären Sie den Unterschied zwischen einem Zweistrahl- und einem Zweikanal-Oszilloskop.
f) Wozu dienen die mit FOCUS, INTENS. und TR bezeichneten Bedienelemente?

8.14.2 Oszilloskop, Grundeinstellungen

a) Beschreiben Sie, wie die so genannte Grundlinie (Null-Linie) eines Oszilloskops eingestellt wird.
b) Das Linienbild auf dem Bildschirm ist zu dunkel und verschwommen. Mit welchen Bedienelementen kann der Strahl besser eingestellt werden?
c) An einem Oszilloskop leuchtet die obere Leuchtdiode der OVERSCAN-Anzeige. Was bedeutet die Anzeige und wie sollte darauf reagiert werden?
d) Bei der Messung eines sinusförmigen Messsignals wird kein stehendes Bild erreicht. Worin könnte die Ursache liegen und wie kann man Abhilfe schaffen?
e) Was wird mit dem Schalter GD-AC-DC eingestellt?

8.15 Oszilloskop III

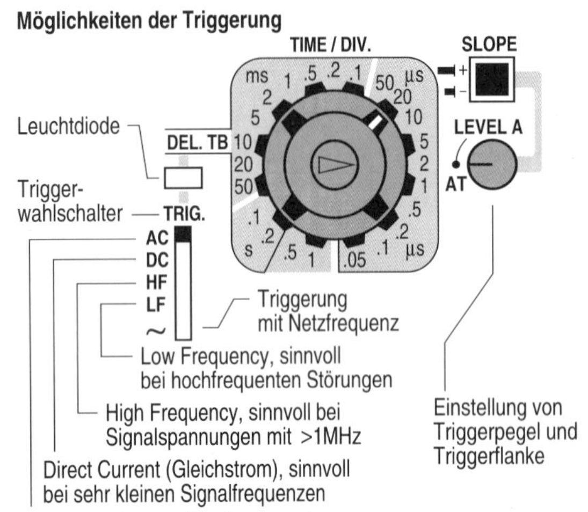

- **Bei der Normaltriggerung ist der Triggerpegel auf AT (Automatik), der Triggerwahlschalter auf AC eingestellt**

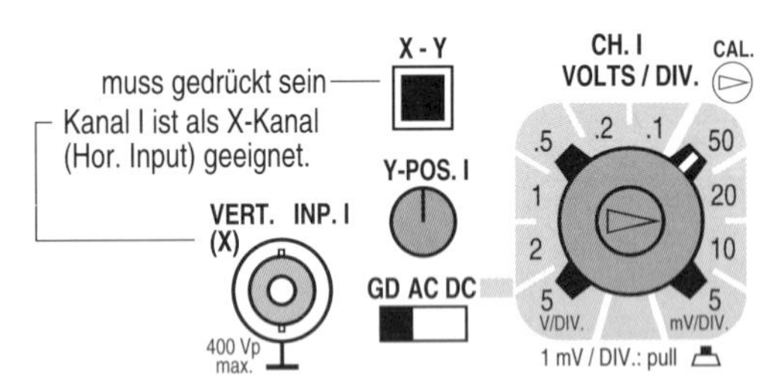

- **Der *x*-*y*-Betrieb eignet sich zur Darstellung von Kennlinien**

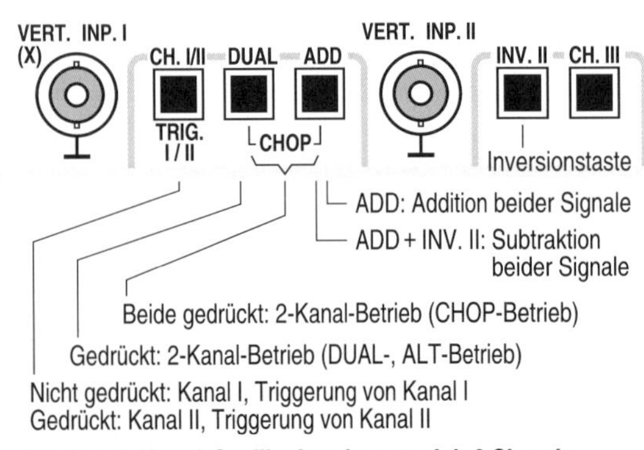

- **Mit dem 2-Kanal-Oszilloskop lassen sich 2 Signale darstellen sowie ihre Summe bzw. Differenz bilden**

y-*t*-Betrieb

Das Oszilloskop wird hauptsächlich zur Darstellung zeitabhängiger Spannungen genutzt. Das Linienbild entsteht dabei durch das Zusammenwirken des periodisch von links nach rechts wandernden Elektronenstrahls (*x*-Ablenkung) und dem Messsignal (*y*-Ablenkung). Diese Betriebsart heißt *y*-*t*-Betrieb. Ein stehendes Bild auf dem Bildschirm kann aber nur erreicht werden, wenn die Sägezahnspannung zur *x*-Ablenkung des Strahls bei jedem Durchlauf korrekt gestartet wird, d. h. wenn die Zeitbasis synchron zum Messsignal getriggert wird. Für unterschiedliche Messprobleme kann zwischen verschiedenen Triggerarten gewählt werden.

Als Grundeinstellung wird am Einstellknopf für den Triggerpegel (LEVEL A) die Stellung AT (Automatik), für den Triggerwahlschalter (TRIG.) die Stellung AC (Wechselspannung) gewählt. Diese Einstellung ergibt für die meisten Messsignale ein stehendes Bild. Bei komplexen Signalgemischen muss der Triggerpegel meist manuell (NORM.) eingestellt werden (Kontrolle durch LED) und das Triggersignal eventuell gefiltert werden (LF, HF). Entsteht auch bei gefühlvoller Einstellung des Triggerpegels kein stehendes Bild, so kann eine Verlängerung der Sperrzeit bis zum nächsten Triggervorgang durch den HOLD-OFF-Drehknopf hilfreich sein. Eine erhöhte Sperrzeit verringert allerdings die Helligkeit des Strahls.

x-*y*-Betrieb

Wird den waagrechten Ablenkplatten keine zeitabhängige Sägezahnspannung, sondern eine externe Signalspannung zugeführt, so spricht man vom *x*-*y*-Betrieb. Dieser Betrieb eignet sich besonders zur Darstellung von Kennlinien.

Der *x*-*y*-Betrieb erfordert ein Zwei- oder Mehrkanal-Oszilloskop, bei dem einer der *y*-Kanäle als *x*-Kanal (HOR. INP.) verwendet werden kann. Für den *x*-*y*-Betrieb muss die X-Y-Taste gedrückt sein.

Mehrkanalbetrieb

Moderne Oszilloskope sind üblicherweise für 2-Kanal-Betrieb ausgelegt, d. h. am Bildschirm können zwei Signale gleichzeitig sichtbar gemacht werden. Im Normalfall wird dabei alternierend (abwechselnd) der eine und der andere Strahl aufgezeichnet. Durch die Trägheit des Auges entsteht der Eindruck einer gleichzeitigen Darstellung beider Signale. Der ALT-Betrieb (DUAL-Betrieb) eignet sich für die meisten Messaufgaben. Bei sehr kleinen Signalfrequenzen eignet sich auch der CHOP-Betrieb. Das in Kap. 8.14 skizzierte Oszilloskop ist für 3-Kanal-Betrieb geeignet.

Mit Hilfe der INV.-Taste kann das Signal eines Kanals umgekehrt (invertiert) werden, mit der ADD-Taste lässt sich die Summe bzw. Differenz zweier Signale bilden.

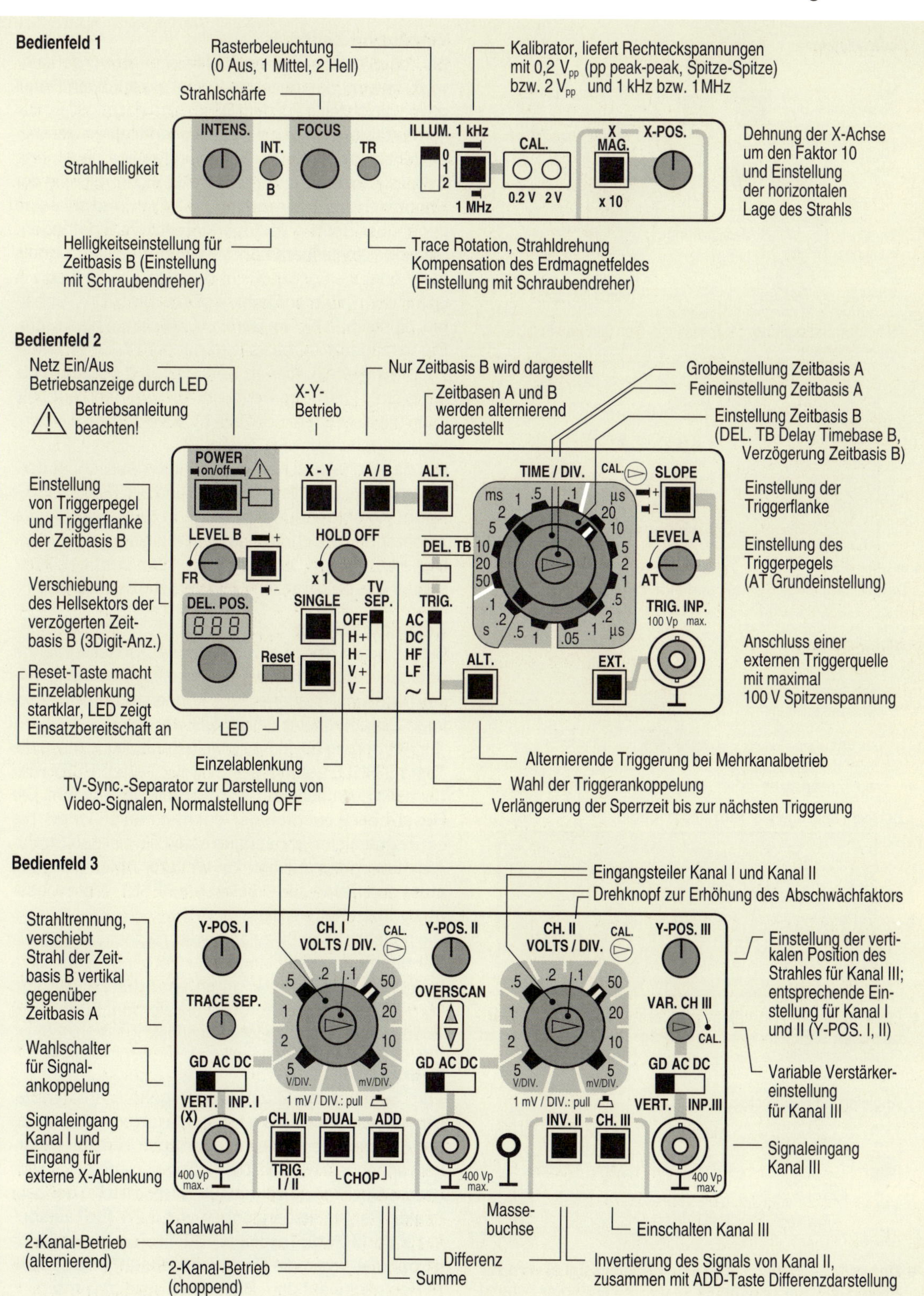
Bedienfeld 1
Rasterbeleuchtung
(0 Aus, 1 Mittel, 2 Hell)
Strahlschärfe
Kalibrator, liefert Rechteckspannungen
mit 0,2 Vpp (pp peak-peak, Spitze-Spitze)
bzw. 2 Vpp und 1 kHz bzw. 1 MHz
Strahlhelligkeit
INTENS.
INT.
B
FOCUS
TR
ILLUM.
0
1
2
1 kHz
1 MHz
CAL.
0.2 V 2 V
X
MAG.
x 10
X-POS.
Dehnung der X-Achse
um den Faktor 10
und Einstellung
der horizontalen
Lage des Strahls
Helligkeitseinstellung für
Zeitbasis B (Einstellung
mit Schraubendreher)
Trace Rotation, Strahldrehung
Kompensation des Erdmagnetfeldes
(Einstellung mit Schraubendreher)
Bedienfeld 2
Netz Ein/Aus
Betriebsanzeige durch LED
Betriebsanleitung
beachten!
X-Y-
Betrieb
Nur Zeitbasis B wird dargestellt
Zeitbasen A und B
werden alternierend
dargestellt
Grobeinstellung Zeitbasis A
Feineinstellung Zeitbasis A
Einstellung Zeitbasis B
(DEL. TB Delay Timebase B,
Verzögerung Zeitbasis B)
POWER
on/off
X - Y
A / B
ALT.
TIME / DIV.
CAL.
SLOPE
Einstellung der
Triggerflanke
Einstellung
von Triggerpegel
und Triggerflanke
der Zeitbasis B
LEVEL B
FR
HOLD OFF
x 1
DEL. TB
LEVEL A
AT
Einstellung des
Triggerpegels
(AT Grundeinstellung)
Verschiebung
des Hellsektors der
verzögerten Zeit-
basis B (3Digit-Anz.)
DEL. POS.
SINGLE
TV
SEP.
OFF
H+
H−
V+
V−
TRIG.
AC
DC
HF
LF
Reset
ALT.
EXT.
TRIG. INP.
100 Vp max.
Anschluss einer
externen Triggerquelle
mit maximal
100 V Spitzenspannung
Reset-Taste macht
Einzelablenkung
startklar, LED zeigt
Einsatzbereitschaft an
LED
Alternierende Triggerung bei Mehrkanalbetrieb
Einzelablenkung
TV-Sync.-Separator zur Darstellung von
Video-Signalen, Normalstellung OFF
Wahl der Triggerankoppelung
Verlängerung der Sperrzeit bis zur nächsten Triggerung
Bedienfeld 3
Eingangsteiler Kanal I und Kanal II
Drehknopf zur Erhöhung des Abschwächfaktors
Strahltrennung,
verschiebt
Strahl der Zeit-
basis B vertikal
gegenüber
Zeitbasis A
Y-POS. I
CH. I
VOLTS / DIV.
CAL.
Y-POS. II
CH. II
VOLTS / DIV.
CAL.
Y-POS. III
Einstellung der verti-
kalen Position des
Strahles für Kanal III;
entsprechende Ein-
stellung für Kanal I
und II (Y-POS. I, II)
TRACE SEP.
OVERSCAN
VAR. CH III
CAL.
Wahlschalter
für Signal-
ankoppelung
GD AC DC
V/DIV.
mV/DIV.
Variable Verstärker-
einstellung
für Kanal III
VERT. INP. I
(X)
1 mV / DIV.: pull
VERT. INP.III
Signaleingang
Kanal I und
Eingang für
externe X-Ablenkung
CH. I/II
DUAL
ADD
INV. II
CH. III
TRIG.
I / II
CHOP
400 Vp
max.
Signaleingang
Kanal III
Kanalwahl
Masse-
buchse
Einschalten Kanal III
2-Kanal-Betrieb
(alternierend)
2-Kanal-Betrieb
(choppend)
Differenz
Summe
Invertierung des Signals von Kanal II,
zusammen mit ADD-Taste Differenzdarstellung

8.16 Oszilloskop IV

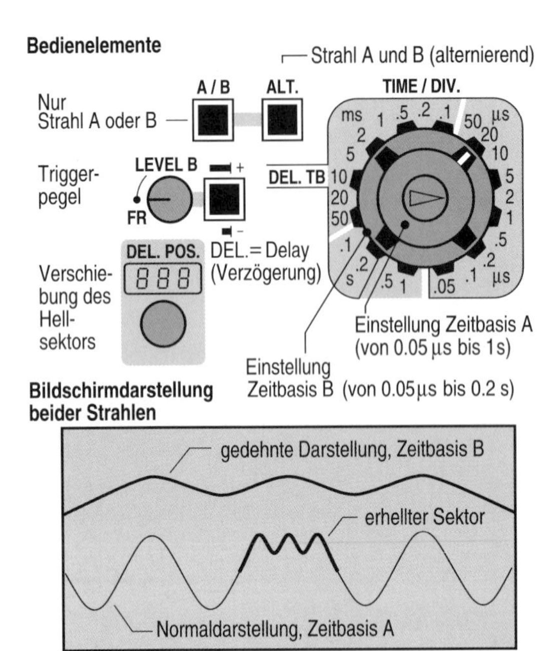

- **Geräte mit verzögerter Zeitbasis erlauben die gleichzeitige Darstellung eines Signals und eines Ausschnitts davon**

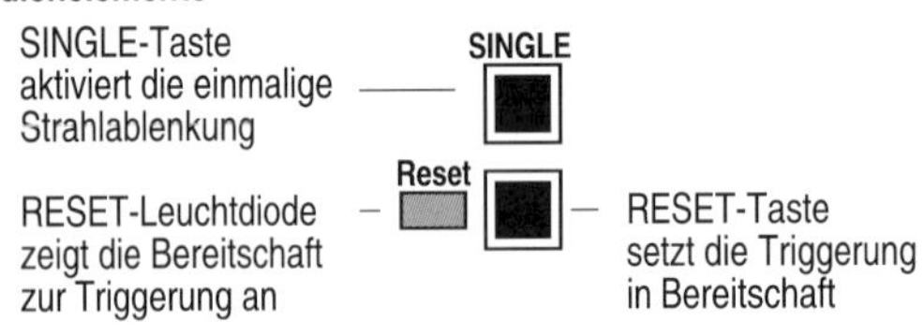

Beispiel: abklingender Kurzschlussstrom

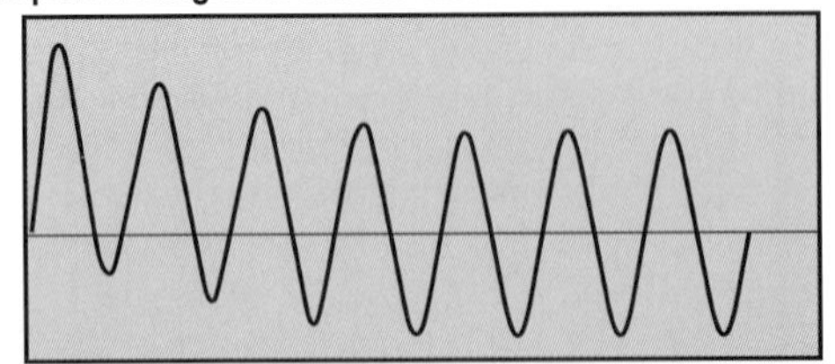

- **Die Einzelablenkung dient zur Darstellung von nichtperiodischen Signalen wie Einschwing- und Prellvorgängen**

Abgleich mit Rechteckspannung

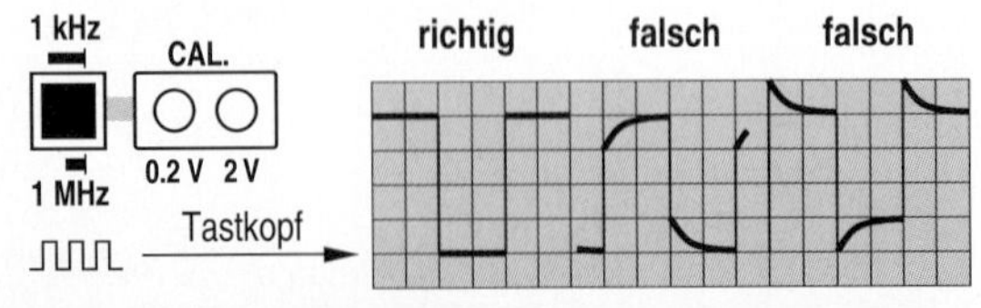

- **Das vom Oszilloskop gelieferte Rechtecksignal wird zur Anpassung von Tastköpfen an den Y-Verstärker benutzt**

Verzögerte Zeitbasis

Bei komplizierten Signalverläufen ist es oft wünschenswert, sowohl das gesamte Signal als auch ein Detail davon gleichzeitig auf dem Bildschirm darzustellen. Bei komfortablen und damit entsprechend teuren Geräten besteht diese Möglichkeit über eine zweite, verzögerte Zeitbasis. Im Prinzip wird dabei das Signal mit Hilfe der Hauptzeitbasis A dargestellt, zusätzlich wird aber eine gegenüber Basis A verzögerte Zeitbasis B getriggert, die einen einstellbaren Ausschnitt des Gesamtsignals mehr oder weniger gedehnt darstellt. Die Zeitbasis A ist mit dem mittleren Drehknopf des TIME/DIV.-Schalters einstellbar; hier im Bereich 0,05 µs/cm bis 1 s/cm. Die verzögerte Zeitbasis wird mit dem äußeren Drehknopf eingestellt; hier im Bereich von 0,05 µs/cm bis 0,2 s/cm. Der Triggerpegel der verzögerten Zeitbasis kann mit dem Drehknopf LEVEL B eingestellt werden, Normalstellung ist FR (Freilauf).

Um das Signal und seinen gedehnten Ausschnitt darzustellen, werden die ALT.-Taste und der TRACE SEP.-Knopf (Strahltrennung) betätigt. In der Gesamtkurve leuchtet der gedehnte Ausschnitt heller auf; mit dem DEL.POS-Knopf (Delay Position) kann der helle Ausschnitt über die ganze Kurve verschoben werden.

Einzelablenkung

Einmalige Vorgänge, z. B. Ein- und Ausschaltvorgänge oder abklingende Schwingungen eines Resonanzkreises nach einer Stoßerregung, können mit einer einmaligen Zeitablenkung dargestellt werden.

Zur Aktivierung der einmaligen Zeitablenkung muss die Taste SINGLE betätigt sein. Mit der Taste RESET wird dann die Zeitablenkung in Wartestellung gebracht. Die Reset-LED (Leuchtdiode) leuchtet nun so lange, bis ein Triggersignal kommt und einen einmaligen Strahl-Ablenkvorgang auslöst. Ein weiterer Ablenkvorgang muss durch erneutes Drücken der RESET-Taste wieder neu vorbereitet werden.

Die beschriebene Einzelablenkung eignet sich nur zur Beobachtung relativ langsamer Vorgänge; schnellere Vorgänge können z. B. durch eine dem Bildschirm vorgesetzte Kamera fotografiert werden. Für höhere Ansprüche ist ein Speicheroszilloskop vorzuziehen.

Kalibrierung

Zum Zubehör von Oszilloskopen gehören Tastköpfe. Damit diese Tastköpfe alle Signale unverzerrt übertragen, müssen sie an die Impedanz des Vertikalverstärkers angepasst werden. Die Anpassung erfolgt mit Hilfe des im Oszilloskop eingebauten Generators, der sehr exakte Rechteckspannungen von 0,2 V für Tastköpfe 10 : 1 und 2 V für Tastköpfe 100 : 1 liefert. Der Abgleich ist optimal, wenn die Rechteckspannungen als exakte Rechtecke auf dem Bildschirm gezeigt werden.

Zubehör

Um Messungen frei von störenden Umwelteinflüssen zu halten, sollte das mit einer Mess-Spitze abgegriffene Signal dem Oszilloskop über abgeschirmte Leitungen (Koaxialleitungen) zugeführt werden. Mess-Spitzen mit abgeschirmter Messleitung heißen auch 1:1-Tastköpfe. Zur Messung großer Spannungen werden Tastteiler eingesetzt. Dies sind im Prinzip Vorwiderstände, die zusammen mit dem Eingangswiderstand des Oszilloskops einen Spannungsteiler bilden und das Messsignal im Verhältnis 10:1, 50:1 oder 100:1 verkleinern. Mit einem Tastteiler kann somit der Messbereich um den Faktor 10, 50 oder 100 gesteigert werden. Außerdem wird der Eingangswiderstand erhöht, wodurch das Messsignal weniger belastet wird.

Da zum Eingangswiderstand des Oszilloskops stets eine unvermeidbare Schalt- und Leitungskapazität parallel liegt, muss auch zum Teilerwiderstand eine Kapazität parallel geschaltet werden. Diese Kapazität wird als Trimmerkondensator ausgeführt und muss vor der Benutzung des Teilers auf die aktuellen Verhältnisse abgeglichen werden.

Für Messungen an Hochspannung bis 15 kV werden spezielle Hochspannungs-Tastteiler mit Teilung 1000:1 eingesetzt, für Hochfrequenzmessungen können Tastrichter (Demodulator-Tastköpfe) hilfreich sein.

1:1-Tastkopf

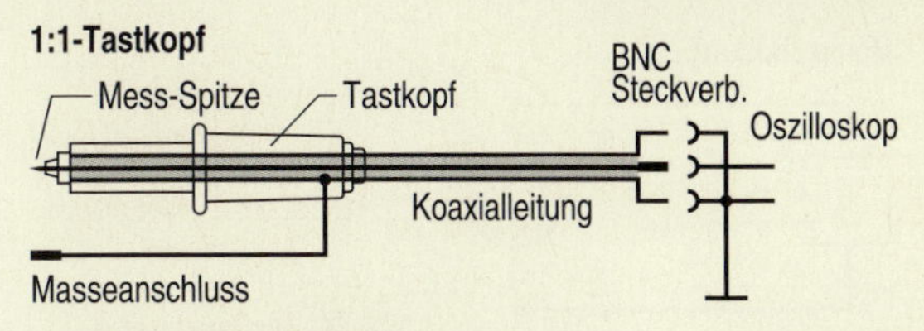

Tastkopf mit 10:1-Tastteiler

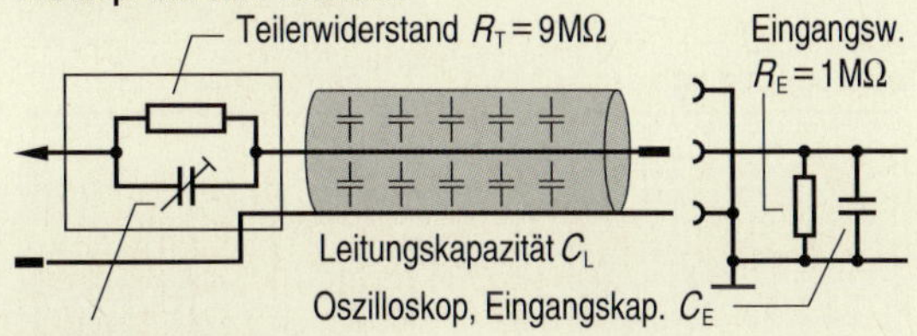

Abgleich

Die Spannungsteilung muss unabhängig von der Frequenz des Messsignals immer gleich sein, d.h. der Teiler muss frequenzkompensiert sein. Dies ist erreicht, wenn die Wirkwiderstände im gleichen Verhältnis stehen wie die kapazitiven Blindwiderstände.

Aus $\frac{R_T}{R_E} = \frac{X_T}{X_E \| X_L} = \frac{\omega \cdot (C_E + C_L)}{\omega \cdot C_T}$

folgt: $R_T \cdot C_T = R_E \cdot (C_E + C_L)$

Der Abgleich wird z.B. mit einem Isolierschraubendreher bei $f = 1\,kHz$ durchgeführt; bei manchen Tastköpfen ist zusätzlich ein Abgleich mit 1 MHz möglich.

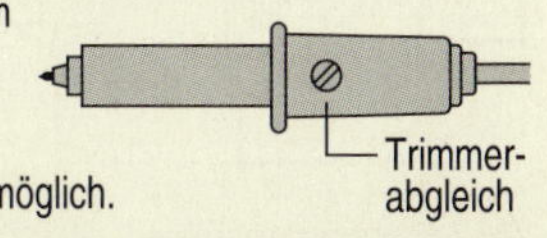

Aufgaben

8.16.1 Betriebsarten

Ein Oszilloskop kann im y-t-Betrieb und im x-y-Betrieb eingesetzt werden.

a) Wozu dienen die beiden Betriebsarten? Nennen Sie jeweils einige Anwendungsbeispiele.
b) Welche Grundeinstellung für die Triggerung sollte das Oszilloskop im x-y-Betrieb aufweisen?
c) Wozu dient die SLOPE-Taste?
d) Wozu dient die HOLD-OFF-Taste?
e) Welche Möglichkeiten bietet ein Oszilloskop, das über eine zweite, verzögerte Zeitbasis verfügt?
f) Für welche Messungen kann es sinnvoll sein, den Triggerwahlschalter auf DC, HF, LF, ~ zu stellen?

8.16.2 Mehrkanalbetrieb

a) Erklären Sie den Unterschied zwischen einem Zweistrahl- und einen Zweikanaloszilloskop.
b) Wofür ist bei einem Zweikanaloszilloskop der alternierende, wofür der choppende Betrieb geeignet?
c) Welche Wirkung hat das Betätigen der Inversionstaste INV. II?
d) Mit einem Zweikanaloszilloskop werden zwei sinusförmige Spannungen gemessen.
Wie kann die Summe und wie die Differenz beider Signale gemessen werden?

8.16.3 Zeitbasis

Der Wahlschalter für die Zeitbasis wird nacheinander folgendermaßen eingestellt:

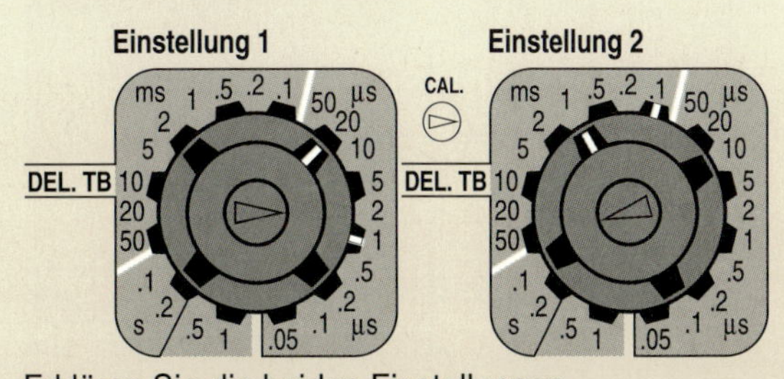

Erklären Sie die beiden Einstellungen.

8.16.4 Zubehör

a) Warum werden zum Oszilloskopieren vorzugsweise abgeschirmte Messleitungen verwendet?
b) Welche Vorteile hat die Verwendung von Tastteilern gegenüber der Messung mit einem 1:1-Tastkopf?
c) Warum muss ein Tastkopf an das zugehörige Oszilloskop angepasst werden? Wie wird der Niederfrequenzabgleich praktisch durchgeführt?
d) Der Eingangswiderstand eines Oszilloskops beträgt 1 MΩ. Berechnen Sie den erforderlichen Vorwiderstand für einen 100:1-Tastteiler.

8.17 Messen mit dem Oszilloskop I

Messschaltung

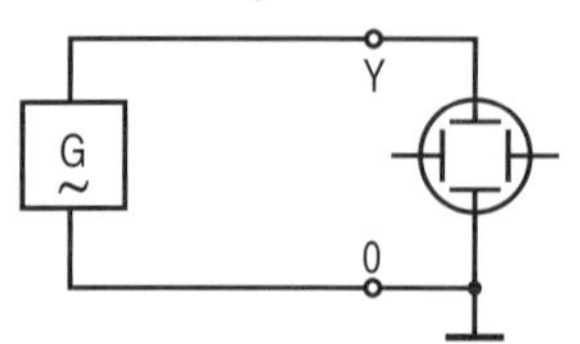

Spitze-Tal-Wert

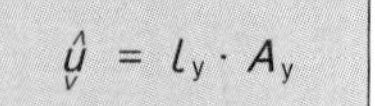

$$\overset{\wedge}{\underset{\vee}{u}} = l_y \cdot A_y$$

l_y Auslenkung
$[l_y]$ = DIV. = cm
A_y y-Ablenkfaktor
$[A_y]$ = V/DIV. = V/cm

Schirmbild mit x-Ablenkung

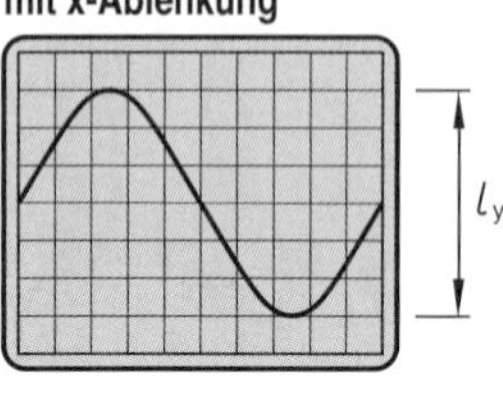

ohne x-Ablenkung

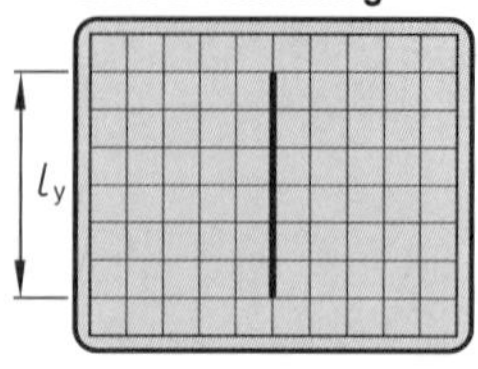

Spannungsmessung

Oszilloskope sind reine Spannungsmessgeräte. Alle darzustellenden Messgrößen müssen zunächst in analoge Spannungen umgeformt werden. Oszilloskope messen auch keine Mittelwerte (Gleichwert, Effektivwert), sondern stellen den Verlauf der Augenblickswerte über ein gewähltes Zeitintervall dar.
Zur Messung der Spannung wird ein Pol der Spannungsquelle auf einen Vertikaleingang (z. B. Y 1, VERT. INPUT 1), der andere Pol auf Masse gelegt. Bei sinnvoll eingestellter Zeitbasis und Vertikalablenkung werden eine oder mehrere Perioden der Messspannung auf dem Bildschirm „geschrieben". Bei kalibrierter Y-Ablenkung kann der Spitze-Tal-Wert (früher: Spitze-Spitze-Wert) der Spannung bestimmt werden. Zu dieser Messung kann es sinnvoll sein, die X-Ablenkung auszuschalten.

Messschaltung

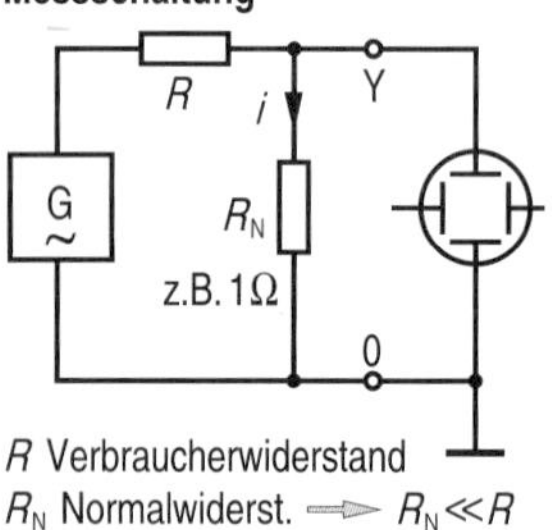

R Verbraucherwiderstand
R_N Normalwiderst. ⟹ $R_N \ll R$

Schirmbild

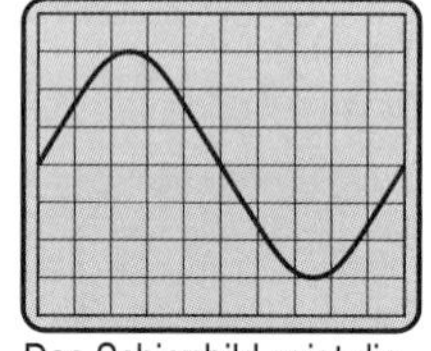

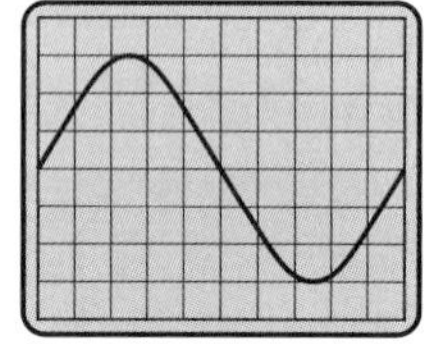

Das Schirmbild zeigt die Spannung an R_N. Für den Strom gilt: $i = u / R_N$.

Strommessung

Da ein Oszilloskop Ströme nicht direkt messen kann, muss der Messstrom zunächst in eine analoge Spannung umgeformt werden. Dies erfolgt mit Hilfe eines ohmschen Normalwiderstandes R_N. Um die Messschaltung nicht zu beeinflussen, muss dieser Widerstand klein im Vergleich zu den anderen Widerständen des Stromkreises sein. Es ist aber darauf zu achten, dass die Leistung des Hilfswiderstandes an den zu erwartenden Messstrom angepasst ist. Der Strom kann dann mit Hilfe des ohmschen Gesetzes bestimmt werden.

Messschaltung

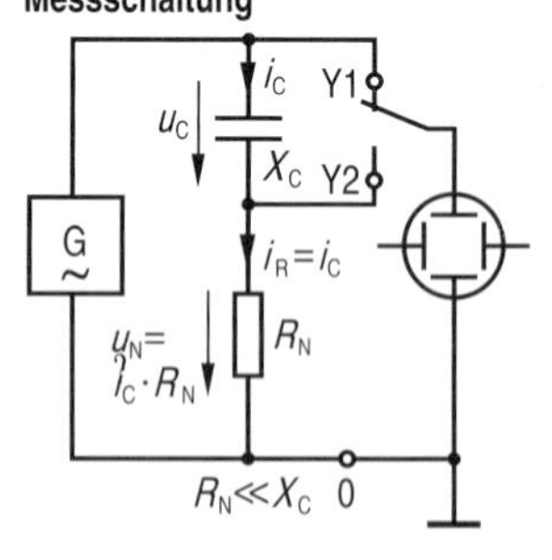

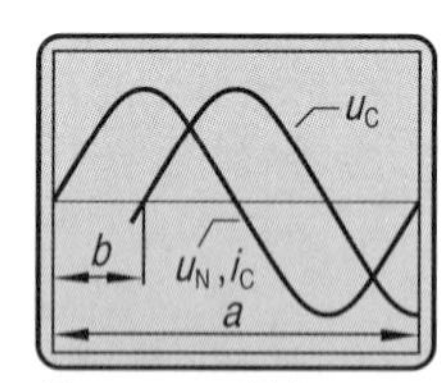

Phasenverschiebung zwischen u_C und i_C

$$\varphi = \frac{b}{a} \cdot 360°$$

Phasenmessung

Die Phasenverschiebung zwischen zwei Spannungen gleicher Frequenz kann mit einem Zweikanaloszilloskop bestimmt werden. Dazu wird die erste Spannung auf den ersten, die zweite Spannung auf den zweiten Y-Eingang gelegt. Aus dem horizontalen Abstand zwischen beiden Linienbildern kann die Phasenverschiebung berechnet werden. Das Beispiel zeigt die Phasenverschiebung zwischen Spannung und Strom bei einem Kondensator.
Eine weitere Möglichkeit zur Phasenmessung bieten die sogenannten Lissajous-Figuren (siehe Vertiefung).

Messschaltung

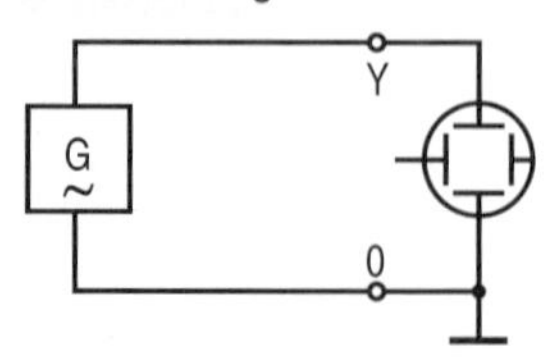

Der Wahlschalter für die Zeitbasis muss in Position kalibriert stehen

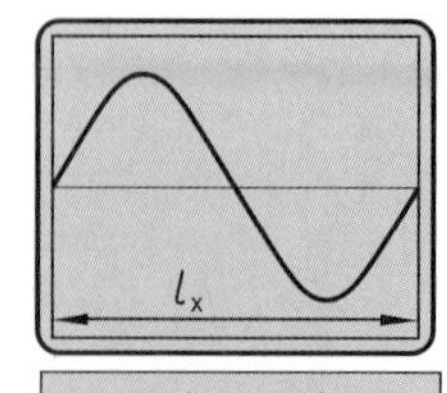

$$f = \frac{1}{T} = \frac{1}{l_x \cdot A_x}$$

A_x Zeitablenkfaktor
$[A_x]$ = s/DIV. = s/cm

Frequenzmessung

Zur Messung der Frequenz einer periodischen Wechselgröße (Spannung oder Strom) kann die kalibrierte Zeitablenkung des Oszilloskops benutzt werden. Bei dieser Messung wird die Messspannung aufgezeichnet und der Abstand zwischen zwei entsprechenden Nulldurchgängen oder anderen entsprechenden Punkten gemessen. Der Abstand zwischen beiden Punkten ergibt die Periodendauer; aus der Periodendauer wird die Frequenz berechnet: $f = 1/T$.
Genauere Messungen sind durch Frequenzvergleich mit einer kalibrierten Spannung möglich.

Messungen mit Netzspannung

Oszilloskopische Messungen an Schaltungen mit direkter Netzverbindung sind immer problematisch.
Im Beispiel wird die Lastpannung in einer Phasenanschnittsteuerung gemessen. Die Messung ist nur möglich, wenn der N-Leiter der Schaltung auf die Massebuchse des Oszilloskops gelegt wird. Wird ein anderes Potential der Messschaltung auf die Massebuchse gelegt, so entsteht ein Kurzschluss. Messungen an Netzspannung werden deshalb sinnvollerweise mit einem schutzisolierten Oszilloskop durchgeführt; auch der Betrieb der Messschaltung über einen Trenntransformator ist möglich. Am besten ist es allerdings, die 230-Volt-Messsignale über spezielle Trenn-Messverstärker auf das Oszilloskop zu führen.
Das Abklemmen des PE-Leiters am Oszilloskop sowie der Betrieb eines nicht schutzisolierten Oszilloskops über einen Trenntransformator sind verboten, weil das Gehäuse des Oszilloskops in diesen Fällen ein lebensgefährlich hohes Potential annehmen kann.

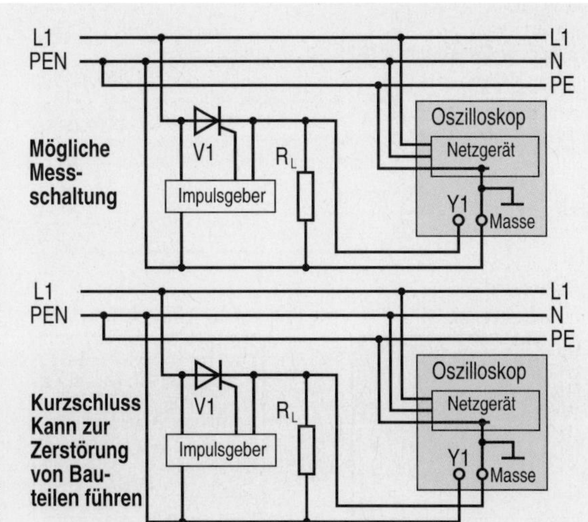

Sichere Messungen am 400/230-Volt-Netz erfordern Oszilloskope mit Schutzisolierung oder besser die Zufuhr des Messsignals über spezielle Trenn-Messverstärker

Phasenmessung mit Lissajous-Figuren

Zur Messung der Phasenverschiebung zwischen zwei sinusförmigen Spannungen gleicher Frequenz können die nach dem franz. Physiker Jules Lissajous (1822–1880) benannten Lissajous-Figuren eingesetzt werden. Zur Messung wird die Zeitablenkung ausgeschaltet, die beiden Spannungen werden auf den X- und den Y-Eingang gelegt. Die beiden Ablenkfaktoren werden sinnvollerweise so gewählt, dass die Maximalauslenkungen in x- und y-Richtung gleich groß sind. Durch das Zusammenwirken beider Auslenkungen entstehen dann in Abhängigkeit von der Phasenverschiebung die typischen Lissajous-Figuren: bei $\varphi = 0°$ eine ansteigende 45°-Linie, bei $\varphi = 180°$ eine abfallende 45°-Linie und bei $\varphi = 90°$ ein Kreis. Bei allen anderen Phasenverschiebungen entstehen Ellipsen.

Lissajous-Figuren bei gleicher x- und y-Auslenkung

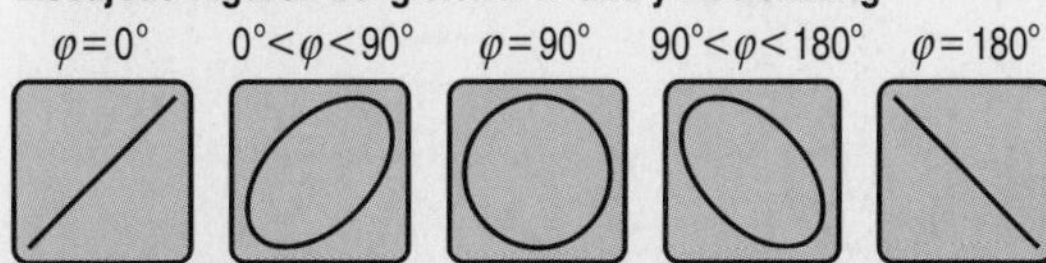

Berechnung

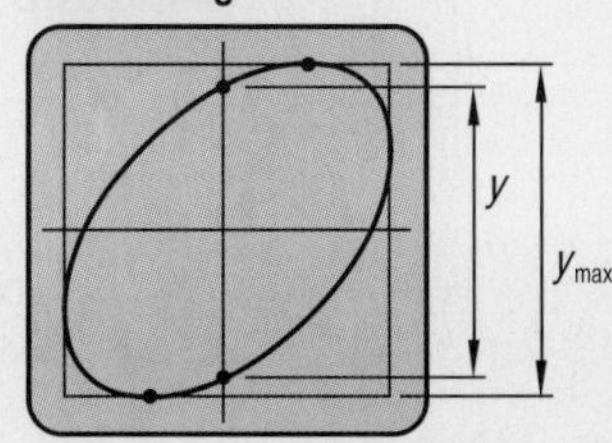

Die Phasenverschiebung lässt sich aus dem Schirmbild bestimmen. Dazu werden die Schnittpunkte der Ellipse mit der senkrechten Mittelachse bestimmt.

Dann gilt: $\sin\varphi = \frac{y}{y_{max}}$

Frequenzmessung mit Lissajous-Figuren

Die oszilloskopische Frequenzmessung mit Hilfe einer kalibrierten Vergleichsfrequenz führt zu einem anderen Typ von Lissajous-Figuren.
Für die Messung benötigt man einen kalibrierten Sinusgenerator mit einstellbarer Frequenz. Wird das einstellbare Vergleichssignal auf den X-Eingang und das Messsignal auf den Y-Eingang gelegt, so entstehen durch das Zusammenwirken beider Strahlen charakteristische bewegte Bilder. Haben die Frequenzen beider Signalspannungen ein ganzzahliges Verhältnis, z. B. 2:1 oder 5:3, so bildet sich ein stehendes, auswertbares Schirmbild. Aus der Anzahl der Berührungspunkte der Lissajous-Figur mit einer waagrechten und einer senkrechten Linie lässt sich das Verhältnis der Frequenzen und die unbekannte Frequenz berechnen.

Beispiele für Lissajous-Figuren

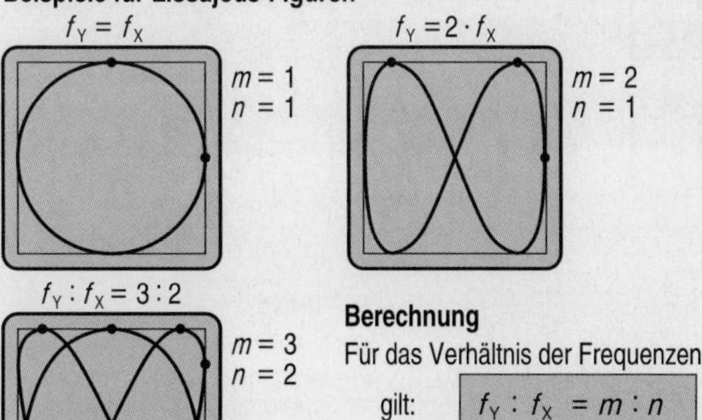

Berechnung

Für das Verhältnis der Frequenzen gilt: $f_Y : f_X = m : n$

mit m Anzahl der waagrechten
n Anzahl der senkrechten
Berührungspunkte

8.18 Messen mit dem Oszilloskop II

Zweipuls-Gleichrichter (B2)

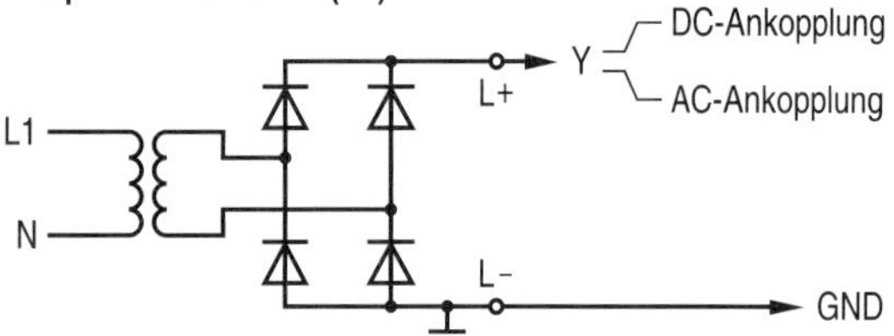

Schirmbild

bei DC-Ankopplung / bei AC-Ankopplung

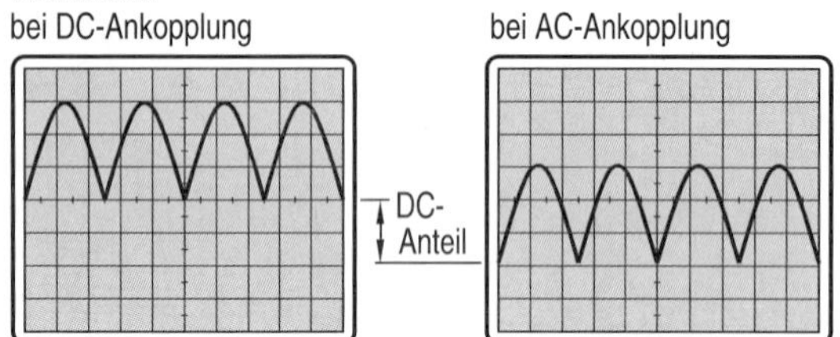

Schaltung

HF-Tastkopf

Wobbel-
generator

G
~

R_V

L C

u_P
$= f(f)$

Wobbelfrequenz

Schirmbild

ohne Gleichrichtung

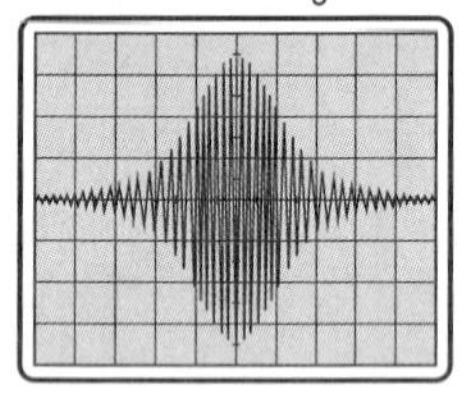

mit Gleichrichtung und Glättung

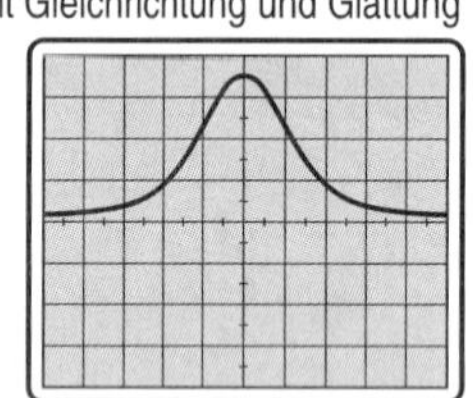

Schaltung 1

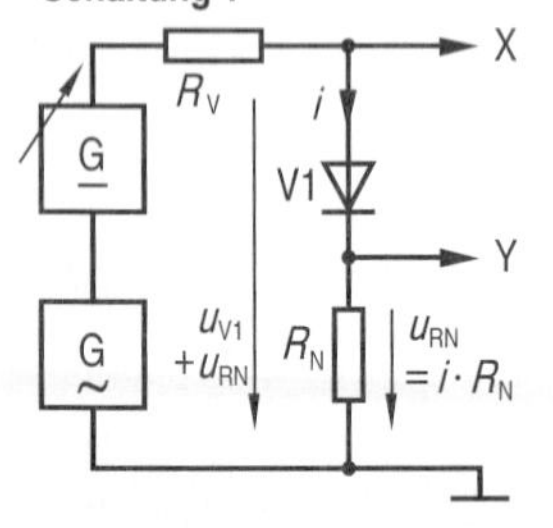

Schaltung 2

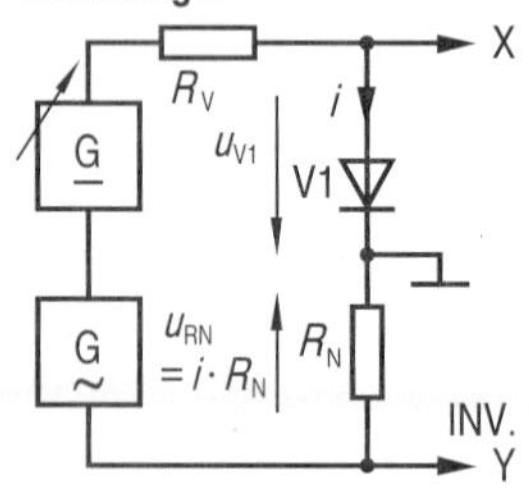

Schirmbild

Durch die überlagerte Gleichspannung kann der darstellbare X-Bereich gewählt werden, z.B. nur Darstellung des Durchlassbereichs

Messen von Mischgrößen

Außer reinen Wechselgrößen kommen in der Elektrotechnik häufig Mischgrößen vor, d. h. Größen, die sowohl einen Gleich- als auch einen Wechselanteil besitzen. Eine gleichgerichtete Sinusspannung z. B. stellt eine typische Mischgröße dar. Der Gleichanteil einer Mischgröße kann wie folgt bestimmt werden:

1. wird die Mischgröße direkt über die Schalterstellung DC an den Kanal I angekoppelt, so erscheint das vollständige Signal auf dem Bildschirm.
2. wird die Mischgröße hingegen über die Schalterstellung AC angekoppelt, so sperrt der jetzt vorgeschaltete Kondensator den Gleichspannungsanteil; das Linienbild springt deshalb um den Gleichspannungsanteil nach unten.

Der Gleichanteil kann auch mit Hilfe der ADD.- und der INV.-Taste direkt sichtbar gemacht werden.

Messen von Durchlasskurven

Schwingkreise, Hoch- und Tiefpässe sowie Bandfilter sind Schaltungen, deren Durchlassverhalten frequenzabhängig ist. Die Durchlasskurven dieser Schaltungen können mit Hilfe eines Wobbelgenerators direkt mit einem Oszilloskop dargestellt werden. Ein Wobbelgenerator ist eine Spannungsquelle, deren Frequenz sich periodisch mit der Wobbelfrequenz (z. B. 50 Hz) in einem bestimmten Bereich (Wobbelhub, z. B. zwischen 180 kHz und 200 kHz) ändert.

Das Beispiel zeigt die Messung einer Durchlasskurve $U_P = f(f)$ von einem Parallelschwingkreis. Die Zeitablenkung erfolgt dabei durch die Wobbelfrequenz, die interne Zeitablenkung des Oszilloskops ist abgeschaltet. Wird die Messspannung mit einem Tastrichter abgegriffen, so wird auf dem Bildschirm die Hüllkurve der Augenblicksspannungen dargestellt.

Darstellen von Kennlinien

Unter einer Kennlinie eines Bauteils versteht man die grafische Darstellung der gegenseitigen Abhängigkeit zweier Größen, z. B. den Stromfluss durch ein Bauteil in Abhängigkeit von der angelegten Spannung $I = f(U)$. Mit einem Oszilloskop im *x*-*y*-Betrieb können die Kennlinien aller üblichen Bauteile dargestellt werden. Dazu muss die unabhängige Variable (z. B. die Spannung) an den X-Eingang und die abhängige Variable (z. B. der Strom bzw. der analoge Spannungswert des Stroms) an einen Y-Eingang gelegt werden. Die interne Zeitablenkung wird abgeschaltet. Das Beispiel zeigt zwei Schaltungen zur Aufnahme einer Diodenkennlinie.

In Schaltung 1 wird der Diodenstrom korrekt an R_N abgegriffen, die Diodenspannung wird aber um den Spannungsfall an R_N zu groß gemessen.

Schaltung 2 vermeidet diesen Fehler, zur korrekten Darstellung muss das Y-Signal aber invertiert werden.

Hysteresekurve eines Eisenkerns

Die Hysteresekurve $B = f(H)$ gibt Aufschluss über verschiedene Eigenschaften eines Eisenkerns wie Remanenz B_r, Koerzitivfeldstärke H_c, Permeabilitätszahl μ_r sowie über die Ummagnetisierungsverluste (siehe Kap. 4.6). Die Hysteresekurve kann mit nebenstehender Schaltung qualitativ dargestellt werden; die Kurve kann benutzt werden, um verschiedene Eisenkerne miteinander zu vergleichen. Die Eichung insbesondere der B-Achse bereitet aber gewisse Schwierigkeiten.

In nebenstehender Schaltung wird der Magnetisierungsstrom i_0 bzw. die Feldstärke $H = i_0 \cdot N / l_{Fe}$ mit dem Messwiderstand R_N in eine entsprechende Spannung für die X-Ablenkung umgeformt. R_N hat einen kleinen Widerstandswert, seine Leistung muss aber auf den eventuell großen Magnetisierungsstrom ausgelegt sein. Die Induktion wird über die in der Spule N_2 induzierte Spannung u_2 gemessen. Da u_2 nach dem Induktionsgesetz durch Differentiation entsteht ($u_2 = N_2 \cdot d\Phi/dt$), muss die Spannung mit dem Integrierglied R_1C_1 wieder integriert werden. Die an C_1 abgenommene Spannung ist ein Maß für die Induktion und wird auf den Y-Eingang gelegt. (Integrierglied siehe Kap. 3.9).

Messschaltung, Dimensionierungsbeispiel

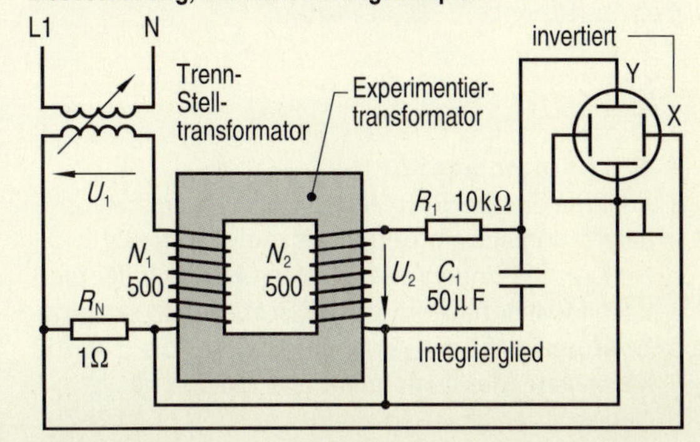

Schirmbilder

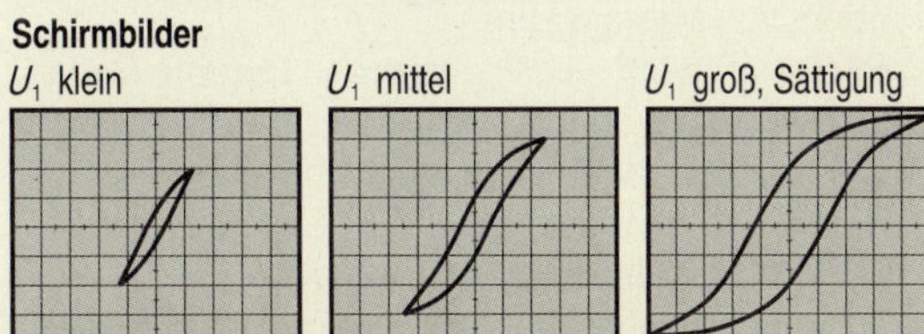

Bei spiegelbildlicher Darstellung der Kurve müssen eventuell Spulenanschlüsse getauscht werden. Die Zeitkonstante des Integriergliedes muss groß sein im Vergleich zur Periodendauer.

Aufgaben

8.18.1 Spannungsmessung

Eine gleichgerichtete Sinusspannung wird über einen Tastkopf 10:1 gemessen. Die kalibrierten Einstellungen sind 2 ms/DIV. und 5 V/DIV. Je nach Ankopplung ergeben sich folgende Schirmbilder:

DC-Ankopplung

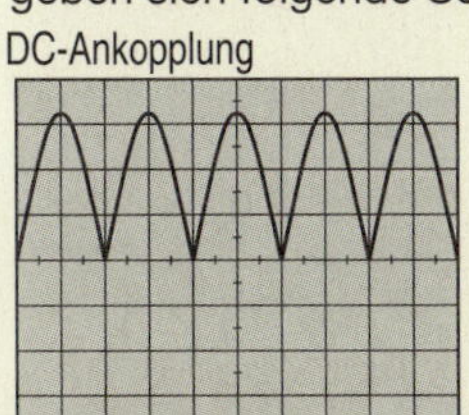

AC-Ankopplung

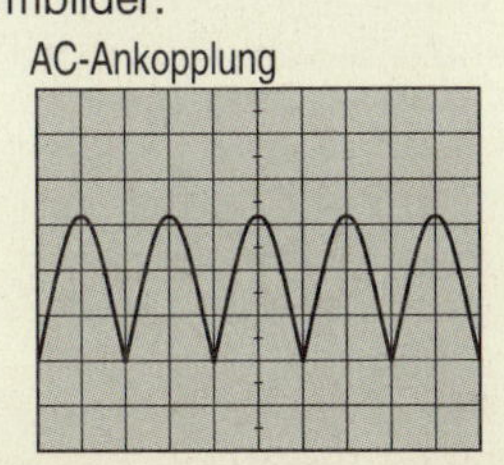

a) Erklären Sie den Unterschied zwischen AC- und DC-Ankopplung.

b) Berechnen Sie mit Hilfe des Schirmbildes den Effektivwert, den Gleichanteil sowie den Wechselanteil („Brumm") der Spannung.

8.18.2 Spannungs- und Strommessung

In folgender Schaltung sollen oszilloskopisch Spannung und Strom am Kondensator gemessen werden.

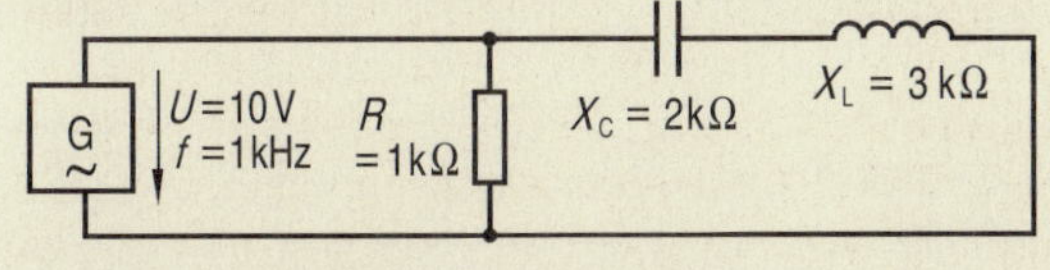

Entwerfen Sie eine Messschaltung.

8.18.3 Messung an Netzspannung

Der Laststrom einer Phasenanschnittsteuerung soll mit Hilfe eines nicht schutzisolierten Oszilloskops dargestellt werden. Dazu wird folgende Messschaltung eingesetzt:

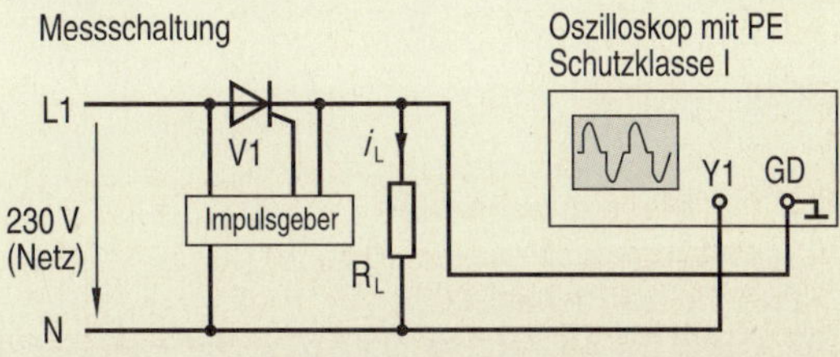

a) Beurteilen Sie die Schaltung im Hinblick auf Funktion und Sicherheit gegen elektrische Unfälle.

Beurteilen Sie die Schaltung im Hinblick auf Funktion und Sicherheit,

b) wenn die Anschlüsse von Y1 und Masse vertauscht werden,

c) wenn das Oszilloskop über einen Trenntransformator betrieben wird,

d) wenn die zu untersuchende Schaltung über einen Trenntransformator betrieben wird.

8.18.4 Kennlinien

Die Kennlinie $I = f(U)$ einer Z-Diode soll mit Hilfe eines Oszilloskops dargestellt werden. Entwerfen Sie eine Messschaltung und erklären Sie deren Funktion.

Test 8.1

Fachgebiet: Messtechnik
Bearbeitungszeit: 90 Minuten

T 8.1.1 Grundbegriffe

a) Erklären Sie am Beispiel $R = 40\,\text{k}\Omega$, was man grundsätzlich unter dem Begriff Messen versteht.
b) Nennen Sie einen Vor- und einen Nachteil der digitalen Messanzeige im Vergleich zur Analoganzeige.
c) Erklären Sie für ein Analogmessgerät die Begriffe Messwerk, Messinstrument und Messgerät.
d) Nennen Sie vier Beispiele für häufig benütztes Zubehör von Messgeräten.
e) Erklären Sie die messtechnischen Begriffe Prüfen, Eichen, Justieren und Kalibrieren.
f) Was versteht man unter Eichnormalen?

T 8.1.2 Bildzeichen für Messgeräte

a) Erklären Sie folgende Bildzeichen auf analog anzeigenden Messgeräten:

a) ≂ b) ≋ c) ⊓ d) ⊥ e) f) g) **1,5**

h) i) j) k) ☆ l) ②☆ m) ⚠ n)

b) Erklären Sie folgende Symbole auf Digitalmessgeräten:

a) **RMS** b) **TRMS** c) **RANGE** d) **ZOOM, EXPAND** e) **HOLD, MEM**

f) **TIME** g) **LIM** h) **STO** i) ⊣▷|⊢ j) ♪

T 8.1.3 Messunsicherheit

a) Warum ist jeder Messwert mit einer gewissen Messunsicherheit behaftet?
b) Erklären Sie die Begriffe systematischer Fehler und zufälliger Fehler. Nennen Sie Beispiele für beide Fehlerarten.
c) Ein Analogmessgerät hat den Messbereich 300 V und die Genauigkeitsklasse 1,5. Der abgelesene Messwert beträgt 180 V.
Berechnen Sie den absoluten und den relativen Messfehler sowie den Unsicherheitsbereich.
d) Warum soll bei einer Messung mit Analogmessgeräten der Messbereich so gewählt werden, dass der Zeigerausschlag im letzten Skalendrittel ist?
e) Ist es bei einer Messung mit einem Digitalmessgerät von Bedeutung, ob die Messung im Anfangs- oder im Endbereich des Messbereichs stattfindet? Begründen Sie Ihre Aussage.

T 8.1.4 Drehspulmesswerk

a) Erklären Sie den prinzipiellen Aufbau und die Wirkungsweise eines Drehspulmesswerkes.
b) Vergleichen Sie die Empfindlichkeit und den Eigenverbrauch eines Drehspulmesswerkes mit den entsprechenden Werten eines Dreheisenmesswerks.
c) Ein Drehspulmessgerät mit Messbereich 10 V wird an eine sinusförmige Wechselspannung mit 5 V Effektivwert gelegt. Welchen Wert zeigt das Messgerät?
d) Welche Dämpfungsmethode ist bei Drehspulmesswerken üblich?
Erklären Sie das Prinzip dieser Dämpfung.

T 8.1.5 Messbereichserweiterung

Der Spannungsmessbereich eines Messgerätes soll mit folgender Schaltung erweitert werden:

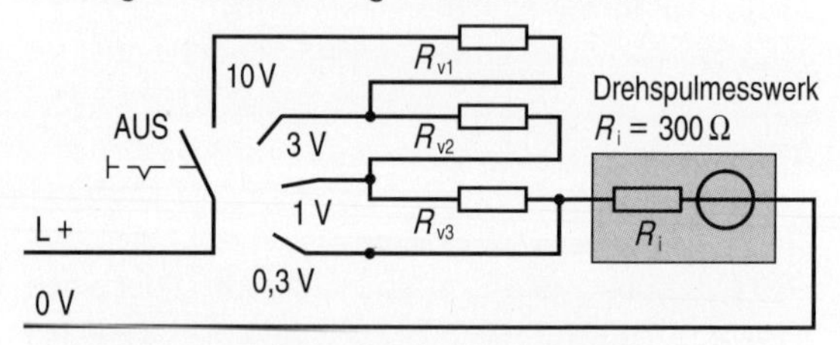

a) Berechnen Sie die drei Vorwiderstände.
Der Strommessbereich eines Messgerätes soll mit folgender Schaltung erweitert werden:

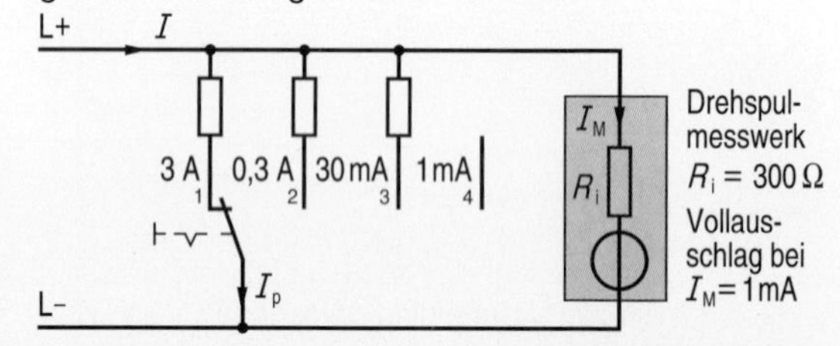

b) Berechnen Sie die drei Nebenwiderstände. Welche Gefahr für das Messwerk besteht beim Umschalten?
Der Strommessbereich eines Messgerätes soll mit folgender Ringschaltung erweitert werden:

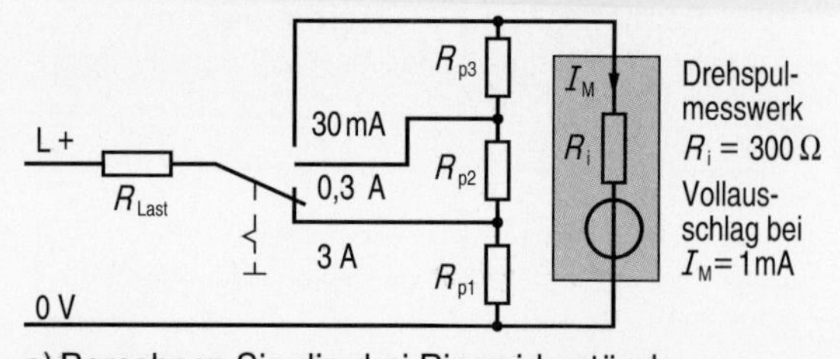

c) Berechnen Sie die drei Ringwiderstände.

Fachgebiet: Messtechnik
Bearbeitungszeit: 90 Minuten

T 8.2.1 Mittelwerte

a) Erklären Sie, was man unter dem arithmetischen und dem geometrischen (quadratischen) Mittelwert einer periodischen Größe versteht. Geben Sie die Berechnungsformeln an.

b) Was versteht man unter dem Effektivwert einer periodischen Größe?

c) Nennen Sie ein analoges Messwerk, das immer den arithmetischen Mittelwert anzeigt, und eines, das stets den geometrischen Mittelwert anzeigt.

d) Der Effektivwert einer sinusförmigen Wechselspannung soll mit den folgenden Schaltungen gemessen werden. Der Spannungsmesser mit Drehspulmesswerk zeigt bei beiden Messungen $U_d = 12\,V$ an.

Messschaltung 1

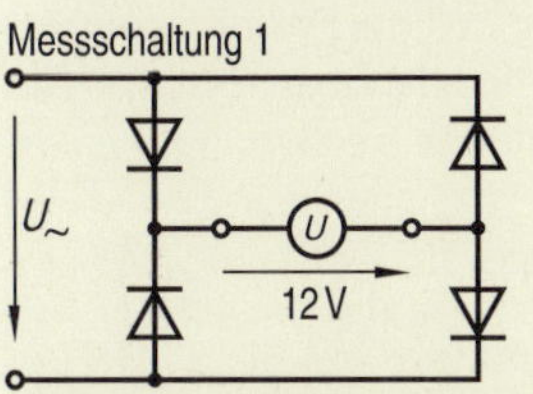

Messschaltung 2

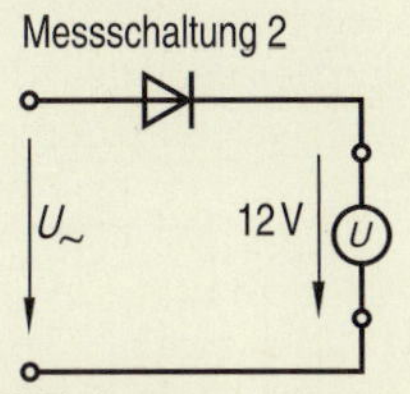

Berechnen Sie jeweils den Effektivwert.

e) Wie wird das Verhältnis von Effektivwert zu Gleichwert genannt?

T 8.2.2 Effektivwertmessung

a) Welches Analogmessgerät eignet sich besonders gut zur Messung von Effektivwerten?

b) Welche Probleme treten bei der Effektivwertmessung von Strömen in Schaltungen mit Phasenanschnittsteuerungen auf?

c) Wie kann mit Hilfe von Drehspulmesswerken der Effektivwert gemessen werden? Nennen Sie drei Möglichkeiten.

d) Worauf ist besonders zu achten, wenn mit Digitalmessgeräten der Effektivwert von Strömen und Spannungen gemessen werden soll?

T 8.2.3 Messschaltung

a) Wie heißen die beiden folgenden Schaltungen?

b) Welchen Wert hat u_2, wenn $u_1 = 3\,V \cdot \sin\omega t$ ist?

Schaltung 1

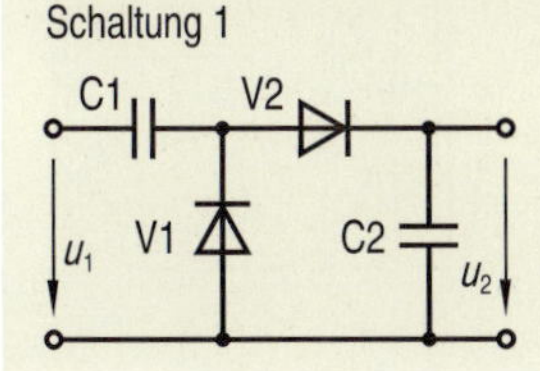

Schaltung 2

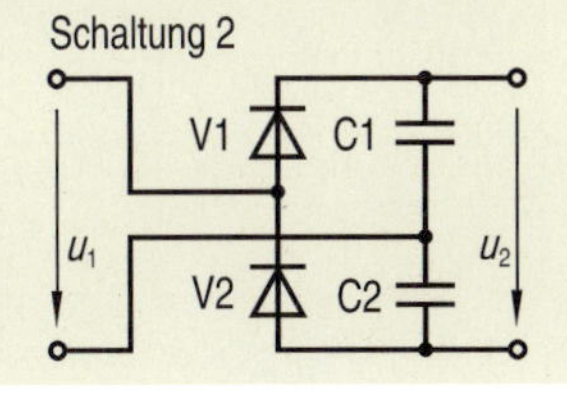

T 8.2.4 Widerstandsmessung

Der Widerstandswert eines ohmschen Widerstandes wird mit folgender Messschaltung bestimmt:

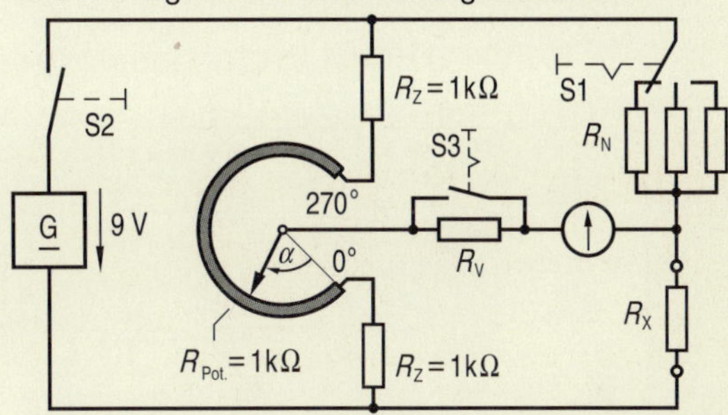

a) Stellen Sie die Abgleichbedingung der Brücke auf.

b) Wozu dient der Vorwiderstand R_V?

c) Wozu dienen die Zusatzwiderstände R_Z?

d) Mit dem Bereichsumschalter S1 ist der Normalwiderstand $R_N = 1\,k\Omega$ eingeschaltet, der Nullabgleich der Messbrücke erfolgt bei $\alpha = 115°$. Berechnen Sie den Widerstand R_X.

T 8.2.5 Leistungsmessung

Die Leistung eines einphasigen Verbrauchers wird mit folgendem Messgerät gemessen:

a) Skizzieren Sie die Messschaltung.

b) Erklären Sie die Bedeutung der auf der Skale aufgedruckten Symbole.

c) Welche Leistung zeigt das Messgerät in der dargestellten Position?

d) Welche Leistung zeigt das Messgerät, wenn die Wahlschalter auf 5A und 200V stehen?

e) Ist das Messgerät auch für Gleichstrom geeignet?

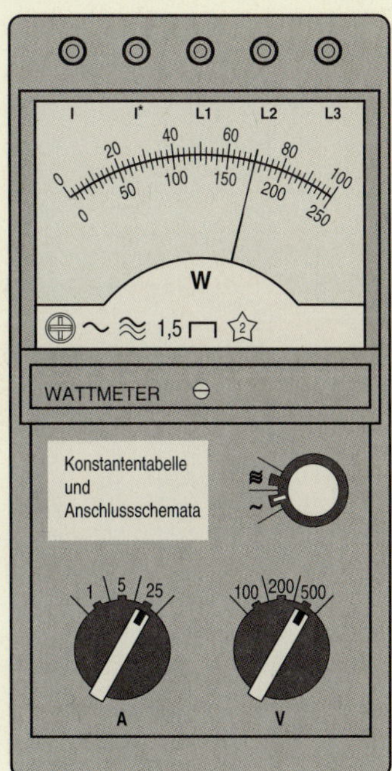

Test 8.3

Fachgebiet: Messtechnik
Bearbeitungszeit: 90 Minuten

T 8.3.1 Oszilloskop, Bedienelemente

Die Skizze zeigt einen Ausschnitt aus dem Bedienfeld eines Oszilloskops:

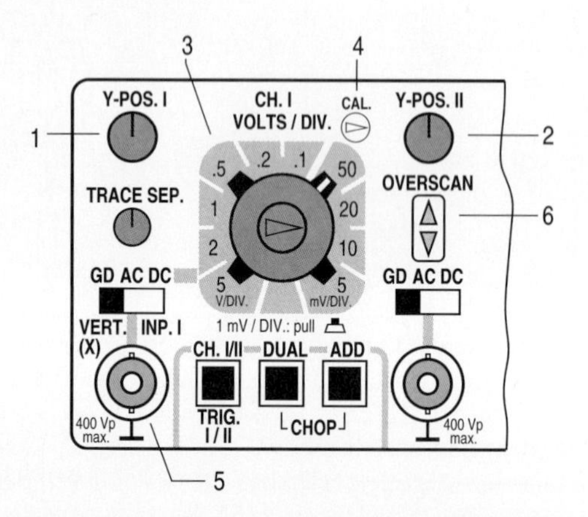

a) Welche Funktion haben die Drehsteller 1 und 2?

b) Beschreiben Sie die Aufgabe des Bedienfeldes 3.

c) Was stellt das mit 5 gekennzeichnete Bauelement dar und welche Aufgabe hat es?

d) Welche Aufgabe haben die beiden mit 6 gekennzeichneten LED?

T 8.3.2 Oszilloskop, Bedienelemente

Die Skizze zeigt einen Ausschnitt aus dem Bedienfeld eines Oszilloskops:

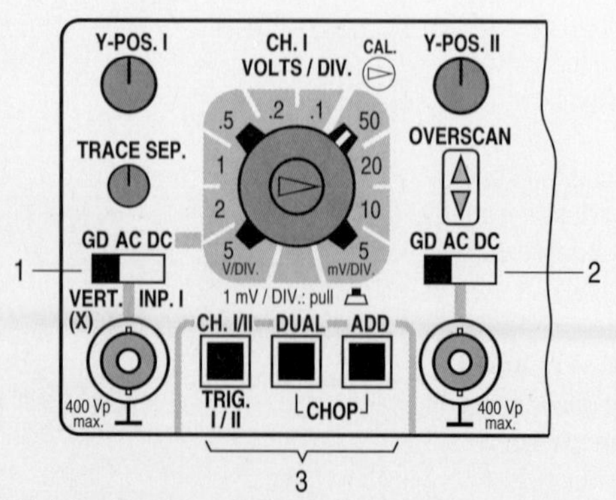

a) Welche Funktion haben die Schalter 1 und 2?
Welche Wirkung stellt sich ein, wenn im Bedienfeld 3

b) nur Taste DUAL,

c) nur Taste ADD,

d) Tasten DUAL und ADD gleichzeitig gedrückt sind?

T 8.3.3 Hysteresekurve

Die Hysteresekurve eines Eisenkerns soll mit Hilfe eines Oszilloskops qualitativ dargestellt werden.

a) Entwerfen Sie eine Messschaltung.

b) Die Messschaltung enthält eine Spannungsquelle zur Erzeugung des Magnetflusses im Eisenkern. Welche Spannung muss die Spannungsquelle mindestens liefern?

c) Die Messschaltung enthält ein Integrierglied. Erklären Sie die Aufgabe dieses Integriergliedes.

d) Was ist bei der Dimensionierung des Integriergliedes zu berücksichtigen?

T 8.3.4 Messung der Phasenverschiebung

In der folgenden Schaltung soll die Phasenverschiebung zwischen dem Strom und der Spannung mit Hilfe von Lissajous-Figuren bestimmt werden.

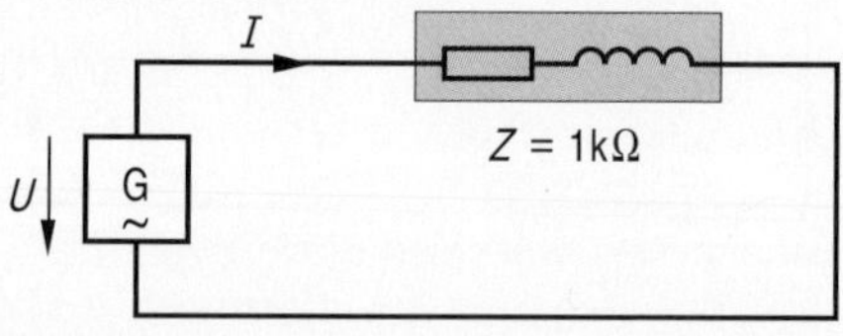

a) Entwerfen Sie eine Messschaltung.

b) Bei zwei Messungen ergeben sich folgende zwei Schirmbilder:

Messung 1

Messung 2

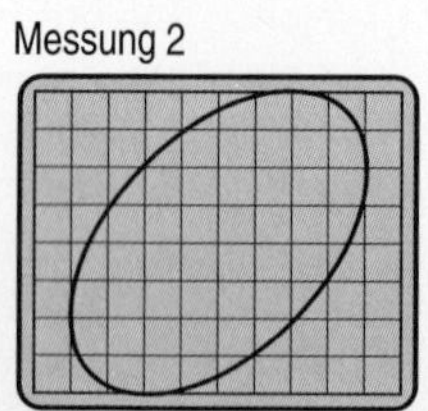

Bestimmen Sie jeweils die Phasenverschiebung.

T 8.3.5 Messung der Frequenz

Die Frequenz einer unbekannten Sinusspannung soll mit Hilfe von Lissajous-Figuren bestimmt werden.

a) Erklären Sie das Messverfahren.

b) Werten Sie die beiden Schirmbilder aus.

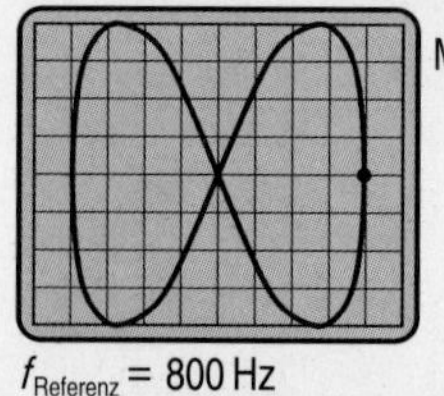

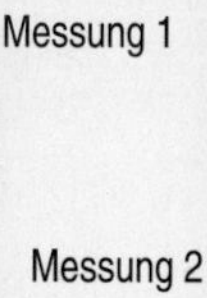

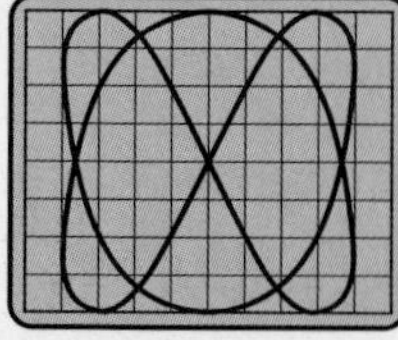

$f_{Referenz} = 800$ Hz

$f_{Referenz} = 1{,}5$ kHz

9 Anhang

9.1.1 Physikalische Größen

Physikalische Größen und Einheiten nach DIN 1301

Formelzeichen	Physikalische Größe, Name	Zeichen d. Einheit	Name d. Einheit Zusammenhang
SI-Basisgrößen			
l	Länge	m	Meter
m	Masse	kg	Kilogramm
t	Zeit	s	Sekunde
I	elektr. Stromstärke	A	Ampere
T	Temperatur	K	Kelvin
I_V	Lichtstärke	cd	Candela
n	Stoffmenge	mol	Mol

Das internationale Einheitensystem (SI Système Internationale d'Unités) bildet die Grundlage für das gesamte Messwesen. Die SI-Einheiten wurden auf der 11. Generalkonferenz für Maß und Gewicht (1960) angenommen; für Deutschland sind sie seit 1969 rechtsverbindlich. Nach derzeitigem Stand der Technik gilt:

1 Meter ist die Länge der Strecke, die Licht im Vakuum während der Zeit von $299\,792\,458^{-1}$ Sekunden durchläuft.

1 Kilogramm ist die Masse des in Paris aufbewahrten Massenormals (Ur-Kilogramm); es ist ein Zylinder aus Platin-Iridium mit einem Durchmesser von 39 mm und einer Höhe von gleichfalls 39 mm.

1 Sekunde ist die Zeit, in der das Caesium-Atom ^{133}Cs 9 192 631 770 Perioden seiner Zentimeterwellen-Strahlung aussendet.

1 Ampere ist die Stärke eines Gleichstroms, der zwei unendlich lange, unendlich dünne, im Abstand von 1 Meter aufgespannte Drähte durchfließt und dabei eine Anzugskraft von $0{,}2 \cdot 10^{-6}$ Newton pro Meter erzeugt.

1 Kelvin ist der 273,16te Teil des Temperaturunterschiedes zwischen dem absoluten Nullpunkt und der Temperatur des schmelzenden Eises.

1 Candela ist die Lichtstärke, bei der eine Lichtquelle mit 555 nm Wellenlänge eine Leistung von 683^{-1} Watt pro Raumwinkel abgibt.

1 Mol ist die Stoffmenge eines Systems mit bestimmter Zusammensetzung, das aus gleichviel Teilen besteht, wie Atome in 12 Gramm des Kohlenstoffisotops ^{12}C enthalten sind.

Formelzeichen	Physikalische Größe, Name	Zeichen d. Einheit	Name d. Einheit Zusammenhang
Raum, Zeit, mechanische Größen			
l, b, h	Länge, Breite, Höhe	m (Meter)	**Basisgröße**
r, R	Radius	m	
d, D	Durchmesser	m	
s	Weglänge	m	
δ, d	Dicke, Schichtdicke	m	
A	Fläche, Querschnitt	m^2	Quadratmeter
V	Volumen	m^3	Kubikmeter
α, β, γ	Winkel	°, rad	Grad, Radiant
t	Zeit	s (Sekunde)	**Basisgröße** min (Minute)
T	Periodendauer	s	h (Stunde)
τ	Zeitkonstante	s	d (Tag), a (Jahr)
f, ν	Frequenz	Hz	Hertz, $1\,Hz = 1\,s^{-1}$
λ	Wellenlänge	m	
ω	Kreisfrequenz	s^{-1}	oder 1/s
n	Drehfrequenz	s^{-1}	oder 1/s
v	Geschwindigkeit	$m \cdot s^{-1}$	oder m/s
a	Beschleunigung	$m \cdot s^{-2}$	oder m/s^2
g	Fallbeschleunigung	$m \cdot s^{-2}$	
ρ,	Massendichte, Dichte	$kg \cdot m^{-3}$	
F	Kraft	N (Newton)	$1\,N = 1\,kg \cdot m \cdot s^{-2}$
M	Moment, Drehmoment	N·m	
p	Druck	Pa (Pascal)	$1\,Pa = 1\,N \cdot m^{-2}$
E	Elastizitätsmodul	$N \cdot m^{-2}$	
W, E	Arbeit, Energie	J (Joule)	$1\,J = 1\,N \cdot m = 1\,W \cdot s$
W_p, W_k	potentielle, kinetische E.	J	
P	Leistung	W (Watt)	$1\,W = 1\,N \cdot m \cdot s^{-1}$
η	Wirkungsgrad	1	

Physikalische Größen und Einheiten nach DIN 1301

Formelzeichen	Physikalische Größe, Bedeutung	Zeichen d. Einheit	Zusammenhang
Elektrische und magnetische Größen			
Q	elektrische Ladung	C (Coulomb)	$1\,C = 1\,A \cdot s$
e	Elementarladung	C	$e = 1{,}6 \cdot 10^{-19}\,C$
D	Verschiebungsflussdichte	$C \cdot m^{-2}$	
φ	elektrisches Potential	V (Volt)	
U	elektrische Spannung	V	Meter $1\,V = 1\,N \cdot m \cdot C^{-1}$
E	elektrische Feldstärke	$V \cdot m^{-1}$	$1\,kV/m = 1\,V/mm$
C	elektrische Kapazität	F (Farad)	$1\,F = 1\,As/V$
ε	Permittivität	$F \cdot m^{-1}$	alt: Dielektrizitätskonst.
ε_0	elektr. Feldkonstante	$F \cdot m^{-1}$	
ε_r	Permittivitätszahl	1	alt: Dielektrizitätszahl
I	elektrischer Strom	A (Ampere)	**Basisgröße**
J	elektr. Stromdichte	$A \cdot m^{-2}$	$J = I/A$
Θ	magnet. Durchflutung	A	$\Theta = I \cdot N$
V, V_m	magnet. Spannung	A	
H	magnet. Feldstärke	$A \cdot m^{-1}$	$1\,kA/m = 1\,A/mm$
Φ	magnetischer Fluss	Wb (Weber)	$1\,Wb = 1\,V \cdot s$
B	Induktion (m. Flussdichte)	T (Tesla)	$1\,T = 1\,Wb/m^2$
L	Induktivität	H (Henry)	$1\,H = 1\,Wb/A = 1\,\Omega s$
μ	Permeabilität	$H \cdot m^{-1}$	$\mu = B/H$
μ_0	magnet. Feldkonstante	$H \cdot m^{-1}$	
μ_r	Permeabilitätszahl	1	$\mu_r = \mu/\mu_0$
R	elektr. Widerstand	Ω (Ohm)	$1\,\Omega = 1\,V/A$
G	elektr. Leitwert	S (Siemens)	$1\,S = 1\,\Omega^{-1}$
R_m	magn. Widerstand	H^{-1}	
Λ	magn. Leitwert	H	
ϱ	spezifischer el. Widerst.	Ω·m	$1\,\Omega m = 10^6\,\Omega mm^2/m$
γ, $\varkappa$, σ	elektr. Leitfähigkeit	$S \cdot m^{-1}$	$\gamma = \varrho^{-1}$ $\varkappa = \varrho^{-1}$
X	Blindwiderstand	Ω	Reaktanz
B	Blindleitwert	S	Suszeptanz
Z	Scheinwiderstand	Ω	Impedanz
Y	Scheinleitwert	S	Admittanz
W	Arbeit, Energie	J (Joule)	$1\,J = 1\,Ws$
P	Leistung, Wirkleistung	W (Watt)	
Q	Blindleistung	W, var	Energietechnik: var
S	Scheinleistung	W, VA	Energietechnik: VA
φ	Phasenverschiebung	°, rad	
$\cos\varphi$	Leistungsfaktor	1	$\cos\varphi = P/S = \lambda$
d	Verlustfaktor	1	
N	Windungszahl	1	
k	Klirrfaktor	1	
Größen der Licht- und Wärmetechnik			
I_V	Lichtstärke	cd (Candela)	**Basisgröße**
Φ_V	Lichtstrom	lm (Lumen)	$1\,lm = 1\,cd \cdot sr$
Q_V	Lichtmenge	lm·s	$1\,lm \cdot h = 3600\,lm \cdot s$
L_V	Leuchtdichte	$cd \cdot m^{-2}$	
E_V	Beleuchtungsstärke	lx (Lux)	$1\,lx = 1\,lm \cdot m^{-2}$
η	Lichtausbeute	$lm \cdot W^{-1}$	
H_V	Belichtung	1 lx·s	
ϱ	Reflexionsgrad	1	
α	Absorptionsgrad	1	
T	thermodyn. Temp.	K (Kelvin)	**Basisgröße**
ϑ	Celsius-Temperatur	°C	$T = \vartheta + 273{,}15\,K$
Q	Wärmemenge	J (Joule)	$1\,J = 1\,Ws = 1\,Nm$
α_l	Längenausdehnungskoeff.	K^{-1}	
α_V, γ	Volumenausdehnungskoeff.	K^{-1}	
Φ_{th}	Wärmestrom	W	$1\,W = 1\,J \cdot s^{-1}$
R_{th}	Wärmewiderstand	$K \cdot W^{-1}$	
G_{th}	Wärmeleitwert	$W \cdot K^{-1}$	
C_{th}	Wärmekapazität	$J \cdot K^{-1}$	
c	spez. Wärmekapazität	$J \cdot (kg \cdot K)^{-1}$	

Physikalische Größen und Einheiten nach DIN 1301

Formelzeichen	Physikalische Größe, Bedeutung	Zeichen d. Einheit	Zusammenhang
Größen der Akustik, Chemie, Atomphysik			
p	Schalldruck	Pa (Pascal)	
v	Schallschnelle	$m \cdot s^{-1}$	
c	Schallgeschwindigkeit	$m \cdot s^{-1}$	331,8 m/s, Luft 0 °C
P, P_a	Schallleistung	W	
J, I	Schallintensität	$W \cdot m^{-2}$	
L, L_p	Schalldruckpegel	dB (Dezibel)	keine SI-Einheit
R	Schalldämm-Maß	dB (Dezibel)	keine SI-Einheit
L_N	Lautstärkepegel	phon (Phon)	keine SI-Einheit
N	Lautheit	son (Son)	keine SI-Einheit
A	Relative Atommasse		
M	Relative Molekülmasse		
Z	Protonenzahl		
N	Neutronenzahl		
A	Nukleonenzahl		
n	Stoffmenge	mol (Mol)	**Basisgröße**
c	Stoffmengenkonzentration	$mol \cdot m^{-3}$	
B	Molare Masse	$kg \cdot mol^{-1}$	
L	Molares Volumen	$m^3 \cdot mol^{-1}$	

Indizes nach DIN 1304, Auswahl

Index	Bedeutung	Beispiel
0	null, Leerlauf	φ_0 Nullpotential
1	eins, primär, Eingang	U_1 Eingangs-, Primärspg.
2	zwei, sekundär, Ausg.	U_1 Ausgangs-, Sekundärspg.
a	außen	d_a Außendurchmesser
abs	absolut	μ_{abs} absolute Permeabilität
dyn	dynamisch	p_{dyn} dynamischer Druck
eff	effektiv	B_{eff} Flussdichte, Effektivwert
el	elektrisch	P_{el} elektrische Leistung
E	Erde, Erdschluss	I_E Erdstromstärke
G	Gewicht, Generator	P_G Generatorleistung
indu	induziert	U_{indu} induzierte Spannung
k	Kurzschluss	I_k Kurzschlussstrom
kin	kinetisch	W_{kin} kinetische Arbeit
max	maximal	u_{max} größter Spannungswert
min	minimal	i_{min} kleinster Stromwert
n	allg. Zahl, Normzustand	$I_{\Delta n}$ Nennfehlerstrom
N	normal (senkrecht)	F_N Normalkraft
pot	potentiell	W_{pot} potentielle Arbeit
rel	relativ	v_{rel} relative Geschwindigkeit
syn	synchron	n_{syn} synchrone Drehfrequenz
th	thermisch	R_{th} Wärmewiderstand
tot	total	P_{tot} totale Leistung (Verlustl.)
zul	zulässig	n_{zul} zulässige Drehfrequenz
σ	Streuung	Φ_σ magnetischer Streufluss

Indizes (Einzahl: Index) werden verwendet, um physikalische Größen zu kennzeichnen und zu unterscheiden. Das Formelzeichen wird dabei groß und kursiv, der Index klein und senkrecht geschrieben. Außer den genormten Indizes können auch eigene Indizes verwendet werden, die die benutzen Größen sinnvoll kennzeichnen.

Physikalische Konstanten

Konstante	Zeichen	Zahlenwert, Einheit
Elektrische Feldkonstante	ε_0	$8{,}854 \cdot 10^{-12}$ As/Vm
Magnetische Feldkonstante	μ_0	$1{,}257 \cdot 10^{-6}$ Vs/Am
Wellenwiderstand des Vakuums	Γ_0	$\Gamma_0 = \sqrt{\frac{\mu_0}{\varepsilon_0}} = 376{,}7\,\Omega$
Lichtgeschwindigkeit (Vakuum)	c_0	$299{,}792 \cdot 10^6$ m/s
Elektrische Elementarladung	e	$1{,}6021 \cdot 10^{-19}$ C
Ruhemasse des Elektrons	m_e	$9{,}109 \cdot 10^{-28}$ g
Ruhemasse des Protons	m_p	$1{,}6725 \cdot 10^{-24}$ g
Ruhemasse des Neutrons	m_n	$1{,}6748 \cdot 10^{-24}$ g
Boltzmann-Konstante	k	$1{,}381 \cdot 10^{-23}$ J/K
Planck-Konstante	h	$6{,}626 \cdot 10^{-34}$ Js
Gravitationskonstante	G	$6{,}673 \cdot 10^{-14}\, m^3 g^{-1} s^{-2}$
Avogadro-Konstante	N_A	$6{,}02 \cdot 10^{23}\, mol^{-1}$
Absoluter Nullpunkt der thermodynamischen Temp.	T_0	− 273,15 °C
Fallbeschleunigung (am Äquator in Meereshöhe)	g	$9{,}80665\, m \cdot s^{-2}$

Vorsätze für Vielfache und Teile nach DIN 1301

Vorsatz	Zeichen	Faktor	Vorsatz	Zeichen	Faktor
Deka	da	10^1	Dezi	d	10^{-1}
Hekto	h	10^2	Zenti	c	10^{-2}
Kilo	k	10^3	Milli	m	10^{-3}
Mega	M	10^6	Mikro	µ	10^{-6}
Giga	G	10^9	Nano	n	10^{-9}
Tera	T	10^{12}	Piko	p	10^{-12}
Peta	P	10^{15}	Femto	f	10^{-15}
Exa	E	10^{18}	Atto	a	10^{-18}

Vorsätze werden vor allem benutzt, um sehr große oder sehr kleine Einheiten übersichtlich darzustellen. Vorsatz und Einheit bilden ein Ganzes, das nicht getrennt werden darf. Verschiedene Vorsätze dürfen auch nicht miteinander kombiniert werden.

Schreibweisen

Formelzeichen werden immer kursiv geschrieben, z.B.: U, I, R.
Einheiten werden immer gerade geschrieben, z.B.: V, A, Ω.
Eckige Klammern dienen zur Kennzeichnung von Einheiten, z.B. $[U] = V$ heißt: die Einheit von U(Spannung) ist V (Volt).
Brüche lassen sich wie folgt schreiben: $\frac{1}{min} = 1/min = min^{-1}$.

Griechische Buchstaben

α Α Alpha	β Β Beta	γ Γ Gamma	δ Δ Delta	ε Ε Epsilon	ζ Ζ Zeta
η Η Eta	ϑ Θ Theta	ι Ι Jota	ϰ, κ Κ Kappa	λ Λ Lambda	μ Μ My
ν Ν Ny	ξ Ξ Ksi, Xi	ο Ο Omikron	π Π Pi	ϱ, ρ Ρ Rho	σ Σ Sigma
τ Τ Tau	υ Υ Ypsilon	φ Φ Phi	χ Χ Chi	ψ Ψ Psi	ω Ω Omega

9.2.1 Formeln und Tabellen

Elektrischer Strom

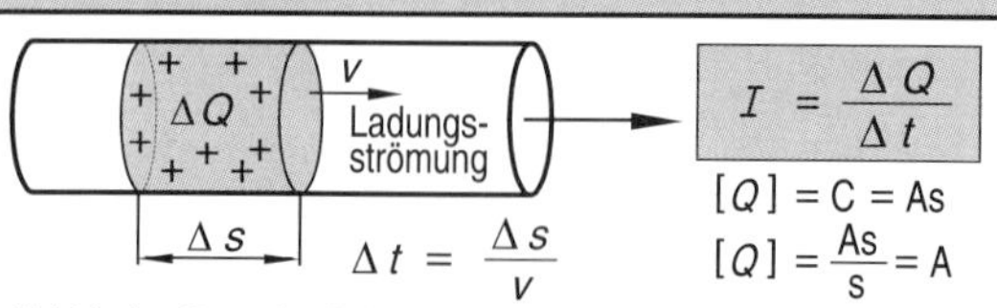

$$\Delta t = \frac{\Delta s}{v}$$

$$I = \frac{\Delta Q}{\Delta t}$$

$[Q] = \mathrm{C} = \mathrm{As}$

$[Q] = \frac{\mathrm{As}}{\mathrm{s}} = \mathrm{A}$

Elektrischer Strom ist die je Zeiteinheit transportierte Ladungsmenge

Elektrische Stromdichte

$$J = \frac{I}{A}$$

$[J] = \frac{\mathrm{A}}{\mathrm{mm}^2} = \mathrm{A}$

Stromdichte ist die je Einheit des Leiterquerschnitts fließende Stromstärke

Spannung, Feldstärke, Potential

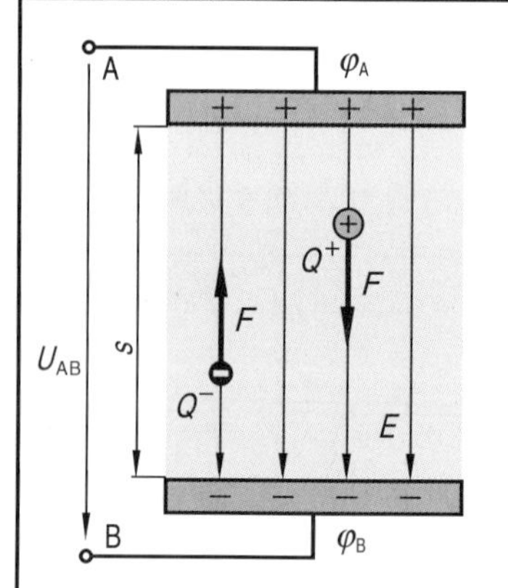

Spannung und Potential

$$U_{AB} = \varphi_A - \varphi_B$$

Spannung und Feldstärke

$$U_{AB} = E \cdot s$$

allgemein

$$U_{AB} = \int_A^B \vec{E} \cdot d\vec{s}$$

$[U] = \frac{\mathrm{V}}{\mathrm{m}} \cdot \mathrm{m} = \mathrm{A}$

Spannung und Energie

$$U = \frac{W}{Q}$$

$[U] = \frac{\mathrm{N \cdot m}}{\mathrm{A \cdot s}} = \frac{\mathrm{V \cdot A \cdot s}}{\mathrm{A \cdot s}} = \mathrm{V}$

Kraft und Feldstärke

$$E = \frac{F}{Q}$$

$[U] = \frac{\mathrm{N}}{\mathrm{A \cdot s}} = \frac{\mathrm{V \cdot A \cdot s}}{\mathrm{m \cdot A \cdot s}} = \frac{\mathrm{V}}{\mathrm{m}}$

Elektrisches Potential ist die Arbeitsfähigkeit eines elektrischen Feldes bezogen auf eine elektrische Ladung

Elektrische Spannung ist die Potentialdifferenz zwischen zwei Punkten eines elektrischen Feldes

Elektrische Feldstärke ist die in einem elektrischen Feld auf eine Ladungseinheit ausgeübte mechanische Kraft

Ohmsches Gesetz

$$U = I \cdot R \qquad R = \frac{U}{I} \qquad I = \frac{U}{R}$$

$[U] = \mathrm{A} \cdot \Omega = \mathrm{V}$ $\quad [R] = \frac{\mathrm{V}}{\mathrm{A}} = \Omega$ $\quad [R] = \frac{\mathrm{V}}{\Omega} = \mathrm{A}$

Das ohmsche Gesetz beschreibt den Zusammenhang zwischen Strom, Spannung, Widerstand. Es ist das wichtigste Gesetz der Elektrotechnik.

Elektrischer Widerstand und Leitwert

$[G] = \frac{1}{\Omega} = \mathrm{S}$ (Siemens)

$$G = \frac{1}{R}$$

Der elektrische Leitwert ist der Kehrwert des elektrischen Widerstands

Knoten- und Maschenregel

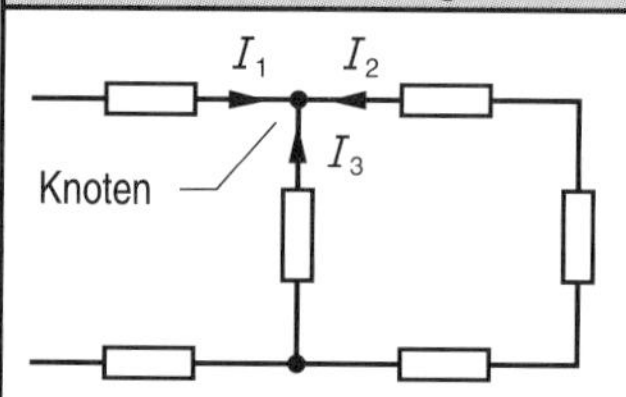

Zählrichtung der Ströme beachten!

Knotenregel

$$I_1 + I_2 + I_3 + \ldots = 0$$

in Kurzform

$$\sum_{i=1}^{n} I_i = 0$$

Ein Verbindungspunkt von Leitungen heißt Knoten. In einem Knoten ist die Summe aller Ströme stets null (1. kirchhoffsches Gesetz).

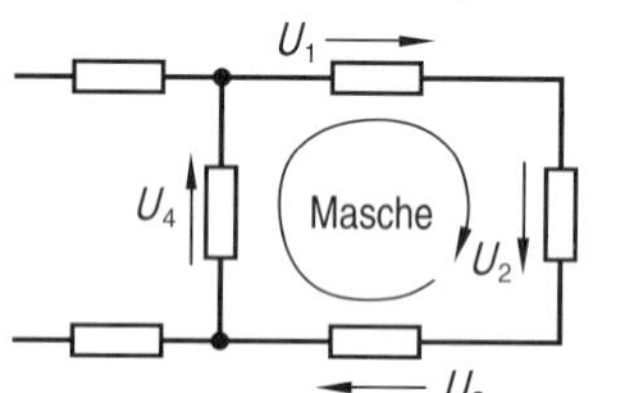

Zählrichtung der Spannungen beachten!

Maschenregel

$$U_1 + U_2 + U_3 + \ldots = 0$$

in Kurzform

$$\sum_{i=1}^{n} U_i = 0$$

Ein geschlossener Umlauf in einer Schaltung heißt Masche. In einer Masche ist die Summe aller Spannungen null (2. kirchhoffsches Gesetz).

Gesetze der Reihenschaltung

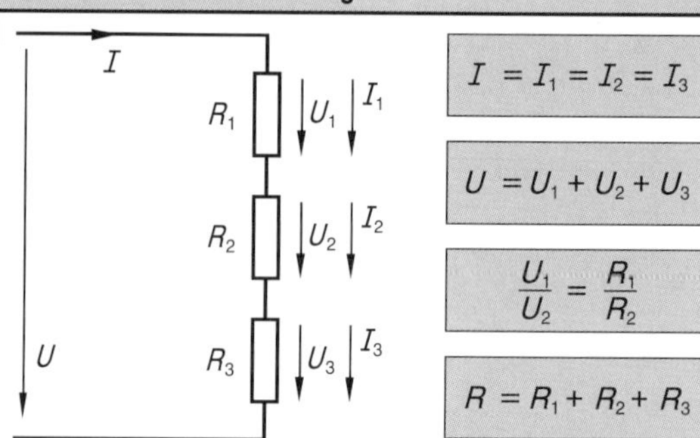

$$I = I_1 = I_2 = I_3$$

$$U = U_1 + U_2 + U_3$$

$$\frac{U_1}{U_2} = \frac{R_1}{R_2}$$

$$R = R_1 + R_2 + R_3$$

In einer Reihenschaltung von Widerständen gilt: In allen Widerständen fließt der gleiche Strom, die Gesamtspannung ist gleich der Summe der Teilspannungen, die Teilspannungen verhalten sich wie die Teilwiderstände, der Gesamtwiderstand ist gleich der Summe der Teilwiderstände.

Gesetze der Parallelschaltung

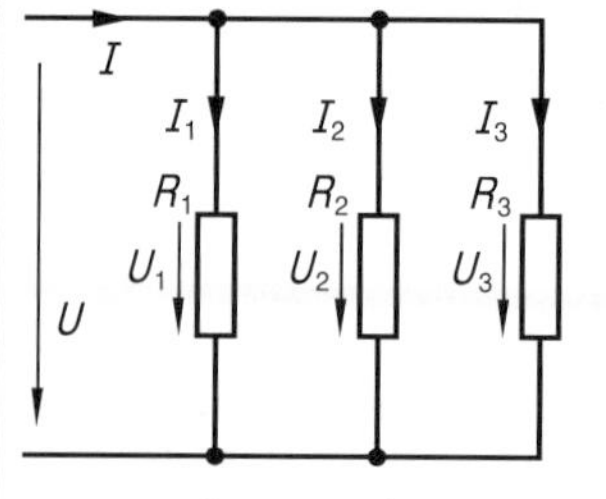

$$U = U_1 = U_2 = U_3$$

$$I = I_1 + I_2 + I_3$$

$$\frac{I_1}{I_2} = \frac{G_1}{G_2}$$

mit $G_1 = \frac{1}{R_1}$ $\quad G_2 = \frac{1}{R_2}$ $\quad G_3 = \frac{1}{R_3}$

$$G = G_1 + G_2 + G_3$$

In einer Parallelschaltung von Widerständen gilt: An allen Widerständen liegt die gleiche Spannung, der Gesamtstrom ist gleich der Summe der Teilströme, die Teilströme verhalten sich umgekehrt wie die Teilwiderstände, der Gesamtleitwert ist gleich der Summe der Teilleitwerte.

Drahtwiderstände

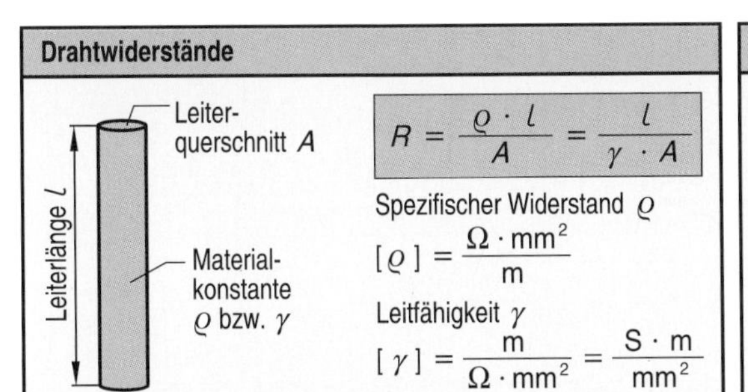

$$R = \frac{\varrho \cdot l}{A} = \frac{l}{\gamma \cdot A}$$

Spezifischer Widerstand ϱ

$$[\varrho] = \frac{\Omega \cdot mm^2}{m}$$

Leitfähigkeit γ

$$[\gamma] = \frac{m}{\Omega \cdot mm^2} = \frac{S \cdot m}{mm^2}$$

Der Widerstand eines Drahtes wird durch Länge, Querschnitt und spez. Widerstand des Drahtes bestimmt. Der spezifische Widerstand ist bei reinen Metallen am kleinsten; er wird für $\vartheta = 20\,°C$ als ϱ_{20} angegeben.

Spezifischer Widerstand wichtiger Werkstoffe

Werkstoff	Zusammensetzung	ϱ_{20} in $\Omega\, mm^2/m$
Silber	reines Metall	1/60 = 0,0167
Kupfer	reines Metall	1/56 = 0,0178
Aluminium	reines Metall	1/36 = 0,0278
Eisen	reines Metall	1/10 = 0,1
Quecksilber	reines Metall	1/1,1 = 0,9
CuMn 12 Ni	12% Mn, 2% Ni, Rest Cu	0,43
CuNi 44	44% Ni, 1% Mn, Rest Cu	0,49
NiCr 80 20	80% Ni, 20% Cr	1,12
CrAl 20 5	20% Cr, 5% Al, Rest Eisen	1,37
Kohle (Grafit)	gepresstes Grafitpulver	6 bis 15

Statischer und dynamischer Widerstand

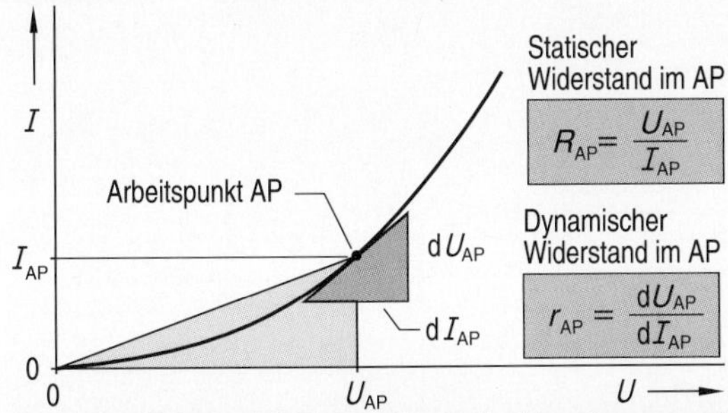

Statischer Widerstand im AP

$$R_{AP} = \frac{U_{AP}}{I_{AP}}$$

Dynamischer Widerstand im AP

$$r_{AP} = \frac{dU_{AP}}{dI_{AP}}$$

Der statische Widerstand (Gleichstromwiderstand) wird aus Spannung und Strom, der dynamische Widerstand (differentieller W., Wechselstromw.) wird aus Spannungsänderung und zugehöriger Stromänderung bestimmt.

Bestimmung des Arbeitspunktes

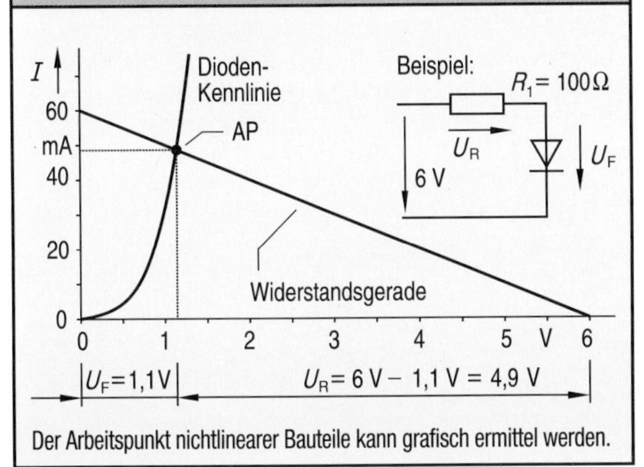

Der Arbeitspunkt nichtlinearer Bauteile kann grafisch ermittel werden.

Temperaturabhängigkeit von Metallen

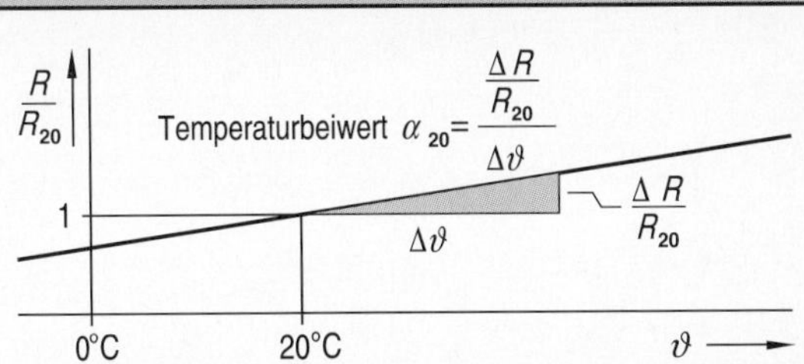

Metalle sind Kaltleiter, d.h. mit zunehmender Temperatur steigt ihr Widerstand. Der Temperaturbeiwert wird für $\vartheta = 20\,°C$ als α_{20} angegeben.

Widerstandszunahme

$$\Delta R = R_{20} \cdot \alpha_{20} \cdot \Delta\vartheta$$

$$[\Delta R] = \Omega \cdot \frac{1}{K} \cdot K = \Omega$$

Erwärmter Widerstand

$$R_\vartheta = R_{20} + \Delta R$$

$$R_\vartheta = R_{20} \cdot (1 + \alpha_{20} \cdot \Delta\vartheta)$$

Der Temperaturbeiwert α_{20} gilt nur für die Ausgangstemperatur 20 °C. Für andere Temperaturen nahe von 20 °C kann α mit nebenstehenden Formeln berechnet werden.

Bei Kupfer: $\alpha_{\vartheta 1} = \frac{1}{235\,K + \vartheta_1}$

Bei Aluminium: $\alpha_{\vartheta 1} = \frac{1}{225\,K + \vartheta_1}$

Die Temperaturzunahme gekühlter Wicklungen kann nach VDE 0530 und 0532 aus dem Kalt- und dem Warmwiderstand berechnet werden:

R_k Kaltwiderstand
R_w Warmwiderstand
ϑ_k Temperatur der kalten Wicklung
$\vartheta_{Kü}$ Temperatur des Kühlmittels

$$\Delta\vartheta = \frac{R_w - R_k}{R_k} \cdot (235\,K + \vartheta_k) + \vartheta_k - \vartheta_{Kü}$$

Bei Al-Wicklungen gilt statt 235 der Wert 225. Alle Temperaturen in °C gemessen.

Temperaturbeiwert wichtiger Werkstoffe

Werkstoff	α in 1/K	Werkstoff	α in 1/K
Kupfer	0,0039	Silber	0,0041
Aluminium	0,0038	Nickel	0,0067
Gold	0,004	Quecksilber	0,0009
Platin	0,0039	CuNi44	− 0,00008
Eisen	0,0046	CuMn12Ni	− 0,00001
Wolfram	0,0048	Kohle	− 0,0008

Widerstandsverhalten bei tiefen Temperaturen

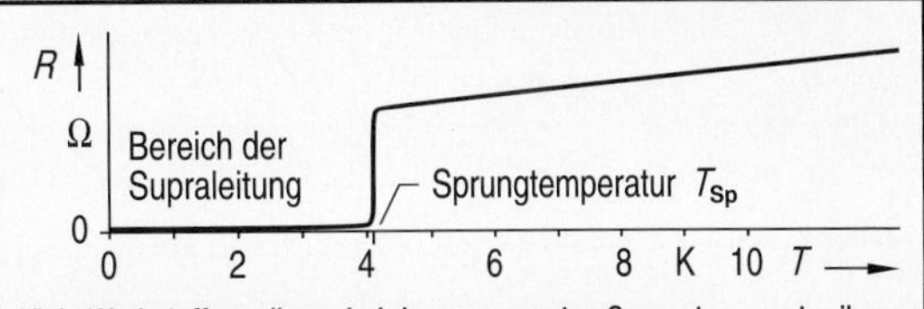

Viele Werkstoffe verlieren bei der sogenannten Sprungtemperatur ihren elektrischen Widerstand, d. h. sie werden supraleitend.

Sprungtemperatur wichtiger Werkstoffe

Werkstoff	T_{Sp} in K	Werkstoff	T_{Sp} in K
Aluminium	1,14	Blei	7,26
Zinn	3,69	Niob	9,2
Quecksilber	4,17	Niobnitrid	> 20,0

9.2.3 Formeln und Tabellen

Mechanische Arbeit

Gleiche Richtung von Kraft und Weg

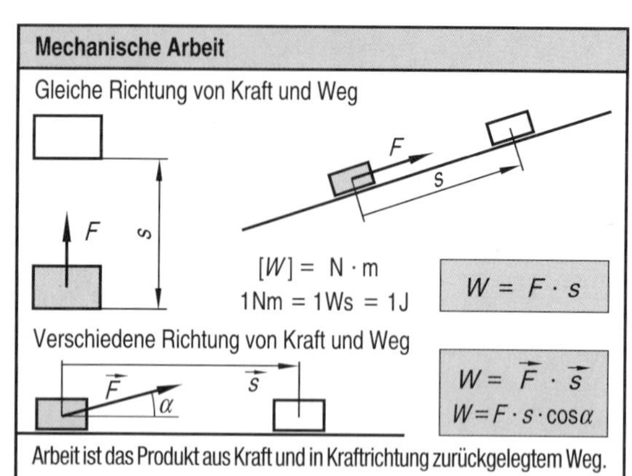

Arbeit ist das Produkt aus Kraft und in Kraftrichtung zurückgelegtem Weg.

Potentielle und kinetische Energie

Verrichtete Arbeit — Potentielle Energie

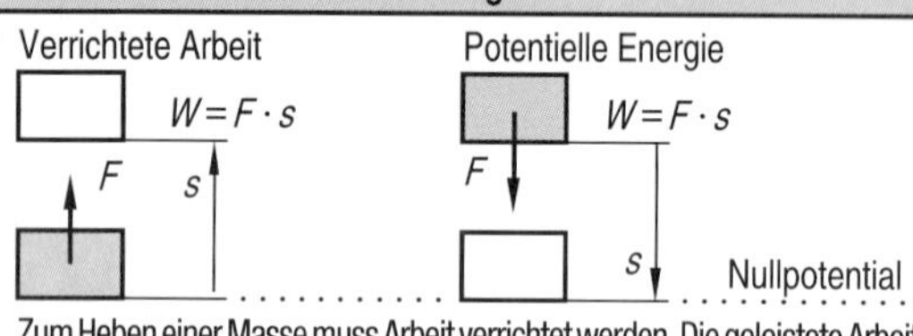

Zum Heben einer Masse muss Arbeit verrichtet werden. Die geleistete Arbeit steht in der Masse als potentielle Energie zur Verfügung.

Beschleunigung von Massen

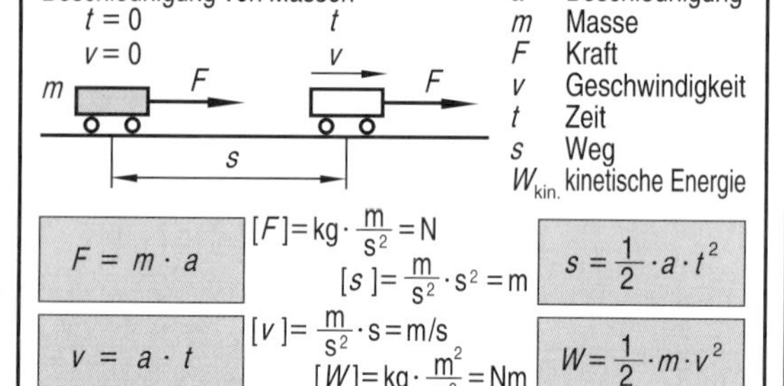

Um eine Masse zu beschleunigen, muss Arbeit verrichtet werden. Die geleistete Arbeit steht in der Masse als kinetische Energie zur Verfügung.

Reibungskraft

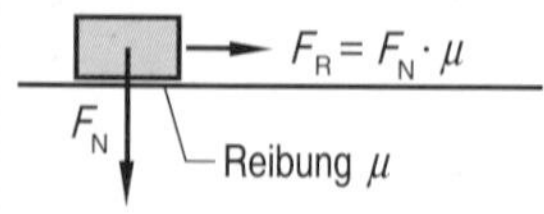

Die zur Überwindung der Reibung notwendige mechanische Arbeit wird in Wärme umgewandelt.

Reibungszahlen, Näherungswerte

	μ_{Haft}	μ_{Gleit} trocken	μ_{Gleit} flüssig
Stahl – Stahl	0,25	0,15	0,06
Gummi – Asphalt	0,8	0,7	0,3

Leistung und Arbeit

Leistung allgemein

$$P = \frac{W}{t}$$

$[P] = \frac{\mathrm{N \cdot m}}{\mathrm{s}} = \mathrm{W}$

- P Leistung
- W Arbeit
- t Zeit s Weg
- F Kraft
- v Geschwindigkeit

Mech. Leistung

$$P = \frac{F \cdot s}{t} = F \cdot v$$

$[P] = \frac{\mathrm{N \cdot m}}{\mathrm{s}} = \mathrm{W}$

Leistung ist ganz allgemein die pro Zeiteinheit verrichtete Arbeit.

Drehmoment

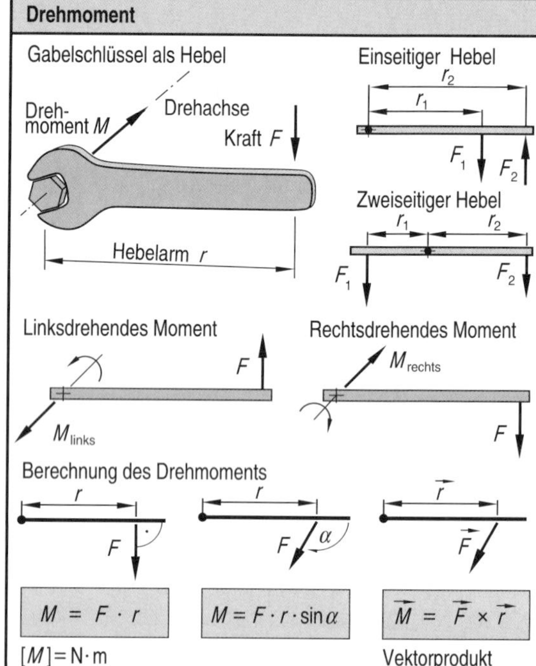

$[M] = \mathrm{N \cdot m}$ — Vektorprodukt

Das Drehmoment ist das Produkt aus der Kraft und dem senkrecht zur Kraft stehenden Hebelarm.

Hebelgesetz

Gleichgewicht am Hebel

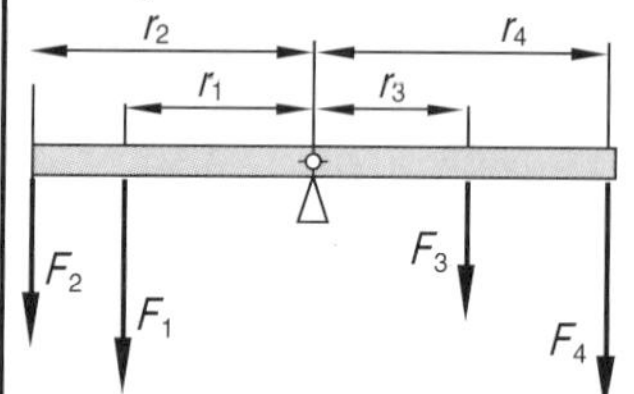

Am Hebel herrscht Gleichgewicht wenn gilt:

$$F_1 \cdot r_1 + F_2 \cdot r_2 = F_3 \cdot r_3 + F_4 \cdot r_4$$

oder allgemein:

$$\Sigma M_{links} = \Sigma M_{rechts}$$

Berechnung von Auflagekräften

Neben dem Gesetz $\Sigma M_{links} = \Sigma M_{rechts}$ bezüglich eines willkürlich gewählten Drehpunkts gilt:

$$F_A + F_B = F_1 + F_2 + F_3$$

Ein Hebel ist im Gleichgewicht, wenn die Summe der linksdrehenden Momente gleich der Summe der rechtsdrehenden Momente ist.

Leistung und Drehmoment

Beispiel: Motor mit Riementrieb

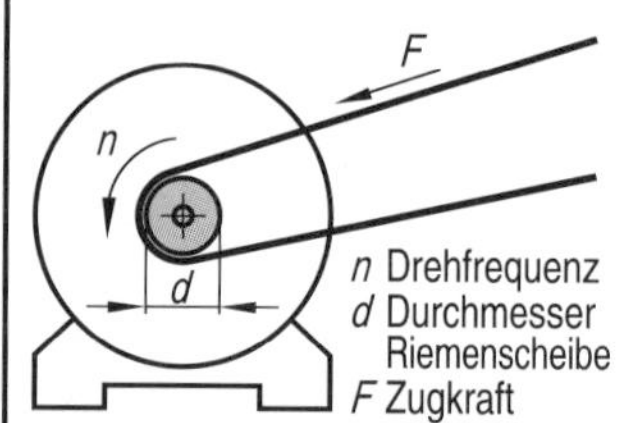

- n Drehfrequenz
- d Durchmesser Riemenscheibe
- F Zugkraft

Aus $P = \frac{F \cdot s}{t} = F \cdot v$

folgt mit $v = d \cdot \pi \cdot n$

$P = F \cdot d \cdot \pi \cdot n$

$= M \cdot 2 \cdot \pi \cdot n$

Mit $2 \cdot \pi \cdot n = \omega$ folgt:

$$P = M \cdot 2 \cdot \pi \cdot n = M \cdot \omega$$

$[P] = \mathrm{N \cdot m} \cdot \frac{1}{\mathrm{s}} = \frac{\mathrm{Nm}}{\mathrm{s}} = \mathrm{W}$

Leistungsaufnahme von Widerständen

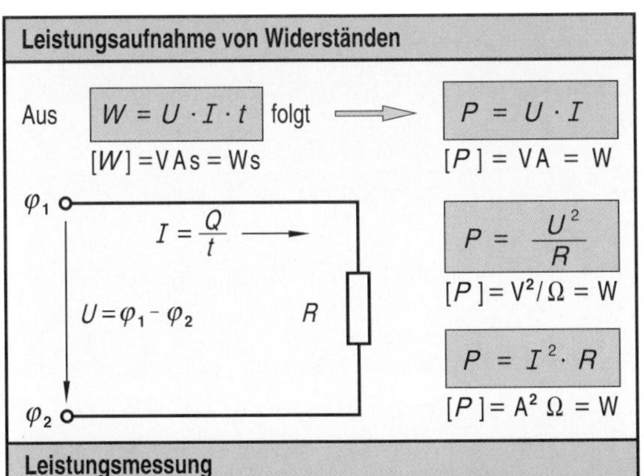

Aus $W = U \cdot I \cdot t$ folgt $P = U \cdot I$

$[W] = \text{VAs} = \text{Ws}$ $\quad [P] = \text{VA} = \text{W}$

$$P = \frac{U^2}{R} \qquad [P] = \text{V}^2/\Omega = \text{W}$$

$$P = I^2 \cdot R \qquad [P] = \text{A}^2\,\Omega = \text{W}$$

Leistungsmessung

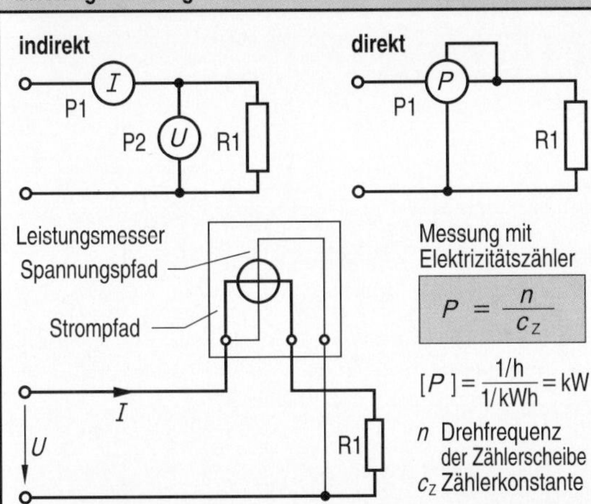

Messung mit Elektrizitätszähler

$$P = \frac{n}{c_Z}$$

$$[P] = \frac{1/\text{h}}{1/\text{kWh}} = \text{kW}$$

n Drehfrequenz der Zählerscheibe
c_Z Zählerkonstante

Belastete Spannungsquelle

Klemmenspannung und Leistung

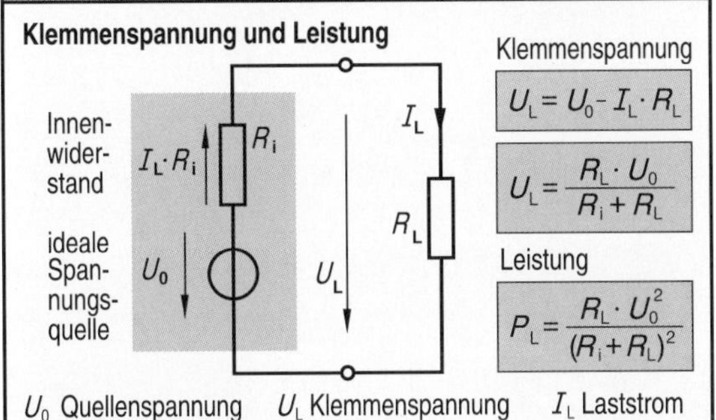

Klemmenspannung

$$U_L = U_0 - I_L \cdot R_L$$

$$U_L = \frac{R_L \cdot U_0}{R_i + R_L}$$

Leistung

$$P_L = \frac{R_L \cdot U_0^2}{(R_i + R_L)^2}$$

U_0 Quellenspannung $\quad U_L$ Klemmenspannung $\quad I_L$ Laststrom

Leistungsanpassung

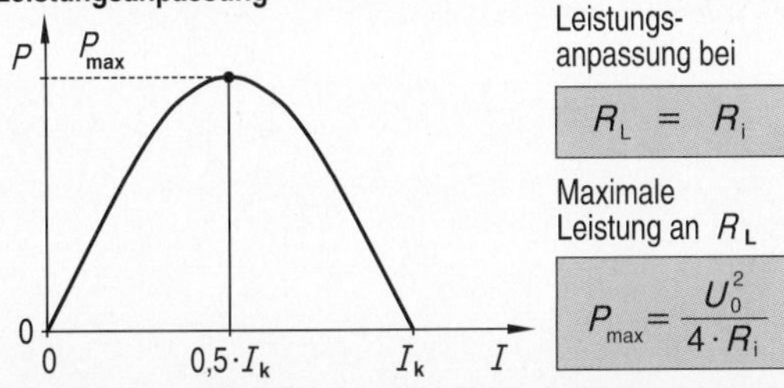

Leistungsanpassung bei

$$R_L = R_i$$

Maximale Leistung an R_L

$$P_{max} = \frac{U_0^2}{4 \cdot R_i}$$

Eine Spannungsquelle liefert die größtmögliche Leistung, wenn Last- und Innenwiderstand gleich sind. Dieser Fall heißt Leistungsanpassung.

Verluste und Wirkungsgrad

Leistungsflüsse beim Motor

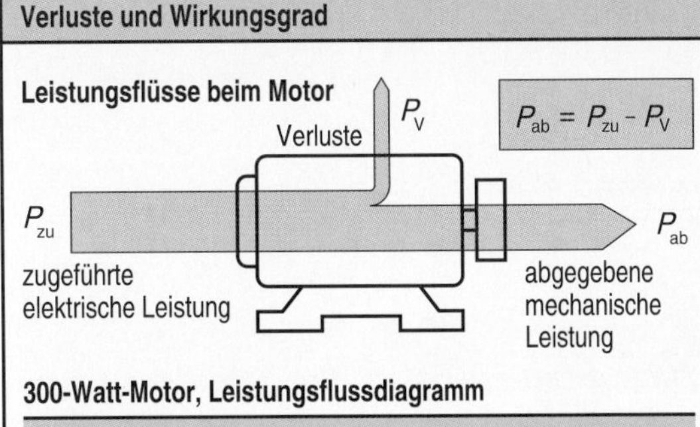

$$P_{ab} = P_{zu} - P_V$$

300-Watt-Motor, Leistungsflussdiagramm

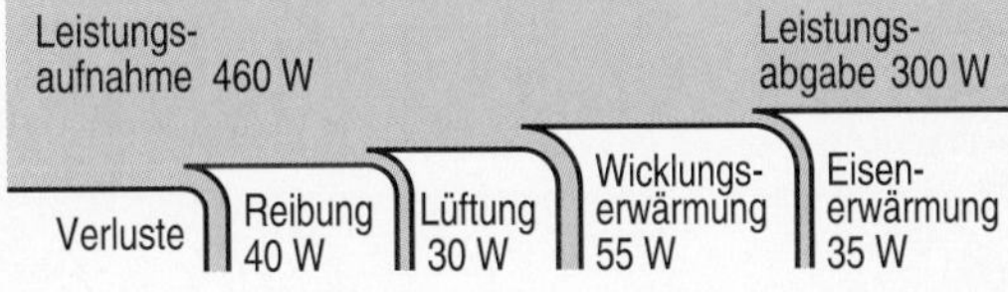

Motor, zugeführte und abgegebene Leistung

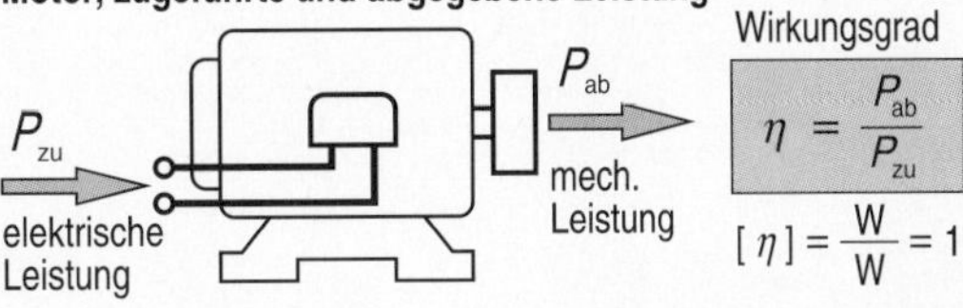

Wirkungsgrad

$$\eta = \frac{P_{ab}}{P_{zu}} \qquad [\eta] = \frac{\text{W}}{\text{W}} = 1$$

Reihenschaltung von Energiewandlern

Gesamtwirkungsgrad

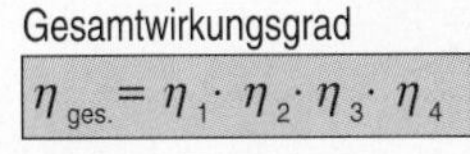

$$\eta_{ges.} = \eta_1 \cdot \eta_2 \cdot \eta_3 \cdot \eta_4$$

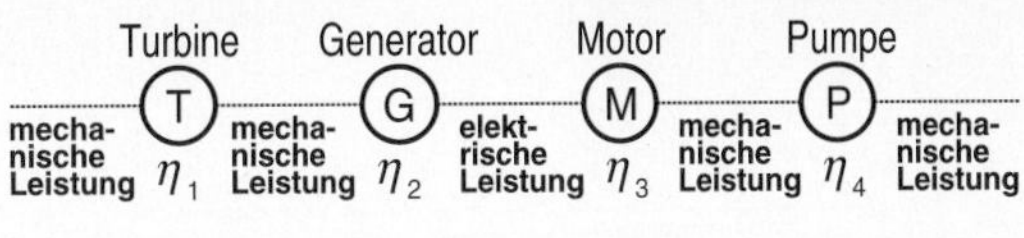

Parallelschaltung von Energiewandlern

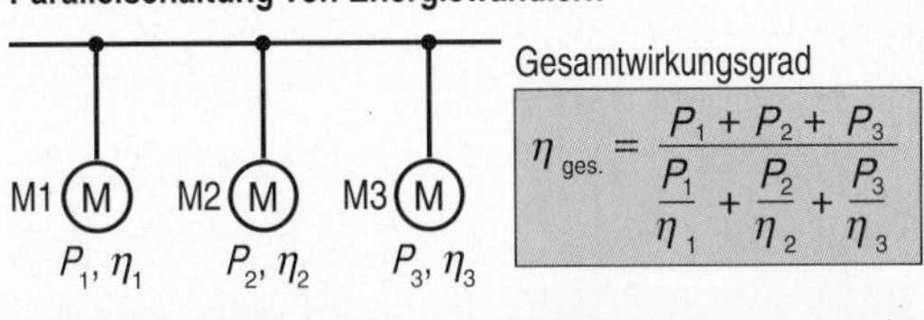

Gesamtwirkungsgrad

$$\eta_{ges.} = \frac{P_1 + P_2 + P_3}{\frac{P_1}{\eta_1} + \frac{P_2}{\eta_2} + \frac{P_3}{\eta_3}}$$

Thermodynamischer Wirkungsgrad

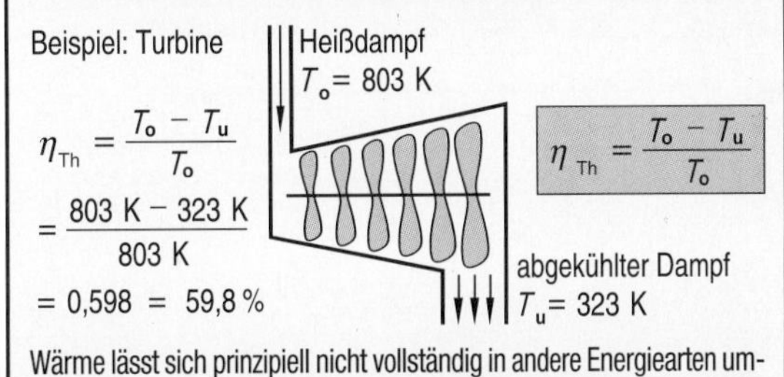

Beispiel: Turbine

$$\eta_{Th} = \frac{T_o - T_u}{T_o} = \frac{803\ \text{K} - 323\ \text{K}}{803\ \text{K}} = 0{,}598 = 59{,}8\ \%$$

$$\eta_{Th} = \frac{T_o - T_u}{T_o}$$

Wärme lässt sich prinzipiell nicht vollständig in andere Energiearten umwandeln. Der maximal mögliche Wirkungsgrad ist der thermodynamische Wirkungsgrad; er ist vom Temperaturgefälle abhängig.

9.2.5 Formeln und Tabellen

Temperaturskalen

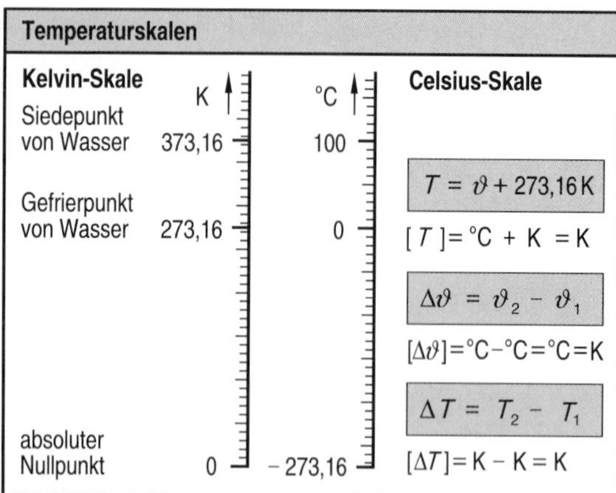

$$T = \vartheta + 273{,}16\,\text{K}$$

$[T]$ = °C + K = K

$$\Delta\vartheta = \vartheta_2 - \vartheta_1$$

$[\Delta\vartheta]$ = °C – °C = °C = K

$$\Delta T = T_2 - T_1$$

$[\Delta T]$ = K – K = K

Wärmeenergie

Spezifische Wärme wichtiger Werkstoffe	c in $\frac{\text{kJ}}{\text{kg} \cdot \text{K}}$
Wasserstoff	14,277
Wasser	4,182
Polyvinylchlorid	1,5
Aluminium	0,90
Porzellan	0,88
Glas	0,85
Eisen	0,46
Kupfer	0,39

Wärmemenge

$$W_{th} = m \cdot c \cdot \Delta\vartheta$$

$[W]$ = kg · $\frac{\text{Ws}}{\text{kg} \cdot \text{K}}$ · K

m Masse
c spezifische Wärmekapazität
$\Delta\vartheta$ Temperaturdifferenz

Elektrowärme

m, c
Temperaturerhöhung $\Delta\vartheta$
U I Zeit t

Elektrische Arbeit

$$W_{el} = U \cdot I \cdot t$$

Wärme, Wärmearbeit

$$W_{th} = m \cdot c \cdot \Delta\vartheta$$

Verlustfreie Wandlung

$$U \cdot I \cdot t = m \cdot c \cdot \Delta\vartheta$$

Verlustbehaftete Energiewandlung

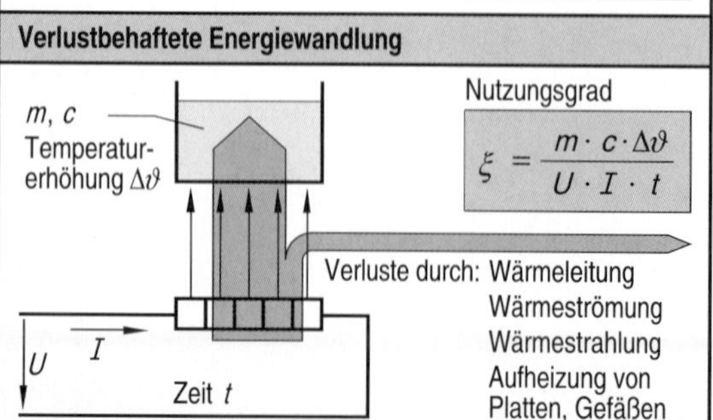

Nutzungsgrad

$$\xi = \frac{m \cdot c \cdot \Delta\vartheta}{U \cdot I \cdot t}$$

Verluste durch: Wärmeleitung
Wärmeströmung
Wärmestrahlung
Aufheizung von Platten, Gefäßen

Wärmewiderstand

Festlegung

$$R_{th} = \frac{\Delta\vartheta}{P_V}$$

$[R_{th}] = \frac{\text{K}}{\text{W}}$

$\Delta\vartheta$ Temperaturdifferenz
P_V abgeführte Verlustleistung

Reihenschaltung

$$R_{th} = R_{th1} + R_{th2} + \ldots$$

In Reihe geschaltete Wärmewiderstände werden addiert

Unbelasteter Spannungsteiler

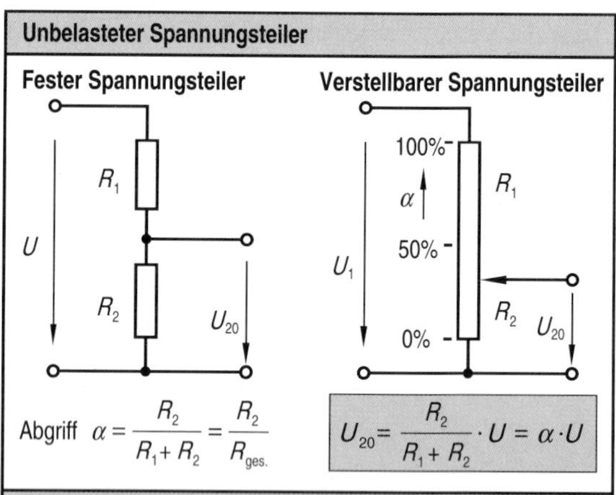

Fester Spannungsteiler: Abgriff $\alpha = \frac{R_2}{R_1 + R_2} = \frac{R_2}{R_{ges.}}$

Verstellbarer Spannungsteiler:

$$U_{20} = \frac{R_2}{R_1 + R_2} \cdot U = \alpha \cdot U$$

Belasteter Spannungsteiler

Last- und Querstrom

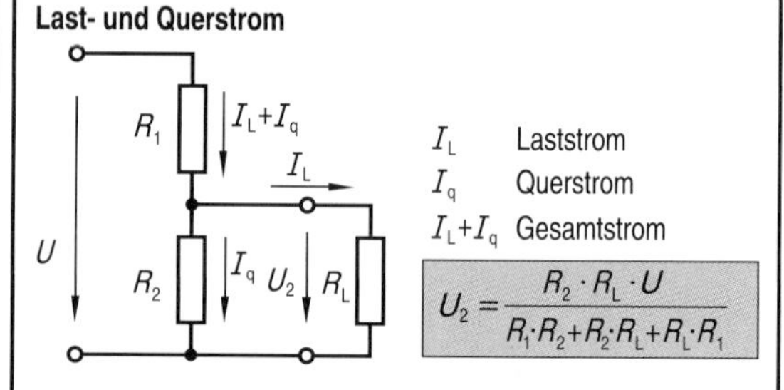

I_L Laststrom
I_q Querstrom
$I_L + I_q$ Gesamtstrom

$$U_2 = \frac{R_2 \cdot R_L \cdot U}{R_1 \cdot R_2 + R_2 \cdot R_L + R_L \cdot R_1}$$

Spannung bei verschiedenen Belastungen

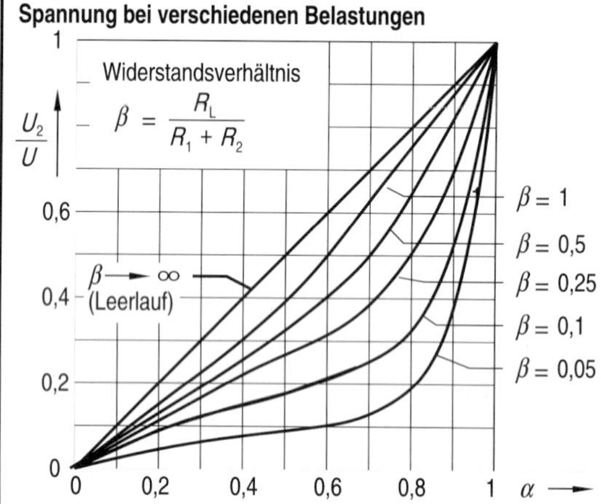

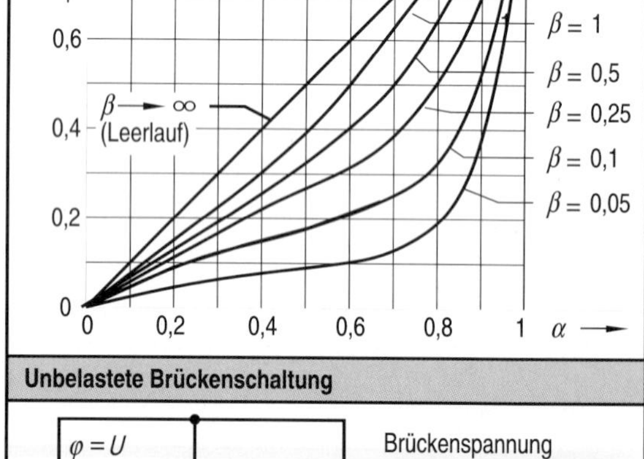

Unbelastete Brückenschaltung

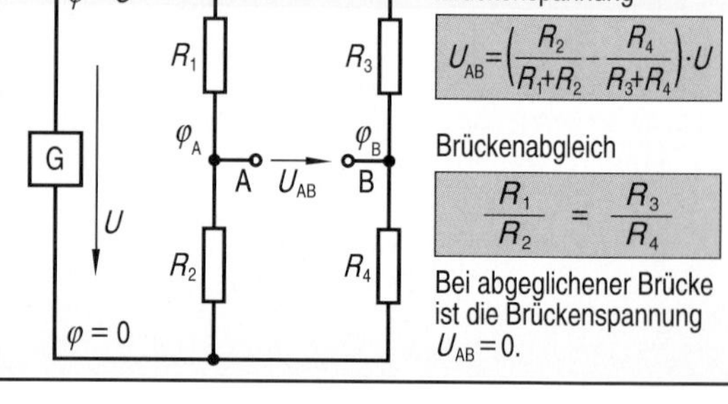

Brückenspannung

$$U_{AB} = \left(\frac{R_2}{R_1 + R_2} - \frac{R_4}{R_3 + R_4}\right) \cdot U$$

Brückenabgleich

$$\frac{R_1}{R_2} = \frac{R_3}{R_4}$$

Bei abgeglichener Brücke ist die Brückenspannung $U_{AB} = 0$.

Umwandlung von Schaltungen

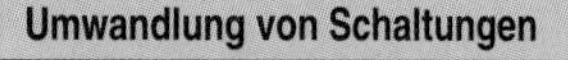

Dreieck-Stern-Umwandlung

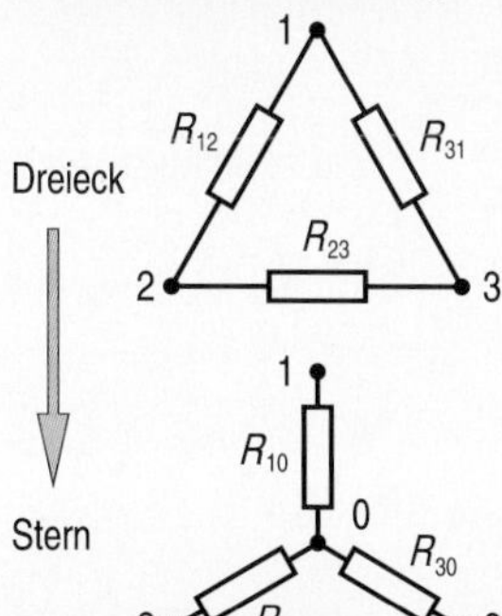

Berechnung der Stern-Widerstände

$$R_{10} = \frac{R_{12} \cdot R_{31}}{\Sigma R}$$

$$R_{20} = \frac{R_{23} \cdot R_{12}}{\Sigma R}$$

$$R_{30} = \frac{R_{31} \cdot R_{23}}{\Sigma R}$$

mit $\Sigma R = R_{12} + R_{23} + R_{31}$

Stern-Dreieck-Umwandlung

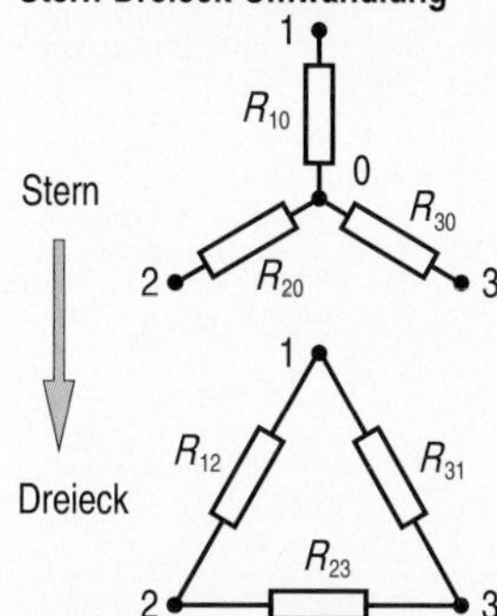

Berechnung der Dreieck-Widerstände

$$R_{12} = \frac{R_{10} \cdot R_{20}}{R_{30}} + R_{10} + R_{20}$$

$$R_{23} = \frac{R_{20} \cdot R_{30}}{R_{10}} + R_{20} + R_{30}$$

$$R_{31} = \frac{R_{30} \cdot R_{10}}{R_{20}} + R_{30} + R_{10}$$

Widerstände, die zu einem Dreieck zusammengeschaltet sind, können in einen elektrisch gleichwertigen Stern umgewandelt werden und umgekehrt. Die Umwandlung kann schwierige Rechnungen vereinfachen.

Ersatzspannungsquelle

Spannungsteiler → Ersatzspannungsquelle

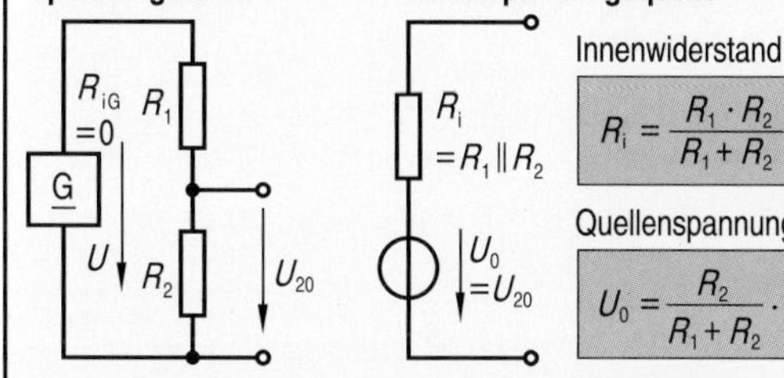

Innenwiderstand

$$R_i = \frac{R_1 \cdot R_2}{R_1 + R_2}$$

Quellenspannung

$$U_0 = \frac{R_2}{R_1 + R_2} \cdot U$$

Brückenschaltung → Ersatzspannungsquelle

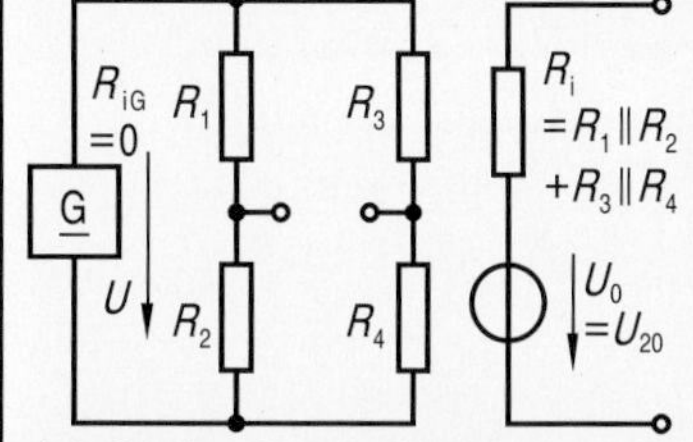

Innenwiderstand

$$R_i = \frac{R_1 \cdot R_2}{R_1 + R_2} + \frac{R_3 \cdot R_4}{R_3 + R_4}$$

Quellenspannung

$$U_{AB} = \frac{R_2 \cdot U}{R_1 + R_2} - \frac{R_4 \cdot U}{R_3 + R_4}$$

Jede Schaltung kann im Prinzip in eine elektrisch gleichwertige Ersatzspannungsquelle umgewandelt werden. Die Umwandlung kann komplizierte Rechnungen vereinfachen.

Maschenstromverfahren

Beispiel: Netzwerk mit 2 unabhängigen Maschen

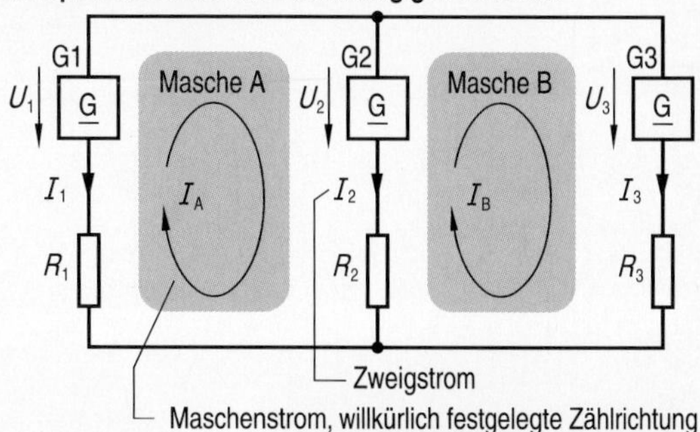

Maschenstrom in Masche A

$$I_A = \frac{U_1 \cdot (R_2 + R_3) - U_2 \cdot R_3 - U_3 \cdot R_2}{\Sigma R \cdot R}$$

Maschenstrom in Masche B

$$I_B = \frac{U_1 \cdot R_2 + U_2 \cdot R_1 - U_3 \cdot (R_1 + R_2)}{\Sigma R \cdot R}$$

mit $\Sigma R \cdot R = R_1 \cdot R_2 + R_2 \cdot R_3 + R_3 \cdot R_1$

Zweigströme: $I_1 = -I_A$ $\quad I_2 = I_A - I_B$ $\quad I_3 = I_B$

Netzwerke können durch Anwendung der Maschen- und Knotenregel berechnet werden. Das Maschenstromverfahren reduziert die Zahl der notwendigen Gleichungen um 1, was eine große Erleichterung sein kann.

Knotenspannungsverfahren

Beispiel: Netzwerk mit 2 Knoten

Knoten B → Potential φ_B

Knoten A → Potential $\varphi_A = 0$

Knotenspannung $U_{BA} = \varphi_B - \varphi_A = \varphi_B$

Potential des Knoten B

$$\varphi_B = \frac{U_1 \cdot R_2 \cdot R_3 + U_2 \cdot R_3 \cdot R_1 + U_3 \cdot R_1 \cdot R_2}{\Sigma R \cdot R}$$

mit $\Sigma R \cdot R = R_1 \cdot R_2 + R_2 \cdot R_3 + R_3 \cdot R_1$

Zweig 1: $I_1 = \frac{\varphi_B - U_1}{R_1}$

Zweig 2: $I_2 = \frac{\varphi_B - U_2}{R_2}$

Zweig 3: $I_3 = \frac{\varphi_B - U_3}{R_3}$

Für ein Netzwerk mit 2 Knoten und n Zweigen gilt:

$$\frac{\varphi_B - U_1}{R_1} + \frac{\varphi_B - U_2}{R_2} + \ldots \frac{\varphi_B - U_n}{R_n} = 0$$

Das Knotenspannungsverfahren reduziert die für ein Netzwerk notwendigen Bestimmungsgleichungen. Das Verfahren eignet sich vor allem für Netzwerke mit beliebig vielen Zweigen, aber nur 2 Knoten.

9.2.7 Formeln und Tabellen

Elektrostatisches Feld

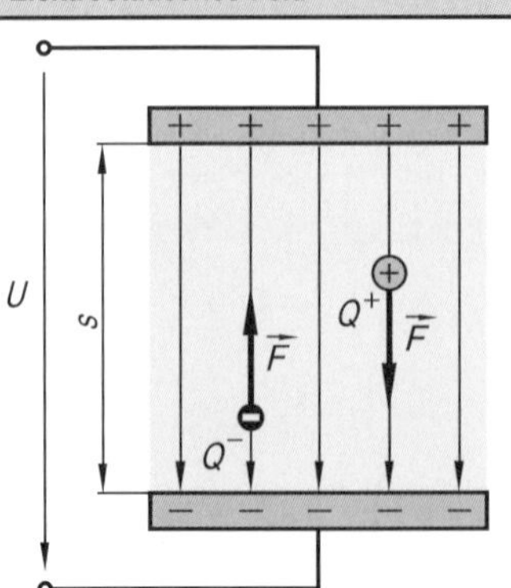

Feldstärke

$$E = \frac{F}{Q}$$

$$[E] = \frac{\mathrm{N}}{\mathrm{As}}$$

oder

$$E = \frac{U}{s}$$

$$[E] = \frac{\mathrm{V}}{\mathrm{m}}$$

$$\frac{1\,\mathrm{V}}{\mathrm{m}} = \frac{1\,\mathrm{N}}{\mathrm{As}}$$

Verschiebungsfluss

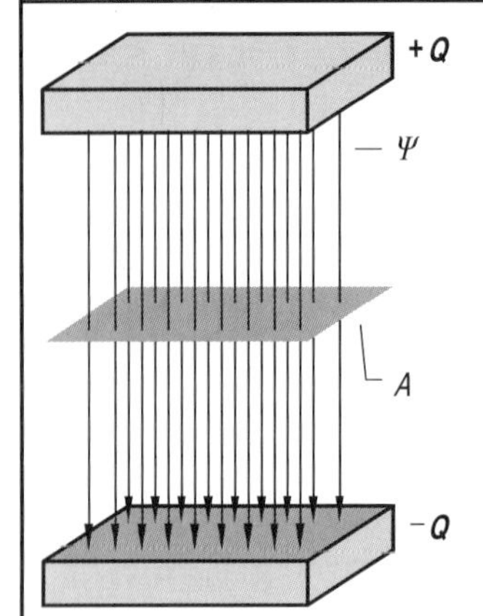

Verschiebungsfluss

$[\Psi] = \mathrm{As}$ $\quad \Psi = Q$

Verschiebungsflussdichte

$[D] = \frac{\mathrm{As}}{\mathrm{m}^2}$ $\quad D = \frac{\Psi}{A}$

Zusammenhang

$$D = \varepsilon_0 \cdot \varepsilon_r \cdot E$$

$$[D] = \frac{\mathrm{As}}{\mathrm{Vm}} \cdot 1 \cdot \frac{\mathrm{V}}{\mathrm{m}}$$

Feldkonstante

$$\varepsilon_0 = 8{,}85 \cdot 10^{-12}\,\frac{\mathrm{As}}{\mathrm{Vm}}$$

Eigenschaften von Dielektrika, Mittelwerte

Werkstoff	ε_r	E_d in kV/mm	Werkstoff	ε_r	E_d in kV/mm
Luft	1	2,1	PE	2,3	60...90
Wasser	80	–	PVC	4	20...50
Isolieröl	2...2,4	20	PS	2,6	50
Glimmer	6...8	30...70	Epoxidharz	4	35
Porzellan	5...6	35	Pressspan	3	10...13
Glas	4...8	10...40	Hartpapier	4...8	20...30

Kapazität und Ladung

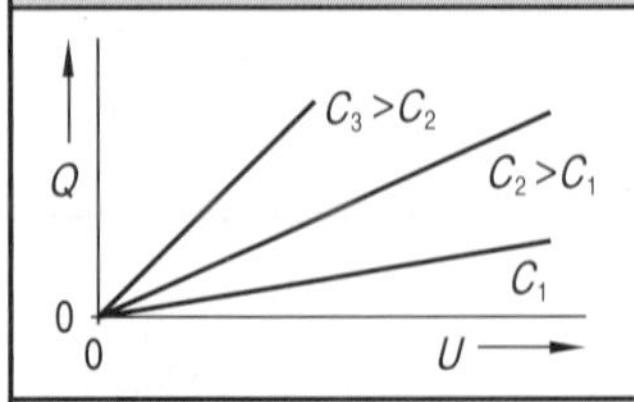

Ladungsmenge

$$Q = C \cdot U$$

$$[Q] = \frac{\mathrm{As}}{\mathrm{V}} \cdot \mathrm{V} = \mathrm{As}$$

$$[C] = \frac{1\,\mathrm{As}}{1\,\mathrm{V}} = 1\,\mathrm{F}$$

Plattenkondensator

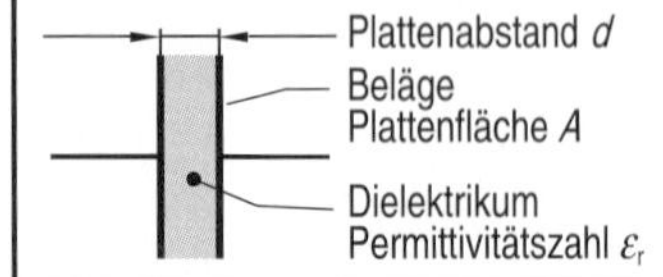

$$C = \varepsilon_0 \cdot \varepsilon_r \cdot \frac{A}{d}$$

$$[C] = \frac{\mathrm{As}}{\mathrm{Vm}} \cdot 1 \cdot \frac{\mathrm{m}}{\mathrm{m}^2}$$

Koaxialkabel

Aufbau

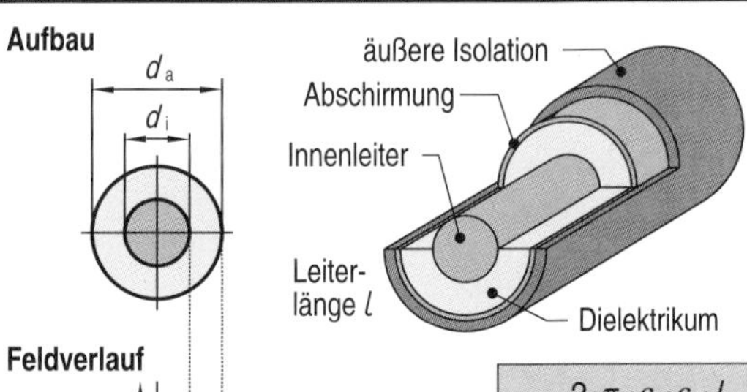

Feldverlauf

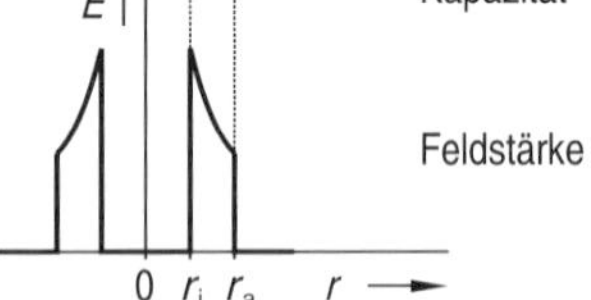

Kapazität

$$C = \frac{2 \cdot \pi \cdot \varepsilon_0 \cdot \varepsilon_r \cdot l}{\ln(r_a/r_i)}$$

Feldstärke

$$E = \frac{U}{r \cdot \ln(r_a/r_i)}$$

gültig für: $r_i < r < r_a$

Parallele Leitungen in Luft

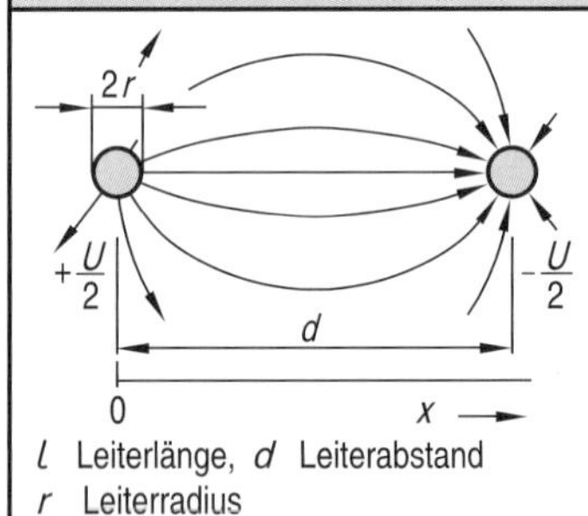

l Leiterlänge, d Leiterabstand
r Leiterradius

Kapazität

$$C = \frac{\pi \cdot \varepsilon_0 \cdot l}{\ln\left(\frac{d}{r}\right)}$$

Feldstärke zwischen den Leitungen

$$E = \frac{U}{2 \cdot \ln\left(\frac{d}{r}\right)} \cdot \frac{d}{x(d-x)}$$

gültig für: $r < x < (d-r)$

Einzelleitung über Erde

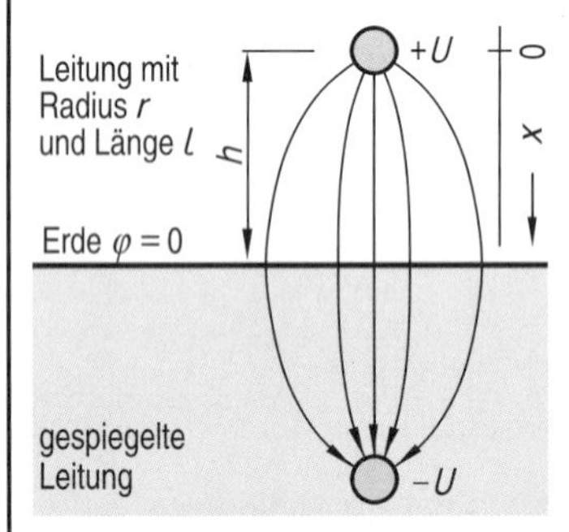

Kapazität

$$C = \frac{2 \cdot \pi \cdot \varepsilon_0 \cdot l}{\ln\left(\frac{2h}{r}\right)}$$

Feldstärke zwischen Leitung und Erde

$$E = \frac{U}{\ln\left(\frac{2h}{r}\right)} \cdot \frac{2h}{x(2h-x)}$$

gültig für: $r < x < h$

Kugeln

Konzentrische Kugeln

$$C = \frac{4 \cdot \pi \cdot \varepsilon_0 \cdot \varepsilon_r}{(1/r_1) - (1/r_2)}$$

$$E = \frac{U}{r^2[(1/r_1) - (1/r_2)]}$$

r_1 Radius der Innenkugel
r_2 Radius der Außenkugel
r Abstand vom Zentrum

gültig für: $r_1 < r < r_2$

Freistehende Kugel

$$C = 4\,\pi \cdot \varepsilon_0 \cdot r$$

$$E = \frac{U \cdot r_1}{r^2}$$

gültig für: $r > r_1$

Geschichtetes Dielektrikum

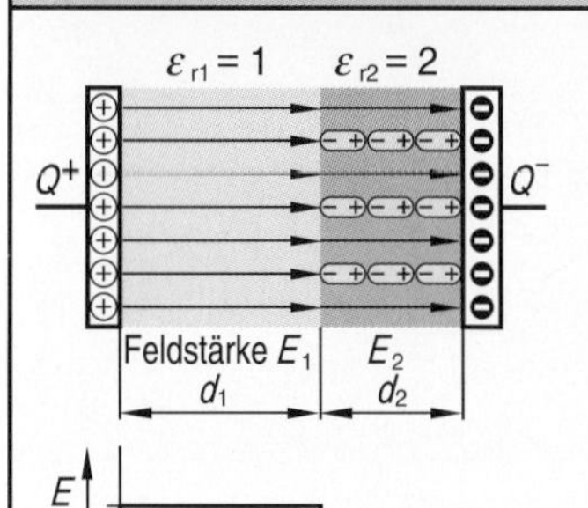

Verläuft die Trennfläche zwischen zwei Dielektrika senkrecht zur Feldrichtung, so gilt für die Feldstärken:

$$\frac{E_1}{E_2} = \frac{\varepsilon_{r2}}{\varepsilon_{r1}}$$

und für die Teilspannungen:

$$\frac{U_1}{U_2} = \frac{\varepsilon_{r2} \cdot d_1}{\varepsilon_{r1} \cdot d_2}$$

Schaltung von Kapazitäten

Reihenschaltung

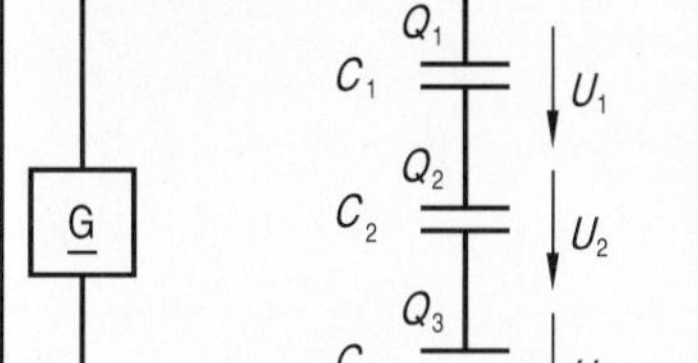

$$Q_1 = Q_2 = Q_3$$

$$\frac{U_1}{U_2} = \frac{C_2}{C_1}$$

$$\frac{1}{C} = \frac{1}{C_1} + \frac{1}{C_2} + \frac{1}{C_3}$$

Bei der Reihenschaltung von Kondensatoren trägt jeder Kondensator die gleiche Ladung. Daraus folgt, dass sich die Teilspannungen umgekehrt wie die zugehörigen Kapazitäten verhalten.

Parallelschaltung

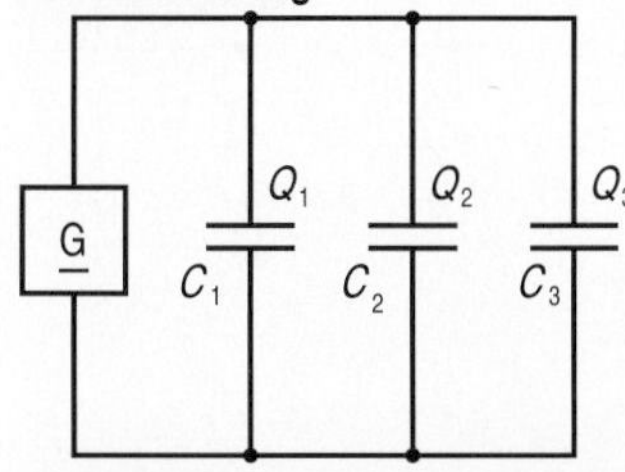

$$Q = Q_1 + Q_2 + Q_3$$

$$\frac{Q_1}{Q_2} = \frac{C_1}{C_2}$$

$$C = C_1 + C_2 + C_3$$

Bei der Parallelschaltung von Kondensatoren liegt jeder Kondensator an der gleichen Spannung. Daraus folgt, dass sich die Teilladungen wie die zugehörigen Kapazitäten verhalten.

Kapazitiver Spannungsteiler

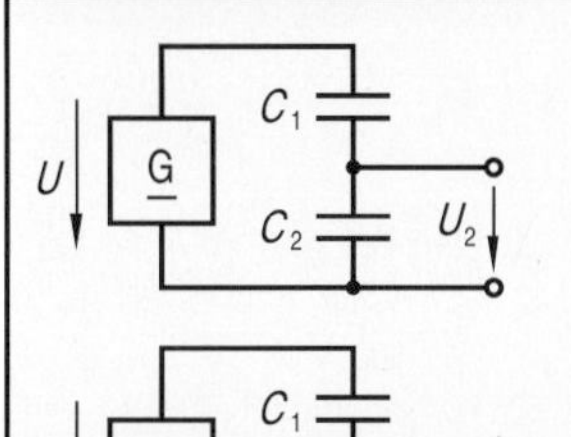

unbelastet

$$U_2 = \frac{C_1}{C_1 + C_2} \cdot U$$

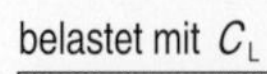

belastet mit C_L

$$U_2 = \frac{C_1}{C_1 + C_2 + C_L} \cdot U$$

Energieinhalt des elektrischen Feldes

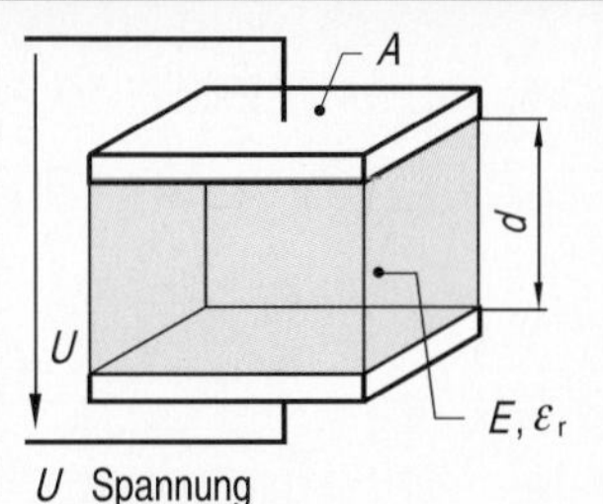

$$W = \frac{1}{2} \cdot C \cdot U^2$$

$$W = \frac{1}{2} \varepsilon_0 \cdot \varepsilon_r \cdot E^2 \cdot V$$

$$[W] = \frac{\text{As}}{\text{Vm}} \cdot \frac{\text{V}^2}{\text{m}^2} \cdot \text{m}^3 = \text{VAs}$$

U Spannung
C Kapazität
E Feldstärke
V Volumen des Feldes

Kräfte im elektrostatischen Feld

Beschleunigungskraft

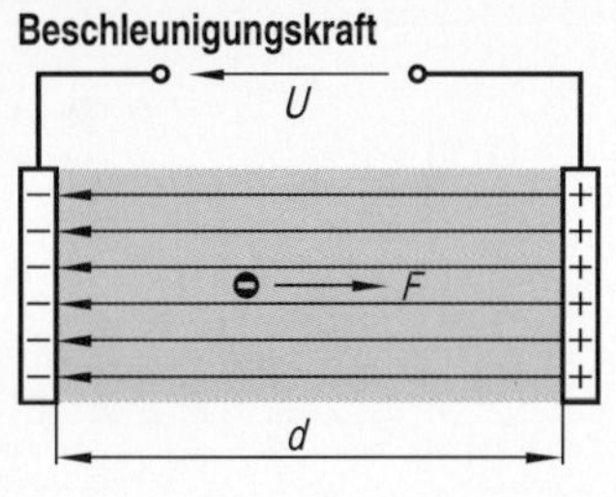

Kraft

$$F = E \cdot Q = \frac{U}{d} \cdot Q$$

Endgeschwindigkeit

$$v_e = \sqrt{\frac{2 \cdot Q \cdot U}{m}}$$

Ablenkkraft

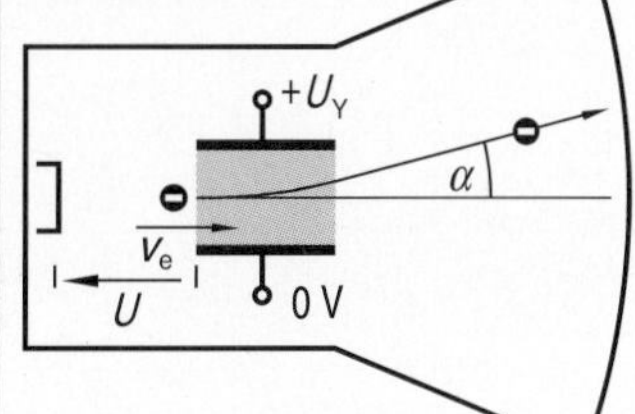

Ablenkwinkel

$$\tan\alpha = \frac{U_Y}{U} \cdot \frac{l}{2 \cdot d}$$

U_Y Ablenkspannung
U Beschleunigungsspannung
l Plattenlänge
d Plattenabstand

Kraft zwischen 2 Kugeln

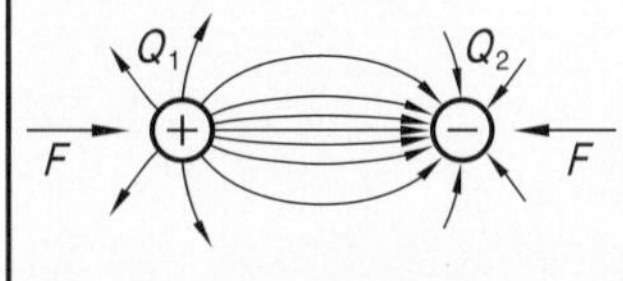

Coulombsches Gesetz

$$F = \frac{Q_1 \cdot Q_2}{4\pi \cdot \varepsilon_0 \cdot \varepsilon_r \cdot r^2}$$

r Ladungsabstand

$$[F] = \frac{\text{As} \cdot \text{As}}{\frac{\text{As}}{\text{Vm}} \cdot \text{m}^2} = \frac{\text{VAs}}{\text{m}}$$

$$[F] = \text{Nm/m} = \text{N}$$

Kraft zwischen 2 Platten

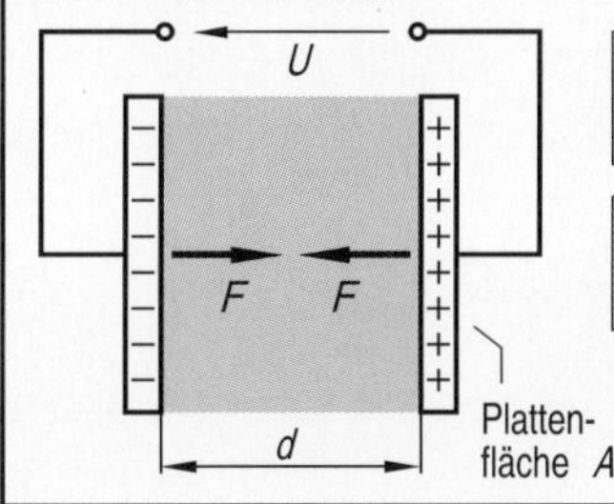

$$F = \frac{Q^2}{2 \cdot \varepsilon_0 \cdot \varepsilon_r \cdot A}$$

$$F = \frac{\varepsilon_0 \cdot \varepsilon_r \cdot A \cdot U^2}{2 \cdot d^2}$$

C Kapazität
Q elektrische Ladung

9.2.9 Formeln und Tabellen

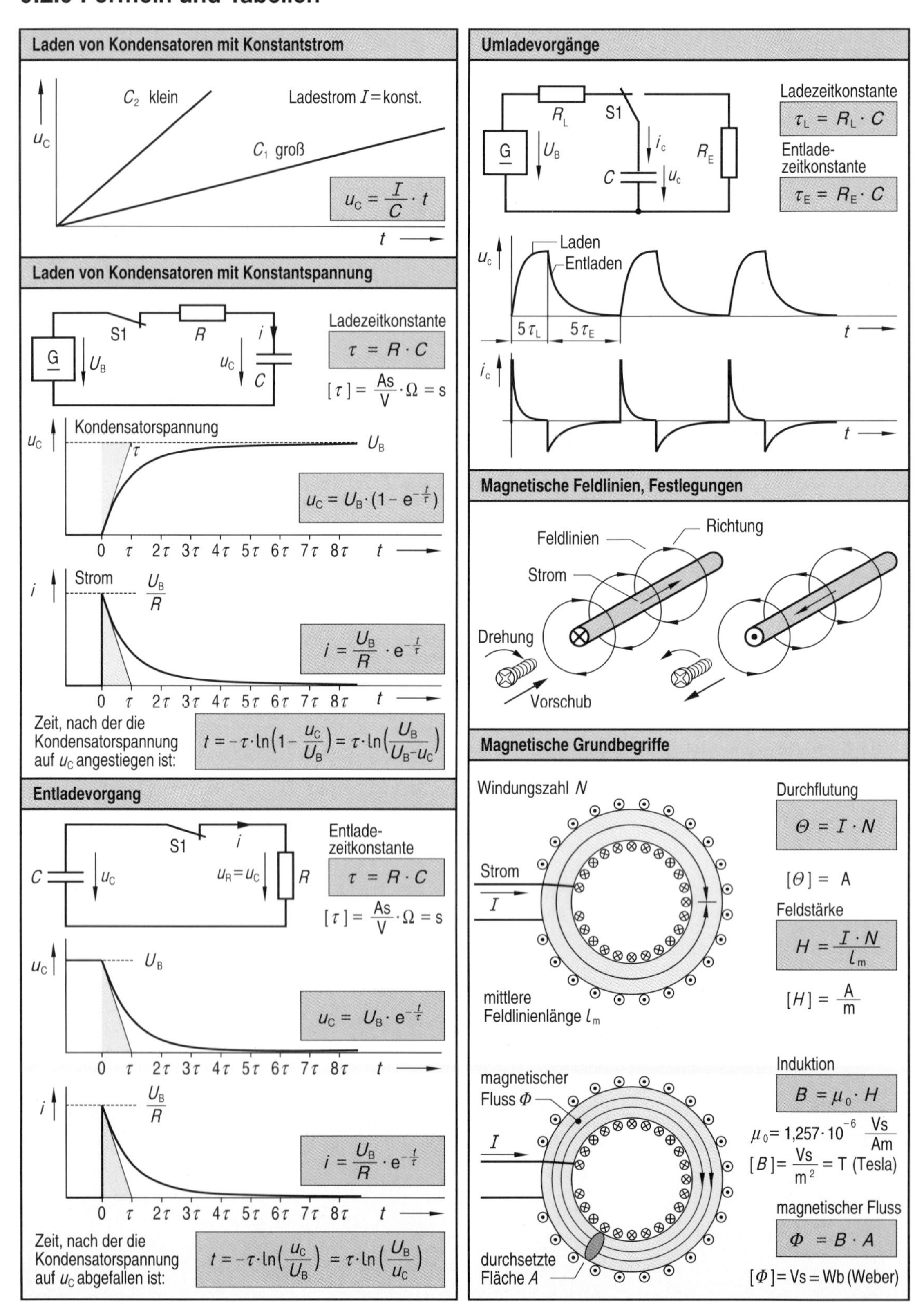

Magnetische Feldstärke bei verschiedenen Leiteranordnungen

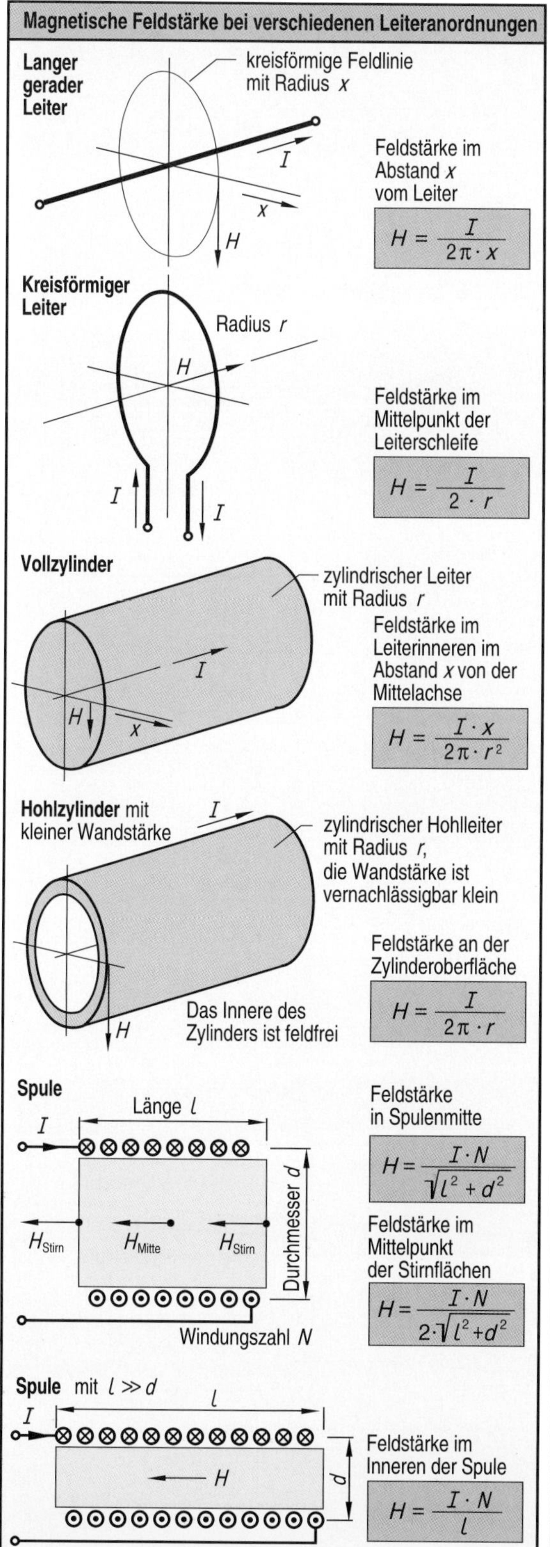

Eisen im Magnetfeld

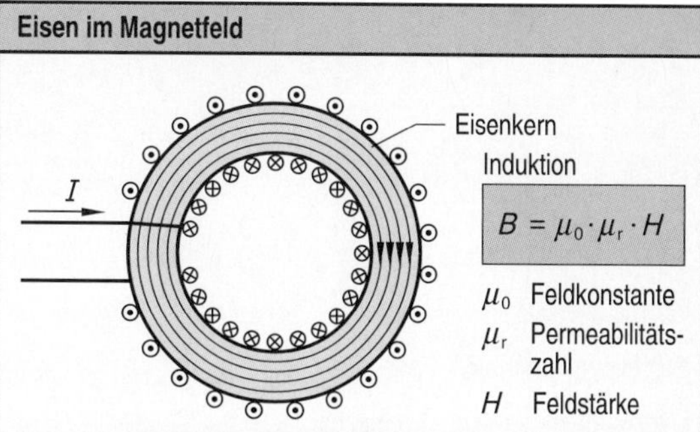

Ferromagnetische Werkstoffe verstärken die Induktion um den Faktor μ_r (Permeabilitätszahl). Der Faktor ist aber keine Konstante, sondern vom magnetischen Sättigungszustand des Werkstoffes abhängig.

Permeabilität von Eisenwerkstoffen

Werkstoff	Anfangs-permeabilität	Maximal-permeabilität
Gusseisen	70	600
Eisen, kohlenstoffarm	250	6 000
Stahl, 1% Kohlenstoff	40	7 000
Elektroblech	500	7 000
Reinstes Eisen	25 000	250 000
Supermalloy (79% Ni, 15% Fe, 5% Mo, Mn)	100 000	300 000

Magnetisierungskennlinie

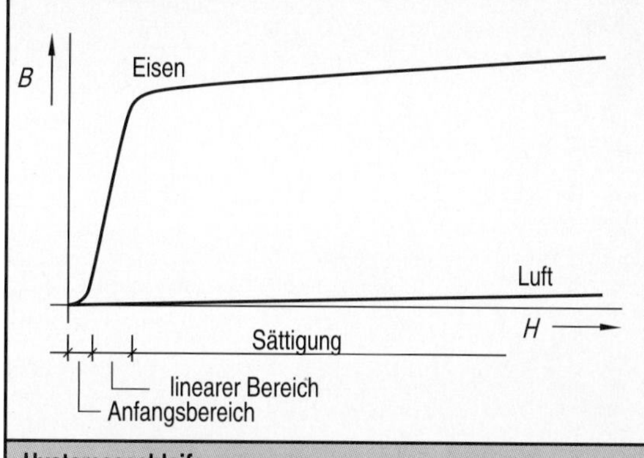

Hystereseschleife

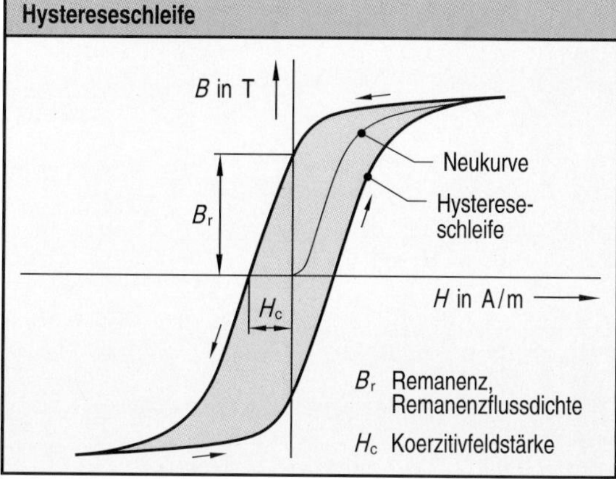

9.2.11 Formeln und Tabellen

Durchflutungsgesetz

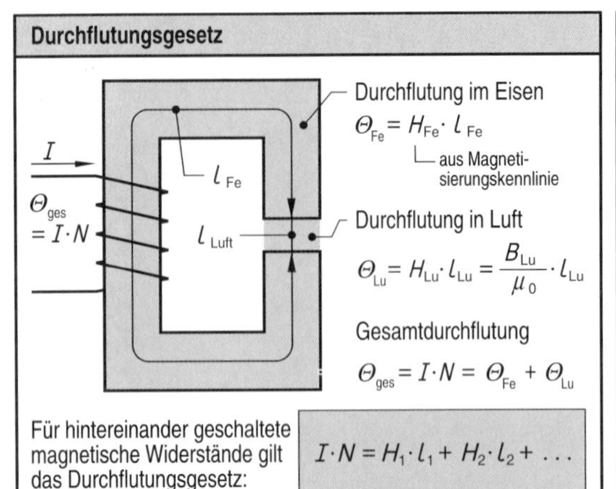

Für hintereinander geschaltete magnetische Widerstände gilt das Durchflutungsgesetz:

$$I \cdot N = H_1 \cdot l_1 + H_2 \cdot l_2 + \ldots$$

Das Durchflutungsgesetz entspricht der Maschenregel eines elektrischen Stromkreises. Es besagt: Die Gesamtdurchflutung eines magnetischen Kreises ist gleich der Summe der einzelnen Teildurchflutungen.

Induktion, grafische Bestimmung

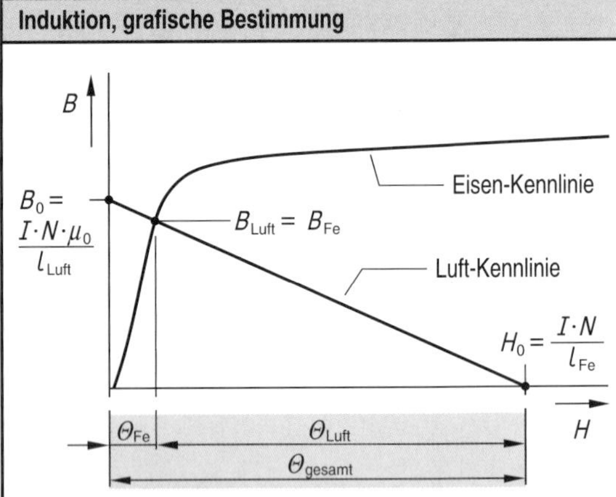

Ist die Gesamtdurchflutung eines magnetischen Kreises bekannt, so kann die Induktion grafisch bestimmt werden. Die rechnerische Lösung ist nur möglich, wenn die Magnetisierungskennlinie als Gleichung vorliegt.

Magnetisierungskennlinien (MK)

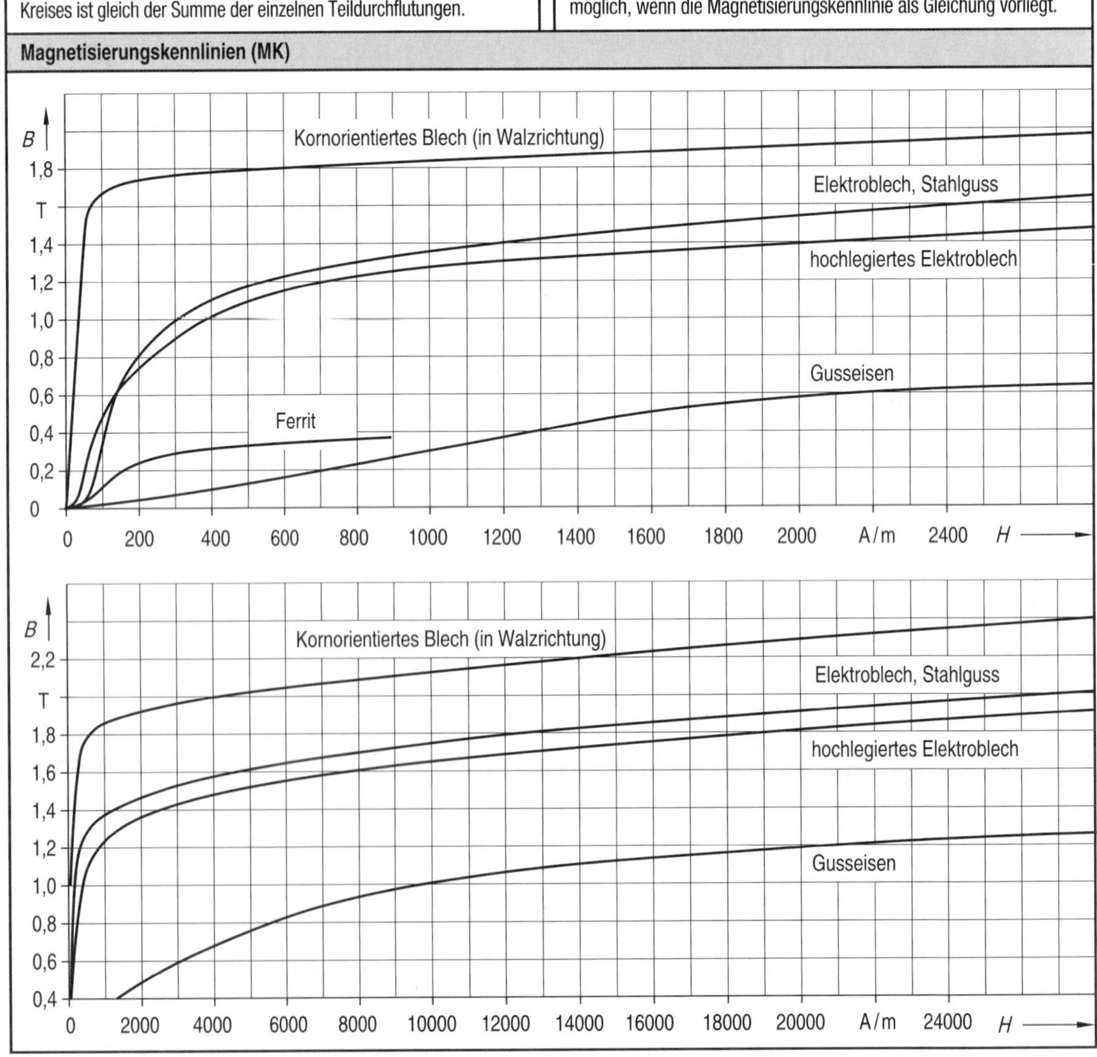

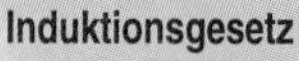

Induktionsgesetz

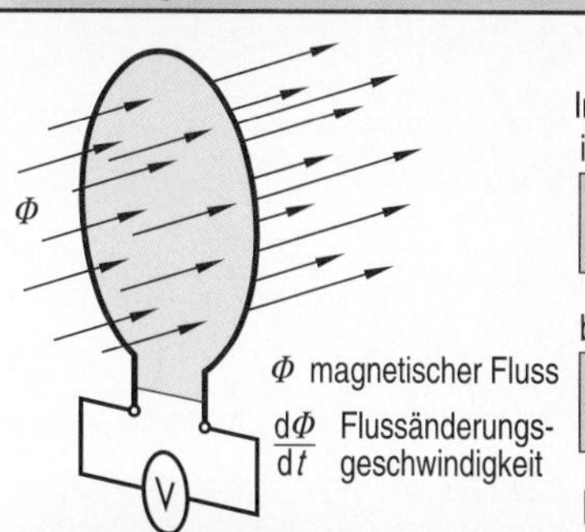

Φ magnetischer Fluss

$\frac{d\Phi}{dt}$ Flussänderungsgeschwindigkeit

Induzierte Spannung in einer Schleife

$$u = \frac{d\Phi}{dt}$$

bei N Windungen

$$u = N \cdot \frac{d\Phi}{dt}$$

$$[u] = 1 \cdot \frac{Vs}{s} = V$$

Induktion und Induktivität

Aus dem Induktionsgesetz $u = N \cdot \frac{d\Phi}{dt}$

folgt durch Erweitern: $u = N \cdot \frac{di}{di} \cdot \frac{d\Phi}{dt} = N \cdot \frac{d\Phi}{di} \cdot \frac{di}{dt}$

Bei konstanter Permeabilitätszahl μ_r = konst. ist $\frac{d\Phi}{di} = \frac{\Phi}{I}$. Die Induktionsspg. ist dann:

$$u = \frac{N \cdot \Phi}{I} \cdot \frac{di}{dt}$$

Der Ausdruck $\frac{N \cdot \Phi}{I}$ heißt Induktivität

$$[L] = \frac{Vs}{A} = \text{H (Henry)} \qquad L = \frac{N \cdot \Phi}{I}$$

$$[u] = \frac{Vs}{A} \cdot \frac{A}{s} = V \qquad u = L \cdot \frac{di}{dt}$$

Transformatorprinzip

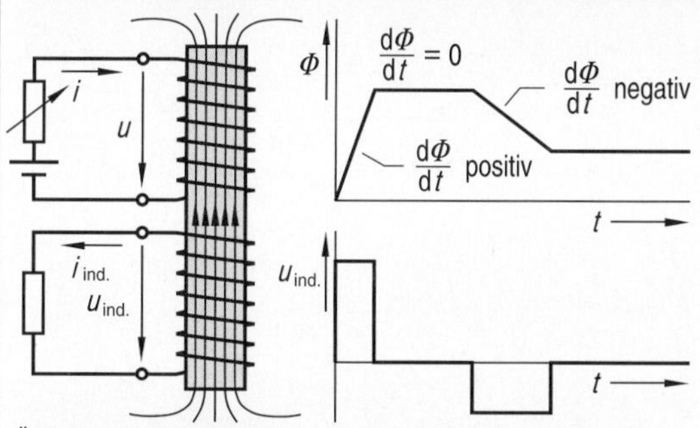

Ändert sich der von einer Leiterschleife umfasste magnetische Fluss, so wird in der Schleife Spannung induziert (Induktion der Ruhe).

Generatorprinzip

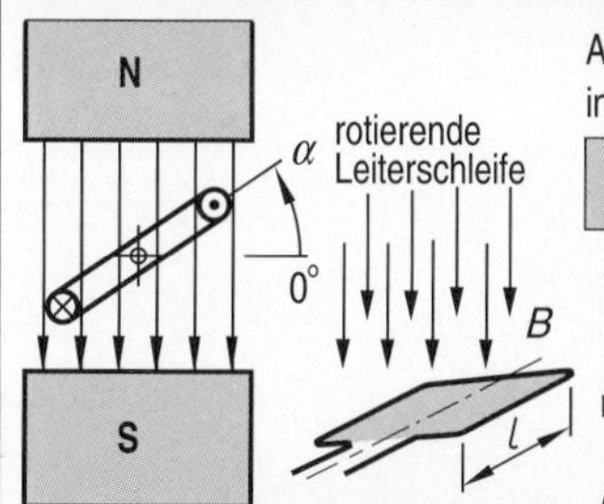

Aus $u = N \cdot \frac{d\Phi}{dt}$ folgt die induzierte Spannung:

$$u = B \cdot 2l \cdot v \cdot N \cdot \sin\alpha$$

B Induktion
l Leiterlänge im Magnetfeld
v Geschwindigkeit des Leiters
N Windungszahl

Bewegt sich eine Leiterschleife so, dass sich der umfasste magnetische Fluss ändert, so wird in ihr Spannung induziert (Induktion der Bewegung).

Induktivität verschiedener Leiteranordnungen

Ringspule

Luftgefüllte Spule

$$L = \frac{\mu_0 \cdot A}{l} \cdot N^2$$

Eisengefüllte Spule

$$L = \frac{\mu_0 \cdot \mu_r \cdot A}{l} \cdot N^2$$

Windungszahl N
Mittlere Feldlinienlänge l
Kernquerschnitt A
Permeabilitätszahl μ_r

$$[L] = \frac{\frac{Vs}{Am} \cdot m^2}{m} = \frac{Vs}{A}$$

$$[L] = \Omega s$$

Zylindrische Spule

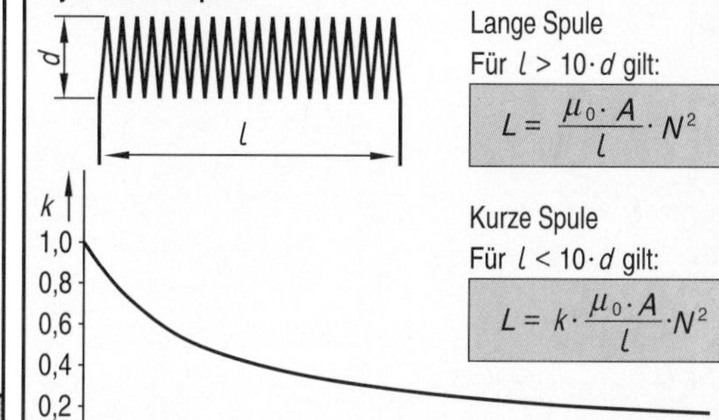

Lange Spule
Für $l > 10 \cdot d$ gilt:

$$L = \frac{\mu_0 \cdot A}{l} \cdot N^2$$

Kurze Spule
Für $l < 10 \cdot d$ gilt:

$$L = k \cdot \frac{\mu_0 \cdot A}{l} \cdot N^2$$

Einfacher Ring

$$L = \frac{\mu_0 D}{2}\left(\ln\frac{D}{d} + 0{,}25\right)$$

D Ringdurchmesser
d Drahtdurchmesser

Doppelleitung

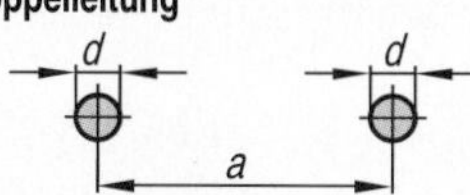

$$L = \frac{\mu_0 l}{\pi}\left(\ln\frac{2a}{d} + 0{,}25\right)$$

l einfache Leiterlänge

Koaxialleitung

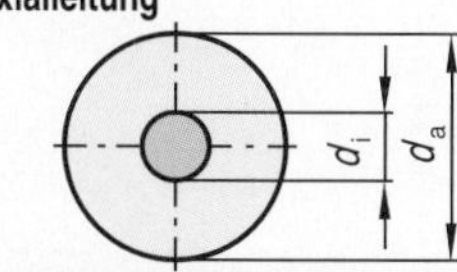

$$L = \frac{\mu_0 l}{2\pi}\left(\ln\frac{d_a}{d_i} + 0{,}25\right)$$

l einfache Leiterlänge

Induktivitätsfaktor

Der Induktivitätsfaktor A_L ist die auf die Windungszahl $N = 1$ bezogene Induktivität einer Spule

$$L = A_L \cdot N^2$$

Die im Handel erhältlichen Magnetkerne sind wegen ihres komplexen Aufbaus nur schwer berechenbar. Die Hersteller geben deshalb zu jedem Kern den magnetischen Leitwert mit und ohne Luftspalt an. Dieser Wert wird Induktivitätsfaktor, Kernfaktor oder A_L-Wert genannt.

9.2.13 Formeln und Tabellen

Schaltung von Induktivitäten

Reihenschaltung

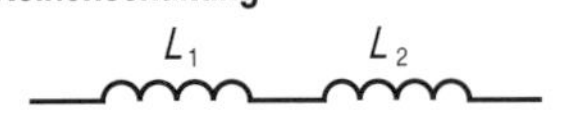

$$L = L_1 + L_2 + \dots$$

Parallelschaltung

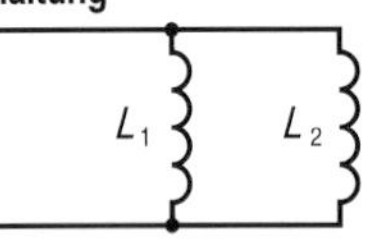

$$\frac{1}{L} = \frac{1}{L_1} + \frac{1}{L_2} + \dots$$

Die obigen Formeln gelten nur, wenn die beteiligten Spulen nicht miteinander magnetisch (induktiv) gekoppelt sind.

Magnetische Kopplung, Gegeninduktivität

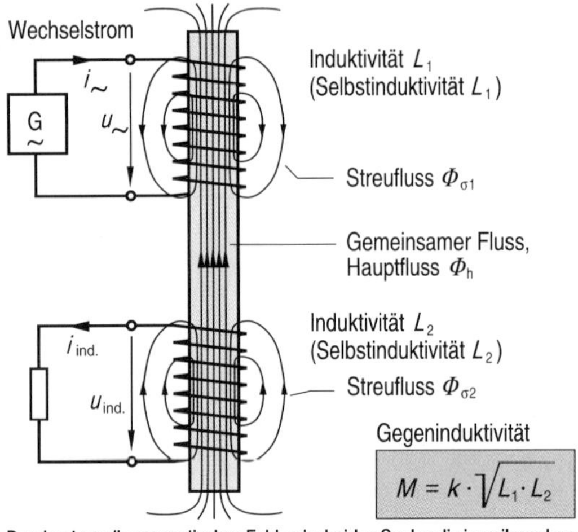

Gegeninduktivität

$$M = k \cdot \sqrt{L_1 \cdot L_2}$$

Durchsetzen die magnetischen Felder der beiden Spulen die jeweils andere Spule, so sind die Spulen magnetisch (induktiv) gekoppelt. Der Kopplungsfaktor kann zwischen 0 und 1 liegen. Die gegenseitige Beeinflussung wird durch die sogenannte Gegeninduktivität ausgedrückt.

Schaltung von Induktivitäten mit magnetischer Kopplung

Reihenschaltung

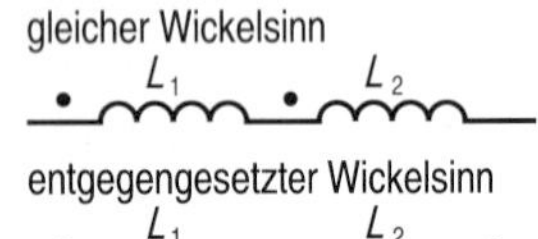

$$L = L_1 + L_2 + 2M$$

$$L = L_1 + L_2 - 2M$$

Parallelschaltung

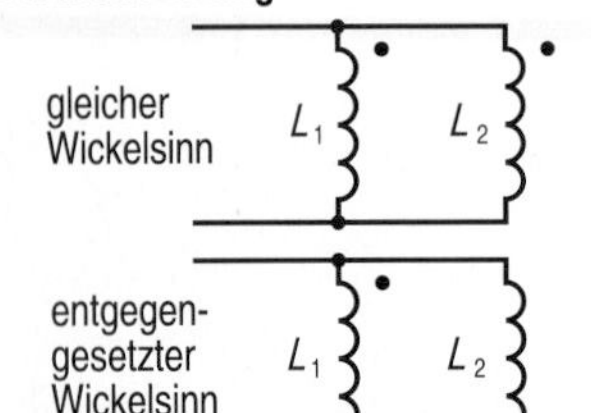

gleicher Wickelsinn: $$L = \frac{L_1 \cdot L_2 - M^2}{L_1 + L_2 - 2M}$$

entgegengesetzter Wickelsinn: $$L = \frac{L_1 \cdot L_2 - M^2}{L_1 + L_2 + 2M}$$

Werden induktiv gekoppelte Spulen zusammengeschaltet, so ist bei der Berechnung der Induktivität die Gegeninduktivität zu berücksichtigen.

Gegeninduktivität von Spulen und Freileitungen

Koaxiale, einlagige, gleich lange Spulen

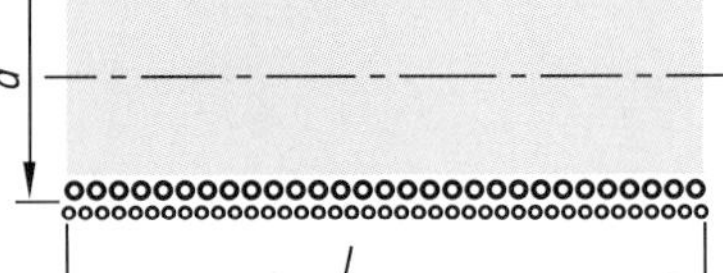

Gegeninduktivität für $l \ll d$

$$[M] = \frac{\text{Vs} \cdot \text{m}^2}{\text{Am} \cdot \text{m}} = \frac{\text{Vs}}{\text{A}} = \Omega\text{s} = \text{H}$$

$$M = \frac{\mu_0 \cdot \pi \cdot d^2 \cdot N_1 \cdot N_2}{4 \cdot l}$$

Koaxiale, unterschiedliche Spulen

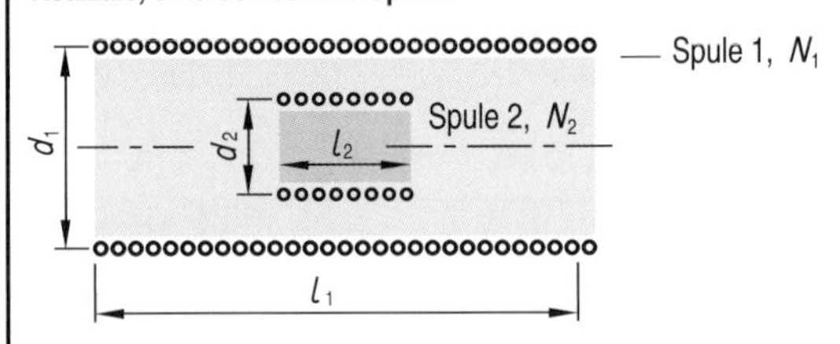

Gegeninduktivität für $l_1 \gg l_2$

$$[M] = \frac{\text{Vs} \cdot \text{m}^2}{\text{Am} \cdot \text{m}} = \frac{\text{Vs}}{\text{A}} = \Omega\text{s} = \text{H}$$

$$M = \frac{\mu_0 \cdot \pi \cdot d_2^2 \cdot N_1 \cdot N_2}{4 \cdot l_1}$$

Zwei beliebige Doppelleitungen

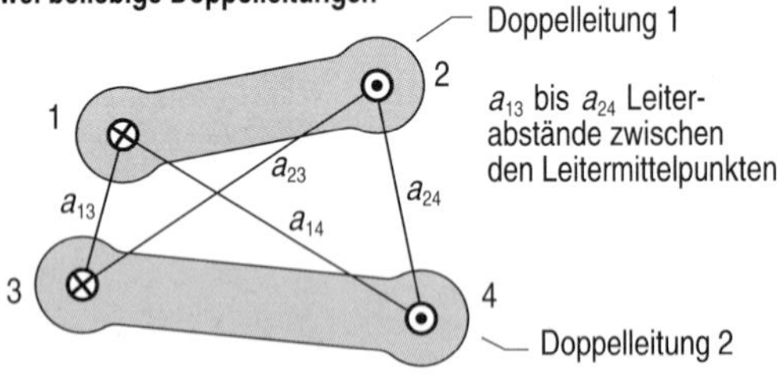

Gegeninduktivität für Leiterlänge l

$$[M] = \frac{\text{Vs}}{\text{Am}} \cdot \text{m} = \frac{\text{Vs}}{\text{A}} = \Omega\text{s} = \text{H}$$

$$M = \frac{\mu_0 \cdot l}{2 \cdot \pi} \cdot \ln \frac{a_{14} \cdot a_{23}}{a_{13} \cdot a_{24}}$$

Parallele, gleiche Doppelleitungen

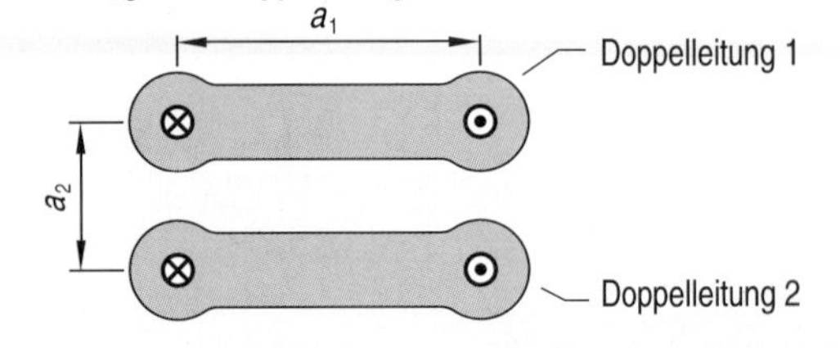

Gegeninduktivität für Leiterlänge l

$$[M] = \frac{\text{Vs}}{\text{Am}} \cdot \text{m} = \frac{\text{Vs}}{\text{A}} = \Omega\text{s} = \text{H}$$

$$M = \frac{\mu_0 \cdot l}{2 \cdot \pi} \cdot \ln\left(1 + \frac{a_1^2}{a_2^2}\right)$$

Energieinhalt des magnetischen Feldes

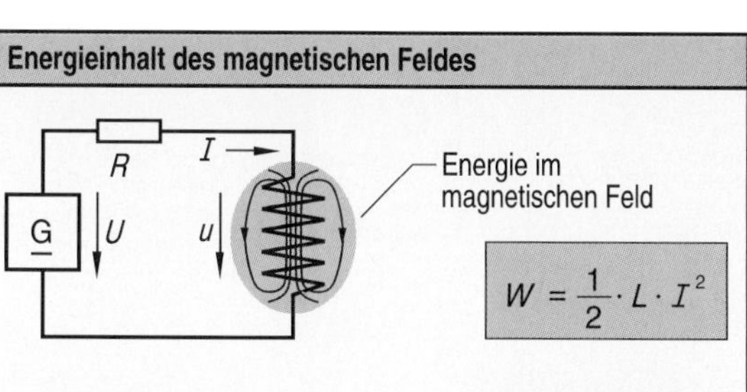

$$W = \frac{1}{2} \cdot L \cdot I^2$$

Energieinhalt einer Ringspule

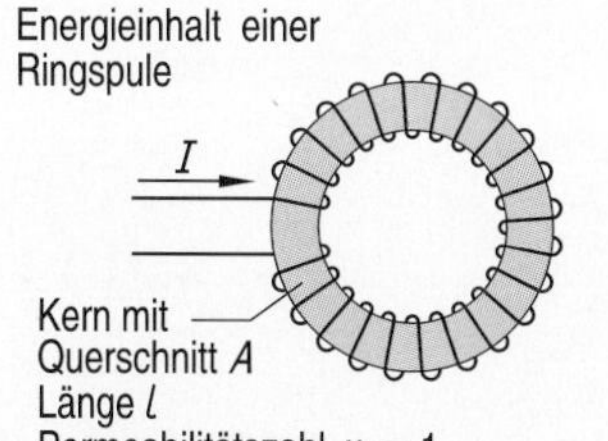

Kern mit Querschnitt A
Länge l
Permeabilitätszahl $\mu_r = 1$

Annahme: Der Betrag von B und H ist in der ganzen Spule konstant.

$$W = \frac{H^2 \cdot \mu_0 \cdot V}{2}$$

$$W = \frac{B^2 \cdot V}{2 \cdot \mu_0}$$

H magn. Feldstärke
B magn. Induktion
$V = A \cdot l$ = Volumen des Magnetfeldes

Technische Energiespeicher

Spule (Induktivität)	L Induktivität I elektrischer Strom	$W = \frac{1}{2} \cdot L \cdot I^2$
Kondensator (Kapazität)	C Kondensator U el. Spannung	$W = \frac{1}{2} \cdot C \cdot U^2$
Linear bewegte Masse	m Masse v Geschwindigkeit	$W = \frac{1}{2} \cdot m \cdot v^2$
Rotierende Masse	J Trägheitsmoment ω Winkelgeschw.	$W = \frac{1}{2} \cdot J \cdot \omega^2$
Gespannte Feder	K Federkonstante s Weg	$W = \frac{1}{2} \cdot K \cdot s^2$

Kraftwirkung auf stromdurchflossene Leiter

Leiter im Magnetfeld

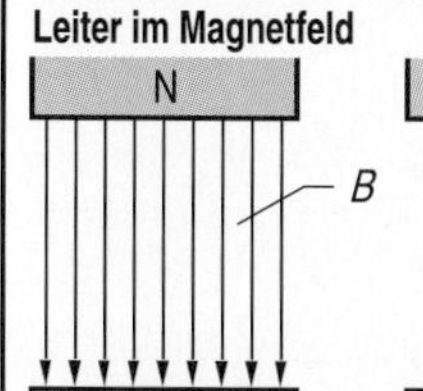
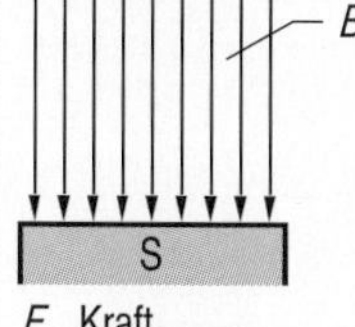

F Kraft
I Leiterstrom
l wirksame Leiterlänge
B Induktion (Flussdichte)
z Leiterzahl

$$F = I \cdot l \cdot B \cdot z$$

$$[F] = \text{A} \cdot \text{m} \cdot \frac{\text{Vs}}{\text{m}^2} = \text{N}$$

Leiterschleife im Magnetfeld

N
S
α
0°

$$M = I \cdot B \cdot l \cdot d \cdot N \cdot \sin\alpha$$

I Spulenstrom
B Induktion
l Spulenlänge im Magnetfeld
d Spulendurchmesser
N Windungszahl

Kraft zwischen parallelen Leitern

Anziehende Kraft **Abstoßende Kraft**

$$F = \frac{\mu_0 \cdot I_1 \cdot I_2 \cdot l}{2 \cdot \pi \cdot a}$$

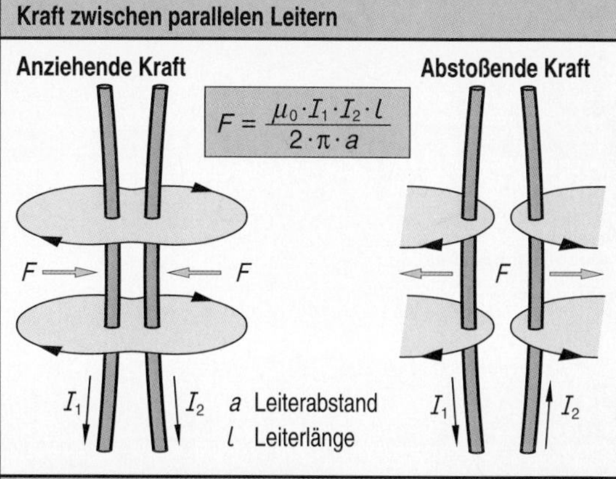

a Leiterabstand
l Leiterlänge

Haltekraft von Elektromagneten

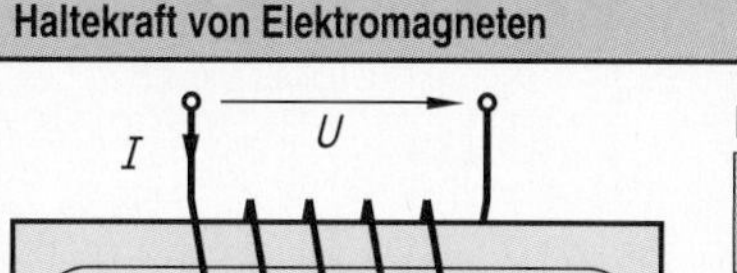
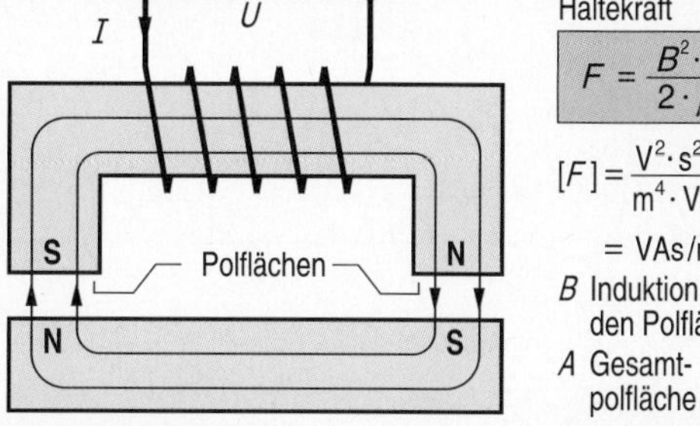

Haltekraft

$$F = \frac{B^2 \cdot A}{2 \cdot \mu_0}$$

$$[F] = \frac{\text{V}^2 \cdot \text{s}^2 \cdot \text{m}^2}{\text{m}^4 \cdot \text{Vs/Am}} = \text{VAs/m} = \text{N}$$

B Induktion an den Polflächen
A Gesamtpolfläche

Schaltvorgänge in Spulen

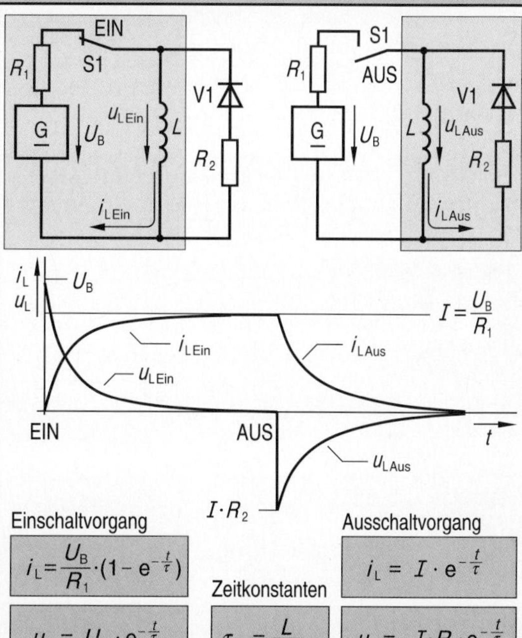

Einschaltvorgang

$$i_L = \frac{U_B}{R_1} \cdot \left(1 - e^{-\frac{t}{\tau}}\right)$$

$$u_L = U_B \cdot e^{-\frac{t}{\tau}}$$

$$t = -\tau \cdot \ln\frac{u_L}{U_B}$$

Zeitkonstanten

$$\tau_{Ein} = \frac{L}{R_1}$$

$$\tau_{Aus} = \frac{L}{R_2}$$

Ausschaltvorgang

$$i_L = I \cdot e^{-\frac{t}{\tau}}$$

$$u_L = -I \cdot R_2 \cdot e^{-\frac{t}{\tau}}$$

$$t = -\tau \cdot \ln\frac{i_L}{I}$$

9.2.15 Formeln und Tabellen

Nichtperiodische und periodische Schwingungen

Nichtperiodische Schwingung

u

t

Periodische Schwingung

u

T T T

t

Nichtperiodische Schwingungen sind willkürliche, praktisch nicht berechenbare Schwingungen. Bei periodischen Schwingungen wiederholt sich der Schwingungsablauf nach der Periodenzeit (Periodendauer) T.

Periodische Misch- und Wechselgrößen

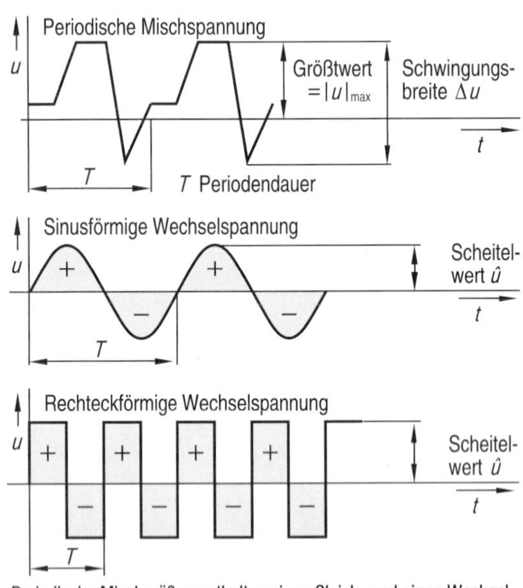

Periodische Mischgrößen enthalten einen Gleich- und einen Wechselanteil, reine Wechselgrößen haben keinen Gleichanteil.

Grundbegriffe von periodischen Schwingungen

Frequenz	$[f] = \frac{1}{s} = \text{Hz}$ (Hertz)	$f = \frac{1}{T}$
Gleichwert der Mischgröße	für die Spannung	$\bar{u} = \frac{1}{T}\int_0^T u \cdot dt$
Effektivwert der Mischgröße	für die Spannung	$U = \sqrt{\frac{1}{T}\int_0^T u^2 \cdot dt}$
Effektivwert des Wechselanteils	für die Spannung	$U_{\sim} = \sqrt{U^2 - \bar{u}^2}$

Winkel im Bogenmaß, Kreisfrequenz

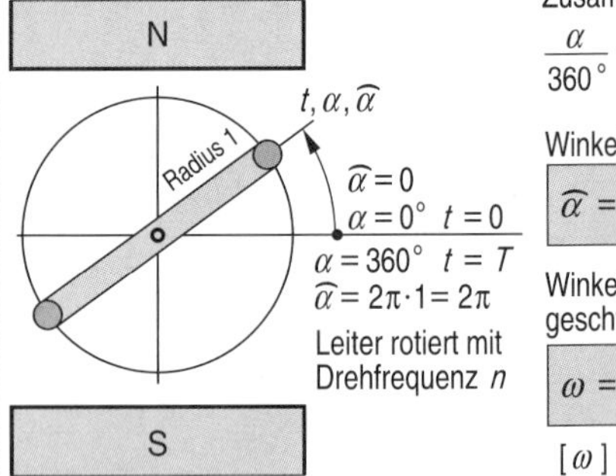

Zusammenhang:

$$\frac{\alpha}{360°} = \frac{\hat{\alpha}}{2\pi} = \frac{t}{T}$$

Winkel im Bogenmaß

$$\hat{\alpha} = \frac{2\pi}{T} \cdot t = \omega \cdot t$$

Winkelgeschwindigkeit

$$\omega = \frac{2\pi}{T} = 2\pi \cdot n$$

$[\omega] = 1/\text{s}$

Winkel können im Grad- und im Bogenmaß gemessen werden. 360° im Gradmaß entsprechen dabei 2π, dem Umfang eines Einheitskreises.

Entstehung sinusförmiger Spannung

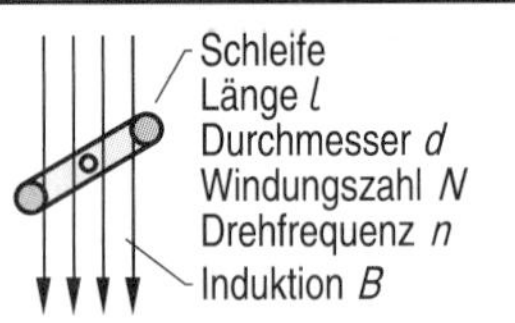

$$u = N \cdot \frac{d\Phi}{dt} = N \cdot \frac{d(B \cdot l \cdot d \cdot \cos\hat{\alpha})}{dt}$$

$$= N \cdot B \cdot l \cdot d \cdot \frac{\cos \omega t}{dt}$$

$$= -\underbrace{N \cdot B \cdot l \cdot d \cdot \omega}_{\text{Scheitelwert } \hat{u}} \cdot \sin \omega t$$

Setzt man $N \cdot B \cdot l \cdot d \cdot \omega = \hat{u}$ und wird das Minus-Zeichen vernachlässigt, so erhält man für die induzierte Spannung:

$$u = \hat{u} \cdot \sin(\omega t) = \hat{u} \cdot \sin(2\pi n \cdot t) = \hat{u} \cdot \sin(2\pi f \cdot t) = \hat{u} \cdot \sin\frac{2\pi}{T}t$$

Winkelgeschwindigkeit ($2\pi n$) — Kreisfrequenz ($2\pi f$)

Rotiert eine Leiterschleife mit konstanter Drehfrequenz in einem homogenen Magnetfeld, so wird in ihr eine sinusförmige Spannung induziert.

Liniendiagramm der Sinusfunktion, Sinuskurve

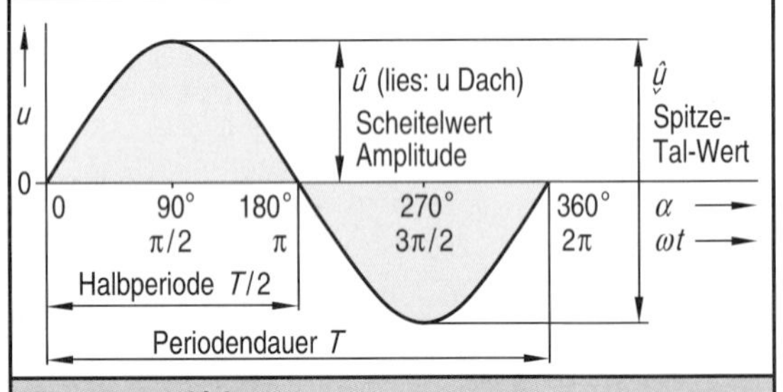

Phasenverschiebung

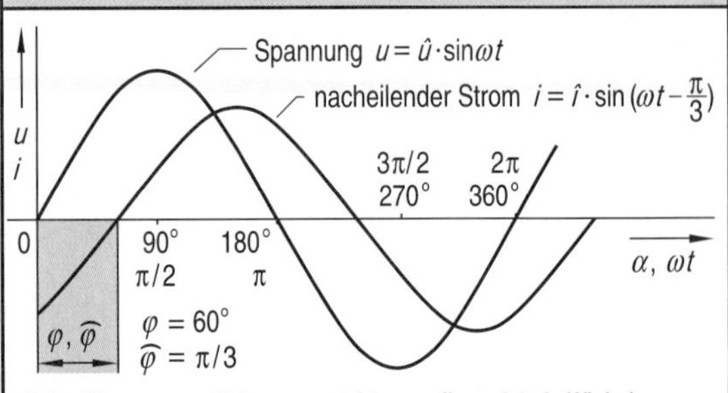

Unter Phasenverschiebung versteht man die meist als Winkel ausgedrückte zeitliche Verschiebung zwischen zwei periodischen Größen.

Festlegungen bei Mischgrößen

Schwingungsgehalt

$$s = \frac{\text{Effektivwert des Wechselanteils}}{\text{Effektivwert der Mischgröße}} \Longrightarrow s_U = \frac{U_\sim}{U}$$

$$\Longrightarrow s_I = \frac{I_\sim}{I}$$

Welligkeit

$$w = \frac{\text{Effektivwert des Wechselanteils}}{\text{Gleichwert der Mischgröße}} \Longrightarrow w_U = \frac{U_\sim}{\overline{u}}$$

$$\Longrightarrow w_I = \frac{I_\sim}{\overline{i}}$$

Festlegungen bei Mischgrößen

Scheitelfaktor (Crestfaktor)

$$F_{\text{Crest}} = \frac{\text{Scheitelwert der Wechselgröße}}{\text{Effektivwert der Wechselgröße}} \Longrightarrow F_{\text{Crest u}} = \frac{\hat{u}}{U}$$

$$\Longrightarrow F_{\text{Crest i}} = \frac{\hat{i}}{I}$$

Formfaktor

$$F = \frac{\text{Effektivwert der Wechselgröße}}{\text{Mittelwert der Wechselgröße}} \Longrightarrow F_u = \frac{U}{\overline{u}}$$

$$\Longrightarrow F_i = \frac{I}{\overline{i}}$$

Grundschwingungsgehalt

$$g = \frac{\text{Effektivwert der Grundschwingung}}{\text{Effektivwert der Wechselgröße}} \Longrightarrow g_u = \frac{U_1}{U}$$

$$\Longrightarrow g_i = \frac{I_1}{I}$$

Oberschwingungsgehalt (Klirrfaktor)

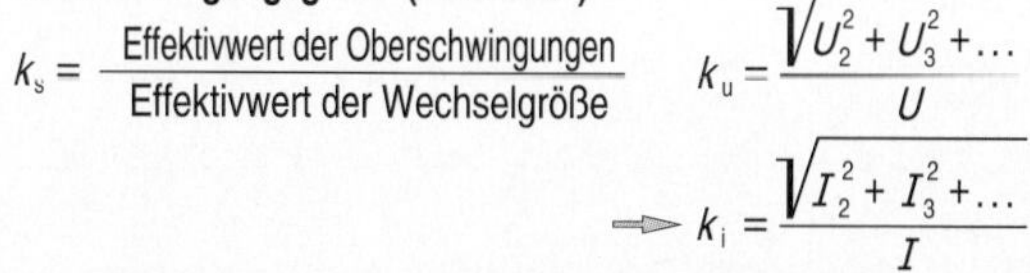

$$k_s = \frac{\text{Effektivwert der Oberschwingungen}}{\text{Effektivwert der Wechselgröße}} \quad k_u = \frac{\sqrt{U_2^2 + U_3^2 + \ldots}}{U}$$

$$\Longrightarrow k_i = \frac{\sqrt{I_2^2 + I_3^2 + \ldots}}{I}$$

Leistung als Funktion von Spannung und Strom

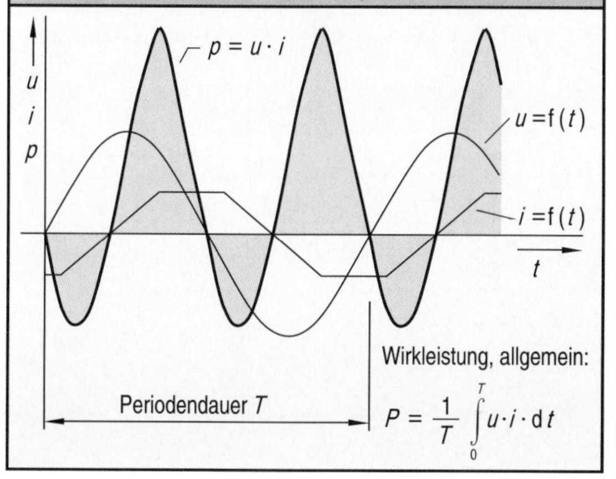

Wirkleistung, allgemein:

$$P = \frac{1}{T}\int_0^T u \cdot i \cdot \mathrm{d}t$$

Effektivwert der sinusförmigen Spannung

Grafische Ermittlung des Effektivwertes

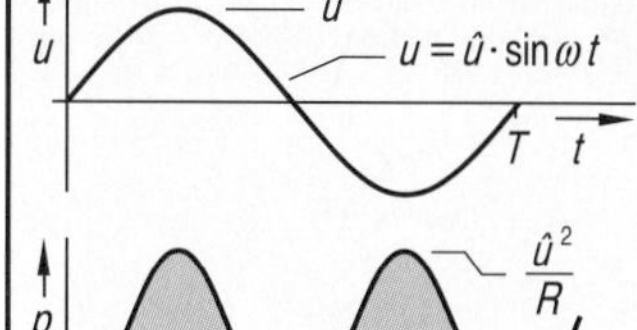

Wird Spannung an einen Widerstand R gelegt, so wird in ihm Wärme produziert.

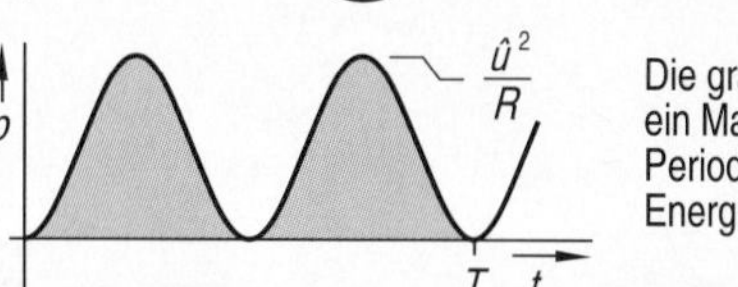

Die graue Fläche ist ein Maß für die in einer Periode T umgesetzte Energie.

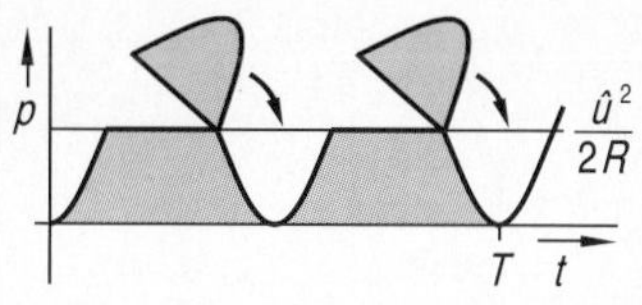

Die Fläche unter der sinusfömigen Linie wird durch Abschneiden der oberen Hälfte in ein flächengleiches Rechteck umgewandelt.

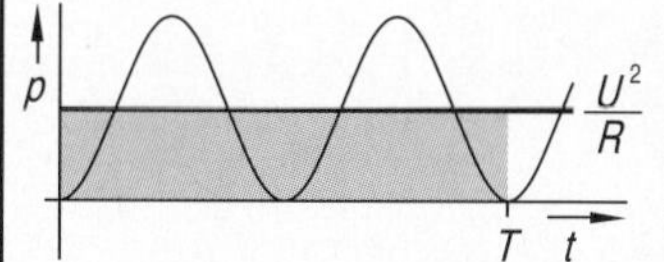

Es gilt: $\frac{\hat{u}^2}{2R} \cdot T = \frac{U^2}{R} \cdot T$

Daraus folgt: $U = \frac{\hat{u}}{\sqrt{2}}$

Scheitelfaktor der Spannungen $F_{\text{Crest}} = \frac{\hat{u}}{U} = \sqrt{2} = 1{,}41$

Scheitelfaktor der Ströme $F_{\text{Crest}} = \frac{\hat{i}}{I} = \sqrt{2} = 1{,}41$

Gleichrichtwert und Formfaktor

Sinusförmige Spannung

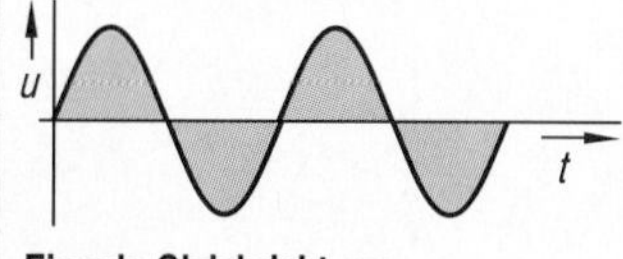

Gleichwert $\overline{u} = 0$

Ein Drehspulmesswerk mit großer Trägheit zeigt keinen Ausschlag

Einpuls-Gleichrichtung

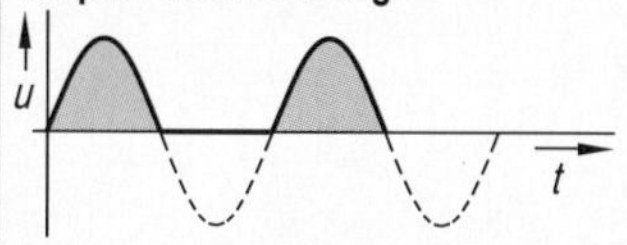

Gleichrichtwert

$\overline{|u|} = \frac{1}{\pi} \cdot \hat{u} = 0{,}318 \cdot \hat{u}$

$\overline{|u|} = \frac{\sqrt{2}}{\pi} \cdot U = 0{,}45 \cdot U$

Formfaktor $F = \frac{U}{0{,}45 \cdot U} = 2{,}22$

Zweipuls-Gleichrichtung

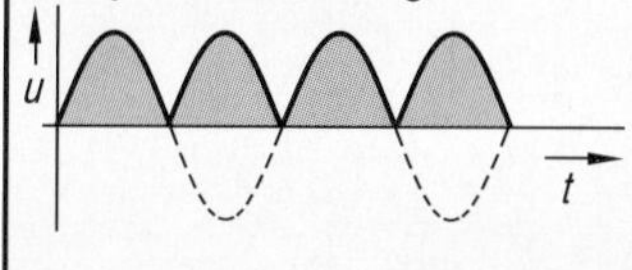

Gleichrichtwert

$\overline{|u|} = \frac{2}{\pi} \cdot \hat{u} = 0{,}637 \cdot \hat{u}$

$\overline{|u|} = \frac{2\sqrt{2}}{\pi} \cdot U = 0{,}9 \cdot U$

Formfaktor $F = \frac{U}{0{,}9 \cdot U} = 1{,}11$

9.2.17 Formeln und Tabellen

Frequenzabhängigkeit von Widerständen

Ohmscher Widerstand

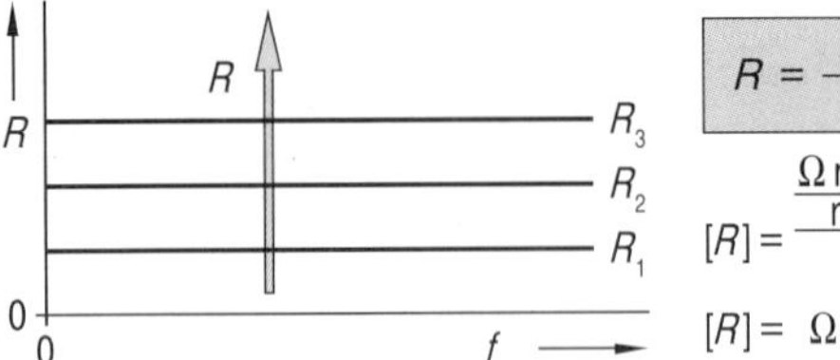

$$R = \frac{\varrho \cdot l}{A}$$

$$[R] = \frac{\frac{\Omega\,\mathrm{mm}^2}{\mathrm{m}} \cdot \mathrm{m}}{\mathrm{mm}^2}$$

$$[R] = \Omega$$

Kapazitiver Widerstand

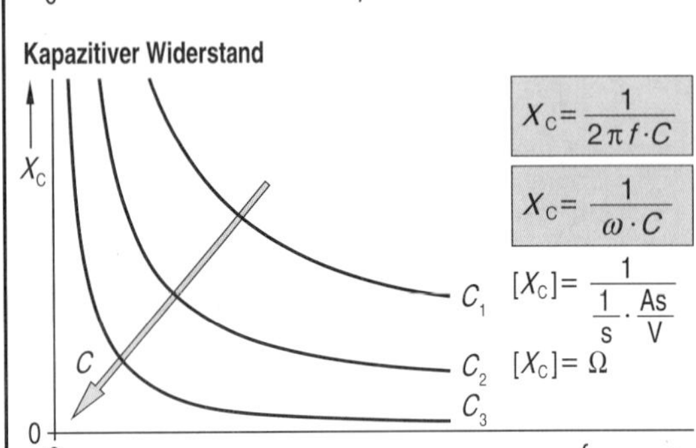

$$X_C = \frac{1}{2\pi f \cdot C}$$

$$X_C = \frac{1}{\omega \cdot C}$$

$$[X_C] = \frac{1}{\frac{1}{\mathrm{s}} \cdot \frac{\mathrm{As}}{\mathrm{V}}}$$

$$[X_C] = \Omega$$

Induktiver Widerstand

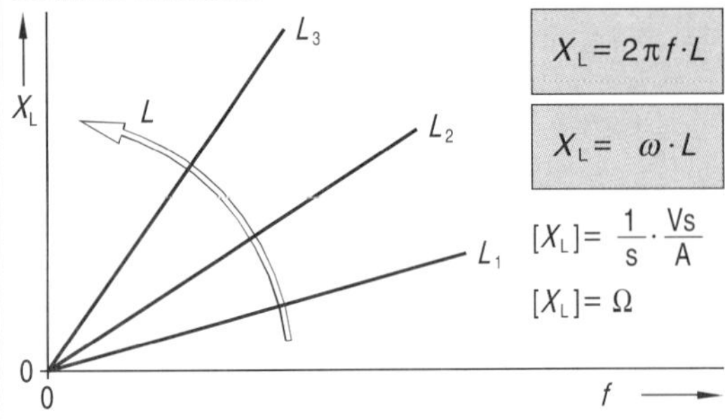

$$X_L = 2\pi f \cdot L$$

$$X_L = \omega \cdot L$$

$$[X_L] = \frac{1}{\mathrm{s}} \cdot \frac{\mathrm{Vs}}{\mathrm{A}}$$

$$[X_L] = \Omega$$

Komplexe Darstellung von Wechselgrößen

Komplexe Spannungen und Ströme

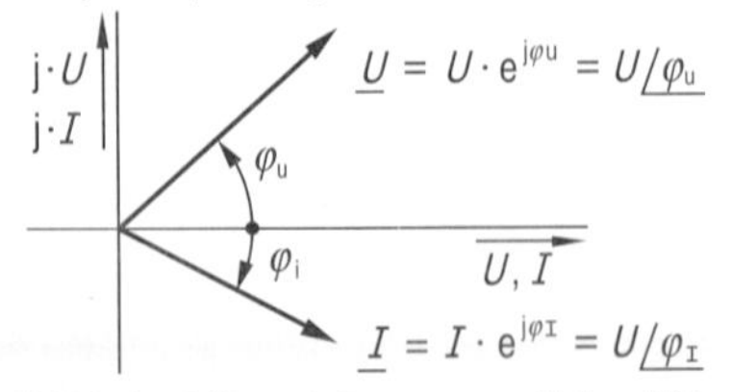

$$\underline{U} = U \cdot e^{j\varphi_u} = U\angle\varphi_u$$

$$\underline{I} = I \cdot e^{j\varphi_I} = U\angle\varphi_I$$

Elektrische Größen wie Spannungen, Ströme, Widerstände können als komplexe Größen in der gaußschen Zahlenebene dargestellt werden. Damit wird der Betrag der Größe und ihre Phasenlage erfasst. Außer der grafischen Darstellung in Form eines Zeigerdiagramms sind die algebraische, die trigonometrische, die Exponential- und die Versorform üblich.

komplexe Spannung: algebraische Form – trigonometrische Form – Exponentialform – Versorform

$$\underline{U} = U_{Wirk} + j\,U_{Blind} = U(\cos\varphi + j\sin\varphi) = U \cdot e^{j\varphi} = U\angle\varphi$$

Komplexe Widerstände, Operatoren

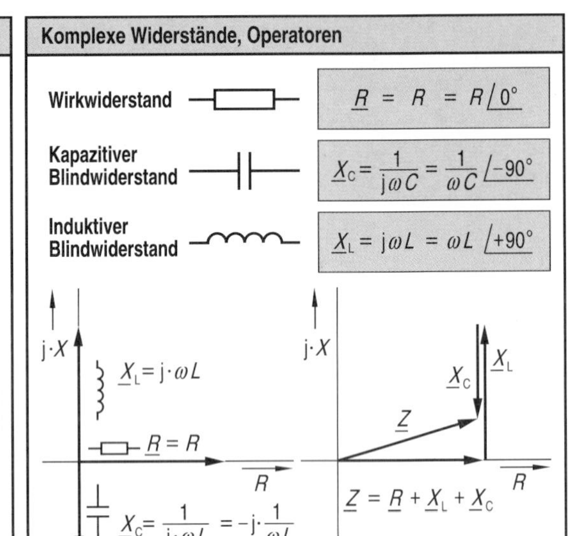

Wirkwiderstand: $\underline{R} = R = R\angle 0°$

Kapazitiver Blindwiderstand: $\underline{X}_C = \frac{1}{j\omega C} = \frac{1}{\omega C}\angle -90°$

Induktiver Blindwiderstand: $\underline{X}_L = j\omega L = \omega L\angle +90°$

$$\underline{Z} = \underline{R} + \underline{X}_L + \underline{X}_C$$

Komplexe Grundschaltungen

Reihenschaltung aus R, L

Reihenschaltung aus R, C

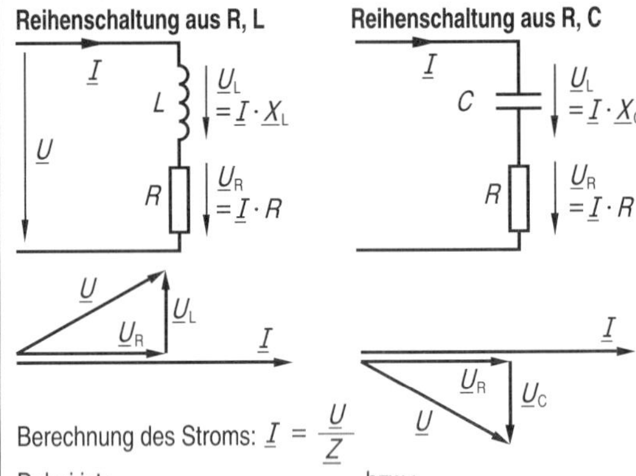

Berechnung des Stroms: $\underline{I} = \frac{\underline{U}}{\underline{Z}}$

Dabei ist:

$$\underline{Z} = \underline{R} + \underline{X}_L = R + j\omega L$$

bzw.:

$$\underline{Z} = \underline{R} + \underline{X}_C = R - j\frac{1}{\omega C}$$

Parallelschaltung aus R, L

Parallelschaltung aus R, C

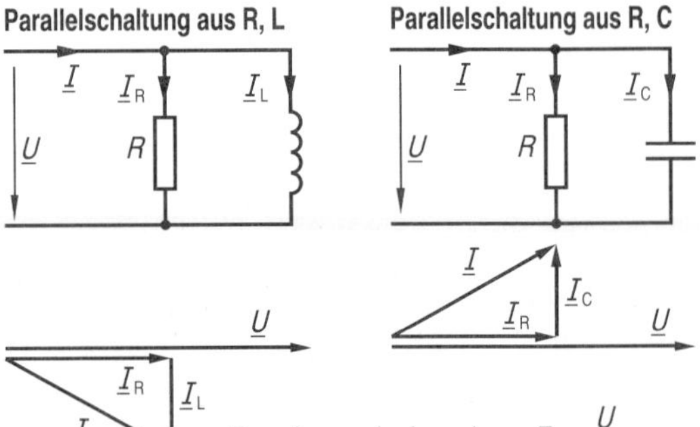

Berechnung der Impedanz: $\underline{Z} = \frac{\underline{U}}{\underline{I}}$

Dabei ist:

$$\underline{I} = \underline{I}_R + \underline{I}_L = \frac{\underline{U}}{R} - j\frac{\underline{U}}{\omega L}$$

bzw.:

$$\underline{I} = \underline{I}_R + \underline{I}_L = \frac{\underline{U}}{R} + \underline{U} \cdot j\omega C$$

Reihenschaltung von R, L, C

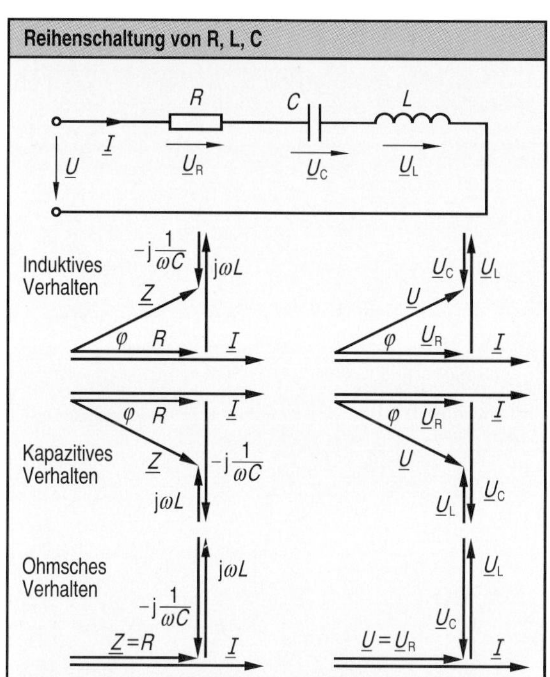

Bei der Reihenschaltung fließt durch alle Bauteile der gleiche Strom. Man beginnt das Zeigerbild deshalb sinnvollerweise mit einem waagrecht liegenden Stromzeiger. Induktive Spannungen zeigen dann nach oben, kapazitive nach unten, die Wirkspannung liegt waagrecht.

Parallelschaltung von R, L, C

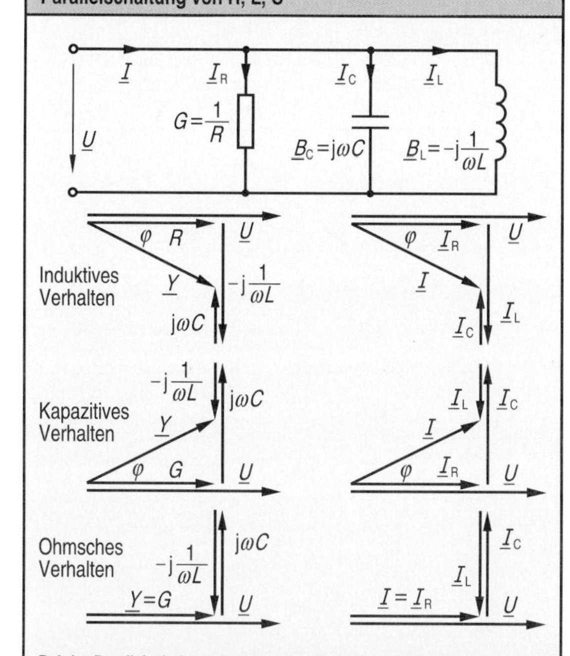

Bei der Parallelschaltung liegt an allen Bauteilen die gleiche Spannung. Man beginnt das Zeigerbild deshalb sinnvollerweise mit einem waagrecht liegenden Spannungszeiger. Induktive Ströme zeigen dann nach unten, kapazitive nach oben, Wirkströme liegen waagrecht.

Entwurf eines Zeigerbildes, Beispiel

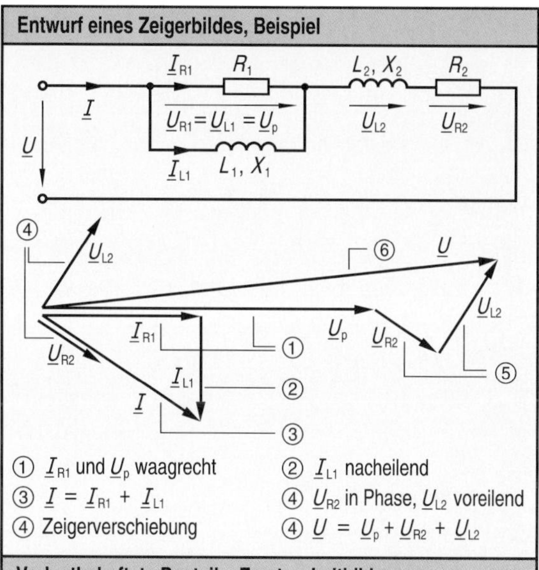

Verlustbehaftete Bauteile, Ersatzschaltbilder

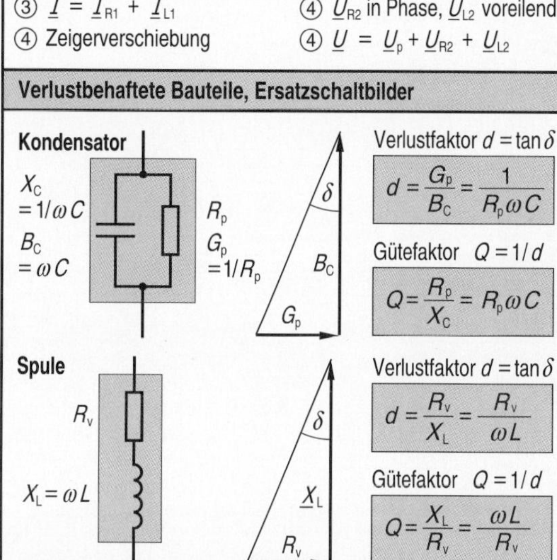

Kondensator

Verlustfaktor $d = \tan\delta$

$$d = \frac{G_p}{B_C} = \frac{1}{R_p \omega C}$$

Gütefaktor $Q = 1/d$

$$Q = \frac{R_p}{X_C} = R_p \omega C$$

Spule

Verlustfaktor $d = \tan\delta$

$$d = \frac{R_v}{X_L} = \frac{R_v}{\omega L}$$

Gütefaktor $Q = 1/d$

$$Q = \frac{X_L}{R_v} = \frac{\omega L}{R_v}$$

Äquivalente Schaltungen

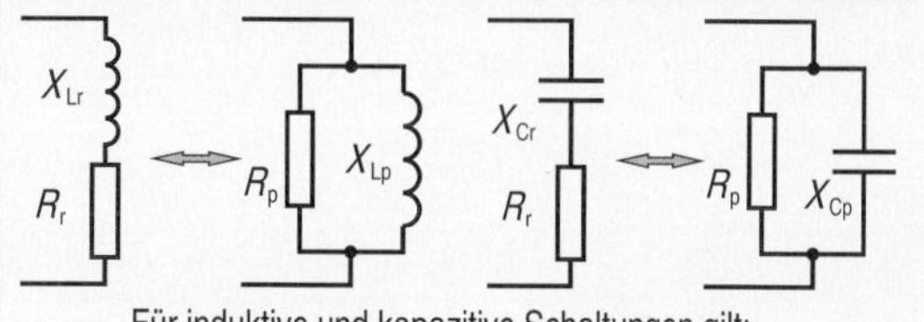

Für induktive und kapazitive Schaltungen gilt:

Ersatzreihenschaltung		Ersatzparallelschaltung	
$R_r = \frac{Z_p^2}{R_p}$	$X_r = \frac{Z_p^2}{X_p}$	$R_p = \frac{Z_r^2}{R_r}$	$X_p = \frac{Z_r^2}{X_r}$

Dabei gilt für die
- Reihenschaltung: $Z_r^2 = R_r^2 + X_r^2$
- Parallelschaltung: $Z_p^2 = \frac{R_p^2 \cdot X_p^2}{R_p^2 + X_p^2}$

Für die Blindwiderstände ist dabei einzusetzen:

$X = X_C = \frac{1}{j \cdot \omega C}$ für Kondensator $\quad X = X_L = j \cdot \omega L$ für Spule

9.2.19 Formeln und Tabellen

Siebschaltungen

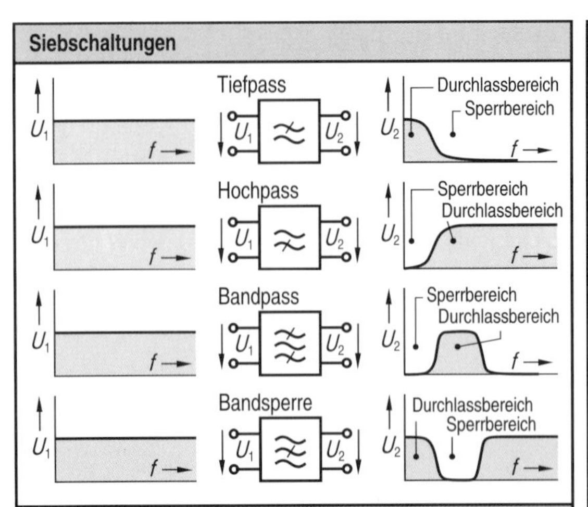

Frequenzgang, Berechnung

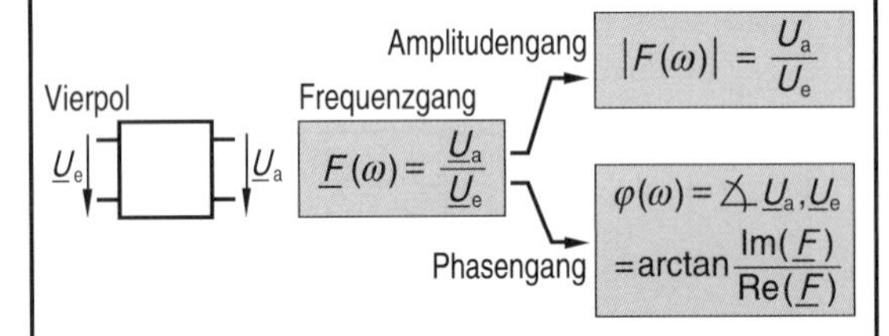

Frequenzgang: $\underline{F}(\omega) = \dfrac{\underline{U}_a}{\underline{U}_e}$

Amplitudengang: $|F(\omega)| = \dfrac{U_a}{U_e}$

Phasengang: $\varphi(\omega) = \measuredangle\, \underline{U}_a, \underline{U}_e = \arctan \dfrac{\mathrm{Im}(\underline{F})}{\mathrm{Re}(\underline{F})}$

Frequenzgang, Darstellung

Tiefpass, Darstellung als komplexe Ortskurve (Nyquist-Diagramm)

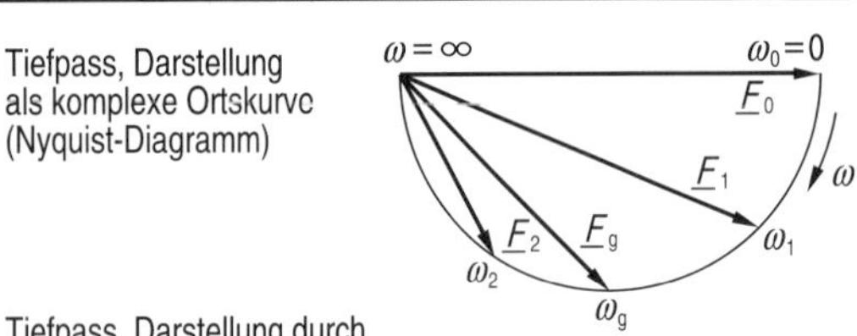

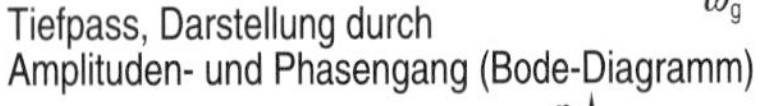

Tiefpass, Darstellung durch Amplituden- und Phasengang (Bode-Diagramm)

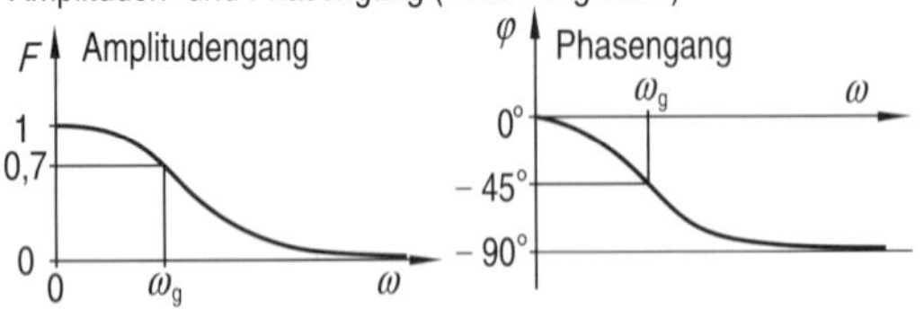

Dämpfung und Verstärkung

Dämpfungsfaktor

$$D = |\underline{F}(\omega)| = \frac{U_a}{U_e}$$

$[D] = 1$

Dämpfungsmaß

$$a = |F(\omega)|_{dB} = 20 \cdot \lg \frac{U_a}{U_e}$$

$[a]$ = dB (Dezibel)

Dämpfung und Verstärkung, Zahlenbeispiele

	Dämpfung					Verstärkung			
$D = \dfrac{U_a}{U_a}$	$\frac{1}{100}$	$\frac{1}{10}$	$\frac{1}{2}$	$\frac{1}{\sqrt{2}}$	$\frac{1}{1}$	$\frac{\sqrt{2}}{1}$	$\frac{2}{1}$	$\frac{10}{1}$	$\frac{100}{1}$
$a = 20 \cdot \lg \dfrac{U_a}{U_a}$	-40	-20	-6	-3	0	+3	+6	+20	+40

Grenzfrequenz

Bei Grenzfrequenz f_g bzw. ω_g gilt: $|F(\omega_g)| = \dfrac{U_a}{U_e} = \dfrac{1}{\sqrt{2}} = 0{,}707 = 70{,}7\,\%$

Die Grenzfrequenz einer frequenzabhängigen Größe ist die Frequenz, bei der die Größe auf den $\sqrt{2}$ ten Teil des Maximalwertes gefallen ist. Die abnehmbare Leistung ist dann gleich der halben Maximalleistung.

RC- und LR-Tiefpässe

RC-Tiefpass $\tau = R \cdot C$

LR-Tiefpass $\tau = L/R$

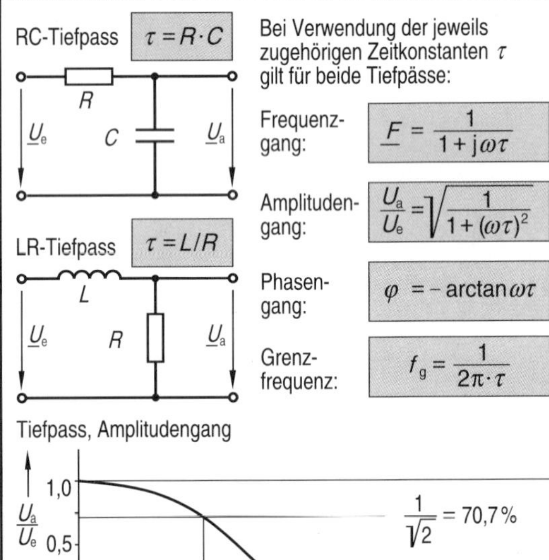

Bei Verwendung der jeweils zugehörigen Zeitkonstanten τ gilt für beide Tiefpässe:

Frequenzgang: $\underline{F} = \dfrac{1}{1 + j\omega\tau}$

Amplitudengang: $\dfrac{U_a}{U_e} = \sqrt{\dfrac{1}{1 + (\omega\tau)^2}}$

Phasengang: $\varphi = -\arctan \omega\tau$

Grenzfrequenz: $f_g = \dfrac{1}{2\pi \cdot \tau}$

CR- und LR-Hochpässe

CR-Hochpass $\tau = R \cdot C$

RL-Hochpass $\tau = L/R$

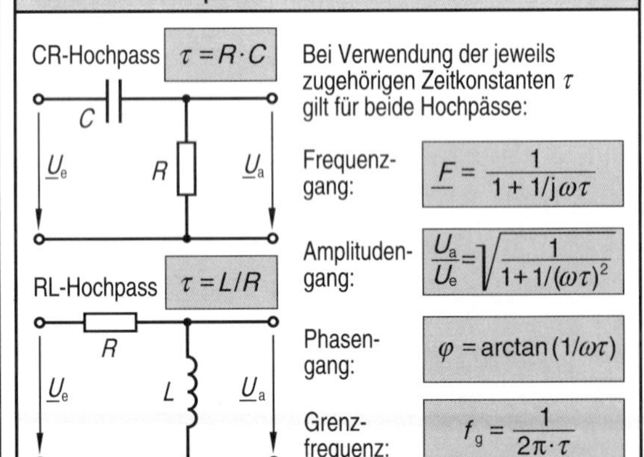

Bei Verwendung der jeweils zugehörigen Zeitkonstanten τ gilt für beide Hochpässe:

Frequenzgang: $\underline{F} = \dfrac{1}{1 + 1/j\omega\tau}$

Amplitudengang: $\dfrac{U_a}{U_e} = \sqrt{\dfrac{1}{1 + 1/(\omega\tau)^2}}$

Phasengang: $\varphi = \arctan(1/\omega\tau)$

Grenzfrequenz: $f_g = \dfrac{1}{2\pi \cdot \tau}$

Hochpass, Amplitudengang

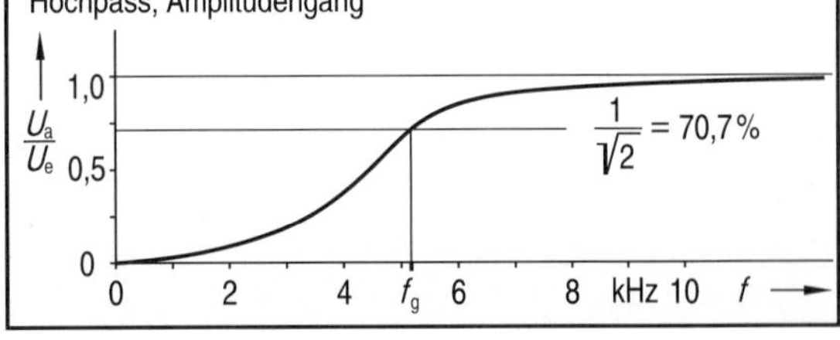

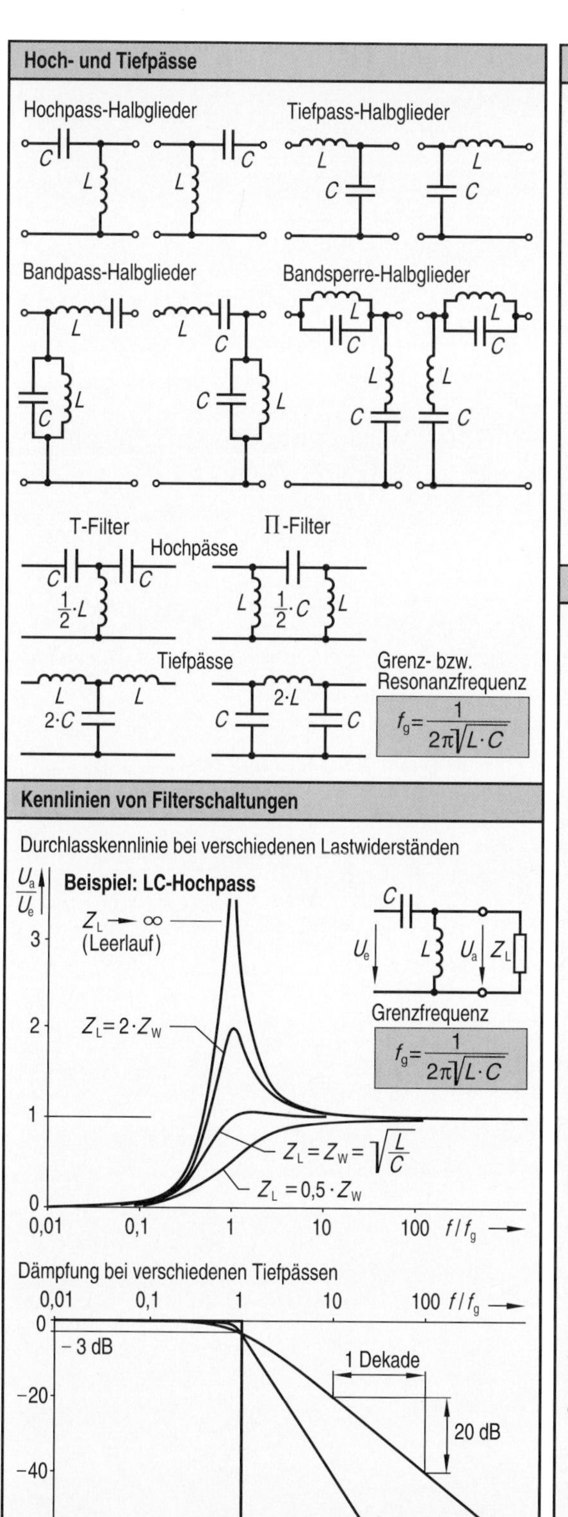

Hoch- und Tiefpässe
Hochpass-Halbglieder
Tiefpass-Halbglieder
Bandpass-Halbglieder
Bandsperre-Halbglieder
T-Filter
Π-Filter
Hochpässe
Tiefpässe
Grenz- bzw. Resonanzfrequenz
$f_g = \frac{1}{2\pi\sqrt{L \cdot C}}$
Kennlinien von Filterschaltungen
Durchlasskennlinie bei verschiedenen Lastwiderständen
Beispiel: LC-Hochpass
$Z_L \rightarrow \infty$ (Leerlauf)
$Z_L = 2 \cdot Z_W$
$Z_L = Z_W = \sqrt{\frac{L}{C}}$
$Z_L = 0{,}5 \cdot Z_W$
Grenzfrequenz
$f_g = \frac{1}{2\pi\sqrt{L \cdot C}}$
f/f_g
Dämpfung bei verschiedenen Tiefpässen
- 3 dB
1 Dekade
20 dB
a in dB
idealer Tiefpass
Tiefpass 2. Ordnung
Tiefpass 1. Ordnung

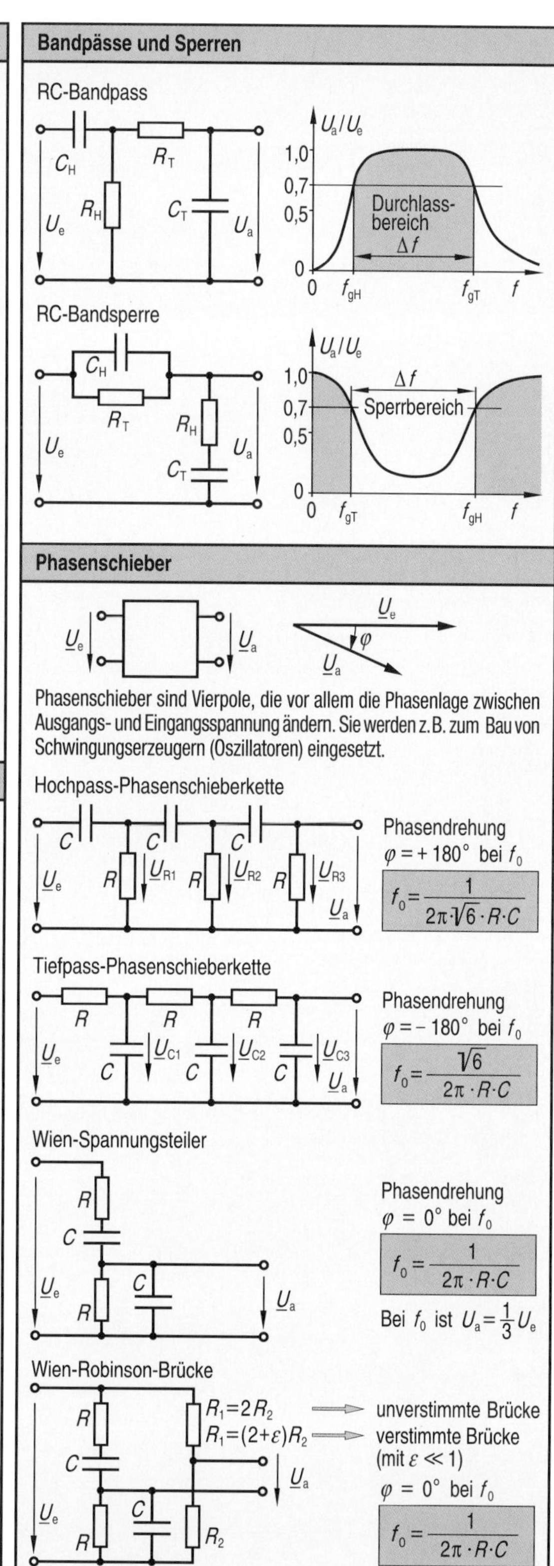

Bandpässe und Sperren
RC-Bandpass
Durchlass-bereich
Δf
RC-Bandsperre
Sperrbereich
Phasenschieber
Phasenschieber sind Vierpole, die vor allem die Phasenlage zwischen Ausgangs- und Eingangsspannung ändern. Sie werden z.B. zum Bau von Schwingungserzeugern (Oszillatoren) eingesetzt.
Hochpass-Phasenschieberkette
Phasendrehung
$\varphi = +180°$ bei f_0
$f_0 = \frac{1}{2\pi \cdot \sqrt{6} \cdot R \cdot C}$
Tiefpass-Phasenschieberkette
Phasendrehung
$\varphi = -180°$ bei f_0
$f_0 = \frac{\sqrt{6}}{2\pi \cdot R \cdot C}$
Wien-Spannungsteiler
Phasendrehung
$\varphi = 0°$ bei f_0
$f_0 = \frac{1}{2\pi \cdot R \cdot C}$
Bei f_0 ist $U_a = \frac{1}{3} U_e$
Wien-Robinson-Brücke
$R_1 = 2R_2$ unverstimmte Brücke
$R_1 = (2+\varepsilon)R_2$ verstimmte Brücke (mit $\varepsilon \ll 1$)
$\varphi = 0°$ bei f_0
$f_0 = \frac{1}{2\pi \cdot R \cdot C}$

9.2.21 Formeln und Tabellen

Schwingkreis, freie Schwingung

Energieaustausch im Schwingkreis

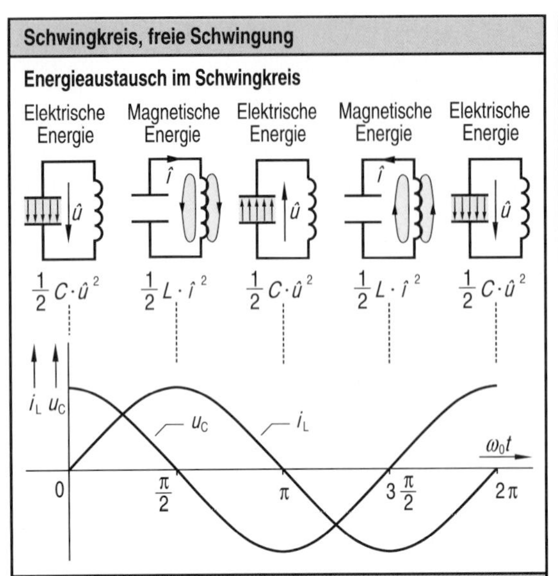

Kenngrößen von Schwingkreisen

Augenblickswerte	$i = \hat{i}\cdot\sin\omega_0 t$ $u = \hat{u}\cdot\sin\left(\omega_0 t + \frac{\pi}{2}\right)$ mit $\hat{u} = U_0 =$ Ladespannung von C
Thomsonsche Schwingungsformel (Frequenz der Eigenschwingung)	$\omega_0 = \frac{1}{\sqrt{L\cdot C}}$
Kennwiderstand des Schwingkreises	$Z = \sqrt{\frac{L}{C}}$
Maximalstrom	$\hat{i} = \frac{U_0}{Z} = U_0\cdot\sqrt{\frac{C}{L}}$

Schwach gedämpfter Schwingkreis

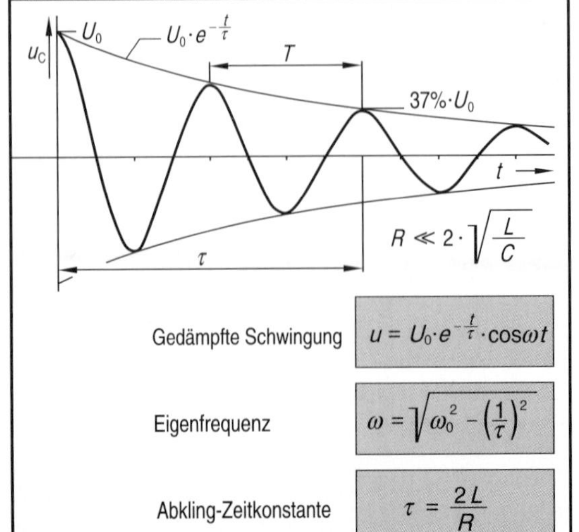

Gedämpfte Schwingung	$u = U_0\cdot e^{-\frac{t}{\tau}}\cdot\cos\omega t$
Eigenfrequenz	$\omega = \sqrt{\omega_0^2 - \left(\frac{1}{\tau}\right)^2}$
Abkling-Zeitkonstante	$\tau = \frac{2L}{R}$

Schwingkreise, erzwungene Schwingung

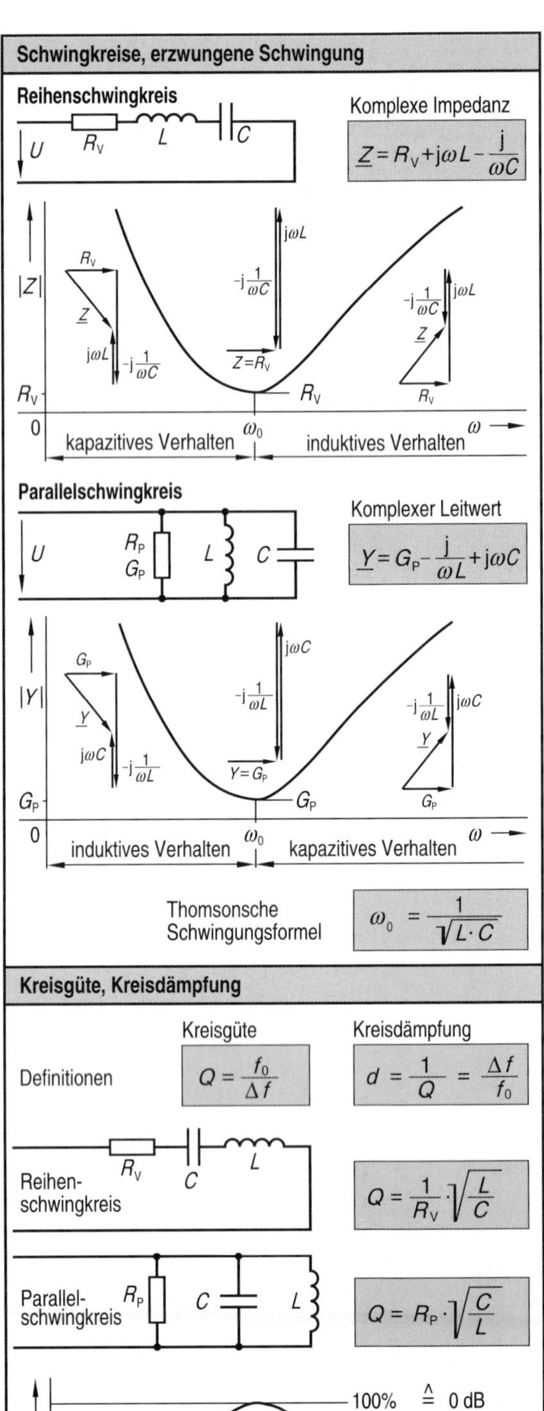

Reihenschwingkreis

Komplexe Impedanz

$$\underline{Z} = R_V + \mathrm{j}\omega L - \frac{\mathrm{j}}{\omega C}$$

Parallelschwingkreis

Komplexer Leitwert

$$\underline{Y} = G_P - \frac{\mathrm{j}}{\omega L} + \mathrm{j}\omega C$$

Thomsonsche Schwingungsformel

$$\omega_0 = \frac{1}{\sqrt{L\cdot C}}$$

Kreisgüte, Kreisdämpfung

	Kreisgüte	Kreisdämpfung
Definitionen	$Q = \frac{f_0}{\Delta f}$	$d = \frac{1}{Q} = \frac{\Delta f}{f_0}$
Reihenschwingkreis	$Q = \frac{1}{R_V}\cdot\sqrt{\frac{L}{C}}$	
Parallelschwingkreis	$Q = R_P\cdot\sqrt{\frac{C}{L}}$	

Leistung im Wechselstromkreis

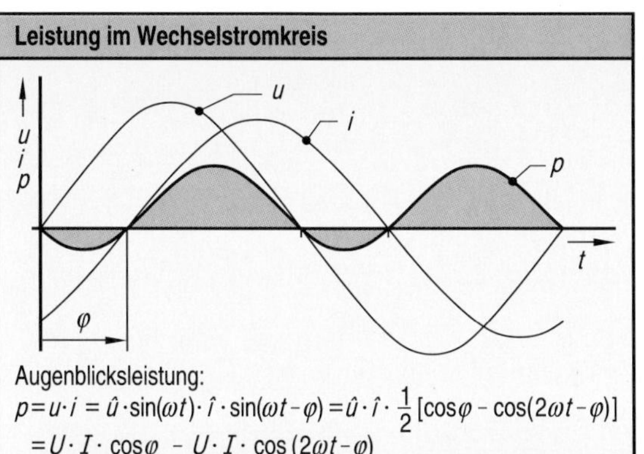

Augenblicksleistung:

$$p = u \cdot i = \hat{u} \cdot \sin(\omega t) \cdot \hat{\imath} \cdot \sin(\omega t - \varphi) = \hat{u} \cdot \hat{\imath} \cdot \frac{1}{2}[\cos\varphi - \cos(2\omega t - \varphi)]$$

$$= U \cdot I \cdot \cos\varphi - U \cdot I \cdot \cos(2\omega t - \varphi)$$

$$= U \cdot I \cdot \cos\varphi - U \cdot I \cdot \cos\varphi \cdot \cos(2\omega t) - U \cdot I \cdot \sin\varphi \cdot \sin(2\omega t)$$

$U \cdot I \cdot \cos\varphi$	$U \cdot I \cdot \cos\varphi \cdot \cos(2\omega t)$	$U \cdot I \cdot \sin\varphi \cdot \sin(2\omega t)$
effektive Wirkleistung	überlagerte Wirkleistung	überlagerte Blindleistung

Die Wechselstromleistung kann rechnerisch in einen konstanten Anteil $P = U \cdot I \cdot \cos\varphi$ (effektive Wirkleistung) und einen mit doppelter Grundfrequenz schwingenden Wirk- und Blindleistungsanteil zerlegt werden.

Komplexe Leistung

$\underline{I}$, P, Q, $\underline{Z}$, $\underline{U}$

$$\underline{S} = \underline{U} \cdot \underline{I}^* = U \cdot I \angle \varphi$$

$$\underline{S} = UI\cos\varphi + \mathrm{j} \cdot UI\sin\varphi = P + \mathrm{j} \cdot Q$$

Scheinleistung S	$[S]$ = VA
Wirkleistung P	$[P]$ = W
Blindleistung Q	$[Q]$ = var

Wirkleistung ($\underline{I}$, $\underline{U}$, R; $\underline{P}$)

$$\underline{P} = P$$

Kapazitive Blindleistung ($\underline{I}$, $\underline{U}$, C; $-\mathrm{j}Q_C$)

$$\underline{Q}_C = -\mathrm{j}\,Q_C$$

Induktive Blindleistung ($\underline{I}$, $\underline{U}$, L; $+\mathrm{j}Q_L$)

$$\underline{Q}_L = +\mathrm{j}\,Q_L$$

Leistungsberechnung ($\underline{I}$, R, C, L, $\underline{U}$; $-\mathrm{j}Q_C$, $\mathrm{j}Q_L$, $\underline{S}$, φ, P)

$$\underline{S} = P + \mathrm{j}Q_L - \mathrm{j}Q_C$$

$$S^2 = P^2 + (Q_L - Q_C)^2$$

Leistungsfaktor

S, Q, φ, P

Leistungsfaktor

$$\cos\varphi = \frac{P}{S}$$

Parallelkompensation

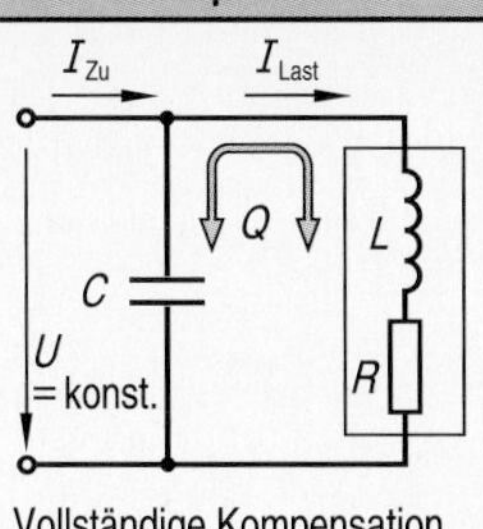

Die von einem Verbraucher benötigte induktive Blindleistung kann prinzipiell von einem Kondensator geliefert werden, der Kondensator wird dabei meist parallel zum Verbraucher geschaltet. Durch Parallelkompensation sinkt der Strom in der Zuleitung; die Anlage wird dadurch entlastet.

Vollständige Kompensation

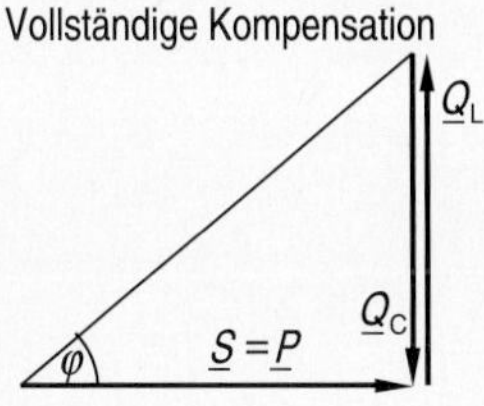

Kondensator

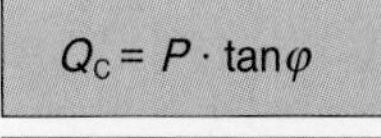

$$Q_C = P \cdot \tan\varphi$$

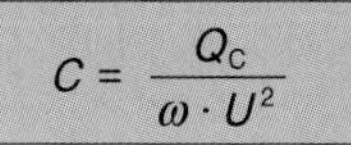

$$C = \frac{Q_C}{\omega \cdot U^2}$$

Teilweise Kompensation

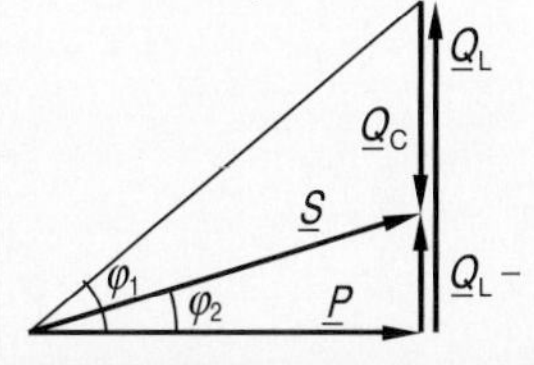

Kondensator

$$Q_C = P(\tan\varphi_1 - \tan\varphi_2)$$

$$C = \frac{Q_C}{\omega \cdot U^2}$$

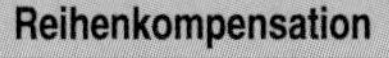

Reihenkompensation

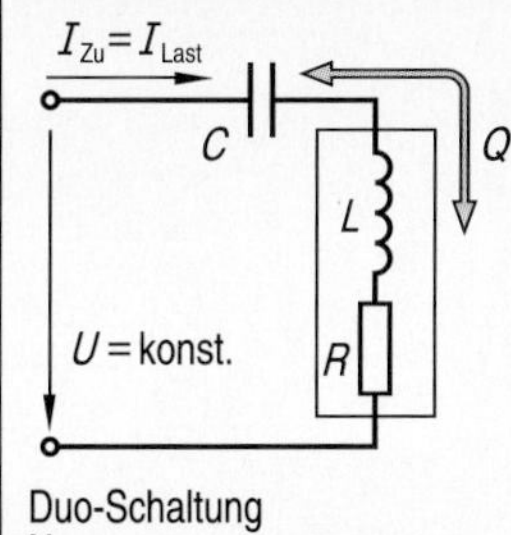

Durch Reihenkompensation kann im Prinzip die einzuspeisende Spannung reduziert werden. Für die Praxis hat aber nur die Duo-Schaltung Bedeutung. Dabei werden zwei gleiche Leuchtstofflampen parallel betrieben, wobei der eine Zweig unkompensiert bleibt und der andere Zweig überkompensiert, also kapazitiv betrieben wird.

Duo-Schaltung

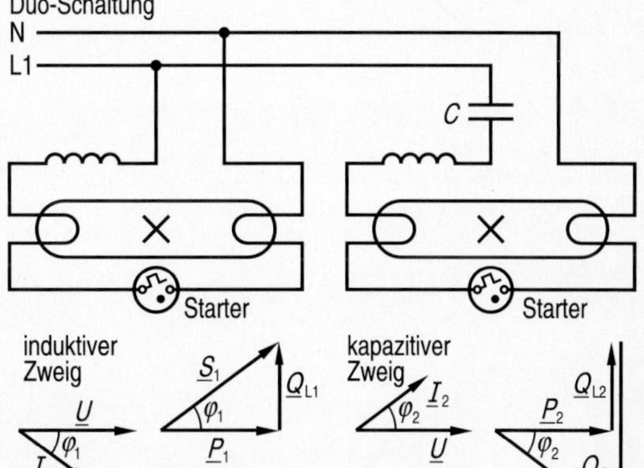

Für die Kondensatorleistung gilt: $Q_{C2} = 2\,Q_{L2}$

Beide Lampen sind identisch, also: $I_1 = I_2$, $P_1 = P_2$, $\varphi_1 = \varphi_2$.

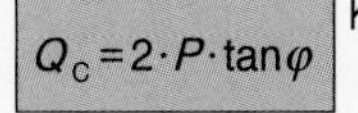

Kondensatorleistung

$$Q_C = 2 \cdot P \cdot \tan\varphi$$

Kapazität

$$C = \frac{I^2}{\omega \cdot Q_C}$$

9.2.23 Formeln und Tabellen

Transformator, Aufbau

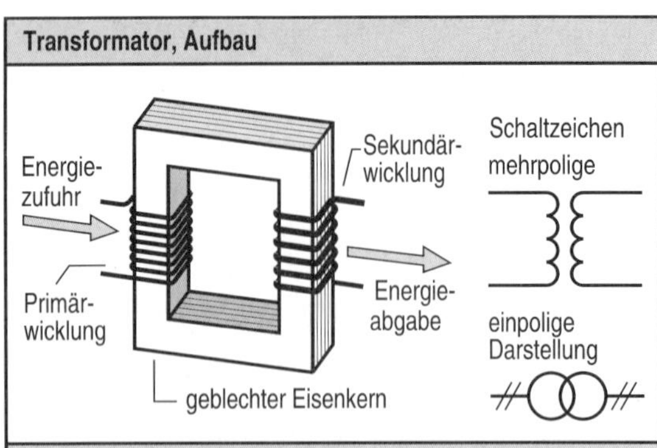

Gesetze des idealen Transformators

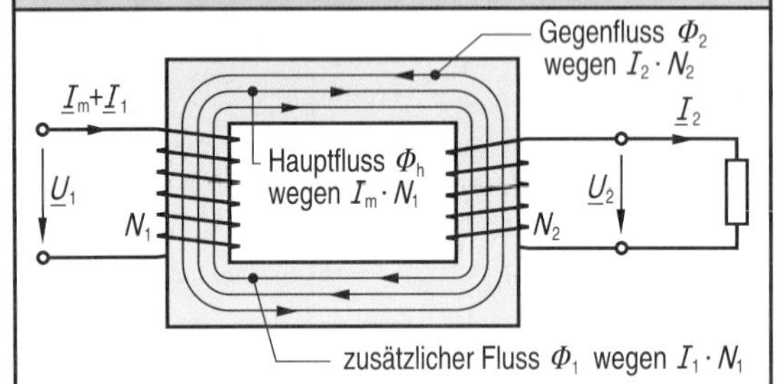

Bei sinusförmigem Verlauf des Magnetisierungsstroms folgt aus dem Induktionsgesetz:

Transformatorhauptgleichung

$$U_0 = 4{,}44 \cdot N \cdot f \cdot \hat{B} \cdot A_{Fe}$$

Induzierte Spannungen:

$U_1 = 4{,}44 \cdot N_1 f \hat{B} A_{Fe}$

$U_2 = 4{,}44 \cdot N_2 f \hat{B} A_{Fe}$

- U_0 Induzierte Spannung
- N Windungszahl
- f Frequenz
- $\hat{B}$ Induktion, Maximalwert
- A_{Fe} Eisenquerschnitt

Übersetzung

der Spannungen	der Ströme	der Impedanzen
$\frac{U_1}{U_2} = \frac{N_1}{N_2} = ü$	$\frac{I_1}{I_2} = \frac{N_2}{N_1} = \frac{1}{ü}$	$\frac{Z_1}{Z_2} = \frac{N_1^2}{N_2^2} = ü^2$

Realer Transformator

Reale Transformatoren haben Verluste in den Wicklungen (Kupferverluste) und im Eisenkern (Eisenverluste). Weil das Eisen nicht unendlich gut magnetisch leitend ist, treten auch magnetische Streuflüsse auf. Die Verluste und Streuflüsse werden im Ersatzschaltbild berücksichtigt.

R_{Cu} realisiert die Wicklungsverluste, R_{Fe} realisiert die Eisenverluste und X_σ realisiert die Streuinduktivität. X_h realisiert die Hauptinduktivität, die den magnetischen Hauptfluss erzeugt.

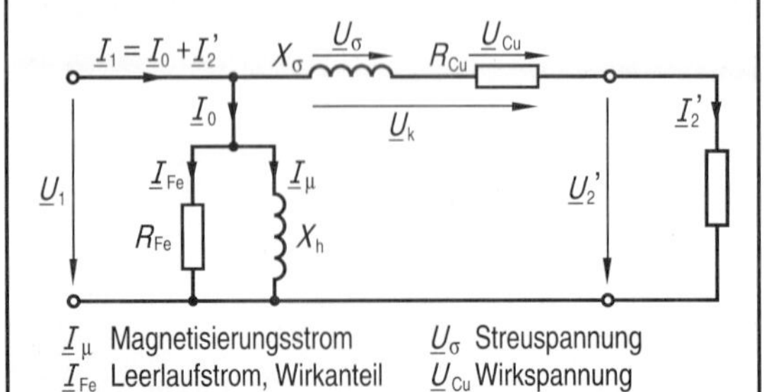

- I_μ Magnetisierungsstrom
- I_{Fe} Leerlaufstrom, Wirkanteil
- I_0 Leerlaufstrom
- U_σ Streuspannung
- U_{Cu} Wirkspannung
- U_k Kurzschlussspannung

Leerlauf- und Kurzschlussmessung

Leerlaufmessung an Nennspannung

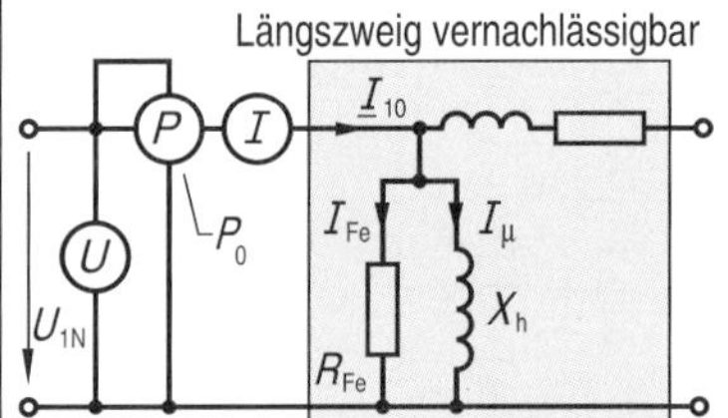

Auf Eingangsseite bezogene Werte

$$R'_{Fe} = \frac{U_{1N}^2}{P_0}$$

$$X'_h = \frac{U_{1N}}{\sqrt{I_0^2 - \frac{P_0^2}{U_{1N}^2}}}$$

Mit der Leerlaufmessung werden die Eisenverluste bestimmt.

Kurzschlussmessung mit Nennstrom

Querzweig vernachlässigbar

I_{1N}, X_σ, R_{Cu}, U_σ, U_{Cu}, P_k, U_{1k}

Auf Eingangsseite bezogene Werte

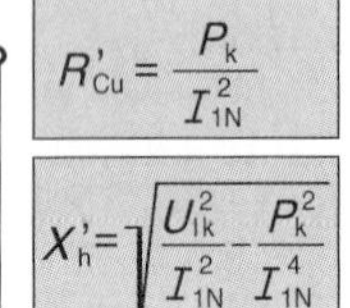

$$R'_{Cu} = \frac{P_k}{I_{1N}^2}$$

$$X'_h = \sqrt{\frac{U_{1k}^2}{I_{1N}^2} - \frac{P_k^2}{I_{1N}^4}}$$

Mit der Kurzschlussmessung werden die Kupferverluste bestimmt.

Spannungsfall bei Belastung

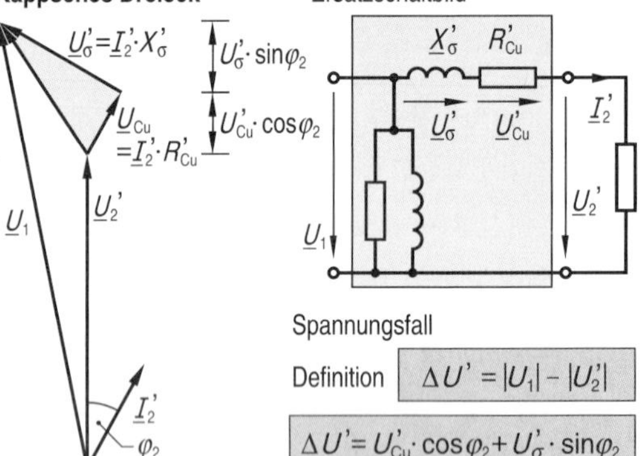

Spannungsfall

Definition $\Delta U' = |U_1| - |U'_2|$

$$\Delta U' = U'_{Cu} \cdot \cos\varphi_2 + U'_\sigma \cdot \sin\varphi_2$$

Spannungsfall bei verschiedenen Lastarten

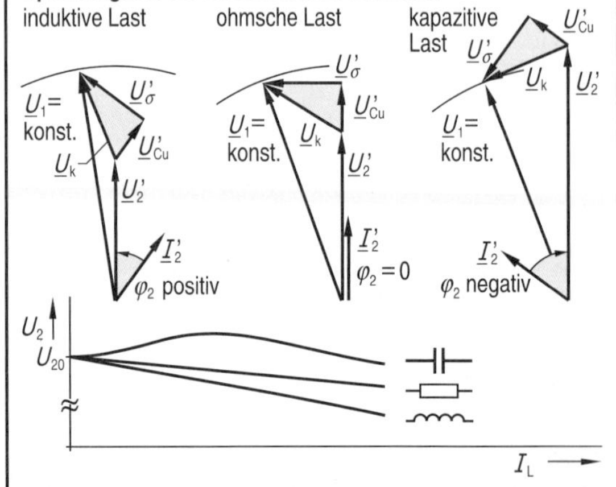

Einschaltstromstoß

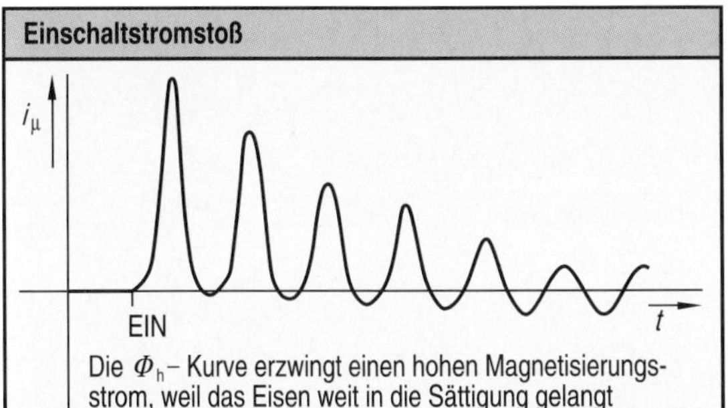

Die Φ_h– Kurve erzwingt einen hohen Magnetisierungsstrom, weil das Eisen weit in die Sättigung gelangt

Beim Einschalten eines Transformators können auch im unbelasteten Zustand Stromspitzen auftreten, die ein Vielfaches vom Nennstrom betragen. Der Strom ist vor allem vom Einschaltzeitpunkt abhängig.

Kurzschlussspannung

U_{kN} Nennkurzschlussspannung in V

U_N Nennspannung in V

$$u_{kN} = \frac{U_{kN}}{U_N} \cdot 100\,\%$$

Prozentuale Kurzschlussspannungen

Spannungswandler	u_k	< 1 %
Drehstromtransformatoren		
Nennleistung bis 200 kVA	u_k	4 %
Nennleistung 250 kVA bis 3150 kVA		6 %
4 MVA bis 5 MVA		8 %
über 6,3 MVA		10 %
Einphasentransformatoren		
Trenntransformatoren	u_k	10 %
Spielzeugtransformatoren		20 %
Klingeltransformatoren		40 %
Zusammensteckbare Experimentiertransformatoren		70 %
Zündtransformatoren		100 %

Kurzschlussstrom

Abklingender Kurzschlussstrom

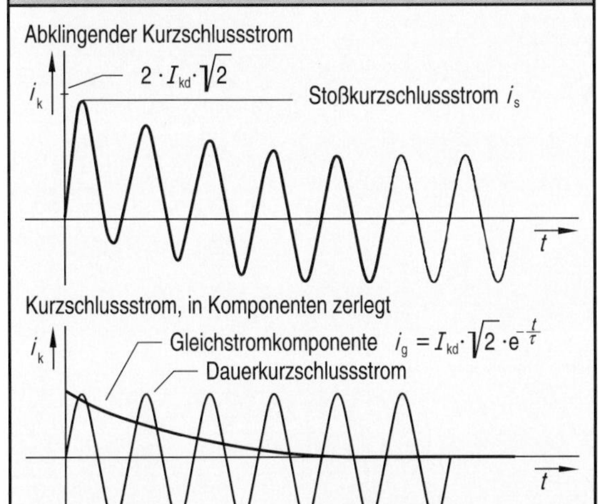

Dauerkurzschlussstrom

$$I_{kd} = \frac{I_N}{u_k} \cdot 100\,\%$$

Maximaler Stoßkurzschlussstrom

$$i_s = 1{,}8 \cdot I_{kd}\sqrt{2} \approx 2{,}5 \cdot I_{kd}$$

Wirkungsgrad

Kupferverluste, steigen mit dem Quadrat des Laststromes P_{Cu}

Eisenverluste, belastungsunabhängig P_{Fe}

P_1, P_{zu} P_2, P_{ab}

Wirkungsgrad

$$\eta = \frac{P_{ab}}{P_{ab} + P_{Fe} + P_{Cu}}$$

Jahreswirkungsgrad

W_a Arbeitsabgabe im Jahr

W_{Fe} Eisenverlustarbeit im Jahr

W_{Cu} Kupferverlustarbeit im Jahr

$$\eta_a = \frac{W_a}{W_a + W_{Fe} + W_{Cu}}$$

(a annum, lat. Jahr)

η_a wird nach DIN 1304 auch Nutzungsgrad ξ (lies: Zeta) genannt.

Lastfaktor und Wirkungsgrad

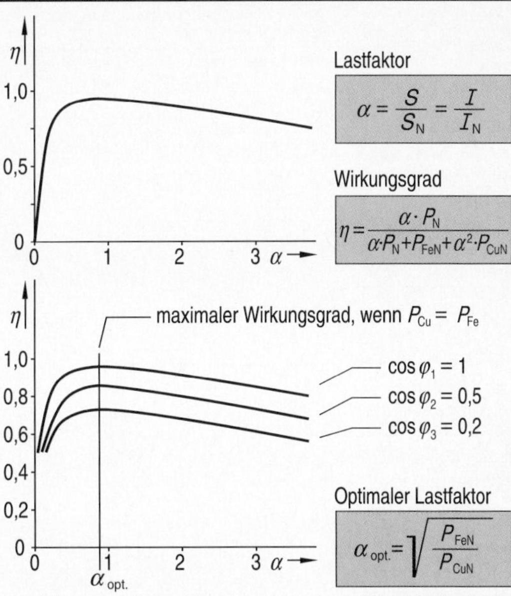

Lastfaktor

$$\alpha = \frac{S}{S_N} = \frac{I}{I_N}$$

Wirkungsgrad

$$\eta = \frac{\alpha \cdot P_N}{\alpha \cdot P_N + P_{FeN} + \alpha^2 \cdot P_{CuN}}$$

Optimaler Lastfaktor

$$\alpha_{opt.} = \sqrt{\frac{P_{FeN}}{P_{CuN}}}$$

Der Wirkungsgrad eines Transformators ist von Art und Größe der Belastung abhängig. Der größte Wirkungsgrad wird bei Wirklast ($\cos\varphi = 1$) und beim optimalen Lastgrad erreicht. Der optimale Lastgrad stellt sich ein, wenn die Kupferverluste gleich groß wie die Eisenverluste sind.

Wirkungsgrad in Abhängigkeit vom Lastgrad

$$\eta = \frac{\alpha \cdot P_N}{\alpha \cdot P_N + P_{FeN} + \alpha^2 \cdot P_{CuN}}$$

$$\frac{d\eta}{d\alpha} = \frac{(\alpha \cdot P_N + P_{FeN} + \alpha^2 \cdot P_{CuN}) \cdot P_N - \alpha \cdot P_N \,(P_N + 2\,\alpha \cdot P_{CuN})}{(\alpha \cdot P_N + P_{FeN} + \alpha \cdot P_{CuN})^2}$$

$$(\alpha \cdot P_N + P_{FeN} + \alpha^2 \cdot P_{CuN}) \cdot P_N - \alpha \cdot P_N \,(P_N + 2\,\alpha \cdot P_{CuN}) = 0$$

$$P_{FeN} \cdot P_N - \alpha^2 \cdot P_{CuN} \cdot P_N = 0 \quad |:P_N$$

$$P_{FeN} - \alpha^2 \cdot P_{CuN} = 0 \quad \Longrightarrow \quad \alpha_{opt.} = \sqrt{\frac{P_{FeN}}{P_{CuN}}}$$

9.2.25 Formeln und Tabellen

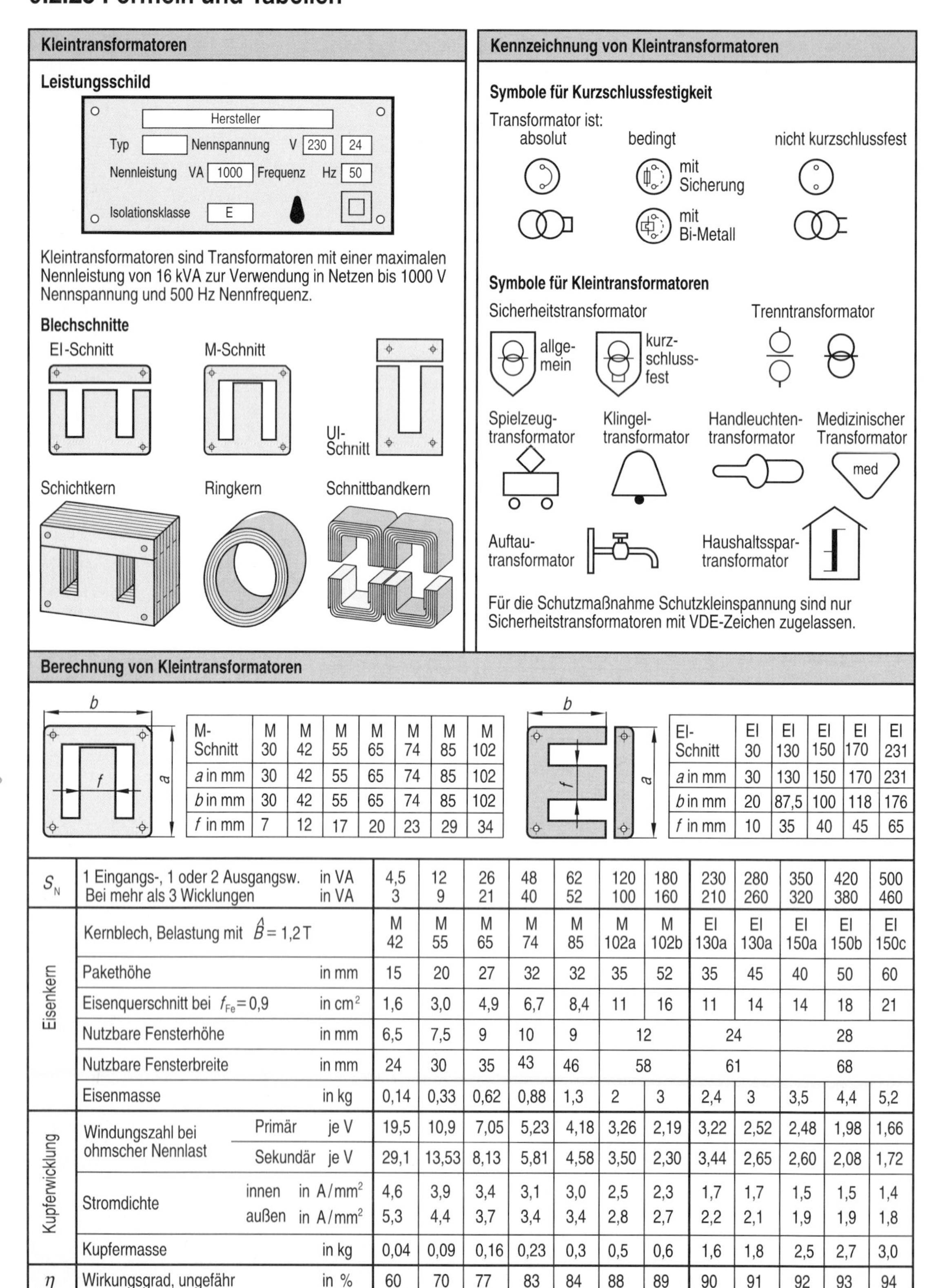

Kleintransformatoren

Leistungsschild

Kleintransformatoren sind Transformatoren mit einer maximalen Nennleistung von 16 kVA zur Verwendung in Netzen bis 1000 V Nennspannung und 500 Hz Nennfrequenz.

Blechschnitte

Kennzeichnung von Kleintransformatoren

Symbole für Kurzschlussfestigkeit

Symbole für Kleintransformatoren

Für die Schutzmaßnahme Schutzkleinspannung sind nur Sicherheitstransformatoren mit VDE-Zeichen zugelassen.

Berechnung von Kleintransformatoren

M-Schnitt	M 30	M 42	M 55	M 65	M 74	M 85	M 102
a in mm	30	42	55	65	74	85	102
b in mm	30	42	55	65	74	85	102
f in mm	7	12	17	20	23	29	34

EI-Schnitt	EI 30	EI 130	EI 150	EI 170	EI 231
a in mm	30	130	150	170	231
b in mm	20	87,5	100	118	176
f in mm	10	35	40	45	65

S_N	1 Eingangs-, 1 oder 2 Ausgangsw.	in VA	4,5	12	26	48	62	120	180	230	280	350	420	500
	Bei mehr als 3 Wicklungen	in VA	3	9	21	40	52	100	160	210	260	320	380	460
Eisenkern	Kernblech, Belastung mit $\hat{B} = 1{,}2\,T$		M 42	M 55	M 65	M 74	M 85	M 102a	M 102b	EI 130a	EI 130a	EI 150a	EI 150b	EI 150c
	Pakethöhe	in mm	15	20	27	32	32	35	52	35	45	40	50	60
	Eisenquerschnitt bei $f_{Fe} = 0{,}9$	in cm²	1,6	3,0	4,9	6,7	8,4	11	16	11	14	14	18	21
	Nutzbare Fensterhöhe	in mm	6,5	7,5	9	10	9	12		24		28		
	Nutzbare Fensterbreite	in mm	24	30	35	43	46	58		61		68		
	Eisenmasse	in kg	0,14	0,33	0,62	0,88	1,3	2	3	2,4	3	3,5	4,4	5,2
Kupferwicklung	Windungszahl bei ohmscher Nennlast, Primär	je V	19,5	10,9	7,05	5,23	4,18	3,26	2,19	3,22	2,52	2,48	1,98	1,66
	Windungszahl bei ohmscher Nennlast, Sekundär	je V	29,1	13,53	8,13	5,81	4,58	3,50	2,30	3,44	2,65	2,60	2,08	1,72
	Stromdichte innen	in A/mm²	4,6	3,9	3,4	3,1	3,0	2,5	2,3	1,7	1,7	1,5	1,5	1,4
	Stromdichte außen	in A/mm²	5,3	4,4	3,7	3,4	3,4	2,8	2,7	2,2	2,1	1,9	1,9	1,8
	Kupfermasse	in kg	0,04	0,09	0,16	0,23	0,3	0,5	0,6	1,6	1,8	2,5	2,7	3,0
η	Wirkungsgrad, ungefähr	in %	60	70	77	83	84	88	89	90	91	92	93	94

Messwandler

Spannungswandler, Beispiel

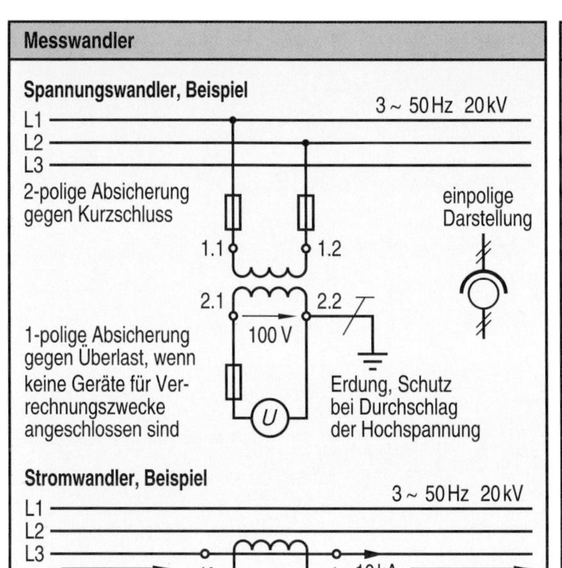

Stromwandler, Beispiel

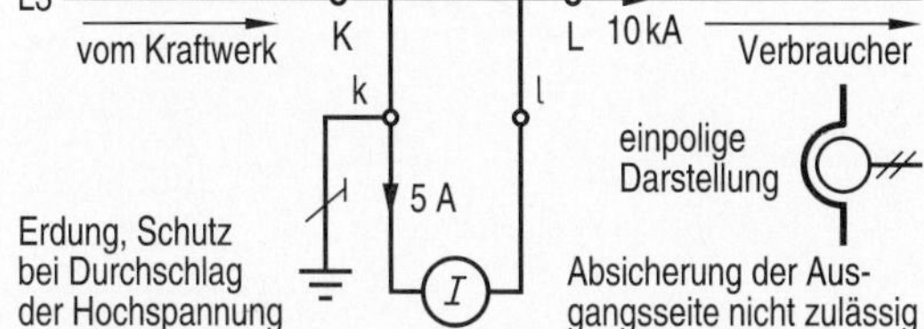

Messgeräte und Relais werden sicherheitshalber nicht direkt ins Hochspannungsnetz eingebaut. Mit Messwandlern werden die Spannungen und Ströme auf ungefährliche Werte herabtransformiert (100 V, 5 A, 1 A).

Spartransformator

Normaler Transformator

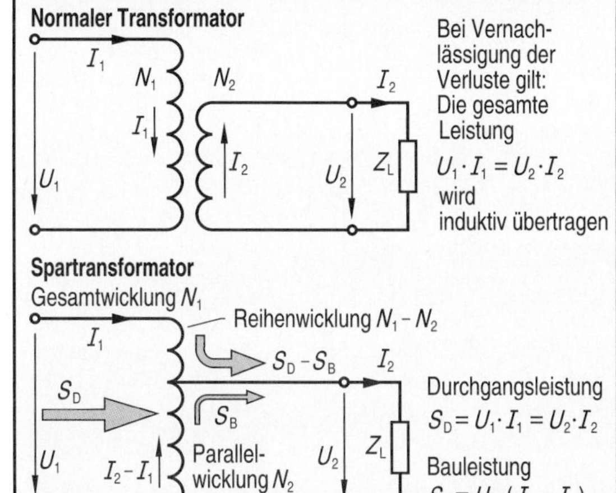

Bei Vernachlässigung der Verluste gilt: Die gesamte Leistung $U_1 \cdot I_1 = U_2 \cdot I_2$ wird induktiv übertragen

Spartransformator

Gesamtwicklung N_1

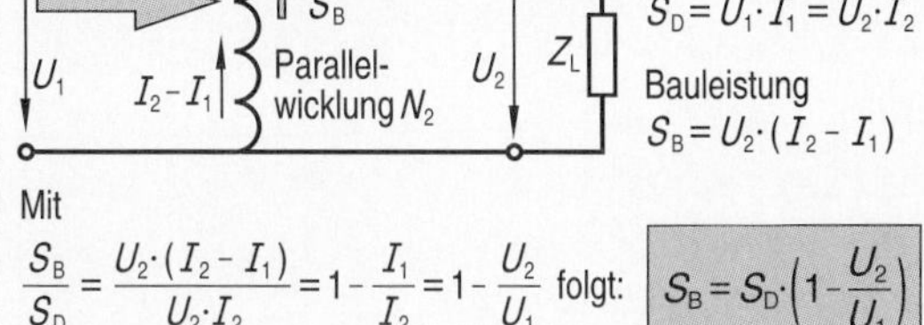

Durchgangsleistung $S_D = U_1 \cdot I_1 = U_2 \cdot I_2$

Bauleistung $S_B = U_2 \cdot (I_2 - I_1)$

Mit

$$\frac{S_B}{S_D} = \frac{U_2 \cdot (I_2 - I_1)}{U_2 \cdot I_2} = 1 - \frac{I_1}{I_2} = 1 - \frac{U_2}{U_1} \text{ folgt: } \quad S_B = S_D \cdot \left(1 - \frac{U_2}{U_1}\right)$$

Beim Spartransformator wird ein Teil der Wicklung für die Ein- und die Ausgangsseite gemeinsam benützt. Im Vergleich zum Transformator mit getrennten Wicklungen wird dadurch Kerneisen und Wicklungskupfer gespart. Als Sicherheitstransformator ist er aber nicht zulässig.

Wachstumsgesetze

Die Wachstumsgesetze beschreiben, wie sich Leistung, Verluste, Wirkungsgrad, Kühlung usw. mit zunehmender Baugröße ändern.

Wachstumsfaktor k_w

Referenztansformator

Leistung	S_R
Masse	m_R
Verluste	P_{VR}
Wirkungsgrad	η_R
Oberfläche	O_R

Zu untersuchender Transformator

S^*, m^*, P_V^*, η^*, O^*

H, L, B; $k_w \cdot H$, $k_w \cdot L$, $k_w \cdot B$

Magnetische Flussdichte $\hat{B}$ = konst.
Elektrische Stromdichte J = konst.

Aus $U = 4{,}44 \cdot f \cdot N \cdot \hat{B} \cdot A_{Fe}$
und $I = J \cdot A_{Cu}$ folgt für den

Referenztransformator: $S = U \cdot I = \underbrace{4{,}44 \cdot f \cdot \hat{B} \cdot J}_{\text{konstant}} \cdot A_{FeR} \cdot N_R \cdot A_{CuR}$

und den mit Faktor k_w
gewachsenen Transf.: $S^* = \text{konst.} \cdot k_w^2 \cdot A_{FeR} \cdot k_w^2 \cdot N_R \cdot A_{CuR}$

Leistung des gewachsenen Transformators: $S^* = k_w^4 \cdot S_R$

Volumen des gewachsenen Transformators: $V^* = k_w^3 \cdot V_R$

Masse des gewachsenen Transformators: $m^* = k_w^3 \cdot m_R$

Verluste des gewachsenen Transformators: $P_V^* = k_w^3 \cdot P_{VR}$

$$\text{Aus } \eta^* = \frac{P^* - P_V^*}{P^*} = 1 - \frac{P_V^*}{P^*}$$

$$= 1 - \frac{k_w^3 \cdot P_{VR}}{k_w^4 \cdot P} \text{ folgt:}$$

Wirkungsgrad des gewachsenen Transf.: $\eta^* = 1 - \dfrac{P_{VR}}{k_w \cdot P_R}$

Oberfläche (Kühlfläche) des gewachsenen Transformators: $O^* = k_w^2 \cdot O_{VR}$

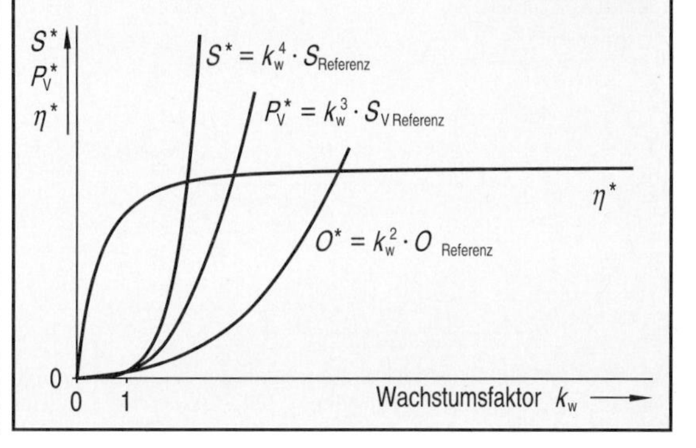

9.2.27 Formeln und Tabellen

Entstehung von dreiphasigem Wechselstrom

Prinzip der Innenpolmaschine

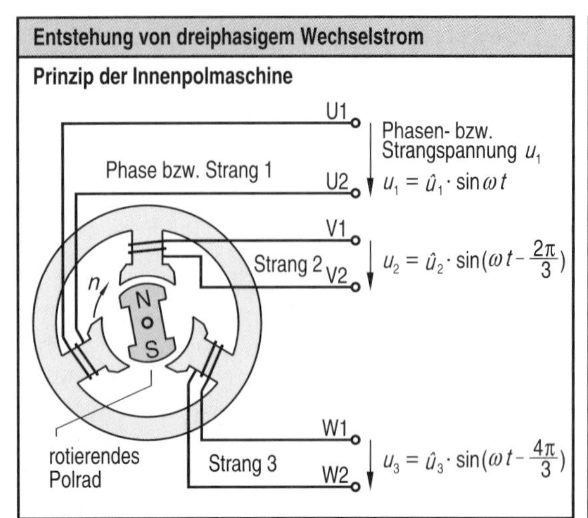

Darstellung der Strangspannungen

Strang- bzw. Phasenspannungen

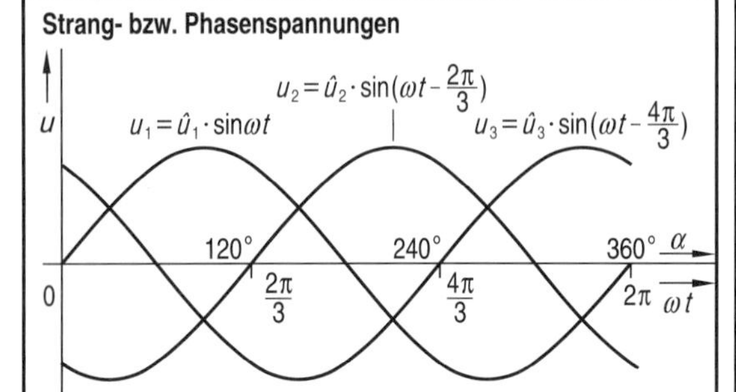

Zeigerbild der Strangspannungen

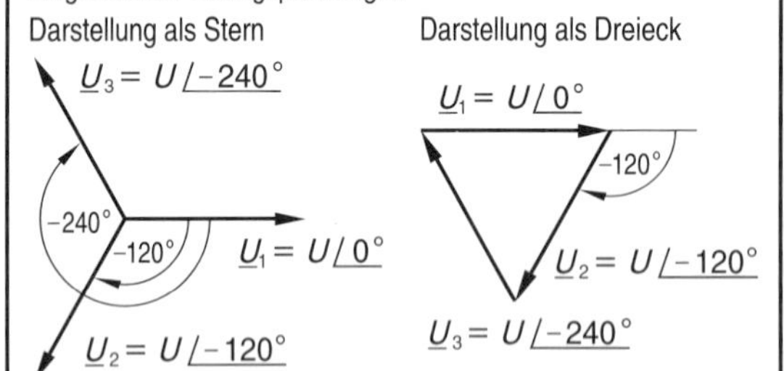

Unverkettetes Dreiphasensystem

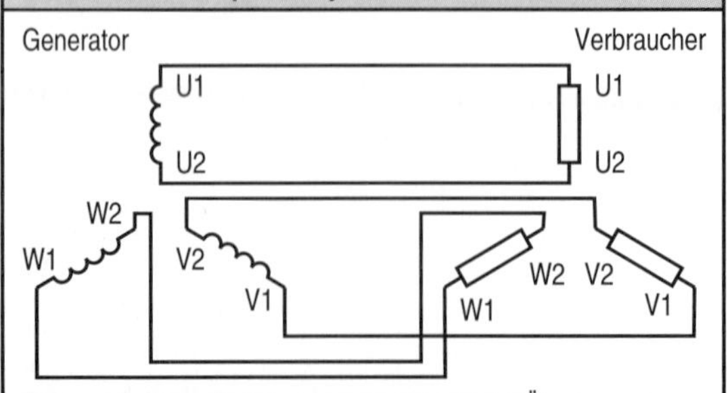

Ein unverkettetes Dreiphasensystem benötigt 6 Übertragungsleitungen. Die Stränge werden daher in der Praxis verkettet.

Verkettung zur Sternschaltung

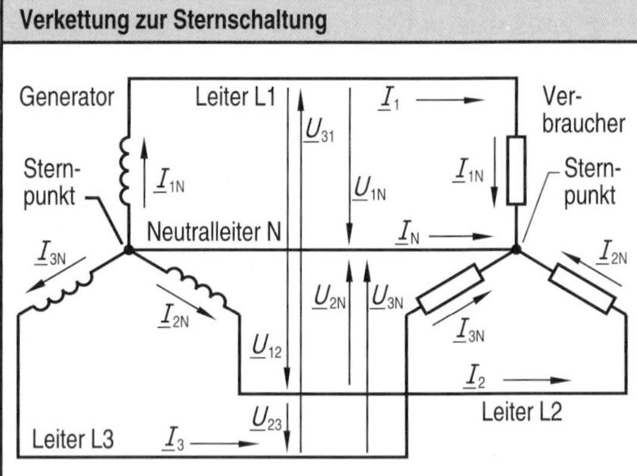

Herleitung des Verkettungsfaktors

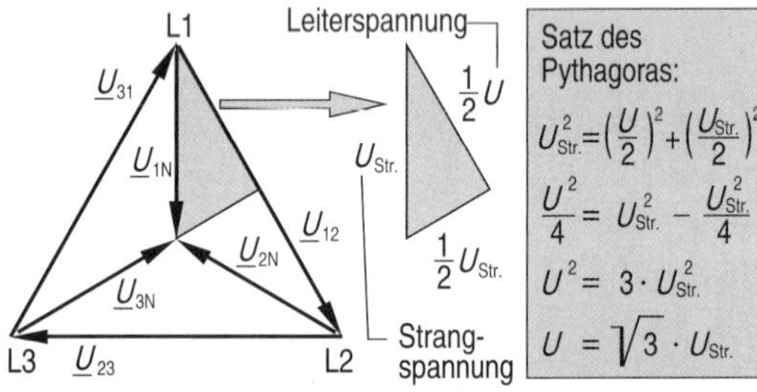

Satz des Pythagoras:

$$U_{Str.}^2 = \left(\frac{U}{2}\right)^2 + \left(\frac{U_{Str.}}{2}\right)^2$$

$$\frac{U^2}{4} = U_{Str.}^2 - \frac{U_{Str.}^2}{4}$$

$$U^2 = 3 \cdot U_{Str.}^2$$

$$U = \sqrt{3} \cdot U_{Str.}$$

In einer symmetrischen Sternschaltung sind die Außenleiterspannungen $\sqrt{3}$ mal so groß wie die Strangspannungen.

Darstellung der Strangspannungen

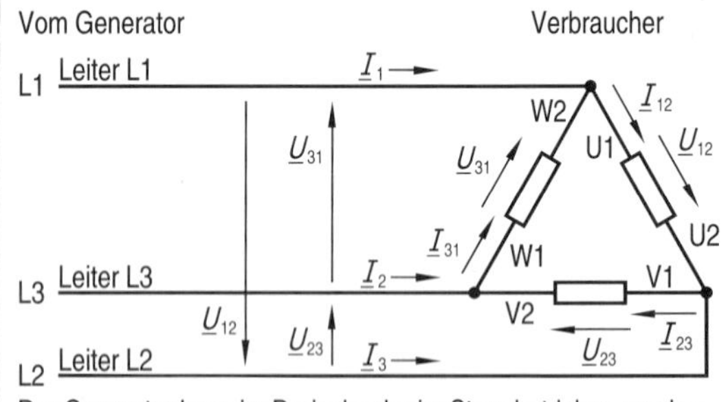

Der Generator kann im Dreieck oder im Stern betrieben werden

Herleitung des Verkettungsfaktors

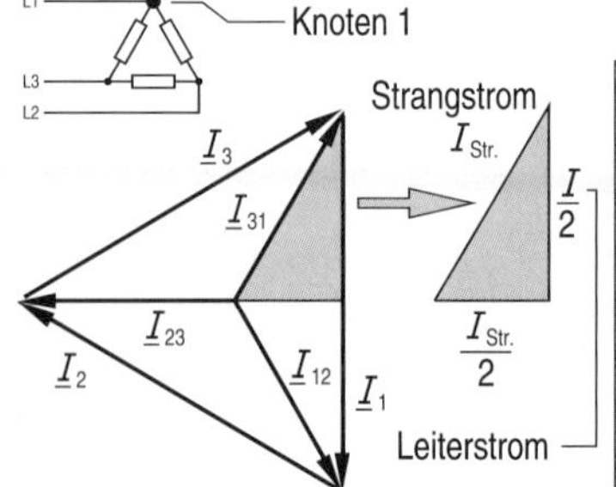

Satz des Pythagoras:

$$I_{Str.}^2 = \left(\frac{I}{2}\right)^2 + \left(\frac{I_{Str.}}{2}\right)^2$$

$$\frac{I^2}{4} = I_{Str.}^2 - \frac{I_{Str.}^2}{4}$$

$$I^2 = 3 \cdot I_{Str.}^2$$

$$I = \sqrt{3} \cdot I_{Str.}$$

In einer symmetrisch belasteten Dreieckschaltung sind die Leiterströme $\sqrt{3}$ mal so groß wie die Strangströme.

Unsymmetrische Sternschaltung mit N-Leiter, Beispiel

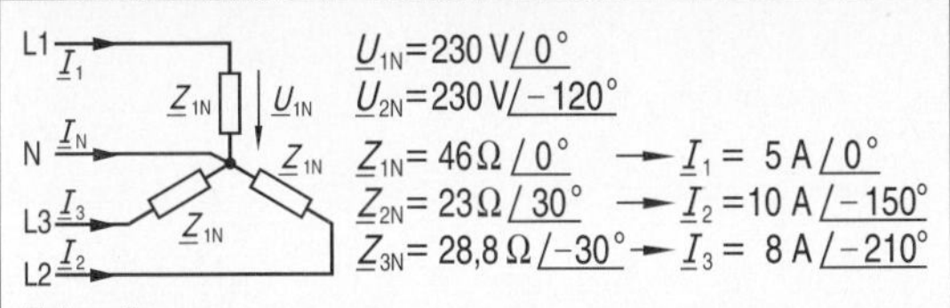

$\underline{U}_{1N} = 230\,\text{V}\,\underline{/\,0°}$

$\underline{U}_{2N} = 230\,\text{V}\,\underline{/-120°}$

$\underline{Z}_{1N} = 46\,\Omega\,\underline{/\,0°} \rightarrow \underline{I}_1 = 5\,\text{A}\,\underline{/\,0°}$

$\underline{Z}_{2N} = 23\,\Omega\,\underline{/\,30°} \rightarrow \underline{I}_2 = 10\,\text{A}\,\underline{/-150°}$

$\underline{Z}_{3N} = 28{,}8\,\Omega\,\underline{/-30°} \rightarrow \underline{I}_3 = 8\,\text{A}\,\underline{/-210°}$

Zeigerdiagramm

Maßstab: 1A $\hat{=}$ 2 mm

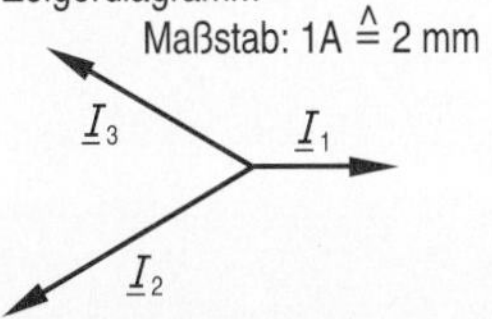

Abgelesen:

$\underline{I}_N = 21{,}3\text{ mm} \hat{=} 10{,}7\text{ A}$

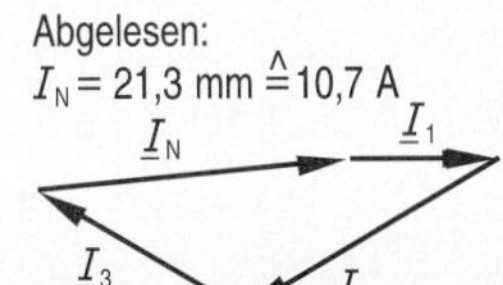

Komplexe Rechnung

$\underline{I}_N = -(\underline{I}_1 + \underline{I}_2 + \underline{I}_3) = -5\,\text{A}\,\underline{/\,0°} - 10\,\text{A}\,\underline{/-150°} - 8\,\text{A}\,\underline{/-210°}$

$= (-5 + 8{,}66 + 6{,}93)\,\text{A} + \text{j}\,(0 + 5 - 4)\,\text{A} = 10{,}59\,\text{A} + \text{j} \cdot 1\,\text{A}$

$= 10{,}64\,\text{A}\,\underline{/\,5{,}2°}$

Unsymmetrische Dreieckschaltung, Beispiel

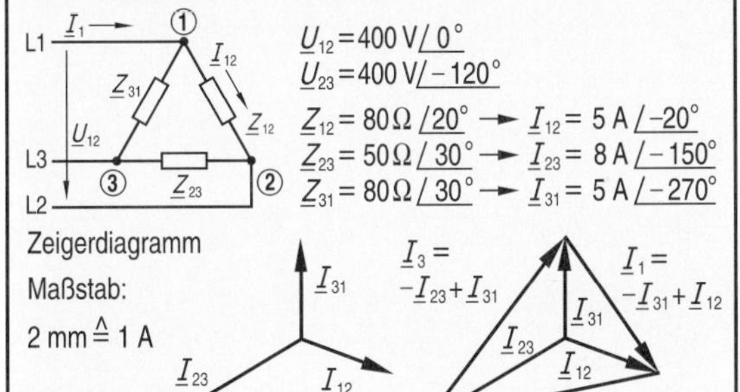

$\underline{U}_{12} = 400\,\text{V}\,\underline{/\,0°}$

$\underline{U}_{23} = 400\,\text{V}\,\underline{/-120°}$

$\underline{Z}_{12} = 80\,\Omega\,\underline{/20°} \rightarrow \underline{I}_{12} = 5\,\text{A}\,\underline{/-20°}$

$\underline{Z}_{23} = 50\,\Omega\,\underline{/\,30°} \rightarrow \underline{I}_{23} = 8\,\text{A}\,\underline{/-150°}$

$\underline{Z}_{31} = 80\,\Omega\,\underline{/\,30°} \rightarrow \underline{I}_{31} = 5\,\text{A}\,\underline{/-270°}$

Zeigerdiagramm

Maßstab:

2 mm $\hat{=}$ 1 A

Abgelesen:

$\underline{I}_1 = 16\text{ mm} \hat{=} 8\text{ A}$, $\underline{I}_2 = 24\text{ mm} \hat{=} 12\text{ A}$, $\underline{I}_3 = 23\text{ mm} \hat{=} 11{,}5\text{ A}$

Komplexe Rechnung

$\underline{I}_1 = -\underline{I}_{31} + \underline{I}_{12} = -5\,\text{A}\,\underline{/-270°} + 5\,\text{A}\,\underline{/-20°} = 8{,}18\,\text{A}\,\underline{/-35°}$

$\underline{I}_2 = -\underline{I}_{12} + \underline{I}_{23} = -5\,\text{A}\,\underline{/-20°} + 8\,\text{A}\,\underline{/-150°} = 11{,}83\,\text{A}\,\underline{/-169°}$

$\underline{I}_3 = -\underline{I}_{23} + \underline{I}_{31} = -8\,\text{A}\,\underline{/-120°} + 5\,\text{A}\,\underline{/-270°} = 11{,}34\,\text{A}\,\underline{/\,52{,}5°}$

Unsymmetrische Sternschaltung ohne N-Leiter

Unsymmetrische Wirklast | **Unsymmetrische komplexe Last**

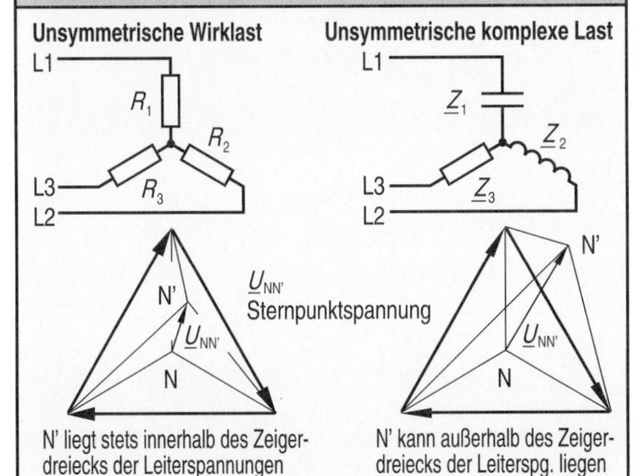

N' liegt stets innerhalb des Zeigerdreiecks der Leiterspannungen

N' kann außerhalb des Zeigerdreiecks der Leiterspg. liegen

Sternpunktverschiebung bei ohmscher Last

Bei einer unsymmetrischen ohmschen Sternschaltung ohne N-Leiter kann die Sternpunktverschiebung grafisch ermittelt werden.

1. Schritt: Leiter L3 wird unterbrochen, Spannungszeiger U_{12} wird im Verhältnis der Strangwiderstände $R_1 : R_2$ im Punkt P3 geteilt. Teilungslinie L3P3 wird gezeichnet.
2. Schritt: Leiter L2 wird unterbrochen, Spannungszeiger U_{31} wird im Verhältnis der Strangwiderstände $R_3 : R_1$ im Punkt P2 geteilt. Teilungslinie L2P2 wird gezeichnet.

Der Schnittpunkt der Teilungslinien N' stellt den verschobenen Sternpunkt dar. Die Strecke NN' ist ein Maß für die Sternpunktspannung.

Als Kontrolle kann noch Leiter L1 unterbrochen werden und der Spannungszeiger U_{23} im Verhältnis $R_2 : R_3$ im Punkt P1 geteilt werden. Die Teilungslinie L1P1 muss dann durch den bereits vorhandenen Schnittpunkt N' gehen.

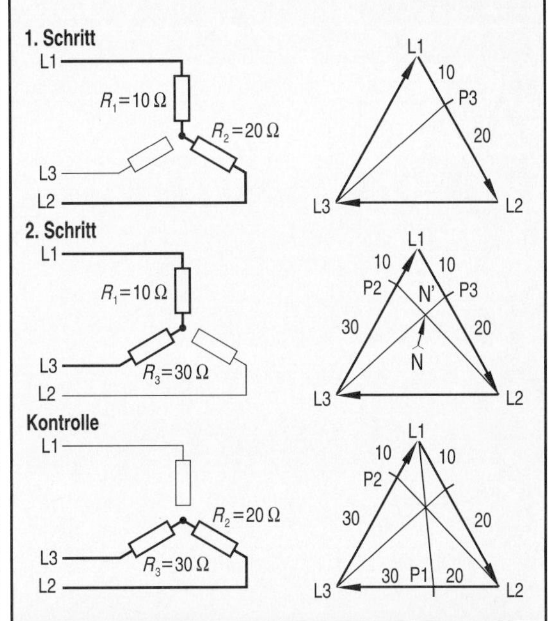

Sternpunktverschiebung bei komplexer Last

Enthält eine Sternschaltung mit unterbrochenem N-Leiter beliebige komplexe Lastwiderstände, so ist eine einfache grafische Lösung zur Bestimmung des verschobenen Sternpunkts nicht möglich. Als Lösungsansatz können stattdessen die Knotengleichung und zwei Maschengleichungen aufgestellt werden. Aus diesem komplexen Gleichungssystem lassen sich die unbekannten Strangströme, die Strangspannungen und die zwischen N und N' auftretende Sternpunktspannung bestimmen. Die Formeln zeigen die Lösungen des komplexen Gleichungssystems. Dabei ist angenommen, dass die Leiterspannungen des Systems starr sind.

Berechnung der komplexen Strangströme

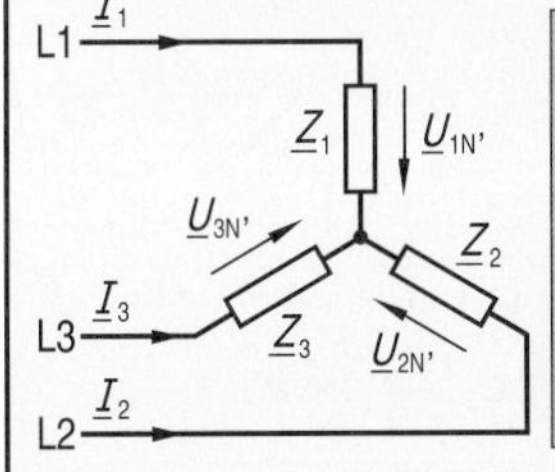

$$\underline{I}_1 = \frac{\underline{U}_{12}\,(\underline{Z}_2 + \underline{Z}_3) + \underline{U}_{23} \cdot \underline{Z}_2}{\underline{Z}_1 \cdot \underline{Z}_2 + \underline{Z}_2 \cdot \underline{Z}_3 + \underline{Z}_3 \cdot \underline{Z}_1}$$

$$\underline{I}_2 = \frac{-\underline{U}_{12} \cdot \underline{Z}_3 + \underline{U}_{23} \cdot \underline{Z}_1}{\underline{Z}_1 \cdot \underline{Z}_2 + \underline{Z}_2 \cdot \underline{Z}_3 + \underline{Z}_3 \cdot \underline{Z}_1}$$

$$\underline{I}_3 = \frac{-\underline{U}_{12} \cdot \underline{Z}_2 - \underline{U}_{23}\,(\underline{Z}_1 + \underline{Z}_2)}{\underline{Z}_1 \cdot \underline{Z}_2 + \underline{Z}_2 \cdot \underline{Z}_3 + \underline{Z}_3 \cdot \underline{Z}_1}$$

9.2.29 Formeln und Tabellen

Wirkleistung

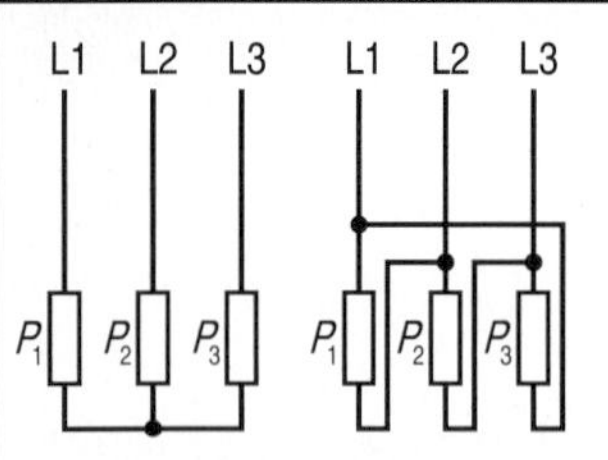

$P_{gesamt} = P_1 + P_2 + P_3$

mit

$P_1 = U_{Str.1} \cdot I_{Str.1} \cdot \cos\varphi_{Str.1}$

$P_1 = U_{Str.1} \cdot I_{Str.1} \cdot \cos\varphi_{Str.1}$

$P_1 = U_{Str.1} \cdot I_{Str.1} \cdot \cos\varphi_{Str.1}$

Die gesamte Wirkleistung eines Drehstromverbrauchers kann direkt aus den drei Strangleistungen berechnet werden. Bei der Berechnung der Blind- und Scheinleistung dürfen die drei Einzelleistungen nur unter Berücksichtigung der Phasenlage zusammengezählt werden.

Symmetrische Last

Symmetrische Sternschaltung

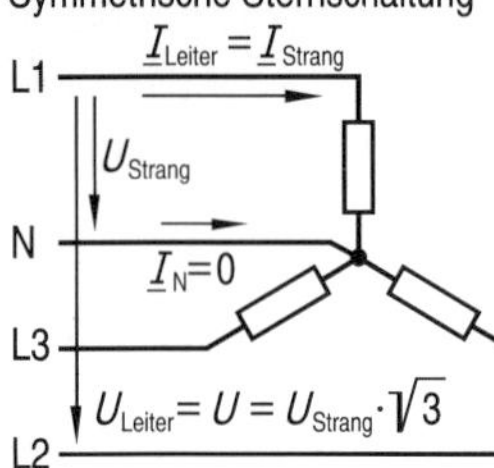

$P_{gesamt} = P = 3 \cdot P_{Str.}$

mit $P_{Str.} = U_{Str.} \cdot I_{Str.} \cdot \cos\varphi_{Str.}$

und $I_{Str.} = I_{Leiter} = I$

und $U_{Str.} = U_{Leiter} : \sqrt{3} = U : \sqrt{3}$

folgt: $P = 3 \cdot \frac{U}{\sqrt{3}} \cdot I \cdot \cos\varphi$

$P = U \cdot I\ \sqrt{3} \cdot \cos\varphi$

Symmetrische Dreieckschaltung

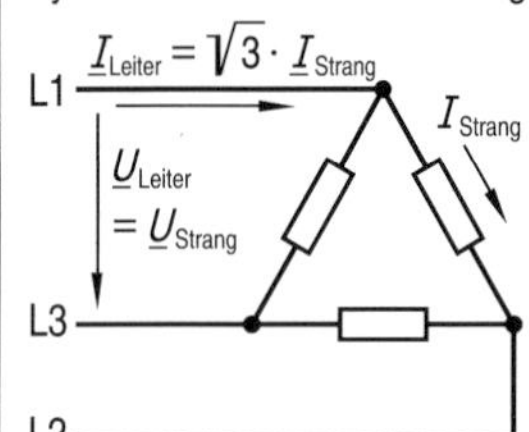

$P_{gesamt} = P = 3 \cdot P_{Str.}$

mit $P_{Str.} = U_{Str.} \cdot I_{Str.} \cdot \cos\varphi_{Str.}$

und $I_{Str.} = I_{Leiter} : \sqrt{3} = I : \sqrt{3}$

und $U_{Str.} = U_{Leiter} = U$

folgt: $P = 3 \cdot U \cdot \frac{I}{\sqrt{3}} \cdot \cos\varphi$

$P = U \cdot I \cdot \sqrt{3} \cdot \cos\varphi$

Unsymmetrische, komplexe Last

Beispiel: komplexe, unsymmetrische Dreieckschaltung

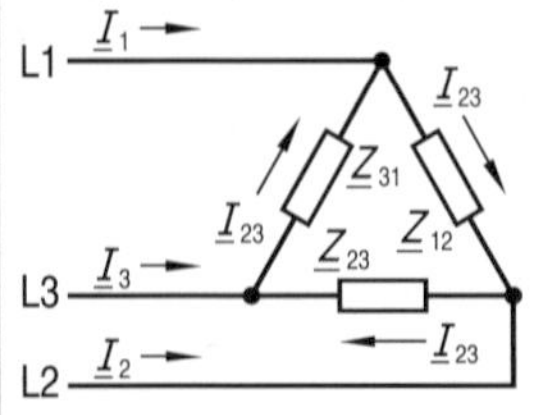

$\underline{U}_{12} = 400\ \text{V} \angle 0°$
$\underline{U}_{23} = 400\ \text{V} \angle -120°$
$\underline{U}_{31} = 400\ \text{V} \angle -240°$
$\underline{Z}_{12} = 200\ \Omega \angle -30°$
$\underline{Z}_{23} = 250\ \Omega \angle 30°$
$\underline{Z}_{31} = 400\ \Omega \angle 20°$

Ströme

$\underline{I}_{12} = 2\ \text{A} \angle 30°$ $\quad \underline{I}_{23} = 1{,}6\ \text{A} \angle -150°$ $\quad \underline{I}_{31} = 1\ \text{A} \angle -260°$

Strangleistungen

$\underline{S}_1 = \underline{U}_{12} \cdot \underline{I}^*_{12} = \underline{U}_{12} = 400\ \text{V} \angle 0° \cdot 2\ \text{A} \angle -30° = 800\ \text{W} \angle -30°$

$= 800\ \text{W} \cdot (\cos(-30°) + \text{j} \cdot \sin(-30°)) = 693\ \text{W} - \text{j} \cdot 400\ \text{W}$

Wirkleistung (693 W)
Blindleistung (j · 400 W)

$\underline{S}_2 = \underline{U}_{23} \cdot \underline{I}^*_{23} = \ldots = 640\ \text{W} \angle 30° = 554\ \text{W} + \text{j} \cdot 320\ \text{W}$

$\underline{S}_3 = \underline{U}_{31} \cdot \underline{I}^*_{31} = \ldots = 400\ \text{W} \angle 20° = 376\ \text{W} + \text{j} \cdot 137\ \text{W}$

Leistungsmessung im Vierleiternetz

Schaltung 3200

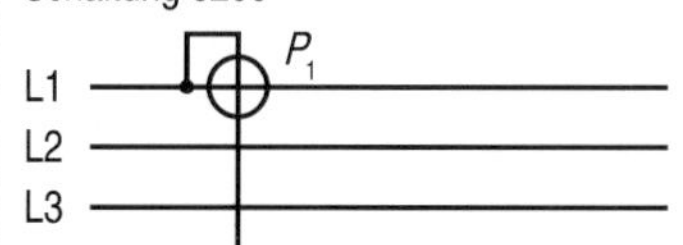

Symmetrische Last (Y oder Δ)

$P = 3 \cdot P_1$

Schaltung 6200

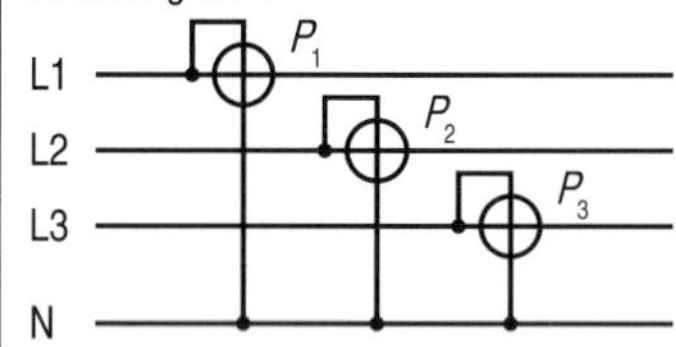

Beliebige Last (Y oder Δ)

$P = P_1 + P_2 + P_3$

Leistungsmessung im Dreileiternetz

Schaltung 4250

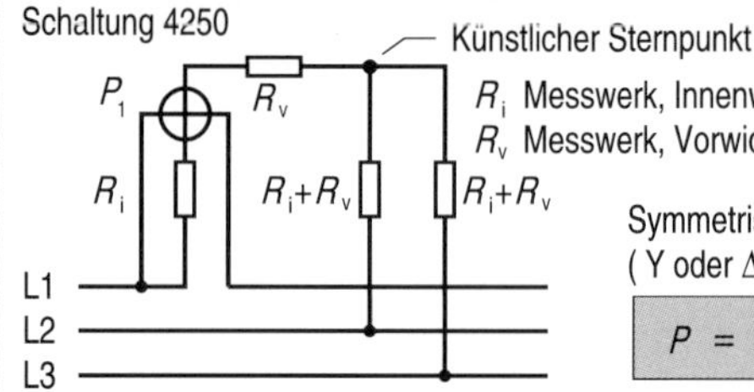

R_i Messwerk, Innenwiderstand
R_v Messwerk, Vorwiderstand

Symmetrische Last (Y oder Δ)

$P = 3 \cdot P_1$

Schaltung 5200 (Aron-Schaltung)

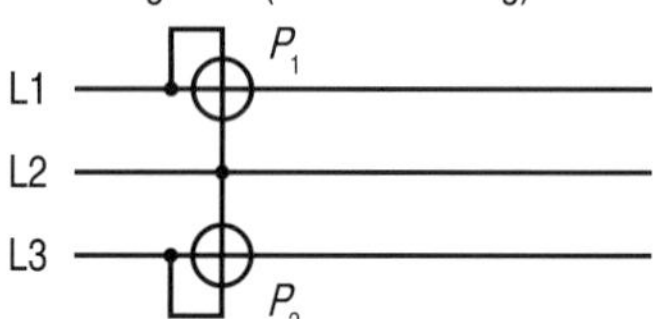

Beliebige Last (Y oder Δ)

$P = P_1 + P_2$

Messung der Blindleistung mit Wirkleistungsmesser

im Vierleiternetz

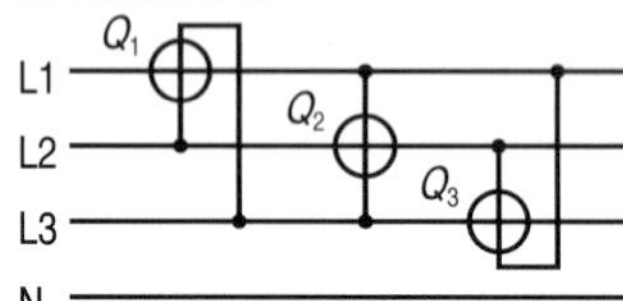

Gesamte Blindleistung

$Q = \frac{Q_1 + Q_2 + Q_3}{\sqrt{3}}$

im Dreileiternetz

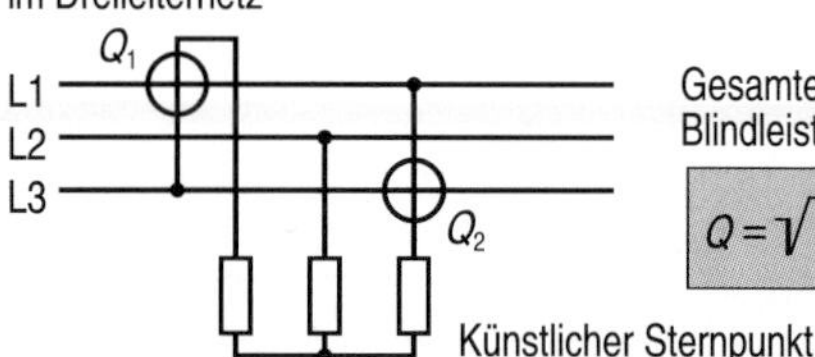

Gesamte Blindleistung

$Q = \sqrt{3} \cdot (Q_1 + Q_2)$

Die Blindleistung eines komplexen Verbrauchers kann mit Blindleistungsmessern bestimmt werden. In Drehstromschaltungen kann sie auch mit Wirkleistungsmessern gemessen werden. Beim Anschluss des Spannungspfades ist aber darauf zu achten, dass der Strom um 90° phasenverschoben ist im Vergleich zur entsprechenden Wirkleistungsmessung.

Drehstromtransformatoren

Übersetzungsverhältnis

OS $U_{1\,\text{Strang}}$ $N_{1\,\text{Strang}}$ — $U_{1\,\text{Leiter}}$

US $U_{2\,\text{Strang}}$ $N_{2\,\text{Strang}}$ — $U_{2\,\text{Leiter}}$

Als Übersetzungsverhältnis ist festgelegt:

$$\ddot{u} = \frac{U_{1\,\text{Leiter}}}{U_{2\,\text{Leiter}}}$$

Für die Strangspannungen gilt:

$$\frac{U_{1\,\text{Strang}}}{U_{2\,\text{Strang}}} = \frac{N_{1\,\text{Strang}}}{N_{2\,\text{Strang}}}$$

Leistungsschild, Beispiel

Hersteller					
Typ		Nr.		Baujahr	0532
Nennleistung kVA	160	Art	LT	Frequenz Hz	50
Nennspannung V 1	20 800			Betrieb	
Nennspannung V 2	20 000		400	Schaltgruppe	
Nennspannung V 3	19 200			Reihe	20
Nennstrom A	4,62			Isol.-Kl.	
Kurzschl.spg. %	4,15	Kurzschl.-Strom kA			
Schutzart	IP 54	Kurzschl.-Dauer max. s			1,8
Kühlungsart	SU				
Ges.-Masse t	0,95	Öl-Masse t			

Schaltgruppen

Die Stränge der OS und der US können je in Y oder D geschaltet sein. Das Beispiel zeigt die am häufigsten eingesetzten Schaltgruppen.

Schaltung Yyn 0

OS U_1 — US U_2

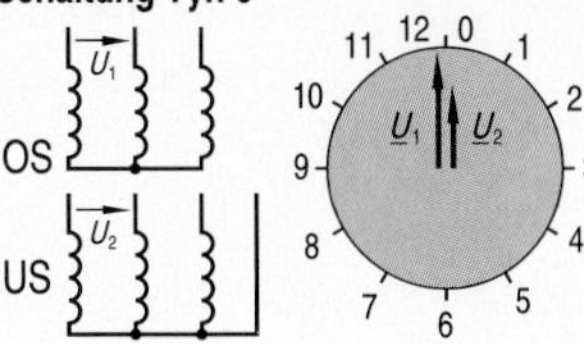

Yy 0 für die Energieübertragung bei hohen Spannungen (400 kV)

Yyn 0 für kleine Verteiltransformatoren mit maximal 10% Neutralleiterbelastung

Schaltung Dyn 5

OS U_1 — US U_2

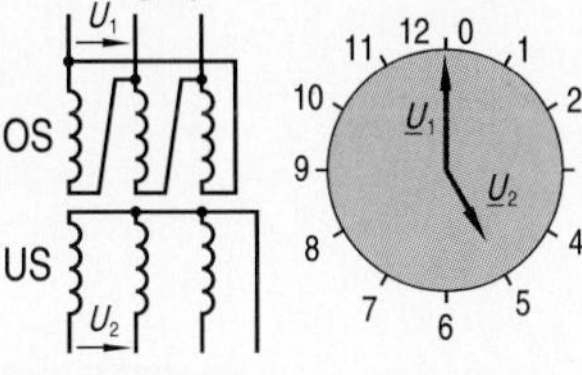

Verteilertransformator für hohe Leistungen im Niederspannungsnetz. Der N-Leiter ist mit dem vollen Nennstrom belastbar. Für Schieflast und einphasige Last sehr gut geeignet.

Schaltung Yd 5

OS U_1 — US U_2

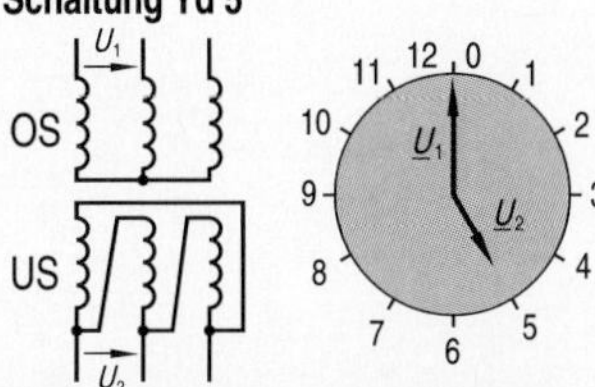

Haupttransformatoren der großen Kraft- und Umspannwerke. Die Energie wird auf der Unterspannungsseite eingespeist.

Ein N-Leiter wird nicht angeschlossen.

Parallelschalten von Transformatoren

Transformatorstation, vereinfacht

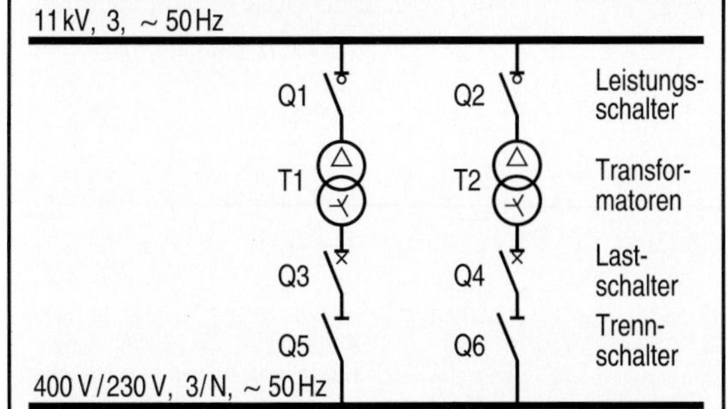

Lastverteilung

S_1, S_2, ...	Lastanteil der parallel geschalteten Transformatoren
$\sum S$	Gesamtlast
S_{N1}, S_{N2}, ...	Nennlast der parallel geschalteten Transformatoren
$\sum S_N$	Summe der Nennleistungen
u_{k1}, u_{k1}, ...	Kurzschlussspannungen der Transformatoren
u_k	Durchschnittliche Kurzschlussspannung

Lastverteilung bei gleichem u_k

$$S_1 = \sum S \cdot \frac{S_1}{\sum S_{N1}}$$

Lastverteilung bei unterschiedlichem u_k

$$u_k = \frac{\sum S_N}{\frac{S_{N1}}{u_{k1}} + \frac{S_{N2}}{u_{k2}} + \frac{S_{N3}}{u_{k3}}}$$

$$S_1 = S_{N1} \cdot \frac{u_k}{u_{k1}} \cdot \frac{\sum S}{\sum S_N}$$

Unsymmetrische Last, Schieflast

Drehstromtransformatoren können je nach Schaltgruppe verschieden stark mit unsymmetrischer Last (Schieflast) belastet werden. Das Beispiel zeigt den Vergleich zwischen den Schaltgruppen Yyn und Dyn.

Einphasig belastete Yyn-Schaltung

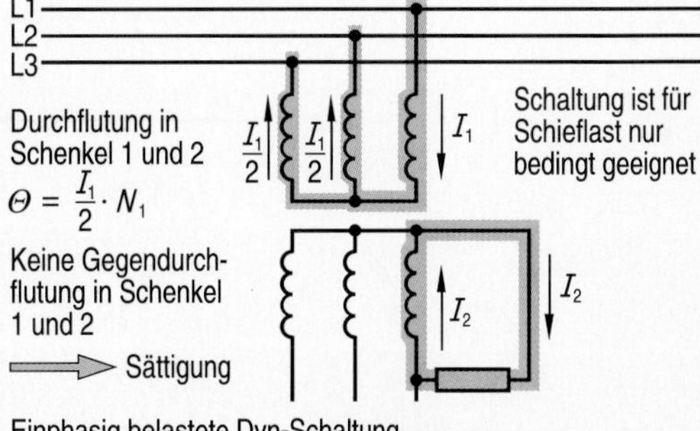

Durchflutung in Schenkel 1 und 2

$$\Theta = \frac{I_1}{2} \cdot N_1$$

Keine Gegendurchflutung in Schenkel 1 und 2

⟹ Sättigung

Schaltung ist für Schieflast nur bedingt geeignet

Einphasig belastete Dyn-Schaltung

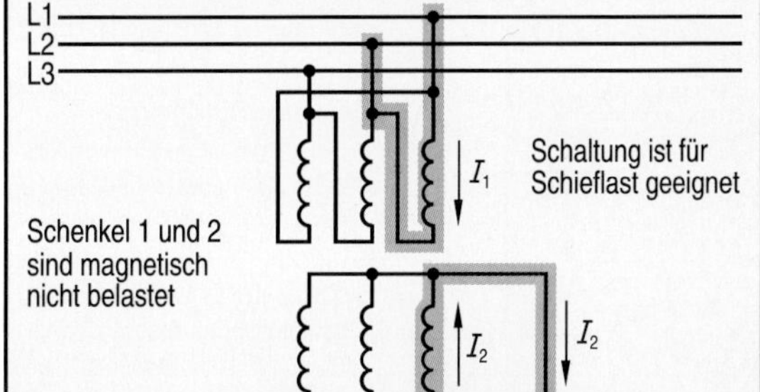

Schenkel 1 und 2 sind magnetisch nicht belastet

Schaltung ist für Schieflast geeignet

9.3.1 Schaltzeichen

Bilden von Schaltzeichen

Schaltzeichen für elektrische Betriebsmittel werden gemäß DIN 40900 aus Grundsymbolen und Symbolelementen gebildet. Sie können durch Kennzeichen erweitert werden.

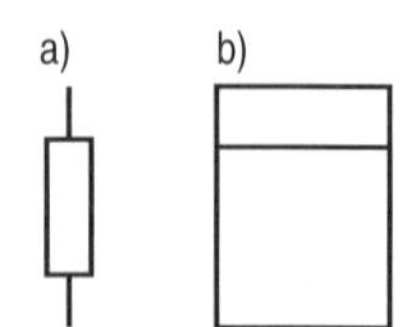

Grundsymbole
sind geometrische Figuren mit festgelegter Bedeutung. Sie sind jeweils charakteristisch für eine Familie von Funktions- oder Baueinheiten.
Beispiele: a) Widerstand
b) Messgerät, integrierend

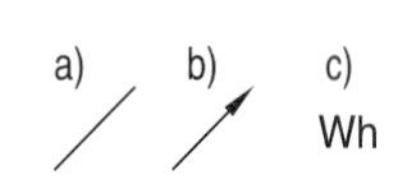

Inhärent:
die veränderbare Größe wird von der Eigenschaft des Bauteils selbst gesteuert
Nicht inhärent:
das Bauteil wird von außen gesteuert

Symbolelemente
sind Figuren, Zeichen, Ziffern oder Buchstaben mit festgelegter Bedeutung. Sie werden zusammen mit Grundsymbolen oder anderen Symbolelementen verwendet.
Beispiele: a) veränderbar, inhärent
b) veränderbar, nicht inhärent
c) Wattstunden

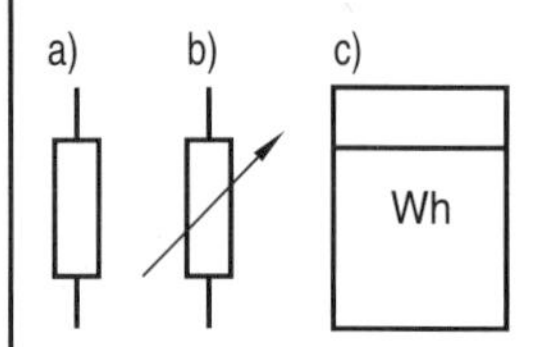

Schaltzeichen
sind graphische Darstellungen von Funktions- und Baueinheiten. Sie werden aus Grundsymbolen und Symbolelementen gebildet.
Beispiele: a) Widerstand
b) Widerstand, veränderbar, nicht inhärent
c) Wattstundenzähler

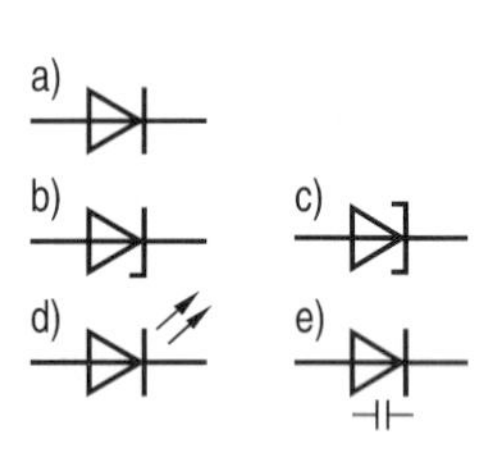

Kennzeichen
sind Symbolelemente oder Schaltzeichen, die anderen Schaltzeichen beigefügt sind, um deren Bedeutung festzulegen.
Beispiele: a) Diode, Grundsymbol
b) Z-Diode
c) Tunneldiode
d) Leuchtdiode
e) Kapazitätsdiode

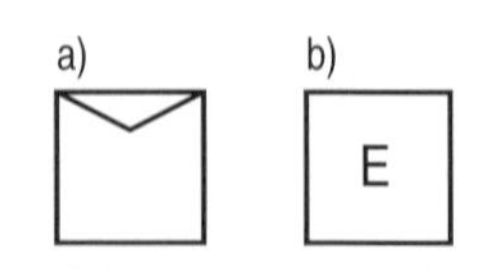

Blocksymbole
sind vereinfachte Darstellungen von Funktions- oder Baueinheiten durch ein einzelnes Schaltzeichen.
Beispiele: a) Anlasser, allgemein
b) Elektrogerät, allgemein

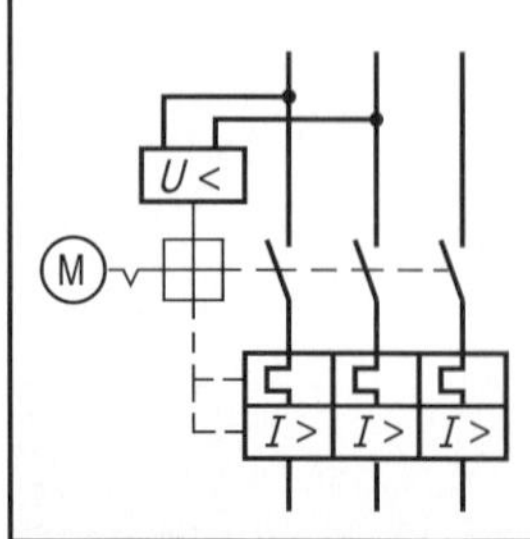

Bilden neuer Schaltzeichen
Für Betriebsmittel, die kein genormtes Schaltzeichen haben, kann aus genormten Elementen ein neues Schaltzeichen gebildet werden.
Beispiel: 3-poliger Lastschalter mit Schaltschloss, motorgetrieben, Schutz durch magnetische und thermische Überstromauslösung und durch Unterspannungsauslöser.

Anwenden von Schaltzeichen

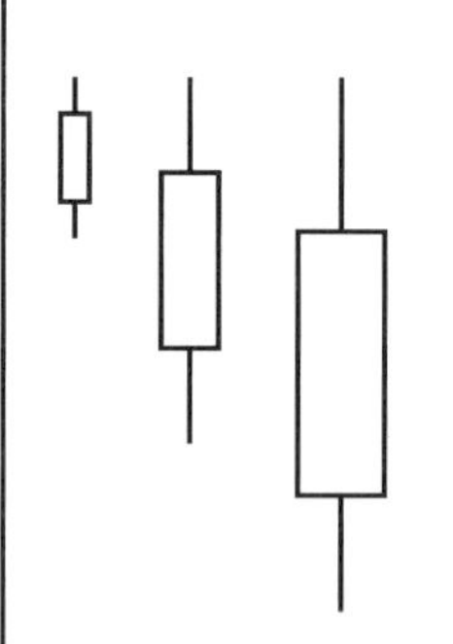

Größe der Schaltzeichen
Nach Norm ist für Schaltzeichen keine feste Größe vorgeschrieben. Trotzdem ist es sinnvoll, die Schaltzeichen in das häufig vorgegebene 5-mm-Raster einzupassen.
Je nach Platzangebot und Zeichnungsgröße können die Schaltzeichen vergrößert oder verkleinert werden. Die Proportionen sollten aber in jedem Fall erhalten bleiben.
Beispiel: Ohmscher Widerstand, Darstellung in drei verschiedenen Maßstäben

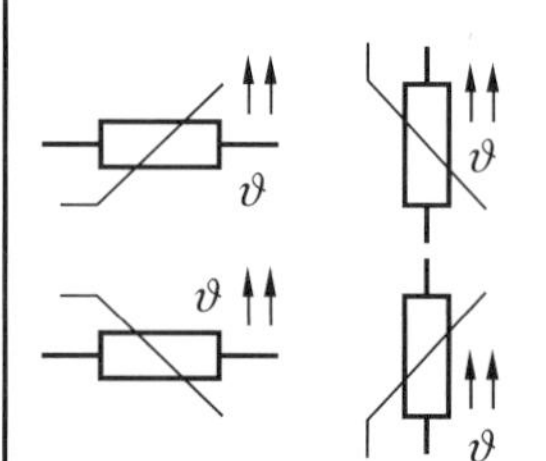

Lage der Schaltzeichen
In DIN 40900 werden die Schaltzeichen in einer bestimmten Lage dargestellt. Diese Lage ist jedoch für den Benutzer nicht zwingend.
Schaltzeichen dürfen je nach Erfordernis gedreht oder gespiegelt werden, sofern ihre Bedeutung dadurch nicht verändert wird.
Beispiel: Temperaturabhängiger Widerstand in 4 möglichen Darstellungen

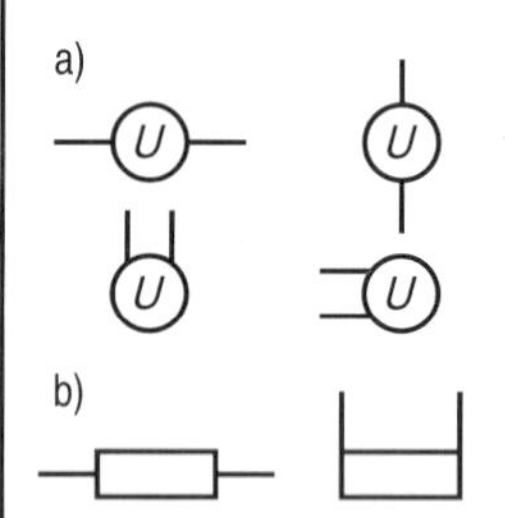

Anschlüsse
Die im Normblatt vorgegebenen Anschlusslinien sind nicht zwingend. Bei vielen Schaltzeichen kann vom Benutzer unter mehreren Anschlussmöglichkeiten gewählt werden.
Beispiele: a) Anschlüsse für Spannungsmesser
b) Anschlüsse für ohmsche Widerstände

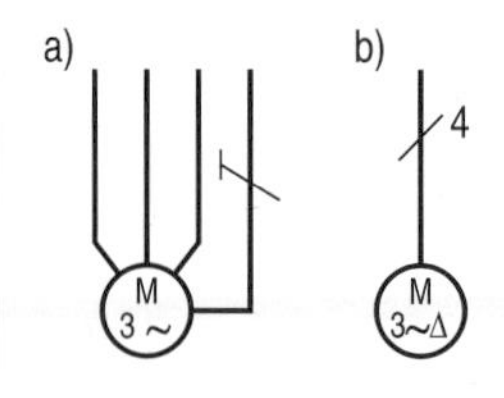

Mehrpolig, einpolig
In Übersichtsschaltplänen werden zusammengehörige Betriebsmittel zusammengefasst. Die tatsächliche Anzahl der Betriebsmittel wird durch Striche oder Zahlen angegeben.
Beispiel: Drehstromasynchronmotor (DASM) in
a) mehrpoliger
b) einpoliger Darstellung

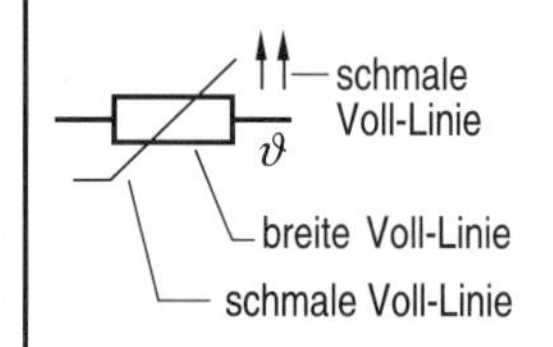

Linienbreite
Leitungen und Schaltzeichen werden mit genormter Linienbreite, z. B. 0,35 mm oder 0,5 mm, gezeichnet; Hilfslinien, z. B. Wirkverbindungen und Antriebe, werden zur Unterscheidung meist eine oder zwei Stufen dünner gezeichnet.

Leitungen, Steckverbindungen

Darstellung von Leitungen
a) allgemein b) beweglich
c) mit Angabe der Leiterzahl
d) N-Leiter e) PE-Leiter
f) PEN-Leiter, wahlweise Darst.

Verlegung von Leitungen
a) unter Putz b) im Putz
c) auf Putz d) im Rohr

Abzweige
a) einfacher Abzweig
b) Doppelabzweig

Form 1 Form 2
Abzweig Kreuzung Abzweig Kreuzung

Erde und Masse
a) Erde
b) Schutzerde
c) Masse, Gehäuse

Buchsen und Steckdosen
a) Buchse, Pol einer Steckdose
b) Buchse für PE-Anschluss
c) Steckdose mit PE-Anschluss
d) Dreifachsteckdose
e) Drehstromsteckdose

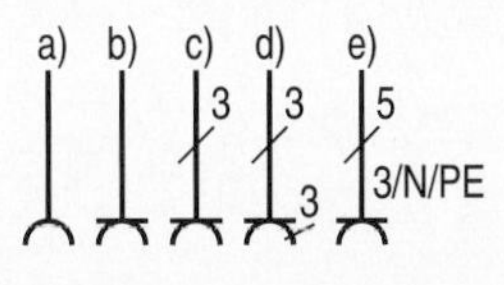

Verbindungen
a) Schutzkontakt-Steckverbindung
b) 6-polige Steckverbindung in einpoliger Darstellung
c) Trennstellen

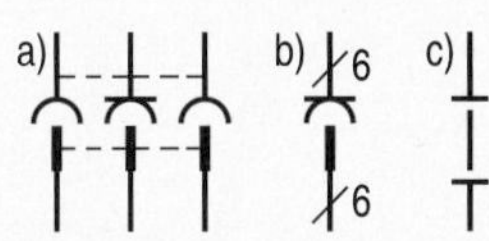

Signalsteckdosen
a) Fernmeldedose, allgemein und mit erklärenden Zusätzen
b) Antennensteckdose

Passive Bauelemente

Veränderbarkeiten
a) durch physikalische Einflüsse veränderbar (inhärent), linear
b) wie a), nichtlinear
c) einstellbar
d) durch äußere Einrichtung veränderbar (nicht inhärent), linear

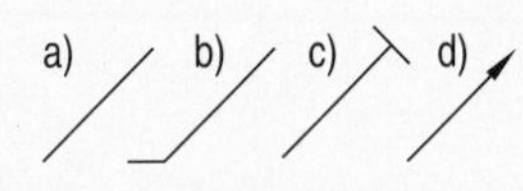

Widerstände
a) Widerstand, allgemein
b) PTC-Widerstand
c) NTC-Widerstand
d) stufenlos veränderbar
e) in 5 Stufen veränderbar

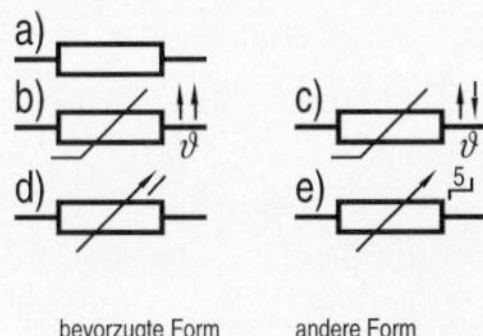

Spulen
a) Induktivität, allgemein
b) mit Magnetkern
c) mit Luftspalt im Magnetkern
d) Wicklung mit festen Anzapfungen
e) mit bewegbarem Kontakt

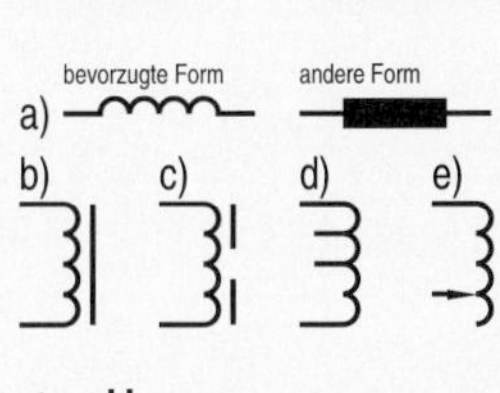

Kondensatoren
a) Kondensator, allgemein
b) gepolt
c) veränderbar
d) mit Anzapfung

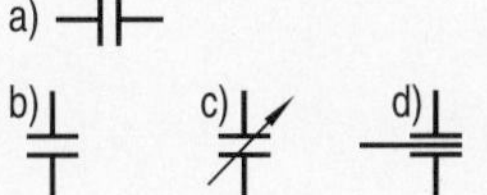

Schaltglieder

Grundformen
a) Schließer
b) Öffner
c) Wechsler ohne AUS-Stellung
d) Wechsler mit AUS-Stellung
e) Schließer, betätigt
f) Öffner, betätigt
g) 3-poliger Schließer in mehrpoliger Darstellung
h) 3-poliger Schließer in einpoliger Darstellung

Darstellung von Schaltgliedern bei Hervorhebung der Funktion

Schaltglieder der Energietechnik
a) Leistungsschalter
b) Lastschalter
c) Trennschalter, Leerschalter
d) Leistungstrennschalter
e) Lasttrennschalter
f) Erdungstrennschalter
g) Schützkontakt, Schließer
h) Schützkontakt, Öffner

Kontaktrückgang
Selbsttätiger Rückgang
a) Schließer b) Öffner
Nicht selbsttätiger Rückgang
c) Schließer d) Öffner

Vor- und Nacheilen
Voreilende Kontaktglieder
a) Schließer b) Öffner
Nacheilende Kontaktglieder
c) Schließer d) Öffner

Selbsttätige Auslösung
a) Schließer, allgemein
b) Leistungsschalter
c) Schütz

Endschalter
Einseitig betätigte Endschalter
a) Schließer b) Öffner
Zweiseitig betätigte Endschalter
c) Schließer d) Öffner

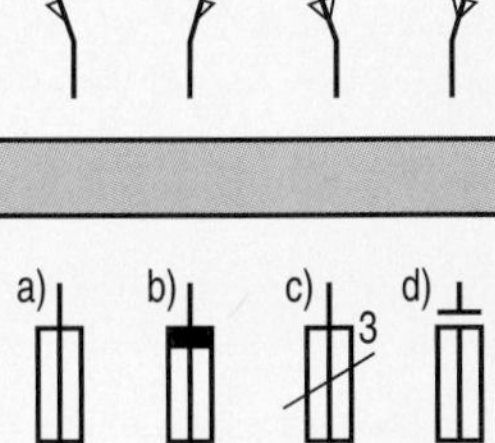

Schutzeinrichtungen

Sicherungen
a) Sicherung, allgemein
b) Kennzeichnung der Netzseite
c) Sicherung, 3-polig
d) NH-Sicherung

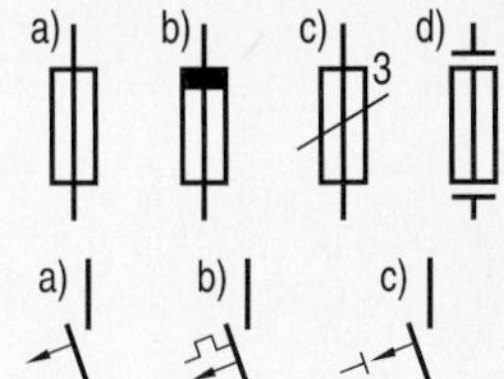

Sicherungsschalter
a) Leitungsschutzschalter
b) Motorschutzschalter, 3-polig
c) FI-Schutzschalter

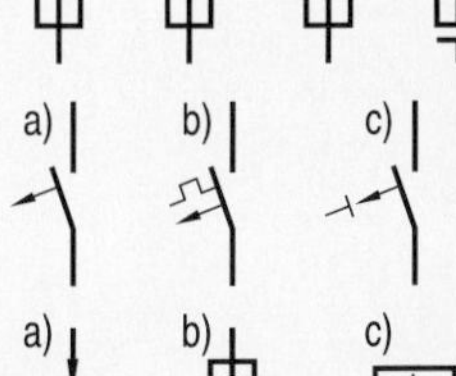

Weitere Schutzeinrichtungen
a) Funkenstrecke
b) Überspannungsableiter
c) Buchholzschutz

…chaltzeichen

…ntriebe und Auslöser

Form 1
Form 2

Wirkverbindungen
allgemein (mechanisch, hydraulisch, pneumatisch)

Verzögerungen, wahlweise Darstellung
a) Verzögerung nach rechts
b) Verzögerung nach links

Bewegung des Schaltgliedes
a) selbsttätiger Rückgang
b) Raste
c) Bewegung nach links gesperrt
d) Sperre von Hand lösbar

Antriebe
a) Handantrieb, allgemein
b) Handantrieb, abnehmbar
c) Notschalter

Handbetätigung durch
d) Drücken
e) Ziehen
f) Drehen
g) Kippen

Betätigung durch
h) Annähern
i) Berühren
j) Annähern eines Magneten
k) Annähern von Eisen (Fe)
l) Rolle
m) Nocken
n) Flüssigkeitspegel
o) Strömung

Kraftantriebe
a) allgemein, in das Quadrat wird die Art des Antriebes eingetragen
b) durch Motor (M)
c) durch Uhr
d) durch thermische Wirkung
e) pneumatisch, hydraulisch
f) elektromagnetisch
g) mit Ansprechverzögerung
h) mit Rückfallverzögerung
i) Fortschalt-, Stromstoßrelais
j) Tonfrequenz-Rundsteuerrelais

Schaltschloss
a) mit mechanischer Freigabe
b) mit elektromechanischer Freigabe

Auslöser
wahlweise Darstellung
a) Überstromauslöser ($I>$)
b) Kurzschlussauslöser ($I\gg$)
c) Fehlerstromauslöser ($\dashv I>$)
d) Überspannungsauslöser ($U>$)
e) Unterspannungsauslöser ($U<$)
f) elektrothermischer Auslöser

Schaltgeräte, Beispiele

Installationsschalter
a) Ausschalter als Tastschalter
b) Ausschalter als Stellschalter
c) Gruppenschalter
d) Serienschalter
e) Wechselschalter
f) Kreuzschalter

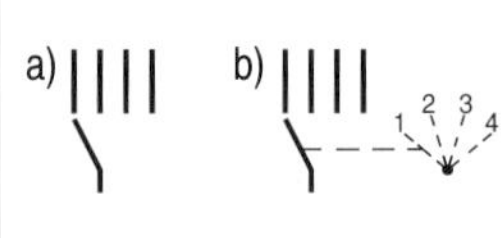

Mehrstellungsschalter
a) mit 4 Schaltstellungen, einpolige Darstellung
b) mit Kennzeichnung der Schaltstellung

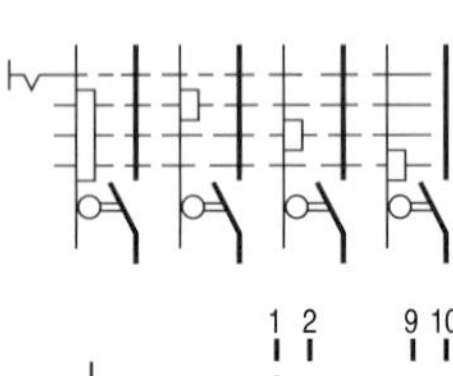

Nockenschalter
mit 4 Schaltstellungen, vierpolig, handbetätigt

Fortschaltrelais
mit 10 Schaltstellungen

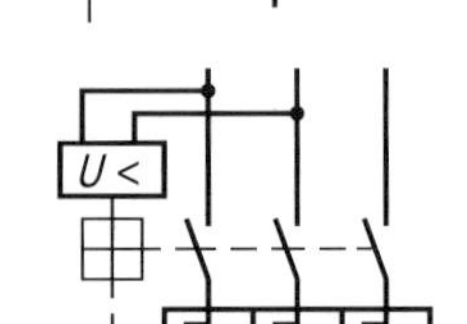

Motorschutzschalter
Schalter mit Schaltschloss, dreipolig, mit elektrothermischem und elektromagnetischem Überstromauslöser sowie Unterspannungsauslöser

Anlasser

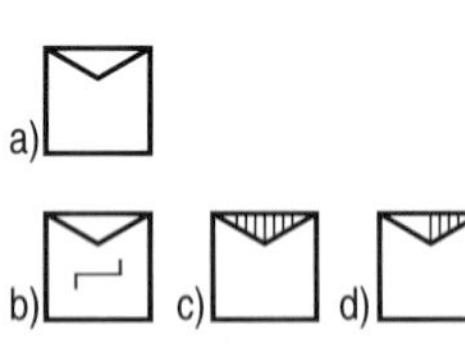

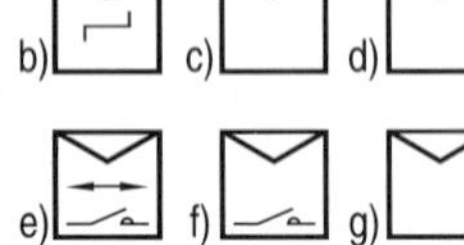

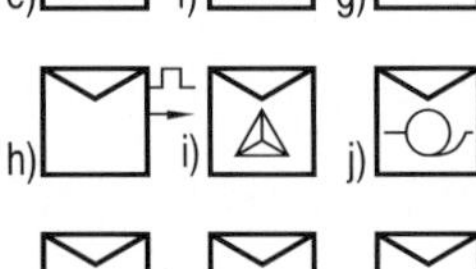

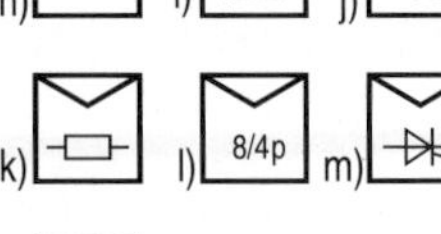

Anlasser als Blocksymbole
a) allgemein
b) stufenweise Betätigung
c) automatische Betätigung
d) teilautomatische Betätigung
e) Direktanlauf, durch Schütz geschaltet, Drehrichtungsumkehr
f) Direktanlauf, durch Schütz geschaltet, mit Schutzeinrichtung
g) mit selbsttätiger Auslösung
h) mit thermischer und magnetischer Auslösung
i) Stern-Dreieck-Anlasser
j) mit Spartransformator
k) mit Widerständen
l) mit polumschaltbarem Motor
m) mit Thyristoren, stetig veränderbar
n) für Einphasenmotor mit kapazitiver Hilfsphase

Beispiel:

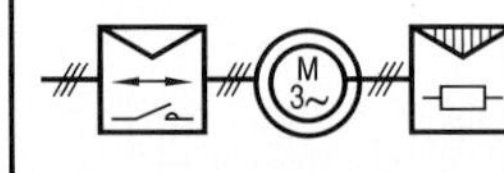

Beispiel
Anlasseinrichtung, dargestellt mit 3-phasigem Schleifringläufermotor, Schützen-Ständeranlasser für zwei Drehrichtungen und automatischem Widerstands-Läuferanlasser

Schaltzeichen für Installationspläne

Schalter
a) Taster
b) Taster mit Leuchte
c) Schalter, allgemein
d) Schalter mit Kontroll-Leuchte
e) Dimmer
f) Ausschalter, einpolig
g) Ausschalter, zweipolig
h) Gruppenschalter
i) Wechselschalter
j) Serienschalter
k) Kreuzschalter
l) Ausschalter mit Kontroll-Leuchte
m) Ausschalter mit Dimmer

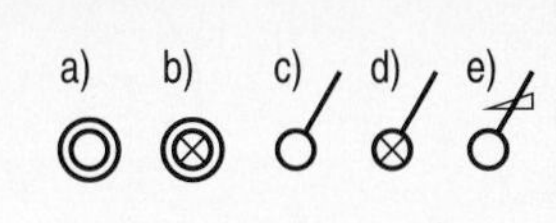
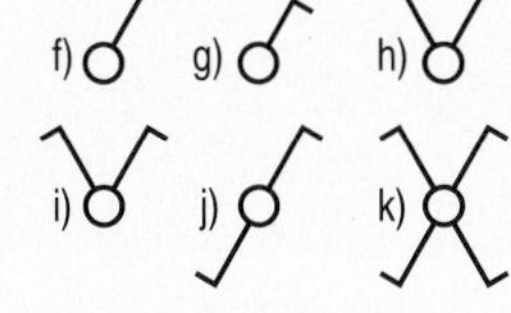

Schaltgeräte
a) Stromstoßschalter
b) Zeitrelais
c) Türöffner
d) Zeitschaltuhr
e) Dämmerungsschalter

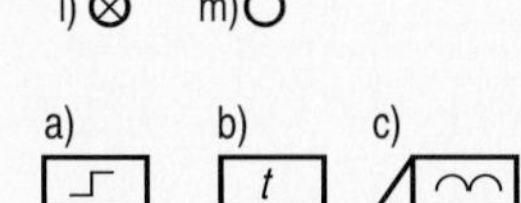

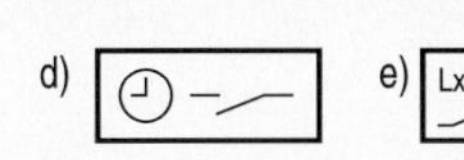

Leuchten
a) Lampe, Leuchtmelder
b) Leuchte mit Schalter
c) Leuchte mit veränderbarer Helligkeit
d) Notleuchte (eigener Stromkreis)
e) Notleuchte in Dauerschaltung
f) Leuchte für Entladungslampen
g) Leuchte für Leuchtstofflampe
h) Leuchte für 2 LL i) für 5 LL

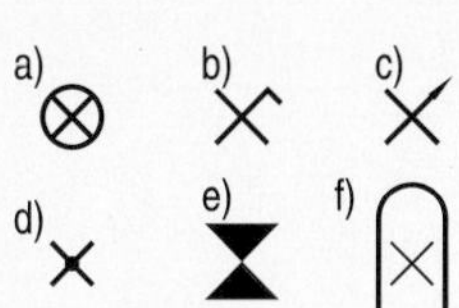
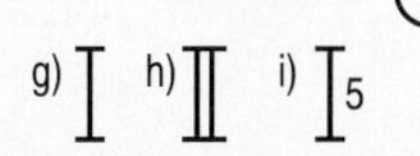

Steckdosen
a) allgemein b) mit Schutzkontakt
c) mit verriegeltem Schalter
d) mit Trenntransformator

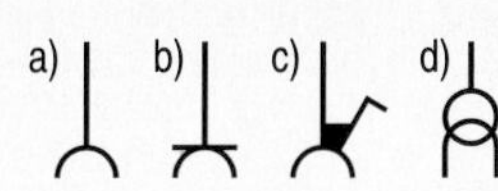

Antennenanlagen
a) Empfangsantenne, allgemein
b) Empfangsantenne LMKU
c) Dipol-Antenne
d) wie c) mit Kanalangabe
e) Weiche
f) Verteiler, zweifach
g) Abzweiger
h) Antennenverstärker mit Netzgerät, Weiche und 4 Eingängen mit Pegelstellern
i) Antennensteckdose mit Abschlusswiderstand

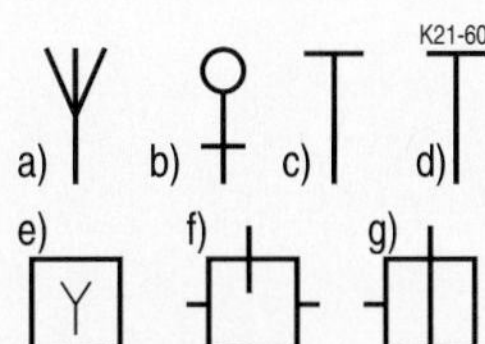

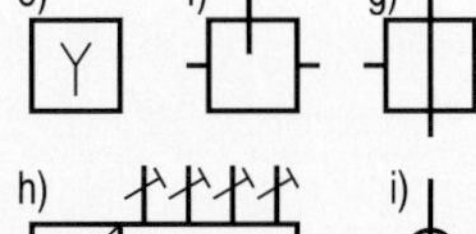

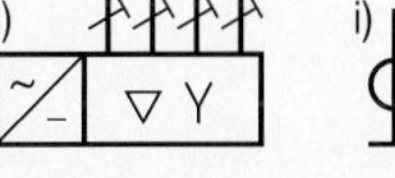

Elektro-Hausgeräte
a) Elektrogerät, allgemein
b) Elektroherd, allgemein,
c) Backofen
d) Wäschetrockner
e) Geschirrspülmaschine
f) Hände-, Haartrockner
g) Mikrowellenherd
h) Waschmaschine
i) Heißwasserspeicher
j) Speicherheizgerät
k) Klimagerät l) Gefriergerät

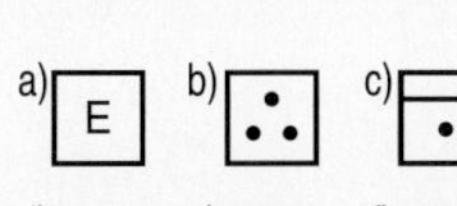

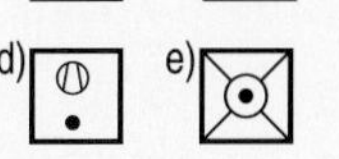
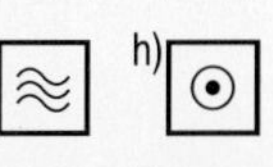

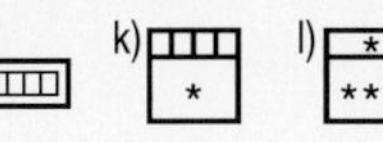

Mess-, Melde-, Signaleinrichtungen

Anzeigende Messgeräte
a) Messgerät, anzeigend
b) Spannungsmesser, wahlweise Darstellung
c) Strommesser, wahlweise Darstellung
d) Leistungsmesser
e) Blindleistungsmesser
f) Leistungsfaktormesser
g) Frequenzmesser

a) ⭑ wird durch die Einheit oder das Formelzeichen der Messgröße ersetzt

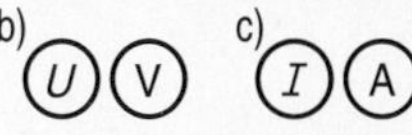

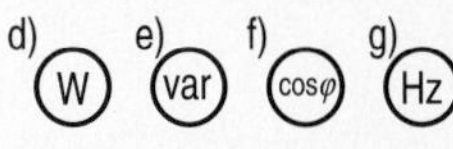

Aufzeichnende Messgeräte
a) Messgerät, aufzeichnend
b) Wirkleistungsschreiber
c) Blindleistungsschreiber
d) Kurvenschreiber
e) Registrierwerk, Linienschreibwerk

a) ⭑ wird durch die Einheit oder das Formelzeichen der Messgröße ersetzt

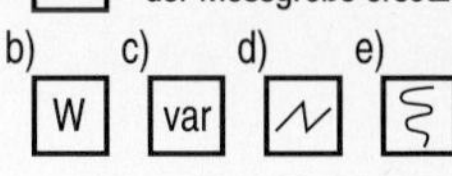

Zähler
a) Messgerät, integrierend
b) Amperestundenzähler
c) Wattstundenzähler, Elektrizitätszähler
d) Wattstundenzähler, Energiezählung nur in eine Richtung
e) Wattstundenzähler mit Maximumanzeige, Maximumzähler

a) ⭑ wird durch die Einheit oder das Formelzeichen der Messgröße ersetzt

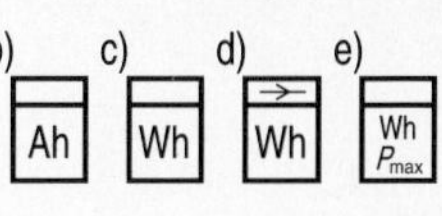

Sensoren
a) Widerstand mit Abgriff
b) Dehnungsmessstreifen
c) Geber, magnetisch
d) Thermoelement, wahlweise Darstellung
e) Thermoelement mit isoliertem Heizelement, wahlweise Darstellung

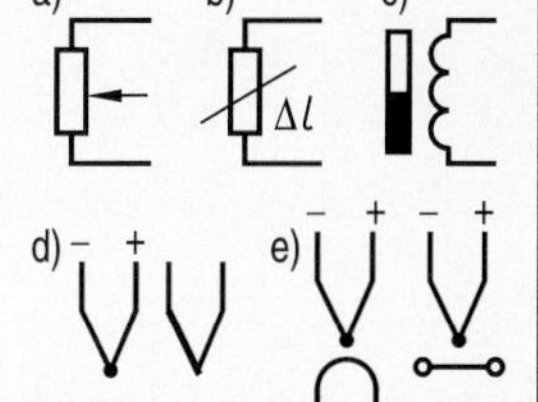

Melder, Signaleinrichtungen
a) Wecker, allgemein
b) Summer
c) Gong, Einschlagwecker
d) Sirene
e) Hupe, Horn
f) Lampe, Leuchtmelder
g) Leuchtmelder, blinkend
h) Leuchtmelder mit Glimmlampe

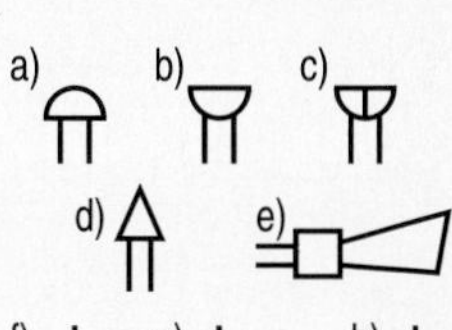
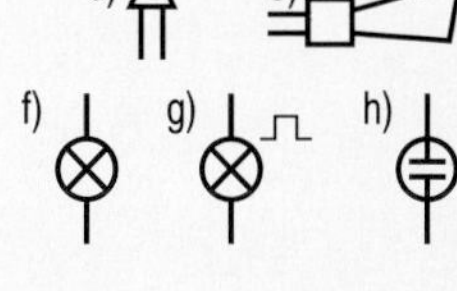

Gefahrenmeldeeinrichtungen
a) Hilferuf z. B. an Polizei
b) Hilferuf mit Sperrung
c) Brandmeldung mit abgedecktem Druckknopf
d) Brandmeldung mit Sperrung
e) Bimetallprinzip
f) Schmelzlotprinzip
g) Differentialprinzip
h) Temperaturmelder
i) Rauchmelder
j) Erschütterungsmelder

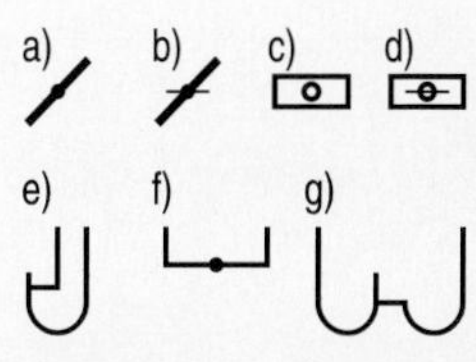
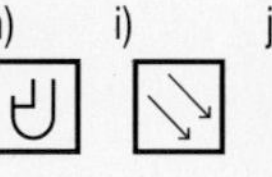

9.3.5 Schaltzeichen

Elektrische Maschinen, Energiewandler

Schaltungsarten
a) eine Wicklung
b) drei getrennte Wicklungen
c) wie b), als Dreiphasen-System
d) Reihenschaltung
e) Parallelschaltung
f) Dreieckschaltung
g) Sternschaltung
h) wie g) N-Leiter herausgeführt
i) Stern-Dreieck-Schaltung
j) Dahlander-Schaltung

C Umformer
G Generator
M Motor
MS Synchronmotor
GS Synchrongenerator

Maschinenarten
a) Maschine, allgemein, der Stern muss durch eines der nebenstehenden Symbole ersetzt werden
b) Linearmotor
c) Schrittmotor

Gleichstrommaschinen
Mehrpolige und einpolige Darstellung

a) Motor mit Dauermagnet

b) fremderregter Motor

c) Nebenschlussmotor

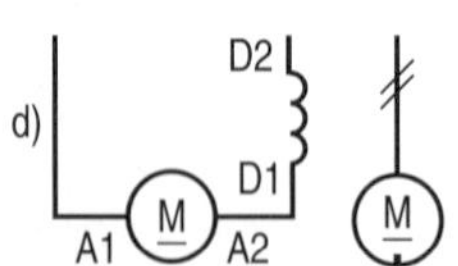

d) Reihenschlussmotor

Drehstrommaschinen
Ausführliche Darstellung
a) Drehstrom-Asynchronmotor (DASM) mit Kurzschlussläufer, Ständerwicklung in Dreieckschaltung
b) wie a), Ständerwicklung in Sternschaltung

Vereinfachte Darstellung
a) DASM mit Kurzschlussläufer
b) wie a), mit Schutzleiter
c) wie b), einpolige Darstellung
d) Drehstrom-Linearmotor
e) Drehstrom-Synchronmotor
f) wie e), mit Dauermagneterregung

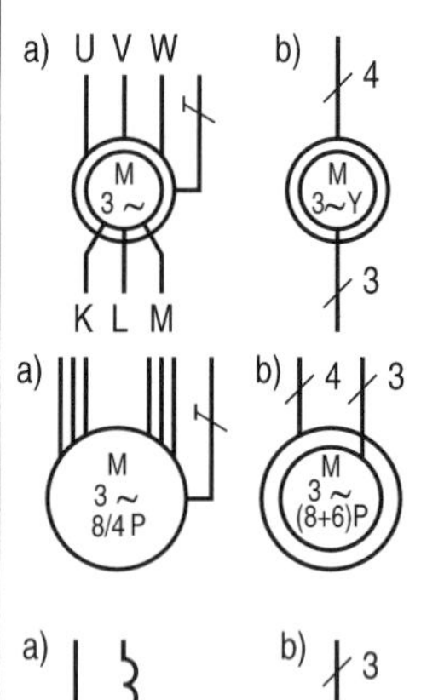

Schleifringläufermotoren
a) Schleifringläufermotor, mit Schutzleiter, mehrpolige Darstellung
b) wie a), einpolige Darstellung

Polumschaltbare Motoren
a) Polumschaltbarer DASM, Dahlander-Schaltung, von 8 auf 4 Pole umschaltbar, mehrpolige Darstellung
b) Polumschaltbarer DASM, mit zwei getrennten Wicklungen, von 8 auf 6 Pole umschaltbar, einpolige Darstellung

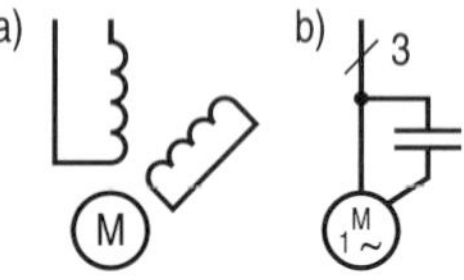
Einphasen-Induktionsmotoren
a) Spaltpolmotor, mehrpolige Darstellung
b) Kondensatormotor, einpolige Darstellung

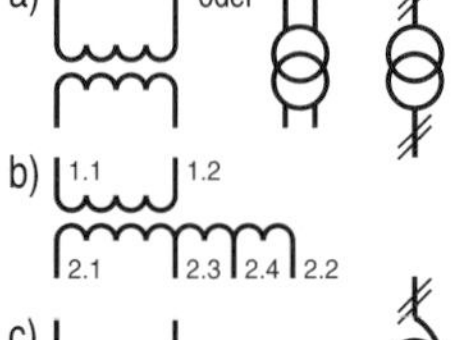

Transformatoren
Mehrpolige und einpolige Darstellung

a) Transformator, allgemein

b) Transformator mit Anzapfungen

c) Spartransformator

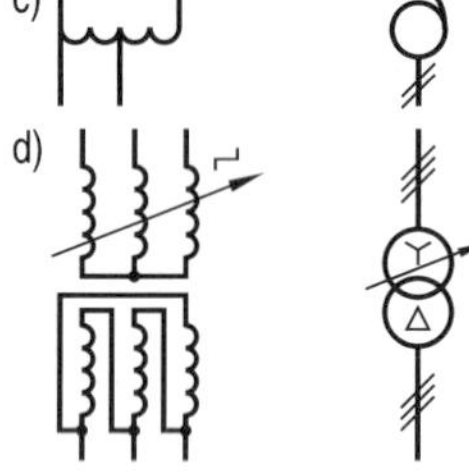
d) Drehstromtransformator in Stern/Dreieck-Schaltung mit Last-Stufenschalter

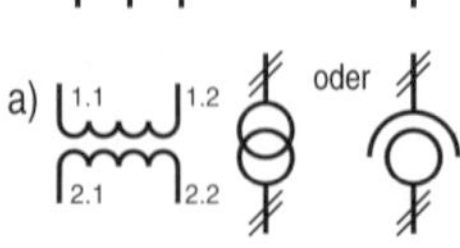

Messwandler
Mehrpolige und einpolige Darstellung
a) Spannungswandler

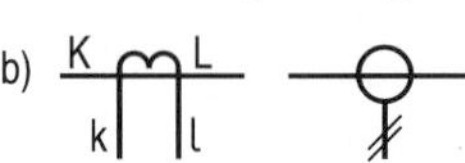

b) Stromwandler

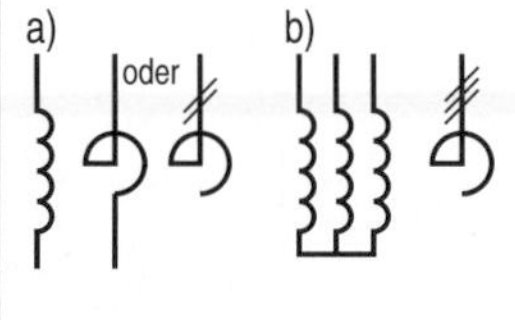

Drosselspulen
Mehrpolige und einpolige Darstellung
a) Drosselspule
b) Drehstrom-Drosselspule, Sternschaltung

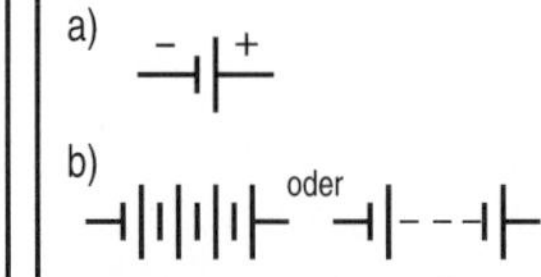

Primärzellen, Akkumulatoren
a) Primärzelle, Primärelement, Akkumulator
b) Batterie von Primärelementen, Akkumulatoren, wahlweise Darstellung

Schaltzeichen der Halbleitertechnik

Strahlungen
a) nicht ionisierend, elektromagnetisch
b) ionisierend

Halbleiterdioden
a) Halbleiterdiode, allgemein
b) Kapazitätsdiode
c) Diode, lichtempfindlich Photodiode
d) Leuchtdiode, LED
e) Z-Diode
f) Tunneldiode
g) Backward-Diode
h) Zweirichtungsdiode, Diac

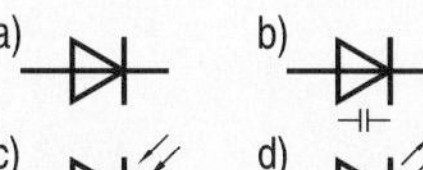
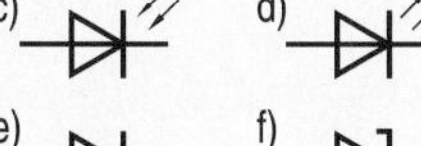
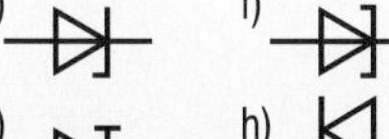
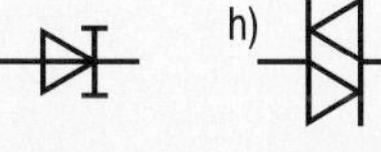

Thyristoren
a) Thyristordiode, rückwärts sperrend
b) wie a), rückwärts leitend
c) Zweirichtungs-Thyristordiode
d) Thyristortriode, Thyristor
e) Thyristor, rückwärts sperrend, Katode gesteuert (P-Gate)
f) Thyristor, bidirektional, Triac

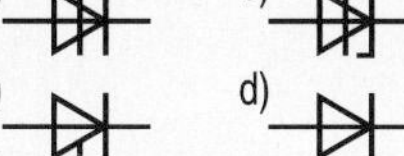
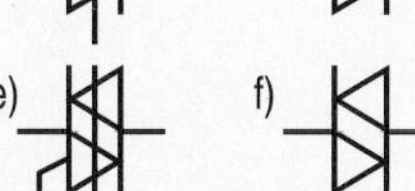

Bipolare Transistoren
a) PNP-Transistor
b) NPN-Transistor
c) NPN-Transistor mit 2 Basisanschlüssen
d) NPN-Darlington-Transistor

Unipolare Transistoren
(Feldeffekt-Transistoren, FET)
Sperrschicht-FET (JFET)
a) mit N-Kanal
b) mit P-Kanal
Isolierschicht-FET (IG-FET)
c) Verarmungstyp, N-Kanal
d) Verarmungstyp, P-Kanal
e) Anreicherungstyp, N-Kanal
f) Anreicherungstyp, P-Kanal

Sensoren
a) PTC-Widerstand
b) NTC-Widerstand
c) Varistor, VDR-Widerstand
d) Dehnungsmessstreifen, DMS
e) Fotowiderstand, LDR-Widerst., wahlweise Darstellung
f) Feldplatte, MDR-Widerstand, wahlweise Darstellung
g) Hall-Generator
h) Fotoelement, Fotozelle

Sensoren für ionisierende Strahlen
a) Ionisationskammer
b) Zählrohr

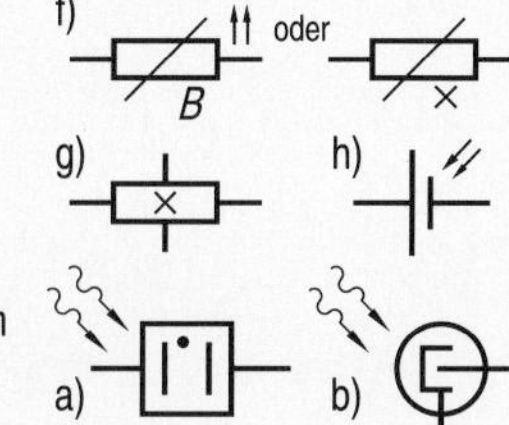

Koppler
a) Optokoppler mit Leuchtdiode und Fototransistor
b) magnetischer Koppler

Verknüpfungsglieder
a) UND
b) ODER
c) XOR
d) Negationsglied
e) NAND
f) NOR

Kippglieder, Flipflop
a) SR-Flipflop (SR-FF), allgemein
b) SR-FF mit Anfangszustand 0
c) SR-FF mit Vorrang S
d) SR-FF mit Vorrang R
e) JK-FF, taktzustandgesteuert
f) JK-FF, taktflankengesteuert
g) Master-Slave-Flipflop (MS-FF)
h) D-Flipflop
i) T-Flipflop
j) Vorwärtszähler
k) Schieberegister

Verstärker
a) Verstärker, allgemein
b) Operationsverstärker (OP), in der Praxis häufige Darstellung
c) Operationsverstärker (OP), Darstellung nach DIN 40900
d) Operationsverstärker, invertierend
e) Operationsverstärker, nichtinvertierend
f) Impedanzwandler

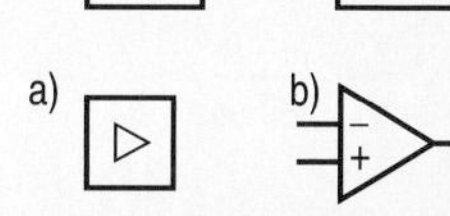
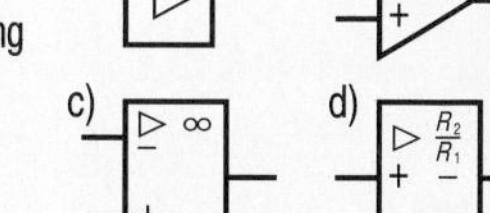

Leistungsumrichter
a) Gleichrichter, wahlweise Darstellung
b) Gleichrichter in Brückenschaltung
c) Wechselrichter

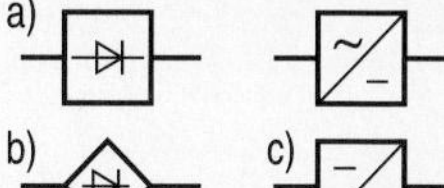

Steuergeräte
Steuergerät, allgemein
a) Impuls bei positiver Halbperiode
b) Impuls bei negativer Halbperiode
Dimmer
(Schaltzeichen nicht genormt)
a) mit Druckwechselschalter
b) Tastdimmer

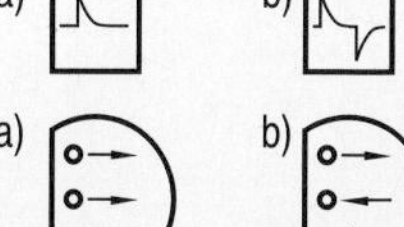

9.3.7 Prüf- und Bildzeichen

Prüfzeichen, Auswahl

Die CE-Kennzeichnung (Communanté Européenne = Europäische Gemeinschaft) bestätigt die Übereinstimmung der Erzeugnisse mit den entsprechenden EU-Richtlinien.

Das VDE-Zeichen (Verband Deutscher Elektrotechniker) bestätigt die Übereinstimmung der Erzeugnisse mit den entsprechenden VDE-Vorschriften.

Das GS-Zeichen („Geprüfte Sicherheit") bestätigt, dass die Einhaltung der Sicherheitsvorschriften überprüft wurde. Das Zeichen enthält auch das Bildzeichen der prüfenden Stelle, z.B. VDE, TÜV (Technischer Überwachungsverein), Berufsgenossenschaft.

Das Funkschutzzeichen bestätigt, dass das Gerät den angegebenen Störgrad (0, N, K, G) nicht überschreitet.

0	funkstörfrei	K	Kleinstörgrad
N	Normalstörgrad	G	Grobstörgrad

◁ VDE ▷ VDE-Kabelkennzeichnung

◁ HAR ▷ Kennzeichen für „harmonisierte" Kabel

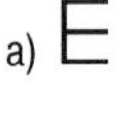

Zulassungszeichen der Physikalisch-Technischen Bundesanstalt (PTB) in Braunschweig
a) für Tarifschaltuhren
b) für Messwandler und Elektrizitätszähler

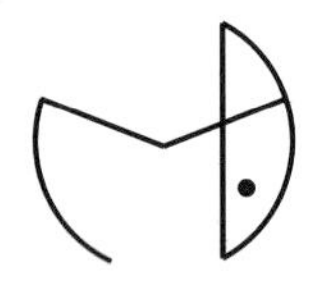

Kennzeichen der Vereinigung der Hersteller und Verarbeiter von Kunststoffen

B Z T Bundesamt für Zulassungen in der Telekommunikation (Saarbrücken)

Recyclingzeichen,
die gekennzeichneten Produkte werden nach ihrem Gebrauch wieder aufbereitet und weiter verwendet.

Internationale Prüfzeichen (Auswahl)

USA (Einzelgeräte)

USA (Geräte in Anlagen)

Großbritannien

Frankreich

Italien

Japan

Kanada

Schweiz

Warn- und Schutzzeichen, Auswahl

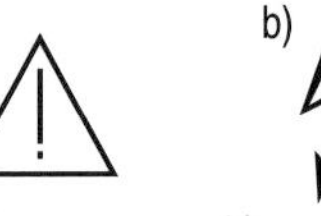

Warnzeichen
a) allgemeine Gefahrenstelle
b) gefährliche elektrische Spannung

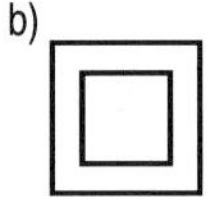

Geräteschutzklassen
a) Geräte der Schutzklasse 1 (mit Schutzleiteranschluss)
b) Geräte der Schutzklasse 2 (Schutzisolierung)
c) Geräte der Schutzklasse 3 (Schutzkleinspannung)
d) explosionsgeschützte Betriebsmittel

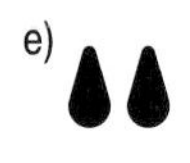

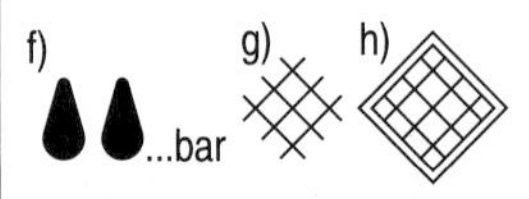

Schutz gegen Wasser und feste Körper
a) tropfwassergeschützt
b) regengeschützt (IP 33)
c) spritzwassergeschützt (IP 54)
d) strahlwassergeschützt (IP 55)
e) wasserdicht (IP 67)
f) druckwasserdicht mit Angabe des zulässigen Drucks
g) staubgeschützt (IP 5X)
h) staubdicht (IP 6X)

Allgemeine Bildzeichen, Auswahl

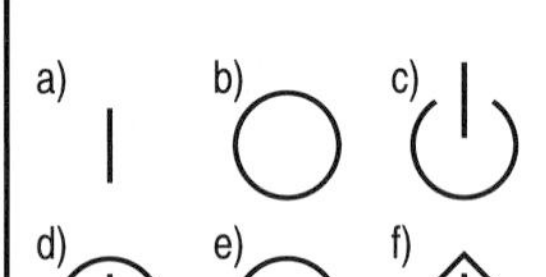

Betätigungsvorgänge
a) Ein (On)
b) Aus (Off)
c) Vorbereiten
d) Ein/Aus, stellend
e) Ein/Aus, tastend
f) Start, Ingangsetzen

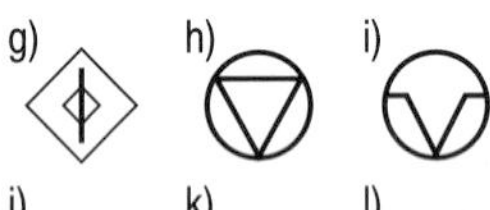

g) Schnellstart
h) Stop, Anhalten
i) Pause
j) Handbetrieb
k) automatischer Ablauf
l) Fernbedienung

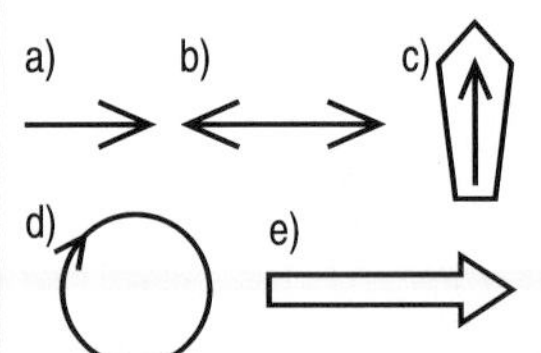

Bewegungsabläufe
a) Bewegung in Pfeilrichtung
b) Bewegung in beiden Richtungen
c) Bewegung vorwärts
d) Drehbewegung
e) Fließbewegung für wichtige Stoffe

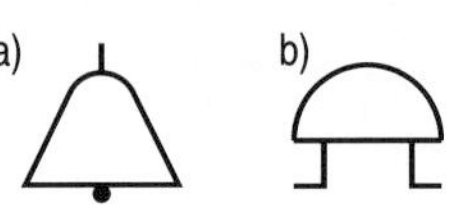

Akustische Signale
a) Klingel
b) Wecker

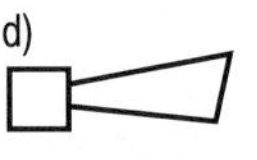

c) Sirene
d) Hupe

10 Lösungen

Dieses Kapitel enthält die ausgewählten Rechenergebnisse der meisten Aufgaben. Aus Platzgründen sind die Ergebnisse zum Teil stark gerundet.

Ausgewählte Lösungen zu Kapitel 1

1.1.1 $n = 7{,}85 \cdot 10^{22}$

1.1.2 $n = 6{,}25 \cdot 10^{16}$

1.2.1 a) $Q = 1\,\text{As} = 1\,\text{C}$
b) $v = 0{,}074\,\text{mm/s}$
c) ...

1.2.2 ...

1.3.1 a) $F = 8 \cdot 10^{-16}\,\text{N}$
$a = 8{,}78 \cdot 10^{14}\,\text{m/s}^2$
b) $t = 26\,\text{ns}$
$v_e = 22{,}8 \cdot 10^6\,\text{m/s}$

1.4.1 a) $U = 10{,}256\,\text{kV}$
b) $E = 34{,}18\,\text{kN/C} = 34{,}18\,\text{kV/m}$
c) $v = 60 \cdot 10^6\,\text{m/s}$

1.4.2 $1\,\text{V} = 1\,\dfrac{\text{m}^2 \cdot \text{kg}}{\text{A} \cdot \text{s}^3}$

1.4.3 ...

1.5.1 ...

1.5.2 a) $J_{Cu} = 0{,}67\,\text{A/mm}^2$
$J_W = 2500\,\text{A/mm}^2$
b) $v_{Cu} = 0{,}04\,\text{mm/s}$
$v_W = 156\,\text{mm/s}$

1.6.1 $U_1 = 18\,\text{V}$, $I_2 = 100\,\text{mA}$
$R = 40\,\Omega$, $R_3 = 15\,\Omega$

1.6.2 ...

1.7.1 a) ...
b) $R = 540\,\Omega$
c) $I = 44{,}4\,\text{mA}$
d) $U_1 = 5{,}3\,\text{V}$, $U_2 = 8\,\text{V}$
$U_3 = 10{,}7\,\text{V}$

1.7.2 a) ...
b) $R = 19{,}35\,\Omega$
c) $I = 0{,}62\,\text{A}$
d) $I_1 = 0{,}3\,\text{A}$, $I_2 = 0{,}2\,\text{A}$
$I_3 = 0{,}12\,\text{A}$

1.7.3 a) $R_2 = 100\,\Omega$
b) $U_1 = 90\,\text{V}$
$U_2 = 150\,\text{V}$
c) $U = 240\,\text{V}$

1.7.4 a) $R_2 = 200\,\Omega$
b) $I_1 = 0{,}1\,\text{A}$, $I_3 = 0{,}3\,\text{A}$
c) $U = 60\,\text{V}$

1.7.5 8 Kombinationen sind möglich, für diese Schaltungen erhält man folgende Werte:
200 Ω, 32 Ω, 42 Ω, 50 Ω, 77,5 Ω, 124 Ω, 88,6 Ω, 19,4 Ω.

1.7.6 $R_V = 5{,}9\,\text{k}\Omega$
$R_N = 3{,}45\,\Omega$

1.7.7 $R_1 = 28{,}8\,\Omega$
$R_2 = 24\,\Omega$, $R_3 = 20\,\Omega$

1.7.8 a) ...
b) $U_{Halte} = 18\,\text{V}$
$R_1 = 133\,\Omega$

1.7.9 a) $R = 32\,\Omega$
b) $U_3 = 2{,}4\,\text{V}$

1.7.10 a) Stellung 1:
$R_{ges.} = 9\,\Omega$, $I = 1{,}33\,\text{A}$
Stellung 2:
$R_{ges.} = 6\,\Omega$, $I = 2\,\text{A}$
Stellung 3:
$R_{ges.} = 3\,\Omega$, $I = 4\,\text{A}$
b) Stellung 1: H1 hell, H2 bis H4 dunkel
Stellung 2: H1 und H4 hell, H2 und H3 sind ausgeschaltet
Stellung 3: alle Lampen hell

1.8.1 a) $R = 4{,}26\,\Omega$
b) $l = 1{,}4\,\text{m}$
c) $d_2 = 0{,}15\,\text{mm}$

1.8.2 a) $R' = 1{,}5\,\Omega/\text{km}$
b) $m' = 1553\,\text{kg/km}$
c) $J = 0{,}73\,\text{A/mm}^2$

1.8.3 Widerstand R1
$R_1 = 270\,\Omega \pm 10\,\%$
$R_{1\,min} = 243\,\Omega$
$R_{1\,max} = 297\,\Omega$
Widerstand R2
$R_2 = 5{,}6\,\text{M}\Omega \pm 5\,\%$
$R_{2\,min} = 5{,}32\,\text{M}\Omega$
$R_{2\,max} = 5{,}88\,\text{M}\Omega$
Widerstand R3
$R_3 = 680\,\text{k}\Omega \pm 20\%$
$R_{3\,min} = 544\,\text{k}\Omega$
$R_{3\,max} = 816\,\text{k}\Omega$

1.8.4 a) $R' = 0{,}28\,\Omega/\text{km}$
$m' = 380\,\text{kg/km}$

1.9.1 ...

1.9.2 a) $R = 152\,\text{m}\Omega$
b) $R = 53{,}7\,\Omega$

1.10.1 a) ...
b) AP1: $R = 25\,\text{k}\Omega$
$r \rightarrow \infty$
AP2: $R = 80\,\Omega$
$r = 6{,}7\,\Omega$

1.10.2 ...

1.11.1 a) AP1: 66,7 V / 0,67 A
AP2: 33,3 V / 0,33 A
b) ...

1.11.2 a) AP: 0,98 V / 23,5 mA
b) $R = 42\,\Omega$, $r = 6\,\Omega$

1.11.3 a) $R_2 = 118\,\Omega$
b) $I = 11{,}3\,\text{mA}$

1.12.1 a) $\Delta R = 4{,}39\,\Omega$
b) $R_W \approx 19{,}4\,\Omega$

1.12.2 a) $I_{Ein} = 0{,}88\,\text{A}$
b) $J = 17{,}9\,\text{A/mm}^2$
c) $R_w = 14{,}42\,\Omega$
$\Delta\vartheta = 13{,}5\,\text{K}$

1.12.3 a) $\vartheta_w = 32{,}8\,°\text{C}$
b) $R_w = 115{,}6\,°\text{C}$

1.12.4 $\vartheta_w = 32{,}8\,°\text{C}$

1.12.5 a) $R_{20} = 0{,}25\,\Omega$
b) $R_{45} = 0{,}274\,\Omega$

1.12.6 a) $R_{80} = 224{,}6\,\Omega$
b) $R_{80} = 221{,}6\,\Omega$
Fehler $f = -1{,}4\,\%$

1.12.7 a) $\Delta R = 1{,}07\,\Omega$
b) $R_{105} = 85{,}07\,\Omega$

1.12.8 a) $\Delta R / R_{20} = 8{,}2\,\%$
b) $\Delta R / R_{20} = -22{,}6\,\%$

1.12.9 a) $R_{20} = 442{,}8\,\Omega$
b) $R_{-170} = 114{,}7\,\Omega$

1.12.10 a) $R_{max} = 335\,\Omega$
$R_{min} = 314\,\Omega$
b) $f_o = +1{,}52\,\%$
$f_u = -4{,}85\,\%$

1.12.11 $\Delta\vartheta = 77\,\text{K}$

1.12.12 ...

1.13.1 a) 9,81 N, 0,196 N, 4905 N, 2,94 N
b) $F = 260\,\text{N}$

1.13.2 Wertetafel für a) und b)

α	F_Z in N	F_N in N	W in Nm
0°	0	196,2	0
30°	98,1	169,9	2453
60°	169,9	98,1	4247
90°	196,2	0	4905

1.13.3 a) $W_{pot.} = 196{,}2\,\text{kJ}$
b) $W_{kin.} = 196{,}2\,\text{kJ}$
$v = 100{,}8\,\text{km/h}$

1.13.4 a) $P = 1\,\text{kW}$
b) $W = 8\,\text{kWh}$
c) $F = 120\,\text{N}$

1.13.5 a) $W = 5{,}2 \cdot 10^6\,\text{kWh}$
b) $P_{mech.} = 1{,}3\,\text{GW}$
c) $t = 208\,\text{h} = 8{,}7\,\text{d}$

1.13.6 a) $F_1 = 5425\,\text{N}$
$F_2 = 3726\,\text{N}$
b) $W = 186{,}3\,\text{kNm}$
c) $W_{pot.} = 122\,\text{kNm}$

1.14.1 $F_3 = 23{,}3\,\text{N}$

1.14.2 $F_4 = -20\,\text{N}$

1.14.3 a) $M_{max.}$ tritt bei B auf
b) $M_B = 473{,}2\,\text{Nm}$

1.14.4 a) $F_A = 76{,}33\,\text{kN}$
b) $F_B = 118{,}6\,\text{kN}$

1.14.5 a) $F_A = 925\,\text{N}$
b) $F_B = -125\,\text{N}$

1.14.6 a) $M = 18{,}25\,\text{Nm}$
b) $F = 121{,}6\,\text{N}$

1.14.7 Mit $M = 3\,\text{Nm}$ folgt: $P = 926\,\text{W}$

1.15.1 a) $I = 8{,}7\,\text{A}$
b) $R = 26{,}45\,\Omega$
c) Kosten = 3,68 DM

1.15.2

	a)	b)	c)	d)	e)
U in V	18,4	15,3	54,7	52,4	3,12
I in mA	270	32,6	36,5	2,38	80

1.15.3 a) $P_V = 27\,\text{W}$
b) $P_V = 6{,}75\,\text{W}$

1.15.4 a) ...
b) 12,84 V / 38,9 mA
16,73 V / 29,9 mA
24,49 V / 20,4 mA

1.15.5 a) $R_1 = 105{,}8\,\Omega$
$R_2 = 211{,}6\,\Omega$
$R_3 = 70{,}5\,\Omega$
b) 136 W, 167 W, 250 W, 500 W, 750 W, 1500 W

1.15.6 a) ...
b) $R_1 = 10{,}67\,\Omega$
$R_2 = 2{,}67\,\Omega$
$R_3 = 13{,}3\,\Omega$

1.15.7 a) ...
b) $P = 0{,}6\,\text{kW}$

1.16.1 ...

1.16.2 $U_L = 22{,}86\,\text{V}$
$I_L = 0{,}762\,\text{A}$

1.16.3 a) $R_i = 0{,}75\,\Omega$
b) ...

1.16.4 ...

1.16.5 a) $R_i = 33{,}3\,\text{m}\Omega$
b) $I_L = 426\,\text{A}$
c) $P_{max.} = 1514\,\text{W}$
d) $U_L = 12{,}5\,\text{V}$

1.16.6 a) $U_L = 5{,}92\,\text{V}$
b) $P_{max.} = 11{,}25\,\text{W}$

1.16.7 ...

1.17.1 ...

1.17.2 a) $P_{auf} = 360\,\text{W}$
b) $P_{ab} = 233{,}7\,\text{W}$
c) $\eta_N \approx 65\,\%$

1.17.3 a) $I_N = 29{,}8\,\text{A}$
b) $m_{Last} = 813\,\text{kg}$

1.17.4 ...

1.17.5 a) ...
b) $P = 21{,}2\,\text{MW}$
c) $P_{Turb.} = 17{,}38\,\text{MW}$
$P_{Gen.} = 16{,}6\,\text{MW}$
$P_{Trans.} = 16{,}3\,\text{MW}$
d) $\eta_{ges.} = 0{,}77 = 77\,\%$

1.17.6 a) $P_{Pumpe} = 13{,}1\,\text{kW}$
b) $P_{Elektr.} = 17{,}5\,\text{kW}$

1.17.7 a) $P_{auf} = 305\,\text{kW}$
b) $\eta_{ges.} = 0{,}82 = 82\,\%$

1.18.1 bis 1.18.6 ...

Testaufgaben T 1 ...

2.1.1 U_1 = 3,66 V I_1 = 3,66 mA
U_2 = 2,68 V I_2 = 2,68 mA
U_3 = 3,66 V I_3 = 3,66 mA
U_4 = 0,98 V I_4 = 0,98 mA
U_5 = 0,73 V I_5 = 0,73 mA
U_6 = 0,98 V I_6 = 0,98 mA
U_7 = 0,24 V I_7 = 0,24 mA
U_8 = 0,24 V I_8 = 0,24 mA
U_9 = 0,24 V I_9 = 0,24 mA
φ_A = 10 V φ_B = 6,34 V
φ_C = 5,36 V φ_D = 5,12 V
φ_E = 4,88 V φ_F = 4,64 V
φ_G = 3,66 V φ_H = 0 V

2.1.2 S11, S21: I_{P1} = 0,9 mA
S11, S22: I_{P1} = 0,6 mA
S12, S21: I_{P1} = 0,3 mA
S22, S22: I_{P1} = 0 mA

2.2.1 a) U_{BA} = 70,77 V
U_{CA} = 88,46 V
U_{DA} = 185,77 V
b) P_1 = 130,5 mW
P_2 = 287,2 mW
P_3 = 52,2 mW
P_4 = 208,9 mW
c) ...

2.2.2 a) U/N = 0,92 V
b) l_1 = 5,22 mm
l_2 = 20,87 mm
l_3 = 43,48 mm
c) I = 9,81 A
d) $U_L \approx$ 22,3 V
e) $q \approx$ 9,8
f) $F \approx$ 1,7 V $f \approx$ 7%

2.2.3
a) abgelesene und berechnete Werte

ϑ/°C	0	20	50	100
R_T/kΩ	30	10	3	0,6
U_2/V	3,33	2,9	2	0,72

b) ...

2.2.4 a) R_1 = 126,24 Ω
R_2 = 31,56 Ω
b) I_{q0} = 152 mA
I_{qL} = 144 mA

2.3.1 a) R_x = 3 kΩ
b) R_x = 30 kΩ
c) R_x = 75 kΩ

2.3.2 a) U_{AB} = 2 V bis 3 V
b) R_4 = 2,5 kΩ bis 10 kΩ

2.3.3 a) R_x = 2,57 kΩ
b) ...

2.3.4 a) ...
b) R_4 = 133,3 Ω
c) $U_B \approx$ 30 V

2.3.5 a) U_{AB} = 2 V
b) U_{AB} = 0 V
c) U_{AB} = - 5 V

2.3.6 a) und c) ...
b) l_x = 1,9 km

2.4.1 a) $R_{10} = R_{20} = R_{30}$ = 33,33 Ω
b) R_{10} = 25 Ω
R_{20} = 41,67 Ω
R_{30} = 78,13 Ω

2.4.2 a) $R_{12} = R_{23} = R_{31}$ = 900 Ω
b) R_{12} = 620 Ω
R_{23} = 1550 Ω
R_{31} = 1033,33 Ω

2.4.3 ...

2.4.4 I_3 = - 0,938 mA

2.5.1 ...

2.5.2 ...

2.6.1 a) und b)
I_5 = 16,55 mA
U_5 = 8,28 V

2.6.2 a) und b)
I_L = 56,7 mA
U_L = 8,5 V

2.7.1 a) ...
b) I_A = 163,6 mA
I_B = - 10,9 mA
c) I_1 = 163,6 mA
I_2 = - 10,9 mA
I_3 = 174,8 mA
U_1 = 3,27 V
U_2 = - 273 mV
U_3 = 8,73 V

2.7.2 I_{R1} = 275 mA
I_{R2} = 375 mA
I_{R3} = 150 mA
I_{G1} = 650 mA
I_{G2} = -375 mA
I_{G3} = 225 mA
U_{R1} = 110 V
U_{R2} = 150 V
U_{R3} = 60 V

2.7.3 a) x = 3
b) I_1 = 115,7 mA
I_2 = - 204,5 mA
I_3 = - 486,1 mA
I_4 = 320,2 mA
I_5 = 282,1 mA
U_1 = 2,31 V
U_2 = - 2,45 V
U_3 = - 4,86 V
U_4 = 7,68 V
U_5 = 10,16 V

2.8.1 a) ...
b) U = 220,26 V
$I_L \approx$ 8,81 A
$I_1 \approx$ - 0,52 A
$I_2 \approx$ 9,35 A
c) $I_2 = - I_1$ = 4,44 A
U = 222,2 V

2.8.2 a) U = 4,116 V $\approx$ 4,12 V
I_1 = 43,2 mA
I_2 = 2,7 mA
I_3 = - 46 mA
b) $I_L \approx$ 0,19 A
$U_L \approx$ 3,8 V

2.8.2 b) $I_1 \approx$ - 18 mA
$I_2 \approx$ - 48 mA
$I_3 \approx$ - 123 mA

2.8.3 $I_1 \approx$ 1,9 mA
$I_2 \approx$ - 4,5 mA
$I_4 \approx$ 4,8 mA
$I_5 \approx$ - 2,2 mA
$I_3 = I_6 \approx$ 2,6 mA

2.8.4 U_{G20} = 403,75 V
R_{i2} = 437,5 mΩ

2.9.1 a) I_1 = - 2,51 A
I_2 = 0,32 A
I_L = 2,21 A
b) U_0 = 12,16 V
R_i = 0,12 Ω
I_L = 2,2 A
c) $I_2 = - I_1$ = 1,2 A

2.9.2 a) I_A = 70 mA
I_B = 181,2 mA
b) ...

2.9.3 a) I_L' = 173 mA
I_L'' = 49 mA
I_L = 222 mA
b) U_0 = 30 V
R_i = 35,12 Ω
I_L = 222 mA

2.9.4 a), b), c)
$I_{G1} \approx$ - 800 A
$I_{G2} \approx$ 794 A
$I_{L1} \approx$ 3,3 A
$I_{L2} \approx$ 2,7 A

2.10.1 a) ...
b), c) $I_C \approx$ 28,4 mA

T 2.1.1 a) U_B = 24 V
b) R_X = 150 Ω

T 2.1.2 a) $R_2 \approx$ 106 Ω
$P_2 \approx$ 27 mW
$R_1 \approx$ 572 Ω
$P_1 \approx$ 185 mW
b) ...

T 2.1.3 a), b) U_{AB} = -128 mV
c) $U_{AB} = U_0$ = - 675 mV
d) R_3 = 750 Ω

T 2.1.4 $U_F \approx$ 1,05 V
$I_F \approx$ 1,3 A

T 2.1.5 a) $U_0 \approx$ 221,1 V
b) I_{G1} = - 0,54 A
I_{G2} = + 1,3 A
I_{G3} = - 0,77 A
c) I_L = 3,63 A

T 2.2.1 a) R_3 = 2477 Ω
b) I_2 = 1,9 mA
I_1 = 5,5 mA

T 2.2.2 a) und b)
R_{AB} = 83,3 Ω

T 2.2.3 ...

T 2.2.4 a) $I_{B1} \approx$ 1,4 A
$I_{B2} \approx$ - 0,3 A
$I_L \approx$ 1,1 A

T 2.2.4 b) U_0 = 11,33 V
R_i = 0,667 Ω
$I_L \approx$ 1,1 A
c) I_{B1} = 2 A I_{B2} = 0 A
d) I_{B1K} = 12 A
I_{B2K} = 5 A
I_K = 17 A

T 2.2.5 R_1 = 3,5 Ω
R_2 = 1 Ω
R_3 = 0,5 Ω

T 2.3.1 a) ...
b) und c) $U_L \approx$ 11,88 V
$I_L \approx$ 2,97 A

T 2.3.2 a) U_e = 5,33 V
b) U_e = 4,74 V

T 2.3.3 a), b), c), d)
U_3 = 4,91 V
I_3 = 27,3 mA

T 2.3.4 a) R_V = 1254 Ω
b) I_{50} = 0,55 mA
c) ...

Ausgewählte Lösungen zu Kapitel 3

3.1.1 ...

3.1.2 a) $E = 5\ kV/m$
b) $D \approx 133 \cdot 10^{-9}\ As/m^2$
c) $\Psi \approx 66 \cdot 10^{-12}\ As$
d) $Q = \Psi \approx 66 \cdot 10^{-12}\ As$

3.2.1 a) durch Aufwickeln verdoppelt sich die Kapazität (nahezu)
b) $C = 2{,}8\ \mu F$ (aufgewickelt)
c) $U_{max} = 200\ V$

3.2.2 a) $C = 600\ pF$
b) ...

3.2.3 a) $D = 29{,}6\ mm$
b) $E = 600\ V/mm$
c) $Q = 1{,}17 \cdot 10^{-6}\ As$

3.2.4 a) $C = 527\ nF$
b) $C' = 211\ nF/km$
c) $E = 2{,}57\ kV/mm$ (ist zulässig)

3.3.1 a) $C = 355\ pF$
b) $E_{max} = 0{,}65\ kV/mm$
c) $C = 302\ pF$

3.3.2 a) $C = 120{,}7\ nF$
b) $C = 117{,}1\ nF$
Die Reduzierung der Kapazität ist etwa 3%

3.3.3 a) $C = 1{,}39\ nF$
$C' = 55{,}6\ pF/m$
b) $l_{max} = 9\ m$

3.3.4 $C_{genau} = 73\ pF$
$C_{genähert} = 72{,}2\ pF$
$f = -1{,}1\%$

3.3.5 a) $C_{ohne\ P.} = 12{,}5\ pF$
$C_{mit\ P.} = 18{,}4\ pF$
b) ...

3.4.1 a) $C_{ges.} = 2{,}17\ nF$
b) $U_1 = 5{,}55\ V$
$U_2 = 3{,}84\ V$
$U_3 = 2{,}61\ V$
c) $Q_1 = Q_2 = Q_3 = 26{,}1 \cdot 10^{-9}\ As$

3.4.2 a) $C_{ges.} = 258\ \mu F$
b) $U_1 = U = 60\ V$
c) $Q_2 = 9\ mC$
$Q_3 = 2{,}4\ mC$

3.4.3 a) $C_{ges.} = 400\ pF$
b) $U_1 = 100\ V$
$U_2 = U_3 = U_4 = 50\ V$

3.4.4 Es gibt 8 Schaltungsmöglichkeiten mit folgenden Gesamtkapazitäten:
C_g = 1160 nF, 89,5 nF, 130,6 nF, 281,4 nF, 236,1 nF, 783,1 nF, 452,9 nF, 372,2 nF

3.4.5 a) $C_{min} = 133{,}3\ pF$
$C_{max} = 166{,}7\ pF$

3.4.5 b) $U_{2min} = 1\ V$
$U_{2max} = 2\ V$

3.4.6 a) $C_2 = 3{,}2\ \mu F$ (parallel schalten)
b) $C_2 = 64\ \mu F$ (in Reihe schalten)

3.5.1 $C = 16{,}33\ F$
ist bei einer Spannung von 230 V praktisch nicht realisierbar

3.5.2 $C = 184{,}5\ nF$
$W = 36{,}9\ VAs = 36{,}9\ J$
Diese Energiemenge ist für Menschen tödlich

3.5.3 a) $C_{Luft} = 62{,}5\ pF$
$W_{Luft} = 7{,}82 \cdot 10^{-6}\ VAs$
b) $U_{Luft} = 1000\ V$
$W_{Luft} = 15{,}64 \cdot 10^{-6}\ VAs$
c) $E_{vorher} = E_{nachher} = 50\ kV/m$
d) bei $\varepsilon_{Hp} = 5$
$C_{Hp} = 312{,}5\ pF$
$U_{Hp} = 100\ V$
$W_{Hp} = 1{,}56 \cdot 10^{-6}\ VAs$

3.5.4 a) $W_1 = 0{,}5\ VAs$
b) $W_1 = W_2 = 0{,}125\ VAs$
c) $W_1 + W_2 = 0{,}25\ VAs$
Die Hälfte der Energie wird beim Umladen in den Leitungen in Wärme umgesetzt
d) $W_1 + W_2 = 0{,}33\ VAs$
Ein Drittel der Energie wird beim Umladen in den Leitungen in Wärme umgesetzt
e) ...

3.6.1 a) $v_{e1} = 26505\ km/s$
b) $v_{e2} = 59267\ km/s$
c) $\alpha = 7{,}125°$
$a_Y = 37{,}5\ mm$
Durch die Nachbeschleunigung werden der Ablenkwinkel und die Ablenkung kleiner

3.6.2 a) $\varphi_{Kugel} = 17{,}9\ kV$
b) $F = 90 \cdot 10^{-6}\ N$
c) $r = 15\ mm$

3.6.3 a) ...
b) $F = 3\ mN$
c) $s = 15\ \mu m$

3.6.4 a) ...
b) ...
c) $F' = 1{,}6 \cdot 10^{-6}\ N/m$

3.7.1 a) Ladungsbeginn Widerstand ⟶ 0
Ladungsende Widerstand ⟶ ∞

3.7.1 b) Ladestrom ⟶ ∞
Ladezeit ⟶ 0
c) $\tau = R \cdot C$
$[\tau] = \Omega \cdot \frac{As}{V} = s$
d) $u_C = U_B \cdot (1 - e^{-\frac{t}{\tau}})$
$= U_B \cdot (1 - e^{-\frac{5\tau}{\tau}})$
$= ... = U_B \cdot 0{,}993$
e) ...

3.7.2 ...

3.7.3 a) $\tau = 4\ ms$
b) $u_C = 13{,}27\ V$
$i_C = 46{,}73\ mA$
$i_R = 46{,}73\ V$
c) $t_{L1} = 2{,}77\ ms$
d) $t_{L2} = 25{,}6\ ms$
e) $t_{L3} = 16{,}4\ ms$

Hinweis: $t = -\tau \cdot \ln\left(1 - \frac{u_C}{U_B}\right) = -\tau \cdot \ln\left(\frac{U_B - u_C}{U_B}\right) = +\tau \cdot \ln\left(\frac{U_B}{U_B - u_C}\right)$

3.7.4 Grafische Lösungen
Ablesewert: $\tau \approx 2\ ms$

3.7.5 a) Lösung mit Ersatzspannungsquelle
$U_0 = 16\ V$, $R_i = 667\ \Omega$
$\tau = 2{,}2\ ms$
b) ...

3.8.1 a) ...
b) $q = 8\ mC$
$u_C = 2000\ V$
$W_C = 8\ Ws$

3.8.2 a) $I_L = 1{,}5\ mA$
b) $I_E = -7{,}5\ mA$

3.8.3 a) $\tau_E = 2\ ms$
b) $u_C = 4{,}4\ V$
$i_C = 8{,}83\ mA$
c) ...

3.8.4 a) $u_C = U_B = 12\ V$
$\varphi_2 = \varphi_0 = 0$
b) $\varphi_1 = 0$, $\varphi_2 = -12\ V$
Diagramme...

3.8.5 a) $U_0 = 6\ V$, $R_i = 500\ \Omega$
$\tau_L = 0{,}5\ ms$
b) $\tau_E = 0{,}5\ ms$
c) ...

3.8.6 a)

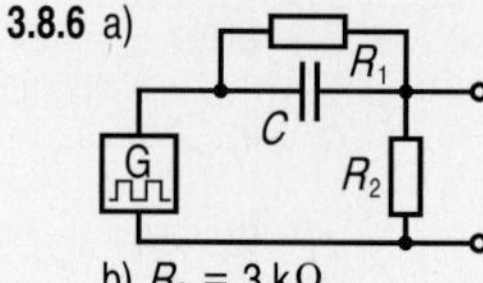

b) $R_2 = 3\ k\Omega$
$R_1 = 6\ k\Omega$
$\tau_L = \tau_E \approx 1\ ms$
$C = 0{,}5\ \mu F$

3.9.1 ...

3.9.2 $R = 20\ \Omega$

3.9.3 a) Die Leitung wirkt wie ein Integrierglied
b) $C_{max} = 50\ nF$

3.10.1 ...

3.10.2, 3.12.1 ...

3.12.2 a) $C = 56\ nF \pm 2\%$
$U_N = 200\ V$
a) $C = 4{,}7\ nF$
$C = 68\ pF$
$C = 39\ nF \pm 10\%$
$C = 5{,}6\ pF \pm 1\ pF$

T 3.1.1 ...

T 3.1.2 a) $U_{C1} = 20\ kV$
$U_{C2} = 5\ kV$
b) ...
c) $E = 500\ kV/m$
$D = 4{,}43 \cdot 10^{-6}\ As/m^2$
$Q = 160 \cdot 10^{-6}\ As$

T 3.1.3 a) ...
b) $C = 261\ nF$
$C' = 217\ nF/km$
c) $E_{max} = 4{,}08\ kV/mm$

T 3.1.4 a) $U_1 = 8{,}68\ kV$
$U_2 = 11{,}32\ kV$
b) $E_1 = 4{,}34\ kV/cm$
$E_2 = 11{,}32\ kV/cm$
c), d) ...

T 3.1.5 a) bis c) ...
d) $C = 40{,}7\ nF$
$U_{max} = 3{,}75\ kV$
e) $C = 27{,}8\ pF$

T 3.1.6, T 3.2.1 ...

T 3.2.2 a) 10,4 pF bis 93,7 pF
b) ...

T 3.2.3 a) 33,3 V bis 100 V
b) 25 V bis 50 V

T 3.2.4 a) $\tau_L = 130\ ms$
$\tau_E = 100\ ms$
b) ...

T 3.2.5 ...

T 3.2.6 a) $u_C = 0$
$\varphi_1 = \varphi_2 = 4{,}8\ V$
b) $u_C = 12\ V$
$\varphi_1 = 12\ V$, $\varphi_2 = 0$
c) $u_C = 12\ V$
$\varphi_1 = 0$, $\varphi_2 = -12\ V$

T 3.2.7 bis T 3.3.3 ...

T 3.3.4
a) $C_1 = 47\ pF$, $C_2 = 47\ \mu F$
b) 0,47 nF, 4,7 nF, 47 pF
c) $C_1 = 15\ nF \pm 10\%$, 200 V
$C_2 = 680\ nF \pm 5\%$, 100 V
d) ...

T 3.3.5 a) $C = 709\ \mu F$
$l = 9107\ m$

T 3.3.6 ...

4.1.1 bis 4.2.2 ...

4.3.1 a) Θ = 500 A
b) H = 2652 A/m
c) B = 3,3 mT
Φ = 259 nWb
d) R_m = 1,93 · 10 $^9/\Omega s$
Λ = 0,52 · 10^{-9} Ωs

4.3.2 a) l = 0,25 m
L = 188,5 m
b) I = 1,33 A
c) U = 22,7 V
d) P = 30,2 W

4.4.1 a) I = 0,1 A
b) B = 1,8 T (aus MK)
Φ = 576 µWb
c) $\mu_r \approx$ 2400
(gilt nur für diesen speziellen Magnetisierungszustand)

4.4.2 a) ...
b) R_m = 551 · 10^3 A/Vs

4.4.3 a) ...

4.5.1 a) Θ_{Fe} = 120 A
Θ_{Lu} = 796 A
$\Theta_{ges.}$ = 916 A
b) Θ_{Fe} = 6000 A
Θ_{Lu} = 2388 A
$\Theta_{ges.}$ = 8388 A

4.5.2 a) I = 14,5 mA
b) Θ_{Fe} = 17,4 A
Θ_{Lu} = 478 A
$\Theta_{ges.} \approx$ 495 A
I = 412,5 mA

4.6.1, 4.6.2 ...

4.7.1 a) u_1 = 6000 V
b) u_2 = - 800 V

4.7.2 ...

4.7.3 B = 3 mT

4.7.4 $\hat{u} \approx$ 5 V
u = 5 V · sin α
Hinweis: α ist ein zeitabhängiger Winkel. Er wird üblicherweise im Bogenmaß angegeben (siehe Kap. 5.3)

4.7.5 ...

4.8.1

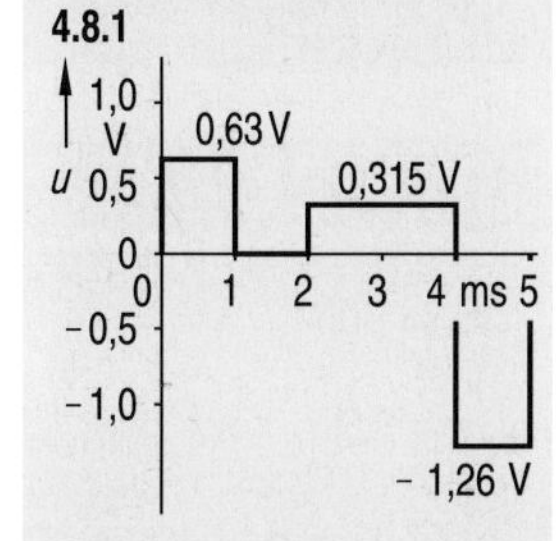

4.8.2 die induzierte Spannung hat einen sinusförmigen Verlauf

4.8.3 a) u_{AB} = 0,254 V
$u_{AC} = u_{AB} - u_{CB}$ = 0
b) Die Scheibe wird völlig homogen vom Feld durchsetzt. Unter dieser Bedingung entstehen keine Wirbelströme.

4.9.1 ...

4.9.2 ...

4.9.3 a) Φ = 2,5 µWb
L = 2,5 mH
b) di/dt = 40 kA/s

4.10.1 a) $\Lambda = A_L$
= 354 · 10^{-12} Vs/A
b) L_1 = 14,2 µH
c) L_F = 1,7 mH
d) N_2 = 1372

4.10.2 a) L = 411 µH
b) L' = 2,1 µH/m

4.10.3 Spule 1:
k = 0,58 L = 200 mH
Spule 2:
k = 1 L = 5,5 mH
Spule 3:
k = 0,8 L = 9,9 mH
Spule 4:
k = 0,7 L = 1,8 mH

4.10.4 a) L_1 = 6,4 mH
L_2 = 28,8 mH
b) N = 2236
c), d) ...

4.11.1 a) L_3 von 1,33 mH bis 12 mH einstellbar
b) N_1 = 500

4.11.2 a) k = 0,23
b) Reihensch., gleichs.
$L_{ges.}$ = 240 mH
Reihensch., gegens.
$L_{ges.}$ = 160 mH
Parallelsch., gleichs.
$L_{ges.}$ = 44,4 mH
Parallelsch., gegens.
$L_{ges.}$ = 29,6 mH

4.11.3 k = 0,25
$L_1 = L_2$ = 40 mH

4.11.4 Reihensch., gleichs.
$L_{ges.}$ = 4 L
Reihensch., gegens.
$L_{ges.}$ = 0
Parallelsch., gleichs.
$L_{ges.}$ = L
(Grenzübergang für Division 0/0 nötig)
Parallelsch., gegens.
$L_{ges.}$ = 0

4.11.5 a) L = 631 µH
b) M = 26,8 µH

4.12.1 a) L = 1,61 mH
b) W = 5 mWs
c) W' = 62,5 µWs/cm³
d) C = 1 µF

4.12.2 a) W = 309 kWs
b) L = 61,8 H
c) C = 618 mF
d) ...

4.13.1 a) $\Delta W'$
= 4 · 10^{-6} Ws/cm³
Ein Ummagnetisierungsvorgang hat etwa 290 Kästchen
ΔW = 290 · $\Delta W'$
= 1,16 mWs/cm³
b) $P_V^* \approx$ 7,4 W/kg
c) $P_V \approx$ 63 W

4.13.2 ...

4.14.1 a) ...
b) F = 0,125 N

4.14.2 ...

4.14.3 a) M_{max} = 0,64 Nm
Drehmomentenverlauf sinusförmig
b) M_{max} = 0,64 Nm
Drehmoment innerhalb des Radialfeldes konstant

4.14.4 I = 5,56 A

4.15.1 F_N = 0,125 N
F_K = 50 N

4.15.2 ...

4.15.3 a) F = 1833 N
b) I = 72 mA

4.16.1 a) Einschaltaugenblick:
Widerstand → ∞
Feldaufbau beendet:
Widerstand → 0
b) $\tau = \frac{L}{R}$

$[\tau] = \frac{H}{\Omega} = \frac{\Omega s}{\Omega} = s$

c) Für $t = 5 \cdot \tau$

$i = \frac{U_0}{R} \cdot (1 - e^{-\frac{t}{\tau}})$

$= \frac{U_0}{R} \cdot (1 - e^{-5})$

$= \frac{U_0}{R} \cdot 0{,}993$

d) ...

4.16.2, 4.16.3 ...

4.16.4 a) nach 0,1 ms: 0,88 A
0,2 ms: 1,57 A
0,3 ms: 2,11 A
0,4 ms: 2,53 A
1,0 ms: 3,67 A
10 ms: 4,0 A

4.16.4 b) für 0,5 A: 0,05 ms
1,0 A: 0,12 ms
2,0 A: 0,28 ms
3,0 A: 0,55 ms
c) $t_{99,5\%}$ = 2,12 ms

4.16.5 a) L = 2,46 H
b) U = 4 V
c) t_{50} = 42,6 ms

4.16.6 a) τ = 15 ms
b) ...

4.17.1 bis T 4.1.2 ...

T 4.1.3 a) Θ = 30 A
b) H = 239 A/m
c) B = 0,3 mT
d) Φ = 15 nWb

T 4.1.4 a) I = 3,18 A
b) U = 26,6 V
c) P = 84,6 W

T 4.1.5 a) I = 0,45 A
b) I = 2,36 A

T 4.1.6, T 4.2.1 ...

T 4.2.2 I = 2,67 A

T 4.2.3 ...

T 4.2.4 a) $u_{max} = \hat{u}$ = 16,8 V
b) $u = 16{,}8\ V \cdot \sin\left(\frac{2\pi \cdot 1000}{60 s} \cdot t\right)$
c) Lenzsche Regel

T 4.2.5 a), b) ...
c) L = 250 H
d) $\Delta i / \Delta t$ = 500 A/s

T 4.2.6 a) bis c) ...
d) N = 632
e) A_L = 2,6 nH
N = 27735

T 4.3.1 a) B_{Kern} = 0,8 T
Φ = 1,2 mWb
b) I = 9,27 A

T 4.3.2 a) B_{max} = 1,5 T
b) B_{max} = 0,78 T
(grafische Lösung)

T 4.3.3 a) W = 77,2 kWs
b) L = 1544 H
c) U = 12,4 kV
d) ...

T 4.3.4 ...

T 4.3.5 a) Bild 1: U_L = 12 V
Bild 2: U_L = 9,6 V
b) Bild 1: U_L = 0
Bild 2: U_L = 0
c) Bild 1: τ = 4 ms
Bild 2: τ = 25 ms
d) Bild 1: t = 5,5 ms
Bild 2: t = 29,1 ms

T 4.3.6 ...

T 4.3.7 $u_{ind.}$ = 20 mV
Diagramme ...

Ausgewählte Lösungen zu Kapitel 5

5.2.1 Linienbild 1
a) $T = 8$ ms $f = 125$ Hz
b) $|u| = 0$ V $\overline{|u|} = 10$ V
c) $U = 10$ V
d) $F_{Crest} = 1$
e) $F = 1$
f) reine Wechselspg.
Linienbild 2
a) $T = 20$ µs $f = 50$ kHz
b) $|u| = 0$ V $\overline{|u|} = 20$ V
c) $U = 23{,}1$ V
d) $F_{Crest} = 1{,}73$
e) $F = 1{,}15$
f) reine Wechselspg.
Linienbild 3
a) $T = 0{,}2$ ms $f = 5$ kHz
b) $|u| = 0$ V $\overline{|u|} = 3$ V
c) $U = 3{,}46$ V
d) $F_{Crest} = 1{,}73$
e) $F = 1{,}15$
f) reine Wechselspg.
g) ...

5.3.1 Oszillogramm 1
a) $\hat{u}_1 = 15$ V $\hat{u}_2 = 11$ V
b) $T_1 = T_2 = 10$ ms
$f_1 = f_2 = 100$ Hz
c) $\hat{u}_2$ eilt $\hat{u}_1$ um 36°
bzw. um $\pi/5$ nach
d) $u_1 = -15\,\text{V} \cdot \sin(2\pi \cdot 100\frac{1}{s} \cdot t)$
$u_2 = -11\,\text{V} \cdot \sin(2\pi \cdot 100\frac{1}{s} \cdot t - \frac{\pi}{5})$
Oszillogramm 2 ...

5.4.1 a) $\hat{u} = 33{,}9$ V
$F_{Crest} = \sqrt{2} = 1{,}41$
$T = 20$ ms
b) $U = 17$ V
$\overline{u} = U_d = 10{,}8$ V
$F = 2{,}22$
c) $U = 26$ V
$F_{Crest} = 1{,}69$

5.4.2 a) $I_{\sim} = 1{,}73$ A
b) $F_{Crest} = 1{,}72$
c) $I_{Misch} = 2{,}24$ A

5.5.1 Oszillogramm 1
a) $\hat{u} = 30$ V $U = 21{,}2$ V
$\hat{i} = 11$ mA $I = 7{,}8$ mA
b) Strom i eilt der Spannung u um 50° nach
c) Induktive Last mit Wirkanteil (z.B. Motor)
Oszillogramm 2
a) $\hat{u} = 30$ V $U = 21{,}2$ V
$\hat{i} = 10$ mA $I = 7{,}1$ mA
b) Strom i eilt der Spannung u um 90° vor
c) Rein kapazitive Last (Kondensator)
d) ...

5.5.2 ...

5.6.1 a) $X_C = 31{,}83\,\Omega$
$X_L = 62{,}83\,\Omega$
b) $I_C = 0{,}38$ A
$I_L = 0{,}19$ A
In der Zuleitung fließt der Strom 0,19 A
c) $f_{Resonanz} = 712$ Hz
$I_{Zuleitung} = 0$

5.6.2 Spalte 1: $X_C = 6{,}8$ kΩ
$X_L = 16\,\Omega$
Spalte 2: $f = 53$ Hz
$L = 141$ H
Spalte 3: $C = 0{,}16$ µF
$L = 11{,}9$ H

5.7.1 Schaltung 1:
$U_R = 100$ V $U_L = 207$ V
$X_L = 207\,\Omega$ $L = 659$ mH
Schaltung 2:
$I = 1{,}82$ mA $U_C = 9{,}1$ V
$U = 10{,}9$ V $C = 31{,}8$ nF

5.7.2 Schaltung 1:
$I = 26{,}9$ mA $R = 960\,\Omega$
$X_L = 2{,}4$ kΩ $f = 7{,}6$ kHz
Schaltung 2:
$I_R = 0{,}82$ A $I_C = 0{,}58$ A
$R = 29{,}3\,\Omega$ $C = 9{,}6$ µF

5.8.1
$\underline{z}_1 = 14 + \text{j}\,6$
$= 15{,}32 \cdot (\cos 23{,}2° + \text{j} \sin 23{,}2°)$
$= 15{,}32 \cdot e^{\text{j}23{,}2°} = 15{,}32\,\underline{/23{,}2°}$
$\underline{z}_2 = -12 + \text{j}\,3$
$= 12{,}37 \cdot (\cos 166° + \text{j} \sin 166°)$
$= 15{,}32 \cdot e^{\text{j}166°} = 15{,}32\,\underline{/166°}$
$\underline{z}_3$ und $\underline{z}_4$ ...

5.8.2 a) $\underline{z} = 89{,}44 \cdot e^{\text{j}63{,}4°}$
$= 89{,}44\,\underline{/63{,}4°}$
b) $\underline{U} = 53{,}85\,\text{V} \cdot e^{\text{j}68{,}2°}$
$53{,}85\,\text{V}\,\underline{/68{,}2°}$
c) $\underline{Z} = 29{,}15\,\Omega \cdot e^{-\text{j}31°}$
$29{,}15\,\Omega\,\underline{/-31°}$
d) $\underline{z} = 69{,}28 + \text{j} \cdot 40$
e) $\underline{I} = 3{,}83\,\text{A} - \text{j} \cdot 3{,}21\,\text{A}$
f) $\underline{U} = 208{,}45\,\text{V} - \text{j} \cdot 97{,}2\,\text{V}$

5.9.1 bis 5.9.5 ...

5.10.1 Oszillogramm 1
a) $u_1 = 3\,\text{V} \cdot \sin(2\pi \cdot 500\frac{1}{s} \cdot t)$
$u_2 = 2{,}2\,\text{V} \cdot \sin(2\pi \cdot 500\frac{1}{s} \cdot t - 0{,}3 \cdot \pi)$
b) $\underline{U}_1 = 2{,}12\,\text{V}\,\underline{/0°}$
$= 2{,}12\,\text{V} \cdot e^{\text{j}0°}$
$= 2{,}12\,\text{V} + \text{j} \cdot 0\,\text{V}$
$\underline{U}_2 = 1{,}56\,\text{V}\,\underline{/-54°}$
$= 1{,}56\,\text{V} \cdot e^{-\text{j}54°}$
$= 0{,}92\,\text{V} - \text{j} \cdot 1{,}26\,\text{V}$
Oszillogramm 2 ...

5.10.2 ...

5.10.3 $\underline{Z}_1 = 120\,\Omega + \text{j} \cdot 80\,\Omega$
$= 144{,}3\,\Omega\,\underline{/33{,}69°}$
$\underline{Z}_2 = 1{,}5\,\text{k}\Omega - \text{j} \cdot 0{,}5\,\text{k}\Omega$
$= 1{,}58\,\text{k}\Omega\,\underline{/-18{,}4°}$
$\underline{Z}_3 = 1{,}5\,\text{k}\Omega + \text{j} \cdot 2\,\text{k}\Omega$
$= 2{,}5\,\text{k}\Omega\,\underline{/53{,}13°}$

5.10.4
a) $\underline{Y}_1 = 10\,\text{mS}\,\underline{/-36{,}87°}$
$= 8\,\text{mS} - \text{j} \cdot 6\,\text{mS}$
b) $\underline{Y}_2 = 10{,}6\,\text{mS}\,\underline{/58°}$
$= 5{,}6\,\text{mS} + \text{j} \cdot 9\,\text{mS}$
c) $\underline{Y}_3 = 9{,}6\,\text{mS}\,\underline{/-73{,}3°}$
$= 2{,}8\,\text{mS} - \text{j} \cdot 9{,}2\,\text{mS}$
Zeigerbilder ...

5.10.5 $\underline{Z}_1 = 2927\,\Omega\,\underline{/+59{,}17°}$
$\underline{Z}_2 = 1994\,\Omega\,\underline{/-52{,}98°}$
$\underline{I}_1 = 8{,}2\,\text{mA}\,\underline{/-59{,}17°}$
$\underline{I}_2 = 12\,\text{mA}\,\underline{/+52{,}98°}$
$\underline{U}_L = 20{,}6\,\text{V}\,\underline{/+30{,}83°}$
$\underline{U}_C = 19{,}1\,\text{V}\,\underline{/-37{,}02°}$
$\underline{U}_{R1} = 12{,}3\,\text{V}\,\underline{/-59{,}17°}$
$\underline{U}_{R2} = 14{,}4\,\text{V}\,\underline{/+52{,}98°}$

5.11.1 a) $\underline{Z} = 321{,}2\,\Omega\,\underline{/51{,}49°}$
b) $\underline{I} = 37{,}4\,\text{mA}\,\underline{/0°}$
c) $\underline{U}_R = 7{,}48\,\text{V}\,\underline{/0°}$
$\underline{U}_L = 9{,}4\,\text{V}\,\underline{/90°}$
$\underline{U} = 12\,\text{V}\,\underline{/51{,}49°}$
d), e) ...

5.11.2 a) $\underline{I}_R = 15\,\text{mA}\,\underline{/0°}$
$\underline{I}_C = 20{,}7\,\text{mA}\,\underline{/90°}$
$\underline{I} = 25{,}6\,\text{mA}\,\underline{/54{,}1°}$
b) $\underline{Z} = 586\,\Omega\,\underline{/-54{,}1°}$
c) $\underline{G} = 1\,\text{mS}\,\underline{/0°}$
$\underline{B}_C = 1{,}38\,\text{mS}\,\underline{/90°}$
$\underline{Y} = 1{,}7\,\text{mS}\,\underline{/54{,}1°}$
d) ...

5.11.3

R/Ω	0	250	500	1000
U_L/V	10	8,94	7,07	4,47
φ_{UL}	0°	26,6°	45°	63,4°

Weitere Werte ...

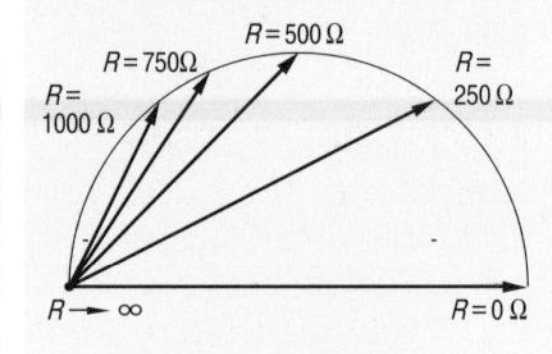

5.11.4 a) $R_p = 2774\,\Omega$
$X_p = 1764{,}6\,\Omega$
$L_p = 0{,}7$ H
b) $R_r = 52{,}6\,\Omega$
$X_r = 198{,}2\,\Omega$
$C_r = 0{,}54$ µF

5.12.1 a) $\underline{I} = 4{,}77\,\text{mA}\,\underline{/-17{,}4°}$
b) $f_1 = 15{,}9$ kHz
c) $f_2 = 27{,}6$ kHz

5.12.2 a) $\underline{Z} = 96\,\Omega\,\underline{/62°}$
b) $\underline{I} = 2{,}4\,\text{A}\,\underline{/0°}$
$\underline{U}_{R1} = 48\,\text{V}\,\underline{/0°}$
$\underline{U}_{L1} = 90{,}5\,\text{V}\,\underline{/90°}$
$\underline{U}_{R2} = 60\,\text{V}\,\underline{/0°}$
$\underline{U}_{L2} = 113\,\text{V}\,\underline{/90°}$
$\underline{U}_{Spule\,1} = 102\,\text{V}\,\underline{/62°}$
$\underline{U}_{Spule\,2} = 128\,\text{V}\,\underline{/62°}$
$\underline{U}_{gesamt} = 230\,\text{V}\,\underline{/62°}$
c) ...

5.12.3 a) ...
b)

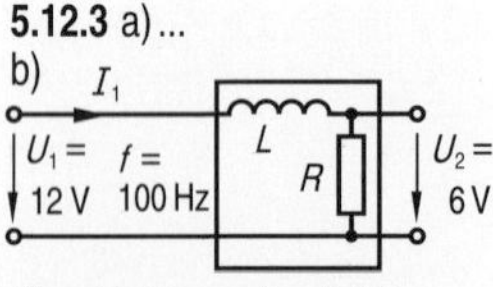

$R = 2$ kΩ $L = 5{,}5$ H

5.12.4 a) $X_L = 628{,}3\,\Omega$
$X_C = 318{,}3\,\Omega$
b) $\underline{I}_1 = 1\,\text{A}\,\underline{/0°}$
$\underline{I}_2 = 0{,}27\,\text{A}\,\underline{/-57{,}2°}$
$\underline{I}_g = 1{,}17\,\text{A}\,\underline{/-11{,}3°}$
c) $\underline{Z} = 85{,}5\,\Omega\,\underline{/+11{,}3°}$
d) $f_R = 712$ Hz
$\underline{I}_R = 1{,}5\,\text{A}\,\underline{/0°}$
e) ...

5.12.5 ...

5.13.1 a) $\underline{I} = 19{,}1\,\text{mA}\,\underline{/0°}$
$\underline{U} = 15\,\text{V}\,\underline{/50{,}5°}$
$\underline{U}_R = 9{,}6\,\text{V}\,\underline{/0°}$
$\underline{U}_L = 19{,}2\,\text{V}\,\underline{/90°}$
$\underline{U}_C = 7{,}6\,\text{V}\,\underline{/-90°}$
b) $\underline{P} = 183$ mW
$\underline{Q}_L = \text{j} \cdot 367$ mvar
$\underline{Q}_C = -\text{j} \cdot 145$ mvar
$\underline{S} = 287\,\text{mVA}\,\underline{/50{,}5°}$
c) ...
d) $f = 1258$ Hz
$P = 450$ mW

5.13.2 ...

5.13.3 a) $I = 9{,}6$ A
b) $I = 6{,}4$ A
$\cos\varphi = 0{,}96$

5.15.1 bis 5.17.1 ...

5.17.2

Einpulsgleichr.	Zweipulsgl.
a) $U = 4{,}5$ V	$U = 6{,}36$ V
b) $U_d = 2{,}86$ V	$U_d = 5{,}73$ V
c) $U_1 = 3{,}18$ V	$U_1 = 0$ V
d) $U_{0.} = 1{,}4$ V	$U_{0.} = 2{,}77$ V
e) $w = 1{,}21$	$w = 0{,}48$
f) ...	

5.17.3
sowie T 5.1.1 bis T 5.3.7 ...

6.2.1 ...

6.2.2 a), c) ...
b) $f_g = 2{,}63$ kHz
c) 20 dB / Dekade

6.3.1 ...

6.3.2
a) $L = 20$ mH, $C = 10$ nF, U_e, U_a, $\underline{Z}_L$
b) $f_g = 11{,}26$ kHz
$Z = 1{,}4$ kΩ
c), d) ...

6.5.1 a), e), f) ...
b) $f_0 = 11{,}25$ kHz
c) $Z = 1{,}4$ kΩ
d) $\hat{i} = 14{,}3$ mA

6.5.2 a) $f_0 = 318{,}5$ Hz
b) $\tau = 25$ ms
c) $f = 318{,}2$ Hz
d)

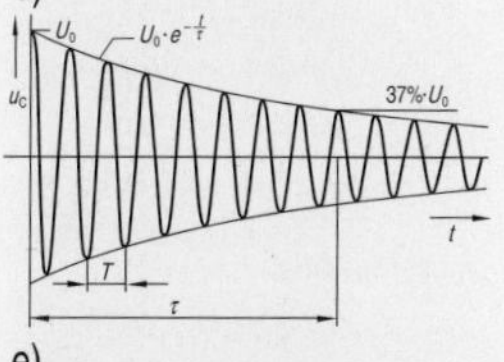

e) ...

6.6.1 a) $Z_0 = 500\ \Omega$
$f_0 = 318{,}5$ Hz
b) $I_0 = 1{,}5$ A
c) $U_{C0} = 750$ V
d) $Q = 25$
e), f) ...

6.6.2 a) $Z_0 = 707\ \Omega$
$f_0 = 1126$ Hz
b) $U_0 = 15$ V
c) $I_{C0} = I_{L0} = 21$ mA
d) $Q = 21$
e) $R_p = 7$ kΩ
f) $C = 253$ nF

6.7.1 ...

6.7.2 a) $f_0 = 3185$ Hz
b) $Q = 20$
c) $\Delta f = 160$ Hz
d) $f_{go} = 3265$ Hz
$f_{gu} = 3105$ Hz

6.7.3 a) $f_{0\,\text{ideal}} = 290{,}7$ Hz
$f_{0\,\text{Verlust}} = 290{,}5$ Hz
b) $Q = 27{,}4$
c) $I = I_R = 4$ mA
$I_L = I_C = 110$ mA

6.7.4 a) $R_p = 20$ kΩ
b) $Q = 28{,}3$
$d = 0{,}035$

6.8.1 a) ...
b) $\cos\varphi_1 = 0{,}52$
$\cos\varphi_2 = 0{,}83$

6.8.1 b) $I_{\text{Ltg.}1} = I_{\text{Lampe}} = 1{,}15$ A
$I_{\text{Lampe}\,2} = 1{,}15$ A
$I_{\text{Ltg.}2} = 0{,}72$ A
c) $C = 10{,}9\ \mu$F
$I_{\text{Ltg.}3} = 0{,}63$ A

6.8.2 a) ...
b) Q_{C1}, S_1, Q_L, P
$C_1 = 30\ \mu$F
$\cos\varphi_1 = 0{,}90$
$I_1 = 9{,}3$ A

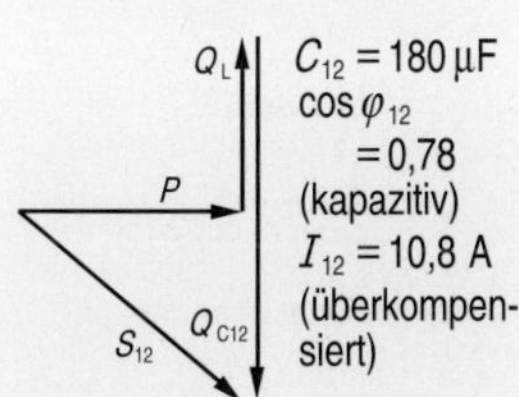

$C_{12} = 180\ \mu$F
$\cos\varphi_{12} = 0{,}78$ (kapazitiv)
$I_{12} = 10{,}8$ A (überkompensiert)

c) $C = 87\ \mu$F $I = 8{,}4$ A

6.9.1 ...

6.9.2 a) ...
b) $Q_C = 1{,}5$ kvar
$C = 90\ \mu$F
c) $I_{\text{Spule}} = 10{,}9$ A
d) ohne C: $I_{\text{Ltg.}1} = 10{,}9$ A
mit C: $I_{\text{Ltg.}2} = 6{,}9$ A
e) $\cos\varphi = 0{,}77$ (ind.)
$I_{\text{Leitung}} = 8{,}5$ A
f) $\cos\varphi = 0{,}83$ (kap.)
$I_{\text{Leitung}} = 7{,}9$ A

6.9.3 a) ...
b) $C = 189\ \mu$F
Die Spannung muss von 230 V auf 138 V abgesenkt werden.

6.9.4 a) ...
b) $C = 3{,}5\ \mu$F
c) $I_1 = 0{,}44$ A $\angle -61{,}7°$
$I_2 = 0{,}44$ A $\angle +61{,}7°$
$I_{\text{Leitung}} = 0{,}42$ A $\angle 0°$
d) $U_C = 400$ V
e) bis g) ...

6.11.1 ...

6.11.2 a) ...
b) $N_1 = 1303$
$N_2 = 136$
c) $I_2 = 1{,}5$ A
$I_1 = 157$ mA
Verluste und Magnetisierungsstrom sind vernachlässigt
d), e) ...

6.11.3 a) $U_1 = 52$ V
b) ...
c) $R_1 = 105{,}5\ \Omega$

6.11.4 a) $ü = 38{,}7$
b) ...

6.11.5 a) $L = 732$ mH
Cu- und Fe-Verluste sind vernachlässigt
b) Wird die Spannung halbiert, so wird auch der Magnetisierungsstrom halbiert, wird die Spannung verdoppelt, so steigt der Strom auf das Vielfache, weil der Kern in die Sättigung gelangt.
c) ...

6.12.1, 6.12.2 ...

6.12.3
a)

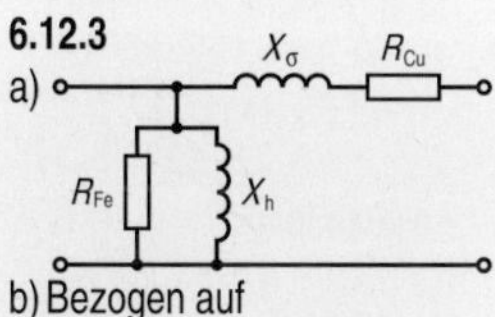

b) Bezogen auf

Oberspgs.s.	Unterspgs.s.
$R'_{Fe} = 1067\ \Omega$	$R''_{Fe} = 356\ \Omega$
$X'_h = 100{,}4\ \Omega$	$X''_h = 33{,}5\ \Omega$
$R'_{Cu} = 280$ mΩ	$R''_{Cu} = 93{,}3$ mΩ
$X'_\sigma = 226$ mΩ	$X''_\sigma = 75{,}3$ mΩ

6.13.1 a) $R'_{Fe} = 454{,}5$ kΩ
$X'_h = 20$ kΩ
$R'_{Cu} = 44\ \Omega$
$X'_\sigma = 89{,}8\ \Omega$
b)
$\cos\varphi = 1$: $U_2 = 391{,}2$ V
$\cos\varphi = 0{,}7$ ind.: $U_2 = 381{,}1$ V
$\cos\varphi = 0{,}6$ kap.: $U_2 = 409{,}1$ V

6.13.2
a) $I_{1N} = 50$ A
$I_{2N} = 833{,}3$ A
$U_1 = 418{,}6$ V (ind. Last)
$U_1 = 400{,}6$ V (kap. Last)
b) $I_{kd} = 667$ A (Oberspg.)
$I_{kd} = 11{,}1$ kA (Unterspg.)

6.14.1 ...

6.14.2 a) ...
b) $\alpha_{\text{opt.}} = 0{,}51$
c) $\eta_{\text{max.}} = 98{,}8\,\%$
d) $\eta_{\text{max.}} = 98{,}6\,\%$ ($\cos\varphi = 0{,}8$)
$\eta_{\text{max.}} = 97{,}1\,\%$ ($\cos\varphi = 0{,}4$)

6.14.3 a) $P_{FeN} = 1{,}14$ kW
b) $P_{CuN} = 3{,}17$ kW
c) $\eta_N = 98{,}3\,\%$
d) $\eta_a = 98{,}2\,\%$

6.14.4, 6.15.1 ...

6.15.2 a) $I_{kd2} = 1{,}45$ kA
b) $I_{s2} \approx 3{,}6$ kA
c), d) ...

6.16.1 a) gewählt Kern 102a
b) $N_1 = 750$
$A_1 = 0{,}24$ mm²
$d_1 = 0{,}55$ mm
$N_2 = 84$
$A_2 = 1{,}8$ mm²
$d_2 = 1{,}5$ mm

6.16.1 c) $N_1 = 785$
$N_2 = 82$
Verluste und Streuung sind in dieser Rechnung nicht berücksichtigt, bei den Tabellenwerten sind sie berücksichtigt.

6.16.2 a) $P_d = 48$ W
$S_{\text{Trafo}} = 1{,}23 \cdot 48$ W $= 59$ VA
Gewählt: Kern M 85
b) $N_1 = 961$
$d_1 = 0{,}35$ mm
$N_2 = 61$
$d_2 = 1{,}3$ mm

6.17.1 ...

6.17.2 a) ...
b) $S_B = 425$ VA
c) $I_R = 2{,}5$ A
$I_P = 1{,}85$ A
d) ...

6.18.1 ...

6.18.2 a) $\eta_N = 96{,}9\,\%$
b) $k_W = 7{,}95$
$\eta^*_N = 99{,}6\,\%$
c) $S_{99{,}9} = 26$ GVA
Die größten Transformatoren liegen derzeit im 1-GVA-Bereich.
d) $k_W = 1{,}26$
$S^*_N = 63$ kVA
e), f) ...

T 6.1.1 bis T 6.2.1 ...

T 6.2.2 a) $\underline{Z} = 479{,}7\ \Omega \angle -85{,}1°$
b) $L = 5{,}1$ mH
c) $X_L = X_C = 319\ \Omega$
$I_{\text{Res.}} = 75$ mA
$U_L = U_C = 24$ V
$Q = 8$
d) ...

T 6.2.3 a) $\underline{Z} = 670\ \Omega \angle -88{,}5°$
b) $C = 25{,}3$ nF
c) $I_L = I_C = 4{,}8$ mA
$Q = 40$
d) ...

T 6.2.4 a) ...
b) $f_0 = 112{,}6$ kHz
$Z_0 = 70{,}7\ \Omega$
$Q = 47$
c) $\omega_0 = 707{,}1 \cdot 10^3$/s
$\omega_{0C} = 707{,}03 \cdot 10^3$/s
$\omega_{0L} = 707{,}19 \cdot 10^3$/s

T 6.2.5 a) $f_0 = 50{,}35$ kHz
$f_{0V} = 50{,}32$ kHz
b) $R_P = 3{,}33$ kΩ
c) $Q = 47$ $d = 0{,}019$
$B = 950$ Hz
$f_{gu} \approx 49{,}9$ kHz

T 6.2.6 ... T 6.3.6 ...

Ausgewählte Lösungen zu Kapitel 7

7.2.1 ...

7.2.2 a)

ohmsche Last

$\underline{I}_{1N} = 5\,\text{A}\,\angle 0°$
$\underline{I}_{2N} = 5\,\text{A}\,\angle -120°$
$\underline{I}_{3N} = 5\,\text{A}\,\angle -240°$

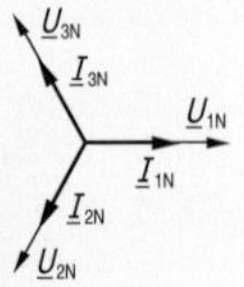

indukt. Last

$\underline{I}_{1N} = 5\,\text{A}\,\angle -90°$
$\underline{I}_{2N} = 5\,\text{A}\,\angle -210°$
$\underline{I}_{3N} = 5\,\text{A}\,\angle -330°$

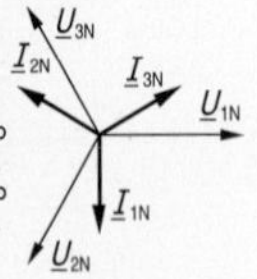

gem. Last

$\underline{I}_{1N} = 5\,\text{A}\,\angle -30°$
$\underline{I}_{2N} = 5\,\text{A}\,\angle -150°$
$\underline{I}_{3N} = 5\,\text{A}\,\angle -270°$

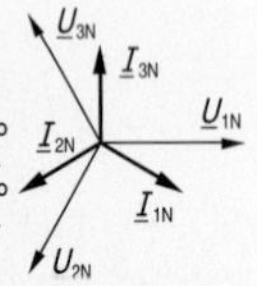

b)
Im Sternpunkt ist: $\sum_{i=1}^{4} \underline{I}_i = 0$
bzw. $\underline{I}_N = -(\underline{I}_1 + \underline{I}_2 + \underline{I}_3)$

Beispiel: induktive Last

$$\underline{I}_N = -(5\,\text{A}\,\angle -90° + 5\,\text{A}\,\angle -210° + 5\,\text{A}\,\angle -330°)$$
$$= -5\,\text{A} \cdot (0 - j \cdot 1 - 0{,}866 + j \cdot 0{,}5 + 0{,}866 + j \cdot 0{,}5) = 0$$

7.2.3, 7.3.1 ...

7.3.2 a) $I_{Str.} = 11{,}55$ A
b) $I_{Str.} = 20$ A
$I = 34{,}64$ A
c) Y: $P_{Str.} = 2{,}67$ kW
$P_{ges.} = 8$ kW
Δ: $P_{Str.} = 8$ kW
$P_{ges.} = 24$ kW

7.4.1 a) ...
b) $\underline{I}_{1N} = 1{,}92\,\text{A}\,\angle -90°$
$\underline{I}_{2N} = 2{,}3\,\text{A}\,\angle -156{,}9°$
$\underline{I}_{3N} = 2{,}3\,\text{A}\,\angle -240°$
$\underline{I}_{N} = 3{,}3\,\text{A}\,\angle 14{,}24°$

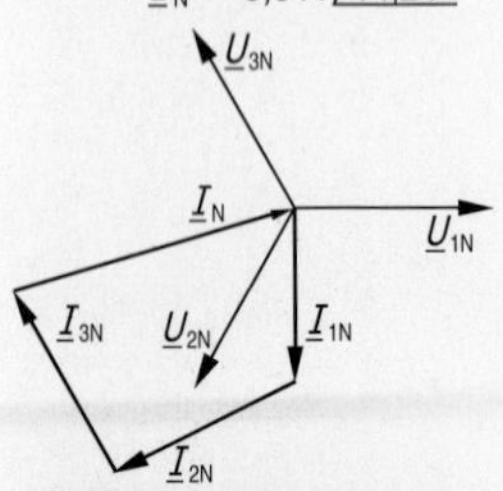

c) Strang 1: $\cos\varphi_1 = 0$ ind.
Strang 2: $\cos\varphi_2 = 0{,}8$ ind.
Strang 3: $\cos\varphi_3 = 1$

d) $\underline{I}_{1N} = 2{,}3\,\text{A}\,\angle -36{,}9°$
$\underline{I}_{2N} = 1{,}92\,\text{A}\,\angle -210°$
$\underline{I}_{3N} = 2{,}3\,\text{A}\,\angle -240°$
$\underline{I}_{N} = 1{,}85\,\text{A}\,\angle -58°$
N-Leiter-Strom ändert sich!

7.4.2 a) ...
b) Strangströme
$\underline{I}_{12} = 1{,}82\,\text{A}\,\angle -36{,}87°$
$\underline{I}_{23} = 1\,\text{A}\,\angle -165{,}57°$
$\underline{I}_{31} = 1{,}33\,\text{A}\,\angle -186{,}87°$
Leiterströme
$\underline{I}_{1} = 3{,}02\,\text{A}\,\angle -24°$
$\underline{I}_{2} = 2{,}57\,\text{A}\,\angle -199°$
$\underline{I}_{3} = 0{,}54\,\text{A}\,\angle -229°$

c) Vertauschen von Z_2 und Z_3
Strangströme
$\underline{I}_{12} = 1{,}82\,\text{A}\,\angle -36{,}87°$
$\underline{I}_{23} = 1{,}33\,\text{A}\,\angle -66{,}87°$
$\underline{I}_{31} = 1\,\text{A}\,\angle -285{,}57°$
Leiterströme
$\underline{I}_{1} = 2{,}37\,\text{A}\,\angle -60°$
$\underline{I}_{2} = 0{,}95\,\text{A}\,\angle -172°$
$\underline{I}_{3} = 2{,}2\,\text{A}\,\angle -263°$
Durch Vertauschen von zwei Verbrauchern ändern sich die Leiterströme.

7.5.1 Festlegungen:
$\underline{U}_{12} = 400\,\text{V}\,\angle 0°$
$\underline{U}_{23} = 400\,\text{V}\,\angle -120°$

a) $\underline{I}_{1N} = 2{,}6\,\text{A}\,\angle -30°$
$\underline{I}_{2N} = 5{,}2\,\text{A}\,\angle -150°$
$\underline{I}_{3N} = 8{,}66\,\text{A}\,\angle -270°$
$\underline{I}_{N} = 5{,}27\,\text{A}\,\angle -65°$

Zeigerbild

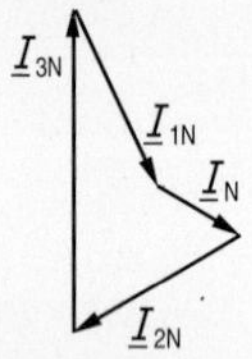

b) $U_{1N'} = 293\,\text{V}\,\angle -38°$
$U_{2N'} = 248\,\text{V}\,\angle -133°$
$U_{3N'} = 168\,\text{V}\,\angle -280°$
$U_{NN'} = 72$ V

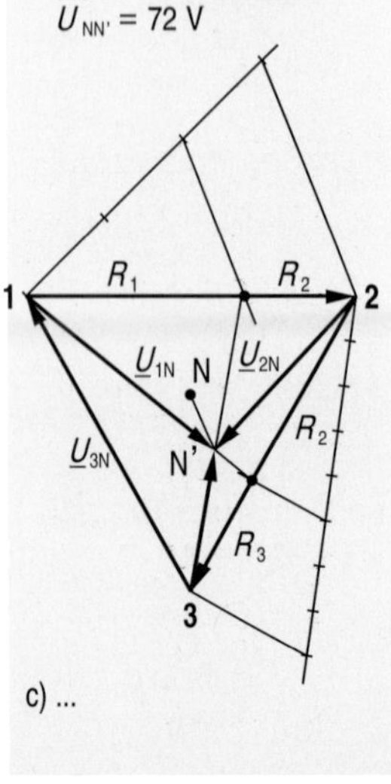

c) ...

7.5.1 d) $P_1^* = 978$ W
$P_2^* = 1{,}38$ kW
$P_3^* = 1{,}06$ kW
Der schwächste Verbraucher wird stark überlastet.

7.5.2 ...

7.5.3
a) gegebene Schaltung
$\underline{I}_{1N'} = 0{,}90\,\text{A}\,\angle -68{,}7°$
$\underline{I}_{2N'} = 3{,}10\,\text{A}\,\angle -134{,}8°$
$\underline{I}_{3N'} = 3{,}56\,\text{A}\,\angle -301{,}4°$
$\underline{U}_{1N'} = 45\,\text{V}\,\angle -48{,}7°$
$\underline{U}_{2N'} = 371{,}8\,\text{V}\,\angle -174{,}8°$
$\underline{U}_{3N'} = 356\,\text{V}\,\angle -241{,}4°$
$\underline{U}_{NN'} = 188{,}9\,\text{V}\,\angle -205{,}6°$

b) vertauschte Impedanzen
$\underline{I}_{1N'} = 4{,}33\,\text{A}\,\angle -43{,}3°$
$\underline{I}_{2N'} = 2{,}19\,\text{A}\,\angle -216{,}9°$
$\underline{I}_{3N'} = 2{,}17\,\text{A}\,\angle -229{,}8°$
$\underline{U}_{1N'} = 216{,}6\,\text{V}\,\angle -23{,}3°$
$\underline{U}_{2N'} = 218{,}6\,\text{V}\,\angle -196{,}9°$
$\underline{U}_{3N'} = 260{,}7\,\text{V}\,\angle -269{,}7°$
$\underline{U}_{NN'} = 29{,}8\,\text{V}\,\angle -267{,}9°$

Durch das Vertauschen von zwei Verbrauchern bzw. von zwei Außenleitern kann sich die Sternpunktverschiebung beträchtlich ändern.

7.5.4 ...

7.6.1 a) $I_{Strang} = 8{,}68$ A
$P_{ges.} = 6$ kW
b) $I_{Strang} = 15{,}1$ A
$I_{Leiter} = I = 26{,}1$ A
$P_{ges.} = 18$ kW

7.6.2 a) $I = 17{,}4$ A
$I_{Strang} = 10$ A
b) $Q = 5{,}3$ kvar

7.6.3 a) $P_{ges.} = 6{,}4$ kW
b) $P_{ges.} = 6{,}4$ kW
c) $P_{ges.} = 2{,}1$ kW
d) $P_{ges.} = 3{,}2$ kW

7.6.4 $S = 78{,}7$ kVA
$P = 74$ kW
$Q = 26{,}8$ kvar
$W_{Wirk} = 592$ kWh
$W_{Blind} = 215$ kvar · h

7.6.5 a) $Q_Y = 1$ kvar
$I = 1{,}44$ A
b) $Q_\Delta = 3$ kvar
$I = 4{,}33$ A

7.6.6 a) $\underline{I}_1 = 5\,\text{A}\,\angle -90°$
$\underline{I}_2 = 2\,\text{A}\,\angle -210°$
$\underline{I}_3 = 5\,\text{A}\,\angle -220°$
$\underline{I}_3 = 5{,}6\,\text{A}\,\angle 8°$

b) $\underline{S}_1 = 1150\,\text{VA}\,\angle +60°$
$= 575\,\text{W} + j \cdot 1133\,\text{var}$
(Wirkl.) (Blindl. ind.)

7.6.6
b) $\underline{S}_2 = 460\,\text{VA}\,\angle +60°$
$= 230\,\text{W} + j \cdot 398\,\text{var}$
(Wirkl.) (Blindl. ind.)
$\underline{S}_3 = 1150\,\text{VA}\,\angle -50°$
$= 739\,\text{W} - j \cdot 881\,\text{var}$
(Wirkl.) (Blindl. kap.)

c) $\underline{S}_{23} = 1520\,\text{VA}\,\angle +37{,}8°$
$= 1201\,\text{W} + j \cdot 932\,\text{var}$
(Wirkl.) (Blindl. ind.)

7.6.7
a) $\underline{I}_{12} = 8{,}7\,\text{A}\,\angle -60°$
$\underline{I}_{23} = 3{,}48\,\text{A}\,\angle -180°$
$\underline{I}_{12} = 8{,}7\,\text{A}\,\angle -190°$
$\underline{I}_{1} = 15{,}76\,\text{A}\,\angle -35°$
$\underline{I}_{2} = 10{,}86\,\text{A}\,\angle -224°$
$\underline{I}_{3} = 5{,}3\,\text{A}\,\angle -196{,}5°$

b) $\underline{S}_1 = 3840\,\text{VA}\,\angle +60°$
$= 1740\,\text{W} + j \cdot 3014\,\text{var}$
(Wirkl.) (Blindl. ind.)
$\underline{S}_2 = 1392\,\text{VA}\,\angle +60°$
$= 696\,\text{W} + j \cdot 1206\,\text{var}$
(Wirkl.) (Blindl. ind.)
$\underline{S}_3 = 3480\,\text{VA}\,\angle -50°$
$= 2237\,\text{W} - j \cdot 2666\,\text{var}$
(Wirkl.) (Blindl. kap.)

c) $\underline{I}_{23} = 10\,\text{A}\,\angle -141{,}6°$
$\underline{S}_{23} = 4000\,\text{VA}\,\angle 21{,}6°$
$= 3720\,\text{W} + j \cdot 1470\,\text{var}$
(Wirkl.) (Blindl. ind.)

7.7.1, 7.7.2 ...

7.8.1 a) $C_\Delta = 36{,}5\,\mu\text{F}$
$C_Y = 109{,}5\,\mu\text{F}$
jeweils für jeden der drei Kondensatoren
b) $I_{Ltg.} = 21{,}5$ A (ohne C)
$I_{Ltg.} = 18{,}8$ A (mit C)
c) $C_\Delta = 49\,\mu\text{F}$
für jeden Kondensator

7.8.2 ...

7.8.3 Ohne Kompensation:
$I_1 = 28{,}6$ A
$P_{V1} = 1{,}47$ kW
Mit Kompensation:
$I_2 = 25{,}2$ A
$P_{V2} = 1{,}14$ kW

7.9.1 bis 7.9.4 ...

7.10.1
a) $S_1 = 150{,}8$ kVA
$I_{11} = 4{,}35$ A $I_{12} = 218$ A
$S_2 = 241{,}5$ kVA
$I_{21} = 6{,}97$ A $I_{22} = 349$ A
$S_3 = 417{,}7$ kVA
$I_{31} = 12{,}1$ A $I_{32} = 603$ A
b) $S_{ges.} = 775{,}6$ kVA

Aufgaben 7.10.2 bis 7.13.2 und T 7.1.1 bis T 7.3.6 ...

8.1.1 ...

8.2.1 Gebrauchsanweisung beachten!

Dreheisenmesswerk

Gleich- und Wechselstrom

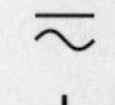
senkrechte Nennlage

Prüfspannung 3kV

Zeigernullstellvorrichtung

8.2.2 ...

8.2.3 a) bis c) ...

d) Schaltung 1:

$R_F = 4167\,\Omega$ (unkorrigiert)
$R_R = 7143\,\Omega$ (korrigiert)
$f = -41{,}7\,\%$

Schaltung 2:

$R_F = 7143\,\Omega$ (unkorrigiert)
$R_R = 7139\,\Omega$ (korrigiert)
$f = 0{,}06\,\%$

Zur Messung hochohmiger Widerstände (kΩ-Bereich) hat die Spannungsfehlerschaltung den kleineren systematischen Fehler.

8.3.1 a) $F = \pm\ 4{,}5$ V
$f = \pm\ 5{,}6\ \%$
Unsicherheitsbereich = 75,5 V bis 84,5 V

b) ...

8.3.2 a) $F = \pm\ 0{,}65$ V
$f = \pm\ 0{,}93\ \%$

b) $F = \pm\ 2{,}25$ V
$f = \pm\ 3{,}21\ \%$

8.4.1 bis 8.8.2 ...

8.9.1 a) Abgelesener Wert etwa 700 Ω

b) Die Messung ist insbesondere wegen der nichtlinearen Skale sehr ungenau

8.9.2 Absoluter Gesamtfehler $F = \pm 85\,\Omega$
Relativer Gesamtfehler $f = \pm 0{,}7\ \%$
Unsicherheitsbereich = 12255 Ω bis 12425 Ω

8.9.3 ...

8.10.1

a) Messschaltung

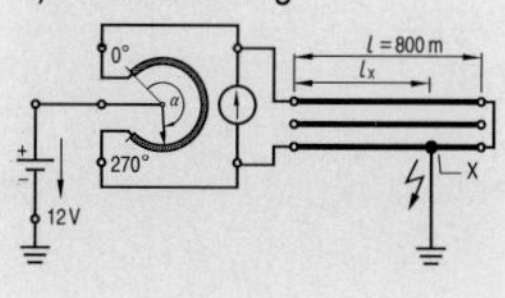

8.10.1 b) $l_X = 355{,}6$ m

8.11.1 a) Schalterstellung 1: Messung von Induktivitäten und zugehörigem Verlustfaktor

Schalterstellung 2: Messung von Kapazitäten und zugehörigem Verlustfaktor

b) ...

c) $C_X = 10$ nF
$\tan\delta = 0{,}0125$
$Q = 80$

d) $L_X = 0{,}2$ H
$\tan\delta = 0{,}08$
$Q = 12{,}5$

e), f) ...

8.12.1 ...

8.12.2 a) $P = \alpha \cdot c$

b) $P = \alpha \cdot c \cdot \ddot{u}_i \cdot \ddot{u}_u$

mit α Zeigerausschlag
c Ablesefaktor
$\ddot{u}_i$ Stromwandler
$\ddot{u}_u$ Spannungswandler

c) $P = 1{,}8$ kW

d) $P = 36$ kW

8.14.1 bis 8.16.4 ...

8.18.1

a) Bei AC-Ankopplung wird das Signal über einen Kondensator auf den Eingangsteiler geführt. Der Gleichanteil des Signals wird gesperrt. Am Bildschirm erscheint nur der Wechselanteil des Signals.
Bei DC-Ankopplung wird das Signal direkt auf den Eingangsteiler geführt. Am Bildschirm werden alle Gleich- und Wechselanteile gezeigt.

b) DC-Ankopplung
$\hat{u} = 160$ V $\quad U = 113$ V
AC-Ankopplung
Beim Umschalten auf AC springt das Linienbild um den Gleichanteil nach unten
$U_d = 100$ V
$U_\sim = U_{Brumm} = 53$ V

8.18.3

a) In der vorliegenden Schaltung liegt das Gehäuse des Oszilloskops an 230 V Netzspannung. Die vorgeschalteten Auslöser müssen innerhalb 0,2 s auslösen.

b) Werden die Anschlüsse an Y1 und GD vertauscht, so liegt am Gehäuse das N-Leiter-Potential (etwa 0 V).

c), d) ...
Schutzmaßnahmen beachten!

8.18.4, T 8.1.1 ...

T 8.1.2

a) Analogmessgeräte

Gleich- und Wechselstrom

waagrechte Gebrauchslage

Drehspulmesswerk mit Gleichrichter

1,5 Genauigkeitsklasse $\pm$ 1,5% vom Skalenendwert

Elektrodynamisches Messwerk, eisenlos

Drehstrom mit einem Messwerk

senkrechte Gebrauchslage

Drehspulmesswerk mit Thermoumformer

Dreheisenmesswerk

Zeigernullstellvorrichtung

Prüfspannung 500 V

Prüfspannung 2 kV

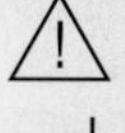
Gebrauchsanweisung beachten!

Messgerät mit elektronischer Anordnung

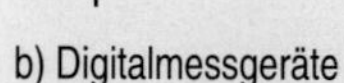

b) Digitalmessgeräte

RMS Root Mean Square (Effektivwert, meist nur von sinusförmigen Wechselgrößen).

TRMS True Root Mean Square (Effektivwert, auch von nichtsinusförmigen Wechselgrößen; eventuell wird auch ein vorhandener Gleichanteil erfasst).

RANGE Bereich, Messbereich

ZOOM, EXPAND Lupenfunktion zur Dehnung der Analog-Skale bei Analog-Digital-Multimetern

HOLD, MEM Speicherung des Messwertes

T 8.1.2

b) Digitalmessgeräte

TIME Messwertspeicherung in vorgegebenen Zeitintervallen

LIM Grenzwertvorgabe; alle Grenzwertüberschreitungen werden gemeldet

STO Speicherung mehrerer gleicher oder verschiedener Werte mit Einheit und Polarität

Halbleitermessung, Diodenmessung

Durchgangsprüfung, Summer

T 8.1.3, T 8.1.4 ...

T 8.1.5 a) $R_{v1} = 7\ \text{k}\Omega$
$R_{v2} = 2\ \text{k}\Omega$
$R_{v3} = 700\ \Omega$

b) $R_{p1} = 0{,}1\ \Omega$
$R_{p2} = 1\ \Omega$
$R_{p3} = 10{,}34\ \Omega$

c) $R_{p1} = 0{,}103\ \Omega$
$R_{p2} = 0{,}931\ \Omega$
$R_{p3} = 9{,}310\ \Omega$

T 8.2.1 bis T 8.2.3 ...

T 8.2.4

a) Brückenabgleich

$$\frac{R_Z + \frac{(270^\circ - \alpha)}{270^\circ} \cdot R_{Pot.}}{R_Z + \frac{\alpha}{270^\circ} \cdot R_{Pot.}} = \frac{R_N}{R_X}$$

b) Durch den Vorwiderstand wird der Brückenzweig hochohmiger und damit unempfindlicher. Sinnvoll beim Beginn der Messung, wenn die Brücke noch sehr schlecht abgeglichen ist.

c) Die Zusatzwiderstände bewirken eine Art Dehnung des Potentiometers. Damit ist ein feinerer Abgleich möglich.

d) $R_X = 906\ \Omega$

T 8.2.5 a), b) ...

c) $P = 8750$ W

d) $P = 700$ W

e) Elektrodynamische Messwerke eignen sich zur Messung bei Gleich- und Wechselspannung.

T 8.3.1 bis T8.3.5 ...

11 Sachwortverzeichnis

11 Sachwortverzeichnis

11 Sachwortverzeichnis

11 Sachwortverzeichnis

Bildquellenverzeichnis:

Die Messgeräte wurden nach Vorlage handelsüblicher Geräte gezeichnet.
Im Einzelnen sind dies:
Analog-Vielfachmessgerät UNIGOR der Firma METRAWATT (Seite 269 ff.)
Digital-Vielfachmessgerät (Serie MX) der Firma ITT Instruments (Seite 259 ff.)
Vielfach-Leistungsmesser der Firma METRAWATT (Seite 281 ff.)
Oszilloskop HM 1005 der Firma HAMEG (Seite 285 ff.)